非常规油气资源勘探开发

傅成玉　编著

中国石化出版社

图书在版编目(CIP)数据

非常规油气资源勘探开发 / 傅成玉编著.
—北京：中国石化出版社，2015. 12
ISBN 978 - 7 - 5114 - 3301 - 5

Ⅰ. ①非… Ⅱ. ①傅… Ⅲ. ①油气勘探 - 研究 ②油气开发 - 研究 Ⅳ. ①P618. 130. 8 ②TE34

中国版本图书馆 CIP 数据核字(2015)第 289656 号

中国石化出版社出版发行

地址:北京市东城区安定门外大街 58 号
邮编:100011　电话:(010)84271850
读者服务部电话:(010)84289974
http://www. sinopec-press. com
E-mail:press@ sinopec. com
北京富泰印刷有限责任公司印制
全国各地新华书店经销
*
787 ×1092 毫米 16 开本 36. 75 印张 930 千字
2015 年 12 月第 1 版　2015 年 12 月第 1 次印刷
定价:168. 00 元

前　言

非常规油气勘探开发历史久远。从早期在油页岩中提取石油，到后来的致密油气开发，在不同国家的不同历史时期都曾经是石油勘探开发活动的一部分。到20世纪末，以加拿大为代表的油砂开发活动成为那个时期非常规石油开发的主角。很多大国际石油公司（IOCs）和国家石油公司（NOCs）争相收购油砂资源，并视其为未来全球石油产量增长的重要来源。曾几何时，油砂价格急剧上涨，居高不下，成为那个时期与石油价格暴涨相伴的又一道风景。随着页岩油气开发技术的突破，并在美国得到大规模应用，不仅使页岩油气开发成为当今非常规油气开发的绝对主力，并且为全球石油工业带来一场深刻革命，已经并将继续对全球政治经济产生重要影响。

（一）

美国从事页岩油气勘探开发研究探索已有近40年历史。然而其核心开发技术，即水平井分段压裂技术的突破是在2005年前后实现的。那时美国的主要石油公司开始逐步从国际市场收缩，回归本土并大举投资页岩油气开发。到2008年，美国本土的页岩油气开发活动成为当期全球石油勘探开发活动中最活跃最重要的力量，美国也成为当期全球油气产量增加最快的国家。短短几年美国页岩油气产量实现了“井喷式”增长。截至2014年年底，美国非常规石油产量达1.87亿t，占其全部石油产量的48.5%，非常规天然气产量5284亿m^3，占其天然气总产量的73%（EIA，2015）。

油气产量在短期内大幅增长改变了美国的能源结构，大大提升了美国自身油气供给能力，促进了产业结构的调整，推动了美国经济走向复苏。首先，美国页岩油气大规模开发上产带动了大规模投资，拉动了就业。当就业成为美国当年从政界到商界的共同焦虑时，页岩油气开发成为拉动美国就业的一道亮丽风景线。油气产量的大幅增长使美国的能源价格大大低于国际价格平均水平。在国际市场上历来美国WTI原油价格与北海Brent原油价格差一般都在每桶2美元左右，而在美国页岩油气大规模生产后，WTI与Brent油价差曾一度扩大到每桶15美元左右。美国多年来一直享受较低的油价，这使美国炼化工厂开工率由本世纪初的60%左右提升到2013年的93%。同样，天然气价格也一路下跌，由之前的5~7美元每百万英热单位降至3美元左右每百万英热单位。能源成本下降推动了美国经济整体成本的降低，提升了美国本土产业竞争力。

其次，天然气价格的降低使以天然气为原料的化工制造业加快回归本土，使美国再次成为化工制造业强国，同时推动了相关制造业向美国聚集，使美国向奥巴马总统提出的再工业化目标又前进了一步。国际货币基金组织数据显示2014年美国国内经济增长为2.43%（IMF，2015），远高其2008年金融危机的-0.29%水平，也大大好于其他发达国家增长水平。可以说页岩油气的开发对推动美国经济走出危机，实现缓慢复苏居功至伟。

据报道，未来10~15年，非常规油气资源仍将继续拉动美国经济增长。麦肯锡预测，至2020年，页岩油气开发将为美国国内生产总值贡献3800亿~6900亿美元，帮助其实现2%~4%的经济增长，并制造170万个永久性的就业机会。IHS公司《美国新能源的未来》报告中预测页岩油气开发可持续带动美国制造业复兴，至2025年将为其国内生产总值贡献5330亿美元并创造390万个工作岗位。

廉价天然气的大量生产使以煤为主的发电被天然气发电逐步取代，美国的煤矿业遭遇灭顶之灾。但影响不仅局限于美国，全球煤炭价格大幅下跌。十年前，人们还普遍认为全球煤炭价格将居高不下，成为部分替代石油的有力竞争者，仅仅几年时间，由于煤价跳水式的下跌使全球煤矿业进入冰河期。美国页岩气开发实质上推动了全球能源结构的调整。历史上曾经拒绝在《京都议定书》上签字的美国，近年来突然异常积极活跃地推动全球应对气候变化的政府间谈判。2015年12月12日，近200个联合国气候变化公约组织缔约方一致签署了《巴黎协议》，中美两国的推动是关键。而美国如此积极的背后是近年来页岩气的大规模利用，且未来还将扩大利用，使美国预期的减碳成本大大降低，既能实现经济发展又能实现低成本减碳。

美国页岩油气的成功开发不仅对全球的石油工业带来根本性、革命性的变革，也对地缘政治产生深刻影响。

首先，页岩油气开发技术的突破使全球可开发的油气资源大幅增加，全球仅页岩气资源量增加100万亿~200万亿m^3，使曾经一度盛行的石油顶峰论销声匿迹。

第二，全球油气生产中心向大西洋转移，以往以中东为主的生产供应中心转移至美洲，使美洲成为油气生产的新中心，导致全球油气供给的空间分布结构发生重大变化。

第三，由于页岩油气产量的快速提升使美国在短短几年成为基本可以实现油气自给的国家，这不仅对美国自身是个巨大的改变，也大大提升了全球油气供给能力。在全球经济不景气，对油气需求乏力的情况下，国际油价从2014年的每桶105美元跌至2015年的35美元。以沙特为代表的中东石油生产国和OPEC组织拒绝限产保油价，其真正原因是想用低油价迫使成本相对较高的页岩油气开发退出市场，从这两年的实际情况看，这个目标是不容易实现的。低油价将是未来几年的常态。长远看，只要页岩油气保持规模性开发和美元保持坚挺，油价很难回到每桶100美元高位。

第四，页岩油气开发改变了美国能源政策，必将对地缘政治产生重要影响。20世纪末，为了进口天然气，美国政府批准了在沿海城市建设LNG接收站项目，随着页岩油气的开发，美国不仅不需要进口LNG，还能出口，因此接收站项目改造为天然气的液化站用于出口，并且除了改造的项目外，还要批准建设新的LNG出口项目，从而拉低了全球LNG市场价格。2015年年底美国国会取消了已经实行40年的限制石油出口的法令。这是一个重大变化，也是一个重要信号。控制世界石油资源，确保石油市场秩序是美国外交的重要组成部分。这是美国自身利益的需要。当美国基本实现油气自给自足后还会花那么大的财力、物力和军力去维护石油市场秩序及其正常运行吗？“阿拉伯之春”似乎让人们听到了弦外之音。由此引发的地缘政治变化还将在未来的岁月中不断演进。

（二）

美国页岩油气的成功开发，引起了世界各国的高度关注。各国政府都试图搞明白页岩油气在本国的潜力及开发的可能性。经过几年的评估和认识，人们基本趋于认为除北美的美国和加拿大外，从资源量上来讲，中国和南美洲特别是阿根廷最具有进行大规模页岩油气开发的可能性。

中国非常规油气资源特别是页岩气资源非常丰富。一些国际公司对我国页岩油气资源进行了评估，我国一些机构和学者也初步开展了全国范围内的页岩油气资源综合评价，尽管评估有较大差异，但结论都表明我国油气资源非常丰富，潜力巨大，具有良好的资源基础。

我国政府非常重视，大力支持非常规油气资源的勘探开发，先后出台了《煤层气（煤矿瓦斯）“十二五”规划》《页岩气发展规划2011～2015年》《页岩气产业政策》等积极引导我国非常规油气资源开发；出台支持煤层气、页岩气开发的价格激励政策；通过国家重点项目立项，支持企业建立专项重点实验室，为非常规油气资源开发创造了良好条件，使我国页岩气商业开发得以突破，使致密气、煤层气产量不断增长，使非常规天然气在我国天然气产量中占据重要位置。

中国石油化工集团公司能够在中国首个实现页岩气的突破，并使中国成为继美国和加拿大之后，第三个实现页岩气商业性开发的国家，有其必然性。

首先，中国石化在石油行业上游的油气勘探开发上先天不足。中国石化是以炼油化工下游业务为主的公司，油气勘探开发是其短板。20 世纪 90 年代末，中国石油勘探开发和炼化工业进行重组，中国陆地上形成了两大石油公司，即中国石油和中国石化。

当时划拨给中国石化的陆地油田除胜利油田外，基本都是亏损的老油田，勘探余地和潜力都非常有限，在其他地区的剩余勘探区块面积也非常有限。为此，中国石化先后在新疆、四川、鄂尔多斯等盆地申请登记了一些勘探区块，但由于公司成立晚，区块登记晚，几乎所有登记的区块都位于非盆地中心的边缘地带，从常规油气勘探视角看，都属于来头不大、风险很高且难啃的硬骨头。

第二，独辟蹊径实现突破。由于存在先天不足，上游业务成为短板，因此中国石化把资源战略作为其核心战略，战术上则绕开国内陆相油气勘探的传统思维，独辟蹊径重新探索海相油气勘探之路。经过多年探索，终于发现了中国第一个海相大气田——普光气田，之后又在四川盆地、新疆塔里木盆地等发现并开发了一系列海相油气田。继陆相生油理论之后，发展和丰富了中国海相油气勘探开发理论和技术，圆了中国几代地质科学家的梦。这是中国石化为中国石油工业发展做出的第一个重要贡献。中国石化的第二个重要贡献则是页岩气的发现与成功开发。还是由于先天不足，迫使中国石化把发展天然气作为资源战略在国内的核心业务。早在 2006 年，中国石化石油勘探开发研究院就开展了《中国页岩气早期资源潜力分析》前瞻性研究工作，接下来的钻探工作为后来的发现积累了经验，打下了基础。2011 年我到中国石化后又把页岩气勘探作为国内天然气业务的主攻方向，并加大勘探投入和调整勘探部署，明确提出中国石化要成为中国页岩气勘探的第一个突破者、第一个实现规模开发的实践者。战略重心的转移，勘探布局的调整，投入力度的加大和实践经验的积累使中国石化在页岩气勘探上的突破成为可能，成为必然。2012 年 11 月 28 日，在川东南焦石坝地区的焦页 1HF 井(垂深 2450m、水平段长 1008m)在上奥陶统五峰组－下志留统龙马溪组页岩层段经压裂试气获日产气 20.3 万 m^3，这是近年打出的第一口高产页岩气井，意味着中国石化在页岩气勘探上实现了重大突破。勘探的突破并不意味着开发的成功。首先由于地质条件的不同，气层埋深不同，国外现有开发技术存在“水土不服”问题，必须进行再创新再改造，有的领域还需完全自主创新等，这是成功开发中国页岩气必须完成的作业。另外，既然是非常规天然气开发，就不能用我们熟悉的常规油气田开发的思路和程序，这才能使我们在没有道路，没有基础设施，缺少基本施工条件的偏远山区用了短短 3 年时间，于 2015 年年底建成了 50 亿 m^3/a 产能的我国第一个商业性页岩气田——涪陵页岩气田。预计 2017 年年底，将建成年产 100 亿 m^3 天然气的生产能力。根据中国石化近年来的勘探成果，仅在四川、重庆两地发现的天然气资源量就达10 万亿 m^3。涪陵页岩气田的成功开发将催生中国页岩气开发高潮的到来，预示着中国天然气大发展时代即将来临。

中国非常规油田勘探开发特别是页岩油气勘探开发仍处在发展初期，对资源的评估和认识，对地质规律的认识，对勘探开发技术研发和设施装备的制造都不能满足需求，还有很长的路要走，我们必须坚定不移，下大功夫，花大力气，缩短差距，迎头赶上。

相对美国而言，中国页岩气的开发具有天然劣势。一是中国页岩气层埋藏深(一般比美国深60%～100%)，地质条件复杂；二是地处偏远山区，没有道路，大型压裂设备进出不便，也没有平整、连片的压裂场地；三是缺乏近便的天然气管网等基础设施，暂时还无法对一般－中等规模的勘探发现进行商业开发；四是虽然是偏远山区但仍是人口密集区，对环保要求更高。所有这些都导致勘探开发成本远远高于美国，同时对各种技术有更高的要求。中国页岩气在地质上纵向层数多，累计厚度大，横向分布广，总体气资源非常丰富。但由于成本高，眼下大规模开发受到制约。留得青山在，不怕没柴烧。中国页岩气大规模开发要从两个领域突破，即创新降低勘探开发成本的技术系列及配套装备和创新提高产量的技术系列及配套装备。

(三)

总体而言，中国非常规油气勘探开发仍处在发展初期。但中国在非常规油气的各个领域都有大量的实践，并且有很成功的经验。归纳总结我国的实践和经验，通过与国内外实践成果对比，把个体的感性认识上升为共性的理性认识，介绍不同的实践操作程序与方法，供各类石油地质师、油藏工程师、石油工程师在实践中借鉴参考，是编写这本书的初衷。

本书一共9章，第一章介绍了非常规油气资源的分类及特征、主要资源评价和储量计算方法，描述了各类非常规油气资源量及分布情况，主要由周庆凡、杨国丰、谷宁、包书景、白振瑞等编写完成，周庆凡统稿；第二章介绍了国内外页岩油气资源勘探开发历程及发展，页岩油气资源相关地质理论、勘探和开发技术等，并选取美国沃斯堡盆地巴奈特页岩气、威利斯顿盆地巴肯组页岩油和我国渤海湾盆地济阳坳陷罗家地区沙河街组页岩油等做案例分析，主要由高波、黎茂稳、胡小虎、尚根华、张金川等编写完成，高波统稿；第三章介绍了致密砂岩油气的勘探开发历程及现状，致密砂岩气和致密砂岩油的地质特征、成藏规律、开发方法及方案编制，并通过北美艾伯塔盆地致密砂岩油气藏和我国大牛地气田等做案例分析，主要由刘红、尹伟、严谨、史云清、陈舒薇、宋传真等编写完成，刘红、尹伟统稿；第四章介绍了煤层气的勘探开发历程和现状，煤层气的基本地质特征、形成因素、主控条件和有关开发理论和方法等，通过美国圣胡安盆地、粉河盆地和我国鄂尔多斯盆地延川南地区煤层气等做案例分析，主要由龙胜祥、王立志、李辛子、张奉东、王传刚等编写完成，龙胜祥、王立志统稿；第五章介绍了油砂、油页岩、水溶气和天然气水合物等其他非常规油气资源的分布、成藏条件和开发现状等，并分别选取典型案例注释说明，主要由白振瑞、卢雪梅、孙鹏、吴传芝、赵克斌等编写完成，白振瑞统稿；第六章介绍了各类非常规油气资源的储层特点及其地球物理技术需求，总结了致密砂岩油气、页岩油气和煤层气的地球物理技术，特别介绍了微地震压裂检测技术等，主要由董宁、刘喜武、李军、霍志周、刘宇巍等编写完成，董宁、刘喜武统稿；第七章介绍了非常规油气资源的钻完井技术，包括岩石力学特性分析技术、“井工厂”钻井技术、钻井液技术和水平井固井完井技术等，并选取具有代表性的页岩气、致密油气和煤层气井做案例分析，主要由曾义金、丁士东、张保平、陈军海、牛新明等编写完成，曾义金统稿；第八章介绍了非常规油气资源储层岩石力学性质与可压性，重点描述了其储层改造和储层保护技术，并以涪陵页岩气藏、大牛地致密砂岩气藏和延川南区块煤层气藏的相关钻井做案例分析，主要由孙志宇、李凤霞、刘长印、李宗田等编写完成，李宗田统稿；第九章介绍了发展非常规油气资源的重要性与迫切性，以及当前非常规油气资源发展的机遇与挑战，并对全球和我国非常规油气资源发展的前景进行了展望，主要由侯明扬、周庆凡、包书景、高波编写完成，周庆凡统稿。全书最后由傅成玉、周庆凡等进行内容安排和统一审校、定稿。

本书涵盖的内容多而繁杂，参加编写人员较多，对没有提及的参编人员表示诚挚的谢意！

在本书的编写过程中，中国石油化工集团公司和股份公司有关下属单位(油田勘探开发事业部、石油工程管理部、石油勘探开发研究院、工程技术研究院、中国石化出版社等)以及中国地质大学能源学院给予了大力支持和通力协作，在此深表感谢。

本书涉及非常规勘探开发的方方面面，编写难度较大，难免挂一漏万，加之编写人员水平有限、编写时间紧迫，不足之处敬请读者提出宝贵批评意见和建议，以便修订时补充完善。

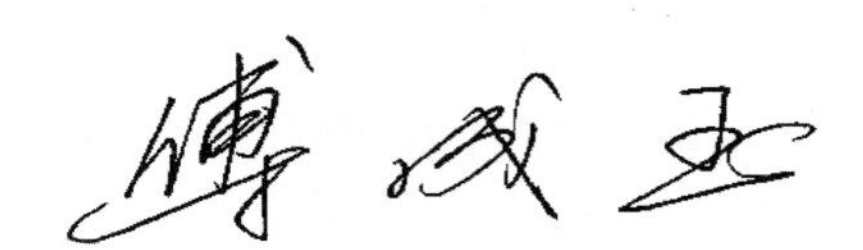

目　录

第一章　非常规油气类型与资源评价 …………………………………………（1）
第一节　非常规油气类型及主要特征 ……………………………………（1）
一、非常规油气资源概念 ……………………………………………（1）
二、非常规油气的主要类型 …………………………………………（2）
三、非常规油气资源特征 ……………………………………………（5）
第二节　非常规油气资源评价方法 ………………………………………（7）
一、非常规油气资源评价的思路 ……………………………………（7）
二、地质因素分析法 …………………………………………………（8）
三、FORSPAN 模型法 ………………………………………………（14）
四、其他非常规油气资源评价方法 …………………………………（19）
第三节　非常规油气储量计算方法 ………………………………………（21）
一、致密砂岩油气储量计算方法 ……………………………………（22）
二、煤层气储量计算方法 ……………………………………………（25）
三、页岩油气储量计算方法 …………………………………………（27）
四、油砂储量计算方法 ………………………………………………（29）
五、储量计算实例 ……………………………………………………（30）
第四节　非常规油气资源量及其分布 ……………………………………（32）
一、页岩气 ……………………………………………………………（32）
二、页岩油(致密油) ……………………………………………………（33）
三、致密砂岩气 ………………………………………………………（34）
四、煤层气 ……………………………………………………………（34）
五、油砂 ………………………………………………………………（35）
六、油页岩 ……………………………………………………………（35）
七、水溶气 ……………………………………………………………（35）
八、天然气水合物 ……………………………………………………（35）
参考文献 ……………………………………………………………………（36）
第二章　页岩油气勘探开发 ……………………………………………………（38）
第一节　页岩油气勘探开发历程及现状 …………………………………（38）

一、国外页岩油气勘探开发历史及现状 …… (38)
二、国内页岩油气勘探开发历史及现状 …… (39)
第二节　页岩油气地质与勘探 …… (42)
一、富有机质页岩形成与分布 …… (42)
二、页岩储层特征 …… (46)
三、页岩油气的形成与分布 …… (54)
四、页岩油气选区与目标评价 …… (61)
第三节　页岩油气开发 …… (66)
一、页岩气开发方案编制、井网优化及产能评价 …… (66)
二、页岩油开发方案编制、井网优化及产能评价 …… (85)
第四节　页岩油气勘探开发实例 …… (101)
一、沃斯堡盆地巴奈特页岩气 …… (101)
二、阿巴拉契亚盆地马塞勒斯页岩气 …… (108)
三、威利斯顿盆地巴肯组页岩油 …… (116)
四、渤海湾盆地济阳坳陷罗家地区沙河街组页岩油 …… (123)
五、南襄盆地泌阳凹陷核桃园组页岩油 …… (131)
参考文献 …… (140)
第三章　致密砂岩油气勘探开发 …… (146)
第一节　致密砂岩油气勘探开发历程及现状 …… (146)
一、国外致密砂岩油气勘探开发历程及现状 …… (146)
二、国内致密砂岩油气勘探开发历程及现状 …… (147)
第二节　致密砂岩气地质特征与成藏规律 …… (151)
一、致密砂岩气地质特征 …… (151)
二、致密砂岩气的成藏主控因素与机制 …… (162)
第三节　致密砂岩油地质特征、形成与分布 …… (173)
一、致密砂岩油地质特征 …… (173)
二、致密砂岩油分布规律与富集主控因素 …… (178)
第四节　致密砂岩气藏开发研究与方案编制 …… (184)
一、气藏描述 …… (184)
二、气藏工程 …… (188)
三、开采工艺 …… (200)
四、致密砂岩气藏开发方案编制技术要求 …… (203)
第五节　致密砂岩油藏开发研究与方案编制 …… (204)
一、开发实验技术及渗流机理 …… (204)

二、油井生产动态特征及产能评价 …………………………………………………………（209）
三、致密砂岩油藏数值模拟技术 ……………………………………………………………（214）
四、致密砂岩油田开发技术政策 ……………………………………………………………（216）
五、开采工艺 …………………………………………………………………………………（221）
六、开发方案编制技术要求 …………………………………………………………………（223）
第六节　致密砂岩油气藏勘探开发实例 ……………………………………………………（226）
一、艾伯塔盆地致密砂岩油气藏 ……………………………………………………………（226）
二、鄂尔多斯盆地致密砂岩气田——大牛地气田 …………………………………………（234）
三、鄂南三叠系致密砂岩油田——红河油田 ………………………………………………（238）
参考文献 ………………………………………………………………………………………（242）
第四章　煤层气勘探开发 …………………………………………………………………（247）
第一节　煤层气的勘探开发历程及现状 ……………………………………………………（247）
一、国外煤层气勘探开发历程及现状 ………………………………………………………（247）
二、中国煤层气勘探开发现状 ………………………………………………………………（248）
第二节　煤层气基本地质特征 ………………………………………………………………（249）
一、煤层沉积环境 ……………………………………………………………………………（249）
二、煤储层岩石学特征 ………………………………………………………………………（250）
三、煤储层物性特征 …………………………………………………………………………（250）
四、煤储层吸附与解吸特征 …………………………………………………………………（252）
第三节　煤层气形成条件及主控因素 ………………………………………………………（254）
一、煤层气成因类型 …………………………………………………………………………（254）
二、煤层气富集条件 …………………………………………………………………………（255）
三、煤层气富集的主控因素 …………………………………………………………………（262）
第四节　煤层气开发 …………………………………………………………………………（264）
一、煤层气流动机理 …………………………………………………………………………（264）
二、煤层气产能评价 …………………………………………………………………………（267）
三、煤层气数值模拟 …………………………………………………………………………（269）
四、开发方案编制 ……………………………………………………………………………（270）
五、开发井网优化 ……………………………………………………………………………（275）
六、排采工艺技术 ……………………………………………………………………………（276）
第五节　煤层气勘探开发实例 ………………………………………………………………（277）
一、鄂尔多斯盆地延川南地区煤层气 ………………………………………………………（277）
二、圣胡安盆地 ………………………………………………………………………………（285）
三、粉河盆地 …………………………………………………………………………………（295）
参考文献 ………………………………………………………………………………………（304）

第五章　其他非常规油气勘探开发 ……（306）
第一节　油砂 ……（306）
一、油砂勘探开发现状 ……（306）
二、油砂的性质 ……（310）
三、油砂成矿条件与模式 ……（312）
四、我国油砂资源状况 ……（316）
五、加拿大阿萨巴斯卡油砂矿简介 ……（318）
第二节　油页岩 ……（321）
一、油页岩勘探开发现状 ……（321）
二、油页岩地质特征 ……（328）
三、油页岩成矿条件 ……（328）
四、中国油页岩资源状况 ……（329）
第三节　水溶气 ……（330）
一、水溶气研究开发现状 ……（330）
二、水溶气地质特征 ……（330）
三、水溶气成藏条件及分布规律 ……（331）
四、中国水溶气资源状况 ……（332）
第四节　天然气水合物 ……（333）
一、天然气水合物研究现状 ……（333）
二、天然气水合物形成条件与赋存规律 ……（338）
三、中国天然气水合物资源状况 ……（339）
参考文献 ……（344）
第六章　非常规油气地球物理技术 ……（350）
第一节　概述 ……（350）
一、非常规油气储层特点与地球物理技术需求 ……（350）
二、非常规油气地球物理技术进展与发展趋势 ……（351）
第二节　致密砂岩油气地球物理技术 ……（352）
一、岩石物理技术 ……（352）
二、致密砂岩油气储层测井评价 ……（356）
三、致密砂岩油气地震识别与综合预测技术 ……（364）
第三节　页岩油气地球物理技术 ……（376）
一、岩石物理技术 ……（376）
二、页岩气测井评价技术 ……（384）
三、页岩油气地震识别与综合预测技术 ……（394）

第四节　煤层气地球物理技术 …………………………………………（410）
一、岩石物理技术 …………………………………………………（410）
二、煤层气测井评价 ………………………………………………（411）
三、煤层气地震识别与综合解释技术 ……………………………（412）
第五节　微地震压裂监测技术 ………………………………………（417）
一、微地震技术概述 ………………………………………………（417）
二、微地震采集技术 ………………………………………………（418）
三、微地震处理技术 ………………………………………………（419）
四、微地震解释技术 ………………………………………………（421）
参考文献 ………………………………………………………………（423）
第七章　非常规油气钻完井技术 …………………………………（426）
第一节　岩石力学特性分析技术 ……………………………………（426）
一、岩石力学实验分析方法 ………………………………………（426）
二、岩石力学参数的测井解释方法 ………………………………（431）
第二节　“井工厂”钻井技术 ………………………………………（434）
一、“井工厂”的概念及特点 ……………………………………（434）
二、水平井井眼方位和轨道选择 …………………………………（435）
三、“井工厂”井眼轨道设计技术 ………………………………（437）
四、水平井钻井工艺 ………………………………………………（445）
五、“井工厂”作业流程 …………………………………………（449）
第三节　钻井液技术 …………………………………………………（456）
一、页岩地层井眼稳定技术 ………………………………………（456）
二、油基钻井液技术 ………………………………………………（461）
三、水基钻井液技术 ………………………………………………（463）
四、油基钻井液重复利用及环保处理技术 ………………………（465）
第四节　水平井固井完井技术 ………………………………………（465）
一、压裂对固井水泥环力学需求 …………………………………（466）
二、固井水泥浆体系设计 …………………………………………（470）
三、油基钻井液清洗技术 …………………………………………（472）
四、固井工艺措施 …………………………………………………（475）
第五节　完井方式及完井工具 ………………………………………（478）
一、完井方式 ………………………………………………………（478）
二、完井工具及工艺 ………………………………………………（479）

第六节　钻完井作业实例 …… (486)
一、页岩气井作业实例 …… (486)
二、致密油气井作业实例 …… (490)
三、煤层气井作业实例 …… (493)
参考文献 …… (494)
第八章　非常规油气储层改造与保护技术 …… (496)
第一节　岩石力学性质与可压性分析 …… (497)
一、岩石力学性质 …… (497)
二、岩石可压性分析 …… (499)
第二节　储层改造技术 …… (505)
一、非常规油气藏压裂优化设计 …… (505)
二、分段压裂施工管柱及工艺要求 …… (518)
三、压裂材料 …… (526)
第三节　储层保护技术 …… (538)
一、储层伤害机理 …… (538)
二、钻完井过程中的储层保护技术 …… (541)
三、压裂改造过程中的储层保护技术 …… (543)
第四节　实例分析 …… (546)
一、涪陵区块 A 井实例分析 …… (546)
二、致密气藏 B 井分段压裂实例分析 …… (550)
三、煤层气 C 井实例分析 …… (554)
四、美国巴奈特页岩气井“同步压裂”实例分析 …… (557)
参考文献 …… (560)
第九章　非常规油气资源发展展望 …… (563)
第一节　发展非常规油气资源的重要性与迫切性 …… (563)
一、发展非常规油气资源的重要性 …… (563)
二、我国发展非常规油气资源的迫切性 …… (564)
第二节　非常规油气资源发展的机遇与挑战 …… (565)
一、非常规油气资源发展的机遇 …… (565)
二、非常规油气资源开发面临的挑战 …… (566)
第三节　非常规油气资源发展前景展望 …… (569)
一、全球非常规油气资源发展前景 …… (569)
二、我国非常规油气资源发展前景 …… (572)
参考文献 …… (573)

第一章　非常规油气类型与资源评价

由于常规油气勘探开发高峰期已过，常规油气产量呈不断下降趋势，加之对能源需求的不断增长，加强非常规油气资源勘探开发、增加油气资源供给日益重要。特别是近十几年来，美国在页岩气及页岩油勘探开发方面取得了举世瞩目的成就，相继实现了页岩气、页岩油大规模商业性开发，引发了一场全球性的页岩革命，这不但改变了北美的油气供需结构，而且对全球能源格局和地缘政治产生了巨大影响，引起了世界各国和油气公司的高度重视，大大增强了人们开发非常规油气资源的信心和决心。受美国非常规油气开发的影响，近年来，许多国家和地区加大了非常规油气的勘探开发力度，非常规油气资源发展步伐不断加快。我国广泛分布的沉积盆地中蕴藏着多种类型的非常规油气资源，随着经济社会的快速发展和人民物质文化生活水平的不断提高，油气资源的供需矛盾日益突出，常规油气资源增储上产难度越来越大，因此，加快我国非常规油气资源的开发，对于保障国家能源安全、实现经济可持续发展具有重要意义。

第一节　非常规油气类型及主要特征

一、非常规油气资源概念

非常规油气是相对以往勘探开发的常规油气而言的，在常规油气勘探开发实践中，陆续发现一些难以用传统的油气生成和聚集理论解释的、不能用常规油气勘探开发技术进行商业开采的油气资源，人们便将这些油气资源统称为非常规油气资源。截至目前，仍未形成一个公认的非常规油气资源的概念和分类体系。由于界定的角度不同，关于非常规油气资源的定义也就不一样。

工程技术角度的定义：目前大多数人是从工程技术角度来定义非常规油气资源的。所谓非常规油气资源是指采用现有常规技术难以实现经济开发的油气资源。如美国全国天然气委员会(NPC)将非常规天然气定义为只有采用先进的开采技术组合才能采出的天然气；美国能源安全联合研究协会(RPSEA)认为非常规油气资源是采用普通勘探开发技术难以表征和进行商业性生产的油气聚集。国内文献中也常将非常规油气资源定义为不能用常规的方法和技术手段进行勘探开发的油气资源。在这种定义下，非常规油气资源的内涵会随时间而发生变化；勘探开发技术的进步，可使原本不具经济性的油气资源变为可商业化开发的油气资源。

地质角度的定义：从地质角度定义非常规油气资源更具客观性，因为油气藏的地质特征不会受到油气产业发展的影响。Law 和 Curtis(2002)认为，常规与非常规油气藏在地质上存在着根本性差异。常规油气藏是受浮力驱动形成的，其分布表现为受构造圈闭或岩性圈闭控制的不连续分布形式；而非常规油气藏则是由非浮力驱动形成的，分布表现为不受构造或岩性圈闭控制的区域性连续分布形式。美国地质调查局(USGS)从油气藏的地质特征出发，提出“连续型油气藏”的概念(J. W. Schmoker，2005)，指空间分布范围大、无清晰边界且不依赖于水柱而存在的油气藏。为了统一概念，美国石油工程师学会(SPE)、世界石油大会

(WPC)、美国石油地质师协会(AAPG)和石油评估工程师学会(SPEE)2007年共同发布了《石油资源管理系统》(简称PRMS)取代了2000年发布的《石油资源分类和定义》，为油气资源分类提供了一个国际标准，认为非常规油气资源是指在某一范围内连续分布且不受水动力显著影响的油气聚集。这与USGS提出的连续型油气藏的概念有异曲同工之妙，也可以认为连续型油气藏实际上就是地质意义上的非常规油气藏。

经济角度的定义：非常规油气资源是指次经济和处在盈亏平衡点附近的油气资源。美国早期就是把经济性作为划分常规油气和非常规油气的主要依据。例如20世纪70年代早期和中期，美国大多数勘探家将次经济和在经济评价中处于盈亏平衡点上的煤层气、页岩气、致密(低渗透)气、致密油等油气资源称为非常规油气资源。但在这种定义下，非常规油气的内涵会随着油气价格及其他政治经济条件的改变而变化。从经济角度定义难以客观地反映常规和非常规油气资源的区别，因为受油气及相关产业发展的影响，油气资源的经济性在不断地发生变化。

以上3种非常规油气资源的定义都只是考虑了这类油气资源某一方面的特征，而没有综合考虑其各种特征。Singh等(2008)、Old等(2008)、Martin等(2010)以及Cheng等(2010)都认为，非常规油气资源是指因特殊的储层岩石性质(基质渗透率低和存在天然裂缝)、特殊的充注(自生自储岩石中的吸附气、天然气水合物)和/或特殊的流体性质(高黏度)，只有采用先进或特殊技术以及大型增产处理措施和/或特殊的回收加工工艺才能获得经济开发的油气聚集(赵靖舟，2012)。邹才能等(2013)提出，非常规油气是现今无法用常规方法和技术手段进行经济性勘探开发的资源，其特点是资源规模大、储层物性差，一般孔隙度小于10%，渗透率小于$1\times10^{-3}\mu m^2$。综上所述，本书认为非常规油气资源就是在成藏机理、赋存方式、分布规律和勘探开发技术等方面有别于常规油气资源的烃类资源。

二、非常规油气的主要类型

非常规油气资源丰富、种类多样，目前还没有统一的非常规油气资源划分方案，但是资源类型通常可以归纳为两大类：非常规天然气资源和非常规石油资源。非常规天然气资源包括页岩气、煤层气、致密砂岩气(深盆气)、水溶气、天然气水合物等；非常规石油资源包括页岩油、致密油、油页岩、油(沥青)砂、重(稠)油等。各种类型的非常规油气资源与常规油气资源在成因上密切联系、空间分布上相互伴生，在沉积盆地(凹陷)中的空间分布见图1-1。下面对主要非常规油气类型作简单介绍。

(一)页岩气

页岩气(Shale Gas)是指主要以游离和吸附方式赋存于富有机质和极低孔渗泥页岩地层系统中的天然气。主要特征有：①页岩气成因类型及储集岩性多样，页岩气可以是生物化学成因气、热成因气或二者的混合，储集岩性主要是富含有机质泥页岩，可以有砂岩和碳酸盐岩夹层，组成含气泥页岩层段；②页岩气赋存状态多样，主体以游离态和吸附态赋存于泥页岩层段中，前者赋存于基质孔隙和裂缝中，后者主要赋存于有机质、黏土矿物表面上，此外还有少量页岩气以溶解态存在于有机质、液态烃以及残留水中；③页岩气藏为典型的“自生自储”成藏模式，富含有机质泥页岩既是烃源岩又是储集岩，页岩气就是残留在富含有机质泥页岩层段中的天然气；④与致密砂岩相比，泥页岩孔隙度更小、渗透率更低，纳米孔隙、有机质孔隙、微裂缝是其主要的储集空间；⑤含气泥页岩层段主要位于盆地或凹陷中心及邻近斜坡带，属于源内聚集，构造上往往处于构造低部位；⑥页岩气开发需要特殊工程工艺技术，水平井和分段压裂技术、水平井组生产模式对于实现页岩气的有效开发非常重要。

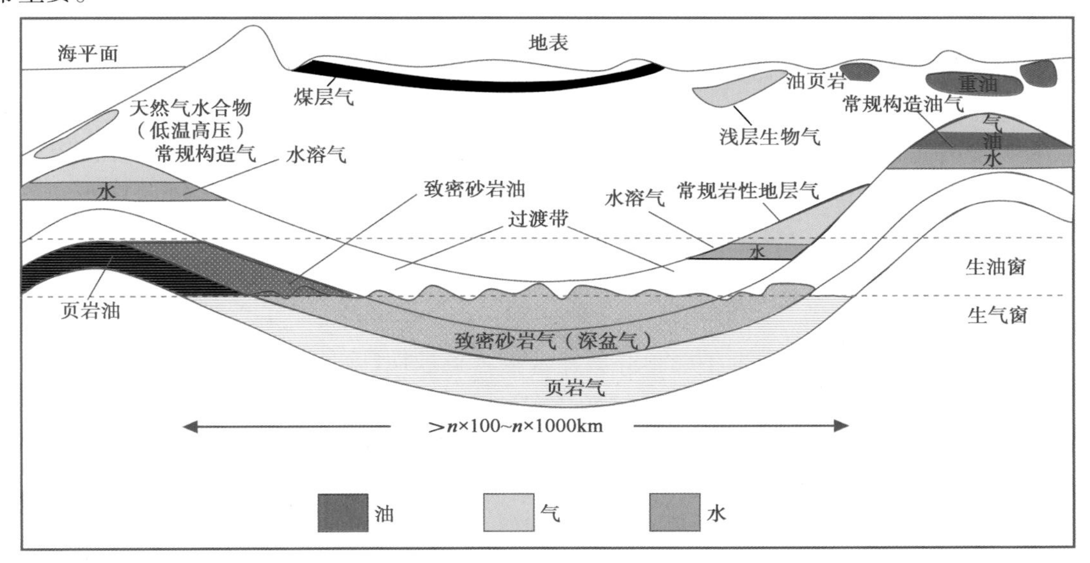

图 1-1　非常规与常规油气资源空间分布示意图(Pollastro2001 资料，修改)

（二）页岩油

页岩油(Shale Oil)是指主要以游离和溶解方式赋存于富含有机质泥页岩及其他岩性夹层中的石油。页岩油的主要特征有：①页岩油主体以游离态和溶解态存在于富有机质页岩基质微孔隙、微裂缝和其他岩性夹层及构造裂缝中，在介质中的赋存状态受有机质演化阶段所影响的气油比控制；②页岩油藏也是典型的“自生自储”油藏，有机质类型以Ⅰ型、$Ⅱ_1$型干酪根为主，热演化程度一般处于生油窗，富含有机质页岩既是烃源岩又是储集岩，页岩油就是残留在富含有机质页岩层段中的液态烃；③页岩油藏同样具有超低孔隙度和超低渗透率的特点，富含有机质页岩层段中的裂缝带和砂岩、碳酸盐岩夹层可成为页岩油勘探开发的“甜点”；④具有异常高压、高气油比、轻质油和凝析油的层段通常对于开发更有意义；⑤在含油气盆地的平面上和纵向剖面上，页岩油常可与页岩气、致密砂岩气、致密砂岩油等非常规类型油气伴生共存；⑥页岩油需通过水平井分段压裂技术等储层改造措施才能实现有效开发。

值得注意的是，在本书中页岩油与致密油(见下文)是两个不同的概念，页岩油是指来自作为烃源岩的泥页岩层系中的石油资源，其特点是烃源岩与储层同层，如西加拿大盆地的Duvernary/Mukwa组。致密油与致密气对应，是指来自页岩层系之外的致密储层(如粉砂岩、砂岩、灰岩和白云岩等)的轻质石油资源。但是在国内外许多文献中，往往没有严格区分页岩油和致密油，无论页岩油还是致密油基本是同一个概念，都泛指蕴藏在具有低的孔隙度和渗透率的致密含油层(页岩、砂岩、碳酸盐岩等)中的石油资源，其开发需要使用与页岩气类似的水平井和水力压裂技术(周庆凡等，2013)。因此在应用文献时，一定要清楚文献中的页岩油或致密油究竟对应本书中的页岩油还是致密油。

（三）致密砂岩气

致密砂岩气(Tight Sand Gas)是指存在于地层覆压条件下渗透率小于 $0.1\times10^{-3}\mu m^2$ 的砂

岩储层中的天然气，也被称为深盆气(Deep Basin Gas)、盆地中心气(Basin-centred Gas)(Law，2002)或根缘气(Source Contacting Gas)。致密砂岩气藏的主要特征有：①天然气广泛分布于致密砂岩储层中，断裂发育对致密砂岩气藏的保存不利，孔隙型和裂缝性“甜点”是致密砂岩气藏的富集高产区带；②靠近烃源岩成藏富集是致密砂岩气藏的重要特征，烃源岩有机质类型以Ⅲ型、$Ⅱ_2$型干酪根为主，演化程度一般要求达到高成熟阶段的强生气窗；③烃源岩与储层交互是有利的生储盖组合，如煤系烃源岩与河流－三角洲储层的交互；④致密砂岩气藏具有特殊的成藏机理和控制因素，与常规构造或岩性圈闭关系不明显，气藏常表现为异常地层压力，一般无明显气水界面，常具有复杂气水分布关系，可见到“上水下气”现象；⑤特殊的增产技术(如水平井和分段压裂技术)可以较大幅度提高致密砂岩气产能。

(四)致密油

致密油(Tight Oil)是指存在于致密砂岩和碳酸盐岩储层(地层覆压条件下渗透率一般小于$1\times10^{-3}\mu m^2$)中的轻质石油。我国发现的致密油藏主要为致密砂岩油藏(即储层为致密砂岩)。致密砂岩油藏的主要特征有：①石油主要分布于致密砂岩储层中，但其分布受强烈的储层非均质性控制，油藏对储层孔渗性的要求高于天然气，孔隙型和裂缝性“甜点”构成致密砂岩油藏的富集高产区带；②与致密砂岩气相似，致密砂岩油也有靠近烃源岩富集成藏的特征，烃源岩往往是富含Ⅰ型、$Ⅱ_1$型干酪根的泥页岩，热演化程度一般处于中等成熟阶段的生油窗；③烃源岩与储层交互的生储组合有利于形成致密砂岩油藏，如烃源岩与三角洲、滩坝、斜坡上的各类扇体储层的交互；④致密砂岩油藏分布主要受控于物性变化，油藏在致密储层背景上大范围连续分布，但在局部富集高孔渗带；⑤油气生产通常需要特殊的增产技术，如水平井、储层改造等。需要指出的是，正如上文所述，许多国内外文献中使用的致密油含义实际上包括本书的致密油和页岩油的概念，凡蕴藏在具有低的孔隙度和渗透率的致密含油层(页岩、砂岩、碳酸盐岩等)中的石油资源统称为致密油。

(五)煤层气

煤层气(Coal Bed Methane，缩写CBM)是指经煤化作用形成的、主体以吸附和游离方式赋存在煤层中的天然气。煤层气的主要特征有：①煤层气主要以吸附状态赋存于煤的孔隙、裂隙中，游离态气在低煤阶中含量的比例有所增加；②气源有热成因气、生物成因气和混合成因气3类；③煤层既是生气层又是储集层，具有较强的非均质性，其物理化学性质比常规砂岩储层复杂，因此煤层气储集和产出机理比常规天然气储层复杂；④煤层气的开发通常需要经历排水—降压—解吸—产出过程；⑤我国煤层气富集的地质条件较为复杂，一般都需要在有效预测富集区和加强储层保护的基础上，通过优化钻完井方式和压裂等多种增产工艺，并以一定的井网排采达到面积降压来实现经济规模开发。

(六)油砂

油砂(Oil Sand)指出露地表或近地表含有原油(黏度大于$1.0\times10^4 mPa\cdot s$，在无黏度数据时其相对密度大于$1.00g/cm^3$)的砂岩或其他岩石，又称天然沥青(Natural Bitumen)，国外也有将其称为焦油砂(Tar Sand)。油砂的主要特征有：①由无机物(砂、黏土矿物、水)、有机物(原油或沥青等)和少量的其他矿物(钛、锆、电气石及黄铁矿等)组成；②油砂油通常为芳族环烷类或芳族沥青类原油，即饱和烃与汽油含量低，N、S、O和沥青质含量高，明显特征是黏度较高、密度较大、不易流动；③油砂主要经生物降解、轻烃挥发、水洗、游离氧化等作用形成；④油砂的形成需要充足的油气供给、优势运移通道、构造抬升作用以及盖层相对缺乏等条件，常出现于盆地或凹陷边缘和浅层，甚至暴露于地表；⑤油砂含油率一般大于3%；⑥开发方式主要采用露天开采和热化学分离、地下加热降黏等技术。

（七）油页岩

油页岩（Oil Shale）是指高灰分的含有固体可燃有机质的细粒沉积岩，低温干馏可以获得油页岩油，含油率大于3.5%，又称油母页岩。油页岩的主要特征有：①油页岩由多种无机矿物和固体可燃有机质组成，燃烧后灰分超过40%；②构造上呈薄层页片状、层状和块状，层理、纹理比较发育，油页岩常与粉砂岩、泥灰岩等以中薄层状互层，多与金属矿伴生；③有机质丰度高，干酪根类型以腐泥型为主，热演化程度低，热成熟度（R_o）一般小于0.6%；④与炭质页岩的主要区别是含油率大于3.5%；⑤油页岩形成于低能沉积环境，一般分布在沉积盆地、凹陷中心或临近斜坡区；⑥开发方式主要有固体开采和地面干馏方式，地下原位转化开采技术（ICP）仍处于试验阶段。油页岩加工生产的石油是通过油页岩的热解、加氢或热液溶解作用从油页岩中提炼得到的一种非常规石油资源，也称干酪根石油（kerogen oil）或油页岩油（oil-shale oil）。需要注意的是油页岩干馏获得油页岩油在许多英文文献中也称“shale oil”，请注意这里shale oil与前面提到页岩油的shale oil不同。

（八）水溶气

水溶气（Gas in Water）是溶解在地层水中且具有工业勘探开发意义的天然气，也称水溶性天然气。水溶气藏的主要特征有：①水溶气藏分布广泛，只要有天然气形成，同时有地层水存在，即可形成水溶气；②水溶气的气源可以是生物成因气、热成因气和无机成因气；③水溶气富集受气源、水文地质和异常高压条件控制，处于相对静止的地层水有利于水溶气赋存和聚集，因此水溶气一般富集在临近气源、水动力条件较弱的区带，并伴随异常高压；④水溶气藏广泛分布于中、新生代海相和陆相沉积盆地中，多出现在快速沉积的活动性大陆边缘沉积盆地和稳定陆台内的坳陷盆地；⑤浅层水溶气主要为生物成因气，由于浅层地质条件易发生改变，造成溶解气脱溶释放，很难大规模运移聚集。

（九）天然气水合物

天然气水合物（Gas Hydrates）是由天然气和水在高压低温条件下形成的类冰状的笼形结晶物，又称“可燃冰”、甲烷水合物。天然气水合物的主要特征有：①以固体状充填于沉积物粒间孔和裂缝中或形成水合物矿层，大块的水合物伴随少量沉积物；②形成于相对低温、高压的环境，一般分布在南北两极和高原的冻土带以及现代海洋的海沟附近；③具有能量密度高、分布广、埋藏浅、成藏物化条件优越等特点，因此天然气水合物资源规模较大；④天然气水合物主要的勘探技术方法有地震勘探技术、地球化学勘探技术、微地貌及海底视像探测技术、钻井和测井技术、海底热流探测技术等，热激发技术、降压采气技术和化学抑制剂技术等是水合物开发的主要手段。

三、非常规油气资源特征

与常规油气资源相比，非常规油气资源在资源规模、资源丰度、赋存方式、储集空间、分布规律、勘探开发技术、生产特征等方面具有明显差异。相对于常规油气资源，非常规油气资源总体上主要具有以下特征：

（1）非常规油气资源类型多、赋存方式多样。各种岩石（如致密砂岩、致密碳酸盐岩、泥页岩、煤岩等）和各种类型孔隙（如微孔隙、微裂缝、晶间孔、纳米孔、有机质孔隙等）均可以赋存油气，相态可以是固态（如油页岩、天然气水合物等）、液态（如页岩油、油砂等）和气态（如页岩气、煤层气等），赋存方式有固体方式、游离方式、吸附方式、溶解方式（图1-1）。

（2）非常规油气分布广泛，往往具有连续性，资源规模大。非常规油气资源既有低熟和未熟的油页岩和生物成因气，也有高成熟和过成熟的裂解成因的页岩气，既有滞留在烃源岩中的页岩油气，也有常规油气藏被破坏后形成的油砂，因此，即使在常规油气资源匮乏的沉积盆地，也有非常规油气资源分布。非常规油气资源处于油气资源三角图（资源金字塔）的底部（图1-2），因此资源规模更大。

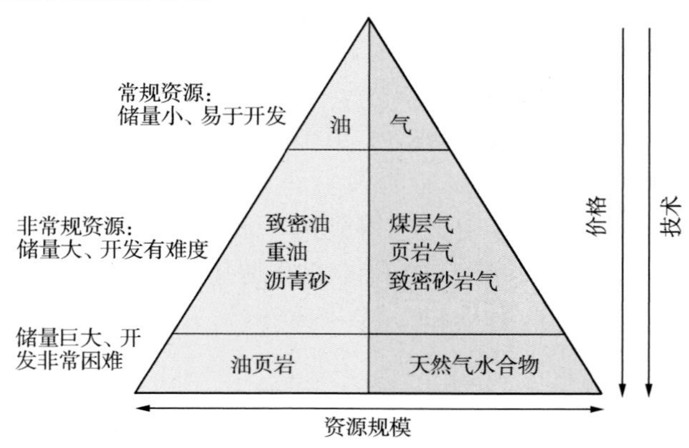

图1-2 油气资源三角图（Sonnenberg，2010）

（3）非常规油气资源储层物性差，需要进行储层改造。除油砂以外，非常规油气的储层往往是致密砂岩、泥页岩、煤岩等，岩性致密，储集空间以微孔隙、微裂隙、纳米孔隙等为主，因此一般具有超低孔隙度和渗透率特征，需要采取储层改造技术来提高其渗透性，增加油气的汇聚能力，才能实现有效开发。

（4）非常规油气资源品质较差、资源丰度较低。除了储层物性差以外，油气品质较差、赋存方式复杂等也是非常规油气资源的重要特征。如密度和黏度较大的油砂油和重（稠）油、以吸附方式赋存的煤层气和页岩气、微孔隙和有机质中的页岩油等，油气的动用（可采）难度较大。另外，虽然非常规油气赋存空间和方式多样，但是赋存空间小、孔隙度和油气饱和度低，因此，与常规油气资源相比，其资源丰度往往较低，可以通过水平井和压裂技术增大与储层接触面积、扩大泄油（气）体积，提高每口钻井的最终采出量（*EUR*）。

（5）非常规油气资源开发难度大。鉴于非常规油气资源具有多种赋存方式、超低的孔隙度和渗透率，以及较小的资源丰度，常规油气的开发技术往往不能实现非常规油气资源的有效开采，需要特殊的工程工艺技术，并且需要规模化生产，如页岩油气开发中采用的水平井和分段压裂技术，以及“井工厂”开发方式。

（6）非常规油气资源开发经济性一般较差。正是由于非常规油气资源的特殊性和对勘探开发技术的特殊要求，因此在各种非常规油气资源勘探开发的早期，其经济性往往较差，需要发展新技术、提高技术适应性和技术规模化，不断降低勘探开发成本，逐步实现经济有效开发。美国早期就是采用是否具有经济性作为划分常规油气和非常规油气的主要依据，运用常规油气开发技术进行经济评价，非常规油气资源往往处于次经济范围和盈亏平衡点附近。

（7）非常规油气资源开发利用具有勘探开发一体化、地质工程一体化特点。与常规油气资源重视地质评价和勘探发现不同，非常规油气资源不但强调地质勘探和评价，而且更加关注适应性的开发关键技术和有效动用，勘探与开发、地质与工程密切联系、相辅相成，因此只有坚持勘探开发一体化、地质工程一体化，才能有效降低成本，实现经济规模开发。

（8）对环境影响较大，环保要求比较高。页岩油气开发采用的大型水力压裂技术、煤层气开发过程中大量排水、油页岩地面干馏技术、油砂的热化学分离等不但需要大量的水资源，而且对环境影响较大，会造成大气、地面及地下环境污染，要保证非常规油气资源勘探开发持续发展，必须降低有害气体的排放、加强对返排压裂液和排采水的处理。

（9）需要政府在税收等方面优惠政策的支持。非常规油气资源勘探开发初期，在资源潜力、有利目标区、技术的适应性、开发的经济性等方面存在较大的不确定性和风险，需要政府在税收、监管和公共服务方面的优惠政策扶持。如1980年，美国联邦政府颁布实施了《能源以外获利法》，其中第29条税收补贴政策进一步推动了页岩气地质研究和勘探开发；《原油暴利税法》规定从1980～1992年钻探的非常规天然气可享受每桶油当量3美元的税收津贴，后续的立法将这一政策执行期限推迟了3年，这极大提升了美国非常规天然气尤其是煤层气的产量。

第二节　非常规油气资源评价方法

由上述可知，非常规油气在地质特征与勘探开发技术和方法上有别于常规油气。例如，常规油气以圈闭和油气藏为研究对象，其中圈闭是核心，学科基础是圈闭成藏理论。以此为基础的传统石油地质研究强调油气从烃源岩到圈闭的运移，寻找有效聚油气圈闭是常规油气勘探的核心，“生、储、盖、圈、运、保”六要素是评价圈闭有效性的关键。非常规油气则以连续型或准连续型油气聚集为对象，源储配置是其核心，学科基础是连续型油气聚集理论，突破了储层物性下限和传统的圈闭找油理念。非常规油气藏通常只经历初次运移或短距离二次运移，生烃增压和毛细管压力差是其运移和聚集的主要动力，更注重烃源岩和储集体条件、油气充注下限及有效性、运移和渗流机理以及核心区评价等方面的研究。另外，常规油气资源主要发育在断陷盆地大型构造带、前陆冲断带大型构造、被动大陆边缘以及克拉通大型隆起等正向构造单元中，油气聚集于构造高点，平面上呈孤立的单体式分布，或聚集于岩性、地层圈闭中，平面上呈较大规模的集群式分布；非常规油气资源则主要分布在前陆盆地上坳陷—斜坡、坳陷盆地中心及克拉通向斜部位等负向构造单元中，不受二级构造单元控制，在盆地中心及斜坡呈大面积连续型或准连续型分布(邹才能等，2013)。常规和非常规油气资源在以上诸多方面的较大差异，决定了非常规油气资源评价与常规油气资源评价也有所不同。一般来说，非常规油气地质资源量较大，但是采收率较低，因此非常规资源评价则更注重资源有效性的评价，强调资源的可采性，更关注可采资源储量，其评价方法多用类比法和统计法，常规油气资源评价经常采用的成因法在非常规油气资源评价中很少采用。

一、非常规油气资源评价的思路

尽管不同机构和研究者在进行油气资源评价时所使用的方法各不相同，但综合对比目前国内外资源评价的各种方法，可以大致归纳为两种不同的评价思路，分别是成烃评价思路和成藏评价思路。成烃评价思路是一种典型的“顺藤摸瓜”式思路，侧重于对烃源岩和/或生烃凹陷的研究和评价，将其作为资源储量计算的基础，通过与其他成藏要素相结合得到待评价对象的总体资源情况；成藏评价思路则可用“按图索骥”来形容，该思路更注重对已发现和待发现油气藏和/或油气聚集的研究，通过综合的地质、生产和工程分析获得评价对象的资源信息(周庆凡等，2011)。

成烃评价思路从生烃单元出发，根据油气生成、运移、聚集的基本原理，建立油气生成、运移、聚集的地质模型和数学模型，先计算烃源岩的油气生成量，再根据运聚系数等计算出资源储量。这种以生烃单元为基础的评价思路是一个系统的研究方法，采用系统的观点，从含油气系统的角度出发，把油气藏(聚集)的形成过程，即油气藏的“生、储、盖、圈、运、保”的整个过程作为一个整体，通过静态地研究含油气系统来估算油气藏的资源储量，可以再现地质历史中盆地的热演化、烃源岩的成熟、油气的生成和排出、油气的运移和聚集等过程。成烃思路下的资源评价研究的主要内容是以生烃史研究为基础，通过建立生烃史、排烃史、运聚史模型，结合对地层埋藏史模型及盆地地热史模型的研究来计算生烃量、排烃量。通过选取适当的运聚系数、聚集系数等参数，综合分析计算出含油气盆地的地质资源量。在这种思路下得到的资源量主要以生烃量的模拟结果为基础，其所评价出的资源量是相应生烃单元对应的资源总量(包括已发现和未发现的资源量)。

成藏评价思路是在油气地质综合分析的基础上，以聚集单元为目标划分出评价单元，评价出油气藏或油气储存单元规模和数量分布，然后计算出资源量。这种思路评价的出发点是聚集单元，油气聚集单元成藏地质特点不同，其资源评价方法和模型就不同。成藏思路下的资源评价方法通常需要将待评价对象的地质、工程和生产特征相结合，有时甚至需要其油气发现过程资料。这种思路下的资源评价一般有时间因素方面的考虑(如美国地质调查局开展资源评价一般考虑未来30年)，因此得到的评价结果更关注可采资源量，而且因为一开始就以油气聚集单元为出发点，评价结果可以很直观地了解所评价出的资源分布情况。

从目前国内外机构和学者在进行非常规油气资源评价时所使用的具体方法来看，大多都是采用成藏评价思路，采用成烃评价思路的很少。成藏评价思路的非常规油气资源评价方法也有很多种，归纳起来包括两大类，即静态地质法和动态工程法。

目前，非常规油气资源评价中常用的静态地质评价方法包括地质因素分析法、储量丰度法、单井储量估算法和体积概率法等。这类方法一般以评价对象的相关地质信息为基础，利用对这些地质信息的分析选取适宜的参数进行选区评价，再结合体积法进行资源量计算。这类方法既适用于勘探开发程度较高的地区，也适用于那些有一定的地质资料或有较好的类比区但尚无足够的生产数据进行动态评价的新区。

动态工程评价方法是综合待评价对象的地质、工程和生产信息进行资源评价的一大类方法，常见的具体方法包括FORSPAN模型法、单井储量估算法、产量递减法和模型分析法等。这类评价方法在具有一定生产历史的地区使用效果最佳，且勘探开发程度越高，结果越准确。这类评价方法也可以应用于新区评价，但必须与类比法相结合，通过类比得到相关的评价参数。

二、地质因素分析法

美国能源信息署(EIA)在2013年公布的《全球页岩油气资源评价》报告中所使用的评价方法就是从评价对象的地质要素出发，结合体积法进行资源量计算的。我们将该方法称为地质因素分析法，这是一种静态地质评价方法，下面结合实例对该方法进行介绍。

(一)评价方法概述

地质因素分析法是以页岩油气地区/盆地的地质特征为基础，利用地质和沉积理论进行页岩油气资源潜力评价，最终得到页岩油气的风险地质资源量和技术可采资源量。整个评价流程包括页岩盆地和地层的地质与储层特征描述、确定主要页岩油气地层的平面分布、确定单个页岩油气地层的远景区、估算页岩油气的风险地质资源量、计算页岩油气技术可采资源量 5 个步骤(EIA，2013)。

第 1 步：页岩盆地和地层的地质与储层特征描述。这是利用该方法进行页岩油气资源评价的基础，通过所有可能的途径尽可能详细地收集待评价页岩油气盆地的资料，并确定出主要的页岩油气评价目的层。可利用地层柱状图和测井资料确定地质年代和烃源岩，利用其他资料确定需进一步评价的主要页岩层位。每个页岩盆地和层位都需要确定以下几项参数：页岩的沉积环境(海相或陆相)、页岩层埋深(顶、底)、构造(包括主要断层)、页岩层总厚度、含有机质页岩总厚度和净厚度、有机碳含量(TOC)、热成熟度(R_o)。这些参数可对主要页岩油气层的地质特征进行描述并帮助评价者进一步选择有必要进行进一步评价的页岩油气盆地和层位。

第 2 步：确定主要页岩油气地层的平面分布。对之前收集到的所有相关文献资料进行详细研究，特别是那些包含页岩地层的剖面资料。另外，还可以根据井资料绘制评价区内某地区的地层剖面图，以此来确定盆地中页岩地层的横向展布情况，同时也可用来确定页岩层的区域埋深和总厚度。

第 3 步：确定单个页岩油气地层的远景区。根据以下标准确定页岩油气层的远景区：

(1) 沉积环境。海相页岩的黏土矿物含量较低，而石英、长石和碳酸盐岩等脆性矿物的含量相对较高，这类页岩的脆性较高、压裂效果较好；陆相(湖相、河流相)页岩的黏土矿物含量较高，塑性较强，压裂效果较差。

(2) 埋深。页岩油气远景区的埋深一般在 1000 ~ 5000m，埋深小于 1000m 时储层压力较低，油气生产的动力不足，而且较浅储层的天然裂缝中充填水的概率更高；而埋深大于 5000m 的储层往往渗透率较低而且钻井和开发成本也较高。

(3) TOC。一般来说，页岩油气远景区的平均 TOC 应该在 2% 以上，而对于页岩油远景区而言，除 TOC 大于 2% 以外，有机质类型还应该是Ⅰ型和Ⅱ型。

(4) R_o。页岩油远景区的 R_o 应该在 0.7% ~1.0% 之间；湿气和凝析气远景区的 R_o 应该为 1.0% ~1.3%；而页岩气干气远景区的 R_o 应该在 1.3% 以上。

(5) 地理位置。页岩油气远景区应该是页岩油气盆地的陆上部分。

除以上几个标准外，页岩油气远景区的面积一般不到整个盆地总面积的 1/2。而且远景区应该包括一个地质条件好、资源丰度高的核心区和一系列地质条件较差资源丰度较低的扩展区。那些黏土含量高和/或地质条件复杂的地区成为远景区的可能性较低，评价中一般不予考虑。

第 4 步：估算页岩气地质资源量(GIP)和页岩油地质资源量(OIP)。

(1) 估算页岩油地质资源量(OIP)。

计算 OIP 的公式为：

$$OIP = \frac{7758Ah\phi S_o}{B_{oi}} \tag{1-1}$$

式中 A——远景区面积，acre；

h——含有机质页岩净厚度，ft；

ϕ——孔隙度，可通过测井和岩心分析获得；

S_o——含油孔隙度所占比例，页岩中排除含水孔隙占比(S_w)和含游离气孔隙占比(S_g)

后即为含油孔隙比例；

B_{oi}——油层的天然气体积系数，与储层压力、温度和 R_o 有关(Ramey H. J. 等，1964；Vasquez M. 等，1980)。

(2) 估算页岩气地质资源量(GIP)。

页岩气地质资源量由游离气和溶解气两部分构成，它们与地层压力的关系如图1-3所示。

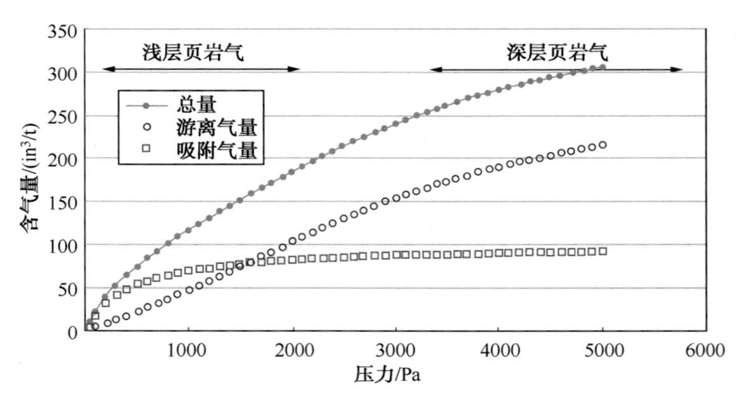

图1-3 页岩储层含气量与压力的关系

游离气地质资源量与地层压力、温度、含气孔隙度及含有机质页岩净厚度有关，计算公式为:

$$GIP = \frac{43560Ah\phi(1 - S_w)}{B_g} \tag{1-2}$$

其中:

$$B_g = \frac{0.02829ZT}{P} \tag{1-3}$$

式中 GIP——游离气地质储量；

A——页岩气远景区面积，acre；

h——页岩净厚度，ft；

ϕ——孔隙度，由测井和岩心资料获得；

S_w——含水饱和度；

$1 - S_w$——含气饱和度(亦可表示为 S_g)；

B_g——天然气体积系数，ft^3/scf；

P——地层压力，bf/in^2(psi)(压力资料利用公开发表文献中的试井信息或通过与美国相似页岩气盆地类比获得；美国页岩气盆地的正常压力梯度为0.433psi/ft，异常高压地区的压力梯度为0.5～0.6psi/ft，异常低压的压力梯度为0.35～0.4psi/ft)；

T——地层温度，兰氏度(°R)(温度资料通过公开发表文献中的试井资料或区域温度—深度关系获得)；

Z——气体偏差系数，是气体实际体积与理想状态下体积的比值。

吸附气地质储量通过朗缪尔吸附等温线计算获得，计算公式为:

$$G_c = \frac{V_L P}{P_L + P} \tag{1-4}$$

式中，G_c 为含气量，ft^3/t，可以进一步利用已有的页岩密度资料将 G_c 转换成吸附气地质资源丰度(单位平方英里的吸附气地质资源量)，美国主要盆地的页岩密度值为2.65～2.8g/mL，会随矿物和有机质含量略有增减；V_L 和 P_L 分别为朗缪尔体积和朗缪尔压力；P 为原始地层压力。

(3) 确定页岩油气远景区的成功/风险因子。页岩油气区的成功/风险因子取决于两个参数：区带成功概率和远景区成功风险。对于已有页岩油气生产的区带，其区带成功概率为100%，而地质和储层资料有限区带的成功概率一般选取30%～40%，若以后可获得更多可用资料，则可适当提高成功概率。远景区成功风险主要考虑构造复杂性高低、R_o 在0.7%～0.8%的低成熟度区面积等。这两个参数的乘积是整个远景区的成功/风险因子。

第5步：计算页岩油气技术可采资源量。页岩油气技术可采资源量通过求取其地质资源量与采收率系数的积得到。不同页岩油气区带采收率系数选取标准如下：

1) 页岩油区带

(1) 黏土矿物含量较低、地质复杂性较低、储层条件好(超压、含油饱和度高)的页岩油区带采收率取6%。

(2) 黏土矿物含量中等、地质复杂性中等储层条件一般的页岩油区带采收率取4%～5%。

(3) 黏土矿物含量较高、地质复杂性较强、储层条件较差(超低压、含油饱和度低)的页岩油区带采收率取3%。

在一些生产条件非常好的页岩油区带，采收率最高可以取8%；在一些超低压幅度较高、储层条件较复杂的区带，采收率最低可取2%。

2) 页岩气区带

(1) 黏土矿物含量较低、地质复杂性较低、储层条件好(超压、含油饱和度高)的页岩气区带采收率取25%。

(2) 黏土矿物含量中等、地质复杂性中等储层条件一般的页岩油区带采收率取20%。

(3) 黏土矿物含量较高、地质复杂性较强、储层条件较差(超低压、含油饱和度低)的页岩油区带采收率取15%。

在一些生产条件非常好的页岩气区带，采收率最高可以取30%；在一些超低压幅度较高、储层条件较复杂的区带，采收率最低可取10%。溶解气的采收率按照上述页岩油采收率进行一定比例的调整，低于干气采收率高于页岩油采收率。

(二)应用实例

以阿根廷内乌肯盆地的资源评价为例阐述该方法进行页岩油气资源评价的过程。首先根据公开发表的文献等确定内乌肯盆地具有页岩油气潜力，然后根据该盆地的地层柱状图确定具有页岩油气资源潜力的两套页岩层位分别是Vaca Muerta组和Los Molles组(图1-4)，再根据已钻井资料建立地层剖面确定这两套页岩地层在盆地内的展布情况(图1-5)，之后按照页岩油气远景区的筛选标准确定这两套页岩地层的页岩油气远景区(图1-6)。页岩气远景区标准为：海相页岩、埋深在1000～5000m之间、TOC 大于2%、R_o 大于1.0%、现今地理位置为陆上；页岩油远景区标准为：海相页岩、埋深在1000～5000m、TOC 大于2%、有机质类型为Ⅰ型和Ⅱ型、R_o 在0.7%～1.0%、现今位置为陆上。按照方法概述中的第4步的计算方法计算远景区的页岩油和页岩气资源丰度和地质资源量。由于该盆地中的页岩油气资源已得到证实，所以区带的成功概率为100%，综合地质复杂性等因素后认为远景区的成功第 4 步风险因子为 60%，因此整个远景区的成功/风险因子为 60%。地质资源量和风险因子的乘积即是该远景区的页岩油气风险地质资源量。结合前面页岩油气的采收率选取标准，由于内乌肯盆地 Vaca Muerta 组页岩黏土矿物含量较低、储层条件较好，故页岩油和凝析油采收率取 6%；页岩气干气采收率选取最高的 30%，湿气采收率选取 25%，溶解气采收率选取 11%。结合风险地质资源量可得该页岩油区远景区的页岩油气技术可采资源量（表 1-1）。

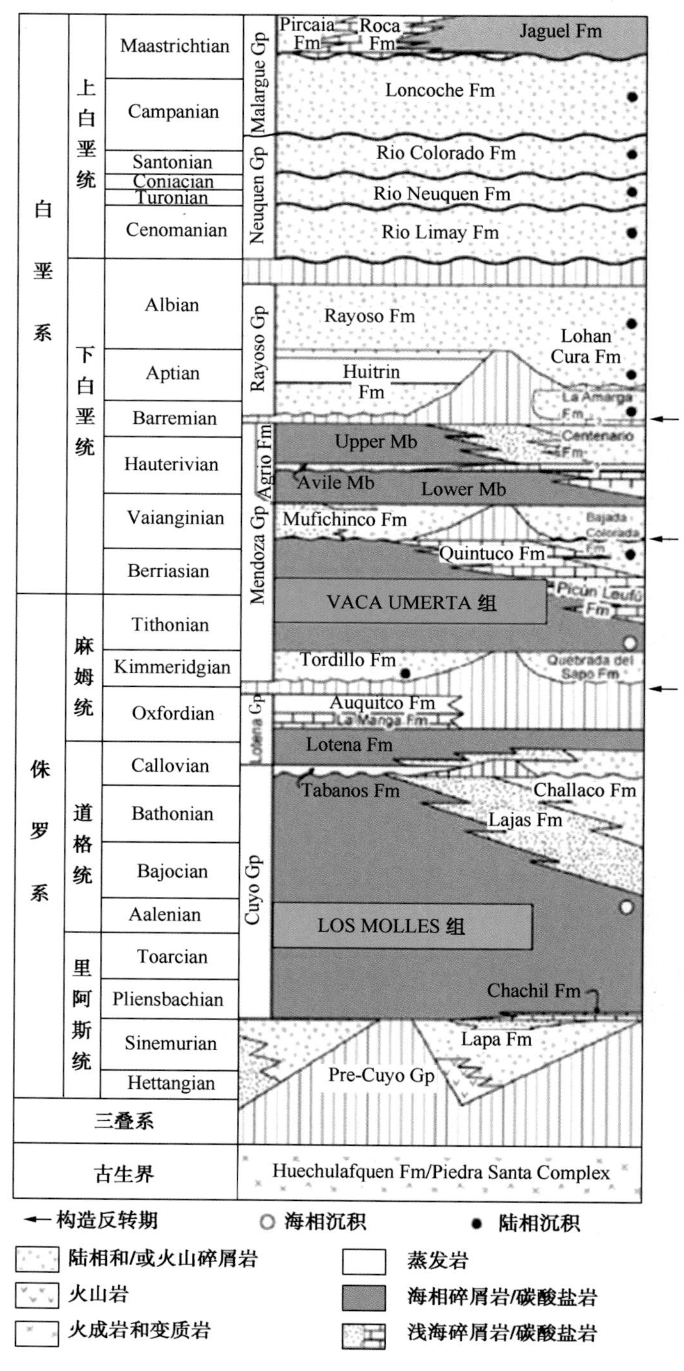

图 1-4　阿根廷内乌肯盆地地层柱状图(Howell 等，2005 年，修改)

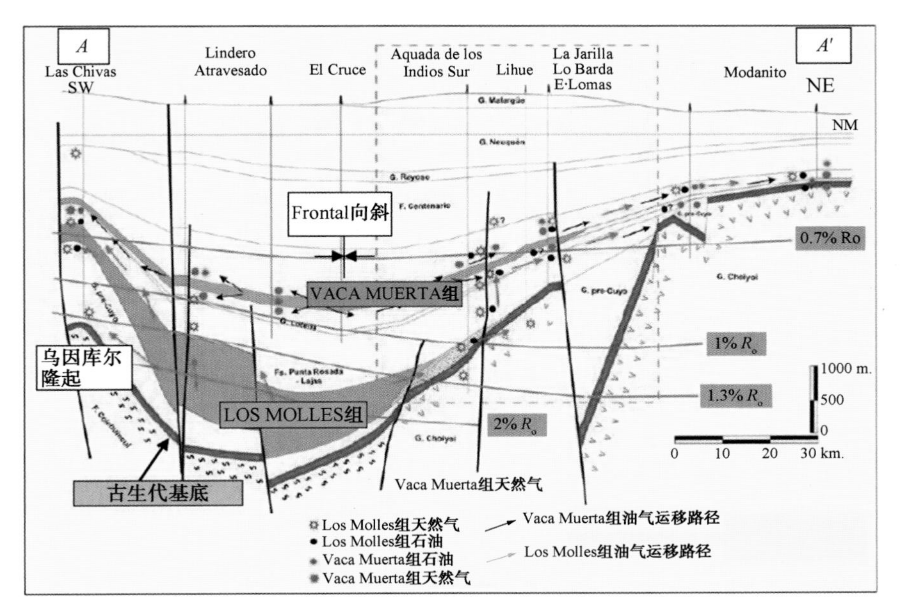

图 1-5　阿根廷内乌肯盆地 Vaca Muerta 组和 Los Molles 组地层剖面图(Mosquera 等，2009 年)

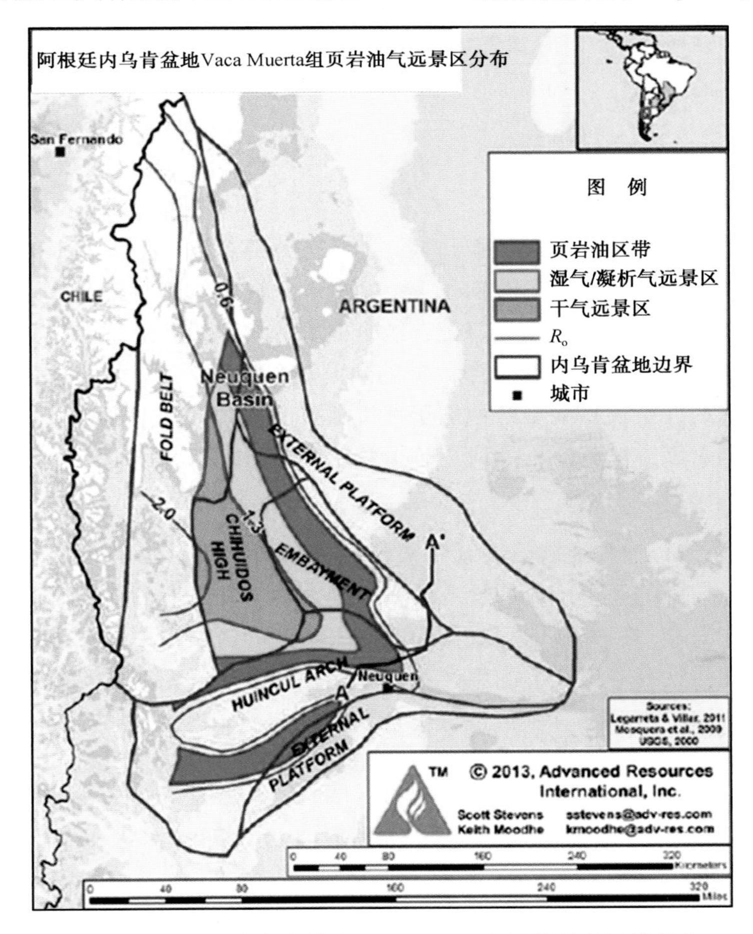

图 1-6　阿根廷内乌肯盆地 Vaca Muerta 组页岩油气区带分布

表 1-1　阿根廷内乌肯盆地 Vaca Muerta 组页岩油气资源评价结果

<table>
<tr><td rowspan="3">盆地资料</td><td colspan="2">盆地名称</td><td colspan="5">内乌肯盆地</td></tr>
<tr><td colspan="2">页岩层组</td><td colspan="5">Vaca Muerta 组</td></tr>
<tr><td colspan="2">沉积相</td><td colspan="5">海相</td></tr>
<tr><td rowspan="5">远景区展布</td><td colspan="2">远景区面积/mile^2</td><td>4840</td><td>3270</td><td>3550</td><td>4840</td><td>3270</td></tr>
<tr><td rowspan="2">厚度/ft *</td><td>区间</td><td>500</td><td>500</td><td>500</td><td>500</td><td>500</td></tr>
<tr><td>平均</td><td>325</td><td>325</td><td>325</td><td>325</td><td>325</td></tr>
<tr><td rowspan="2">埋深/ft</td><td>区间</td><td>3000 ~ 9000</td><td>4500 ~ 9000</td><td>5500 ~ 10000</td><td>3000 ~ 9000</td><td>4500 ~ 9000</td></tr>
<tr><td>平均</td><td>5000</td><td>6500</td><td>8000</td><td>5000</td><td>6500</td></tr>
<tr><td rowspan="4">储层特征</td><td colspan="2">储层压力</td><td>大幅超高压</td><td>大幅超高压</td><td>大幅超高压</td><td>大幅超高压</td><td>大幅超高压</td></tr>
<tr><td colspan="2">TOC/%</td><td>5.0</td><td>5.0</td><td>5.0</td><td>5.0</td><td>5.0</td></tr>
<tr><td colspan="2">R_o/%</td><td>0.85</td><td>1.15</td><td>1.50</td><td>0.85</td><td>1.15</td></tr>
<tr><td colspan="2">黏土含量</td><td>低/中</td><td>低/中</td><td>低/中</td><td>低/中</td><td>低/中</td></tr>
<tr><td rowspan="4">资源类型和资源储量</td><td colspan="2">流体类型</td><td>溶解气</td><td>湿气</td><td>干气</td><td>页岩油</td><td>凝析油</td></tr>
<tr><td colspan="2">资源丰度</td><td>66.1①</td><td>185.9①</td><td>302.9①</td><td>77.9②</td><td>22.5②</td></tr>
<tr><td colspan="2">风险地质资源储量</td><td>192③</td><td>364.8③</td><td>645.1③</td><td>226.2④</td><td>44.2④</td></tr>
<tr><td colspan="2">技术可采资源储量</td><td>23③</td><td>91.2③</td><td>193.5③</td><td>13.57④</td><td>2.65④</td></tr>
</table>

注：①单位：Bcf/mile^2。②单位：MMbbl/mile^2。③单位：Tcf。④单位：Bbbl。

* 1ft = 0.3048m。

三、FORSPAN 模型法

美国地质调查局(USGS)提出的用于连续型油气藏资源评价的 FORSPAN 模型法是动态工程资源评价方法的典型代表(T. R. Klett 等，2003)。它从连续型油气藏的地质特征出发，以生产井所反映的油气藏生产动态为基础，结合概率分析进行连续型油气藏的资源评价，得到的并不是地质资源量，而是基于生产数据的最终增储潜力预测值(可采资源量)。这种基于油气藏生产动态的评价模型能更好地用于评价那些已部分开发的连续型油气藏。下面结合一个深盆气的实例对该方法的流程和应用进行介绍(USGS，2011)。

(一)评价方法概述

FORSPAN 模型法将一个连续型油气聚集视为一系列油气充注单元的集合。油气充注单元是连续型油气聚集中的一个细分部分或面积，其大小与井的泄油面积有关。理论上讲，油气充注单元是那些只靠一口井就能完成其中的油气生产的区域，不过在之前的生产中，一个油气充注单元内往往钻有一口以上的生产井。因此，一个油气充注单元内的井数可能超过一口。每一个油气充注单元都具有生产油气的能力，但是不同单元间的生产特征(经济特征)差异很大(Schmoker，1999)。根据充注单元中的钻探和油气井生产情况，可将其分为 3 大类：已被钻井证实的单元、未被钻井证实但在评价期内有潜在可增长储量的单元和未被钻井证实且在评价期内不具备潜在可增长储量的单元。连续型油气资源的增储潜力是通过估算的、具有增储潜力的未测试充注单元数量和每个未测试充注单元可能的潜在产量(总可采量)这两个参数的概率分布计算得到的。USGS 所使用的这种将单元的数量与总可采量相结合的统计计算方法也被称作 ACCESS 法(基于单元分析的连续型能源电子表格系统，Analytic

Cell－based Continuous Energy Spreadsheet System)(Croveli，2000)。

利用 FORSPAN 模型进行连续型油气资源评价时，首先要把一个连续型油气藏划分成若干个均质的评价单元，分别对每个评价单元进行评价，各评价单元的潜在可增长储量之和就是该连续型油气藏的潜在可增长储量。

(1) 确定单个油气充注单元的最终估算可采储量(*EUR*)下限，小于该下限的充注单元不能纳入评价中。

(2) 进行两项风险评估：①地质风险评估，确定该评价单元中至少存在一个具备充足生烃量、足够储集空间、合适的成藏时间并且大于 *EUR* 下限的充注单元；②开发风险评估，确定在预测年限(30 年)内至少在评价单元的某一地区可以进行油气开采。

(3) 确定预测年限内未被钻井证实但有潜在可增长储量的充注单元数量概率分布。需要通过以下 4 个参数进行汇总和计算：①评价单元面积；②评价单元中未被证实的充注单元所占比例；③未测试单元中具有潜在可增长储量潜力的充注单元面积比例；④单个未测试充注单元的面积(可使用评价单元内的单井泄油面积)。

(4) 确定预测年限内未被钻井证实有潜在可增长储量的充注单元 *EUR* 的概率分布。可通过油气藏生产数据进行预测，若整个评价区内均无钻井则可通过相似区对比选择 *EUR* 的概率分布。

(5) 利用(3)和(4)计算该评价单元中未被钻井证实的充注单元在预测年限内的潜在可增长储量概率分布，对已被钻井证实的充注单元可根据地质和生产数据计算得到其在评价期内储量增长的概率分布，二者之和即为该评价单元在评价期限内的潜在新增储量的分布情况。

(6) 利用生产井资料计算油藏的气油比和凝析油气比或气藏的液气比，用于计算评价单元内的伴生油或气的储量。

对单个评价单元的评价流程见图 1－7。

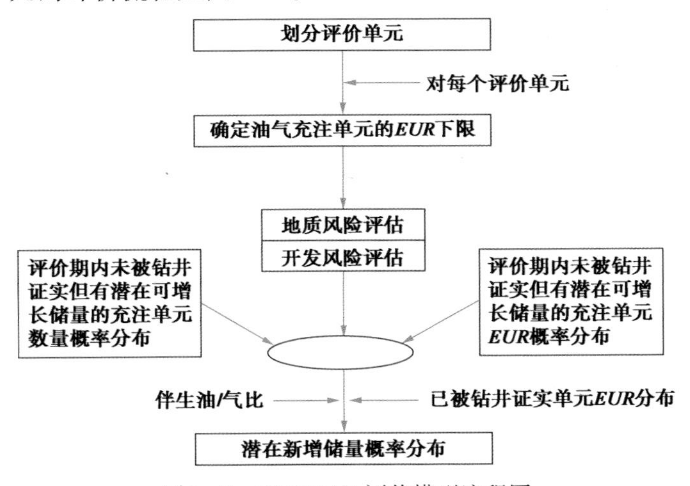

图 1－7　FORSPAN 评价模型流程图

FORSPAN 模型法提出的是一个估算评价对象潜在可增长储量的复杂概率问题，而定量地解决这一问题就需要用到基于单元分析的连续型能源电子表格系统法(ACCESS)。在求解这一概率问题的过程中要用到共计 9 个随机变量，这些变量的概率分布见表 1－2。该表中的概率分布由 USGS 根据美国连续型油气藏的统计特征得到，不同区域的参数分布可能存在差异。

表 1-2 ACCESS 法主要变量概率分布

随机变量名称	概率分布
评价单元面积	中值为基础的三角分布
未被钻井证实充注单元面积比	中值为基础的三角分布
未被钻井证实充注单元中有增储潜力充注单元的面积比	中值为基础的三角分布
单个油气充注单元面积	中值为基础的三角分布
充注单元的 *EUR*	截尾对数正态分布
最早 1/3 勘探年评价时的伴生油气比	中值为基础的三角分布
中间 1/3 勘探年评价时的伴生油气比	中值为基础的三角分布
陆域分配百分比	中值为基础的三角分布
海域分配百分比	中值为基础的三角分布

利用以上变量计算未被钻井证实但具有潜在可增长储量油气充注单元的数量概率分布的步骤如下：

（1）用评价单元中未被钻井证实充注单元面积比(R)和未被钻井证实充注单元中有增储潜力充注单元的面积比(S)得出评价单元中未被钻井证实但有增储潜力充注单元的面积比(T)：

$$T = R \times S \tag{1-5}$$

R 和 S 均遵守中值为基础的三角分布，可知 T 也呈中值为基础的三角分布，且其均值(μ)和标准方差(σ)为：

$$\mu^{T} = \mu^{R} \times \mu^{S}/100 \tag{1-6}$$

$$\sigma_{T} = \frac{\sqrt{\mu_{R}^{2}\sigma_{S}^{2} + \mu_{S}^{2}\sigma_{R}^{2} + \sigma_{R}^{2}\sigma_{S}^{2}}}{100} \tag{1-7}$$

（2）利用评价单元面积(U)和评价单元中未被钻井证实但有增储潜力充注单元的面积比(T)得出未被钻井证实但有增储潜力充注单元的面积(W)：

$$W = T \times U \tag{1-8}$$

W 的均值(μ)和标准方差(σ)为：

$$\mu_{W} = \mu_{T} \times \mu_{U}/100 \tag{1-9}$$

$$\sigma_{W} = \frac{\sqrt{\mu_{T}^{2}\sigma_{U}^{2} + \mu_{U}^{2}\sigma_{T}^{2} + \sigma_{U}^{2}\sigma_{T}^{2}}}{100} \tag{1-10}$$

（3）利用充注单元面积(V)和未被钻井证实但有增储潜力充注单元的面积(W)得出未被钻井证实但有增储潜力充注单元的数量分布(N)：

$$W = \sum_{i}^{N} V^{i} \tag{1-11}$$

N 为未被钻井证实但有增储潜力充注单元的数量，均值(μ)和标准方差(σ)为：

$$\mu_{N} = \mu_{W}/\mu_{V} \tag{1-12}$$

$$\sigma_{N} = \sqrt{(\mu_{W}^{2} - \mu_{N}\sigma_{V}^{2})/\mu_{V}^{2}} \tag{1-13}$$

完成以上计算后，根据评价单元内已有井的生产情况，利用统计和类比法得到单个油气充注单元 *EUR* 的概率分布，它通常遵循截尾对数正态分布。将其与 N 相结合得到整个评价单元中未被钻井证实地区的潜在可增长储量，与已被钻井证实单元的 *EUR* 相结合可得到整个评价单元在评价期内的潜在新增储量分布情况。对评价区内的全部评价单元都完成上述计算后求和，可得到整个评价区在评价期内的潜在新增储量情况。

需要指出的是，为将 *EUR* 的不确定性加入评价中，并确保该方法在缺少生产数据的评价区使用时也能取得较准确的结果，2010 年 USGS 对 FORSPAN 模型法进行了改进，主要包括以下两方面(刘成林等，2012)：

(1) 用“井”取代“油气充注单元”。油气充注单元与井动态密切相关，充注单元面积的确定是以单井泄油面积的期望平均值为基础的。在实际应用中发现，油气充注单元并不是一个地质实体，但又与泄油面积关系密切，导致二者在使用过程中极易混淆，而且单井泄油面积的分布并没有理论上的规则，而且在确定单个充注单元大小时必须考虑与现有井距间的关系，过大会导致充注单元的重叠，最终评价结果会偏大；过小则会漏掉部分面积，导致评价结果偏小。用实际存在的“井”来取代并非实体的“油气充注单元”避免了两个紧密相关概念的混淆，同时降低了评价过程中的不确定性。

(2) 非“甜点”评价。改进之前的 FORSPAN 模型法是对整个评价单元的潜在增储潜力进行估算，在某些情况下过分夸大了井数的估算值，并且将一些短期内无法动用的储量计算在内，这一点在非“甜点”区表现的较为明显。改进后，USGS 将评价单元划分为“甜点”和非“甜点”，且强调了非“甜点”区具有高风险、低储量估算值的特点。

(二) 应用实例

在了解整个 FORSPAN 模型法的评价流程后，这里结合一个深盆气藏实例对该方法的应用进行介绍。首先需要获取与评价对象有关的必要地质和工程信息，并根据其所处的空间位置和地质条件合理地划分评价单元，由于该评价对象是单一的连续型气藏，因此可认为整个气藏就是一个评价单元。评价单元的其他信息有：①整个评价单元中都有天然气产出，但其中的绝大部分来自其西部的“甜点”区；②评价单元面积约为 150×10^4acre；③“甜点”以外的面积约为 100×10^4acre；④“甜点”以外有 100 口井，井距为 240ft，其干井的比例为 77%；⑤“甜点”区面积约为 50×10^4ft；⑥“甜点”区有 2400 口井，井距为 160ft，其干井的比例为 5%。

利用 FORSPAN 模型法对该连续型气藏进行评价时所需的各随机变量概率分布情况的确定方法如下：

1) 评价单元面积

该实例的评价对象是单一的连续型气藏，整个气藏就是一个评价单元，但根据该评价单元的地质特征(成熟源岩的分布范围、储层、潜在圈闭等)，其面积的最小值为 120×10^4acre，最大值为 170×10^4acre，均值为 150×10^4acre，可据此确定评价单元面积的三角分布形式。

2) 油气充注单元面积

大多数情况下认为单井的泄油面积与充注单元一致，故常用井的相关信息代替所需的油气充注单元信息。根据现有生产井的油藏工程数据，该评价单元内一些井的泄油面积只有 10acre，而甜点区的单井泄油面积可高达 240acre，但不能使用这两个极限值作为整个评价单元面积分布的最大值和最小值，需要根据现有井的泄油面积进行统计后，再按照三角分布的规律确定评价单元面积的三角概率分布形态。可得到其最大值为 100acre，最小值 70acre，均值为 90acre。

3) 油气充注单元的 *EUR* 下限

为油气充注单元选取一个 *EUR* 的下限，小于该下限的充注单元被认为是不成功的单元，

同时所有 *EUR* 小于该下限的井也被认为处于干井之列。如果该下限取值过高，则会将很多已经在产的充注单元排除在评价之外，因此选取下限时应该保证原始 *EUR* 分布的减小幅度不高于 15% ~20%，且不会给钻探成功率带来很大的影响。根据已有井的 *EUR* 分布情况，可选取 $2\times10^8 ft^3$ 作为 *EUR* 的下限，同时将评价区的钻探成功率从 97% 降至 90%。

4）未被钻井证实充注单元面积比

要估算未被钻井证实充注单元的面积百分比，最容易的方法是先计算已被钻井证实充注单元面积百分比。评价单元内共有 2500 口井，每口井都视为一个已证实充注单元，结合充注单元和评价单元面积的最大值、最小值和均值可得到已被钻井证实充注单元的面积比例。

最大值：

（2500 个已钻探充注单元 × 单个充注单元面积最大值 100acre）/
评价单元面积最小值 1200000acre ×100% =20.8%　（1-14）

最小值：

（2500 个已钻探充注单元 × 单个充注单元面积最小值 70acre）/
评价单元面积最大值 1700000acre ×100% =10.3%　（1-15）

均值：

（2500 个已钻探充注单元 × 单个充注单元面积均值 90acre）/
评价单元面积均值 1500000acre ×100% =15%　（1-16）

据此可以得到未被钻井证实充注单元面积比的最大值、最小值和均值分别为：1 - 10.3% =89.7%、1 -20.8% =79.2% 和 1 -15% =85%，可确定其三角分布的具体形式。

5）未被钻井证实充注单元中有增储潜力充注单元的面积比

这一变量能够反映评价区的储量增长情况，不过其确定过程较前几个参数复杂，而且不确定性也相对大一些。有很多方法都能用于估算评价单元中未被钻井证实且具有增储潜力的面积百分比，包括图上目测、区域地质认识以及计算相结合法。不管用哪种方法估算该变量，都需要以地质认识为基础，必须明确支撑估算结果的所有地质要素，其中包括地质特征、预期的“甜点”位置、未来成功率的不确定性因素等。与上面的几个变量一样，该变量遵循三角分布，可通过最大值、最小值和众数值确定其具体分布形态，并利用计算得到的均值进行检验。另外，在确定该变量分布的过程中，评价者的经验至关重要，尤其在确定未钻探区域的成功率等参数时，需要评价者根据评价区的地质情况和经验进行取舍。

该实例中，分“甜点”区和非“甜点”区两部分来确定该变量的最大值、最小值和均值。本实例中地质模型的特点是生产受控于裂缝强度。以往的钻井已经识别出了一个具有较高裂缝强度的“甜点”区。需要解决的最基本的地质问题是未钻探面积中还有多少区域同样具有较高的裂缝强度。通过分析已有资料可确定已知“甜点”区外有 20% ~75% 的区域可能有较高的裂缝强度。

（1）最小值的确定。在已知“甜点”内，有 2400 口井，井距为 160ft，成功率为 93%。根据油藏工程计算可知，这些井的泄油面积在 70 ~100acre 之间。因此，“甜点”内部仍有些区域可以通过加密钻井获得额外储量。鉴于该方案为最小值的方案，因此已知“甜点”内的未被钻探证实的面积也应该是最小值。在计算中应该使用油气充注单元面积的最大值（即 100acre）。在已知“甜点”内的未被证实的面积为：

已知“甜点”面积 500000acre -2400 个已钻探充注单元 ×
单个充注单元面积最大值 100acre =“甜点”内未被证实面积 260000acre　（1-17）

“甜点”区过去的钻井成功率为93%，鉴于有 *EUR* 的下限，专家会议讨论认为“甜点”区未来的成功率会略低，为90%，“甜点”区未被钻井证实充注单元中有增储潜力充注单元的面积为：

“甜点”内未被证实面积 260000acre × 90% 的钻探成功率 = 234000acre　　(1-18)

评价单元内还有约 100×10^4acre 的面积位于已知“甜点”之外。对于最小值而言，其具有较好生产条件的区域取20%。鉴于目前只在“甜点”以外钻了100口井，且其成功率为21%，根据现有地质条件，经专家讨论后决定该区的未来钻探成功率取65%。可得“甜点”外的未被证实的面积为：

“甜点”外面积 1000000acre - 100 个已钻探单元 × 单个充注单元面积为最大值 100acre =
“甜点”外未被证实面积 990000acre　　(1-19)

“甜点”以外未被钻井证实充注单元中有增储潜力充注单元的面积为：

“甜点”外未被证实面积 990000acre × 可能具备较好生产特征的比例 20% ×65% 的钻探成功率 =
128700acre 未被钻井证实充注单元中有增储潜力充注单元的面积　　(1-20)

将“甜点”内外面积求和，可得未被钻探证实单元中具有增储潜力单元的面积比例最小值：

(“甜点”内 234000acre + “甜点”外 128700acre)/
(“甜点”内未被证实面积 260000acre + “甜点”外未被证实面积 990000acre) = 29%
(1-21)

(2) 最大值的确定。已知“甜点”内钻探成功率取较高的95%，充注单元面积取最小值70acre，“甜点”外区域可能具有较好生产特征的面积比例取75%，且钻探成功率取较高的90%。采用与最小值计算类似的步骤可得未被钻井证实充注单元中有增储潜力充注单元面积比的最大值为74.4%。

(3) 众数值的确定。本实例中采用的估算众数值的方法是考虑众数值与最小值和最大值间的关系。众数值应当是比较接近更类似情景下的数值。如果没有地质证据来约束估算值的方向或歪斜度，那么就可以假设其遵守对称的三角分布。还应当使用计算的均值检验概率分布与地质模型及之前所有数据的一致性。专家会议讨论认为该实例的众数值选取48.5%较为合适，最终计算得到的均值为50.6%。经验证与地质模型一致性较好。

利用以上3个参数可以最终确定未被钻井证实充注单元中有增储潜力充注单元的面积比这一变量的概率分布情况。

确定了以上5个变量的概率分布后，便可按照式(1-5)~式(1-13)得到未被钻井证实但有增储潜力充注单元数量的概率分布，结合充注单元 *EUR* 分布得到整个评价单元在评价期内的储量增长分布情况。

四、其他非常规油气资源评价方法

另外还有一些方法也是在非常规油气资源评价中经常出现和用到，包括随机模拟法、单井储量估算法、资源三角法、体积概率法等。

随机模拟法是在 USGS 的 FORSPAN 模型法基础上提出的，与 FORSPAN 模型法中大部分参数采用三角分布不同，随机模拟法则是通过分析空间数据间的关系，用地质统计学方法建立参数空间分布模型。另外，随机模拟法中所采用的网格单元面积比 FORSPAN 模型中的充注单元面积更小，且在评价过程中将评价对象划分为有井区和无井区分别进行评价(郭秋麟等，2011）。在有井区，首先选择基本的评价单元，确定单元格的尺寸和形状，然后确定每口井泄油面积的形状、大小和地理位置模型，再为每口无产能井限定无产能区的范围，通过确定单元格、泄油区及井三者之间的关系，用序贯高斯随机模拟法模拟单个网格单元的 *EUR*，最后建立有井区资源量的等概率模型。在无井区，首先要确定评价区的边界并选择相似的成熟区作为类比刻度区，然后改变刻度区的 *EUR* 概率分布，使其服从均值为 0、方差为 1 的正态分布，之后有规律地抽取 1% 的单元样本，生成一个产能的指示数据集，并对单元样本进行条件模拟，最终得到无井区合理的 *EUR* 等概率模型（图 1-8）。

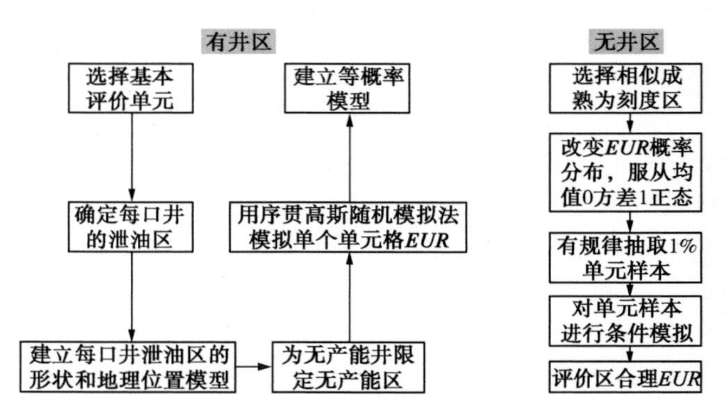

图 1-8　随机模拟法评价流程示意图

单井储量估算法是美国 Advanced Resources International（ARI）提出的一种估算非常规油气区资源储量的方法（U. S. Energy Information Administration，2013）。基本原理是以一口井控制的范围为最小估算单元（EIA，2013），把评价区划分为若干最小估算单元，通过计算每个最小估算单元的储量，得到整个评价区的资源量数据，即：

$$G = \sum_{i=1}^{n} q_i f \tag{1-22}$$

式中　G——评价区资源量；

q_i——单井储量；

i——评价区内第 i 个估算单元；

n——评价区内估算单元个数；

f——钻探成功率。

多年来，国际上比较流行的一种观点认为，同一个含油气盆地内的常规油气资源量和非常规油气资源量间存在着一种类似三角形的关系（图 1-9）。美国研究人员在此基础上提出了用于非常规资源量估算的方法——资源三角法，希望通过确定常规油气资源与非常规资源间的量化比例关系，以常规油气资源量为基础推测非常规资源量。他们在北美地区的一些成熟盆地中进行了统计和验证，得出该地区常规油气资源量与非常规油气资源量间的比例关系大致为 1∶9，并据此对一些盆地的非常规资源量进行了估算（中国石油集团经济技术研究院，2011）。不过这种方法只是以推断和定性描述为基础，得到的

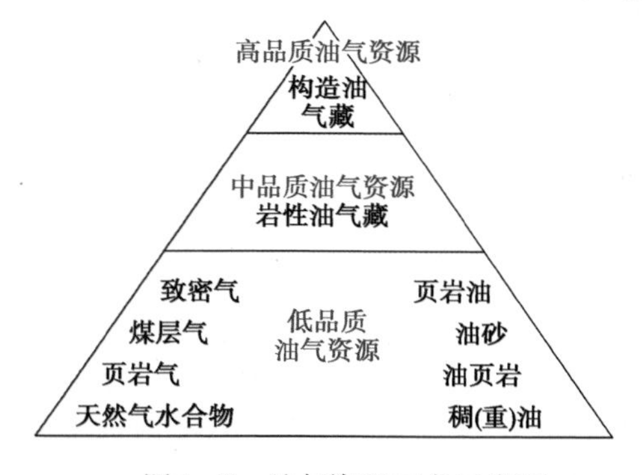

图 1-9　油气资源三角示意图

资源储量结果可能具有一定的参考意义，但并不能解决非常规油气资源分布和质量等关键问题。

体积概率法是一种适用于我国当前这种页岩气勘探开发初期的资源评价方法（张金川等，2012）。由于页岩气资源本身的分布通常没有唯一确定的物理边界，加之中国的页岩气类型多且地质条件复杂，相关计算参数难以准确把握，故需要使用概率法原理对计算参数进行筛选赋值、分析计算和结果表征，即概率体积法。该方法的基本原理是页岩气资源储量为泥页岩质量与单位质量泥页岩所含天然气（含气量）的概率乘积，即

$$Q_t = 0.01Ah\rho q \tag{1-23}$$

式中 Q_t——页岩气资源储量，$10^8 m^3$；

A——含气泥页岩面积，km^2；

h——有效页岩厚度，m；

ρ——泥页岩密度，t/m^3；

q——含气量，m^3/t。

结合已有资料，采用分析计算、实验测试、地质类比、统计分析等多种方法和手段，获取资源计算所需、满足统计学要求、具有典型性和代表性特征的各种参数。对于所获得的各种参数，需要进行合理性分析，剔除数学意义上的异常点、地质意义和逻辑意义上的无效点，确定参数变化规律及取值范围。采用统计分析、图件分析等方法对计算参数进行概率分布特征研究和条件赋值，根据参数特征及可能的期望值、最大值和最小值，分析确定 P5、P25、P50、P75 及 P95 等不同概率条件下的参数值。对于所确定的各种参数，按照体积法基本原理进行概率计算，即可得到不同概率条件下的资源储量计算结果。

第三节 非常规油气储量计算方法

目前非常规油气资源储量计算与常规油气储量计算方法大致相同，包括类比法、静态的容积法或体积法、动态的生产曲线递减法及物质平衡法和数值模拟法等（孙赞东等，2011），但非常规油气资源的勘探开发技术在很多方面都有别于常规油气资源（刘成林，2011），这势必会造成用常规油气资源储量评价方法计算非常规油气资源储量会面临很多挑战，主要表现在：①储量计算参数的不确定性增加。与常规油气资源相比，除油砂外，非常规油气储层的渗透率通常都很低、孔隙结构复杂、非均质性强，使得在常规油气储量计算参数中可以忽略的误差在低渗透储层中突显出来，造成储量计算中各参数的不确定性增加；此外，吸附油气是常规油气中不存在的，对其在有机质储层中的吸附规律研究尚未成熟，对其含气量的测量也还在探索中，这些因素都会增加非常规油气储量计算的不确定性。②需要更长的生产时间才能获得预测储量可靠的动态数据。油气在低渗透储层中生产时，通常需要更长的时间才能获得准确的压力、递减率等动态预测储量所需要的参数，这给非常规油气藏储量评估也带来了许多不确定因素。③可采储量计算结果对油气开发方式的依赖比常规油气藏大（US Department of Energy，2009）。非常规油气藏通常需要特殊的开采工艺才能达到商业性生产（EIA，2011），其产量大小与开采工艺的效果密不可分，因此非常规油气藏的可采储量在很大程度上取决于不同开发方式及其效果。

一、致密砂岩油气储量计算方法

（一）类比法

类比法指以高研究程度区（类比区）为依据，通过类比为中、低研究程度区（评价区）提供储量参数，从而进行储量计算的方法。类比法是一种比较粗略的资源估算方法，勘探开发早期，在面积、厚度、生产数据等都不具备的条件下，可以通过资源丰度类比，来粗略估算致密油气藏的储量。随着勘探开发的深入进行，对致密油气藏的认识逐渐加深，则可以通过类比容积法计算储量参数、类比采收率和典型曲线（初产、递减率参数等）来更深入估算致密油气藏的储量。

例如：USGS 根据已钻井和评价区域的采收率、成功率和井距，外推未钻井区域的储量，具体做法为：

$$储量 = (面积 \times 成功率 / 井距) \times (EUR/ 井数) \tag{1-24}$$

式中　面积——未开发面积；

成功率——未开发面积中 EUR 大于下限值的百分数，%；

井距——井的平均泄油气面积，与未开发面积单位相同；

EUR/井数——成功井的平均最终可采储量，百万桶/井。

（二）容积法

容积法是常规油气储量评价中使用最多的储量静态评价方法，用于致密油气藏中的储量评价公式与常规油气藏中的容积法公式相同。

致密砂岩油原始地质储量的评价公式为：

$$N = 100Ah\phi S_o\rho_o/B_o \tag{1-25}$$

式中　N——致密砂岩油的地质储量，10^4t；

A——含油面积，km^2；

h——有效厚度，m；

ϕ——有效孔隙度，%；

ρ_o——平均地面原油密度，t/m^3；

B_o——原油体积系数。

致密砂岩气原始地质储量的评价公式为：

$$G = 0.01Ah\phi S_g/B_g \tag{1-26}$$

或

$$G = 0.01Ah\phi \frac{S_g T_{sc} P_i}{P_{sc} T Z_i} \tag{1-27}$$

式中　G——天然气的地质储量，10^8m^3；

S_g——含气饱和度，%；

B_g——地层天然气体积系数，m^3/m^3；

P_{sc}——地面标准压力，MPa；

T_{sc}——地面标准温度，293.15K；

P_i——气藏原始地层压力，MPa；

T——平均气层温度，K；

Z_i——原始气体偏差系数，无因次量。

致密砂岩油气的可采储量评估是在原始地质储量的基础上直接乘以致密砂岩油气的采收率获得。

然而在计算致密砂岩油气储量时，储层低渗透及其孔渗结构复杂对储量计算的影响是一个不能忽视的问题。一方面，低渗透的致密砂岩油气藏储量参数确定困难（Stephen A. Holditch 等，2006）。由于成岩作用的影响，有效泄油气面积受储层渗透率非均质性的影响严重；同时由于低渗透储层长期处于不稳定流动状态，其泄油气面积随生产的进行不断调整变化（SPE，2011）。只有掌握大量生产数据后，才能准确确定。因为岩石骨架改变，侵入不完整等因素影响，致密砂岩油气藏的孔隙度很难确定。美国能源部（US DOE）2008 年汇总 6 个盆地 44 口井约 2200 个岩心资料认为，Archie 公式中的胶结指数 m 在常规油气藏中通常接近于 2，但对致密砂岩油气藏，孔隙度下降，m 也下降，因此含水饱和度 S_w 确定困难。另一方面，参数的不确定性对容积法计算致密砂岩油气藏储量的影响却增大。致密油气藏储量对岩石物理参数的变化及其下限值非常敏感，例如：孔隙度是 20% 的常规储层，±2% 的孔隙度误差引起的相对误差为 ±10%；而孔隙度是 5% 的低渗透储层，±2% 的孔隙度误差引起的相对误差就为 ±40%。

因此，用容积法计算致密砂岩油气藏的储量比计算常规油气藏的储量存在更大的不确定性（图 1-10）。在使用容积法计算致密砂岩油气藏储量时应随着开发生产活动的进行，根据所获得的生产数据，对所选储量计算参数不断地进行调整，以使储量计算结果更加可靠。

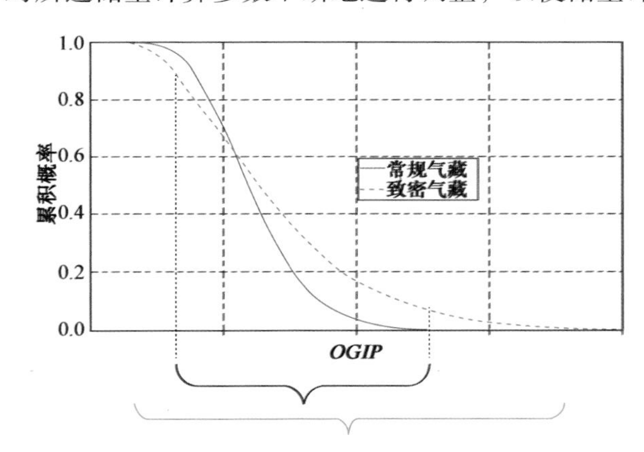

图 1-10　常规气藏与致密气藏容积法计算储量的不确定性

（三）递减曲线分析法

所谓递减曲线分析法就是当油气田进入生产递减阶段后，预测产量变化规律来求得储量的方法。递减曲线分析法是目前国际上比较通用的可采储量预测方法。通常在储量预测中使用 Arps 递减曲线分析方法。Arps 递减曲线分析法是通过经验统计将递减规律分为 3 种，即指数递减、双曲递减和调和递减。其产量和时间的递减关系分别为（J. J. Arps，1944）：

指数递减：
$$\frac{q}{q_i} = \frac{1}{e^{D_i t}} \tag{1-28}$$

双曲递减：
$$\frac{q}{q_i} = \frac{1}{(1 + bD_i t)^{\frac{1}{b}}} \tag{1-29}$$

调和递减：

$$q = \frac{q_i}{1 + D_i t} \tag{1-30}$$

式中　q——产量；

q_i——初始时刻的产量，与产量 q 单位相同；

b——Arps 递减因子，无量纲；

D_i——初始月或年递减率；

t——递减阶段生产时间，月或年。

假定井以恒定井底流压、渗透率和表皮系数生产的情况下，在致密砂岩油气藏产量进入递减阶段后，根据其递减趋势的变化，预测未来生产年限中可以采出的油气量，即为该油气藏的可采储量。

应用递减曲线分析法评价致密油气藏时应特别注意，从严格的流动阶段上来说，递减曲线代表的是边界控制流阶段，Arps 递减因子 b 恒定，通常在[0，1]之间。然而，在低渗透储层中达到稳定流动需要花费很长时间；给定泄气面积的情况下，渗透率越小，达到稳定流动的时间越长(Y. Cheng 等，2008)。致密气储层通常需要几年才能达到稳定流动(图 1-11)。在瞬态流阶段，b 因子会不断变化，很难预测，甚至会出现 $b>1$ 的情况，超出 Arps 公式的定义范围，会导致不合理的结果。因此有必要结合其他评价方法对递减曲线分析得出的储量进行验证，并及时根据生产数据对预测进行修正，来确保得到可靠的结果。

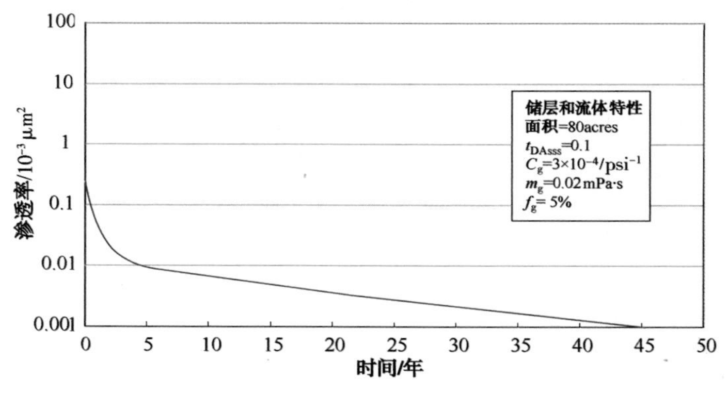

图 1-11　不同渗透率储层达到拟稳态流动需要的时间

（四）物质平衡法

物质平衡法是指在油气藏体积一定的条件下，油气藏内石油、天然气和水的体积变化代数和始终为零(杨通佑，1998)。即在油气藏中，任一时间的油气水剩余量 + 累积采出量 = 原始地质储量，PV/T 关系始终保持平衡。最终可以得到油气藏视地层压力 P/Z 与累积产气量 G_p之间的关系为：

$$\frac{P}{Z} = \frac{P_i}{Z_i}\left(1 - \frac{G_p}{G_i}\right) \tag{1-31}$$

式中　$\frac{P}{Z}$、$\frac{P_i}{Z_i}$——地层和原始视地层压力；

G_p、G_i——累积产油气量和原始油气地质储量。

即给定原始地层视压力 P_i/Z_i的情况下，生产中地层视压力 P/Z 与累积油气产量 G_p成直线关系(图 1-12)，若给出油气藏的废弃压力 P_a，则可以求得该油气藏的可采储量 G_R。

物质平衡法要求油气藏压力测值要准确。它既要求原始地层压力，又要求生产期间不同时间段内平均地层压力。在常规油气藏中，通过关井恢复来确定地层压力。但在低渗透致密储层中要特别注意，通常需要很长的关井时间才能获得准确的储层压力。若关井压力恢复的时间不够，得不到准确的地层压力，会导致致密油气藏储量评价结果过低(图 1-13)(Stuart A. Cox 等，2002)。

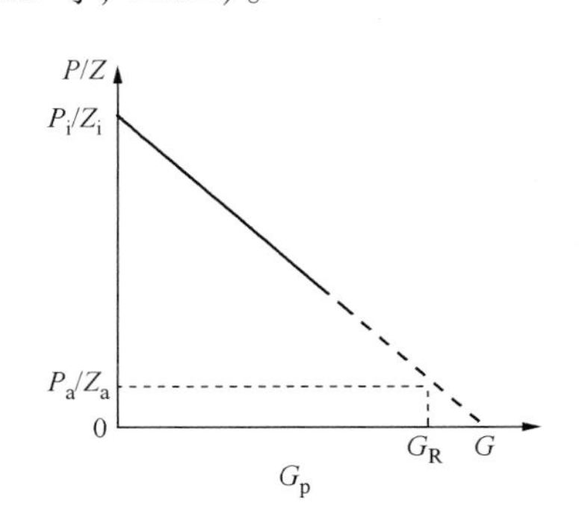

图 1-12　物质平衡法计算储量示意图

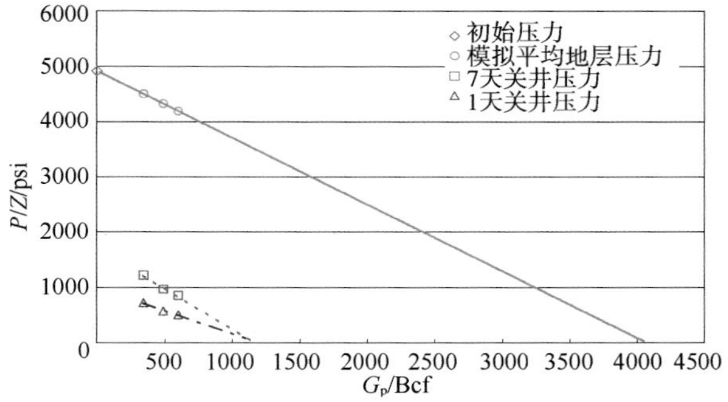

图 1-13　用不同关井时间测得的地层压力预测储量

二、煤层气储量计算方法

煤储层是由基质孔隙、割理组成的双重孔隙结构介质，基质内发育大量的微孔隙，但总孔隙度不高，通常为 10% 左右。煤层主要依靠内部发育的大量割理来提供渗透率。煤层气以溶解态、游离态和吸附态 3 种形式储集在煤储层中，煤层比表面大，可吸附大量甲烷，超过同体积砂岩的 6 倍，煤层中吸附气含量超过 90% 。因此，煤层气的储量计算主要是计算煤层中吸附气量(贾承造，2007)，煤层中游离气及溶解气量很少，通常忽略不计。

(一)容积法

1. 地质储量的计算

容积法计算煤层中吸附气原始地质储量的公式为：

$$G_i = 0.01Ah\rho(1 - A_d - M_{ad})C_{daf} \tag{1-32}$$

式中　G_i——煤层气地质储量，$10^8 m^3$；

A——含气面积，km^2；

h——煤层有效厚度，m；

ρ——煤层的空气干燥基质量密度，t/m^3；

C_{daf}——煤的空气干燥无灰基含气量，m^3/t；

M_{ad}——煤中原煤基水分含量，%；

A_d——煤中灰分，%。

其中，含气量 C_{daf} 是式(1-32)中最主要的影响因素，含气量一般与地层的温度、压力有关，还与灰分、煤阶、埋藏史、煤的化学组成和气体散失等多种因素有关，可以根据实验室测量岩心的等温吸附曲线获得。通常认为煤吸附气体属于单分子层吸附，可以用 Langmuir 方程描述绝大部分饱和煤层的吸附等温线，即煤层饱和含气量 C_s 可以表示为地层压力 P 的函数：

$$C_s = \frac{V_L P}{P + P_L} \tag{1-33}$$

式中，V_L为 Langmuir 体积；P_L为 Langmuir 压力。根据岩心资料分析，可以获得不同煤层的饱和含气量与地层压力的关系。在饱和煤层中，用 Langmuir 等温吸附曲线得到的饱和含气量即可认为是公式(1-32)中的 C_{daf}，在未饱和煤层中，还要对 C_s进行未饱和校正才能获得 C_{daf}。

2. 可采储量的计算

将容积法计算的地质储量 G_i与采收率相乘，即可得到煤层气的可采储量。煤层气吸附气采收率可以采用等温吸附曲线法计算。在等温吸附曲线上通过废弃压力所对应的含气量 C_{sga}与煤层气藏开始解吸时压力下的含气量 C_{sgi}计算煤层气藏的采收率 R_f(图 1-14)。

$$R_f = \frac{C_{sgi} - C_{sga}}{C_{sgi}} \tag{1-34}$$

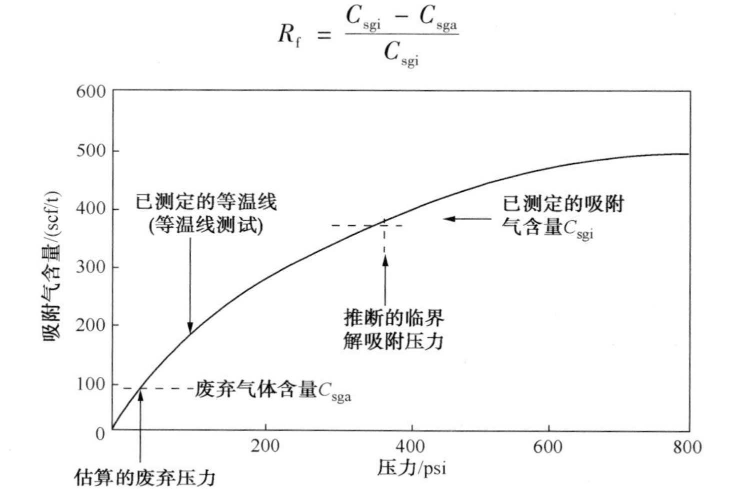

图 1-14　等温吸附曲线法确定煤层气藏采收率示意图

（二）递减曲线分析法

用递减曲线分析法计算煤层气藏的可采储量是在煤层气藏生产进入递减阶段后，根据递减趋势预测未来煤层气的产量，作为煤层气的剩余可采储量。根据国土资源部 2011 年 3 月颁布的《煤层气资源/储量规范》DZ/T 0216—2010，煤层气藏生产曲线至少出现 3 个月的递减才能应用递减曲线法进行储量评价。

若煤层的渗透率比较低，用递减曲线分析法预测煤层气储量时也会遇到预测致密气藏储量计算类似的问题，如生产中气体瞬态流动时间长，递减因子持续变化导致未来产量剖面难以确定等问题。此外，煤层气主要靠地层压力以吸附态储存在煤层中，气体开采过程包括气体在煤层内表面的解吸、通过煤层中微孔隙扩散和通过裂缝、割理流动 3 种流动机制。表现在生产剖面上，煤层气藏生产需要经历初期排水降压、天然气稳定生产及产量下降 3 个阶段。与常规天然气井相比，煤层气井初期单井日产量低，需要经历较长时间的“排水降压”过程才能使大量吸附气发生解吸，一般排采 3～4 年后产气量才能达到高峰，因此煤层气藏的产量递减阶段出现较晚，生产早期不宜使用递减曲线分析法。

（三）物质平衡法

当煤层气投产后具备了一定周期的实际生产动态和储层压力数据后，可以用物质平衡法对煤层气地质储量和可采储量进行评价。为了将常规气藏中使用的物质平衡法应用到以吸附气为主的煤层气中，众多学者对物质平衡法进行了改进，以 Jensen 和 Smith 1997 年提出的方法最为典型(Jensen D 等，1997)。

如果不考虑煤层中少量游离气和溶解气，那么煤层内剩余气体的原地量 G 可以表示为：

$$G = C_s A h \rho \tag{1-35}$$

因此气体的产量 G_p 与原地量之间存在如下关系：

$$G_p = G_i - G \tag{1-36}$$

或

$$G_p = (C_s)_i A h \rho - C_s A h \rho \tag{1-37}$$

将 Langmuir 等温吸附方程(1-33)代入到式(1-37)中，展开整理可以得到 $\frac{P}{P_L + P} \sim G_p$ 的线性关系式：

$$\frac{P}{P_L + P} = \frac{-1}{V_L A h \rho} G_p + \frac{P_i}{P_L + P_i} \tag{1-38}$$

以上各式中 G——煤层气的原地量，Bcf；

G_i——煤层气的原始地质储量，Bcf；

$(C_s)_i$——煤层气的原始含气量，%；

P——储层压力，psi；

P_i——储层原始压力，psi。

公式(1-38)的关系如图 1-15 所示，根据 $\frac{P}{P_L + P} \sim G_p$ 的关系，当直线与横轴相交时，得到煤层气藏的地质储量；若已知废弃压力 P_a，则可根据废弃压力对应的累积产气量得到煤层气藏的可采储量 G_R。

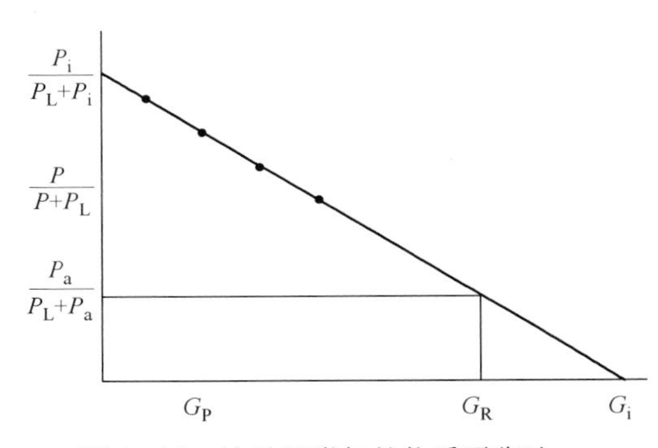

图 1-15 针对吸附气的物质平衡法

物质平衡法要求多次关井测试，确定平均地层压力。但是煤层气储层通常具有低孔、低渗、易于出粉等特点，关井测压不但需要很长的时间才能恢复压力平衡，影响正常生产，而且关井造成的压力扰动会导致煤粉产出，严重时可能导致气井废弃。这一点限制了物质平衡法在煤层气储量计算中的使用。

三、页岩油气储量计算方法

页岩油气几乎位于资源三角的最底层(图 1-2)，与致密砂岩油气和煤层气储层相比，页岩更加致密，基质渗透率极低，达到纳米级，因此页岩油气的生产效果在很大程度上依赖于压裂效果。在页岩储层内，有机质和无机质共存，油气既可以吸附在有机质表面，也可以游离在储层孔隙和裂缝中，因此储层内游离气和吸附气共存，通常吸附气含量占20%～85%。

(一)容积法

1. 页岩气

页岩气地质储量为页岩总质量与单位质量页岩所含天然气的乘积：

$$G = 0.01 A h \rho C \tag{1-39}$$

式中　G——天然气的地质储量，$10^8 m^3$；

A——含气面积，km^2；

h——有效厚度，m；

ρ——页岩密度，t/m^3；

C——总含气量，m^3/t。

使用公式(1-39)时要注意，页岩气含量与页岩中总有机碳含量 *TOC* 密切相关，*TOC* 越高，含气量也越高。同时页岩储层的非均质性较强，掌握的取心资料越丰富，*TOC* 在区域内分布越准确，确定的含气量也就越准确。

随着资料的增加，可以将页岩中游离气和吸附气的储量分别计算(EIA，2013)。由于页岩中所含的溶解气量极少，通常不考虑溶解气量，即分别计算页岩中游离气和吸附气的储量，然后将二者相加得到页岩气藏的储量。游离气的计算方法与致密砂岩气相同，可以用公式(1-26)或公式(1-27)计算。吸附气计算方法与煤层气计算公式略有不同，采用式(1-40)计算：

$$G_i = 0.01Ah\rho C_s \tag{1-40}$$

式中　G_i——页岩中吸附气地质储量，$10^8 m^3$；

A——含气面积，km^2；

h——页岩层有效厚度，m；

ρ——页岩质量密度，t/m^3；

C_s——页岩含气量，m^3/t。

与致密砂岩气和煤层气相比，页岩储层条件更为苛刻，因此容积法在评价致密砂岩气和煤层气中遇到的问题在页岩气藏中更严重：泄气面积变化时间更长、过渡带更大，从而导致确定含气面积、有效厚度、孔隙度和含气饱和度时的不确定性更大。

2. 页岩油

页岩油地质储量为页岩总质量与单位质量页岩所含原油的乘积：

$$N = 100Ah\rho_o C_o \tag{1-41}$$

式中　N——页岩油的地质储量，$10^4 t$；

A——含油面积，km^2；

h——有效厚度，m；

ρ_o——平均地面原油密度，t/m^3；

C_o——单位质量页岩中的含油率。

含油率需要密闭取心测量，成本较高。一般情况下，由于产出的页岩油中吸附油的含量很少，所以忽略吸附油量，可以只计算页岩中游离态油量作为页岩油储量，计算方法与常规油相同，可用公式(1-25)计算。

(二)递减曲线分析法

当页岩油气生产进入递减阶段后，同样可以用递减曲线法来估算页岩油气的储量。仍采用 Arps 递减，递减公式可以采用式(1-28)、式(1-29)或式(1-30)预测未来生产剖面，从而得到可采储量。

页岩油气井的寿命和生产周期长，达到拟稳态流动的时间要比常规油气井晚得多，通常需要 10~30 年。在拟稳态流动到来之前，递减因子 b 在不断变化，用递减曲线分析法预测页岩油气藏储量时应根据生产动态资料不断调整递减因子 b，或分段预测来保证在现有资料的情况下得到更可靠的储量预测结果。此外，页岩油气井通常生产能力低或无自然生产能力，几乎所有井都需要实施压裂改造才能开采，使得页岩油气井的开发效果很大程度上依赖于压裂效果，因此工程因素在页岩油气储量计算中的影响更大。不同水平段长度、不同的压裂段数及支撑剂等工程因素对储层改造的效果不同，从而预测的产量剖面也不同，可采储量也不相同。

（三）其他方法

页岩油气藏的超低渗透特性使其在生产过程中很难获得准确的油气藏压力，物质平衡方法很少用于页岩油气藏的储量预测。页岩油气藏非均质性强，岩性、物性、裂缝的发育程度、含油气量在纳米级变化，开发技术对产量、采收率影响很大，因此目前国外已开发页岩油气藏数值模拟法应用效果并不理想（W. J. Lee 等，2010）。

四、油砂储量计算方法

油砂通常指出露地表或近地表（常规石油资源深度以浅范围）包含烃类的砂岩和碳酸盐岩。油砂矿藏中，原油从原地下储集体中运移至地表后，一般已脱气，呈固体或半固体状态。油砂矿藏既不同于固体矿藏，又不同于常规油气藏，因此需采用特殊的开采方式和储量评价方法（贾承造，2011）。油砂经开采、提取分离、改质，可以得到合成原油。

油砂储量计算方法有静态法和动态法。静态法包括重量法、容积法；开发中后期可采用动态法评估，动态法包括递减曲线法、注采关系曲线法、油汽比法等。

（一）重量法

重量法是根据油砂中石油的重量百分含量进行储量计算的方法。埋藏深度 0 ~ 75m、露天开采的油砂储量一般采用重量法计算。

露天开采的油砂矿藏经开采、萃取，得到沥青油，沥青油经过改质，可以得到合成原油。

根据这一过程，重量法计算油砂储量的公式为：

$$N_{R沥青} = 100Ah\rho_y GL \quad (1-42)$$

式中 $N_{R沥青}$——沥青油的可采储量，10^4t；

A——纯油砂面积，km^2；

h——纯油砂厚度，m；

ρ_y——油砂岩密度，t/m^3；

G——油砂的品位，即沥青与含沥青砂石的质量分数，%；

L——油砂的萃取收率，沥青油砂经过萃取装置后得到的沥青油百分比，%。

若计算沥青油改质为合成油的可采储量，则可以在沥青油储量的基础上乘以改质收率：

$$N_{R合成油} = N_{R沥青} \times F \quad (1-43)$$

式中 $N_{R合成油}$——合成油的可采储量；

F——改质收率，即沥青油经过改质后获得的轻质合成原油的百分比，%。

（二）容积法

容积法又称为含油饱和度法，是求得油砂中沥青体积来计算储量的方法。埋藏深度 75 ~ 500m、热采油砂储量一般采用容积法计算。

油砂地质储量的计算公式为：

$$N_{沥青} = 100Ah\phi S_{oi}\rho_o / B_{oi} \quad (1-44)$$

式中 $N_{沥青}$——沥青油的地质储量，10^4t；

ϕ——有效孔隙度，%；

S_{oi}——原始含油饱和度，%；

ρ_o——油砂沥青密度，t/m^3；

B_{oi}——油砂油体积系数。

其余参数与式(1-42)中相同。

地质储量乘以采收率可以得到沥青油的可采储量。

(三)递减曲线分析法

对于地下热采的油砂矿，当其产量出现递减规律时，可以根据不同的递减规律采用式(1-28)~式(1-30)估算可采储量。

此外，在蒸汽吞吐开采和蒸汽驱开采方式下，可以用注采关系曲线法确定油砂储量，即根据油砂的累积产油量和累积注汽量之间的线性关系来确定油砂的可采储量。在蒸汽吞吐开采中，还可以用油汽比法来计算油砂油的可采储量，即利用一个区块的瞬时油汽比与采出程度在半对数坐标中呈线性关系来预测可采储量(贾承造，2011)。

五、储量计算实例

(一)致密砂岩油储量计算实例

西加拿大盆地深盆区某致密砂岩油气藏，油田主要储层为上白垩统 Cardium 组滨浅海相砂砾岩，油层厚度大于 10m，埋深约 1200m，孔隙度约 7.5%，渗透率小于 $0.1\times10^{-3}\mu m^2$，属于致密砂岩油气藏，含水饱和度为 25%。油气产量自 2008 年开始进入递减期，目前处于产量递减阶段。采用天然能量开发，没有稳产期，初期产量递减很快(递减率为 60%~80%)，后期递减变缓。该致密砂岩油气藏的储量计算方法是根据每口井的生产曲线按递减曲线分析法进行。如图1-16所示，以油气藏中某口致密砂岩油井为例，该井初始产量在 110bbl/d 左右，累积生产 232.8d，累积生产原油约 9×10^6bbl，递减分析的起始时间是 2011 年 7 月 1 日，储量预测是根据已有生产数据中油产量的递减趋势，取不同初始递减率 D_i 和递减指数 b，得到不同的未来产量剖面，按对递减趋势的确定性，不同的产量剖面分别对应着 1P 和 2P 储量，具体预测参数见表 1-3。预测该井的 1P 剩余可采储量为 31×10^6bbl，2P 剩余可采储量为 41×10^6bbl，加上各自已经生产的 9×10^6bbl，该井 1P 最终可采储量为 40×10^6bbl，2P 最终可采储量为 50×10^6bbl。

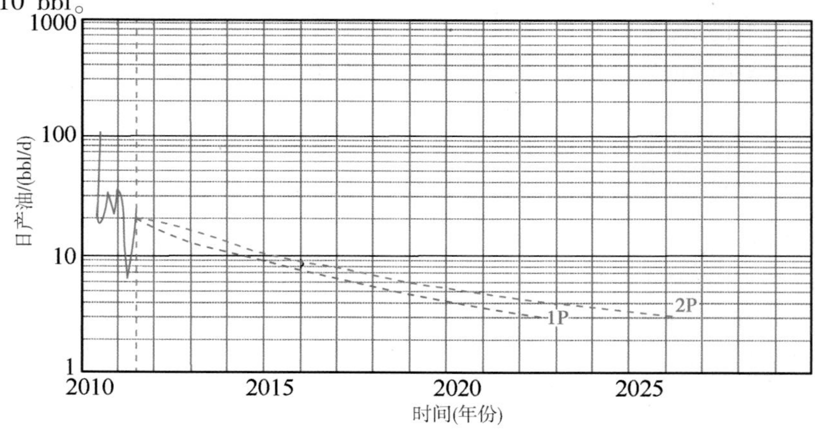

图 1-16 用递减曲线分析法计算致密砂岩油储量实例

表 1-3　致密砂岩油藏储量计算参数

储量分级	最终可采储量/10^6bbl	累产/10^6bbl	剩余可采/10^6bbl	初产/(bbl/d)	初始递减率(D_i)	递减指数(b)
1P	40	9	31	20	23.40%	0.5
2P	50	9	41	20	19.70%	0.6

（二）煤层气储量计算实例

澳大利亚 Surat 盆地的某煤层气藏，储层为侏罗系 Walloon 煤系，煤系厚度 50～700m，埋深一般 200～1000m，含煤层数多，一般 10～25 层，多的可达 30 余层。厚度变化较大，不连续，非均质性强。Walloon 煤系为低阶煤，含气量变化较大，渗透率一般(1～1000)×$10^{-3}\mu m^2$，该煤层气藏目前处于上产阶段。储量计算方法以容积法为主，用容积法计算煤层气藏的地质储量，再乘以采收率即得到可采储量。具体做法是将研究区域分成若干个单元格，储量计算以单元格为单位，每个单元格的地质储量为：

$$G_i = 0.01Ah\rho C \tag{1-45}$$

式中　G_i——煤层气地质储量，10^8m^3；

A——含气面积，km^2；

h——煤层有效厚度，m；

ρ——煤层密度，t/m^3；

C——含气量，m^3/t。

某单元格面积为 $0.5km^2$，煤层有效厚度为 24m，煤密度为 $1.55g/cm^3$，含气量为 $2.7m^3/t$，根据公式(1-45)计算该单元格煤层气的地质储量为：

$$G_i = 0.01 \times 0.5km^2 \times 24m \times 1.55g/cm^3 \times 2.7m^3/t = 0.502 \times 10^8 m^3$$

煤层气采收率的计算采用公式(1-34)，解吸压力为 5.5MPa，临界解吸时的含气量为 $12m^3/t$，废弃压力 1MPa，这时含气量为 $4m^3/t$，根据公式(1-34)计算的采收率为：

$$R_f = \frac{12-4}{12} = 66.7\%$$

则该煤层气藏的可采储量为 $0.502\times10^8m^3\times66.7\%=0.335\times10^8m^3$。

（三）页岩油气藏储量计算实例

美国某海相页岩气藏，埋深 3600～4500m，储层稳定，含伊利泥、砂/粉砂及灰岩，有裂缝。气藏的平均孔隙度为 9%，含气饱和度为 74%，该气藏目前已钻 15 口井，尚未大规模投入生产。用容积法计算该页岩气藏的最终可采储量为 $0.62\times10^8m^3$(表 1-4)。

表 1-4　容积法计算某页岩气藏的储量

面积/km^2	储层厚度/m	储层压力/MPa	储层厚度/m	采收率/%	孔隙度/%	含气饱和度/%	最终可采储量/10^8m^3
0.324	31.09	58.9	31.09	35	9	74	0.62

页岩气藏超低渗透的特性导致其储量计算参数不确定性很大，因此还采用了递减曲线分析的方法计算该气藏的储量，以便验证容积法计算结果的可靠性。由于该气藏尚未投产，类比周边已投产页岩气藏内生产井的生产历史，取初始递减率(D_i)为 70%，递减因子(b)为 1.2，预测该页岩气藏的最终可采储量为 $0.61\times10^8m^3$。与前述容积法计算相比，二者结果基本相同，可以认为容积法计算该页岩气藏的结果基本可靠。

（四）油砂储量计算实例

西加拿大盆地某露天开采的油砂项目，产层为下白垩统 McMurrary 组砂岩，平均孔隙度在35%，渗透率 $2\sim10\mu m^2$，平均沥青含量80%。油砂矿经过矿采、萃取和沥青油改质等开发流程获得合成油。独立第三方评估公司对该油砂项目储量评估时采用的标准是：①油砂品位（即沥青与含沥青砂石的质量百分比）≥8%；②油砂层最小厚度为3m；③$TV:BIP\leqslant14:1$（$TV:BIP$ 为剥离比，即总地层体积与原始沥青体积之比）。

符合上述3个标准的油砂资源可进行储量评价。假设某油砂矿藏为 1000×10^4t，若其品位为11%，沥青的萃取收率为90%，沥青油改质为合成油的改质收率为85%，则沥青油的储量为：

$$1000\times10^4t\times11\%\times90\%=99\times10^4t$$

合成油的储量为：

$$99\times10^4t\times85\%=84.15\times10^4t$$

第四节　非常规油气资源量及其分布

初步研究表明，全球非常规油气资源量巨大，这是世界油气业界的共识。但由于人们对非常规油气资源了解程度不够，勘探开发程度有限，因此世界非常规油气资源量究竟有多大，目前还没有一个权威的评价结果，而且不同的机构、不同的专家给出的评价数字相差也比较大，同一机构或专家不同时间的评价也有较大差别。世界能源理事会（World Energy Council）2010年发布的研究报告认为，截至2008年年底，全球非常规石油地质资源量（*OOIP*）约为 15821×10^8t，其中油页岩（油）6893×10^8t，天然沥青约 5168×10^8t，超重油约 3760×10^8t。据美国地质调查局（USGS）2005年和2007年评价结果，世界非常规石油资源量约为 18574×10^8t，其中天然沥青约 8545×10^8t，重油约 5939×10^8t（Meyer R. F. 等，2007），油页岩（油）4090×10^8t（Dyni J. R.，2005）。

对全球非常规天然气资源潜力预测差异更大。根据 Rogner（1996）的评价结果，世界非常规天然气资源量为 $21611\times10^{12}m^3$，其中致密砂岩气为 $210\times10^{12}m^3$，煤层气为 $256\times10^{12}m^3$，页岩气为 $456\times10^{12}m^3$，天然气水合物为 $20688\times10^{12}m^3$。法国石油研究院（IFP）评价结果认为，世界非常规天然气资源量不低于 $(13544\sim24747)\times10^{12}m^3$。

一、页岩气

据美国能源信息署2013年发布的全球页岩油气资源评价结果来看（EIA，2013），世界页岩气技术可采资源总量为 $7764\times10^{12}ft^3$，其中北美地区为 $2279\times10^{12}ft^3$，是全球页岩气技术可采资源量最大的地区，约占总量的29.4%；亚太地区以 $1808\times10^{12}ft^3$ 的页岩气技术可采资源量居全球第二位，占总量的23.3%；南美和非洲地区的页岩气技术可采资源量大致相当，分别为 $1430\times10^{12}ft^3$ 和 $1362\times10^{12}ft^3$，占全球总量的18.4%和17.5%；欧洲及俄罗斯地区相对较少，为 $885\times10^{12}ft^3$（图1-17）。从国家分布来看，美国是全球页岩气技术可采资源量最大的国家，为 $1161\times10^{12}ft^3$，与加拿大和墨西哥的总量相当，占整个北美地区的51%；中国的页岩气技术可采资源量仅次于美国，居全球第二位，为 $1115\times10^{12}ft^3$，同时也是亚太地区页岩气资源最丰富的国家，约占整个地区总量的61%；阿根廷和阿尔及利亚分别以 $802\times10^{12}ft^3$ 和

$707\times10^{12}ft^3$ 的页岩气技术可采资源量居全球第三和第四位，同时也分别是南非和非洲地区页岩气资源最丰富的国家，均占其所在地区页岩气技术可采资源总量的1/2以上；另外几大页岩气资源国分别是加拿大、墨西哥、澳大利亚、南非、俄罗斯和巴西(图1-18)。

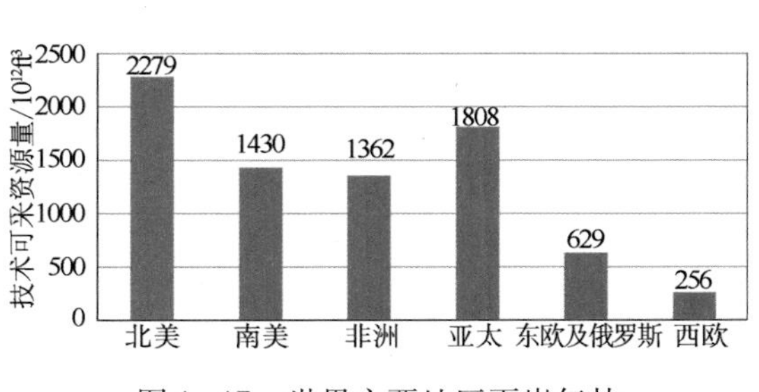

图1-17 世界主要地区页岩气技术可采资源量(EIA，2013)

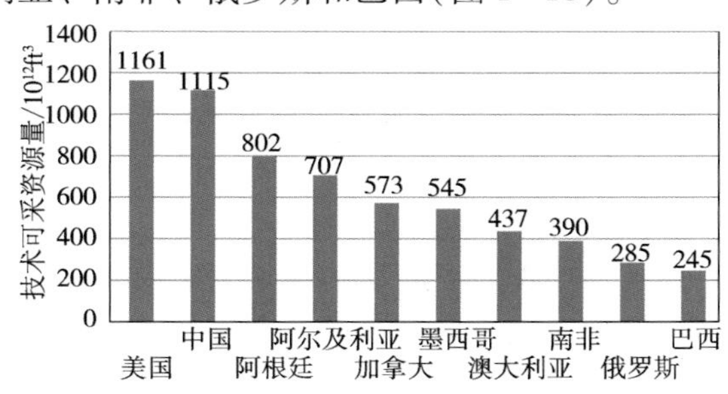

图1-18 全球页岩气技术可采资源量排名前10的国家(EIA，2013)

我国页岩气资源丰富、分布广泛。2012年3月国土资源部油气中心组织完成了全国页岩气资源潜力分析，对41个盆地进行了系统评价，全国页岩气地质资源量 $134.42\times10^{12}m^3$，可采资源量 $25.08\times10^{12}m^3$，主要分布在四川盆地、黔中隆起、鄂尔多斯盆地、塔里木盆地、松辽盆地、渤海湾盆地等。

二、页岩油(致密油)

据美国能源信息署2013年发布的全球页岩油气资源评价结果(EIA，2013)，全球页岩油(包括致密油)技术可采资源量约为 3305×10^8bbl，其中东欧及俄罗斯是页岩油资源最大的地区，为 798×10^8bbl，约占全球总量的1/4，俄罗斯是该地区页岩油资源最丰富的国家，约占整个地区的90%以上；亚太和北美的页岩油技术可采资源量分别居全球第二和第三位，为 739×10^8bbl 和 699×10^8bbl，分别占全球总量的22%和21%；其次是南美和非洲地区，页岩油技术可采资源量分别为 597×10^8bbl 和 381×10^8bbl(图1-19)。从不同国家的页岩油资源分布来看，俄罗斯是全球页岩油技术可采资源量最大的国家，为 746×10^8bbl，约占全球总量的23%；美国和中国的页岩油技术可采资源量分别为 480×10^8bbl 和 322×10^8bbl，居全球的第二和第三位，也分别是北美和亚太地区页岩油资源最丰富的国家；阿根廷的页岩油技术可采资源量为 270×10^8bbl，居全球第四位；其余几个页岩油资源较丰富的国家还包括利比亚、澳大利亚、委内瑞拉、墨西哥、巴基斯坦和加拿大(图1-20)。

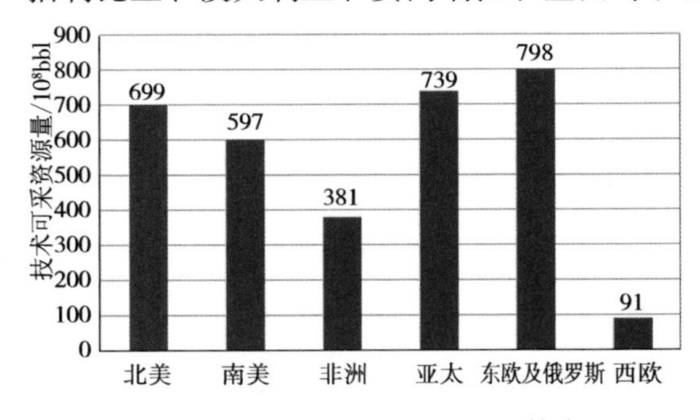

图1-19 世界主要地区页岩油技术可采资源量(EIA，2013)

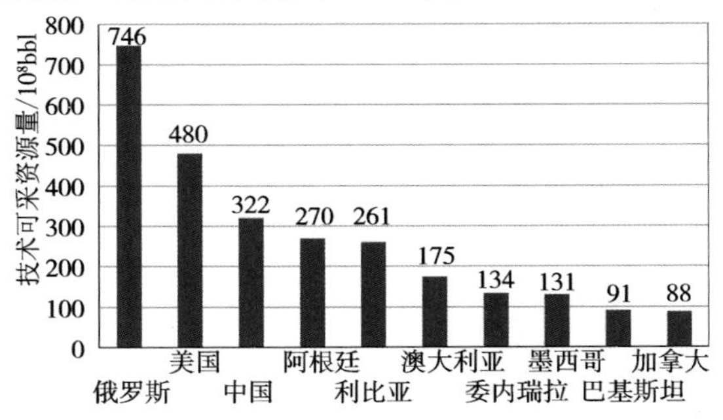

图1-20 全球页岩油技术可采资源量排名前10的国家(EIA，2013)

据国内研究者初步估计，我国页岩油可采资源量在 100×10^8t 以上，但目前对页岩油资源还没有进行系统研究，也未进行专门的资源潜力分析(李玉喜等，2011)。泌阳凹陷安深1井、泌页 HF-1 井以及辽河坳陷曙古165井均在页岩层段压裂测试获得工业性油流，揭示了东部断陷盆地古近系具有较大的页岩油勘探潜力。

三、致密砂岩气

全球致密砂岩气资源丰富，分布范围十分广泛。在世界很多沉积盆地都有分布，主要集中在北美、拉美、亚洲和前苏联，勘探开发比较活跃的国家主要有美国、加拿大和中国。据美国联邦地质调查局研究结果知，全球已发现或推测发育致密气的盆地大约有70个，资源量约为 $210\times10^{12}m^3$，亚太、北美、拉丁美洲、前苏联、中东、北非等地区均有分布，其中亚太、北美、拉丁美洲分别拥有致密气资源总量为 $51.0\times10^{12}m^3$、$38.8\times10^{12}m^3$、$36.6\times10^{12}m^3$，占全球致密气资源的60 %以上(杨涛等，2012)。

美国的致密砂岩气资源丰富，已经实现了大规模的商业化开发。根据美国能源部(2005)报告，在美国天然气储量排名前100的气田中有58个是致密砂岩气气田。美国能源信息署(EIA)2008年评价认为，美国的致密砂岩气资源量为 $(19.8\sim42.5)\times10^{12}m^3$，占美国常规天然气资源量 66.5×10^{12} 的29.8% ~63.9%。截至2009年1月，美国致密砂岩气技术可采储量为 $8.77\times10^{12}m^3$，占美国天然气技术可采总储量的17%(Khlaifat 等，2011)。

中国致密气资源比较丰富。据初步估算，全国致密砂岩气技术可采资源量约 $11\times10^{12}m^3$(戴金星等，2012)，主要分布在四川、鄂尔多斯、松辽、渤海湾、柴达木、塔里木及准噶尔等10余个盆地，其中四川盆地和鄂尔多斯盆地的致密砂岩气资源最为丰富。截至2010年年底，全国致密砂岩气累计探明储量约 $3.01\times10^{12}m^3$，占全国天然气总探明储量的39.2%。2010年全国致密砂岩气产量达 $233.0\times10^8m^3$，占全国天然气总产量的24.6%(戴金星等，2012)。

四、煤层气

世界煤层气资源丰富，Rogner(1996)的评价结果表明，世界煤层气资源量达 $256\times10^{12}m^3$，国际能源署(IEA)(2004)的统计结果也表明，全球煤层气资源储量可能超过 $260\times10^{12}m^3$。90%的煤层气资源量分布在12个主要产煤国，其中俄罗斯、加拿大、中国、美国和澳大利亚的煤层气资源量均超过 $10\times10^{12}m^3$。美国、加拿大和澳大利亚的煤层气开发走在世界前列，已经进入大规模商业化开发利用阶段。美国煤层气资源量 $48.87\times10^{12}m^3$，主要分布在西部落基山脉的中新生代含煤盆地和阿拉斯加北部的 Colville 盆地及阿拉斯加半岛的 Chignik 盆地和 Yukon 盆地。加拿大煤层气资源量 $(17.9\sim76)\times10^{12}m^3$，主要分布在阿尔伯达盆地。目前，阿尔伯达东南部和西部、不列颠哥伦比亚的东北部和东南部以及温哥华岛均为煤层气勘探开发工作区。澳大利亚煤层气资源量为 $(8\sim14)\times10^{12}m^3$，主要分布在东部悉尼、鲍温和苏拉特3个含煤盆地中。

新一轮全国煤层气资源评价结果表明，我国42个主要含气盆地埋深2000m以浅煤层气地质资源量为 $36.81\times10^{12}m^3$，埋深1500m以浅煤层气可采资源量 $10.87\times10^{12}m^3$。煤层气资源主要分布在东部、中部、西部及南部4个大区，地质资源量分别为 $11.3\times10^{12}m^3$、$10.5\times10^{12}m^3$、$10.4\times10^{12}m^3$、$4.7\times10^{12}m^3$，占全国煤层气资源量的31% 、28%、28% 和

13%；可采资源量分别为 $4.3\times10^{12}m^3$、$2.0\times10^{12}m^3$、$2.9\times10^{12}m^3$、$1.7\times10^{12}m^3$，占全国煤层气可采资源量的40%、18%、26%和16%。从层系分布看，中生界和上古生界煤层气资源最为丰富，地质资源量分别为 $20.5\times10^{12}m^3$ 和 $16.3\times10^{12}m^3$，占全国地质资源量的56%和44%，新生界分布较少。我国煤层气资源具有主要含气盆地集中分布、中小盆地资源量有限的特点。地质资源量大于 $1\times10^{12}m^3$ 的含气盆地（群）有鄂尔多斯、沁水等9个盆地（群），鄂尔多斯盆地资源量最大，为 $9.9\times10^{12}m^3$，占全国资源量的27%，其次为沁水盆地，资源量为 $4.0\times10^{12}m^3$，占全国资源量的11%（车长波等，2008）。

五、油砂

根据美国地质调查局（USGS）2004年的研究，世界上油砂油地质资源量为 2592×10^8t，油砂油的可采资源量为 1035.1×10^8t，目前世界上探明的油砂资源主要分布在加拿大。另据中国石油（CNPC）研究知，全球油砂可采资源量 7095×10^8bbl，占全球石油剩余可采资源量的1/4以上（张光亚等，2012）。《全国油砂资源评价》（2006）的研究表明，全国油砂油地质资源量为 59.70×10^8t，可采资源量为 22.58×10^8t，主要分布在准噶尔盆地、塔里木盆地、羌塘盆地、鄂尔多斯盆地、松辽盆地、四川盆地等。

六、油页岩

全球33个国家油页岩资源折算成油页岩油，可以达到 4452×10^8t，主要分布于美国、俄罗斯、加拿大、中国、扎伊尔、巴西、爱沙尼亚、澳大利亚等国家。我国油页岩储量丰富，据新一轮全国油页岩资源评价结果（刘招君等，2006），全国油页岩折合油页岩油地质资源量 476.44×10^8t，油页岩油可回收资源量 119.79×10^8t，其中油页岩油探明地质资源量 27.44×10^8t、探明可回收资源量 10.93×10^8t，全国油页岩资源主要集中分布在松辽盆地、鄂尔多斯盆地、伦坡拉盆地、准噶尔盆地、羌塘盆地、茂名盆地等。

七、水溶气

世界很多国家和地区都有水溶气资源存在，据佐尔金（1983）估算，全球水溶气资源总量可达 $(10\sim150)\times10^{15}m^3$，前苏联天然气研究所（1982）认为，水溶气资源广泛分布于含油气盆地、含煤盆地及其他水文盆地中，全世界水溶气总量为 $(1\sim100)\times10^{16}m^3$。我国水溶气资源也十分丰富，我国不同学者采取不同的方法对我国水溶气资源量进行了估算，认为我国的水溶气资源量在 $(12\sim65)\times10^{12}m^3$ 之间。

八、天然气水合物

天然气水合物主要分布在海域和永久冻土带，初步研究认为其资源量巨大。根据美国地质调查局（USGS）估算，全球海洋和陆地上已发现的天然气水合物矿藏所蕴藏的甲烷气体为 $(1\sim5)\times10^{15}m^3$。我国天然气水合物勘探区域主要集中在南海、青藏高原、冲绳海槽等地区，根据我国学者对天然气水合物资源量的初步预测，南海地区天然气水合物资源量为 $649.68\times10^{11}m^3$（梁金强等，2006），青藏高原天然气水合物资源量为 $35\times10^{12}m^3$（祝有海等，2011），冲绳海槽天然气水合物资源量为 $(1.947\sim25.9)\times10^{12}m^3$（黄永样等，2009）。

参考文献

[1] Singh K, Holditch S A, Ayers W B Jr. Basin analog investigations answer characterization challenges of unconventional gas Potential in frontier basins[J]. Journal of Energy Resources Technology, 2008, 130(4): 1~7.

[2] Old S, Holditch S A, Ayers W B, et al. PRISE: Petroleum Resource Investigation Summary and Evaluation [C]. SPE-117703, 2008: 1~16.

[3] Martin S O, Holditch S A, Ayers W B, et al. PRISE Validates Resource Triangle Concept[C]. SPE-117703, 2010: 51~60.

[4] Cheng K, Wu W, Holditch S A, et al. Assessment of the Distribution of Technically-Recoverable Resources in North American Basins[C]. SPE-137599, 2010: 1~11.

[5] SPE, AAPG, WPC, SPEE. Petroleum Resources Management System[EB/OL]. 2008.

[6] Schmoker James W. U. S. Geological Survey Assessment Concepts for Continuous Petroleum Accumulations[M]. U. S. Geological Survey Digital Data Series, DDS-69-D[EB/OL]. 2005.

[7] Law B E. Basin-centered gas systems[J]. AAPG Bulletin, 2002, 86(11): 1891~1919.

[8] U. S. Energy Information Administration. Technically Recoverable Shale Oil and Shale Gas Resources: An Assessment of 137 Shale Formations in 41 Countries Outside the United States[EB/OL]. 2013.

[9] Vasquez M, Beggs H D. Correlations for Fluid Physical Property Predictions[J]. Journal of Petroleum Technology, 1980(15): 968~970.

[10] Ramey H J. Rapid Methods of Estimating Reservoir Compressibilities[J]. Journal of Petroleum Technology, 1964(10): 447~545.

[11] Klett T R, Ronald R. FORSPAN Model Users Guide[M]. U. S. Geological Survey Open-File Report 03-354 [EB/OL]. 2003.

[12] US Department of Energy. Modern Shale Gas Development in the United States: a Primer[EB/OL]. 2009.

[13] U. S. Energy Information Administration. World Shale Gas Resources: An Initial Assessment of 14 Regions outside the United States[EB/OL]. 2011.

[14] Holditch Stephen A. Tight Gas Sand[J]. Journal of Petroleum Technology. 2006, (12): 120~124.

[15] SPE, AAPG, WPC, SPEE. Guidelines for Application of the Petroleum Resources Management System[EB/OL]. 2011.

[16] Arps J J. Analysis of Decline Curves[C]. SPE-945228, 1945: 228~247.

[17] Cheng Y, et al. Improving reserves estimates from decline-curve analysis of tight and multilayer gas wells[C]. SPE-108176, 2007.

[18] Cox Stuart A. et al. Reserve analysis for tight Gas[C]. SPE-78695, 2002.

[19] Jensen D, Smith L K. A Practical Approach to Coalbed Methane Reserve Prediction Using a Modified Material Balance Technique[C]. Paper 9765 Presented at the International Coalbed Methane Symposium, Tuscaloosa, labama. 1997.

[20] Lee W J. Gas Reserves Estimation in Resource Plays[C]. SPE-130102, 2010.

[21] 邹才能. 非常规油气地质(第2版)[M]. 北京：地质出版社，2013：186~200.

[22] 周庆凡，杨国丰. 致密油与页岩油的概念与应用[J]. 石油与天然气地质，2012，33(4)：541~544.

[23] 赵靖舟. 非常规油气有关概念、分类及资源潜力[J]. 天然气地球科学，2012，(23)3：1~14.

[24] 周庆凡，张亚雄. 油气资源储量含义和评价思路的探讨[J]. 石油与天然气地质，2011，32(3)：74~48.

[25] 刘成林，车长波，杨虎林，等. 常规与非常规油气资源评价[M]. 北京：地质出版社，2012：50~65.

[26] 郭秋麟，周长迁，陈宁生，等. 非常规油气资源评价方法研究[J]. 岩性油气藏，2011，28(4)：12~19.

[27] 中国石油集团经济技术研究院．一种值得关注和借鉴的非常规油气资源评价方法[R]. 2011.
[28] 张金川，林腊梅，李玉喜，等. 页岩气资源评价方法与技术：概率体积法[J]. 地学前缘，2012，19(2)：184～191.
[29] 孙赞东，贾承造，李相方．非常规油气勘探与开发[M]. 北京：石油工业出版社，2011：98～140.
[30] 刘成林．非常规油气资源[M]. 北京：地质出版社，2011：127～135.
[31] 杨通佑，范尚炯，陈元千．石油天然气储量计算方法[M]. 北京：石油工业出版社，1990：50～74.
[32] 贾承造．煤层气资源储量评估方法[M]. 北京：石油工业出版社，2007：95～124.
[33] 国土资源部. DZ/T0216—2010 煤层气资源/储量规范[S]. 2010.
[34] 贾承造．油砂资源储量评估方法[M]. 北京：石油工业出版社，2007：56～70.
[35] 戴金星，倪云燕，吴小奇，等. 中国致密砂岩气及在勘探开发上的重要意义[J]. 石油勘探与开发，2012. (39)3：257～264.
[36] 杨涛，张国生，梁坤，等. 全球致密气勘探开发进展及中国发展趋势预测[J]. 中国工程科学，2012，14(6)，64～68.
[37] 张光亚，王红军，马峰，等．重油和油砂开发技术新进展[M]. 北京：石油工业出版社，2012：35～47.
[38] 刘招君，董清水，叶松青，等. 中国油页岩资源现状[J]. 吉林大学学报(地球科学版)，2006，36(6)：869～876.
[39] 梁金强，吴能友，杨木壮，等. 天然气水合物资源储量估算方法及应用[J]. 地质通报，2006，25(9～10)：1205～1210.
[40] 祝有海，赵省民，卢振权，等. 中国冻土区天然气水合物的找矿选区及其资源潜力[J]. 天然气工业，2011.
[41] 黄永样，张光学．我国海域天然气水合物地质——地球物理特征及前景[M]. 北京：地质出版社，2009.

第二章　页岩油气勘探开发

第一节　页岩油气勘探开发历程及现状

一、国外页岩油气勘探开发历史及现状

美国是世界上页岩气开发最成功的国家，也是页岩气开发利用最早的国家。美国页岩气的发展历程大致可以划分为3个阶段：

（1）1821～1976年：页岩气发现阶段。1821年，William A. Hart在美国纽约州Chautauqua县Fredonia镇钻探了第一口产自泥盆系Dunkirk黑色页岩的商业天然气井（深度8.23m），被认为是页岩气的首次发现。随后相继在宾夕法尼亚、俄亥俄、肯塔基和弗吉尼亚等州或地区也发现了页岩气。1914年，在阿巴拉契亚盆地泥盆系Ohio（俄亥俄）页岩中，发现了世界第一个页岩气田——Big Sandy页岩气田。1926年，Big Sandy页岩气田成为当时世界上最大的天然气田（Roen，1993）。

（2）1976～2006年：技术研发与开发探索阶段。20世纪70年代以来，受1973年阿以战争期间的石油禁运和1976～1977年间第一次石油危机的影响，美国政府相关机构投入了大量资金用于页岩气的勘探研究。其中，1976年，美国能源部（DOE）联合了美国国家地质调查局（USGS）、州级地质调查所、大学以及工业团体，发起并实施了针对页岩气研究与开发（R&D）的东部页岩气工程（EGSP），旨在加强对页岩气地质、地球化学、开发工程等方面的研究，使页岩气产量大幅度增加，并产出了一批科研成果。以此为标志，美国正式开启了以政府为主导、以中小油公司为主力军的页岩气技术研发与开发探索进程。1980年，美国联邦政府颁布实施了《能源意外获利法》，其中第29条税收补贴政策进一步推动了以页岩气为主的非常规能源勘探研究热潮。1990年以后，美国加大了密执安盆地Antrim（安特里姆）页岩气、沃斯堡盆地Barnett页岩气勘探开发力度，不仅弥补了阿巴拉契亚盆地俄亥俄页岩气产量的下降，也使美国的页岩气产量呈现出又一次增长趋势。期间，对页岩气吸附作用机理的认识以及水力压裂技术、多次压裂技术的应用，使得美国页岩气的产量和储量得到了大幅度提高，2005年美国页岩气产量突破$200\times10^8m^3$。

（3）2006年至今：美国页岩气快速发展阶段。2005年以来，水平井钻完井及分段压裂、同步压裂、重复压裂等技术的快速发展及大规模应用，带动了美国页岩气的快速发展。特别是沃斯堡盆地Barnett（巴奈特）页岩气藏的发现和成功开发，为美国和世界其他地区的页岩气勘探提供了经验。巴奈特页岩气年产量由1999年的$22\times10^8m^3$快速增加到2009年$560\times10^8m^3$，10年间增长了25倍。2004～2009年，美国页岩气的产量年增速达到40%以上，2009年产量突破$900\times10^8m^3$（Kunskraa，2009），占其天然气年总产量的13%，并超过煤层气成为仅次于致密砂岩气的非常规天然气资源。2010年页岩气产量达到了$1378\times10^8m^3$，占美国当年天然气总产量的23%。2012年页岩气产量超过$2400\times10^8m^3$，占美国当年天然气总产量的34%。

美国页岩气勘探开发的巨大成功也加快了包括北美洲、欧洲、澳大利亚等其他国家和地区页岩气勘探开发的步伐。加拿大是继美国之后世界上第二个对页岩气进行勘探开发的国家，其勘探开发的地区主要集中在不列颠哥伦比亚省东北部中泥盆统 Horn River 盆地与三叠纪 Montney 页岩，近年来逐渐扩展到了萨斯喀彻温省、安大略省、魁北克省、新布伦斯威克省及新斯克舍省。2009 年页岩气产量达到 $70 \times 10^8 m^3$，2010 年页岩气产量达到 $92 \times 10^8 m^3$。阿根廷页岩气资源量非常丰富，据 EIA(2013)估算，页岩气技术可采资源量达到 $22.7 \times 10^{12} m^3$，目前美国、加拿大、法国等国的多家石油公司和技术服务公司都在该国乌肯盆地开展页岩气经营业务。

欧洲页岩气勘探主要集中在波兰、德国、奥地利、匈牙利、乌克兰等几个国家。2006 年在德国波茨坦地球科学研究中心成立了欧洲第一个专门研究页岩气的机构，主要对欧洲页岩气盆地进行评价与优选。目前已经在波兰、德国北部、北海南部等开展了页岩气的勘探开发。根据国际能源署的统计，法国和波兰是欧洲页岩气储量最大的国家，但是出于安全考虑，法国在 2012 年通过法律禁止使用水力压裂技术开采页岩气，成为世界上第一个立法禁止开采页岩气的国家。波兰政府自 2011 年大力推进页岩气开采以来，康菲、埃克森美孚、马拉松、戴文等多家能源公司均积极介入该国页岩气的勘探开发工作。此外，乌克兰、丹麦、澳大利亚、新西兰、印度、马来西亚、巴基斯坦等国都有开展页岩气勘探及研究的相关报道。

对于页岩油的开采，美国可以追溯到 20 世纪 50 年代。1953 年，J. W. Nordquist 首先对北达科他州内森背斜中的巴肯组(Bakken)地层进行了描述，1955 年巴肯组页岩首次产油。1961 年发现 Elkhorn Ranch 油田，证实巴肯组页岩油储量丰富。1985 年以前，巴肯页岩油藏一直采用直井进行开采，1987 年开始尝试在巴肯组上段钻第一口水平井，该水平井原油初产量达到了 258bbl/d。这个页岩油区带从此进入水平井开发阶段，原油产量出现了较大幅度的增加。90 年代石油价格大幅下降，加之上巴肯页岩段的油气产量具有一定的不可预测性，这一轮水平井开发渐入尾声。2000 年以后，巴肯组中段油气藏的发现和开发引发了新一轮的勘探开发热潮。伊格尔福特(Eagle Ford)地层是继巴肯组后的另一套重要的页岩油开发层系。2008 年，Petrohawk 公司在得克萨斯州 La Salle 县的伊格尔福特地层中钻探了一口水平井，并进行了水力压裂增产处理，天然气初始日产量达到了 $21.52 \times 10^4 m^3/d$，表明该套页岩具有产气能力。此后，在这个页岩油气区带的钻井数量达到了数百口，但受成熟度的控制，东南部较深的井以产气为主，而西北部较浅的井以产油为主。2009 年伊格尔福特页岩油产量只有 31×10^4bbl，而 2010 年大幅增长到 354×10^4bbl。2010 年，美国的巴肯、伊格尔福特、巴奈特、Woodford(伍德福德)、Marcellus(马塞勒斯)、Niobrara(奈厄布拉勒)等主力页岩油区带的年产量达 1375×10^4t，是 2008 年页岩油产量的 3 倍，占美国石油总产量的 5%。随着北美页岩气产量猛增，天然气价格大幅度降低，许多公司由页岩气的勘探开发转向页岩油。页岩油产量的快速增长，也使得美国自 1985 年以来一直处于递减状态的石油产量于 2009 年得以扭转，并于 2013 年达到日均 744×10^4bbl 水平。据美国能源信息署(EIA)预计，页岩油开发活动的增加将使美国 2014 年的原油日产量提升至 840×10^4bbl/d，2015 年还将进一步提升至 920×10^4bbl/d。

二、国内页岩油气勘探开发历史及现状

我国页岩油气资源调查与勘探开发起步晚，目前尚处于勘探开发的初期阶段。按照勘探

开发历程，也可大致分为 3 个阶段。

(1)1960 ~ 2002 年，泥页岩裂缝油气藏勘探阶段。

20 世纪 60 年代以来，在常规油气勘探过程中，曾于松辽、渤海湾、四川、鄂尔多斯、柴达木等盆地中发现了泥页岩裂缝油气藏或页岩油气显示(高瑞祺，1984；关德师等，1995；王德新等，1996；李守田等，2001；刘魁元等，2001；姬美兰等，2002；徐福刚等，2003)，部分学者对此还进行过研究。由于当时把它们作为一种常规裂缝性油气藏看待，资源潜力及储集空间认识不到位，加之缺乏有效的开发技术，产量递减快，社会效益和经济效益较差，故未引起足够重视。

(2)2003 ~ 2010 年，页岩油气跟踪调研与勘探开发起步阶段。

2003 年开始，受美国页岩气勘探开发取得成功的影响，国内相关高校及石油公司开始跟踪调研世界页岩气资源发展动态，并对中国页岩气的资源状况进行初步分析(张金川等，2003，2004；陈建渝等，2003)。三大石油公司积极调整结构和重点，将页岩气勘探开发列为非常规油气资源的首位。

2006 年，中国石化科技开发部启动了“中国页岩气早期资源潜力分析”研究项目，对美国典型页岩气盆地页岩气成藏条件和勘探开发进展进行了调研，对比分析了国内外页岩气的形成条件，并对中国页岩气资源前景进行了探讨。2009 年，成立了中国石化非常规能源专业管理机构与勘探开发队伍，积极加强与国外石油公司的技术交流与合作，借鉴北美经验，优选了页岩气选区评价参数，开展了南方海相页岩气选区评价。同时，组织相关油田分公司开展了老井复查与复试，鄂西渝东地区建 111 井东岳庙段压裂测试获得日产 3925m^3 气流。2010 年，针对南方海相页岩气部署实施了宣页 1 井、河页 1 井和黄页 1 井；针对东部断陷盆地古近系页岩油部署实施了安深 1 井，2011 年 1 月进行压裂，最高日产油达到 4.68m^3/d。

中国石油与美国新田石油公司 2007 年签署了《威远地区页岩气联合研究》协议。2008 年，在四川省宜宾市实施了我国首口页岩气取心浅井。同年，中国石油与壳牌公司在重庆富顺－永川区块启动合作勘探开发项目。2009 年 12 月在四川盆地威远构造实施了威 201 井，该井在下寒武统筇竹寺组压裂测试获得日产气 $1.08\times10^4m^3$。该井于 2010 年 10 月投产。

党中央、国务院及相关政府部门高度重视页岩气资源战略调查和勘探开发工作。2009 年 9 月，国家发改委和国家能源局开始研究并制定关于鼓励页岩气勘探开发利用的政策。2009 年 11 月，美国总统奥巴马访华期间，中美双方签署了《中美关于在页岩气领域开展合作的谅解备忘录》，将两国在页岩气方面的合作上升到了国家层面。2010 年国土资源部启动了“全国油气资源战略选区调查与评价专项”，对全国页岩气资源量进行了初步评价。

(3)2011 年至今，页岩油气勘探多点突破及产能示范区建设阶段。

2011 年 1 月，中国石油在四川盆地威远构造实施了威 201 - H1 井，该井龙马溪组页岩进行 11 段压裂测试，日产气$(1.15\sim1.34)\times10^4m^3$。随后钻探的阳 101 井、镇 101 井等均在龙马溪组获得高产页岩气流。2012 年 3 月，国家发改委批准设立长宁－威远和昭通国家级页岩气示范区。目前示范区建设正在有序开展。截至 2014 年 3 月底，威远－长宁示范区已完钻井 24 口，其中完成压裂 20 口，有 16 口井获得页岩气流，宁 201 - H1 井压裂测试最高日产气 $15\times10^4m^3$；在昭通示范区，完钻探井 7 口，完成压裂 4 口，均获得页岩气流。在富顺－永川合作区块，阳 201 - H2 井在龙马溪组压裂测试最高日产气 $43\times10^4m^3$。在页岩油勘探开发方面，2011 年辽河油田曙古 165 井沙三段泥岩段压裂测试获最高日产油 24m^3后，在准噶尔盆地吉木萨尔凹陷和三塘湖盆地二叠系芦草沟组页岩油勘探开发取得积极进展，多口井压裂测试获得工业油流。

2011年以来，中国石化通过选区评价及勘探实践，南方地区页岩气勘探向四川盆地及其周缘聚焦，取得了多点突破和积极进展。在陆相页岩气勘探开发方面，鄂西渝东地区建页HF-1井(目的层为自流井组东岳庙段页岩)完成7段压裂施工，测试最高日产量达到$1.23\times10^4m^3/d$；涪陵地区涪页HF-1井(目的层为自流井组大安寨段大二段页岩)完成10段压裂及酸化改造，日产气$(1.4\sim1.7)\times10^4m^3$；川西坳陷新页HF-2井(目的层为须家河组须五段页岩)完成压裂改造，最高日产气$4\times10^4m^3$。在海相页岩气方面，2012年5月，彭水地区彭页HF-1井龙马溪组实施12段压裂改造后，最高日产气$2.5\times10^4m^3$，揭示四川盆地周缘复杂构造区相对稳定的负向构造古生界海相页岩气具有良好的勘探前景。2012年11月，涪陵地区焦石坝构造焦页1HF井进行15段大型水力加砂压裂，测试日产气$20.3\times10^4m^3$，取得了中国石化页岩气勘探开发的重大突破。2013年1月，中国石化适时启动了涪陵龙马溪组页岩气开发井组试验，共部署10个平台18口探井。2013年9月，国家能源局正式批准设立涪陵国家级页岩气示范区。截至2014年3月，在焦石坝开发试验区共完钻井31口，试采井22口，日产气达到$200\times10^4m^3$。2014年3月24日，中国石化对外宣布，将在2015年底建成页岩气产能$50\times10^8m^3$、2017年建成产能$100\times10^8m^3$。涪陵页岩气田的发现，标志着我国页岩气开发实现了重大战略性突破。此外，川西南地区下寒武统取得重要进展，井研-犍为区块的金石1井在下寒武统九老洞组分两段加砂压裂，日产气$2.7\times10^4m^3$。与此同时，东部断陷盆地页岩油勘探开发取得多点突破。河南油田在泌阳凹陷针对核三段页岩部署的泌页HF-1井和泌页HF-2井，压裂测试最高日产油分别为20.5t和24.2t；胜利油田在沾化凹陷罗家地区针对沙三段页岩部署实施的渤页平1井、渤页平2井均钻遇良好油气显示，压裂后初期日产油分别为7.6t和2.1t；2012年在东营凹陷部署了3口系统取心井(牛页1井、樊页1井和利页1井)、1口水平井(梁页1HF井)，于沙三下、沙四上亚段泥页岩段钻遇良好油气显示，压裂后均见油流。此外，在江汉盆地和苏北盆地古近系、下扬子地区二叠系、鄂尔多斯盆地南部三叠系等领域也进行了页岩油的探索，获得了低产油流。总体而言页岩油初始产量较高，但产量递减快，因此开展适合于东部断陷盆地古近系地质特点的工程工艺技术攻关，是实现页岩油有效开发的关键。

延长石油集团于2011年在鄂尔多斯盆地延安地区柳评177井上三叠统延长组压裂测试获得页岩气流后，积极加强了鄂尔多斯盆地南部上三叠统页岩气的评价及勘探力度，2012年经国家发展和改革委员会批准设立了“延长石油延安国家级陆相页岩气示范区”。截至2014年3月，共完钻页岩气井34口，其中直井27口，完成页岩气压裂25口，均获页岩气流。中国海洋石油总公司在安徽芜湖下扬子西部区块开展了页岩气地质评价等相关研究，2014年3月1日，该公司第一口页岩气探井——徽页1井顺利开钻。

国土资源部于2011年将页岩气设立为独立新矿种，并面向社会实行了第一轮页岩气探矿权招标，设立招标区块4个，中国石化和河南煤层气公司分别竞标南川区块和秀山区块页岩气探矿权。2012年国土资源部与国家能源局、财政部一起出台了《页岩气发展规划(2011~2015)》及页岩气开发利用的补贴政策。同时，还面向全社会进行了第二轮页岩气探矿权招标，设立20个区块，共有16家企业竞标了19个页岩气区块的探矿权。目前各竞标单位在相关区块均不同程度地进行了前期地质评价及地球物理勘探工作。2013年，国家能源局出台了《页岩气产业政策》。目前，“十三五”页岩气发展规划及国家页岩油中长期发展规划也正在制定之中。

第二节　页岩油气地质与勘探

一、富有机质页岩形成与分布

（一）富有机质页岩的形成机制

在自然界中，大量的粒径小于4μm的细粒碎屑、黏土、有机质等物质经过长时间的搬运，并在静水环境中沉积、固结而形成的泥质岩，成为分布最广泛的一类沉积岩。其中，一般将不具有纹理或页理的泥质岩称为泥岩，具有纹理或页理的泥质岩称为页岩。页岩矿物成分复杂，碎屑矿物包括石英、长石、方解石等，含量一般大于50%；黏土矿物有高岭石、蒙脱石和伊利石等，在埋藏成岩作用中，蒙脱石将转变成伊利石，成为深埋页岩的主要组分；含有的不定量有机质，是生成石油和天然气的母质来源。页岩化学成分含量变化也较大。一般情况下，页岩的SiO_2含量为45%～80%，Al_2O_3含量为12%～25%，Fe_2O_3含量为2%～10%，CaO含量为0.2%～12%，MgO含量在0.1%～5%之间波动。

富有机质页岩（*TOC*≥2%）包括黑色页岩、炭质页岩等，是形成页岩油气的主要岩石类型。黑色页岩含有大量的有机质与细粒分散状黄铁矿、菱铁矿等，有机碳含量通常为2%～10%或更高，常具薄、纹层理，一般形成于缺氧、富含H_2S的闭塞海湾、潟湖、局限盆地或湖泊的较深水地区。如我国中上扬子地区志留系龙马溪组含笔石黑色页岩，有机碳含量普遍高于2%，富含浮游藻类、疑源类等成烃生物；松辽盆地白垩系黑色页岩中含有丰富的有机质和介形虫、孢粉等微体古生物，均是重要的烃源岩系。炭质页岩中含有大量呈细分散状均匀分布于岩石中的炭化有机质，黑色、能染手，常形成于湖泊－沼泽环境，与煤层共生。如我国南方地区二叠系龙潭组煤系及其炭质页岩，有机碳含量多为2%～20%。富有机质页岩中，还含有较多的硅质矿物和含钙矿物，根据硅、钙的含量可细分为富有机质硅质页岩（SiO_2含量可达80%）、富有机质钙质页岩（$CaCO_3$含量可达10%～30%）等。在富有机质硅质页岩中，常保存有硅藻、海绵、放射虫等微体化石，认为这种岩石中硅质的来源主要与生物有关，有的也可能和海底喷发的火山灰或者化学沉积（交代其他矿物）有关。

富有机质页岩的形成不能简单地归因于适合细碎屑沉积的静水环境，而是特殊的地质环境和生物演化综合作用的产物。一般认为，沉积岩中有机质富集程度取决于有机质输入量及其保存条件，这两大因素从根本上来说又受控于生物繁殖、埋藏时的古气候、古洋流、古构造、古地理及生物产率、多样性等各要素的相互匹配与协同演化作用（张水昌等，2005；Tenger等，2006，2011；张林晔等，2008）。目前，针对海相富有机质页岩形成机制主要有两种基本模式（Demaison G. J. 等，1980）：一种是黑海型的“保存模式”（图2－1），强调缺氧环境对有机质保存的重要性，特点是：水体分层、缺氧时间、浮游生物为主；表层水高生产力产生的丰富有机质，容易在有硫化氢存在的强还原水底中保存，富有机质页岩发育在沉积中心，如现代黑海、半封闭-封闭海湾/潟湖和台内局限滞留盆地等。此类海相富有机质页岩主要发育于我国塔里木盆地中下寒武统、扬子地区上奥陶统五峰组－下志留统等（梁狄刚等，2000；腾格尔等，2006；梁狄刚等，2009）。Loucks等（2007）研究表明，沃斯堡盆地巴奈特页岩沉积于风暴浪底的深水环境，水深估计在120～215m，沉积速率非常缓慢（约14mm/a），页岩中发育极细的黄铁矿莓状体，且无生物扰动构造，揭示该套页岩形成于水体分层的强还原环境。另一种是西非大陆架型的“生产力模式”（图2－2），初级生产力被认为是有机质富集的关键，上升洋流将丰富的营养盐和微量元素携带到海水上部导致了藻类的勃发，而有机质呼吸和分解的高消耗又导致了最低含氧带的形成。该种富含有机质的页岩形成于台缘斜坡带上，而不在沉降或沉积中心，如被动大陆边缘斜坡。此类海相富有机质页岩主要见于我国南方扬子地区下寒武统黑色页岩系（周堃，1993；梁狄刚等，2009；Tenger等，2011）。李新景等（2007）研究认为，北美页岩气产层以受到上升洋流影响、具有低能还原环境的海进体系域黑色页岩为佳，大多数黑色页岩沉积之初海平面位置较高，富含养分的上升洋流提供了充足养分，使得生物生产力高，形成较强还原环境。

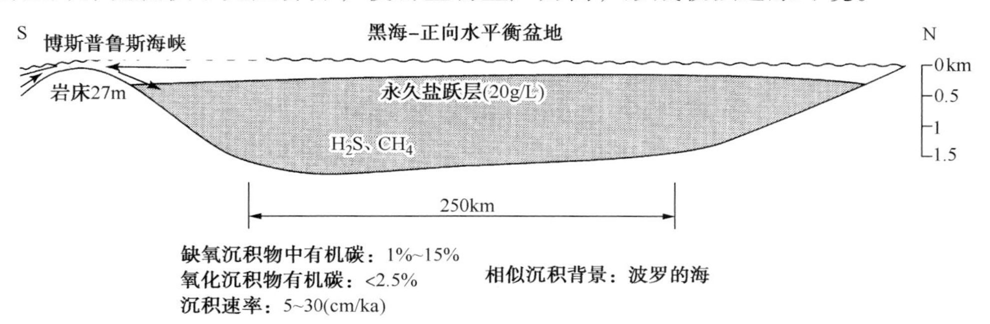

图2-1　典型的缺氧分隔盆地实例——黑海（Demaison G. J. 和 Moore G. T.，1980）

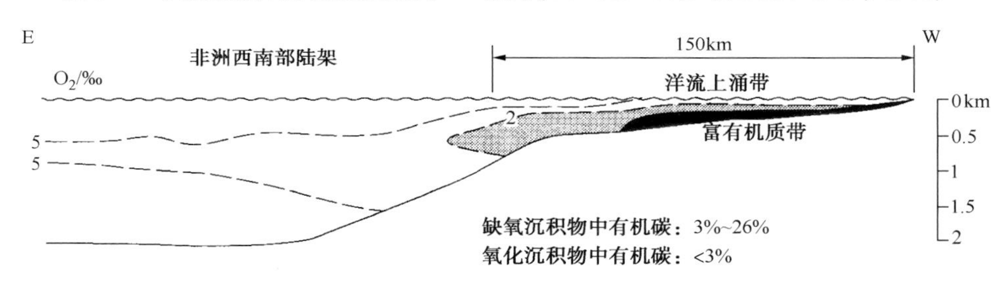

图2-2　非洲西南部陆架洋流上涌形成缺氧层的典型实例（Demaison G. J. 和 Moore G. T.，1980）

湖相富有机质页岩的形成与湖盆演化过程中可容纳空间的变化、古湖泊的物理化学性质、古生产力营养的来源、气候的周期性变化等因素有着密切联系，其与海相富有机质页岩显著的差异在于湖相富有机质页岩的沉积具有很强的非均质性，沉积韵律的变化直接受控于古气候变动引起的湖盆内部水体物理、化学以及藻类季节性的生产、死亡和保存等要素的变化，如我国鄂尔多斯盆地三叠系、东部第三系陆相富有机质页岩（王慧中等，1998；秦建中，2005；张林晔等，2008）。

（二）不同类型页岩的分布特征

受复杂地质背景和多阶段演化过程的影响，我国含油气盆地类型多、结构复杂。在早三叠世及古生代，我国发育有华北、扬子和华南、塔里木等大中型海相克拉通盆地和克拉通边缘盆地。经过中新生代改造后，这些大中型盆地普遍遭到破坏，仅在四川、鄂尔多斯、塔里木等地保留下来一部分克拉通盆地。中生代以来，陆相盆地广泛发育。其中，部分陆相盆地叠置在克拉通盆地之上，部分盆地发育在古生代褶皱带之上。盆地的不同演化规律直接控制着富有机质页岩的发育与分布。依照形成环境，可将富有机质页岩划分为海相富有机质页岩、海陆交互相富有机质页岩、陆相富有机质页岩3种类型。

中国的富有机质页岩从最古老的中元古界蓟县系洪水庄组（1000Ma±）到最年轻的新近

系(10Ma ±)均有发育，只是不同时代的富有机质页岩在不同地区发育程度不同，热演化有差异，因此它们对现今工业性油气藏存在不同的贡献和控制作用。总体上，中国富有机质页岩在泥盆纪及其之前均属于海相沉积，有机质类型以腐泥型为主，石炭-二叠纪开始出现海陆交互相和陆相沉积，进入中生代以陆相沉积为主，生源多元化，存在腐泥型、混合型或腐殖型等多种类型的干酪根。按照现今工业性常规油气藏的主力烃源岩及其地质储量估算，石油储量主要来自第三系和白垩系，寒武-奥陶系、侏罗系和三叠系次之，二叠系有一定比例；天然气储量则是石炭-二叠系有明显优势，其次为中、新生界，下古生界有一定比例。与国外相比(Klemme H D 等，1991)，油气储量来源呈现两个特点：①我国中、新生界油气储量及石炭-二叠系天然气储量主要来自陆相或海陆交互相富有机质页岩，而国外主要来自海相富有机质页岩；②寒武-奥陶系和三叠系富有机质页岩在世界上不占据重要地位，但在中国已成为增储上产的重要领域，泥盆系烃源岩在国外尤其在北美地区占据重要地位，而我国尚未发现工业性油气藏。

1. 海相富有机质页岩

我国海相富有机质页岩主要发育于早古生代，以华北、塔里木、扬子克拉通地区最为典型。

寒武系富有机质页岩：在塔里木盆地，富有机质页岩主要发育于盆地东部满加尔坳陷，为欠补偿深水盆地相沉积，普遍夹灰黑色的放射虫硅质岩，底部夹磷质岩，*TOC* 介于0.5% ~5.52%之间，厚度153 ~ 336m(未穿)，R_o 介于1.7% ~2.45%之间(梁狄刚等，2004)。在南方扬子地区，富有机质页岩主要形成于早寒武世，发育川东-鄂西、川南及湘黔3个深水陆棚沉积区，主体为牛蹄塘组黑色页岩系，由富含有机质的黑色页岩、硅质页岩和含磷层组成，*TOC* 平均高达8%左右，有机质类型以腐泥型为主，主要成烃生物由浮游藻类、疑源类、细菌、底栖藻类和海绵骨针等组成(梁狄刚等，2009；腾格尔等，2006，2011)。

奥陶系富有机质页岩：在塔里木盆地，发育黑土凹组($O_{1-2}h$)、萨尔干组($O_{2-3}s$)、印干组(O_3y)3套页岩，其中黑土凹组主要分布于满加尔坳陷，属于欠补偿盆地相黑色页岩，夹放射虫硅质岩，*TOC* 介于0.5% ~2.67%，厚度27 ~87m，R_o 介于1.7% ~2.23%；萨尔干组分布于柯坪、阿瓦提坳陷，主要为半闭塞欠补偿海湾相黑色页岩，柯坪断隆的萨尔干组为黑色页岩夹饼状泥质灰岩，*TOC* 介于0.56% ~2.78%，厚度13.2m，R_o 介于1.1% ~1.81%；印干组为半闭塞欠补偿-补偿海湾相的黑色泥页岩，发育在柯坪、顺托果勒低隆，*TOC* 介于0.5% ~2.10%，柯坪剖面上大于0.5%的页岩厚度达97m(梁狄刚等，2004；张水昌等，2005)。一般情况下，前泥盆纪富有机质页岩生源单调，属于富氢菌藻类为主的腐泥型干酪根，特别是奥陶纪烃源岩及生成原油特征上在全球范围内表现出相似性，被认为与黏球形藻作为主要生油母质有关，如北美、欧洲广泛发育的奥陶纪 Kukersite 型生油岩。但塔里木盆地奥陶系富有机质页岩的部分有机质类型呈偏腐殖型(Ⅱ-Ⅲ)，表现出两类生烃母质，归因于古生代浮游植物和底栖叶状体植物(宏观藻化石)的混合(王飞宇等，2001)。在南方下寒武统富有机质页岩中也发现了以红藻为主的底栖藻类、真菌类的普遍存在，表明了前泥盆系海相有机质类型并非传统认识和资源潜力评价中以浮游藻类为主的Ⅰ型干酪根，还广泛存在底栖藻类混入的Ⅱ型干酪根。奥陶系富有机质页岩在鄂尔多斯盆地和扬子地区也有分布，即鄂尔多斯盆地西、南边缘发育的中上奥陶统平凉组和扬子地区上奥陶统五峰组滞留盆地相富有机质黑色页岩，含有大量笔石和浮游藻类(腾格尔等，2006，2007)。

志留系富有机质页岩：在中上扬子地区，主要分布于川南、川东南及鄂西渝东地区，为深水陆棚相沉积，纵向上发育在下志留统龙马溪组下部，是一套20～100m厚的含笔石黑色页岩系，*TOC*普遍高于2%，属腐泥型干酪根，以浮游藻类和笔石碎屑为主（腾格尔等，2006；梁狄刚等，2009）。

2. 海陆交互相富有机质页岩

海陆过渡相的暗色泥页岩主要发育在三角洲、滨岸沼泽及潟湖等沉积环境中，水深相对较浅，前三角洲及滨岸沼泽、淡水潟湖的底部常常是低能、安静的封闭还原环境，有利于陆源细粒碎屑物质及部分化学沉积物质的沉积。海陆过渡相沉积环境受气候条件影响较大，即在温暖潮湿的气候条件下，水深相对更大，泥页岩厚度和分布面积更大，且有利于陆生植物及水生生物的生长。

在海陆过渡相沉积环境中，前三角洲、三角洲平原沼泽和淡水潟湖等相带内的富有机质泥岩发育，单层厚度较小，且分布相对局限，岩性一般为灰黑色或黑色页岩、炭质页岩夹煤层及灰色粉砂岩、细砂岩。特别是平原沼泽相暗色泥页岩，单层厚度较薄，多与粉砂岩、细砂岩薄互层，并夹有煤层。有机碳含量较高。由于高等植物含量较高，干酪根类型以Ⅲ型为主。黏土矿物含量较高，脆性矿物以硅质为主且含量可达50%以上，碳酸盐矿物含量较低，莓状、球粒状黄铁矿及自形黄铁矿较为常见。

海陆过渡相富有机质暗色泥页岩主要分布在我国华北地区及南方部分地区。其中，华北地区石炭系本溪组、太原组和下二叠统山西组，南方地区石炭系测水组和二叠系龙潭组等均是典型的海陆过渡相富有机质泥页岩层系。从中石炭世开始，华北地区结束了加里东运动造成的长期整体抬升，开始沉降遭受海侵并重新接受沉积，形成了一套陆表海台地相、有障壁海岸相碎屑岩沉积及海陆交互相含煤建造。其中，太原组和山西组主要由陆相沉积的砂岩、页岩、黏土岩组成，夹有多层近海泥炭沼泽所组成的煤层，是华北盆地重要的成煤期。石炭－二叠系煤层在乌达、巨鹿、周口东北部地区非常发育，厚度达到30～40m；沁水、阳泉、平顶山、济宁等地较为发育，一般厚20m。暗色泥岩在乌海、银川、阳泉、平顶山、东濮、周口等地较为发育，厚度大于100m。在四川盆地，晚二叠世富有机质页岩发育明显受沉积环境和生物演化的协同控制，煤系富有机质页岩主要分布于中部及其以南地区，沉积相以海陆过渡相和沼泽相为主，高等植物和底栖藻类发育，普遍见有细菌类，呈腐殖型；川东北形成半封闭型海湾潟湖或滞留盆地环境，以海相有机质沉积为主，呈腐泥－混合型，是川东北地区长兴－飞仙关组古油藏及其现今天然气田的主要来源。

3. 陆相富有机质页岩

陆相富有机质页岩可以分为两类：

（1）形成于半深湖－深湖相的富有机质页岩，由于水深较大、受湖浪等作用微弱，页岩有机质丰度高、累计厚度大，有机质类型以腐泥型为主，其主要成烃生物包括淡水－微咸水浮游藻类（如葡萄球藻、盘星藻、硅藻等）、浮游动物和高等植物碎屑，热演化程度相对较低，以生油为主，是我国大中型油田的主力烃源岩层系。由于水域面积相对较小，水深变化较大，湖相暗色泥页岩单层厚度一般较小，常与粉砂岩、砂岩频繁薄互层出现，夹陆源生物化石碎片。湖相沉积环境受区域气候条件影响明显，气候温暖潮湿，湖泊面积广阔，深湖区水深较大，有利于细粒物质的沉积和还原环境的保持。该类富有机质泥页岩包括准噶尔盆地和三塘湖盆地的二叠系、塔里木盆地上三叠统黄山街组和塔里奇克组、鄂尔多斯盆地上三叠统延长组、四川盆地侏罗系自流井组和千佛崖组、松辽盆地的白垩系、东部断陷盆地古近系以及柴达木盆地新近系。济阳坳陷沙三段下亚段岩性以深湖相泥岩、灰褐色页岩、油页岩为主，厚度150～300m，*TOC*一般为1.0%～5.0%，有机质类型以Ⅰ型为主，R_o介于0.5%～1.2%之间，是该区一套主力烃源岩。松辽盆地嫩江组和青山口组页岩也形成于深湖－半深湖相，在全盆地分布稳定，其中嫩一段黑色页岩在中央坳陷区厚度超过100m，平均总有机碳含量高达2.40%；嫩二段页岩平均厚度在150m左右，平均总有机碳含量为1.56%。青山口组一段在中央坳陷区厚度为60～80m，平均总有机碳含量为2.2%，富含藻类利于生油(冯子辉等，2009)。从世界范围来看，由于白垩纪时期得天独厚的地质环境与生物演化背景(贾建忠等，2009)，全球范围内形成了广泛的黑色页岩系，由它生成的油气可采储量占全球总储量的31.6%，远高出其他各时代的烃源岩储量(图2－3)。

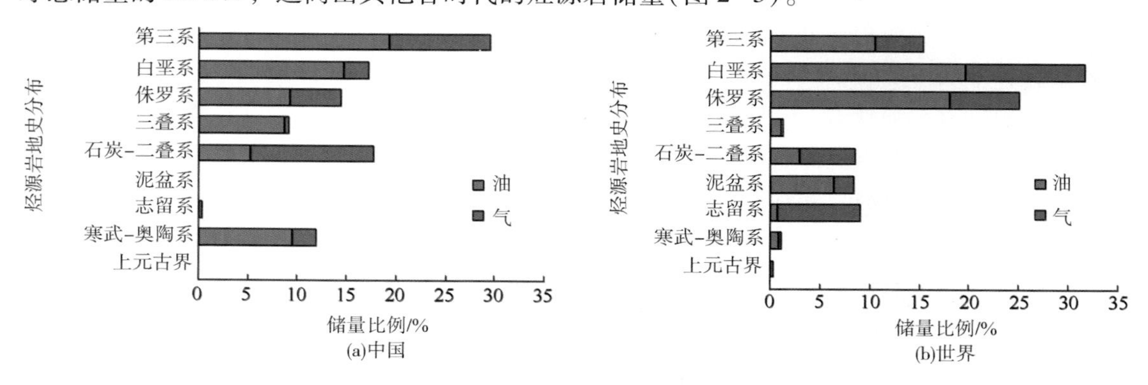

图2－3　中国和世界主要烃源岩的地层分布及储量中贡献比例

(2)形成于湖沼相的含煤泥页岩层系，包括四川盆地上三叠统须家河组、鄂尔多斯盆地侏罗系延安组、西北地区的中下侏罗统。该套富有机质页岩纵向上与砂岩互层频繁，高等植物为主要的成烃生物，有机质类型以腐殖型为主，具有页岩气、煤层气和致密气共生的特点。在四川盆地，晚三叠世以川西坳陷为沉积、生烃中心发育了须家河组煤系富有机质页岩。纵向上主要分布在须一段、须三段和须五段。其中，须五段主要为黑色泥页岩、粉砂岩互层，夹薄煤层和煤线，暗色泥页岩主要分布在川西地区，厚度一般在100～350m之间，沉积中心位于德阳－彭州－大邑一带；川中地区厚度相对较薄，介于25～100m之间；*TOC*介于0.5%～5%之间，在川西坳陷一般大于2%；有机质类型以Ⅲ型为主，R_o介于0.75%～2.0%之间，是川西坳陷的主力气源岩之一。在塔里木盆地，侏罗系富有机质页岩主要发育于库车坳陷下侏罗统阳霞组和中侏罗统克孜勒努尔组，以沼泽相煤、深湖相炭质泥岩及浅湖相暗色泥岩为主，厚达280m以上(贾承造等，2002)。在准噶尔盆地和吐哈盆地，侏罗系富有机质页岩分布于八道湾组、三工河组和西山窑组，厚度普遍大于100m。

二、页岩储层特征

(一)岩石矿物学特征

1. 岩石学特征

一般认为泥页岩岩性比较单一，由泥岩或者页岩组成。事实上，泥页岩在空间上常与细粒砂岩或碳酸盐岩呈一定的组合关系，如上下叠置、薄互层存在或页岩中夹有砂岩及碳酸盐岩薄层或透镜体等。泥页岩中夹层的存在对页岩气的储集和后期开发都具有一定的积极作用。粒度较大的碎屑岩或碳酸盐岩夹层具有较好的孔渗性，可为页岩油气的聚集提供有利的储集空间。

泥页岩具有页理状结构、块状结构、粉砂泥状结构、鲕粒或豆粒结构和生物泥状结构等。鲕粒和豆粒结构外貌上与碳酸盐岩鲕粒、豆粒结构相似，内部多为隐晶质致密状。

泥页岩层理多为水平层理，厚薄不一，厚度在1cm以下的层理称为页状层理或页理，常有干裂、雨痕、晶体印模及水下滑动构造。岩石颜色变化大，主要由其中的色素物质决定。不含色素物质的较纯页岩常常呈现灰白色，含铁呈红色、紫色和褐色，含绿泥石、海绿石等呈绿色，含黄铁矿或者有机质较多时呈黑色或者灰褐色。页岩的颜色及沉积构造不仅可指示沉积环境，还可反映沉积介质的氧化还原条件。有利于页岩油、气发育的页岩主要为还原环境下形成的黑色富有机质页岩。

2. 矿物学特征

泥页岩的矿物成分较复杂，主要包括黏土矿物、石英、长石和碳酸盐岩等。常见的黏土矿物主要是高岭石、伊利石和蒙脱石等。自生矿物有铁的氧化物（褐铁矿、磁铁矿）、碳酸盐岩矿物（方解石、白云石和磷铁矿）、硫酸盐矿物（石膏、硬石膏和重晶石等），此外还有海绿石、绿泥石和有机质等。

泥页岩中矿物组成的变化影响页岩的孔隙结构和岩石力学性质等，对天然气的储集能力产生重要影响。页岩的孔隙度大小与矿物组成有关。Ross等（2007）对加拿大WCSB盆地下侏罗统页岩孔隙特征的研究表明，富含黏土矿物的页岩总孔隙度比富含硅质页岩的大，总孔隙度随着Si/Al比的降低而加大。Bustin等（2009）的研究表明，页岩孔隙度不仅与黏土含量有关，还随着碳酸盐矿物含量的增大而变小，随着生物硅含量的增大而增大（图2-4）。黏土矿物具有较多的微孔隙和较大的比表面积，对天然气有较强的吸附能力。因晶体结构不同，各种黏土矿物对气体的吸附能力存在差异，伊利石对气体的吸附能力远大于蒙脱石和高岭石（Ross等，2009）。虽然石英和碳酸盐矿物含量的增加会降低页岩的孔隙度，使游离气的储集空间减少，但在外力作用下易形成天然裂缝和诱导裂缝，有利于页岩气开采。美国产油气页岩均具有较高的脆性矿物含量。从图2-5可以看出，美国主要产气页岩石英含量介于28%～52%之间，碳酸盐岩含量介于4%～16%之间，脆性矿物含量达46%～60%，黏土矿物含量相对较低，有利于对页岩储层的压裂改造。

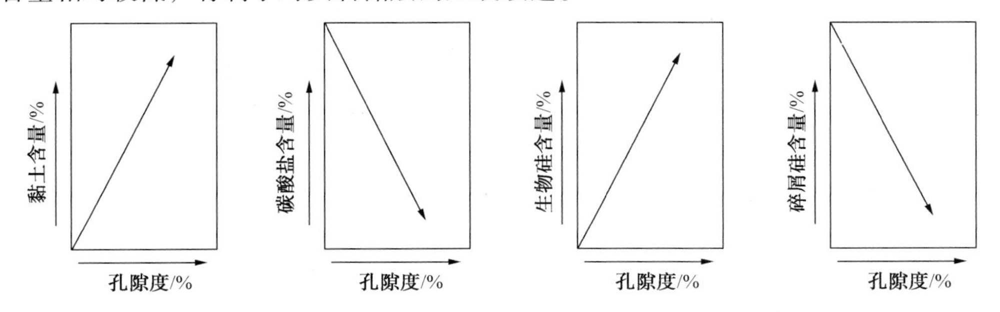

图2-4　页岩中黏土、碳酸盐和石英矿物组分对孔隙度的影响
（Bustin等，2009；孙赞东等，2011）

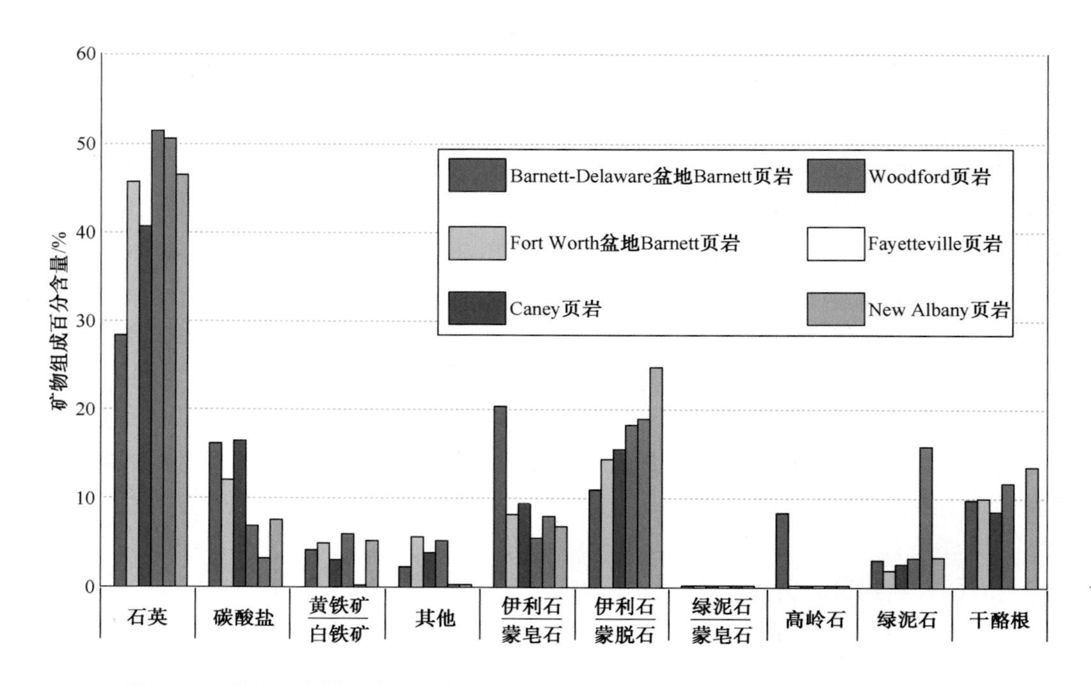

图 2-5　北美页岩储层岩石矿物组成对比图(Core Lab，2006；邹才能等，2011)

我国南方下古生界海相黑色页岩的石英含量较高，可以达到40%～70%，黏土矿物含量较少。在黏土矿物总量中，主要黏土矿物为伊利石(30%～83%，平均57%)、伊/蒙混层(6%～69%，平均35%)，次要黏土矿物为高岭石(1%～20%，平均5%)、绿泥石(1%～22%，平均6%)和蒙脱石(10%～70%，平均17%)。黑色页岩中普遍存在黄铁矿。由图2-6可见，黔西北-鄂西渝东地区上奥陶统五峰组-下志留统龙马溪组泥页岩矿物组成中，黏土矿物含量介于29%～58%之间，平均42.4%；石英含量介于19%～69%之间，平均42.8%；长石含量介于3%～13%之间，平均6.2%；碳酸盐矿物含量介于0～41%之间，平均7.7%，黄铁矿含量介于0～3%之间，平均0.8%。页岩中脆性矿物含量较高，硅质矿物和黏土矿物含量组成与北美阿巴拉契亚盆地Ohio页岩和沃斯堡盆地巴奈特页岩大致相当(图2-6)。

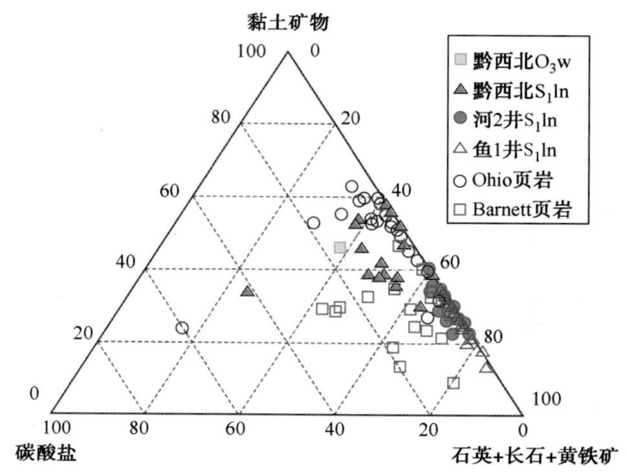

图 2-6　上奥陶统-下志留统页岩矿物组成三角图

（二）储集特征

1. 页岩物性特征

页岩粒径通常小于625μm，孔隙大小从1～3nm至400～750nm不等(Robert等，2009)。孔隙度一般小于6%，只有在断裂或裂缝发育区孔隙度才大于10%；基质渗透率一般在$(10^{-6} \sim 10^{-4}) \times 10^{-3} \mu m^2$之间(图2-7)。因此，页岩储层普遍具有低孔、超低渗的特点，与常规砂岩储层存在较大差异，自然产能低，需要水平井分段压裂等储层改造技术才能获得经济效益(表2-1)。

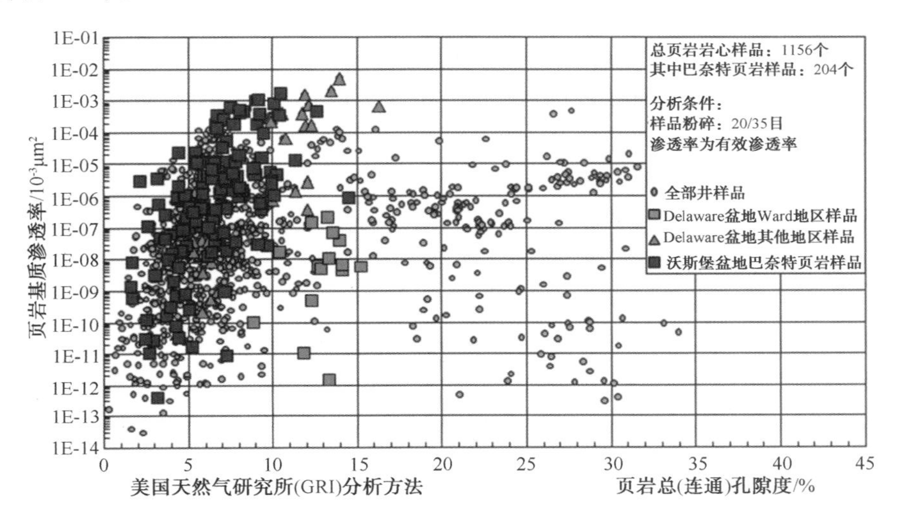

图2-7　美国主要产气页岩储层孔隙度与渗透率关系图
(Core Lab，2006；邹才能等，2011)

表2-1　页岩储层与砂岩储层特征对比表

储层特征	页岩储层	砂岩储层
岩石组分	矿物质、有机质	矿物质
生气能力	页岩本身有生气能力	无
储气方式	吸附、游离	游离
孔隙度	一般<10%	一般>12%
孔隙大小	多为中孔、微孔	大小不等，以大孔为主
孔隙结构	双重孔隙结构	单孔隙或多孔隙结构
裂隙	发育裂隙系统	发育或不发育
渗透率	一般$<0.001\times10^{-3}\mu m^2$	高低不等，一般$>0.1\times10^{-3}\mu m^2$
比表面积	大	小
开采范围	较大面积	圈闭以内
压裂	一般需要对储层进行压裂改造	低渗透储层需要压裂

根据国际应用和理论化学组织对孔隙的分类，把小于2nm的孔隙称为微孔，2～50nm的孔隙称为中孔，大于50nm的孔隙称为大孔(孙赞东等，2011)。Loucks等(2009)公开发表的常规储层、致密砂岩和页岩孔隙、孔喉直径数据的统计分析表明，常规储层的孔喉直径通常大于2μm，致密砂岩的介于0.03～2μm之间，页岩的介于0.005～0.1μm之间。石蜡、环状结构、沥青和甲烷分子直径介于3.8～100Å(0.01μm)之间，表明页岩中的纳米至微米级基质孔隙对油气仍具有较好的储集能力，是页岩油气的重要储集空间(图2-8)。

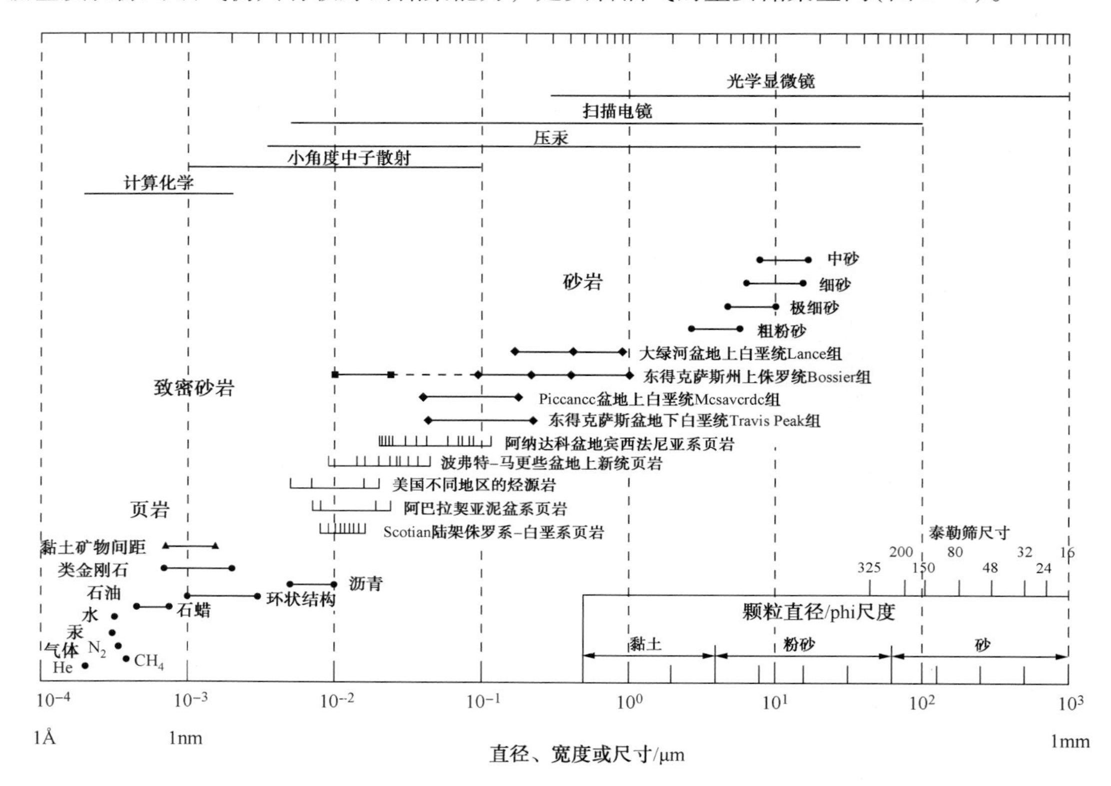

图2-8 不同岩石孔径大小分布图(Nelson. P H，2009)

2. 储集空间类型

页岩储层的储集空间可分为裂缝和孔隙两大类，其中孔隙又可分为有机质孔、矿物质孔两类。国外学者对于页岩微孔隙和微裂缝进行了大量研究工作，其中包括采用新的样品制备(氩离子抛光)和高分辨率仪器设备(场发射扫描电镜、原子力显微镜和透射电子显微镜)。无损检测的3D－X射线微米－CT、Nano－CT以及破坏样品的聚焦离子束(FIB－SEM)结合能谱(ESD)或背散射图像(BEI)可获取页岩内部孔隙和矿物成分的三维分布图像。

Loucks等(2012)根据孔隙和颗粒的关系，将泥页岩中与基质有关的孔隙划分为3种基本类型：粒间孔隙、粒内孔隙和有机质孔隙(图2-9)。

(1) 粒间孔隙。粒间孔隙包括粒间孔和晶间孔，主要呈三角形、狭长条形和不规则形分布于石英、长石、方解石、黄铁矿等刚性矿物颗粒及晶体之间，伊利石、蒙脱石、高岭石等塑性黏土颗粒之间以及塑性黏土颗粒与刚性颗粒之间(图2-10)。沉积物在成岩作用早期存在着大量的粒间孔隙，但随着成岩作用和胶结作用的进行，粒间孔隙逐渐减少。粒间孔隙大多呈三角状，主要由于它们是经压实作用和胶结作用后形成的刚性颗粒间的残余孔隙空间；一些线性孔隙则为较大的黏土小片状体之间的残余孔隙空间。大多数孔隙的长度在1μm级，

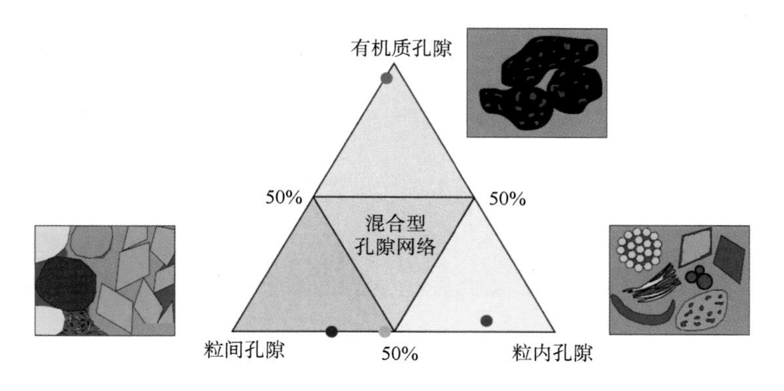

图 2-9 泥页岩孔隙类型三角图(Loucks 等，2012)
图中显示了来自 Barnett 页岩(红圈)、Bossier 页岩(绿圈)、
Pearsall 组页岩(蓝圈)和上新统-更新统泥页岩(橘黄色圈)的孔隙网络实例

长度范围也可达到 50nm 到数微米。与矿物颗粒的粒内孔隙相比，粒间孔隙更易于成为有效孔隙网络的组成部分，其原因是它们相互连通的可能性更大(Loucks 等，2012)。

(2) 粒内孔隙。粒内孔隙发育在颗粒内部，成因类型多样，包括因颗粒部分或全部溶蚀而形成的铸模孔隙、化石内孔隙、草莓状黄铁矿颗粒内的晶间孔隙、黏土和云母矿物颗粒内部的劈理面孔隙、球状粒或粪球粒内的孔隙等(图 2-10)。在成岩作用早期阶段，粒内孔隙比较发育，但随着成岩过程中压实作用和胶结作用进行，早期形成的粒内孔隙逐渐消失。因此，现今保留在页岩储层中的粒内孔隙大多是成岩作用的结果，原生成因的粒内孔隙较少。粒内孔隙的形状通常取决于其成因，在黏土颗粒和云母内，孔隙呈席状；在化石内，孔隙的形状受控于体腔的形状；在颗粒和晶体溶解铸模孔隙中，孔隙大多继承了其前身的形状。粒内孔隙由于连通性差，对页岩油气的有效聚集贡献有限。

(3) 有机质纳米孔。有机质孔是指发育在有机质内部的粒内孔隙，孔隙形状一般呈不规则状、泡状或椭圆状，其长度一般介于 5 ~ 750nm 之间(图 2-10)。有机质孔是在有机质热演化过程中形成的，页岩在 R_o 达到约 0.6% 以上才有可能发育有机质孔隙(Loucks 等，2012)。随着热演化程度的升高，有机质纳米孔逐渐发育。作为有机质纳米孔的载体和基础，页岩有机质丰度越高，有机质纳米孔越发育。此外，有机质类型也影响页岩有机质孔的形成，Ⅱ型干酪根比Ⅲ型干酪根更易于形成有机质孔隙(Schieber，2010；Loucks 等，2012)。

有机质孔在二维空间通常是孤立的，而在三维空间则是连通的，因此是含气页岩重要的储集空间类型(Curtis 等，2010；Loucks 等，2012)。Wang(2009)在假定页岩有机孔占有机质体积 10% 的情况下，对于有机碳含量和页岩总孔隙度分别为 5%、6%、3.5% 和 5%、6.5%、12% 的巴奈特页岩、马塞勒斯页岩、海恩斯维尔页岩，有机孔孔隙度分别占到页岩总孔隙度的 20%、18.5% 和 6%。事实上，单个样品内一个有机质颗粒内部的孔隙度为 0 ~ 50%(Curtis 等，2010；Loucks 等，2012)。可见，有机质纳米孔是页岩油气重要的储集空间类型。此外，有机质孔具有较大的内比表面积，加之有机质具有较强的亲油气性，页岩油气可呈吸附态赋存于有机质表面，增大页岩中有机质孔的储集能力。

(4) 微裂缝。泥页岩内的微裂缝是游离态油气聚集的重要场所，其发育程度是决定页岩油气品质的重要因素。一般来说，泥页岩中微裂缝越发育，裂缝条数越多，走向越分散，连

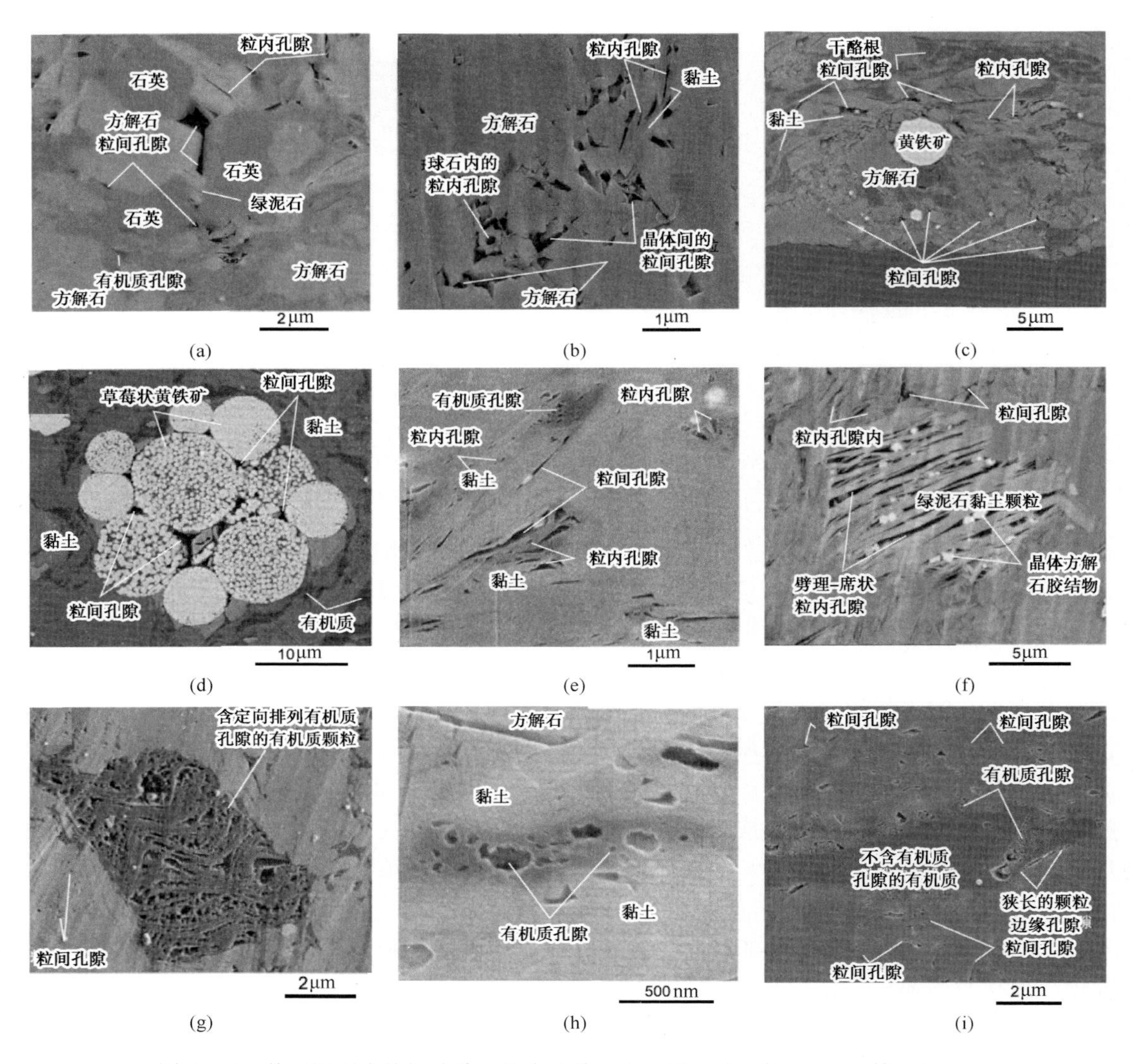

图 2-10　美国泥页岩粒间孔隙、粒内孔隙和有机质孔隙示例（Loucks 等，2012）

（a）粒间孔隙，得克萨斯州下白垩统 Pearsall 组下 Bexar 页岩段，埋深 2569m，$R_o=1.5\%$；（b）粒内孔隙、粒间孔隙，得克萨斯州上白垩统奥斯汀白垩地层，埋深 6900m，$R_o=0.9\%$；（c）粒间孔隙、粒内孔隙，肯塔基州泥盆系 New Albany 页岩，埋深 579m，$R_o=0.5\%$；（d）黄铁矿颗粒间的粒间孔隙，肯塔基州泥盆系 New Albany 页岩，埋深 573m，$R_o=0.5\%$；（e）沿黏土颗粒分布的线性粒间孔隙，得克萨斯州宾夕法尼亚系 Atoka 层段，埋深 3106m，$R_o=0.85\%$；（f）黏土颗粒内劈理-席状粒内孔隙，得克萨斯州上侏罗统 Haynesville 页岩，埋深 3417m，$R_o=1.3\%$；（g）有机质孔隙，得克萨斯州密西西比系 Barnett 页岩，埋深 2324m，镜质体反射率 $R_o=1.6\%$；（h）有机质孔隙，得克萨斯州下白垩统 Pearsall 组下 Bexar 页岩段，埋深 2561m，$R_o=1.5\%$；（i）有机质孔隙及粒间孔隙，得克萨斯州下白垩统 Pearsall 组（Pine Island 页岩段），埋深 4857m，$R_o=1.8\%$

通性就越好，页岩油气产量就越高（图 2-11）。泥页岩微裂缝的发育受控因素较多，成岩作用、页岩矿物学及岩石力学特征、页岩生烃过程、地层孔隙压力、地应力特征、断层与褶皱特点等会对其产生影响。一般认为，当力学背景相同时，泥页岩中的矿物成分及含量是影响裂缝发育程度的主要因素。石英含量较高的富有机质泥页岩脆性较强，容易在外力的作用下形成构造裂缝，有利于提高油气富集程度。当塑性矿物含量较高时，裂缝发育程度相对较低。因此，脆性矿物的含量也是评价页岩储层可压裂性的一项重要参数。但大型、巨型裂缝太过发育，尤其是裂缝如果连接到断层或者破碎带而形成通天断裂，或者在高陡地区，裂缝网状密集发育，则易于形成地下水的流动通道，对页岩油气的富集产生不利影响。

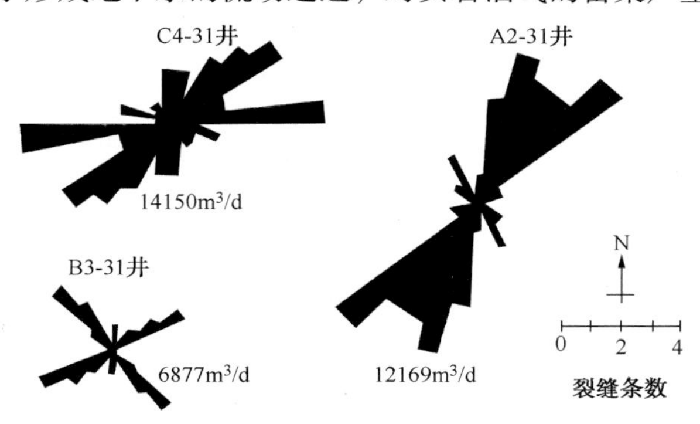

图 2-11　Antrim 页岩裂缝特征及其产量对比图(Decker 等，1992)

（三）含油气性特征

页岩气具有游离态、吸附态和溶解态 3 种赋存方式，其中又以游离态和吸附态为主。由于页岩气组分以甲烷为主，甲烷分子直径仅 0.38nm，而页岩中有机孔大小一般在 5～750nm 之间，因此游离气主要赋存于页岩的有机质纳米孔、粒间孔隙、粒内孔隙及天然裂缝中。吸附气则主要赋存于有机质颗粒表面、有机孔内表面及黏土矿物颗粒表面。研究表明，随着体系压力的增加，甲烷在微孔(孔径 <2nm)中顺序充填，而在中孔(2nm < 孔径 <50nm)中依次发生单层吸附、多层吸附，直到发生毛细管凝聚作用，使得页岩气吸附气量大幅度增加(Kondo 等，2001)。从美国不同页岩储层游离气量和吸附气量的比例来看，吸附气比例一般占到 20%～60%，游离气的比例一般占到 20%～80%(图 2-12)。溶解态页岩气主要存在于干酪根、沥青质、残留水以及液态原油中，所占比例较小。影响页岩气赋存状态的因素很多，如岩石矿物组成、有机质含量、地层压力、裂缝发育程度等(邹才能等，2011)。一般来说，页岩的含气量(游离气、吸附气和总含气量)与有机质丰度呈正相关关系，有机质丰度越高，含气量越大(图 2-13)。埋藏深度越大、压力越高、裂缝越发育，页岩中游离气含量越高。黏土矿物含量，尤其是伊利石和蒙脱石含量越高，页岩中的吸附气含量越高。

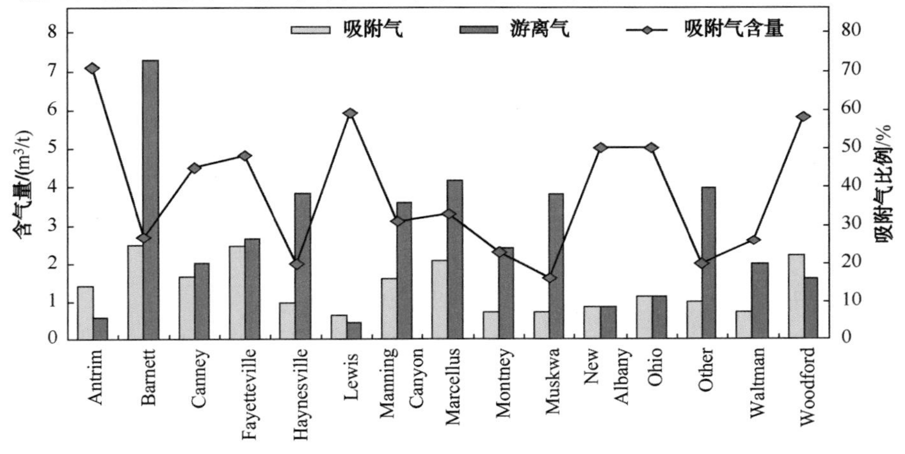

图 2-12　美国不同产气页岩中游离气与吸附气分布图(邹才能等，2011)

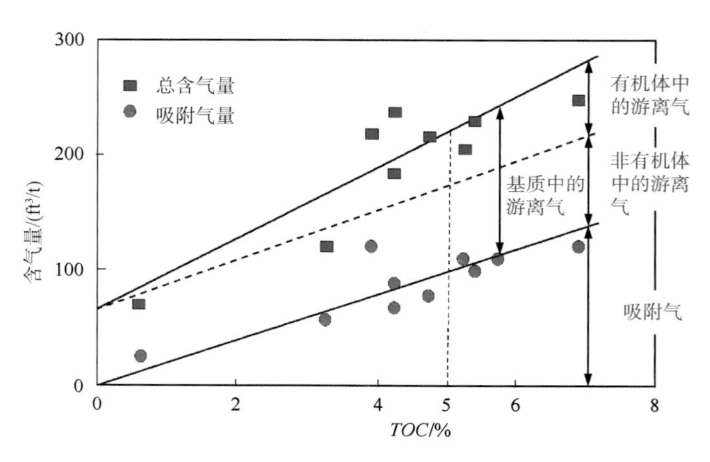

图 2-13　纽瓦克东气田 T. P. Sims 2 井巴奈特页岩有机碳含量与含气量关系图(Wang 等，2009)

页岩油以游离态和吸附态为主要赋存方式。与页岩气储层相比，页岩油储层热演化程度较低，储集空间较大，在页岩储层纳米级孔喉系统中，以大于 50nm 的大孔为主要储集空间。在微裂缝比较发育的页岩储层中，页岩油主要以游离态存在于微孔隙和微裂缝中，多沿片状层理面或与其平行的微裂缝分布，仅少部分原油以溶解或吸附方式存在于干酪根、黏土矿物等亲油颗粒表面。在裂缝欠发育的页岩层系中，页岩油则以游离、吸附和溶解等多种相态共存于页岩的水平层理缝、粒间孔、粒内孔、有机质纳米孔中及亲油颗粒表面上。凝析油和轻质油分子直径为 0.5～0.9nm，高温高压条件下在纳米级孔隙中易于流动和开采，是目前页岩油资源中实现工业开采的主要类型(邹才能等，2013)。

与常规油气主要以游离态存在不同，页岩油气具有游离态、吸附态和溶解态多种赋存方式，具有自生自储、储层致密、大面积连续分布的特点，因此在富有机质页岩发育的地区，只要具备生烃条件，并存在适当的保存条件，页岩层系中就会有油气的聚集。页岩有机质丰度、类型及成熟度是影响页岩含油、含气性的关键因素。北美已经发现的商业性开发的几套页岩层系均具有较高有机质丰度，有机质类型以Ⅱ型为主，页岩含气量介于 1.1～9.91m^3/t 之间(图 2-12、图 2-13)。我国南方海相发育下寒武统、上奥陶统-下志留统等多套富有机质页岩，有机质丰度高、类型好、热演化程度高，但由于遭受多期次构造运动的叠加改造，保存条件成为页岩气聚集保存的关键因素之一，在优质页岩比较发育、保存条件较好的地区，页岩具有较好的含气性。四川盆地下寒武统筇竹寺组黑色页岩含气量为 1.17～6.02m^3/t，龙马溪组黑色页岩含气量为 1.73～5.1m^3/t，与北美产气页岩的含气量具有一定的可比性(邹才能等，2013)，目前已经在四川盆地涪陵、威远、长宁、富顺永川等多地区获得高产页岩气流。在四川盆地上三叠统须家河组须五段和下侏罗统自流井组、鄂尔多斯盆地上三叠统延长组长 7 段陆相页岩层系中也见到较好的气显示，多口井获得页岩气流。在富有机质页岩比较发育、热演化程度相对较低的东部断陷盆地古近系、西北地区二叠系、四川盆地侏罗系湖相页岩中，多口井获得页岩油流。

三、页岩油气的形成与分布

(一) 页岩油气的形成

页岩油气赋存于富含有机质泥页岩及其碳酸盐岩、粉砂岩等薄夹层中，具有自生自储、滞留聚集、低孔特低渗的特点；而常规油气则由烃源岩生成，并通过油气运移聚集在圈闭中。因此，页岩油气与常规油气在生成方面没有差别，可形成于有机质热演化的不同阶段，只是在油气的运聚方式、储集空间、赋存状态及赋存机理等方面有所差异。

沉积于烃源岩的分散有机质，随着埋藏深度的进一步增加，经历了生物化学作用阶段（未成熟阶段）、热降解生油气阶段、热裂解生湿气阶段和深部高温裂解生气阶段（表2-2）。

表2-2　有机质演化阶段和特征（柳广第等，2010，修改）

演化阶段	生物化学生气阶段（未成熟阶段）	热降解生油气阶段（成熟阶段）	热裂解生湿气阶段（高成熟阶段）	深部高温生气阶段（过成熟阶段）
R_o/%	<0.5	0.5~1.2	1.2~2.0	>2.0
深度/km	<1.5	1.5~4.5	4.5~7.5	>7.5
温度/℃	<60	60~180	180~250	>250
干酪根颜色	黄色	暗褐色	深暗褐色	黑色
煤阶	泥炭-褐煤	长焰煤-气煤-肥煤	焦煤-瘦煤-贫煤	半无烟煤-无烟煤
生烃机理	生物化学作用	热催化作用	热裂解作用	热裂解作用
主要产物	甲烷、未熟油、干酪根	液态石油	湿气	干气（甲烷）
气体干燥系数（$C_1/C_{1\sim5}$）	≥0.95	<0.95	<0.95	≥0.95
$\delta^{13}C_1$/‰	≤-55	-55~-40	-40~-35	≥-35

在不同的演化阶段，由于成烃生物类型不同、温度和压力等条件的不同，油气产物特征存在较大差异。在生物化学生气阶段，由于埋深较浅（一般<1500m）、温度较低（介于10~60℃之间），有机质处于未成熟阶段，部分有机质在厌氧细菌的生物化学作用下被完全分解成CO_2、CH_4、NH_3、H_2S和H_2O等简单分子，形成了以甲烷含量占绝对优势的生物成因气。在成熟阶段，由于在干酪根热降解过程中存在黏土矿物的催化作用，促进了石油的大量生成，同时也形成一定量的原油伴生气。在高成熟阶段，随着温度的进一步升高，干酪根和已经形成的重烃继续热裂解而形成轻烃，在地层温度和压力超过烃类相态转变的临界值时，发生逆蒸发，形成凝析气和富含气态烃的湿气，因此该阶段也被称为湿气-凝析油阶段。在过成熟阶段，早期形成的液态烃和气态重烃进一步裂解，变成热力学上最稳定的甲烷，形成高温裂解干气。不同类型的干酪根，由于成烃生物不同，具有不同的生烃演化模式及产物特征（徐永昌等，1994）。成烃模拟实验研究表明，液态烃裂解生成甲烷所需要的温度和活化能要高于残余干酪根，故成气高峰期滞后于干酪根，在R_o<1.6%演化阶段，以干酪根热催化裂解成气为主；在R_o≥1.6%演化阶段以液态烃裂解成气占主导地位（赵文智等，2008）。因此，在高成熟晚期到过成熟阶段，地层中的生气母质已经从干酪根转换成了早期生成的液态烃，分散于烃源岩中早期形成的可溶有机质二次裂解是高、过成熟阶段烃源岩重要的生气机制（图2-14）。

页岩气的生成有以下4种途径：①干酪根的热降解和热裂解作用，可形成热成因气；②烃源岩演化过程中形成的沥青（可溶有机质），在后期的演化过程中可通过热裂解作用形成气态烃；③由干酪根和沥青通过热降解作用形成并滞留于烃源岩层系中的液态烃，在后期的热演化过程中可通过二次裂解作用形成热成因气；④生物成因，包括原生生物成因气和次生生物成因气，其中前者为有机质在低成熟阶段通过生物降解作用形成，后者则是指经历了一定程度热演化的有机质及其产物(包括煤、石油、重烃气等)，因构造抬升而使泥页岩再次进入微生物作用带内，在适当的条件下受微生物作用而形成的次生生物成因气(图2-15)。

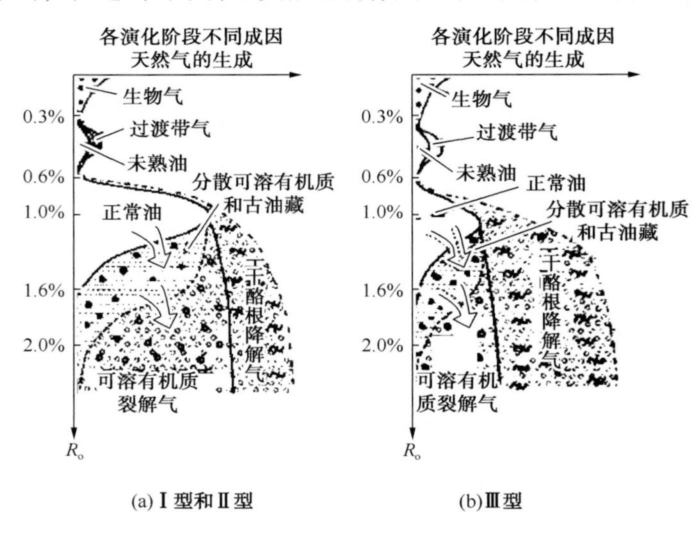

图2-14　各种类型有机质在不同演化阶段的累计生气量(赵文智等，2008)

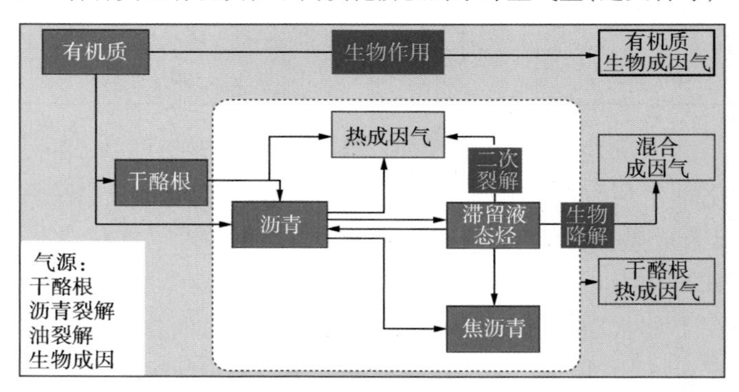

图2-15　页岩气气源类型及天然气的形成过程示意图
(Jarvie，2007；陈更生等，2009；修改)

页岩气的形成机理兼具煤层气和常规天然气的双重特征，其富集成藏过程可分为4个阶段(张金川等，2004；陈更生等，2009)(图2-16)。第一阶段为天然气生成与吸附阶段，具有与煤层气相似的成藏机理；第二阶段为孔隙充填阶段，当吸附气量达到饱和时，富余气体解吸或直接充注到页岩基质孔隙中，其富集机理类似于孔隙型储层中天然气的聚集；第三阶段为裂缝充填阶段，随着大量气体的生成，页岩基质孔隙内温度、压力升高，出现岩石造缝及天然气以游离状态进入页岩裂缝中成藏；第四阶段为页岩气藏形成阶段，天然气最终以吸附气和游离气为主要形式富集形成页岩气藏。

与页岩气不同，页岩油主要形成于富有机质页岩在成熟阶段的持续生油期，原油在页岩储层中滞留聚集，只有在页岩储层满足自身饱和后才可向外逸散或运移。因此，页岩油为富有机质页岩在热演化阶段大量生油并经历排烃后滞留在烃源岩层系中的原油聚集。

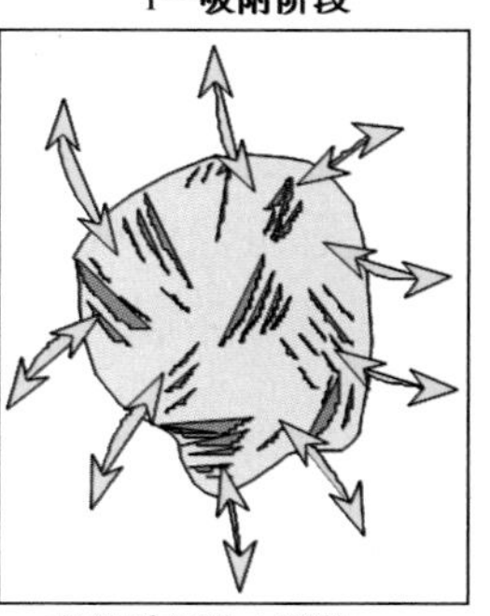

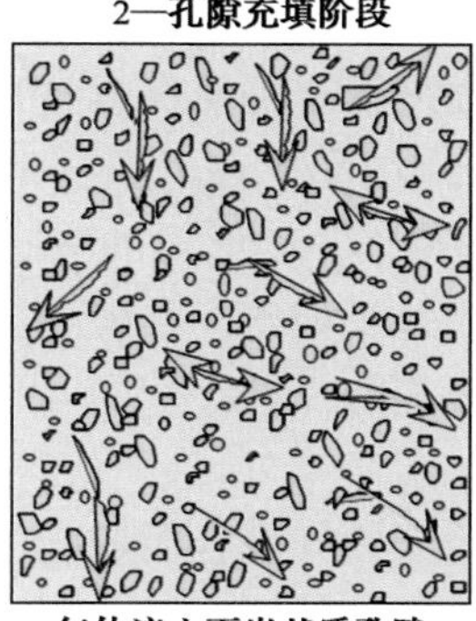

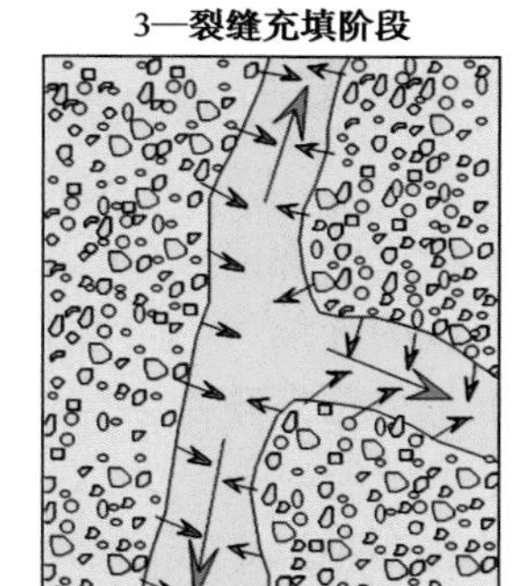

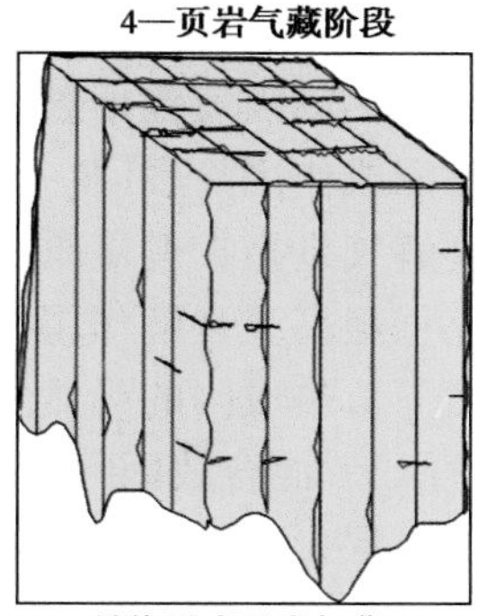

图 2-16　页岩气赋存方式与成藏过程示意图（陈更生等，2009）

（二）页岩油气的成因类型

1. 页岩气的成因类型

美国主要产气页岩均为海相层系，有机质类型以Ⅱ型为主，按照页岩气的特征，可划分为生物成因、热成因以及混合成因 3 种成因类型。

1）生物成因气

生物成因气可进一步分为原生生物成因气和次生生物成因气。原生生物成因气是指有机质在成岩作用早期阶段或未成熟阶段（$R_o \leq 0.5\%$），通过微生物的生物化学作用形成的天然气。其形成机理是在厌氧环境中，微生物通过复杂的生物化学作用使有机质转化为有机酸、二氧化碳和氢，再通过合成作用使二氧化碳和氢转变为甲烷。生物成因作用可通过醋酸盐的发酵作用和二氧化碳的还原作用两种方式生成甲烷。

醋酸盐发酵作用：
$$CH_3COOH \longrightarrow CH_4 + CO_2 \tag{2-1}$$

CO_2还原作用：
$$CO_2 + 4H_2 \longrightarrow CH_4 + 2H_2O \tag{2-2}$$

生物成因气产生的基础是烃源岩中的有机质和产甲烷菌的繁育，产甲烷菌生存于温度（深度）、盐度适宜的还原环境中。产甲烷菌出现在相对较低的温度条件下，在低于 70℃ 的环境中均可检测到它的存在。盐度是控制生物成因气生成的重要条件，随盐度增高，微生物的多样性逐渐减少。

次生生物成因气（又称生物再作用气）指曾经埋深较大，经过一定程度热演化的有机质及其产物，由于构造抬升而使泥页岩再次进入微生物作用带内，或近代富含细菌的大气降水沿断裂侵入到页岩层系中，在适当的条件下通过微生物的降解作用生成生物成因气。

生物成因气以美国密执安（Michigan）盆地 Antrim 页岩气为典型，该套含气页岩埋藏深度 180～720m，页岩有效厚度 21～36m，井底温度 75°F（23.9℃）。根据 Martini 等（1998）对 Antrim 页岩地层水化学、采出气和地质历史的综合研究结果可知，北部生产区的采出气应以微生物气为主，甲烷和共生地层水的氘同位素组成（δD）为天然气的细菌甲烷成因提供了强有力的证据。这也与 Antrim 黑色页岩热成熟度 R_o 较低（0.4%～0.6%），未进入生油窗，埋深较浅（120～600m）、高角度裂缝发育相一致。更新世以来的冰山加载、卸载及冰川融水等作用对地层岩石的力学性质产生了重要影响，提高了页岩裂缝的发育程度。在更新世冰川的消失过程中，地表水和大气降水不断充注到密执安盆地上泥盆统 Antrim 页岩中，促进了盆地边缘浅层生物气的形成（Martini et al.，1998）。在伊利诺斯盆地东部和西加拿大盆地也发育生物成因气。

2）热成因气

热成因气包括热解气和裂解气，其中热解气是指有机质在成熟和高成熟阶段或成岩演化的深成作用阶段(R_o 为0.5%～2.0%)经过热力作用和矿物岩石的催化作用形成的气体；而裂解气是指在有机质演化的过成熟阶段(R_o>2.0%)，已形成的液态烃或气态重烃和残余干酪根经高温裂解作用而形成的天然气。与生物成因气相比，热成因气生成于较高的温度和压力下，热成因的天然气也是目前发现页岩气中最多的一种。

3）混合成因气

混合成因气指由两种或两种以上成因类型的天然气混合而成的气体。常见的混合成因气主要有3类(戴金星等，1986；刘文汇等，1994)：

(1)同一烃源岩不同演化阶段生成的天然气的混合。有机质演化和天然气的聚集成藏是一个连续的过程，天然气的聚集往往是有机质在较长演化时期生成的天然气的积累，因此，同一烃源岩在不同演化阶段生成天然气的混合气现象比较普遍。

(2)不同烃源岩生成天然气的混合。在同一地区或盆地往往发育有多套气源岩，它们处在不同的生气阶段，所生成的天然气沿相同的运移方向聚集在同一圈闭中形成混合气。

(3)有机成因气和无机成因气的混合。在含油气盆地内，当深大断裂发育、岩浆活动频繁，易形成幔源-岩浆成因的无机成因气与有机成因气的混合；在碳酸盐岩发育的含油气盆地，高温易导致岩石化学成因的无机成因气与有机成因气的混合成因气的形成。

由于页岩气具有自生自储的特点，混合成因天然气主要为同一烃源岩不同演化阶段生成的天然气的混合，美国伊利诺斯盆地 New Albany 页岩气就属于这种类型。New Albany 页岩气组分中甲烷占绝对优势，重烃含量具有较大变化，$C_1/C_{1\sim5}$从0.49～0.99不等，表明页岩气不仅有原油伴生气，而且有典型的干气。从天然气的甲烷碳同位素特征来看，$\delta^{13}C_1$介于-56.0‰～-41.7‰，表明该区的页岩气具有生物成因和热成因两种类型。

由于不同类型的有机质母质具有各自不同的成烃演化特点及产物特征，可根据生气母质的类型进一步划分为油型气、煤型气(徐永昌等，1994)。其中，油型气成气母质以Ⅰ型和$Ⅱ_1$型干酪根为主，其原始母质为低等植物和浮游动物，特别是藻类、细菌的类脂化合物和聚合类脂化合物组分，这些干酪根具有高的原始H/C原子比和低的O/C原子比，在热演化过程早期以形成液态烃为主，晚期以大量生气为主。煤型气成气母质以$Ⅱ_2$型和Ⅲ型干酪根为主，这些母质干酪根相对贫氢，以含多环芳烃及缩合稠环芳烃结构为主，带有许多含氧官能团，脂类及类脂结构的基团含量相对较低，在热演化过程中以形成气态烃为主。

对于不同类型母质形成的页岩气，按照热演化阶段又可分为生物成因气和热成因气两种类型(表2-3)。

表2-3　页岩气成因类型划分表

页岩气类型	热演化程度(R_o)	油型气	煤型气
生物成因	≤0.5%	油型生物气	煤型生物气
热成因	0.5%～2.0%	油型热解气	煤型热解气
	≥2.0%	油型裂解气	煤型裂解气
混合成因		油型混合成因气	煤型混合成因气

2. 页岩油的成因类型

目前发现并进行开采的页岩油主要属于热成因的轻质油。液态石油是有机质热催化生油气阶段(成熟阶段)的主要产物，此阶段沉积物埋藏深度超过 1500 ~ 2500m，R_o 通常介于 0.5% ~1.2%，有机质经受的地温为 60 ~180℃。页岩油按照母质类型分为腐泥型母质形成的原油和腐殖型母质形成的原油，其中又以偏腐泥型母质形成的原油占绝对优势。腐殖型母质形成的页岩油主要分布于中新生界的煤系地层中。已有的研究认为，煤系地层不仅能够生气，也可生油，其生成液态烃的能力大小与煤的类型和显微组成密切相关。近年来的研究表明，煤的液态烃生成潜力不仅取决于富氢显微组分(腐泥组和壳质组)含量的多少，煤中的基质镜质体可能也是煤成油的重要贡献者。富氢显微组分的含量达到煤中总有机质的 5% ~10% 以上，就足以生成具有商业价值的液态烃(柳广第，2010)。自 20 世纪 60 年代以来，在澳大利亚的吉普斯兰盆地、印度尼西亚的库特盆地、加拿大的斯科舍盆地和麦肯齐盆地以及北海默里盆地等均发现了与中新生界煤系地层有关的大油田。我国腐殖型母质形成的页岩油主要分布于西北地区的侏罗系煤系层系。按照热演化程度，页岩油又可分为未熟-低成熟原油、正常原油和高成熟原油(凝析油)3 种类型。其中，未熟-低成熟原油是在沉积岩中有机质的成烃演化达到成烃门限之前(R_o 在 0.3% ~0.7% 之间)所形成的石油，由于成熟度较低，原油密度偏大，重质原油占有较高的比例，可流动性差。

(三) 页岩油气的分布特征及其控制因素

由于页岩油气在页岩层系中基本未运移或只在很短距离内发生了运移，因此页岩油气的分布主要受控于富有机质页岩的空间分布和规模、有机质类型及含量、热演化程度，在构造复杂地区，保存条件是页岩油气富集的关键因素。

从国内外页岩油气的勘探实践来看，有效页岩的分布面积往往控制着页岩油气的分布面积。美国页岩油气具有较大的勘探开发潜力，与多套富有机质页岩大面积分布具有一定的成因联系(表 2-4)。页岩中的有机碳含量对页岩的生烃潜力、储集空间和含油气性均具有重要影响，主要表现在两个方面：①页岩的有机质丰度越高，生烃潜力越大，单位体积的页岩生成的页岩油气越多；②富有机质页岩中有机质纳米孔隙较为发育，加之有机质具有亲油气性，有利于页岩油气的聚集。页岩干酪根类型及热演化成熟是决定页岩油气流体性质的重要因素。对于Ⅰ型和Ⅱ$_1$型偏腐泥型母质，在未成熟阶段可形成生物成因气；在成熟阶段主要以生成原油为主，在高成熟阶段(R_o 介于 1.3% ~2.0%)以形成湿气和凝析油为主，在过成熟阶段(R_o≥2.0%)以生成高温裂解干气为主。对于Ⅱ$_2$型和Ⅲ型母质，除在成熟阶段可生成少量液态烃外，主要以生气为主。北美页岩形成于海相沉积环境，有机质类型以Ⅱ型为主，具有低成熟区(R_o <1.1%)以产油为主、高成熟区(R_o≥1.1%)以产气为主的显著特征(图 2-17)。

表 2-4　美国主要含气页岩各种参数数据

(Curtis，2002；EIA，2010；邹才能等，2011，2013)

盆　地	阿巴拉契亚		沃斯堡	圣胡安	密执安	伊利诺斯	阿科玛	墨西哥湾
页岩名称	Ohio	Marcellus	Barnett	Lewis	Antrim	New Albany	Fayetteville	Haynesville
盆地类型	前陆盆地	前陆盆地	前陆盆地	前陆盆地	内克拉通	内克拉通	前陆盆地	内克拉通
层位	泥盆系	泥盆系	石炭系	白垩系	泥盆系	泥盆系	石炭系	侏罗系
面积/km^2	41440	246050	15500	2849	31080	112665	23310	23310
埋藏深度/m	610 ~1524	1291 ~2591	1981 ~2591	914 ~1829	183 ~730	183 ~1494	910 ~2135	3200 ~4200

续表

盆　地	阿巴拉契亚		沃斯堡	圣胡安	密执安	伊利诺斯	阿科玛	墨西哥湾
TOC/%	0.5～4.7	3～12	2.0～7.0	0.45～2.5	1.0～20	1～25	4.0～9.8	0.5～4.0
干酪根类型	Ⅱ型	Ⅱ型	Ⅱ型	Ⅱ－Ⅲ型	Ⅰ型	Ⅱ型	Ⅲ型为主	Ⅱ型
毛厚度/m	91～305	15～274	61～90	152～579	49	31～122	17～183	61～91
净厚度/m	9～31	15～61	15～61	61～91	21～37	15～30	6～60	15～60
R_o/%	0.4～1.3	1.5～3.0	1.1～2.2	1.6～1.88	0.4～0.6	0.4～1.0	1.2～4.2	2.2～3.2
总孔隙度/%	4.7	10	4～5	3～5.5	9	10～14	3～8	8～9
吸附气/%	50	40～60	20	60～85	70	40～60	50～70	20
含气量/(m^3/t)	1.7～2.8	1.7～2.8	8.5～9.9	0.4～1.3	1.1～2.8	1.1～2.3	1.87～6.87	2.8～9.3
石英含量/%	15～25	50～70	35～50	56	20～41		20～60	10～40
采收率/%	10～20	30	25～50	5～15	20～60	10～20	35～40	25～30
地质储量/$10^8 m^3$	63675～70184	424800	92606	17388.5	21523	45307	14726	203054
储量丰度/($10^8 m^3/km^2$)	0.55～1.09	1.73	3.28～4.38	0.87～5.46	0.66～1.64	0.77～1.09	6.34～7.10	8.83

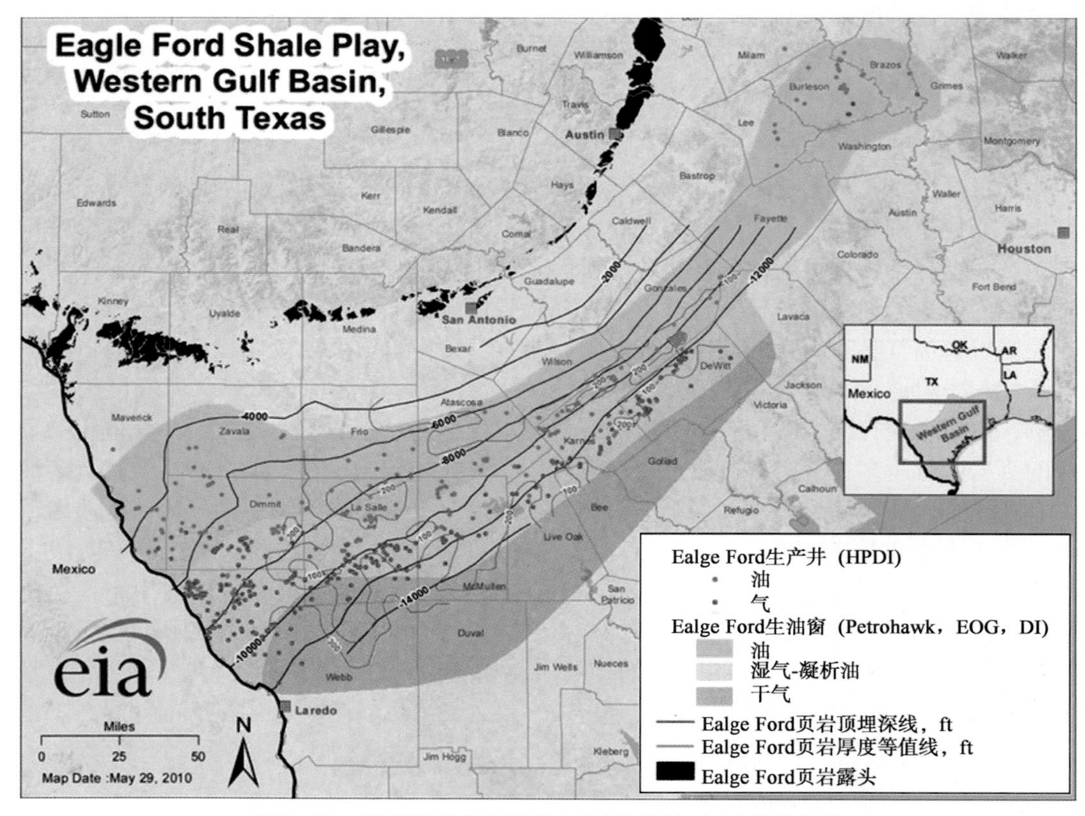

图2-17　西部海湾盆地伊格尔福特页岩油气区带分布图

基于页岩油气的赋存方式和富集机理，在富有机质页岩较为发育，只要具备生烃条件和适当保存条件的地区，就会有页岩油气的聚集。但是在构造复杂地区，地层剥蚀严重或断裂比较发育，会导致页岩油气含气性变差，因此，保存条件仍然是构造复杂地区页岩油气聚集的关键因素。含油气页岩的厚度、埋藏深度、区域盖层的分布、顶底板岩石的性质及厚度、大型断裂的发育情况等均对页岩油气藏的保存产生影响。

根据国内外页岩气的勘探实践，结合页岩气特点和富集机理，从沉积盆地角度来说，页岩气发育有利区主要分布在：①盆地沉积中心部位，该区泥页岩厚度大，有机质含量高，成熟度高，吸附气含量高，是页岩气发育的有利区域，但一般埋深较大，是否具有工业价值还需要进行综合评价。②盆地边缘和斜坡部位，该区也是优质页岩比较发育的区域，具有较好的页岩气形成富集条件，加之埋深浅，开发成本低。同时，从生物成因气地球化学观点认为，盆地斜坡和边缘具有适合于生物成因气形成的条件，也是页岩气发育的有利区。③盆地外围复杂构造区相对稳定的宽缓向斜区(残留盆地区)，该区断裂不太发育，保存条件相对较好，如果发育优质页岩，具备页岩气形成的基本地质条件，也应具有较大的勘探潜力。中国石化在四川盆地周缘的武陵褶皱带桑柘坪向斜钻探的彭页1HF井和彭页3HF井分别在下志留统龙马溪组压裂测试获得最高日产$2.5\times10^4m^3$和$3.2\times10^4m^3$的页岩气流就充分说明了这一点。

中国在多旋回构造与沉积演化过程中，发育了海相、陆相和海陆过渡相多套富有机质页岩层系，生烃的物质基础比较雄厚。其中，下古生界海相页岩主要分布于南方及塔里木盆地，页岩厚度大、有机质丰度高，有机质类型以Ⅰ－$Ⅱ_1$型为主，页岩普遍处于过成熟阶段，以产气为主，是页岩气勘探的重要领域。但塔里木盆地下古生界页岩埋深普遍大于6000m，因此南方地区是海相页岩气勘探的重要领域。四川盆地及其近缘地区页岩气埋深相对较浅、保存条件较好，是近期页岩气勘探的重点。海陆过渡相页岩主要分布于南方和华北地区石炭－二叠系含煤层系，页岩累计厚度大，但砂岩、泥页岩互层频繁，有机质类型以Ⅲ型为主，具有煤层气、致密气和页岩气共生的特点。陆相页岩主要分布于西北地区二叠系以及中国中新生代湖相盆地，有机质类型以Ⅰ－$Ⅱ_1$型为主，热演化程度普遍偏低，R_o一般为0.7%～1.2%，处于成熟阶段，以生油为主，是我国页岩油勘探的重点领域。目前在准噶尔盆地吉木萨尔凹陷二叠系芦草沟组、南襄盆地泌阳凹陷和渤海湾盆地济阳坳陷、辽河坳陷古近系已有多口井获得页岩油流，揭示了我国陆相盆地泥页岩层系页岩油的资源潜力。依据页岩油形成条件和勘探现状，可将我国页岩油潜力区划分为3类。一类页岩油发育潜力区页岩油发育条件好，主要包括渤海湾、松辽、鄂尔多斯、江汉、南襄、准噶尔、三塘湖、四川等盆地；二类页岩油发育潜力区页岩油发育条件较好，主要包括柴达木、二连、塔里木等盆地；三类页岩油发育潜力区主要是勘探程度较低、油气发现数量较少的中小型盆地，包括伊犁、焉耆、银额、三江等盆地。在四川盆地侏罗系、鄂尔多斯盆地三叠系湖相页岩层系热演化程度相对较高的地区，也具有一定的页岩气勘探潜力，目前已经在四川盆地元坝、涪陵、建南地区自流井组和鄂尔多斯盆地延长油矿探区延长组多口井获得页岩气流。

四、页岩油气选区与目标评价

选区评价及目标评价是页岩油气勘探的重要步骤和组成部分，也是页岩油气勘探开发部署及井位确定的重要依据。

(一) 国外评价方法

国外各大石油公司根据自身的经营情况及所在区域页岩油气的地质条件和开采技术不同，所采用的评价指标体系也不相同，归纳起来主要有3种评价方法：以BP公司、新田公司为代表的综合风险分析法(CCRS方法)；以埃克森美孚为代表的边界网络节点法BNN(Boundary Network Node)；以雪佛龙公司、HESS公司、哈丁歇尔顿能源公司等为代表的地质参数图件综合分析法(表2-5)(刘超英，2013)。

表2-5　国外主要油公司页岩气评价参数

序号	公司	评价参数	个数
1	BP	构造格局和盆地演化、有机相、厚度、原始总有机碳、镜质体反射率、脆性矿物含量、现今深度和构造、地温梯度、温度等	9
2	埃克森美孚	第一类基本参数有：热成熟度(R_o)/%、页岩总有机碳含量、气藏压力、页岩净厚度、页岩空间展布、页岩可压裂性； 第二类变量参数包括：裂缝及其类型、吸附气及游离气量高低、基质孔隙类型及数量、有机质类型、非烃气体分布、岩性、埋深、气体成分等	13
3	哈丁歇尔顿	地质因素：页岩净厚度、有机质丰度及垂向分布、热演化程度、页岩的含气量、岩石脆性与年代、孔隙度及其垂向分布、渗透率、页岩矿物组成、三维地震资料情况、构造背景、页岩的横向连续性、地层压力特征； 钻井因素：钻井现场条件、天然气管网； 环境因素：水源供应与物流、污水处理与环保	16
4	Chevron	总有机碳含量、热成熟度、黑色页岩厚度、脆性矿物含量、深度、压力、沉积环境、构造复杂性	8

BP公司的页岩气综合风险分析法主要考虑了构造格局和盆地演化、有机相、厚度、原始总有机碳、镜质体反射率、脆性矿物含量、现今深度和构造、地温梯度、温度9个参数。埃克森美孚公司的页岩气选区参数可分为基本参数和变量参数两大类(表2-5)。其边界网络节点法BNN(Boundary Network Node)主要以气井的经济极限产量为目标函数，以影响目标函数的各层次展开的控制参数为边界函数，利用节点网络分析方法进行预测分析。哈丁·歇尔顿能源公司页岩气选区评价参数多达16项，内容比较全面，主要有地质因素、钻井因素、环境因素3个大类(表2-5)。

总体而言，北美页岩气选区地质评价主要开展以下方面工作：地层、沉积和构造特征，页岩层系厚度、埋深，岩石和矿物成分；泥页岩储层的储集空间类型、储集物性、非均质性，岩石力学参数，有机地球化学，页岩的吸附特征和聚气机理，区域现今应力场特征，流体压力和储层温度，流体饱和度和流体性质以及开发区基本条件等。

（二）国内评价方法

北美页岩气勘探开发相对成熟，勘探程度较高，其目前制定的页岩气评价方法一般是为预测钻探目标服务。对于国内而言，页岩气勘探工作刚刚起步，一方面需要对潜力地区开展远景区、有利区直至目标区的预测，另一方面需要对不同潜力地区开展对比评价，以优选最有利地区，力争实现勘探突破，为后期页岩气勘探奠定基础。目前，不同单位根据其评价目的不同而制定了不同的选区评价和目标评价方法。

1. 国土资源部评价方法

国土资源部油气资源战略研究中心及中国地质大学(北京)2012年出台了《页岩气资源潜力评价与有利区优选方法》(暂行稿)，将页岩气分布区划分为远景区、有利区和目标区(核心区)3级(表2-6)。

表 2-6　页岩气选区参考标准

选区	主要参数	海相	海陆过渡相或陆相
远景区	*TOC*	≥0.5%	
	R_o	≥1.1%	≥0.4%
	埋深	100～4500m	
	地表条件	平原、丘陵、山区、高原、沙漠、戈壁等	
	保存条件	现今未严重剥蚀	
有利区	泥页岩面积下限	有可能在其中发现目标(核心)区的最小面积，在稳定区或改造区都可能分布。根据地表条件及资源分布等多因素考虑，面积下限为200～500km^2	
	泥页岩厚度	厚度稳定，单层厚度≥10m	单层泥页岩厚度≥10m；或有效泥页岩与地层厚度比值>60%，单层泥岩厚度>6m且连续厚度≥30m
	TOC	平均≥1.5%	
	R_o	Ⅰ型干酪根≥1.2%；Ⅱ型干酪根≥0.7%；Ⅲ型干酪根≥0.5%	
	埋深	300～4500m	
	地表条件	地形高差较小，如平原、丘陵、低山、中山、沙漠等	
	总含气量	≥0.5m^3/t	
	保存条件	中等-好	
目标区	泥页岩面积下限	有可能在其中形成开发井网并获得工业产量的最小面积，根据地表条件及资源分布等多因素考虑，面积下限为50～100km^2	
	泥页岩厚度	稳定单层厚度≥30m	单层厚度≥30m；或有效泥页岩与地层厚度比值>80%，连续厚度≥40m
	TOC	不小于2.0%	
	R_o	Ⅰ型干酪根≥1.2%；Ⅱ型≥0.7%；Ⅲ型≥0.5%	
	埋深	500～4000m	
	总含气量	一般不小于1m^3/t	
	可压裂性	适合于压裂	
	地表条件	地形高差小且有一定的勘探开发纵深	
	保存条件	好	

远景区为在区域地质调查基础上，结合地质、地球化学、地球物理等资料，优选出的具备规模性页岩油气形成地质条件的潜力区域。远景区优选时主要以区域地质资料为基础，从整体出发掌握区域构造、沉积及地层发育背景，在含有机质泥页岩发育区域地质条件研究、页岩油气形成条件分析以及定性-半定量区域评价基础上完成。

有利区是指依据泥页岩分布、评价参数、页岩油气显示以及少量含油气性参数优选出来，经过进一步钻探能够或可能获得工业页岩油气流的区域。有利区优选是在地震、钻井以及实验测试等资料基础上，通过分析泥页岩沉积特点、构造格架、泥页岩地化指标及储集特征等参数，依据泥页岩及含油气泥页岩发育规律而在远景区内进一步优选出的有利区域。

目标区也被称为核心区、“甜点”区或开发区，它是在页岩油气有利区内主要依据泥页岩发育规模、深度、地球化学指标、含气量、含油率等参数确定，在自然条件下或经过储层改造后能够具有页岩油气商业开发价值的区域。目标区优选是在基本掌握了泥页岩的空间展布、地化特征、储层物性(含裂缝)、含气量、含油率以及开发基础等参数，有一定数量的探井控制并已见到了良好的页岩油气显示或产出的基础上，采用地质类比、多因素叠加及综合地质分析技术，优选能够获得工业油气流或具有工业开发价值的地区。

国土资源部油气资源战略研究中心和中国地质大学(北京)根据我国页岩油资源特点和形成条件，制定了《页岩油资源潜力评价与有利区优选方法》(暂行稿)，也将页岩油分布区划分为远景区、有利区和目标区3个级别，如表2-7所示。

表2-7 我国页岩油选区参考指标

选　区	主要参数	参考标准
远景区	泥页岩厚度	>10m
	有机碳含量(*TOC*)	>0.5%
	有机质成熟度(R_o)	>0.5%
	埋深	<5000m
	含油率	>0.1%
有利区	泥页岩厚度	单层厚度>10m或泥地比>60%，连续厚度>20m(夹层厚度<3m)
	有机碳含量(*TOC*)	>1.0%
	有机质成熟度(R_o)	≥0.5%
	埋深	<4500m
	可压裂性	脆性矿物含量>30%
	地层压力	压力系数>1.0
	含油率	>0.15%
目标区	分布面积	>50km²
	泥页岩厚度	泥地比>60%，连续厚度>30m(夹层厚度<3m)
	有机碳含量(*TOC*)	>2.0%
	有机质成熟度(R_o)	≥0.5%
	可压裂性	脆性矿物含量>40%
	含油率	>0.2%

2. 中国石化评价方法

中国石化通过对目前国内外页岩油气勘探开发成功实例的分析，结合我国油气勘探程序和方法，按照选区评价的要求，将页岩油气地质选区评价流程划分为有利区预测、选区评价和目标评价3个阶段(蔡希源，2012)。根据页岩油气的地质特点，结合常规油气选区评价方法，初步建立了页岩气(油)勘探选区评价技术方法和页岩气(油)目标区评价技术方法。首先从区块整体评价角度出发，对全国范围内的页岩气(油)区块进行整体评价，并对区块进行排队，优选有利勘探区块，然后在有利勘探区块内进一步进行目标区评价与排队，优选最有利勘探目标区，从而为勘探部署提供依据。

页岩油气勘探选区评价主要是借鉴常规油气选区评价方法，根据页岩油气勘探开发特点，以国内外较为流行的“风险-价值”双因素评价模型为基础，以页岩油气“富集概率”和“资源价值”为主要评价依据，分别作为纵坐标和横坐标，建立双因素评价模型。利用蒙特卡洛加权平均公式，分别建立页岩油气“富集概率”和“资源价值”的数值化计算公式[式(2-3)和式(2-4)]。通过对国内外含油气页岩特征的分析，从“富集概率”和“资源价值”两大方面分别对评价参数进行选取并进行计算(表2-8)，评价结果分为Ⅰ、Ⅱ、Ⅲ三大类，其中Ⅱ大类又分为$Ⅱ_1$和$Ⅱ_2$两小类(图2-18)。

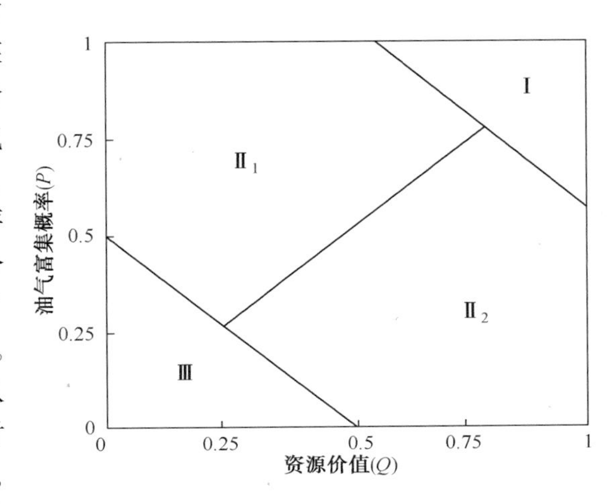

图2-18　页岩油气勘探选区评价结果分类图

$$P_{富集概率} = P_{生烃条件} \times P_{赋存条件} \times P_{油气发现程度} \quad (2-3)$$

$$Q_{资源价值} = \sqrt{\frac{Q^2_{可采条件} + Q^2_{资源规模} + Q^2_{层资源丰度}}{3}} \quad (2-4)$$

表2-8　页岩气勘探选区评价参数表

类　别	参　数	
富集概率	生烃条件	有机碳含量(*TOC*)、成熟度(R_o)
	赋存条件	裂缝发育、孔隙度、保存条件
	油气发现程度	
资源价值	可采条件	埋深、压力系数、脆性矿物含量、岩石泊松比、地面条件
	资源规模	资源量(面积、厚度、含气饱和度等)
	层资源丰度	

(1) Ⅰ类区块指有资源、有潜力、经济可采，可进一步投入的区块。

(2) $Ⅱ_1$类区块指页岩油富集概率高，但技术难度较大或资源规模较小、经济可采性有限，仍需要加强技术攻关或经济可采性研究的区块。

(3) $Ⅱ_2$类区块指页岩油富集概率一般，但具有适应的技术和可采条件，或具有较大的资源规模，仍需要加强地质条件研究的区块。

(4) Ⅲ类区块指资源潜力小或不具备经济价值，可考虑退出页岩油勘探的区块。

页岩气(油)目标评价是在页岩气(油)选区评价基础上的进一步深入。目标评价主要从含油气性、工程技术条件和经济条件3个方面分别开展[式(2-5)和式(2-6)]，在此基础之上，进行页岩油气目标的综合评价[式(2-7)]。其中，各公式中的权重系数a、b、c、d根据各参数所占权重比例进行赋值，且各权重系数之和为1。参数体系见表2-9。

$$P_{含气性} = a \times P_{页岩分布与地化特征} + b \times P_{储集空间与物性条件} + c \times P_{保存条件} + d \times P_{资源储量} \quad (2-5)$$

$$P_{工程技术条件} = a \times P_{可压裂性} + b \times P_{埋深条件} + c \times P_{地表条件} + d \times P_{水源条件} \quad (2-6)$$

$$P_{目标(区)综合评价} = a \times P_{含气性} + b \times P_{工程技术条件} + v \times P_{经济条件} \quad (2-7)$$

表 2-9　页岩气目标区评价参数体系表

类　别	参　数	
含气性评价	页岩分布与地化特征	页岩厚度、页岩面积、有机碳含量、成熟度
	储集空间与物性	裂缝发育、孔隙度、渗透率
	保存条件	构造作用、顶底板条件、水文地质、压力系数
	资源量	有效页岩体积、页岩密度、含气量
工程技术条件评价	可压裂性条件	脆性矿物含量、杨氏模量、泊松比、水平应力差异系数
	其他	埋深、地表、水源条件
经济条件评价	经济条件	内部收益率及风险分析

根据上述各个目标综合评价结果，将勘探目标进一步划分为Ⅰ类、Ⅱ类、Ⅲ类，分别对应有利目标、较有利目标和不利目标。其中：

Ⅰ类(有利目标)　$P_{目标(区)综合评价}>0.75$，属于落实的、可供预探；

Ⅱ类(较有利目标)　$P_{目标(区)综合评价}$介于 0.5 ~ 0.75，属于落实的或较落实的、进一步工作后可供预探；

Ⅲ类(不利目标)　$P_{目标(区)综合评价}<0.5$，属于不落实的或较落实的、不能提供预探。

第三节　页岩油气开发

一、页岩气开发方案编制、井网优化及产能评价

页岩气藏赋存方式多样，孔隙结构复杂，具有多尺度特征，孔隙度、渗透率极低，必须进行压裂才能进行商业化开采，因此，页岩气藏的流体运移机制、开发方式、产能评价和数值模拟方法以及开发技术政策都不同于常规气藏。

(一) 页岩气开发实验技术及流动机理

1. 页岩气开发实验技术

页岩气开发实验主要以页岩岩石和流体为研究对象，研究岩石和流体物理性质、流体-岩石相互作用以及页岩气藏开发机理等。

1) 页岩储层常规物性参数测定(页岩渗透率、孔隙度测定)

页岩储层普遍具有低孔隙度、超低渗透率的特点，总孔隙度一般小于 10%，渗透率随裂缝的发育程度不同而变化，一般为$(10^{-9} \sim 10^{-1}) \times 10^{-3}\mu m^2$。据统计，北美页岩气藏的基岩渗透率在$(10^{-9} \sim 10^{-3}) \times 10^{-3}\mu m^2$之间，孔隙度一般为 1% ~5%。因此，页岩岩石渗透率的测试范围应能涵盖毫达西到纳达西级别的样品，其中毫达西级别以上的渗透率测定可以通过常规渗透率测试仪器获得，而基岩渗透率可采用以下几种方法测试：

(1) 脉冲衰竭法超低渗透率测定。该方法采用柱塞岩心测试，美国岩心公司生产的 PDP-200脉冲衰减渗透率仪可测试渗透率范围为$(10^{-5} \sim 10) \times 10^{-3}\mu m^2$，其原理见后面页岩油物性测试内容。

(2) 氦气法基质渗透率测定。该方法是测定页岩基质颗粒渗透率，测试时将颗粒样品放入测试杯后采用氦气加压，使气体膨胀到样品内部，根据压力降落曲线计算渗透率，美国岩心公司 SMP-200 渗透率仪可测试渗透率范围为$(10^{-12} \sim 10^{-3}) \times 10^{-3}\mu m^2$。

(3) 有效应力条件下的稳态法渗透率测定。该方法利用低压差稳态法，通过先进的低气体流量测量技术，模拟测定样品在地层应力条件下的渗透率，测定的渗透率范围达到 $(10^{-15} \sim 10^{-3}) \times 10^{-3} \mu m^2$(美国岩心公司 NANOK－100 型渗透率仪)。

页岩孔隙度测定主要采用氦气法，其原理见后面页岩油物性测试内容。

2) 页岩孔隙结构参数测定

页岩储集空间复杂，存在纳米孔隙、微米孔隙、微裂隙、裂缝等，正确认识页岩孔隙特征是研究页岩气赋存状态，储层性质与流体间相互作用，页岩吸附性、渗透性、孔隙性和气体运移等的基础。

根据实验过程与手段的不同，页岩孔隙结构实验分析技术可分为观察描述法和物理测试法两大类型：观察描述法采用手标本、高清晰光学显微镜和扫描电镜、核磁共振成像、小角度 X 射线散射法、CT 成像等技术直观描述孔隙的几何形态、连通性和充填情况；物理测试法主要通过压汞实验、低温液氮吸附、低温 CO_2 吸附等方法定量测试孔隙内部结构。

(1) BET 吸附法(GB/T 19587—2004)孔隙结构及比表面测定。利用该方法可以测定岩石的孔隙度、孔径分布、比表面，并以此推算其表面能，该方法只能测定半径小于 200nm 的孔隙分布，大于该尺寸的孔径分布应用压汞法或者离心毛管压力法进行测定。

(2) 压汞法孔隙结构特征测定。压汞法是研究岩石微观结构的方法之一。压汞法能够表征孔喉大小、孔喉分选程度、孔喉连通性，可以获得如孔隙半径分布、孔径中值、阈压、最大孔隙半径、渗透率贡献率、迂曲度等岩石孔隙结构特征参数。压汞法不适合测定小于 0.05 μm 的孔隙。要获得页岩样品完整的孔隙半径分布，需要将 BET 法和压汞法获得的孔隙分布结合起来。

3) 吸附-解吸实验测试技术

目前测定气体吸附-解吸的方法通常是容量法和重量法。容量法是利用高精度压力监测装置监测由吸附引起的气体压力变化来计算气体的吸附量；重量法是利用高精度的质量计计量由于吸附引起的重量变化来直接测定吸附量。

页岩等温吸附测定常用方法为容量法，容量法分为干样容量法和平衡水样容量法。干样容量法是将一定粒度的干燥岩样置于密闭容器中脱气后，测定其在相同温度、不同压力条件下达到吸附平衡时所吸附的甲烷气体的体积，求得页岩等温吸附曲线。然后根据 Langmuir 单分子层吸附理论，通过计算求出表征页岩对甲烷气体吸附特征的吸附常数——兰氏体积(V_L)、兰氏压力(P_L)。平衡水样容量法是将达到平衡水分的一定粒度的岩样样品置于密闭容器中，测得页岩等温吸附曲线。

4) 扩散实验测试技术

目前页岩气扩散实验研究方法主要是测试天然气在页岩中的扩散系数。扩散系数的测定是间接的，国内外扩散系数的测量方式主要有两种：①测量烃类气体通过样品的扩散量，属开启式；②测量样品两端的浓度值，属封闭式。开启式测量由于实验时间超长、技术要求高，实际应用较少。

国内主要采用封闭式浓度法测扩散系数，其基本原理是在岩心两端的扩散室中充入不同类型的气体(甲烷和氮气)，并保持两端的总压相等(无压差)，在浓度梯度作用下，气体将逐渐从岩心的一端扩散到另一端。通过监测不同时间段内两扩散室中气体组分的浓度变化，得到气体的有效扩散系数。

2. 页岩气流动机理

在页岩中，天然气的赋存状态多种多样，除极少量溶解状态的天然气以外，大部分以吸附状态赋存于岩石颗粒和有机质表面，或以游离状态赋存于孔隙和裂缝之中。页岩储集空间复杂，具有多尺度特征，存在纳-微米孔隙、微裂隙和裂缝等。页岩多尺度孔隙介质结构和多赋存方式特性使得页岩中气体的运移机制非常复杂，不同于常规致密低渗气藏，包括解吸、扩散、孔隙渗流、微裂缝渗流、压裂缝流-固耦合渗流等多种形式，气体在致密页岩多孔介质中的运移是多重机制共同作用的结果。目前国内外对页岩气储集层多场耦合非线性流动规律开展了初步研究，取得一些成果和认识，但仍处于初级阶段。

Javadpour(2007，2009)、Dahaghi(2010)、姚军等(2013)人研究认为，页岩气在储层中的运移既有分子布朗运动、吸附解吸机制、扩散机制，又有滑移流动和达西流动。他们从微观到宏观上提出了不同尺度介质下页岩储层中气体的流动状态(图 2-19)。

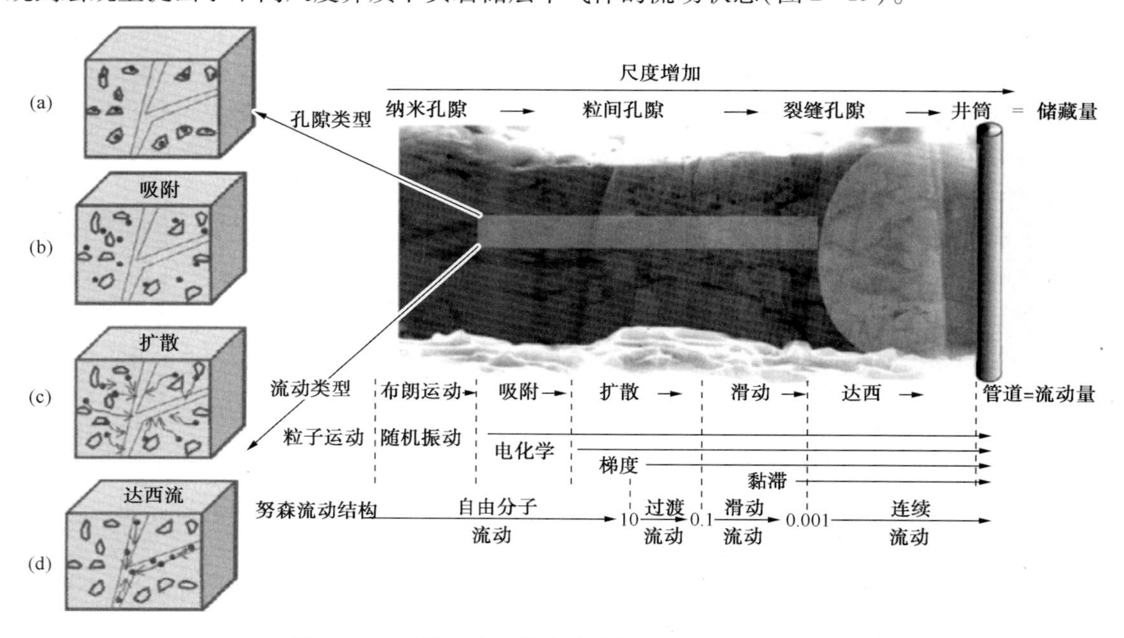

图 2-19　页岩气藏中的流动示意图(Dahaghi，2010)

页岩气在多孔介质中的运移机制取决于气体分子运动自由程和多孔介质孔隙半径的比值，一般采用气体分子运动自由程与多孔介质孔隙直径的比值 Knudsen 数(克努森数)K_n 来判定流体在多孔介质中的运移传输机制。当气体分子运动自由程远小于孔隙半径时($K_n<0.001$)，气体在多孔介质中的质量传输主要以分子与分子碰撞所产生的黏性流为主；当多孔介质的孔隙半径很小时($K_n>10$)，气体在多孔介质中的运移以 Knudsen 流(分子自由流动)为主；当 $0.001<K_n<0.1$ 时，气体运移以黏性流为主，Knudsen 流也不能忽略；当 $0.1<K_n<10$ 时气体运移为过渡流。

开发过程中，页岩气从气藏流入生产井筒大致可分为 4 个阶段：①在压降作用下，基质表面吸附的页岩气发生解吸，进入基质孔隙系统；②解吸的吸附气与基质孔隙系统内原本存在的游离气混合，共同在基质孔隙系统内流动；③在浓度差作用下，基质岩块中的气体由基质岩块扩散进入裂缝系统；④在地层流动势影响下，裂缝系统内的气体流入生产井筒。

1）页岩气吸附-解吸附机理

页岩气藏与常规天然气藏最主要的区别是部分天然气以吸附状态存储于页岩基质中，以吸附态存在的页岩气占页岩气总量的20% ~85%。吸附气在生产过程中的解吸会显著影响气井/气藏生产动态，解吸是页岩气的一种重要产出机理。

气体在页岩储层基质颗粒表面上的吸附主要受温度、压力、岩石比面、有机碳含量、黏土矿物含量等影响。有机碳含量越高，吸附量越大；水的存在不利于页岩甲烷吸附；黏土矿物中的伊利石含量越高，吸附量越大。等温吸附过程中，吸附量随储层压力增加而增大，初始阶段吸附量增长率较大，到一定压力后，增长趋势变缓，最后趋于平衡；温度越高，气体吸附能力越弱；岩石矿物粒度越大，单位质量外表面积越小，吸附量越小。目前描述岩石表面气体吸附的理论主要有Langmuir吸附理论、BET吸附理论、Henry吸附理论等。

Langmuir等温吸附模型是基于单分子层吸附理论推导得到的。根据Langmuir理论，吸附量与压力间的关系可由式(2-8)来表达：

$$V = V_{\mathrm{L}} \frac{P}{P_{\mathrm{L}} + P} \tag{2-8}$$

式中，V为吸附量，m^3/t；P为压力，MPa；V_L和P_L分别为Langmuir体积和压力。

目前部分国内外学者认为，页岩气大部分为甲烷，页岩储层温度高于甲烷的临界温度，页岩中的有机质和黏土矿物对页岩气的吸附属于单分子层物理吸附，而且页岩气的吸附和解吸是互逆过程，因此，Langmuir等温吸附定律适用于页岩气的吸附解吸特性。目前，国内外主要应用Langmuir等温吸附定律来描述页岩气开发中的解吸附过程。但也有学者认为，对于具有复杂孔隙结构的页岩气藏，Langmuir单分子吸附模型不一定适用。

2）气体扩散机理

页岩基质中的孔隙大小多在几个纳米到几个微米间变化，渗透率也比常规气藏要小得多，气体在页岩纳米级孔隙中的流动不同于达西流动。国内外学者(姚军，2013；Akkutlu IY，2012)研究认为，页岩气体在纳米级孔隙中微观运移机理包括Knudsen扩散、分子扩散和表面扩散；也有学者认为(姚军，2013；Faruk c，2011)，页岩中气体主要以Knudsen扩散和分子扩散为主，对于单一甲烷气体的页岩气藏，以Knudsen扩散为主。

当分子平均自由程与孔隙直径接近时，气体分子与孔隙壁面的碰撞产生Knudsen扩散，Knudsen扩散发生在低压下小孔隙介质中；分子扩散是在浓度差或其他推动力作用下，由分子热运动引起的物质在空间的迁移现象，是不同组分气体之间浓度梯度引起的质量传输，一般用Fick定律表示气体分子扩散质量；表面扩散是指吸附在孔隙表面的气体分子沿孔隙表面移动的现象。

国内外许多学者提出可以用Fick扩散定律来描述气体在页岩储层中的扩散作用。页岩气开发过程中，在浓度差的作用下，解吸后的页岩气由浓度较高的区域向浓度较低的区域运移，即天然气由基质向裂缝系统进行扩散，当各处浓度相等时，扩散现象停止。依据扩散过程，分为拟稳态扩散和非稳态扩散。

拟稳态扩散可以用Fick第一定律来描述。根据拟稳态扩散理论，基质中页岩气总浓度V_m对时间的变化率与基质和裂缝间的浓度差C_m成正比，即：

$$V_{\mathrm{m}}^{\mathrm{c}} = -\frac{MD}{\rho_{\mathrm{m}}} \frac{\partial C_{\mathrm{m}}}{\partial r_{\mathrm{m}}} \tag{2-9}$$

页岩气在基质中的非稳态扩散可以用 Fick 第二定律来描述。根据不稳态扩散理论，扩散过程中气体浓度 C_m 随时间和空间位置变化。

3）渗流机理

页岩储层中的渗流作用主要是指在流动势作用下，天然气由基质流向裂缝和井底，或通过裂缝系统流向井底的过程。大部分学者(姚军，2013；E. Ozkan，2010；Schepers K C，2009)研究认为，基质中解吸的气体与大孔隙中的游离气以黏性流和扩散运动机制由基岩运移至裂缝，然后气体由裂缝流入生产井。但由于页岩储层极低的基质渗透率，部分学者(D. Ilk，2008)认为气体的渗流主要发生在由天然裂缝和压裂诱导裂缝构成的裂缝网络中，基质中的气体主要通过扩散运动运移到裂缝。

页岩储层中的气体渗流存在多种机理，主要包括：达西渗流、考虑滑脱效应的低速非达西渗流和考虑惯性效应的高速非达西渗流。不同尺度多孔介质遵循不同的渗流规律，天然气在页岩储层天然裂缝中的流动遵循达西定律；在小孔隙、微裂隙中的流动可用考虑滑脱效应的达西定律描述；在压裂裂缝中的高速流动会偏离达西定律，可在达西方程中添加速度修正项，用 Forchheimer 定律描述。

除气体的解吸扩散和渗流之外，页岩储层的流动机理还包括气体流动过程中储层的压敏效应、与含水饱和度相关的两相流动等。

页岩储层中流体的运移机理非常复杂，目前国内外对页岩气储集层多场耦合非线性流动机理和规律的研究虽有进展，但仍面临诸多难题，许多方面的认识不清楚，例如页岩气在纳米级孔隙及微裂隙中流动机理、有机质中气体运移规律、开发过程中的解吸-扩散规律、多尺度下的流固耦合流动机理及流动模拟、气水两相流动规律、温度变化引起的热效应等多个方面，都需要进一步研究。

（二）页岩气井动态特征及产能评价

1. 页岩气井动态特征

1）产量变化特征

页岩气井生产初期的产气量主要来自裂隙和裂缝网络内的游离气，随着裂缝压力的降低，基质孔隙内的游离气开始在压差作用下向裂缝运移，当地层压力下降到临界解吸压力之后，吸附气开始解吸附并通过扩散和渗流方式进入微孔隙和裂缝系统。因此，页岩气井在压裂投产初期的第 1 ~ 1.5 年内产气量高、递减快，此后递减率逐渐下降，最后进入漫长的低产稳产阶段(图 2-20)。

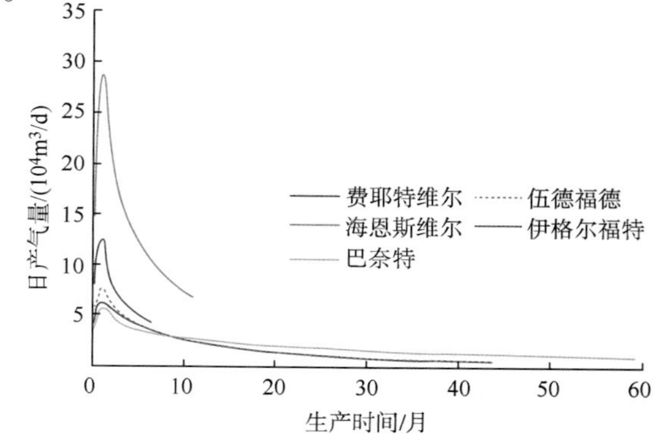

图 2-20　北美主要页岩气田平均单井日产气量(Jason Baihly，2010)

图2-21是北美主要页岩气盆地气井归一化预测产量对比。从图中可以看出，北美不同页岩气田气井产量递减规律不同，这与储层基质物性、裂缝系统的导流能力、游离气含量、压裂改造规模等有关。巴奈特气田气井产量递减率最低，其水平井初期产量为$(4.3\sim20)\times10^4m^3/d$，第一年递减45%～55%，第二年递减25%左右，核心区单井可采储量为$(0.7\sim2)\times10^8m^3$，外围薄层区单井可采储量小于$0.5\times10^8m^3$。而海恩斯维尔和伊格尔福特页岩气井具有快速递减的特征，其中海恩斯维尔页岩气田水平井初期日产量为$(11.3\sim54.5)\times10^4m^3$，第一年递减71%～83%，第二年递减40%左右，单井可采储量为$(1.13\sim2.83)\times10^8m^3$。分析原因主要在于：该气田页岩储层物性好，游离气含量高达80%，属于异常高压气藏(压力系数1.6～2.0)。高压气藏初始产量高，随着压力的降低，裂缝闭合，导致整体裂缝系统导流能力下降；另外，高压气藏气体从裂缝网络产出的速度比气体从裂缝网络基质中解吸到裂缝网络要快，这也将引起初期产量的快速递减。

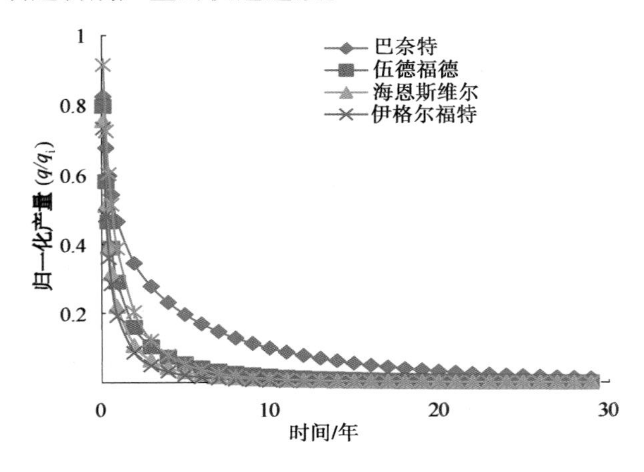

图2-21　北美主要页岩气盆地气井归一化产量预测图

另外，气井产量的变化特征和产量的递减规律与气井的生产方式有很大关系，北美页岩气井主要采用放大压差(定压)生产方式生产，因此表现出气井初期产量下降快的特征。例如，海恩斯维尔页岩开发初期气井采用大压差生产方式，以获得较高的初期产量，其中60口井采用9.5mm油嘴，平均初期日产量为$45.3\times10^4m^3$，一年后平均日产量为$7.6\times10^4m^3$，平均递减率为83%。2010年之后采用限产的生产方式，限制气井初期产量，统计20口采用5.5mm油嘴限产生产的气井资料，平均初期日产量为$22.7\times10^4m^3$，一年后平均日产量为$14.2\times10^4m^3$，平均递减率为38%，递减率明显降低。

2）压力变化特征

页岩气藏主要采用多段压裂水平井方式开发，Song Bo等(2011)研究认为，页岩气多段压裂水平井定产量生产时，压力动态特征理论上存在早期人工压裂裂缝内线性流、基质向裂缝的线性流、假拟稳态流、复合线性流、拟径向流和晚期边界控制流流动阶段。图2-22是各个阶段的流线示意图，图2-23是各流动阶段试井双对数特征图。

气井刚开井生产时，早期主要反映压裂裂缝内线性流，持续时间非常短，一般观察不到。基质向裂缝线性流是低渗基质孔隙向人工压裂裂缝瞬态渗流造成的，持续时间较长，是实际生产井可观察到的主要渗流阶段。

随着气井生产的继续，压力波及范围持续扩大，直到相邻主裂缝之间开始产生压力干扰，压力导数双对数曲线开始上翘，斜率接近于1，此时气井开始进入假拟稳态流动阶段，整个 SRV 压裂改造区都开始泄压。当没有邻井干扰时，压力波继续由 SRV 改造区向外传播，气井进入复合线性流和拟径向流阶段；当有阻流边界时，气井会进入边界控制流阶段。对于页岩储层来说，气井难以达到拟径向流和拟稳态流生产阶段。

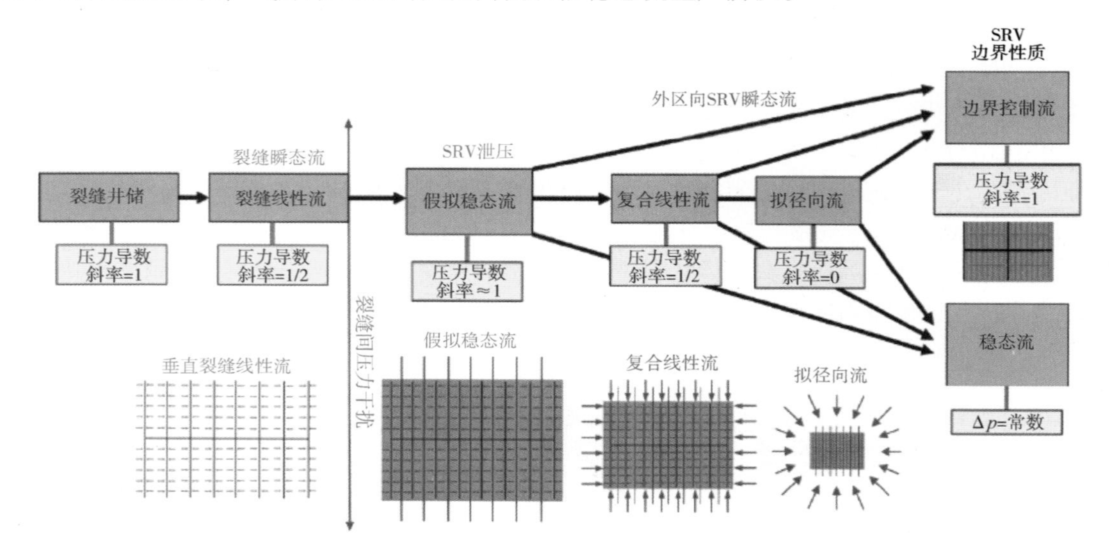

图 2-22　页岩气多段压裂水平井潜在流型示意图(Song Bo，2011)

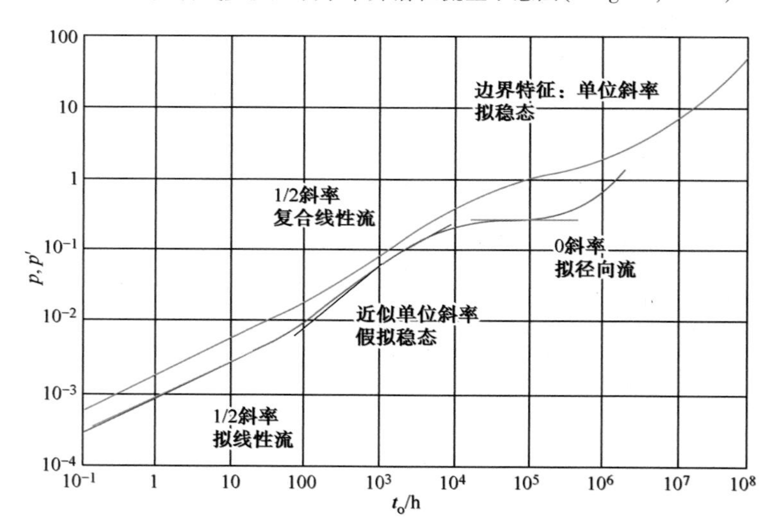

图 2-23　页岩气多段压裂水平井压力及压力导数响应(Song Bo，2011)

图 2-24 是巴奈特气田一口页岩气井的日产气和井底流压曲线，图 2-25 是产量-时间平方根特征诊断曲线和产量-时间双对数曲线。从特征诊断曲线上可以看到两个明显的直线段，结合双对数图可以识别第一个直线段对应的是基质到裂缝的线性流阶段，第二个直线段对应的是假拟稳态流阶段。从双对数图上可以看出外围未压裂改造区对 SRV 改造区补给贡献不明显。

页岩基质微孔表面的吸附气解吸扩散不会影响试井双对数图的特征，但会使各个渗流阶段出现的时间推迟(图 2-26)，推迟的幅度与等温吸附参数有关。

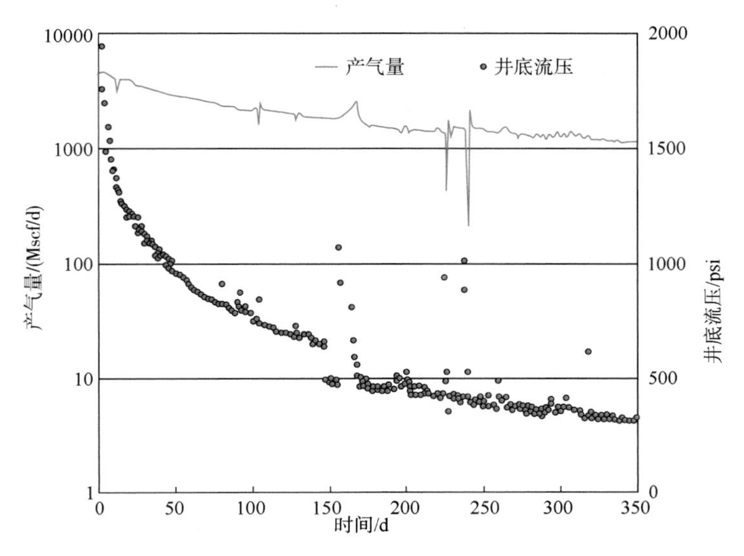

图 2-24　巴奈特气田一口页岩气井生产历史（Anastasios Boulis，2012）

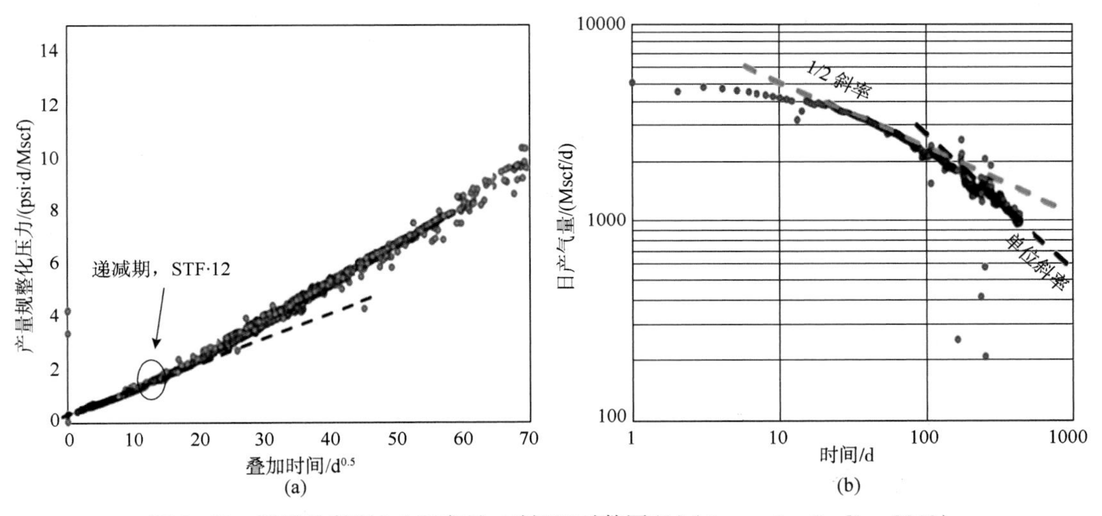

图 2-25　特征诊断图（a）和产量-时间双对数图（b）（Anastasios Boulis，2012）

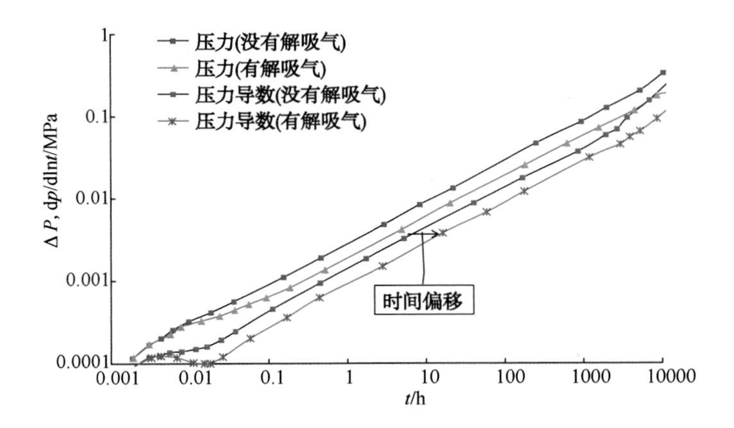

图 2-26　解吸气解吸对页岩气多段压裂水平井压力响应影响（Song Bo，2011）

2. 页岩气井产能评价方法

从国内外的生产实践来看，页岩气井主要有放压(定压降产)和控压(限制产量)两种生产方式。其中，北美地区大部分页岩气田以放压方式生产，而海恩斯维尔气田和国内涪陵页岩气田主要以控压方式生产。

当气井以定压降产方式生产时，产能评价的关键是确定气井的初始产量、递减率以及最终累积产量，递减曲线分析是国外比较普遍的产能评价方法。通过对页岩气田大量放压生产数据的统计，北美也形成了一些经验产能评价方法。Nearing(1988)针对美国泥盆纪 1115 口页岩气井统计得出前 5 年的累积产量与前 12 个月的累积产气量成线性关系，相关性达到 0.95。Gatens(1989)和 Koziar 根据美国泥盆纪页岩气井生产数据的统计分别建立了累积产量与地层系数($K_{eff}h$)等参数的经验指数关系。巴奈特气田大量的统计数据显示：不管是水平井或直井，气井的累积产量与产量最好的 3 个月的产量之间存在很好的线性关系。

当气井初期以控压定产量方式生产时，产能评价的关键是根据早期的试气、试采数据评价气井的稳产产量、稳产期、递减率及最终累积产量。针对新投产井，根据气井投产初期的试气、试采资料，按常规气藏产能评价方法来评价气井初始无阻流量，并进行合理配产。当气井投产后，可以根据页岩气井生产动态资料进行历史拟合来确定地质和压裂参数，并预测气井产能。对页岩气藏水平井分段压裂后的产能，目前常采用两种方法评价。①对压裂水平井流动物理模型进行简化得到的产能预测解析模型方法，②数值模拟方法。解析模型主要有三线性流模型(M Brown，2009)和双孔线性流模型(R O Bello，2009)，此处重点介绍应用较多的 Bello 等人提出的双孔线性流模型，该模型只考虑压裂改造区对气井产能的影响。

Bello 等人(2009)在矩形封闭油藏压裂直井模型的基础上建立了页岩气多段压裂水平井产量预测解析模型。模型假设：多段压裂水平井位于矩形封闭页岩气藏之中，主裂缝长度与气藏宽度等长，只有压裂裂缝与水平井眼沟通，忽略其他部分向水平井眼流入；页岩储层为平板状双孔介质，基质以不稳定流方式窜流到主裂缝；不考虑吸附气的解吸扩散。图 2-27 是模型示意图。

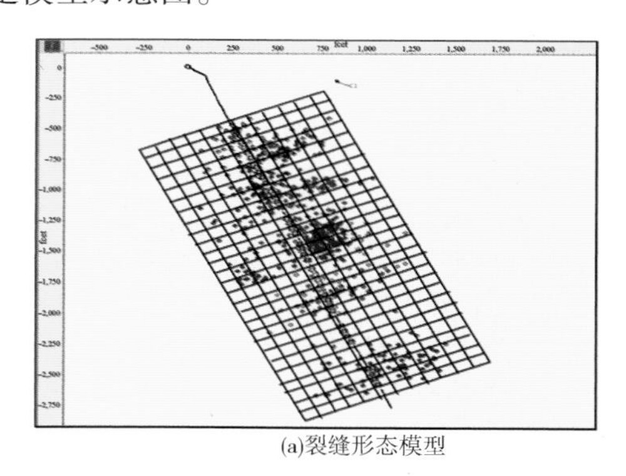
(a)裂缝形态模型

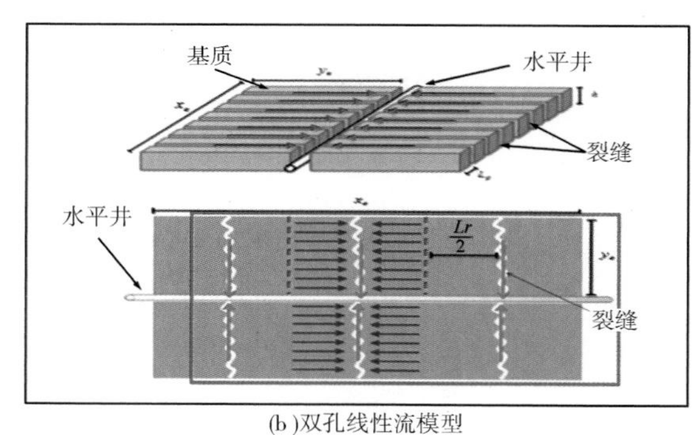

(b)双孔线性流模型

图 2-27　页岩气多段压裂水平井微地震监测裂缝形态和双孔线性流模型示意图

Bello 模型将页岩气多段压裂水平井生产过程划分为 5 个流动阶段，如图 2-28(无量纲产量和时间双对数图)所示。阶段 1 为主裂缝内的线性流，在无量纲产量和时间双对数图上的斜率为 -1/2；阶段 2 为双线性流，即在基质和主裂缝内同时存在线性流动，在双对数上的斜率为 -1/4；阶段 3 反映均质系统流动(不一定出现)；阶段 4 为基质线性流，基质孔隙向裂缝的瞬态流占主要作用，在双对数图上的斜率为 -1/2；阶段 5 为边界控制流阶段。

表 2-10给出了各流动阶段的压力解及生产数据分析方法。

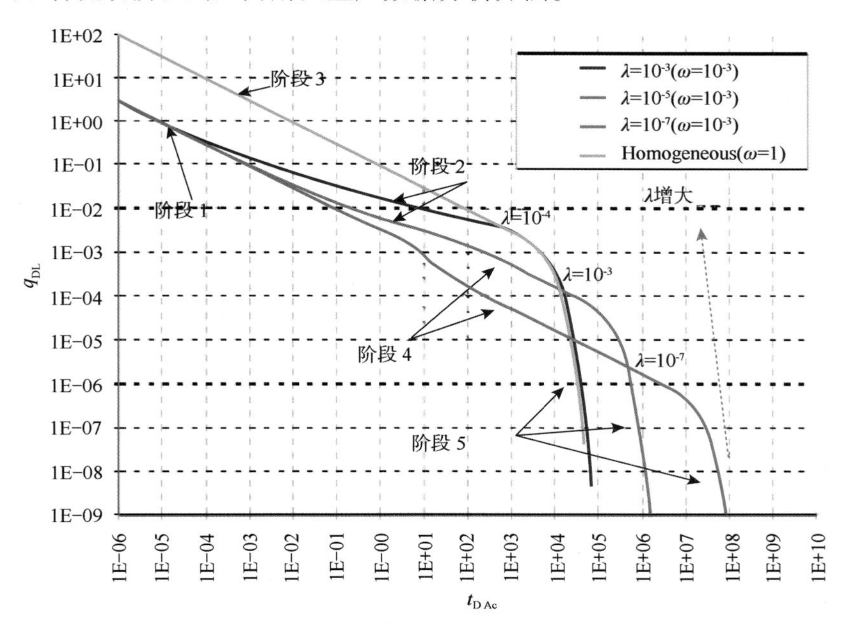

图 2-28　Bello 模型 5 个流动阶段的说明(R O Bello, 2009)

表 2-10　Bello 模型各流动阶段压力解及分析方法(R O Bello, 2009)

流动阶段	压力解	分析方法：$\frac{m(p_i-m)p_{wf}}{q_g}\sim\sqrt{t}$
早期裂缝线性流	$p_{wDL}=4\sqrt{\pi t_{DAC}/\omega}$	$\sqrt{k_f}A_{cw}=\frac{803.2T}{\sqrt{\omega(\phi\mu cl)_{f+m}}}\frac{1}{m_1}$
基质裂缝双线性流	$p_{wDL}=9.123\frac{t_{DAC}^{0.25}}{\lambda_{AC}^{0.25}}$	$\sqrt{k_f}A_{cw}=\frac{3664T}{[\sigma k_m(\phi\mu cl)_{f+m}]^{0.25}}\frac{1}{m_2}$
均质流	$p_{wDLh}=4\sqrt{\pi t_{DAch}}$	$\sqrt{k_f}A_{cw}=\frac{803.2T}{\sqrt{\phi\mu cl}}\frac{1}{m_3}$
基质线性流	$p_{wDL}=4\sqrt{\frac{3}{\lambda_{AC}}\frac{1}{y_{De}}}\sqrt{\pi t_{DAc}}$	$\sqrt{k_f}A_{cm}=\frac{803.2T}{\sqrt{(\phi\mu cl)_{f+m}}}\frac{1}{m_4}$
边界控制流	物质平衡	

在利用上述解析模型预测页岩气多段压裂水平井产量时，主要有两种方法：①根据多段压裂水平井产量压力解析解进行生产历史拟合确定地质和压裂参数，在此基础上对气井产能进行预测；②根据生产数据进行流动阶段特征直线分析(如表 2-10 分析方法)，通过不同流动阶段直线斜率确定地质和压裂参数并进行产能预测。

3. 页岩气井产能影响因素

页岩气渗流机理和开发方式复杂，气井产能受地质条件和压裂改造效果共同影响。研究表明，影响页岩气井产能的关键因素包括天然裂缝发育状况、开发井型、压裂改造技术、总有机碳含量与热成熟度、含气量、地层压力梯度及脆性矿物含量等。

（1）天然裂缝发育状况。天然充填裂缝在储层压裂时有助于形成体积裂缝，改善储层的导流能力，而异常裂缝和断层可能会使压裂液进入无效通道，使井眼与地质危害区沟通，影响压裂改造效果。

（2）开发井型。页岩储层中的自然裂缝大都属于页理缝，水平井配合压裂改造可以形成体积裂缝网络，增大渗流面积及动用储量，提高单井产能。巴奈特气田实际钻井经验表明，水平井开发最终估计采收率大约是直井的3～8倍，而费用只相当于直井的2倍。

（3）压裂改造技术。在页岩气储层中，水平井压裂会形成大规模的交叉裂缝群，增大裂缝与基质接触的总面积以及改造体积，提高单井产能及累积产量。研究表明，页岩气井初始产量大小主要受储层裂缝渗透率、压裂裂缝条数和压裂裂缝导流能力影响，参数越好，初始产量越大；页岩气井的采出程度主要受基质渗透率、压裂规模和改造效果（裂缝条数、裂缝渗透率、主裂缝半长等）影响，基质渗透率越高，改造效果越好，采出程度越高；基质渗透率对气井产量递减和采出程度影响明显，基质渗透率越大，产量递减率越低，累积产量越高。

（4）总有机质含量与热成熟度。总有机碳含量和热成熟度直接决定页岩储层的生烃能力。总有机质碳含量一般在1%～3%之间，以大于2%以上为好。有机质成熟度一般在0.7%～2.5%之间，以1.4%～2.5%相对较好。

（5）含气量及其比例。含气量是页岩气井产能的资源基础。含气量越高，游离气占比例越高，单井产能及累积产量越高。美国已开发的页岩气田含气量在0.4～9.9m^3/t，吸附气占20%～50%。其中，巴奈特气田含气量约为8.5～9.9m^3/t，吸附气占20%～40%。

（6）地层压力梯度。高压力梯度能提高页岩储层的品质，主要体现在储层物性的改善、含气量的提高、有效应力的降低、水力压裂效果的改善以及生产压差的提高。异常高压是获得高初产的重要条件。

（7）脆性矿物含量。页岩储层中脆性矿物含量越高，对压裂液的要求越简单；使用的支撑剂数量及压裂级数越低，更容易形成复杂裂缝系统（图2-29）。美国已开发的页岩气田高产气井脆性矿物含量（石英+碳酸盐）一般大于50%，黏土含量小于40%。

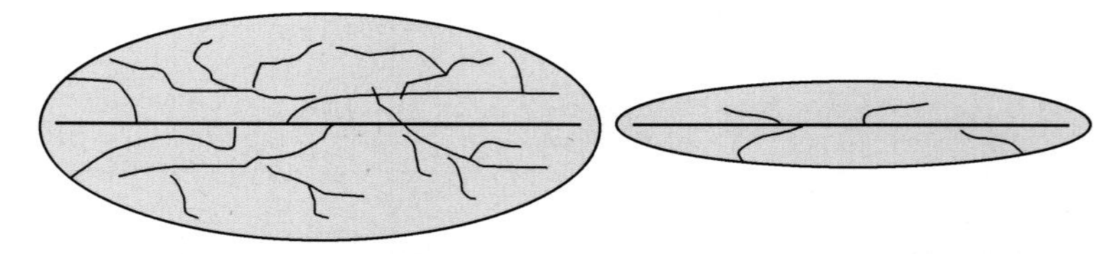

图2-29　页岩脆性对压裂裂缝发育影响

4. 页岩气井产量递减分析方法

国外页岩气井主要按放压方式生产，气井在投产后迅速进入产量递减阶段，此后井底流压变化不大，可以采用递减曲线分析方法来预测气井产量变化。由于基岩渗透率一般非常低，气井难以真正达到拟稳态渗流阶段，这会影响递减曲线分析方法的应用。

目前常用的页岩气井产量递减曲线分析方法主要有改进的Arps方法、幂律指数方法（D. Ilk，2008）、扩展指数方法（Peter，2010）以及Duong方法（A. N. Duong，2010）。

1）改进的Arps方法

Arps（1945）递减模型有双曲、指数及调和3种递减类型，其一般形式为：

$$q_g(t) = \frac{q_{gi}}{(1 + bD_i t)^{1/b}} \tag{2-10}$$

式中 q_{gi}——初始产气量，m^3/d；

D_i——初始递减率，d^{-1}；

b——递减指数，且 $0 \leqslant b \leqslant 1$；

t——时间，d。

双曲递减是页岩气井产量递减分析中使用最多的递减类型。该模型要求气井生产达到边界控制流阶段，但由于页岩气藏基岩渗透率超低，气井存在很长的不稳定流动阶段。在气井生产的不稳定流动阶段，采用 Arps 方法拟合页岩气井产量递减指数 b（一般 >1），预测的产量和可采储量偏高。随着生产时间的延长，气井递减指数 b 逐渐接近于 1，此时预测的产量及储量渐趋可靠。

为了克服 Arps 模型在分析页岩气井产量递减规律时的不足，Mattar 等人（2008，2010）建议使用改进的 Arps 双曲递减模型，该模型是采用分阶段递减分析思路，气井生产早期使用双曲递减模型分析产量变化，当递减率 D 低于门限阀值 D_{limit} 后采用指数递减模型分析。

2）幂律指数法

幂律指数法最初由 D. Ilk 等人（2008）提出，并且被用来验证和预测北美页岩气井产量递减规律。该方法可以用于不稳定流、过渡流及拟稳态流阶段，使用的模型为：

$$q = \hat{q}_i \exp(-D_\infty t - D_i t^n) \tag{2-11}$$

式中 $\hat{q}_i$——初始产量（$t=0$），m^3/d；

D_∞——无限大时间时的递减常数，如 $D_{(t=\infty)}$，d^{-1}；

D_i——递减常数，d^{-1}；

n——时间指数。

Ilk 认为引入 D_∞ 项可以更好地对页岩气井进行递减分析及产量预测。当生产时间足够长时，$D_\infty t$、$D_i t^n$ 模型呈现指数递减特征，对应边界控制流阶段。

幂律指数递减法能够根据早中期的生产数据进行产量拟合和递减预测，能在不稳定渗流生产阶段快速确定井控动态储量（*EUR*）的上、下限值。随着开发时间的延长，这两者之间的差异越来越小，预测的结果比普通的 Arps 方法更为可靠。

3）Duong 法

北美典型的页岩气井存在较长的线性流动阶段，长的甚至超过 5 年。Duong（2010）模型是基于页岩气井存在长时间线性流的假设提出的。气井在线性流动阶段的产量可以表示为：

$$q = q_1 t^{-n} \tag{2-12}$$

式中 n——指数系数。对于线性流，$n=1/2$，对于双线性流，$n=1/4$；

q_1——初始产气量，m^3/d。

气井的累积产量可以表示为：

$$G_p = q_1 \frac{t^{1-n}}{1-n} \tag{2-13}$$

结合式（2-12）和式（2-13），可得到线性流动阶段气井产气量和累积产量之间的关系为：

$$\frac{q}{G_p} = \frac{1-n}{t} \tag{2-14}$$

实际气井的产气量和累积产量可以表示为：

$$\frac{q}{G_p} = at^{-m} \tag{2-15}$$

Duong 模型按照下列步骤来进行产量递减分析：

（1）通过绘制 q/G_p 与时间的双对数曲线，确定可以线性拟合的数据段，通过拟合确定模型的 a 和 m 值以及相关因子 R^2。

（2）绘制产气量 q 与 $t(a, m)$ 曲线，确定初始产气量 q_1（图 2-30）。

$$t(a,m) = t^{-m} e^{\frac{a[t(1-m)-1]}{(1-m)}} \tag{2-16}$$

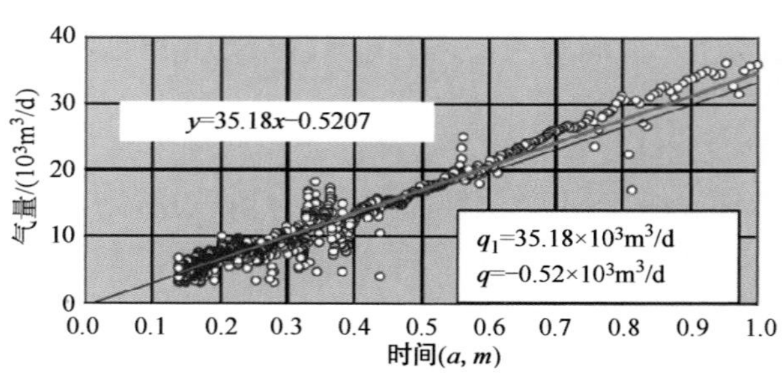

图 2-30 确定 Duong 模型 q_1 值

该曲线理论上是通过原点且斜率为 q_1 的直线。当最佳拟合不通过原点时，假设对应的截距为 q_∞，则气井的产气量可以表示为：

$$q = q_1 t(a,m) + q_\infty \tag{2-17}$$

当确定 Duong 模型的所有参数之后，就可以预测气井的产量递减规律以及可采储量（*EUR*）。

（三）页岩气开发井网优化

气藏开发实践表明，不同的井网部署将产生不同的开发效果和经济效益，合理的开发井网是高效开发气田的重要条件之一。页岩气藏主要采用水平井压裂方式开采，因此，在对页岩气开发工区井网优化时，应该根据储层地应力分布来确定最大主应力方向，指导水平井水平段井眼方向优化、井网部署及分段水力压裂设计，在此基础上对井距进行合理优化。

1. 开发井网部署

影响页岩气田开发井网部署的主要地质因素有储层展布形态、发育特点、物性变化、*TOC* 分布、裂缝、断层以及地应力分布等。开发井网设计要综合考虑各种因素进行优化，在实际井网部署时应遵循以下原则：

（1）力求最大程度地控制地质储量，提高储量动用程度、单井产量及采收率。

（2）水平井方向尽可能垂直于最大主应力方向，使井筒穿过尽可能多的裂缝带。

（3）利用最小的地面井场使开发井网覆盖区域最大化，为后期的批量化钻井作业、压裂施工奠定基础，地面工程及生产管理也得到简化。

（4）在多层组页岩气藏中，应根据储层性质、压力系统、隔层条件、压裂工艺技术，合理划分和组合层系，尽可能用最少的井数开发最多的层系。

页岩气藏水平井开发形式包括单支、多分支和羽状水平井，北美页岩气开发中主要应用的是单只水平井。布井方式主要采用地面集中的丛式井组布井，每个井组 3～8 口单支水平井。开发井网模式包括平行正对井网、平行交错井网等(见图 2-31 和图 2-32，交错井网参见页岩油部分)。在水平井无法动用的区域，可以采用压裂直井开发，增加储量动用程度。

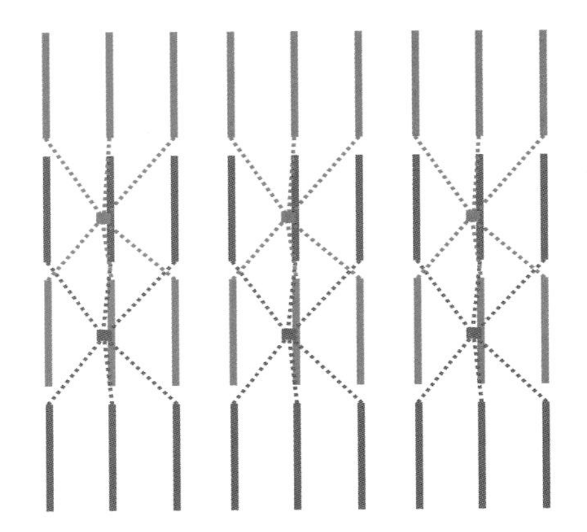

图 2-31　水平井开发平行正对井网示意图

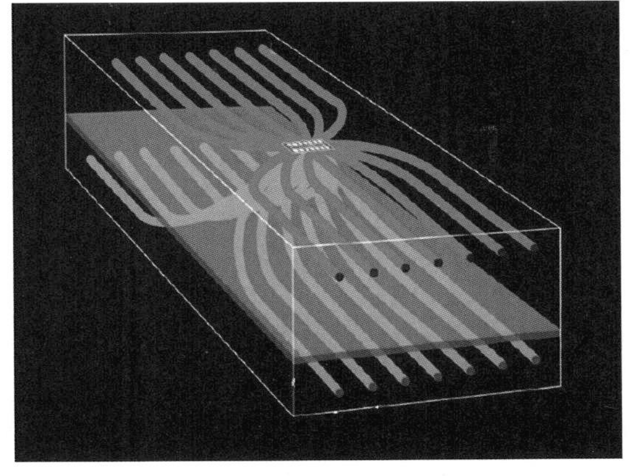

图 2-32　Horn River 页岩气藏水平井开发示意图

2. 水平井参数优化

水平井参数优化主要包括对多段压裂水平井的方位、水平井长度、压裂裂缝间距、裂缝长度进行优化，确定最优水平段长度、压裂段数和裂缝长度。

(1) 水平段井眼位置和方向。水平段井眼位置优化主要依据构造位置、页岩层的物性和厚度，水平段方位的设计主要依据地应力资料。水平井段与井眼方位应选择在有机质与硅质富集、裂缝发育程度高的页岩层段，水平井方向一般垂直于或以大角度交于最大主应力方向，这样可以使井筒穿过尽可能多的裂缝带，能够获取最好的分段压裂效果，提高页岩气采收率。

(2) 水平段合理长度。一般来说，水平段越长，水平井与气藏的接触面积越大，气井产能和最终采收率越高。但国外开发实践证明，水平井产量的增加与水平段长度的延伸并非线性关系，而是随着水平段的延伸，产量增幅越来越少。另外，水平段越长，施工难度越大，脆性页岩垮塌和破裂等复杂问题越突出，且钻井成本将大幅度增加。巴奈特页岩气藏开发水平段长度主要为 900～1500m，海恩斯维尔页岩开发过程中大多数水平井水平段长度介于 1000～1500m 之间，以 1500m 为最多。水平井合理水平段长度需要根据页岩气的地质特点、储层改造效果等因素，采用类比法、数值模拟方法，结合经济评价，优化确定。

(3) 水平井压裂裂缝间距和裂缝长度。分段压裂水平井随着压裂段数和裂缝长度的增加，气井累积产量逐渐增大，但增加幅度逐渐减小，所以从技术和经济指标上讲存在最佳值。开发设计时主要根据页岩气藏地质特点、地应力情况以及工程因素，采用数值模拟方法结合经济评价优化确定压裂裂缝合理间距和长度。

3. 合理井距

开发井距涉及到气田开发指标和经济效益的评价，是气田开发的重要参数。页岩气井合理井距应根据储层及储量分布特征、压裂改造规模、单井控制储量、试气、试采动态资料，考虑气藏的开发效果和经济效益综合确定。

(1) 单井经济极限井距。经济极限井距的大小主要是由气井产量模式、气价、投资、成本等指标共同决定的。首先应采用数值模拟方法模拟气井产量变化模式(气井按低压敞放方式生产或定产量生产)，然后采用经济评价方法确定单井经济极限控制储量，结合储量丰度和预测的气藏采收率，计算最小极限井距。气田开发合理井距应大于经济极限井距。

(2) 压裂裂缝长度分析法。页岩气井产气主要来自页岩储层体积压裂改造区，未压裂改造区的储量难以动用，因此，页岩气藏合理井距应该考虑有效压裂裂缝长度的大小。压裂改造裂缝长度的确定方法主要包括压裂后评估、微地震监测以及生产动态分析等技术。其中，微地震监测技术的主要优势是可以实时监测微地震事件的位置、强度，并估算裂缝的高度、长度、倾角、方位以及压裂波及体积，其不足之处是无法预测支撑剂分布浓度及裂缝导流能力。

(3) 井间干扰分析法。通过部署试验井组，开展井间干扰试井及试采动态分析，确定相邻水平井之间是否存在压窜，从而确定合理井距。

(4) 类比法。类比法要求两个气田地质条件和开发技术相似，其中，地质条件主要包括含气量、总有机碳含量(*TOC*)、脆性矿物含量、资源丰度、压力系数等参数，开发技术主要看开发井型、压裂技术装备及压裂规模是否具有可比性。

(5) 单井数值模拟法。根据气藏地质和压裂等相关研究成果，建立页岩气藏地质模型，设计不同水平段井距多个方案，开展数值模拟研究，预测不同井距开发的累积产气量和采出程度，然后用经济评价方法计算各方案开发指标的净现值，得出净现值与不同井距方案的关系曲线。气藏净现值(*NPV*)达到最大时对应的井距即为合理井距(图2-33)。

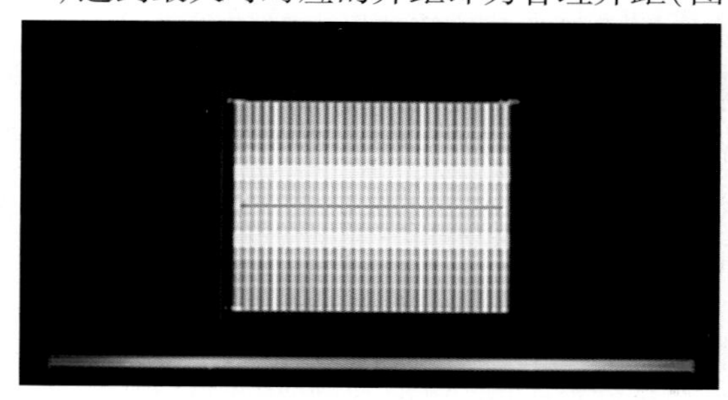

图2-33　页岩气多段压裂水平井数值模型

此外，从北美页岩气成功开发的经验看，开发井网部署不可能一次完成，一般开发初期井距较大，例如北美巴奈特气田开发初期实验井距为600m，随着试验井组及开发认识的逐步加深，井距逐渐加密到400m、200m。目前对物性差、动用程度低的地区尝试采用更小的开发井距，以提高气藏的最终采收率。

(四) 页岩气数值模拟技术

1. 数值模拟模型

目前页岩气数值模拟模型包括双重介质模型、多重介质模型和等效介质模型。其中双重介质模型采用的最多，模型假设页岩由基质和裂缝两种孔隙介质构成，裂缝中仅存在游离气，基岩中不仅存在游离气，还有部分气体吸附于基岩孔隙表面。模型一般假设页岩气在裂缝中的渗流符合达西流动或高速非达西流动，在基岩孔隙中的运移机理符合 Fick 扩散定律或考虑克林肯伯格效应的非达西流动，吸附气解吸满足 Langmuir 等温吸附方程。

Moridis(2010)建立了考虑多组分吸附的页岩气藏等效连续介质模型，该模型把裂缝和基岩等效成单孔隙连续介质，假设气体在介质中流动是达西流或高速非达西流，考虑克林肯伯格效应和扩散的影响。通过模拟对比等效连续介质模型、双重孔隙模型和双孔双渗模型对实际气井生产资料拟合结果发现，双孔双渗模型拟合效果最好。吴玉树等(2012)建立了考虑应力敏感、滑脱效应和非线性吸附的页岩气多重介质流动模型，研究压力的瞬变特征和气井产能的影响因素。Zhang X 等(2009)建立了考虑岩石力学、解吸扩散和流动耦合的三孔双渗模型，三孔是指气体吸附的有机基质、具有渗透性的基质微孔隙和裂缝系统，裂缝和基质孔隙中的流动都遵循达西定律，基质不仅仅是气体解吸的源项，而且相比于扩散，基质中的渗流占主导作用。

曹仁义、程林松等人(2010)建立了页岩气藏气水两相流数值模拟模型。下面以该模型为例介绍页岩气藏数值模拟模型。

1）页岩气流动方程

假设页岩气藏为双孔双渗气藏，存在气-水两相，不考虑毛管力的影响，气体扩散符合 Fick 定律，基质和裂缝系统内的渗流符合达西定律。在基质孔隙和裂缝系统中，气体传质同时考虑渗流和扩散效应影响，即基质和裂缝内的气相传质速度为渗流速度和扩散速度之和。

气相渗流速度为：

$$v_g^m = -\left(\frac{K_g^m}{u_g}\cdot\nabla p_g + \frac{D_g^m}{C_g^m}\cdot\nabla C_g^m\right) \tag{2-18}$$

$$v_g^f = -\left(\frac{K_g^f}{u_g}\cdot\nabla p_g + \frac{D_g^f}{C_g^f}\cdot\nabla C_g^f\right) \tag{2-19}$$

式中 D_g^m——气相在基质中的扩散系数，m^2/s；

C_g^m——基质中气相浓度，kg/m^3；

C_g^f——裂隙中气相浓度，kg/m^3；

K_g^m——基质中气相渗透率，μm^2；

K_g^f——裂隙中气相渗透率，μm^2。

水相渗流速度为：

$$v_w^m = -\frac{K_w^m}{u_w}\cdot\nabla p_w^m \tag{2-20}$$

$$v_w^f = -\frac{K_w^f}{u_w}\cdot\nabla p_w^f \tag{2-21}$$

式中 K_w^m——基质中水相渗透率，μm^2；

K_w^f——裂隙中水相渗透率，μm^2。

基质中气相连续性方程为：

$$\frac{\partial}{\partial t}\left(\frac{C_g^m p_g^m}{Z}\right) = \nabla\left(\frac{p_g^m K_g^m}{Z\mu_g}\cdot\nabla p_g^m + D_g^m\cdot\nabla\frac{p_g^m}{Z} + \frac{D_g^m}{C_g^m}\frac{p_g^m}{Z}\cdot\nabla C_g^m\right) - \frac{RT}{M}(q_g^{mf} + q_g^m) \tag{2-22}$$

基质中水相连续性方程为：

$$\frac{\partial}{\partial t}\left(\frac{\phi_m s_w^m}{B_w}\right) = \nabla\left(\frac{K_w^m}{B_w\mu_w}\cdot\nabla p_w^m\right) - \frac{RT}{M}(q_w^{mf} + q_w^m) \tag{2-23}$$

裂缝中气相连续性方程为：

$$\frac{\partial}{\partial t}\left(\frac{C_g^f p_g^f}{Z}\right) = \nabla\left(\frac{p_g^f K_g^f}{Z\mu_g}\cdot\nabla p_g^f + D_g^f\cdot\nabla\frac{p_g^f}{Z} + \frac{D_g^f}{C_g^m}\frac{p_g^f}{Z}\cdot\nabla C_g^f\right) + \frac{RT}{M}(q_g^{mf} + q_g^m) \tag{2-24}$$

裂缝中水相连续性方程为：

$$\frac{\partial}{\partial t}\left(\frac{\phi_m s_w^f}{B_w}\right) = \nabla\left(\frac{K_w^f}{B_w \mu_w} \cdot \nabla p_w^f\right) + \frac{RT}{M}(q_w^{mf} - q_w^m) \tag{2-25}$$

饱和度方程为：

$$s_g^m + s_w^m = 1 \tag{2-26}$$

$$s_g^f + s_w^f = 1 \tag{2-27}$$

2）考虑解吸、扩散的基质与裂缝窜流耦合方程

将解吸扩散方程和窜流方程耦合到一起共同反映平均浓度的变化。假设基质中吸附气解吸后按照非稳态方式扩散，则对应的浓度方程为：

$$\frac{dC_g^m(t)}{dt} = D_g^m F_s\left[V_E(p_g) - C_g^m(p_g)\right] - \frac{\alpha K_m}{2\mu p_{sc}}\left[(p_g^m)^2 - (p_g^f)^2\right] \tag{2-28}$$

从基质到裂缝中的气相窜流方程为：

$$q_g^{mf} = -F_g \frac{dC_g^m}{dt} \tag{2-29}$$

从基质到裂缝中的水相窜流方程为：

$$q_w^{mf} = \frac{\alpha K_m}{u}(p_w^m - p_w^f) \tag{2-30}$$

式中　F_s——形状因子，$1/m^2$。

上标 m 代表基质，上标 f 代表裂隙，下标 g 代表气相，下标 w 代表水相。

假设已知初始条件及边界条件，则未知参数有：p_g^f、p_g^m、p_w^f、p_w^m、s_g^f、s_g^m、s_w^f、s_w^m。上述渗流数学模型是一个非线性数学模型，方程在离散化之后，可以通过全隐式的方法来求解。

2. 数值模拟软件

目前许多国际石油公司都开展了页岩气数值模拟软件的开发，Schlumberger、CMG 等公司都在研发页岩气数值模拟模块。Schlumberger 公司在 eclipse e300 双孔组分模型基础上，通过稳态吸附模型（吸附气量与地层压力瞬间平衡，吸附和解吸作为基质的源汇项）和瞬态吸附模型来描述吸附气解吸。由于传统的双重孔隙模型假设基质向裂缝的流动是稳态的，在页岩气藏中，窜流不是瞬间完成的。为了模拟基质向裂缝流动的瞬变流动，软件通过把每个基质单元细分为一系列的嵌套子单元来描述页岩基质的瞬变特征。相互嵌套的子网格与裂缝的距离呈对数增长。基质单元仅仅与相关的裂缝单元连接，通过每个基质单元划分的子单元数量确定基质细分方法。如图 2-34 所示，子单元的几何形态可以是线形、柱形或球形。

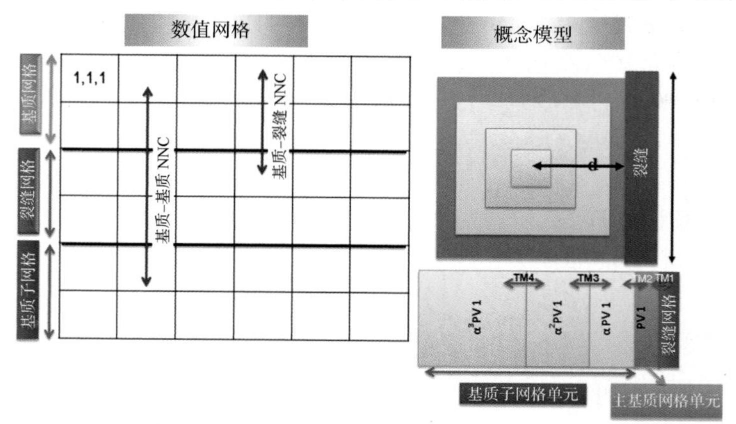

图 2-34　基质数值离散方法及概念模型

CMG 公司的 gem 模拟器通过双孔双渗模型来模拟页岩气藏。其中，基质吸附气量采用 langmuir 等温吸附方程来描述，地层压力降低后吸附气解吸并扩散进入孔隙，扩散过程采用 Fick 第一定律来描述，而基质孔隙到裂缝的瞬态窜流则可以通过局部网格加密或子网格细分来描述，CMG 推荐使用双孔对数局部加密网格（LS－LR－DK）来模拟。其中，基质子网格在赋存和传质方面与 eclipse 不同。在 eclipse 模拟器中，基质子网格需要区分为页岩和砂岩，前者为吸附气赋存并以扩散方式传质，后者为自由气储集并以渗流方式传质，并且两个相邻子网格不能都是页岩。因此，在 eclipse 模型中子网格类型的划分对气井产量影响非常大。而 Gem 模拟器则不做区分。

由于页岩气渗流机理复杂，目前认识尚不完全清楚，现在还没有一款得到广泛认可的页岩气数值模拟软件。因此，国内外都在进行攻关研究，改进页岩气数值模拟模型，研制准确表征页岩气复杂介质非线性流动特征的数值模拟软件。

（五）页岩气开发方案编制技术要求

1. 开发方案编制原则

针对页岩气储层特点新增了 3 项开发方案编制原则，其他原则参照石油行业标准（SY/T 6106—2008、SY/T 5842—2003）。

（1）工艺主导原则。这是页岩气开发的关键技术，也是页岩气开发效益的核心影响因素，在确定开发方案时必须确定采用直井还是水平井、水平井压裂规模和压裂段数等。

（2）环境优先原则。页岩气开发过程，特别是页岩气压裂改造，需要充分考虑对环境的影响，尽可能采用清水压裂和作业，一方面降低成本，另一方面提高环境保护程度。

（3）地质、工艺、地面、经济评价等一体化的原则。页岩气开发需要综合考虑各个方面的问题，引入“井工厂”开发理念，加强经济评价工作。

2. 页岩气开发方案编制内容

根据石油天然气行业标准 SY/T 6106—2008（刘义成等，2008），气田开发方案编制主要内容包括气藏概况、气藏描述、储量计算、气藏工程设计、钻井工程设计、采气工程设计、地面工程设计、健康安全环境要求、投资估算与经济评价、风险评估及方案实施要求等。页岩气不同于常规气藏，主要在成藏机理、赋存状态、分布规律、开采工艺等方面存在特殊性，因此，开发方案编制内容除了常规气藏方案的主要内容外，还要求根据页岩气地质开发特征，突出重点，着重研究页岩有机地化特征、储层微观孔隙结构、储量评价、产能评价、开发技术经济界限、开发井型井网、体积改造设计、地面“井工厂”设计等。需要重点研究的内容：

1）气藏描述。除常规气藏描述内容，由于页岩气藏的特殊性，还需增加页岩有机地化特征、含气性特征、脆性矿物与力学特性、应力场等描述内容。

（1）页岩有机地化特征描述。根据实验测试、测井解释 *TOC*、地震预测 *TOC* 等资料，描述页岩储层有机碳（*TOC*）含量及分布特征。通过干酪根镜检、有机元素、干酪根碳同位素分析，描述有机质和干酪根类型；利用测井资料，进行干酪根含量估算。通过镜质体反射率 R_o、氯仿沥青“A”测定、饱和烃色谱和质谱分析等结果，描述页岩储层有机质成熟度及分布特征关系。

（2）页岩储层微观孔隙结构特征。利用岩心、露头、薄片、氩离子扫描电镜、QEM-Scan、纳米 CT、3D FIB、测井、地震等资料，描述页岩储层纳米级孔、洞、缝储集空间类型以及孔隙的几何形态、大小和连通性，明确成因类型以及无机质纳米孔、有机质纳米孔和裂缝所占比例。描述裂缝的产状、方位、类型、形态大小、条数、密度、张开度与充填、发育层段与程度，预测裂缝发育的区带及平面变化。

(3)含气性特征。根据测井、地震、探井现场解吸测定等方法确定含气量，描述页岩气藏含气量纵横向的变化特征，分析含气量控制因素，对储层含气性进行综合评价。

(4)脆性矿物与力学特征。根据全岩X衍射分析、黏土矿物X衍射分析、测井解释，定量描述页岩储层脆性矿物含量，计算脆性指数及其特征与分布变化，评价储层可压裂性。根据岩石力学的实验测定、测井解释、地震预测资料，描述页岩储层的岩石力学参数特征(泊松比、弹性模量等)及其影响因素，评价页岩储层可压裂性。

(5)地应力场描述。根据应力实验测定数据、已完钻井压裂监测，描述页岩层段地应力的大小、方向变化特征。应用地质、地震、测/录井、实验数据与动态资料信息，综合确定气藏地应力场分布特征，预测裂缝发育的层位及其分布。

2）页岩气资源量及可动用地质储量评价。开发初期用体积法对储层的资源量进行分级评价；根据储层物性、有机地化特征、储量丰度、气层产能、开发难易程度、经济技术条件等制约气田开发的关键因素优选有利开发区域，用体积法、容积法计算可动用地质储量。有条件的气藏利用动态法计算动态储量。

3）气井产能评价及合理工作制度分析。根据试气和试采资料评价气井产能，分析影响气井产能的地质和压裂改造工程因素，采用单井数值模拟方法、类比法等研究合理的气井工作制度。

4）开发井网部署。开发井网部署主要论证开发层系划分和各开发层系的井型、井距及井网的形式，选择经济有效的开发井型、井网井距。

(1)根据有机质丰度、储集性能、含气性、储量规模和产能、泥页岩可改造性以及流体性质、压力系统等划分开发层系，每套层系控制的探明储量应具有一定的规模和产能；每套层系的储层性质、天然气性质、压力系数应相近。

(2)根据页岩储层地质特点、钻完井技术工艺及地面条件，页岩气多选择分段压裂水平井及丛式井组的布井方式开发。

(3)页岩气开发井网井距论证除应考虑储层物性及储量分布特征外，重点要根据页岩储层体积压裂(SRV)改造工艺技术，考虑体积压裂改造范围、单井控制储量、井间干扰、采收率和经济效益，对多段压裂水平井参数(如水平段长度、压裂段数、裂缝长度)进行优化。在此基础上采用类比法、单井经济极限井距法、压裂裂缝长度法、单井数值模拟法等综合分析确定合理井网与井距。合理的页岩气开发井距应保证最优的单井生产能力及较高的采收率。

5）采气工程设计。页岩气采气工程设计除了气层保护设计、采气工艺、防腐、防垢、防砂、动态监测和防水合物等技术外，重点要设计储层水平井多分段完井与储层改造工艺方案。包括：①根据页岩储层特点、流体性质、开发方式、增产措施规模等，进行水平井完井方式选择、完井管柱设计、射孔工艺设计；②根据页岩岩石成分，选择水力压裂或酸化压裂改造类型；③根据目标区块水平井长度、裂缝发育、岩性非均质和含气性大小等，设计压裂裂缝间距和段数，分析水力裂缝形态和展布；④根据水平井长度、裂缝发育、岩性非均质、压裂段数和含气性大小等，设计适合该区的压裂规模和工艺参数；⑤根据页岩储层特性、敏感性、配伍性、脆性及施工要求，进行改造工作液和支撑剂优化选择。

6）地面工程设计。针对页岩气“井工厂”开发模式进行地面建设工程设计。

二、页岩油开发方案编制、井网优化及产能评价

（一）开发实验技术及流动机理

页岩油开发实验主要是对页岩层系的岩矿组成、地球化学指标、岩石力学参数、储层孔隙度、渗透率、含油性、敏感性、可动用性、微观孔隙结构特征、流动特征以及储层可压性、裂缝等进行诊断和测试。页岩层系渗流机理实验研究刚刚起步，主要集中在单相流体非达西渗流、三孔双渗模型和网络裂缝（体积缝）的渗流，尚未形成多相实验技术（如油水相渗和毛管压力测试）。

1. 页岩油开发实验技术

1）页岩层系孔隙度、渗透率测试

岩石孔隙度的测试方法可分为两类：间接法和直接法。间接法是指利用核磁共振、X－CT、伽马射线等对孔隙度进行测试。直接法的测试原理主要有两种：①根据阿基米德原理（即真空液体饱和法）测孔隙度（如煤油饱和法）；②利用气体膨胀法（即波义耳定理）测孔隙度（如氦气注入法）。对于页岩层系，多数学者认为用饱和液体的方法并不适用。

页岩渗透率同页岩类型、流体性质、孔隙度、围压和孔隙压力等有关。裂缝的渗透率在$(10^{-3}\sim10^{-1})\times10^{-3}\mu m^2$之间，基质渗透率在$(10^{-9}\sim10^{-5})\times10^{-3}\mu m^2$之间，有机质渗透率值通常在亚纳达西到几十微达西之间。目前，室内渗透率测量方法按测量原理可分为两类：稳态法和非稳态法。稳态法监测的是测量介质的稳定流量或压力，主要有定压法和定流量法；非稳态法监测的是样品两端的压力差，主要是压力脉冲法。压力脉冲法原理最早由W. F. Brace（1980）在测量花岗岩渗透系数时提出并给出其近似解。方法是在测试样品两端各装一个封闭的容器（图2－35），待上下容器和岩样内部压力平衡后，给上端容器施加一个压力脉冲，监测两端压力随时间变化情况，直至容器内达到新的压力平衡状态，此时通过上下游压力衰减曲线即可求得测试样品渗透率。

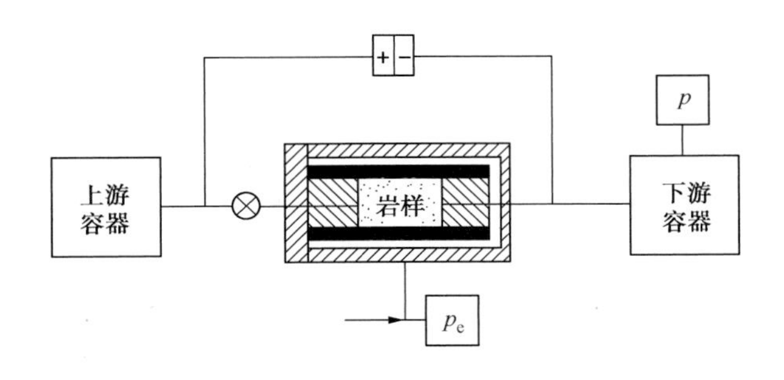

图2－35　瞬态压力脉冲法原理

与传统稳态法相比，压力脉冲法大大缩短了孔渗的测试时间，而且由于高精度的压力计量要比传统流体计量更准确，测试结果也更为精确，目前已广泛应用于致密低渗岩样的渗透率测量实验中（图2－36）。W. F. Brace（1980）在计算花岗岩渗透率时假定岩样孔隙度为零，在计算页岩等孔隙度不能忽略的岩样时，该方法会导致较大误差。Jones 提出了渗透率测量下限达到$0.01\times10^{-6}\mu m^2$时的改进方法，目前基于此制备的PDP－200已有商业产品出售，在测量页岩油气等超低渗储层岩心方面效果较好。

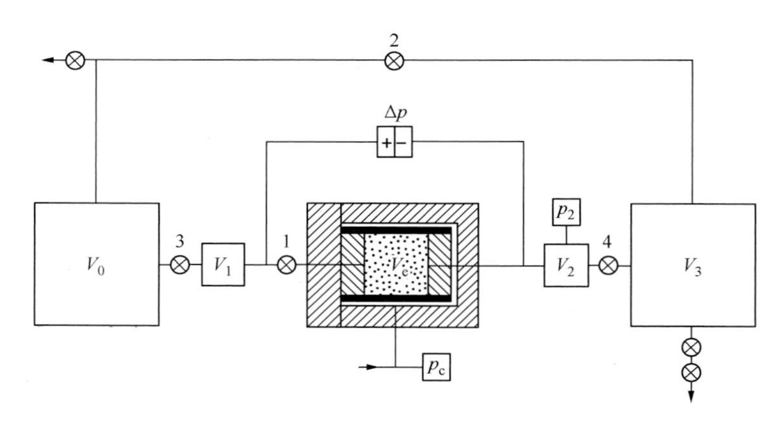

图 2-36　Jones 改进瞬态压力脉冲法装置图

压力脉冲法不适合测量渗透性高的岩石，主要原因是，在数据记录过程中，因初始脉冲造成的压力紊乱，尚未检测出压力衰减的稳定下降过程，压力已经达到平衡。推荐测量渗透率在 $0.1\times10^{-3}\mu m^2$ 以下的岩样。

胡昌蓬和宁正福(2013)等给出了不同渗透率级别的推荐测量方法(图 2-37)。

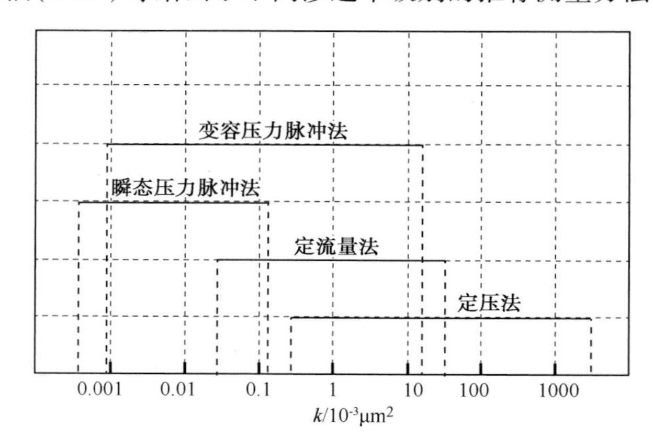

图 2-37　渗透率测量方法分级

2）页岩层系(干馏法)含油性测试

目前，页岩含油率的测定还没有一个明确的标准。主要借鉴煤的干馏和焦油的格金测定方法(图 2-38)：把含有油、水的岩样放入钢制的岩心筒内加热，高温将岩心中的油、水变为油、水蒸气蒸出，冷凝后变为流体收集，读出油、水体积，通过查原油体积校正曲线，得到校正后的油体积，计算油水饱和度。如何利用干馏法测定页岩层系的 S_1、S_2 尚在探索中。

3）页岩层系微观孔隙结构测试

页岩油主要以吸附、游离和溶解 3 种状态存在于页岩储层中，孔隙大小是决定其存在状态的关键。页岩储层孔径主体介于 25～7000nm 之间，有机质孔隙主要分布在有机质内部或与黄铁矿颗粒吸附的有机质中，大小介于 10～900nm 之间，主要为 150nm 左右，是有机质演化过程中发育的纳米孔，孔隙呈规则凹坑近球状密集分布。粒间孔隙是颗粒、杂基及胶结物间的孔隙，其大小和数量直接控制着油气储层的性质。粒间孔隙大小一般为 50～1000nm，个别为 2～4μm。粒内孔隙是指碎屑颗粒内的孔隙，粒内孔隙、孔洞直径为 10～20nm。

按照实验过程与手段，页岩层系孔隙结构测试方法可分为观察描述法和物理测试法

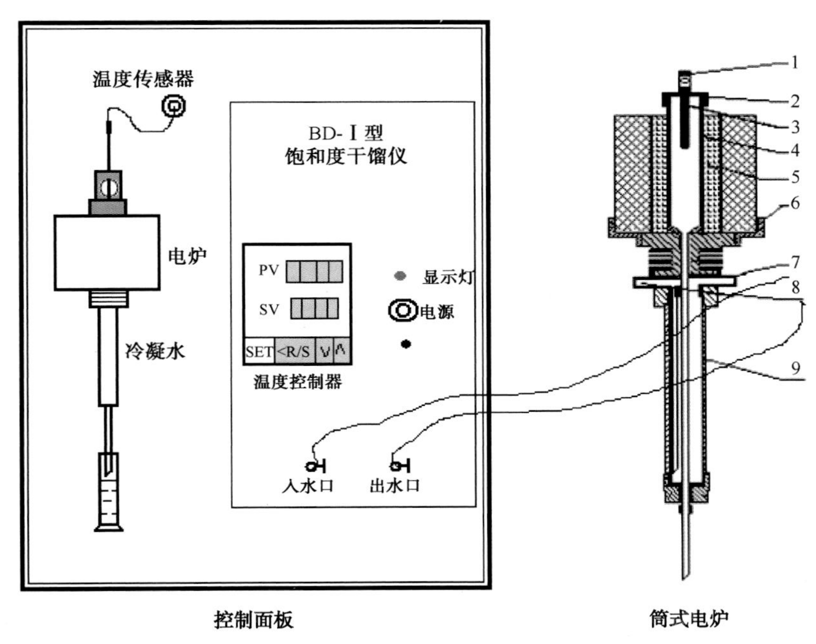

图2-38　页岩层系含油性测试

1—温度传感器插孔；2—岩心筒盖；3—测温管；4—岩心筒；5—岩心筒加热炉；6—管式加热炉托架；7—冷凝水入水孔；8—冷凝水出水孔；9—冷凝器

（表2-11）。从表中可以看出，适合于页岩层系孔隙结构的测试方法主要包括核磁共振、纳米CT、恒速压汞、扫描电镜（SEM）和低温气体吸附法。目前最新的测试方法是将核磁共振T_2谱技术与变温控制技术结合，测试不同温度下冷冻岩心的T_2谱变化，据此可以得到纳米级别的孔喉半径分布曲线。

表2-11　岩石孔隙结构测试方法对比

方法名称	下限值/nm	最佳值/nm	样品大小	结　　果
低场核磁共振法（LMRI）	0.3	10	岩屑	谱图
高场核磁共振方法（NMRI）	100	300	标准岩心	动静态图像
常规X-CT	200	500	全直径岩心	动静态图像
纳米X-CT	30	100	岩屑	静态图像
小角度X射线散射法（SAXS）	0.2	2	岩屑	颗粒大小分布
光学显微镜	1000	3000	0.5mm厚度薄片	静态图像
扫描电镜法（SEM）	2	10	<5mm厚度薄片	观察矿物产状
常规压汞	3.6	30	标准岩心	喉道分布曲线
恒速压汞法	3.6	30	标准岩心	孔喉道分布曲线
低温气体吸附法	0.26	5	标准岩心	吸附曲线

4）页岩层系裂缝测试与诊断

页岩储层具有非常低的原始渗透率，天然裂缝发育不充分，需要借助人工水力大型压裂，为页岩油气解吸提供更大的压降和面积。裂缝诊断和测试技术包括试井、测井、微地震监测等，测试参数包括缝长、缝高、对称性、倾角和走向等，不同方法的适应性和局限性见表2-12。页岩油气储层经过压裂后产生的裂缝形态复杂，微地震方法是最直接有效的监测方法。微地震裂缝监测方法主要有地面监测、井下监测、地面和井下组合监测。

表 2-12　裂缝诊断和测试方法的适应性和局限性

<table>
<tr><th>类别</th><th>裂缝诊断方法</th><th>主要局限性</th><th>缝长</th><th>缝高</th><th>对称性</th><th>缝宽</th><th>方位</th><th>倾角</th><th>容积</th><th>导流能力</th></tr>
<tr><td rowspan="3">远场及压裂期间</td><td>地面测斜仪绘图</td><td>①无法确定单个和复杂裂缝尺寸；
②随着深度的增加，绘图分辨率降低（1000m 深度，裂缝方位精度为 ±3，3000m 为 ±10）</td><td colspan="3">可能确定</td><td>不能确定</td><td colspan="3">可以确定</td><td>不能确定</td></tr>
<tr><td>井下测斜仪绘图</td><td>①随着监测井与压裂井的间距增大，裂缝缝长与缝高的分辨率降低；
②受监测井可用下等条件限制；
③不能提供支撑剂分布以及有效裂缝形状信息</td><td colspan="3">可以确定</td><td colspan="2">可能确定</td><td>不能确定</td><td>可以确定</td><td>不能确定</td></tr>
<tr><td>微地震成像</td><td>①受监测井可用下等条件限制；
②取决于速度明显是否正确；
③不能提供支撑剂分布以及有效裂缝形状信息</td><td colspan="3">可以确定</td><td>不能确定</td><td>可以确定</td><td>可能确定</td><td colspan="2">不能确定</td></tr>
<tr><td rowspan="5">近井筒压裂后</td><td>放射性示踪剂</td><td>①只能测量近井井筒附近的情况；
②只能提供裂缝高度下限值</td><td>不能确定</td><td>可能确定</td><td>不能确定</td><td colspan="2">可能确定</td><td colspan="3">不能确定</td></tr>
<tr><td>温度测井</td><td>①不同储层的导热率不同，使温度测井曲线出现偏差；
②要求在压裂后 24h 内进行多次测量；
③仅能提供裂缝高度下限值</td><td>不能确定</td><td>可能确定</td><td>不能确定</td><td colspan="2">不能确定</td><td colspan="3">不能确定</td></tr>
<tr><td>生产测井</td><td>只能提供套管井中地层或射孔信息</td><td>不能确定</td><td>可能确定</td><td>不能确定</td><td colspan="2">不能确定</td><td colspan="3">不能确定</td></tr>
<tr><td>井眼成像测井</td><td>①只能用于裸眼井；
②只能提供近井、井筒裂缝方位</td><td>不能确定</td><td>可能确定</td><td>不能确定</td><td colspan="3">可能确定</td><td colspan="2">不能确定</td></tr>
<tr><td>井下电视</td><td>①主要用于套管井，仅提供地层或射孔段信息；
②有可能用于裸眼井</td><td>不能确定</td><td>可能确定</td><td>不能确定</td><td colspan="2">不能确定</td><td></td><td colspan="2">不能确定</td></tr>
<tr><td>基于模型</td><td>净压力裂缝分析</td><td>①结果取决于模型的假设条件和储层描述结果；
②需要裸眼直接观察数据进行校正</td><td>可能确定</td><td>可能确定</td><td>不能确定</td><td>可能确定</td><td>不能确定</td><td>不能确定</td><td>可能确定</td><td>可能确定</td></tr>
</table>

续表

类别	裂缝诊断方法	主要局限性	缝长	缝高	对称性	缝宽	方位	倾角	容积	导流能力
基于模型	试井	①结果取决于模型假设条件；②需要对储层渗透率和压力进行准确的估计	可能确定	不能确定	不能确定	可能确定	不能确定	不能确定	不能确定	可能确定
	生产分析	①结果取决于模型假设条件；②需要对储层渗透率和压力进行准确的估计	可能确定	不能确定	不能确定	可能确定	不能确定	不能确定	不能确定	可能确定

5）页岩层系可压裂性测试技术

页岩层系的可压裂性评价实验是页岩油开发的基础实验项目之一。国外学者一般通过页岩脆性指数表征可压裂性（图2-39），然而脆性指数无法真实反映储层压裂的难易程度，部分岩石的弹性模量和泊松比相近，而脆性差别很大。袁俊亮、邓金根（2013）等建议从脆性指数、断裂韧性与岩石力学参数3个方面对页岩气储层可压裂性进行评价。结合岩石断裂韧性计算，得到页岩层系可压指数计算公式：

$$F_{\mathrm{frct}} = \frac{200B_{\mathrm{rit}}}{K_{1\mathrm{c}} + K_{2\mathrm{c}}} \tag{2-31}$$

式中，B_{rit}为脆性指数，小数；$K_{1\mathrm{c}}$和$K_{2\mathrm{c}}$分别为形成张开型和错开型裂缝的临界抗拉强度，MPa；临界抗拉强度由岩石力学实验获得。

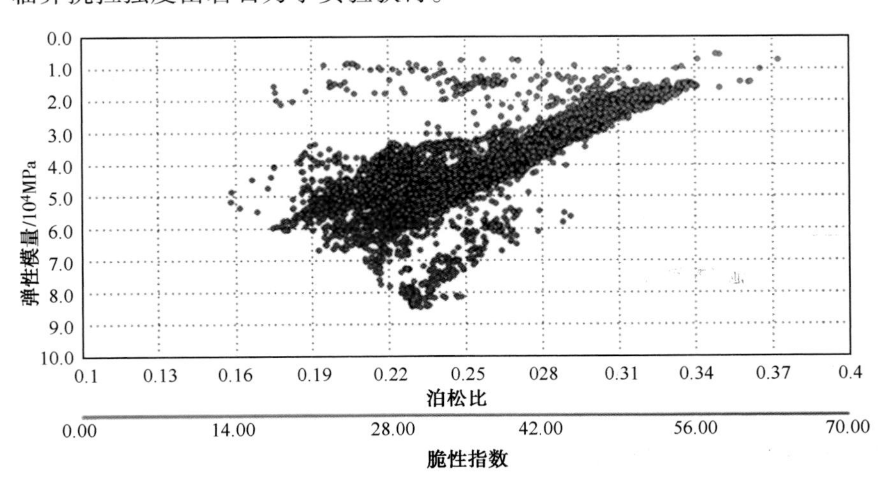

图2-39　巴奈特页岩脆性指数分布

6）页岩层系膨胀性评价技术

由于页岩层系遇水膨胀产生附加应力，引起套管变形，所以在测试页岩层系膨胀率时需要测试页岩层系的应力-应变特性，给出不同浸泡时间附加应力变化。一般采用全自动膨胀实验仪测试，测试不同浸泡时间下膨胀程度的变化，给出最终稳定后的膨胀率（图2-40）。

7）页岩层系流体可流动性测试技术

核磁共振T_2谱测试是目前最主要的页岩层系可动流体测试技术。孙军昌（2012）等认为核磁共振测试页岩层系流体可动用性内容包括：可动流体百分数的T_2截至值、共振频率和磁场强度的确定以及高温高压下可动流体百分数的测试等。根据目前已经公开发表的测试结果，页岩层系的 T_2 截至值在 3～10ms 之间，采用 3.7ms；致密油的 T_2 截至值一般为 10～40ms，采用 10.0ms；设备共振频率采用(5～11)×10^6Hz 比较合适。区分有机质孔隙、无机质孔隙和微裂缝 T_2 值分别为 10ms、10～1000ms 和 >1000ms。

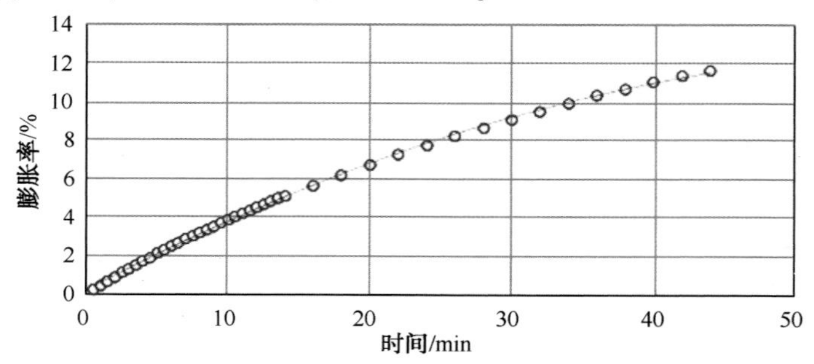

图 2-40　不同时间页岩膨胀性测试结果

实验结果表明：致密油与页岩油岩心中的可动流体分布形态、大小、可动流体百分数等明显不同(图 2-41 和图 2-42)。页岩层系可动流体百分数在 5%～20% 之间。有机质孔隙中流体占全部流体的 70%～90%，可动流体占整个可动流体的 5%～10%；基质中的流体占 5%～20%，可动流体占 10%～60%；裂缝中的流体 <5%，可动流体占 30%～85%。因此页岩油储量有机质孔隙和小孔隙占优，也是挖潜的困难所在。

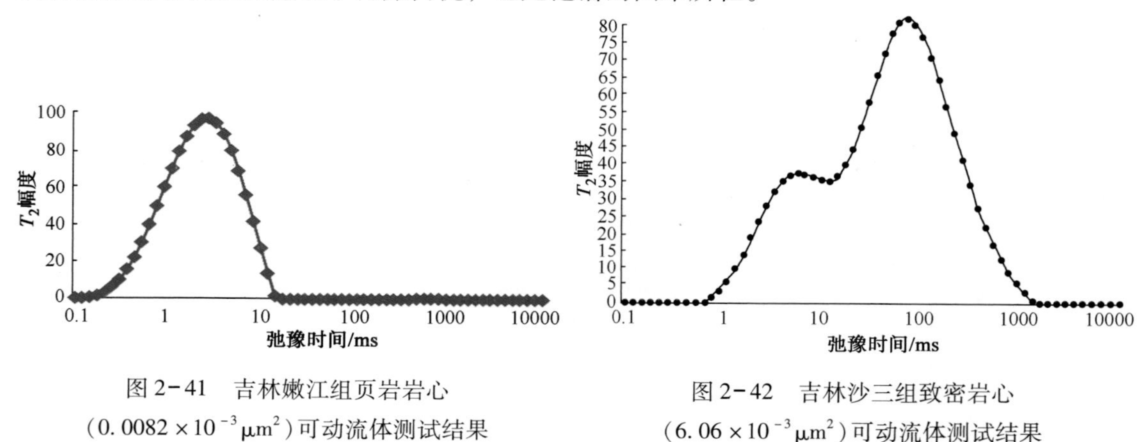

图 2-41　吉林嫩江组页岩岩心 ($0.0082\times10^{-3}\mu m^2$) 可动流体测试结果

图 2-42　吉林沙三组致密岩心 ($6.06\times10^{-3}\mu m^2$) 可动流体测试结果

2. 页岩层系渗流机理

页岩层系中的渗流包括有机质孔隙、基质孔隙和微裂缝中的渗流，多属于非达西渗流，国内外利用物理模拟技术对页岩油渗流机理和渗流规律进行研究才刚刚起步。渗流方程集中在单相渗流和体积压裂渗流，多是以低渗透渗流研究成果为基础推导的，正确性和适应性还有待验证。

1）页岩层系渗流机理实验研究方法

页岩层系渗流的研究测试方法、内容等都可以借鉴低渗透或致密储层的研究方法。区别在于，页岩层系需要研究流体从有机质向人工裂缝的渗流过程，根据 2008 年以来 12 次(其中 2012 至今 7 次)SPE 非常规油气田开发会议文献，页岩层系渗流机理室内实验研究的最新手段是采用同步辐射光源(加速器)、高温高压水晶夹持器和微观数值模拟(含数字岩心)。其中同步辐射光源由于其高能量、单能谱特性，可以获得比 X-CT、NMR 等高两个以上数量级分辨率的图像，但观察到的视野很小，视野内孔隙群只有几十个孔隙，但作为渗流机理研究已经能够说明问题。从发表的文章看，已经建立了实验方法、设备，孔隙群观察已经实现，预计将有渗流机理研究成果发布。

2）页岩层系单相渗流方程

由于有机质孔隙是纳米级别，基质孔隙是微米级别，高温高压下的纳米孔隙中吸附、扩散和流动机理的研究难度非常大，这也是页岩油气渗流的特色。在没有搞清楚基质孔隙和有机质孔隙中的流体交换机理时，可以认为基质和有机质孔隙中的流体向裂缝的渗流是主要的，基质和有机质孔隙内部流体之间的交换是次要的，可以忽略不计。在单相均值地层中，基于该假设可以推导出页岩油渗流的方程(下标 m_1、m_2、f 对应的是基质、有机孔、裂缝)。

基质孔隙向裂缝渗流方程为(P_{d_1}是基质孔隙向裂缝渗流的启动压力)：

$$\phi_{m_1}c_{tm_1}\frac{\partial P_{m_1}}{\partial t}-\frac{k_{m_1}}{\mu}\left(\frac{\partial^2 P_{m_1}}{\partial r^2}+\frac{1}{r}\frac{\partial P_{m_1}}{\partial r}\right)+\frac{\alpha_{m_1}k_{m_1}\rho}{\mu}(P_{m_1}-P_f-P_{d_1})=0 \tag{2-32}$$

有机质孔隙向裂缝渗流方程为(P_{d_2}是有机质孔隙向裂缝渗流的启动压力)：

$$\phi_{m_2}c_{tm_2}\frac{\partial P_{m_2}}{\partial t}-\frac{k_{m_2}}{\mu}\left(\frac{\partial^2 P_{m_2}}{\partial r^2}+\frac{1}{r}\frac{\partial P_{m_2}}{\partial r}\right)+\frac{\alpha_{m_2}k_{m_2}\rho}{\mu}(P_{m_2}-P_f-P_{d_2})=0 \tag{2-33}$$

裂缝渗流方程为：

$$\phi_f c_{tf}\frac{\partial P_f}{\partial t}-\frac{k_f}{\mu}\left(\frac{\partial^2 P_f}{\partial r^2}+\frac{1}{r}\frac{\partial P_f}{\partial r}\right)-\frac{\alpha_{m_1}k_{m_1}\rho}{\mu}(P_{m_1}-P_f-P_{d_1})-\frac{\alpha_{m_2}k_{m_2}\rho}{\mu}(P_{m_2}-P_f-P_{d_2})=0 \tag{2-34}$$

根据油藏边界和井筒生产情况，可以建立边界条件和初值条件，由于有机质孔隙和基质孔隙、有机质孔隙和裂缝之间的交换过程不清楚，上述渗流方程的求解效果就很难获得较好的成果。

3）页岩层系立体压裂流动

为了高效开发这类油气藏，通过页岩储层体积压裂的改造，在主裂缝的侧向强制形成次生裂缝，并在次生裂缝上继续分枝形成二级次生裂缝，体积压裂改造后形成的裂缝网络才能使流体从基质向裂缝实现“最短距离”渗流。2006 年 Mayerhofer 等在研究巴奈特页岩的微地震监测技术及压裂情况时首次提出改造的油藏体积 *SRV*(stimulated reservoir volume)这个概念，针对不同 *SRV* 研究累积产量的变化，*SRV* 越大累积产量越高，因此研究页岩层系立体压裂流动特征和模拟方法具有十分重要的意义。

蒋廷学(2002)和刘振宇(2002)采用有限元数值模拟研究方法，对体积压裂复杂裂缝进行数值模拟研究，建立了基于有限元方法的水力压裂复杂裂缝模型。

(二) 页岩油井的生产动态及产能评价

页岩油藏绝大多数采用水平井分段压裂技术开发，开发方式为自然衰竭，因此对页岩油井的生产动态和产能评价集中在分段压裂水平井方面，生产动态包括油气水产量、压力和含水随时间的变化规律。

1. 页岩油藏油井生产动态特征

美国得州 A&M 大学 Tan Tran 和 Pahala Sinurat 等(2011)对巴肯的 146 口生产井作了动态分析，将其分为 4 种基本模式(图 2-43)。

模式 1 中由于基质孔隙向裂缝系统供液能力较弱，因此虽然后期产量逐渐趋于稳定，但气油比明显高于初始气油比。

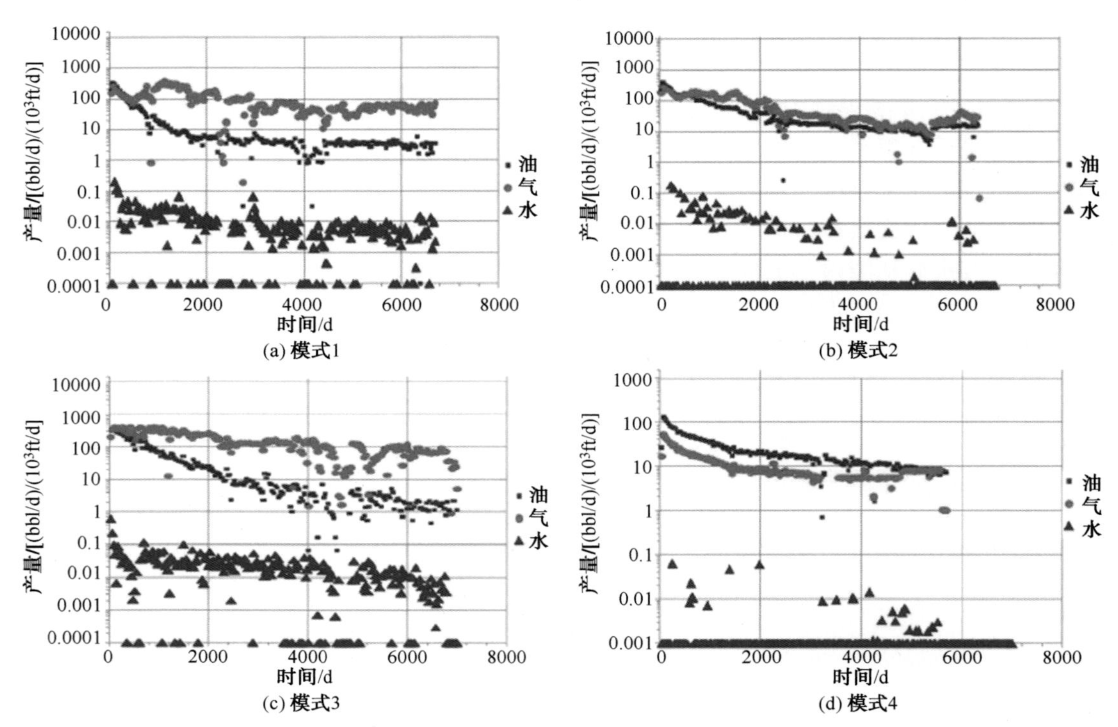

图 2-43 美国巴肯页岩油藏典型井生产曲线(Tran 等，2011)

模式 2 中初期裂缝生产占主导，裂缝内压力下降很快，但很快基质孔隙开始向裂缝系统供液，并且供液能力很强，因此产量逐渐趋于稳定，气油比也不断下降趋于初始气油比。

模式 3 是仅靠裂缝网络生产的采油井，没有来自基质孔隙的供液，因此产量一直递减不能趋于稳定，同时气油比不断增加。

模式 4 为油井生产仅靠基质孔隙供液，油藏压力会一直高于饱和压力，因此产油量低而且递减较为缓慢，整个开发期内气油比保持稳定。

统计结果表明，大约 51% 的油井生产曲线遵循前 3 种模式，反映了巴肯页岩油气藏的生产特征：初期由于裂缝生产占主导，裂缝内压力下降很快，同时产油量快速递减；裂缝内压力降至饱和压力时，基质孔隙是否开始供液以及供液能力的强弱将决定着产气量大小以及后期产油量递减规律。

总之，页岩油藏油井生产特征与低渗透裂缝性油藏油井生产特征类似，初产较高，没有稳产期，产量递减快，当产量降至一定值后递减渐趋缓慢，产量递减模式呈现出较为明显的“两段式”的特点。

2. 页岩油藏油井产水特征

页岩油藏通常无边底水，油藏中只有基质孔隙中的束缚水，油井产水特征遵循以下 3 种模式(图 2-44)。

模式 1 所示为完全依靠天然裂缝的油井。生产 1 年时仍未产水，但是随着目前分段压裂水平井的应用，一些天然裂缝欠发育区域或者不发育区域也可以投入开发，由于分段压裂过程中单井压裂液注入量高达数万桶，因此这类生产井开发初期必然伴随产水问题。

模式 2 所示为依靠天然裂缝和人工裂缝网络生产的油井。产水量比较低，生产 20 天左右含水率由最初 97% 降至 10% 以下。

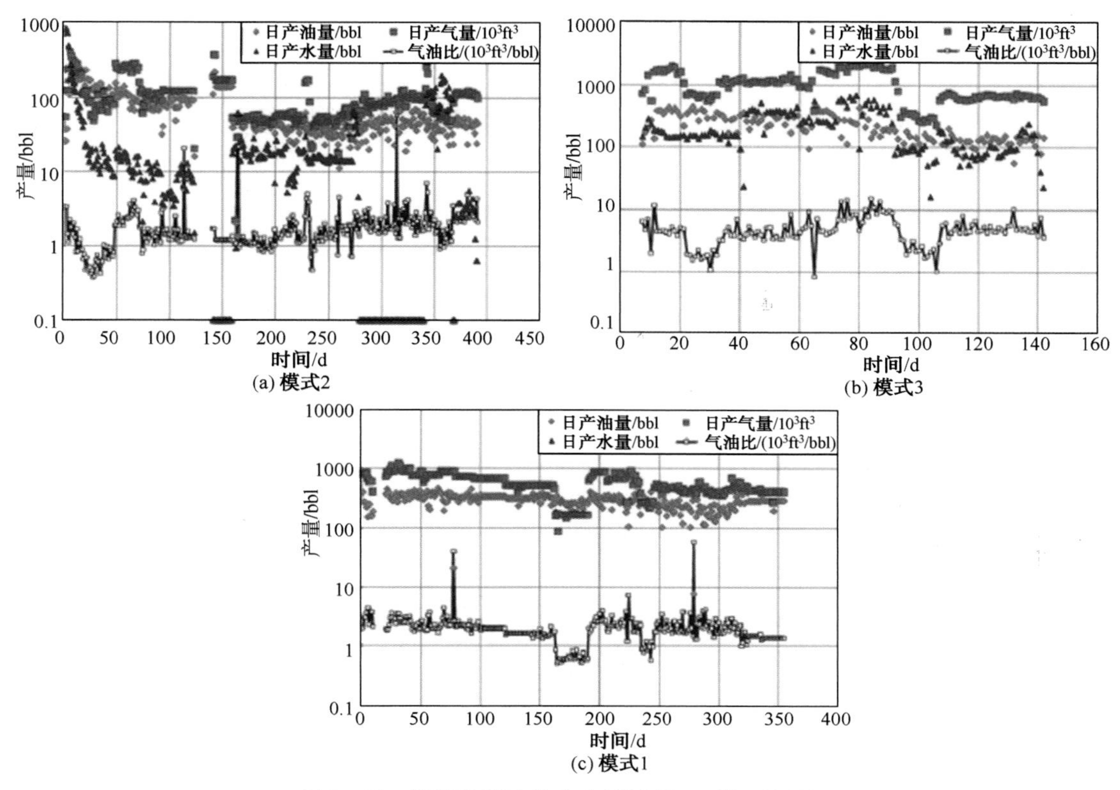

图 2-44　页岩油藏油井产水特征（Tran 等，2011）

模式 3 为天然裂缝不发育区域内完全依靠人工水力压裂增产的井，生产 4 个月的产水量达到 2.5×10^4bbl，含水率 50% ~60%，是模式 2 中同期产水量的 5 倍左右。

连军利(2012)总结指出页岩油藏油井产水的主要特征为：完全依靠天然裂缝的生产井生产开发过程中不产水，依靠天然裂缝和人工裂缝网络生产的油井产水量比较低，完全依靠人工水力压裂增产的油井产水量非常高。

3. 压力变化特征

很明显页岩油藏压力变化特征与水平井和裂缝的关系比较紧密，距离人工裂缝不同距离压力下降的速度不同，图 2-45 所示为伊格尔福特页岩油气藏在衰竭式开采过程中压力变化关系图。可以看到，投产初期主要依靠裂缝排液，因此裂缝附近的压力大幅下降，与裂缝距离越近的区域压力下降越快，但是当距离超过 77.5ft(23.6m)后，即使开发 30 年以上，其地层压力几乎保持不变。

4. 页岩油藏分段压裂水平井产能评价

1）页岩油井产能影响因素分析

通常分段压裂水平井产能确定方法有油藏工程方法、数值模拟方法和类比方法。压裂水平井产能预测模型要考虑地质因素和工程因素。地质因素包括有机质含量、厚度和长度、脆性矿物含量等。工程因素主要包括水平井长度、穿透率、裂缝半长、缝间距等。对这类多因素研究，需采用正交设计，研究各个参数对压裂水平井产能的影响趋势及其敏感程度，确定最佳参数组合。计算结果表明，水平井压裂是页岩油开发的首选技术，水平井压裂前后产量（日产量和累积产量）明显不同（图 2-46），压裂规模、裂缝间距等对产能都有较大影响。

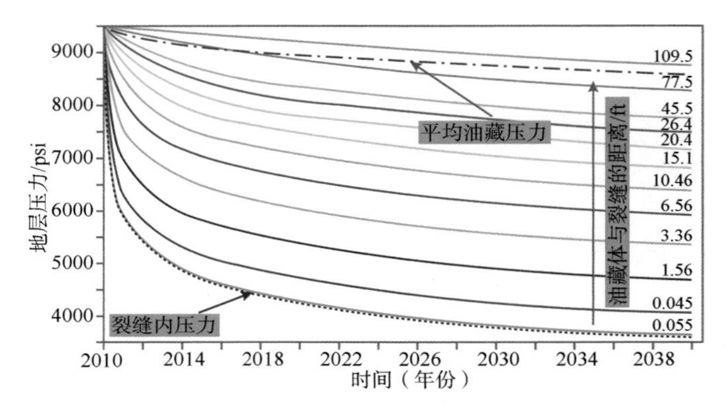

图 2-45 伊格尔福特页岩油气藏中压力变化特征

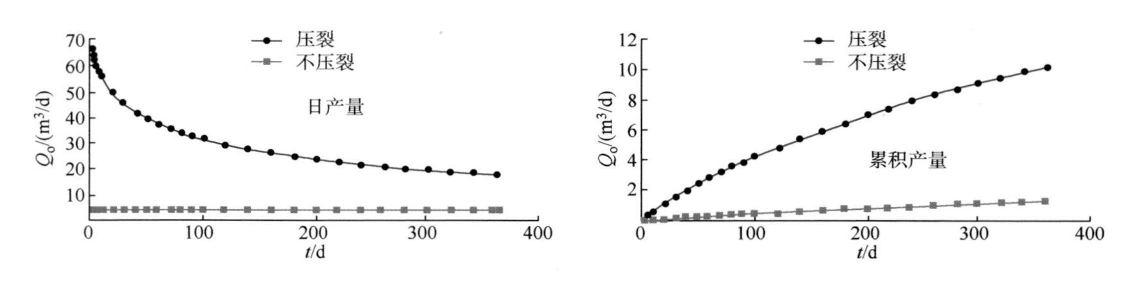

图 2-46 压裂前后水平井产量对比

经过正交设计和敏感性分析，可以获得影响分段压裂水平井产能的主要因素之间的排序结果(图 2-47)。从计算结果可以看出裂缝条数和长度对水平井压裂后产能至关重要。

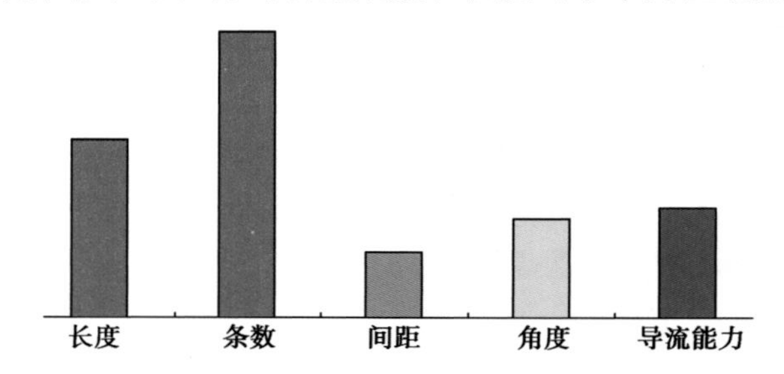

图 2-47 分段压裂水平井裂缝参数对水平井产能影响分析

2）页岩油井产能预测

目前没有专门针对页岩油井的产能预测模型，主要借鉴致密砂岩油藏经验公式对其评价与预测。

（1）水平井的产能与地下原油流度的经验关系。

一般说来，储油层物性特别是垂向渗透率高、原油性质好的油层，水平井的产量就高。根据国外 8 个水驱砂岩油田水平井资料的统计，水平井的产量经验表达式为：

$$\lg q_o = 0.762\lg\left(\frac{K}{\mu_o}\right) + 2.816 \tag{2-35}$$

式中 q_o——水平井日产油量，m^3/d；

K——地层渗透率，$10^{-3}\mu m^2$；

μ_o——地下原油黏度，mPa·s。

（2）水平井采油强度与地下原油流度的经验关系。

地下原油流度越大，则水平井的产量越高。在相同水平井段上，水平井的每米采油强度也大。据国外多个水驱砂岩油田的水平井的采油强度与地下原油流度的变化关系可知，地下原油流度增加，则采油强度也增加。其经验表达式为：

$$\lg J_s = 0.525\lg(\frac{K}{\mu_o}) + 0.351 \tag{2-36}$$

式中 J_s——水平井的采油强度，$m^3/(m \cdot d)$；

K——地层渗透率，$10^{-3}\mu m^2$；

μ_o——地下原油黏度，mPa·s。

（3）水平井的产能与单井控制面积的经验关系。

由于水平井所钻开的油层横向长度长，相当于在油层内造成一条很长的大裂缝，使生产井段扩大了与油层的接触面。因此，水平井生产时波及的油层范围大，也就是供油的范围大，所以水平井所控制的面积也大。据国内外11个水驱砂岩油田多口水平井数据统计结果表明，水平井产量经验表达式为：

$$\lg q_o = 1.095\lg A + 3.490 \tag{2-37}$$

式中，A为水平井的单井控制面积，m^2。

注：上述公式是基于低渗透砂岩油藏统计得到的结果，对页岩油藏需要引进校正系数。

（三）页岩油数值模拟技术

由于页岩油渗流机理尚待进一步研究，专门针对页岩油的数值模拟方法尚未建立。目前，页岩油数值模拟技术多是借鉴常规油气藏的研究成果（多重介质模型、局部网格加密技术、非结构化网格技术），结合页岩油储层特征和开发方式，建立的一套等效模拟技术。

1. 数值模拟方法

油藏工程师们通过改进双孔介质模型，增加了储层改造体积（简称*SRV*）内容，作为页岩油藏数值模拟的方法。其中A&M大学刘扬基于上述理念研发了一种简化双孔模型，对伊格尔福特页岩油井开展了模拟研究。N. R. Warpinski（2008）和斯伦贝谢公司的X. Zhang等开发的三孔三渗模型对页岩油藏的储集空间、渗透率和流体交换界面进行了更为细致入微的刻画，如图2-48所示。其包含了3个储集空间、3个渗透率和3个流体交换界面，构成了页岩油藏渗流体系。V. Mongalvy（2011）等利用该模型对巴奈特页岩油气藏开展了研究。从应用效果看，多数专家认为，三孔三渗模型可满足页岩油藏数值模拟要求，已经开发了比较成熟的商业化软件。

2. 页岩油数值模拟软件介绍

页岩油油藏数值模拟技术主要用于水平井开发概念设计、分段压裂优化设计、开发技术政策制定、动态分析、产能预测等。

自2010年起，基于多重介质模型和网格技术，国外大型的石油技术服务公司开始研制大规模的页岩油油藏数值模拟技术，包括斯伦贝谢、贝壳休斯、壳牌等公司，主要软件包括ECLIPS、HYSYS、UNISIM、REVEAL等。在油藏模拟方面，多考虑了压力敏感性、有机质孔隙与人工裂缝等，但对有机质孔隙、基质孔隙、人工裂缝介质间物质交换考虑不够，未考虑有机质孔隙与人工裂缝交换，更没有考虑有机质孔隙和基质孔隙间交换。

为提高模拟计算的精度和速度，国外出现了PE公司为代表的智能优化计算软件（DOF），该软件以REVEAL模拟器和地质模型为核心，考虑油藏、井筒、地面管网等条件进行一体化地优化计算，重点确定地质模型建立过程的不确定性，优选最优的地质模型，以最优地质模型为基础，单井生产动态和自动历史拟合为约束，构建油藏开发的经济技术目标函数，进行数值模拟计算，形成了油藏数值模拟优化技术。该技术用于页岩油藏，形成页岩油油藏数值模拟优化技术。

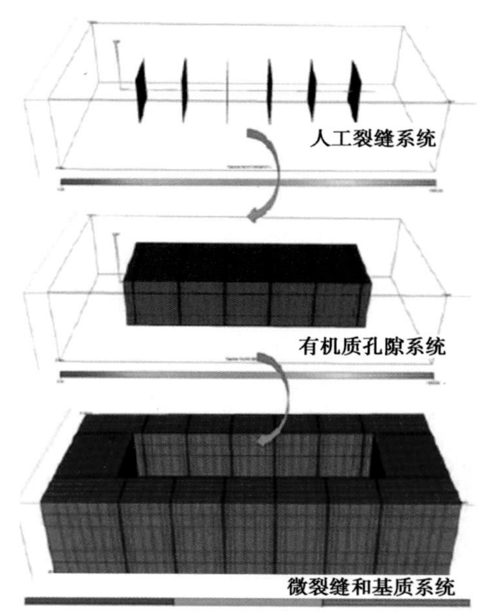

图 2-48　页岩油藏三孔三渗模型示意图

（四）井型、井网及井距优化

页岩油油藏开发过程中地应力分布直接决定水平井井网布置、井壁稳定性、人工压裂改造效果等，页岩油油藏井网设计必须进行地应力分布预测，并在此基础上进行井型、井网和井距优化。

1. 地应力场计算

地应力预测以测井和地震数据体为基础，采用有限元方法建立地应力模型。即在岩石力学测试参数基础上，对测井、地质资料进行分析，进行三维有限元计算，实现点（岩心）、线（单井）、面（井间）到体（油藏）岩石力学参数的转换，建立油藏地应力计算模型。

（1）基于测井解释建立单井岩石力学参数数据体。通过研究声波时差与岩石力学参数间的关系，建立测井解释结果与岩石力学参数关系，给出区块基于测井约束的单井岩石力学参数数据体。

（2）基于地震解释建立井间岩石力学参数数据体。通过研究地震波传播速度差与岩石力学参数关系，建立地震相控制下的井间岩石力学参数数据体。

（3）基于有限元计算地应力场。利用有限元方法，将井间应力场计算结果与油气储层数据结合，形成最终的油气储层条件下的地应力场模型，利用此模型可以进行应力预测、分类、评价等。

2. 井型与井网井距优化

目前，页岩油气的开发主要依赖以水平井为主的复杂结构井技术。井网井距的优化需要从油藏的地质条件、地面条件、工程、经济等因素进行综合论证。

1）井型

在进行井型设计时，需要考虑页岩层系的展布、富集区位置、地应力场的分布、单井控制储量规模及经济性等因素。在实际井型设计时，需要综合考虑各种井型的优缺点，特别是钻完井设计、施工、工具顺滑性等，降低钻完井风险，提高钻完井方案的可实施性，避免片面追求复杂井型。

根据国外页岩油开发情况，页岩油开发井网、井型类型多样，常见水平井部署井型包括直线、人字形、领结形、鱼骨刺形和单分支井等(图2-49)。

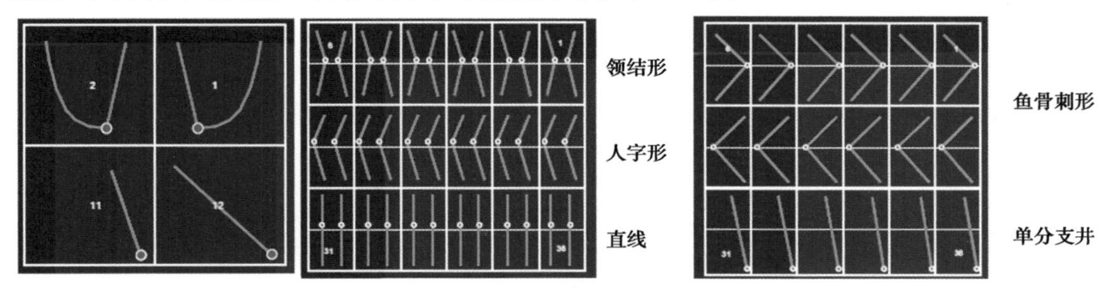

图2-49　页岩油开发井型

2）井网

国外巴肯油田等富含页岩油区域较大，地面条件好，井网部署主要采用平行正对井网和平行交错井网(图2-50)，在水平井无法动用的区域，可以采用压裂直井开发，增加储量动用程度。

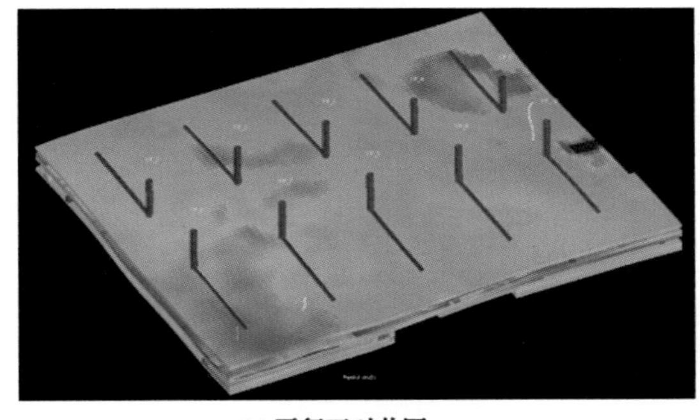

(a) 平行正对井网

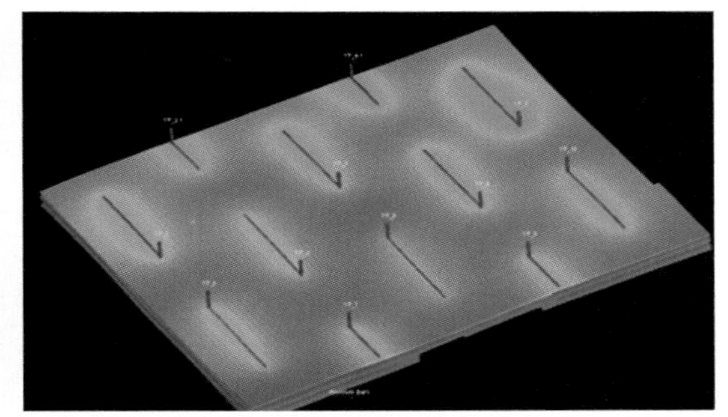

(b) 平行交错井网

图2-50　页岩油开发水平井开发井网

在国内，页岩油多数为陆相沉积，不能照搬海相页岩油藏经验，须因地制宜进行井网优化设计，综合论证井网类型。根据经验，控制页岩油藏开发的井网、井距因素主要包括3方面：①目标储层的展布。要选择页岩油富集的有利区带，结合“甜点”评价结果布井。②地应力场。由于页岩油多采用多段压裂水平井开发，地应力的分布情况直接决定压裂效果，水平井一般应按垂直主应力方向布井。③油藏和地面工程一体化。由于页岩油开发风险大，产能低，为降低开发成本，多采用“井工厂”的作业方式，在井场部署时，要充分考虑集输建设、地形地貌等地面条件。

3）井距

从国内外井网设计和部署的情况看，页岩油开发井距不仅要考虑储量动用，更要考虑页岩油水平井压裂规模，确定合理的井距，一方面要保证单井控制储量满足经济技术要求，另一方面也要避免井距过大而超过极限泄油半径。

确定页岩油储层极限泄油半径，可以按照胜利油田时佃海(2006)的方法来确定：

$$r_{极限} = 3.226 \times (p_e - p_w) \times (k/u)^{0.5992} \quad (2-38)$$

式中　k——渗透率，$10^{-3}\mu m^2$；

u——原油地层黏度，mPa·s。

确定最佳裂缝半长后，将极限动用半径与最佳裂缝半长相加得到合理井距。

3. 分段压裂水平井优化设计

分段压裂水平井优化设计内容包括：水平井长度、走向、轨迹，压裂裂缝的规模与方位等，方法主要是利用数值模拟技术。页岩油藏特殊要求是在地应力场基础上，对立体压裂的主裂缝和次裂缝进行研究，分析其对流场和产量的影响。水平井优化设计的核心是经济技术指标优化，方法是交汇图法，与低渗透油藏类似，不再赘述。

1）概念模型

分主裂缝的影响和体积裂缝的影响两类模型(图2-51)，考察两类裂缝参数对渗流的影响。

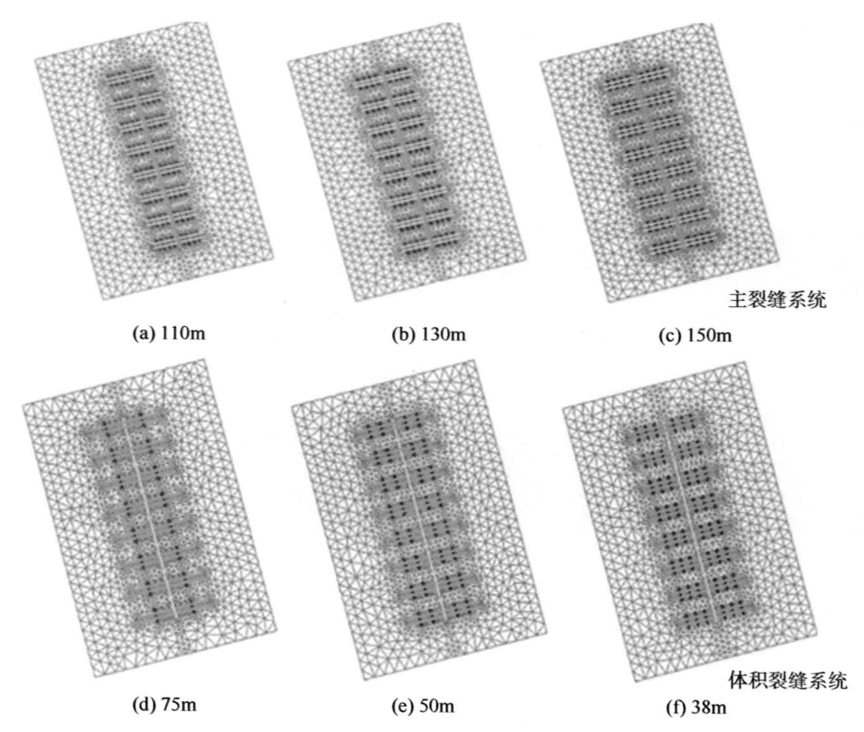

图2-51　裂缝影响计算概念模型

2）裂缝参数影响计算结果

利用数值模拟技术研究了主裂缝的半长、段数、段内簇数、裂缝条数、裂缝体积的影响，簇内裂缝间距相同，计算结果见表2-13、图2-52。从计算结果看，随时间增加，压力向横向和轴向扩展，但主裂缝方向压力波及范围明显大于次裂缝发育方向的压力波及范围。裂缝半长、裂缝体积、裂缝条数与累计增油量之间为正相关关系，因此在技术许可的情况下，应该尽可能获得长的主裂缝，同时增加主裂缝的条数和裂缝体积。

表 2-13　不同簇数裂缝压裂效果

方案	段数	段内簇数	簇间距/m	裂缝半长/m	裂缝/条数	裂缝体积/10^4m^3	累积产油/t
1	4	2	20	150	8	99	7455
2	6	2	20	150	12	149	8289
3	8	2	20	150	16	198	8603
4	10	2	20	150	20	248	8746
5	12	2	20	150	24	297	8838
6	14	2	20	150	28	347	8908
7	4	3	20	150	12	139	7824
8	5	3	20	150	15	173	8298
9	6	3	20	150	18	208	8564
10	7	3	20	150	21	243	8708
11	8	3	20	150	24	277	8801
12	9	3	20	150	27	312	8866
13	10	3	20	150	30	341	8923
14	3	4	20	150	12	134	7232
15	4	4	20	150	16	178	8131
16	5	4	20	150	20	223	8544
17	6	4	20	150	24	267	8756
18	7	4	20	150	28	312	8870
19	8	4	20	150	32	356	8939

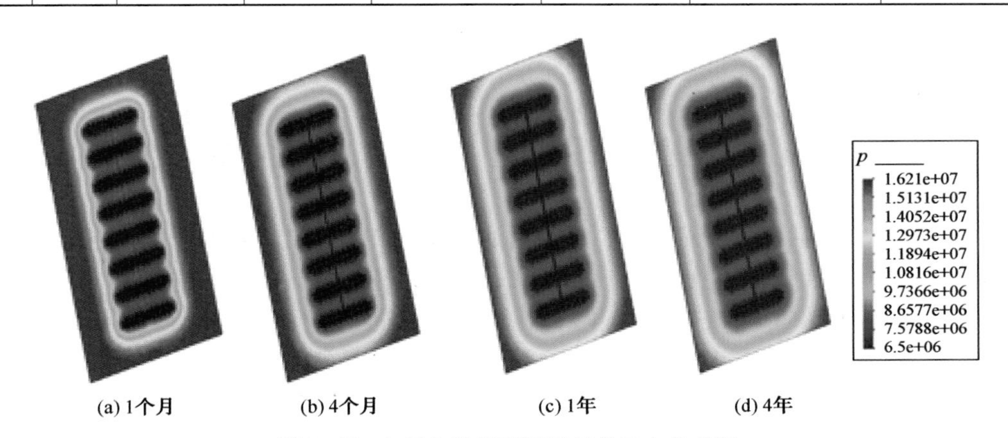

图 2-52　8 段 2 簇缝不同时间的压力分布图

采用类似方法，研究了次裂缝发育程度对水平井产量的影响，从地层中流体渗流的角度看，人工压裂裂缝体积的增加，更有利于消除由于页岩层系中的非线性渗流引起的附加流动阻力，提高了基质孔隙向裂缝、基质孔隙向井筒渗流的效率(图 2-53)。

产量计算结果见图 2-54。从计算结果看，均匀分布在水平井轴向的单一裂缝效果要比分段多簇裂缝压裂效果差，体积压裂的效果最好。裂缝体积越大，压力场变化的范围更大，水平井增产效果越好。

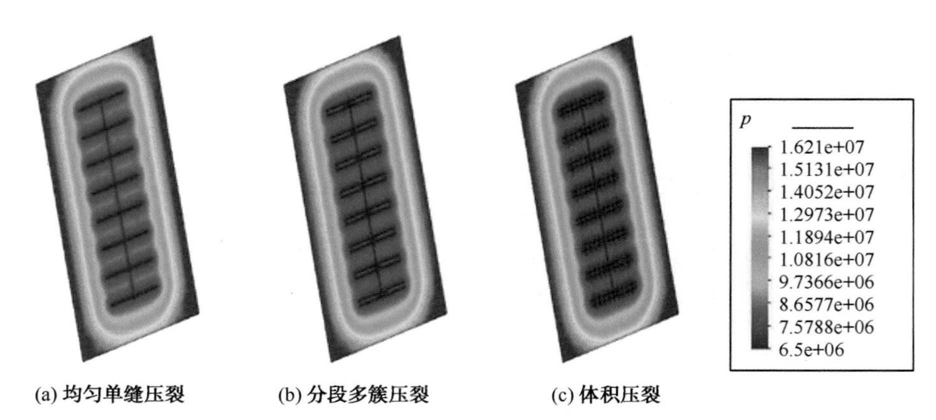

图 2-53　压裂方式对压力场影响计算结果

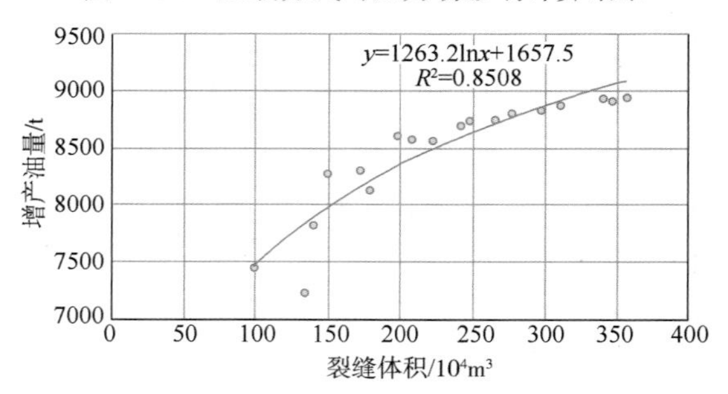

图 2-54　压裂裂缝体积对水平井产量的影响

（五）页岩油藏合理开发模式

总结国内外页岩油开发模式发现，页岩油生产过程与常规砂岩油藏不同，不存在稳产期，快速上产后，其开发模式主要有 3 类：①低速长时间稳产模式，这种生产模式由于产量低，很少被采用；②开始高速生产，快速递减到一定时期后进行控制性的递减生产，这种模式比较符合我国的国情，能够快速收回投资，同时保证高产后期有一定的稳产期；③开始高速生产，后期自然快速递减，这种模式的特点是能够快速收回投资，后期不再控制，产量变化比较剧烈，因此对地面管线运输和管理服务等要求高，否则将会造成浪费，多在国外采用。

油田产量构成包括老井自然产油、措施增油、新井产油，随着油田开发的进行，措施产量成本越来越高，如何建立经济措施产量模式，提高措施效益显得越来越重要。通常运用盈亏平衡原理优化措施结构，提高油田开发效益。通过对油田开发中措施产量与措施效益分析，提出措施效益评价及措施方案的优化方法，对提高油田措施效益、优化产量构成具有很好的指导意义。分析显示页岩油藏的措施主要是压裂，页岩油藏产量模式变化主要考虑钻井和分段压裂措施。考察油藏总产量稳定性时，应考虑重复压裂，同时控制油井生产，寻找合适的产量接替模式。在合理产量模式计算方法方面，页岩油产量模式除了部分参数变化外，计算流程和方法与常规的油藏变化不大，可以直接采用。

（六）开发方案优化及编制

1. 开发方案编制原则

页岩油开发方案编制原则与页岩气开发方案一致，请参见页岩气开发方案编制原则部分。

2. 页岩油开发方案的主要内容

根据油田开发要求，页岩油开发方案主要包括如下内容：

（1）页岩油地质特征研究。这是油气田开发设计的基础，页岩油储层中构造特征、页岩层系断裂特征研究、地应力场分布与变化、储层展布特征（厚度、地化、岩性变化）是重点。

（2）页岩油动用条件及动用储量研究。用体积法对页岩油资源量进行估算，主要的估算参数包括含油率、岩石密度、厚度、面积等，结合资源分级评价结果，给出富集区分布；分析启动压力测试和驱动条件研究成果，给出不同驱动条件下的动用程度和动用界限。

（3）页岩油开发原则。针对油气田具体情况和所掌握的工艺技术手段与建设能力，制订体现开发方针要求的开发原则与技术措施，如要求达到的开采速度和稳产年限、开发方式、开发程序等。

（4）开发层系划分。页岩油油田具有多油层的特点，总厚度有时可达到数百米，油层间的性质也往往有较大的差异，为使不同性质的油层有效地投入开发，便于进行人工压裂增产作业，需划分层系，分别用独立的井网开发。

（5）井网井距优化。要求合理地布置水平井井网类型，优化井网密度、水平井相对位置及数量，以使储层有足够的驱动能量，达到较高的采收率。

（6）采油工艺技术优化设计。依据地应力研究结果和水平井开发设计的要求确定开采工艺技术，进行压裂工艺措施优化设计，确定水平井压裂改造施工规模（单井压裂或整体压裂）、施工方式（工厂化的规模施工还是单井施工）、施工内容（分段压裂或是笼统压裂），进行压裂优化设计。

（7）页岩油开发指标预测。确定开发技术政策、分段压裂水平井初始产量、累积产量和稳定产量、压力保持水平、阶段及最终采收率等。

（8）页岩油生产过程中环境影响评估。按照页岩油产量及相应施工规模，评估对环境的影响程度，提出保护措施。

（9）经济评价。对各种方案所需投资、成本、利润、劳动组织和劳动生产率等进行全面对比分析，论证选用方案的合理性。

第四节　页岩油气勘探开发实例

一、沃斯堡盆地巴奈特页岩气

（一）概况

沃斯堡（Fort Worth）盆地是得克萨斯中北部地区的一个南北向延伸的浅地堑，面积大约为38100km^2（图2-55）。该盆地密西西比系巴奈特页岩为一个页岩气系统，由层状硅质泥岩、层状泥质灰泥岩以及骨架泥质泥粒灰岩混合组成。1981年，Mitchell能源公司大胆地对巴奈特页岩段进行了氮气泡沫压裂改造，从而发现了巴奈特页岩气田。

（二）页岩气形成条件

1. 构造演化及沉积特征

沃斯堡盆地是晚古生代沃希托（Quachita）造山运动形成的几个弧后前陆盆地之一，沃希托造山运动是由泛古大陆变形引起的板块碰撞形成逆冲断层的主要事件（Thompson et al,

1988)。盆地东部边界为沃希托逆冲褶皱带，北部边界是基底边界断层控制的红河背斜(Red River Arch)和曼斯特背斜(Muenster Arch)，西部边界为本德背斜(Bend Arch)、东部陆棚等一系列坡度较缓的正向构造，南部边界为大草原隆起(Llano uplift)(图2-55)。

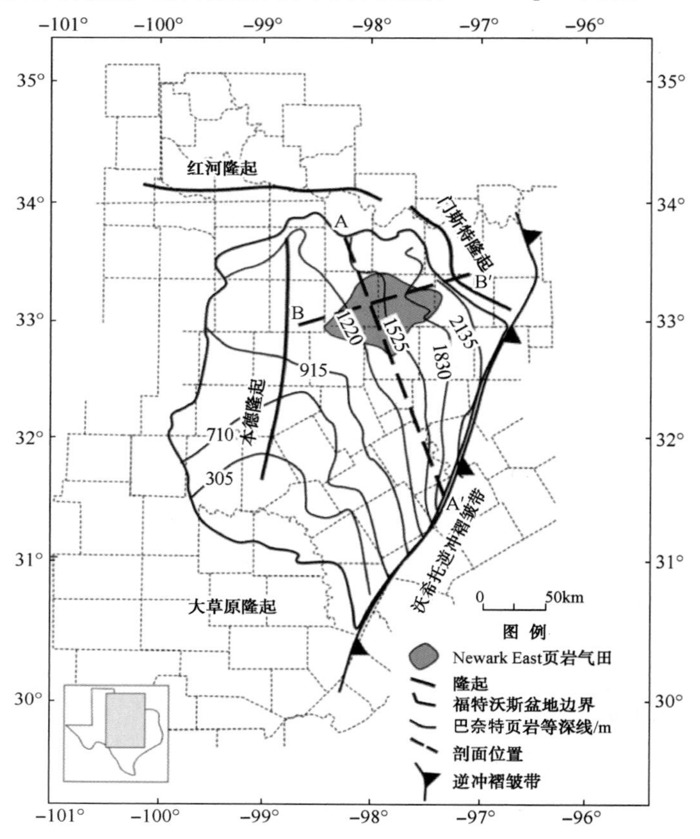

图2-55 沃斯堡盆地构造图及巴奈特页岩气主要产气区分布图(聂海宽等，2009)

盆地的长轴方向大致与组成盆地北部-东北部边界的曼斯特穹隆平行，然后向南弯曲与沃希托构造带前缘平行。在宾夕法尼亚早期和中期，沃希托褶皱带向东隆升造成构造脊线及由此形成的盆地边界反向地向西和西北方向偏移。红河和曼斯特背斜以断层为边界的基底的抬升形成了盆地的北部边界。

沃斯堡盆地发育的地层主要有寒武系、奥陶系、密西西比系、宾夕法尼亚系、二叠系和白垩系地层。下古生界上部为一区域性角度不整合，盆地内缺失志留系和泥盆系(图2-56)。上密西西比统和下宾夕法尼亚统表现为连续沉积，但在某些地区可能为平行不整合。古生界根据构造演化历史可大致分为3段：①寒武系-上奥陶统，为被动大陆边缘的地台沉积，包括Riley - Wilberns组、Ellenburger组、Viola组和Simpson组；②中上密西西比统，为沿俄克拉荷马坳拉槽构造运动产生沉降过程的早期沉积，包括Chappel组、Barnett页岩组和Marble Falls组下段；③宾夕法尼亚系，代表了与沃希托逆冲褶皱带前缘推进有关的主要沉降过程和盆地充填，主要是陆源碎屑沉积，包括Marble Falls组上段和Atoka组等。

在盆地东北部，巴奈特页岩被Forest burg灰岩分隔为上、下两部分(图2-56)。巴奈特页岩顶面构造为一单斜，气藏不受构造控制，面积约15500km^2，埋深大于1850m，可采资源量2.66×10^{12} m^3(USGS，2008)。气田可分为两个区：①核心区，巴奈特页岩下部发育有

Viola 灰岩，页岩厚度大于 107m；②外围区，缺失 Viola 灰岩，巴奈特页岩直接与饱含水的下奥陶统 Ellenburger 组灰岩接触，页岩厚度大于 30m。

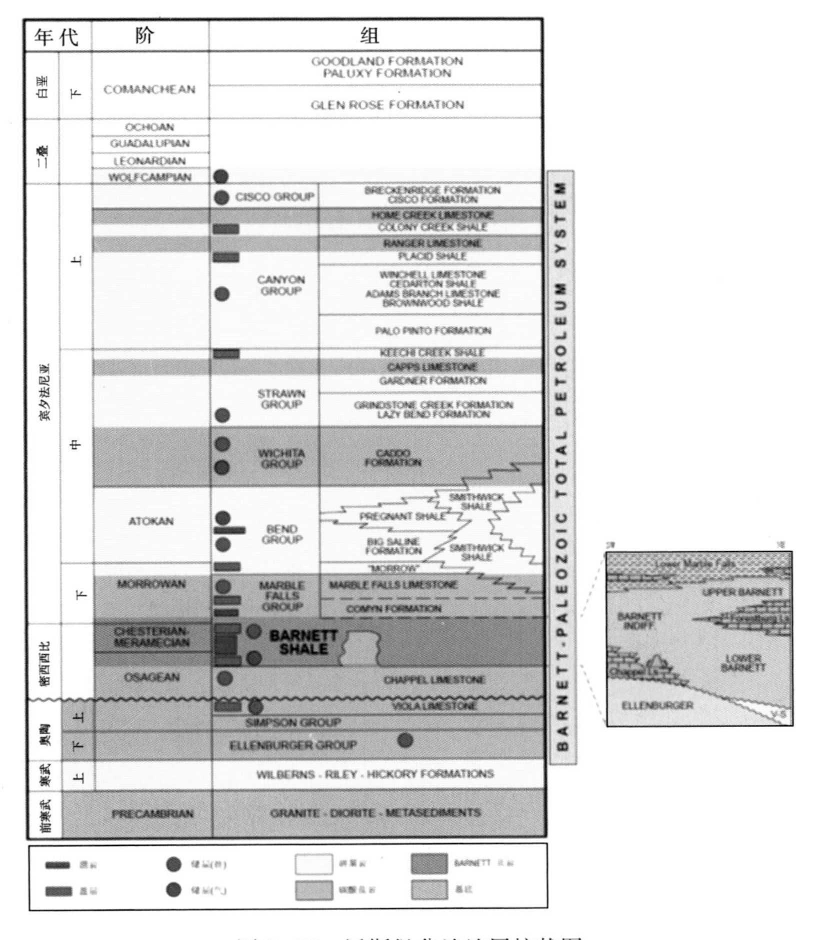

图 2-56 沃斯堡盆地地层柱状图

2. 页岩分布及地化特征

1）页岩分布特征

巴奈特含气页岩由石灰质页岩、黏土页岩、石英质页岩和含白云石页岩组成，底部常常包含一层薄(<3m)的富含磷酸盐物质的区带，主要是磷灰石，向盆地北部，富含有机质的黑色页岩相变为富含碳酸盐相，碳酸盐物质可能是由一系列洪流导致的碎屑流沉积。巴奈特页岩的厚度和岩性在盆地范围内是变化的，东北部最厚[图 2-57(a)]，并包含了一层向南和向西迅速变薄的灰岩。巴奈特页岩层的北部被红河背斜和曼斯特隆起所限，南部和东南部被沃希托逆冲褶皱带所限。在盆地北部，巴奈特页岩平均厚 91m，在曼斯特隆起附近盆地最深处页岩的厚度超过 305m。在 Newark East 气田的北部和东北部，巴奈特页岩的碳酸盐含量大量增加，主要是因为波浪和水流把盆地西部 Capple 礁的碳酸盐碎屑运移到此处，使巴奈特页岩下段的细粒钙质物质相当丰富。巴奈特页岩向西、南迅速变薄，在大草原隆起区域其厚度只有几米到十几米。巴奈特页岩在下列地区是缺失的：①北部、北东部红河隆起和曼斯特隆起被剥蚀区域；②南部沿大草原隆起区域；③西部剥蚀区域。

2）地球化学特征

巴奈特页岩可分为5种岩性：黑色页岩、粒状灰岩、钙质黑色页岩、白云质黑色页岩、含磷质黑色页岩。有机质丰度随岩性的不同发生变化，在富含黏土的层段有机质丰度最高，而且成熟的地下标本和不成熟的露头标本有很大差别。对不同深度钻井岩屑的分析结果表明，其有机碳质量分数在1%～5%之间，平均为2.5%～3.5%，岩心分析数据通常比钻井岩屑分析的高，为4%～5%（Bowke等，2003；Jarvie等，2007）。Jarvie等（2003）和Pollastro等（2004）测得San Saba县和Lampasas县巴奈特页岩露头样品的有机碳含量高达12%。虽然巴奈特页岩的有机碳含量变化较大，但总体来说其有机碳含量很高，平均大于2%，表明高有机质丰度是巴奈特页岩气藏被成功勘探开发的重要因素。巴奈特组富有机质黑色页岩主要由含钙硅质页岩和含黏土灰质泥岩构成，夹薄层生物骨架残骸，具有低于风暴浪基面和低氧带（OMZ）的缺氧－厌氧特征，与开放海沟通有限。沉积物主要为半远洋软泥和生物骨架残骸，沉积营力基本上通过浊流、泥石流、密度流等悬浮机制完成，属于静水深斜坡－盆地相（Robert等，2007）。

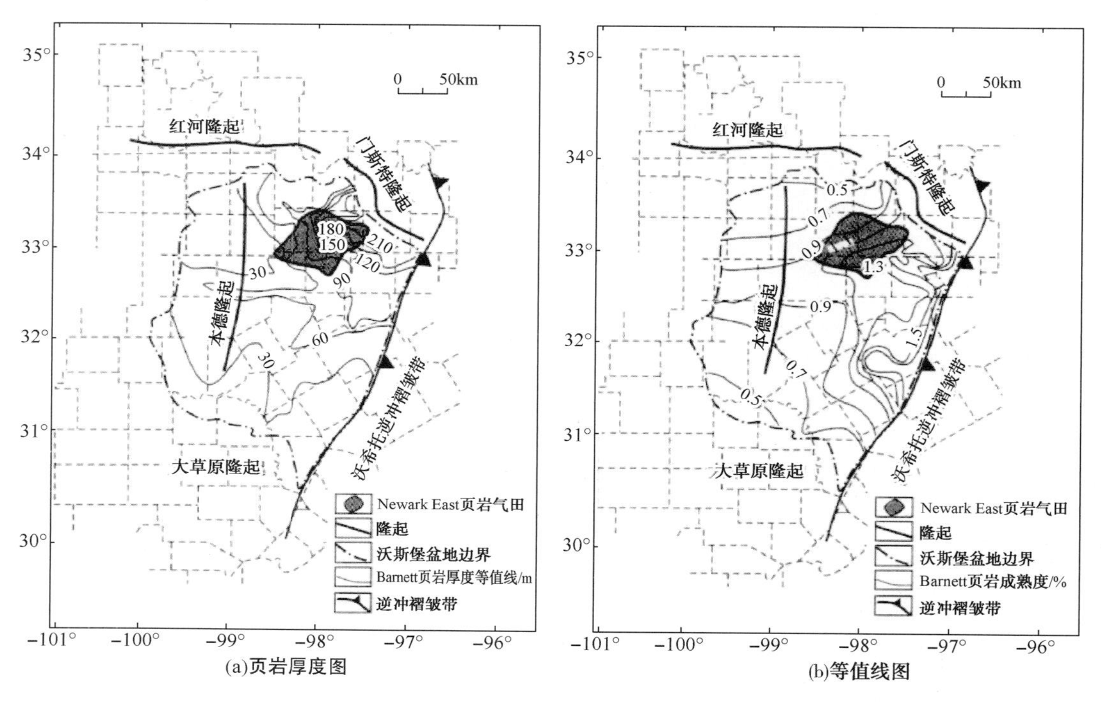

图2-57　沃斯堡盆地巴奈特页岩厚度图和R_o等值线图（聂海宽等，2009）

巴奈特页岩有机质以易于生油的Ⅱ型干酪根为主。在镜质体反射率R_o小于1.1%时，以生油为主、生气为辅。干气区主要分布在盆地东北部和冲断带前缘，这些地区埋藏较深，成熟度较高，R_o超过1.1%～1.4%，处在生气窗内，如Wise县生产伴生湿气区的R_o为1.1%，干气区R_o在1.4%以上；油区主要分布在盆地北部和西部成熟度较低的区域，R_o为0.6%～0.7%；在气区和油区之间是过渡带，既产油又产湿气，R_o在0.6%～1.1%之间［图2-57（b）］。天然气技术研究所GTI公布巴奈特页岩气藏产气区页岩的R_o为1.0%～1.3%，实际上产气区的R_o西部为1.3%，东部为2.1%，平均1.7%。

从烃源岩的埋藏史及热演化图来看，沃斯堡盆地巴奈特页岩经历了宾夕法尼亚纪－二叠纪快速沉降和埋深时期、晚二叠世—中晚白垩世恒温阶段、晚白垩世—古近纪的抬升剥蚀3个阶段。巴奈特页岩从晚宾西法尼亚世开始生烃，在二叠纪、三叠纪和侏罗纪达到生烃高峰，并一直延续到白垩纪末(图2-58)。

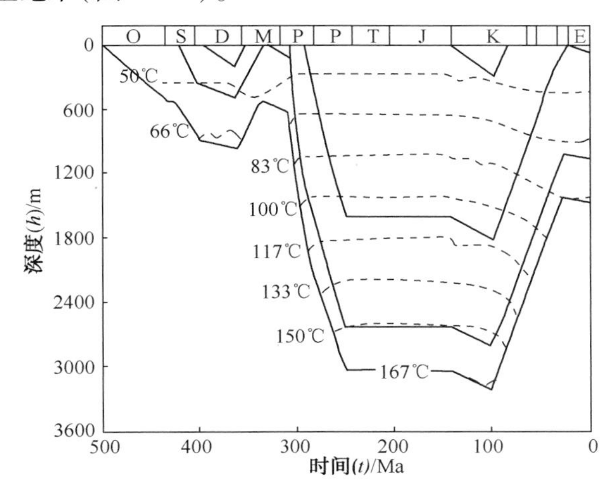

图2-58　沃斯堡盆地 Eastland 县单井埋藏史及热演化史图

(Montgomery 等，2005；聂海宽等，2009)

3）岩石矿物学特征

巴奈特页岩在岩性上主要由硅质页岩、灰岩和少量的白云岩组成。总体上，该套地层二氧化硅含量相对富集(30% ~50%)，黏土矿物的含量相对较少(<35%)(图2-59)。根据Bowker(2002)的研究，这些黏土主要为含微量蒙皂石的伊利石。黏土-粉砂结晶石英是巴奈特岩层的主要矿物，局部常见碳酸盐岩和少量黄铁矿、磷灰石。巴奈特地层的碳酸盐岩主要以化石层的形式存在。根据矿物、结构、生物和构造等，巴奈特页岩的岩相主要划分为3种：层状硅质泥岩、薄片状灰泥和含生物碎屑的泥粒灰岩。各岩相普遍富集黄铁矿和磷酸盐，常见碳酸盐岩团块。与石英和方解石相比，由于黏土矿物有较多的微孔隙和较大的表面积，因此对气体有较强的吸附能力，但是当水饱和的情况下，吸附能力要大大降低。巴奈特页岩较高的石英含量提高了岩石的脆性，对于后期压裂改造较为有利。

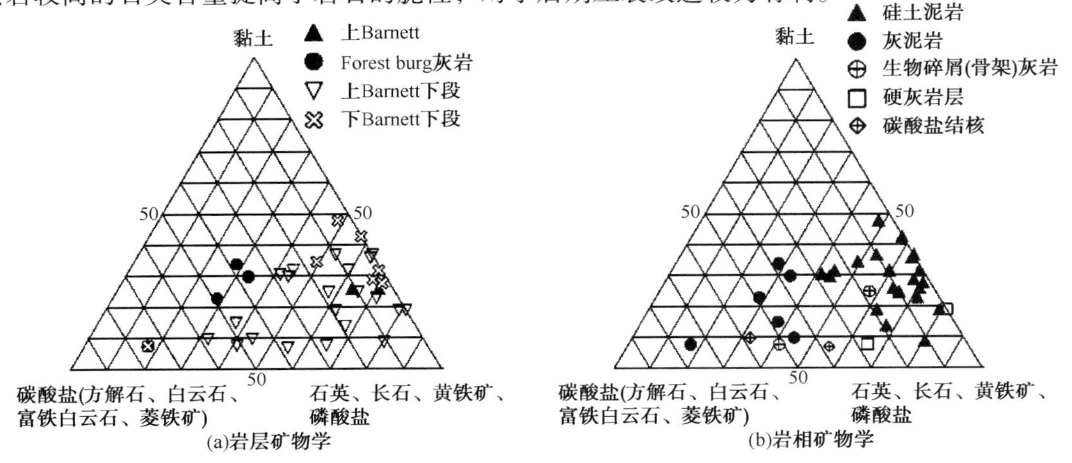

图2-59　巴奈特地层的矿物组成三角图

(《页岩气地质与勘探开发实践丛书》编委会，2009)

4）页岩的储层特征

已有的资料表明，有生产能力的、富含有机质的巴奈特页岩的孔隙度为5%～6%，渗透率低于$0.01\times10^{-3}\mu m^2$，平均喉道半径小于0.005μm，平均含水饱和度为25%，但随碳酸盐含量的增加而迅速升高。巴奈特页岩含有天然裂缝，孔隙度和渗透率伴随有机质成熟度增大而增大，并导致微裂缝的生成。通过FIB等相关分析发现，该套页岩有机质纳米孔非常发育，并发育晶间孔、粒间孔等多种储集空间类型（图2-60）（Chalmers等，2012）。储层的孔隙度和渗透率极低，非均质性极强，页岩气藏中的游离气主要储集在页岩基质孔隙和裂缝等储集空间中。

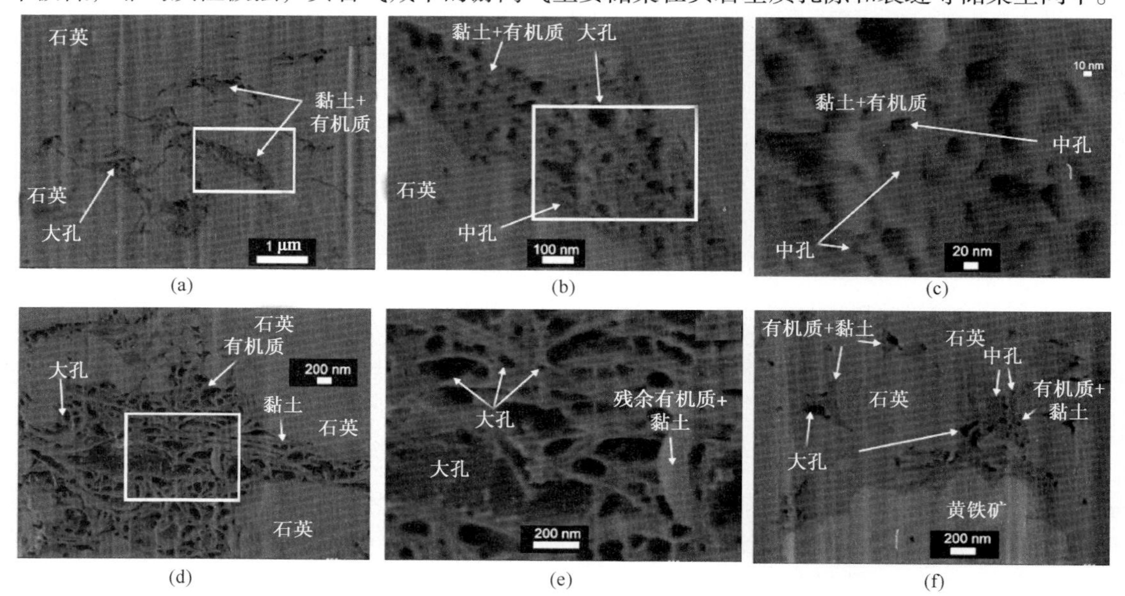

图2-60　巴奈特页岩微观孔隙结构特征（Chalmers等，2012）

5）页岩含气性及影响因素

（1）页岩含气性。巴奈特页岩气藏天然气的赋存方式主要包括游离态和吸附态两种，Bowker等（2007）利用Newark East气田南部Johnson县Chevron地区Mildred Atlas 1井的岩心样品进行罐装解析气量的分析表明，在气田常规气藏条件下（20.70～27.58MPa），巴奈特页岩中吸附气的体积含量为2.97～3.26 m^3/t，高于早期分析的数据。Humble Geochemical公司于近期研究Sims 2井的资料后指出，计算的气体体积含量实际上超过Mildred Atlas 1井，而这两口井的总有机碳含量接近，分别为4.79%和4.77%（Martineau等，2007）。在Denton县的Mitchell Energy KathyKeel 3井残余有机碳含量为5.2%，吸附气体积含量为3.40m^3/t，占天然气总体积含量（5.57 m^3/t）的61%（Montgomery等，2005）。图2-61所示的甲烷等温吸附曲线显示，在压力为3800psi下，吸附气的含量为60～125scf/t，占总气量的35%～50%。吸附气和游离气的平均含量分别为85scf/t和105scf/t，分别占总气量的45%和55%。综合多口井的资料可以看出，巴奈特页岩气藏中有40%～60%的天然气以吸附态赋存于页岩中，比早期研究的数据大很多，说明巴奈特页岩比以前认为的有更大的页岩气资源潜力。

Newark East气田巴奈特页岩气的4个样品的测试分析显示（Ronald等，2007），天然气组分以甲烷为主，占到气体总体积的77.82%～90.90%，平均84.70%；重烃含量变化范围较宽，介于3.11%～19.07%，平均9.86%，干燥系数（$C_1/C_{1\sim5}$）0.80～0.97，揭示该气田的天然气不仅有湿气，而且有干气，这与该气田巴奈特页岩成熟度具有较大的变化范围相一

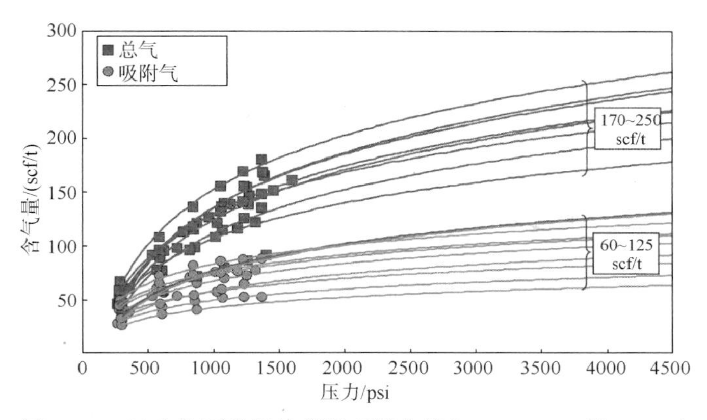

图2-61 巴奈特页岩样品等温吸附曲线(Montgomery 等，2005)

致；非烃气体含量较低，主要为氮气和二氧化碳，其平均含量分别占到气体组成的2.75%和1.65%。天然气的甲烷、乙烷碳同位素分别介于-47.59‰~-41.13‰、-32.71‰~-29.52‰之间，揭示该区的天然气为源自腐泥型母质的油型气，天然气组分偏干，但甲烷碳同位素明显偏轻，揭示该区天然气以热成因天然气为主，并有生物成因天然气的混入。

(2)页岩气富集主控因素。巴奈特页岩气藏的形成主要受有机碳含量、成熟度、孔隙度和渗透率等因素的控制。高成熟度条件是巴奈特页岩气形成的主要因素之一。生产数据也表明，有机碳含量越大的地方，气体产量也越高。Bowker 等(2007)和 Montgomery 等(2005)认为裂缝是气藏形成的重要因素，但不是关键因素，位于高裂缝发育区的井的产能往往最差。Montgomery 等(2005)对岩心和生产方式的研究表明，大裂缝在许多情况下对井的性能具有不利影响，这是因为它们的喉道被高矿化度的方解石所胶结，阻碍了流体的流动。位于巴奈特页岩上覆的 Marble Fallls 组、夹层的 Forest burg 组以及其下伏的 Chappel、Viola、Simpson、Ellen burger 几套致密灰岩隔层的存在，可把大量的原始和诱发裂缝限制在巴奈特页岩内部，不利于烃类的排出，而有利于页岩气井的生产。除了这些内部因素外，巴奈特页岩气藏的特征还受其埋深和温度的控制。埋深较大、温压较高是巴奈特页岩气中吸附气含量较少的原因。

(三)页岩气的开发状况

1981年，Mitchell 能源公司对巴奈特页岩段进行氮气泡沫压裂改造，发现了巴奈特页岩气田。随着钻完井技术的不断改进，气田的面积不断扩大，钻井数量及产量飞速增长。1982~2007年，沃斯堡盆地共完钻页岩气井约9000口，累积产气$1020\times10^8m^3$；2007年共有生产井约8500口，页岩气年产量$315\times10^8m^3$，是美国最大的页岩气生产区。2009年沃斯堡盆地页岩气产量达到$560\times10^8m^3/a$。近年来，由于北美天然气价格较低，致使美国非常规油气发生从页岩气向页岩油的转变，巴奈特页岩气产量基本稳定在年产$500\times10^8m^3$的水平。

巴奈特页岩气最典型也是规模最大的气田是纽瓦克东气田，巴奈特地层采出的天然气基本上全部来自该气田。截至2011年，该气田共有约15306口页岩气井。在 Newark East 气田巴奈特页岩的埋藏深度为1981~2591m，巴奈特页岩的厚度为92~152m，页岩有效厚度15~61m。在 Newark East 气田，具有轻微的超压(0.52psi/ft)，在1982~2592m 深度含气饱和度达75%。与其他的页岩产层相比，巴奈特页岩有几个特点：①巴奈特页岩气产自比较深的深度，因此具有较高的压力；②巴奈特页岩气完全是热成熟成因的，并且在盆地的大部分地区是与液态石油伴生的；③巴奈特页岩经历了多期构造热演化史；④天然裂缝不发育。页岩气初始产量不高，但由于硅质矿物含量和杨氏模量高，可压裂性好，有利于水力压裂随时间的传导，加之压力系数较低，产量递减率比较缓慢，第一年递减率仅40%左右(图2-62)。

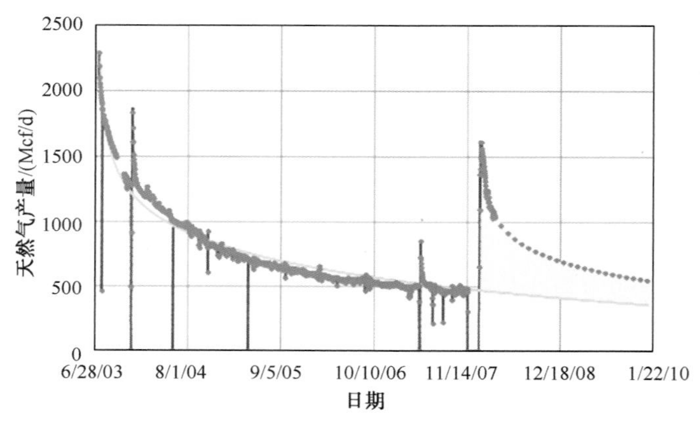

图2-62　二次压裂后巴奈特页岩水平井产量变化曲线(Schlumberger，2012)

在巴奈特地层钻探水平井多采用丛式井技术，每井组钻3～8口单支水平井，水平井间距300～400m。这样做的好处是可以利用最小的丛式井井场，使钻井开发井网覆盖区域最大化、实现设备利用最大化、重复利用钻井液、压裂井数最大化及简化地面工程和生产管理等。水平井段依据地应力数据来确定，并选择在有机质和硅质富集、裂缝发育的层段。巴奈特地层通常采用泡沫水泥固井技术，而完井主要采用水力喷射射孔完井和机械组合完井技术，前者可完成射孔及拖动管柱进行多层作业，后者则采用特殊滑套机构和膨胀封隔器，适用于水平裸眼井段限流压裂，一趟管柱即可完成固井和分段压裂施工。出于保护环境的考虑，巴奈特储层改造多采用多级清水压裂技术，其特点是多段压裂和分段压裂。清水压裂多是使用混合的清水压裂液，即在传统的清水压裂液中加入减阻剂、凝胶、支撑剂等添加剂。

二、阿巴拉契亚盆地马塞勒斯页岩气

(一) 概况

阿巴拉契亚盆地位于美国东北部(图2-63)，为晚古生代前陆盆地，盆地东北-西南向长1730km，西北-东南向宽32～499km，面积为$47.9\times10^4km^2$(孟庆峰等，2012)。马塞勒斯页岩主要位于阿巴拉契亚盆地内，分布面积大约为$24.6\times10^4km^2$(Kristin M. Carter等，2011)，为北美面积最大的含气页岩区带。其中有1/3(大约$90650km^2$)分布在宾夕法尼亚州，其余的分布在纽约州南部、俄亥俄州东部和西弗吉尼亚州。

阿巴拉契亚盆地是美国发现页岩气最早的地方。上泥盆统俄亥俄(Ohio)页岩发育在阿巴拉契亚盆地西部，是该盆地以前主要的页岩气产区。2005年以来，在该区中泥盆统发现了含气性更好的马塞勒斯等页岩，目前马塞勒斯页岩已逐步取代俄亥俄页岩成为阿巴拉契亚盆地新的页岩气主力产层。2011年，美国地质调查局对马塞勒斯的页岩气资源量进行了评价，认为马塞勒斯未发现的技术可采页岩气资源量为$2.38\times10^{12}m^3$，此外还有35×10^8bbl天然气液(USGS，2011)。2012年，美国能源信息署(EIA)在其年度能源展望中发布，Macellus未证实技术可采资源量为$3.99\times10^{12}m^3$(EIA，2012)。

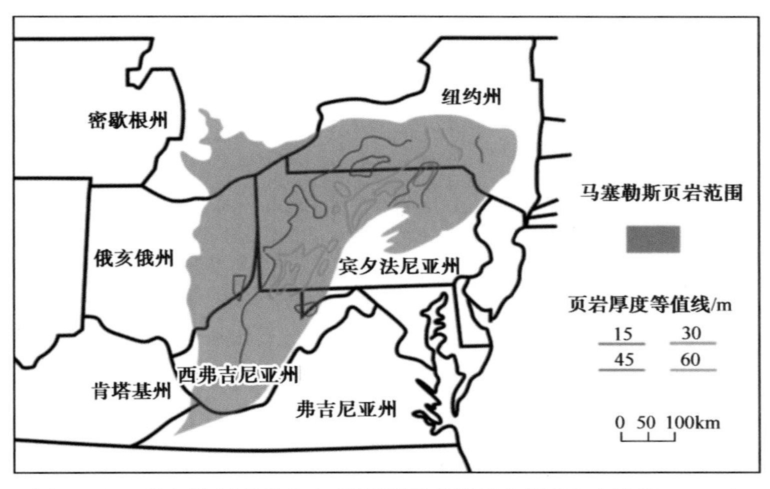

图 2-63　马塞勒斯页岩分布范围及厚度等值线图(孟庆峰等, 2012)

(二) 页岩气形成条件

1. 构造及沉积特征

阿巴拉契亚盆地东临 Appalachian 山脉, 西濒中部平原, 构造上属于北美地台和阿巴拉契亚褶皱带间的山前坳陷。伴随劳伦古陆经历了由被动边缘型向前陆盆地的演化过程。盆地以前寒武系地层为基底, 发育寒武系至二叠系沉积岩。寒武系和志留系、密西西比系为碎屑岩夹碳酸盐岩, 奥陶系为碳酸盐岩夹页岩, 宾夕法尼亚系为碎屑岩夹石灰岩及煤层。总体上由富有机质泥页岩、粉砂质页岩、粉砂岩、砂岩和碳酸盐岩等形成的 3 ~4 个沉积旋回构成, 每个旋回底部通常为富有机质页岩, 上部为碳酸盐岩。泥盆系黑色页岩处于第 3 个旋回之中, 分布于泥盆纪 Acadian 造山运动下形成的碎屑岩楔形体内(James, 2000)。下泥盆统下部为石灰岩、页岩和含燧石砂岩, 上部为砂岩; 中、上泥盆统下部为黑色页岩, 厚约 300m, 为盆地主要烃源岩, 上部发育厚层三角洲砂岩(图 2-64)。

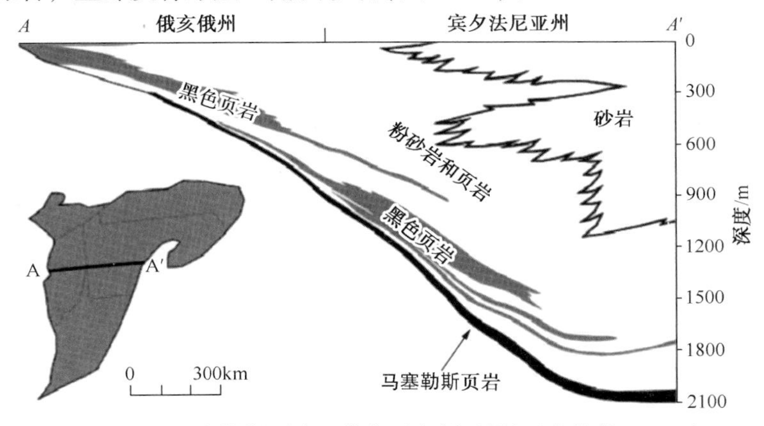

图 2-64　马塞勒斯页岩区带东西向剖面图(孟庆峰等, 2012)

中泥盆世 385Ma 时, Laurentia 大陆和 Gondwana 大陆发生碰撞, 古大西洋北段闭合, Acadia 造山运动开始, 阿巴拉契亚前陆盆地接受沉积(图 2-65)。马塞勒斯页岩沉积于造山运动早期, 前陆盆地呈饥饿状态, 其处于赤道附近, 温度较高, 沉积环境极度缺氧, 且生物扰动少, 有机质快速沉积得以良好保存, 岩层厚度薄且侧向变化小。部分学者认为, 马塞勒斯页岩是在大约 200 万年的地质历史时期内沉积的，沉积环境是水体比较深（大约 200m）的缺氧环境；部分学者则认为，马塞勒斯页岩及其他泥盆系富有机质页岩主要沉积于前陆盆地靠近克拉通一侧，水体比较浅（10 ~ 50m）、温暖、含盐度较高、季节性出现缺氧条件（Smith，2010）（图 2-65）。

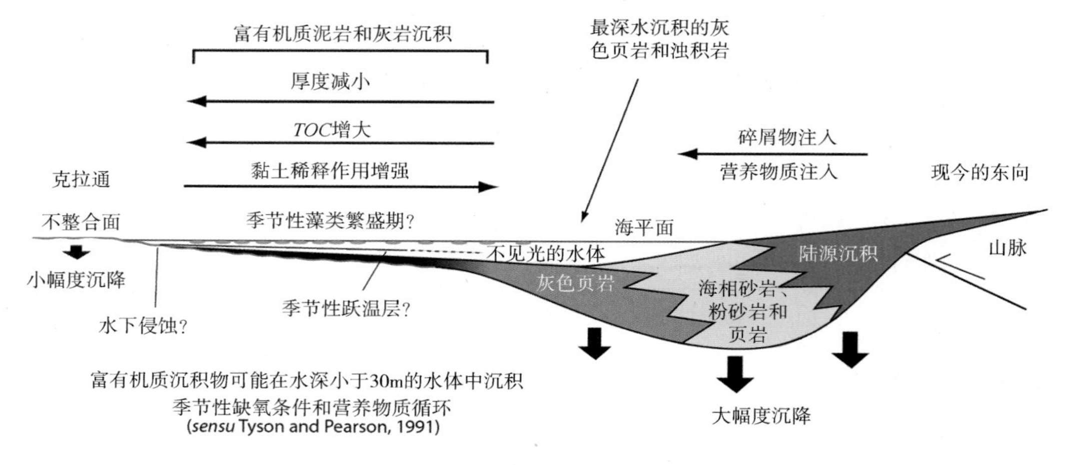

图 2-65　纽约泥盆纪前陆盆地富有机质页岩沉积环境（Smith 等，2012）

2. 页岩分布及地化特征

1）页岩分布特征

马塞勒斯页岩为中泥盆世内陆浅海沉积，黑色页岩厚度 15 ~ 61m，平均厚度 38m。自西向东厚度增大，西部平均厚度 15 ~ 45m，东北部平均厚度 45 ~ 70m，宾夕法尼亚东北部厚度最大（图 2-66）。马塞勒斯页岩顶部埋深 914 ~ 2591m，平均深度超过 1500m，自盆地西北部向东南部逐渐加深，在宾夕法尼亚州南部和西弗吉尼亚州东南部深度最大。

2）页岩地球化学特征

马塞勒斯页岩自下而上可分为 Union Springs 黑色页岩段、Cherry Valley 灰岩段和 Oatka Creek 页岩段，其中底部 Union Springs 段页岩有机质丰度高，有机碳含量一般大于 6%；中部 Cherry Valley 灰岩段有机质丰度很低；上部 Oatka Creek 有机碳含量变化范围宽，从 0.5% ~ 8.0% 不等，但具有自下而上有机碳含量降低的趋势。从测井特征来看，马塞勒斯页岩具有高自然伽马、低密度的显著特点（图 2-66）。

从平面分布特征来看，马塞勒斯页岩有机碳含量自西向东增大（图 2-67），纽约州 19 块岩心样品有机碳含量介于 0.26% ~ 11.05% 之间，平均有机碳为 4.3%；宾夕法尼亚州中东部有机碳含量一般在 3% ~ 6% 之间，该州中东部 36 块岩心样品平均有机碳含量为 3.61%（Repetski 等，2002）；西弗吉尼亚州的 22 块岩心的有机碳含量大部分都小于 2%，平均只有 1.4%（Repetski 等，2005）。

马塞勒斯页岩干酪根类型为Ⅱ型，其 R_o 介于 0.6% ~ 3.0% 之间，大部分地区 R_o 大于 2%，热演化程度由西向东增高（Rowan 等，2004）。自东向西可划分为 4 个带：东北部的过成熟干气带、东北宽西南窄的湿气带、两头宽中间细的生油带以及西南部的部分未成熟带。成熟度最高地区为宾夕法尼亚州东北部和纽约州东南部（图 2-68）。

3. 页岩的岩石矿物学特征

马塞勒斯硅质矿物含量与巴奈特页岩相当。基于 18 口井 195 个岩心样品进行的 XRD 分

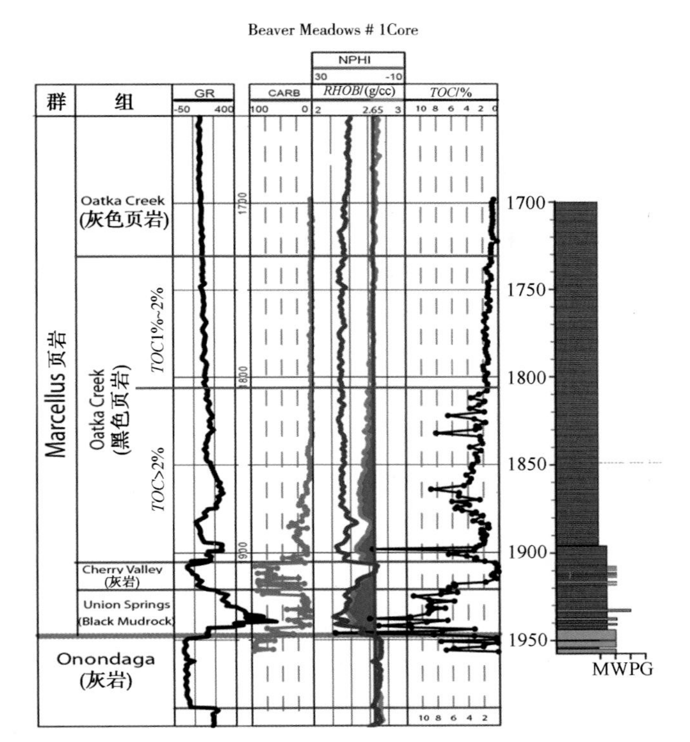

图 2-66　Beaver Meadows1# 马塞勒斯页岩测井响应特征(Smith 等，2012)

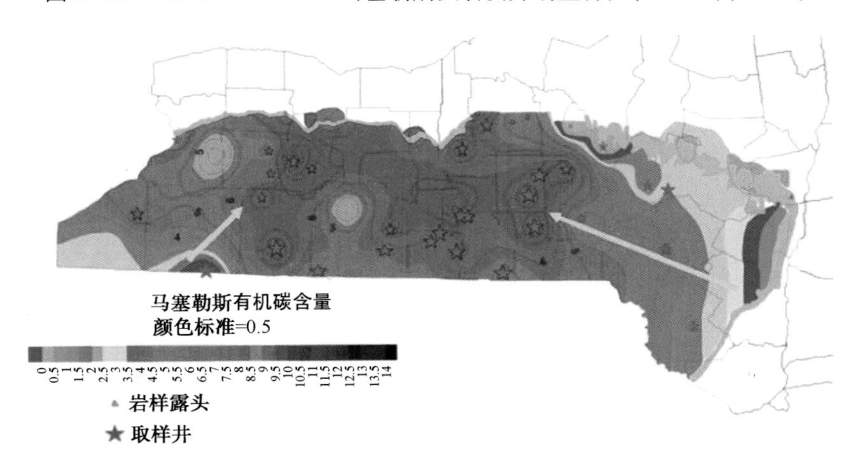

图 2-67　宾夕法尼亚州马塞勒斯页岩 *TOC* 分布图(马华等，2013)

析结果，Guochang Wang(2013)认为马塞勒斯页岩中含量最高的矿物为石英和伊利石，其体积含量分别为35%和25%，其次为绿泥石、黄铁矿、方解石、白云石和斜长石。此外，还有一定含量的钾长石、高岭石、伊蒙混层和磷灰石[图 2-69(a)]。绝大多数马塞勒斯页岩样品中碳酸盐矿物的含量都在20%以下。有机碳含量与石英含量有呈正相关关系的趋势[图 2-69(b)]。

4. 页岩储集性能

马塞勒斯页岩的孔隙类型比较多，不仅有矿物粒间孔和粒内孔，还发育有机质孔隙。矿物间孔隙的数量总体上比较少，而有机质孔隙则非常丰富(表 2-14)。在各种有机质孔隙类型中，与矿物有关的复杂不连续海绵状孔隙通常呈簇状出现(图 2-70)。马塞勒斯页岩的孔

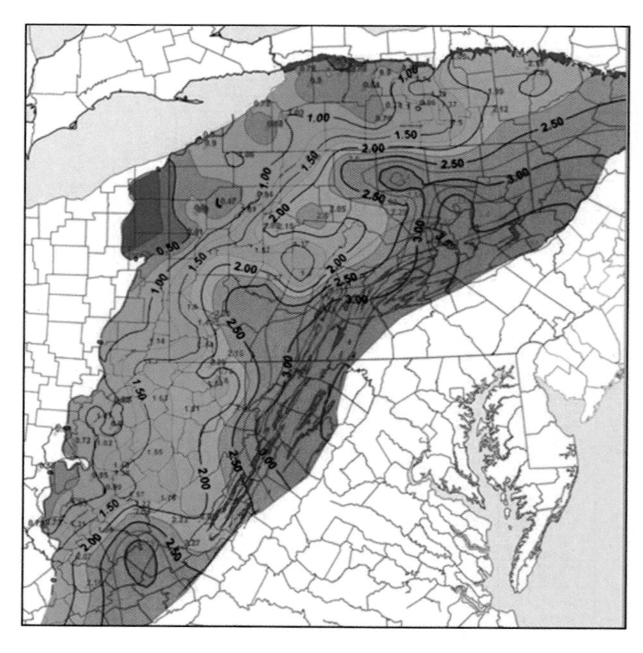

图 2-68　马塞勒斯页岩热成熟度 R_o 分布图(Gregory Wrightstone，2009)

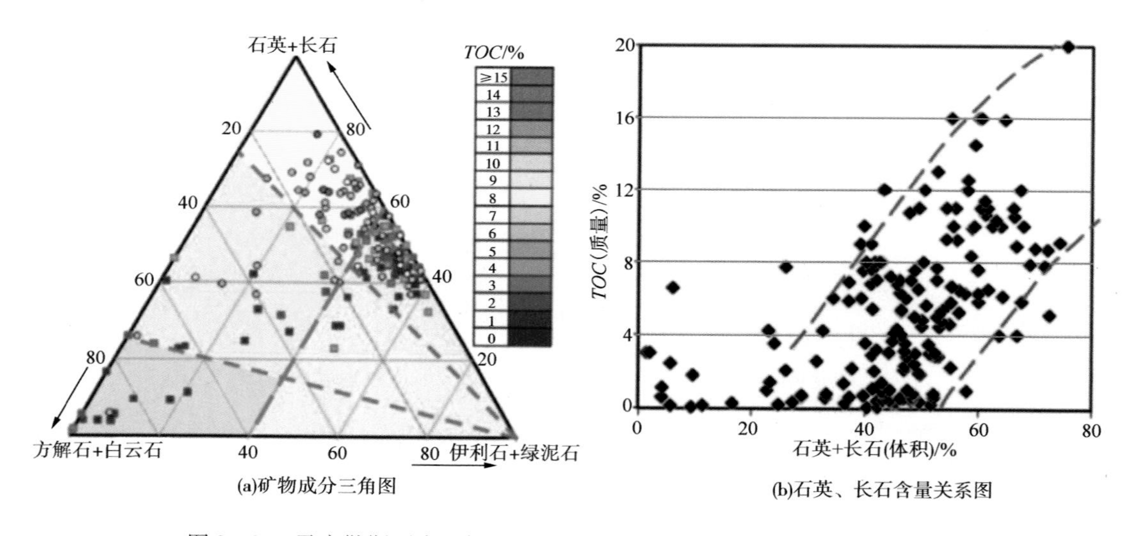

图 2-69　马塞勒斯页岩矿物成分三角图和 *TOC* 与石英、长石含量关系图

隙系统受有机质孔隙的影响较大，有机碳含量与氦气孔隙度测定法实测的孔隙度呈正相关关系(图 2-71)。

页岩发育两组微裂缝，走向近垂直，分别为北北西走向和北东东走向。较为发育的微裂缝，构成了马塞勒斯页岩重要的孔隙类型。页岩总孔隙度达到 10%。页岩储层渗透率很低，仅为 $0.02\times10^{-3}\mu m^2$。然而，马塞勒斯页岩发育粉砂岩夹层，不仅增加了储集空间，而且提高了储层侧向渗透率(孟庆峰等，2012)。

5. 页岩含油气性及影响因素

1）含油气性

20 世纪 80 年代中期，美国天然气技术研究所(IGT)借助美国东部页岩项目(ESGP)样品

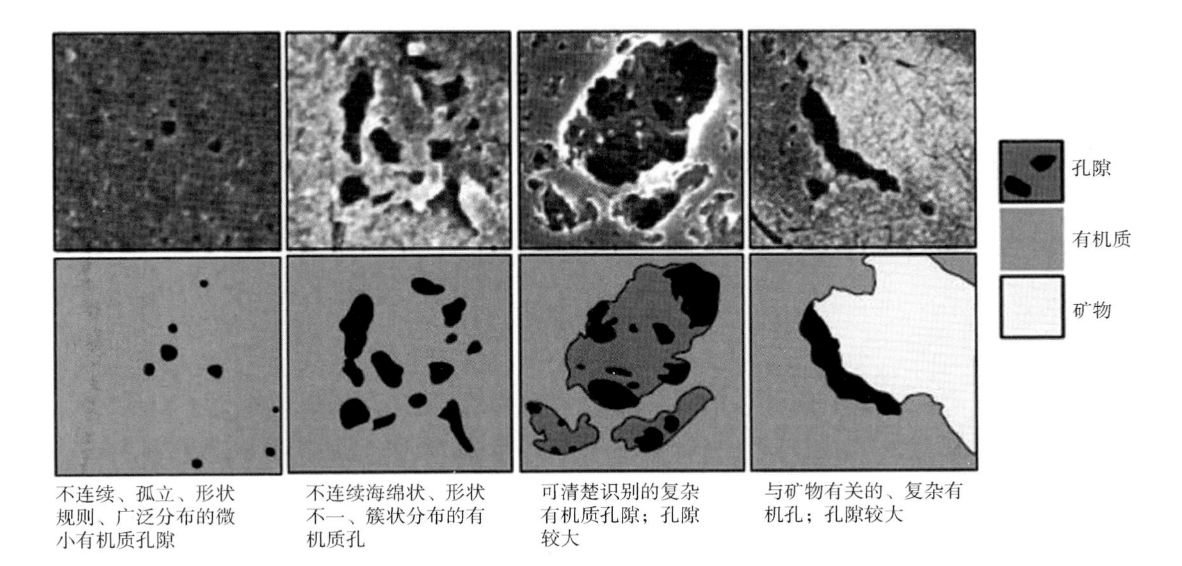

图 2-70　马塞勒斯页岩有机质孔隙类型（Kitty L. Milliken 等，2013）

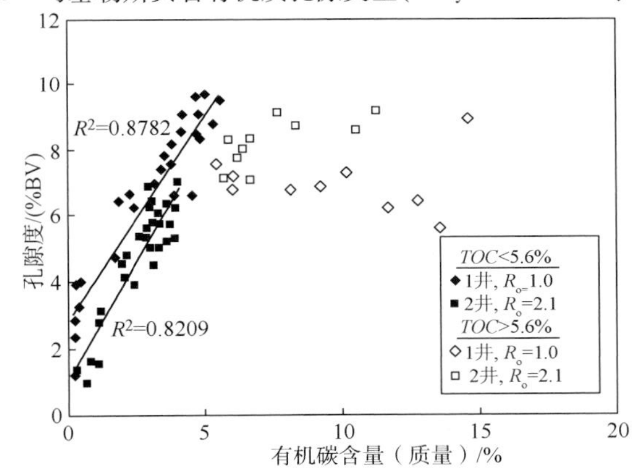

图 2-71　马塞勒斯页岩总有机碳含量（*TOC*）与实测平均体积孔隙度的关系（Kitty L，Milliken 等，2013）

的实验分析（Soeder，1988），认为马塞勒斯页岩含气量高达 26.5m^3/m^3。瑞吉资源公司最新研究认为马塞勒斯页岩平均含气量为 1.7～2.8m^3/m^3（马华等，2013）。

2）影响因素

影响马塞勒斯页岩含气性的主要因素包括有机质含量、成熟度、储集性能、保存条件以及储层温度等方面。马塞勒斯页岩有机质含量比较高，*TOC* 为 3%～11%，平均为 4.0%，既为页岩气的大量生成提供了很好的物质基础，也为大量页岩气以吸附气的方式赋存提供了条件。马塞勒斯页岩吸附气含量占到页岩气总量的 40%～60%。马塞勒斯页岩干酪根为Ⅱ型干酪根，大部分地区 R_o 大于 1.5%，有利于热成因天然气的形成。马塞勒斯页岩的有机质孔隙比较发育，孔隙度比较高，加之脆性矿物含量比较高，页岩天然微裂缝比较发育，使页岩具有很好的储集性能，有利于页岩的聚集。由于阿巴拉契亚盆地后期大规模构造活动较少，马塞勒斯页岩的后期构造破坏作用弱，有利于页岩气的保存。与巴奈特等页岩不同，马

表 2-14 马塞勒斯页岩孔隙实测结果(Kitty L. Milliken 等,2013)

井号	岩心	深度/ft	*TOC*/%	*TOC*/%	孔隙度/%	ϕ_{om}	$\phi_{om\ bulk}$	ϕ_{min}	ϕ_{invis}	ϕ_{invis}/ϕ_{tot}	*n*	Avg *Diam*	Std *Dev*	Max	Min	*D*10	*D*50	*D*90
1	15	5021	2.3	4.3	6.6	16.6	0.71	1.4	4.5	68.0	1478	37.2	29.1	327	7.8	84	39.8	20.5
1	18	5029	5.1	9.3	9.7	30.9	2.88	0.0	6.8	70.2	3246	30.9	36.5	784	6.6	465	82.5	18.8
1	22	5036	6.0	11.0	6.8	16.6	1.83	0.0	4.9	73.0	4209	27.5	22.5	415	5.8	154	36.8	16.6
1	27	5054	3.2	5.9	7.0	21.9	1.30	1.6	4.1	58.5	885	37.7	55.3	675	7.8	369	134.5	27.0
1	30	5062	3.8	7.0	7.5	22.5	1.58	0.8	5.1	68.4	1213	31.2	54.7	1123	3.9	453	109.5	24.7
1	31	5064	8.1	14.6	6.7	3.03	0.44	0.0	6.3	93.4	2952	14.3	10.4	192	4.1	62	17.5	8.2
1	32	5066	10.2	18.3	7.3	1.60	0.29	0.0	7.0	96.0	2681	11.9	6.6	80	3.9	24	13.4	7.7
1	34	5071	12.8	22.6	6.4	0.6	0.13	0.0	6.3	98.0	1512	11.5	8.3	159	3.9	43	11.9	7.2
1	38	5083	13.6	24.3	5.5	0.4	0.10	0.0	5.4	98.2	612	13.1	11.2	264	5.5	149	13.8	9.4
					低 *TOC*	22	1.7	0.8	5.1	68		33	40	665	6	268	81	22
					高 *TOC*	1	0.2	0.0	6.2	96		13	9	174	4	43	14	8
2	25	9246	3.4	5.9	5.0	11.7	0.69	0.4	3.9	78.3	1919	29.8	37.8	568	5.2	185.6	56.2	15.9
2	26	9266	3.1	4.8	4.5	11.0	0.53	0.0	4.0	88.2	820	42.7	51.7	556	3.9	234.7	73.4	24.9
2	27	9272	6.4	10.5	8.0	7.5	0.79	0.0	7.2	90.2	1380	33.9	34.5	433	3.9	126.9	49.1	19.0
2	28	9278	8.3	13.0	8.7	10.8	1.41	0.0	7.3	83.8	1553	36.5	50.7	507	4.4	196.1	90.8	23.5
2	36	9302	10.7	16.1	8.6	7.3	1.17	0.0	7.4	86.4	3544	24.2	18.4	420	6.3	78.3	24.5	14.5
						10	0.9	0.1	6.0	85	28004	33	39	497	5	164	59	20

塞勒斯组地层压力异常，异常高压和异常低压同时存在，地层压力为10.3～41.4MPa，气藏压力梯度0.42～0.7psi/ft(9500～15800Pa/m)。含气页岩地层超压易于天然气的开发和促进页岩裂缝的发育，而且可以增加页岩气含量。此外，马塞勒斯页岩地层平均温度为37.8～65.6℃，也有利于吸附气的保存。

（三）页岩气的开发状况

2003年，Range公司在宾夕法尼亚州华盛顿县钻探了其第一口探井Renz#1。该井在原定的目的层中并没有发现气流，但后来在比较浅的马塞勒斯页岩段(1882～1915m)开展大规模压裂，最终测试见到气流。在随后又钻探的多口直井的基础上，该公司连续部署了3口水平井，但都没有取得成功。2007年底Range资源公司的第4口水平井终于取得重大突破，试获气流$9.06\times10^4m^3/d$，从此扭转了局面，随后所钻的页岩气井产量都很高。Range公司的成功，吸引了一大批公司紧接着跟进，马塞勒斯页岩气进入大规模开发阶段，每年申请的钻井许可证数量大幅增长，而页岩气产量也随之快速增长(图2-72)。目前，马塞勒斯页岩气产量已经跃居美国页岩产气之首。

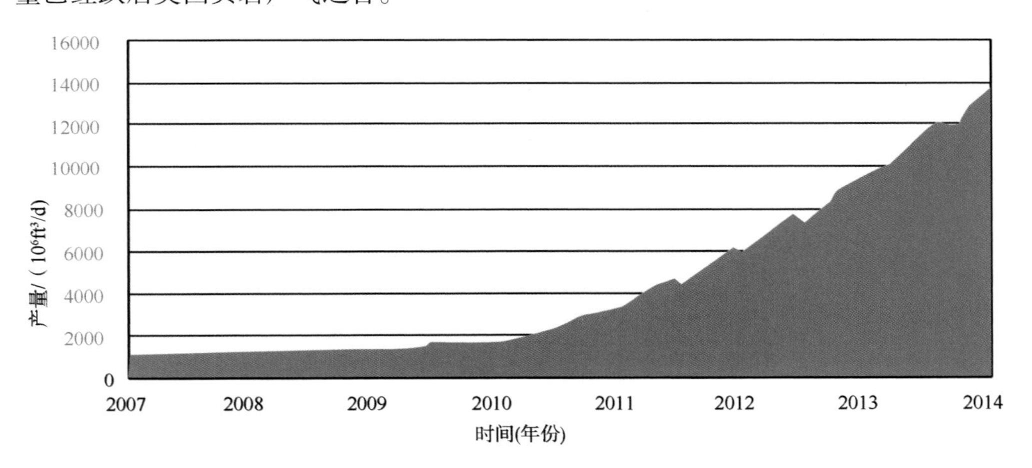

图2-72　马塞勒斯页岩历年来页岩气产量(EIA，2013)

阿巴拉契亚盆地大部分地区马塞勒斯页岩气为干气，甲烷含量大于96%。Pennsylvania西南部和West Virginia西北部“甜点”区为湿气，凝析油含量为12bbl/MMcf，天然气液含量为54bbl/MMcf，大大提高了这一区域的开发经济性(Range Resources，2011)。早期的研究结果显示，与巴奈特页岩相比，马塞勒斯页岩初始产量较高，但第一年产量递减率明显增大，年递减率达到60%左右(图2-73)。而根据资料，从截至2013年6月30日宾夕法尼亚州华盛顿县190口马塞勒斯页岩气井的实际平均日产气量递减趋势统计结果来看(图2-74)，在气井投产的前3年，产量递减率一般在65%，此后每年再递减8%。由此推断马塞勒斯页岩气井的开采寿命平均应当在8年左右。

水平井分段压裂技术是马塞勒斯页岩气开发获得巨大成功的关键因素之一，而井距优化则是马塞勒斯页岩气开发中的一个重要问题。水平井钻完井及分段压裂技术提高了页岩气单井产量，降低了开发成本，使马塞勒斯页岩气开发获得非常明显的经济效益。据统计，马塞勒斯页岩水平井初期日产量约为$11.3268\times10^4m^3$，单井控制可采储量约为$7000\times10^4m^3$(邹才能等，2011)。

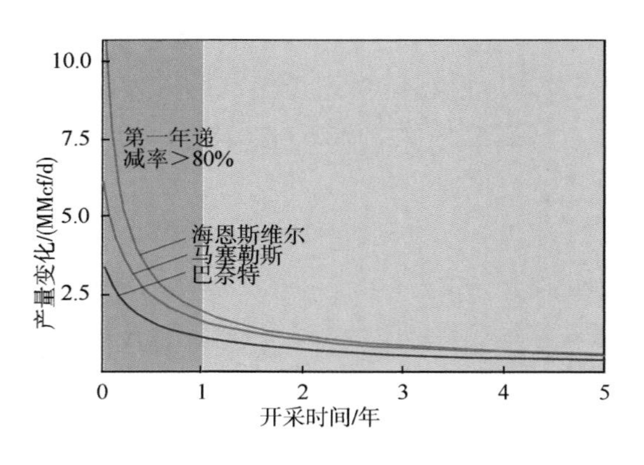

图 2-73　马塞勒斯页岩气与巴奈特、海恩斯维尔页岩气产量变化对比图(Chesapeake，2010)

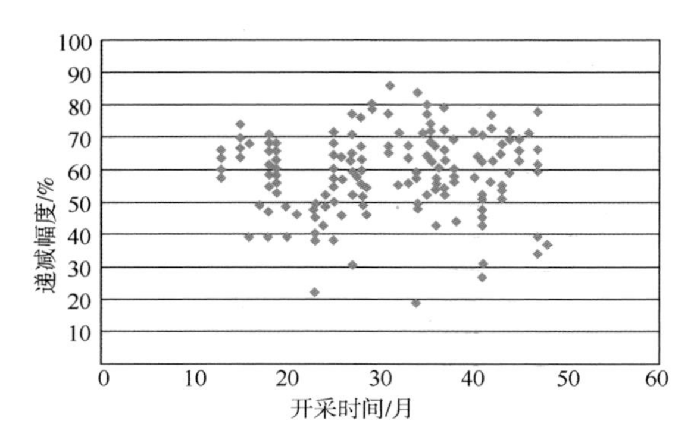

图 2-74　宾夕法尼亚州华盛顿县 190 口马塞勒斯页岩气井的开采时间和递减幅度(www. marcellus-shale. us)

三、威利斯顿盆地巴肯组页岩油

(一) 概况

威利斯顿盆地横跨美国的北达科他州、南达科他州和蒙大拿州以及加拿大萨斯喀彻温省和曼尼托巴省，总面积约 $34.5\times10^4\text{km}^2$ (图 2-75)。巴肯组地层于 1953 年由地质学家 Nordquist J. W. 发现并命名。该盆地很早就是美国的产油区之一，尽管不少公司和研究人员都认为巴肯组资源潜力巨大，但因其孔渗性差，该组长期以来更多地被视为该盆地其他层系油藏的烃源岩。直到 20 世纪末和 21 世纪初，随着水平井和多期次水力压裂在威利斯顿盆地的推广和应用，其自生自储的独特性和惊人的资源量才得以显现。

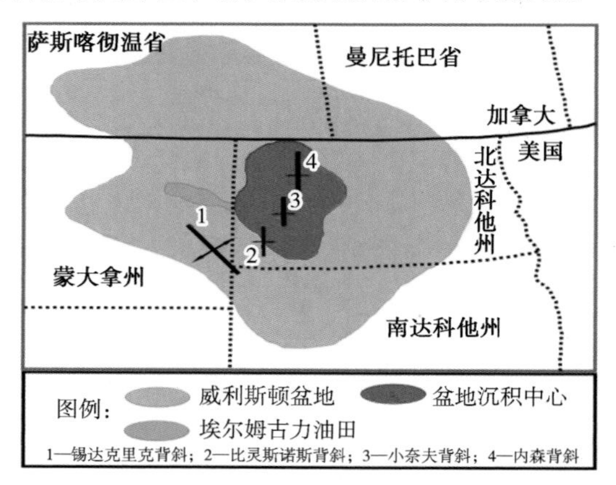

图 2-75　威利斯顿盆地位置及主要构造(蓝色区域为盆地范围)(Keith Kohl，2011 年修改)

自 20 世纪 70 年代起，美国许多公司和研究人员都先后对巴肯组的资源量进行过估算，且估值都相当惊人(图 2-76)。美国地质调查局(2008)估计，美国境内威利斯顿盆地巴肯组页岩油总平均技术可采资源量为 36.5×10^8bbl($5.8\times10^8\text{m}^3$)，占到美国本土 48 个州待发现可采资源量的 7.5%，此外包括 $1.85\times10^{12}\text{ft}^3$ ($523\times10^8\text{m}^3$) 伴生气和溶解气以及 1.48×10^8 bbl($0.29\times10^8\text{m}^3$) 天然气液。而美国地质调查局(2013)最新评估结果表明，巴肯组和斯里福克斯组待发现的技术可采石油资源量的中值约为 74×10^8bbl($11.76\times10^8\text{m}^3$)，其中巴肯组仍为 36.5×10^8bbl($5.80\times10^8\text{m}^3$)、斯里福克斯组 37.3bbl($5.93\times10^8\text{m}^3$)；此外，这两套地层

中还有 $6.7\times10^{12}ft^3$（$1897\times10^8m^3$）的天然气待发现技术可采资源量和 5.3×10^8bbl（$0.84\times10^8m^3$）的天然气液待发现技术可采资源量。目前巴肯页岩为美国的主力页岩油产层。

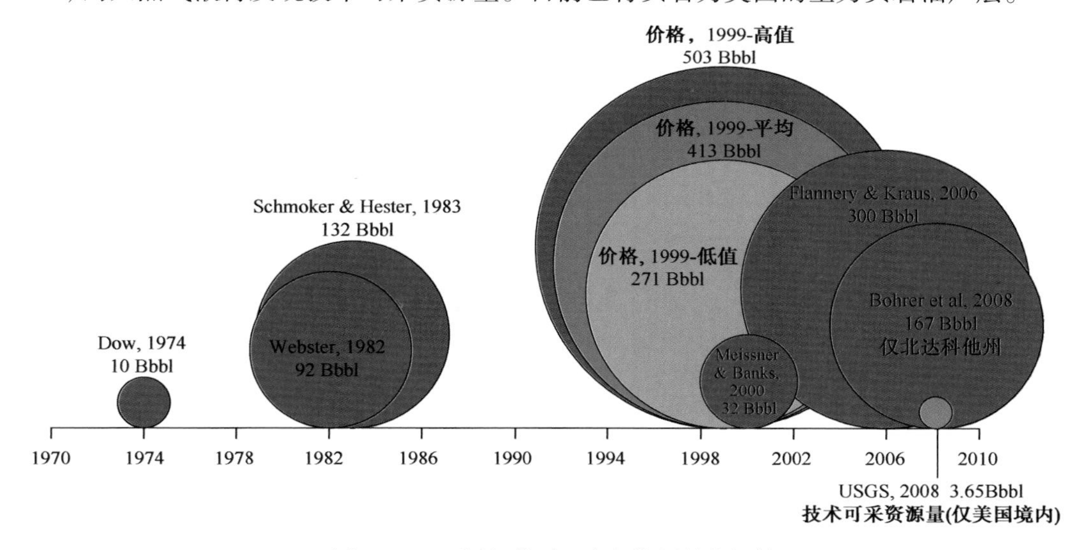

图2-76　不同机构对巴肯组资源量的评估

（二）页岩油形成条件

1. 构造与沉积特征

威利斯顿盆地整体呈东西较为对称的负构造展布，沉积厚度达4572m，是一个近圆形、次级构造较少的克拉通内盆地。盆地东部和东南部以加拿大地盾和苏氏隆起为界，西部和西南部边界是布莱克希尔斯隆起、迈尔斯城背斜、波丘派恩隆起和鲍登隆起，西北边界包括斯维特格拉斯-巴特尔河穹窿和梅多莱克陡崖（HIS，2009）。盆地内的主要构造包括波普尔穹窿、内森背斜、小奈夫背斜、比灵斯背斜、锡达克里克背斜和哈特河断层等（图2-75）。威利斯顿盆地最初可能起源于克拉通边缘，在科迪勒拉造山作用过程中演化成为一个克拉通内盆地。盆地基底是沉降幅度不大的前寒武纪结晶岩体，地层从寒武系到第三系都有发育（图2-77），从盆地中心向盆地边缘逐渐减薄。寒武纪到密西西比系的沉积以浅海碳酸盐岩为主，发育碳酸盐岩-蒸发岩旋回。广泛的盐岩沉积发生在中泥盆统和密西西比系。宾夕法尼亚系开始出现以页岩、粉砂岩和砂岩为主的碎屑岩沉积。Hayes，Thrasher 及 Holland 等根据在北达科他地区巴肯组的牙形石和大化石，确定了巴肯地层属于泥盆系-密西西比系。

巴肯组明显分为上、中、下三段，在电缆测井中，其下段和上段页岩自然伽马异常高，大于200API（Meissner，1978；Webster，1982，1984），中段（LeFever 等，1991）的硅质碎屑和碳酸盐电缆测井显示正常，使其非常容易识别。上、下段为有机质富集的页岩段，中段是灰质至白云质和砂质至粉砂质岩石（图2-78）。有证据表明巴肯中段为有氧环境下沉积；上、下两段页岩是在近海缺氧环境下，受海洋洋流循环影响的沉积产物，有机质为随处可见的地表水中的浮游藻类衍生而成（Meissner，1978；Price 等，1984；Webster，1984；Price 和 LeFever，1994；Pitman 等，2001）。巴肯组中段的沉积模式为海相碳酸盐岩浅滩复合体，贫有机质，最大厚度为26m，自下而上可以大致分为A、B和C三个亚段。A亚段主要由灰黑色到灰绿色生物扰动强烈、块状并富含钙质的灰岩组成；B亚段岩性比较复杂，由灰黑色灰

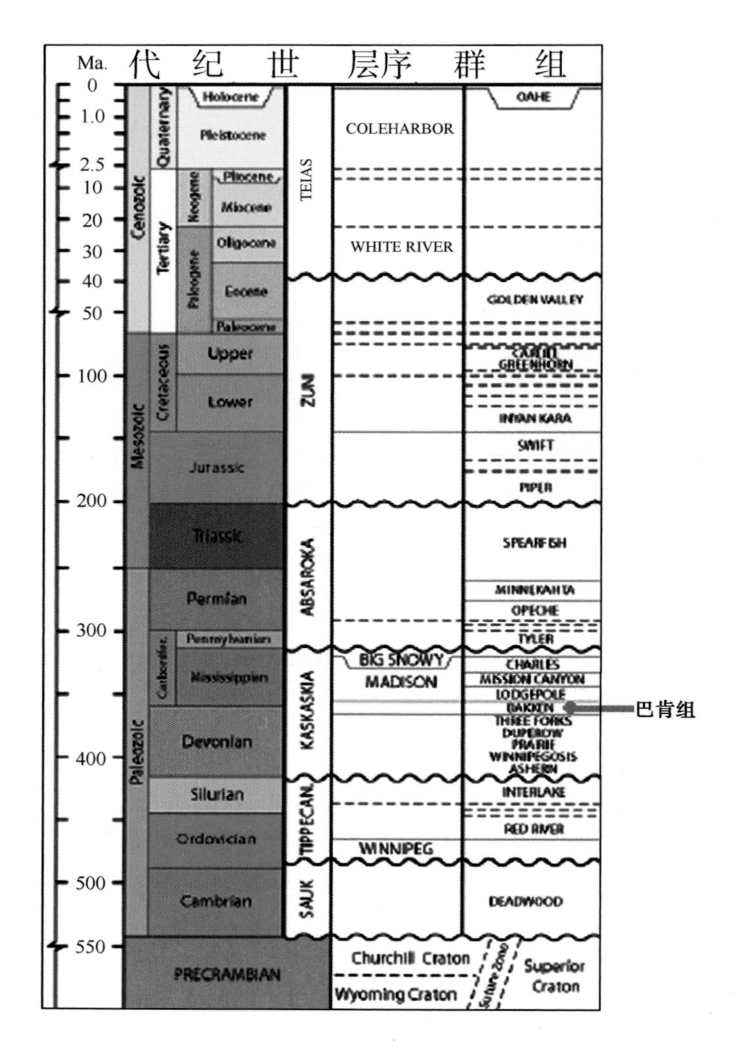

图 2-77　威利斯顿盆地地层划分及巴肯组所在层位示意图

岩、粉砂岩、灰绿色富含钙质的砂岩、薄层透镜状砂岩和灰岩、鲕粒灰岩、细粒粉砂岩组成，生物扰动没有 A 亚段和 C 亚段强烈；C 亚段主要由灰色、绿色块状白云质和泥质粉砂岩组成。巴肯组中段的岩相构成说明其沉积环境为陆架到较浅的前滨环境。

2. 页岩分布及地化特征

巴肯组岩层分布范围很广，分布面积约 20×10^4 km^2。在蒙大拿州东部北达科他州西部和萨斯喀彻温省南部都有分布，甚至延伸到曼尼托巴省的遥远西部。美国境内巴肯组最厚的地区在北达科他州 Tioga 东南处，厚 44 ~46m（图 2-79）。

巴肯组富有机质页岩主要分布在上、下两段。其中，上段以海相黑色页岩为主，页岩厚度一般小于 7m，不含钙质，但富含碳质和沥青，平均有机碳含量为 12.1%，干酪根类型属Ⅰ型和Ⅱ型，R_o 分布在 0.6% ~1.0% 之间，以生油为主。

下段主要由层状富含有机质的黑色页岩组成，最大厚度为 15m，平均有机碳含量为 11.5%，有机质类型为Ⅱ型，R_o 约为 1.0%。

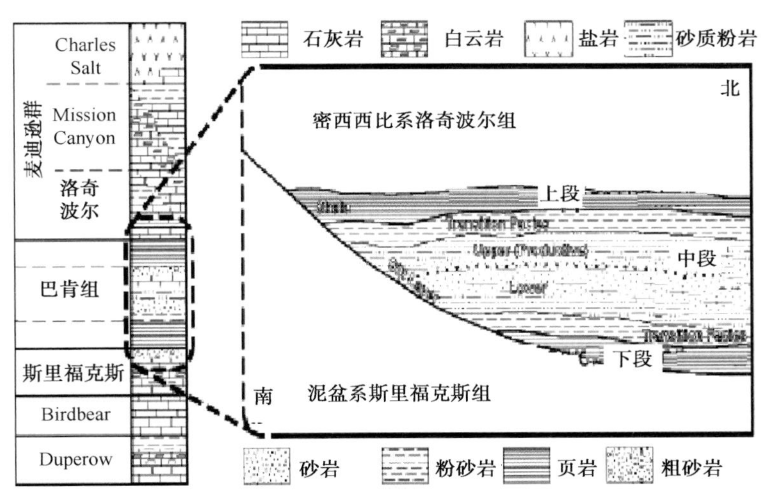

图 2-78　巴肯组不同段沉积物示意图

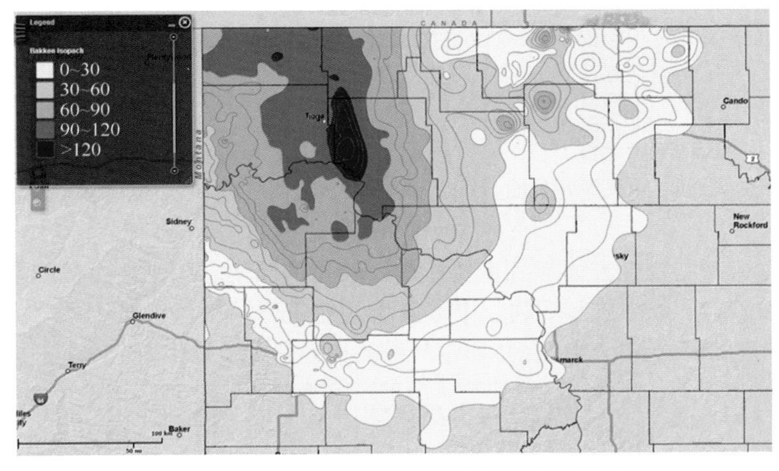

图 2-79　威灵斯顿盆地巴肯组厚度等值线图

3. 页岩的岩石矿物学特征

巴肯组岩性及矿物组成变化较大，主要矿物包括石英、长石、黄铁矿、白云石和伊利石等黏土矿物(S. A . Sonnenberg 等，2011，图 2-80)。其中，石英具有陆源碎屑和生物成因两种来源，黑色页岩中可以识别的生物成因成分包括：牙形石、鱼骨、放射虫、大的藻类孢子、小的头足类动物、小的鳃足类动物、小的珊瑚和介形类。页岩脆性矿物含量高，其中石英含量占 25% ~58%，脆性矿物含量占到 55% 以上，黏土矿物含量较低，对于后期的压裂改造较为有利。

4. 页岩的储集性能

巴肯组中段高压产区地层有效厚度为 6 ~15ft(1. 83 ~4. 57m)。孔隙度平均在 8% ~12% 之间，渗透率在(0. 05 ~0. 5) $\times 10^{-3}\mu m^2$ 之间，盆地大部分地层都分布有高压产区。巴肯组页岩具有双孔隙度系统，在油藏压力条件下，岩石基质孔隙度只有 2. 0% ~3. 0%，其中微裂缝占 1/10(裂缝孔隙度 0. 2% ~0. 3%)(Burrus 等，1992；Breit 等，1992)。巴肯组页岩岩心样本显示，其基质渗透率为(0. 02 ~0. 05) $\times 10^{-3}\mu m^2$(Beisz，1992)。由于微裂缝的出现，巴肯页岩的有效渗透率大约是 0. 6 $\times 10^{-3}\mu m^2$(Breit 等，1992)。

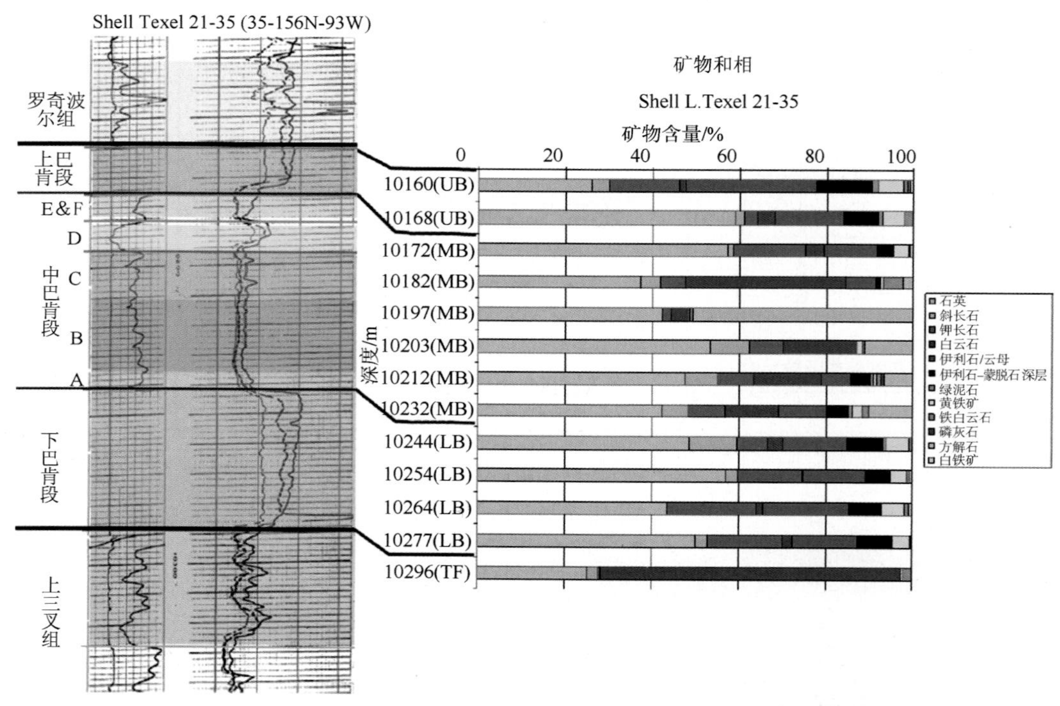

图 2-80　威灵斯顿盆地 Shell Texel 巴肯页岩测井曲线及矿物组成特征

（S. A . Sonnenberg 等，2011）

岩性在巴肯组储层物性方面起到重要作用，较差的储集岩相主要由极细粒岩性的岩石组成，包含了极细砂岩、粉砂岩和泥岩。中等质量的储集岩相虽然以极细砂岩占主导，但还是有着含量相对较高的泥岩和砂岩。储集质量最好的相为完全砂质化和干净的砂岩(图 2-81)。

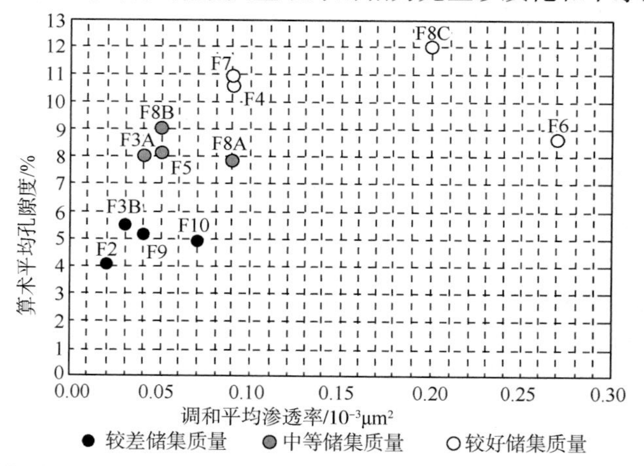

图 2-81　萨斯喀彻温省东南巴肯组沉积相调和平均渗透率与算数平均孔隙度关系图

（Angulo 和 Buatois，2011）

裂缝是巴肯页岩油重要的储集空间类型，页岩薄片中可见大量水平的、垂直的、倾斜的、部分胶结的微裂缝(Cramer，1986)。裂缝组系较简单，在埃尔克霍思兰奇油田，对水平井进行的生产和干扰测试发现渗透率各向异性为 4∶1，主要的裂缝走向是东西向(Breit 等，1992)。人造裂缝走向一般与天然裂缝平行。天然裂缝在巴肯页岩西南部最为密集，该区巴肯上段页岩脆性大，容易产生裂缝(Leibman，1990)。

过去广泛认为威利斯顿盆地巴肯页岩中天然裂缝的形成是由于大量生成的石油无法运移出去而产生高压的结果。Burrus 等（1996）通过他们的模拟实验发现，巴肯组在中始新世已经具有足够的压力，可以在短时间内通过这种方式产生裂缝，这与主要的生油期相对应。但巴肯页岩中的张性裂缝也可能是构造变化作用造成的结果，或是深层基底断层复活的结果。在某些情况下，页岩出现褶皱，其裂缝就是由张性应力引起的；在岩石没有明显变形的区域，裂缝的形成被认为与局部构造应力有关。

5. 页岩含油气性及影响因素

1）页岩含油气性

巴肯组上、中、下段均具有较好的含油气性。由于受烃源岩成熟度的控制，主要以产油为主，在热演化程度相对较高的地区，也有页岩气的产出。图 2－82 为截至 2010 年巴肯油藏范围内的主要发现及产量情况图。图中绿色圈点表示产油井和产油量远大于产气量的井，黄色圈点为产油气井，红色圈点为产气为主的井，圈点直径表示产量大小，直径越大，产量越大。该图中左下角的附图为 1985～2010 年巴肯页岩油藏的油气产量变化情况，其中的绿色曲线为石油产量，单位为 bbl/d，红色曲线为天然气产量，单位为 BOE/d。

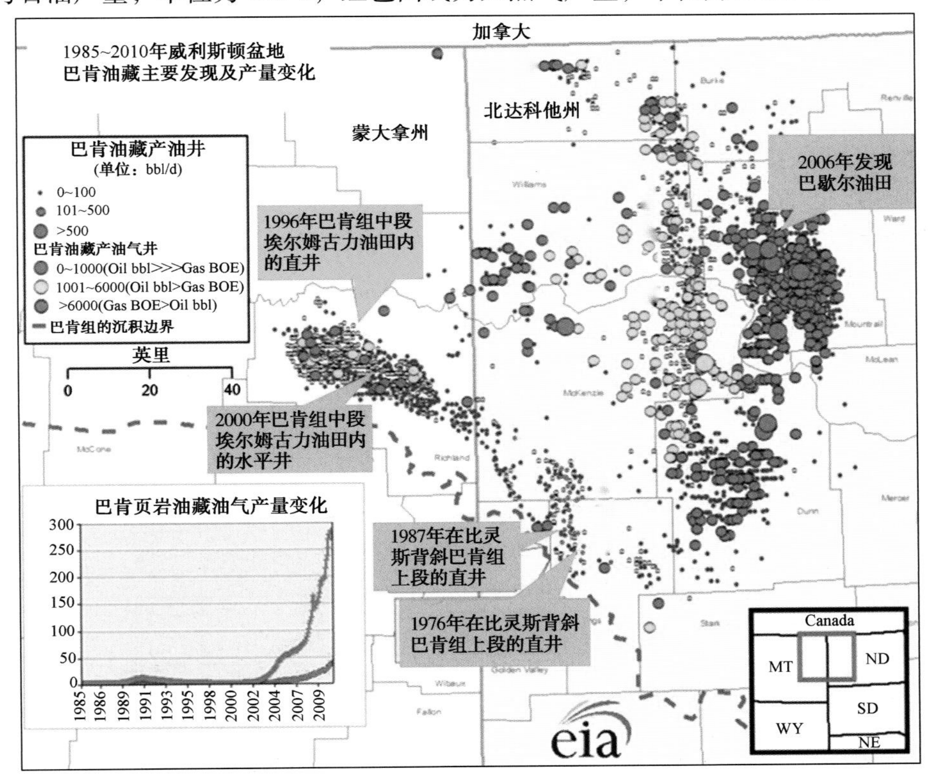

图 2－82　1985～2010 年巴肯油藏的主要发现及产量变化（EIA，2011 年，有修改）

2）页岩含油气性影响因素

威利斯顿盆地巴肯页岩油藏是一种“自生自储”式油藏，形成巴肯页岩油藏的主要控制因素包括：

（1）优质的烃源岩条件，该组上段和下段都是很好的烃源岩，岩性上以暗色泥岩和页岩为主，富含有机质（有机碳含量大于 10%），且富含炭质和沥青，有机质成熟度（0.6%～1.0%）也处于生油窗范围内。

（2）层内具有物性相对较好的有利层段，上段和下段为富有机质页岩段，为主力烃源岩层段，且发育粒间孔、粒内孔、微裂缝等多种储集空间类型，具有一定的储集能力。中段是以灰褐色极细-细粒砾岩、白云质砂岩和粉砂岩为主的优质储层段，孔渗性相对于上段和下段具有一定的优势，为目前巴肯页岩油的主力产层。

（3）整个油藏处于相对封闭的系统之中，从威利斯顿盆地地层的垂向分布来看，巴肯组的上覆和下伏地层分别是洛奇波尔组和斯里福克斯组厚度很大且分布连续性很好的致密灰岩层，这就使得巴肯组处在一个封闭性很好的系统中，在一定程度上阻止了源岩生成的石油向系统外运移，而在储层物性相对较好的巴肯组中段聚集成藏。

（三）页岩油的开发特征

巴肯组地层的油气勘探开发始于20世纪50年代，目前已经历了多轮勘探(表2-15)(Sonnenberg，2009)。该组早期的勘探对象主要是裂缝型致密油气藏，1953年在北达科他州发现安蒂洛普油田，当时共在油田区钻了63口直井，目的层为巴肯组和斯里福克斯组上段，初期日产量为68.7t石油和21.8m^3天然气，之后产量迅速下降，压裂增产后的总产量仅29t油当量/日。1987年之前，巴肯组油气勘探开发都使用直井，钻遇天然裂缝系统时表现为初期产量高、之后迅速降低、总体产率低的特征，原因是巴肯组呈亲油性，不能注水开发，而且由于注入流体可能与黄铁矿反应生成氢氧化铁沉淀，导致酸化处理也不可行。1987年，Meridian公司钻了巴肯组地区的第一口水平井，日产36t石油和8461m^3天然气，且连续稳产两年之久。20世纪90年代，进入该地区的油公司超过了20家。2000年以后，随着水平井分段压裂技术的工业化应用，巴肯页岩油藏勘探开发取得突破性进展，产量快速增长。2000~2010年间，该页岩油藏地区的水平井完井数已超过2000口，平均日产石油3×10^4t。

表2-15　巴肯组页岩油藏勘探历程(Sonnenberg，2009年)

时　间	主　要　事　件
1953年	发现安蒂洛普油田，产层为巴肯组和斯里福克斯组上段
1961年	壳牌在比灵斯诺斯(Billings Nose)地区的41X-5-1井发现埃尔克霍恩牧场油田，产层为巴肯组上段
20世纪70年代后期	对比灵斯诺斯地区的巴肯组地层钻探多口直井
1987年	在比灵斯诺斯地区钻了第一口水平井，水平段为巴肯组上段
1996年	勘探目的层为巴肯组中段的Albin井完井，沉睡巨人理论进一步发展
2000年	第一口水平井段为巴肯组中段的水平井完钻，发现埃尔姆古丽油田
2006年	发现帕歇尔(Parshall)油田

1）生产特征

Tan Tran等人(2011)对美国境内北达科他州和其他州9个县所分布的巴肯组页岩油藏的146口井进行研究后发现，巴肯页岩油藏的生产井主要存在3种类型的产量和变化趋势。每种递减曲线特征对于确定巴肯页岩油藏的产量变化趋势都具有重要意义。他将这3种类型的变化定义为Ⅰ型、Ⅱ型和Ⅲ型(图2-83)。具有Ⅰ型产量变化趋势的井占比最高，主要特征是油藏压力低于泡点压力，并有天然气逸出。具有Ⅱ型生产特征的井的产量主要来源于基质，生产过程中油藏压力高于泡点压力，原油始终以单相流动，气油比在生产过程中基本保持不变。巴肯页岩油藏中，具有此类型变化趋势的油井表现出单线性流态，在产量与时间的双对数坐标图上表现为一条1/2斜率的直线。具有Ⅲ型产量变化趋势的油井，生产数据点通常较分散，很难对其生产特征进行规律性的分析总结。

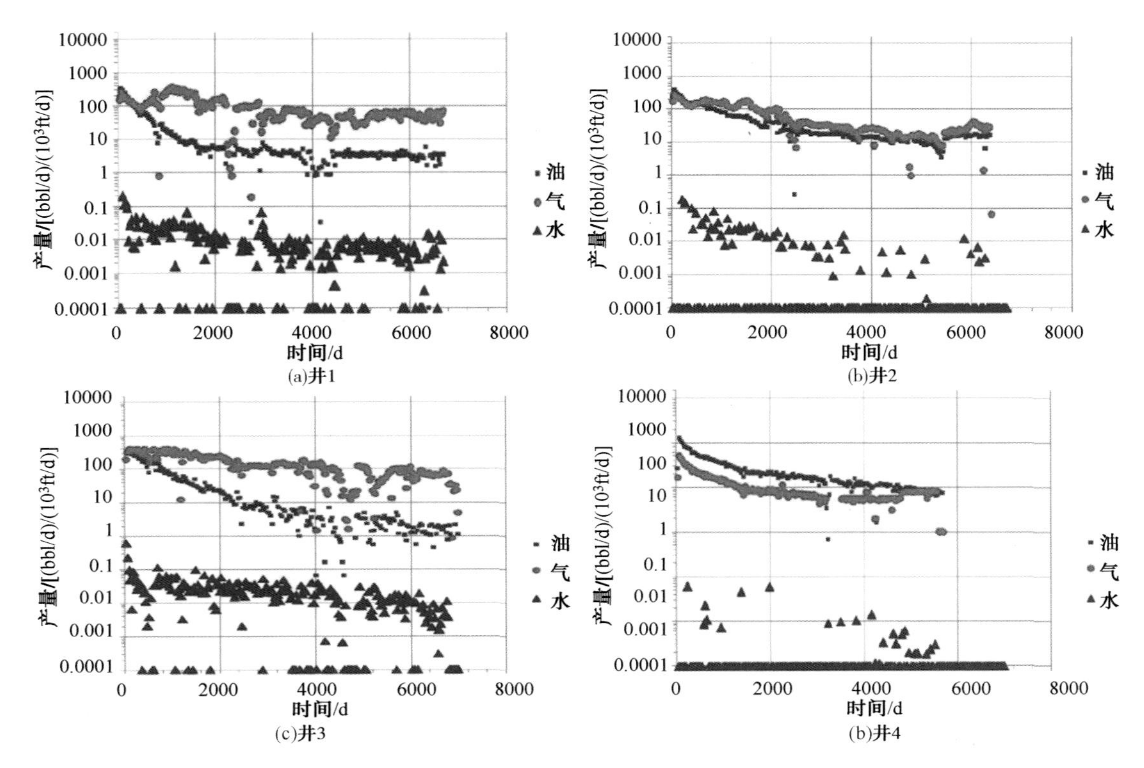

图 2-83　具有Ⅰ型生产变化特征的井的 3 个亚类特征

井 1——基质贡献小的井产量变化趋势；井 2——基质贡献大的井产量变化趋势；
井 3——只依赖裂缝网络产油的生产趋势；井 4——具Ⅱ型生产变化特征的井（Tan Tran 等改）

占比较重的Ⅰ型又可细分为 3 个亚类，包括：基质对产量贡献小；基质对产量贡献大和产量仅来自于裂缝网络。亚类 1 产量变化的特征是初期产量递减快，随后产量趋于稳定而趋缓。亚类 2 产量变化特征是初期产量递减快递减期短，随后产量趋稳并缓慢递减。亚类 3 产量变化特征是长期快速递减，且后期递减曲线斜率没有发生明显变化。具Ⅱ型生产变化趋势的井产量只源自基质，没有来自裂缝的产量，因此其累积可采储量小于Ⅰ型井。

2）井网井距

埃尔姆古丽油田发现于 2000 年，是目前巴肯页岩油最大的油田，预计石油可采储量在 2×10^8bbl 以上，目前油田区已有生产井 600 多口。储层压力梯度为 0.53psi/ft（0.02kPa/m），略呈超压。油田范围内水平井的井距为 1.6～3.2km，水平井的类型有单分支井、双分支井和三分支井。水平井段通过加砂压裂、凝胶基液压裂或水基液压裂进行增产处理。初产量为 200～1900bbl/d。该油田的巴肯组上段对石油产量也有一定的贡献，但具体贡献大小并不清楚，初步估计不到总产量的 20%。

四、渤海湾盆地济阳坳陷罗家地区沙河街组页岩油

（一）概况

济阳坳陷位于渤海湾盆地东南部，是渤海湾中、新生代裂谷盆地中的一个二级负向构造单元，勘探面积 29852km²。受多期构造作用，形成沾化、车镇、东营和惠民 4 个南缓北陡的非对称凹陷，各凹陷之间被凸起分割，构成了凸凹相间排列的格局。胜利油田页岩油发现

始于20世纪60年代，目前为止，已在30余口探井泥页岩发育段获工业油气流，显示了页岩油在济阳坳陷良好的勘探前景。从目前已发现页岩油探井的平面分布来看，以渤南地区最为集中，从渤南地区页岩油测试、投产以及系统取心井(罗69井)等资料分布和效果来看，罗家地区勘探效果较好，其中罗42井、罗19井和罗20井沙三下亚段页岩分别累积生产石油达13465t、1957t和574t(徐兴友，2014)。因此，选择罗家地区为解剖区、沙三下亚段泥页岩为目的层系，探讨页岩油形成条件。

（二）页岩油形成条件

1. 构造演化及沉积特征

罗家地区位于沾化凹陷渤南洼陷南部，西与四扣洼陷相连，东、北以渤深4南断层与渤南洼陷相连，南与陈家庄凸起相连，工区面积80km^2(图2-84)。沾化凹陷为一轴向北、东北断南超的箕状凹陷，经历了燕山运动、喜马拉雅运动等多次构造运动的影响，在罗家地区形成了向北倾没的大型鼻状构造——罗家鼻状构造。渤南洼陷在古近纪时期始终处于沾化凹陷的沉积中心部位，沉积地层厚度大。在坳陷湖盆演化过程中，洼陷受到埕南、孤西、义东等边界断裂带及区域构造升降活动的影响，形成北断南超的沉积构造格局。在始新世早期进入断陷鼎盛期，构造运动相对稳定，湖盆持续下沉，气候温暖潮湿，陆源碎屑向湖泊注入，带来大量营养物质，湖生生物大量生长繁殖，发育了沙河街组四段(简称沙四段，Es_4)上亚段、沙河街组三段(简称沙三段，Es_3)下亚段与中亚段及沙河街组一段(简称沙一段，Es_1)的烃源岩(张善文等，2012)。

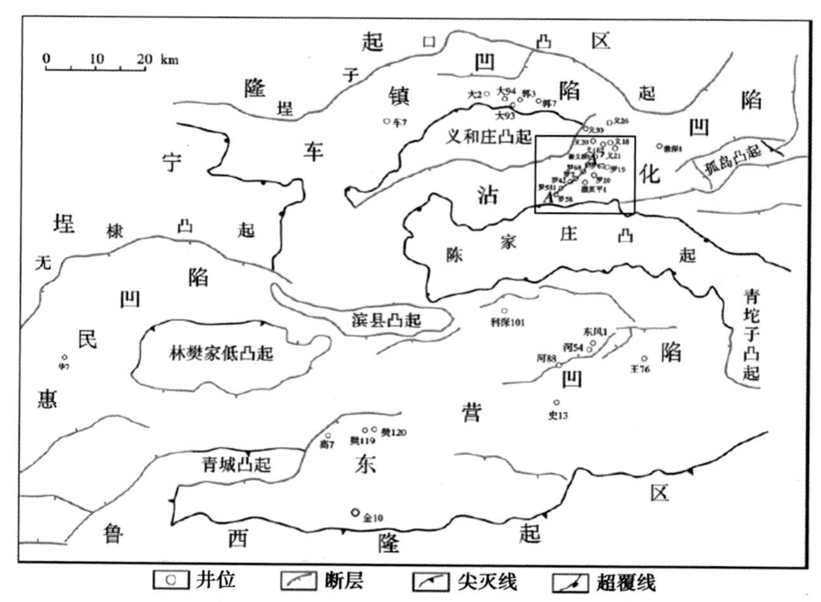

图2-84 济阳坳陷构造单元划分及罗家地区位置图

从钻井揭示地层来看，区内地层发育较全，自上而下分别为第四系平原组、新近系明化镇组和馆陶组，古近系东营组、沙河街组，中生界及古生界。其中古近系沙河街组根据其岩电组合特征及其反映的沉积演化特征可划分为4段，从上而下分别为沙一段、沙二段、沙三段、沙四段，沙三段又可划分为上、中、下三个亚段，沙三下亚段为深湖-半深湖沉积，主要岩相为暗色的泥岩、油泥岩、油页岩等，大部分地区厚100~600m，地层中砂岩储层不发育，泥页岩发育稳定，是罗家地区乃至渤南洼陷最有利的一套烃源岩，也是页岩油最为发育的层系(张善文等，2012)。根据罗69井沙三下亚段的系统取心资料结合电性特征，参考渤南洼陷砂组划分原则将沙三下亚段划分为10～13共6个层组，从上而下分别为10、11、12上、12下、13上、13下层组(图2-85)。其中，10层组以层状灰质泥岩、泥质灰岩为主，在电阻率曲线上表现为锯齿状高阻特征；11层组以层状灰质泥岩为主，在电阻率曲线上表现为低阻特征；12上层组以纹层-层泥质灰岩、层状泥质灰岩为主，夹薄层灰质泥岩，表现为圆弧状高阻特征；12下层组以纹层状泥质灰岩为主，夹层状泥质灰岩、纹层-层状泥质灰岩，表现为剪刀型高阻特征；13上层组为纹层状泥质灰岩、纹层-层状泥质灰岩，表现为山丘型高阻；13下层组为纹层-层状泥质灰岩、层-纹层状泥质灰岩，表现为电阻逐渐降低的低阻特征。

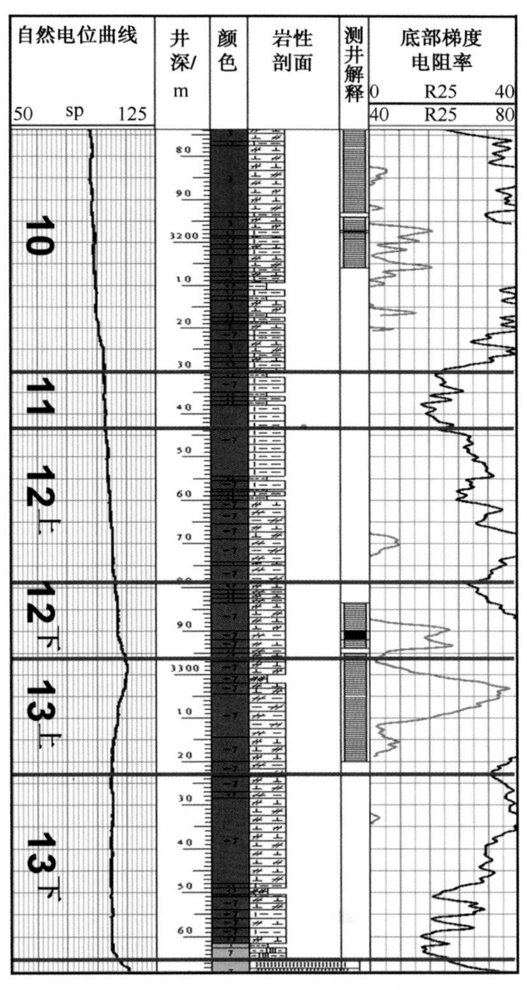

图2-85 罗69井沙三下亚段综合录井图

2. 页岩分布及地化特征

沙三下亚段在渤南地区广泛分布，由罗家地区向西部的四扣洼陷、北部的渤南洼陷明显增厚，最厚达800m，罗家地区厚度在100～300m之间(图2-86)，为油气生成提供了有利的物质条件。沙三下亚段烃源岩岩性以泥质灰岩、灰质泥岩、泥岩等为主，根据地化分析结果表明(表2-16)，罗69井沙三下亚段烃源岩有机质类型为Ⅰ-$Ⅱ_1$型，有机质丰度由下而上逐渐增大，有机碳含量分布在0.71%～9.32%之间，随着埋深增大，有机质成熟度逐渐增高，热成熟度变化范围为0.70%～0.93%，埋藏深度范围为2500～3500m，正处于大量生液态烃阶段。

表2-16 罗家沙三下各泥页岩段有机质丰度及成熟度统计

层 组	有机碳(平均)/%	S_1+S_2(平均)/(mg/g岩石)	*HI/TOC*(平均)/(mg/g)	R_o(平均)/%
10～11	1.97～9.32(3.63)	6.04～82.65(24.83)	167～1331(613)	0.70～0.76(0.75)
12上	1.58～5.09(3.36)	6.75～40.71(21.64)	182～1144(522)	0.73～0.82(0.77)
12下～13上	1.22～7.52(3.33)	3.6～60.72(18.67)	176～755(372)	0.77～0.84(0.80)
13下	0.71～3.75(1.57)	1.19～13.83(6.17)	82～482(264)	0.82～0.93(0.85)

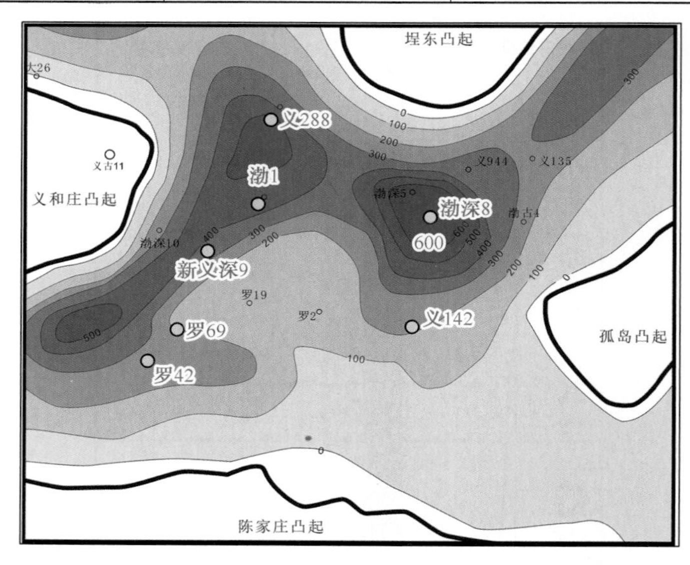

图2-86 渤南洼陷沙三下亚段暗色泥岩等厚图(胜利油田，2012)

3. 页岩的岩石矿物学特征

据X衍射全岩矿物分析结果表明(表2-17和图2-87)，罗家地区沙三下亚段泥页岩全岩矿物主要以碳酸盐矿物为主，其次为黏土矿物，普遍含有石英和黄铁矿，沙三下亚段由11层段至13下层段碳酸盐含量呈增高趋势，而黏土和石英+长石含量呈降低趋势。在脆性矿物中，沙三下亚段碳酸盐含量较高，一般在50%以上，石英含量较低，一般低于20%，碳酸盐和石英含量之和在80%左右(张善文等，2012)。

表2-17 罗67、69井X衍射全岩分析矿物平均百分含量表 %

井 名	黏土矿物	石英	钾长石	斜长石	方解石	白云石	黄铁矿
罗69	18.6	18	0.1	1.4	52.1	6	3.8
罗67	12.3	10.9	0	0.1	68.4	5.4	2.9

罗家地区核三段页岩岩石致密，总体色调以灰色为主。岩心观察普遍发育水平层理，主要因矿物组成、颜色和厚度变化而显现，层厚以微层为主(厚度小于0.01m)、薄层其次(厚度0.01～0.1m)；仅局部井段见块状和“砾屑状”泥岩。依据罗69井近千块样品薄片鉴定，岩石主要成分为泥质和方解石，泥质以鳞片结构为主，方解石以隐晶结构为主，次为显微-隐晶结构和隐晶-显微晶结构。利用“岩心观察+薄片鉴定+衍射分析”的手段，采用岩石结

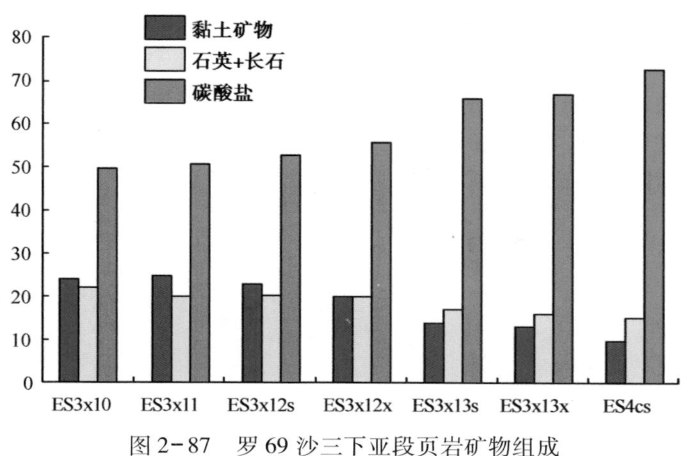

图 2-87　罗 69 沙三下亚段页岩矿物组成

构、构造特征和成分特征组合法将本区沙三下泥页岩划分为 10 余种岩相，其中以层状泥质灰岩相、纹层状泥质灰岩相为主，其次为层状灰质泥岩相、层状含泥质灰岩相等，典型岩相的镜下结构构造特征如图 2-88 所示(张善文等，2012；王永诗等，2013)。

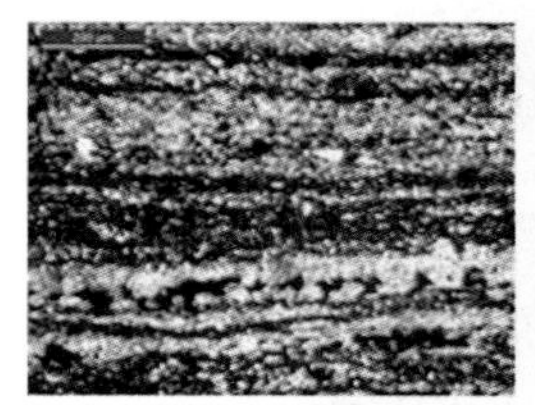

(a) Ⅰ类　纹层状况质灰岩相

(b) Ⅱ类　纹层-层状泥质灰岩相

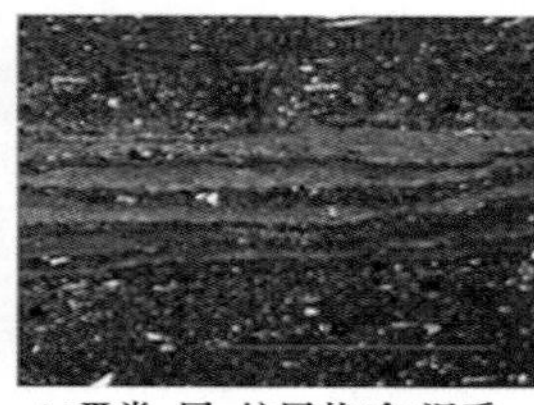

(c) Ⅲ类　层-纹层状(含)泥质灰岩相

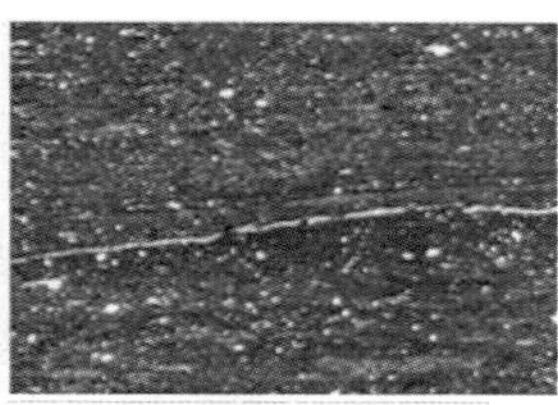

(d) Ⅳ类　层状泥质灰岩、灰质泥岩相

图 2-88　罗家地区核三段典型岩相结构构造特征图

4. 页岩储集性能

通过对罗 69 井 404 块泥页岩孔隙度分析结果表明，孔隙度分布在 1.2% ~13.6% 之间，平均 5.04%，主要分布在 2% ~7% 之间；通过对 550 块泥页岩渗透率分析结果表明，最大可达 $760\times10^{-3}\mu m^2$，一般小于 $10\times10^{-3}\mu m^2$(图 2-89)(张善文等，2012)。

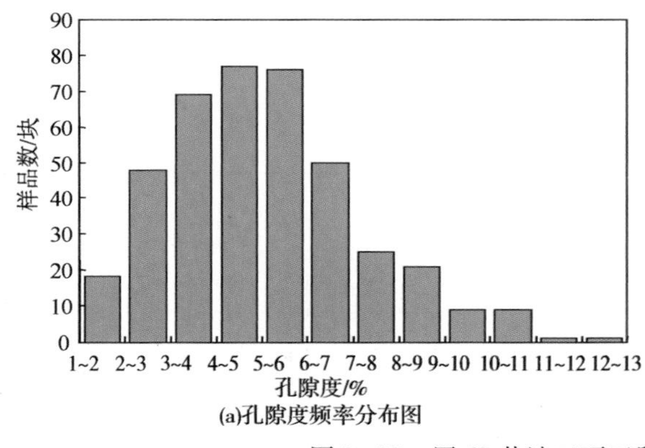

(a)孔隙度频率分布图

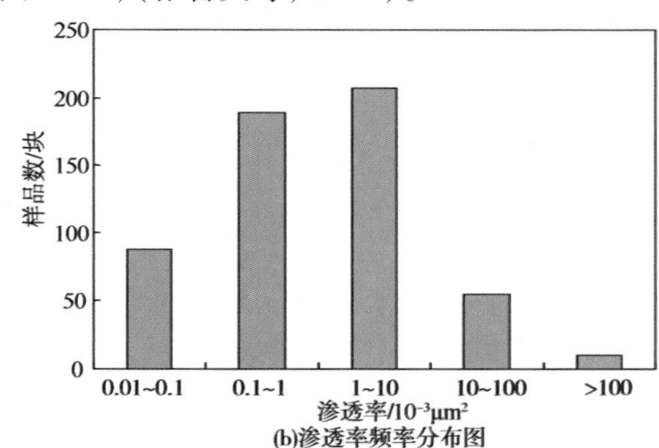

(b)渗透率频率分布图

图 2-89　罗 69 井沙三下亚段孔隙度与渗透率频率分布图

据岩心观察、薄片鉴定和电镜观察结果表明，泥页岩储集空间以微孔为主，其次为微裂缝。罗 69 井沙三下亚段泥页岩结构致密，扫描电镜观察可见泥页岩 1 ~ 15μm 微孔较为发育，微孔可分为黏土微孔、碳酸盐矿物晶间微孔和砂质粒间微孔，常见黄铁矿交代介形虫壳壁和“体腔”、交代磷质生物骨骼和骨骼“内髓”，其中方解石纹层和砂质纹层中的微孔值得重视，目前所发现的泥页岩微孔类型主要为无机孔隙(图2-90)。岩心观察裂缝总体不发育，见少量层间缝及斜交构造缝，薄片观察半数样品见微裂缝，裂缝以顺层微裂缝、斜交微裂缝为主，层间微裂缝缝宽1～2μm(图2-91)。

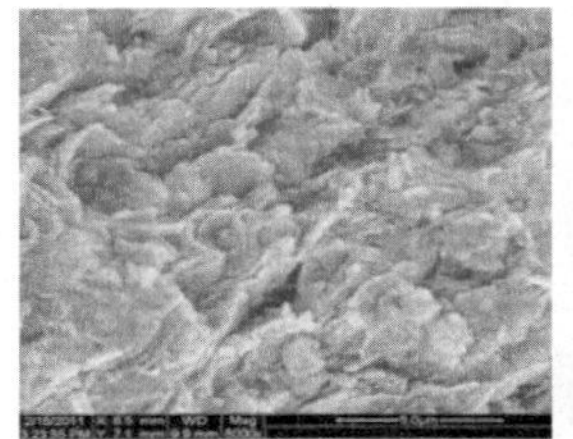
(a) 黏土矿物晶间孔

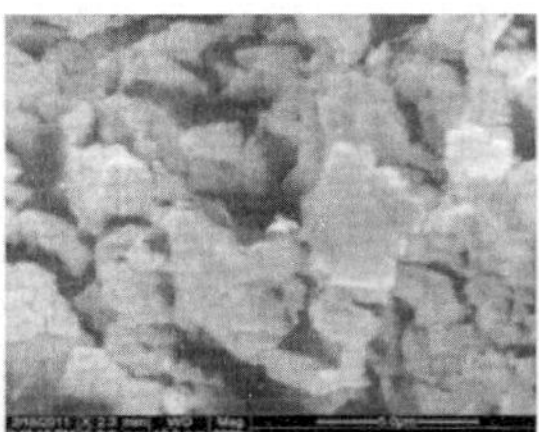
(b) 方解石晶间孔

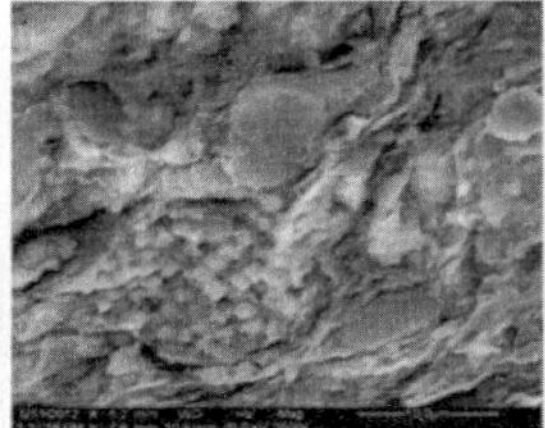
(c) 黄铁矿晶间孔

(d) 砂质粒间微孔

图2-90　沙三下亚段页岩主要微孔类型

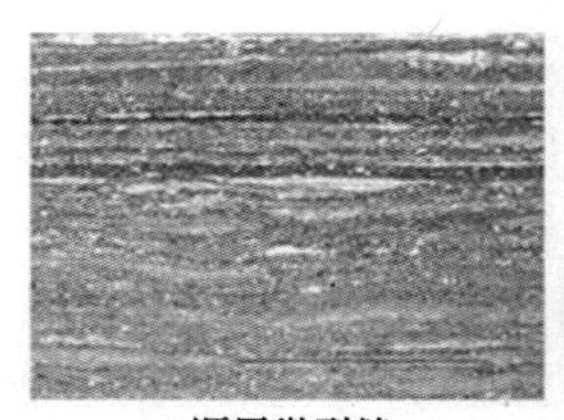
(a) 顺层微裂缝

(b) 层间微裂缝

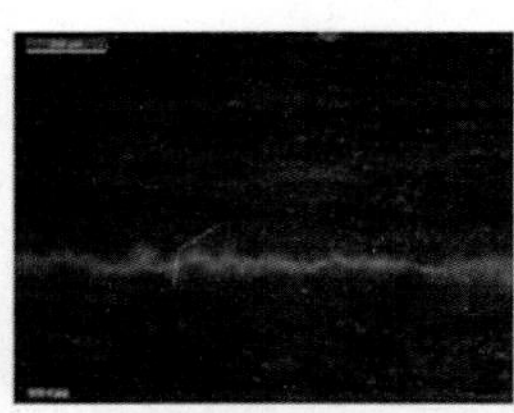
(c) 顺层微裂缝发亮黄色荧光

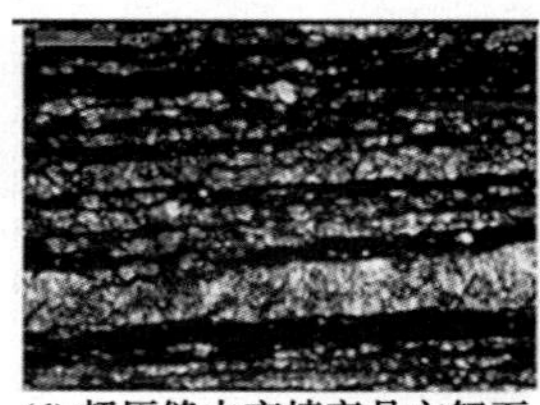
(d) 超压缝内充填亮晶方解石

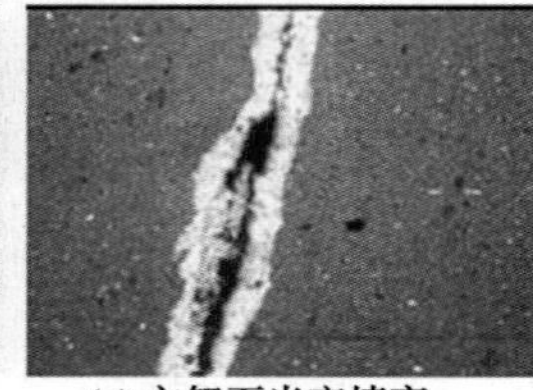
(e) 方解石半充填高角度斜交缝含油

(f) 灰质泥岩，未充填微裂缝发绿色光

图2-91　沙三下亚段页岩微裂缝类型

5. 页岩含油气性及影响因素

依据罗69井2911.0～3140.75m系统取心资料分析的矿物组成、岩石构造、有机碳、孔隙度、渗透率、S_1及测井曲线特征，划分5类油气品质段(表2-18)。显然，页岩岩相对含油气性具有明显的控制作用(李师涛等，2013；王永诗等，2013)。

表2-18　罗家地区沙三下亚段页岩油品质段分类评价表

分类	主要岩相类型	X衍射全岩矿物组成/%(均值)			有机碳含量/%	孔渗参数(均值)		测井曲线特征
		黏土矿物	石英	方解石		孔隙度/%	渗透率/$10^{-3}\mu m^2$	
Ⅰ类	纹层状泥质灰岩相	17	16.8	57.6	3.4	5.9	17.1	三高(R、AC、中子)、一低(密度)、一幅度差(SP)
Ⅱ类	纹层-层状泥质灰岩相	20.3	18.6	50.1	3.4	5.1	3.4	四中(R、AC、中子、密度)、无幅度(SP)
Ⅲ类	层-纹层状(含)泥质灰岩相	10.6	16	66.2	1.5	6.9	0.6	二高(AC、中子)、一中(密度)一低(R)、无幅度(SP)

续表

分类	主要岩相类型	X衍射全岩矿物组成/%(均值)			有机碳含量/%	孔渗参数(均值)		测井曲线特征
		黏土矿物	石英	方解石		孔隙度/%	渗透率/$10^{-3}\mu m^2$	
Ⅳ类	纹层-层状(含)泥质灰岩相	13	14.9	61.8	1.6	5	4.6	一高(密度)、一中(R)二低(AC、中子)、无幅度(SP)
Ⅴ类	层状泥质灰岩、灰质泥岩相	23.9	20.3	44.1	3.76	4.3	8.4	三高(AC、中子、GR)、一中等偏低(R)一低(密度)、无幅度(SP)

通过对罗家地区24口井的测井二次解释可以看出，Ⅰ类主要为纹层状泥质灰岩相，发育密集水平层理，呈纹层状构造，纹层主要由富有机质黏土纹层和亮晶方解石纹层组成，主要分布在12和13^{上}层组。Ⅱ类主要由纹层-层状泥质灰岩相，水平层理发育，局部富集呈纹层状构造，纹层主要由黏土纹层、方解石纹层和泥灰质纹层组成，主要分布在12和13^{上}层组。Ⅲ类主要为层-纹层状(含)泥质灰岩相，水平层理发育，多密集呈纹层状构造，纹层主要由隐晶灰质纹层和泥质纹层组成，分布在13^{下}层组底部。Ⅳ类主要为纹层-层状(含)泥质灰岩相，水平层理发育，局部富集，纹层主要由方解石纹层和泥灰质纹层组成，主要分布13^{下}砂组。Ⅴ类主要为层状泥质灰岩、灰质泥岩相，水平层理较发育，纹层主要由泥质纹层和泥灰质/灰泥质纹层组成，分布在10和11层组。在剖面上，12^{上}-13^{上}层组主要为Ⅰ类、Ⅱ类含油气品质段，其中Ⅰ类在中部罗42井、罗7井富集最厚，向南、北、东逐渐变薄。平面上，Ⅰ类厚度最大处达56m，位于罗42井-罗7井-罗斜601井一线。Ⅱ类含油气品质段厚度中心也位于罗61井-新罗39井-罗67井一线，厚度中心呈北东向展布，最厚大80m。Ⅲ类含油气品质段厚度相对较小，厚度中心位于新罗39井与罗14井区一线，最厚达15m。Ⅵ类含油气品质段厚度较大，受地层发育的影响，厚度中心位于罗52井-新罗39井-罗斜601井区一线，最厚达100m。Ⅴ类含油气品质段厚度也较大，厚度中心位于罗6井区附近，厚度达70m。

罗69井取心段页岩的有机碳含量与热解S_1值统计分析结果(图2-92)显示，无论是低含油层段、油气显示段还是具有页岩油潜力段，其有机碳含量与热解S_1值均具有正相关性(黎茂稳等，2013)。

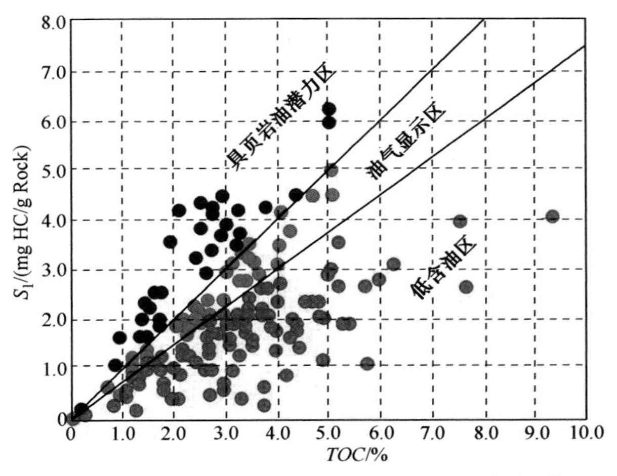

图2-92 罗69井沙三下取心段$TOC-S_1$关系图解

裂缝发育程度控制着页岩油产能。产能高的井都靠近断层，特别是罗 42 井位于北东、北西向断层交汇处，裂缝应更为发育，虽缺少该井的岩心和成像资料，但从钻遇储层时钻时由 23min/m 降至 13min/m 看，说明钻遇脆性或疏散地层(徐兴友，2014)。

罗家地区沙三下亚段泥页岩压力场从常压到异常高压均有分布，压力系数一般在 1.0 ~ 1.6 之间(图 2-93)。在同一温度下，较高的压力不仅使油气赋存于岩石中，而且也是页岩油高产的重要影响因素。

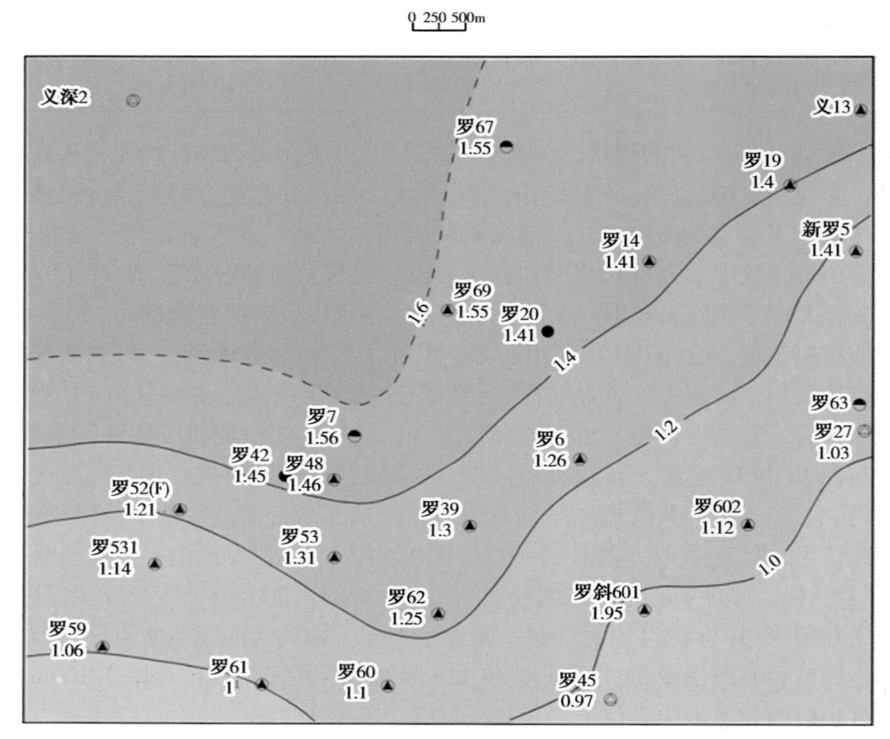

图 2-93　罗家地区沙三下 13上压力系数等值线图

(三) 页岩油的开发状况

罗家地区页岩油开发是在常规油气勘探过程中兼探实现的，如罗 42 井、罗 19 井和罗 20 井分别在沙三下泥页岩层段累积生产石油达 13465t、1957t 和 574t。罗 42 井初期日产较高，达 117t，产量下降较快，通过一年半时间开采，日产降到 20t 以下，又过了一年，日产量降至 5t 以下，尔后停产；第二个周期初期日产 15t，至周期末降到 1t；第三个周期日产量更低，初期只有 5t。全井累积产油 1.3×10^4t、水 1079m^3，综合含水 7.3%(图 2-94)。

然而，针对页岩油部署的专探井，页岩油产量均很低。如罗 69 井在 3040 ~ 3051m 和 3056 ~ 3066m 射开，日产油仅 0.85t，累计产油 2.90t。渤页平 1 井第 1 次压裂(国外低砂比页岩气压裂模式)3665 ~ 3703m^2 层 2m 压裂液 1009m^3，加砂 56t，压后日产油 2.29m^3，累积产油 22.61m^3；第 2 次压裂(国内高砂比压裂模式)3605 ~ 3628m^2 层 2m 压裂液 1163m^3，加砂 100m^3，压后初期日产油 8.22m^3，累积产油 118.5m^3。渤页平 2 井第 5 段压裂(第 1 次)3125.94 ~ 3244.96m 压裂液 792.3m^3，加砂 12.4m^3，压后日产油 1.5m^3，累积产油 13.7m^3；第 5 段压裂(第 2 次)3125.94 ~ 3244.96m 压裂液 914m^3，加砂 93.17t，压后初期日产油 2.3m^3，累积产油 54.36m^3。目前，这些井因无有效产能与经济效益而关闭(徐兴友，2014)。

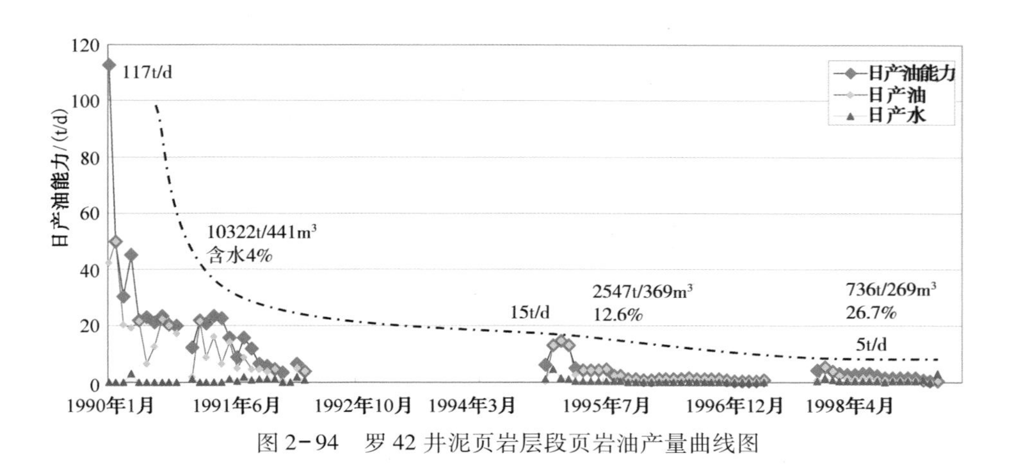

图 2-94　罗 42 井泥页岩层段页岩油产量曲线图

五、南襄盆地泌阳凹陷核桃园组页岩油

（一）概况

南襄盆地为发育在秦岭构造带上的中新生代断陷盆地，泌阳凹陷位于南襄盆地东北部，是南襄盆地中的一个次级凹陷，东西长 50km，南北宽 30km，面积 1000km^2（图 2-95）。其东南部为桐柏山，西北部是社旗凸起，东北部是伏牛山，西部以唐河低凸起与南阳凹陷相隔，它是晚白垩世时期在北西向的内乡-桐柏断裂（唐河-栗园张剪段）与北东向的栗园-泌阳张性断裂共同作用下产生的小型断陷。从早第三纪开始，随着边界断裂活动的加强，发生大面积、大幅度的沉降，才逐步发展成为断陷型盆地，该盆地具有长期继承性的沉积中心，其沉降中心始终位于盆地南部程店-安棚一带，基底埋深超过 8000m，向北逐渐抬高，形成南深北浅的格局（罗家群等，2010）。

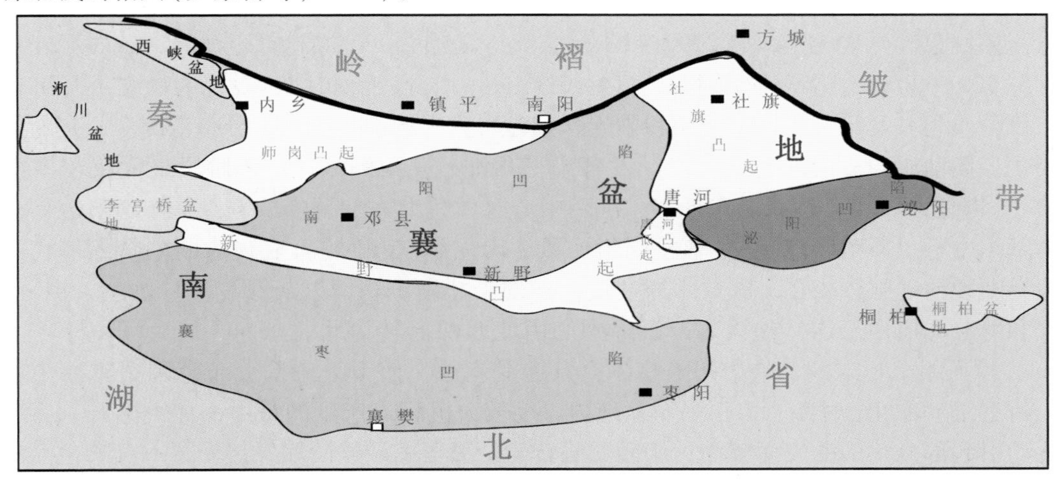

图 2-95　泌阳凹陷构造位置图

泌阳凹陷新生代地层自上而下依次是新生界第四系平原组、新近系凤凰镇组（又称上寺组）、古近系渐新统廖庄组、核桃园组和始新统-古新统大仓房-玉皇顶组。其中核桃园组自上而下分为核一段、核二段和核三段 3 个段（表 2-19），核三段是泌阳凹陷主要的生油层与储集岩发育段，是凹陷主力含油气层段。

表 2-19　泌阳凹陷充填地层层序简表

<table>
<tr><th colspan="2">地质年代</th><th colspan="3">地层单元及接触关系</th><th>地层代号</th></tr>
<tr><td colspan="2">第四纪-新近纪</td><td colspan="3">平原组+上寺组</td><td>Q+N</td></tr>
<tr><td rowspan="6">古近纪</td><td>渐新世</td><td colspan="3">廖庄组</td><td>EL</td></tr>
<tr><td rowspan="5">始新世-古新统</td><td rowspan="4">核桃园组</td><td colspan="2">核一段</td><td>Eh_1</td></tr>
<tr><td colspan="2">核二段</td><td>Eh_2</td></tr>
<tr><td rowspan="2">核三段</td><td>核三上段</td><td>$Eh_3^{上}$</td></tr>
<tr><td>核三下段</td><td>$Eh_3^{下}$</td></tr>
<tr><td colspan="3">大仓房组-玉皇顶组</td><td>Ed+y</td></tr>
<tr><td colspan="2">晚白垩世</td><td colspan="3">上白垩统</td><td></td></tr>
<tr><td colspan="2">前白垩纪</td><td colspan="3">前白垩系</td><td></td></tr>
</table>

泌阳凹陷是中国东部地区典型的富油凹陷，据河南油田分公司初步估算，页岩(烃源岩层)分布面积400km^2，页岩油气资源量11×10^{8}t(油当量)，其中页岩油资源量10.28×10^{8}t，资源潜力较大，具有良好的勘探开发前景(章新文等，2013)。2010~2012年在泌阳凹陷深凹区部署钻探的安深1井、泌页HF1井、泌页2HF井均在页岩试获油流，其中直井安深1井压裂后最高日产油4.68m^3，稳定日产油0.2t，累计产油114.5m^3；泌页HF1井压裂后最高日产油23.6m^3，泌页2HF井压裂后最高日产油4.88m^3，目前日产油均低于1t。

(二) 页岩油形成条件

1. 构造演化及沉积特征

泌阳凹陷新生代构造及沉积演化可划分为3个阶段，即古近纪断陷阶段、古近纪末整体抬升剥蚀阶段和新近纪-第四纪坳陷(全面萎缩调整)阶段。其中，核桃园组优质页岩发育于古近系断陷阶段。古近纪断陷阶段初期，表现为快速沉积堆积的特征。玉皇顶组以暗红色泥岩与浅棕红色砂砾岩为主，厚2000~3000m；大仓房组为一套暗棕红色泥岩、砂质泥岩夹砂岩，厚300~1000m。断陷阶段中期(核桃园组三段、二段沉积时期)表现为稳定沉降沉积特征，该阶段为一套暗色泥岩夹薄层粉砂岩、细砂岩为主的湖相沉积，分布范围广，是断陷内主要生、储油层段。沿湖盆四周广泛发育扇三角洲、三角洲砂体。该阶段最大沉积厚度达2800m，断陷沉积中心逐渐向东迁移，沉降中心总体呈北东向展布，与栗园-泌阳边界断裂活动基本平行。断陷阶段晚期(核桃园组一段、廖庄组沉积时期)表现为断陷萎缩消亡，此时边界断裂活动强烈减弱，湖盆水体变浅，出现干盐湖沉积，以灰绿色泥岩为主，夹页岩、砂岩和薄层泥质白云岩、油页岩，沉降中心由北西西向转为北北东向，最大沉积厚度可达900m。廖庄组沉积末期，整个凹陷整体上升遭受剥蚀，使下第三系分布范围边界成为剥蚀线。新近纪-第四纪时期，由于平衡盆地内厚度较大沉积岩产生的重力，地幔上升，后期断裂活动引起部分热的散失而收缩，泌阳凹陷转为全面萎缩调整阶段，接受了一套杂色河流冲积相粗碎屑岩沉积，最大厚度为1000m左右，形成了凹陷现今的面貌(罗家群等，2010)。

2. 页岩分布及地化特征

泌阳凹陷核三段为主力烃源岩层系，主要为褐色、褐灰色、黑色页岩和油页岩及灰色泥岩，核二段为泌阳凹陷的次要烃源岩，由于其埋藏深度较浅，只有在中部深凹带区域才进入生油窗(董田等，2013)。其中核三段烃源岩地层可划分为8个亚段，各亚段泥页岩厚度与分布情况如表2-20和图2-96所示。

表 2-20　泌阳凹陷核三段烃源岩地层各亚段泥页岩厚度情况统计表

核三段烃源岩	泥页岩厚度分布主要范围/m	核三段烃源岩	泥页岩厚度分布主要范围/m
核三 1 亚段(Eh_3^1)	40 ~ 200	核三 5 亚段(Eh_3^5)	40 ~ 220
核三 2 亚段(Eh_3^2)	40 ~ 260	核三 6 亚段(Eh_3^6)	40 ~ 200
核三 3 亚段(Eh_3^3)	40 ~ 340	核三 7 亚段(Eh_3^7)	40 ~ 180
核三 4 亚段(Eh_3^4)	40 ~ 240	核三 8 亚段(Eh_3^8)	40 ~ 170

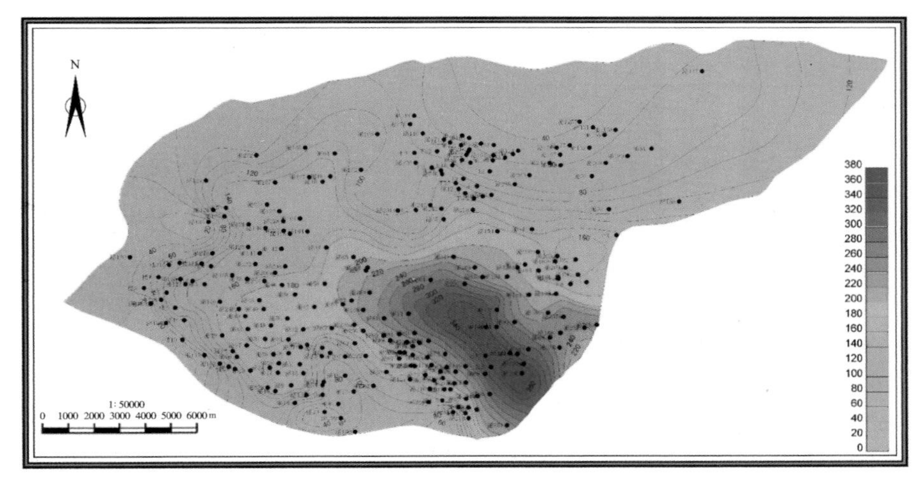

图 2-96　泌阳凹陷核三 3 亚段泥页岩厚度平面图(罗家群等，2010)

根据泌阳凹陷核三段和核二段典型烃源岩样品的分析结果(表 2-21)，结合收集的相关资料(图 2-97)，揭示泌阳凹陷主力烃源岩地层典型样品具有如下地球化学特征。

表 2-21　泌阳凹陷主力烃源岩地层有机地球化学参数统计表

钻井	层位	地球化学参数	S_1/(mg/g)	*TOC*/%	*OSI*/(mgHC/g·TOC)	S_2/(mg/g)	*HI*/(mgHC/g·TOC)	氯仿沥青“A”/%	样品数
泌 215 井等	Eh_3	范围	0.1 ~ 3.7	0.6 ~ 9.9	4 ~ 216	0.2 ~ 83.2	37 ~ 842	0.07 ~ 0.42	41
		均值	0.6	2.5	32	15.2	458	0.21	
泌 69 井等	Eh_2	范围	0.3 ~ 0.6	1.3 ~ 5.8	10 ~ 44	4.6 ~ 40.0	284 ~ 722		14
		均值	0.5	3.1	22	19.5	554		

泌阳凹陷核三段烃源层其残余 *TOC* 介于 0.6% ~ 9.9% 之间，平均值约为 2.5%，游离烃 S_1 为 0.1 ~ 3.7mgHC/g 岩石，平均为 0.6mgHC/g 岩石，石油潜力 S_2 为 0.2 ~ 83.2mgHC/g 岩石，平均为 15.2mgHC/g 岩石。氢指数 *HI* 变化范围大，介于 37 ~ 842mgHC/g · TOC 之间，平均为 458mgHC/g · TOC，氯仿沥青“A”含量介于 0.07% ~ 0.42% 之间，平均可达 0.21%。核三段烃源岩油饱和度指数 $OSI(S_1 \times 100/TOC)$ 介于 4 ~ 216mg/g · TOC 之间(表 2-21)，平均为 32mg/g · TOC，说明研究的核三段烃源层主要处于中等含油程度，小部分处于低含油程度和低可采页岩油程度，反映局部层段有利于页岩油的勘探。

泌阳凹陷核二段烃源岩地层其残余 *TOC* 介于 1.3% ~ 5.8% 之间，平均值约为 3.1%，游离烃 S_1 为 0.3 ~ 0.6mgHC/g 岩石，平均为 0.5mgHC/g 岩石，石油潜力 S_2 为 4.6 ~ 40.0mgHC/g 岩石，平均为 19.5mgHC/g 岩石。氢指数 *HI* 介于 284 ~ 722mgHC/g · TOC 之间，

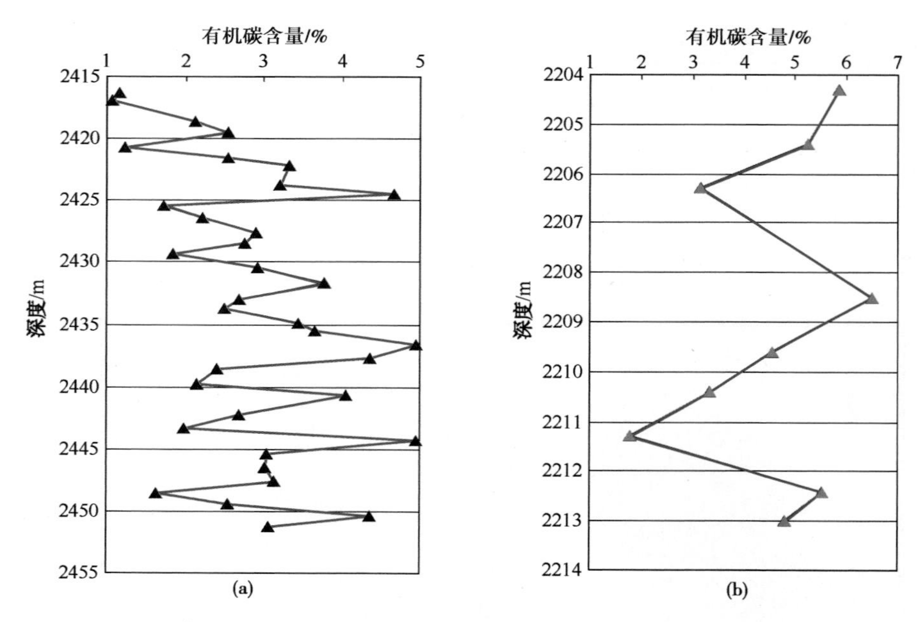

图 2-97 泌页 HF1 取心段(核三段)有机碳含量分布图

平均为 554mgHC/g · TOC。核一段烃源岩油饱和度指数 *OSI*(S_1 ×100/*TOC*)介于 10～44mg/g · TOC 之间(表 2-21)，平均为 22mg/g · TOC，说明核二段烃源岩地层总体处于低含油程度，不利于页岩油的勘探。泌阳凹陷核三段和核二段烃源层的有机质类型均以 $Ⅱ_1$ - $Ⅱ_2$ 型为主，个别则属 $Ⅰ_1$ 和Ⅲ型(图2-98)。

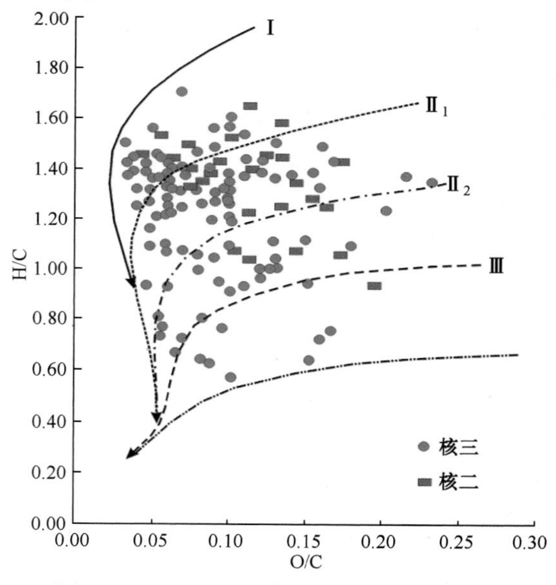

图 2-98 泌阳凹陷烃源层有机质类型图解

考虑到泌阳凹陷核三段和核二段烃源岩层的有机质类型均以 $Ⅱ_1$ - $Ⅱ_2$ 型为主，传统的镜质体反射率 R_o 会受到一定程度的抑制。为了更加合理地确定泌阳凹陷主力烃源层系的成熟度特征，对取自不同深度段泥页岩样品采用 FAMM 技术进行成熟度厘定，分析结果如图 2-99 所示。可见，根据 FAMM 技术厘定的 19 件烃源岩样品的成熟度[等效镜质体反射率(*EqVR*)]值介于 0.58% ～1.29% 之间，表明这些样品的成熟度均已处于生油窗内，现今

2500m 深度段烃源岩的真实成熟度约为 0.80%（黎茂稳等，2013），显然核三段烃源岩层在凹陷东南部的深凹区已处于成熟至高成熟阶段（图 2-100）。

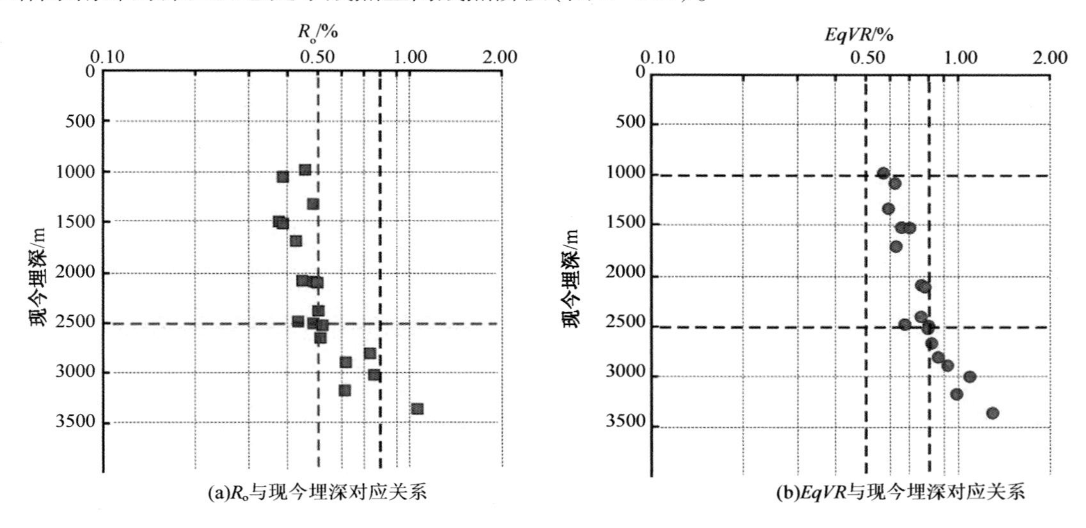

图 2-99　泌阳凹陷核桃园组烃源岩 R_o、$EqVR$ 与现今埋深对应关系图

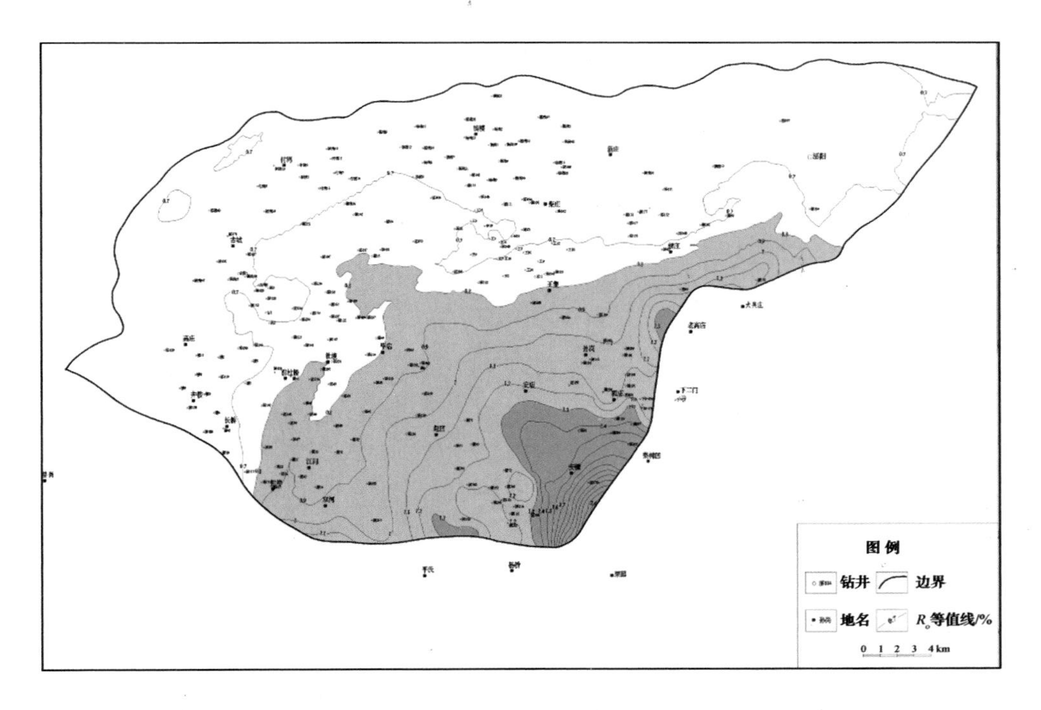

图 2-100　泌阳凹陷现今核三段底面 R_o 等值线图（FAMM 校正后）

3. 页岩岩石矿物学特征

泌阳凹陷核三段烃源层总体上为一套泥页岩，但非均质性很强。根据页岩岩石学特征及矿物组成等将页岩划分 4 大类 10 种页岩相：Ⅰ类——纹层状/块状含粉砂质泥岩；Ⅱ类——纹层状/层状/块状灰质泥岩、云质泥岩；Ⅲ类——层状/块状/纹层状泥岩；Ⅳ类——纹层状泥质云岩。从矿物组成来看，Ⅰ类页岩相碎屑矿物长石含量多，Ⅱ类页岩相方解石和白云石等碳酸盐矿物含量多，Ⅲ类页岩相黏土矿物含量多，Ⅳ类为泥质云岩相，有机质含量较高，

为有效页岩油气储层。泌页 HF1 井取心段 XRF 现场分析(图 2-101、图 2-102)结果表明，泥页岩非均质性有两种成因：①陆源碎屑的加入；②碳酸盐岩纹层与夹层的存在(黎茂稳等，2013)。从泌阳凹陷核三段页岩矿物组成来看，石英含量为 19% ~24%，长石含量为 19% ~33%，碳酸盐矿物含量为 23% ~32%，黏土矿物含量为 16% ~30%(表 2-22)。页岩脆性矿物含量高，黏土矿物含量较低，对于后期的压裂改造较为有利。

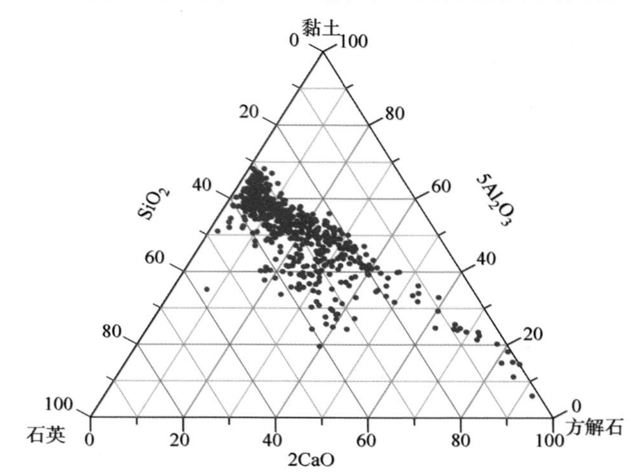

图 2-101　泌阳凹陷泌页 HF1 井取心段 XRF 分析成分三角图

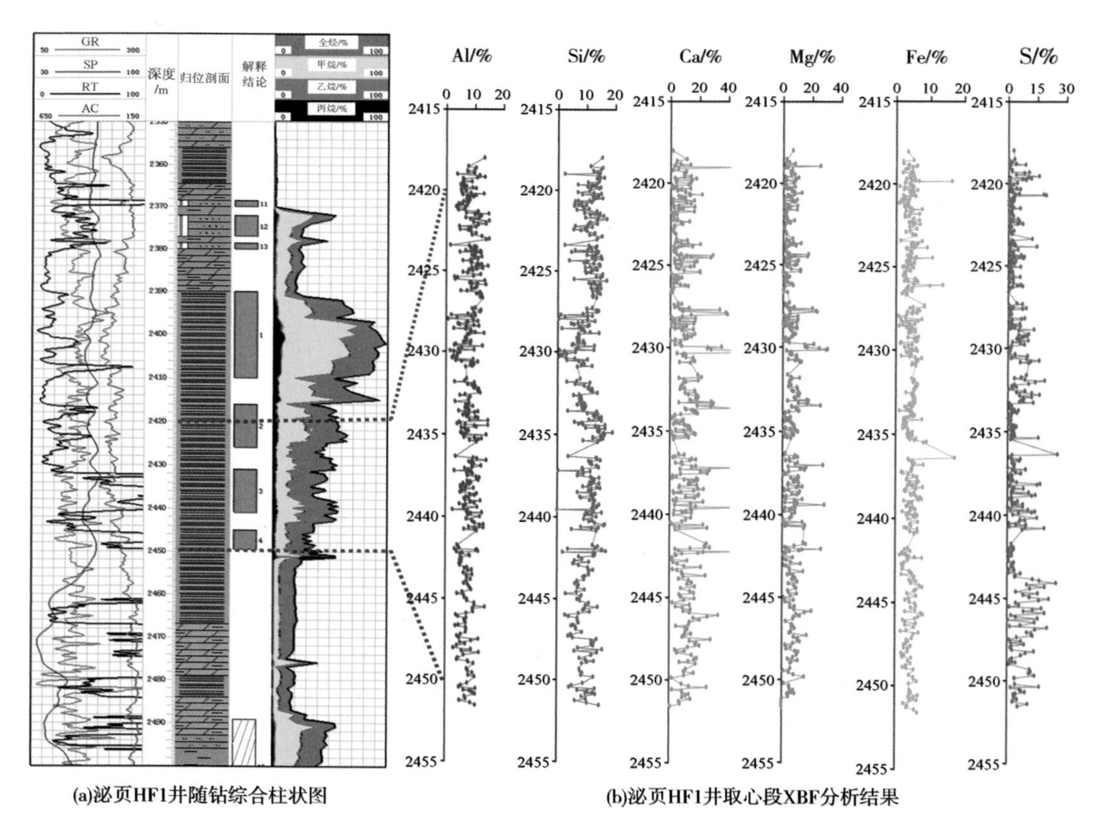

图 2-102　泌阳凹陷泌页 HF1 井取心段 XRF 现场分析结果

表2-22　泌阳凹陷核三段页岩矿物组成分析结果(河南油田)

区　域	石英/%	长石/%	碳酸岩/%	黏土/%	脆性矿物含量/%
泌页HF1井	19.50	18.80	27.70	28.90	66.10
安深1井	18.40	24.50	24.40	25.90	67.30
泌阳凹陷	19~24	19~33	23~32	16~30	68~83
美国海恩斯维尔	25~35	—	20~40	30~40	60~70

4. 页岩储集性能

对取自泌阳凹陷核三段不同埋深的泥页岩样品的孔隙度实测分析表明(图2-103)，随着泥页岩埋藏深度的增大，其孔隙度总体上逐渐降低。埋深小于1000m的泥页岩样品，其孔隙度一般大于15%；埋深处于1000~3000m的泥页岩样品，其孔隙度主要介于2%~15%之间。同一深度段孔隙度变化也较大，这主要与泥页岩层段非均质性以及局部微裂缝、层理缝发育有关(图2-104)；夹砂岩和碳酸盐岩纹层段和微裂缝、层理缝层段，其储集性能相对较好。当埋深大于3000m，核三段烃源岩层的孔隙度则普遍小于2%(黎茂稳等，2013)。表2-23则为泌页HF1井核三段核磁共振有效孔隙度分析结果，很明显上部取心段(2204.01~2210.21m)孔隙度总体要高，介于7.73%~12.5%之间，而下部取心段(2417.35~2441.3m)孔隙度介于2.73%~5.87%之间，与图2-108该深度段的结果一致。

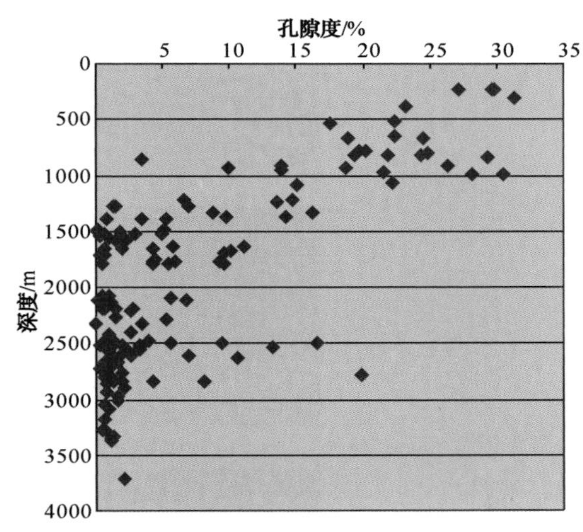

图2-103　泌阳凹陷核三段不同深度烃源岩地层样品孔隙度分布图

表2-23　泌页HF1井核三段核磁共振有效孔隙度分析结果(河南油田)

样品编号	井　号	井　段	核磁共振有效孔隙度/%
HF1-1	泌页HF1	2204.01	7.73
HF1-2	泌页HF1	2206.25	12.5
HF1-3	泌页HF1	2210.21	10.27
HF1-4	泌页HF1	2417.35	5.81
HF1-5	泌页HF1	2419	3.54
HF1-6	泌页HF1	2423.38	5.87
HF1-7	泌页HF1	2426.9	3.89
HF1-8	泌页HF1	2429.7	4.54
HF1-9	泌页HF1	2431.45	5.08
HF1-10	泌页HF1	2434.7	2.73
HF1-11	泌页HF1	2438.6	3.87
HF1-12	泌页HF1	2441.3	3.53

泌阳凹陷核三段页岩主要发育粒间孔、溶蚀孔、晶间孔和有机质孔4种孔隙类型以及层间页理缝、构造缝、微裂缝3种裂缝类型。其中溶蚀孔、晶间孔、层理缝和微裂缝尤为发育，为有利储集空间类型(图2-105)。

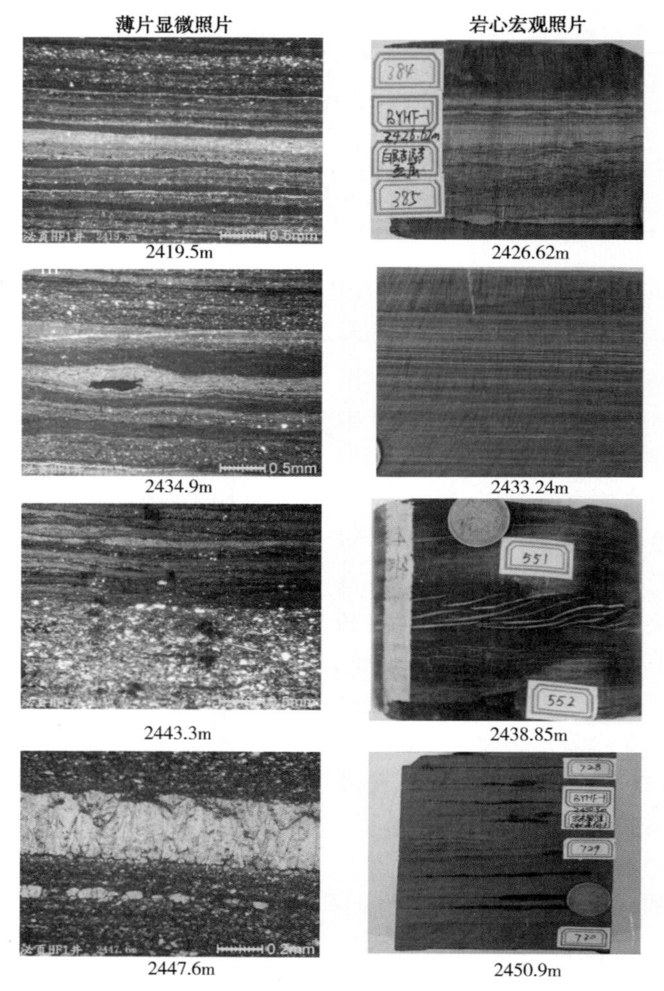

图 2-104　泌阳凹陷泌页 HF1 井核三段页岩储层的非均质性特征

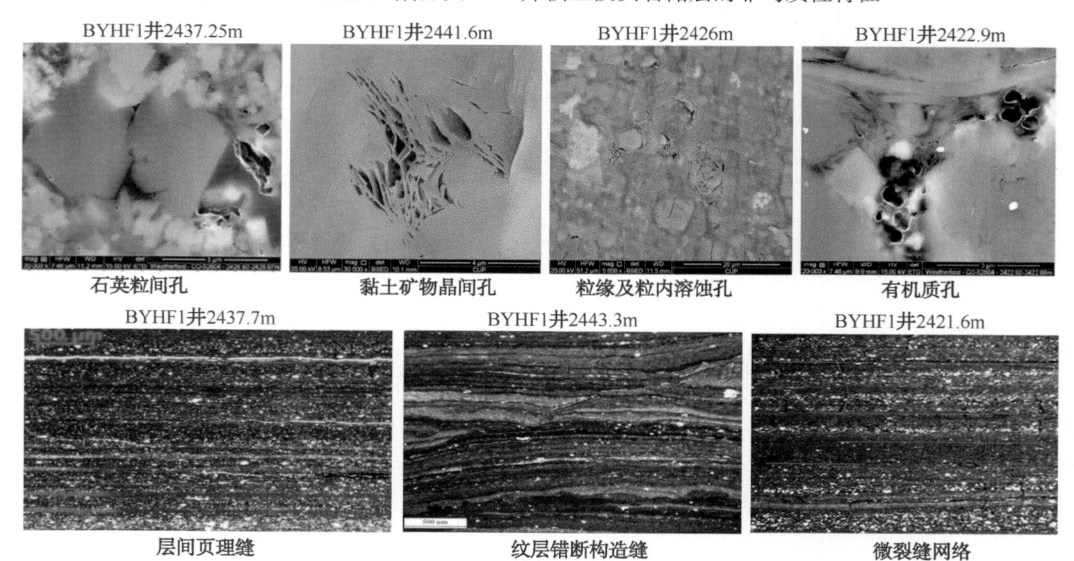

图 2-105　泌阳凹陷核三段页岩层系储集空间类型(陈祥，2013)

5. 页岩含油气性及影响因素

通过老井复查发现，泌阳凹陷深凹区多口老井钻遇的页岩含油气显示丰富。泌100井、泌159井等40口井在核二段—核三段页岩均见到连续气测显示，全烃值范围0.094%～99%，主要显示段页岩厚度范围30～140m。泌365井在2540～2820m井段共发现120m气测异常页岩层，其中2790～2820m页岩层气测全烃由6.747%上升至24.891%。安深1井2450～2510m页岩段气测全烃由2.521%上升至36.214%，甲烷由1.771%上升至17.5%。泌页HF1井导眼井2390～2451 m页岩段气测全烃由18.53%上升至98.78%，甲烷由10.45%上升至75.17%。通过对深凹区泌100井、泌270井和泌365井等老井页岩储层测井电性特征研究，总结出页岩含油气的测井响应特征，测井上表现为"四高一低"的特征，即高自然伽马、高声波、高中子、高电阻、低密度，且声波和中子交会有面积（王敏等，2013）。

页岩含油性影响因素复杂，研究表明页岩含油性明显受页岩岩相、有机质丰度、页岩物性以及裂缝发育程度等控制（章新文等，2013）。

岩相是页岩油富集的主要控制因素。粉砂质页岩、重结晶灰质页岩、泥质粉砂岩含油丰度较高，有利于页岩油气富集。

有机质丰度与含油丰度呈正相关，泌阳凹陷深凹区主力页岩层 R_o 一般在0.7%～1.1%之间，处在生油高峰阶段，有利于页岩油形成与富集。

页岩储层孔隙度与含油丰度正相关。根据测井资料反映，物性好的页岩层段气测异常明显。粉砂质页岩及重结晶灰质页岩两类岩性，其孔隙度、裂缝孔隙度及渗透率较高，含油丰度较高，表明页岩储集物性好，有利于页岩油气富集。

裂缝及微裂缝发育对储集物性改善起关键作用。裂缝形成时间、发育程度及后期成岩充填作用与页岩油富集有关。层间页理缝及构造缝是页岩油气运移富集的主要储集空间类型，同时有利于压裂改造形成复杂的缝网系统。

（三）页岩油的开发状况

截至目前，泌阳凹陷针对页岩油勘探，部署钻探的安深1井、泌页HF1井、泌页2HF井均在页岩试获油流。图2-106、图2-107为安深1井、泌页HF1井压裂后页岩油产量变化曲线。可见，页岩油产量随时间的延长衰减比较快，呈现裂缝型泥页岩油藏的特征。

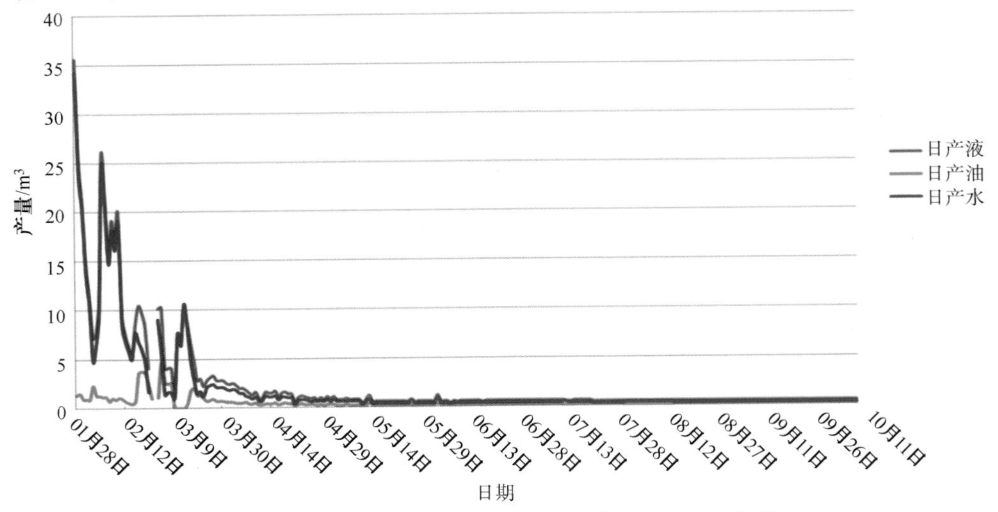

图2-106　泌阳凹陷安深1井压裂后页岩油产量曲线

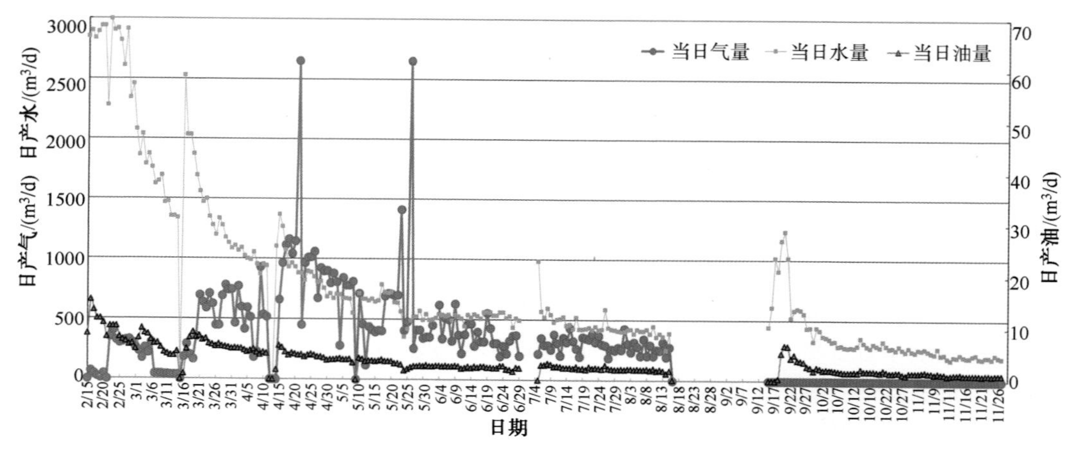

图 2-107　泌阳凹陷泌页 HF1 井压裂后页岩油产量曲线

参考文献

[1] Akkutlu I Y，Ebrahim F. Multi-scale gas transport in shales with local kerogen heterogeneities[J]. SPE Journal，2012，17(4)：1002～1011.

[2] Baihly J，Altman R，Malpani R，et al. Shale gas production decline trend comparison over time and basins[C]. SPE 135555，2010.

[3] Bello R O，Wattenbarger R A. Modelling and analysis of shale gas production with a skin effect[C]. The Canadian International Petroleum Conference，Calgary，Alberta，Canada，2009.

[4] Bello R O. Rate transient analysis in shale gas reservoirs with transient linear behavior[D]. Submitted to the Office of Graduate Studies of Texas A&M University in partial fulfillment of the requirements for the degree of Doctor of Philosophy，2009.

[5] Boulis A，Jayakumar R，Lalehrokh F，et al. Improved methodology for more accurate shale gas assessment[C]. SPE 154981，2012.

[6] Bowker K A. Recent development of the Barnett shale play，Fort Worth Basin[J]. West Texas Geological Society Bulletin，2003，42(6)：4～11.

[7] Brace W E. Permeability of crystalline and argillaceous rocks[J]. International Journal of Rock Mechanics & Mining Sciences & Geomechanics Abstracts，1980，17：241～251.

[8] Brown M，Ozkan E，Raghavan R. Practical solutions for pressure transient responses of fractured horizontal Wells in unconventional reservoirs[C]. SPE 125043，2009.

[9] Bustin P M，Busting A，Ross D，et al. Shale gas opportunities and challenges[C]. Search and Discovery，Article#40382，Adapted from oral presentation at AAPG Convention，2009.

[10] Cao R Y，Cheng L S，Lian P Q. Mathematical Model of Shale Gas Reservoirs Coupled by Desorption，Stress Sensitivity and Fractures Finite Conductivity[C]. the 2010th International Symposium on Multi-field Coupling Theory of Rock and Soil Media and Its Applications-Proceedings of 2010 International Symposium on Multi-field Coupling Theory of Rock and Soil Media and Its Application，Chengdu，China，2010.

[11] Carter K M，Harper J A，Schmid K W，et al. Unconventional natural gas resources in Pennsylvania：the backstory of the modern Marcellus shale play[J]. Environmental Geosciences，2011，18(4)：217～257.

[12] Gatens J M，Lee W J，Lane H S，et al. Analysis of eastern devonian gas shales production data[J]. Journal of Petroleum Technology，1989.

[13] Chalmers G R, R Bustin M, Power I M. Characterization of gas shale pore systems by porosimetry, pycnometry, surface area, and field emission scanning electron microscopy/transmission electron microscopy image analyses: Examples from the Barnett, Woodford, Haynesville, Marcellus, and Doig units[J]. AAPG Bulletin, 2012, 96(6): 1099 ~ 1119.

[14] Curtis J B. Fractured shale-gas systems[J]. AAPG Bulletin, 2002, 86(11): 1921 ~ 1938.

[15] Curtis M E, Ambrose R J, Sondergeld C H, and Rai C S. Structural characterization of gas shales on the micro-and nano-scales[C]. Canadian Unconventional Resources and International Petroleum Conference, Calgary, Alberta. SPE 137693, 2010.

[16] Dahaghi A K. Numerical simulation and modeling of enhanced gas recovery and CO_2 sequestration in shale gas reservoirs: a feasibility study[C]. SPE 139701, 2010.

[17] Demaison G J, and Moor G T. Anoxic environments and oil source bed genesis[J]. AAPG, 1980, 64(8): 1179 ~ 1209.

[18] Duong A N. An unconventional rate decline approach for tight and fracture-dominated gas wells[C]. SPE 137748, 2010.

[19] Faruk C. Shale gas permeability and diffusivity inferredby improved formulation of relevant retention and transport mechanisms[J]. Transp Porous Med, 2011, 86(3): 925 ~ 944.

[20] Farzam J, Fisher D, Unsworth M. Nano-scale gas flow in shale sediments[J]. Journal of Canadian Petroleum Technology, 2007, 46(10): 55 ~ 61.

[21] Ilk D, Rushing J A, Perego A D, Blasingame T A. Exponential vs. hyperbolic decline in tight gas sands - understanding the origin and implications for reserves estimates using Arps decline curves [C]. SPE 116731, 2008.

[22] Jarvie D M, Hill R J, Pollast R M, et al. Evaluation of unconventional natural gas prospects: the Barnett Shale fractured shale gas model (Abs.)[C/ CD]. Anon. 21st International Meeting on Organic Geochemistry. Krakow, Poland: CD ROM, 2003: 3 ~ 4.

[23] Jarvie D M, Hill R J, Ruble T E, et al. Unconventional shale-gas systems: the Mississippian Barnett shale of north-central Texas as one model for thermogenic shale-gas assessment[J]. AAPG Bulletin, 2007 , 91: 475 ~ 499.

[24] Javadpour F. Nanopores and apparent permeability of gas flow in mudrocks (shales and siltstone)[J]. Journal of Canadian Petroleum Technology, 2009, 48(8): 16 ~ 21.

[25] Klemme H D, Ulmishek G F. Effective petroleum source rocks of the world: Stratigraphic distribution and controlling depositional factors[J]. AAPG Bulletin, 1991, 75(12): 1809 ~ 1851.

[26] Kondo S, Ishikawa T, Abe I. Adsorption Science[M]. Chemical Industry Press: 31 ~ 111.

[27] Kunskraa A V. Worldwide gas shales and unconventional gas: a status report[R]. JAF29176, Advanced resources International, Inc, 2009.

[28] Loucks R G, Ruppel S C. Mississippian Barnett Shale: lithofacies and depositional setting of a deep-water shale-gas succession in the Fort Worth Basin, Texas[J]. AAPG Bulletin, 2007, 91(4): 579 ~ 601.

[29] Loucks, R G, Reed R M, Ruppel S C, et al. Morphology, genesis, and distribution of nanometerscale pores in siliceous mudstones of the Mississippian Barnett Shale[J]. Journal of Sedimentary Research, 2009, 79: 848 ~ 861.

[30] Loucks R G, Reed R M, Ruppel S C, and Hammes U. Spectrum of pore types and networks in mudrocks and a descriptive classification for matrix-related mudrock pores[J]. AAPG Bulletin, 2012, 96(6): 1071 ~ 1098.

[31] Mattar L, Gault B, Morad K, et al. Production analysis and forecasting of shale gas reservoirs: case history-based approach[C]. SPE 119897, 2008.

[32] Martineau D F. History of the Newark East field and the Barnett Shale as a gas reservoir[J]. AAPG Bulletin, 2007, 91(4): 399 ~ 403.

[33] Martini A M, Walter L M, Budai J M, et al. Genetic and temporal relations between formation waters and biogenic methane-Upper Devonian Antrim Shale, Michigan basin[J]. USA: Geochimica et Cosmochimica Acta, 1998, 62(10): 1699 ~ 1720.

[34] Mayerhoferm J, et al. Integration of micro-seismic fracture mapping results with numerical fracture network production modeling in the Barnett shale[C]. SPE102103, 2006.

[35] Meissner F F. Petroleum geology of the Bakken Formation, Williston Basin, North Dakota and Montana in D. Rehrig (Chairperson) the economic geology of the Williston Basin; Montana, North Dakota, South Dakota, Saskatchewan, Manitoba[J]. Montana Geological Society, 1978, 207 ~ 227.

[36] Milliken K L, Rudnicki M, Awwiller D N, et al. Organic matter-hosted pore system, Marcellus Formation (Devonian), Pennsylvania[J]. AAPG Bulletin, 2013, 97(2): 177 ~ 200.

[37] Mongalvy V, Chaput E, Agarwal S. A new numerical methodology for shale reservoir performance evaluation [C]. SPE 144154, 2011.

[38] Montgomery S L, Jarvie D M, Bowker K A, et al. Mississippian Barnett Shale, Fort Worth Basin, north central Texas: Gas shale play with multitrillion cubic foot potential[J]. AAPG Bulletin, 2005, 89(2): 155 ~ 175.

[39] Moridis G J, Blasingame T A, Freeman C M. Analysis of mechanisms of flow in fractured tight gas and shale gas reservoirs[C]. SPE 139250, 2010.

[40] Nearing T R, Startzman R A. Effects of stimulation/completion practices on eastern Devonian Shale well productivity[C]. SPE 18553, 1988.

[41] Ozkan E, Raghavan R, Apaydin O G. Modeling of fluid transfer from shale matrix to fracture network[C]. SPE 134830, 2010.

[42] Peter, Valko P, Lee W J. A better way to forecast production from unconventional gas wells[C]. SPE 13423, 2010.

[43] Pollastro R M, Hill R J, Jarvie D M, et al. Geologic and organic geochemical framework of the Barnett paleozoic total petroleum system, Bend arch Fort Worth basin, Texas[C]. Anon. AAPG Annual Meeting Program Abstracts, 2004.

[44] Pollastro R M, Jarvie D M, Hill R J, et al. Geologic framework of the Mississippian Barnett Shale, Barnett Paleozoic total petroleum system, Bend arch Fort Worth Basin, Texas[J]. AA PG Bulletin, 2007, 91(4): 405 ~ 436.

[45] Price, L C, Ging T, Daws T, et al. Organic metamorphism in the Mississippian-Devonian Bakken Shale North Dakota portion of the Williston Basin in J. Woodward, F. F. Meissner, and J. C. Clayton, (eds.), Hydrocarbon source rocks of the greater Rocky Mountain Region[C]. Rocky Mountain Association of Geologists, Denver, CO, 1984 : 83 ~ 134.

[46] Robert G L, Reed R M, Ruppel S C, et al. Morphology, genesis, and distribution of nanometer-scale pore in siliceous mudstones of the Mississippian Barnett shale[J]. Journal of Sedimentary Research, 79: 848 ~ 861.

[47] Roen J B. Introductory review-Devonian and Mississippian black shale, eastern north america, in J. B. Roen and R. C. Kepferle, eds., petroleum geology of the Devonian and Mississippian black shale of eastern North America[J]. Geological Survey Bulletin, 1993, 1909: A1 ~ A8.

[48] Ross D K, Bustin R M. Shale gas potential of the lower Jurassic Gordondale member, northeastern British Columbia, Canada[J]. Bull Can Pet Geol, 2007, 55: 51 ~ 75.

[49] Ross D K, Bustin R M. The importance of shale composition and pore structure upon storage potential of shale gas reservoirs[J]. Marine and Petroleum Geology, 2009, 26: 916 ~ 927.

[50] Schepers K C, Gonzalez R J, Koperna G J. Reservoir modeling in support of shale gas exploration[C]. SPE 123057, 2009.
[51] Schieber J. Common themes in the formation and preservation of intrinsic porosity in shales and mudstones illustrated with examples across the phanerozoic[C]. SPE 132370, 2010.
[52] Seshadri J, Mattar L. Comparison of power law and modified hyperbolic decline methods [C]. SPE 137320, 2010.
[53] Smith L, Leone J. Vertical and lateral distribution of middle and upper Devonian organic-rich shales, New York State[C]. AAPG poster, 2012.
[54] Song B, Ehig-Economides C. Rate normalized pressure analysis for determination of shale gas well performance[C]. SPE 144031, 2011.
[55] Sonnenberg S A, Jin H, Sarg J F. Bakken mudrocks of the Williston Basin, world class source rocks[C]. AAPG Annual Convention and Exhibition, Houston, Texas, USA, 2011.
[56] Tenger, Liu W H, Xu Y C, et al. Comprehensive geochemical identification of highly evolved marine carbonate rocks as hydrocarbon-source rocks as exemplified by the Ordos Basin[J]. Science in China, Ser. D, 2006, 49(4): 384 ~ 396.
[57] Tenger, Hu K, Meng Q Q, et al. Formation mechanism of high Quality marine source rocks-coupled control mechanism of geological environment and organism evolution[J]. Journal of Earth Science, 2011, 22(3): 326 ~ 339.
[58] Thompson D M. Fort Worth Basin[M], in Sloss L L, ed. The geology of North America: Geological Society of America, 1988: 346 ~ 352.
[59] Tran T, Singurat P, Wattenbarger R A. Production characteristics of the Bakken shale oil[C]. SPE145684, 2011.
[60] Wang F P, Reed R M. Pore networks and fluid flow in gas shales[C]. Society of Petroleum Engineers Annual Technical Conference and Exhibition, New Orleans, Louisiana, SPE Paper 124253, 2009.
[61] Wang G C and Carr T R. Organic-rich marcellus shale ithofacies modeling and istribution pattern analysis in the appalachian basin[J]. AAPG Bulletin, 2013, 97(12): 2173 ~ 2205.
[62] Warpinski N R, et al. Stimulating unconventional reservoirs: maximizing network growth while optimizing fracture conductivity[C]. SPE114173, 2008.
[63] Webster R L. Petroleum source rocks and stratigraphy of the Bakken formation in North Dakota, in J. Woodward, F. F. Meissner, and J. L. Clayton, (eds.), Hydrocarbon source rocks of the Greater Rocky Mountain Region[C]. Rocky Mountain Association of Geologists, Denver, CO, 1984, 57 ~ 81.
[64] Wu Y S, Wang C, Ding D. Transient pressure analysis of gas wells in unconventional reservoirs[C]. SPE 160889 , 2012.
[65] Zhang X, Du C, Deimbacher F, et al. Sensitivity studies of horizontal wells with hydraulic fractures in shales gas reservoirs[C]. International Petroleum Technology Conference, Doha, Qatar, December 7 ~ 9, 2009.
[66]蔡希源. 油气勘探工程师手册[M]. 北京：中国石化出版社，2012.
[67] 陈更生，董大忠，王世谦，等. 页岩气藏形成机理与富集规律初探[J]. 2009，29(5)：17 ~ 21.
[68] 陈建渝，唐大卿，杨楚鹏. 非常规含气系统的研究和勘探进展[J]. 地质科技情报，2003，22(4)：55 ~ 59.
[69] 戴金星. 试论不同成因混合气藏及其控制因素[J]. 石油实验地质，1986，(1)：325 ~ 334.
[70] 冯子辉，霍秋立，王雪，等. 松辽盆地松科1井晚白垩世沉积地层有机地球化学研究[J]. 地学前缘，2009，16(5)：181 ~ 191.
[71] 高瑞祺. 泥岩异常高压带油气的生成排出特征与泥岩裂缝油气成藏的形成[J]. 大庆石油地质与开发，1984，3(1)：160 ~ 167.

[72] 关德师，牛嘉玉，郭丽娜，等．中国非常规油气地质[M]．北京：石油工业出版社，1995.
[73] 胡昌蓬，宁正福．室内渗透率测量方法对比分析[J]．重庆科技学院学报(自然科学版)，2012，14(1)：75～78.
[74] 姬美兰，赵旭亚，岳淑娟，等．裂缝性泥岩油气藏勘探方法[J]．断块油气田，2002，9(3)：19～22.
[75] 贾承造，周新源，王招明，等．克拉 2 气田石油地质特征[J]．科学通报，2002，47(S1)：91～96.
[76] 贾建忠，万晓樵，张翼翼，等．白垩纪中期海相富有机碳沉积的地球生物学背景[J]．地学前缘，2009，16(5)：143～152.
[77] 蒋廷学，郎兆新，单文文，等．低渗透油藏压裂井动态预测的有限元方法[J]．石油学报，2002，23(5)：53～58.
[78] 李守田，汪玉泉，袁伯琰．D 指数在泥岩裂缝储层解释中的应用[J]．大庆石油地质与开发，2001，20(5)：15～16.
[79] 连军利．页岩油藏储层岩石、流体和裂缝对油井生产特征影响综述[J]．石油地质与工程，2012，26(5)：95～99.
[80] 梁狄刚，郭彤楼，边立曾，等．南方四套区域性海相烃源岩的沉积相及发育的控制因素[J]．海相油气地质，2009，14(2)：1～19.
[81] 梁狄刚，张水昌，张宝民，等．从塔里木盆地看中国海相生油问题[J]．地学前缘，2000，7(4)：534～547.
[82] 刘超英．页岩气勘探选区评价方法探讨[J]．石油实验地质，2013，35(5)：565～569.
[83] 刘魁元，武恒志，康仁华，等．沾化、车镇凹陷泥岩油气藏储集特征分析[J]．油气地质与采收率，2001，8(6)：9～12.
[84] 刘文汇，徐永昌．天然气成因类型及判别标志[J]．沉积学报，1996，14(1)：110～116.
[85] 刘振宇，翟云芳，方亮，等．油藏数值模拟的有限元模型[C]．第十六届全国水动力学研讨会论文集．2002：320～327.
[86] 柳广第．石油地质学[M]．北京：石油工业出版社，2009.
[87] 马华．美国阿巴拉挈亚盆地 Marcellus 页岩气研究[J]．辽宁化工，2013，42(1)：72～77.
[88] 孟庆峰，侯贵廷．阿巴拉契亚盆地 Marcellus 页岩气藏地质特征及启示[J]．海外勘探，2012，(1)：68～77.
[89] 聂海宽，唐玄，边瑞康．页岩气成藏控制因素及我国南方页岩气发育有利区预测[J]．石油学报，2009，30(4)：484～491.
[90] 聂海宽，张金川，张培先，等．福特沃斯盆地 Barnett 页岩气藏特征及启示[J]．地质科技情报，2009，28(2)：87～93.
[91] 聂海宽，包书景，高波，等．四川盆地及其周缘下古生界页岩气保存条件研究[J]．地学前缘，2012，19(3)：280～294.
[92] 秦建中．中国烃源岩[M]．北京：科学出版社，2005.
[93] 时佃海．低渗透砂岩油藏平面径向渗流流态分布[J]．石油勘探与开发，2006，33(4)：491～494.
[94] 孙军昌，陈静平，杨正明，等．页岩储层岩芯核磁共振响应特征实验研究[J]．科技导报，2012，30(14)：25～30.
[95] 孙赞东，贾承造，李相方，等．非常规油气勘探与开发(上、下册)[M]．北京：石油工业出版社，2011.
[96] 腾格尔，胡凯，高长林，等．上扬子东南缘下组合优质烃源岩的发育及生烃潜力评价[J]．石油实验地质，2006，28(4)：359～364.
[97] 腾格尔，高长林，胡凯，等．上扬子北缘下组合优质烃源岩分布及生烃潜力评价[J]．天然气地球科学，2007，18(2) ：254～259.
[98] 腾格尔，胡凯，高长林，等．上扬子东南缘下组合优质烃源岩的发育及生烃潜力评价[J]．石油实验

地质，2006，28(4)：359～364.
[99] 王德新，江裕彬，吕从容. 在泥页岩中寻找裂缝油、气藏的一些看法[J]. 西部探矿工程，1996，8(2)：12～14.
[100] 王飞宇，边立曾，张水昌，等. 塔里木盆地奥陶系海相源岩中两类生烃母质[J]. 中国科学D辑，2001，31(2)：96～102.
[101] 王慧中，梅洪明. 东营凹陷沙三下亚段油页岩中古湖泊学信息[J]. 同济大学学报，1998，26(3)：315～318.
[102] 徐福刚，李琦，康仁华，等. 沾化凹陷泥岩裂缝油气藏研究[J]. 矿物岩石，2003，23(1)：74～76.
[103] 徐永昌，等. 天然气成因理论及应用[M]. 北京：科学出版社，1994.
[104] 杨华，张文正. 论鄂尔多斯盆地长段优质油源岩在低渗透油气成藏富集中的主导作用：地质地球化学特征[J]. 地球化学，2005，34(2)：147～154.
[105] 姚军，孙海，等. 页岩气藏开发中的关键力学问题[J]. 中国科学：物理学力学天文学，2013，(12)：1527～1547.
[106] 袁俊亮，邓金根，张定宇，等. 页岩气储层可压裂性评价技术[J]. 石油学报，2013，34(3)：523～527.
[107] 张金川，金之钧，袁明生. 页岩气成藏机理和分布[J]. 天然气工业，2004，24(7)：15～18.
[108] 张金川，薛会，张德明，等. 页岩气及其成藏机理[J]. 现代地质，2003，17(4)：466.
[109] 张林晔. 湖相烃源岩研究进展[J]. 石油实验地质，2008，30(6)：591～595.
[110] 张水昌，张宝民，边立曾，等. 中国海相烃源岩发育控制因素[J]. 地学前缘，2005，12(3)：39～48.
[111] 赵文智，刘文汇，等. 高效天然气形成分布与凝析、低效气藏经济开发的基础研究[M]. 北京：科学出版社，2008.
[112] 邹才能，陶士振，侯连华，等. 非常规油气地质[M]. 北京：地质出版社，2011.
[113] 邹才能，杨智，崔景伟，等. 页岩油形成机制、地质特征及发展对策[J]. 石油勘探与开发，2013，40(1)：14～26.

第三章　致密砂岩油气勘探开发

第一节　致密砂岩油气勘探开发历程及现状

一、国外致密砂岩油气勘探开发历程及现状

目前，全球已有美国、加拿大、澳大利亚、墨西哥、委内瑞拉、阿根廷、印尼、中国、俄罗斯、埃及、沙特等10多个国家和地区进行了致密砂岩气藏的勘探开发，不过，作为非常规资源单独统计其储量和产量数据的国家并不多(EIA，2009)。从全球来看，北美是致密砂岩气开发最早、最成功的地区。

美国第一口致密气井钻于1921年，1926年在圣胡安盆地发现了分布于盆地中央的布兰科(Blanco)大气田，圣胡安盆地和阿巴拉契亚盆地是美国最早开发致密砂岩气的盆地(万玉金等，2003)。致密气的规模勘探开发大致起始于20世纪70年代末，当时面临天然气产量大幅下滑、供需失衡不断加剧等形势，美国政府出台一系列税收优惠和补贴政策以鼓励非常规气资源和低渗透气藏的开发。在政策的扶持下，美国致密砂岩气勘探开发率先取得重大突破，并迅速进入快速发展阶段，1990年产量突破$600\times10^8m^3$，1998年达到$1000\times10^8m^3/a$(图3-1)。2010年，美国已在23个盆地大约发现900个致密气田，剩余探明可采储量超过$5\times10^{12}m^3$，生产井超过10×10^4口，2010年致密砂岩气产量达$1754\times10^8m^3$，占当年美国天然气总产量$6110\times10^8m^3$的29%(图3-2)，成为美国天然气产量构成中重要的组成部分。目前，美国进行致密气开发的盆地主要是落基山地区的大绿河盆地、丹佛盆地、圣胡安盆地、皮申斯盆地、粉河盆地、尤因塔盆地、阿巴拉契亚盆地和阿纳达科盆地(杨涛等，2012)。

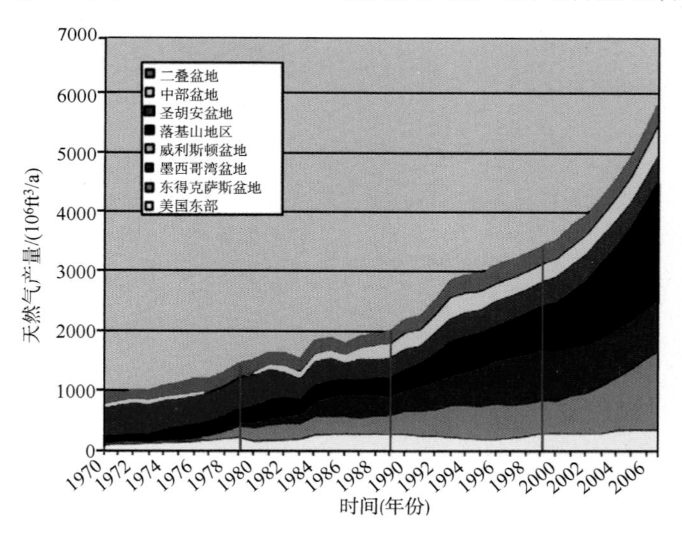

图3-1　美国1970～2006年非常规气产量构成图(万玉金等，2013)

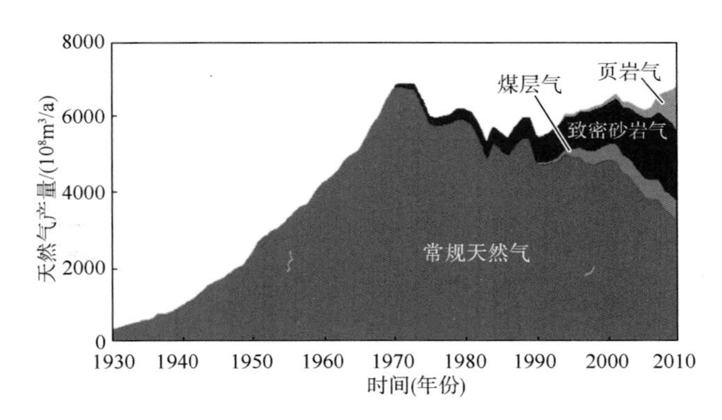

图3-2 美国1930～2010年天然气产量构成图(万玉金等, 2013)

加拿大致密砂岩气主要储集在西部地区艾伯塔盆地深盆区，1976年钻成第一口工业致密砂岩气井，相继发现了Hoadley、MilkRiver、Elmworth等大型致密砂岩气田，致密砂岩气产量快速增长至2009年的$550\times10^8m^3$。目前，加拿大致密砂岩气分布面积约$6400km^2$，地质储量约$42.5\times10^{12}m^3$，仅Elmworth、Hoadley两大致密砂岩气田的可采储量就达到了$(6490\sim6780)\times10^8m^3$。

致密砂岩油是继致密气、页岩气之后全球非常规油气勘探开发的又一热点。目前在世界大部分地区发现了致密砂岩油资源，主要包括中东波斯湾北部、阿曼、叙利亚，北海盆地、英国、远东俄罗斯、北美加拿大和美国、墨西哥、南美阿根廷以及中国。

美国致密砂岩油的开发始于北达科他州和蒙大拿州的巴肯组中段，2008年巴肯组致密油实现规模开发，2010年美国致密油产量突破3000×10^4 t，使美国持续24年的石油产量下降趋势首次得以扭转。致密油产量快速增长的主要推动因素为：①非常规储层的钻井技术和压裂技术不断发展和完善；②天然气价格的走低，新的生产方法和高油价致使致密油生产有利可图。据统计，2011年美国定向井产油量首次超过了产气量，水平井数量超过了直井数量(张咸等，2013)。

加拿大西部有大量致密轻质油储层，既有常规油藏(如Pembina油田Cardium)周边的，也有完全新的局部资源。2006年以来，在西加拿大沉积盆地(WCSB)的曼尼托巴、萨彻斯温、艾伯塔等地区建成了数千口多段水平井，开始开发位于Bakken、Cardium、Viking、Lower Shaunavon等不同目的层的致密砂岩油(图3-3、表3-1)。最初的水平井水平段相对较短、只有2～4个完井井段，后来发展到水平段2000m、完井井段25个。致密砂岩油产量已经扭转了西加盆地长期的常规油递减趋势，2010年轻质油产量较2009年同比增长约9%，主要来自致密砂岩油产量增长。到2011年，西加盆地致密砂岩油产量已超过16×10^4bbl/d(Hamm等，2013)。

致密砂岩油藏的地质特点和开采方法，决定了其单井产量递减大、能量补充困难、一次采收率低的特点。据统计，即使采用了长井段水平井和体积压裂技术，一次采收率也只能达到5%～10%。发展新的二次采油方法，有效补充地层能量、进一步提高采收率是致密砂岩油开发面临的极大挑战，也是当前技术研究攻关的重点(Kathel P等，1662)。

二、国内致密砂岩油气勘探开发历程及现状

在中国，致密砂岩气的发展非常快，目前已经成为天然气勘探开发的重要领域。截至2011年年底，全国致密砂岩气累计探明地质储量$3.3\times10^{12}m^3$，可采储量$1.8\times10^{12}m^3$，分别占

天然气总探明储量的40%和总可采储量的1/3。2011年全国致密砂岩气产量达$256 \times 10^8 m^3$，约占天然气总产量的1/4(图3-4)，其中苏里格致密砂岩大气田年产量$135 \times 10^8 m^3$。

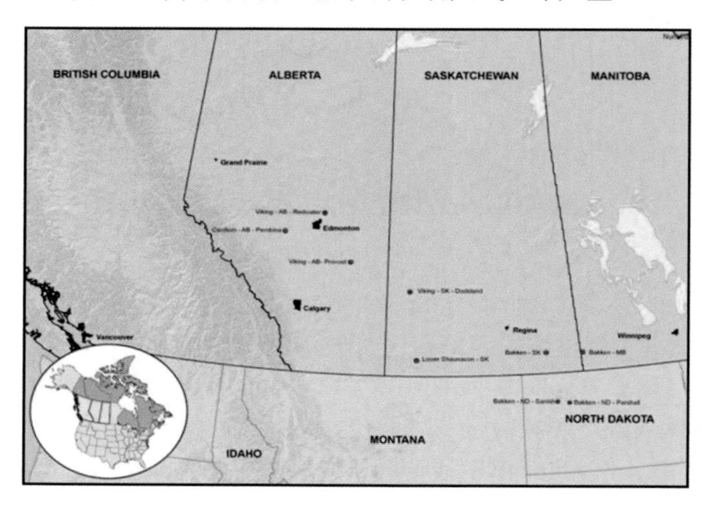

图3-3 加拿大主要致密砂岩油田和储层分布(Hamm等，2013)

表3-1 加拿大主要致密砂岩油田地质参数(Hamm等，2013)

	BAK－ND San & Par	BAK－SK	BAK－MB	CARD－Pembina	VIK－Provost	VIK－Redwater	VIK－SK	SHAUNL－SK
孔隙度/%	7~12	7~14	17	8~14	11~18	15~22	21~25	14~18 (avg~17)
渗透率/$10^{-3}\mu m^2$	0.01~0.05	0.05~0.5	0.05~0.5	0.05~0.5	0.2~1.0	<0.5	0.1~0.5	0.01~0.6
API	41	38~41	38~41	38	34	35	37	22~24
深度/ft	9250~10500	4600~5600	2600~3600	3800~6000	2700	2200	2200	4600
有效厚度/ft	15~25	10~25	3~10	3~20	3~10	3~12	3~12	6~20
地层压力/psi	5500~5800	1450		2000~2900	850	1100	1100	2000
原始地质储量/区块/MMbbl	6~10	2~5	2~7	7~9	1.5~4.5	1.5~6	2~10	5~8

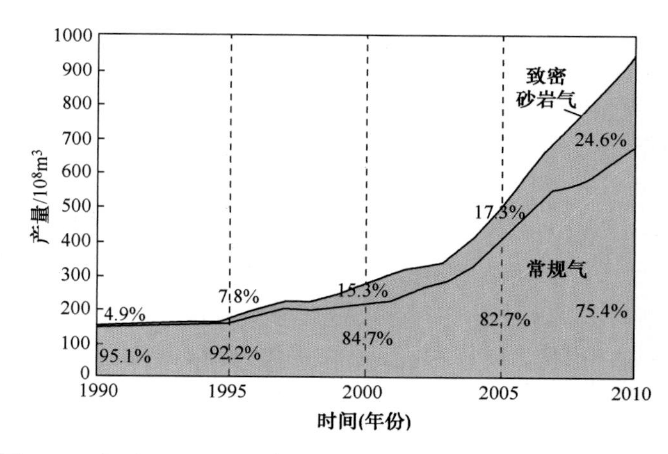

图3-4 中国1990~2010年天然气产量构成图(戴金星等，2012)

截至2013年年底，中国石化大牛地致密砂岩气田探明储量$4545 \times 10^8 m^3$，年产气

$34.41\times10^8m^3$；中国石化川西坳陷致密砂岩气探明储量 $5266.36\times10^8m^3$，年产气 $27.64\times10^8m^3$。

纵观国内致密砂岩气的勘探开发历程，大致可以分为 3 个阶段（图 3-5）（杨涛等，2012）。

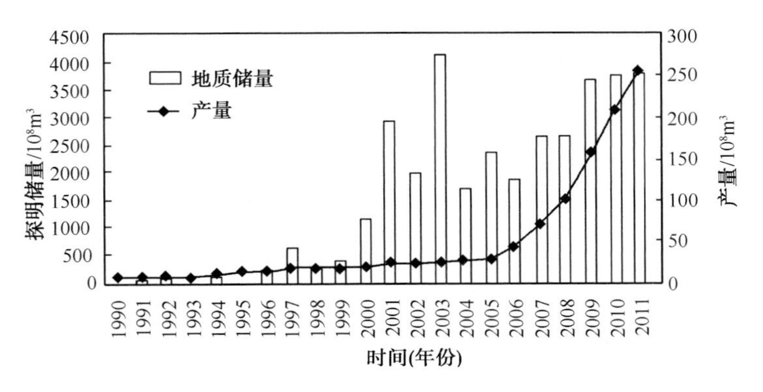

图 3-5 中国 1990～2011 年致密气储量、产量增长形势图（杨涛等，2012）

（一）探索起步阶段（1995 年以前）

我国最早于 1971 年就在四川盆地川西地区发现了中坝致密气田，之后在其他含油气盆地中也发现了许多小型致密气田或含气显示，但受认识和技术限制，发展比较缓慢。

（二）快速发现阶段（1996～2005 年）

自 20 世纪 90 年代中期开始，鄂尔多斯盆地上古生界天然气勘探取得重大突破，先后发现了乌审旗、榆林、米脂、苏里格、大牛地、子洲等一批致密气田，特别是 2000 年以来，按照大型岩性气藏勘探思路，高效、快速探明了苏里格大型致密砂岩气田。此外，四川盆地上三叠统须家河组等也有零星发现，但储量规模均比较小。1996～2005 年，全国共新增探明致密砂岩气地质储量 $1.58\times10^{12}m^3$，年均新增探明地质储量 $1580\times10^8m^3$，占同期天然气新增探明总地质储量的 44%。

尽管致密砂岩气勘探不断获得重大发现，储量也快速增长，但难以在当时经济技术条件下进行经济有效地开发，致密砂岩气产量增长缓慢，到 2005 年全国致密砂岩气产量仅有 $28\times10^8m^3$左右。总体上，与国外相比，中国致密砂岩气具有气层薄、含气饱和度和储量丰度低、埋藏深度大的特点，对开发技术和经济性提出了更大挑战。

（三）快速发展阶段（2006 年至今）

2006 年以来，苏里格气田开发实施低成本战略，走管理与技术创新之路，储量动用程度逐步提高，生产能力迅速提升，形成了大型致密砂岩气田开发新模式和一系列开发配套技术，2010 年苏里格气田产量突破 $100\times10^8m^3$。苏里格气田的成功开发，标志着我国第一个现代化大型致密砂岩气田的建成，也促使全国致密砂岩气勘探开发不断取得重要进展。目前，在我国已形成鄂尔多斯盆地上古生界与四川盆地上三叠统须家河组（T_3x）两大致密气现实区，松辽盆地下白垩统登娄库组（Kd）、渤海湾盆地古近系沙河街组沙三段和沙四段（Es_{3-4}）、吐哈盆地侏罗系、塔里木盆地侏罗系和白垩系、准噶尔盆地南缘侏罗系和二叠系 5 个致密气潜力区（贾承造等，2012）。截至 2010 年底，我国共发现 15 个致密砂岩大气田（地质储量达$300\times10^8m^3$及以上的气田），探明天然气地质储量 $28656\times10^8m^3$，2010 年产气

量 $222.5\times10^8m^3$，占当年全国产气量的23.5%（表3-2）（戴金星等，2012）。

表3-2　中国主要致密砂岩气田基础数据（贾承造等，2012）

盆地	气田	主要产层	气藏类型	地质储量*/10^8m^3	年产量*/10^8m^3	平均孔隙度/%	渗透率/$10^{-3}\mu m^2$	
							范围	平均值
鄂尔多斯	苏里格	P_2sh、P_2x、P_1s_1	连续型	11008.2	104.75	7.163（1434）	0.001～101.099	1.284（1434）
	大牛地	P、C		3926.8	22.36	6.628（4068）	0.001～61.000	0.532（4068）
	榆林	P_1s_2		1807.5	53.30	5.630（1200）	0.003～486.000	4.744（1200）
	子洲	P_1s、P_2x		1152.0	5.87	5.281（1028）	0.004～232.884	3.498（1028）
	乌审旗	P_2sh、P_2x、O_1		1012.1	1.55	7.820（689）	0.001～97.401	0.985（687）
	神木	P_1t、P_1s、P_2x		935.0	0	4.712（187）	0.004～3.145	0.353（187）
	米脂	P_1s_1、P_2x、P_2sh		358.5	0.19	6.180（1179）	0.003～30.450	0.655（1179）
四川	合川	T_3x	连续型	2299.4	7.46	8.45		0.313
	新场	J_3、T_3x	圈闭型为主	2045.2	16.29	12.31（>1300）		2.560（>1300）
	广安	T_3x	连续型	1355.6	2.79	4.20		0.350
	安岳	T_3x	连续型	1171.2	0.74	8.70		0.048
	八角场	J、T_3x	圈闭型为主	351.1	1.54	T_3x_4 平均7.93		0.580
	洛带	J_3	圈闭型	323.8	2.83	11.80（926）		0.732（814）
	邛西	J、T_3x	圈闭型为主	323.3	2.65	T_3x_2 平均3.29		0.0636
塔里木	大北	K	圈闭型	587.0	0.22	2.62（5）		0.036（5）

注：*数据采集年份为2010年；括号内数据为样品数。

在致密砂岩气开发上，形成了以鄂尔多斯盆地苏里格气田为代表的透镜体多层叠置致密砂岩气、川中地区须家河组气藏和松辽盆地长岭气田登娄库组气藏为代表的多层状致密砂岩气开发关键技术（马新华等，2012）。以苏里格气田开发为例，针对致密气储层大面积分布、非均质性强和有效单砂体纵向厚度小、层数多的地质特点，采取优选富集区、实施滚动开发的基本策略提高开发效益，采用“多层压裂，合层开采”的方式提高纵向储量动用程度及单井产量。考虑到我国致密气地质条件更为复杂，在井网设计及优化部署上，建立了大型复合砂体分级构型描述基础上的优化布井方法和流程；在水平井技术应用上，辅以直井作为骨架井先期落实气层空间展布，或在直井井网的基础上部署加密水平井。攻关和形成直井分层压裂技术和水平井分段压裂技术，提高单井产能；攻关和采用快速钻井、井下节流、排水采气、数字化管理等系列技术，优化钻、采、输系统，降低开发成本，实现苏里格致密砂岩气田的规模有效开发（赵政璋等，2012）。

我国致密砂岩气资源潜力大，关键技术已基本过关，部分地区致密砂岩气已建成规模产能，虽然目前全面动用致密砂岩气地质储量的能力还较差，但致密砂岩气现实性最好，具备优先加快发展的条件。

我国致密砂岩油的勘探开发总体上还处于起步和探索阶段，但发展很快。目前，在鄂尔多斯盆地三叠系延长组已成功实现了对渗透率在(0.3～1)$\times10^{-3}\mu m^2$的致密砂岩油藏的规模开发，在准噶尔盆地二叠系芦草沟组、松辽盆地白垩系青山口组-泉头组、四川盆地中-下侏罗统、渤海湾盆地古近系沙河街组等致密油层系也都开展了工业化生产。

鄂尔多斯盆地拥有丰富的致密砂岩油资源，近年来，围绕延长组致密砂岩油开发的技术难点，组织开展了一系列关键技术攻关和现场开发试验，取得了重大进展。根据不同储层特点，攻关形成多级加砂压裂技术和多级水力射孔射流压裂技术以及重复压裂改造技术，充分动用地质储量、提高单井生产能力；以降低成本和有效开发为目标，探索形成快速钻井、小套管井采油配套、可回收环保型压裂液、地面优化简化等多项特色配套技术；开展“五点法、小井距、小水量”超前温和注水试验，开展双水平井水力喷砂分段多簇体积压裂改造试验，均获得突破。这些技术为致密砂岩油的规模有效开发提供了技术保障，有望在鄂尔多斯延长组建成我国第一大致密砂岩油田(赵政璋等，2012)。

第二节　致密砂岩气地质特征与成藏规律

一、致密砂岩气地质特征

致密砂岩气是实现规模开发最早的非常规天然气资源，在北美和中国都已大规模开发，是一类重要的非常规天然气资源。通过研究北美和中国致密砂岩气藏，我们可以了解致密砂岩气的主要地质特征。

(一) 构造特征

致密砂岩气分布基本不受构造带控制，主要分布在盆地中心、斜坡带、坳陷区，分布范围广，局部富集。如美国中西部落基山地区布兰考大气田(Blanco)分布于圣胡安盆地的中央盆地区(深盆区)，而圣胡安盆地处于北美地台与科迪勒拉地槽之间的斜坡带；美国大迪维特(Great Wamsutter)气田分布于大绿河盆地东部的大迪维特盆地的坳陷区(万玉金等，2013)。苏里格、榆林、乌审旗、米脂和大牛地等大气田均分布在鄂尔多斯盆地伊陕斜坡，构造平缓(坡度为1°～3°)；合川气田分布在四川盆地川中平缓斜坡带上(坡度为2°～3°)(邹才能等，2012)，断层不发育；马井-什邡侏罗系气田分布在川西坳陷成都凹陷区(杨克明等，2013)。

(二) 烃源岩特征

烃源岩厚度大，分布广，有机质丰度高，有机质类型主要为Ⅲ型，生烃强度大。如美国落基山地区圣胡安盆地，其主要气源岩弗鲁特兰组(Fruitland)煤层和梅萨沃德群海陆交互相的煤层与炭质页岩，有机质类型主要为腐殖型(Ⅲ型)干酪根，镜质体反射率为0.8%～1.4%，其中弗鲁特兰组煤层平均厚度为9～15m，最大厚度为21m，分布面积为19425km^2，气源条件良好(万玉金等，2013)。大绿河盆地气源岩主要为梅萨沃德群(Mesaverde)中呈互层的煤系、炭质页岩和泥岩，总厚度为915m以上，除煤层外，炭质泥页岩中平均有机碳含量大于2%，有机质类型以Ⅲ型干酪根为主，镜质体反射率为0.8%～2.5%，具备大量生成天然气的烃源条件(万玉金等，2013)。鄂尔多斯盆地上古生界致密砂岩大气田气源岩主要为石炭系太原组、二叠系山西组煤系和泥岩，烃源岩厚度为60～120m，其中煤层厚度普遍大于20m(图3-6)，发育2～4个层，泥岩有机碳含量平均为1.92%～3.2%，镜质体反射率为1.1%～2.8%(张水昌等，2009)，成熟烃源岩分布面积达$18\times10^4km^2$，占盆地总面积的72%，生烃强度大于$20\times10^8m^3/km^2$的烃源岩分布面积达$14\times10^4km^2$，占盆地总面积的55%(郝蜀民等，2011)。

四川盆地上三叠统须家河组致密砂岩大气田气源岩主要为须家河组一段、三段、五段的煤系和泥岩，烃源岩厚度为150～200m，泥岩有机碳含量平均为1.9%，镜质体反射率为1.0%～2.0%，生烃强度大(张水昌等，2009)。

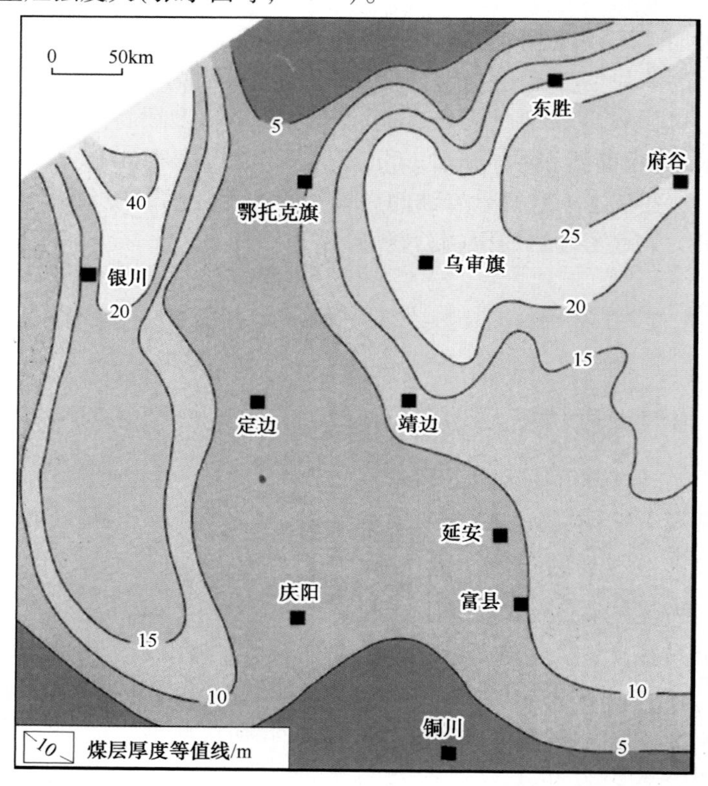

图3-6 鄂尔多斯盆地上古生界煤层等厚图(张水昌等，2009)

(三)储层特征

储层物性差、分布面积大，成岩作用强烈、次生孔隙发育，自生矿物含量丰富，分选差，含水饱和度高、敏感性强，普遍具有异常压力。

1. 储层物性差、分布面积大

美国落基山地区7个盆地23个致密砂岩储层的物性统计表明，渗透率小于$0.05\times10^{-3}\mu m^2$的地层有12个，渗透率主要分布在$(0.003\sim0.05)\times10^{-3}\mu m^2$，孔隙度一般为3%～12%。如大绿河盆地Rock Spring/Blair层，孔隙度一般为4.1%～5.4%，渗透率仅为$(0.007\sim0.008)\times10^{-3}\mu m^2$。在大绿河、尤因塔和皮申斯等盆地中，致密砂岩储层主要由不连续的透镜体组成，在纵向上呈叠置状，含气层段厚度一般为100～150m，大绿河盆地Mesaverde组地层厚度达600～1500m(万玉金等，2013)，详见表3-3。

表 3-3　美国落基山地区主要含致密砂岩气盆地储层特征（万玉金等，2013）

盆地	层系	地层（群组段）	深度/m	含气层段总厚度/m	地层渗透率/$10^{-3}\mu m^2$	孔隙度/%
大绿河	古近-新近系和白垩系	Ft. Union	1737 ~ 2743	152 ~ 816	0.001 ~ 0.05	3.4 ~ 5.0
		Almond A	2438 ~ 3261	121 ~ 152	0.009 ~ 0.05	4.1 ~ 4.5
		Almond B	2438 ~ 3261	121 ~ 152	0.009 ~ 0.05	4.5 ~ 5.4
		Erichson	2560 ~ 3474	106 ~ 121	0.07 ~ 0.02	4.1 ~ 5.4
		Rock Spring/Blair	2956 ~ 3810	457 ~ 762	0.007 ~ 0.008	4.1 ~ 5.4
		Mesaverde	2743 ~ 3870	655 ~ 1524	0.001 ~ 0.009	3.4 ~ 4.5
皮申斯	古近-新近系和白垩系	Ft. Union	1524	182	0.003 ~ 0.027	4.0 ~ 5.2
		Corcoran ~ Consette	1828	15.2	0.008 ~ 0.075	4.2 ~ 6.1
		Mesaverde	2103 ~ 2773	243 ~ 670	0.003 ~ 0.06	3.6 ~ 5.4
尤因塔	古近-新近系和白垩系	Wasatch	1981	152	0.066 ~ 0.6	4.4 ~ 5.8
		Barren	2286	152	0.03 ~ 0.27	3.8 ~ 5.0
		Coaly	2590	152	0.01 ~ 0.09	3.4 ~ 4.2
		Castlogate	2895	76.2	0.003 ~ 0.01	2.6 ~ 3.4
北部大平原	白垩系	Jadity river	182 ~ 487	9.14 ~ 15.2	0.017 ~ 1	5.2 ~ 13.7
		Eagle	548 ~ 609	9.14 ~ 18.2	0.017 ~ 10	7.4 ~ 12.2
		Carlisle	457	9.14 ~ 15.2	0.01 ~ 0.9	5.4 ~ 7.1
		Green born/Frontier	609 ~ 792	9.14 ~ 15.2	0.017 ~ 2.7	5.4 ~ 7.8
丹佛	白垩系	Niobrara	701	20.4	0.003 ~ 0.03	2.6 ~ 3.5
		Sussex	1359	15.2	0.003 ~ 0.03	3.6 ~ 4.7
		Dakota	2438	15.2	0.005 ~ 0.05	4.0 ~ 5.3
圣胡安	白垩系	Dakota	2188	52.7	0.01 ~ 0.09	5.8 ~ 7.6
风河	白垩系	Frontier	439	46.6	0.033 ~ 0.3	6.5 ~ 8.5
		Madhi	770	30.4	0.001 ~ 0.009	8.8 ~ 11.6

中国致密砂岩气展布面积较大，储层以岩屑砂岩、长石砂岩为主，埋深跨度大，跨度为2000 ~ 8000m，经历了较强的成岩改造作用，多处于中成岩 A – B 阶段，压实、胶结等破坏性成岩作用对储层影响较大，储层物性差。中国致密砂岩气储层中值孔隙度介于3.2% ~ 9.1%之间，平均值为1.5% ~ 9.04%，中值渗透率为(0.03 ~ 0.455) × $10^{-3}\mu m^2$，平均值为(0.01 ~ 1.0) × $10^{-3}\mu m^2$（表 3-4）（邹才能等，2013），基本无自然工业产能，压裂施工后产量显著增加。

表 3-4　中国主要含油气盆地典型致密砂岩气储层特征(邹才能等,2012)

	鄂尔多斯盆地	四川盆地	松辽盆地南	松辽盆地北	吐哈盆地	准噶尔盆地	塔里木盆地		
地层	石炭系-二叠系	二叠系须家河组	白垩系登娄库组	白垩系登娄库组	侏罗系水西沟群	侏罗系八道湾组	塔东志留系	库车东部侏罗系	库车西部深层白垩系巴什基奇克组
沉积相	河流、辫状河、曲流河三角洲、滨浅湖滩坝	辫状河、曲流河三角洲、扇三角洲、滨浅湖滩坝	河流、辫状河、曲流河三角洲	辫状河三角洲、曲流河三角洲	辫状河三角洲	辫状河三角洲、曲流河三角洲	滨岸、辫状河三角洲	河流、曲流河、辫状河三角洲、扇三角洲	辫状河、辫状河三角洲、扇三角洲
岩石类型	岩屑砂岩,岩屑石英砂岩,石英砂岩	长石岩屑砂岩和岩屑砂岩,岩屑石英砂岩	长石岩屑砂岩、岩屑砂岩	岩屑长石砂岩、长石岩屑砂岩和长石砂岩	长石岩屑砂岩	长石岩屑砂岩和岩屑砂岩	中、细粒岩屑砂岩	岩屑砂岩,长石岩屑砂岩	含灰质细粒岩屑砂岩、不等粒岩屑砂岩
埋深/m	2000~5200	2000~5200	2200~3500	2200~3300	3000~3650	4200~4800	4800~6500	3800~4900	5500~7000
分布面积/km^2	18	6		5	1.5	4.5	24		
单井产量/($10^4 m^3/d$)	2.6~8.1(改造后)	微量,压后23	0.4~15	0.7~4	0.15~9.70		2.9~5.65	微量6.5	17.8339(大北101)
成岩阶段	中成岩 A_2—B	中成岩 A—B	中成岩 A_2 期	中成岩 A—晚成岩	中成岩 B—晚成岩	中成岩 A_1—A_2 期	中成岩 A—B	中成岩 A—B	中成岩 A—B
孔隙类型	残余粒间孔,粒间、粒内溶孔、高岭石晶间孔	粒间、粒内溶孔、颗粒溶孔、微孔隙、微裂缝	残余粒间孔、粒间溶孔、粒内溶孔	缩小粒间孔隙,微孔,粒内溶孔	粒内、粒间溶孔	粒间孔,颗粒溶孔,基质收缩孔,微孔	残余粒间孔,粒内溶孔	粒间、粒内溶孔、颗粒溶孔,微孔隙,微裂缝	残余粒间孔,颗粒与粒内溶孔,杂基内微孔
孔隙度中值/%	6.695	41998	31994		5.0121	9.1	6.5133	2.78	
孔隙度均值/%	6.93	5.65	3.35	1.51~10.8	5.16	9.04	6.98	6.49	3.36
样品数/个	6015	39999	61		25	51	1019	4720	
渗透率中值/$10^{-3}\mu m^2$	0.2291	0.0567	0.0342		0.0469	0.455	0.2047	0.393	
渗透率均值/$10^{-3}\mu m^2$	0.6042	0.351	0.224	0.01~1.44	0.1058	1.25	3.572	1.126	0.06
样品数/个	5849	32351	52	25	43	988	4531		

鄂尔多斯盆地上古生界近8000块岩心样品统计结果表明(杨华等，2012)，地表条件下砂岩孔隙度小于8%的样品占50.01%，孔隙度为8%~12%的样品占41.12%，孔隙度大于12%的样品只占8.87%；储集层渗透率小于$1\times10^{-3}\mu m^2$的占88.6%，其中小于$0.1\times10^{-3}\mu m^2$的占28.4%(图3-7)。覆压条件下，基质渗透率小于$0.1\times10^{-3}\mu m^2$的储集层占89%，属于典型的致密砂岩储层。

鄂尔多斯盆地上古生界气田砂体储层为河流-三角洲沉积体系，砂体呈南北条带状大面积分布(图3-8)。苏里格大气区上古生界天然气储层孔隙度为1%~20%，主要分布区间6%~18%，孔隙度平均为9.2%；渗透率为$(0.01\sim6)\times10^{-3}\mu m^2$，主要分布区间为$(0.25\sim2.5)\times10^{-3}\mu m^2$，渗透率平均为$1.1\times10^{-3}\mu m^2$，具有低孔、低渗特征。储集砂体受三角洲分流河道亚相控制，主砂体呈北东-南西向带状分布，东西宽约10km，厚度一般在13m左右，总体北厚南薄。大牛地气田上古生界致密砂岩储层孔隙度、渗透率主峰值分布范围比较集中，孔隙度主要分布在4%~12%区间，其中孔隙度为8%~12%的样品占样品总数的30.6%，孔隙度大于12%的样品占样品总数的10.5%；渗透率主要分布在$(0.1\sim1)\times10^{-3}\mu m^2$，占样品总数的59.7%，而渗透率大于$3\times10^{-3}\mu m^2$的样品仅占样品总数的6.8%。

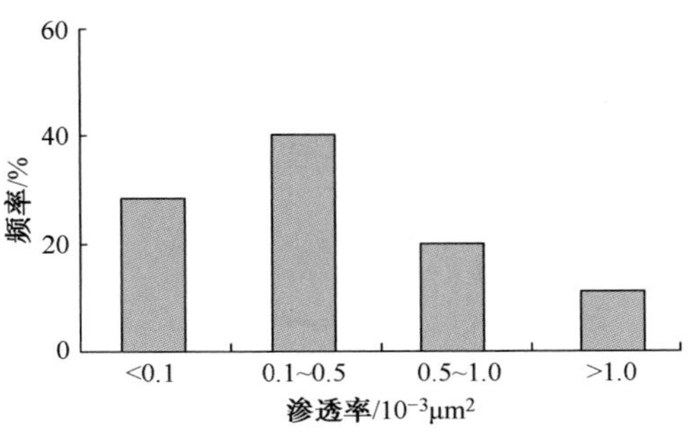

图3-7 鄂尔多斯盆地上古生界砂岩储层空气渗透率分布(杨华等，2012)

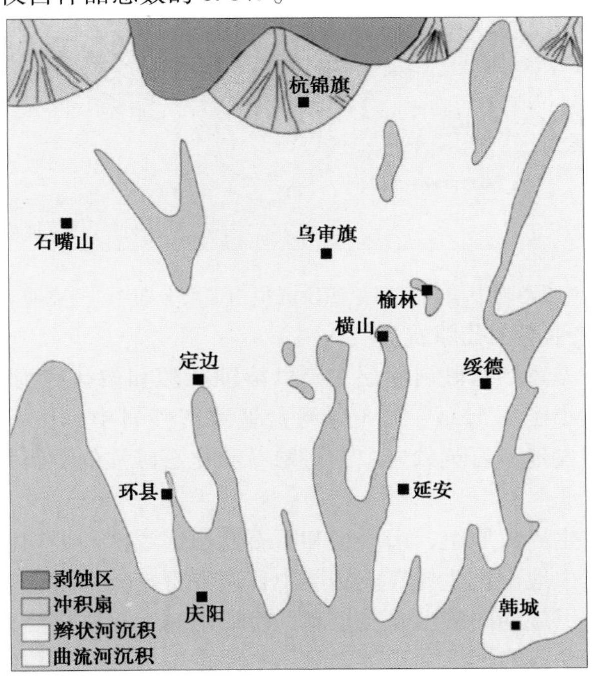

图3-8 鄂尔多斯盆地山西组二段砂体分布图(杨俊杰，1996)

四川盆地川西坳陷上三叠统须家河组储层厚度较大(400~500m)，且分布稳定、广泛，主要集中发育于须家河组二段和四段。须二段储层的孔隙度平均仅为3.43%，渗透率平均仅为$0.094\times10^{-3}\mu m^2$，为致密-超致密储层，但储层非均质性极强，最大孔隙度可达

16.76%，最大渗透率接近 $1.00\times10^{-3}\mu m^2$，揭示了致密背景上仍然存在部分相对高孔渗的储层。须二段主体为海陆过渡的三角洲前缘-三角洲平原多套沉积砂体的叠置，形成巨大的似毯状砂岩体，是四川盆地主要的储集体之一，这套厚层大面积的砂体自西向东减薄。这类相对高孔渗的储层具有长石含量高、岩屑含量低的岩石学特征。须四段河道砂体较发育，主要为冲积扇-辫状河三角洲沉积体系(图3-9)，砂体厚度仍具西厚东薄的特征。储层平均孔隙度为4.87%，平均渗透率为 $0.315\times10^{-3}\mu m^2$，物性整体好于须二段，但仍属致密储层。须四段中亚段钙屑砂岩物性较好，是目前川西坳陷中段物性条件最好的储层，基质孔隙度达6%~8%，基质渗透率普遍大于 $0.1\times10^{-3}\mu m^2$，具有较好的渗流条件。

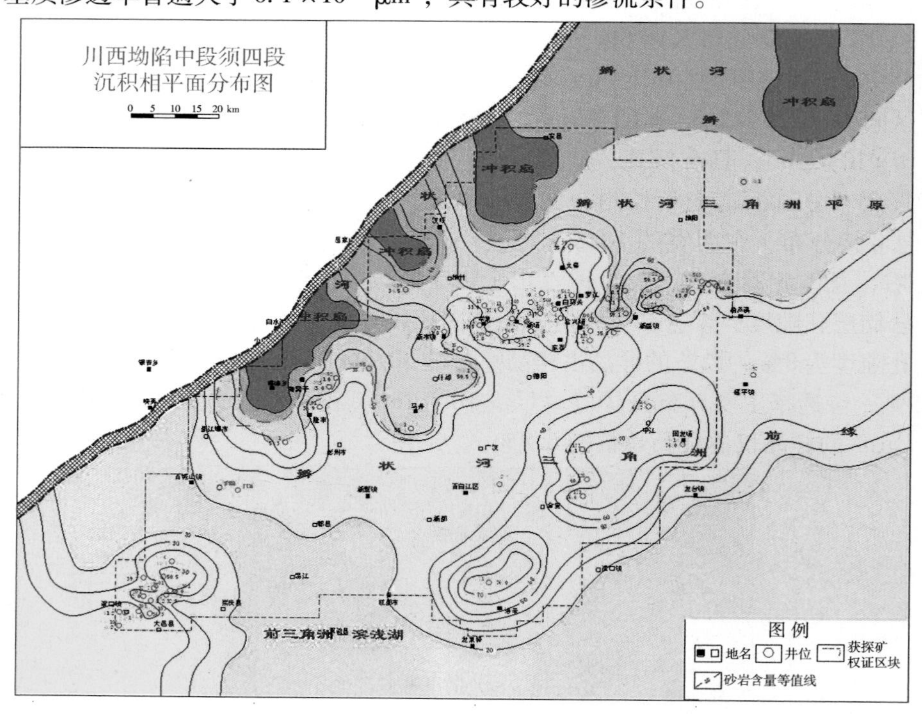

图3-9 川西坳陷中段须家河组四段沉积相平面分布图(杨克明等，2013)

2. 成岩作用强、次生溶蚀孔隙发育

美国落基山地区白垩系致密砂岩储层主要以溶蚀孔隙和微孔隙为主，发育少量粒间孔。孔隙喉道半径小，一般小于0.5μm。在大绿河盆地致密砂岩中，长石和岩屑被碳酸溶解而形成次生孔隙。在某些盆地，石英砂岩中的海绿石和化石碎片的溶解是次生孔隙形成的主要原因(万玉金等，2013)。

鄂尔多斯盆地上古生界太原组、山西组和下石盒子组致密砂岩均已进入晚成岩阶段“B”期。次生溶蚀作用在大牛地上古生界气田储层中普遍发育，大致可分为早、晚两期。早期主要受沉积水介质和生化甲烷期的酸性介质控制，晚期则与有机质热演化脱羧酸古侵蚀面或裂隙的淋滤、溶解作用有关，晚期溶蚀是主要的。主要表现为格架颗粒的溶蚀及杂基、胶结物的溶蚀作用，如碎屑长石、碎屑黑云母、绿泥石、凝灰岩屑等格架颗粒的溶蚀。大牛地气田太原组砂岩溶蚀作用中等偏弱，山西组溶解作用差异大，下石盒子组溶蚀作用中等-偏强，溶蚀作用形成微孔-溶孔型储集层(郝蜀民等，2011)。

铸体薄片统计表明(蔡希源等，2011)，川西地区须家河组储层的储集空间主要包括3

种类型：原生孔隙，主要为粒间孔隙；次生孔隙，包括粒间溶孔、粒内溶孔、铸模孔、高岭石晶间孔等；微裂隙(缝)。次生孔隙是川西地区须家河组储层砂岩最主要的储集空间类型，大致占储集空间的73.81%，原生孔隙仅占储集空间的21.2%，微裂隙(缝)对面孔率的贡献很小，仅占储集空间的3.85%。在须二段和须四段两个主要的储集层段中，埋藏深度较浅的须四段的面孔率显著高于须二段。就孔隙类型而言，次生孔隙对须四段砂岩的面孔率的贡献值显著高于须二段(分别为77.89%和52.32%)，而原生孔隙对须二段砂岩面孔率的贡献值显著高于须四段(分别为31%和19%)。

3. 毛细管压力高，含水饱和度高

致密砂岩储层由于孔喉狭小，毛细管压力特别高。如用水银注入法和高速离心法在50%的润湿相饱和度下，测得美国落基山地区白垩系致密砂岩的毛管压力中值达到6.9MPa，这表明致密砂岩具有极细小的孔隙喉道。高的毛细管压力可使地下原始条件下的岩层具有相当高的含水饱和度。如美国落基山地区白垩系致密砂岩储层的含水饱和度一般为30%～70%，通常以40%作为估算致密砂岩气储层的下限饱和度值。

（四）裂缝发育特征

致密砂岩气储层一般裂缝发育，裂缝发育对提高致密砂岩储层的渗透性和产能至关重要。美国致密砂岩气勘探开发实践表明，天然裂缝不但对提高致密砂岩储层的渗透性和产能至关重要(Keith W. shanley等，2004；Verbeek等，1984)，同时对完井设计(如水力压裂)及水平井钻井也有很大影响。S. E. Laubach研究并总结了圣胡安盆地白垩系Pictured Cliffs砂岩和大绿河盆地Frontier组致密砂岩储层的裂缝网络模式。在这两套砂岩中均获得了相对较高的天然气产量，这反映了天然裂缝对产量具有重要贡献。圣胡安盆地白垩系Pictured Cliffs砂岩发育4个裂缝带，南北走向的裂缝切割或相交于北西向的裂缝，表明前者形成较晚。裂缝群中的各条裂缝一般都终止于较均质的砂岩内或与页岩分界处，裂缝高度为0.5～5m，长约数十米至数百米，有的裂缝被黏土矿物和方解石充填，裂缝宽度约为0.5～1mm。裂缝群内的裂缝密度远高于围岩中的裂缝密度。大绿河盆地Frontier组中明显发育两组裂缝，一组是东西向或北东东走向，另一组为南北走向。两组裂缝很少同时出现于同一砂岩层中，倘若偶尔同时发育，则东西走向的裂缝往往横切或相交于南北走向的裂缝(万玉金等，2013)。

破裂作用改善了鄂尔多斯盆地大牛地气田上古生界致密砂岩储层的孔渗条件。其一为与构造应力有关的微破碎带型微裂隙；其二为与异常压力有关的微裂隙，这些微裂隙可延伸数毫米至数十毫米，可切穿硅质砂粒和第一期石英加大边及最终半-全充填含铁方解石等晚期胶结物；其三为成岩-构造复合成因型微裂隙，成岩期的杂基，尤其凝灰质杂基失水收缩，形成条片状裂缝。这些裂隙在构造期又进一步裂开、扩展，溶蚀扩大，形成粒缘缝、成条片状孔隙。这些裂隙在储层中不能普遍出现，但对储层的贡献是积极的，在靠近盆地中部的一些钻井，产气量与微裂缝的相关关系较为明显(郝蜀民等，2011)。

裂缝在控制川西地区须家河组储层砂岩物性上具有十分重要的作用，在裂缝不发育的层段，多为致密层或差储层。定量统计表明，川西地区须家河组储层裂缝以低角度裂缝为主，其发育密度大致是高角度裂缝的10倍。在须二段和须四段两个主要储集层段中，无论是低角度裂缝还是高角度裂缝，须二段的裂缝密度都显著大于须四段的裂缝密度。根据露头、岩心裂缝观察及成像测井资料，结合构造发展史，按照裂缝成因可将川西地区裂缝分为构造成因裂缝和非构造裂缝两种类型。构造成因裂缝包括张性垂直裂缝、剪切裂缝；非构造裂缝包括沉积层理缝、成岩裂缝等。裂缝产出形式多种多样，如垂直、斜交、网状、水平等，其中垂直、斜交、网状裂缝的发育程度与单井天然气产能有密切关系(蔡希源等，2011)。

（五）压力特征

美国落基山地区地层压力的区域分析资料表明，异常高压和异常低压均十分普遍地出现在各含气盆地深部致密砂岩储层中。显示异常高压的盆地有威利斯顿盆地、粉河盆地、大角盆地、风河盆地、丹佛盆地、大绿河盆地、尤因塔盆地和皮申斯盆地，而呈现低压异常的有圣胡安盆地和丹佛盆地(万玉金等，2013)。

在美国落基山地区，异常压力的共同特征表现为：①大多数盆地的深部普遍见到超压和低压储层，其时代为晚泥盆世-古近纪，以白垩纪为主。超压地层中压力系数最大达1.94，一般为1.4~1.7。② 异常压力往往出现在富含天然气的盆地深部致密砂岩储层中，而含水区为正常压力或异常低压，两者属于不同的压力-流体系统，其间为过渡带。经典的水动力学理论不能解释美国落基山地区深部压力异常的现象，因为水层属于正常压力。高压异常的形成机制主要是烃类(特别是天然气)不断生成，天然气供给量大于其散失量，由于大量烃气的补给形成致密砂岩储层超压。具体体现在以下几个方面：一是致密含气砂岩储层中压力异常与富含有机质的烃源岩有关，且二者的起始位置基本一致；二是区域性超压岩层的烃源岩镜质体反射率都大于0.7%，若岩石中不含有机质，则一般不存在高压现象；三是高压异常的起始深度基本一致，约为3050m，且大多数高压出现在现今地温为93℃ ±6℃的地层中，现今或近期地温较高是维持压力水平的一个重要因素。③ 常规储层中的油气，原先可能在超压的烃源岩中生成，经过垂向和侧向运移进入紧邻的渗透率相对较高的储层中，并借助浮力以连续的油气柱向上倾方向运移，聚集在圈闭中。由于致密砂岩储层渗透率很低，以致天然气不能依靠浮力运移，而只能靠压差作用进行运移。高孔隙压力可以产生高角度的天然裂缝，并成为烃类和水在储层中运移的一个重要通道。泥页岩的破裂压力梯度普遍高于砂岩，这意味着富含有机质泥岩的孔隙压力比邻近砂岩的孔隙压力高。于是，当泥岩中出现天然裂缝时，油气能迅速地进入到附近的砂岩中，同时可诱发或扩大砂岩中的裂缝。④ 超压地层中很难见到明显的气水分离界面。⑤ 不同的烃类生成速度可导致压力差异，而烃类的散失则能引起压力状态的迅速改变，低压异常就是由高压异常演化而来的。当盆地动力学条件发生变化时，如发生古地温变化、局部和区域性的构造隆起并遭受剥蚀，致使盆地冷却，当天然气散失量超过供给量时就形成低压气藏。

鄂尔多斯盆地上古生界异常压力总体上以低压和异常低压为主(图3-10)，具有以下压力特征(张水昌等，2009；郝蜀民等，2011)：① 鄂尔多斯盆地上古生界石盒子组-山西组以低压和异常低压为主，约占总数(共收集压力点153个)的67%，常压和高压占总数的33%。盆地北部压力系数一般为0.74~0.98，异常低压和低压点绝对优势，占82.14%；其次为常压，占17.16%。中部气田盒8段压力系数为0.79~0.99，普遍呈现异常低压或低压，少数达到常压范围。② 气层压力以低压和异常低压为主，不同地区不同层系压力变化大(图3-11)。从盆地上古生界各层系地层压力与埋深关系图可以看出，盆地中部石盒子组、山西组以低异常压力为主，而且压力与埋深关系不明显；盆地西部、北部山西组以接近正常压力为主，地层压力随埋深增加而增大；盆地东部太原组地层压力变化较大，低压、高压、正常压力都有分布，高压的出现主要与含气砂体被泥岩包围、盐岩封盖未造成明显的压力释放有关。大牛地气田上古生界气藏现今压力系数在0.76~1.02之间(小于0.95的占81%，0.95~1.0的占16.5%，大于1.0的占2.5%)，属异常低压-常压气藏。较高平均压力系数出现在盒3段(0.945)、盒2段(0.910)、太2段(0.918)，较低平均压力系数为盒1段(0.894)、山1段(0.865)。太2段平均压力系数较高可能与太原组为煤层生烃有关，盒3段、盒2段平均压力系数较高可能与天然气向上充注、聚集有关。前人研究表明：鄂尔多斯盆地抬升引起的气藏温度降低、储集层孔隙增大以及气体散失不是气藏压力降低的原因，气水倒置才是形成气层低压异常的主要原因，这主要是由于气体密度小于水的密度，造成了上古生界气藏压力降低(冯乔等，2007)。

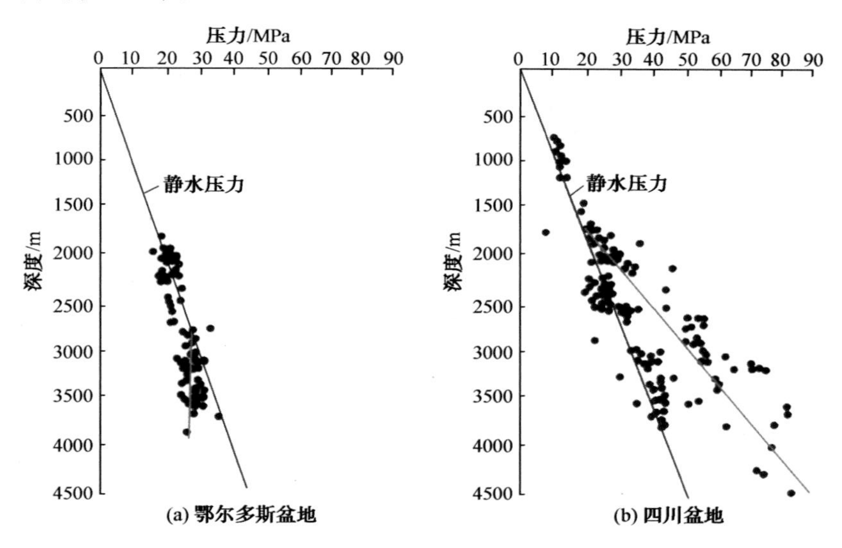

图3-10　鄂尔多斯盆地上古生界与四川盆地川西须家河组气藏压力与深度关系(张水昌等，2009)

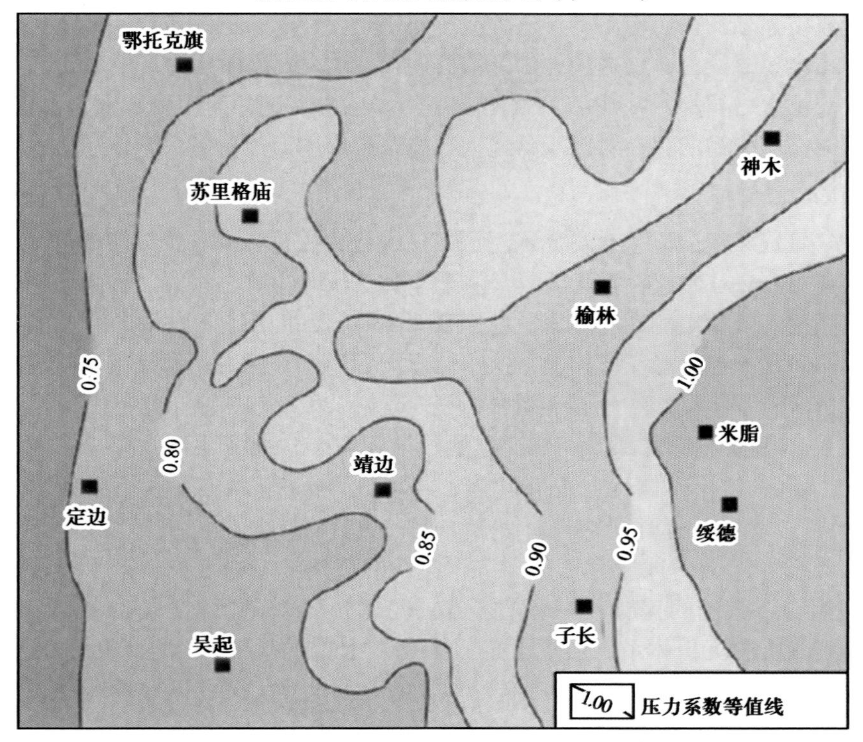

图3-11　鄂尔多斯盆地上古生界气藏压力系数(张水昌等，2009)

四川盆地上三叠统须家河组致密砂岩气藏多数呈现高压特征(张水昌等，2009)。川西地区须家河组致密砂岩气储层普遍发育超压，须家河组四段压力系数在1.68～2.03之间，须家河组二段压力系数在1.11～1.66之间(蔡希源等，2011)。欠压实作用、生烃作用和构造作用是四川盆地须家河组异常高压形成的主要原因(张水昌等，2009)。① 欠压实作用。一般认为，当沉积速率超过40～100m/Ma时属快速沉积。川西地区受龙门山活动的影响，物源丰富，快速沉积了巨厚的上三叠统，沉积速率大于100m/Ma，如合川100井的沉积速率为156m/Ma，位于龙门山前缘的鸭子河构造沉积速率更快，达到200m/Ma以上。上三叠统属于河流-沼泽-湖相沉积，泥质含量高。由于沉积速率快，泥岩中的流体排出受阻，沉积物不能进行正常压实或压实变慢，其中的流体除承受静水压力外，还承受一部分上覆地层压力，从而形成异常高压。因此，快速的沉降作用和由此产生的流体排出不畅是造成超压的最初动力。② 烃类生成作用。沉积物中的有机质在热演化达到成熟-高成熟阶段时大量生烃(特别是生气)的过程是引起超压的重要因素。此过程形成异常高压的基本机理有两个：一是烃类(主要是低分子烃类)生成所造成的体积膨胀；二是所生成的物质和水共存，地层中单相流动变为多相流动，降低了流体的渗透率，使孔隙流体排出速率降低。川中、川西上三叠统煤系烃源岩在燕山期进入成熟期-成熟高峰期，生成的大量气体在向储集层排出的过程中，由于储集层致密化及上覆巨厚泥岩层的覆盖，在断层和裂缝沟通不畅的区域形成了异常高压。③ 构造作用。在构造挤压应力作用下，地层发生变形、位移等构造变动，区域性抬升、褶皱、断裂、刺穿(盐岩或泥岩、页岩)等均可造成异常高压。这是由于低孔渗地层的水平挤压应力作用抑制了孔隙流体的流出，使孔隙流体压力升高，形成异常高压。川中、川西地区处于龙门山和龙泉山之间，尤其是在喜马拉雅构造运动中，川西、川西北地区特别是龙门山前地区形成了强烈的挤压应力场，这种挤压作用是促使岩石进一步压实的动力，导致其侧向压实。另外不容忽视的是，构造应力的一部分通过应力场-流体压力场的耦合转化为流体压力，从而造成流体压力异常，在泥质含量比较高的煤系中，这种作用更加明显。因此，强烈、持续的近东西向挤压应力的存在对四川盆地上三叠统超压的形成具有一定作用。

(六) 成藏组合特征

致密砂岩气藏成藏组合以自生自储或近源成藏组合为主，源储紧密接触或近邻。如美国圣胡安盆地布兰考(Blanco)致密砂岩气田，它位于圣胡安盆地的中心，故又称为圣胡安气田，主要气层为白垩系梅萨沃德组的致密砂岩。白垩系厚1800m，沿西北-东南向弯曲的古海岸线分布，由海相和非海相地层楔形交错构成，这些储层与含煤生气源岩相邻或呈指状交错，源储紧密接触，从而构成若干组良好的生储盖组合(万玉金等，2013)(图3-12)。

晚古生代鄂尔多斯盆地北部由克拉通盆地逐渐向内陆盆地演化，发育了广阔的近海、沼泽煤系(烃源岩层)→滨岸砂体、三角洲砂体、河道砂体(储集岩层)→泛滥平原、湖相泥质岩层(盖层)层序，形成多套有利的成藏组合。上古生界在由海向陆的转变过程中，太原组、山西组直至下石盒子组盒1段发育三角洲沉积体系的三角洲平原沉积，产生接触面积较大的自生自储成藏组合，其间的盖层一般是直接盖层；至下石盒子组盒2段、盒3段时已转变为辫状河-曲流河性质的沉积体系，形成下生、中储、上盖的生储盖组合(图3-13)，储层与源岩层距离加大，上石盒子组及石千峰组泥质岩是上古生界气藏的区域性盖层，厚度约60～140m，该套泥岩不仅对下石盒子组气藏有直接的封盖作用，而且对山西组、太原组气藏亦具有间接的封盖性(郝蜀民等，2006)。

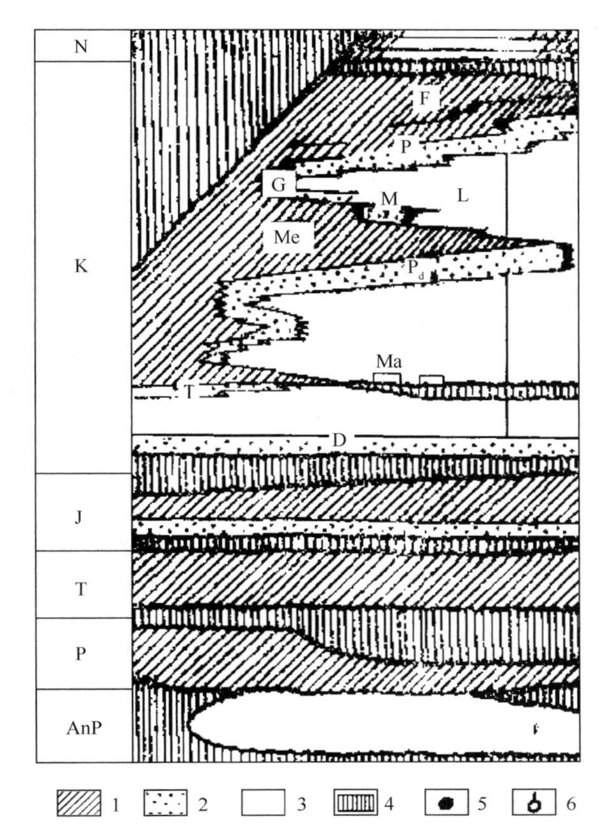

图 3-12　圣胡安盆地布兰考气田综合柱状图

（万玉金等，2013）

1—陆相地层；2—砂岩；3—海相页岩；4—地层确实；5—油层；6—气层；D—达科他砂岩油气层；T—托西托砂岩油气层；Ma—曼斯特页岩；Me—梅萨沃德组；P_d—波因特－卢克奥特凝析气层；M—梅内费凝析气层；G—峭壁室凝析气层；P—画崖砂岩气层；F—伏鲁特兰煤系中透镜体砂岩气层；L—刘易斯页岩

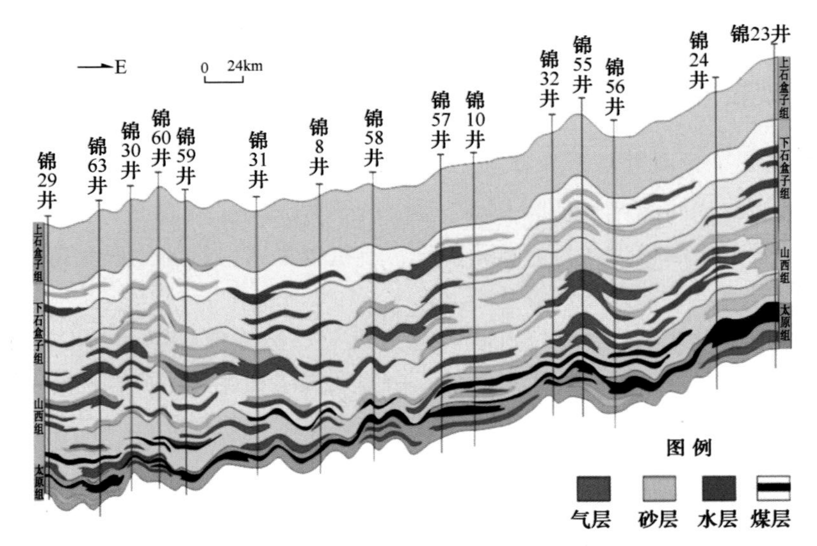

图 3-13　鄂北地区上古生界生储盖组合剖面

川西地区须家河组致密砂岩气藏(田)发育上、下两套成藏组合(蔡希源，2010)，上生储盖组合是指以须家河组须三段滨浅湖相暗色泥岩及须四中亚段滨浅湖相的灰黑色泥岩为主力烃源岩，须四段上、下亚段的三角洲分流河道、水下分流河道和河口坝砂岩等为主要储层，须五段大套厚层泥岩为盖层所构成的一套源储大面积紧密接触成藏组合。下成藏组合是指以上三叠统马鞍塘-小塘子组滨海-沼泽相的煤系地层及须二段内部所夹的河沼相深灰色泥岩为主力烃源岩，须二段广泛发育的三角洲前缘水下分流河道、河口坝砂岩为主要储层，须三段大套厚层泥岩为盖层所构成的一套源储大面积紧密接触成藏组合(图3-14)。

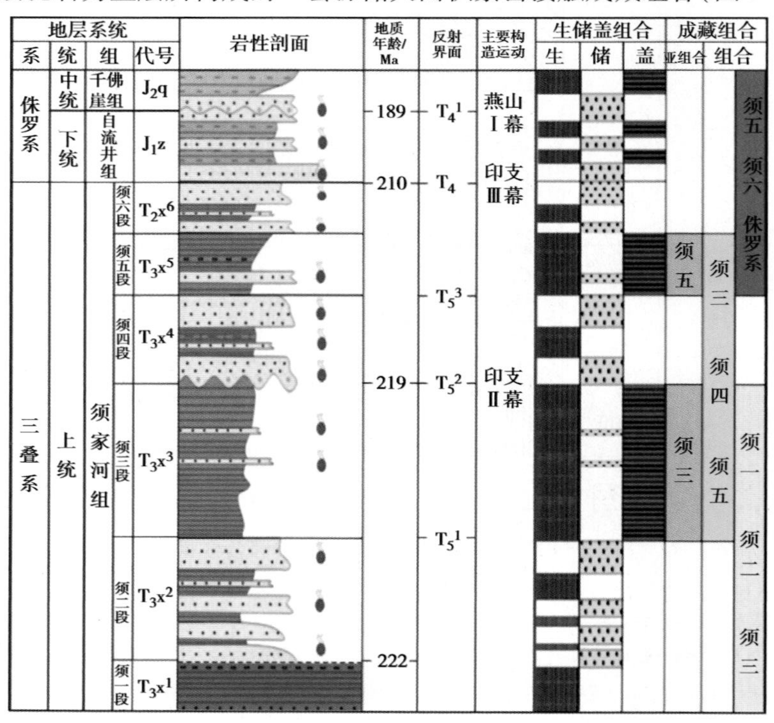

图3-14　川西坳陷须家河组成藏组合划分图

二、致密砂岩气的成藏主控因素与机制

(一)广覆式发育的成熟煤系烃源岩是致密砂岩气形成的物质基础

中美致密砂岩气均与煤系烃源岩伴生，源岩生烃强度大(童晓光等，2012)。煤系源岩均以煤系地层的Ⅲ型干酪根为主，分布面积广，有机碳丰富，热演化程度高，广覆式生烃特征为大气田的形成奠定了丰富的资源基础。

美国落基山地区白垩纪-古近纪沉积背景为克拉通边缘前陆盆地，发育广覆式煤系地层，造就了致密砂岩气藏良好的烃源岩条件。白垩系煤层和煤系泥页岩是落基山地区致密砂岩气的主要气源岩，具有厚度大、分布广、有机质含量丰富的特征，源岩有机质类型主要为适于生气的腐殖型Ⅲ型干酪根(万玉金等，2013)。

中国发现的致密砂岩大气田天然气均为煤成气，即气源都来自煤系中Ⅲ型泥页岩或腐殖煤(戴金星等，2012)。鄂尔多斯盆地苏里格、大牛地、榆林、子洲、乌审旗、神木和米脂7个致密砂岩大气田气源均来自石炭系本溪组、二叠系太原组和山西组3套煤系(戴金星等，

2005；李贤庆等，2008；Hu G Y 等，2010）；四川盆地合川、新场、广安、安岳、八角场、洛带和邛西 7 个致密砂岩大气田气源均来自上三叠统须家河组煤系（DJX 等，2009；李登华等，2007；王兰生等，2008）。此外，“圈闭型”致密砂岩气藏，如渤海湾盆地户部寨沙河街组四段致密砂岩气藏，其气源为下伏石炭系-二叠系煤系（许代政等，1991）。四川盆地孝泉侏罗系致密砂岩气藏，其气源为下伏须家河组煤系（耿玉臣，1993）。塔里木盆地库车坳陷东部依南 2 井侏罗系阿合组致密砂岩气藏气源主要来自下伏三叠系塔里奇克组煤系（邢恩袁等，2011），依南 2 井天然气 $\delta^{13}C_1$ 值为 32.2‰、$\delta^{13}C_2$ 值为 24.6‰、$\delta^{13}C_3$ 值为 23.1‰、$\delta^{13}C_4$ 值为 22.8‰，为典型煤成气特征（李贤庆等，2005）。综上所述，中国致密砂岩气藏的天然气都是煤成气，这是由于致密砂岩孔隙度和渗透率极低造成的，只有“全天候”气源岩煤系连续不断供气，才能形成大气藏。

中国的聚煤时期可以划分为晚古生代、中生代和新生代 3 个时期（程爱国，2001），晚古生代发育大陆型陆表海盆地聚煤作用，华北地区以鄂尔多斯盆地石炭系-二叠系煤系为代表，华南地区则以上二叠统龙潭组和长兴组煤系为代表；中生代印支运动以后，中国的聚煤环境从陆表海环境转变为内陆湖盆环境，华南地区以四川盆地上三叠统须家河组煤系为代表，华北地区以中下侏罗统延安组为代表，下白垩统营城组则代表东部断陷盆地的含煤岩系；新生代聚煤盆地主要沿太平洋西岸和新特提斯分布。虽然各时期煤系地层的聚集环境与地区存在差异，但是煤系地层普遍具有发育广泛、分布稳定、有机质丰富和热演化程度高等特征，为致密砂岩气藏形成奠定了资源基础。

鄂尔多斯盆地上古生界煤层展布西北部最厚，东部次之，中部薄且稳定（图 3-6）（杨俊杰等，1996）。上古生界有机质成熟度以盆地南部最高，处于过成熟干气阶段，并向边缘呈环带状降低，依次过渡为过成熟干-湿气过渡带、湿气带和凝析油-湿气带。总体而言，盆地南部有机质的成熟度高于盆地北部（图 3-15）（杨俊杰等，1996）。

鄂尔多斯盆地石炭系-二叠系具有多中心广布式生烃特征，为上古生界天然气成藏富集提供了优越的物质基础。按形成大中型气田生烃强度下限 $20\times10^8m^3/km^2$ 计算，上古生界生烃强度大于 $20\times10^8m^3/km^2$ 的分布面积达 $13.8\times10^4km^2$，占现今盆地总面积 $25\times10^4km^2$ 的 55.2%，也就是说占鄂尔多斯盆地一半以上的地区具备形成大中型气田的烃源岩条件。如果以生烃强度 $12\times10^8m^3/km^2$ 计算，鄂尔多斯盆地上古生界生烃强度大于 $12\times10^8m^3/km^2$ 的分布面积达 $17.9\times10^4km^2$，占现今盆地总面积 $25\times10^4km^2$ 的 71.6%，表现为大面积生烃强度较高的特征。从已探明的上古生界苏里格、榆林、乌审旗和米脂等 7 个大气田分布与生烃强度关系看，表现为“广布式”的生烃特征。

四川盆地须家河组发育 3 套广覆式煤系烃源岩，川中-川西地区须一、须三、须五段烃源岩厚度分别为 30~800m、50~150m 及 50~200m；烃源岩成熟度高，镜质体反射率介于 1.0%~2.0% 之间（图 3-16）；须家河组烃源岩总生排气强度较高，尤其在川西、川中地区达到 $(10\sim30)\times10^8m^3/km^2$ 以上，川中大部分地区总生排气强度为 $(10\sim30)\times10^8m^3/km^2$。四川盆地上三叠统须家河组烃源岩厚度和生排烃强度大，具备形成大气区的基本成藏条件（张水昌等，2009）。

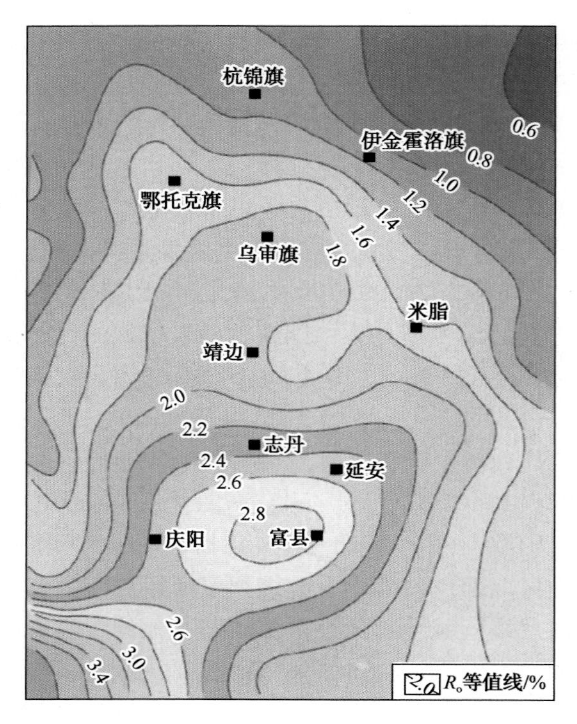

图 3-15 鄂尔多斯盆地上古生界 R_o 等值线图(杨俊杰等，1996)

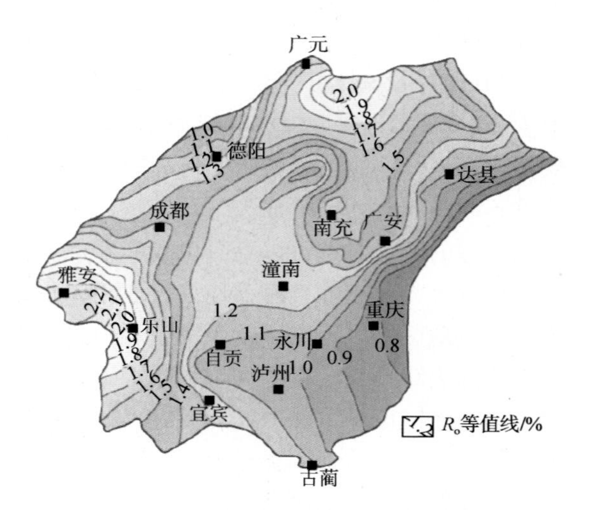

图 3-16 四川盆地须三段烃源岩 R_o 等值线图(张水昌等，2009)

（二）大面积连片分布的致密砂岩构成了致密砂岩气形成的储集空间

美国致密气储层分布稳定、厚度大，中国致密气储层非均质性强、厚度相对较小。美国皮申斯盆地梅萨默德群以海陆过渡相三角洲沉积为主，砂体以透镜状展布为主，气层累计厚度超过600m，连续分布，含气面积超过 $1\times10^4km^2$；南部的圣胡安前陆盆地梅萨默德群以河流相与三角洲分流河道沉积为主，砂体呈透镜状展布，砂岩有效厚度大，平均厚度为24m，含气砂岩面积410km²，纵向多层叠置(童晓光等，2012)。

鄂尔多斯盆地石炭系-二叠系为陆表海缓坡沉积环境的三角洲与分流河道席状砂，透镜状与层状砂体共生，砂体有效厚度为6.3～8.3m，含气砂岩面积1716～6748km²(童晓光等，2012)。晚古生代鄂尔多斯盆地地势非常平缓，古坡度为1°～2°，无明显的沉积中心和坡折带，发育大型缓坡浅水三角洲沉积。在相对平坦的构造背景下，湖泊水体浅，河流水动力较强，对三角洲的建设始终起着控制作用，沉积砂岩中可见明显的板状交错层理、槽状交错层理、平行层理；湖平面频繁波动，湖岸线摆动大而且迅速，不同期次的河道横向反复迁移，导致砂体纵向上多期叠置，平面上复合连片，如主要储集层下石盒子组盒8段形成了厚10～30m、宽10～20km、延伸300km以上大面积分布的砂岩储集体状(图3-17)(杨华等，2012)。

晚古生代鄂尔多斯盆地北部主要发育两大物源区(杨华等，2007；蔺宏斌等，2009)，即西部的富石英物源区和东部的贫石英物源区，前者主要由变质石英砂岩、石英砂岩、变质长石石英砂岩、板岩和千枚岩等浅变质岩系组成，后者主要由黑云角闪斜长片麻岩、变粒岩、石榴黑云片麻岩、长石石英岩、大理岩等深成变质岩系组成。受物源区影响，盆地西部大面积发育石英砂岩储集层，由于石英砂岩化学稳定性高、硬度大、不易被压实，有利于原生孔隙的保存和孔隙流体的流动，且该区后期成岩作用相对较弱，因此，储集层物性相对较好，储集空间以粒间孔、溶孔、高岭石晶间孔为主。盆地东部地区发育岩屑石英砂岩、岩屑砂岩储集层，由于岩屑砂岩特别是以柔性岩屑为主的岩屑砂岩抗压实能力不强，不利于孔隙流体流动和溶蚀作用发生，且该区后期成岩作用强，因此，储集层物性相对较差，储集空间以黏土微孔为主，偶见岩屑溶孔以及少量晶间孔和层间微裂隙。总的来说，鄂尔多斯盆地上古生界以低渗透、特低渗透砂岩储集层为主，有效储集层的形成与岩石组构、成岩作用关系密切。

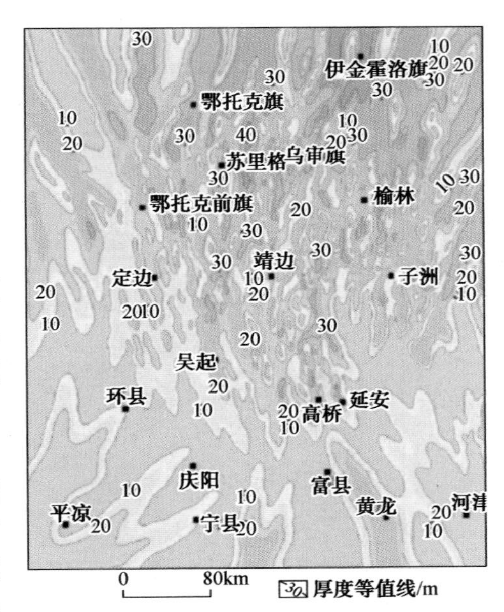

图 3-17　鄂尔多斯盆地下石盒子组盒8段砂体厚度图(杨华等，2012)

四川盆地须家河组须二段为海陆过渡相三角洲沉积，须四、须六段致密砂岩为前陆盆地性质的河道砂和水下分流河道砂体，呈透镜状，砂体有效厚度大(10～34m)，含气砂体面积为200～656km²(童晓光等，2012)。四川盆地须二、须四、须六段有利储集层广泛分布(朱如凯等，2009)，须家河组储层评价标准如下：Ⅰ类为有利储集层，平均孔隙度一般大于8%，有效储集层厚度一般大于30m；Ⅱ类为较有利储集层，平均孔隙度一般大于6%，有效储集层厚度一般大于20m；Ⅲ类为一般储集层，平均孔隙度一般大于6%，有效储集层厚度一般大于10m。须家河组二段有利储集层分布：Ⅰ类为有利储集层，主要发育于川中地区的渠县-营山-川67井及内江-安岳-女107井-广安一带，主体处于辫状河三角洲平原、前缘带，储集层厚度为30～50m，平均孔隙度一般大于8%，目前发现的安岳、潼南、合川含油气构造均处于该有利区带；Ⅱ类为较有利储集层，分布于川西的平落坝-白马庙-邛西一带和八角场及川中-川南的大部分地区，储集层厚度为20～30m，平均孔隙度一般大于6%；莲花池、中江以东、九龙山-黎雅庙-柘坝场-老关庙等地区为Ⅲ类一般储集层发育区[图3-18(a)]。

须家河组须四段有利储集层分布：有利储集层主要发育于川中-川南过渡带的磨溪-安岳-潼南-合川-大足-包界的三角洲平原砂体、川中八角场辫状河三角洲前缘砂体和川中充西、广安、隆昌、金华及公山庙-营山一带的三角洲相砂体中，这些地区的储集层普遍结构成熟度高、绿泥石胶结发育，有利于次生溶蚀作用的发育及原生孔隙的保存，储集层厚度为30～50m，孔隙度一般大于8%；较有利储集层发育于大兴西、苏码头、长宁、合兴场、充西、磨溪-龙女寺及北部山前河流相砂体中，绿泥石发育或抬升破碎较强烈，储集层厚度为20～30m,孔隙度一般为5%～7%；西部其他地区及川中东部地区、资阳、通江、开江1井-梯4井区、宜宾和江宁等地区的三角洲相砂体也有一定的储集性能[图3-18(b)]。

（三）煤系烃源岩与致密砂岩储层大面积紧密接触是致密砂岩气形成的关键

大面积分布致密砂岩与广覆式分布煤系烃源岩紧密接触，即源储紧邻配置是致密砂岩气形成的关键。如美国大绿河盆地白垩系Frontier组和Mesaverde组储集层主要由河流和三角洲环境下沉积的砂岩和粉砂岩组成，平面上连片、纵向上叠置分布，含气储层由厚3～30m、宽45～1210m的单砂体大范围叠合分布，一般埋深2480～3580m(童晓光等，2012)。圣胡安盆地布兰考(Blanco)致密砂岩气田主要气层为白垩系梅萨沃德组的致密砂岩。白垩系厚

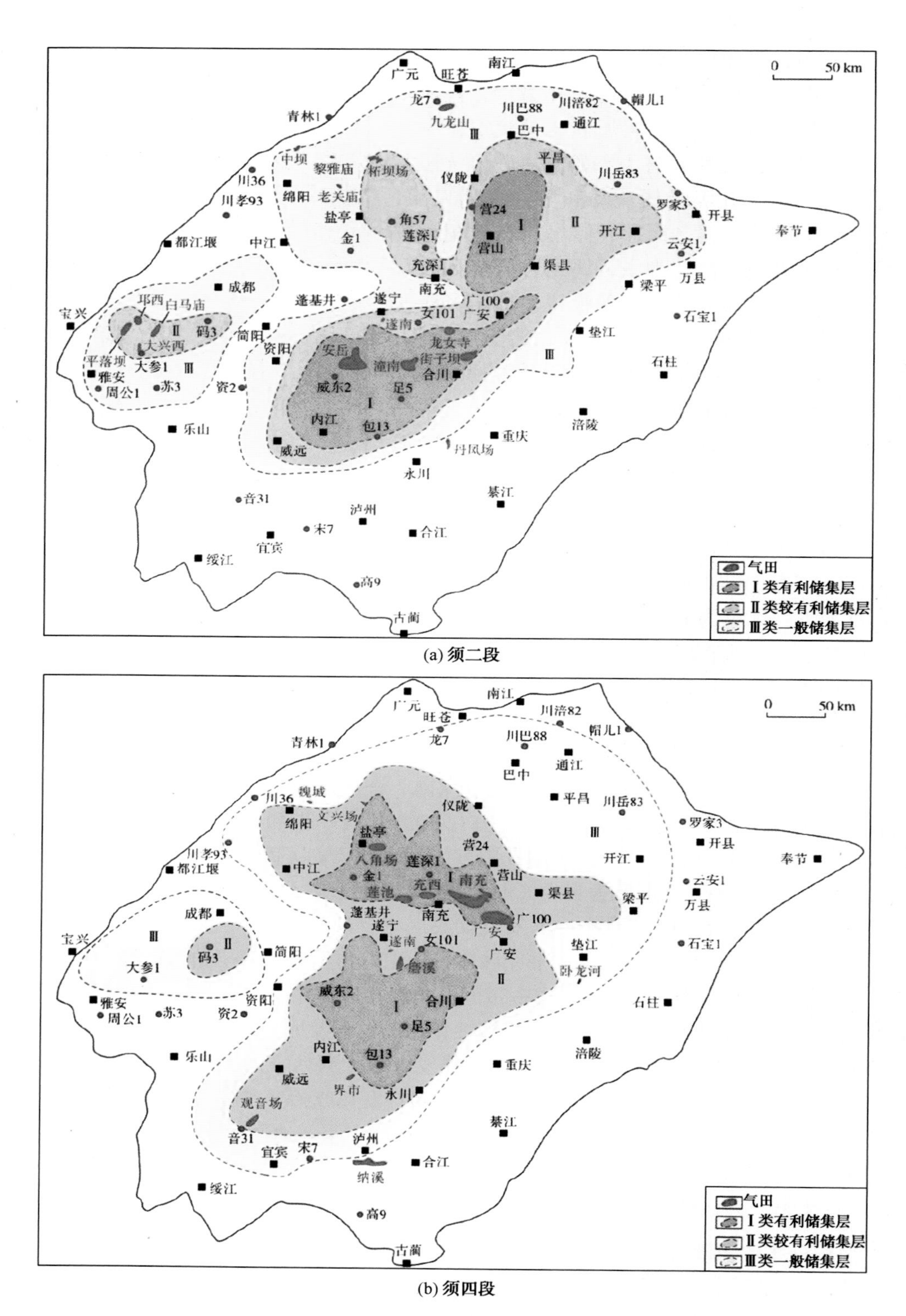

(a) 须二段

(b) 须四段

图 3-18　四川盆地上三叠统须二段、须四段储集层评价预测图(朱如凯等，2009)

1800m，沿西北-东南向弯曲的古海岸线分布，由海相和非海相地层楔形交错构成，这些储层与含煤生气源岩相邻或呈指状交错，源储紧密接触，从而构成若干组良好的生储盖组合（张水昌等，2009）。

四川盆地须家河组须一段、须三段、须五段煤系烃源岩与须二段、须四段、须六段砂岩储层呈大面积交互式叠加发育，形成大范围“三明治”式优质生储盖组合（图3-19）。须家河组烃源岩总生排气强度较高，尤其在川西、川中地区，川中大部分地区总生排气强度为$(10\sim30)\times10^8m^3/km^2$。川中-川西地区具备大面积层状蒸发式排烃条件。须一、须三、须五段烃源岩大面积层状展布，烃源层沉积后整体大幅沉降，深埋环境下煤系烃源岩生成的油气先整体向上覆砂体大面积层状排驱，进入连片砂体后，分流汇聚于孔渗性较好的砂岩成岩圈闭中。后期抬升过程中大面积层状排烃持续进行，再通过构造调整，进一步呈分流式差异汇聚到孔渗性好的砂体中（邹才能等，2009）。

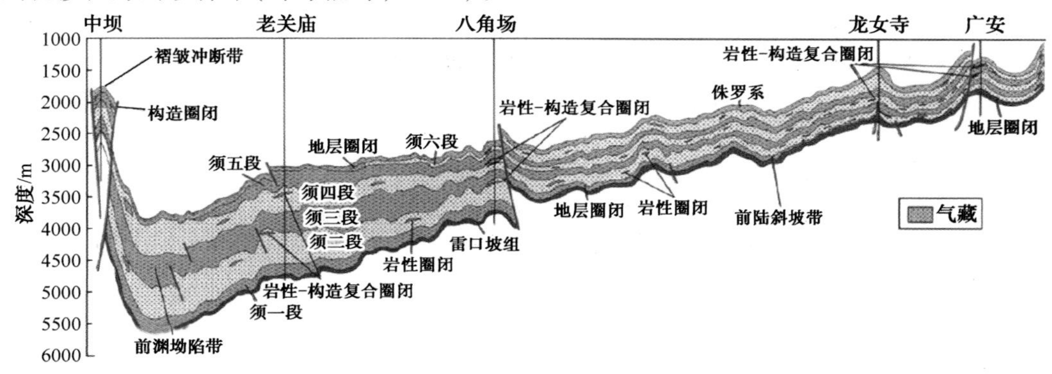

图3-19 四川盆地须家河组烃源岩与储层纵向分布剖面图（邹才能等，2009）

鄂尔多斯盆地上古生界致密砂岩气主力储层太原组、山西组、下石盒子组与主力煤系烃源岩山西组、太原组为紧邻接触或近源配置（图3-20）（邹才能等，2012）。河流-三角洲体系的带状河道砂层复合体与“广布型”生气中心形成近距离配置，有利于各类砂体大面积成藏。河流-三角洲体系具备良好的生储盖组合及圈闭条件。前三角洲是优质烃源岩发育的有利地区，三角洲前缘及平原中发育各种类型的砂体，特别是三角洲前缘砂体分选好、物性好，与前三角洲优质烃源岩紧密接触，有利于油气在储集体中运聚；三角洲平原分流河道间和三角洲前缘分流间湾沉积的泥岩和煤岩可以形成良好的封闭或盖层条件。

鄂尔多斯盆地上古生界发育大面积致密砂岩储集层，在广覆式生烃背景下，致密储集层形成时间与天然气充注时间的匹配关系决定着天然气的聚集方式和分布格局（杨华等，2012）。晚侏罗世-早白垩世末是天然气的大量生成时期，此时上古生界储集层已基本致密化，砂岩孔隙度降至10%以下，储集层孔喉细小，毛细管阻力较高，在区域地层平缓的构造背景下，天然气难以沿构造上倾方向发生大规模的侧向运移，以就近运移聚集为主。在近距离运移聚集模式的控制下，一方面天然气浮力无法克服储集层毛管阻力，构造对气藏的控制作用不明显，构造下倾方向仍发育有利含气区，广覆式生烃与大面积分布储集砂体的有效配置有利于大气区的形成；另一方面烃源岩生成的天然气沿孔、缝网状输导体系以相对较小的散失量就近运移至砂岩储集层中聚集成藏，提高了聚集效率，降低了天然气成藏的门槛，即便在生烃强度较低的地区也能够聚集成藏（杨华等，2012）。鄂尔多斯盆地的勘探实践表明，在生气强度大于$10\times10^8m^3/km^2$的地区就可以形成大规模工业性天然气聚集。

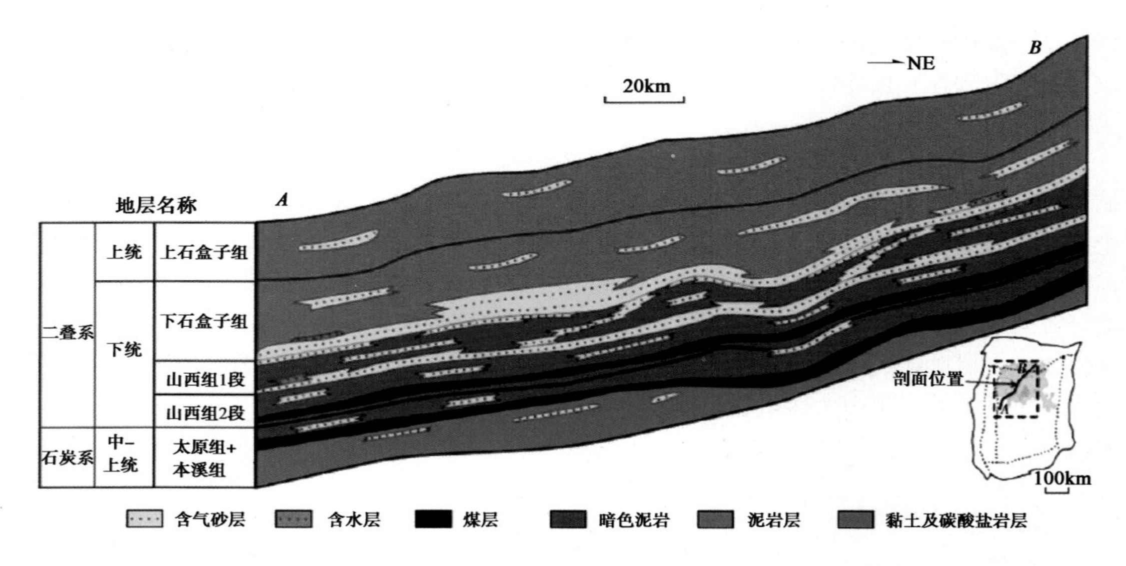

图3-20　鄂尔多斯盆地上古生界致密砂岩气分布与源储配置（邹才能等，2012）

（四）致密砂岩气运聚成藏机制

致密砂岩气是在烃源岩以外的致密砂岩中形成的气藏，是经过初次运移和短距离二次运移后形成的气藏。关于致密砂岩气的成藏机制，目前尚无统一的认识，主要存在以下两种观点：①横向活塞式、气排水和气水倒置成藏机制（Masters，1979；金之钧等，2005；张水昌等，2009）；②（准）连续型聚集、大型化成藏机制（邹才能等，2009；宋岩等，2013；赵靖舟等，2013；赵文智等，2013）。

1. 横向活塞式、气排水和气水倒置成藏机制

天然气从烃源岩向上运移进入圈闭及后期扩散要经历3个过程，即气体连续相、气体隔离相和气体游离扩散相（金之钧等，2005）。气体连续相（低渗透砂岩储层）：天然气经运移通道进入孔隙度、渗透率相对较好的储层中（致密砂岩中的“甜点”），气体以连续相存在。气体隔离相（致密砂岩盖层）：当气体运移到较好储层上部的致密砂岩段时，由于微细的孔喉通道和水锁效应，使得气体的运移力小于或等于运移阻力，不能将微孔隙中的束缚水排替出去，因而被隔离在微孔隙中，形成气体隔离相，即气藏相对封隔部分。气体游离扩散相（常规砂岩储层）：气体进入隔离相后，上覆地层压力的进一步增加、致密砂岩储层孔隙的进一步减小以及地层温度的增加等因素使气体的运移力进一步增加，部分气体得以扩散到致密砂岩层之上的较好储层中，形成气体游离扩散相，这种上部储层一般以含气水层为特点。

当气源岩产生的大规模天然气进入致密砂岩储层后，气水两相流之间的界面力及由此产生的毛细管压力构成了天然气运移的最主要阻力。当具有一定压力的气体从致密砂岩储层底部注入时，天然气将连通孔隙中的可动水排替掉而仅仅保留附着在孔隙壁上的束缚水，它们同样互相连接，沿孔隙壁及喉道周围形成连续的水网薄膜。

岩石颗粒表面所残留的地层束缚水是地层压力条件下不可彻底排除的，这些网膜水层厚度极小，其大小取决于天然气压力、界面张力、水薄膜张力及孔隙形状与体积等。水膜的厚度随地层压力大小发生变化且与地层压力成反比。当压力较大时，束缚水的厚度可以很薄而形成极薄水膜。当水膜的厚度薄至一定程度时，它的存在就具备了固体的基本属性，即具有高强度和高黏滞性，如同孤立孔隙水一样具有不可流动性，无法像液体一样直接传递上、下

地层中的流体压力。因此，致密砂岩气藏内部的天然气基本上可以完全理解为较纯粹的连续气相，当压力大幅度降低时，它的存在状态极易向近似连续状和不连续状发生转变。

当天然气从气源岩中生成并被排出之后，将经过较短距离的垂向运移就近或直接进入相邻的致密砂岩储层中。不同的毛细管具有不同的临界压力值，在致密砂岩储层中只有当运移动力大于毛细管临界排驱压力值时，气体才能够通过毛细管喉道在各孔隙间流动。在储层的构造下倾部位，由于天然气的生成及不断注入形成了比天然气运移阻力更高的地层压力，受此压力推动，进入致密砂岩储层中的天然气沿构造上倾方向依次向地层压力相对较低的高部位推进(图3-21)。

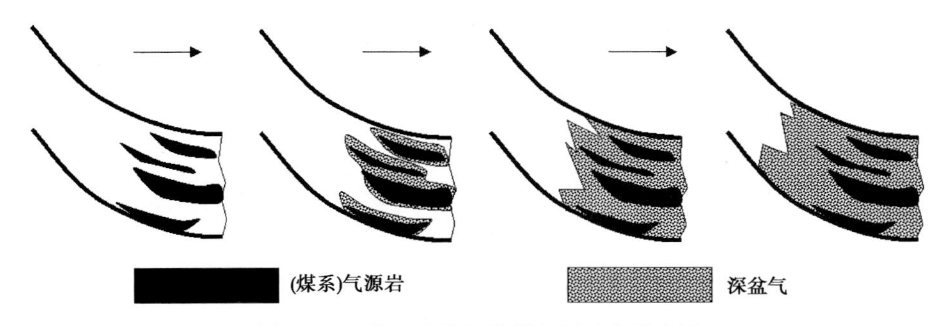

图3-21　致密砂岩气成藏理想过程示意图

例如艾伯塔盆地的深盆气(Masters，1979)，天然气持续供给形成的储集层超压是油气运移的动力，天然气以活塞式从烃源岩中心沿储集层向上倾方向运移，由于致密砂岩储集层孔渗性差、浮力作用不明显，故形成上水下气的“气水倒置”格局(图3-22)。美国圣胡安盆地向斜轴部白垩系致密砂岩气田、丹佛盆地向斜轴部瓦腾堡气田均为气水分布倒置的致密砂岩气藏(田)。

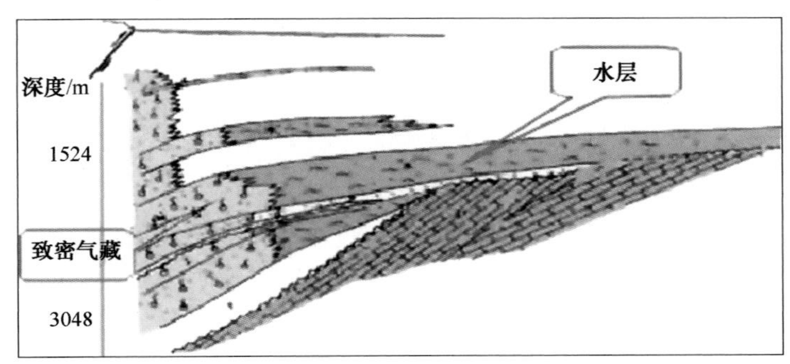

图3-22　艾伯塔盆地致密砂岩气成藏模式(张水昌等，2009)

又如鄂尔多斯盆地北部上古生界气田也具有相同的活塞式气驱水、气水倒置的成藏机制，其上古生界烃源岩首先从盆地南部开始成熟，烃源岩生成的天然气首先进入紧邻烃源岩的致密砂岩储集层，并在南部成藏[图3-23(a)]，随着烃源岩向北地进一步成熟，与之相对应，烃源岩的生气作用亦从南向北逐渐推进；储集层特征方面，由于储集层砂体也呈南北向条带状分布，储集层物性由南向北逐渐变好，与烃源岩热演化方向一致；由于鄂尔多斯盆地上古生界构造稳定，断裂不发育，气体一般不会通过断层向储集层以上区域运移。首先成熟的南部烃源岩生成的大量气体只能在南北向条带状砂体中推动着水体由南部向北部构造高位迁移，由此形成了气水倒置的现象[图3-23(b)](张水昌等，2009)。

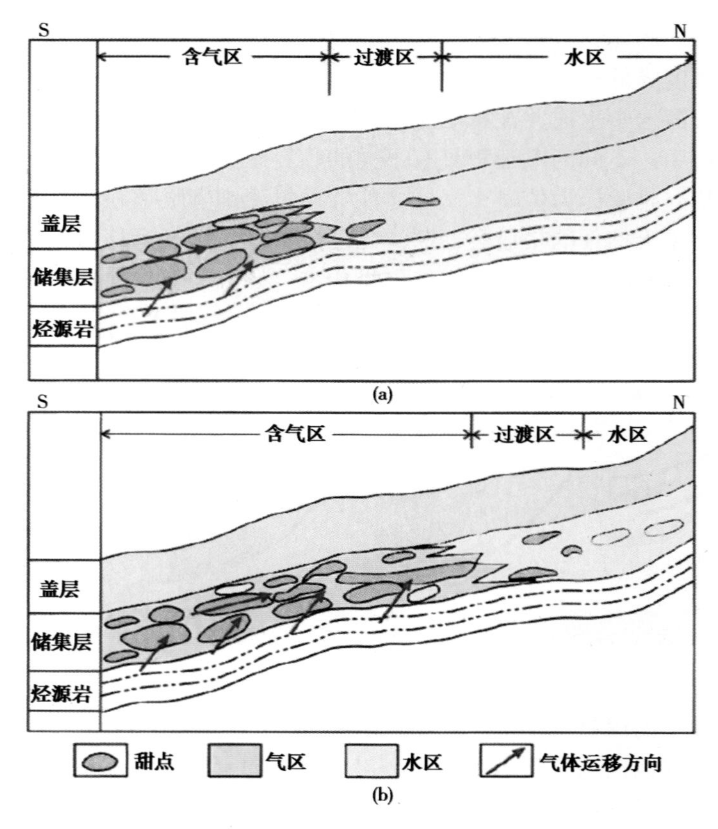

图3-23 鄂尔多斯盆地上古生界气藏成藏模式(张水昌等，2009)

2.(准)连续型聚集、大型化成藏机制

“连续型”油气藏是指低孔渗储集体系中油气运聚条件相似、含流体饱和度不均的非圈闭油气藏，即无明确的圈闭界限和盖层、主要分布在盆地斜坡或向斜部位、储集层低孔渗或特低孔渗、油气运聚中浮力作用受限、大面积非均匀性分布、常规技术较难开采的油气聚集(邹才能等，2009)。四川盆地须家河组气藏是典型的“连续型”准层状低-特低孔渗砂岩气，须家河组天然气聚集为发育于煤系的“连续型”气藏、层状岩性大气区，煤系烃源岩大面积层状蒸发式排烃、盆缘造山带“幕式”冲断挤压背景下多物源间歇快速注入形成了须家河组大三角洲平原、小三角洲前缘的粗粒三角洲沉积体系，平缓构造背景下中低-特低孔渗砂体内天然气运聚过程中浮力作用受限，达西和非达西渗流机制并存，低渗低速情况下非达西渗流现象明显，形成气-水-干层共生的混相成藏系统(戴金星等，2012)。致密砂岩气与常规天然气藏成藏的最本质区别在于致密砂岩气是非浮力驱动聚集，这主要是由于致密砂岩储层中微米、纳米级孔隙发育导致毛细管阻力较大，同时缺乏提供强大浮力的有利条件。成藏动力上的差异导致致密砂岩气表现为大面积、低丰度、连续分布、局部富集、短运移、无明显的圈闭边界和无统一的气水界面等特点(宋岩等，2013)。

“准连续型”油气聚集为多个相互邻近的中小型油气藏所构成的油气藏群，油气藏呈准连续分布，无明确的油气藏边界(赵靖舟等，2013)。与“连续型”油气藏相似，“准连续型”油气聚集也表现为：油气分布面积较大，无明确边界，也无边底水；源、储邻近，广覆式分布；油气运移主要为非浮力驱动，运移动力主要为异常压力、扩散作用力和毛细管压力，浮力作用受限；运移方式主要为非达西流，以涌流和扩散流为主。所不同的是："准连续型"油气聚集由多个彼此相邻的中小型油气藏组成，油气呈准连续分布；油、气、水分布比较复杂，无显著油、气、水倒置；油气充注以大面积弥漫式垂向排驱为主，初次运移直接成藏或短距离二次运移成藏；储层先致密后成藏或边致密边成藏，且非均质性较强；圈闭对油气聚集成藏具有一定控制作用。研究认为，以深盆气或盆地中心气为代表的"连续型"油气藏与典型的不连续型常规圈闭油气藏，分别代表了复杂地质环境中致密油气藏形成序列中的两种端元类型，二者之间应存在不同的过渡类型。"准连续型"油气藏就是这样一种过渡类型的致密油气聚集，并且可能是致密储层中大油气田形成的主要方式。事实上，典型的"连续型"油气聚集应是那些形成于烃源岩内的油气聚集（如页岩气和煤层气），典型的"不连续型"油气聚集则是那些形成于烃源岩外近源－远源的常规储层中、受常规圈闭严格控制并且具有边底水的油气聚集；而形成于烃源岩外且近源的致密油气藏则主要为"准连续型"油气聚集，其次为非典型的"不连续型"（常规圈闭型）油气聚集，而像盆地中心气或深盆气那样的连续型聚集则较为少见。"准连续型"油气聚集分布十分广泛，其中较典型的如北美的皮申斯盆地及我国的鄂尔多斯盆地、四川盆地和塔里木盆地等。皮申斯盆地位于美国落基山地区，曾被认为是典型的盆地中心气聚集区之一。该盆地大部分天然气产自白垩系 Mesaverde 群 Williams Fork 组不连续分布的河流相砂岩，Mesaverde 群的储层孔隙度为2%～10%、渗透率为（0.0001～0.1）$\times 10^{-3}\mu m^2$（Hood K C 等，2008）。天然气源岩主要为 Williams Fork 组下部的煤。Johnson 估计天然气大量生成的时间开始于早始新世，但在成岩作用大大降低了砂岩渗透率之后（Pittman J K 等，1989），即储层先致密后成藏。天然气的大量充注造成储层产生超压，当超压足够大时便在储层中产生大量裂缝，成为油气向上运移的通道（Cumella S P 等，2008）。由于储层为河流相沉积，非均质性强，砂体在横向上分布不连续，从而使得天然气难以发生侧向上的长距离运移，而被捕获并聚集于一个个不连续分布的砂体圈闭中，从而形成气藏成群分布的面貌，它们在垂向上相互叠置、在平面上复合连片，构成"准连续型"聚集（图3-24）。

所谓"大型化"成藏是指由于成藏要素的大型化发育与横向规模变化，在中国陆上克拉通盆地内坳陷台地和斜坡区以及前陆盆地缓翼斜坡等构造部位广泛发育的、由众多油气藏组成的一类呈规模分布的油气资源（赵文智等，2013）。如鄂尔多斯盆地上古生界苏里格气田是由一系列岩性气藏组成的大气田，目前已探明含气面积 $2.08\times 10^4 km^2$，探明天然气地质储量 $2.85\times 10^{12} m^3$，具有典型的"大型化"成藏特征。"大型化"成藏包含两方面含义：① 成藏要素的大型化发育与平面上的规模变化。从成藏要素看，烃源灶、储集体以及生储盖组合的分布面积至少在数千甚至上万平方千米以上，如鄂尔多斯盆地上古生界石炭系煤系烃源岩与二叠系碎屑岩储集层，分布面积都超过 $20\times 10^4 km^2$。从成藏要素的规模变化看，烃源灶、储集体的平面分布存在强烈的非均匀性，致使形成的地层和岩性圈闭在横向上具有多变性，呈"集群式"分布。② 成藏分布样式上表现为"薄饼式"或"集群式"成藏，这是中低丰度油气藏群区别于常规高丰度油气藏（田）和非常规"连续型"油气聚集最典型的特征。中低丰度油气资源大型化成藏的地质条件主要有3方面：① 源储邻近并大面积接触；② 储集体非均质性强，且孔喉结构复杂、物性偏差；③ 地层产状平缓，缺少明显的构造圈闭和优质盖层（赵文智等，2013）。上述3方面条件决定了中低丰度油气藏"大型化"成藏的机理和分布特征既与常规油气藏分布明显不同，也与非常规“连续型”油气聚集有明显差异。

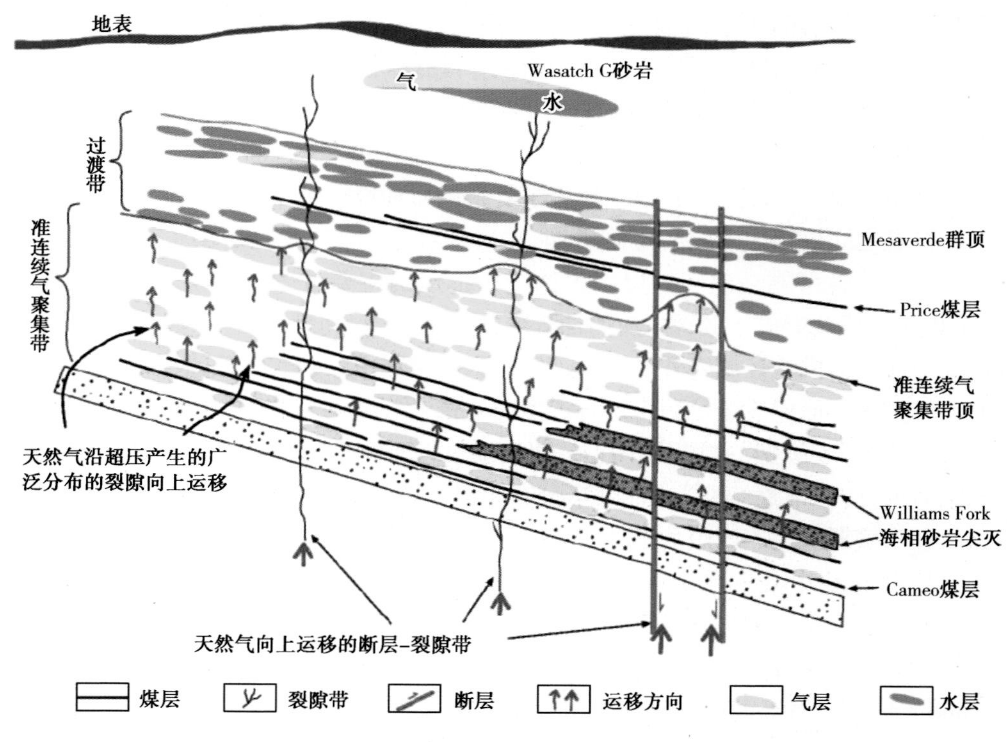

图 3-24　美国皮申斯盆地 Mesaverde 群致密砂岩气藏成藏模式

（Cumella 和 Scheevel，2008 修改）

“大型化”成藏的主要运聚机制（赵文智等，2013）如下，中低丰度油气资源“大型化”成藏的基本条件之一是烃源岩与储集体邻近且大面积接触，这对中低丰度油气资源“大型化”成藏有两方面重要作用：① 将烃源灶内部的过剩压力充分转化为有效动力，从而把烃源灶中产生的烃类，规模、短距离地充注入储集体，为致密储集体“大型化”成藏提供了重要动力条件；② 大面积接触导致大面积短距离运移和成藏，保证了油气规模化成藏。物性较差的储集体得以规模成藏的运聚机制主要有以下两方面：① 体积流运聚机制。烃源灶内部阶段性大量生烃储蓄了足够的油气，并形成超压且源内压力远高于与之紧密接触的储集体，这种源储间存在的剩余压力差，成为将油气以体积流方式整体充注于相对致密的非均质储集体的强大动力。同时源储间的烃类浓度也有差异，这种烃浓度差异也是油气向储集层扩散运移的重要动力之一。赵文智等研究发现，体积流充注主要发生在地层埋藏期，也是源储剩余压力差发育期。以鄂尔多斯盆地为例，包裹体测试压力数据证实，盆地埋藏期上古生界山西组内的烃源岩与砂体之间至少存在 7MPa 左右的剩余压力差，而山西组与临近的石盒子组砂岩之间也存在约 5MPa 的剩余压力差，这种剩余压力差的存在，必然导致烃源岩中的天然气在超压驱动下向储集层运移，即发生体积流充注。后期盆地抬升期，由于烃源灶生气过程停止，源储剩余压力差逐渐降低，但地层的抬升导致气源岩微孔隙中的游离气体积膨胀，可以部分地增加烃源灶内部压力，使烃源岩内部仍可保持一定的排驱动力。同时，在抬升过程中，由于烃源灶压力的降低，以吸附形式赋存于烃源灶内的天然气将发生解吸，进入气源岩的微小孔隙中增加了气源岩孔隙中游离气的数量，也是源储间驱动力的重要贡献者。② 扩散流运聚机制。总体而言，中低丰度油气资源大型化成藏的储集体多表现为低孔、低-特低渗、高排替压力、高束缚水饱和度的特点，源储间除压差驱动下的体积流动外，烃浓度差驱动下的扩散作用也是重要的运聚机制。特别是储集层物性、孔喉结构更差的致密储集层成藏，烃类主要是在烃浓度差驱动下以扩散方式进入储集层。由于源储间大面积直接接触的良好条件，这种扩散作用可以呈区域性大面积发生。因此，扩散作用也是中低丰度天然气藏群“大型化”成藏的又一重要机制。“大型化”成藏的主要样式有“薄饼式”、“集群式”与“似层状”成藏，保证了成藏的规模性。

第三节　致密砂岩油地质特征、形成与分布

一、致密砂岩油地质特征

致密油是继页岩气之后非常规油气勘探开发的又一新领域，其中致密砂岩油为致密油的一种重要类型。近年来，相继在北美威利斯盆地巴肯组中段（Nordeng S H，2009；Sonnenberg T A 等，2009）、西加拿大沉积盆地 Cardium 组（湛卓恒等，2013；Krause F F 等，1994）均发现商业规模的致密砂岩油。中国致密砂岩油分布广泛，主要发育在松辽盆地上白垩统青山口组（高台子油层）和泉头组（扶余油层）、渤海湾盆地沙河街组、鄂尔多斯盆地延长组（贾承造等，2012）。致密砂岩油具有以下几方面的地质特征。

（一）大面积连续分布，圈闭界限不明确

威利斯顿盆地位于美国北达科他州中西部、蒙大拿州东部、南达科他州西北和加拿大马尼托巴省南部及萨斯喀彻温省的南部，总面积为 $34.5\times10^{4}km^{2}$。上泥盆统-下密西西比统的巴肯组地层是一套海相碎屑岩沉积，是该盆地主要的烃源岩地层之一。巴肯区带已经发现了 $(4\sim6)\times10^{8}t$ 致密油的可采储量，资源丰富，产量也呈逐年迅猛上升的趋势，是全球致密油开发最成功的范例之一（郭永奇等，2013）。巴肯组地层明显分为 3 段，即上、下段为具放射性、富含有机质的黑色页岩；中段为钙质灰色粉砂岩-砂岩。巴肯组中段砂岩层与下伏巴肯组下段页岩层为区域不整合，其底部存在砾石和风化面。而盆地边缘地区，下段页岩超覆于 Torguay 地层之上。巴肯组中段砂岩层厚度为 0～50ft（15m），主要由含少量页岩和石灰岩的互层状粉砂岩和砂岩组成，其颜色主要是浅灰-中暗灰色，但在某些地区由于饱含油而使颜色模糊不清。巴肯组中段致密砂岩油区油井全盆散布，石油大面积连片分布。在这种整体含油的背景下局部富集，形成致密砂岩油“甜点区”。这种致密砂岩油富集区不受构造的明显控制，在构造高、低部位和斜坡部位均有分布（郭永奇等，2013）。

西加拿大沉积盆地 Cardium 组也为典型的致密砂岩油。作为当前西加盆地致密砂岩轻质油勘探的五大热点层段之一，上白垩统 Colorado 群 Cardium 组致密油藏在西加盆地很有代表性。Cardium 组为一套夹在 Colorado 群泥页岩中以细砂、粉砂为主的砂岩，为滨、浅海相沉积，砂体呈席状、条带状或透镜状，主要分布在西加前陆盆地西部，从前陆盆地的最西端向东延伸，至艾伯塔中部后，向东逐渐过渡为泥页岩（Krause F F 等，1994）。上覆 Wapiabi 组和下伏 Blackstone 组均为泥页岩。除前陆盆地山前带以外，Cardium 组中的油气藏以岩

性-地层油气藏为主。经过近 60 余年的开发，Cardium 组常规油藏预测可采储量仅剩不到 $0.3\times10^8m^3$，且单井产量低、开采成本高，在传统开采意义下常规资源已近枯竭。2006 年 Cardium 组第 1 口多段压裂水平井完钻，标志着 Cardium 组的油气勘探开始从常规资源向非常规资源转型，目前已有水平井 300 多口，投产第一年单井日产量最高值在 $36.6m^3$ 左右。目前针对 Cardium 组的非常规油气资源勘探主要集中在已知常规砂岩储集层周边或常规油藏之间的致密岩性中，有别于巴肯组页岩中段"三明治"夹层式非常规油藏，这类非常规致密油藏在西加盆地被称为裙边油藏(Halo Oil)。勘探开发资料表明，Cardium 组中离散且具独立边界的常规油藏与连续大面积分布的致密油藏共存，裙边油藏与常规油藏上下叠置，侧向上互呈过渡关系、无明显边界，在空间上难以区分(图 3-25)。

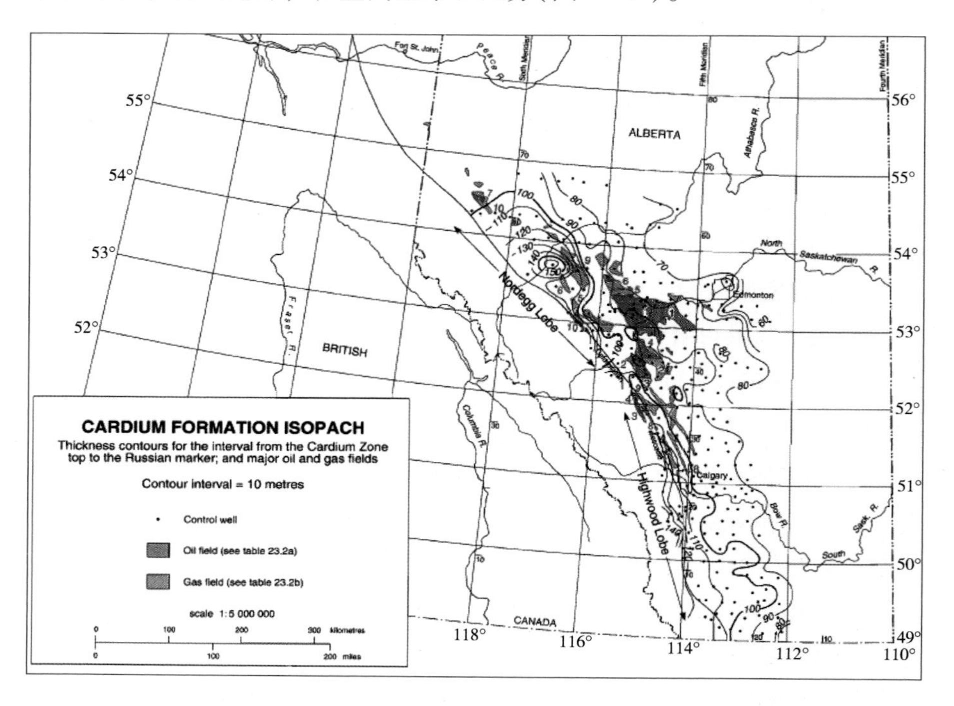

图 3-25 西加拿大沉积盆地 Cardium 组油气分布(Krause F F 等，1994)

鄂尔多斯盆地延长组致密砂岩油藏具有"一大三低"特征，即分布面积大、丰度低、渗透率低和产量低，油气呈连续或准连续状分布于整个盆地中，含油范围超越构造高部位，涵盖整个斜坡及盆地中心部位。常规油藏的形成离不开圈闭，且圈闭界限明确。而鄂尔多斯盆地延长组致密砂岩油藏的圈闭并非传统意义上的圈闭形式，而是介于常规圈闭与无圈闭之间或有形与无形圈闭之间的一种过渡类型，为一种特殊的非常规圈闭(Hu G Y 等，2010)。其主要形式就是非常规的岩性圈闭，表现为圈闭由众多中、小型岩性圈闭或"甜点"在纵向上叠合、在平面上复合而成，无明确的边界(赵靖舟等，2012)。这是由于三叠系延长组为一套河流-三角洲相沉积，经历了多个沉积旋回的更替演化，其结果造成了延长组各层段河道沉积在纵向上往往多期叠加、在平面上常常多期复合，从而形成了大面积连片分布的叠加复合砂体构型，其突出特征表现为储层非均质性较强、岩性和物性在横向上变化大。因此，三叠系延长组长 6 段和长 8 段等致密砂岩圈闭并不像常规构造油气藏或岩性油气藏那样是呈孤立分散分布的，而是大面积分布的彼此相邻、相接的岩性圈闭群或“甜点”群面貌(图3-26)。目前划定的边界多属于人为边界，包括勘探开发工作程度边界或经济边界。

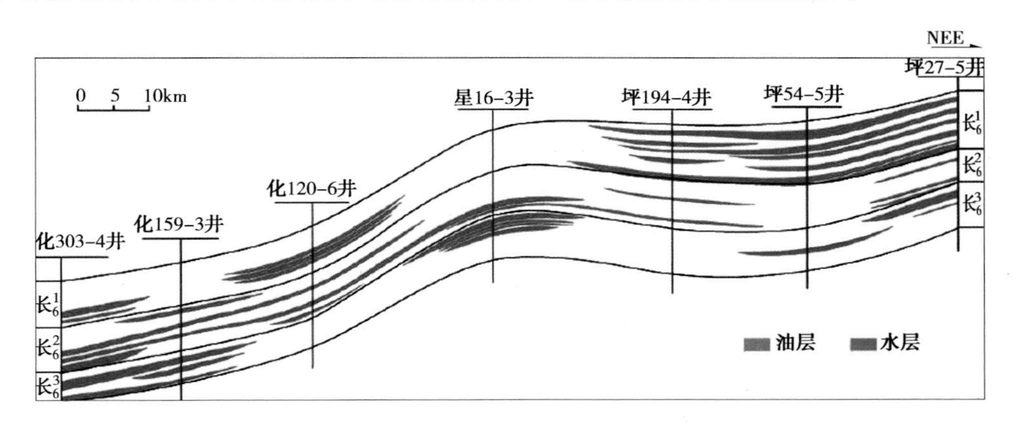

图3-26 鄂尔多斯盆地安塞油田长6油藏剖面(赵靖舟等，2012)

(二) 非浮力聚集，近源成藏

巴肯组中段致密储层覆压状态下的渗透率小于$0.1\times10^{-3}\mu m^2$，这种情况下石油的注入需要有一个启动压力，当运聚动力超过启动压力后，石油才开始向储层中充注，这一充注过程即为“非达西流”。巴肯组中段致密砂岩储层渗透率极低，致密砂岩油的形成与富集需要上、下巴肯段烃源岩生烃增压产生的异常高压充当运移动力，单凭浮力、水动力等传统成藏动力无法使石油在中巴肯段致密储层中运移。致密储层中异常高压传递距离又很短，当递减到无法突破致密储层的毛管阻力时，石油就停止运移(郭永奇等，2013)。巴肯组整体分为3段，其中上段为半深海的黑色页岩，富含有机质，最大厚度为8m；中段为一套浅海相灰色砂泥岩，主要为灰褐色极细-细粒砾岩、白云质砂岩及粉砂岩，贫有机质，最大厚度为26m；下段也为半深海黑色页岩，最大厚度为15m；上、下段为优质烃源岩，中段为主力储集层，源储紧密接触，近源成藏(图3-27)(姚泾利等，2013)。

鄂尔多斯盆地三叠系延长组中、下部储集层在石油大量生成时期已致密化(刘新社等，2008)。而且，由于成藏时期地层已经比较平缓，浮力和水动力很弱，难以成为油气在储层中运移的有效动力，因此对油气运移贡献不大。另外，由于储层非均质性较强，横向上岩性、物性变化大，因而也不具备油气长距离侧向运移的输导条件。可见，油气在延长组致密砂岩储层中既缺乏充足的运移动力又缺乏良好的运移通道，很难发生大规模、长距离侧向运移而形成集中分布，而只能是短距离运移、近源成藏及低丰度广泛分布。另一方面，前人研究表明鄂尔多斯盆地延长组在长4+5段以下普遍存在着古超压现象(刘新社，2008)，且过剩压力在长7段主力烃源岩段达到最大，自此向上、向下过剩压力减小。分析认为，长7段等烃源岩层段的超压与生烃作用存在着密切的因果关系(张文正等，2006)，其与上、下致密储层间产生的源储过剩压力差正是油气自烃源岩向致密储层运移充注的主要动力(图3-28)(赵靖舟等，2012；刘新社等，2008；张文正等，2006)。在源、储过剩压力差的作用下，油气的初次运移必然表现为以垂向运移为主。由于缺乏长距离二次运移，油气运移主要为垂向运移形式，因而造成储层中油、水关系复杂及油、水同出。

大面积分布致密砂岩与广覆式分布优质烃源岩紧密接触，即源储紧邻配置是致密砂岩油形成的关键。纵向上，鄂尔多斯盆地延长组长6段、长7段、长8段致密砂岩与优质烃源岩

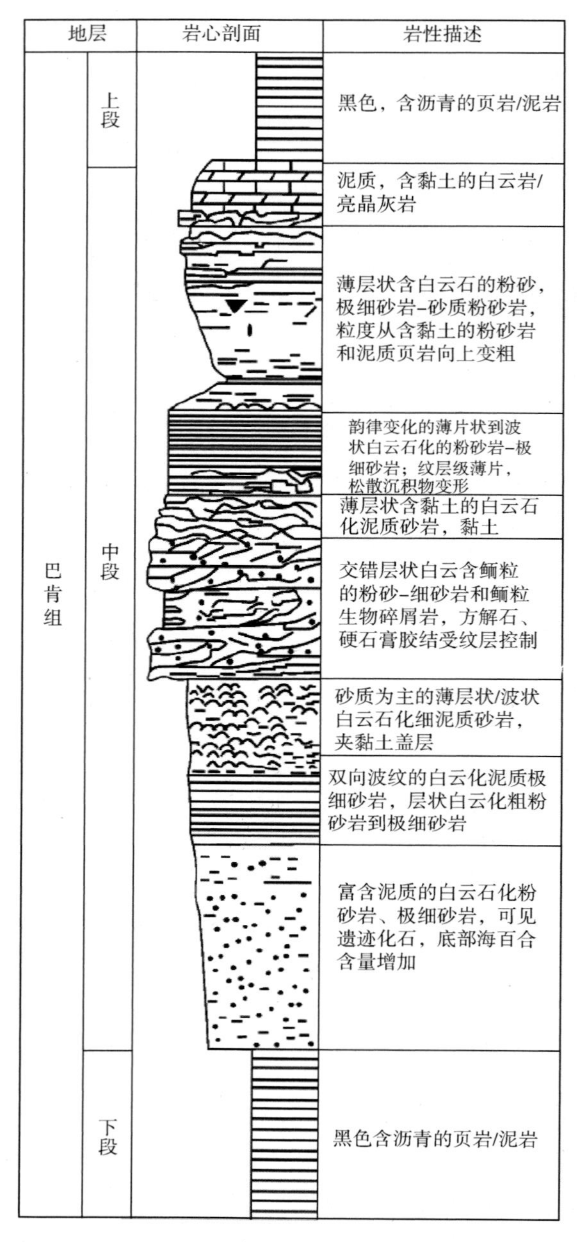

图 3-27　威利斯顿盆地巴肯组源储组合图(姚泾利等，2013)

(油页岩)紧邻(图 3-29)；平面上，鄂尔多斯盆地延长组长 6 段、长 7 段、长 8 段大面积展布的储集体紧邻广覆式优质烃源岩发育，纵向上叠置连片，在全盆区域内形成良好的源储紧邻配置。大面积展布的储集体紧邻广覆式优质烃源岩发育，纵向上叠置连片，无明显圈闭和直接盖层，烃源岩生成的油气在源储压差的作用下，弥散状整体运聚，最终形成遍布盆地斜坡、中心的连续型致密大油区。

（三）油水分异差，无明显边底水

在致密油储集层中，纳米级孔喉是主要的储集空间，只有与储层接触的烃源岩生烃增压产生的异常高压才能使石油充注入致密储层。在这种非浮力聚集的情况下，致密油区就不存在明确的油水边界，这一特征已被巴肯组中段致密砂岩油所证实(郭永奇等，2013)。

常规油藏一般油、水分异明显，具有明确的边水或底水。然而，大量试油、试采结果表明，鄂尔多斯盆地三叠系延长组已发现的长 6 段、长 8 段等致密砂岩油藏基本上均无边、底水，油、水同出，基本上不存在纯油层，纯水层也较少，而以油水同层为主(图 3-30)。这与典型的常规岩性油气藏明显有别，主要是由于其储层致密、孔隙喉道细小、横向上岩性物性变化大的特征及地层平缓使油、水难以在其中形成良好分异，从而产生油、水同储及自由水缺乏的现象。而成藏时期储层已经比较致密，这可能是造成油藏中自由水较少的一个重要原因。另外，由于油、水分异差及自由水缺乏，长 6 段、长 8 段等致密砂岩油藏不仅缺乏边水、底水，而且也不存在上倾地层水或区域性油水倒置的现象。

（四）无统一压力系统，且多具异常压力

北美威利斯顿盆地巴肯组中段致密砂岩主要为粉砂质白云岩、白云质粉砂岩，储层孔隙度平均为 6.0%，渗透率为 $0.04\times10^{-3}\mu m^2$，普遍发育异常高压，地层压力系数为 1.2～1.5(姚泾利等，2013)。

鄂尔多斯盆地延长组致密砂岩油藏现今地层压力分布复杂，同一油藏一般不具备统一的

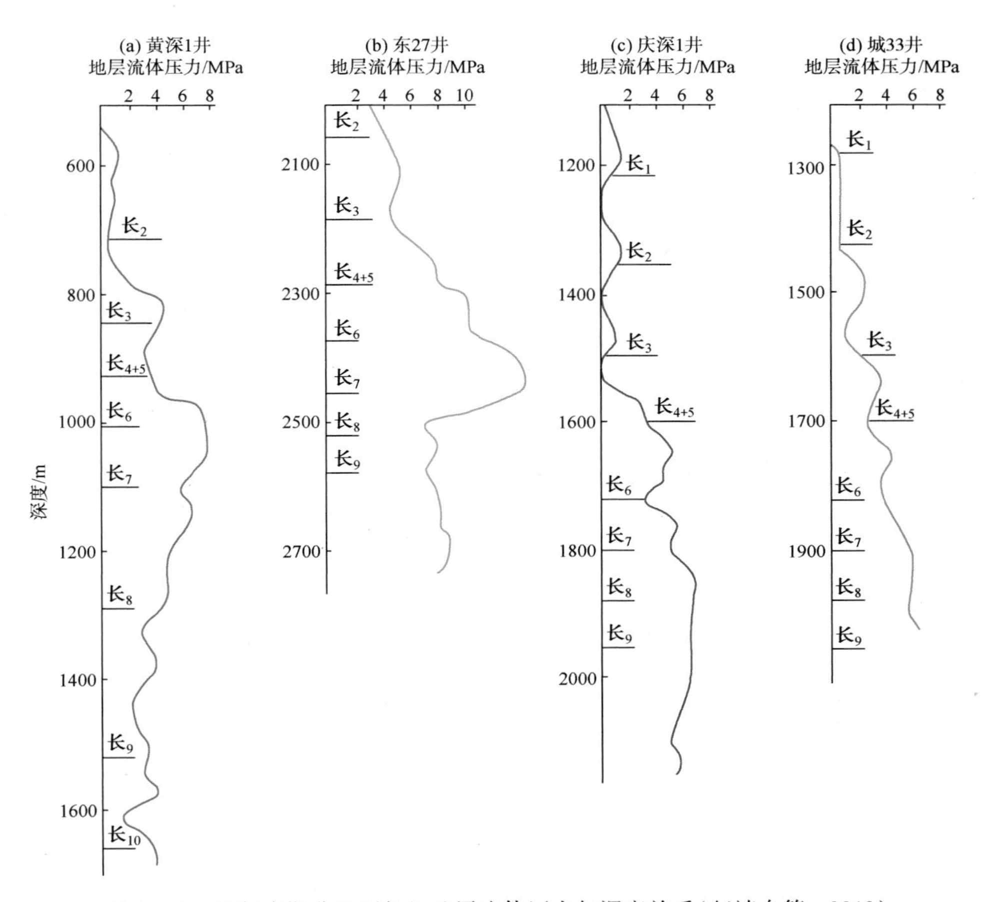

图 3-28　鄂尔多斯盆地延长组地层流体压力与深度关系(赵靖舟等，2012)

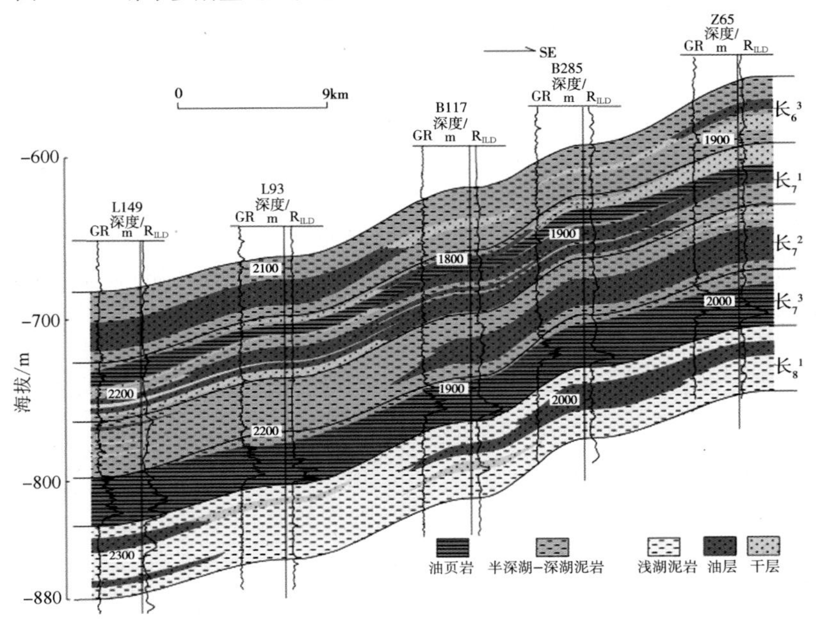

图 3-29　鄂尔多斯盆地致密砂岩油成藏组合剖面图(姚泾利等，2013)

GR—自然伽马；R_{ILD}—深感应电阻率

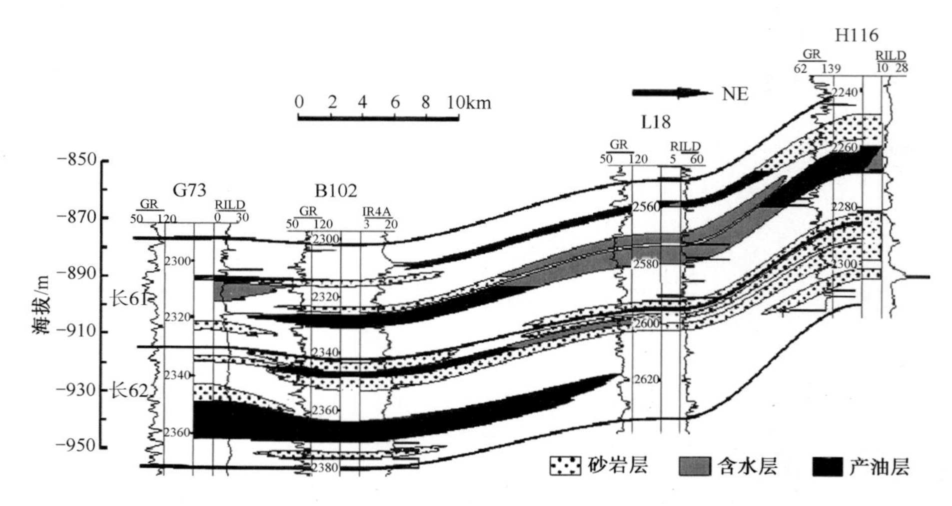

图 3-30　鄂尔多斯盆地长 6 段致密砂岩油藏剖面图(庞正炼等，2012)

压力系统，反映油藏内部连通性差。这与储层致密、非均质性强密切相关。而且，现今地层压力普遍表现为负压特征，压力系数一般为 0.6 ~ 0.8，如安塞的杏子川油田延长组储层压力系数小于 0.8，主要分布在 0.4 ~ 0.8 之间，表现为异常低压特征(杨华等，2013)。

鄂尔多斯盆地低压油气藏的形成原因主要是盆地油气关键成藏时地温经历了热、冷的转换过程(许浩等，2012)。早白垩世晚期，受燕山构造运动影响，鄂尔多斯盆地周围火山活动频繁，地温梯度可达到 3.5 ~ 4.5℃/100m(任战利，1996)，主要油层埋藏深度最大达到 3000 ~ 4000m，地温最高可达到100 ~ 180℃。地层温度高，流体活动性强，干酪根达到成熟阶段开始大量生、排烃，由此产生的强大驱替压力使得油气大量成藏，形成具有较高压力的油藏。晚白垩世开始，鄂尔多斯盆地整体抬升，遭受剥蚀，根据地层剥蚀厚度恢复，剥蚀量可达 1000m 以上，上覆地层压力降低，储层孔隙发生回弹。同时，盆地周缘的岩浆活动减弱，地温梯度逐渐降低到2.8 ~ 3.2℃/100m，地层温度降低到 70 ~ 100℃(任战利等，1996)，流体的活动性减弱，孔隙流体压力进一步降低，从而形成了现今的低压油藏。

二、致密砂岩油分布规律与富集主控因素

致密砂岩油与致密砂岩气形成条件基本一致，其形成均需要 3 个必要条件：① 广覆式分布的成熟优质烃源层；② 大面积分布的致密砂岩储层；③ 致密砂岩储层与烃源岩紧密接触。致密砂岩油与致密砂岩气形成条件的差异主要有两点：一是烃源岩类型和成熟度，形成致密砂岩油所需的烃源岩为广覆式分布的成熟度适中的腐泥型优质烃源岩，而形成致密砂岩气所需的烃源岩为广覆式分布的高成熟腐殖型煤系烃源岩；二是储层物性，由于石油分子比天然气分子大，而且石油与天然气运移机制不同，因此，致密砂岩油形成所需的致密砂岩储层物性下限要比致密砂岩气高，换言之，致密砂岩油的储层物性好于致密砂岩气的储层物性。

(一) 致密砂岩油形成条件

通过对巴肯组中段致密砂岩油的系统分析，认为致密砂岩油的形成需具备 3 个关键条件(庞正炼等，2012)。

(1) 大面积分布的致密砂岩储层。巴肯组的 9 个岩性段中有 8 段为致密储层，孔隙度 10% ~13%，渗透率$(0.1 \sim 1) \times 10^{-3} \mu m^2$。主力储集层段 2a 段为形成于近海陆架-下临滨面环境下的致密白云质粉砂岩，厚度介于 5 ~ 10m 之间。巴肯组海相致密储层大面积展布，促成致密油层在平面上大规模分布，面积达 $7 \times 10^4 km^2$(图 3-31)。

（2）广覆式分布成熟度适中的腐泥型优质生油层。巴肯组发育上下两套页岩（图 3-27），厚 5～12m，总有机碳含量（*TOC*）为 10%～14%，烃源岩干酪根以Ⅱ型为主，生烃潜力大。烃源岩 R_o 为 0.6%～0.9%，80～100Ma 前达到成熟生烃阶段，30Ma 前进入生油高峰期，至今仍处于生油高峰期，热演化程度适中，有利于生油。宏观上，优质烃源岩呈全盆展布的特征，以下巴肯段泥岩为例，其厚度在全盆范围内普遍介于 5～12m 之间。

（3）大范围分布的致密储层与生油岩紧密接触的共生层系。巴肯致密油上、下巴肯段烃源岩将中巴肯段致密储层夹持其中，形成良好的源储紧邻配置（图 3-27）。进入生烃门限后，生烃增压导致烃源岩异常高压的形成，生成的烃类由烃源岩排出直接向相邻储层充注。此外，上巴肯段烃源岩呈全盆展布，与广泛分布的储层匹配良好。只有在这种源、储均大面积连续分布的有利条件下，才能形成连续型分布的巴肯致密油区（图 3-31）。

（二）致密砂岩油分布规律

巴肯致密砂岩油区油井全盆散布，石油大面积连片分布（图 3-32）。在这种整体含油的背景下局部富集，形成致密油"甜点"区。这种致密油富集区不受构造的明显控制，在构造高、低部位和斜坡部位均有分布（庞正炼等，2012）。

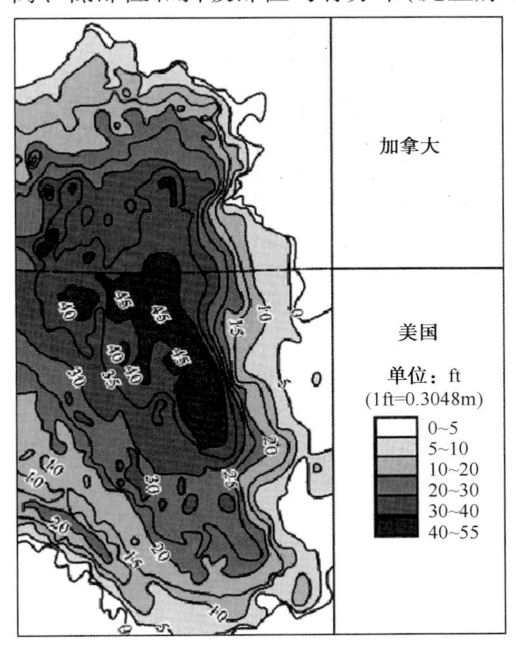

图 3-31　北美威利斯顿盆地中巴肯段 2a 油层厚度图（邹才能等，2011）

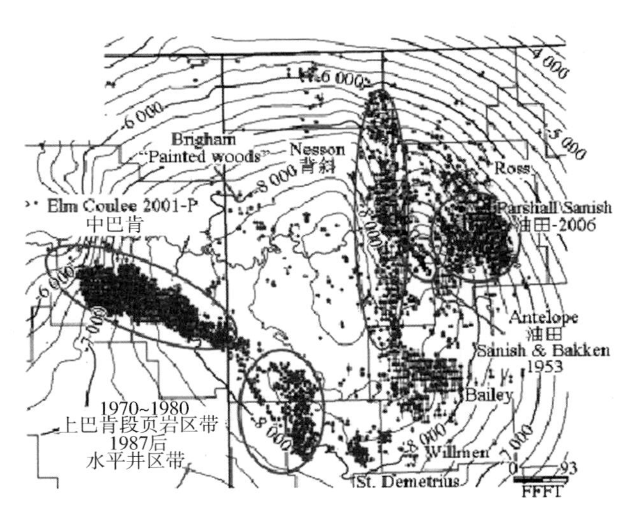

图 3-32　Bakken 致密油区产井分布图（Sonnenberg S A 等，2010）

鄂尔多斯盆地延长组致密砂岩油广泛分布于定边-靖边-子洲以南的盆地南部广大地区，构造上主要分布于伊陕斜坡（图 3-33），以长 6 段致密砂岩油藏分布最广、探明储量最大，是鄂尔多斯盆地原油生产最主要的产层；其次是长 8 段油藏，主要分布于盆地西南部西峰和镇泾地区。

（三）致密砂岩油富集主控因素

致密砂岩油的形成和分布基本不受构造控制，而主要受优质烃源岩和致密砂岩储层控制。鄂尔多斯盆地长 6 段、长 7 段、长 8 段、长 9 段目前已发现的致密砂岩油藏在平面上大面积分布，基本上不受局部构造所控制（图 3-33）（赵靖舟等，2012）。

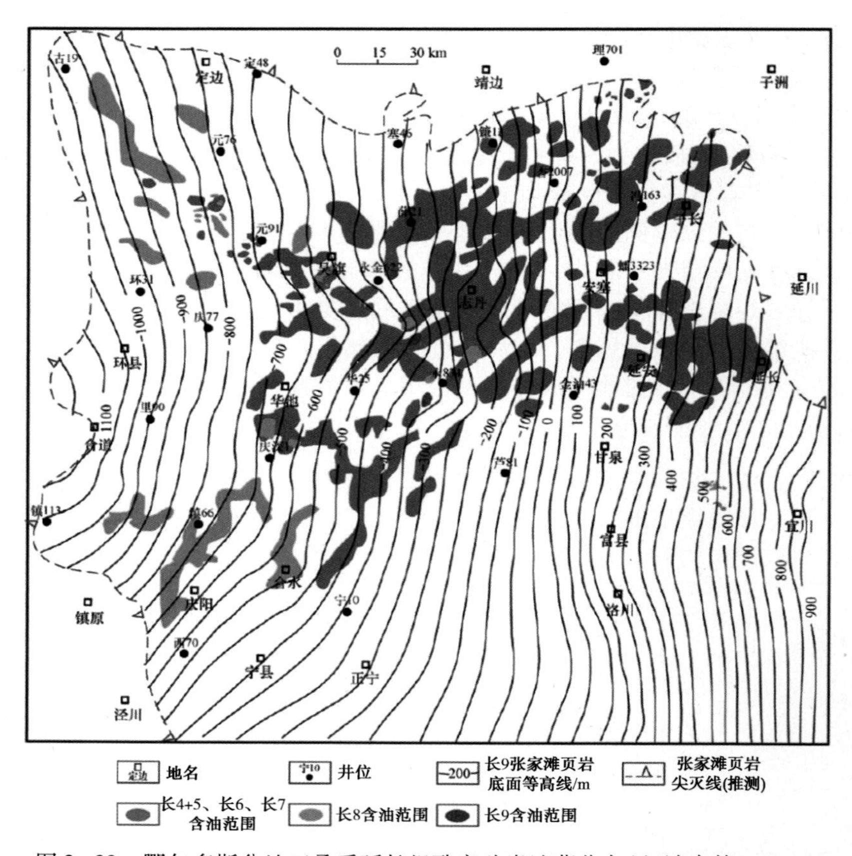

图3-33 鄂尔多斯盆地三叠系延长组致密砂岩油藏分布(赵靖舟等，2012)

1. 优质烃源岩控制着致密砂岩油富集

广覆式分布的成熟度适中的腐泥型优质烃源岩是形成致密砂岩油的烃源物质基础。巴肯组页岩是威利斯顿盆地内的一套重要烃源岩，干酪根类型以Ⅰ型、Ⅱ型为主，其中上段和下段含有大量Ⅱ型干酪根，以生油为主。巴肯组厚度较小，但其有机碳含量非常高。在剖面上，巴肯组上段和下段的 *TOC* 含量分别为12.1%和11.5%，总体上巴肯组页岩的 *TOC* 平均值约为11.3%。在平面上，巴肯组下段的 *TOC* 含量平均值为8%，在北达科他州次级盆地的中心最大可达20%[图3-34(b)]；巴肯组上段的 *TOC* 含量平均值为10%，在萨斯喀彻温省东南部最大可达35%[图3-34(a)]。威利斯顿盆地巴肯组上段和下段为富含有机质的黑色页岩，累计厚度分别为2～8m和0～15m，是主要烃源岩发育层段，镜质体反射率为0.6%～0.9%，根据前人的研究成果可知巴肯组页岩的 R_o 最大可达1.1%，有机质成熟度属于热催化生油气成熟阶段(庞正炼等，2012)。

虽然鄂尔多斯盆地延长组致密砂岩油的烃源为形成于最大湖泛期的长7段优质烃源岩，构成鄂尔多斯致密砂岩油的主力烃源岩。该套烃源岩 *TOC* 普遍介于2%～20%之间，R_o 介于0.7%～1.1%之间，干酪根类型以Ⅰ-$Ⅱ_1$ 型为主，具备较强生油能力。这套优质烃源岩大面积展布，厚度普遍介于20～110m之间，面积达 $8.5\times10^4km^2$(张文正等，2006)(图3-35)。

以鄂尔多斯盆地延长组致密砂岩油为例，控制鄂尔多斯盆地致密砂岩大油田形成和分布的主要因素是烃源和储层条件，其次是盖层的控制作用，其中烃源条件是控制鄂尔多斯盆地致密砂岩大油田形成和分布最主要的因素(赵靖舟等，2012)。可以说，有效烃源岩分布在哪里，致密砂岩油藏就可能延伸到哪里。勘探开发实践表明，中生界油藏主要分布于三叠系

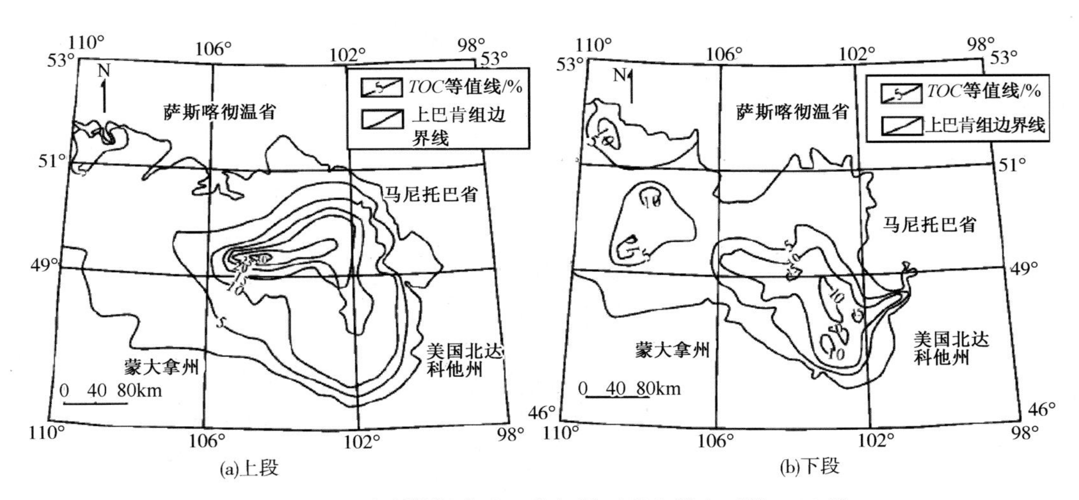

图 3-34 威利斯顿盆地巴肯组泥页岩上段和下段 *TOC* 等值线图(庞正炼等，2012)

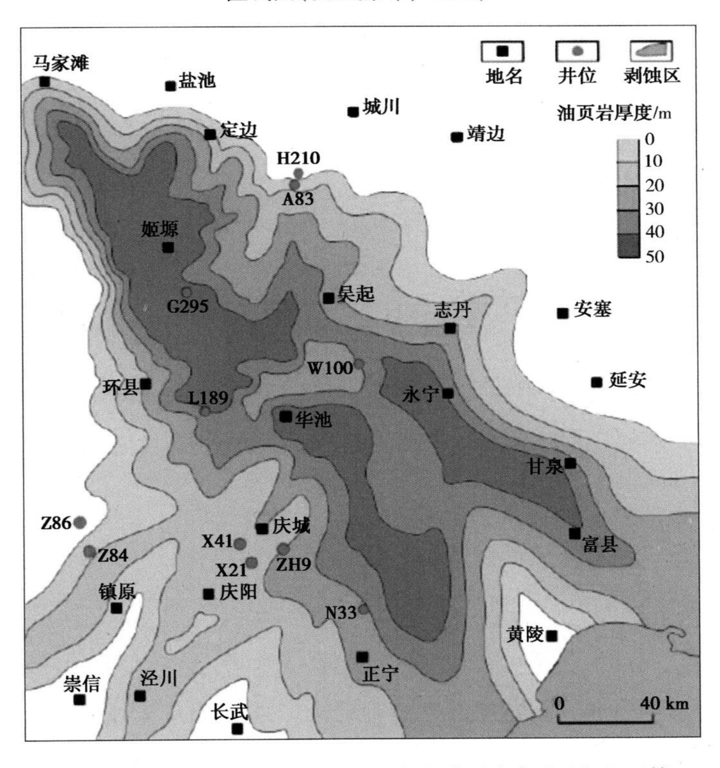

图 3-35 鄂尔多斯盆地上三叠统延长组张家滩页岩分布(张文正等，2006)

延长组有效烃源岩特别是长 7 段主力烃源岩展布区及其附近，即主要限于横山-盐池以南，特别是定边-靖边-子洲以南的盆地南部广大地区(图 3-36)。纵向上，延长组油藏主要分布于主力烃源岩上、下相邻层位。正是由于发育了广泛分布的长 7 段优质烃源岩，才形成了鄂尔多斯盆地长 6 段和长 8 段等致密砂岩油藏大面积分布的面貌。

总之，有效烃源岩特别是优质烃源岩的广泛分布，是形成鄂尔多斯盆地大面积分布的准连续型致密砂岩油藏的不可或缺的条件。这与常规油气藏的形成截然不同。后者由于可形成于烃源区以外较远的地区，因而其源岩可以仅局部分布。

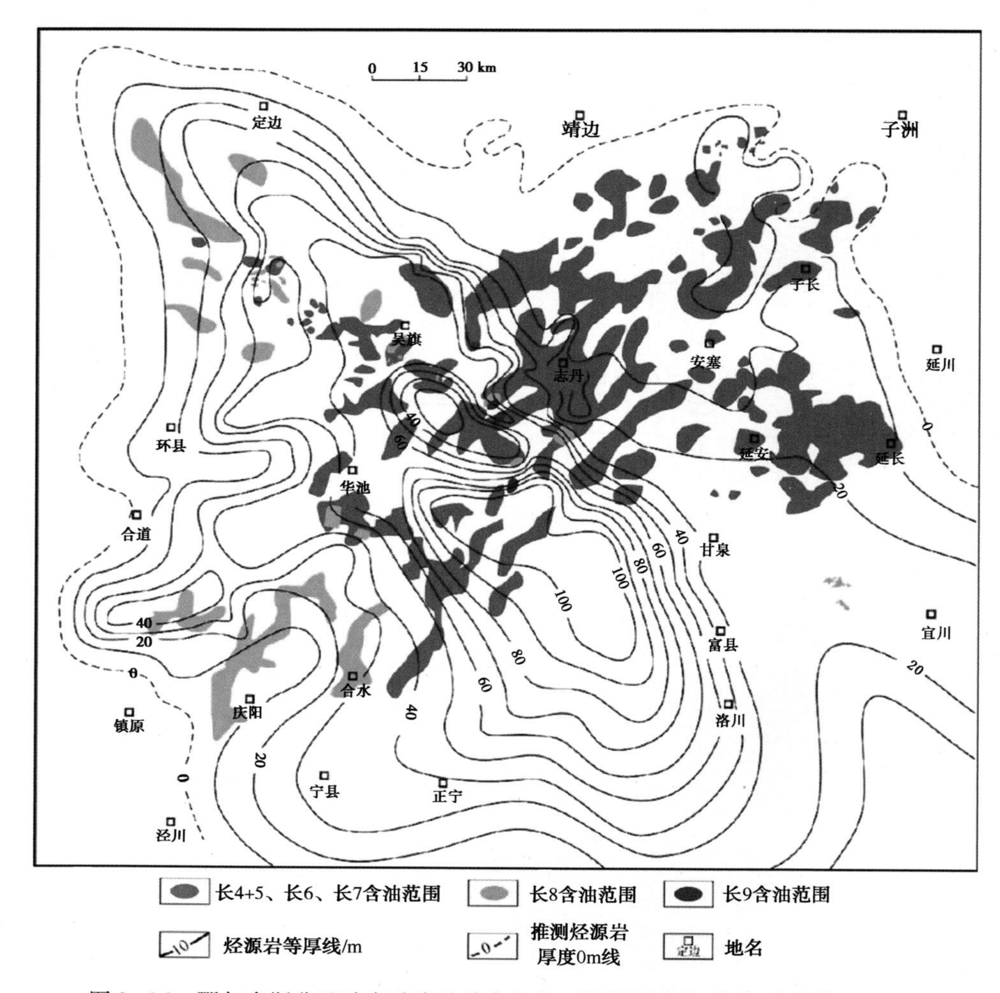

图 3-36　鄂尔多斯盆地致密砂岩油分布与长 7 段烃源岩关系(赵靖舟等，2012)

2. 大面积分布的致密砂岩储层控制着致密砂岩油富集

大面积发育的致密砂岩储层构成致密砂岩油的储集空间，是致密砂岩油形成的必要条件。鄂尔多斯盆地晚三叠世为大型内陆坳陷湖盆沉积，致密砂岩油主要发育在长 4+5、长 6、长 7、长 8、长 9 油层组等原始湖盆中心的致密砂岩中，多层系叠合，油气大面积分布于伊陕斜坡及原盆中心，整体构成面积达$(8\sim10)\times10^4km^2$的连续型致密大油区，预测地质资源量为$(35\sim40)\times10^8t$。

大型敞流型浅水三角洲、湖盆中心砂质碎屑流广泛发育，形成了大规模储集体，为致密砂岩油的形成提供了储集基础(邹才能等，2012)。以陕北地区长 6 油层组为例，在区域性西倾单斜的控制下，安边、志靖、安塞三角洲沉积体系向湖盆中心大规模进积，与湖盆中心广泛发育的砂质碎屑流砂体对接，形成大规模连片展布的储集体。砂体单层厚度 20～80m，南北向延伸距离达 350km，展布面积超过$3.0\times10^4km^2$(图 3-37)。

鄂尔多斯盆地延长组长 6、长 8 油层组大面积分布的致密砂岩储层控制着致密砂岩油富集。长 7 油层组致密砂岩油主要发育在长 7_1 亚段、长 7_2 亚段，平面上主要分布在姬塬地区三角洲前缘砂体和陇东地区浊积砂体[图 3-38(a)]。长 6 油层组致密砂岩油主要分布在湖盆中部的华池、庆城、合水地区，平面上主要分布在半深湖-深湖相重力流砂体和三角洲前缘砂体中[图 3-38(b)](杨华等，2013)。

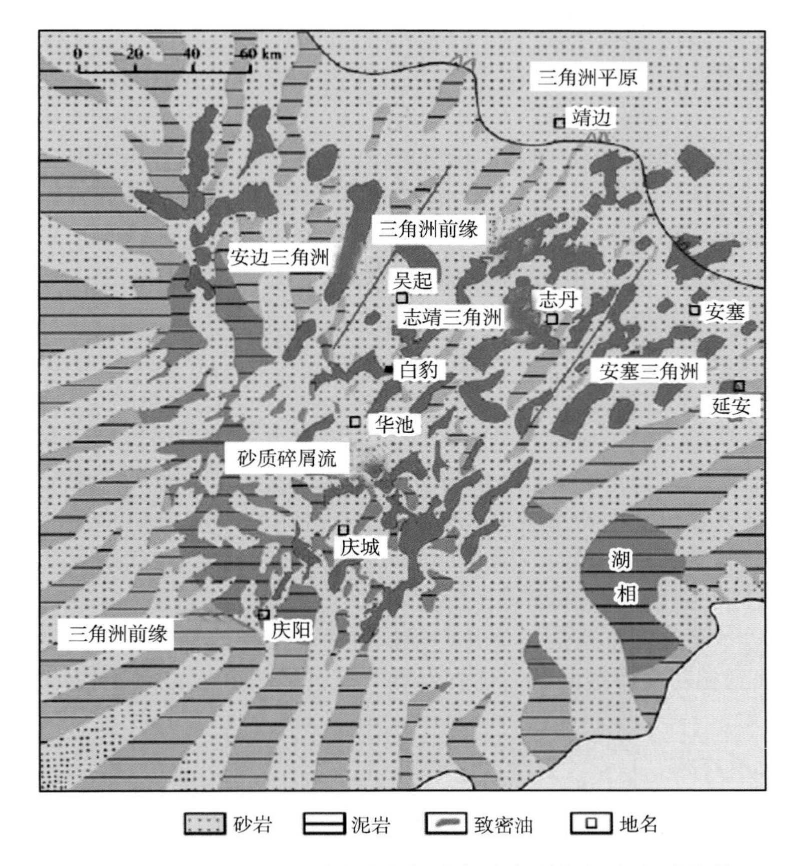

图 3-37　鄂尔多斯盆地延长组致密砂岩与致密砂岩油分布图(邹才能等，2012)

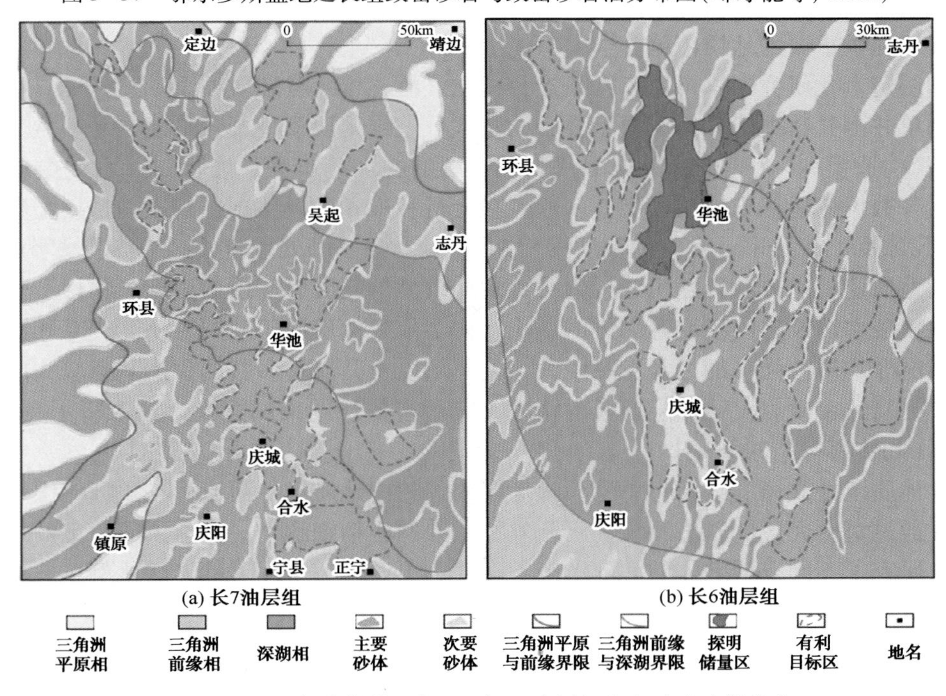

(a) 长7油层组　(b) 长6油层组

图 3-38　鄂尔多斯盆地长 6、长 7 油层组致密砂岩油藏分布

第四节　致密砂岩气藏开发研究与方案编制

在北美地区的美国和加拿大，其致密储层主要发育海陆过渡带的沙坝-滨海平原和河流三角洲沉积体系，纵向上厚度大，平面上分布稳定。中国致密储层多分布在河流-三角洲沉积体系中，储层纵向层位跨度大，平面上分布范围相对较小，储层物性差、非均质性强、储量丰度低、单井产量低、递减快，如何改善气藏开发效果，实现其有效开发，对我国石油天然气工业的持续、稳定发展具有重要意义。

一、气藏描述

气藏描述就是从静态的角度，充分应用所获取的钻井、测井、地震及测试等各种资料，研究、描述含气储层的几何形态、空间分布、内部结构及流体分布等气藏特征的气藏综合评价技术，主要包括气藏概况、构造特征、地层特征、沉积特征、储层特征、流体分布、气藏压力和温度系统、气藏天然能量及气藏类型等方面的研究内容。在气藏开发阶段，建立定量的气藏地质模型已成为气藏描述的核心内容。

虽然致密砂岩气藏储量丰度低、单井产量低，但受储层非均质影响，储层存在局部"甜点"区，如何寻找到相对高渗透区域，优先部署开发井投入开发，对于气田获得较好的开发效果具有重要意义。

（一）三维地质建模

气藏地质模型是气藏地质综合研究结果的具体体现，是对气藏内部特征、外部形态、规模大小、储层特征、流体性质及其分布规律的高度概括。气藏地质模型从三维角度研究气藏的地下地质特征，用三维数据体及相应的可视化图形展现气藏形态及内部特征，为全面认识和开发气田提供重要的地质依据。

在储层定量化研究中，可以有两条途径建立气藏三维定量地质模型。途径一，由地层分层数据和单井测井数据建立的层模型叠合构建气藏三维地质模型，包括建立井模型、建立层骨架模型(构造模型)、建立参数模型及三维模型的叠加等步骤；途径二，直接由地震数据和单井测井数据构建三维地质模型，一般包括分析和准备建模数据、建立构造模型、建立储层属性(孔隙度、渗透率、含气饱和度等)分布模型及显示和处理建模结果等主要环节。

目前地质建模的方法以随机建模为主，地质模型的精度受储层的岩性、物性、非均质性强度等地质条件以及井网密度等因素的影响。由于致密储层属于陆相－海陆交互相沉积，相变快，储层非均质性强，加之开发井距大，井间储层及其属性参数的预测具有较大的不确定性。为了提高致密砂岩气藏储层建模的精度，应用多信息约束的建模方法取得了良好效果，具体包括(刘传喜等，2008)：

(1) 地质统计规律的约束：一方面参考国内外相似地质条件河流－三角洲储层地质知识库资料，通过对研究区的露头测量、已开发加密井网区精细解剖，建立了研究区的储层地质知识库，研究了不同成因砂体的几何形态、宽度、厚度、宽厚比、砂岩的比例、非均质性强度等地质统计规律(图3-39)；另一方面，通过变差函数分析，确定了研究区不同层段砂体展布方向、砂岩含量及主变程、次变程、垂向变程的大小。在沉积相建模时，通过地质统计规律的约束，储集相带的展布及连续性更接近地质实际。

(2)地震信息约束：相对于测井资料，地震资料的分辨率较低，但是地震信息在横向上和空间上具有连续性，弥补了井间测井信息的不确定性。利用地震、测井资料，通过波阻抗反演、电阻率反演等方法，可以得到空间和横向上连续的储层岩性、物性、含气性等信息，对于井间储层和含气性参数的分布趋势具有预测性(图3-40)。因此在沉积相建模、孔隙度建模、含气饱和度建模时，分别使用岩性反演、孔隙度反演、含气指示参数反演数据体进行约束，减小了井间储集相带展布、井间孔隙度、含气饱和度等参数分布的不确定性。

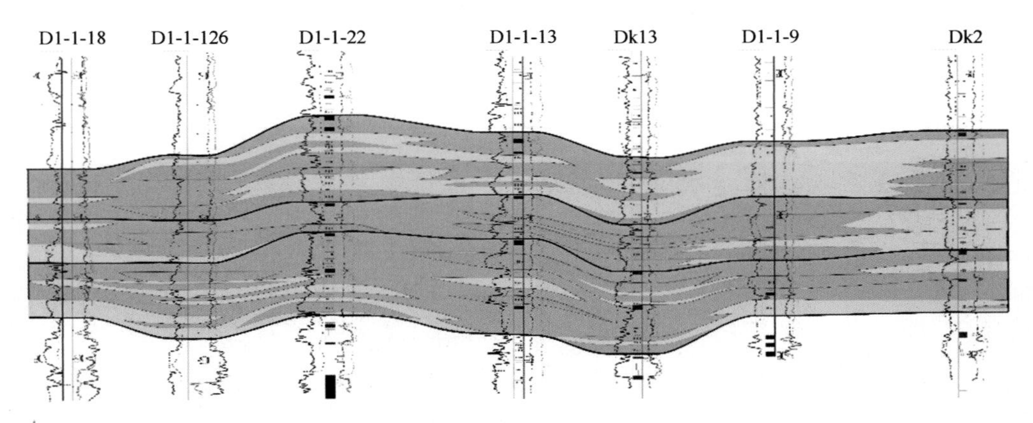

图3-39　某井区储层砂体连通剖面图

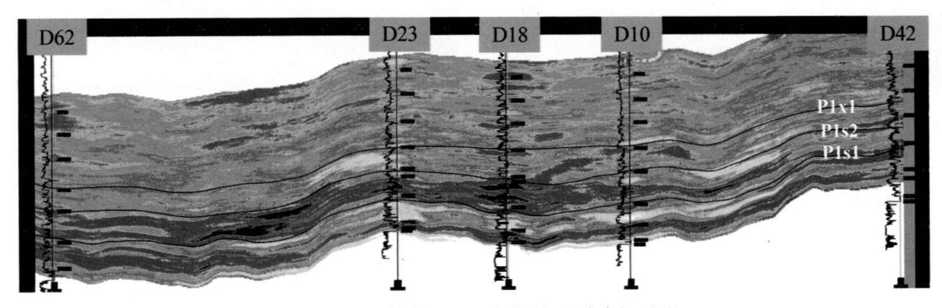

图3-40　某井区地震岩性反演剖面图

(3)相控约束：Damslesh等提出的“相控建模”或“二步建模”是多步建模的重要组成部分，即首先应用离散随机模拟方法建立三维沉积相或储层结构模型，然后根据不同沉积相(砂体类型)的储层参数定量分布规律，分相(或砂体类型)进行连续变量的随机模拟，建立三维储层参数分布模型。研究区的资料显示，不同相带的储层具有不同的物性(表3-5)、含气性特征，含砾砂岩相、粗砂岩相、中-粗砂岩相物性好，是主要的储集相带，含气性好；中砂岩相、细-中砂岩相、中-细砂岩相孔隙度、渗透率较小，含气性较差，一般为干层。通过测井、地质资料分析，研究区目的层划分出含砾-粗砂岩、中-细砂岩、泥岩、煤岩和灰岩5类岩相，其中，含砾-粗砂岩是主要的含气层。根据单井岩相的分布特征，以地震岩性反演成果和小层平面相分布特征为约束，建立的离散岩相模型，反映了储集相带的三维分布特征[图3-41(a)]。

根据单井测井信息，在岩相模型和地震反演孔隙度、地震反演含气指示参数的约束下建立的孔隙度、含气饱和度模型，反映储层的孔隙度、含气饱和度的三维分布既受储集相带分布的控制，又对井间储层参数的分布具有预测性[图3-41(b)]。通过多信息约束的地质建模，提高了井间储层预测精度，为开发目标优选提供了地质模型。

表 3-5　某井区不同岩相的砂岩物性特征表

岩　　相	(孔隙度/中值)/%	(渗透率/中值)/$10^{-3}\mu m^2$	样品数/块
含砾砂岩相	8. 1	0. 55	285
粗砂岩	7. 5	0. 30	746
中 - 粗砂岩相	7. 1	0. 24	352
中砂岩	6. 2	0. 16	293
细 - 中砂岩相	4. 2	0. 05	90
中 - 细砂岩相	2. 9	0. 03	33
细砂岩相	2	0. 02	73

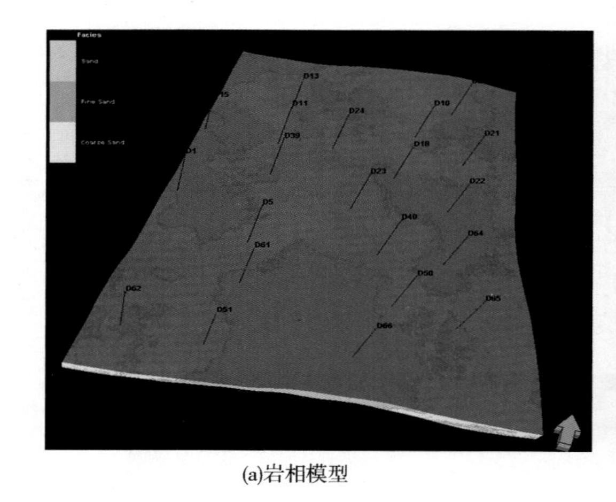

(a)岩相模型　　(b)孔隙度模型

图 3-41　某井区低渗气藏的岩相模型、孔隙度模型

(二) 有利目标区优选

致密砂岩气藏储层岩性、物性变化快，低孔低渗，低储量丰度，气井产能普遍较低，井间产能变化大。受目前经济技术条件的制约，致密砂岩气藏中相当一部分储量开发效益较低，处于开发边际。因此，如何寻找局部高产富集区域，优选开发目标是致密砂岩气田开发面临的主要难题。

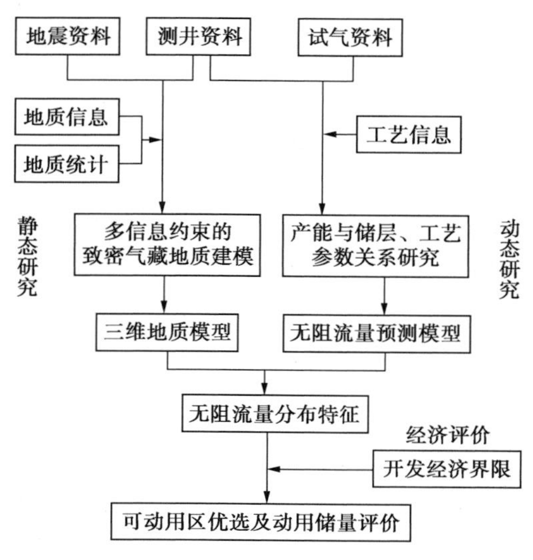

图 3-42　开发选区评价技术思路

现有的油气藏选区评价方法主要以静态、定性、单因素评价为主，往往出现结果相互交叉、不唯一的现象，对于致密低渗气藏适用性较差。针对致密低渗气藏特点，充分利用地质、测井、地震和测试等资料，集地质、气藏工程研究和经济评价于一体，通过多信息约束的地质建模、产能与静态地质参数、工艺参数关系研究和技术经济界限研究，建立了岩性气藏三维地质模型、无阻流量预测模型、开发经济界限和选区评价标准，形成了一套动静结合的低渗岩性气藏定量选区评价思路(图 3-42)和方法，为气田优选开发目标和实施产能建设提供了决策依据。

评价思路：① 综合利用地质、测井、地震资料和多信息约束地质建模方法，建立气藏的三维地质模型，研究气层及其孔隙度、含气饱和度等参数的分布特征；② 测井与试气资料相结合，研究产能与气层的静态地质参数的关系，建立无阻流量预测模型；③ 在地质建模的基础上，利用无阻流量预测模型和气层厚度、孔隙度、含气饱和度等静态地质参数，预测无阻流量分布；④ 根据无阻流量的分布和评价标准，优选富集高产区域。关键技术包括：三维地质模型建立、无阻流量预测模型建立和开发经济界限建立，三维地质建模已在前面论述，不再赘述。

1. 无阻流量预测模型的建立

产能是评价气田能否有效开发的重要指标。试气资料是产能评价最直接的依据，但希望每口井、每个层都获得试气资料是不现实的；这就需要寻找“动静结合”的桥梁，即找到一个能够间接表征动态产能(无阻流量)的静态参数。通过研究静态地质参数、工艺参数与无阻流量之间的关系，得到无阻流量预测模型；最后，在地质建模的基础上，利用静态参数、工艺参数和无阻流量预测模型研究无阻流量的分布特征，为选区评价奠定基础。

大量测井资料和地质资料的综合研究表明，气层厚度(H)、含气饱和度(S_g)、孔隙度(Por)、加砂量与无阻流量(q_{AOF})的相关性最强，是影响产能的主要地质参数。其中，气层无阻流量与气层厚度、加砂量为线性正相关关系，与含气饱和度、孔隙度等参数呈指数正相关关系，相关系数为0.84~0.64(图3-43)。

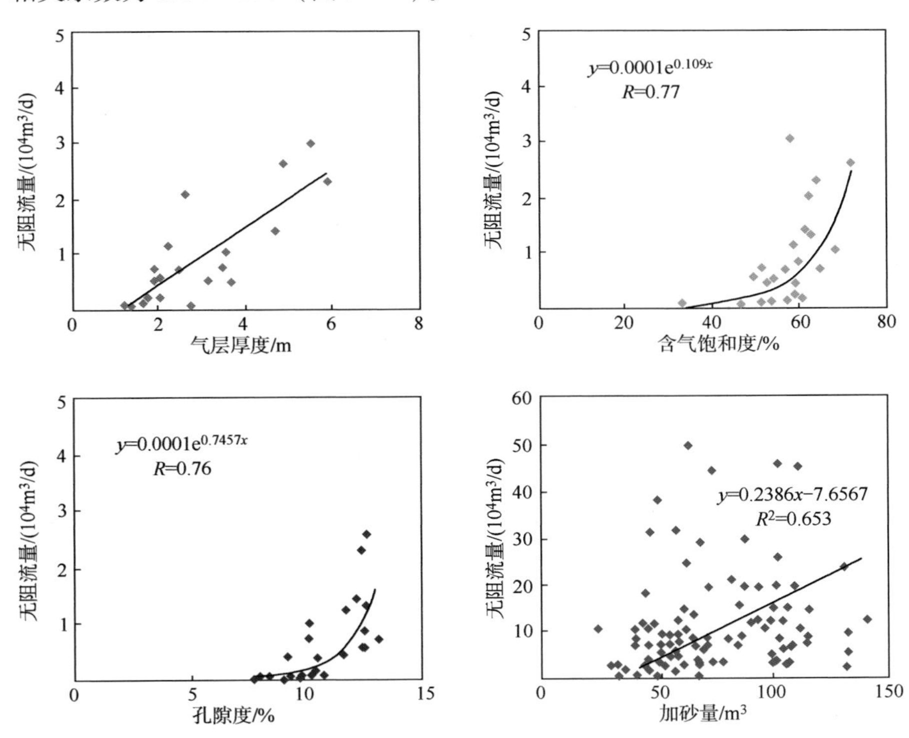

图3-43 无阻流量与气层厚度、孔隙度、含气饱和度和加砂量的关系图

为此，应用多元回归分析方法，建立了无阻流量的计算模型。以试气层数据为样本数据，以无阻流量为因变量，以试气层的H、e^{Perm}、e^{Sg}参数为自变量，进行多元线性回归，得到回归方程，即无阻流量的预测模型：

$$q_{AOF} = 0.089 \times H + 2.239 \times e^{Sg} + 5.182 \times e^{\phi} - 9.116 \tag{3-1}$$

式中 q_{AOF}——气井无阻流量，$10^4m^3/d$；

H——气层厚度，m；

S_g——含气饱和度，小数；

ϕ——孔隙度，小数。

预测无阻流量与实测无阻流量接近，两者的相关系数在0.83以上。

2. 开发经济界限研究

开发经济界限是指在一定气价下，新井及措施井在不同投资、成本及投入等条件下的最低产量，产量低于临界产量时经济上没有效益。

在单井数值模拟的基础上，得到不同井区单井产量变化模式，结合经济评价，得到不同区块单井技术经济界限。以大牛地气田为例，在稳产三年的条件下，单井经济界限产量为$1.02\times10^4m^3/d$，按无阻流量的1/5配产推算，则要求无阻流量达到$5\times10^4m^3/d$以上。

以气层无阻流量分布模型为基础，依据单井开发经济界限，建立开发选区评价标准，将研究区划分为3种类型。其中，Ⅰ类区无阻流量大于$10\times10^4m^3/d$，为富集高产区；Ⅱ类区无阻流量$(5\sim10)\times10^4m^3/d$，为可动用区；Ⅲ类区无阻流量小于$5\times10^4m^3/d$，为潜在可动用区，随着工程技术的进步和成本的降低，该类区可能成为可动用区。依据上述标准，优选有利开发区域。

二、气藏工程

气藏工程研究是气藏开发的基础，其核心内容为渗流机理、产能确定、动态分析及开发技术政策研究等。

（一）开发实验技术及渗流机理

致密气储集体的孔喉系统为纳米级，储层物性差，开采难度大，对开发技术要求高，因此对气体在致密储层中渗流机理研究尤为重要，渗流机理研究是开发致密气的理论基础，有利于制订合理、有效的开发方案。致密砂岩气藏气体的渗流机理实验除了常规的岩心分析实验外，还包括储层的应力敏感性研究、储层非线性渗流、低渗储层供气动态模拟以及多层气藏合采模拟研究等特殊开发实验。

1. 开发实验技术

开发实验是认识和管理油气田的基础，在渗流力学、气藏过程、提高采收率等方面具有广泛的应用和发展，贯穿于气藏开发的全过程。在我国，实验测试技术已趋于规范化，在常规岩心分析方面已形成了一批行业标准。同时针对不同类型气藏的地质特征，形成了一些物理模拟和特殊开发实验技术（李熙喆等，2010），探索气藏开发机理，提高对气藏储层及其开发动态的认识，为气藏开发方案编制和开发技术政策确定提供依据。

1）应力敏感性实验技术

测试岩石应力敏感性的方法较多，主要是根据有效应力等效原理，对岩样施加不同的围压或者内压，测定不同应力下的孔隙度和渗透率，分析其变化规律。常用的实验设备有CMS－300岩心测试系统、岩石力学测试系统、三轴岩心夹持器、径向岩心夹持器等。

2）非线性渗流实验技术

目前致密非线性渗流实验主要包括气体滑脱效应实验、启动压力梯度实验、气水渗流机理微观仿真实验、岩心气水驱替实验。

（1）气体滑脱效应实验。考虑滑脱效应的渗透率测量方法主要有稳态法和非稳态法两种，其测量原理和测量结果都不相同。Rushing 研究认为：对同一样品用非稳态法测得的渗透率总是比用稳态法测得的渗透率高，稳态法和非稳态法测量结果之间的差异不是由简单的随机测量误差导致，而是一种系统的现象。目前，气体滑脱效应的研究成果及认识都是基于室内实验条件，与真实气藏气体的渗流过程相比，存在很大的局限性。

(2)启动压力梯度实验。国内外启动压力梯度研究存在较大差异，国外学者多从多相流、毛细管力及毛细管渗吸作用的角度开展研究，国内主要采用压差 - 流量法测试气体启动压力梯度，目前对启动压力梯度的研究尚未形成标准的测试方法。

(3)气水渗流机理微观仿真实验。气藏中气水运移的微观渗流机理研究较少，R. Lenormand 等人(1984)在规则正方形毛细管网络中研究了不同毛管数下粗糙表面和角落对渗吸的影响，P. Amiell(1989)在用硅硼酸耐热玻璃粉末充填的模型中研究了交替和不稳定气水驱替的特征。目前国内多采用在玻璃板上刻蚀出孔隙网格的可视化实验装置研究气水两相的渗流特征。

(4)岩心气水驱替实验。岩心气水驱替实验研究技术主要有两种：不同压差气驱水实验和水驱气实验。两种方法的不同具体表现在岩心是先饱和气体还是先饱和水，过程不同，流体在岩石孔道中的分布不同，最终表现在相对渗透率曲线上形态差异较大。一般情况下，为了反映气田开发设计，采用水驱气的实验过程来进行物理模拟实验。

3）低渗储层供气动态模拟

以实际气藏地质模型为基础，根据相似准则，利用现代模拟技术，建立平面非均质储层供气动态物理模拟模型(“串联”模型)，开展室内物理模拟实验，对非均质致密低渗气藏单井控制储量进行预测，认识不同区域供气机理、供气条件、供气能力、可动用储层渗透率下限以及产量、压力变化规律，可为气藏动态分析、试井解释、数值模拟、单井配产等提供直观依据。

4）多层气藏合采模拟

根据相似原理，将不同物性的岩心通过并联的方式连接起来，施加不同的模拟压力即可较好地模拟地层中的多层气藏，通过实验可以获得产量、累计产量、压力、采收率、产量贡献率等参数。通过实验数据综合处理可以对多层合采气井单层产量、压力变化规律、单层采收率、产量贡献率、层间干扰现象等问题进行深入分析，研究成果可以为制定多层合采开发技术政策、合理配产、气藏产能评价等方面提供技术支持和基础依据。

2. 致密砂岩气藏渗流机理

由于储层的特殊性，致密气藏开发过程中常常会产生滑脱效应、应力敏感、启动压力现象，因此开展渗流机理研究对于致密气藏尤为重要，同时，渗流机理亦是开发致密气藏的理论基础(孙赞东等，2011)。

1）气体滑脱效应

致密砂岩气藏岩石孔隙、喉道小，气体在小孔道中流动时，气体壁面处流动速度不为零，当气体分子的平均自由程接近孔隙尺寸时，介质壁面处各分子将处于运动状态，这种现象称为气体分子的滑脱现象。滑脱效应受多种因素影响而存在，包括毛细管壁处气体分子的滑溜、毛细管内部气体分子的扩散以及气体在压差下的渗流。

致密砂岩气藏渗透率的计算方法主要有常规法和压汞法。

常规法计算公式为：

$$K_g = K_\infty \left(1 + \frac{b}{\bar{p}}\right) \tag{3-2}$$

式中，K_g 为气测渗透率，$10^{-3}\mu m^2$；K_∞ 为克氏渗透率，$10^{-3}\mu m^2$；$\bar{p}$ 为岩心进口平均压力，MPa；b 为滑脱因子，其表达式为：

$$b = \frac{4C\lambda\bar{p}}{r} = \frac{4C\bar{p}}{\sqrt{2}\pi r d^2 n} \tag{3-3}$$

式中，C 为近似于 1 的比例常数；λ 为平均压力下的气体平均自由程；r 为多孔介质平均毛细管(孔隙)半径；d 为气体分子直径；n 为分子密度。

Huet 提出用压汞法来计算致密气藏克氏渗透率，其计算方程为：

$$k = 1.378 \times 10^6 \frac{1}{p_d^2} \left(\frac{\lambda}{\lambda + 2}\right)^{1.3732} (1 - S_{wi})^{1.2167} \phi^{1.3798} \tag{3-4}$$

式中，k 为气藏克氏渗透率；p_d 为排驱压力；S_{wi} 为束缚水饱和度；ϕ 为孔隙度。

该方程计算出的渗透率和实测渗透率很接近，说明这种方法能很准确地用来计算渗透率。

2）启动压力梯度

致密砂岩气藏普遍具有低孔、低渗、高含水饱和度的特点，气、水赖以流动的通道很窄，在细小的孔隙、喉道处易形成水化膜，地层孔隙中的气体从静止到流动必须突破水化膜的束缚，作用于水化膜表面两侧的压力差达到一定值是气体开始流动的必要条件，而且在气体流动过程中也必须存在一定的压力梯度，否则孔隙、喉道处的水化膜又将形成，造成气体停止流动。国内外大量研究证明，致密气藏气体渗流时必须考虑启动压力的影响，启动压力的存在使得气体的渗流曲线呈非线性渗流，表现出对开发不利的影响。

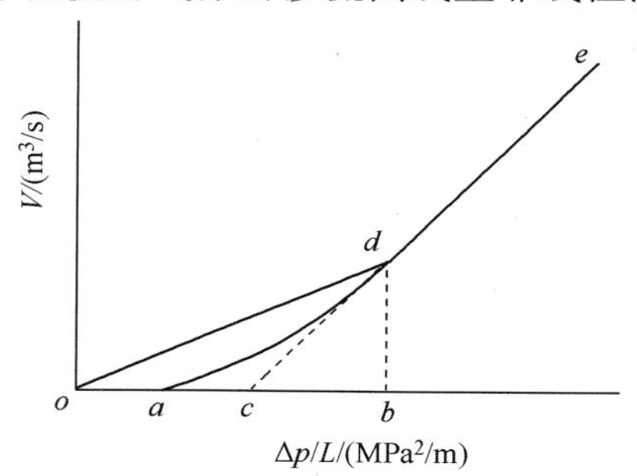

图 3-44　致密低渗透非达西渗流特征曲线

在受启动压力影响的致密砂岩气藏中，气体渗流曲线具有如图 3-44 所示的一般特征：渗流曲线由平缓过渡的两段组成，即低速渗流下的上凹型曲线和较高渗流速度下的拟线性渗流直线段，直线段向横轴延伸，与横轴交点称为“拟启动压力梯度”。气体的启动压力梯度受储层渗透率、含水饱和度和地层压力等因素影响，启动压力梯度与渗透率呈反比，与含水饱和度成正比，与地层压力成正比。

3）高速非达西效应

Abdelaziz 等对存在裂缝和不存在裂缝的渗流进行对比，认为在致密砂岩气藏中，未经压裂的储层生产压力降主要是黏滞力消耗的，高速非达西惯性力所消耗的压力降很小。在产量和上覆压力都相同的情况下，有裂缝储层的惯性系数 β 比无裂缝的大，而且随着上覆压力的增加，惯性系数越来越大，这说明在裂缝中的高速非达西效应非常明显，不能忽略。多孔介质中高速非达西的影响用系数 β 描述，而在致密砂岩气藏裂缝中多用有效裂缝渗透率和雷诺数结合起来表征高速非达西的影响。

裂缝中高速非达西影响的渗透率为：

$$\frac{k_{f-eff}}{k_f} = \frac{1}{1 + N_{Re}} \tag{3-5}$$

其中，雷诺数 $$N_{Re}=\frac{\beta k_f\rho_g v}{\mu_g}$$

式中 k_f——裂缝渗透率，$10^{-3}\mu m^2$；

k_{f-eff}——裂缝有效渗透率，$10^{-3}\mu m^2$；

N_{Re}——雷诺数；

β——湍流系数，1/m；

k_f——裂缝中的渗透率，$10^{-3}\mu m^2$；

ρ_g——气体密度，kg/m^3；

v——气体速度，m/s；

μ_g——气体黏度，mPa·s。

Thauvi 和 Mohanty 通过孔隙网络模型来描述高速流动，并研究了非达西系数与其他参数(渗透率、孔隙度和迂曲度)之间的关系，他们认为非达西系数为多孔介质的性质，并且仅与孔隙结构有关，随着孔隙平均喉道半径的增加，渗透率、孔隙度都会增加，孔隙迂曲度会减小。

Pascaldengren 通过低渗透水力压裂井的不同速率测试，提出了一个数学模型来确定裂缝长度与非达西系数，基于他们的分析，定义了关系式(3-6)，即

$$\beta=\frac{4.8\times10^{12}}{K^{1.176}} \tag{3-6}$$

式中 K——裂缝的渗透率，$10^{-3}\mu m^2$；

β——湍流系数，1/cm。

Henry 通过研究不同温度下的几种流体在支撑裂缝中的非达西系数，提出了公式(3-7)，即

$$\beta=bK^{-a} \tag{3-7}$$

式中，β 为湍流系数，1/ft；a 和 b 取决于支撑剂的类型。

式(3-6)和式(3-7)都是针对水力压裂裂缝中的高速非达西渗流提出的，有一定的借鉴意义。

4）应力敏感研究

气藏一般采用衰竭式开采，随着地层压力的下降，作用于岩石骨架上的有效应力将增大，导致岩石发生介质变形，其渗透率、孔隙度将减小，从而影响流体的渗流特性，造成气井产能减少。这种油气层渗透率随着有效应力的变化而变化的现象称为地层的应力敏感性。

致密砂岩气藏往往具有应力敏感性(Vairogs，Lorenz，Friedel 等)。应力敏感程度与黏土含量、岩石非均质性、天然裂缝发育程度、初始渗透率、压缩系数、胶结物成分以及孔隙结构等储层参数有关。

在应力敏感性储层中，岩石的渗透率随有效应力的变化呈以下几种变化形式：

$$k=k_i e^{-\alpha_k(p_i-p)} \qquad k=k_i(p_i-p)^{-\beta_k} \qquad k=k_0(\sigma-p)^{-m} \tag{3-8}$$

式中，p、p_i、σ 为目前、原始及上覆地层压力，MPa；k_0 为空气渗透率，$10^{-3}\mu m^2$；m 为系数；k、k_i 为目前及原始地层压力下的渗透率，$10^{-3}\mu m^2$；β_k、α_k 为渗透率变化系数，MPa^{-1}。

流体与岩石之间存在着十分复杂的相互作用。一方面岩石应力的变化影响流体的流动；另一方面渗流特性的变化又进一步改变岩石的应力场。因此研究不同有效应力下的储层物性(渗透率、孔隙度)变化规律，对气井产能的评价以及合理工作制度的确定具有重要的意义。

（二）气井产能评价

国内外气田开发实践表明，正确评价气井产能特征是开发方案设计的关键问题之一。产能评价的目的是获得一个有代表性的气井产能方程，能较好地描述特定储集层的产能变化特征，确定气井合理工作制度以及开发井网、生产规模等，给早期开发评价以及开发方案设计提供比较可靠的依据。

1. 产能影响因素分析

气井产能的影响因素可分为地质因素和工程因素两大类，地质因素主要包括储层物性、非均质性和地层压力等客观存在的因素；工程因素主要是钻完井及储层改造等人为因素。

对于气井来说，其生产压差与产气量之间的关系可由式(3-9)表示：

$$p_e^2 - p_{wf}^2 = AQ_g + BQ_g^2 \tag{3-9}$$

$$A = \frac{84.84Tp_{sc}\bar{\mu}_g\bar{z}}{khT_{sc}}\left(\lg\frac{0.472r_e}{r_w} + 0.434S\right)$$

$$B = \frac{36.91Tp_{sc}\bar{\mu}_g\bar{z}}{khT_{sc}} \cdot D \tag{3-10}$$

式中 p_e、p_{wf}——原始地层压力、井底流压，MPa；

Q_g——气井产量，$10^4m^3/d$；

T——气层温度，K；

k——气层渗透率，μm^2；

h——气层厚度，m；

p_{sc}——标准状态压力，$p_{sc}=0.101325MPa$；

T_{sc}——标准状态温度，$T_{sc}=293.15℃$；

μ_g——气体黏度，mPa·s；

r_w、r_e——分别为井眼半径、外边界距离，m；

S——表皮系数；

D——非达西流系数；

z——气体偏差系数。

由式(3-9)、式(3-10)可知，气井的无阻流量与地层压力成正比；在地层压力一定的条件下，气井的产能主要受产能方程系数 A 和 B 的影响，A、B 值越小，则相应的产能越大，即气井产能与产能方程系数 A、B 成反比。产能方程系数 B 主要表征气井的非达西流程度，而产能方程系数 A 是储层物性、测试时间、气井边界等多种因素的综合体现。因此，影响产能方程系数 A 和 B 的因素便是影响气井产能的因素。

地层系数是影响气井产能的首要因素，与气井产能呈正比，即地层系数越大，气井产能越高。因此，致密砂岩气藏通过压裂提高气井渗流能力，可以有效提高气井的产能。

对于非均质气藏，气井渗流范围内外围渗透性的变化，将会对气井产能有较大的影响。如果气井产能测试时间短，压力波及范围小，没有波及到井周围低渗区，这时测得的气井产能反映的主要是近井地带的产能。若压力波及到井周围渗透性变差的区域，气井的产能必定会受到影响。对于井外围渗透性变好的非均质气藏，渗透率对气井产能方程及无阻流量的影响相对较小；井外围渗透性变差的非均质气藏，渗透率对气井产能方程及无阻流量的影响较大。

非达西流系数 D 是表征非达西效应的物理量，D 值越大，表明气体渗流的非达西流效应越严重。由气井产能方程可知，在其他参数不变的情况下，D 越大，产能系数 B 越大，气井产能越低，因此，气井生产时，应尽可能减小非达西流效应对气井产能的影响。

由气井绝对无阻流量计算公式来看，气井绝对无阻流量与地层压力呈正比。在其他参数不变的情况下，随地层压力的降低，气井无阻流量逐渐减小。因此，在气井生产过程中，必须合理利用地层能量，否则气井产能将随地层压力下降而急剧减小。

工程影响因素主要为钻完井过程中储层的污染、储层改造的施工参数及效果等。对于分段压裂水平井而言，影响产能的工程因素主要为裂缝与水平井筒的夹角、裂缝长度、裂缝间距及裂缝导流能力等。

2. 致密砂岩气藏气井产能评价与预测

在产能影响因素分析的基础上，需要对单井产能进行评价和预测，指导油田合理配产。

1）气井产能评价

气井产能评价是指利用产能试井资料，建立产能方程，确定气井的生产能力、合理工作制度和气藏参数。国内外通常采用的气井产能测试方法主要有多点回压试井、等时试井、修正等时试井和一点法试井，目前多采用修正等时试井和一点法试井进行产能测试。

致密低渗气藏渗流机理不同于常规气藏，存在启动压力梯度，采用实测资料用传统二项式分析方法确定的产能直线斜率为负，无法分析（图 3-45）。针对此问题，建立考虑启动压力梯度的致密低渗气藏渗流微分方程以及气井产能试井评价的新方程。具有启动压力的低渗透气藏气井的不稳定渗流产能方程为：

$$p_e^2 - p_{wf}^2 = AQ_g + BQ_g^2 + C \qquad (3-11)$$

新的产能方程中多了一个常数项 C，反映启动压力梯度引起的附加压力降。方程中其他符号注释见前论述。

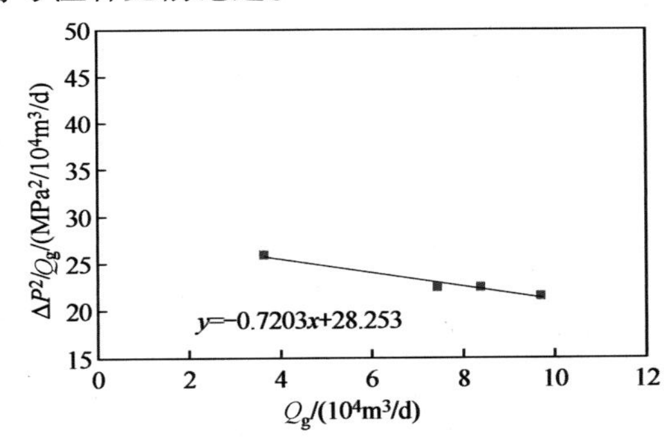

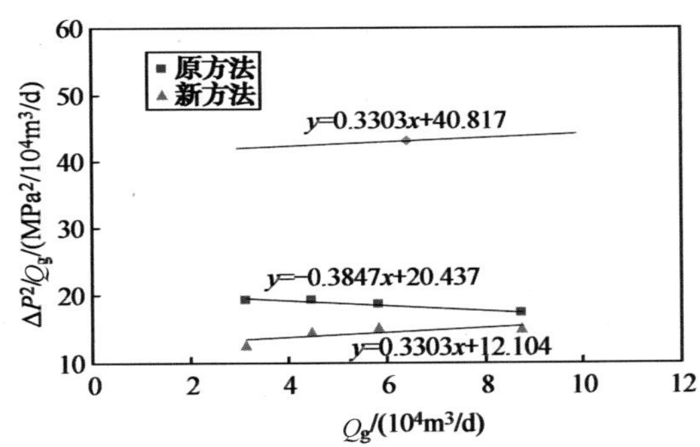

图 3-45　气井二项式产能曲线

2）新井产能预测

矿场上通常采用以下两种方法对新井产能进行预测。

方法一：在储层预测、地质综合评价、产能影响因素研究的基础上，应用统计学原理、灰色系统理论等方法建立地层参数与气井产能关系的预测模型，提出新井产能的预测方法，预测新井产能，为气井合理配产提供依据。

首先根据测试层或井的产能评价结果，分析地层系数、气层厚度、孔隙度、含气饱和度等储层参数与无阻流量的关系。如大牛地盒 3 层气藏，气层无阻流量与气层厚度为线性正相关关系，与孔隙度、含气饱和度呈指数正相关关系（图 3-46）。

其次根据分析得到的气井无阻流量与地层系数、孔隙度、含气饱和度等储层参数的相关关系，应用多元线性回归等数学方法，建立新井无阻流量预测方程。例如大牛地盒 3 层气藏

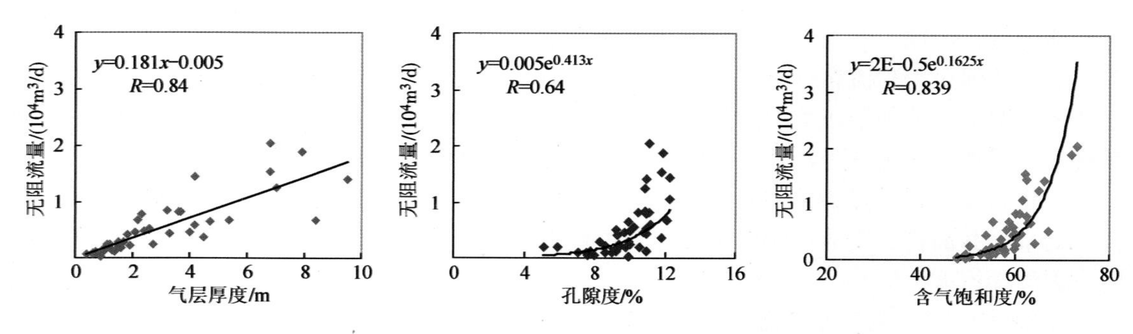

图 3-46　气层厚度、含气饱和度和孔隙度与无阻流量的关系

新井产能方程为：

$$q_{AOF} = 0.049 \times H + 0.016 \times e^{0.448\phi} + 0.0035 \times e^{0.0936Sg - 0.852} \tag{3-12}$$

方法二：运用渗流力学理论建立气井产能预测模型，根据储层、流体特征及气井参数计算气井产能。均质致密气藏水平井产能预测方法与常规气藏相同。

（三）气井生产动态分析

气井生产动态分析就是把不稳定试井原理与递减分析相结合，将压力、产量和时间函数进行相应变换，建立典型图版，利用曲线拟合方法定量地描述气井的渗流特征、评价井控储量等。

1. 气井生产动态分析方法

目前气井生产动态分析方法有传统的 Arps 法、经典的 Fetkovich 方法和现代的 Blasingame、Agarwal－Gradner、NPI 以及 FMB 等方法。

Arps 法描述了在定井底流压生产情况下，气井进入边界控制期的产量递减规律，这种方法是根据矿场实际资料的统计研究提出的，分析中不需要储层与井况信息，可以用于预测气井产量、计算可采储量。对于致密低渗气藏，由于气井不稳定生产阶段很长，其应用受到了极大的限制。

Fetkovich 等人将不稳定流期间产量递减规律和 Arps 递减曲线结合起来，用于分析气井的流动状态和计算渗透率、表皮系数、控制半径、地质储量等。现代 Blasingame、Agarwal－Gradner、NPI 等方法通过引入拟时间（或物质平衡拟时间）、产量规一化拟压力等方法来处理变井底流压（或变产量）和气体 *PVT* 性质随时间变化的影响，同时在典型曲线中增加了产量积分、产量积分导数、累积产量-时间、产量-累积产量等标准曲线作为辅助拟合分析曲线来降低多解性，同时应用条件也从直井径向流模型扩展到压裂井、水平井、水驱模型、井间干扰等。

2. 现代生产动态分析法步骤

理论上，生产数据分析与压力不稳定分析相同。如果我们具有合格的数据，就可以对数据进行可靠的分析。但是生产分析和压力不稳定分析的对比最终归结于实际的数据质量和数据采集。为了改善生产数据分析，可利用下列方法进行生产数据的诊断、分析和解释。

（1）准备气井的基础数据，如气藏有效厚度、埋深及原始地层压力、天然气的 *PVT* 参数和生产管柱尺寸等。

（2）整理并录入气井的生产数据——流量和压力数据。

（3）根据录入的生产数据，绘制 Blasingame 曲线、拟压力曲线和拟累积流量曲线等。

（4）根据地质资料、试井分析结果等确定分析模型及内外边界条件，并对上述 3 类曲线进行拟合，由拟合结果求取储层相关参数，即地层平均压力、排泄半径、单井控制的地质储量等。

(5) 根据求取的储层参数及生产流量历史（或压力历史）计算生产压力历史（或流量历史）理论值，比较理论值与实测值，若拟合不好则重复(3)～(5)步，直至3类曲线与生产历史都拟合较好为止。

3. 气井稳产能力研究

应用气井产能测试、压力恢复试井和生产动态资料，在定产条件下，通过回归压力-时间关系曲线来描述该井的渗流特征。根据回归结果，求出不同产量条件下压力变化的方程，进行理论计算，预测不同产量下的压力变化 。

根据各井渗流特征建立的单井 $P-(Q, t)$ 关系模型，可计算各井在不同配产条件下稳产时间（图3-47）。结合物质平衡方程，可计算出各井在不同配产条件下的产量变化规律（图3-48）。

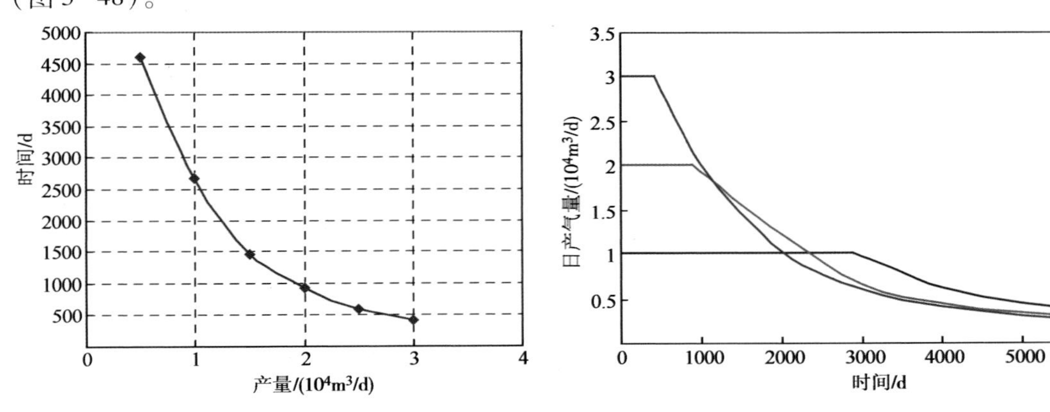

图3-47　产量与稳产时间关系曲线　　　图3-48　不同配产下气井产量变化曲线

4. 井控动态储量

根据生产数据、关井压力恢复等资料，采用物质平衡法、产量累积法、弹性二相法、不稳定数值模拟法等多种方法分析计算井控动态储量，见标准SY/T 6098。

5. 产量递减规律

国外致密砂岩气的生产模式为气井定井口压力生产，即气井从投产开始产量就不断减小，依靠钻井来实现气田稳产。而国内气田的开发模式为气井先保持一定产量稳定生产一段时间（定产降压），然后进入产量递减阶段（定压降产）。

致密砂岩气藏非均质性强，不同类型气井稳产期产量及递减规律不同，致密砂岩气矿场生产实践表明：稳产期产量较高的气井多表现出调和递减规律，而稳产期产量较低的气井多表现出衰竭递减规律。

（四）开发技术政策研究

气藏开发技术政策研究是气藏开发的重要内容，总体研究的技术思路：针对气藏地质特点及开发中存在的主要问题，广泛调研国内外同类气田开发技术，结合气田实际情况进行对比研究，从充分动用储量和合理利用地层能量、提高气井产量、确保气井稳产期及提高经济效益等因素考虑，在气藏地质模型建立和试井分析及产能评价的基础上，应用气藏工程理论方法、数值模拟技术和经济评价技术，研究确定气田的开发方式、层系划分、井型、井网和合理井距、合理产量、采气速度、经济技术界限、废弃压力等开发技术政策，为实现气田的安全高效开发奠定基础(史云清等，2013)。

1. 开发方式

气田开发方式主要有两种：衰竭式开发和保持压力开发。采用何种方式开发需要根据气藏类型、气体性质、驱动方式和经济效益等因素综合分析确定。致密砂岩气藏目前采用衰竭式开发方式。

2. 开发层系划分

根据气藏地质特征，考虑储层物性、气层和隔层展布、储量规模和产能、流体性质及压力系统的差异，提出气藏开发层系划分的原则：

(1) 一套层系内储层性质、沉积条件、天然气性质、压力系数应大体一致；

(2)对于流体组分差异大、需单独净化处理(如含 H_2S 和 CO_2气体)的气藏应单独定为一套开发层系；

(3)每套层系应具备一定储量和单井产能，并能满足开采速度和稳产期需要；

(4)各开发层系间必须具有良好的隔层，在分层开采或措施过程中，层系间能严格地分开，确保层系间不发生串通和干扰，便于开发管理和动态分析；

(5)一套层系的跨度不宜过长，上、下产层地层压差要维持在合理范围内，层间干扰小，同时还要考虑目前采气工艺水平；

(6)开发层系划分有利于提高气藏动用储量及最终采收率，便于实施相应的增产改造措施。如针对分层系开发气田，开发中后期编制调整方案时，可以通过补孔、上试等措施进行合层开发。

建立双层合采单井数值模型，按照单一因素分析方法，研究上下两个产层的物性参数和压力对于气藏开采的影响，运用正交方法对气井渗透率和压力的变化进行分析，通过计算和统计分析，得到如图3-49所示的技术界限图。从图中可以得到技术界限关系式：

$$Y = 2.19X^{-0.34} \tag{3-13}$$

式中，X 为上下产层渗透率级差；Y 为上下产层产生层间干扰的压力倍比。

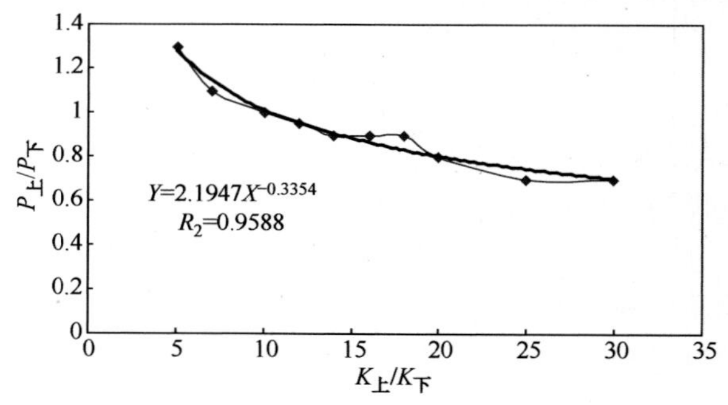

图3-49　一井两层开采技术界限图

两层合采时，当渗透率级差和压力倍比点落在曲线的上方(含曲线)时，存在层间干扰或产生倒灌现象，应分层开发；当渗透率级差和压力倍比点处于曲线的下方，合层开采层间相互影响较小，可采用一套层系开发。

3. 井网部署优化

开发井网部署，应根据气藏形态、类型和储层特征，立足于提高储量动用程度、单井产量，延长稳产期及提高采收率来研究。

1）井型优选

不同井型有不同的开发特点和适用范围，对于一个具体气藏主要采用何种井型进行开发，需要从气藏地质特点和各种井型开发效果对比分析出发综合确定。

水平井可以有效增加泄气面积、大幅度提高单井控制储量和气井产能、减小生产压差。对于纵向上发育多套储层的气藏，直井在控制气藏储量、充分发挥纵向上气层产能、实施多层改造等增产措施方面有其优势。

致密砂岩气藏多为河流相沉积，储层物性平面上变化较大，纵向上储量叠合程度差异较大，因此，采取直井为主、局部部署水平井的井网部署方式。在储量叠合程度高的区域采用直井开发，能钻遇多套气层，兼顾多套层系开发，提高储量动用程度；对于气层叠合程度低，单一砂体发育的区域，考虑部署水平井。

2）开发井网

在天然气田开发实践中，气藏开发井的布井方式主要有4种井网系统：按正方形或三角形均匀布井；环状布井或线状布井；在气藏顶部布井；在含气面积内不均匀布井。不同气藏应有不同的井网部署形式，开发井网设计时应综合考虑气藏构造、储层展布形态、储层物性与储层非均质性、储量丰度、流体分布等因素分析论证井网形式，力求最大程度地控制地质储量，并要符合寻找和优先开发高产富集区的需要。非均质砂岩气藏一般采用不规则井网，按气砂体的分布形态、类型、储量富集程度来部署井网，单井控制储量应大于经济储量下限。

3）合理井距

合理井距应根据储层、储量及压裂裂缝的分布特征、单井控制储量和试气、试采动态资料，考虑气藏的开发效果和经济效益综合确定。

研究合理井距的技术思路：①在单井经济极限控制储量的基础上确定经济极限井距；②考虑单井控制储量、采气速度、稳产期、经济效益等与井距的关系，采用经济评价方法、采气速度法、类比法等多种方法分别确定各种约束条件下的井距，综合对比分析，优选出合理井距。

4. 气井合理产量优化

致密砂岩气藏单层储量丰度低、气层厚度小，气井一般无自然产能、需压裂投产，气井合理产量确定遵循以下原则：① 充分利用地层能量，提高储量动用程度；② 单井应该具有一定的稳产时间；③ 避免生产压差过大形成压降漏斗，导致裂缝闭合；④ 井底流入与井口流出协调，井筒能量利用合理，气井紊流效应小；⑤ 单井累积产气量和初始日产气量大于1等于各自的经济极限产量。

气井合理产量确定应首先根据气田开发钻井、采气和地面建设方案设计的相关指标以及与单井相关的操作成本、气价等，确定单井初期日产量界限，气井配产时应大于单井初期产量界限。其次根据试气和动态资料评价的气井产能方程和无阻流量，分别采用经验法、采气曲线法、数值模拟法、节点分析法、类比法、试采实际产量分析法等研究确定合理产量。

1）经验统计法

根据国内外大量气井生产资料统计结果，气井生产可以按无阻流量的1/5 ~ 1/4 配产。

2）采气曲线法

采气曲线法确定气井合理产量着重考虑的是减少气井渗流的非线性效应所引起的附加压降。根据气井二项式产能方程，当地层压力一定时，生产压差只是气井产量的函数，当产量较小时，气井生产压差与产量呈直线关系(达西渗流)；随产量增加，气井生产压差与产量呈曲线关系且凹向压差轴，即惯性造成的附加阻力增加。一般情况下，气井的合理配产应该保证气体不出现湍流(图3-50)。

3）物质平衡法

物质平衡法确定气井合理产量的思路是：用物质平衡方程结合气井二项式产能方程对气井生产动态指标进行预测，以气井的最低井底流压及稳产时间大于气田稳产期为限制条件，当气井以某一产量生产，其井底压力达到最低值时的生产时间大于气田稳产期，则认为气井的这一产量为稳定的合理产量。

4）节点分析法

将气井生产从地层经井筒流到井口考虑为一个系统，选取井底为节点，从地层流到井底称为流入，从井底经井筒流到井口称为流出；将流入曲线与各规格油管条件下的流出曲线绘在一张图上，其交点所对应的产量就是各种油管尺寸下的协调产量，即在一定油管下气井的合理产量(图3-51)。

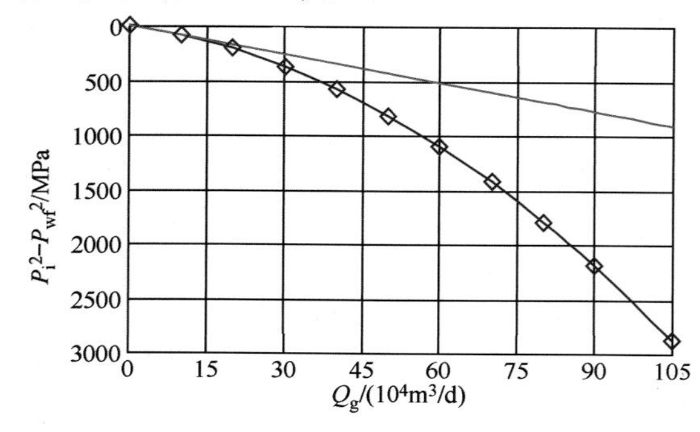

图3-50　二项式产能曲线

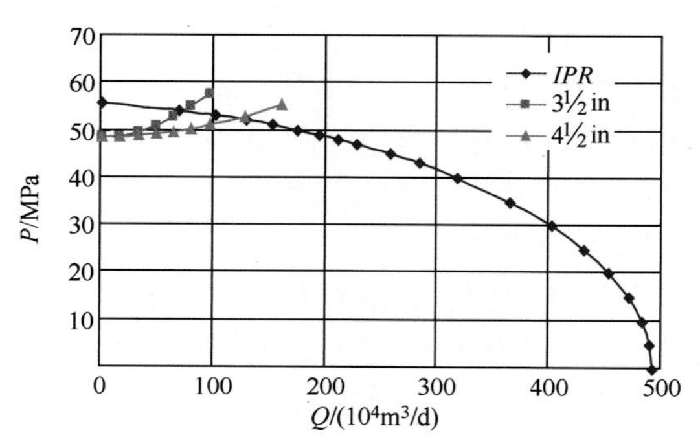

图3-51　气井产量与油管尺寸的关系

5)数值模拟法

根据所建立的气藏三维地质模型，建立模拟区域的气藏数值模型，进行模拟计算，预测开发指标，研究不同配产与气井稳产时间、采出程度以及见水时间的关系，优化确定气井的合理产量。

6）气井合理产量确定应考虑的因素

如果气井产量较高，且有边底水，配产时还应考虑携液极限产量和油管冲蚀流量。气井合理产量应大于产水时最小携液极限产量，并且低于冲蚀流量。

根据气田的基础数据，利用 Turner 极限携液产量公式，可以计算满足不同油管内径条件下气井生产时连续排液的最低产量，即极限携液流量(图3-52)。

气体沿井筒流动过程中，不断对管壁产生动力学作用，当流速达到某一限度时，管壁受到冲蚀，发生损害。因此，一定管径的油管，有一个特定的允许流速极限，即最大允许产量极限。根据气田天然气性质和地层条件等因素，按 Beggs 公式可计算不同管径、不同井口压力下不造成冲蚀的临界产量(图3-53)。

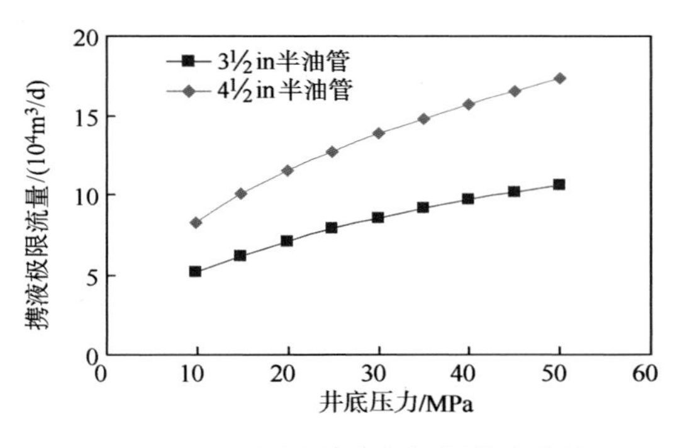

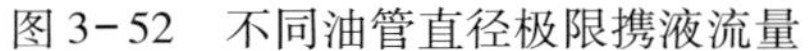
图 3-52　不同油管直径极限携液流量

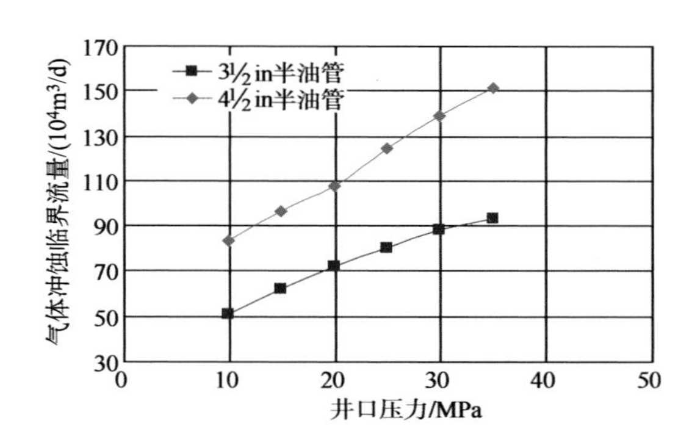

图 3-53　不同油管直径气体冲蚀临界流量

5. 合理采气速度优化

采气速度的确定是以气藏的储量为基础，气藏地质特征为依据，以经济效益为出发点，尽可能实现高效、合理开发气藏。气田合理采气速度的确定主要考虑气藏的储量、气藏类型、资源接替状况及管网系统，采用以下方法确定。

1）类比法

调研国内外相似气藏的开发状况，分析气藏采气速度对开发效果的影响，类比分析确定合适的采气速度。我国开发较早的低渗透气田有四川盆地的气田、鄂尔多斯盆地的气田和东濮凹陷的文 23 气田。四川盆地碎屑岩低渗透气藏（如磨溪、八角场、白马庙等气田）的采气速度则较小，一般都小于 2%。东濮凹陷的文 23 气田为保证长期稳定供气，采用 2.5% 的采气速度。

2）数值模拟法

采用数值模拟技术，研究采气速度、稳产年限、稳产期末采出程度三者间的关系，分析采气速度对稳产年限及采出程度的影响。

研究采气速度对地层水活动的影响，采用数值模拟方法预测气藏不同采气速度的见水时间、气水比上升速度，分析边底水指进或锥进对气田开发效果的影响。

3）经济评价法

计算不同采气速度下气藏开发的经济指标（净现值），对不同采气速度下气田的经济效益进行评价分析，从经济效益考虑，分析气田的合理采气速度。

4）合理采气速度的确定

根据经济技术指标对比分析，综合考虑控制边底水推进、气藏稳产要求、市场需求预测、资源接替及地面处理能力等，优选合理采气速度。

6. 采收率的确定

1）气藏废弃地层压力确定

气藏废弃地层压力是指气藏具有工业开采价值的极限压力，它是计算气藏采收率或可采储量的重要参数，废弃地层压力越低，气藏最终采收率越高。气藏废弃地层压力是由气藏地质、工艺技术、输气压力和经济指标等因素决定的，根据气田的实际地质特点和目前已有的资料，可以采用垂直管流法、气藏类型和埋藏深度折算法、压力－产量递减法和经验公式法等综合分析气藏的废弃地层压力。

2）气藏采收率确定

天然气藏采收率是指在现有经济技术条件下，能从天然气藏的原始地质储量中采出的天然气总量与原始地质储量的百分比，它是衡量一个气藏开发效果、工艺水平以及地质储量可采性等的重要综合性指标。

气藏采收率的研究方法比较多，目前国内外广泛用于预测气藏采收率的方法主要有物质平衡法、产量递减法、数值模拟法、经验公式法、类比法、弹性二相法、水驱特征曲线法等多种方法。对一个具体气藏，应根据气藏地质特点，采用多种方法综合分析预测气田的最终采收率。

致密气藏采收率一般较低，我国天然气储量计算规范列出的致密气驱气藏采收率小于55%；《气藏可采储量标定方法》提供了低渗气藏的采收率为30% ~50%；加拿大学者 G. J. 狄索尔斯对世界不同类型气藏的采收率进行了归纳，认为致密气藏的采收率低于30%；L. E. Elkins 对美国大部分盆地的低渗致密气藏进行了采收率统计分析，其分析范围包括安盟盆地、德尼尔盆地、棉花谷、圣胡安盆地等，采收率为37%。

（五）气藏数值模拟技术

致密砂岩气藏渗流机理复杂，目前数值模拟不能全面考虑各种因素的影响，在渗流理论和数值模拟技术方面仍存在3个主要问题：① 裂缝的应力敏感性与岩石的应力敏感性差异较大，如何综合考虑二者的影响；② 致密储层中非线性渗流特征（启动压力、滑脱效应）的刻画；③ 气藏开发过程中人工裂缝变化特征（导流能力）的描述。

目前的商业化数值模拟软件，如 Eclipse、CMG 等，部分软件可以模拟岩石的应力敏感性，但针对低速非达西渗流特征（启动压力、滑脱效应）以及人工裂缝变化等，仍没有成熟的数值模拟软件。

三、开采工艺

一般气藏往往都有边水、底水或夹有层间水，加之气藏储层的非均质性、裂缝发育程度和层内渗透率的差异，在开发过程中地层都存在不同程度地出水。产出水若不能及时排出，就会聚积在井底，增大井底回压、降低产气量，严重时造成气井水淹停产。长时间的积液浸泡还会对地层造成极大的污染和伤害。快速有效地排液复产是保持气井产能、高效开发致密气藏的关键（杨川东，2011；钟晓瑜等，2004）。

（一）判别气井井底积液的方法

要排液，首先就要正确地判别井底积液，才能采取适当的排液措施，使气井正常生产。井底积液的判别方法主要有以下几种（李晓平，1992）。

1. 直观法

当气井关井后，如果油套压在较长时间内不平衡，而套管又无泄漏等现象，则表明油管鞋处有积液的可能。

2. 压力梯度分析法

许多气井测试表明，油管鞋附近常常表现出压力梯度异常，即其重率（重度）超过纯气柱的重率。由气体状态方程可得地下状态下气体的重率。

$$\gamma_s = \gamma_0 \cdot \frac{P_s}{P_0} \cdot \frac{Z_0}{Z_s} \cdot \frac{T_0}{T_s} \tag{3-14}$$

式中 γ_s——气体在地下状态的重率，kg/m^3；

γ_0——气体在地面标准状况（20℃，0.1MPa）下的重率，kg/m^3；

P_0——地面标准状况下的压力，MPa；

T_0——地面标准状况下的温度，K；

Z_0——地面标准状况(20℃，0.1MPa)下的压缩因子；

P_s——井底压力，MPa；

T_s——井底温度，K；

Z_s——地下状态时的压缩因子。

由式(3-14)可计算出井筒内任意位置气体的重率。比如，某气田地层测试压力曾达到39MPa，选40MPa计算气体重率。参数取值为：γ_0为$0.58 \times 1.205 kg/m^3$；T_s为$(273+110)K=383K$。

Z经计算为1.08。当温度为387K时，Z_s皆超过1.03，即Z_s在1.03～1.08之间变化。现取Z_s的两个极值计算纯气柱的重率：$\gamma_{s1.03}=201kg/m^3$，$\gamma_{s1.08}=192kg/m^3$。通过单位换算可得：$\gamma_{s1.03}=0.201MPa/100m$，$\gamma_{s1.08}=0.192MPa/100m$。这表明，在地下状态下，纯气柱重率的最大值为0.20MPa/100m。当井下压力梯度大于此值时，就表现为气液柱或井底有积液现象产生。

3. 凝析积液

通常在地层温度和地层压力下天然气中都含有饱和水蒸汽，饱和水蒸气含量的多少取决于气体的温度、压力及气体的组成。即便气井产纯气，即井筒内为单相气流，但由于套管孔壁眼的节流效应，使得井底气流处温度降低，从而可使天然气中所含的部分水蒸气凝析出来。如果气流带水性能不好，也可造成井底凝析积液。一般来说，当压力一定时，温度越低，饱和水蒸气就越容易凝析出；当温度一定时，压力越低，饱和水蒸气越易凝析出来。计算表明，随压力下降，凝析出的水越多。对于纯气井生产，通过实际产水量与理论计算凝析水量比较，便可判断井底是否有凝析积液。

4. 试井分析法

通过气井稳定试井指示曲线的异常现象可判断井底积液的情况。气井稳定测试前都要放喷以排尽井底积液，从而获得准确的压力测试资料。如果井底积液没有排尽，实测的压力数据就会影响稳定试井指示曲线的形状。当无法下入压力计实测井底流压时，只有通过井口压力推算井底流压。一旦井底积液，就会影响压力计算的准确性，从而在稳定试井曲线上反映出异常现象来。

这几种井底积液的判定方法都比较简单，现场容易实现，所以在现场应用中，也取得了良好的应用效果。

（二）排水采气技术

目前国内外所采用的排液方法主要有3大类：①气体动力学方法，包括周期性放喷、小油管、虹吸管吹洗等；②化学方法，包括注入泡沫活性剂等；③机械方法，如柱塞举升、泵抽等(杨川东，1997；刘亚莉，2012；马国华等，2009)。这三类方法的理论基础是两相混合物流体动力学，最重要的理论是Turner的液滴模型和临界流速理论。

近年来，国内外石油科技工作人员针对现有积液气井排水采气工艺的不足和缺陷，通过多年努力研发了一系列新型适用的排水采气工艺，如井间互联井筒激动排液复产工艺技术、同心毛细管(Concentric Capillary Tubing，CCT)技术、天然气连续循环(Continuous Gas Circulation，CGC)技术、深抽排水采气工艺、单管球塞连续气举工艺、连续油管排水采气、超声波排水采气等工艺技术(张书平等，2008；王贤君等，2000)。这些新技术的应用，稳定了气田生产，提高了采收率，促进了油气田的发展。

目前现场采用的排液采气技术主要有：优选管柱、泡沫排液、连续气举、柱塞气举、橇装气举、抽油机、电潜泵等排液采气技术(黄艳等，1999；卢富国，1999；曹光强等，2009；夏其彪，2006)。各种排液采气技术的适应性及主要技术指标见表3-6。

表3-6 排液采气工艺适用范围及技术水平

举升方法 对比项目		优选管柱	抽油机	电潜泵	气举排液			泡沫排液
					连续气举	柱塞气举	橇装气举	
排液范围/(m^3/d)		<30(小油管)	<70	30~500	<400	<50	<140	<50
最大井(泵)深/m		3500	2200	3000	3000	3500	4500	3500
开采条件	高气液比	适宜	需要气液 分离装置	较敏感 高效分离器	适宜	很适宜	适宜 要求出液量 较小	适宜
	含砂	适宜	较差	<0.5%	适宜	受限	适宜	适宜
	地层水结垢	化学防垢 较好	化学防垢 较差	化学防垢 较好	化学防垢 较好	可有效地减 轻结垢影响	适宜	可洗井 适宜
	腐蚀性	缓蚀 适宜	高含 H_2S 受限较差	较差	适宜	适宜	管柱不能 漏失	缓蚀 较适宜
运转效率/%		—	<30	<65	较低	较低	较高	—

在气井生产中采取各种排水采气的方法，是解决井内液体负载增加，恢复气井正常生产和提高气藏采收率的重要措施。在选择这些方法时，首先应尽可能地利用天然能量生产；其次，可以依靠地层能量来举升液体，如采用小直径油管、间歇开关井、流动控制器、柱塞举升和泡沫剂等排水采气，这些方法排液效率较高，也比较经济；超声波排水采气是近年来的新兴工艺技术，从室内实验结果来看，它有着广泛的应用前景。最后当地层能量衰竭，可以考虑用外来能源的方法排水采气，如用抽油机和气举等。其中，柱塞气举排液可以适用于气井生产的各个阶段，应用最广，抽油机和气举对于气井开采后期的排液也是不可缺少的措施。

对给定的一口产水气井，究竟选择何种排水采气方法，需要进行不同排水采气方式的比较。排水采气方法对井的开采条件有一定的要求。如果不注意油藏类型、地质条件、开采及环境因素的敏感性，就会降低排水采气装置的效率和寿命。因此，除了井的动态参数外，其他开采条件如产出流体性质、出砂、结垢等，也是考虑的重要因素。此外，设计排水采气装置时，还需要考虑电力供给、高压气源、井场环境等。而最终考虑因素是经济投入。必须进行综合、对比分析，最后确定采用何种排水采气工艺。

(三) 井下节流技术

井下节流就是把节流降压的过程放到井下，气体经过井下油嘴节流后，压力、温度降低，而降温、降压后的天然气又会在井筒中充分吸收地热，使其温度与环境温度相平衡。当天然气流至井口时，温度较高、压力较低，不符合水合物生成条件，有效地阻止了天然气开采过程中水合物的生成(刘鸿文，1990)。

少量出水气井，由于井下节流后的气体压力降低、气体膨胀、流速增大，提高了气井的携液能力，达到排水采气的目的。并且节流嘴在临界流速状态下工作时，地面压力的变动不会激动井底流动压力。

优势：① 采用井下节流技术生产能降低井口设备及地面集输管线所承受的压力等级，提高了安全性；② 节流后压力降低，温度变化不大，在同样的产气量下，气体的体积膨胀，液滴密度变低，携液能力增强，减少了井筒和地面集气管线的积液和水合物形成的机率；③ 节流后较节流前井底流压平稳，井底流压随产气量波动而激荡，节流后产气曲线变平稳，可见节流器有效地防止了地层激荡。

四、致密砂岩气藏开发方案编制技术要求

（一）开发方案编制原则

致密砂岩气藏具有沉积类型多、储层物性差、非均质性强、储量丰度低、纵向上发育多套气层、气井一般无自然产能、压裂后产能比较低、各层系产能差异大等特点，在合理利用天然气资源的基础上，以经济效益为中心，结合气田地质特征、资源状况、市场需求，优化开发设计，实现气田合理开发。

（1）效益优先原则：致密砂岩气是一个经济边际气田，开发过程中，应首先保证气藏开发的经济效益。在此前提下，考虑开发技术的先进性、开发指标的合理性，充分应用先进工艺技术，选择单井产能大于经济界限的高产富集区优先投入开发。坚持少投入、多产出，努力提高开发效益。

（2）滚动开发原则：鉴于致密砂岩气气层砂体横向变化大、非均质性强等特点，应采取“边开发、边评价、逐步认识、不断完善”的滚动勘探开发方式。

（3）稳定供气原则：在确保开发效益的前提下，适当控制采气速度，努力延长气井稳产期，以满足市场稳定供气的要求，同时达到最佳的经济效益和社会效益。

（二）开发方案编制内容

气田开发方案编制从气藏描述着手，通过气藏储量的计算和复核、气藏工程研究、钻采工艺、地面工艺设计、经济评价、HSE（健康、安全、环境）等工作，在综合分析技术和经济指标的基础上，推荐气田开发的最佳方案，并提出方案实施的具体步骤、进度要求及质量要求。参照石油天然气行业标准 SY/T 6106—2008，气田开发方案编制的主要内容包括气田概况、气藏描述（SY/T 6832—2011）、储量计算、气藏工程设计、钻井工程设计、采气工程设计、地面建设工程设计、HSE、经济评价、最佳开发方案的确定。

（三）开发方案的实施要求

开发方案实施的要求如下：

（1）加强开发井实施时的井位论证，优选高产井，争取少井达到同样生产规模；同时加强开发井实施的跟踪分析，不断深化地质研究，根据地质认识的变化，及时优化调整方案部署。

（2）合理安排钻井工程量与进度，完钻井应尽快试油（气）、试采，即早获取产能。

（3）在钻井、固井、投产和作业过程中加强储层保护。

（4）合理安排地面建设工程进度。

（5）动态监测项目和录取资料的内容、质量以及有关研究工作安排。

第五节　致密砂岩油藏开发研究与方案编制

世界范围内致密砂岩油开发规模较大的地区主要在北美地区和中国。其中，北美地区是致密油开发最成功的地区，其致密储层主要为海相沉积，纵向油层厚度大，平面上有效储层大面积稳定分布，且裂缝较为发育，为裂缝性储层。而国内致密油多为陆相沉积，纵向层位跨度较大、厚度小，平面上有效储层分布连续性差、储层非均质性较强，局部发育微裂缝，主要为低渗孔隙型储层。由于中国陆相致密砂岩油地质条件较差(赵政璋等，2012)，以形成“缝网”为目标的体积压裂技术受地质条件及配套工具工艺条件的制约发展慢，无论开发规模还是开发效果与北美相比均存在较大差距。

致密砂岩油与常规低渗-特低渗油藏(李道品等，1997；2003)相比，储层孔喉更加细小，渗透率更低，微纳米尺度下的微孔隙流体流动机理、油井开采特征及开发技术政策具有其特殊性，有别于常规砂岩油藏(杨俊杰，1993)。

一、开发实验技术及渗流机理

致密砂岩油开发实验主要针对致密砂岩储层的微观孔喉结构、应力敏感性、流体可动用性评价与非线性渗流规律等进行测定和测试。在开发实验基础上，揭示致密储层主要渗流特征，应用数学方法，建立复杂介质流动数学模型，研究复杂介质致密储层流动机理。

目前，致密砂岩储层开发实验技术及渗流机理研究刚刚起步，开发实验技术主要以低渗-特低渗油藏已形成的实验技术(朱维耀等，2010)为基础，通过进一步改进和发展，揭示了致密储层主要渗流特征，但在致密储层复杂介质流动机理方面尚未形成规律性认识。

(一) 开发实验技术

近年来，低渗透油藏渗流特征研究的实验技术已经取得了一定进展，主要包括储层微观孔喉特征实验技术、应力敏感性实验技术、核磁共振流体可动用性评价实验技术和非线性渗流实验技术等(杨正明等，2012)方面。

1. 孔喉结构分析实验技术

对于储层微观孔喉结构特征的研究方法主要分为两大类：第一类是直接实验方法，主要包括铸体薄片分析技术、压汞法、离心法、半渗隔板法、吸附法和光学法等；第二类是数字岩心技术(图3-54)(姚军等，2005)，利用微观模拟模型分析岩心中的孔喉大小分布(姚军等，2007)、孔喉的网络拓扑结构(陶军等，2006)等，主要方法包括毛细管模型、球形颗粒堆积模型、格子模型和网络模型。两种方法中，第一类方法是目前研究孔喉结构特征的主要方法，也是第二类方法的基础。

2. 应力敏感性实验技术

应力敏感性实验研究技术主要有两种(杨正明等，2012)：变围压敏感性实验技术和变孔隙压力敏感性实验技术。变围压敏感性实验是在保持孔隙压力接近大气压下，通过增加或降低围压进行实验，是目前最普遍的应力敏感性实验研究技术；变孔隙压力敏感性实验是保持围压为储层上覆岩石压力，通过降低或增加孔隙压力进行敏感性实验，该实验过程更能反映油藏开发的实际情况，但变孔隙压力敏感性实验不易稳定，难以真正测准应力敏感性特征参数。

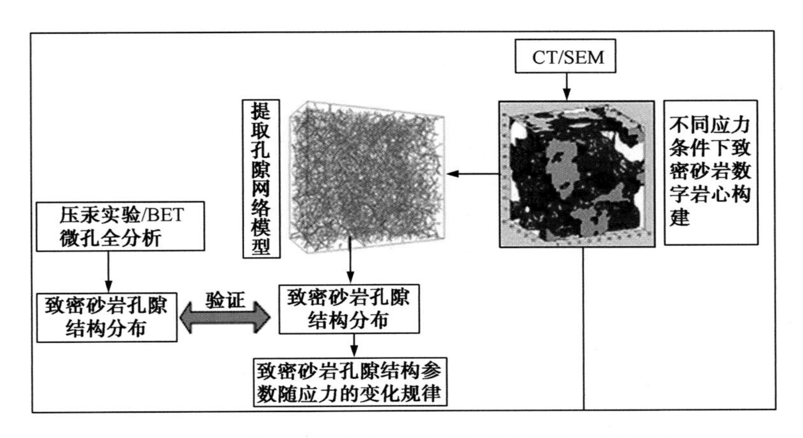

图 3-54　数字岩心构建及微观孔喉特征研究思路图

3. 核磁共振流体可动用性实验技术

核磁共振技术可用于测定低渗储层体相流体和边界流体的含量。可动流体和可动油是研究低渗-特低透油藏流体动用性的重要参数。根据核磁共振原理，束缚流体与可动流体对核磁信号的迟豫时间不同，通过核磁共振仪检测迟豫时间计算可动流体的大小(图 3-55)(杨正明等，2012)。

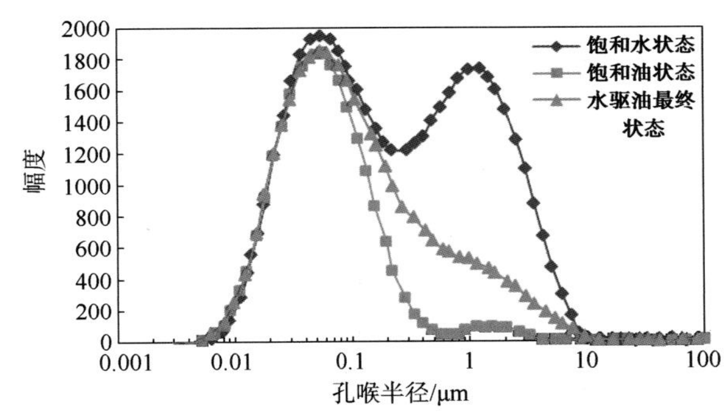

图 3-55　可动流体、可动油饱和度测试原理图

以去氢模拟油替代模拟油，结合驱替或离心实验可进一步研究可动油饱和度。目前，最常用的方法是离心法，但是该方法受测试压力所限，低压差下离心实验稳定性差，难以满足油藏开发过程中实际可动流体饱和度变化规律分析；驱替法与核磁共振相结合进行致密砂岩储层可动流体、可动油饱和度研究较为成熟，而且驱替过程与油藏开发过程更为接近，但是由于岩心致密、孔喉微细，实验中渗流速度极低，实现稳定驱替难度大，对实验稳定性要求高。

4. 非线性渗流实验技术

目前低渗透非线性渗流实验技术主要包括毛细管平衡法、压差－流量法、非稳态－毛细管平衡法(李爱芬等，2008)。

(1) 毛细管平衡法。利用连通器原理，测定时，毛细管和岩心中充满实验流体，进口端液面高于出口端。重力作用使进口端液体流过岩心，流向出口端，进口端液面下降，出口端液面上升。在存在启动压力梯度的情况下，两端液面充分平衡后，最终会保持一个高度差，此高度差即是该样品的最小启动压力梯度值。毛细管平衡法测试岩心启动压力梯度，能够精确、灵敏地反映液面变化，缩短测试周期。但是，该方法只能测试一个最小启动压力梯度点，不能测试完整的岩心渗流曲线。

（2）压差－流量法。压差－流量法测试启动压力梯度是指通过测定不同驱替压差下流体通过低渗透岩心的渗流速度与压力梯度关系，描述流体在岩心中的渗流过程，再用数学方法得到启动压力梯度。常规压差流量法使用驱替泵作为压力源，但驱替泵所提供的最小压力值较大，在低压下，驱替泵误差较大；计量出口端流量的方法多采用天平法，易受到外界干扰，精度较低，实验误差大，因此难以准确测试非线性渗流曲线段。

（3）非稳态－毛细管平衡法。低渗透高压状态下的饱和油岩心一端封闭，装入测压计，系统平衡一定时间，将岩心一端放空至某一压力数值（如标准大气压），连续测量封闭端压力变化，直至系统达到稳定状态，根据不稳定压力曲线和稳态时的压差，求出岩心的启动压力梯度。

（4）微管渗流实验技术。中国科学院渗流流体力学研究所在毛细管平衡法和传统的压差－流量法基础上，经过多年低渗透油藏岩样渗流机理实验研究，提出了新的测定非线性渗流特征的微管内流体非线性渗流段测试实验技术。采用 PolyMicro 公司制造的熔融石英毛细管系列产品微圆管，通过去离子水在不同半径（$r=5\mu m$、$r=7.5\mu m$ 和 $r=10\mu m$）微圆管中的流动实验，研究了边界层厚度（刘卫东等，2011）随压力梯度的变化及其对渗流规律的影响，并推导了基于不等径毛管束模型的低渗透油藏单相流体非线性渗流方程。

针对渗透率小于 $1\times10^{-3}\mu m^2$ 的致密储层，需基于低渗透储层渗流实验技术，发展微纳米孔隙介质微观油水分布规律监测技术、进出口微量油水计量技术、微孔隙－离散大裂缝－流－固耦合物理模型制作等实验技术，探索描述致密砂岩储层微孔隙基本渗流特征。

（二）致密砂岩油藏渗流特征

1. 影响储层流体流动性的主要因素

对于渗透率介于 $(1\sim10)\times10^{-3}\mu m^2$ 之间的特低渗透油藏，峰值喉道半径比峰值孔隙半径低 2 个数量级（图 3－56），流体通过喉道时的渗流阻力非常大，是影响致密孔隙介质流体流动性的根本原因。

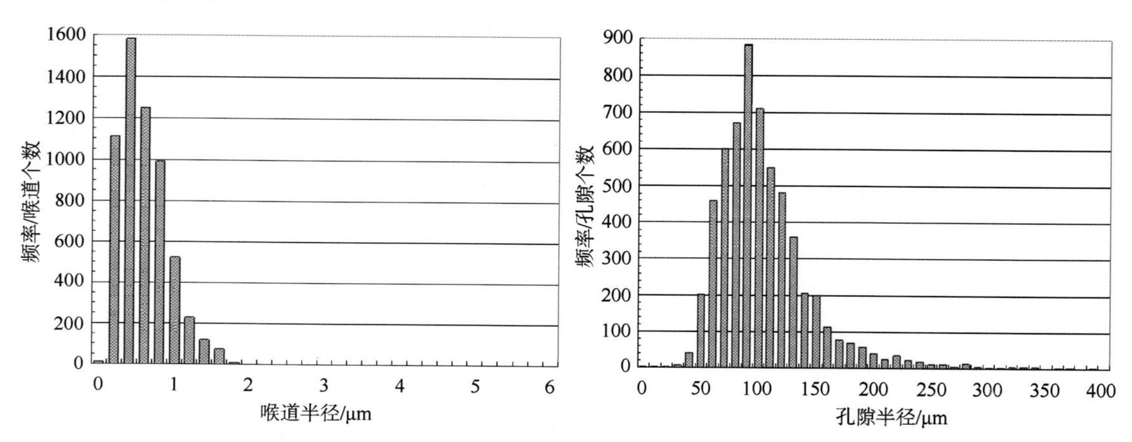

图 3－56　特低渗砂岩储层微观喉道半径与孔隙半径分布特征（恒速压汞法）

随着储层孔喉半径和渗透率的大幅减小，流体渗流阻力急剧增大，极大降低了可动流体相对体积（图 3－57）。当储层渗透率大于 $10\times10^{-3}\mu m^2$ 时，随着储层渗透率的下降，可动流体相对体积下降幅度小；当储层渗透率介于 $(1\sim10)\times10^{-3}\mu m^2$ 之间时，可动流体相对体积与储层渗透率呈负线性相关，即随着渗透率的急剧下降，可动流体体积急剧减小；当渗透率小于 $1\times10^{-3}\mu m^2$ 时，可动流体相对体积仅为15%～25%。对于致密砂岩油，因储层致密，束缚水饱和度较高(30%以上)，推算得知可动油相对体积十分有限，如何提高致密砂岩储层流体可动用性，增大可动流体体积是致密油实现有效开发的技术关键之一。

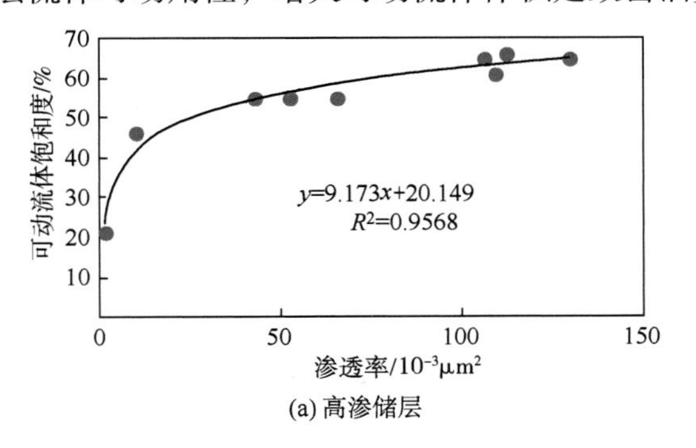

(a) 高渗储层

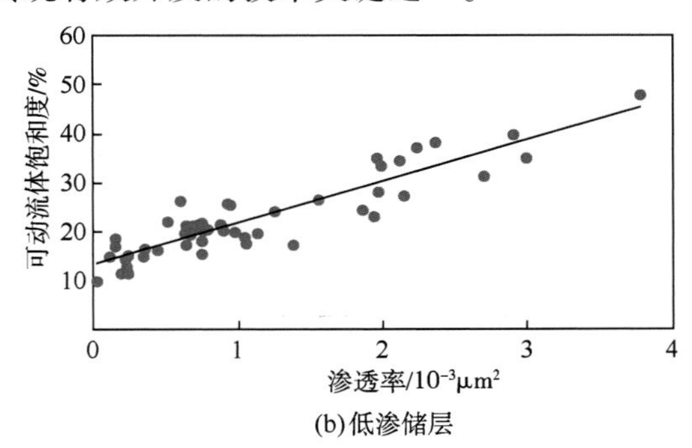

(b) 低渗储层

图3-57　储层渗透率与可动流体饱和度关系

2. 启动压力梯度特征及对渗流的影响

致密砂岩油存在启动压力梯度(李爱芬等，2010)，具有非达西渗流特征。渗透率越低，启动压力梯度越大。与常规低渗-特低渗透砂岩油藏相比，致密砂岩油藏孔喉更加微细，排驱压力更高，渗透率更低，启动压力梯度更高(表3-7)。

致密砂岩油藏因存在启动压力梯度，导致渗流过程中存在附加渗流阻力：

$$R = \frac{\mu B}{2\pi Kh}\ln\frac{r_e}{r_w} + \lambda\frac{r_e}{Q} \tag{3-15}$$

式中　R——总渗流阻力，MPa·d/m³；

μ——原油黏度，mPa·s；

B——原油体积系数；

K——地层渗透率，$10^{-3}\mu m^2$；

h——油层厚度，m；

r_e——泄油半径，m；

r_w——油井半径，m；

Q——油井产量，m³/d；

λ——启动压力梯度，MPa/m；

$\lambda\frac{r_e}{Q}$——附加渗流阻力，MPa·d/m³。

表3-7　不同岩心孔喉与启动压力梯度关系对比

渗透率/ $10^{-3}\mu m^2$	排驱压力/ MPa	中值压力/ MPa	平均孔喉半径/ μm	启动压力梯度/ (MPa/m)
0.395	1.79	20.55	0.089	0.191
4.43	0.427	12.66	0.239	0.045
19.2	0.0416	2.231	0.835	0.007

与一般的低渗-特低渗透储层相比，随着泄油半径逐渐增大，致密砂岩储层附加渗流阻

力增长快，对泄油半径影响大(图 3-58)，且存在极限泄油半径。在相同生产压差条件下(14MPa)，渗透率为 $4\times10^{-3}\mu m^2$ 的储层极限泄油半径达到 104m，而渗透率为 $0.4\times10^{-3}\mu m^2$ 的储层极限泄油半径仅 42m，少 62m(图 3-59)。

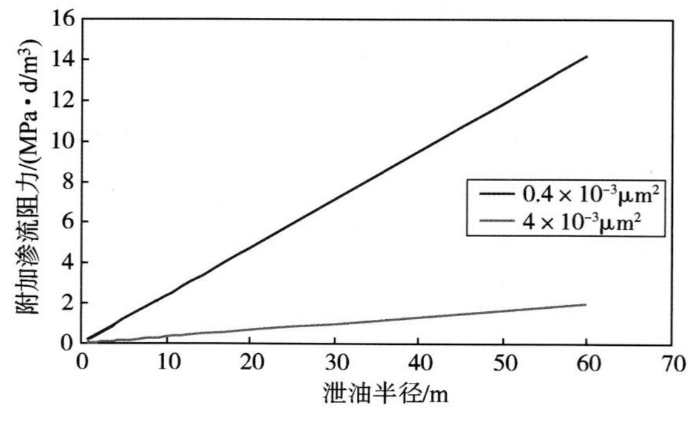

图 3-58　不同渗透率下附加渗流阻力随泄油半径变化

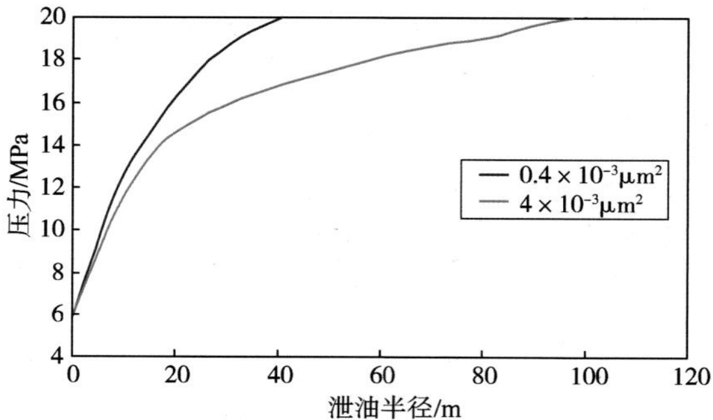

图 3-59　不同渗透率下压力随泄油半径的变化

3. 压裂后储层渗流特征

致密砂岩储层需依靠压裂建产，压裂后的地层渗流模式发生改变，由径向流动转变为双线性流动，即地层中垂直于裂缝的线性流动和沿着裂缝的线性流动(图 3-60)。

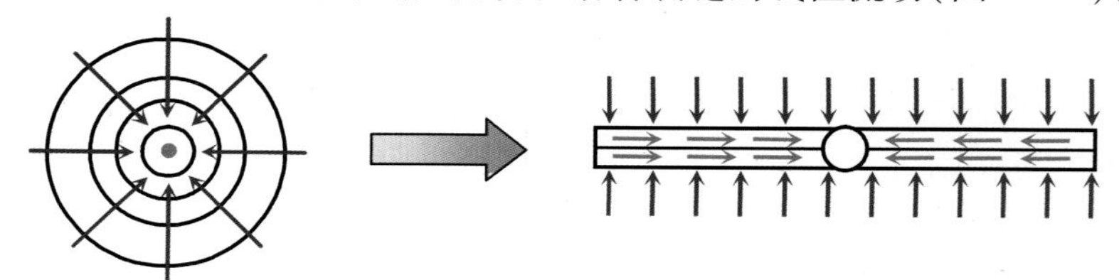

图 3-60　径向流转变成双线性流

在垂直裂缝壁面附近，油珠将选择以流动过程中能量损失较小的流动方式——平面线性流流入裂缝，然后经裂缝流入井底。压裂井流体从储层流入井底过程中的总渗流阻力由式(3-16)计算得到：

$$R=\frac{\mu B}{2Kh}\cdot\frac{1}{\frac{2l_f}{r_e}+\frac{\pi}{\ln\frac{r_e}{r_w}}}+\lambda\cdot\frac{r_e}{Q}\tag{3-16}$$

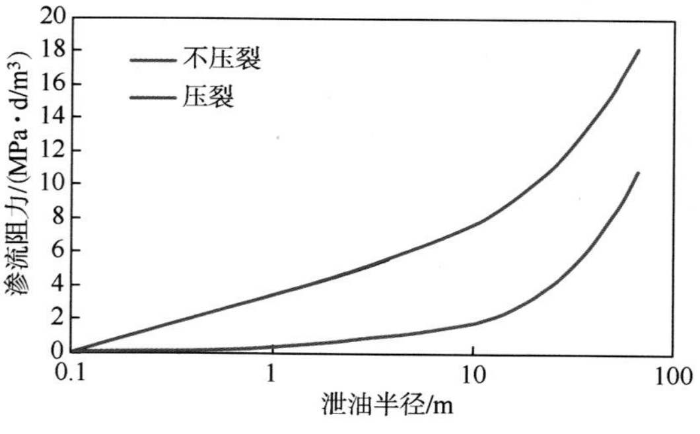

式中　l_f——裂缝半长，m。

由式(3-15)和式(3-16)计算直井不压裂和压裂条件下的渗流阻力随泄油半径的变化(图 3-61)。在近井地带，压裂井以双线性流为主，其渗流阻力明显低于不压裂井，有效改善了近井地带的流动能力，提高了单井产量。

图 3-61　压裂井与不压裂井渗流阻力变化对比

(三) 致密砂岩油藏流动机理

流动机理研究就是通过室内实验和数学

方法等研究手段，分析不同类型储层流体渗流规律及导致其差异性的作用机理（Ferreol B 等，1995；Guodong jin 等，2014），揭示影响致密油开发的主要流动规律的机理性认识。

近年来，针对（渗透率大于 $1\times10^{-3}\mu m^2$）低渗透、特低渗透油藏已经形成了低渗储层非达西渗流规律、基质－裂缝耦合流动理论体系等（朱维耀等，2010），为揭示低渗、特低渗油藏流体流动机理奠定了基础。

针对致密砂岩储层，因微纳米孔隙所占比例高，受原油边界层和应力作用影响，微观渗流规律异常复杂（Gunstensen A K 等，1991；Shan X 等，1993；Swift M R 等，1995），又因存在人工压裂裂缝，原油在孔缝系统中的流动更为复杂，需要在低渗储层渗流理论体系基础上发展非常规致密砂岩储层复杂介质孔缝系统流动新理论体系和机理性认识。

1. 微孔隙渗流机理

致密砂岩储层微孔隙流体渗流阻力大，流动困难，微孔隙流体流动性与流动条件是研究致密油开发动用的关键问题。

受微观渗流实验技术制约，现阶段难以通过实验研究准确描述微孔隙的微观渗流特征及其渗流规律。目前，正探索新的基于数学方法、流体力学、渗流力学和计算机模拟的多学科综合研究方法（陶军等，2007；赵秀才等，2007；姚军等，2010），建立能够描述致密砂岩储层微孔隙渗流理论和数学模型，开展不同孔喉结构特征岩心微观单相流体渗流规律（姚军等，2010）、可动水存在下的油相渗流规律（Inamuro T 等，2000）、气体驱动过程中油－水渗流规律研究，结合微观孔隙与喉道分布特征、流体微观赋存方式、驱替压差等分析对微观渗流规律差异性的作用机理，揭示影响微纳米孔隙微观流体渗流规律的机理认识。

2. 复杂介质孔缝系统流动机理

致密砂岩油藏必须通过压裂建产，油藏开发过程中，存在微孔隙、微裂缝、大断裂和压裂缝等多尺度孔缝复杂介质流动问题，复杂孔缝系统流体的流动性和流动条件是致密油流动机理研究的核心。

由于目前体现微纳米孔隙结构特征的大尺度介质物理模型制作难度大、尚未建立适用的相似准则，难以通过物理模拟实验揭示复杂介质流动规律。揭示大尺度介质下的微孔隙流动机理的方法主要是以致密孔隙储层和基于常规油藏相似准则开展的大尺度物理模拟实验为基础，建立离散大裂缝数学模型，并与微孔隙微观渗流数学模型耦合（Oda M，1986；Settari A 等，1989），建立描述复杂介质流体流动规律的基础理论和数学模型，开展不同类型孔缝系统单相流体渗流规律、可动水存在下的油－水两相渗流规律、气体驱动过程中油－水渗流规律研究，结合孔缝系统类型、微观孔隙与喉道分布特征、流体微观赋存方式、生产压差等分析复杂介质流体流动规律差异性的作用机理，揭示影响复杂介质孔缝系统流动规律的机理认识。

二、油井生产动态特征及产能评价

（一）油井生产动态特征

地质条件决定油井的开采特征。致密砂岩油因储层物性极差、含油饱和度低、天然裂缝发育等地质特点，决定了油藏开发过程中有与常规油藏不同的生产动态特征。

1. 依靠压裂建产，油井产能差异很大

致密砂岩油藏由于储层致密、孔喉半径细小、渗流阻力大，导致油井无自然产能或自然产能极低，油井必须经过压裂改造后才能获得工业油流。

国内鄂南致密砂岩油早期采用直井开采，因产能低，无法实现经济有效开发。目前，依靠水平井多段压裂技术实现有效开发。由于储层物性、含油性及裂缝发育程度的差异，压裂后水平井产能差异大，部分油井可以达到 50～100t/d，但仍有部分井低产、微产。

美国巴肯油田为典型的裂缝性致密油，早期优选“甜点”区，采用直井进行试采，投入开发井少；自 2000 年后，水平井多分段压裂技术试验成功，从此揭开了巴肯油田规模建产的序幕。因不同区块地质条件的差异性，油井产能差异大，高产井日产油达 100～300t/d，但仍有 20% 的井低于 10t/d。

2. 油井无稳产期，低产期长

国内致密砂岩油以孔隙型储层为主，孔隙是致密砂岩油的主要储集空间。因孔隙喉道非常细小、原油渗流阻力大、油层供液能力差，大部分油井投产后即递减，无稳产期，很快进入漫长的低产期。

对于致密砂岩油藏压裂水平井，根据其渗流及生产特征可将生产划分 3 个阶段(图 3－62、图 3－63)：

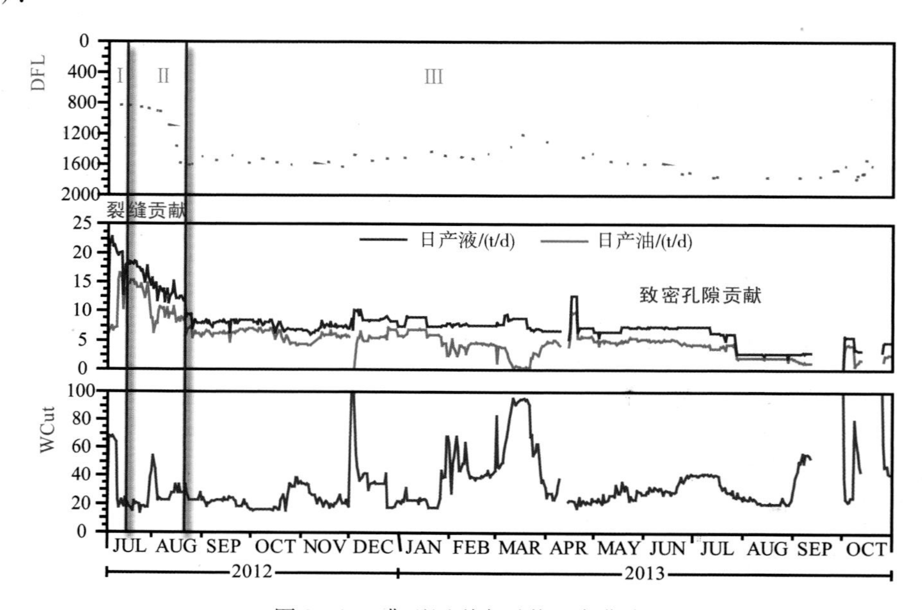

图 3－62 典型压裂水平井生产曲线

Ⅰ—裂缝内线性流动；Ⅱ—双线性流；Ⅲ—基质、裂缝间线性－径向向非达西渗流

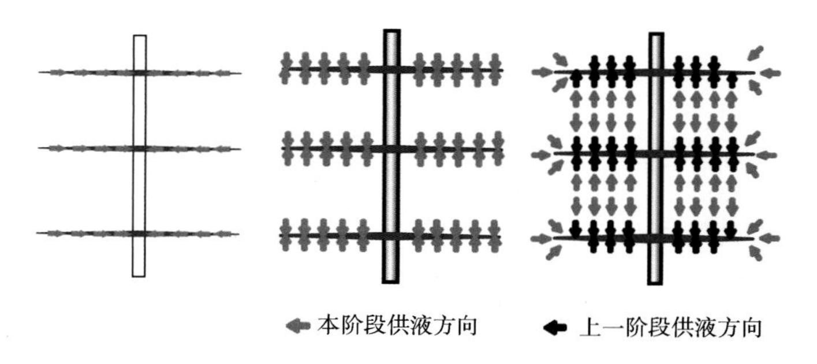

图 3－63 分段压裂水平井流动特征示意图

Ⅰ——裂缝线性流自喷生产阶段：主要在压裂井投产早期，流体在人工压裂缝或天然裂缝内流动，此阶段油井可以自喷，液量高、含水高，但时间非常短。

Ⅱ——双线性流高产阶段：近裂缝油层向裂缝线性流动及裂缝内的线性流动，此阶段油井产量高、产量快速递减。

Ⅲ——致密孔隙径向非达西渗流低产阶段：孔隙储层供油生产阶段，因致密孔隙的渗流阻力大，导致地层压力传导慢，生产上表现为长期低产、稳产的特征。

3. 油井产量递减快，整体符合双曲递减

因储层致密，地层能量消耗大、储层供液能力有限，在衰竭式开发无能量补充情况下，油井生产过程中往往投产即递减，产量递减快。

对比国内外已开发的典型致密油田单井生产曲线，鄂南红河油井较之美国巴肯致密砂岩油油井产量低，但无因次产量递减趋势基本一致，初始递减大，后期变缓。据统计，投产初期油井初始月递减高达15% ~35%、年递减达到40% ~75%(图3-64、图3-65)，递减类型多符合双曲递减规律。

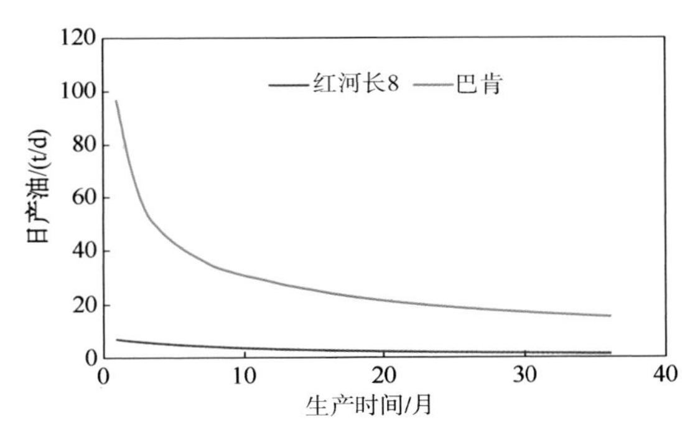

图3-64　典型致密油单井产量曲线对比图

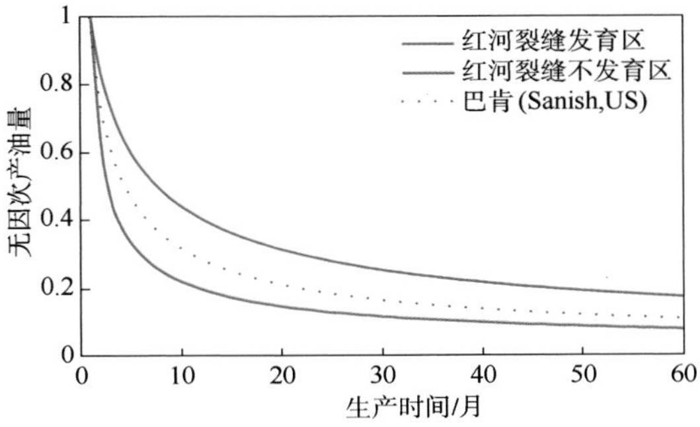

红河裂缝发育区
红河裂缝不发育区
巴肯(Sanish,US)
无因次产油量
生产时间/月

图3-65　典型致密油无因次产量曲线对比图

4. 油井投产即见水，产出水多为地层可动水

因致密储层孔喉半径细小，微孔喉中油-水毛管压力较高，石油烃运移过程中的浮力难以克服毛管力，油水分异作用差，基质孔隙含水饱和度高，油井生产过程中油水同出，产出水氯离子含量反映了地层水特征。

国内外已开发的致密油田，因其地质特征的差异性，油井产水特征略有不同。鄂尔多斯盆地延长组为孔隙型储层，基质孔隙为主要储集空间，含油饱和度低，油井投产即见水，且含水较高，裂缝相对发育区油井含水30%左右，裂缝不发育区高达80%左右(图3-66)。而美国巴肯组为裂缝性储层，裂缝储集空间比例大，含油饱和度高，虽然油井投产即见水，但含水较低，基本稳定在15%左右(图3-67)。

5. 采用衰竭式开发，一次采收率低

我国已投入开发的致密砂岩油藏多为异常低压油藏，地层压力系数仅0.6~0.9，地层能量较弱，加之储层渗流阻力大、能量消耗快，衰竭式开发条件下，一次采收率低，仅3% ~10%。

美国巴肯油田为典型的异常高压油藏，地层压力系数1.2~1.8，天然能量较为充足，但不同区块因地质条件有差异，天然能量开发采收率差异大，为5% ~15%。

致密油开发过程中补充能量建立有效渗流动力系统非常困难，提高采收率面临巨大挑战。

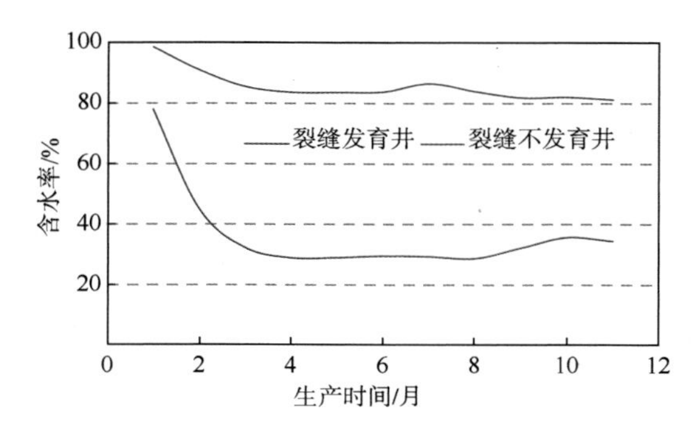

图 3-66　红河油田投产水平井含水率变化曲线

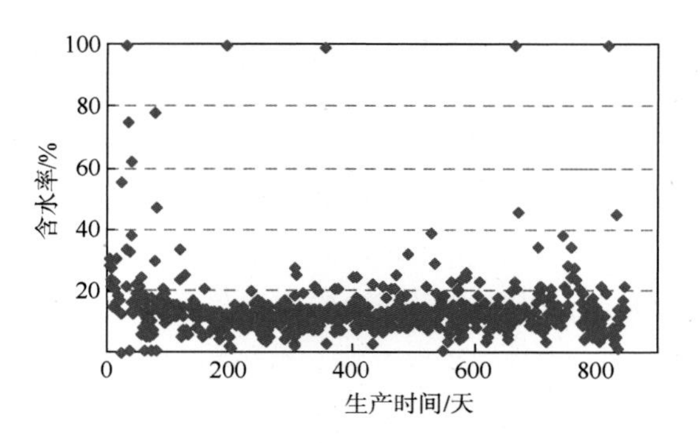

图 3-67　美国巴肯油田 2008 年投产水平井含水率变化曲线

（二）油井产能预测方法

致密油藏天然能量开发主要采用多段压裂水平井开采方式，综合考虑致密储层物性、裂缝发育状况和分段压裂工艺等，本节重点介绍国内外常用的 3 种致密油水平井产能预测方法。

1. 修正的 Joshi 公式（方正福等，2002）

在经典 Joshi 公式基础上，考虑油藏各向异性和启动压力梯度的产能公式：

$$q_{\mathrm{h}} = \frac{2\pi K_{\mathrm{h}} h(p_{\mathrm{e}} - p_{\mathrm{wf}} - G)/(\mu_{\mathrm{o}} B_{\mathrm{o}})}{\ln\left[\frac{a + \sqrt{a^2 - (L/2)^2}}{L/2}\right] + \frac{\beta h}{L}\ln\left(\frac{\beta h}{2r_{\mathrm{w}}}\right)} \tag{3-17}$$

式中　$\beta = \sqrt{K_{\mathrm{h}}/K_{\mathrm{v}}}$，$L > \beta h$，$L/2 < 0.9r_{\mathrm{e}}$；

$a = (L/2)[0.5 + \sqrt{(2r_{\mathrm{e}}/L)^4 + 0.25}]^{0.5}$；

q_{h}——水平井产量，$\mathrm{m^3/d}$；

K——储层渗透率，$10^{-3}\mu\mathrm{m}^2$；

K_{h}——储层水平渗透率，$10^{-3}\mu\mathrm{m}^2$；

K_{v}——储层垂向渗透率，$10^{-3}\mu\mathrm{m}^2$；

h——油层厚度，m；

p_{e}——平均地层压力，MPa；

p_{wf}——井底流压，MPa；

G——启动压力梯度，MPa/m；

μ_{o}——流体黏度，mPa·s；

B_{o}——流体体积系数；

L——油层中水平段长度，m；

r_{w}——井半径，m；

r_{e}——供给边缘半径，m；

β——各向异性系数，$\sqrt{K_{\mathrm{h}}/K_{\mathrm{v}}}$。

2. 修正的郎兆新公式（郎兆新等，1994）

对于压裂水平井，目前通常采用修正的郎兆新公式进行产能评价。

模型假设条件：油藏上下为封闭的无限大非均质地层，水平井位于储层中心；人工压裂裂缝等距离分布并且穿过整个油层厚度；流体先从地层流向裂缝，然后沿裂缝流入水平井筒；每条裂缝底部的压力都等于井底流压。则有：

$$p_e - p_{wf} = \frac{\mu_o B_o}{2\pi K_f h}\sum_{i=-N_o}^{N_o} Q_{fi}\ln\frac{\left(\frac{r_e}{X_f}-\frac{id}{X_f}\right)+\sqrt{1+\left(\frac{r_e}{X_f}-\frac{id}{X_f}\right)^2}}{\left|\frac{jd}{X_f}-\frac{id}{X_f}\right|+\sqrt{1+\left(\frac{jd}{X_f}-\frac{id}{X_f}\right)^2}} + \frac{Q_{fj}\mu_o B_o}{2\pi K_f \omega}\ln\frac{h}{2r_w} \tag{3-18}$$

$$N_o = (N-1)/2 \tag{3-19}$$

式中 N——裂缝条数；

X_f——裂缝半长，m；

ω——裂缝宽度，m；

d——裂缝间距，m；

K_f——裂缝初始渗透率，$10^{-3}\mu m^2$；

Q_{fi}——第 i 条裂缝的产量，t/d；

Q_{fj}——第 j 条裂缝的产量，j 按照裂缝条数 N 的奇偶性从 $-N_o \sim N_o$ 依次取值，t/d。

模型中有 N 个未知数、N 个方程，所以方程组可以封闭求解，可以求出每条裂缝的产油量 Q_{ofi}。因此，压裂水平井产量即为各条裂缝产量之和：

$$Q_o = \sum_{i=-N_o}^{N_o} Q_{ofi} \tag{3-20}$$

3. 典型开采特征曲线法(Hamm B 等，2013)

对于已开发油田，可以根据油井产量变化规律，建立典型开采特征曲线，作为同一油藏或类似油藏产量预测的模板。该方法适用于地质条件相似、开发方式相同的油藏的油井产量预测。

美国巴肯致密油开发时间长，开发井数多，开采规律比较清楚。结合储层地质特征和分段压裂工艺特点，采用归一化方法建立了不同区块、分年度井的产量特征曲线(图 3-68)，作为新井产量预测的依据。

鄂尔多斯盆地红河油田是中国石化已开发油田，采用水平井压裂技术，依靠天然能量实现规模开发；白马油田是中国石油已开发油田，采用定向井压裂技术和超前注水方式进行规模建产。基于两油田大量投产井的生产特征分析，归一化确定了不同开发方式下的典型井产量特征曲线(图 3-69)，作为新井产量预测的依据。

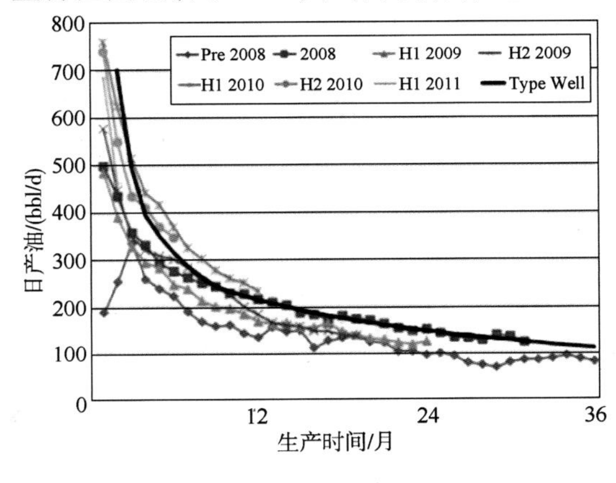

图 3-68 北 Dakota 赛内舍油田投产水平井典型产量特征曲线

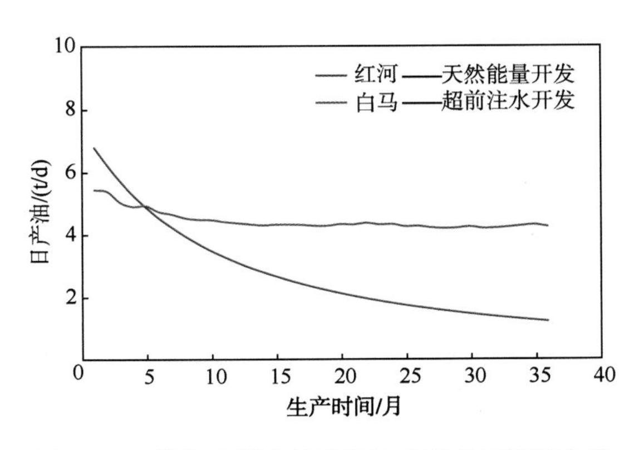

图 3-69 鄂尔多斯盆地致密油典型产量特征曲线

4. 水平井产能影响因素

影响水平井产能的因素很多，主要包括地质因素和工程因素。

地质条件是内因，是影响油井产能的决定性因素，主要包括储层物性和储层厚度及流体性质。水平井产能与储层渗透性和厚度呈正比关系，与流体黏度呈反比关系。

工程因素是影响水平井产能的关键因素，主要包括水平井长度、油层钻遇率、裂缝条数、裂缝半长和缝宽及裂缝渗透率等。根据产能预测公式，水平井水平段越长、钻遇油层厚度越大、压裂缝条数越多、裂缝长度和缝宽越大、裂缝渗透率越高，则水平井产能越高，其中裂缝参数对水平井产能的影响程度如图3－70和图3－71所示。但是并非水平段长度越长和压裂缝规模越大，油井开发效益越好，进行水平井优化设计时需根据致密储层特定地质条件和地面条件，进行油井产能、钻井与压裂成本、作业风险等方面综合评价，优化合理的水平段长度和压裂设计，以获得较好的开发效果和经济效益。

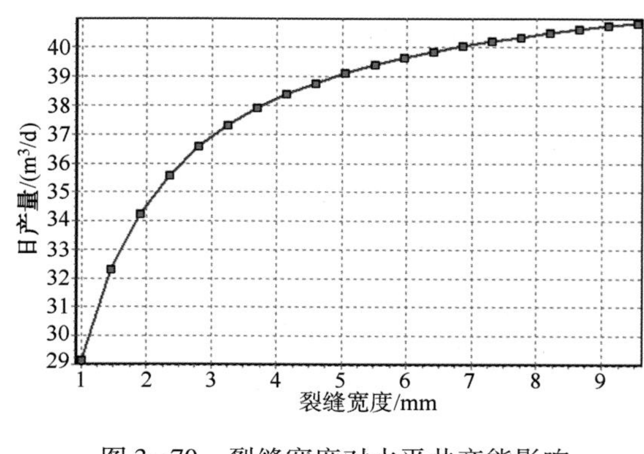

图3－70　裂缝宽度对水平井产能影响

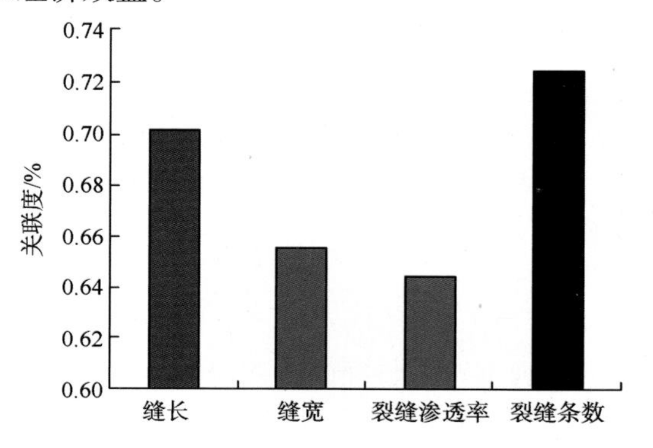

图3－71　裂缝参数对水平井产能影响程度

三、致密砂岩油藏数值模拟技术

数字岩心数值模拟技术(Hazlett R D，1997)已成为研究非均质条件下渗流机理的重要手段，随着高精度微纳米CT(Dunsmuir J H等，1991)、聚焦离子束扫描电子显微镜(Fredrich J T等，1995)等描述微观实验设备精度的提高，通过构建高精度数字岩心，使得揭示微细孔喉中微观渗流机理的研究成为可能。同时，针对微裂缝、人工裂缝、启动压力梯度等流动计算问题均取得进展，初步形成了数值模拟软件。

(一) 基于数字岩心的数值模拟技术

致密砂岩储层的孔喉半径多小于1μm，属于微纳米尺度致密孔隙空间，在边界层和应力作用影响下，微观渗流规律异常复杂，目前主要采用数学方法、流体力学、渗流力学和计算机模拟等多学科综合研究方法，构建反映储层微观孔喉特征的数字岩心，基于修正格子Boltzmann方法和流－固耦合方法(Ferreol B等，1995；Shan X等，1993；Swift M R等，1995)，建立能够描述致密砂岩储层微孔隙渗流规律的渗流数学模型，揭示微观渗流机理。

1. 数字岩心构建方法

数字岩心的构建方法主要分为两大类：物理实验方法和数值重建方法。物理实验方法包括系列切片法、聚焦扫描法和CT(Okabe H等，2004)扫描法，即通过高精度仪器直接获取岩心的三维结构数据体，为多孔介质重构提供基础数据。数值重建是指基于物理实验方法得到的岩心二维薄片资料，通过数值计算构建三维数字岩心。目前常见的数值重建方法主要有以下几种：高斯模拟法、过程模拟法、模拟退火法、多点统计法（Okabe H 等，2004）和马尔可夫链蒙特卡洛法（MCMC）。目前，微纳米 CT 受分辨率的限制，只能构建 50nm 以上的数字岩心；FIB－SEM（聚焦离子束扫描电子显微镜）可以构建纳米级的三维数字岩心（Wu K J 等，2006），但是该设备价格昂贵；SEM（扫描电子显微镜）结合数值重构方法（Øren P E 等，2002）可得到高精度的三维数字岩心，是目前较为常用的构建方法，具体做法是通过对碳纤维岩心夹持器内的岩心施加不同应力，然后进行岩心扫描，从而构建不同应力的高精度数字岩心。

2. 修正格子 Boltzmann 方法

格子 Boltzmann 方法（LBM）是一种可以有效模拟复杂流动的数值模拟方法，可以对多孔介质流动、悬浮流、多相流、多组分流等各类复杂流动进行模拟。该方法是一种介于微观分子运动力学方法和基于连续介质假设的宏观方法之间的一种介观模拟方法，基本思想是基于分子运动理论，通过跟踪粒子分布函数的输运然后对分布函数求矩来获得宏观平均特性。LBM 可以用于多种复杂现象的机理研究，具有并行特性、边界条件处理简单、程序易于实现等特点。

LBM 可用于计算多孔介质的绝对渗透率、相渗曲线、毛管压力曲线等物性参数。模拟多相流的格子 Boltzmann 模型可以分为 3 大类：颜色模型、伪势模型、自由能模型。颜色模型本质是根据颜色梯度对流体粒子进行重新分配，实现流体的分离或混合；伪势模型是直接对微观相互作用力进行描述，能够反映多相/多组分流体动力学的物理本质；自由能模型则通过引入一个非理想流体的热力学压力张量，以满足系统总能守恒。LBM 可以在不同应力的数字岩心基础上，构建不同应力下的多孔介质格子模型，并通过修正考虑边界层影响，将边界层和应力作用对致密储层微孔隙渗流的影响体现在微观渗流数学模型中。LBM 多孔介质中多相流数值模拟（ferreol B 等，1995）已在微细孔喉复杂介质流动机理研究中得到了很好的应用。

3. 流－固耦合方法

流－固耦合模拟方法（Oda M，1986；Settari A 等，1989）的优势是可以考虑介质连续应力变化下的流体流动规律。通过将应力场和渗流场耦合来描述形变孔喉介质下的流体渗流规律，其中应力场变化重点描述多孔介质形变特征，渗流场变化描述多孔介质内流体流动规律。孔隙尺度流动与形变耦合数学模型包括流场模型、变形场模型和耦合模型。微观流动数学模型包括连续性方程、状态方程和运动方程 3 个基本组成部分；变形场模型是将有效应力原理带入弹性力学平面问题平衡微分方程，添加储层岩石弹性本构方程，给定边界条件，补充耦合数学模型，然后通过数值模拟方法进行求解，主要采用有限元数值方法进行求解。

（二）双重介质数值模拟技术

致密砂岩油藏虽然以低渗孔隙型储层为主，但在断裂发育带附近，储层类型为裂缝－孔隙型；加之油井全部靠压裂建产，多段压裂后形成的人工裂缝与储层原有的断裂、裂缝构成裂缝网络，成为渗流的主要通道。考虑致密砂岩油藏的这一特殊性，油藏数值模拟选择双重介质模型。

压裂后流体在油层中的流动可分为 3 个部分（朱维耀等，2010），第一部分为人工压裂裂缝内的非达西渗流；第二部分为裂缝控制椭圆范围内的低速非达西非定常渗流；第三部分为远离裂缝的基质内流体流入裂缝控制范围椭圆区域的非达西非定常渗流。

对于压裂数学模型的建立已经由二维进入到三维。二维延伸模型（PKN，KGD 和 Penny 径向模型），其裂缝高度保持不变，只考虑裂缝在长度和宽度的延伸情况。三维模型在裂缝延伸过程中，裂缝高度可变。三维模型包括拟三维和全三维，拟三维模型可解决应力应变问题，它包括拟三维裂缝几何模型、压裂液滤失模型、流变模型、温度场模型、支撑剂输送模型、产量和经济模型等，计算速度远远快于全三维模型。全三维模型则可以解决弹性应力应变问题，精度较之拟三维高，一般用于复杂井的压裂设计。除了考虑拟三维模型中的因素外，还模拟复杂地应力状况、不同岩性和物性及在各层条件下形成的多条裂缝等情况。

在裂缝建模的同时，将基质与裂缝看作两个相对的渗流系统，二者之间通过基质与裂缝间的渗流量和压力相等的原则确定联立条件，建立体现微孔隙渗流规律的、具人工压裂裂缝三维两相数值模拟模型。

目前，描述大级差介质背景下的微纳米孔隙流动规律异常复杂，能够表征致密砂岩油藏特殊渗流特征的数值模拟还面临以下技术难题：① 尚未建立描述微纳米尺度介质微观渗流的宏观渗流数学模型；② 裂缝刻画难度大，基质与裂缝渗流界面过渡区域耦合问题存在偏差；③ 传统采用网格加密的裂缝处理方式计算量大，求解速度较慢。目前针对致密储层特殊性的数值模拟技术研究还处于攻关起步阶段。

四、致密砂岩油田开发技术政策

（一）开发方式

开发方式就是油藏的驱动方式，它直接影响油田的开发效果。油田常用的开发方式包括天然能量开发和人工补充能量方式开发。合理开发方式的确定通常根据油藏的地质特征、能量状况以及人工补充能量的可能性等，考虑油田预期达到的开发效果和技术经济效益来优化确定。

国内，致密砂岩油藏多为常压和低压油藏，目前已投入规模开发的鄂尔多斯盆地致密油主要采用天然能量和超前注水（冉新权，2011）两种开发方式。但两种开发方式都有其局限性，并暴露出各自的问题。天然能量开采方式下，因储层致密、孔喉细小、渗流阻力大，储量动用难度大；加之，天然能量不足，单井产量低、产量递减快，一次采收率低（仅 3% ~ 10%）。人工注水开采方式下，因受裂缝（天然和人工裂缝）影响，沿裂缝方向油井过早见水、水窜甚至水淹，而侧向油井却见效慢或不见效，无法建立致密孔隙储层有效驱替系统，注水难以有效替换基质孔隙中的原油，导致能量补充难、注水开发效果差。目前，结合国内致密油地质特征，以提高储层的渗流能力、有效补充地层能量（冉新权，2011）为目标，提出水平井规模重复“压采”一体化开发技术。该技术包括“一次压采”和“重复压采”。一次压采即采用长水平段、多段簇、高排量、大液量的压裂方式改善渗流条件，提高单井产量及累积采油量，实现“一次采油”。而重复压采即在同一平台井组，多井同时或异时采用大规模重复压裂及转向技术，进一步延拓原有裂缝，形成新缝网系统，完善注采关系、有效补充地层能量、提高储量动用率、挖潜剩余油富集区，完成“二次采油”。该技术正处于研究试验阶段，国内致密砂岩油藏合理有效开发方式仍处于探索阶段。

国外已开发致密砂岩油藏多为异常高压油藏，天然能量充足，具备天然能量开采的油藏条件，但因不同区块地质条件的差异性，一次采收率差异大（5% ~15%），同样面临着后期补充能量提高采收率的问题。巴肯组致密油开发曾先后开展了井组的注水、注气提高采收率先导试验评价，初步认为，注水开发采收率可以提高7% ~10%；注 CO_2开发条件下，采收率可以提高15%。不论是注水还是注气开发提高采收率技术，都处于室内研究和现场试验阶段。

（二）井型、井网和井距

井型、井网及井距直接影响油田采收率和经济效益，优化确定合理的井型、井网井距是实现致密砂岩油有效开发的关键。油田开发采用的开发方式不同，井型、井网及井距优化筛选的原则不同。

1. 井型

目前，国内致密砂岩油开发采用的主导井型为直井和水平井。

致密砂岩油因有效储层较薄、储层物性差且压裂规模有限等，天然能量开发条件下，直井产量低，开发效益差；但注水开发条件下，直井又因其开发投资低、井别调整灵活，成为致密油注水开发的主导井型。

水平井因具有提高储量控制程度、降低生产压差、提高单井产能、改善开发效果、提高开发效益等优势（王元基，2010；常铁龙等，2011），是致密油天然能量开发条件下的主导井型。美国正是通过采用水平井多段压裂技术，实现了致密油的规模开发。但水平井开发投资大，加之水平井一旦见水，找堵水难度大。因此，注水开发油田，一般都慎重选择水平井。

2. 井网井距

井网井距是油田开发长期讨论的热点问题。对于常规油藏来说，它是影响油田开发效果的重大技术问题；对于致密砂岩油这类边际油藏来说，则是决定其开发有效性、成败攸关的关键问题。

致密砂岩油在合理井网井距研究过程中，面临着一个突出的矛盾问题，一方面，因储层致密，存在启动压力梯度，渗流阻力大，油井的压力传播范围局限，注水开发时也难建立有效的注采压差，需要小井距开发，而这样会导致钻井数多、开发投资大；另一方面，国内致密油普遍储量丰度偏低，在小井距开发情况下，单井控制储量偏小，且因开发投资大无法实现有效开发。这个矛盾是致密油开发必须要面对和解决的问题。

确定合理井网井距是决定致密油藏开发效果、实现有效开发的关键。合理井网井距的确定必须以经济效益为中心，同时考虑开发方式的不同，以合理动用地下储量、利用油藏能量达到较好的开发效果为目标，进行优化设计。

1）天然能量开发

天然能量开发条件下，水平井分段压裂技术是致密油藏实现有效开发的重要技术。由于不同油藏储层特征的差异，如沉积微相、储层展布、渗透率分布特点、裂缝分布规律差异等，以及压裂缝的形成特点不同，水平井井网模式及井距有差异。目前主要采用排状或交错排状水平井井网形式。

在实际部署井网时应遵循以下原则：① 单井控制地质储量大于极限控制储量；② 井网设计需充分考虑储层展布形态，适合不同沉积微相和非均质特征；③ 考虑天然裂缝方向，以尽可能垂直于最大主应力方向为原则；④ 考虑人工压裂缝特征（方向和裂缝半长），尽量避免井间压窜现象的发生。

常用的开发井距确定方法主要包括极限控制储量法、方案优化法和经验公式法。

（1）极限控制储量法。根据单井极限控制储量法确定的是经济极限井距。与致密气的经济极限单井极限控制储量计算方法一样，即在一定的开发技术和财税体制下，新钻开发井经济开采期内能获得基准收益率时所要求的最低累积采油量与采收率的比值。当新钻井控制储量大于这一值时，则认为经济上是可行的。

油井从开始生产到达到关井产量界限时的累积产量为经济可采储量，用公式表示：

$$N_o = \sum Q_t \tag{3-21}$$

式中 N_o——单井可采储量界限，10^4t；

Q_t——年产油量，10^4t。

根据单井经济可采储量界限及预测采收率，可计算单井控制地质储量界限值。

$$N_c = N_o / E_{or} \tag{3-22}$$

式中 N_c——控制地质储量界限，10^4t；

E_{or}——采收率，小数。

根据单井控制地质储量界限和储量丰度，可计算水平井的经济极限井距为：

$$D_{HW} = \frac{1000000 N_c}{(L + 2r_L) \cdot \Omega} \tag{3-23}$$

式中 D_{HW}——水平井经济极限井距，m；

L——水平段长度，m；

r_L——致密储层的泄油半径，m；

Ω——储量丰度，10^4t/km^2。

(2)极限动用半径法。致密砂岩油藏储层渗透率低，存在较高的启动压力梯度，储量的极限动用半径较常规油藏小，在不考虑压裂的情况下，可采用以下经验公式法来初步确定基质的极限动用半径，进而考虑合理压裂规模条件下的造缝效果，确定压裂井的开发井距。

胜利油田地质院基于低渗、特低渗油藏开发经验，推导了单相流极限半径及易流半径公式(宁正福等，2002)，为低渗-特低渗油藏开发井距优化奠定了基础。公式为：

$$r_L = 3.226 \times (P_e - P_w) \times (K/\mu)^{0.5992} \tag{3-24}$$

式中 r_L——极限动用半径，m；

K——储层平均渗透率，$10^{-3}\mu m^2$；

μ——地层原油黏度，mPa·s。

考虑配套压裂工艺实施后的造缝效果，假设形成的裂缝半长为 X_f，则开发井距为：

$$D_{HW} = 2X_f + 2r_L \tag{3-25}$$

致密砂岩油藏在不考虑其渗流特征特殊性的情况下，可借鉴低渗-特低渗油藏开发井距优化方法，确定其开发井距。

(3)方案优化法。此方法是油田开发方案编制时进行合理井距优化最常采用的方法。具体做法是：在研究区选择有代表性的局部区域，设计不同井网形式的开发方案，开展数值模拟研究，预测不同井距方案的开发指标，然后采用现金流法评价计算各方案的净现值 *NPV*，得出净现值与不同井距方案的关系曲线，选择净现值最大方案的井距即为合理井距。

2）注水开发井网形式

注水开发时，需根据砂体分布的形态和尺度、储量丰度大小、储层非均质性、裂缝分布规律差异以及压裂缝特征和水驱控制程度等要求，选择合理的井网形式。具体需考虑的基本原则：① 要适应油层的分布特征，开发井网控制的单井控制储量大于极限控制储量，且水驱储量控制程度要达到80%以上，水驱动用程度达到70%以上。② 面积井网布井方式要考虑井网系统调整的灵活性和多套井网的衔接配合问题。对于裂缝型油藏，注采井排的分布要与最大水平主应力方位保持合理的匹配关系，沿储集层裂缝方向注水井排的井距要大于非裂缝方向的注采井距。注采井排距一定满足能够建立有效驱动压差的要求。③ 满足油田合理采油速度、稳产年限、采收率及经济效益等各项指标的要求。

我国已发现的致密砂岩油藏多数为异常低压油藏，在注水开发实践过程中，井网形式经历了一个逐步成熟的演化过程，但多采用面积注水方式进行开发。针对储层特点，围绕着井网与裂缝匹配关系，井网演化经历的过程为：① 正方形反九点井网，井排方向与裂缝方向呈22.5°夹角。这种井网的目的是减慢裂缝线上油井见水时间、延缓水淹，但由于天然裂缝与人工裂缝的共同作用，注入水沿裂缝方向窜进，与水井相邻的角井或边井都有可能形成水线，调整难度大。② 正方形反九点井网，井排方向与裂缝方向平行。该井网由于主侧向井排距相同，主向油井见效见水快，侧向油井见水程度低，储量动用程度低。③ 正方形反九点井网，井排方向与裂缝方向呈45°夹角。这种井网加大了裂缝主向油井与水井的距离，延缓了裂缝主向油井见水时间，但侧向油井由于排距较大，见效较慢，且侧向排距为井距之半，限制了增大井距或缩小排距的调整空间。④ 菱形反九点井网，菱形长对角线与裂缝方向平行。此井网增大了裂缝方向的井距，既有利于提高压裂规模、增加人工裂缝长度、提高单井产量及延长稳产期，又减缓了角井水淹速度，同时缩小了排距，提高了侧向油井的见效时间和程度。当裂缝线上油井含水上升到一定程度时，对其实施转注，形成排状注水。⑤矩形或交错排状注水井网。交错排状井网是矩形井网的一种形式。对于裂缝发育且最大主应力方位清楚的井区，可以采用此井网形式。这种井网，井排方向与裂缝方向平行，可以加大压裂规模、提高注水强度，形成线状注水，可以最大限度地提高基质孔隙的波及体积，改善裂缝侧向水驱效果，提高单井产量；同时，此种井网可以灵活调整井排距，解决沿裂缝方向水窜过快、侧向受效慢的问题。

目前，鄂尔多斯盆地致密油藏开发注水井网（冉新权，2011）按照裂缝不发育、裂缝较发育和裂缝发育3种情况，分别采用正方形反九点井网（井排与裂缝方向呈45°夹角）、菱形反九点井网、矩形或交错排状注水3种开发井网形式（图3-72、图3-73、图3-74），使注采井网、驱替压力系统和裂缝系统相匹配，实现压、注、采一体化。

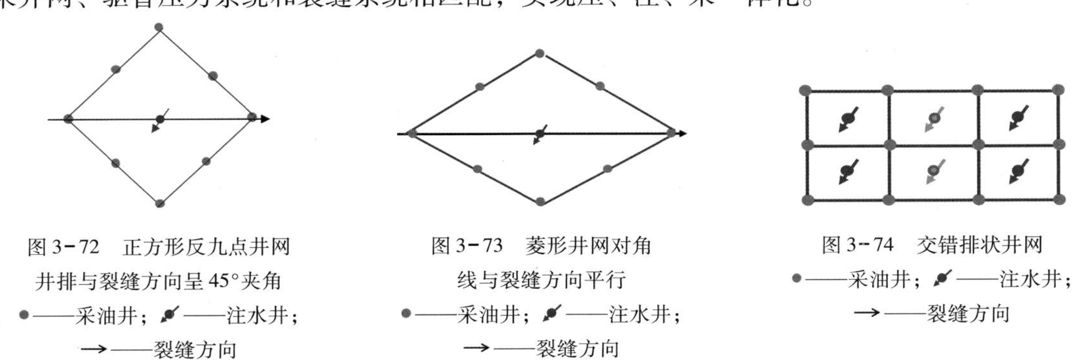

图3-72　正方形反九点井网井排与裂缝方向呈45°夹角
●——采油井；↙——注水井；
→——裂缝方向

图3-73　菱形井网对角线与裂缝方向平行
●——采油井；↙——注水井；
→——裂缝方向

图3-74　交错排状井网
●——采油井；↙——注水井；
→——裂缝方向

3. 注水开发合理井排距

合理的井网排距必须有助于建立有效注采压差，取得较好的注水效果。致密砂岩油藏的井排距大小与基质岩块的渗透率和裂缝密度有关。尤其对于裂缝较为发育的储层，解决侧向驱油问题是关键，合理排距的确定必须以建立有效驱替压差为前提。

借鉴低渗-特低渗油藏开发经验(冉新权，2011)，致密油注水开发条件下的合理井排距可以通过理论计算、常用油藏工程方法以及数值模拟结合经济评价等确定。因致密油的渗流理论有别于常规油藏，理论计算和常规油藏工程方法有一定的局限，目前主要通过数值模拟结合经济评价即方案优化法来确定。

（三）油田产量模式

油田产量模式是基于油田储量规模大小及品质、预期要达到的油田开发效果和油田开发管理策略综合确定的，它直接影响了油田整体的开发效益，是油田产能建设与开发管理的核心与基础，因此，开展油田合理产量模式优化是油田开发的重要工作之一。

根据不同类型油田开发经验，油田开发模式可分为以下3类(图3-75)：

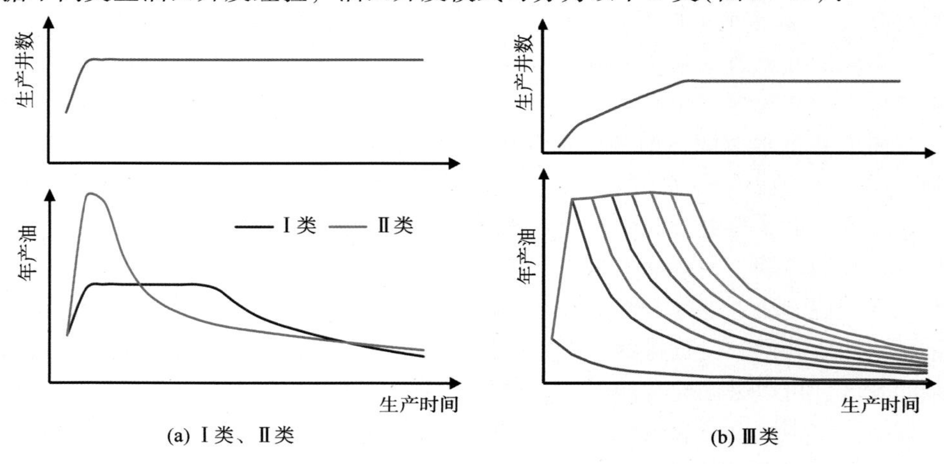

图3-75　油田产量模式示意图

Ⅰ类：油田开发方案整体实施和投产，油井以较低的产量投产，低速开采，以保持油田长期稳产。此模式是油田开发中较为保守的一种开发模式，对于整装、认识程度较高的油藏可以进行整体实施和投产。在此模式下，油田可实现长期稳定供油，但投资回收期长。

Ⅱ类：油田开发方案整体设计、实施和投产，油井则尽可能地发挥其产能，高速开发，油田在快速上产后持续递减。此模式是目前国外油公司在地质条件相对较好的致密油区块和现阶段技术经济条件下较为常用的开发模式。投资回收期短，早期开发效益显著，但是整体开发投资大，对于独立开发的油田来说，会造成地面集输设施的极大浪费。通常对于边底水不活跃、且无需考虑地面集输及配套建设的油田来说，可以采用此模式，以获得较好的开发效益。

Ⅲ类：油田开发方案整体设计，但有节奏地分批实施，依靠井间或块间不断接替，保持油田长期稳产。对于实施滚动勘探开发一体化或油田地质条件复杂、认识程度低、开发风险大、单井产量递减快的油田来说，通常采用此模式进行开发。

国外很多大型油田多采用租赁式或其他合作开发模式由多家公司开发，“效益”是油田开发的核心推动力。各公司以盈利为目标评估合理的开发程序和开发规模，油田虽然采用分区块、分阶段的开发建设，但油田产量模式有别于以上3类。无论采用何种模式开发，国外以“经济效益”核心的开发理念是国内边际油田开发需要加强和重视的。

对于石油公司和企业发展而言，产量稳定或快速增长是企业发展的重要指标。面对有限的资源，仅依靠增加井数来提高产量规模，生产成本会大幅增加，企业效益就会变差。实际油田开发管理过程中，国内外石油公司往往基于不同合同模式及面临客观情况不同，选择不同油田开发模式。

致密砂岩油藏为边际油藏，地质条件复杂，油井产能普遍较低且投产即递减，油田多采用模式Ⅲ——通过新井、块间接替进行产能建设。但是接替的节奏、油田最大设计规模等直接决定了油田可否实现经济有效开发，因此，致密油的合理产量模式优化是油田开发方案设计的重点内容之一。油田开发方案编制过程中，必须在一体化开发设计基础上，优化合理产量模式，以确保油田获得最佳的开发效果、最大化的开发效益。

五、开采工艺

由于大部分致密砂岩油田油井没有自喷生产能力，因此人工举升采油在致密砂岩油藏开采中占有举足轻重的地位。

致密砂岩油田油井人工举升采油方式与常规油井基本类似，但由于致密砂岩油井的产量相对较低，埋藏较深，目前国内外主要的人工举升方式为抽油机采油工艺。

由于这种采油方式发展时间最长，技术比较成熟、工艺比较配套、设备装置比较耐用、故障率低，其抽深和排量又能覆盖大多数油井，目前这种采油方式在致密砂岩油田生产中占主导地位。

（一）工作原理

抽油机采油系统分为4个部分：电动机、抽油机、抽油杆和抽油泵。图3-76为抽油机采油系统的结构示意图(崔振华，1992)。工作时，电动机高速旋转运动，经过皮带传给减速箱，减速箱减速后带动曲柄作低速旋转运动。曲柄经过四连杆使游梁按照上下方向摆动起来，将旋转运动变为抽油杆的上下往复运动，抽油杆带着抽油泵柱塞作周期往复运动，完成整个抽油过程。

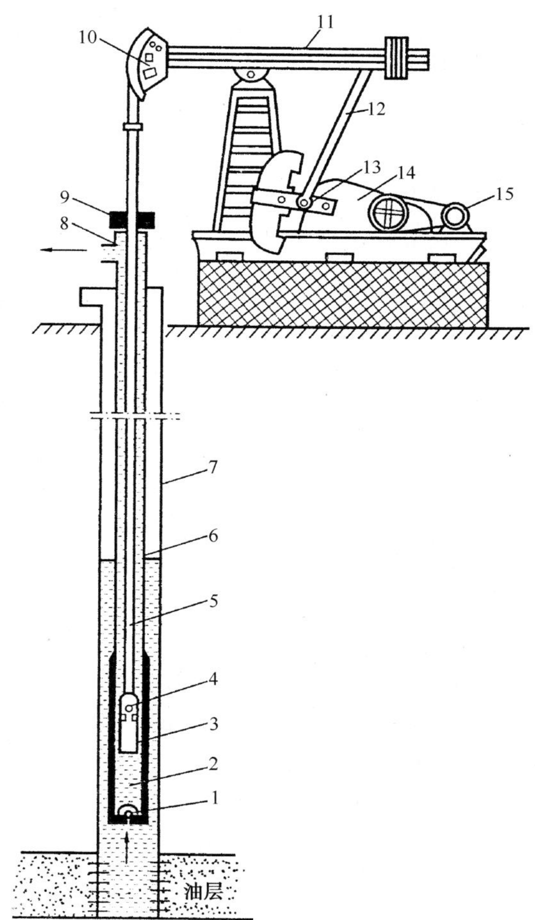

图3-76 抽油机采油系统结构示意图

1—固定阀；2—泵筒；3—柱塞；4—游动阀；5—抽油杆；6—油管；7—套管；8—三通；9—盘根盒；10—驴头；11—游梁；12—连杆；13—曲柄；14—减速箱；15—电动机

（二）抽油机采油系统优化设计

抽油机采油生产系统由油层、井筒和抽油设备组成。油层的工作特性可由油层压力和油井流入动态来描述，井筒油管提供油流通道，抽油设备用来举升流体(陈宪侃等，2004)。只有正确合理地选择抽油设备机-杆-泵和抽汲参数，才能保证该系统与油层生产能力相适应，既获得较高的产量，又使设备在高效率下安全工作。

1. 优化设计内容

（1）通过优化设计，确定合理的生产参数和采油设备配置（如抽油机、泵型、泵径、冲程、冲次、下泵深度、抽油杆柱组合、扶正器安装位置、加重杆长度、规格等），预测相应抽汲参数下的工况指标（如载荷、应力、扭矩、功率、效率、产量、泵效及其组成分析等）。

（2）需要的基础数据。油层特性参数［如油层平均压力、采液（油）指数、油层深度、温度等］；流体物性参数（如油气水的密度、黏度、饱和压力等）；油井基础数据（如井身轨迹、井筒规格、留井鱼顶深度等）；油井生产数据（如产量、含水、生产气油比、动液面、油压、套压等）；生产设备特性参数（如电机、抽油机、抽油杆、抽油泵、扶正器、加重杆等）；测试资料（如液面、功图、电机的输入电流、电压、功率因数等）。

2. 优化设计方法

虽然油层、井筒和抽油设备在油井生产过程中具有不同的功能和各自的工作规律。但是，它们又处于同一个大的系统中，从而构成了相互联系、相互制约的有机整体。因此，抽油生产系统的优化设计必须以整个油井生产系统为研究对象，以各子系统之间的协调为基础，以油层生产能力为依据，采用系统分析的方法，进行抽油井的优化设计；同时，正确地设计抽汲参数，充分发挥油层和抽油设备的潜力，也是抽油井科学管理的一项重要指标（罗英俊等，2005）。

1）节点系统和抽油协调

节点分析方法已广泛地应用于各种方法的采油生产设计，它们除涉及流体力学（管流）、机械力学、有杆抽油系统问题，还涉及到机－杆－泵系统的运动学和动力学问题，特别是抽油杆柱的动力学问题，只有正确地设置节点和选择求解点，才能作出合理的设计。

节点系统的对象是整个油井生产系统，一般抽油机井生产系统节点的划分如图3－77所示。

油层、井筒和抽油设备的协调和衔接条件：① 油层生产的液量、井筒排出的液量和泵的排量三者相同（质量）；② 流体从油层流入井底时所剩余的压力等于井筒流动的起始压力；从井底到泵吸入口处时所剩余的压力等于泵吸入口处的压力；③ 泵排出口处的压力与井口压力和油管中流体所造成的液柱压力相平衡。

对于一个完整的油气井生产系统，要了解整个生产系统的生产动态，就必须用数学手段来精确地描述这个系统各参数的动态规律。在整个系统中，用来描述各部分参数的公式和相关式是不同的，因而必须将整个生产系统分割成段作节点分析，节点处参数的变化规律既是上部分子系统的下边界条件，又是下部分子系统的上边界条件，因而是上下两个子系统的衔接条件。

2）抽油机井生产系统设计方法

在选定不同抽油机机型的条件下，以泵吸入口处为系统求解点，采用系统分析方法求解油井的最大可能生产速度及相应的抽汲参数，其设计步骤如下：① 根据IPR曲线选定油井最大可能生产速度，计算井底流压及其所对应的动液面；② 选择适当的抽油机、泵型和抽汲参数；③ 根据泵吸入口处的压力或泵的充满程度，确定该井的下泵深度；④ 应用多相管流规律计算井筒中的压力和温度分布及流体物性参数；⑤ 抽油杆柱设计；⑥ 抽油机的平衡、扭拒和功率的计算。

其程序设计如图3－78所示。

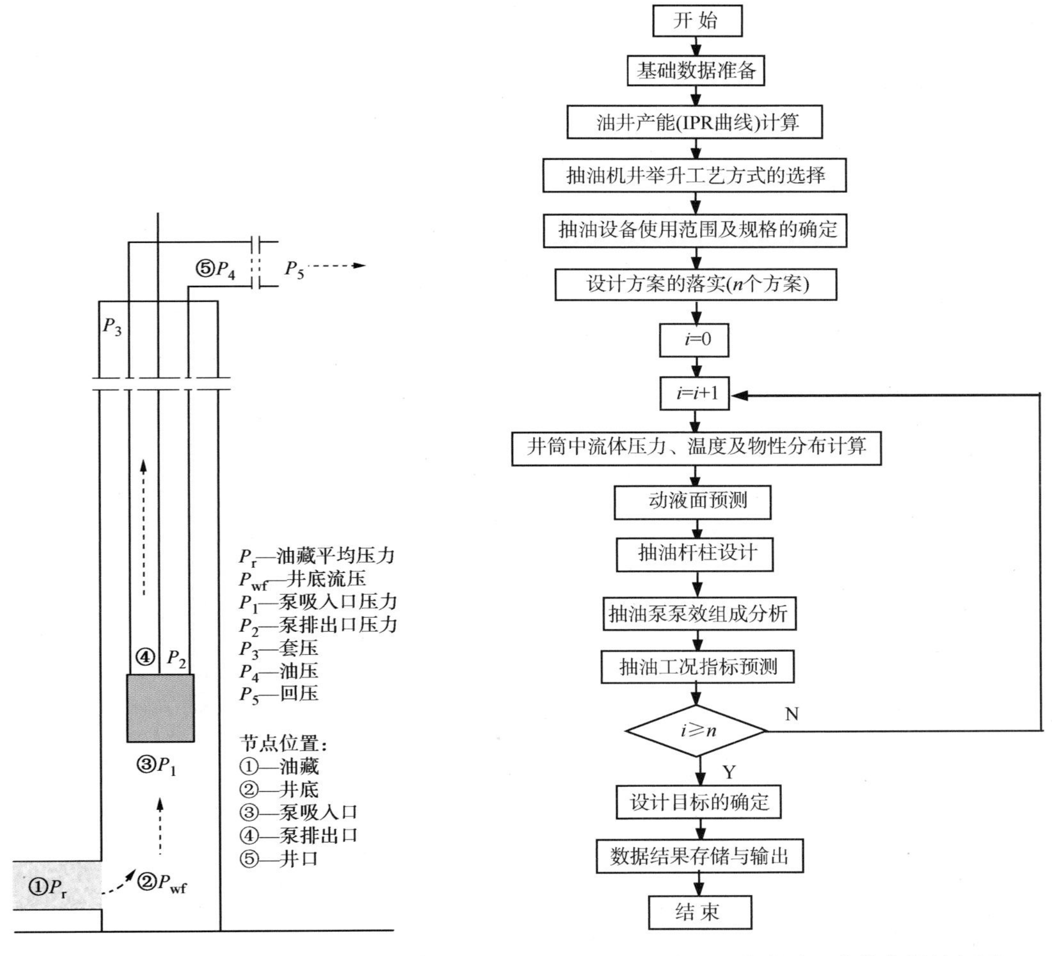

图3-77　抽油机井生产系统节点划分示意图

图3-78　抽油机井举升工艺优化设计框图

（三）小泵深抽技术

小泵深抽技术是指泵径为56mm、下泵深度大于1600m，泵径为44mm、下泵深度大于1900m，泵径为38mm、下泵深度大于2200m或泵径为28mm、下泵深度大于3000m的机抽生产技术（李书应等，2006）。

小泵深抽技术的特点：泵径小、泵挂深。小泵深抽技术采用水力自封双泵筒结构，抽油泵在工作过程中，油管内的液柱静压力可均匀作用于泵筒的内、外壁上，这样可改善泵筒的受力状态，使内泵筒不会因套管压差过大而扩张变形，大幅延长泵筒的寿命，提高泵效，实现深抽井的正常生产。

小泵深抽技术能够增大油井的生产压差，提高致密油藏油井的产液量，达到增油的目的。

六、开发方案编制技术要求

开发方案是油田开发的纲领性文件和依据。开发方案编制时，需根据不同类型油藏的地质开发特征，制定其编制技术要求。

针对致密砂岩油藏特点，参照石油天然气行业标准SY/T 10011—2006《油田总体开发方案》、SY/T 5842—2003《砂岩油田开发方案编制技术要求开发地质油藏工程部分》，制定致密砂岩油藏开发方案的编制技术要求。

（一）开发方案编制原则

致密砂岩油开发方案编制在遵守国家有关油气资源开发政策、法规及满足国家对油气资源开发需要的前提下，需遵守以下3项原则：

(1)效益优先原则。致密砂岩油作为边际油藏，对效益比较敏感，必须以“效益”为前提，基于油田资源状况、地质特征、目前可实施的工程工艺技术等编制最优化、经济可行性油田开发方案，科学指导油田的经济有效合理开发。

(2)先易后难、滚动开发原则。致密砂岩油储层含油性非均质性强，为了实现储量的规模有效动用，建产时应遵循先易后难、边评价边开发的滚动开发原则，以降低开发风险，提高经济效益。

(3)一体化原则。一体化设计是系统优化资源配置、降本增效，实现边际油藏经济有效开发的手段。在开发方案编制时除了开展油藏工程、钻采工程、地面工程和经济评价4个子方案一体化设计外，还需引入“井工厂”工作模式优化设计，并通过集约化工程建设、流水线作业模式优化、规模化实施、一体化管理等，达到降本增效的目的。

（二）开发方案编制内容

参照石油天然气行业标准SY/T 10011—2006、SY/T 5842—2003，致密砂岩油藏开发方案编制的主要内容包括：油田概况、油藏描述、油藏工程、钻完井工程、采油工程、地面工程、HSE、投资估算与经济评价等内容。

针对致密砂岩油地质特征、渗流特征等方面的特殊性，油藏描述和油藏工程设计在原标准的基础上，重点强调以下研究内容。

1. 油藏描述

致密砂岩油藏描述方法及内容与常规碎屑岩油藏有较大差别。主要体现在以下4个方面：构造特征方面，弱化圈闭描述；储层特征方面，加强储层非均质性、裂缝及储层质量差异性分布规律描述；测井评价方面，在常规“四性”评价基础上，加强对岩石脆性、烃源岩特性、地应力和各向异性的评价；增加地应力场及源储配置关系描述。储层敏感性特征、三维地质建模、储量计算及评价等部分内容描述方法与常规碎屑岩油藏一致，这里不再赘述。致密砂岩油藏描述重点内容如下。

1）储层特征描述

（1）储层宏观特征描述。描述致密砂岩储层沉积相、砂体空间展布特征及宏观非均质性特征、分布规律。

（2）储层微观特征描述。描述成岩作用、成岩序列及成岩相，成岩作用对储层物性的影响；依据岩心分析化验资料，描述不同岩性(结构、组分)的孔隙类型、物性、孔隙结构，并对孔隙结构进行分类；描述不同类型孔隙结构的有效孔喉下限，评价储层流体可动用性。

（3）储层质量差异主控因素及储层分类。依据岩心、露头、分析化验及测井资料，描述沉积作用、成岩作用、构造作用等对储层质量的控制作用；根据储层质量差异的主控因素，分析储层质量分布规律。

根据储层特征描述，结合流体渗流差异(如渗流速度差异、产能差异等)，对致密储层进行分类。

2）测井评价

对致密砂岩油藏，重点进行岩性、物性、含油性、电性、脆性、烃源岩特性和地应力各向异性“七性”评价。利用元素俘获谱、电成像等测井资料，识别复杂岩性；利用核磁共振、密度、电成像等测井资料，评价储层物性；利用介电扫描、核磁共振、电阻率等测井资料，识别油气层；利用高精度密度、阵列(或扫描)声波等测井资料，刻画岩石脆性特征；利用自然伽马能谱、核磁共振、密度等测井资料，识别优质烃源岩；利用电成像、阵列(或扫描)声波等测井资料，刻画地应力方位、大小及各向异性。

3）地应力场描述

利用地质、测井、地震资料，通过三维地应力模拟，获得地应力分布特征及最大主应力方向，分析应力集中度(分散度)，描述储层的可压裂性。

4）裂缝特征描述

综合地质描述、测井评价、地应力场模拟预测、地震裂缝预测和裂缝动态分析结果，描述储层裂缝组系、产状、形态(长度、宽度、开度、密度)、开启程度、力学性质、裂缝网络发育特征及裂缝发育主控因素、分布规律。

5）源储配置关系描述

描述烃源岩、隔夹层与储层间的空间配置关系，确定烃源岩、隔夹层和储层接触类型。

6）有利目标区描述

综合储层物性、厚度、裂缝发育程度、流体性质、源储配置关系及产能特征，总结油气富集高产主控因素及油气富集规律；结合脆性指数、经济技术评价结果，确定有利目标区。

2. 油藏工程设计

1）开发原则

根据油田资源状况及开发规划，针对致密砂岩油开发所采用的工程工艺技术手段，制定油田的开发原则与技术措施。

2）层系划分

根据致密砂岩油储层特征、储量丰度、开采工艺技术条件和经济效益等因素，确定是否需要分层系开发。国内致密砂岩油储量丰度偏低，加之有效动用范围局限，因此，开发层系划分时必须保证一套独立的开发层系具备一定的地质储量，满足经济开发的极限控制要求。

3）开发方式

根据致密砂岩油藏的储层特征、能量状况以及注水补充能量的可能性等，重点考虑技术经济效益，论证天然能量开发、注水开发的经济可行性，确定油田的开发方式。

4）井型、井网井距

根据砂体展布形态和尺度、储量丰度大小、储层物性及裂缝发育状况以及所采用的开发方式不同，考虑预期达到的压裂效果，采用数值模拟及经济评价手段，进行井型、井网、井距优化。

5）采油速度

致密砂岩油藏合理采油速度应在现有工艺技术条件下，以尽量避免应力敏感对储层的伤害为前提，考虑充分发挥油井的采油能力，满足有效开发的经济初产界限为约束进行合理生产压差和采油速度的优化。对于注水开发的油田，还需考虑注采井网、注采参数合理性，以充分发挥注水井的注水能力、提高水驱油波及效果、提高油田开发效益为目标进行优化。

6）注采参数优化

（1）注水时机：考虑致密油天然能量大小、储量规模、开采特点以及预期想达到的采收率和投资收益等，确定油田的注水时机。

（2）注水方式：根据相似油田的开发经验与本油田的地质特征，以达到多向受效的注采关系和较好的投资效益为目标，确定合适的注水方式。

（3）注水强度：根据致密砂岩储层的地质特征、生产能力、注入压差、启动压力、吸水能力、压裂后的水线推进情况等，确定合理注水强度。

（4）注采比及压力保持水平：基于采油井的生产能力、注水井的合理注入压力、预期开发效果及投资收益，优化注采比及地层压力保持水平。

7）开发方案优化

在油藏地质建模基础上，考虑致密油的特殊渗流特征和油井压裂效果等，建立油藏数值模型，进行油藏开发方案设计及开发指标预测，并通过方案经济评价推荐最优方案，为钻完井、采油和地面工程方案编制提供依据。

第六节　致密砂岩油气藏勘探开发实例

一、艾伯塔盆地致密砂岩油气藏

（一）勘探历程

西加盆地位于美洲大陆北部、加拿大西部落基山以东，是目前全球已知的石油资源最丰富的沉积盆地之一。该盆地由两个次级盆地组成，即西部的艾伯塔盆地及东南部的威利斯顿盆地（图3-79）。艾伯塔盆地面积$60\times10^4km^2$，油气资源丰富，油气产量占加拿大总油气产量的90%以上（湛卓恒等，2013）。

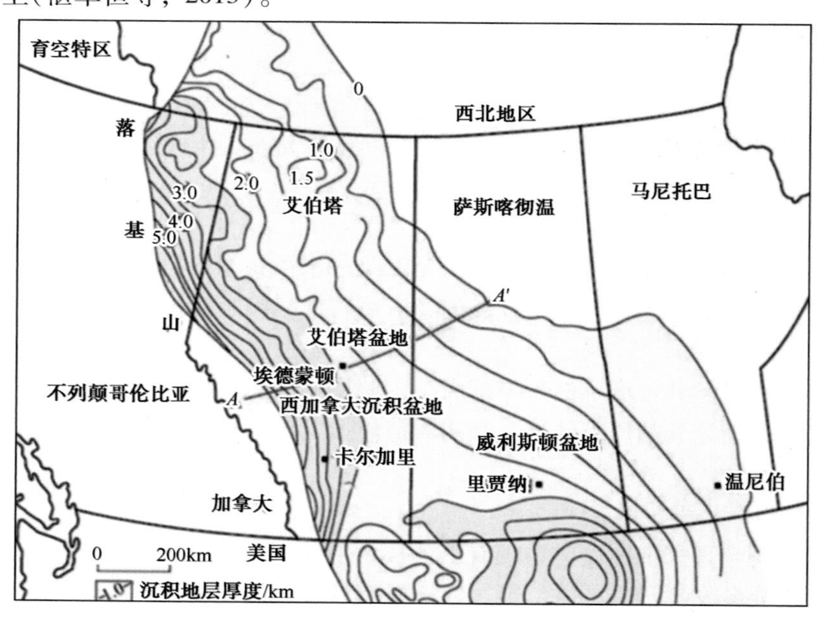

图3-79　艾伯塔盆地位置图（湛卓恒等，2013）

深盆气的概念最初由 Pendergast 和 Ward 于 20 世纪 70 年代早期在研究艾伯塔盆地上白垩统 Cardium 组生油潜力时提出，后来加拿大的 Hunter 公司在盆地的中西部发现超巨型 Elmworth – Wapiti 气田，使得这一名词得到推广（Brian A 等，2006）。

艾伯塔盆地深盆气属于致密气范畴，其勘探历程以 Elmworth 气田的发现为标志，大致划分为两个阶段。1976 年之前，在艾伯塔盆地西部的深盆区曾有近百口井钻遇了深盆气藏的致密砂岩储层，但一直没有发现产出商业性气流的砂岩。后经 Hunter 等公司技术人员仔细的岩石学分析和系统的测试资料对比，发现了大量可采气层。在采取压裂措施后，有些储层敞喷天然气竟可高达 $17\times10^4m^3/d$，最终导致 1976 年特大深盆气田 Elmworth 气田的发现。艾伯塔盆地深盆气最初的勘探范围是 $67000km^2$，勘探目的层是下白垩统 Mannville 群含砾滨海相沉积，勘探目标是分布在厚层致密砂岩、粉砂岩、含有机质页岩和煤层沉积序列中的孔隙度小于 12%、渗透率为 $(1\sim1000)\times10^{-3}\mu m^2$ 品质较好的层段。经过 30 年的勘探，勘探面积已经向北、向南扩大，平行于逆冲带分布，勘探目的层也从下白垩统扩大到泥盆系、石炭系-二叠系、三叠系、侏罗系以及整个白垩系，估算总资源量 500～1500Tcf（Leckie D A 等，1992）。

2005 年，在当时高油价的刺激下以及水平井和水力压裂技术成功实现商业化应用的推动下，作业者又开始涉足之前认为没有经济效益的致密油生产。截至 2011 年，致密油的勘探涉及 Bakken/Exshaw、Cardium 和 Viking 3 个区带，其中，在 Cardium 油区已累计探明致密油储量 1.3×10^8bbl，致密油产量约 $4\times10^4bbl/d$；公布 Viking 区带致密油资源量为 5800×10^4bbl，产量约 $24\times10^4bbl/d$。

（二）基本地质特征

1. 构造演化及沉积特征

艾伯塔盆地为前寒武-三叠纪稳定克拉通基础上发育起来的中生代前陆盆地（Leckie D A 等，1992）。盆地演化包括两个阶段：第一阶段为古生代到早中侏罗世的被动大陆边缘楔状沉积；第二阶段为晚侏罗世到古新世前陆盆地沉积（图 3-80）。

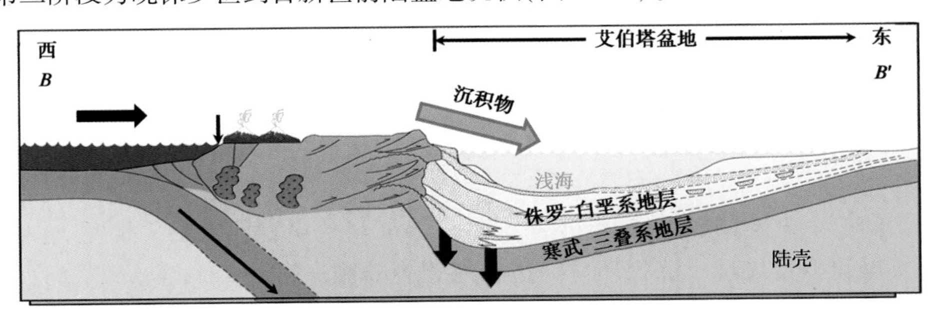

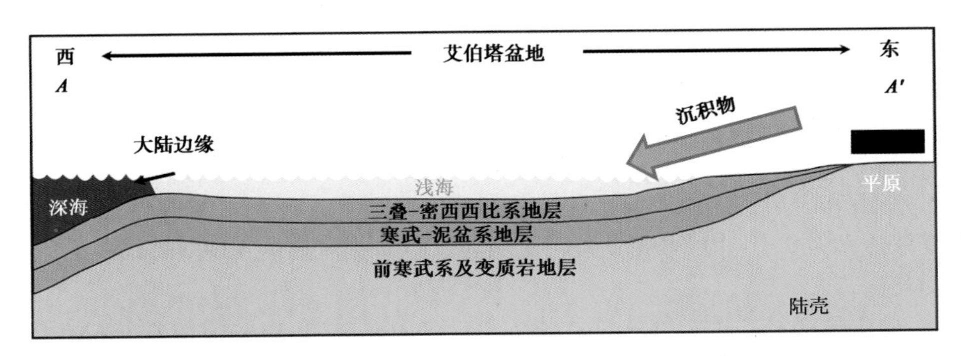

图 3-80　艾伯塔盆地盆地演化图（中国石化 Daylight 公司内部报告，2011）

盆地沉积地层为一西厚东薄的沉积楔状体，地层厚度在西部落基山山前最大，近6000m，向东逐渐变薄，尖灭在加拿大地盾之上(Leckie D A 等，1992)。对应盆地演化，地层垂向上总体划分为两大套，下部主要为一套沉积在稳定地台上的古生界碳酸盐岩，上部为一套前陆中-新生界碎屑岩。盆地致密砂岩油气主要分布在中生界。根据地层岩性特征和沉积环境以及地层接触关系，中生界前陆盆地沉积垂向上可划分为5个旋回。

旋回1：晚侏罗世牛津阶-早白垩世晚凡兰吟阶，Fernie 页岩底部到 Nikanassin 组/Kootenay 群底部；

旋回2：早白垩世欧特里夫阶-阿尔比阶，Cadomin 组/Dina 段到 Mannville 群顶部；

旋回3：早白垩世阿尔比阶-晚白垩世坎潘阶，Joli Fou 组/Paddy 段底部到 Wapiabi 组/Colorado 群顶部；

旋回4：晚白垩世坎潘阶-早始新世，Saunders 群(Belly River 组底部到 Porcupine Hills 组/Paskapoo 组顶部)；

旋回5：始新统-上新统，Cypress Hills 组、Wood Mountain 组和 Empress 组。

旋回1以下白垩统 Cadomin 组和下伏 Kootenay 群之间的不整合面为标志，标志着西部隆升的科迪勒拉山开始向东部的前陆盆地沉积提供物源。旋回2以区域洪泛沉积为标志，典型沉积为 Colorado/Albert 群海相页岩。旋回3的顶部定为 Belly River/Lea Park/Milk River 组的底界，该界面上下岩性特征突变。Porcupine Hills/Ravenscrag 组顶部为大的不整合面，编织着旋回4的顶部。旋回5以第三系砾岩为代表。

2. 储层特征

艾伯塔盆地致密砂岩油气藏储层包括三叠系、侏罗系和白垩系三大套。

三叠系储层为 Montney 组粉砂岩(Brad J，2009)。Montney 组是早三叠世发育在北美克拉通西斜坡宽阔平缓斜坡上的一套海相沉积，东部为临滨相到潮下相，向西过渡为盆地相沉积，期间被低位期浊流相沉积切割。品质好的常规储层位于盆地上倾方向埋深浅的部位，向西，埋深高达3500m 的远端沉积，储层品质降低。Montney 组具有经济意义的储层位于 Montney 组上段，由远端临滨相-陆架相粉砂岩组成，厚度最大可达150m。有时候该储层也被描述为页岩气储层，孔隙度分布范围为3%～10%，孔喉很小，孔隙连通性差，导致渗透率小于$1\times10^{-3}\mu m^2$。作业者通常将该储层孔隙度下限值设为3%或6%，有效厚度据报道大于100m。

侏罗系储层主要为 Nikanassin 组砂岩。Nikanassin 组地层岩性为块状向上变细的砂岩夹粉砂岩、页岩和少量煤层，沉积环境为边缘海相到陆相。Nikanassin 组沉积背景为侏罗纪 Fernie 海发生向北海退，对应全球海平面下降期，西部哥伦比亚山隆升，大量沉积物自西向东沉积，地层总体上呈向东变薄的楔状。Nikanassin 组地层砂地比超过50%，因此在局部地区可发现厚度超过500m 的干净砂岩。砂岩埋藏深度1000～4000m。

Nikanassin 组砂岩储层岩性主要是细粒-中粒硅质岩屑砂岩，沉积环境为沟道沉积，单个砂体厚5～15m。储层品质差，岩石学特征表现为分选差、压实作用和胶结作用，岩石成分为石英、燧石和岩屑，硅质胶结。孔隙普遍小，并且不连通，常规岩心分析孔隙度最大6%，但是渗透率为$0.1\times10^{-3}\mu m^2$，甚至更低。岩心和薄片观察发现 Nikanassin 组砂岩储层广泛发育裂缝。

白垩系储层包括 Cadomin、Gething、Bluesky、Lower Spirit River、Upper Spirit River、Viking、Dunvegan 和 Cardium 多套砂岩。

Cadomin 组位于旋回 2 底部，后凡兰吟不整合面上，岩性为含燧石和石英卵石的砾岩，局部厚达 200m，沉积环境可能为沿正在隆升的科迪勒拉山发育的几个冲积扇，向东北方向，砾岩变薄，粒度变细，逐渐过渡为细的碎屑岩。Cadomin 储层沉积环境主要为北西流向的河流相。北部 Elmworth 气区，Cadomin 储层以含干气为主，储层厚度范围为 10 ~ 15m，孔隙度为 3% ~7%，渗透率为(0.5 ~4) $\times10^{-3}\mu m^2$，属于特低孔－特低渗的非常规储层，气层埋深 2650m。从深盆区到浅层横向上展布超过 50km 范围内，气层分布较稳定。由西向东从深盆气藏逐渐变为常规气藏。

Gething 储层为河流相砂岩，沉积特点表现为 100m 厚层陆相沉积层序内几个孤立河道砂体的叠加。Bluesky 储层为临滨相砂岩，整体表现为相对均质的席状砂。Lower Spirit River 储层为近滨相砂岩，局部具经济价值。Upper Spirit River 储层为中白垩世海平面下降期间形成的沟谷充填沉积，岩性为块状岩屑砂岩，储层品质差。Viking 储层为海相临滨相砂岩沉积。Dunvegan 储层河流相－三角洲相砂岩。Cardium 储层区域上为北西 - 南东向展布，沉积环境复杂，包括深海页岩、浅海陆架砂岩、前积型障壁岛和顶部的河流相，总体上刻划分为 6 个向上变粗的沉积旋回。Brazeau 油田 Cardium 层岩性为临滨相砂岩，孔隙度为 10% ~20%，渗透率在(0.1 ~10) $\times10^{-3}\mu m^2$之间，其有效厚度在 10m 左右。

3. 烃源岩特征

艾伯塔中生界致密砂岩油气的源岩认为是晚侏罗纪 - 早白垩世海陆交互相含煤层系以及上白垩统 Colorado 群海相页岩。

热解分析结果表明，晚侏罗纪 - 早白垩世煤系地层中的有机质类型主要为Ⅲ型干酪根，以产气为主，尤其在深盆区。Welte 等进一步表明，西加拿大深盆区下白垩统低孔隙砂岩 17Tcf 的天然气 2P 储量主要来自局部高成熟度的煤。另外，根据 Stach 得出的结论，局部发育的三角洲平原湖相页岩含有大量的类脂组和腐泥质有机物也不能被忽视。

晚阿尔比阶到三冬阶的 Colorado 群为一套厚层海相页岩和粉砂岩沉积，内部发育几层以生油为主的烃源岩。在盆地南部，两套主力有效烃源岩分别为 Second White Speckled Shale (赛诺曼阶/土伦阶)和 the Fish Scale Zone(阿尔比阶/赛诺曼阶)。这两套凝缩层在盆地中央被隔层分开，在盆地东翼挨得比较近，且都含有海相Ⅱ型有机质，未成熟源岩 *TOC* 高达 7%，氢指数高达 450(Allan J 等，1968)。两套凝缩层之间的页岩，尽管有机质含量不丰富，但是 *TOC* 含量为 2% ~3%，氢指数高达 300。在盆地中央，较年轻的一套凝缩层 First White Speckled Shale(三冬期)有机质比较丰富，具有生油气潜力。这套凝缩层在 GR 表征上不如下面两套凝缩层明显，但是具有与 Second White Speckled Shale 相似的烃源岩品质特征。

据古地温及有机质热演化资料分析认为，艾伯塔盆地中烃源岩只有在埋藏深度超过 1500m 时才能进入生烃门限开始大量生成油气。按盆地埋藏史分析，白垩纪盆地发生强烈沉降作用，各烃源岩有机质开始成熟。泥盆纪以来沉积的丰富有机质陆续开始大量转化为油气并在晚白垩纪至早第三纪初达到生油高峰，目前艾伯塔深盆区(指沉积盖层大于 3000m 的区域)基本位于生气窗内(图 3-81)。

4. 圈闭类型及油气藏特征

艾伯塔盆地为中生代前陆盆地，构造环境较稳定，深盆气主要分布于盆地中心区，圈闭类型主要为单斜背景下发育的地层圈闭、岩性圈闭、成岩圈闭以及动力圈闭(图 3-82)。

深盆气具有气水倒置的特征。一般来说，气水分布关系服从储层的构造控制，在构造下倾方向上，储层物性较差，为饱含气；在构造上倾方向上，储层物性逐渐变好，但饱含水。

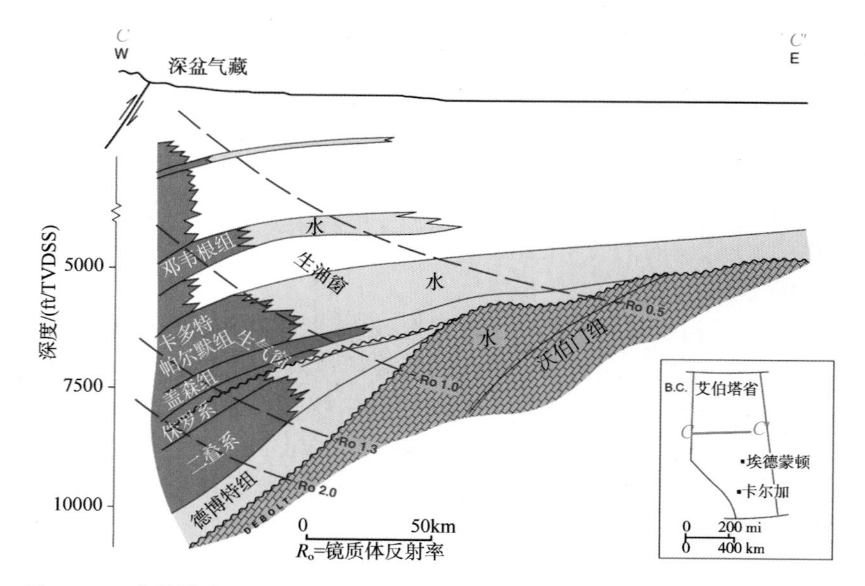

图 3-81　艾伯塔盆地 E-W 向横剖面(中国石化 Daylight 公司内部报告，2011)

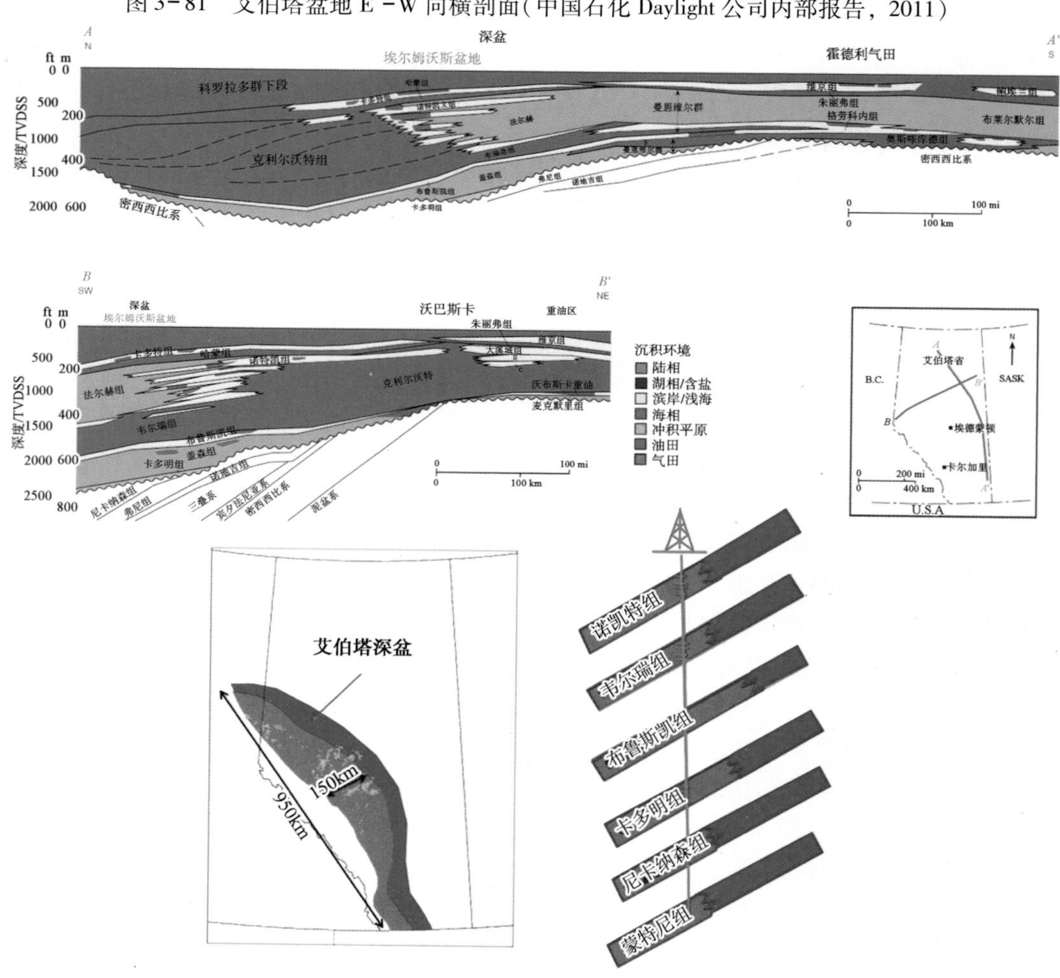

图 3-82　艾伯塔盆地深盆气圈闭类型及气水分布特征

含气区和含水区之间没有岩性或构造阻隔，仅表现为气、水含量百分比的逐渐过渡。气水过渡带的平面宽度在10km左右，深度范围一般在760～1370m之间。深盆区整个中生界从大约1000m以下全部为含气层，天然气蕴藏于最大厚度达3000m的狭长状楔形体内，随着楔形体的向东减薄尖灭，含气饱和度不断减小，当含水饱和度达到65%时，天然气相对渗透率接近于零，此时不具备工业开采价值。在饱含气层内，虽然有时产气量较小而不具备开采价值，但也从没有出现过干井或产水井，地层水全部为孤立孔隙水或吸附于连通孔隙壁上的束缚水，因此说，深盆气藏(区)基本不含水。

（三）开发历程及开发现状

西加盆地的油气大规模开发始于1947年。常规油气产量在1973年达到峰值(150×10^4 bbl/d)。从1973～2007年开始，西加盆地常规油气产量以平均每年3%的速度递减，2002年，油砂产量超过常规油气的产量(图3-83)。

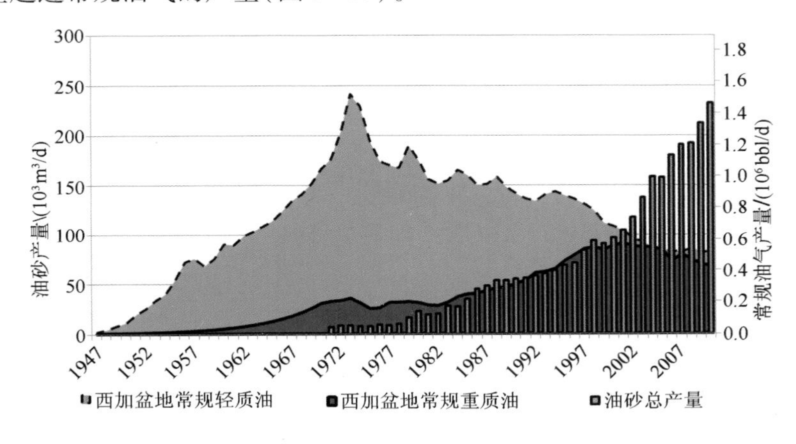

图3-83　西加盆地产量构成(加拿大产油商协会，NEB)

2005年起，在高油价的驱动下，各原油供应商及石油公司开始着力于过去难以获得商业价值的非常规油气勘探开发。由于水平井钻井及多级压裂技术的发展，曾经低产甚至无法获得油气产量的致密砂岩油气藏投入开发。致密砂岩油气的开发改变了原油产量长期递减的趋势，2009年末至2010年末，西加盆地油气产量增长了9%。

2005年，Saskatchewan东南以及Manitoba省西南部分布的巴肯层系的开发拉开了西加盆地致密砂岩油气开发的序幕，到2010年，扩展到了整个西加盆地。目前西加盆地致密砂岩油气勘探开发主要集中于艾伯塔省，产量最大的致密砂岩油气产层为巴肯组。截至2011年初，致密砂岩油气产量约为16×10^4bbl/d(图3-84)。

（四）油气田开发主要做法及效果

艾伯塔深盆油气藏大多属于致密砂岩油气藏，储层物性差，若采用常规的油气开采技术，单井产能低，难以达到商业开发价值，因此，致密砂岩油气藏的开采在很大程度上依赖于技术的创新与进步。在北美，由于水平井与完井技术的发展，引起了页岩油气开发革命，页岩油气产量大幅增加，而对于致密砂岩油气的开发，很大程度上也依赖水平井钻井与多段压裂完井技术。为了经济有效地开采致密砂岩油气藏，在油气田开发方面主要采取以下做法。

1. 加强基础研究，优化井位设计，提高新钻井成功率

2013年，在加拿大天然气市场持续低迷的情况下，中国石化Daylight公司利用地震解释、地震反演等技术，加强地质综合研究，优化井位设计，在致密砂岩油气藏中寻找开发

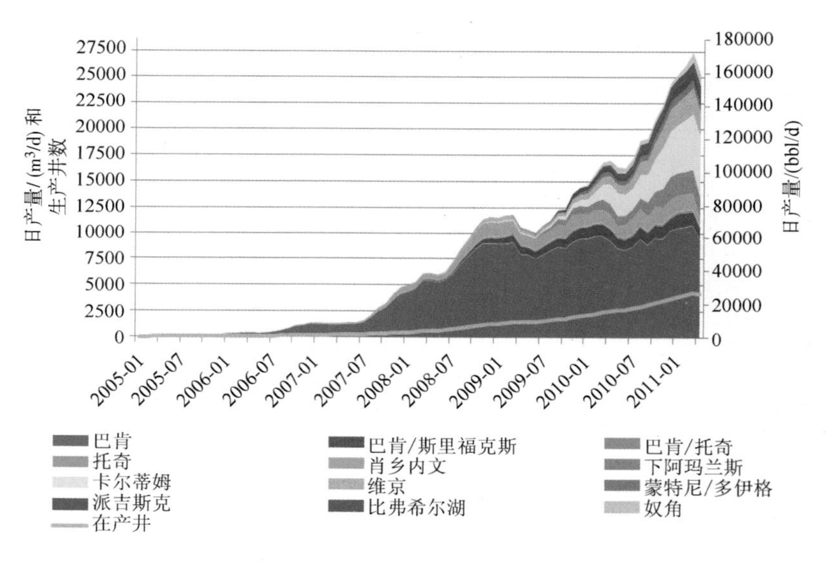

图 3-84　加拿大致密砂岩油气产量(Divestco 油气勘探服务公司)

“甜点”，大大提高了新钻井成功率与单井产能。Warbrug 油区新钻 24 口油井，单井初期产能平均 258.9BOE/d；Brazeau 油区新钻 21 口油井，单井初期产能平均 169.9BOE/d，Warbrug 油区 02/08 - 19 - 048 - 05W5 井初期产能高达 591.2BOE/d，前 3 个月平均日产高达 373.2BOE/d。

2. 优化井场布局，推行丛式井作业，降低作业成本

在致密砂岩油气藏开发中，储层物性差、导流能力弱、单井产能低，要提高油气井产能，需采取大规模压裂完井技术，但这大大增加了完井作业成本。为了降低作业成本，便于作业处理，常采用丛式井(图 3-85)，在一个井场部署多口井，大大降低了井场、道路建设费用以及作业成本。

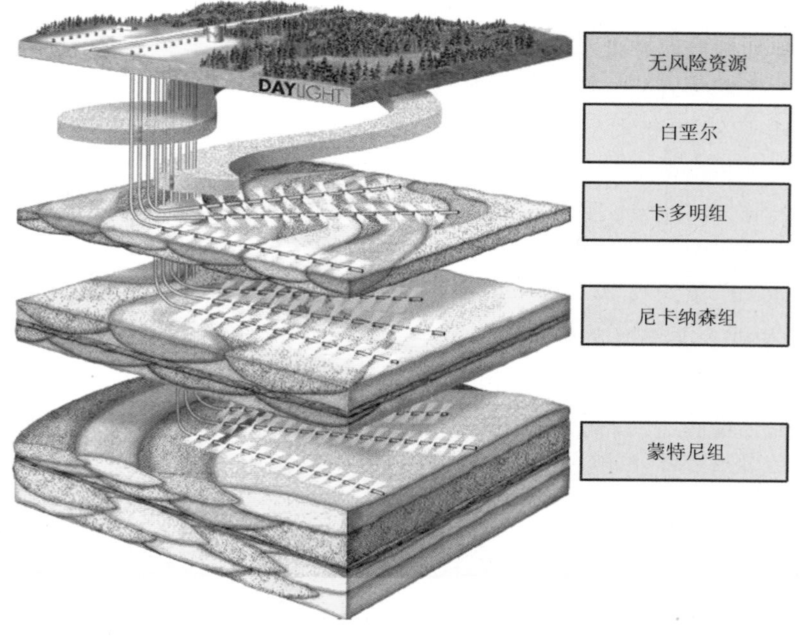

图 3-85　Daylight 公司井位部署示意图(中国石化 Daylight 公司内部报告，2013)

2013 年，中国石化 Daylight 公司首次实施了单井场布设 9 口井、10 口井的方案，大大降低了井场及道路建设费用。4 ~ 29 超大型井场布设了 10 口水平井，日生产能力高达 4700BOE/d；1 ~ 36 超大型井场布设了 9 口水平井，日生产能力高达 4100BOE/d。

3. 应用多级压裂水平井开发，提高单井产能

由于深盆非常规储层储层物性较差，一般都需要采用水平井压裂投产才能获得较好的经济效益。近几年，随着水平井钻井技术和水平井多段压裂完井技术的进步，水平井水平段长度越来越长，水平井压裂段数不断增加，大大提高了油气井的泄油半径和传流能力，单井产能大幅度提升，获得了很好的经济效益和开发效果。

2010 年，中国石化 Daylight 公司投产水平井水平段的长度一般在 1000m 左右，压裂段数10 ~ 12 段；2013 年，公司突破超长水平段多级压裂完井技术，优化充砂量，水平段长度由原来 1400m 增至 2900m，压裂完井段由原 20 来段增加到 40 段以上(图 3-86)，平均单井产能也由原来的 300BOE/d 提高到 760BOE/d，取得了很好的经济效益。

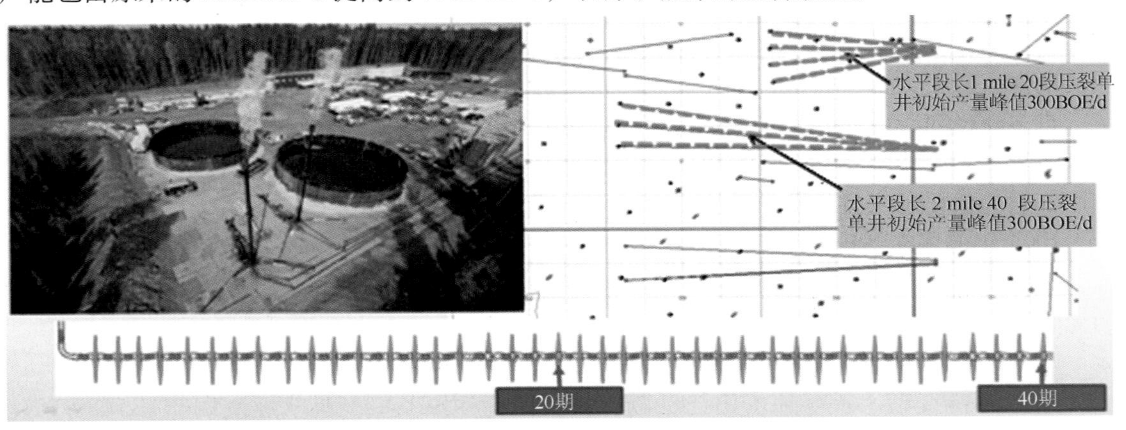

图 3-86 Daylight 公司多级压裂水平井设计(中国石化 Daylight 公司内部报告，2013)

4. 改进压裂液配方，增加缝高缝长，提高储层导流能力

近几年，为了改善压裂效果，研发了冻胶、滑溜水等多种压裂液，在致密砂岩油气藏开发中得以成功应用。应用冻胶、滑溜水压裂液配方，在压裂压力、压裂液用量一定的情况下，大大提高了压裂液的携砂能力，增加了裂缝的高度和长度，大大改善了压裂效果，提高了储层导流能力。

5. 巨厚非常规储层直井合采，有效降低钻完井成本

部分巨厚非常规储层也可以采用直井压裂生产。中国石化 Daylight 公司 Elmworth 气田的 Nikanassin 层因其有效厚度较大，采取直井与上面的产层合采的方式开发，获得了很好的开发效果，初始产气量在 2 ~ 5mmcf/d，初始年递减率在 60% ~ 80% 之间，生产动态特征与水平井相似。

6. 积极探索注天然气等开发方式，改善开发效果

由于致密砂岩油气藏储层物性差、导流能力低，导致油井自然递减率大。在油井投产初期，折算年自然递减率大都在 80% 以上。为了缓解油井产量递减、改善开发效果，石油公司提高采收率积极探索注天然气等补充地层能量的开发方式。2013 年，中国石化 Daylight 公司在 Cardium 致密砂岩油层开展了注天然气提高采收率技术可行性研究。

二、鄂尔多斯盆地致密砂岩气田——大牛地气田

大牛地气田地处陕西省榆林市与内蒙古自治区鄂尔多斯市交界处，区域构造属于鄂尔多斯盆地伊陕斜坡东北部，勘探面积 2003.7km^2。

（一）勘探历程

大牛地气田的勘探工作始于 20 世纪 70 年代末，但主要工作是在 1999 年以后开展的。20 世纪 70～80 年代主要是开展重磁和地球化学勘查，并于 1985 年在塔巴庙区块南部施工伊 24 井，该井在上古生界下二叠统下石盒子组、山西组、上石炭统太原组和下古生界奥陶系马家沟组钻遇多层油气显示，表明了本区古生界具有良好的天然气勘探远景，初步证实了该区古生界具有天然气成藏条件。

"八五"期间主要以下古生界碳酸盐岩为主要勘探对象，其中所钻鄂 5 井、鄂 8 井在下古生界奥陶系钻获工业气流，鄂 10 井在上古生界山西组钻获气流，进一步证实古生界具备良好的油气成藏条件。1999 年以后，调整勘探思路，开展了以上古生界碎屑岩为主要目的层的勘探，并于大探 1 井钻获工业气流，正式揭开了上古生界天然气勘探序幕。

自 2000 年起，特别是 2002 年以来，华北分公司加大了勘探研究工作量，取得了重大的油气成果。大 16 井与大 15 井先后在盒 2 和盒 3 气层组获得高产气流，开创了以盒 2、盒 3 高产气层为重要勘探目的层的新格局。

2004 年部署在气田东北部的大 47 井在太 2 气层获 $10.0\times10^4 m^3/d$ 的无阻流量，发现了该气田太 2 气层高产区。2006 年部署在气田中东部的大 70 井在太 1 气层获 $24.0\times10^4 m^3/d$ 的无阻流量，2012 年在气田东部大 17、大 70 井区部署的大 120 井、大 121 井在山 1 段、太 1 段取得突破，为气田下一步的勘探拓展了思路。

截至 2013 年底，大牛地气田已钻勘探井、评价井 131 口，获三级地质储量 $5680.32\times10^8 m^3$，其中，探明地质储量 $4545.63\times10^8 m^3$，控制地质储量 $249.72\times10^8 m^3$，预测地质储量 $884.97\times10^8 m^3$，为开发奠定了坚实基础。

（二）基本地质特征

1. 构造特征

大牛地气田位于盆地的东北部，构造位于伊陕斜坡北部，区块内构造、断裂不发育，总体为一北东高、西南低的平缓单斜，平均坡降 6～9m/km，地层倾角 0.3°～0.6°。构造简单、断裂不发育，局部发育近东西走向的鼻状隆起，未形成较大的构造圈闭。从目前钻井钻探的范围来看，区内不同构造位置大面积获得工业气流，说明构造不是气田天然气富集的控制因素，岩性圈闭是大牛地气田主要圈闭类型。

2. 沉积特征

大牛地气田太原组、山西组和下石盒子组为一套从海相到海陆过渡相再到陆相的沉积体系(图 3-87)。

潮坪沉积主要岩性为中粗粒石英砂岩、深灰色泥岩、炭质泥岩；障壁砂坝主要岩性为砂岩和潟湖、潮坪、沼泽的泥岩、灰岩及煤层；三角洲平原沉积主要岩性为分流河道的灰色中粗砂岩、细砂岩、粉砂岩及灰、深灰色泥岩和炭质泥岩、煤层；辫状河河流相主要岩性为灰绿、灰白色和紫红色的砂岩和泥岩。主要沉积构造有小型交错层理、板状交错层理、平行层理、沙纹层理等。

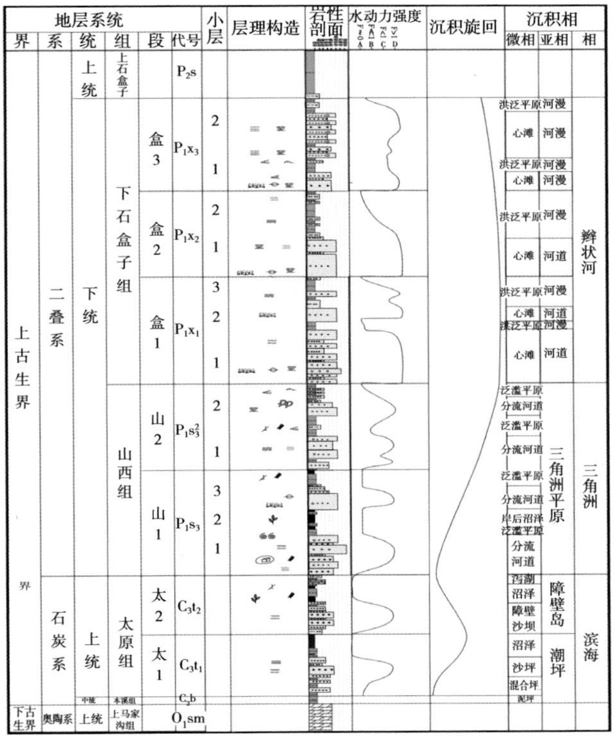

图 3-87　大牛地气田沉积相柱状图

3. 储层特征

通过分析目的层沉积物特征、有利相带的划分、岩性、物性、孔隙结构特征和储层非均质性等，确定气田储层平均孔隙度为 8.6%、渗透率为 $0.76\times10^{-3}\mu m^2$，属于低孔、低渗－特低渗储层；但不同层位的孔隙度、渗透率大小仍有较大的差异（表 3-8）。盒 3 段储层物性相对最好，其次为盒 2 段，再次为太 2 段、太 1 段。盒 1 段、山 2 段和山 1 段储层物性相对较差。储层成岩作用类型较多，主要包括压实作用、胶结、交代作用、溶蚀作用、压溶作用和石英的次生加大作用。其中以溶蚀作用、压实作用和胶结作用尤为普遍。

表 3-8　储层常规物性统计表

层　位	平均孔隙度/%	平均渗透率/$10^{-3}\mu m^2$	样品数/个
盒 3	10.27	1.36	71
盒 2	8.66	0.73	310
盒 1	9.09	0.55	1368
山 2	7.94	0.58	911
山 1	7.62	0.66	960
太 2	8.58	0.70	694
太 1	8.38	0.81	81

4. 气藏特征

大牛地气田发育下古生界碳酸盐岩和上古生界含煤碎屑岩两套含气体系，上古生界纵向上发育 7 套气层，分别是太 1 段、太 2 段、山 1 段、山 2 段、盒 1 段、盒 2 段和盒 3 段气层，为低孔、低渗－特低渗储层，平均孔隙度为8.69%，平均空气渗透率为$0.76\times10^{-3}\mu m^2$，且非均质性强。气藏不含水，温度正常，压力系数为0.82～0.97，气体成分以甲烷为主，含少量CO_2和N_2，气藏类型为无边底水定容弹性驱动岩性气藏，单层单井产量一般小于$1\times10^4m^3/d$，属低孔、低渗、低压、低产气田。

（三）开发历程及开发现状

大牛地气田的开发工作始于2001年，其开发工作可分为3个阶段。

1. 开发准备阶段(2001～2002年)

该气田的开发研究工作始于2001年，主要研究工作在2002年进行，通过气田开发可行性预测研究和三口开发准备井的钻探以及开展工程工艺试验，进一步落实了气田的储量和产能，证明了大牛地气田具有良好的开发前景，为规模开发做好前期准备。

2. 开发先导试验阶段(2003～2004年)

2003～2004年进行了开发先导试验，完成开发准备井37口，通过开发先导试验，深化了对气田地质特征和天然气富集规律的认识，优选出了气田西南部盒2段、盒3段、山1段高产气层和高产富集区，为规模化开发提供了依据；初步总结出一套适合于低渗气田的气藏工程评价技术及钻完井工艺、采气工艺、集输工艺等开发配套技术，为规模化开发奠定了重要基础。

3. 规模化开发阶段(2005年～)

2005～2007年以单层开发为主，开发目的层为盒3段、盒2段、山1段、太2段等优质储量气层组，平均单层气层厚度大、丰度高，单井产能高。

2008～2010年大牛地气田的开发进入一个新的阶段，即从单层开发到多层开发。由于气层薄、目的层多、储层预测难度大，开发部署的难度大，通过攻关和实践，形成了“探明储量区、开发地质有利区、储层预测有利区、产能分布有利区、气藏地质建模有利区”五统一的开发选区原则，开发井部署坚持“两个以上主力气层、三套以上气层、三维地震定性与定量预测相结合”的原则，针对低产、低丰度气层及薄气层，形成了多层合采有效开发致密砂岩气藏的配套技术。

自2011年起，大牛地气田水平井开发进入水平井压裂成熟完善阶段，以太2段、盒1段和山1段为目的层完钻水平井22口，砂岩钻遇率、气层钻遇率及压裂测试均取得了良好效果。该阶段形成了相对成熟完善的Ⅱ、Ⅲ类气层水平井压裂建产技术，为动用大牛地气田低品位储量提供了支撑，大力推动了水平井规模化建产的步伐；并且水平井的优化部署技术进一步成熟，解决了砂岩钻遇率低的问题，大大提升了对盒1段含气性预测的准确性，水平井规模化建产条件日渐成熟，拉开了天然气开发二次跨越式发展的序幕。

2012～2013年，针对盒1段、山2段、山1段和太2段气层进行了水平井整体规模化开发，实施了210口开发水平井，圆满完成了$19\times10^8m^3$产能建设任务，实现了国内首个气田水平井整体建产目标。

截至2013年年底，气田总井数1226口，日产气$1028.32\times10^4m^3$，平均单井日产气$0.91\times10^4m^3$，累产天然气$176.13\times10^8m^3$，年工业气产量$34.41\times10^8m^3$。

（四）勘探开发主要做法及效果

1. 气藏勘探技术

（1）高分辨率层序地层分析对比技术。以单井沉积相和高分辨率层序地层的精细分析作为划分各级别基准面旋回层序的依据，以最具等时对比意义的中期旋回层序为等时地层对比单元，对大牛地气田上古生代太原组、山西组和下石盒子组进行高分辨率层序地层划分、等时对比和建立层序地层格架。

（2）潮坪－三角洲－河流体系的沉积相分析技术。通过层序地层和沉积相研究，结合储层/气层评价结果，确定出大牛地气田3大沉积体系对应的有利储集相带，为圈闭宏观分布和有利相带预测奠定基础。

（3）岩性圈闭主体的地质－地震联合解释技术。利用特殊岩性识别进行相区宏观预测和井区砂体分布预测，利用属性分析和储层反演技术预测地层圈闭分布特征，地质研究与地震预测结果相互印证。

（4）致密－低渗砂岩的储层分类评价技术。通过对各层段砂岩岩性、物性、孔隙类型、孔喉结构、电性和储层成因的研究，在储层物性的主控因素及其发育演化模式研究成果基础上，建立了“相对高孔渗”储层发育模式。

（5）致密－低渗砂岩的气层分类评价技术。通过分析典型气藏的电性特征，对气层特征进行综合评价，分析影响气层产能的主要地质因素、储层含气性对气层产能的影响、岩性与产能的关系，从而对气层产能进行综合评价。

2. 气藏开发技术

（1）致密低渗气田动用储量评价技术。以经济有效开发为目标，首先确定气田当前的经济极限产量；以储层分析评价为基础，建立气层的产能预测方法；以单井开采方式为主线，区分单层可动用和多层合采动用；以紧密结合生产为手段，坚持滚动开发评价，达到可动用评价一开发一再评价的良性循环。

（2）致密低渗气田开发选区与井位筛选技术。对于分布于气田西南部的Ⅰ类高产气层，采用直井或近平衡水平井钻井方式，自然产能投产，水平段为1000～1500m；对于分布在气田中部的Ⅱ类中产储层，采用直井钻井方式，对两套以上的Ⅱ类气层同时开采；对于气田的Ⅰ类、Ⅱ类和Ⅲ类储层，采用水平井钻井方式，水平段压裂投产，水平段为800～1000m。形成了直井单层开采、多层合采、水平井自然建产开采和水平井压裂建产开采的井位筛选技术。选井位要求沉积相研究、三维地震预测和产能预测的结果统一，井位部署在主河道发育区、三维地震预测有利区和产能预测高产区的“三统一”的井位筛选技术。

（3）致密低渗气田三维地震储层综合预测技术。通过岩心测试、统计交会、回归分析、聚类分析等手段，对储层岩石物理参数如密度、速度、泊松比、体积模量等随岩性、物性、含气性的变化规律进行研究，建立了致密储层的岩石物理特征模式。分析地震反射结构、分析提取地震属性及使用井震联合反演技术对储层进行预测。采用神经网络波形分类技术、地质统计学随机模拟反演技术对薄层多层储层进行综合预测。

（4）储层及含气性预测技术。利用静校正处理技术、拓频处理技术、连片处理技术对储层及其含气性进行预测。利用电阻率反演技术、含气指示曲线随机模拟反演技术、AVO属性分析技术、双相介质含气性预测技术对储层的含气性进行预测。

（5）致密低渗储层优快钻完井技术。室内岩心微钻头实验、用实钻资料求地层可钻性、基于测井资料解释求取岩石可钻性。优选钻头、优化组合钻井参数、优化钻柱组合及井身结构，缩短钻完井周期。采用低伤害钻完井液体系、优选低伤害钻井液配方、优化钻井液和完井液性能，减少对储层的伤害，较好地保护储层。

（6）致密低渗储层改造技术。对储层的敏感性及伤害机理进行分析对水锁损害机理进行评价，研究岩石力学参数及地应力特征和储层的结构特点，研究裂缝高度的影响因素及有效隔层厚度，选择最优压裂工艺提高多层叠置气层压裂效果。

3. 效果与启示

通过对大牛地气田进行综合评价和整体部署，取得了勘探开发的重大突破，使大牛地气田保持了较高水平的有效开发。

（1）勘探开发一体化，致密低渗气藏开发早期介入，根据探井成果及时部署开发评价井，能加快储量的落实和产能评价。

（2）大牛地气田属致密低渗气田，采用一套开采井网同时开发 2 ~ 3 层或更多气层后，单井产量可达到有效开发的要求。

（3）开发地质与开发地震紧密结合的方案优化和井位部署技术，大大提高了开发井成功率。

（4）建立了致密低渗气层和多层叠合气层的产能评价方法和开发技术政策优化技术，为气田开发评价和制定合理的开发制度提供了依据。

（5）建立适合于大牛地致密低渗气田开发的采气工艺技术，使气田实现稳产和连续生产，包括优化排水采气工艺和水合物防治工艺。

（6）形成了适合于大牛地气田低渗 - 特低渗低产气田开发的“高压进站、低温分离”地面集输工艺。

（7）气田开发过程中的高效管理和生产过程中的精细管理，是大牛地气田成功开发的重要因素，各生产环节的无缝衔接、施工周期缩短，减少了施工对储层的伤害；生产过程精细管理建立的“一井一策”气井管理措施，确保了气井的生产寿命和生产效率。

三、鄂南三叠系致密砂岩油田——红河油田

红河油田位于鄂尔多斯盆地西南部，甘肃省镇原县和泾川县境内，主力产油层为三叠系延长组长 8 油层组，是中国石化鄂南致密砂岩油首个规模开发的油藏。

（一）勘探历程

鄂南红河油田三叠系延长组的油气勘探始于 20 世纪 70 年代，目前已经历了多轮勘探。早期依据盆地 1∶500000 重、磁力普查和少量光点-模拟地震勘探，在油田区内及周缘完钻 18 口井，镇参井、泾参井、剖 14 井和镇 4 井在三叠系延长组经压裂试采获低产油流。自 1996 年开始，镇泾地区第二轮油气勘探工作启动，多口井在延长组获工业油流和低产油流，但由于受技术和理论认识的局限，未获得规模勘探发现。2003 年以来，鄂北致密砂岩气勘探开发取得成功后，鄂南致密砂岩油再次成为勘探重点，镇泾地区开始了第三轮油气勘探。2009 年，针对镇泾地区延长组致密油的地质理论、勘探技术和储层改造技术研究取得了重大进展，先后在镇泾 25 井、红河 26 井及红河 105 井试获大于 10t/d 的高产油流，进一步确认了镇泾地区延长组具有良好的勘探开发前景。2010 年以后，随着致密油富集规律等地质认识的深化、黄土塬三维地震勘探技术及致密油“甜点”预测技术的提高，镇泾地区延长组致密砂岩油的勘探取得显著成效，红河 37 井区和红河 12 井区和红河 36 井区和红河 73 井区等区块相继获得规模发现。截至 2012 年底，镇泾区块探明地质储量 17950×10^4t，控制地质储量 5887×10^4t，预测地质储量 3046×10^4t，三级储量达 26883×10^4t。

（二）基本地质特征

1. 构造特征

红河油田位于鄂尔多斯盆地天环坳陷南段，总体为一北东高、西南低的平缓单斜，平均坡降6～9m/km，地层倾角0.3°～0.6°，局部发育小型低幅度鼻状隆起。受燕山运动和喜山运动的影响，发育NW向和NEE向两组断裂，其中NW向断裂具走滑性质，断距10～45m，延伸长度5～12km；NEE向断裂断距6～30m，延伸长度3～8km，密度0.23条/km^2。

2. 沉积特征

延长组沉积时期，鄂尔多斯盆地进入坳陷克拉通演化阶段，红河油田所处的盆地西南缘湖盆底形较陡，以陇西古陆为主要物源区，发育了一套近源辫状河三角洲沉积体系。

红河油田长8段为辫状河三角洲前缘沉积，主要发育水下分流河道、水下分流间湾微相，局部有河口坝沉积，其中水下分流河道砂体为主要储集体。砂体沿河道呈条带状展布，厚度变化大，在4～23.7m之间，平均11.8m。上游方向河道窄，砂体厚度小；向下游方向，河道宽度增加，砂体厚度变大。

3. 储层特征

（1）岩性特征。长8段储层岩性主要为长石岩屑砂岩和岩屑长石砂岩，长石以斜长石为主，岩屑以火成岩岩屑和变质岩岩屑为主。胶结物含量为1%～10%，主要成分为方解石、绿泥石、高岭石。

（2）微观孔隙结构特征。长8段储层发育中孔－微细喉道、中孔－微喉道和中小孔－片状喉道3类孔喉结构，但以中孔－微喉道和中小孔－片状喉道型孔隙结构为主。近90%的储层排驱压力大于0.7MPa，渗透率小于$0.3\times10^{-3}\mu m^2$，孔喉半径小于0.24μm。

（3）储层物性。长8段储层为低孔－特低孔、超低渗透储层，孔隙度主要分布在4%～12%之间，平均为8.6%；渗透率一般小于$0.5\times10^{-3}\mu m^2$，平均为$0.2\times10^{-3}\mu m^2$。

4. 储层裂缝

长8段发育NW和NEE向两组裂缝，其中NW向裂缝发育程度低；NEE向裂缝发育程度高，且与现今主应力方向一致，开启性较好。缝长多为10～30cm，缝宽为0.1～1.0mm，裂缝密度平面分布差异较大(0.03～2.6条/m)，平均为0.38条/m。裂缝发育程度主要受断裂控制，断层对裂缝的控制距离约为1.2～2.5km，且距断层越近，裂缝密度越大。

5. 流体性质

长8段油层地层原油密度为0.79～0.81g/cm^3，地面原油密度为0.818～0.83g/cm^3，地层原油黏度为3.2mPa·s，溶解气油比为36m^3/m^3，原油体积系数为1.104。

长8段地层水呈弱酸性，水型为$CaCl_2$型，Cl^-含量为23000～46000mg/L，地层水矿化度为37000～70000mg/L，向河道下游方向Cl^-和地层水矿化度增高。

6. 压力系统和驱动能量

长8段油层埋深2000～2350m，原始地层压力为18.1～19.7MPa，饱和压力为6.5MPa，压力系数为0.83～0.9，属于异常低压油藏。

油藏无气顶和边底水，驱动类型主要以弹性驱动和溶解气驱动为主。

7. 油藏类型

长8段油藏整体属于低黏度、无气顶和边底水、层状、孔隙型、异常低压、未饱和、弹性驱动的中深层超低渗砂岩岩性油藏。

（三）开发历程及开发现状

红河油田长 8 段自 2006 年底获得突破、投入试采以来，先后经历了直井试采、直井注水先导试验和水平井试采、水平井压裂规模建产阶段，进而实现了红河油田的规模开发。截至 2013 年年底，油田共投产油井 506 口，其中直井 119 口，水平井 387 口；开井数 397 口，其中直井 42 口，水平井 355 口，年产油 38×10^4t，累积产油 60×10^4t，综合含水 78%。

1. 直井开发与注水先导试验阶段(2004. 4 ~2010. 11)

长 8 段油藏于 2006 年投入试采，至 2010 年年底，一直仅采用直井开发，因直井初始产量低、递减快、油井生产期短，在有大批直井不断接替投产的情况下，油田日产油水平一直较低(<70t/d)。

2009 年，为了实现长 8 段油藏的经济有效开发，借鉴西峰油田长 8 段油层超前注水开发经验，于 9 月开辟了红河 105 井区超前注水试验区，因油井水窜或不见效，整体注水开发效果差，注水开发未能推广应用。

2. 水平井开发试验阶段(2010. 12 ~2011. 12)

因长 8 段油藏长期以来直井开发效果差，为探索红河油田有效开发技术，于 2010 年开始进行水平井压裂开发技术试验，13 口水平井初期平均日产油量 15t 以上，投产效果较好。水平井压裂技术的试验成功为油田下一步实施水平井规模开发奠定了基础。

3. 第三阶段：水平井建产阶段(2012. 1 ~)

自 2012 年 1 月开始，在水平井试验成功的基础上，开始分井区编制水平井开发方案，并分批实施，进而实现了长 8 段油藏的规模开发。依靠水平井钻井数的增加，油田产量快速增产，峰值日产油水平达到 1200t/d，目前新井的投产仅能弥补老井递减，保持了油田产量的相对稳定。

（四）油田开发主要做法及效果

1. 油田开发主要做法

（1）攻关“甜点”区描述技术，指导井位部署。红河油田长 8 段储层非均质性强，且发育多级别裂缝，油气高产富集规律不清楚，油藏极其复杂。通过加强基础地质研究，揭示了致密砂岩油高产富集规律，明确了“甜点”地质特征。以此为基础，一是开展地震技术攻关，形成地震波形结构特征预测河道砂体技术和多属性裂缝预测技术，有效识别有利储层与裂缝发育区，明确“甜点”分布，优选有利目标；二是开展测井评价技术攻关，形成致密砂岩有效储层识别、流体判别及饱和度评价技术，精细描述有效储层分布及属性特征。“甜点”区描述技术有效指导了开发井井位部署与设计。

（2）采用水平井分段压裂技术，提高单井产能。红河油田长 8 段油藏原始压力约 19. 7MPa，饱和压力为 6. 5MPa，地饱压差较大，具有一定的弹性开采能力，在尚未成功开展注水开发先导试验的情况下，油田采用衰竭式开采，通过采用水平井分段压裂技术，大幅度提高了单井产能，实现了致密砂岩油的有效开发。红河油田水平井分段压裂设计时，考虑储层非均质性强的地质特点，采用差异分段压裂优化设计技术，即不同类型储层采用不同的压裂施工参数，对于纯孔隙型储层，采用常规压裂设计；对于裂缝-孔隙型储层，则适当降低压裂规模，采用解堵性压裂，提高了压裂改造的针对性和有效性，同时降低了压裂成本。

（3）充分考虑油藏特征，开展水平井井网优化设计。红河油田为一套辫状河三角洲沉积，河道砂体总体呈西南-东北向条带状展布，储层裂缝及地应力分布监测状况表明：储层主要发育垂直裂缝和高角度斜交裂缝；地层主应力方向与河道砂体展布方向基本一致；人工压裂缝与地层主应力方向基本一致。因此，油藏开发井网设计考虑河道砂体展布和地层主应力方向，水平井主要穿河道部署，采用排状或交错排状井网部署；水平段尽量位于储层中部、垂直最大主应力方向，水平段长度为1000m左右；裂缝间距为60～100m，裂缝半长为100～150m；水平井井距为400～500m。

2. 实施效果

红河油田自2006年勘探获得突破并投入试采以来，一直探索可实现油田规模开采的开发技术和开发方式。一直到2011年，水平井分段压裂技术的成功应用，揭开了红河油田规模开采的序幕。截至2013年年底，红河油田动用石油地质储量1.0×10^{8}t，投产油井506口，开井397口，年产油38×10^{4}t，累积产油达60×10^{4}t。

红河油田长8段油藏依靠水平井压裂虽然实现了规模开采，但由于储层物性、含油性及裂缝发育程度的差异，压裂后水平井产能差异大，部分油井可以达到50t/d，但仍有部分井低产、微产(图3-88)。不同类型油井产能差异大，裂缝发育井因油层厚度较大、供液能力强，油井产能高，初期日产油大于10t/d，且油井含水低，平均38.9%；裂缝不发育井则供液能力低、产能低或微产、中高含水(图3-89)。

红河油田长8段油藏大部分油井投产即递减，初期产量递减快(图3-90)。目前，新井规模投产仅能弥补老井递减，油田产量稳中有降(图3-91)，规模上产难度大。

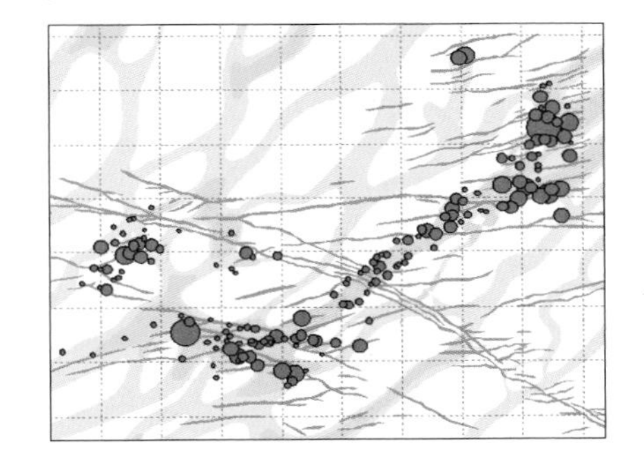

图3-88 红河油田水平井产能分布图

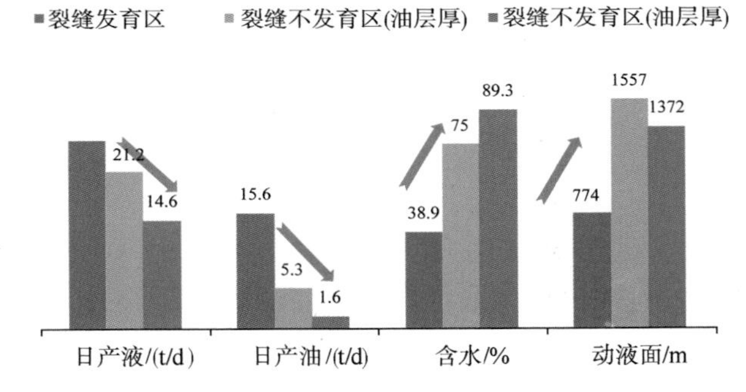

图3-89 红河油田不同类型储层水平井初期指标对比

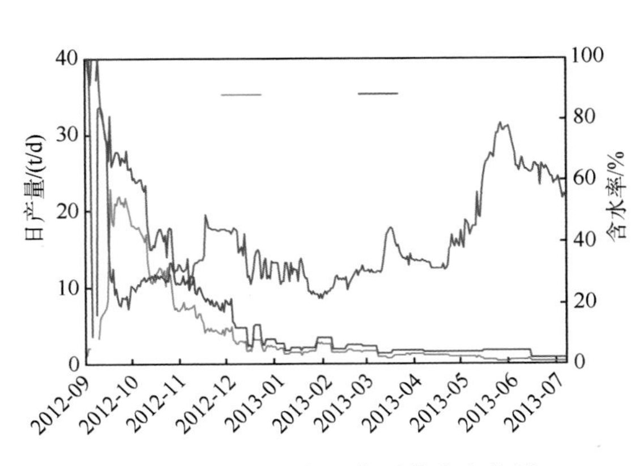

图3-90 红河油田典型井生产曲线

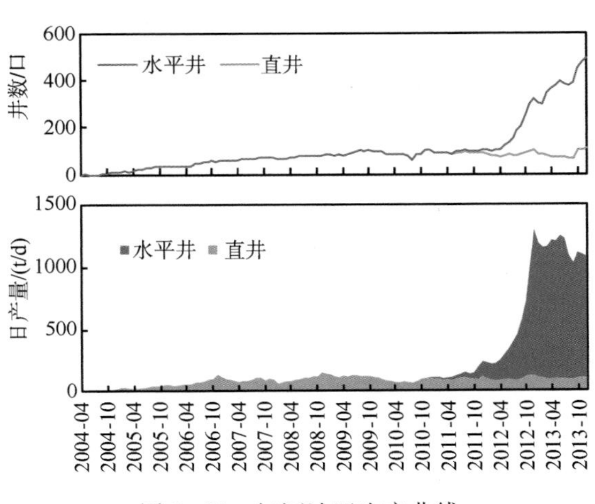

图3-91 红河油田生产曲线

参考文献

[1] 赵靖舟. 非常规油气有关概念、分类及资源潜力[J]. 天然气地球科学，2012(6)，23(3)：393～406.

[2] Aguilera R. Flow Units：From Conventional to Tight-Gas to Shale-Gas to Tight-Oil to Shale-Oil Reservoirs[J]. SPE 165360-PA.

[3] 万玉金，韩永新，周兆华，等. 美国致密砂岩气藏地质特征与开发技术[M]. 北京：石油工业出版社，2013.

[4] 马新华，贾爱林，谭健，等. 中国致密砂岩气开发工程技术与实践[J]. 石油勘探与开发，2012(10)，39(5)：572～579.

[5] IEA. 世界能源展望[EB/OL]. 2013.

[6] 邹才能，朱如凯，吴松涛，等. 常规与非常规油气聚集类型、特征、机理及展望——以中国致密油和致密气为例[J]. 石油学报，2012，33(2)：173～187.

[7] 万玉金，韩永新，周兆华，等编著. 美国致密砂岩气藏地质特征与开发技术[M]. 北京：石油工业出版社，2013：21～44.

[8] 张水昌，米敬奎，刘柳红，等. 中国致密砂岩煤成气藏地质特征及成藏过程——以鄂尔多斯盆地上古生界与四川盆地须家河组气藏为例[J]. 石油勘探与开发，2009，36(3)：320～330.

[9] 郝蜀民，陈召佑，李良著. 鄂尔多斯大牛地气田——致密砂岩气成藏理论与勘探实践[M]. 北京：石油工业出版社，2011：7.

[10] 蔡希源，杨克明，等著. 川西坳陷须家河组致密砂岩气藏[M]. 北京：石油工业出版社，2011：72～73.

[11] 冯乔，耿安松，徐小蓉，等. 鄂尔多斯盆地上古生界低压气藏成因[J]. 石油学报，2007，28 (1)：33～37.

[12] 郝蜀民，惠宽洋，李良. 鄂尔多斯盆地大牛地大型低渗气田成藏特征及其勘探开发技术[J]. 石油与天然气地质，2006，27(6)：762～768.

[13] 蔡希源. 深层致密砂岩气藏天然气富集规律与勘探关键技术——以四川盆地川西坳陷须家河组天然气勘探为例[J]. 石油与天然气地质，2010，31(6)：708～714.

[14] 童晓光，郭彬程，李建忠，等. 中美致密砂岩气成藏分布异同点对比研究与意义[J]. 中国工程科学，2012，14(6)：9～15，30.

[15] 戴金星，倪云燕，吴小奇. 中国致密砂岩气及在勘探开发上的重要意义[J]. 石油勘探与开发，2012，39(3)：257～264.

[16] 戴金星，李剑，罗霞，等. 鄂尔多斯盆地大气田的烷烃气碳同位素组成特征及其气源对比[J]. 石油学报，2005，26(1)：18～26.

[17] 李贤庆，胡国艺，李剑，等. 鄂尔多斯盆地中东部上古生界天然气地球化学特征[J]. 石油天然气学报，2008，30(4)：1～4.

[18] Hu G Y，Li J，Shan X Q，et al. The origin of natural gas and thehydrocarbon charging history of the Yulin gas field in the Ordos Basin，China[J]. International Journal of Coal Geology，2010，81：381～391.

[19] Dai J X，Ni Y Y，Zou C N. Stable carbon and hydrogen isotopes ofnatural gases sourced from the Xujiahe Formation in the SichuanBasin，China[J]. Organic Geochemistry，2012，43(1)：103～111.

[20] Dai J X，Ni Y Y，Zou C N，et al. Stable carbon isotopes of alkane gases from the Xujiahe coal measures and implications for gas-source correlation in the Sichuan Basin，SW China[J]. Organic Geochemistry，2009，40(5)：638～646.

[21] 李登华，李伟，汪泽成，等. 川中广安气田天然气成因类型及气源分析[J]. 中国地质，2007，34(5)：829～836.

[22] 王兰生，陈盛吉，杜敏，等. 四川盆地三叠系天然气地球化学特征及资源潜力分析[J]. 天然气地球

科学，2008，19(2)：222～228.
[23] 耿玉臣. 孝泉构造侏罗系“次生气藏”的形成条件和富集规律[J]. 石油实验地质，1993，15(3)：262～271.
[24] 邢恩袁，庞雄奇，肖中尧，等. 塔里木盆地库车坳陷依南2气藏类型的判别[J]. 中国石油大学学报：自然科学版，2011，35(6)：21～27.
[25] 李贤庆，肖中尧，胡国艺，等. 库车坳陷天然气地球化学特征和成因[J]. 新疆石油地质，2005，26(5)：489～492.
[26] 程爱国，林大扬. 中国聚煤作用系统分析[M]. 北京：中国矿业大学出版社，2001.
[27] 杨俊杰，裴锡古. 中国天然气地质学(第四卷)[M]. 北京：石油工业出版社，1996.
[28] 杨华，付金华，刘新社，等. 鄂尔多斯盆地上古生界致密气成藏条件与勘探开发[J]. 石油勘探与开发，2012，9(3)：295～303.
[29] 杨华，魏新善. 鄂尔多斯盆地苏里格地区天然气勘探新进展[J]. 天然气工业，2007，27(12)：6～11.
[30] 蔺宏斌，侯明才，陈洪德，等. 鄂尔多斯盆地苏里格气田北部下二叠统山1段和盒8段物源分析及其地质意义[J]. 地质通报，2009，28(4)：483～492.
[31] 朱如凯，赵霞，刘柳红，等. 四川盆地须家河组沉积体系与有利储集层分布[J]. 石油勘探与开发，2009，36(1)：46～55.
[32] 贾承造，邹才能，李建忠. 中国致密油评价标准、主要类型、基本特征及资源前景[J]. 石油学报，2012，33(3)：343～350.
[33] 赵靖舟，白玉彬，曹青，等. 鄂尔多斯盆地准连续型低渗透——致密砂岩大油田成藏模式[J]. 石油与天然气地质，2012，33(6)：811～827.
[34] 刘新社，席胜利，黄道军，等. 鄂尔多斯盆地中生界石油二次运移动力条件[J]. 石油勘探与开发，2008，35(2)：143～147.
[35] 张文正，杨华，李剑锋，等. 论鄂尔多斯盆地长7段优质油源岩在低渗透油气成藏富集中的主导作用——强生排烃特征及机理分析[J]. 石油勘探与开发，2006，33(3)：289～293.
[36] 庞正炼，邹才能，陶士振，等. 中国致密油形成分布与资源潜力评价[J]. 中国工程科学，2012，14(7)：60 ～67.
[37] 杨华，李士祥，刘显阳. 鄂尔多斯盆地致密油、页岩油特征及资源潜力[J]. 石油学报，2013，34(1)：1～11.
[38] 许浩，张君峰，汤达祯，等. 鄂尔多斯盆地苏里格气田低压形成的控制因素[J]. 石油勘探与开发，2012，39(1)：64～68.
[39] 任战利. 鄂尔多斯盆地热演化史与油气关系的研究[J]. 石油学报，1996，17(1)：17～24.
[40] 赵靖舟，武富礼，闫世可，等. 陕北斜坡东部三叠系油气富集规律研究[J]. 石油学报，2006，27(5)：24～34.
[41] 杨克明，朱宏权. 川西叠覆型致密砂岩气区地质特征[J]. 石油实验地质，2013，35(1)：1～8.
[42] 宋岩，姜林，马行陟. 非常规油气藏的形成及其分布特征[J]. 古地理学报，2013，15(5)：605～614.
[43] 赵靖舟，李军，曹青，等. 论致密大油气田成藏模式[J]. 石油与天然气地质，2013，34(5)：573～583.
[44] 赵文智，胡素云，王红军，等. 中国中低丰度油气资源大型化成藏与分布[J]. 石油勘探与开发，2013，40(1)：1～13.
[45] Hood K C, Yurewicz D A. Assessing the Mesaverde basin-centered gas play, Piceance Basin, Colorado[C]//Cumella S P, Shanley K W, Camp W K. Understanding, exploring, and developing tight-gas sands-2005 Vail Hedberg Conference. AAPG Hedberg Series 3, 2008: 87～104.
[46] Johnson R C. Geologic history and hydrocarbon potential of Late Cretaceous-age, low permeability reservoirs, Piceance Basin, western Colorado[J]. US Geological Survey Bulletin, 1989, 1787-E: 51.
[47] Pittman J K, Spencer C W, Pollastro R M. Petrography, mineralogy, and reservoir characteristics of the Upper Cretaceous Mesaverde Group in the east-central Piceance Basin, Colorado[J]. US Geologi-cal Survey Bul-

letin, 1989, 1787-G: 31.
[48] Cumella S P , Scheevel J. The influence of stratigraphy and rock mechanics on Mesaverde gas distribution, Piceance Basin, Colorado[C]//Cumella S P, Shanley K W, Camp W K. Understanding, exploring, and developing tight-gas sands-2005 Vail Hedberg Conference. AAPG Hedberg Series 3, 2008: 137 ~ 155.
[49] Nordeng S H. The Bakken petroleum system: An example of a continuous petroleum accumulation[J]. DMR Newsletter, 2009, 36(1): 21 ~ 24.
[50] Sonnenberg T A, Pramudito A. Petroleum geology of the giant Elm Coulee Field, Williston Basin[J]. AAPG Bulletin, 2009, 93(9): 1127 ~ 1153.
[51] 谌卓恒, Kirk G Osadetz. 西加拿大沉积盆地 Cardium 组致密油资源评价[J]. 石油勘探与开发, 2013, 40(3): 320 ~ 328.
[52] Krause F F, Deutsch K B, Joiner S D, et al. Cretaceous Cardium Formation of the Western Canada Sedimentary Basin[C]//Mossop G D, Shetsen I. Geological atlas of the Western Canada Sedimentary Basin. Calgary, Canada: Canadian Society of Petroleum Geologists and Alberta Research Council, 1994.
[53] 郭永奇, 铁成军. 巴肯致密油特征研究及对我国致密油勘探开发的启示[J]. 辽宁化工, 2013, 42(3): 309 ~ 312, 317.
[54] 姚泾利, 邓秀芹, 赵彦德, 等. 鄂尔多斯盆地延长组致密油特征[J]. 石油勘探与开发, 2013, 40(2): 150 ~ 158.
[55] 张妮妮, 刘洛夫, 苏天喜, 等. 鄂尔多斯盆地延长组长 7 段与威利斯顿盆地 Bakken 组致密油形成条件的对比及其意义[J]. 现代地质, 2013, 27(5): 1120 ~ 1130.
[56] Sonnenberg S A, Appleby S K, Sarg J R. Quantitative mineralogy and microfractures in the middle Bakken Formation, Williston Basin, North Dakota [R]. New Orleans: AAPG Annual Convention and Exhibition, 2010.
[57] 刘传喜, 姚合法, 严谨, 等. 低渗岩性气藏开发选区评价方法研究[J]. 石油与天然气地质, 2008, 29(5): 697 ~ 702.
[58] 李熙喆, 万玉金, 陆家亮, 等. 复杂气藏开发技术[M]. 北京: 石油工业出版社, 2010.
[59] 孙赞东, 贾承造, 李相方, 等. 非常规油气勘探与开发[M]. 北京: 石油工业出版社, 2011.
[60] 王卫红, 沈平平, 马新华, 等. 低渗透气藏气井产能试井资料分析方法研究[J]. 天然气工业, 2005, 25(11): 76 ~ 78.
[61] (美)阿普斯等著. 生产动态分析理论与实践[M]. 北京: 石油工业出版社, 2008.
[62] 李士伦等. 气田开发方案设计[M]. 北京: 石油工业出版社, 2006.
[63] 史云清等. 中国石化油气开采技术论坛论文集(2013)[M]. 北京: 中国石化出版社, 2013. 198 ~ 206.
[64] 郝蜀民, 陈召佑, 李良, 等. 鄂尔多斯大牛地气田致密砂岩气成藏理论与勘探实践[M]. 北京: 石油工业出版社, 2011.
[65] 陈召佑, 王志章, 刘忠群, 等. 鄂尔多斯盆地大牛地气田致密砂岩气藏开发模式[M]. 北京: 石油工业出版社, 2013.
[66] 邢景宝. 大牛地低压致密气藏储层改造理论与实践[M]. 北京: 中国石化出版社, 2009.
[67] 李道品, 逻迪强, 刘雨芬. 低渗透砂岩油田开发[M]. 北京: 石油工业出版社, 1997(9).
[68] 李道品. 低渗透油田高效开发决策论[M]. 北京: 石油工业出版社, 2003(6).
[69] 杨俊杰. 低渗透油气藏勘探开发技术[M]. 北京: 石油工业出版社, 1993(10).
[70] 朱维耀, 孙玉凯, 等. 特低渗透油藏有效开发渗流理论和方法[M]. 北京: 石油工业出版社, 2010(8).
[71] 杨正明, 郭和坤, 等. 特低-超低渗透油气藏特色实验技术[M]. 北京: 石油工业出版社, 2012(12).
[72] 姚军, 赵秀才, 衣艳静, 等. 数字岩心技术现状及展望[J]. 油气地质与采收率, 2005, (06): 52 ~ 54.
[73] 姚军, 赵秀才, 衣艳静. 储层岩石微观结构性质的分析方法[J]. 中国石油大学学报: 自然科学版, 2007, (01): 80 ~ 86.

[74] 陶军，姚军，赵秀才．利用 IRIS Explorer 数据可视化软件进行孔隙级数字岩心可视化研究[J]．石油天然气学报(江汉石油学院学报)，2006，(05)：51～53.
[75] 李爱芬，刘敏，张少辉．特低渗透油藏渗流特征实验研究[J]．西安石油大学学报；自然科学版，2008，(02)：35～39.
[76] 刘卫东，刘吉，孙灵辉，等．流体边界层对低渗透油藏渗流特征的影响[J]．科技导报，2011，(22)：42～44.
[77] 李爱芬，刘敏，张化强，等．低渗透油藏油水两相启动压力梯度变化规律研究[J]．西安石油大学学报；自然科学版，2010，(06)：47～50.
[78] Ferreol B, Rothman D H. Lattice-Boltzmann Simulations of Flow-through Fontainebleau Sandstone[J]. Transport in Porous Media, 1995, 20: 3～20.
[79] Guodong Jin, Tad W. Patzek, Dmitry B. Silin. Direct Prediction of the Absolute Permeability of Unconsolidated and Consolidated Reservoir Rock[J]. SPE 90084, 2004.
[80] Gunstensen A K, Rothman D H, Zanetti G. Lattice Boltzmann model of immiscible fluids[J]. Physical Review A, 1991. 43(8): 4320～4327.
[81] Shan X, Chen H. Lattice Boltzmann model for simulating flows with multiple phases and components[J]. Physical Review E, 1993. 47(3): 1815～1819.
[82] Swift M R, Osborn W R, Yeomans J M. Lattice Boltzmann Simulation of Non-Ideal Fluids[J]. Physical Review Letters, 1995. 75(5): 830～833.
[83] 陶军，姚军，李爱芬，等．孔隙级网络模型研究油水两相流[J]．油气地质与采收率，2007，(02)：74～77.
[84] 赵秀才，姚军．数字岩心建模及其准确性评价[J]．西安石油大学学报；自然科学版，2007，(02)：16～20.
[85] 姚军，赵秀才．数字岩心及孔隙级渗流模拟理论[M]．北京：石油工业出版社，2010.
[86] Inamuro T, Konishi N, Ogino F. A Galilean invariant model of the lattice Boltzmann method for multiphase fluid flows using free-energy approach[J]. Computer Physics Communications, 2000. 129(1－3): 32～45.
[87] Oda M. An Equivalent Continnum Model for Coupled Stress and Fluid Flow Analysis in Jointed Rock Masses[J]. Water Resources Research, 1986, 22(13): 1845～1856.
[88] Settari A, Kry P R, Yee C T. Coupling of fluid flow and soil behavior to model injection into uncemented oil sands[J]. JCPT, 1989, (1): 81～92.
[89] 宁正福、韩树刚、程林松，等．低渗透油气藏压裂水平井产能计算方法[J]．石油学报，2002，23(2)：68～71.
[90] 郎兆新、张丽华、程林松，等．压裂水平井产能研究[J]．石油大学学报；自然科学版，1994，18(2)：43～46.
[91] Hazlett R D. Satistical characterization and stochastic modeling of pore networks in relation to fluid flow[J]. Mathematical Geology, 1997, 29(6): 801～801.
[92] Dunsmuir J H, Ferguson S R, D'Amico K L, et al. X-ray microtomography: A new tool for the characterization of porous media. Proceedings of the SPE Annual Technical Conference and Exhibition[J]. SPE 22860, Society of Petroleum Engineers of AIME, Richardson, TX, United States, 1991: 423～430.
[93] Fredrich J T, Menendez B, Wong T F. Imaging the pore structure of geomaterials[J]. Science, 1995, 268(5208): 276～279.
[94] 王晨晨，姚军，杨永飞，等．基于 CT 扫描法构建数字岩心的分辨率选取研究[J]．科学技术与工程，2013，13(4).
[95] Okabe H, Blunt M J. Prediction of permeability for porous media reconstructed using multiple-point statistics[J]. Physical Review E, 2004, 70(6): 066135.

[96] Wu K J, Van Dijke M I J, Couples G D, et al. 3D stochastic modelling of heterogeneous porous media-Applications to reservoir rocks[J]. Transport in Porous Media, 2006, 65(3): 443 ~ 467.
[97] Oren P E, Bakke S. Process based reconstruction of sandstones and prediction of transport properties[J]. Transport in Porous Media, 2002, 46(2 - 3): 311 ~ 343.
[98] 冉新权. 超前注水理论与实践[M]. 北京: 石油工业出版社, 北京, 2011(3).
[99] 王元基. 水平井油田开发技术文集[C]. 北京: 石油工业出版社, 2010(5).
[100] 宁正福, 韩树刚, 程林松, 等. 低渗透油气藏压裂水平井产能计算方法[J]. 石油学报, 2002, 23(2): 68 ~ 71.

第四章　煤层气勘探开发

第一节　煤层气的勘探开发历程及现状

一、国外煤层气勘探开发历程及现状

煤层气是一种洁净能源，勘探开发与利用煤层气，可以提高能源供应能力，促进国民经济快速发展；可以改善能源结构，形成洁净能源新产业；可以从根本上防治煤矿瓦斯事故，改善煤矿安全生产条件；还可减少煤层气排放导致的温室效应，保护大气环境。因此，世界主要产煤国家十分重视煤层气的开发和利用。目前，美国、加拿大、澳大利亚、中国、印度、英国、德国、波兰、西班牙、法国、捷克、新西兰等十多个国家已经不同程度地投入煤层气勘探和开发，并开取得了大量成果。其中美国、加拿大、澳大利亚的煤层气产业发展迅速(赵庆波等，2009)。

（一）美国

美国是全世界开展煤层气勘探开发最早、取得成果最大的国家。美国自20世纪50年代就开展了煤层气的研究和探索。特别是在20世纪80年代初，美国在西部落基山造山带和东部阿帕拉契亚造山带的两个重要含煤盆地群中进行了全面的煤层气成藏条件探索，通过现场和实验室工作的紧密配合，形成了关于煤层气产出“排水－降压－解吸－扩散－渗流”过程的突破性认识，率先建立了中煤阶煤层气成藏与开发的系统理论。在此理论指导下，形成了以沉积、构造、煤化作用、含气性及渗透率为主体的煤层气评价方法及开发模式，并成功地建成了以圣胡安和黑勇士盆地为中心的煤层气产业基地。这是煤层气产业发展过程中具有标志性意义的成果。在该成果推动下，同时也在优惠政策鼓励下，美国煤层气产业快速发展，产量从1980年的不足$1\times10^8m^3$，到2007年的$540\times10^8m^3$，约占美国当年天然气总产量的13%。2009年生产井达38000口，探明可采储量$2.5\times10^{12}m^3$，产煤层气$493\times10^{12}m^3/a$，成为重要的能源资源。近期产量下滑，原因可能是美国气价低，勘探开发投入下降所致。

（二）加拿大

加拿大17个盆地和含煤区的煤层气资源量合计为$22.7\times10^{12}m^3$，其中阿尔伯达省达$11\times10^{12}m^3$。含煤层系为白垩系马蹄谷组，煤层埋藏浅(200～800m)，煤层多(30层)，累计厚度大于30m，单层厚为0.5～3m，含气量为$5m^3/t$，镜质体反射率(R_o)为0.4%～0.5%。加拿大煤层气开发起步较晚，2001年仅有250口煤层气生产井，其中4口井单井产量达到$2000\sim3000m^3/d$。但到2009年，生产井达9900口，探明可采储量达$3.7\times10^{12}m^3$，产量达$84\times10^8m^3$。2010年产量超过$140\times10^8m^3$。加拿大煤层气产业快速发展，既得益于联邦政府对非常规天然气开发的宏观引导及高气价格的驱使，也得益于连续油管大排量氮气压裂技术、单分支水平井钻井和筛管完井技术等新技术的开发应用。据加拿大国家能源委员会预测，加拿大煤层气年产量还将长期快速提高，至2020年将达到$(280\sim390)\times10^8m^3$。

（三）澳大利亚

澳大利亚煤层气资源量为$(8.4\sim14)\times10^{12}m^3$，主要分布在东部悉尼、鲍恩和苏拉特3个含煤盆地，属低灰(6%～17%)、低硫(0.3%～0.8%)、高发热量的优质煤。澳大利亚煤层气勘探始于1976年，末以来，由于充分吸收美国煤层气资源评价和勘探、测试方面的成功经验，针对本国煤层含气量高、含水饱和度变化大、原地应力高等地质特点，成功开发和应用了水平井高压水射流改选技术和"U"型井技术。1998年，澳大利亚煤层气产量只有$0.56\times10^8m^3$，但到2009年即达到$40\times10^8m^3$，近年增速超过39%。2010年达$60\times10^8m^3$以上，其中鲍温、苏拉特盆地煤层气产量占全国80%以上。

二、中国煤层气勘探开发现状

我国自20世纪80年代开始引进煤层气的概念，并开展相关研究和生产探索。90年代中期以来，我国煤层气逐步进入产业化阶段，先后在山西沁水盆地、河东煤田，安徽淮南和淮北煤田，辽宁阜新、铁法、抚顺、沈北矿区，河北开滦、大城、峰峰矿区，陕西韩城矿区，河南安阳、焦作、平顶山、荥巩煤田，江西丰城矿区，湖南涟邵、白沙矿区和新疆吐哈盆地等地区开展了煤层气勘探和开发试验工作，取得了较好的成效。在这个艰苦探索过程中，中国石化始终走在全国前列。80年代后期，中国石化华北分公司（原地质矿产部华北石油地质局）引进国外煤层气勘探开发理论和技术，开展了华北地区石炭系、二叠系煤层气评价研究。90年代初期，华北分公司在7个地区钻井21口井，在柳林杨家坪成功建成了全国第一个煤层气试验井网，共7口井，单井产量1000 ~7000m^3/d，同时发展了煤层气勘探开发评价选区技术及工程工艺技术。90年代以来，中原油田也迅速掌握了煤层气钻井、固井、试井、增产改造、排采等工程工艺技术，并长期开展煤层气工程技术服务，取得良好效益。

"十一五"以来，中国煤层气产业稳步快速发展，截至2010年年底，全国探明地质储量$2811.43\times10^8m^3$（表4-1），其中仅2010年新增探明地质储量$1115.58\times10^8m^3$；到2011年6月底，全国钻煤层气井6300余口，产量达到$531\times10^4m^3/d$（表4-2）（赵庆波等，2011）。2012年钻井数迅速增加，累计12547口，但煤层气产量低，仅$26.2\times10^8m^3$；主要产建区为沁水盆地南部和鄂尔多斯盆地东缘高煤阶含气带。这期间最大的成果是探明了两个千亿立方米大气田：沁水气田探明地质储量$1560\times10^8m^3$；鄂东气田探明地质储量$764.6\times10^8m^3$，控制地质储量、预测地质储量$1722.65\times10^8m^3$。两气田已形成规模生产能力。这些成果的取得，得益于国家下发国办"47号文件"和"适度放开专营权"等文件的政策支持；得益于更多单位投入更多资金进行煤层气勘探开发；也得益于新技术、新工艺的应用，大幅度提高了单井产量。

表4-1　中国煤层气探明储量表（赵庆波等，2011）

单位	地区	区块	层位	含气面积/km^2	探明地质储量/10^8m	可采地质储量/10^8m
中国石油	沁水气田	樊庄	P_1s、C_3t	182.22	352.26	176.13
		郑庄	P_1s、C_3t	482.19	800.27	400.15
	鄂东	三交	P_1s、C_3t	282.19	435.4	218
		韩城	P_1s、C_3t	292.44	329.2	161.35
	合计			1239.04	1917.13	955.63

续表

单位	地区	区块	层位	含气面积/km^2	探明地质储量/10^8m	可采地质储量/10^8m
中联公司	沁水气田	柿庄	P_1s、C_3t	50.70	137.87	74.86
		潘庄	P_1s、C_3t	175.50	206.39	182.12
		合计		226.20	344.26	237.24
铁法煤业	铁法	合计		135.49	77.30	38.65
阳泉煤业	阳泉	合计		94.04	191.34	75.06
东宝能	长子	长子西部	P_1s、C_3t	70.56	142.42	64.09
		慈林山区	P_1s、C_3t	11.24	16.37	7.36
		合计		81.80	158.749	71.45
港联	韩城	板桥	P_1s、C_3t	4.19	3.61	1.8
其他	柳林、寺河、成庄、郑庄			127.74	119	59.5
全国	总计			1909.21	2811.43	1439.33

表4-2　中国煤层气勘探开发数据表(赵庆波等，2011)

单　位	钻井/口	探井/口	投产老井/口	日产气/10^4m^3	单井日产气/m^3
中国石油	2127 +120 水平井	655	1238	132	1000 ~ 55000
中联煤	772 +5 水平井	155	230	50	2000 ~ 5000
格瑞克	169 +1 水平井	18	53	6	500 ~ 3000
中国石化	53 +1 水平井	53			1600 ~ 2560
晋煤、阳煤、潞煤集团	2810 +3 水平井	46	1850	320	1500 ~ 10000
阜新、铁法、抚顺、沈北	90	24	69	9	2000 ~ 16000
亚美、焦作、美中能源、奥瑞安、富地、远东、寺河	84 +34 水平井	55	60	14	5000 ~ 100000
其他国企、外资、民营(河南45 口、云南20 口、新疆50 口)	185 +3 口水平井	160			900 ~ 2000
合　计	6290 +167 口水平井	1166	3500	531	

第二节　煤层气基本地质特征

一、煤层沉积环境

根据水动力条件、岩性组合、沉积物特点及成煤介质的不同，可将煤层发育的沉积环境分为泥炭沼泽(狭义)和泥炭坪。前者发育于河流泛滥平原及三角洲平原之上，按其共生的沉积体系、成煤沉积序列可细分为河漫(岸后)泥炭沼泽、湖滨沼泽、扇端泥炭沼泽、三角洲平原泥炭沼泽；后者发育在受潮汐作用影响的多种环境中，受覆水深度变化的影响较大，按照上述特征可细分为潟湖泥炭坪、堡后泥炭坪、潮汐三角洲泥炭坪、碳酸盐岩台地泥炭坪等。

不同沉积环境形成的煤的显微组分有所不同。在覆水、还原环境下形成的煤层，镜质组含量高，有利于割理发育，储集物性好，含气量高，单井产量高。三角洲平原相中的分流间湾亚相以及潮坪泥炭坪相的还原性较强，因此煤层的镜质组含量相对较高，储集物性相对较好。湖滨沼泽相等环境中形成的煤层镜质组含量较低，储集物性相对较差。

二、煤储层岩石学特征

煤是可燃有机岩石，其组成上有明显的非均质性，主要因为煤层是有机物质、无机物质及孔隙-裂隙中的水和气体 3 个部分组成。固体相煤基质由大小不等、形状不同、成分不一的有机质和混入的矿物质组成，是煤的主体。用肉眼观察，煤由各种宏观煤岩成分组成，可根据这些宏观煤岩成分不同而划分出各种宏观煤岩类型。显微镜下，煤由各种显微煤岩组分所组成。不同的宏观煤岩类型是由不同的显微煤岩类型所组成的。

煤的显微组分按有机组分性质和成分分为壳质组、镜质组、惰质组。壳质组是成煤植物中生物化学稳定性最强的部分，即植物的繁殖器官和保护器官所组成的。壳质组在透射光下透明，呈浅黄到深红色，外形各有明显特征；油浸反射光下多呈黑灰和浅灰，大多数稍有突起。镜质组在煤中最常见，在大多数煤中其含量达 65% ~80% 以上，是植物的茎干、根和叶等组织的木质素、纤维素经煤化而形成的，它具有黏结性，热解时溶解并黏结惰性组分。镜质组中的结构镜质体具有植物细胞结构；无结构镜质体通常看不到植物细胞结构；均质镜质体呈条带状或透镜状，轮廓清晰、均一；基质镜质体是胶结其他显微组分和同生矿物的基质；碎屑镜质体是呈碎屑状的镜质组组分。惰性组原始物料与镜质组相同，但是它是经过丝质化作用而形成的。丝质组在透射光下黑色不透明；油浸反射光下呈白色到黄色，有不同程度的突起。由于丝质化成因、丝质化程度及原始物料的不同，丝质组可分为微粒体、粗粒体、半丝质体、丝质体、巩膜体、惰屑体等显微成分。

按照煤的成因可以将煤分成腐殖煤、腐泥煤和残留煤。腐殖煤是由高等植物经成煤作用形成的；腐泥煤是由海藻之类的低等植物的残骸生成的；残留煤是由不易被细菌分解的植物生成的，常残留有植物，像蜡煤和一些烛煤等。

三、煤储层物性特征

煤储层是由孔隙、裂隙组成的双重结构系统，可以被理想化为由一系列裂隙切割成规则的含微孔隙的基质块体，煤中的基质孔隙，是吸附态和游离态煤层气的主要储集场所，气体的吸附量与煤的孔隙发育程度和孔隙结构特征有关。煤基质孔隙孔径小、数量多，是内表面积的主要贡献者，为煤层气的储集提供了充足的空间。煤储层的裂隙系统是煤中流体渗透的主要通道。

（一）煤储层孔隙

1. 煤储层孔隙分类

常以孔隙大小、形态、结构、类型、孔隙度、孔容、比表面积等指标参数来表征孔隙的特征。在目前技术条件下，多采用普通显微镜和扫描电镜（SEM）观测，以及压汞法和低温氮吸附法测试等方法来研究煤的孔隙特征。按照成因分为植物组织孔、气孔、粒间孔、晶间孔、铸模孔、溶蚀孔等（郝奇，1987）。针对孔隙，一般采用霍多特的空间尺度分类方法，将其分为大孔（ >1000nm）、中孔（100 ~1000nm）、小孔（10 ~100nm）、微孔（ <10nm）。气体在大孔中主要以层流和紊流方式渗透，在微孔中以毛细管凝结、物理吸附及扩散现象等方式存在。

2. 煤储层孔隙定量描述

煤基质孔隙可用3个参数定量描述：总孔容，即单位质量煤中孔隙的总体积(cm^3/g)；孔面积，即单位质量煤中孔隙的表面积(cm^2/g)；孔隙率，即单位体积煤中孔隙所占的总体积(%)。按照油气储层分类标准，煤层多属于致密储层或低渗储层，天然气在煤层的运移不是通过孔隙而是通过裂隙实现的，基质孔隙中煤层气的运移仅是扩散。因此，煤层气的研究中一般不采用有效孔隙率这一名词，而采用裂隙孔隙率，用以评价煤层气的运移情况。绝对孔隙度则是用于评价储层的储集性能。煤的总孔容一般在0.02～0.2cm^3/g之间，孔面积一般在9～35cm^2/g之间，孔隙率一般在1%～6%之间。

3. 煤储层孔隙影响因素

煤的孔隙度、孔径分布和孔比表面积与煤级关系密切。

随着煤级增高，煤的孔隙度一般呈高一低一高的规律变化。低煤阶时煤的结构疏松，孔隙体积大，大孔占主要地位，孔隙度相对高；中煤阶时，大孔隙减少；高煤阶时，孔隙体积小，微孔占主要地位。肥煤、焦煤、瘦煤中大孔和中孔发育，特别是焦煤最高，可以占总孔隙体积的38%左右，对煤层气的降压、解吸、扩散、运移有利，是当前煤层气勘探开发最有利的目标。

煤的孔径分布与煤化程度有着密切关系。褐煤中不同级别孔隙的分布较为均匀；到长焰煤微孔显著增加，大孔、中孔则明显减少(陈鹏，2011)。中等煤化程度的烟煤阶段，孔径分布以大孔和微孔占优势，中孔比例降低。到高变质阶段的瘦煤、无烟煤阶段，微孔占大多数，孔径大于100nm的中孔、大孔仅占总孔容的10%左右。

在中、低煤阶阶段，随着煤变质程度的增高，煤的比表面积逐渐降低；到焦煤-无烟煤阶段，煤的比表面积又开始增加。

（二）煤储层裂隙

1. 煤储层裂隙分类

煤中的裂隙又称作节理，指断裂后，断裂面两侧煤岩没有发生沿裂开面的显著位移，或仅有微量位移的断裂。裂隙和断层广泛发育于煤层中，是煤层气在煤储层中运移的主要通道，也是煤储层具有渗透性的先决条件。按照成因，可以将煤中裂隙分为3类：原生裂隙(节理)、风化裂隙(节理)、构造裂隙(节理)，前者为内生裂隙，后两者为外生裂隙。

原生裂隙通常是煤化作用过程中煤中凝胶化组分体积收缩变形的结果，主要为小裂隙和微裂隙。常局限于光亮煤和半亮煤中，与层理面呈高角度相交，主要有两组，呈近直角相交，延伸可达数毫米到数厘米。发育程度与煤级密切相关，中煤阶煤中最发育，如焦煤、镜煤条带中的裂隙。

风化裂隙属于煤层受风化作用产生的裂隙，常由其他裂隙风化扩大而形成。其特点是裂隙排列不规则，常常是地表发育，随深度增加裂隙密度很快降低，到一定深度后，风化裂隙不复存在。

构造裂隙在煤层和岩石中都常见，属于受构造变动作用形成的裂隙。按其力学成因，分为张裂隙、剪裂隙两类。前者是在张应力条件下形成的裂隙；后者是在剪应力条件下形成的裂隙。

2. 煤储层裂隙的表征参数

对煤储层中裂隙的描述可以在矿井煤层剖面、钻孔煤心或煤岩手标本上进行，内容包括走向、倾向、倾角、长度、宽度、高度、密度、矿物充填状况、表面形态或粗糙度、组合形态、连通性等。这些性质均会对煤储层的渗透性和工程力学性质产生重要影响。

3. 煤储层裂隙影响因素

煤裂隙同样受到煤变质作用的影响。中等变质程度的光亮煤和半亮煤中的裂隙最发育，这些煤层分布区是煤层气勘探开发的优选靶区（张胜利，1995，2011）。裂隙的频率与煤阶存在函数关系，发育频率从褐煤到中等挥发分烟煤逐步增大，而后到无烟煤则逐步下降（Law，1993）。中等变质程度的煤层内生裂隙最为发育，提高了煤的渗透性和基质孔隙连通性，煤储层物性条件好，在勘探过程中容易降压，有利于煤层气的解吸、扩散和运移，是最有利煤层气开发的煤级（宁正伟，1996）。煤中孔隙的发育除了受控于煤相之外，还受煤阶和变质作用类型的控制；微裂隙的发育受煤岩成分和煤变质双重因素的控制；内生裂隙的发育除了受煤岩成分影响外，还受煤变质的制约（王生维，1995）。裂隙的密度主要取决于煤级，一般在镜质组反射率为1.3%左右时裂隙密度最大（毕建军，2001）；裂隙在高煤阶阶段发生闭合作用，主要是由于次生显微组分的充填和胶合作用所致。

（三）煤储层渗透率

煤储层渗透率是反映煤层中流体渗透性能的重要参数，决定着煤层气的运移和产出，是煤储层物性评价中最直接的评价指标。煤层气勘探初期的渗透率主要有试井渗透率和煤岩（实验室）渗透率两种。试井渗透率最能反映储层原始状态下的渗透率，因此是比较可靠的渗透率确定方法。试井渗透率是在现场通过试井直接测得的，对煤储层而言，多采用段塞法和注水降压法（Zuber，1998）。当研究区没有试井渗透率资料时，可选取煤岩渗透率替代试井渗透率。

煤岩渗透率是通过实验室常规煤岩心分析获得的。相对于试井渗透率，煤岩渗透率有其局限之处，常由于环境条件的改变而不能反映真实情况。首先，煤岩渗透率一般在常温、常压下测得，与煤储层高温、高压的原始状态不符；其次，实验室渗透率由于样品过小而降低了测试精度；最后，即使煤样足够大也不能完全反映煤储层大的外生裂隙，因此常低估了煤储层的实际渗透率。相反，煤样在运送、制样过程中也可能形成人工裂隙，这样就高估了煤储层的实际渗透率。虽然煤岩渗透率用于评价煤储层渗透率时存在不足之处，但由于比较容易获得，故一直作为煤储层渗透率评价的主要指标。特别是对没有煤层气钻井的低勘探区域进行评价时，可选择煤岩渗透率作为评价储层渗透率的重要指标。

煤储层渗透率受控于多种复杂的地质条件（孟召平，2010），如地质构造、应力状态、煤层埋深、煤体结构、煤岩煤质特征、煤变质程度和天然裂隙系统等都不同程度地影响着煤储层渗透率。我国多数煤层在其沉积后经历了多个期次、多个方向的应力场改造，煤储层原始渗透性主要取决于天然裂隙的发育程度和裂隙的张开度，其中天然裂隙的发育程度受控于煤化历程和相关构造运动的综合作用；而裂隙的张开度受控于原岩应力（现今地应力）。在煤层气开发过程中，随着水、气排出，煤储层压力逐渐下降，导致煤储层有效应力增加，煤储层发生显著的弹塑性形变，微孔隙和裂隙被压缩和闭合，从而使煤储层渗透率明显下降。因此影响煤储层渗透性的主要因素有地质构造、煤体结构、煤层埋深和现今地应力等。

四、煤储层吸附与解吸特征

（一）煤储层吸附特征

在地层条件下，煤层气最主要的赋存状态是吸附态。煤的吸附能力是影响煤层含气量的关键因素之一，其吸附特性参数及等温吸附曲线是评价煤层气资源及其开发潜力的重要参数。

1. 煤储层吸附能力表达方式

煤对甲烷的吸附服从 Langmuir 方程：

$$V = V_L \times P/(P_L + P) \tag{4-1}$$

式中，V 为吸附量，m^3/t；P 为压力，MPa；V_L和 P_L分别为 Langmuir 体积和压力。

Langmuir 体积 V_L是衡量煤岩吸附能力的量度，其值反映了煤的最大吸附能力。Langmuir 压力 P_L是影响吸附等温线形态的参数，是指吸附量达到 $0.5V_L$ 时所对应的压力值，该指标反映煤层气解吸的难易程度。P_L越高，煤层中吸附态气体脱附就越容易，开发越有利；P_L越低，气体脱附越困难，开发越不利。

2. 煤储层吸附能力影响因素

在等温条件下，煤岩天然气吸附量与储层压力呈正相关。随着压力的增高，吸附量增大，但不同压力区间内吸附量的增长率不等，一般在高压力区间，吸附量随压力增加而增幅逐渐变小，直到增幅为零时，煤的吸附达到饱和状态。

煤的变质程度、显微煤岩组成对煤的孔隙、裂隙发育程度有制约作用，进而对煤的吸附能力产生明显影响。由于煤孔隙率、孔隙结构、变质程度、储层压力和温度在平面上的变化，导致同一煤层在平面上的煤吸附能力存在一定差异。

煤中水分含量会对煤中甲烷的吸附能力产生重要影响，这是由于煤中水分和气体分子与煤结构之间具有相似特征，水分子与煤之间不存在共价键，都是以较弱的范德瓦耳斯力吸附在煤中，即煤对水分子产生物理吸附所致。水为极性分子，极性键的存在使水分子与煤孔隙内表面之间的结合力更强、更紧密，水分子比甲烷分子更易吸附于煤中，从而降低了煤对甲烷的吸附量。

正常情况下，煤层埋深增大，储层压力和储层温度均有所增加，从而导致煤吸附能力变化。一般来讲，从风化带边界到400～600m 埋深，煤层气含量增加最快；在 800～1000m 埋深，煤层气含量增加幅度减缓；到更大的埋藏深度，由于温度的负效应大于压力的正效应，煤层气含量随深度的增大而趋于减小。当温度负效应等于压力正效应时，煤层气含量不再随深度增加而增大，这一埋藏深度称为“临界深度”，临界埋深一般为 1200～2000m。

（二）煤储层解吸特征

解吸是吸附的逆过程，处于运动状态的气体分子因温度、压力等条件的变化，导致热运动动能增加而克服气体分子和煤基质之间的引力作用，从煤的内表面脱离成为游离态，即发生了解吸。煤层气的开采正是利用这一原理，人为排水降压，打破能量平衡而使甲烷分子解吸成为游离的煤层气。

解吸是一个动态过程，它包括微观和宏观两种意义。在原始状态下，煤基质表面上或微孔隙中的吸附态煤层气与裂隙系统中的煤层气处于动态平衡；当外界压力改变时，这一平衡被打破。当外界压力低于煤层气的临界解析压力时，吸附态煤层气开始解吸。首先是煤基质表面或微孔内表面上的吸附态发生脱附（即微观解吸）；随后在浓度差作用下，已经脱附的气体分子经基质向裂隙中扩散（即宏观解吸）；最后在压力差作用下，扩散至裂隙中的自由态气体继续做渗流运动。这 3 个过程是一个有机统一体，相互促进，相互制约。

第三节 煤层气形成条件及主控因素

一、煤层气成因类型

有机质在中位沼泽和高位沼泽时，处于氧化环境，在喜氧细菌的分解作用下，生成大量气体，但均逸散于大气中。当有机质进入隔氧层后，在厌氧细菌的作用下，氧气减少到零，氧化作用结束，形成 $Eh<0$ 的地球化学环境，此时有机质被大量保存堆积形成泥炭层。自泥炭层开始，在整个煤层演化过程中，泥炭层及后来的煤层生成大量天然气并部分保留在煤层中，按其成因可大致分为如下 3 种类型。

（一）原生生物气

泥炭在细菌的分解下可生成大量的生物成因天然气，但当时保存条件差，气体很容易扩散到大气中，绝大部分气体无法保存。进入褐煤阶段（$R_{o,max}<0.50\%$），可生成并保存一定规模的生物成因天然气（主要是甲烷）。

（二）热成因气

当煤层上覆地层厚度不断加大，温度和压力也随之增加，煤变质作用开始，即当 $R_{o,max}>0.5\%$ 时，进入长焰煤阶段，一直到无烟煤Ⅲ号、Ⅱ号，煤层在热力作用下大量生成天然气，此时恰逢保存条件较好，故大量保存下来，形成现今煤层气资源的主体。一般而言，随着煤变质程度增加，煤层生气量在早期快速增加，在焦煤、瘦煤阶段生气量最大，但当演化到贫煤甚至无烟煤后，煤层生气量又将逐步减小（图 4-1）。

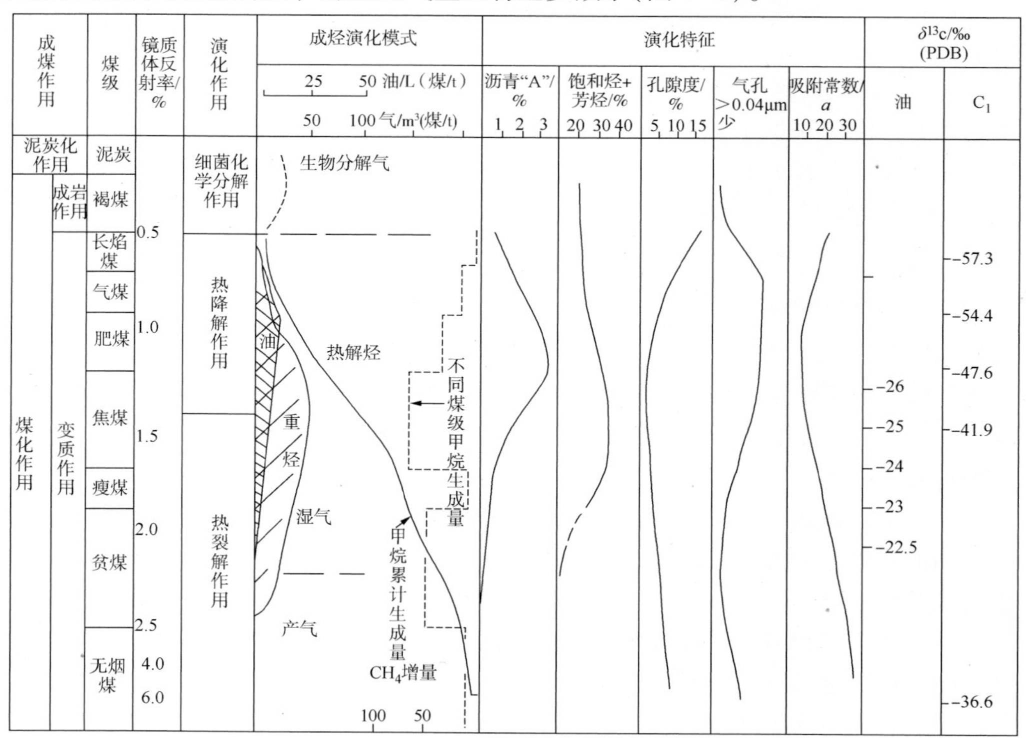

图 4-1 煤的成烃模式和有关演化特征（张新民等，2002）

（三）次生生物气

煤层形成之后，被抬升或隆起时，在浅部煤层中温度降低到56℃以下，生成甲烷的细菌能够存活。这些细菌由地表水与地下水交换，随着水体进入煤层，并发生新陈代谢活动，生成次生生物气。次生生物气可以发生在各煤层演化阶段，这对勘探和生产具有重要意义。

二、煤层气富集条件

影响煤层气富集的因素较复杂，总结我国煤层气勘探开发经验，初步认为可以从区域地质、含煤性、含气性和可采性四大类进行研究，并进一步从沉积作用、构造热事件、聚煤作用、煤岩煤质、含气量及组分、等温吸附、储层压力、渗透性和封盖条件九大项进行分析讨论（表4-3），以期深入研究煤层气的富集条件。不同盆地和含气带的煤层气富集条件不同，因此系统分析煤层气的富集条件，研究目标区煤层气富集主控因素，是煤层气勘探开发选区和部署中首先要解决的问题。

表4-3　煤层气富集因素分类表

类　型	参　数		类　型	参　数	
区域地质	沉积作用	聚煤时代	含气性	含气量及组分	含气量
		沉积相			CH_4含量
	构造热事件	断层			$\delta^{13}C_1$
		褶皱		等温吸附	兰氏体积
		地应力			兰氏压力
		地温			含气饱和度
		岩浆作用		储层压力	临界解吸压力
含煤性	聚煤作用	煤层厚度			煤储层压力
		埋深			储层压力梯度
		煤层分布	可采性	渗透性	孔隙度
		夹矸/透镜体			割理
		冲刷带			煤体结构
		陷落柱			渗透率
	煤岩煤质	宏观煤岩		封盖条件	水动力
		镜质组			水化学（矿化度）
		灰分			顶底板岩性
		煤阶			顶底板厚度

（一）区域地质条件

1. 沉积作用

沉积环境控制着煤层气的储盖组合、几何形态、煤层厚度等。泥炭沼泽相的变化比其他沉积相要复杂，导致煤储层多具有平面、层内和层间非均质性。

（1）海陆沉积相差异。海陆交互相成煤环境以滨海冲积平原、滨岸沼泽、潟湖和三角洲平原为主，形成的煤层一般分布稳定，范围较大。海平面升降引起煤层特征的变化，是导致层间及层内非均质性变化的一个重要因素（金振奎等，2004）。陆相泥炭沼泽中形成的煤层横向延伸范围小、相变较快。陆相盆地地形、地貌、地质分异性强，物源补给近而充足。构造、气候等因素容易造成沉积基准面和可容纳空间变化，并得到沉积作用的快速响应，进而引起岩性、岩相的多变。成煤作用对盆地地质背景与沉积作用的反应更为敏感，煤层变薄、分岔、尖灭现象常见，厚度变化快，煤体几何形态复杂。煤平面形态差异表现显著，剖面形态也有相应变化，煤体形态变化受控于煤层直接下伏沉积体系和泥炭沼泽类型。对煤储层几何特征的认识可影响煤层气资源量的估算精度(桑树勋等，2001)。

(2) 聚煤时代。煤相取决于造泥炭时的沉积环境，主要表现在宏观煤岩类型，肉眼可见结构、夹矸及微观显微组分和矿物质等方面，造泥炭沼泽主要取决于沼泽形成背景、营养供给和造泥炭植物群落特征等。煤相的垂向变化通常大于横向变化。不同时代、不同沉积环境条件下的煤相不同，即使同一煤层的不同部位也有明显区别。在我国，晚古生代近海聚煤环境条件形成的煤及煤层气藏比中新生代陆相聚煤环境条件下形成的煤及煤层气藏要均一得多。中新生代陆相聚煤环境下形成的煤体几何形态异常复杂(王生维等，2000)，内部岩性变化也明显，其不均一性很强。

2. 构造热事件

构造活动对煤层气生成、运移、赋存、富集乃至后期改造等有直接作用，而且还对其他地质要素有影响。就含煤盆地而言，区域构造背景及其演化是控制煤层气聚集区带形成和分布的根本要素；就盆地内部次级构造而言，不同构造样式是控制煤层气赋存、富集的主导因素。

(1) 断层。断裂对煤层气藏的影响是多方面的，它不仅对煤层气的完整性和煤层气的封闭条件有影响，而且对煤体结构、煤岩显微特征及煤的含气量、渗透率均有不同程度的影响。断层对煤层气成藏的影响程度与断层性质及规模有关。压性断层的断层面为密闭性，煤层气很难透过断层面运移散失，断层面附近成为构造应力集中带，可加大煤层气压力，使煤层吸附甲烷量增多，煤层含气量相对增高。张性断层的断层面为开放性，往往成为煤层气运移逸散的极好通道。断层面附近由于构造应力释放而成为低压区，煤层甲烷大量解吸，并从断层面逸散，使煤层含气量急剧下降。但在远离断层面(150～250m)的两侧一般形成两个平行断层呈对称的条带状高压区，煤层甲烷含量相对升高，成为阻止煤层甲烷进一步向断层运移的天然屏障，高压区过后仍为原压带。断层规模也是影响煤层气富集、保存的重要因素。对于规模较大、切割地层较多的正断层，虽然提高了煤层的渗透率，但也会造成煤层气的逸散；而小型正断层的发育，可以提高煤层气的渗透率。

(2) 褶皱。褶皱对煤层气的运移和聚集具有明显的控制作用。一般来说，褶皱有利于煤层气的解吸而使其呈游离状态保存在煤储层当中，但不同褶皱类型及其不同构造部位，构造应力场不同，会造成煤储层原始特征的不同改变，从而导致煤层气的封存条件和聚集条件也明显不同。这主要是因为褶皱作用一方面使煤层抬升，造成煤层的静压力随之降低，使煤层气易于解吸；另一方面，在背斜和向斜轴部等受力较强部位裂隙发育，煤层内储气空间增加，不仅使储层压力下降，而且还使煤层渗透率增加，有利于煤层气解吸。通过勘探实践认识到，向斜构造有利于煤层气的富集成藏。研究发现，向斜构造两翼与轴部中和面以上表现为压应力，具有明显的应力集中特点，而中和面以下表现为拉张应力，由于煤层往往埋深较大，只产生少量开放性裂隙，释放部分应力，形成相对低压区。向斜的两翼和轴部中和面以上是有利于煤层气封存和聚集的部位，特别是向斜的轴部是煤层气含量高异常区。当煤层埋深较大，顶板为厚层泥岩时，中和面以下也会出现煤层甲烷聚集。

(3) 地应力。原地应力指煤层压裂最小有效闭合应力，为煤层破裂压力与其抗张强度之差。原地应力与区域地应力场和煤层埋深有关。煤层气多富集于高地应力下的局部低地应力区。煤层有效地应力低的地区，其煤层渗透率比相同条件下高应力区的煤层渗透率要高。煤层有效地应力愈大，其压裂难度愈大。煤层地应力超过25MPa时，一般压裂效果差。圣胡安盆地高产区域地应力为3～8MPa，沁水盆地南部煤层气田为7.9～9.4MPa，均属最有利区。

(4) 地温。一般而言，在一定压力条件下，随温度的升高，煤对甲烷的吸附能力减弱，解吸速率加快，吸附时间缩短；反之，解吸速率降低，吸附时间增大。温度对解吸起活化作用，温度越高，游离气越多，吸附气越少。实验结果表明，温度升高时煤层气的活性增大，难以被煤体吸附，同时已被吸附的气体分子易于获得动能从煤体表面解吸出来。所以，增加煤层温度可以提高甲烷的解吸速率。但甲烷在煤中的解吸属于吸热反应，随着甲烷的解吸，煤层中的温度会局部下降，从而降低解吸速率。煤对甲烷的吸附等温线表现为：随着吸附温度的升高，平衡吸附量下降(图4-2)。吸附为放热过程，当吸附温度升高时，吸附与解吸的平衡被打破，吸附分子动能增加，平衡向有利于解吸作用的过程进行，造成平衡吸附量的下降。在温度和压力综合作用下，在较低温度和压力区，压力对煤吸附能力的影响大于温度的影响，随着温度和压力的增加，煤吸附甲烷量增大；在较高温度和压力区，温度对煤吸附能力的影响大于压力的影响，煤吸附甲烷量减少。

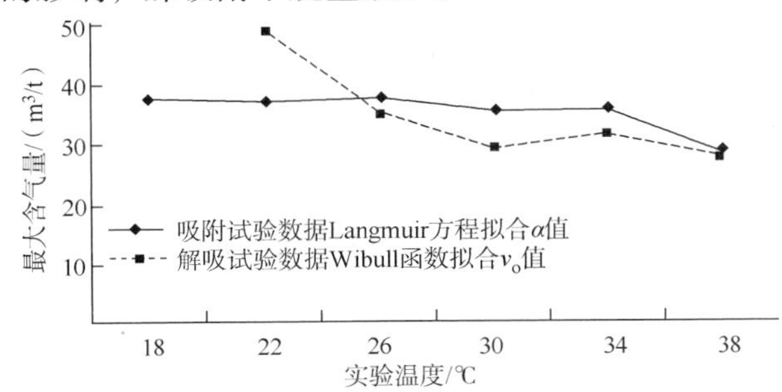

图4-2　不同温度下最大含气量的变化(曾社教，2009)

(5) 岩浆作用。区域岩浆热变质区是勘探煤层气的有利场所。这是因为区域岩浆热变质是在较高温度(可达400～500℃)和较低压力条件下进行的。在热力迅速烘烤下发生变质，由于煤层未受长时间的强烈压缩，这就有效地保护了煤层的割理和孔隙，使得煤储层物性相对较好、含气量高、可解吸率高，高产条件优越。但是，在火山岩侵入体与煤层接触带附近，常由烘烤作用形成天然焦，对煤层气的富集不利。岩浆作用不仅可破坏煤层的连续性，而且对煤层气的生成、储集、运移都可能有很大的影响(王红岩等，2005；宋岩等，2010)。

(二) 含煤性条件

1. 聚煤作用

(1) 煤层厚度。当煤层厚度在0.5～5m之间时，煤层含气量会随着煤层厚度增加而增加。当煤层厚度更大时，含气量不一定会随之增加。在一定的厚度内，甲烷才有可能充分吸附和释放，此现象可能与割理形成的条件有关(据SPE23025，美国圣胡安盆地)。控气地质因素的复杂性，使得很多地区煤储层厚度与其含气性之间关系并无因果联系，但也不乏两者之间具有明显正相关趋势的实例。煤层气的逸散以扩散方式为主，空间两点之间的浓度差是其扩散的主要动力。根据费克定律以及质量平衡原理建立的煤层甲烷扩散数学模型，在其他条件相似的情况下，煤储层厚度越大，达到中值浓度或者扩散终止所需要的时间就越长。进一步分析，煤储层本身就是一种高度致密低渗岩层，煤层上、下部对中部起着强烈的封盖作用，煤储层厚度越大，中部煤层气向顶、底板扩散的路径就越长，扩散阻力就越大，对煤层气的保存就越有利，这也许就是某些矿区或井田煤储层厚度与含气量之间具有正相关趋势的根本原因(秦勇，1998，1999；叶建平等，2000)。

(2) 埋深。通常认为，深度对含气量的影响主要表现在对煤储层压力的控制，深度增大，煤储层压力增高，含气量增大；其次表现为上覆岩层厚度加大，有利于煤层气的保存。沁水盆地内现有开采矿区多为高沼或瓦斯突出矿区，煤炭开采工作显示，随着开采的延伸，多数矿井相对瓦斯涌出量明显增大；一些钻孔实测煤层含气量也显示随埋深增大而增高的趋势。但这种规律性并不是简单的直线关系，如霍州、汾孝和沁源地区埋深与含气量之间是指数关系；潘庄、樊庄等地区煤层埋深增大，含气量增大到一定程度又重新减小，表现为多项式的变化关系。研究表明(宋岩等，2010)，沁水盆地煤层含气量的区域变化与煤层上覆“有效地层厚度”(地史上地层埋藏最小时刻的深度)之间关系较为密切。

(3) 煤层分布。煤层厚度大而分布稳定，有利于形成大型煤层气藏。煤层分布情况主要取决于不同条件的聚煤环境。一般来说，海湾潟湖和三角洲环境有利于形成厚度大、分布范围广、灰分含量较低、镜质组含量较高的煤层，为煤层气富集的最有利聚煤环境。河流及滨浅湖环境属于煤层气富集的较有利聚煤环境。冲积扇及扇三角洲前缘环境常形成巨厚煤层，但煤层分布不稳定、分布范围有限，为较不利的煤层气富集沉积环境。

(4) 陷落柱。陷落柱是煤层下伏灰岩地层内岩溶发育到一定程度，上覆地层在重力作用下自然塌落而形成的一种地质现象。煤层陷落柱多分布在靠近于褶曲构造的核心部位，这是因为下伏灰岩地层褶曲构造核心部位发育裂隙，地下水溶蚀、冲刷作用将裂隙扩大成大型溶洞，对上覆煤层支撑不住的结果。陷落柱发生之后煤层气的封闭条件遭到破坏，煤层气可随地下水的循环扩散到其他空间。煤层本身成岩不好，陷落柱产生时煤层随其他地层一起塌陷而破碎，很容易被地下水氧化、冲刷。同时，陷落柱的产生使地层压力降低，造成陷落柱内及其周围的煤层气解吸。因此，陷落柱发育地区煤层气的含量大大降低，在部署煤层气探井时应尽量避开陷落柱发育地区。

(5) 冲刷带。比较常见的对煤层破坏较严重的冲刷带有同沉积河道冲刷带、沉积后河道冲刷带和继承性河道冲刷带等成因类型。煤层冲刷带导致煤层的连续性及结构发生复杂变化，灰分含量增高，是对煤层气贫化有一定影响的外部因素，这种影响程度与煤层发育后期的沉积环境变化密切相关。

(6) 夹矸/透镜体。夹矸一般指煤层内部的其他岩性薄层。受成煤环境影响，夹矸可有泥岩、粉砂岩以及碳酸盐岩等多种岩性类型。由于此时沉积相带变化快，夹矸往往呈透镜状分布。总体上，夹矸的存在导致煤层出现分叉，灰分含量增加，使煤层结构复杂化，对煤层含气量产生明显不利的影响。当煤层中含有夹矸时，煤层反射波振幅减弱，且主频不变。利用这一特征，可开展地震资料解释，直接识别夹矸。

2. 煤岩煤质

(1)煤岩组分。从岩石学的角度来讲，煤是由有机显微组分和矿物质组成的。现有的资料表明，光亮型煤比暗淡型煤吸附能力强。从生气的角度来讲，生气能力大小依次为：壳质组 > 镜质组 > 惰质组；但从吸附角度来讲，镜质组和惰质组的吸附能力高于壳质组。也就是说在同等条件下镜质组和惰质组的含量越高，甲烷含量越高。这与煤的孔隙特征和表面性质有关，镜质组不仅含较多的小、微孔隙，而且具较强的亲甲烷能力。

(2)灰分。煤中除有机物质以外，一般还不同程度地含有矿物质。矿物质可呈现为细小的颗粒分散在煤层中，也可呈现为明显的非煤夹层。当煤样进行工业分析时，这部分矿物质又称为煤的灰分。灰分含量高，不利于煤层气的赋存。因为气体只吸附在有机质或纯煤上，灰分(即矿物质)无益于气体的吸附，灰分的存在无疑将导致煤层含气量的减少。煤中灰分越高，其含气量越低。

(3)煤阶。煤阶(即煤变质程度)常用镜质体反射率(R_o)来表征。从生气角度看，煤的变质程度升高，累计生成的甲烷就增多，煤的吸附能力增强，煤层含气量就越高。其原因主要是：随着热演化的深入(煤阶增高)，煤中挥发成分进一步排出，形成大量的微孔隙，提高了煤的吸附能力；一般焦煤的割理最为发育，到瘦煤、无烟煤时，割理逐渐闭合，可以部分抑制煤层中气体的逸散，提高了煤层储气能力(孙茂远等，1998)。

(三) 含气性条件

1. 含气量

煤层含气性的定量表征是煤层含气量，即现今在标准温度和标准压力条件下单位重量煤中所含天然气的体积。一般来说，煤层含气量高，则气体富集程度好，越有利于煤层气开发。影响含气量的因素较复杂，主要有煤阶、煤岩成分、埋深、构造、水文等。例如，圣胡安盆地北部区域为热成熟煤(R_o >0.78%)，含气量通常大于9m³/t，高产通道地区甚至超过15.6m³/t。在盆地南部的第二个条带内，由于热成熟度较低(R_o <0.65%),其气含量也偏低(图4-3)。

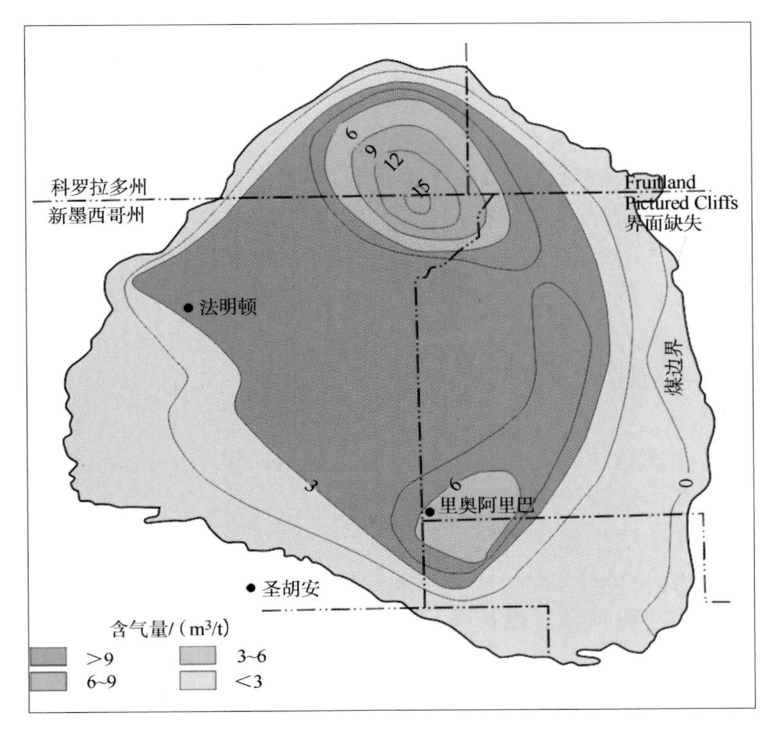

图4-3 圣胡安盆地Fruitland组煤层含气量等值线图(Walter和Ayers，2007)

2. 气体组分

煤层气的组成中甲烷是主要组分，其次为其他烃类气体和二氧化碳。中高煤阶煤中，甲烷含量一般大于90%，只有风化带甲烷含量低于80%。煤层气的同位素成分变化也很大：甲烷 $\delta^{13}C$ 的值变化范围为 -80‰ ~ 16.8‰，二氧化碳 $\delta^{13}C$ 的值变化范围为 -26.6‰ ~ 18.6‰。煤层气成分主要控制因素是煤级、煤的成分和深度煤、温度。在不考虑煤级的情况下，浅层煤层气与较深煤层的煤层气相比较干，具轻的甲烷同位素。

3. 含气饱和度

煤层含气饱和度是煤层气可采性评价的重要标志。煤层含气饱和度与常规天然气的含气饱和度不同，煤层含气饱和度主要是指实测含气量与当前储层温度、压力条件下的理论吸附量之比，在实际中其值可以超过100%。煤层含气饱和度通常根据实测的储层压力、等温吸附理论参数和实测含气量等资料计算获得，其计算公式为：

$$\phi = \left(\frac{V_{me}}{V_L}\right) \cdot \left(\frac{P_L + P_i}{P_i}\right) \tag{4-2}$$

式中 ϕ——含气饱和度，%；

V_{me}——实测煤层气含量，m^3/t；

P_L——兰氏压力，MPa；

V_L——兰氏体积，m^3/t；

P_i——煤储层压力，MPa。

（四）可采性条件

1. 煤储层压力

煤储层压力是指作用于煤孔隙空间上的流体压力(包括水压和气压)，故又称为孔隙流体压力，相当于常规油气层压力。煤储层压力主要受到上覆地层有效厚度、水文地质条件、地应力、地质构造等方面的影响。

煤储层压力表征着地层能量的大小，对煤层吸附能力、含气性与气体赋存状态产生重要影响，它决定了水和气体从煤裂隙中流向井筒的能量与临界解吸压力之间的相对关系，直接影响采气过程中排水降压的难易程度。当储层压力降低到临界解吸压力后，煤孔隙中吸附的气体开始解吸，向裂隙扩散，并在压力作用下由裂隙向井筒流动，这就是煤储层排水降压采气的原理。研究煤储层压力十分重要，它是预测储层中流体流动能力的关键，同时也为完井工艺提供了重要参数(苏现波等，2004)。

2. 渗透性影响因素

影响煤层气渗透性的地质因素较多，机理相当复杂，仅从原始煤层赋存状态角度考虑，就有孔隙度、割理、煤体结构等因素。

(1) 孔隙度。煤孔隙度一般指煤的基质孔隙度。煤基质中的孔隙十分发育，这种孔隙的内表面积高达 100 ~ 400cm^2/g 以上。一般说来，煤变质程度越高、无机矿物含量越低、镜质组含量越高，煤的内表面积越大。煤基质孔隙内表面上的分子引力一部分指向煤的内部，已达到饱和；另一部分指向孔隙空间，没有饱和，这部分未饱和的分子引力就在煤中微孔内表面产生吸附场，将甲烷分子吸附在微孔隙的内表面上。

(2) 割理。与常规储层不同，煤层具有独特的割理、裂隙体系。把煤中裂缝称为割理(煤裂隙)是英国采矿业的习惯。割理的形成是煤化作用过程的结果。在煤化作用中伴随着各种官能团及侧链的断开，煤的稠环芳核逐步缩合，由此使煤体产生内部裂隙，这种内部裂隙是煤体本身固有的，同时也是煤体内部结构中相对薄弱部分，煤在后期变化中较易沿这些裂隙发生变化或改造。另外，在煤体的局部也可由构造应力形成割理（外生裂隙）。割理间距一般为2～20mm。煤中有大致互相垂直的两组割理，面割理（也是主要裂隙组）可以延伸很远，可达几十米以上，端割理则只发育于两条面割理之间。两组割理与层理面正交或陡角相交，从而把煤体分割成一个个长方形基质块体。煤中的割理密度比相邻砂岩和页岩中的节理密度要大。据研究，面割理在褶皱呈直角拐弯的地方最发育。以煤级而论，在长5cm范围内，焦煤内生主裂隙有30～40条，长焰煤只有几条，无烟煤一般少于10条。构造作用产生的外生裂隙有时与内生裂隙重叠发生，掩盖了内生裂隙并改造或使之深化。煤中发育裂隙是极为重要的，裂隙不仅是储气空间，同时它又可使基质孔隙连通，增强储集层的渗透性。

（3）煤体结构。煤体结构可以划分为原生结构和非原生结构。原生结构煤是指未遭受构造改造，保留原生双重孔隙结构的煤。构造煤是指因构造作用改变原生煤体结构及物性特征，并使煤中的水、气等流体赋存行为发生相应改变的煤的构造岩类产物。按照构造煤固结类型划分为未固结构造煤和固结构造煤两大类，固结构造煤按照是否发生重结晶等作用划分为脆性和脆韧性两个系列，各种系列的构造煤依照碎片或碎粒的粒径及基质比例进一步细分命名。在此命名基础上，辅以碎片和碎粒的形状或特征结构构造进一步描述。构造煤发育区是煤层气吸附-解吸行为最活跃和煤层气藏平衡状态最易被破坏的地区，每次构造运动均形成一幅煤层气吸附-解吸和扩散动力学图景。构造煤发育程度不同，导致空间上构造煤组合不同，其含气性和渗透性的变化也有差别，因此，在地质单元体内形成了因不同构造煤类型而区分的煤层气分布的分带性。我国含煤地层大多经历过多期次、多动力源的构造作用，构造煤含气动力学具有叠加改造的复杂非线性特征。构造煤发育程度及其对煤层气影响的研究是构造煤区煤层气富集条件的重要研究内容。

3. 封盖条件

（1）水动力。水文地质条件是煤层气保存及形成超压煤储层的主要因素之一，它对煤层气的高产富集起到非常重要的作用。根据地层水的流动状态，可将地下水动力系统划分为供水区带、强交替区带、弱交替区带、滞缓区带、停滞区带及泄水区带6个大类。其中，滞缓类中的封闭亚类及停滞类中的封闭亚类为最佳水文条件，对煤层气保存最为有利。沁水盆地由多个水文地质单元构成，特别是地下分水岭的存在，不仅导致若干水文地质单元并存，而且造成煤层气井气水产能动态复杂化，所以，它是煤层气富集的关键地质因素之一。煤系中流动的地下水动力对煤层气的含量影响很大，在平面上和剖面上，水动力条件强的地区煤层含气量小；相反，在水动力不活跃地区或滞流水区域，煤层含气量则比较高。地下水动力学条件的控气特征概括为水力运移逸散、水力封闭与水力封堵3种作用。

（2）水化学。地下水的地球化学特征也是影响煤层气的重要因素，不同地区地层水矿化度不同，对高煤阶煤层气成藏富集造成不同的影响，高矿化度区域有利于高煤阶煤层气的富集成藏。在正常地质条件下，水对岩石的侵蚀性越强，表明所处循环交替条件越好。侵蚀性强弱，决定于水中侵蚀性化学成分的多少。同时，地下水化学场反映地下水交替和径流特征，对煤层气的富集条件具有一定的指示作用。对于低煤阶煤层气藏，其成藏需要有一个利于甲烷生成、赋存和富集的环境：合适的温度和地下水矿化度。地下水的滞留区，矿化度非常高，不利于甲烷菌的活动；且从地下水化学场模拟实验可以看出，高矿化度造成低煤阶煤储层吸附能力降低，游离气随着水力作用发生运移和散失，同时随着储层压力降低至临界解吸压力时，吸附气体不断发生解吸、扩散、渗流和运移，最终导致煤层含气量降低，低煤阶煤层气藏遭到严重破坏。

（3）顶底板。良好的压力封存条件有助于气体保存。在盖层体系中，煤层的直接顶板对煤层气保存条件的影响最为显著。良好的封盖层应具备下述条件：①平面分布稳定，厚度较大；②具有良好的毛细封闭能力，突破压力在2MPa以上，能够维持吸附气、溶解气和游离气3种相态的平衡关系，保持最大的吸附量；③能够有效地阻止地层水的垂向交替作用，减少地层水的交替影响；④封闭性能稳定，不易产生微裂缝，不易溶蚀。

三、煤层气富集的主控因素

煤层气的富集既取决于煤层温度、压力条件的变化，也取决于扩散作用的强弱。研究表明（宋岩等，2010），煤层气富集的主要控制地质因素为含煤盆地区域构造演化、水动力作用和封闭条件，这三大地质因素综合反映到向斜富集煤层气这一规律上。具体来说，煤层气高产富集的主控因素包括（高瑞祺，2001）：① 煤层分布广，厚度大；② 煤岩镜质组含量高、灰分含量低，演化适中；③ 煤层割理发育，构造裂缝适中；④ 煤层含气量、含气饱和度高；⑤ 处于地层高压区；⑥ 处于构造斜坡带或埋藏适中的向斜区，地应力较小；⑦ 顶底板封盖条件有利，处于承压水中；⑧ 处于有利的区域岩浆热变质区。

对于不同盆地的不同含气带，各个富集因素的作用不同，这里需要强调的是各个主控因素的协调配置问题。只有各个主控因素协调配置一致，才有可能形成大规模的煤层气富集区。比如圣胡安盆地Fruitland煤层气资源十分丰富，但是这些资源并非全盆地均匀分布，实际上是在局部地区形成地质和水文等因素控制的“甜点”区。生产实践也表明了这一点，各地区的单井产气量以及天然气组分存在明显的差异。因此，产量分析与地质、水文研究相结合，可识别出具有相似煤层储集特性的产气层段及其延伸，从而确定产气量最有利的区域（“甜点”区）。按照这一思路，可将圣胡安盆地煤层气地区分为3个区域或区带：区带1，盆地中北部的超压区；区带2，盆地中西部的负压泄水区；区带3，盆地南部和东部的负压区（表4-4、图4-4）。尽管盆地中钻探Fruitland煤层气的钻井数超过3100口，但大部分天然气都是产自区带1。分析认为，区带1之所以是圣胡安盆地最有利的地区（“甜点”区），一是煤层厚度大，且煤层含气量高，导致其煤层气资源丰度高；二是较高的储层压力和渗透率有利于煤层气井高产。

表4-4 圣胡安盆地各区带的煤层气藏属性及气藏的生产特征（Walter等，2007）

属　性	区带1A	区带1B和1C	区带2	区带3
煤层总厚度/m	15～21	10～20	9～15	9～15
煤层的主要（次要）延伸方向	北西	北西（北东）	北东（北西）	北西（北东）
煤的成熟度	高挥发A到中挥发分沥青	高挥发B到中挥发分沥青	高挥发分B沥青质或更低	大多高挥发分B沥青质或更低；在北部有些为高挥发分A
气含量（饱和）/（cm^3/g）	通常>15.6（大多为饱和的；部分为未饱和的	7.8～12.5（未饱和）	大多<4.7（未饱和的）	大多<4.7（北部较高；未饱和）
甲烷比例（C_1/C_{1-5}）	>0.97	>0.97	>0.89～0.98	>0.89～0.98（数据少）

属　性	区带 1A	区带 1B 和 1C	区带 2	区带 3
CO_2 含量/%	3～13	1～6	<1.5	<1.5
水文背景	自流超压区；具向上流动的能力	自流超压区；具向下流动的能力	负压区	负压区
水质	主要为 $NaHCO_3$ 型水，低氯，总溶解质含量(*TDS*)中－高	$NaHCO_3$ 型水，淡水至半咸水，露头处低氯、*TDS* 和氯向盆地增高	NaCl 型水，与海水相仿，*TDS*：14400～42000mg/L	NaCl 型水，与海水相仿，*TDS*：14400～42000mg/L
原地应力	弱，张性：最小应力东至北东方向	同 1A	同 1A	同 1A
主裂缝方向	北西和北东	北西	北东	北和北东
渗透率/$10^{-3}\mu m^2$	15～60	10～35	5～25	<5(数据少)
最高日产量/(m^3/d)	28300～169800	1415～14150	849～14150	<1415
最高日产水率/(bbl/d)	100～300(局部更高)	100～300(局部更高)	0～100	0～25
完井方式	产量最高的井为裸眼空穴完井；部分经压裂	压裂相当有效，部分为裸眼空穴完井	压裂	压裂

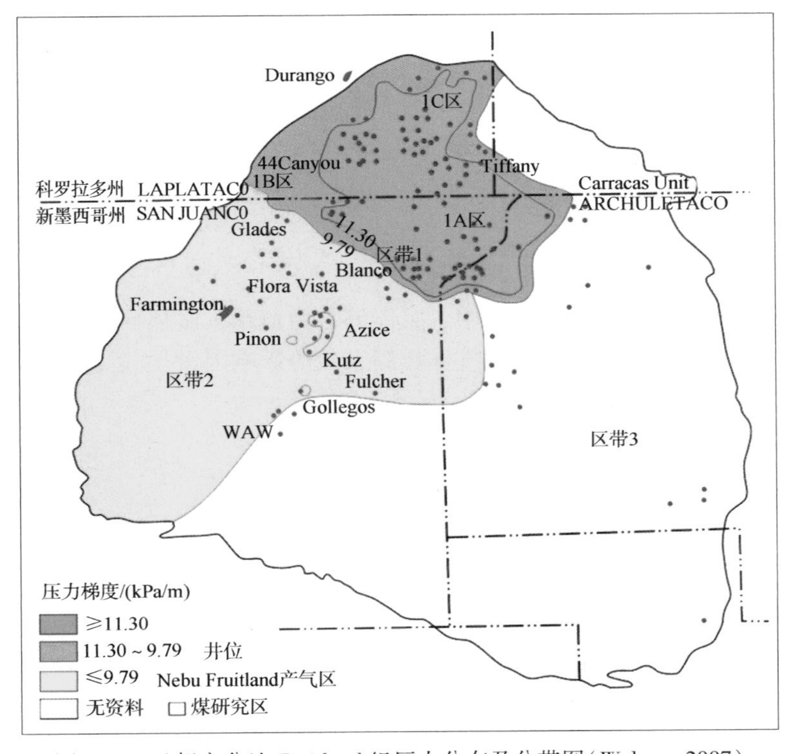

图 4-4　圣胡安盆地 Fruitland 组压力分布及分带图(Walter，2007)

第四节 煤层气开发

一、煤层气流动机理

煤层气主要以吸附状态赋存在煤层中，通过排水降压使煤层气从煤体中解吸出来，在气体分子浓度差异及地层压力差异下通过扩散作用进入孔隙、裂隙系统再产生流动。煤层气的产出是一个“解吸—扩散—渗流”的连续过程，通常概括为4个阶段：① 煤层排水降压至低于临界解吸压力阶段；② 煤层气从吸附态转变为游离态阶段；③ 在气体浓度差异及压力差异下的煤层气扩散阶段；④ 煤层扩散气体在储层裂隙系统中的渗流阶段。煤层气在开采过程的解吸、扩散及渗流规律，是煤层气排采的重要理论基础，对于揭示煤层气的产出机理、制定合理的排采工作制度、高效经济开发煤层气资源具有重要的指导意义。

（一）煤层气赋存状态

煤层气主要以3种状态赋存在煤层储集空间中，即以吸附态赋存于煤基质的微孔隙和显微裂隙表面，以游离态聚集于煤层大孔隙和裂隙中以及以溶解态储存于煤层水体中。煤层气以吸附态为主，可占70%～95%以上，游离态约占5%～20%，溶解态所占比例极小。煤层气3种赋存状态在一定的地质条件下处于动态平衡，当储层压力、温度及水文等因素发生变化时，煤层气的赋存状态比例将发生相应的变化。

煤层气在煤层中主要以物理吸附方式附着在有机质颗粒表面，其吸附作用力为范德瓦尔斯力（主要为德拜诱导力和伦敦色散力）。煤层气的吸附量与储层压力的变化呈非线性关系，可用Langmuir等温吸附方程描述：在等温吸附过程中，压力对吸附作用有明显的控制作用，即随着压力的增大，吸附量逐渐增大。

$$V_{吸附} = \frac{V_L P}{P_L + P} \tag{4-3}$$

式中 $V_{吸附}$——吸附量，m^3/t；

P——煤储层压力，MPa；

V_L——Langmuir体积，m^3/t；

P_L——Langmuir压力，MPa。

游离态气体主要存储在裂隙及孔隙中，且能够自由流动，服从一般气体方程，其含量取决于孔隙的体积、气体的压力、温度及气体压缩系数等影响因素。

$$Q_{游离} = \phi \cdot P \cdot K \tag{4-4}$$

式中 $Q_{游离}$——游离气含量，cm^3/g；

ϕ——单位质量煤的孔隙体积，cm^3/g；

K——气体压缩系数，MPa^{-1}。

在等温条件下可按真实气体状态方程来描述，即

$$PV_{游离} = ZnRT 或 V_{游离} = \frac{ZnRT}{P} \tag{4-5}$$

式中 $V_{游离}$——游离气体积，m^3；

P——气体压力，MPa；

T——热力学温度，K；

n——气体摩尔数；

R——阿伏伽德罗常数；

Z——气体压缩因子。

煤储层的裂隙或孔隙中一般都含有水，在一定压力作用条件下有少部分煤层气要溶解于水中，其溶解度可用亨利特定律来描述：

$$P_b = K_c C_b \text{ 或 } C_b = \frac{1}{K_c} P_b \tag{4-6}$$

式中 P_b——气体在液体上方的蒸气平衡分压，Pa；

C_b——气体在水中的溶解度，mol/m^3；

K_c——亨利常数，取决于气体的成分和温度。

（二）煤层气解吸过程

煤层中3种赋存状态的气体在储层条件下处于一种动态平衡状态。当储层压力、温度等因素改变时将打破这种动态平衡，导致煤层气吸附态、游离态及溶解态的相互转变。将吸附态煤层气转变为游离态是煤层气得以开采的前提。煤层气解吸主要通过两种方式进行，即通过降低储层压力，使得气体分子运动所需的活化能降低，能克服煤基质的吸附应力场而转变为游离态；或通过竞争吸附手段，以注入其他气体（如二氧化碳）置换驱替甲烷气体及氮气降低甲烷气分压，使得甲烷气体转变为游离态。

目前，在煤层气的实际开采中，普遍采用降低煤层压力使煤层气解吸的开采方式。煤层气开采过程中，压力首先在井筒附近传递，然后传递到煤层宏观煤岩裂隙系统，随排采继续进行，压力开始传递到煤层的微观裂隙系统及煤基质中。受压力传递方向的影响，在宏观煤岩裂隙系统中的煤层气首先解吸出来，并随煤层水体向井筒迁移，然后是微观裂隙系统中的煤层气逐渐解吸运移到宏观裂隙系统中，最后是煤基质中的煤层气开始解吸并进入微观裂隙系统中。

（三）煤层气扩散过程

在煤层气的开采过程中，煤体外表面的气体分子在未挣脱之前首先发生表面扩散作用，即像液膜一样吸附的煤层气沿微孔隙壁运移；随煤层压降的进一步传递，部分气体分子会摆脱煤体表面束缚，转变为游离态，此时发生体积扩散作用。自由气体分子在孔径较小的孔隙、裂隙系统中运移时会与孔壁发生碰撞作用，在气体分子与孔壁煤体之间可产生克努森扩散作用，若气体分子在更小孔径的孔隙、裂隙系统中运移时，由于气体分子活动空间小于其平均自由程，限制了气体分子的自由移动，此时气体分子将会以滑移的方式向外迁移；如果气体分子是在较大孔径的孔隙、裂隙系统中运动，则会沿气体的运移方向形成浓度差异，煤体外表边缘的气体浓度与煤储层压力控制下的等温吸附浓度相当，此时煤层气在基质中的扩散符合菲克第二定律：

$$\frac{\partial C}{\partial t} = D \frac{\partial^2 C}{\partial^2 X} \tag{4-7}$$

式中 C——扩散气体的浓度，m^3/m^3；

X——距离，m；

t——时间，s；

D——扩散系数，m^2/d。

随排采持续进行及压力的进一步降低和传导，煤层基质内表面的气体开始参与解吸，在浓度差的驱动下开始扩散，其单位时间内通过单位面积的扩散速度与浓度梯度成正比，大致遵循菲克第一定律的准稳态分子扩散运动：

$$q_m = D\sigma V_m (C_m - C_{pg}) \quad (4-8)$$

式中 q_m——扩散速率，m^3/d；

D——扩散系数，m^2/d；

σ——形状系数，m^{-2}；

V_m——煤基块单元体积，m^3；

C_m——煤基质内平均气体浓度，m^3/m^3；

C_{pg}——基块与割理边界上的平衡气体浓度，m^3/m^3。

在煤层气的扩散运移过程中，由里及表，在煤基质的内部发生菲克第一定律准稳态分子扩散作用，在煤质外部则发生菲克第二定律扩散作用；努克森扩散、体积扩散及表面扩散则贯穿煤层气扩散的整个阶段，但表面扩散作用相对最弱。

（四）煤层气渗流过程

煤层气在储层孔隙、裂隙系统中由高压区向低压区流动，其流动形态可根据无纲量的雷诺数进行分类：

$$N_{Re} = 1488 \frac{\rho V_d d}{\mu} \quad (4-9)$$

式中 ρ——流体密度，kg/m^3；

V_d——达西流速，m/s；

d——孔缝平均直径，m；

μ——绝对黏度，Pa·s。

由式(4-9)可知，流通通道的平均直径很大程度上决定了煤层气在孔隙、缝隙中的流动特征。实验测试分析表明，孔、缝宽度在0.1~10μm内，甲烷气体以缓慢的层流形态流动；当孔、缝宽度大于100μm时，开始以紊流的形式流动。受围压的影响，煤层中的孔、缝宽度一般不超过数十微米，煤层气很少呈紊流状态，通常将煤层气的流动看成线性渗流，即符合达西定律。

煤层气在排水降压过程中，随着水流的排出，井筒周围形成降压漏斗，在其影响范围内当煤层压力小于临界解吸压力时，煤层气开始解吸，解吸量与井筒的距离成反比，即越靠近井筒其解吸气量越高，并在压差、流体势能及浓度差等作用下通过煤层孔、缝系统随水流一起流向井筒。

煤层气的采出可划分为3个渗流阶段：

（1）单向流阶段：井筒压力大于煤层气临界解吸压力，此时煤层气无法解吸，只有煤层水的单相流动。

（2）非饱和流阶段：在排采过程中，压力的进一步降低，有部分煤层气开始解吸，但由于含量较少，主要以气泡的形式存在，难以形成气流，并在一定程度上阻碍了煤层水的流通，导致水相渗透率的下降。

（3）两相流阶段：当储层压力进一步下降，更多的煤层气开始解吸并在孔、缝系统中扩散，形成连续的流线，气相渗透率逐渐增大，水相渗透率不断降低。

二、煤层气产能评价

（一）煤层气井产能影响因素分析

影响煤层气井产能的关键因素包括煤层气地质特征、压裂增产工艺、生产状况及排采技术等。地质特征主要包括煤储层渗透率、厚度、含气量与含气饱和度、原始地层压力与临界解吸压力、煤储层最小主应力等；增产工艺主要包括压裂液体系、加砂量和变排量施工工艺、压裂液返排率等；采气技术对煤层气井产能的影响：排采制度调整不当，将导致产气时间晚或产气效果不好。

解吸压力与地层压力的比值高，压裂施工时加砂量及液量高，有利于煤层气解吸；变排量施工工艺，利于控制裂缝形态，提高压裂效果；煤层气产出表现出“气、水差异流向”规律。科学的排采制度是保证煤层气井高产、稳产的关键，应当坚持“缓慢、长期、持续、稳定”的原则，保证液面稳定、缓慢下降，保持合理的套管压力。工作制度切忌变化频繁，避免由于煤层压力激动造成煤层坍塌和堵塞。

（二）煤层气井产量压力变化特征

煤层气解吸、扩散和渗流的特殊性决定了其开采过程与常规气藏生产有较大的差别。常规气藏中天然气和水充满在砂岩孔隙中，气在上、水在下，开采过程中随着含水突破，产气量逐步减少，含水逐步上升，直到含水100%关井；而在煤层气的开采过程中气、水产量的变化经历3个不同的阶段。

1. 早期排水降压阶段

生产初期阶段需进行大量排水，使煤储层压力下降。当储层压力下降到临界解吸压力以下，气体才开始产出。这一阶段所需的时间，取决于井点所处的构造位置、储层特征以及地层含水性等因素；当地质、构造、储层等条件相同时，则取决于排水速度。

2. 中期稳定生产阶段

随着排水的继续进行，储层压力继续下降，气产量逐渐上升并趋于稳定，出现产气高峰，水产量则逐渐下降。该阶段持续时间长短取决于煤层气资源丰度以及储层的渗透性特征。

3. 后期气量递减阶段

当大量气体已经产出，煤基质之中解吸的气体开始逐渐减少，尽管排水作业仍在继续，但气产量和水产量都在不断下降，该阶段延长的时间较长，可以在10年以上。

（三）煤层气井产气递减规律

正常的煤层气生产井都要经历产量上升、稳产、递减3个阶段，但是由于受到煤储层厚度、渗透率、含气量、压裂效果、排采工作制度等因素的影响，每口井的生产规律不完全一致，归纳起来主要有3类生产模式。

1. 模式Ⅰ

主要特点：稳产时间短，当产量达到高峰后，很快就开始递减。模式Ⅰ根据其特征划分为如下两个亚类（图4-5）：

Ⅰ-1类有比较长的低产阶段。这类井可能是因为钻井过程中井底附近被污染，经过一定时间的抽排、疏通，排除了污染，恢复了地层的原貌。产气量达到峰值后，就开始递减，稳产期很短，可能与渗透率低、供气面积小以及排采工艺制度不合理等因素有关。

Ⅰ-2 类没有或很短低产阶段。该类井排水到一定程度，产气量就迅速上升，达到高峰产量后，又开始迅速下降。其原因可能与井附近煤储层渗透率较低、压降漏斗扩展速度慢、供气能力差、排采制度不合理等因素有关。

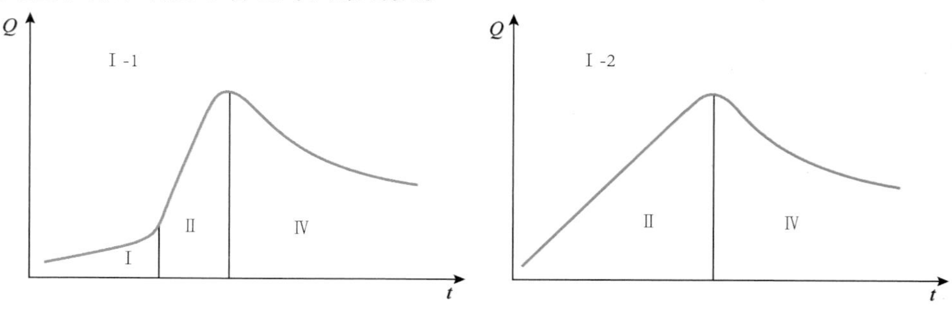

图 4-5　模式Ⅰ示意图

2. 模式Ⅱ

主要特点：当产量达到高峰后，一般要稳产较长时间，然后开始比较平缓地递减。模式Ⅱ根据其特征又划分为两个亚类(图 4-6)：

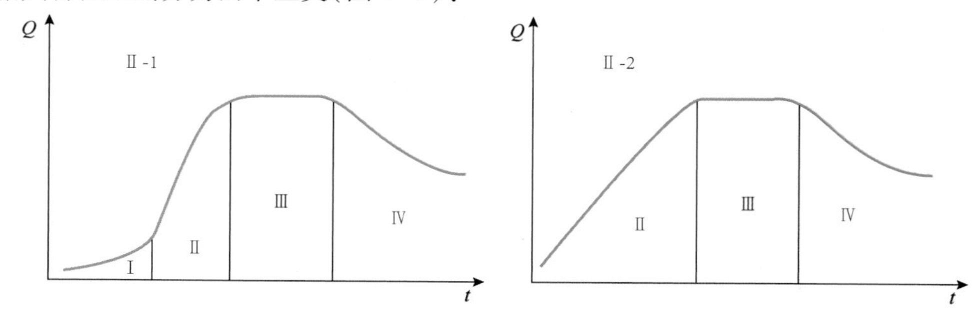

图 4-6　模式Ⅱ示意图

Ⅱ-1 类有比较长的低产阶段。同Ⅰ-1 类相似，可能是因为钻井过程中井底附近被污染，经过一定时间的抽排、疏通，排除了污染，恢复了地层的原貌。产气量达到峰值后，持续稳产较长时间后开始缓慢递减。

Ⅱ-2 类，排水到一定程度，产气量迅速上升，并且有比较长的稳产阶段。这类井附近的煤储层一般有较高的渗透率，供气面积大。

模式Ⅱ多为中、高产气井。

3. 模式Ⅲ

Ⅲ类井与Ⅰ类和Ⅱ类井最大的不同是，在进入稳产期或峰值产量之前，往往会出现一个短期(一个月左右或 10 多天)的峰值产量(图 4-7)，第二峰值持续时间通常是第一峰值时间的 2～5 倍。分析其原因，这类煤储层裂缝比较发育，裂缝中游离气饱和度比较高，射孔后，随着地层水一起排出，当游离气排出后，产量开始下降，排水降压，然后吸附气解吸，逐渐进入稳产期。根据第一峰值产量的高低，该模式划分为两个亚类：Ⅲ-1 的第一峰值产量较低，低于稳产期的峰值产量；Ⅲ-2 的第一峰值产量较高，高于稳产期的峰值产量。这主要是由于裂缝的发育程度和游离气的饱和度不同而导致的结果。

分析煤层气井产量递减规律发现，大部分井表现为指数递减，个别井表现为调和递减和双曲递减，而且不同井的递减率差异比较大。

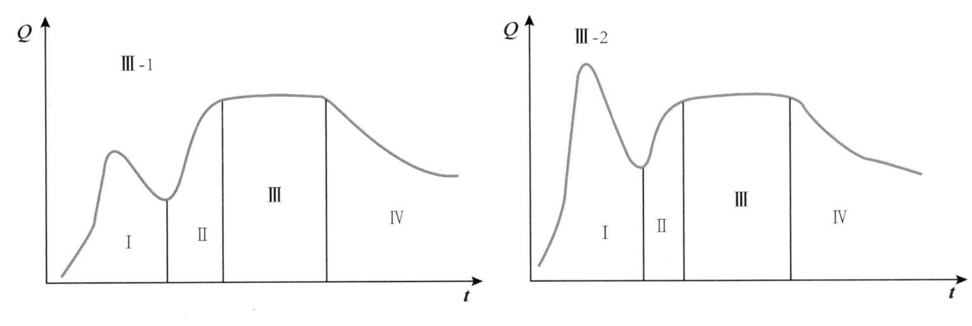

图 4-7 模式Ⅲ示意图

（四）煤层气井产能评价与预测

为了合理利用资金，更有效、更经济地开发煤层气，需要对煤层气井进行产能评价与预测。产气量预测精确度直接影响着规划编制的科学性、合理性和方案的实施。线性回归方法是对 Arps 的 3 种递减规律进行假设而得出的，发现其可以很好地进行递减分析。20 世纪 80 年代，翁氏模型的提出为进行更深入的研究奠定了坚实的基础；灰色理论也已应用到油气田产量预测中；在统计矿区煤层气井的生产数据时发现，月产量和累积产量之比与开发时间之间存在很好的相关性，因此有了月产和累产之比递减分析法；在煤层气田开发初期也可用地质条件相似的已开发煤层气田类比分析进行产能评价与预测。

（五）煤层气动态储量预测

煤层气的动态储量基本上是通过预测得到的。我国煤层气的勘探开发时间还不长，尚无法获得真正意义上的煤层气动态储量。预测动态储量的主要方法有数值模拟法、类比法、等温吸附曲线法、气含量降低估算法、解吸法、产量递减法、物质平衡法等。研究表明，每一种方法都存在局限性。因此，预测煤层气动态储量时，需要考虑相关影响因素，综合预测煤层气动态储量，使预测结果更加合理、科学和准确。

三、煤层气数值模拟

煤层气储层数值模拟是研究煤层气储集、运移和产出规律，确定煤储层特征、煤层气井作业制度与煤层气产量之间关系的有效手段，其研究结果可为煤层气资源开发潜力评价和开发方案优化提供科学依据。由于煤层气具有煤、气、水三相共存，双重孔隙系统且微孔隙内表面极大，吸附能力大，应力敏感强，钻井过程容易污染的特征，因而煤层气储层数值模拟不能照搬常规油气藏数值模拟的技术。

目前，全球煤层气数值模拟软件主要有七大类得到了广泛的应用。加拿大 CMG 公司的 GEM 和 START（特别是 Start 化学驱模型可以模拟地下煤层气气化过程）、美国斯伦贝谢公司的 Eclipse100 和 Eclipse300 有煤层气模拟专用模块，可以考虑三维、双重介质、气-水两相、非平衡拟稳态吸附模型，但是吸附模型仅仅考虑单一气体吸附，简单考虑煤基质收缩和有效应力对煤储层割理孔隙度和渗透率的影响，不能处理目前最适用煤层气开发的三孔介质模型。而煤层气专用软件包括美国 ARI 公司开发的 COMET3 和澳大利亚 CSIRO 开发的 SIMED II，可以考虑三孔隙、双渗透和多种气体共同吸附的模型，不但能精确模拟储层在低煤阶条件下煤基质孔隙里面的自由气和水，而且还能模拟注入多组分气体强化开采煤层气的情况，是目前使用最广的煤层气软件。非商业化软件有美国宾夕法尼亚州立大学的 PSU -

COALCOMP、英国 BP 公司的 GCOMP、英国帝国理工学院开发的 METSIMS2。不同的软件其功能和特征有较大差异。

四、开发方案编制

经过多年探索研究，煤层气田开发方案编制已有了较多成果，并已形成了行业标准(叶建平等，2010)，下文对此进行详细介绍。

（一）开发方案编制原则

煤层气开发方案应按照整体部署、分期实施、滚动开发的原则，提出产能建设步骤，明确各年度钻井工作量和地面分期建设工作量，为年度开发指标预测和投资估算提供依据，对产能建设过程中钻井、完井、录井、测井、试井、增产改造、排采、地面集输、净化处理、动态监测、气田开发跟踪研究等工作提出具体实施要求。

煤层气开发方案坚持低成本、高效益原则，确定有效的开发方式、井网部署设计、钻井与完井工艺，优选排采、低压集输及水处理技术参数，确定合理的排采工作制度，控制开发投资。

煤层气开发方案应在地质和气藏特征清楚、储量落实、主体开发工艺技术明确的情况下编制。当实际情况与原方案设计有较大差别或需要进行阶段调整时，应编制煤层气开发调整方案。

（二）开发方案编制内容

1. 总论

（1）自然条件和社会条件。煤层气田地理位置、地理环境、地貌类型和海拔高度附地理位置图；气候类型、季节特点、河流和水源、地表土壤、岩石类型、主要断裂带及地震基本裂度，不良工程地质情况，国家或地方对环境和生态要求；铁路、公路、水运、航运等概况，当地供电网络及供电能力，地方通信网络及运营情况；气田所在地区的社会、经济发展状况。

（2）矿权情况。矿权登记单位、面积、坐标、有效期限。

（3）区域地质。气田所处的构造位置、区域地质背景；地层层序；煤层发育层系，煤层层数、厚度、目的煤层分布，顶底版岩性与封闭性；水文地质，含水层、补排系统、水动力条件。

（4）煤层气勘探开发简况及评价。煤层气勘探简况：煤田地质勘探工作和成果；煤层气勘探各阶段重要成果及发现史；煤层气探明地质储量及控制地质储量。煤层气开发准备：说明煤层气田内各类工作量和资料情况，包括地震工作量、测线密度及成果，附测网分布图及标准剖面；煤层气参数井、生产试验井、先导性试验井组的井数、进尺、密度、取心及测井成果；排采情况，附排采成果统计表及代表性排采曲线；试井、解吸、煤样分析测试工作量及成果，附成果表；勘探前景，预测后备资源潜力。煤层气田周围情况：煤层气田所处盆地和构造单元的煤层气资源潜力情况；周围已开发煤层气田情况及未开发煤层气田储量现状；附近管网的分布情况。

（5）概述开发方案主要结论及推荐方案。概述煤层气田规模、开发层系及推荐开发方案的工程概况、主要技术经济指标和主要结论。

2. 地质与气藏工程

1）煤层气地质

（1）地层和沉积特征：地层时代、地层层序、地层接触关系、标志层，煤系地层及煤层；煤系地层沉积环境、沉积相、岩相组合，沉积相带和煤层物性关系。

（2）构造特征：煤层气田构造类型、构造要素、断层特征；构造运动对煤层气的影响。

（3）煤层特征：煤层组、段划分，煤层层数；煤层厚度、层间距、结构、稳定性及几何形态变化；裂隙系统，裂隙发育程度；煤岩组成，煤质特征，变质程度；顶底板岩性，煤层气保存条件。

（4）煤储层物性：孔隙度、渗透率、储层压力、含气饱和度、相对渗透率、吸附特征、解吸特征等。

（5）流体分布及其性质：煤层含气量、气体组成，煤层气密度、热值，附煤层含气量、气成分成果表；煤层水水质、矿化度；含水层及其富水性、水质、矿化度。

（6）储层综合特征：储层压力系统分析；根据煤层气田的地质特征、流体性质及开发特征，确定储层类型。

2）储量分类与评价

充分利用动态和静态资料，分层系、分区块对已探明储量进行分类，并评价储量可动用性。按照不同经济、技术条件，评价经济技术可采储量，并分析风险。

（1）已探明储量评价：列表说明煤层气探明储量的计算参数及计算结果，评价其可靠程度。附本工程项目立项前的已探明储量和控制储量申报、审批情况。

（2）动用储量计算及评价：储量计算应符合 DZ/T 0216 的有关规定；储量可靠性评价，储量开发评价。附本工程项目开发动用储量范围、数量、级别。

（3）可采储量评价：按照 DZ/T 0216 的规定计算煤层气可采储量。

3）产能评价

（1）煤层气井排采状况：如井数、层位、排采方案和实施进展；排采各项资料；取得的主要认识。

（2）煤层气井产能特征和产能动态变化：分析不同煤层、不同构造部位煤层气井的产水量、产气量、井口压力、井底压力、储层压力等动态资料，评价各类煤层气井稳产效果和动态变化，确定单井合理产能。

（3）合理产能的论证：综合运用试井、排采资料，采用类比或储层模拟等手段，计算、预测煤层气井生产能力、采气速度、采收率。

通过对采气速度等指标的研究，结合市场需求，确定气田合理开发规模。

4）开发部署

（1）开发层系划分：根据煤层气田储层性质、储量丰度、开采工艺技术条件和经济效益等因素，划分开发层系。一套开发层系可以是单煤层、煤层组(段)、多煤层组合。开发层系划分与组合遵循同一层系内煤储层物性及流体性质、压力系统、构造形态应基本一致；多煤层形成煤层组/段，煤层间距应小于 50m，适合一次性增产改造；一套独立的开发层系应具有一定规模的地质储量及相对稳定的生产能力，以保证经济效益。

（2）井型选择：根据气藏厚度稳定性、构造特征、物性特征等因素，选择合理的井型，如直井、定向井、水平井(含多分支水平井)、不同井型组合等。

（3）井网部署及其依据：井网部署综合考虑构造条件、储层特征、资源基础、地形、环境等因素。主要指标为井网方式、井网密度与井距等。井网方式根据储层渗透性各向异性、裂缝展布方位和井间干扰程度确定。目前煤层气田多分支水平井组可设计为单支、双支、三支、四支等各种类型；直井的布井方式通常采用正方形和梅花形的矩形网、菱形网等。井网密度与井距根据储层渗透性、排采半径以及采气速度、采收率等因素确定。合理的煤层气开采井距需满足如下条件：保证开发年限内开发区域的高采收率，保证一定的经济效益，保证最优的单井生产能力。

（4）开发方式选择：根据气藏厚度稳定性、构造特征、物性特征等因素，选择合理的开发方式，如排水采气或其他开发方式。

（5）开发阶段划分：根据气田的开发动态，可以划分为产能建设期、稳定生产期和产量递减期。

（6）工程量设计：明确开发各环节的工程量。

5）开发方案指标优选和推荐方案

（1）气田采气速度及稳产方式：利用数值模拟手段，综合考虑国家和用户对产量、稳定供气年限的要求，考虑煤炭开采接替计划，确定合理的采气速度。既能充分发挥煤储层的生产能力，又保证稳产阶段能获得较高的采出程度。根据煤层气田特征和开发经验，推荐采气速度2.5%～5%。根据煤层气特征、技术条件以及经济因素，采取解吸实验法、类比法、产量递减法、储层数值模拟法等方法确定采收率。根据实际情况，选择层系接替、区块接替或其他合理的产能接替方式，保持煤层气田的稳产。

（2）产量预测：开发期内生产井的日产气量、年产气量、累积产气量、日产水量、年产水量、累积产水量等。

（3）压力预测：开发期内煤层气生产井的储层压力、井底流动压力、井口压力等。

（4）单井合理产量：依据合理采气速度、煤储层因排水过度导致的伤害、平稳供气、产能接替、市场因素等确定合理产量。

（5）生产井数：根据资源接替方式、储量序列特征和气井综合利用率，确定产能建设期应钻井数、稳产期应钻井数、总体钻井数。

（6）产能建设期：指煤层气田建设过程中，达到规划产能目标时需要的时间，受投产方式的影响。

（7）开发指标对比与优选：根据开发方式、开发井网、开采速度和产能规模设计不同的方案，从工作量、建成产能规模、稳产基础、工艺技术、经济等方面，综合评价对比各方案的主要技术指标，推荐出最佳开发方案，并附推荐方案的开发指标预测成果表和预测成果曲线。

3. 钻井工程

钻井工程方案应针对储层特点和井型，选择成熟实用的钻井完井工艺技术，做好储层保护工作。

（1）钻井。已钻井基本情况及利用可行性分析，储层压力预测；井身结构及套管程序，附井身结构设计图；钻井液方案设计；钻具组合及井身质量控制设计；钻头选型及钻井参数设计；煤储层保护设计；直井和特殊结构井（丛式井、水平井，多分支水平井技术等）钻井工艺要求，钻井周期预测；固井工艺方案；钻井取心技术。

（2）测井和录井。测井系列选择，测井处理及解释系统，工程测井系列：射孔、固井、套管等质量检查和其他工程测井；录井方法和质量保证措施。

（3）工程方案优选和建议。钻井工程方案的评价；存在问题和建议。

4. 完井和增产改造措施

（1）完井方式，垂直井的套管完井、套管＋裸眼完井、套管＋筛管完井、洞穴完井等，斜井、水平井、多分支水平井完井等，适宜完井方式的论证。

(2)改善井底完善程度和提高产能的措施。

(3)储层保护措施。

(4)增产改造工艺优选，不同压裂液的携砂压裂工艺的筛选和优化。压裂砂粒径、加砂程序、加砂量、砂比、排量等工艺技术的设计优化。其他增产改造工艺技术的设计。

(5)增产改造设备要求。

5. 排采工程

(1)管柱设计，排采设备选型。

(2)排采工作制度，冲程、冲次、降液速率、压力等生产参数的设计，排采工艺及其配套技术优化。

(3)数据采集技术，井口压力、产水量、产气量计量。

(4)排采监测，防煤粉、防砂技术筛选。

(5)水处理措施。

(6)修井工艺。

(7)生产中后期提高采收率工艺选择。

6. 地面建设工程

以地质与气藏工程、钻井工程、采气工程方案为依据，按照“安全、环保、高效、低耗”的原则，在区域性总体开发规划指导下，结合已建地面系统等依托条件进行编制。主要内容包括：① 地面工程规模和总体布局；② 集输管网和工艺流程的优化设计，集气、输气、增压工程；处理、净化工程；③ 气、水计量；④ 数据采集和传输系统；⑤ 系统配套工程与辅助设施，包括给排水、供电、道路、通信、自动控制、消防、暖通、土建等设施；⑥ 环境保护要求,安全保障；⑦ 组织机构和人员编制；⑧ 工程实施进度；⑨ 地面工程主要工作量及投资估算等。

7. 健康安全环境评价

主要内容包括：① 健康安全环境的政策与承诺；② 危害因素及影响后果分析；③ 针对可能发生的生产事故与自然灾害，设计有关防火、防爆、防泄漏、防误操作等设施；④ 针对产能建设和生产对健康安全环境的影响，应明确预防和控制措施；⑤ 提出健康安全环境监控和控制要求；⑥ 编制应急预案；⑦ 根据有关规定设计生产井、站场和管道的安全距离并编制搬迁方案；⑧ 环境保护。煤层气田开发过程中，应考虑水体保护，特别是对地下水、植被、耕地等的影响。

8. 煤层气市场条件分析

包括目标市场、已有管输能力、气量需求、气质要求、价格承受能力等。

9. 风险分析

对方案设计、动用的地质储量规模、开发技术的可行性、主要开发指标预测以及产能建设、生产过程中可能存在的不确定性进行分析和评估，包括资源风险、市场风险、气价风险、技术风险、融资风险及其他风险。对各类风险进行敏感性分析，并提出降低、防范和遏制风险的对策。

10. 投资估算与经济评价

依据国家和行业的现行经济政策和评价方法，对钻井工程、采气工程、地面工程、配套工程、健康安全环境要求以及削减风险措施等进行投资估算和经济评价，为开发方案优选提供依据。

（1）总投资估算。按照 SY/T 6177—2000 执行。

（2）主要经济参数。对生产成本、销售收人、销售税金、附加和所得税进行计算，确定方法按 SY/T 6177—2000 执行。

（3）主要财务指标。对财务内部收益率、财务净现值、投资回收期、投资利润率、投资利税率、年平均利润额等主要财务指标进行计算。重点论证单井经济极限产量、单井经济控制储量、开发投资、气价等对煤层气田开发经济效益的影响。

（4）经济评价结论。对各方案的主要财务指标进行对比分析。

（5）最佳开发方案确定。对各方案的主要技术、经济指标进行综合对比分析，优选并推荐最佳开发方案，并附推荐方案的经济技术指标测算成果表和测算成果曲线。应考虑地质储量、产能、开发技术、气价等不确定性因素的影响，进行风险分析。

（三）开发方案编制步骤

1. 煤层气藏地质及气藏工程研究

1）煤层气藏地质研究

综合地震、地质、钻井、测井、测试及排采等资料，分析研究地质构造形态、沉积环境、水文地质、煤层的几何形态、结构、深度、厚度等及煤岩性质和煤级、储层压力、渗透性、含气饱和度、吸附/解吸、含气性、流体特征等储层特性，研究这些地质和煤储层特性的平面和空间分布规律，确定煤层气富集运移类型，优选高渗富集区，建立煤层气田地层模型、构造模型、储层模型、流体模型，计算煤层气田的探明地质储量和可采地质储量。

2）煤层气藏工程研究

制定开发原则，确定开采方式，划分开发层系，优化井网，确定采气速度、合理产能和开发规模，提出合理的开发步骤及产能接替程序。

3）煤层气藏数值模拟研究

在构建合理的地质模型和储层模型基础上，进行敏感性分析，研究地质参数、储层参数、开发技术等对气田开发效果的影响。预测产能，为优化开发指标提供依据。产能历史要结合一定稳产试采期的单井产量。

2. 钻采工艺设计

设计钻井、完井、增产改造措施和排采工艺技术，提出储层保护要求。选择适合本煤层气田地质和储层特点、经济有效的钻井、完井和增产改造工艺，确定合理的排采工作制度，防煤粉、防砂技术以及修井工艺。

3. 地面建设工程设计

设计优化地面工程规模和总体布局，优选低压集输及气、水处理技术，优选地面配套工程与辅助设施，优选安全、环保措施。

4. 技术经济评价

对不同方案进行综合技术经济评价，优选出最佳开发方案。

（四）开发方案实施

提出推荐开发方案的实施意见，包括现场实施的原则、步骤、进度、质量标准、资料录取要求及有关注意事项。

五、开发井网优化

（一）地应力分布预测

地应力的测量方法主要有应力解除法、水压致裂法、声发射法、水力阶撑法、古地磁法和电测井分析法等。在综合运用构造地质、岩土力学、分形几何、神经网络等多个学科理论和成果的基础上，应用以上方法实测地应力的大小和方位，结合有限元数值模拟分析地应力场的分布特征，通过筛选和构建输入指标建立 BP 神经网络模型，对地应力分布进行预测。

（二）人工裂缝监测

裂缝不仅决定了抽水效果，而且控制了层系划分和井网布置，从而直接影响气井开发效果。煤层气开发工程是一项地下隐蔽工程，压裂所形成的裂缝宽度非常小，很难通过普通的地球物理方法进行有效监测。近年来，我国一些部门进行了相关的试验工作，已创立了一些测试技术，主要包括利用地面微地震、大地电位及井温等方法进行人工裂缝监测。

（三）水平井井眼轨迹的优化设计

水平井井眼轨迹优化主要内容包括水平井位置、长度及分支井优化设计。

(1)平面位置优化：针对构造位置、井网状况、煤层厚度、煤体结构及地应力场分布等优化水平段位置和方位。根据优化的水平段位置确定水平井地理位置和区域构造位置，明确各靶点距邻井的距离和方位。

(2)垂向位置优化：根据不同煤体结构类型、不同开发方式和储层物性纵向变化等，确定水平段井眼轨迹距煤层顶的距离。

(3)水平段长度优化：依据构造位置、地应力场分布、井网状况、煤层厚度变化等，采用数值模拟法和类比法优选水平段长度和延伸方位。

(4)分支井优化：随着分支数、分支长度和分支角度的增大，分支井产量也增大，但是产量增长幅度变小，所以从经济上讲存在最佳的分支数、分支长度和分支角度；在其他参数相同的条件下，分支交错分布比对称分布效果好。

（四）最佳井网与井距确定

煤层气开发井网优化要素通常包括：井网样式(井间平面几何形态)、井网方位和井网密度等。

1. 井网样式

合理的井网布置样式可以大幅度提高煤层气井产量，降低开发成本。煤层气井井网布置样式通常有矩形井网和五点式井网等。

(1)矩形井网：要求沿主渗透和垂直于主渗透两个方向布井，且相邻的 4 口井呈一矩形。矩形井网规整性好、布置方便，多适用于煤层渗透性在不同方向差别不大的地区。主要缺陷表现在矩形中心位置压力降低速度慢、幅度小，可能造成该区域的煤层气资源无法采出。正方形井网属于矩形井网的一种特殊形式。

(2)菱形井网：该井网类型要求沿主渗透方向和垂直于主渗透两个方向垂直布井，在 4 口井中心的位置，加密一口煤层气开发井，使相邻的 4 口井呈一菱形，主要是针对矩形井网的一种补充或完善形式。该布井形式的最大优点是在煤层气开发排水降压时，在井与井之间的压力降低比较均匀，可以达到开发区域同时降压的目的。

2. 井网方位

通常将矩形井网的长边方向与天然裂隙主导方向或人工压裂裂缝方向平行。煤中天然裂隙的主要延伸方向往往是渗透性较好的方向；为沟通天然裂缝，人工压裂裂缝主导方位多垂直于现今最小主应力方向。

3. 井网密度

井网密度即井距确定，大小与井型、间距有关。井网密度取决于储层性质、生产规模对经济性的影响以及对采收率的要求，当它与资源条件、裂缝长度等相匹配时，才能获得较高的效益。计算井网密度的方法有同类煤层气田类比法、合理控制储量法、规定产能法、经济极限井距法、数值模拟法等。这里有 3 个井网密度概念：① 经济极限井网密度：总产出等于总投入，总利润为零时的井网密度，超过此密度界限，则发生亏损；② 最优井网密度：当总利润最大时的井网密度；③ 合理井网密度：实际井网部署应在最优井网密度与经济极限井网密度之间选择一个合理值。

六、排采工艺技术

（一）排采方式

目前，国内外主要煤层气排采方式有有杆泵法、螺杆泵法、电潜泵法、气举法、水力喷射泵法、泡沫法及优选管柱法等。选择抽排设备、方法和标准与常规气井相似，主要受预期产水量控制。从排水能力看，电潜泵最为理想，但其缺点是正常工作时需要保持稳定的电流，且生产初期电潜泵很容易被煤屑等颗粒损坏。螺杆泵在很多煤层气项目中受到青睐，一方面由于其排水能力强，另一方面由于其能有效处理煤屑，几乎不需要维修。相比上述两种泵，抽油机的有杆泵排液效果要差一些，为低-中等排水，但也不需要维修。气举排采地面设备少，井下管柱相对简单，但在技术上要求很高；气举的最大特点是能够处理固体颗粒，受出砂、机械方面的影响较小，同时能适应开采初期的大排量排水，并已在美国的黑勇士盆地和圣胡安盆地得到了成功应用。

（二）排采工作制度优化

煤层气井产量直接受控于排采制度。煤层气排采必须适应煤储层的特点，符合煤层气的产出规律。合理的排采制度应该是保证煤层不出现异常出砂及煤粉前提下的最大排液量。主要有以下两种排采制度。

1. 定压排采制度

核心是如何控制好储层压力与井底流压之间的生产压差；关键是控制适中的排采强度，保持液面平稳下降，保证煤粉等固体颗粒物、水、气等正常产出。适用于排采初期的排水降压阶段。由于排采初期，井内液柱中的气体含量少、液柱的密度变化小，井底流压主要为液柱的压力，因此，排采过程中的"定压制度"主要是通过调整产水量控制动液面，进而控制储层压力与井底流压的压差。

2. 定产排采制度

适用于稳产阶段。由于井内液柱中的气体含量较大，液柱的密度远小于 1，套压较高，因此，"定产制度"可以通过改变套压或动液面来控制井底压力以实现稳产的目的。

通过前期的生产实践，优化初期"三级"排采制度，形成早期多排水、控制气相流动为原则的"八级"排采制度，尽可能实现单井见气前压裂液返排速度和产液量的最大化。对渗透性差的高煤阶煤，同时考虑液氮增能助排技术，增加返排能量，提高压裂液返排率(表4-5)。

表4-5　优化后煤层气排采制度(八级)

阶段划分	液面下降/(m/d)	目　　的
监测		求取静液面
试抽	<10	以低工作制度开抽，观察煤产层产水能力，小幅调整排采参数
稳定降压	<8	根据煤层供水强度，严格控制液面下降速度，并随时观察排水水质，防止煤层煤粉的产出
稳定排水	<5	控制煤层流压在合理的范围内，坚持连续稳定排水，最大限度地采出煤层水，扩大煤层压降范围，为高产、稳产打好基础
临界产气	<1	由于煤层开始产气，液面波动较大，更要控制液面下降速度，连续观察套压的变化和产水性质的变化
控压产气	<2	控制套压产气该阶段，煤层产水变化大，控制套压下降和产气量上升速度，要求套压控制在0.5MPa条件下产气
控压排水	<1	控制好套管压力继续排采，力求保持煤层水的连续稳定外排，严格控制液面下降速度
稳压产气	<1	动液面进入煤层以上100~500m范围，套压要求同上，产水量降低，产气量上升
产能测试	0	动液面进入煤层以上50~20m范围，套压要求通天时候，测试煤层稳产能力

(三) 排采生产管理

概括来说，煤层气排采井的生产是使用油管抽水、利用套管产气，其地面生产工艺其实是石油行业抽油机有杆抽油和低压天然气井生产工艺的结合，其生产管理大多类同于后者，但也有不同之处。煤层气井现场生产管理可分为两部分：抽吸排液和采气管理。

在排采生产过程中，应通过排采动态监测、气和水样分析化验等方法进行气井动态监测，以便及时了解煤层气井的生产动态、地层能量情况、各生产层的排液和产气情况、井筒完好情况、相邻气井之间各层的连通情况、增产措施的效果、流体的性质等，以便不断深化对煤层气储层情况的认识，及时采取合理的排采工作制度，以提高试验区煤层气产量和采收率，提高开发区整体开发效益。

第五节　煤层气勘探开发实例

一、鄂尔多斯盆地延川南地区煤层气

(一) 概况

延川南区块位于鄂尔多斯盆地东南缘渭北隆起和晋西挠褶带交汇处，以黄河为界分为山西省和陕西省两部分。区块东西长33.18km，南北宽22.38km，面积701.4km^2。历年来煤炭

地质勘查工作主要集中在区块东南部，煤田普查、详查钻孔共计300余口，其中30余口钻孔进行了瓦斯测试工作。

自2008年5月起，中国石化华东分公司开始在延川南区块开展煤层气勘探评价工作，延川南$5\times10^8m^3$煤层气产能建设方案于2013年4月通过总部审查，启动产建。截至2013年年底，累计实施二维地震898.15km，测网密度$(1\times1)\sim(2\times4)$km，钻井493口，其中参数井27口，延1井等8井口获得工业气流。

（二）勘探开发历程

2008年5月，华东分公司在延川南煤层气田开始勘探实物工作量投入。

2009年完钻探井2口，即延1井、延2井，通过压裂排采获得突破，其中延1井最高产量达到$2632m^3/d$。

2010年在谭坪构造带围绕突破井开展井组面积降压试验，实施延1井试验小井组(8口井)，同时甩开部署了探井9口，落实煤层展布、厚度和含气量。其中，在万宝山构造带部署3口探井，延6井获得$2000m^3/d$以上稳定工业气流，延3井获得$1000m^3/d$以上稳定工业气流，万宝山构造带实现了突破。

2011年进一步控制落实资源，甩开实施探井、评价井28口，进行大井组开发试验，形成延1大井组(28口直井+1U)，根据实际钻遇煤层气地质参数以及单井排采评价效果，明确延川南煤层气田开发主要目的层为山西组2号煤层，提交谭坪构造带煤层气探明地质储量$106.5\times10^8m^3$，含气面积$142km^2$。

2012年延1大井组中间部位15口井产量均突破$1000m^3/d$，达到设计目标，说明“小井组-大井组试验”取得阶段性成功。进一步实施外围探井、评价井27口，投入井组开发先导试验，评价煤层气产能及井网井距适应性，形成延3大井组(32口直井+1V+3U)、延5大井组(23口直井+2V+2U)。

2013年在前期评价、试验基础上，提交万宝山构造带煤层气探明地质储量$118.9\times10^8m^3$，含气面积$109.6km^2$，并启动延川南$5\times10^8m^3$煤层气产能建设，当年年底完成开发井344口。

（三）地层及构造特征

1. 地层特征

区块主要含煤地层为石炭系上统太原组(C_3t)和二叠系下统山西组(P_1s)。

(1)上石炭统太原组(C_3t)：厚度35～65m，一般45m左右，与下覆本溪组整合接触。该组含煤4～8层，其中10号煤层为主要可采煤层之一，平均厚度2m左右。下部岩性以深灰色、灰黑色含铝质泥岩为主，夹薄层粉砂岩，底部为灰白色中-细粒石英砂岩；出现深灰色中厚层灰岩，含煤2层。上部岩性主要为深灰色砂质泥岩、细砂岩，含煤1～2层，一般均不可采，含植物化石。

(2)下二叠统山西组(P_1s)：平均厚度40.5m左右，与下伏太原组整合接触。含煤4～5层，其中2号煤层为主要可采煤层，平均厚度5.0m左右。由上至下分为两段：山1段底部浅灰白色粗粒、中-粗粒、中粒石英砂岩夹粗-中粒岩屑砂岩，上部深灰色泥岩、粉砂质泥岩；山2段浅灰白色含粗砾、中-粗粒石英砂岩，具板状交错层理，测井曲线呈锯齿状，具备多个正韵律特征。

2. 构造特征

延川南区块总体形态为一简单的单斜，具有结构简单、构造平缓、断裂少、活动微弱、构造稳定的特点。

（1）断裂特征。发育 4 条二级断层，中部发育的 2 条北东向逆断层—中垛逆断层、白鹤逆断层，规模较大，是工区内最重要的断层。东南部发育 2 条北东向的正断层—张马正断层、君堤岭正断层。断层发育主要特征：断层走向为北东向和北北东向；断层断距小，延伸短；共发育大小断层近 40 条，平面分布在背斜翼部和缓坡构造上，断层在剖面上均未出露地表，大部分断层自中奥陶统峰峰组至上二叠统石千峰组继承性发育。

（2）构造单元划分。根据构造特征，延川南区块可划分为 4 个二级构造单元：王家岭构造带、谭坪构造带、中部断裂带和万宝山构造带。谭坪构造带可划分为西柏沟缓坡带、白额断鼻带和谭坪缓坡带；万宝山构造带可划分为柏山寺断鼻带和万宝山缓坡带（表 4-6）。

表 4-6　延川南区块构造单元特征表

<table>
<tr><th>二级构造带</th><th>三级构造带</th><th>2 号煤层埋深/m</th><th>2 号煤厚度/m</th><th>2 号煤层含气量/(m^3/t)</th><th>面积/km^2</th><th>备　注</th></tr>
<tr><td>王家岭构造带</td><td></td><td>100 ~ 600</td><td>4 ~ 8</td><td>2 ~ 8</td><td>179.29</td><td>煤矿开采区</td></tr>
<tr><td rowspan="3">谭坪构造带</td><td>西柏沟缓坡带</td><td>600 ~ 800</td><td>5 ~ 6</td><td>6 ~ 12</td><td>72.21</td><td rowspan="3">已钻煤层气探井 11 口，延 1 井等 6 口井获工业气流</td></tr>
<tr><td>白额断鼻带</td><td>700 ~ 800</td><td>4 ~ 6</td><td>6 ~ 14</td><td>39.93</td></tr>
<tr><td>谭坪缓坡带</td><td>800 ~ 1100</td><td>4 ~ 7</td><td>6 ~ 20</td><td>91.5</td></tr>
<tr><td>中部断裂带</td><td></td><td></td><td></td><td></td><td>27.25</td><td>构造复杂区</td></tr>
<tr><td rowspan="2">万宝山构造带</td><td>柏山寺断鼻带</td><td>1000 ~ 1300</td><td>4 ~ 5</td><td>10 ~ 20</td><td>83.98</td><td rowspan="2">已钻煤层气探井 11 口，延 6 井等 7 口井获工业气流，最高 3700m^3/d</td></tr>
<tr><td>万宝山缓坡带</td><td>1000 ~ 1700</td><td>3 ~ 5</td><td>16 ~ 20</td><td>207.24</td></tr>
<tr><td>合计</td><td></td><td></td><td></td><td></td><td>701.40</td><td></td></tr>
</table>

（四）煤层发育及煤岩煤质特征

1. 煤层发育

（1）煤层埋深适中（800 ~ 1500m）。山西组 2 号煤层为全区稳定可采煤层，煤层整体上横向分布稳定且连续，煤层埋深从东南向西北方向逐渐增大。钻井揭示，谭坪构造带煤层埋深 876.5 ~ 931.9m，万宝山构造带煤层埋深 1063.6 ~ 1501.1m，处于煤层气勘探开发的有利深度范围。太原组 10 号煤层埋深 902.0 ~ 1542.0m。

（2）煤层厚度大（5.0m 左右）。地震时间剖面上 2 号煤层全区反射波可连续追踪，煤层厚度 3 ~ 8m，分布稳定且连续；在谭坪构造带延 1 井—延 5 井区煤厚 5 ~ 5.5m，万宝山构造带延 3 井—延 6 井区煤厚 4.5 ~ 5m；煤层厚度呈东南厚，向北部及西部减薄，厚度变化趋势与煤层沉积微相的展布规律基本一致。太原组 10 号煤层厚度 1.4 ~ 3.5m，平均厚度 2.5m。

（3）煤体结构简单（碎裂煤为主）。延川南区块山西组 2 号煤层多为块状碎裂煤，一般含 1 ~ 2 层夹矸，局部发育 3 层夹矸。平面上向北煤层分叉，夹矸增加，煤体结构变差，东北部延 2 井、延 7 井和延 12 井煤层发育碎粒煤、糜棱煤；谭坪构造带主要发育 2 层夹矸，万宝山构造带主要发育 1 层夹矸；2 号煤夹矸总厚 0 ~ 0.80m，平均 0.35m。

2. 煤岩煤质特征

（1）煤岩显微组分。煤样实验分析，2 号煤层镜质组含量为 39.7% ~ 81.6%，平均值为

73.85%；10号煤层镜质组含量为46.4%～81.3%，平均值为69.47%（表4-7）。煤层较高的镜质组含量有利于煤岩具有很高的生气潜力。

表4-7　延川南区块煤层显微组分测定结果统计表

井　号	煤层编号	镜质组/%	惰质组/%	母质类型
延1井	2号	39.7～75.5	19.6～24.5	Ⅲ
	10号	73.8	21.2	Ⅲ
延4井	2号	52.6～58.6	47.1～41.2	Ⅲ
	10号	46.1～54.1	45.5～40.5	Ⅲ
延5井	2号	81.6	9.2	Ⅲ
延7井	2号	49.2～51.4	35.6～44.6	Ⅲ
延10井	2号	56.6	38.4	Ⅲ
	10号	48.7	48.5	Ⅲ
延8井	2号	49.8	48	Ⅲ
	10号	37.1～45.2	48.3～48.7	Ⅲ
延6井	2号	27.6～40.8	53.4～69.5	Ⅲ
	10号	56.3	39	Ⅲ
延17井	2号	79.4	13.6	Ⅲ

（2）煤变质程度。总体上，本区煤岩演化程度较高，属贫煤-无烟煤，为高阶煤。2号煤层镜质体反射率在1.88%～2.56%之间，为瘦煤-无烟煤，由东南向西北随埋深加大而增高；10号煤层镜质体反射率在2.03%～2.63%之间，为贫煤-无烟煤。

（3）煤质特征。2号煤灰分含量为8.58%～27.15%，平均值为16.47%，属低-中灰煤；10号煤灰分含量为9.46%～19.97%，平均值为15.11%。2号煤挥发分含量为7.22%～20.36%，平均值为10.48%。10号煤挥发分含量为7.02%～16.87%，平均值为10.34%，具有低挥发分煤的特点。2号煤和10号煤水分含量均小于2%（表4-8）。低-中灰分煤层、低挥发分煤层、低含水煤层有利于煤层气储集空间的发育。

表4-8　延川南区块煤层工业分析数据表

井　号	层　位	水分（M_{ad}）/%	灰分（A_{ad}）/%	挥发分（V_{ad}）/%
延1井	2号煤	1.48	14.58	11.40
	10号煤	1.08	16.86	10.26
延4井	2号煤	0.97	26.24	10.93
	10号煤	0.61	22.39	10.92
延6井	2号煤	0.67	14.25	8.75
	10号煤	0.38	9.46	7.94
延8井	2号煤	0.88	8.81	9.67
	10号煤	0.6	12.26	13.42
延10井	2号煤	0.68	14.76	10.86
	10号煤	0.61	18.11	10.50
延17井	2号煤	0.99	8.58	10.98

（五）煤储层特征

1. 宏观煤岩特征

2 号煤层宏观煤岩类型以半亮型煤为主，其次为光亮型和半暗型煤，具条带状与均一状结构。宏观煤岩成分以亮煤为主，夹少量镜煤和暗煤，偶见丝炭薄层。玻璃光泽到强玻璃光泽，割理和裂隙一般较发育，脆性大，易破碎，断口参差状，裂隙有时被方解石充填。

平面上 2 号煤层裂隙面密度由南东向北西向总体上明显增大，在延 1 井、延 3 井区存在局部高值区，表明割理密度的展布与构造相关，背斜翼部割理最为发育，宽缓地带割理相对偏低。延 1 井区割理密度最大，为(15 ~ 45)条/(5cm × 5cm)，平均为 30 条/(5cm × 5cm)；延 3 区、延 6 区割理密度为(20 ~ 78)条/(5cm × 5cm)，平均为 42 条/(5cm × 5cm)；延 7 区、延 12 区相对稍差，为(28 ~ 15)条/(5cm × 5cm)，平均为 12 条/(5cm × 5cm)。整体上来说裂隙较为发育，有利于煤层气渗流。

2. 孔隙特征及渗透性

根据实验室测定的真密度和视密度计算求得：2 号煤层孔隙度为 1.3% ~4.6%，平均为 3.3%；10 号煤层孔隙度为 2.6% ~4.3%，平均为 3.7%；两层煤均属低孔隙度致密储层，孔隙度的展布特征与上覆岩层的压力有直接关系，孔隙度最有利的区域位于谭坪构造带、万宝山构造带，随着深度增加，孔隙度逐渐变小。

前期勘探研究过程中，对区内 17 口参数井的 2 号煤层进行了注入、压降测试，2 号煤层渗透率大部分分布在(0.013 ~0.99) $\times 10^{-3}\mu m^2$ 之间，平均为 0.27 $\times 10^{-3}\mu m^2$。测试渗透率结果见表 4-9。

表 4-9　延川南煤层气田煤储层注入、压降测试渗透率成果表

区　块	测试井数/口	测试结果/$10^{-3}\mu m^2$	平均值/$10^{-3}\mu m^2$
谭坪构造带	8	0.017 ~ 0.99	0.17
万宝山构造带	9	0.013 ~ 0.91	0.37

综合渗透率与埋深的关系，结合室内物性特征分析结果，对区内储层渗透率进行了校正。区内渗透特征表现为：渗透率随埋深增大而降低，但在工区范围内煤储层整体渗透率随深度增加而降低的程度不大，2 号煤层渗透率在(0.166 ~ 0.479) $\times 10^{-3}\mu m^2$ 之间，平均为 0.344 $\times 10^{-3}\mu m^2$。其中，万宝山构造带 2 号煤层渗透率在(0.166 ~ 0.365) $\times 10^{-3}\mu m^2$ 之间，平均为 0.277 $\times 10^{-3}\mu m^2$；谭坪构造带在(0.302 ~ 0.479) $\times 10^{-3}\mu m^2$ 之间，平均为 0.406 $\times 10^{-3}\mu m^2$。

3. 煤储层压力及地应力条件

分析认为，东、西两个单元显示出不同的压力系统。东部谭坪构造带 2 号煤储层地层压力系数在 0.400 ~ 0.477 之间，为欠压；西部万宝山构造带地层压力系数在 0.761 ~ 0.870 之间，接近正常压力。区块 2 号煤层最小主应力在 10 ~ 18.55MPa 之间，小于 20MPa，属于相对低应力区，利于煤层渗透性发育。

（六）煤层含气性

1. 煤层含气量

山西组 2 号煤层含气量较高，黄河以东已钻 24 口参数井实测含气量多大于 8m^3/t，在 5.54 ~ 20.48m^3/t 之间，平均为 12m^3/t，属于中高含气量地区。区块中部存在延 1 井—延 5 井区、延 3 井—延 6 井区两个煤层气富集区。西部延 3 井煤层含气量最高可达 20.48m^3/t，属于中高含气量地区；东部延1和延5井区煤层含气量最高达16m³/t左右，位于谭坪缓坡带附近。东北部延7井由于煤体结构变差，出现碎粒煤，对含气量具有一定影响，含气量变小。10号煤层含气量整体偏低(表4-10)。

表4-10 延川南区块煤层含气量数据统计表

井号	2号煤层		10号煤层	
	厚度/m	平均含气量/(m^3/t)	厚度/m	平均含气量/(m^3/t)
延1井	4.9	8.89	1.6	5.95
延2井	5.10	7.57	2.60	—
延3井	5.0	20.38	2.60	18.49
延5井	4.6	9.92	2.6	0.36
延6井	4.80	13.20	3.00	—
延7井	4.8	5.54	1.7	—
延8井	3.9	10.98	3.2	7.32
延10井	5.9	10.23	3.5	4.5
延17井	3.9	12.5	2.8	—

2. 煤层吸附特征

实验测得延川南区块所取煤样煤层兰氏体积普遍较大(表4-11)，这反映了煤层吸附能力较强，2号煤层兰氏体积在31.86～46.51m³/t之间，平均为35.02m³/t，兰氏压力在1.8～4.42MPa之间；10号煤层兰氏体积在33.43～41.32m³/t之间，平均为35.14m³/t，兰氏压力在2.075～3.34MPa之间。

表4-11 延川南区块煤层气吸附特征数据表

井号及煤层号		实测储层压力/MPa	兰氏体积/(m^3/t)	兰氏压力/MPa	实际解吸压力/MPa
延1井	2号	4.3797	32.18	2.22	3.95
	10号	—	33.43	2.25	—
延2井	2号	3.6301	32.2	2.55	—
	10号	—	—	—	2.2
延4井	2号	3.9541	32.36	2.3	3.57
	10号	—	33.8	2.35	—
延5井	2号	—	31.86	1.8	2.77
	10号	—	32.025	2.075	—
延6井	2号	9.36	23.10	2.4	6.97
	10号	—	26.18	3.2	—
延8井	2号	—	33.78	3.69	—
	10号	9.64	22.77	2.7	5.03
延17井	2号	10.57	37.31	4.42	—

3. 含气饱和度和临界解吸压力

根据等温吸附实验结果计算煤样的甲烷吸附饱和度相对较低，2号煤为39.51%～56.11%，10号煤为26.95%～50.91%。2号煤层排采获得的解吸压力为2.77～6.97MPa，普遍高于根据等温吸附实验求得的临界解吸压力。较高的解吸压力说明煤层可解吸压力范围较大，可采性较强。

4. 煤层气碳同位素特征

2 号煤、10 煤气样 $\delta^{13}C_1$ 分析结果表明(表 4-12)，煤层气为热成因气，不含生物成因气。延 1 井 10 号煤 $\delta^{13}C_1$ 为 -33.21‰～-25.34‰，明显低于 2 号煤 -38.48‰～-29.42‰，分析认为是煤层距离奥陶系含水层较近，受其影响产生解吸—扩散—运移效应所致，说明太原组煤层保存条件比山西组煤层差。

表 4-12 延川南区块煤层气碳同位素分析结果表

序号	井号	层位	$\delta^{13}C_{PDB}$/‰
1	延 1 井	2 号煤层	-38.48～-29.42 -35.47
		10 号煤层	-33.21～-25.34 -29.40
2	延 2 井	2 号煤层	-45.39～-36.99 -40.06
3	延 5 井	2 号煤层	-34.2
4	延 3 井	2 号煤层	-30.15
		10 号煤层	-33.3
5	延 17 井	2 号煤层	-32.2

（七）煤层气富集主控因素分析

1. 顶、底板岩性及封盖性能

2 号煤层顶板绝大部分是泥岩，局部为较致密的砂岩，直接顶板厚度多在 2m 以上。延 3 井—延 6 井区泥岩厚 3～6m，延 5 井区泥岩厚度也在 5m 左右，泥岩裂隙不发育，封盖能力较强，对煤层气保存有利(表 4-13)。

表 4-13 延川南区块 2 号煤层顶板泥岩厚度与含气量关系统计表

井号	延 1 井	延 2 井	延 3 井	延 4 井	延 5 井	延 6 井	延 7 井	延 8 井	延 10 井
泥岩厚度/m	13.14	18.9	7.1	1.5	11.5	0.52	2.7	0	4.6
含气量/(m^3/t)	8.89	7.57	20.38	8.73	9.92	13.2	5.54	10.98	8.5

2. 水文地质条件

延川南煤层气田 2 号煤层水质分析表明，煤层水属于 $NaHCO_3$ 型和 $CaCl_2$ 型，阳离子以 Na^+、K^+、Ca^{2+}、Mg^{2+} 为主，阴离子以 SO_4^{2-}、Cl^-、HCO_3^-、CO_3^{2-} 为主，各离子矿化度、总矿化度及 pH 值变化范围较大。

延川南 2 号煤层水质平面分布具有“东西分块、南北成带”的特征，总矿化度整体呈西高东低的趋势。水质受单斜构造及断层的综合影响，在区块东部谭坪构造带 2 号煤层埋藏较浅，矿化度偏低，水质呈弱碱性，地层水属于 $NaHCO_3$ 型(K^+、Na^+、HCO^{3-}、CO_3^{2-}、SO_4^{2-})，为弱径流区，地层水矿化度基本上在 2084.26～157934.7mg/L 之间，平均为 18752.065mg/L，说明煤层水具有原生特点，煤层与外界相对独立，也反映出该区水动力弱的特点，有利于气体保存。在西部万宝山构造带，煤层埋藏较深，且白鹤、中垛两条封闭性断层阻断了上部水层的渗入，地层矿化度急剧升高，pH 值降低，地层水以 $CaCl_2$ 型（K^+、Na^+、Ca^{2+}、Cl^-）为主，为滞留环境；在工区中北部、局部断层发育区，沟通了上下水层的联系，存在垂直渗流现象，此处矿化度也较低且呈弱碱性，为垂直弱渗流区。

3. 构造保存条件

断层的存在对 2 号煤层含气量有一定影响，逆断层基本上具有控气作用，对含气量影响不大，正断层不利于煤层气的富集。构造的形态与 2 号煤层的含气性也具有一定相关性，统计发现随构造下降，含气量呈指数上升的趋势。

结合实际生产，构造的高低与煤层气井产液量有很大关联，构造较低位置产液量较大，产气效果较差；构造较高位置，产液量一般，利于高产。同时远离断层发育区，产液量较低。分析认为构造低部位为地下水汇聚区，断层发育有加剧沟通可疑含水层组的可能，进而影响煤层气井的产气效果。

（八）生产现状

截至 2013 年底，全区完成钻井 500 口，其中探井 27 口，开发井 473 口(2013 年产建启动后新实施 344 口)，包括“U”型井 7 口、“V”型井 3 口，共投产煤层气排采井 299 口，关停 14 口，产气井 109 口，获 $1000m^3/d$ 以上稳定气流井 32 口，目前日产气量 $61243m^3/d$，累积产气量 $2858\times10^4m^3$。从排采效果来看，解吸压力较高，在 2.3～9.3MPa 之间，平均为 4MPa；平均见气周期 180 天，产气量达到工业气流平均周期 400 天，显示出较为优越的开发前景。

探井、评价井：2008 年至今，延川南煤层气田已投产探井、评价井 42 口，其中日产气超过 $1000m^3$ 的井有 19 口，包括 6 口井产气量超过 $2000m^3/d$，13 口井产气量介于 1000～$2000m^3/d$ 之间。从产能整体分布情况来看，万宝山构造带单井产能整体高于谭坪构造带，其中，谭坪构造带延 1 区块探井产能在 1009～$2632m^3/d$ 之间，平均为 $1506m^3/d$；万宝山构造带延 3 区块探井产能在 1019～$3700m^3/d$ 之间，平均为 $1857m^3/d$。

试验井组：延川南煤层气田共部署开发试验井组 3 个，其中延 1 试验井组 29 口(28 直 +1U)、延 3 井组 36 口(32 直 +1V +3U)、延 5 井组 27 口(23 直 +2V +2U)。主要是为了评价不同井网、井距适应性，以及评价面积降压条件下不同井型的产能。目前延 1 试验井组已达到试验目的，15 口井产量突破 $1000m^3/d$。延 3 井、延 5 井组 2013 年初陆续投入排采，经过近 10 个月的排采生产，延 3 井组产气井 25 口，日产气量 $15658m^3$，千方井 9 口，产气井平均单井日产气 $626m^3$，平均解吸压力 7.16MPa，当前平均井底流压 5.92MPa，流压与解吸压力比值为 0.83，处于控压排水阶段，形势较好；延 5 井组产气井 26 口，日产气量为 $12630m^3$，千方井 3 口，平均单井日产气 $486m^3$，井组平均解吸压力 3.09MPa，平均流压 2.11MPa，流压与解吸压力比值 0.68MPa，处于控压排水阶段，潜力较大。

（九）认识

(1) 煤层厚度、煤层夹矸厚度、煤岩灰分产率等因素对煤层气产能有明显的影响，除区内局部范围煤层气产气效果较差外，区内大部分区域均表现出整体有利的地质条件，在不同地质条件下均能实现 1000～$2000m^3/d$ 的产能。

(2) 后期与煤层气保存条件相关的构造、煤层顶板泥岩厚度、水文地质条件决定含气分布、地层水矿化度、储层压力及煤层含气饱和度等的分区、分带特征，是区块煤层气富集的主控因素，也是影响区内煤层气井产能差异的主要地质因素。

（3）万宝山构造带单井平均产能比谭坪构造带高，具有更高的开发潜力。延3井组及其周边探井、评价井平均流压为6.8MPa，日产气高于1000m^3的井中突破2000m^3/d的井占多数，产能平均2340m^3/d；谭坪构造带平均流压为4MPa，高产井产能平均1528m^3/d，相对略低。

（4）精细化排采控制是延川南低孔、低渗、低压煤层气藏高效开发的关键。延川南煤层气井以储层压力、解吸压力为分割点的"快速返排－稳定降压－缓慢－控气排水－连续"的定量式"五段三压法"工作制度，针对不同阶段地层流体产出特点，通过初期快速返排、见气前调流压降幅见气后控流压，达到多排水、扩展降压解吸目的，单井见气返排率、产气效果得到大幅提升。

二、圣胡安盆地

（一）概况

圣胡安盆地是美国落基山地区主要产油气区之一，其面积约为$5.18\times10^4km^2$。圣胡安盆地的Menefee组和Fruitland组拥有丰富的煤层气，但只有Fruitland组煤层气已投入商业生产。1953年，Phillips公司圣胡安32－7单元Fruitland 6－17井钻在Ignacio背斜的南部，截至1988年，已从该裸眼井的砂岩层产出煤层气$3880\times10^4m^3$（Dugan和Williams，1988）。20世纪70年代中期，Amoco公司在美国开始进行广泛的煤层气勘探活动，均裸眼完井于Fruitland组和Pictured Cliffs砂岩，以混合的方式进行开采。1979年，该公司在锡达山油田钻探Cahn－1井（Decker等，1988；Waller，1992），该井的天然气产量超过预测量，从而启动开发项目。受到Amoco公司的成功以及税法29条的激励，大型公司及个体经营者开始申请取得盆地煤层气勘探和测试的许可证。截至1992年12月31日（税法29条的有效期结束），圣胡安盆地和其他盆地已钻探数千口煤层气井。

（二）地层及构造特征

1. 地层特征

（1）侏罗系：发育于盆地的南部和西部，形成复杂的沉积岩系，几乎全为陆相地层，并广泛分布于盆地外侧的科罗拉多高原。大部分为形成于类似陆相沉积环境的砂岩。

（2）白垩系：从煤的含量上看，白垩纪的岩系是最重要的，大部分由砂岩、煤及页岩的交错沉积组成。从下至上白垩纪地层层序一般为：Dakota砂岩－呈透镜状，一般以砂岩为主，含煤层，厚54ft至略大于200ft；Mancos页岩为厚400～2000ft的海相含炭页岩及交错沉积的含煤的块状砂岩，大部分厚180～250ft；Crevasse Canyon组为一富煤岩组，大部分由透镜状砂岩组成，局部存在的波因特卢考特砂岩组，分为两段，一段厚约200ft，另一段厚100～300ft，上覆Menefee组分为几个由页岩及砂岩组成的厚层段及舌状体（其中有的含煤）；过渡带为透镜状砂岩沉积，皮克彻陡崖砂岩为细粒海相砂岩，厚50～400ft；以及Fruitland组为一夹砂岩、页岩、炭质沉积岩及灰岩的厚200～300ft的含煤层序。

（3）新生界：至少厚2500ft，由交互的砂岩和各种各样的页岩组成。盆地南部许多第三纪地层已被侵蚀掉，该处的侵蚀不整合面是第三系与第四系的沉积界面。第三纪和第四纪岩石最大总厚度在3900ft以上。

2. 构造特征

圣胡安盆地为近于圆形的不对称性的构造盆地，形成于晚白垩世及早始新世（约40×

$10^6 \sim 80 \times 10^6$ 年）。盆地内上白垩统的沉积中心和向斜轴在盆地北缘和北东缘附近，并与之平行。盆地形状近似圆形，南北长约161km，东西宽约145km，轴线北西向。中部宽平，东翼和北翼陡窄，西翼呈平缓台阶（称四角台地），沿盆地边缘展布的构造包括西部和西北部的Hogback单斜、北部的San Juan隆起、东南部的Nacimiento隆起、南部和西南部的Chaco斜坡和Zuni隆起（图4-8）。盆地内部构造不复杂，仅仅是较新的地层轻微褶皱，盆地斜坡相当平缓。在盆地南翼，倾斜度小于1.5°。

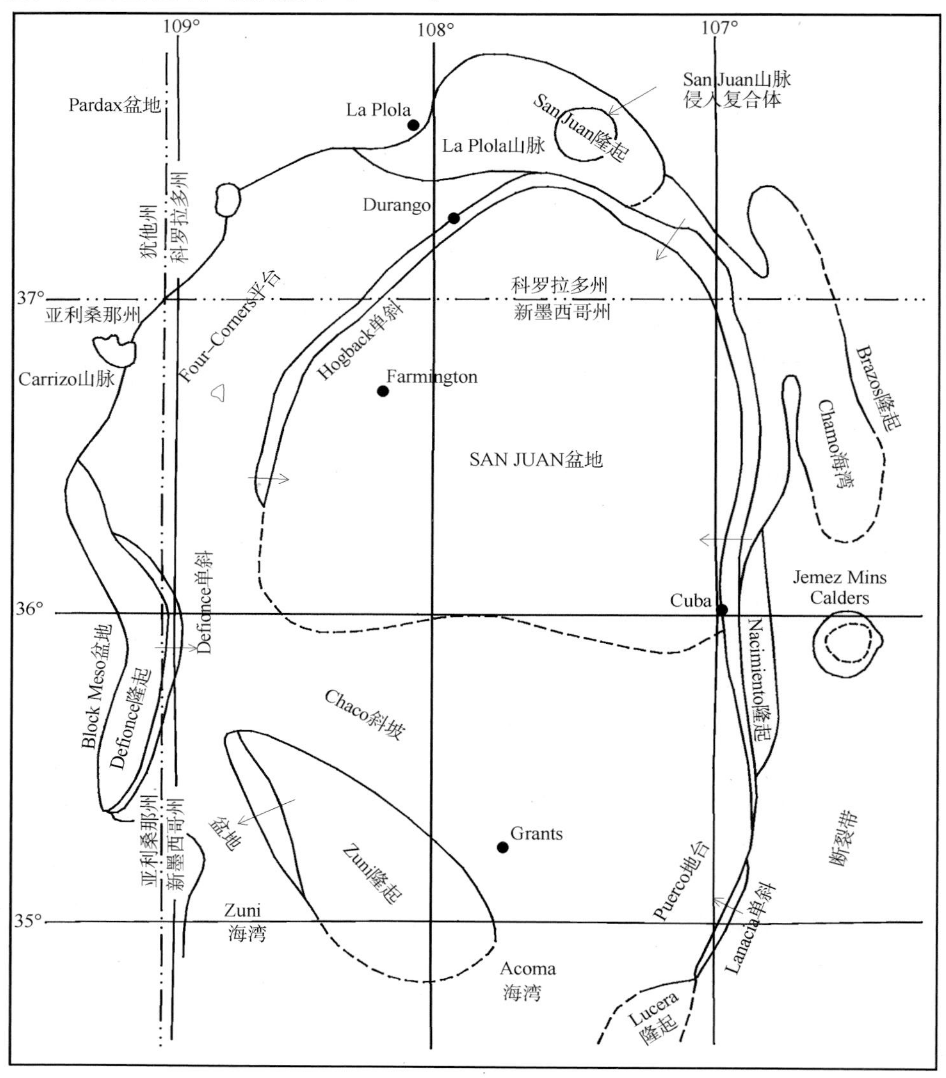

图4-8 圣胡安盆地区域构造背景

（三）煤层发育及煤岩煤质特征

盆地内整个白垩系均有煤层分布，但最重要的煤层和煤层气资源存在于Fruitland组中，该组出露面积$1.735 \times 10^4 km^2$。Fruitland组煤层从地表到地下1280m均有分布（图4-9），煤层最大净厚度出现在盆地中东北部的北西向区带内，厚度超过15m，局部达33m（图4-10）。通常，该地区钻井可以揭示6～12个煤层，单个煤层最厚达6～9m。沿着盆地北部倾向方向延伸的河道间煤沉积向西南方向延伸，沿着古斜坡上升至西南部出露，即 Fruitland 露头，河道间煤层平均厚度达 1.8m，最大单个煤层厚度达 3m。盆地的南部，厚煤层出现在 Frmtland 组下半部(45 ~60m)。在盆地的中心，一些厚的组上部 Fruitland 组下部煤层在 Pictured Cliffs 砂岩处尖灭。盆地北部最厚的煤层与盆地南部 Fruilland 组上部薄煤层地层相当，盆地南部 Fruitland 组下部地层和煤层在北部缺失，这是由于在 Pictured Cliffs 舌状体 UP1、UP2 和 UP3 之间发生了地层尖灭。北部的厚煤层既可向 Pictured Cliffs 上部舌状体尖灭，又超覆于其上。但是，由于煤层随时出现在 UP1、UP2 和 UP3 之上，这些煤层一般指的是 Fruitland 组下部煤层，即使它们在南部地层层位上高于厚煤层。

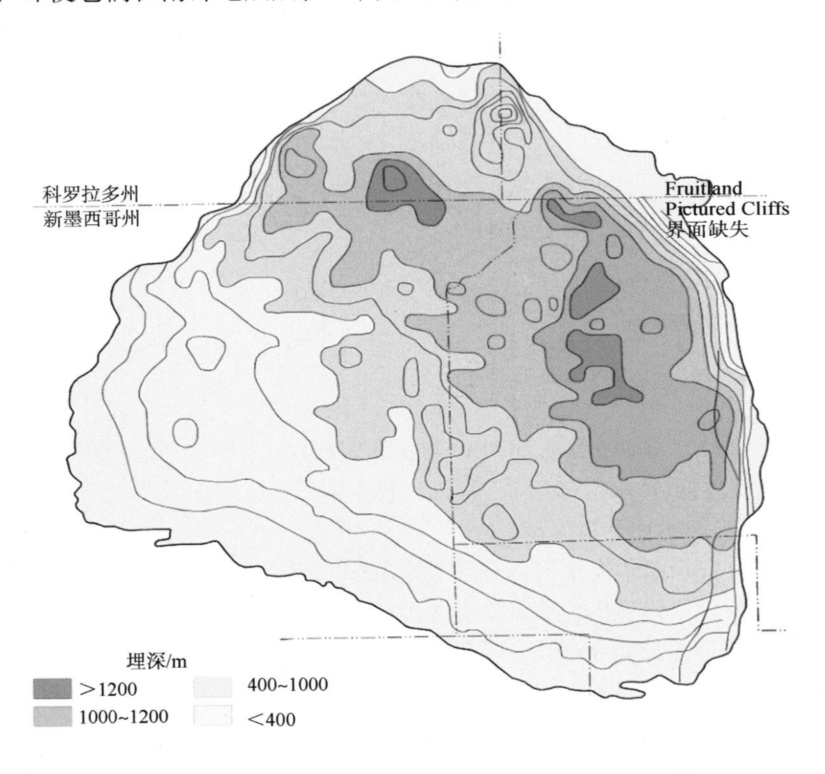

图 4-9　圣胡安盆地 Fruitland 组煤层埋深等值线图(Walter 等，2003)

圣胡安盆地南部中心的 Fruitland 煤层由镜煤(80%)、壳质组(5.2%)及惰质组煤(14.1%)组成。Fruitland 组灰分在 10% ~30% 之间，通常超过 20%，盆地南部的水分平均为 10%，北部地区的水分平均为 2%。Fruitland 组煤岩的煤阶呈北高南低带状分布，北部为低挥发性烟煤到高挥发性烟煤，南部主要为亚烟煤(图 4-11)。在圣胡安盆地北部第三条带大部分范围内，Fruitland 煤为高挥发性“A”沥青或更高，并且位于热成因气窗之内。构造背景与煤化作用之间的关系表明热成熟度主要是同造山期的。但是，盆地北部可能在后期经历了构造反转作用。

(四) 煤层含气性

1. 含气量

北部区域为热成熟煤(R_o >0.78%)、无灰、含气量通常大于 9cm^3/g，高产通道地区通常超过 15.6cm^3/g。Fruitland 煤层含气量通常为 4.79cm^3/g，在盆地 3 个条带向南的第 2 个条

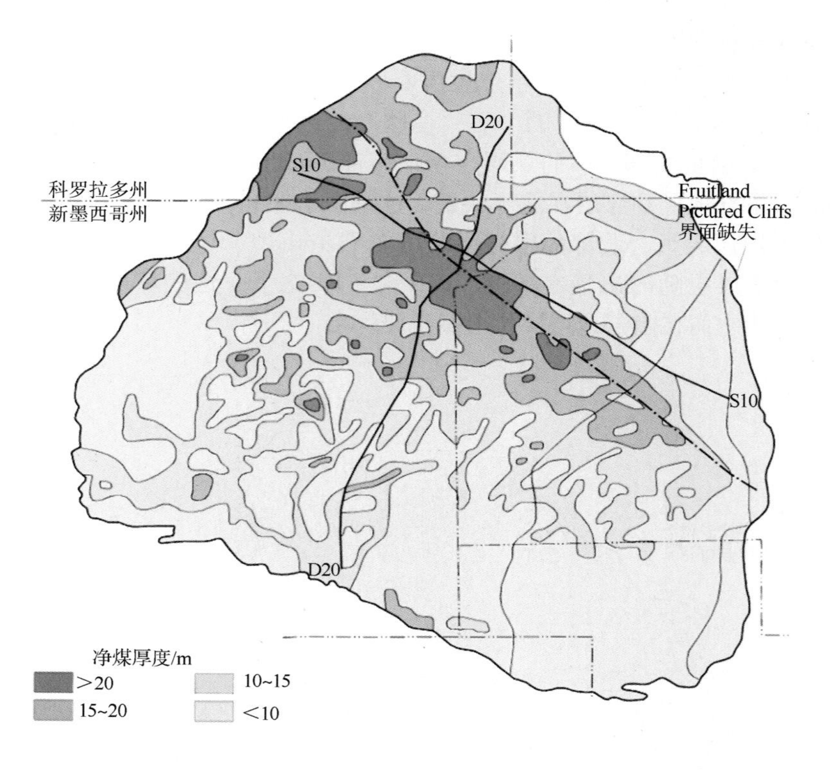

图 4-10 圣胡安盆地 Fruitland 组煤层厚度分布图(Walter 等，2003)

带内，由于热成熟度较低(R_o <0.65%)，其气含量也偏低(图4-3)。

2. 气体性质

圣胡安盆地中，Fruitland 煤层气的成分变化剧烈，成分变化是煤层的埋深、热成熟状况以及水文条件等复杂因素作用的结果。一般认为，煤层被热成因气饱和后，由于盆地抬升及数千英尺厚的上覆层剥蚀导致 Fruitland 煤冷却。由于煤的吸附性与温度增加成反比，冷却作用导致煤层不饱和。淡水沿着盆地北部边界出露的煤露头侵入并导致煤层压力增加；细菌作用导致 CO_2 及次生生物成因煤层气形成，并使煤层重新达到饱和。煤层气和产出水的同位素分析表明，富集带的天然气是原地和异地运移到该地的热成因气和生物成因气的混合物。按地区分，圣胡安盆地北部高压区煤层气是干气($C_1/C_{1\sim5}>0.97$)。CO_2 气体含量为 3% ~13%；盆地南部负压区的天然气为湿气—干气($C_1/C_{1\sim2}=0.89\sim0.98$)，$CO_2$ 气体含量小于 1.5%。Fruitland 煤层气的热值为950 ~1050Btu，热值低的煤层气分布在盆地北部，该部位天然气主要是干气，还含有相当数量的 CO_2 气体。同位素研究表明，次生生物煤层气在高产区带内是重要的组成部分，占 Fruitland 煤层气的 15% ~30%。

(五) 煤层可采性

1. 煤层的孔隙度和渗透率

煤层的渗透率是煤层中发育自然裂缝系统状况及特性的综合效应。地下资料及地表露头研究都表明，圣胡安盆地存在两组主裂面系统。在盆地南部，主裂面系统北北东向延伸，而在北部露头区，主裂面系统北西向延伸。盆地的西北部边缘，在煤层气有利带的走向方向，这两组主裂面系统都存在，使该区成为煤层的高渗透率区和煤层气的高产区。

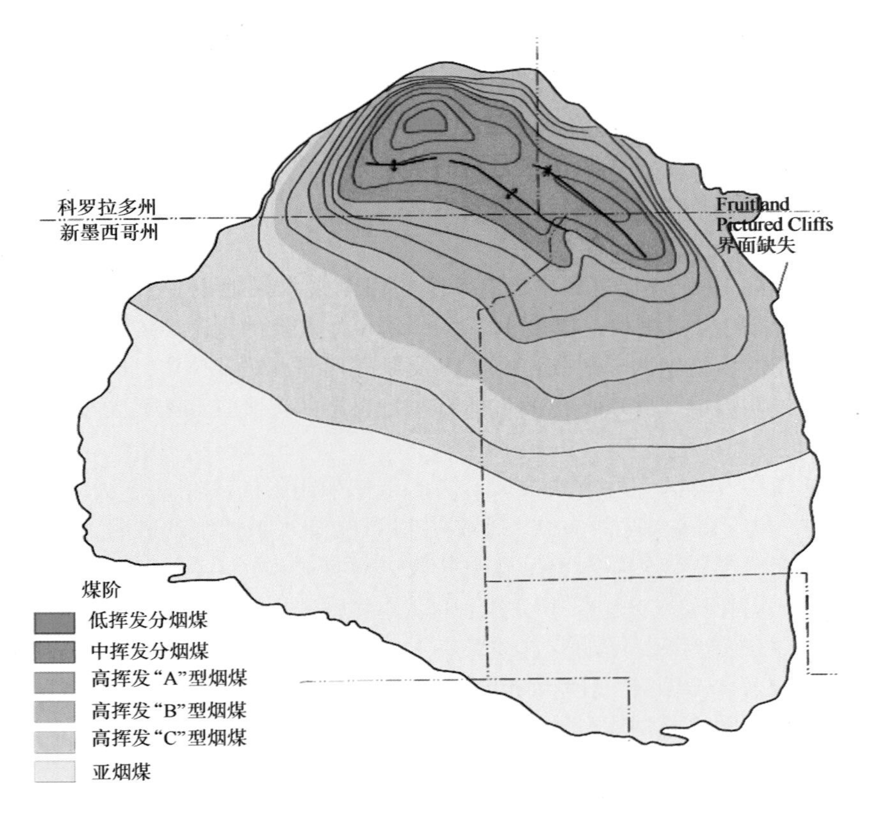

图 4-11　圣胡安盆地 Fruitland 组煤层煤阶分布图(Walter 等，2003)

煤层中同时存在基质孔隙和裂缝孔隙，裂缝孔隙度通常小于 2%。大部分煤层气都以吸附状态储集在基质孔隙内。在自然裂缝系统中水通常是饱和状态，可能含有溶解气。在压力差的驱使下，经达西流作用，煤层气和水经主裂面系统流到井筒。当煤的主裂面压力降低时，天然气分子从基质孔隙中释放并进入裂缝，在基质中形成天然气集中梯度。天然气从煤基质内部向裂面扩散，在裂面系统中以达西流向井筒流动。通常情况下，在盆地北部的主裂面系统中水处于饱和状态，而盆地南部的裂面系统不含水或含极少的水。

煤层渗透率对上覆地层和直接的构造应力非常敏感(Mckee 等，1998)。但是，Fruitland 煤层中不存在高的应力。圣胡安盆地和科罗拉多高原处在拉张应力区，只存在极小的北东东向的水平构造应力(Zoback，1980、1989；Laubach 和 Tremain，1994)。此外，Fruitland 组的完井深度通常小于 1090m，这表明不存在过大的上覆地层压力。在产气区，Fruitland 煤层的渗透率通常为$(5\sim60)\times10^{-3}\mu m^2$，在有利产区带达到最高。有些研究认为，超压使有利区的有效应力降低，从而提高了渗透率。其他研究则认为，产气期间由于天然气释放(解吸)使煤基质收缩，这种作用实际可开启主裂面并增加储层(煤层)的渗透率(Palmer 和 Mansoori，1996；Mavor，1997)。

2. 储层压力

沿着圣胡安盆地抬升的北部边界是 Fruitland 组水的补给区。由于降雨量低、含水层质量差、侵蚀削截及地理上不太多的露头制约了盆地在其他边界的水的补给。相对于淡水静水压力梯度(9.80kPa/m)，Fruitland 组处于一个异常压力带。盆地北部中心为超压，其方向与厚层、西北走向分布的煤层一致，在盆地的其他地带为低压。Fruitland 组内部超压是由水动力引起的，这点可从盆地北部边缘附近承压的煤层井中看出。沿着盆地转换线超压向低压发生转换，与标出的陡的势能面及与煤层向西南方向的尖灭重合。沿着盆地西北边界是新鲜、低氯化物淡水补给区，远远地向盆地渗透，这表明它是一个动态的流动体系。界于低氯化物、钠－碳酸钙和高氯化物、钠氯型水之间的水动力化学边界与区域压力、势能面及沉积相边界重合，所有的这些均沿着盆地转换带发生。

3. 吸附气和游离气兼采

在圣胡安盆地的19个煤层气田中，有5个气田兼采水果地组和直接下伏的画崖组砂岩气(画崖组：海相细砂岩，块状，厚度15.25～122m，重要的天然气产层，产干气)，这些气田是科罗拉多州的伊格纳西－奥布兰科气田及新墨西哥州的WAW、奥约、哈帕山和洛斯皮诺斯南气田，说明煤层气井所产出的气体有来自煤层的解吸气和来自常规储层的游离气两种气源。

圣胡安盆地煤层气井的完井方式根据不同的条件采用不同的完井方法，有裸眼完井(包括裸眼洞穴完井)和压裂完井两种方式。裸眼井段可能是水果地组的砂岩、泥岩和煤的互层段，也可能是某个单煤层，然后对整个裸眼井段进行排采生产。另一种是在煤层气井终孔、下套管和固井后，选择煤层或砂岩进行射孔压裂，然后进行排采生产。可以看出，高压、高渗、高饱和度和存在游离气是圣胡安盆地煤层气高产的独特之处。典型实例表明，煤层气井产出的气体不单纯来自于煤层，还应该包括水果地组其他岩层中产出的游离气。多气源的供给大大提高了圣胡安盆地的整体产能，这对我国进行煤层气勘探开发也是一个启示。

(六) 煤层气富集规律

1. 构造背景

圣胡安盆地的构造背景对煤层气的分布和气藏状况有影响，包括自流超压和煤层气有利区带的分布。其中最重要和最隐蔽的构造是枢纽线，该线是Fruitland煤层气有利区带凹向南侧的非渗透性边界。该枢纽线被解释为一条复杂的带——北西向延伸、由小型正断层拦制的呈雁行侧列的煤沼组成，这些小断层倾向北，断距为30～60m，断裂控制的煤沼带宽度为10～16km。但是，Combs等(1997)指出，三维地震数据没有揭示出发育在枢纽线的断层。相反，他们提出枢纽线是一条非渗透性边界，此边界的出现与毛细管压力、相对渗透率差异及构造产状的轻微改变(“J”形管效应)有关。

2. 多源成因气

在圣胡安盆地的南部和西部边缘，Fruitland组的煤阶是亚烟煤“B”到高挥发分的“B”烟煤。沿盆地北部周缘的高挥发分“A”质烟煤，在盆地中北部煤阶增高到低挥发分烟煤。圣胡安盆地构造结构与煤化模式之间的关系表明热成熟是同造山期的(Scott等，1994)。然而，最高煤阶的低挥发分烟煤并不是赋存在目前的构造槽地。相反，它们分布在盆地北部的构造高部位，这构造高部位是后期构造反转的产物，在成煤期间，流体是从盆地以北的拉普拉塔火山岩流入盆地的，或者是这两种状况的结合。圣胡安盆地北部三分之一区域中的Fruitland煤大多是高挥发分“A”烟煤，或者煤阶更高，这些煤肯定已经产出过大量的热成因煤层气(Scott等，1994)。

在圣胡安盆地及其他地区，早期的煤层气勘探都集中在煤热成熟的区域，通常预测这些区域的煤层气中含有很高的热成因气成分(>9cm^3/g)，原因是认为生物成因气的体积较小，不具备经济价值。Rice等(1988，1989)指出，Fruitland的煤层甲烷气基本是褐煤沼中形成的生物成因气。然而，后来的同位素研究成果则说明次生生物成因甲烷气相当重要，它占了Fruitland煤层气总量的15%～30%(Scott等，1991，1994)。这也是圣胡安盆地煤层气高饱和度的重要原因。据研究发现，从 Fruitland 煤中解吸出来的气的 $C_1/C_{1\sim5}$ 值的变化范围为 0.81 ~1.00。Fruitland 煤层气的乙烷含量变化范围是从 0 到大于 11%，二氧化碳含量变化范围从小于 1% 到大于 13%。

3. 岩浆作用

圣胡安盆地的形成是拉腊米构造活动的产物，拉腊米活动自晚白垩世开始，延续到始新世 (80 ~40Ma)。伴随着火山喷发，渐新世发生的区域拉张形成了圣胡安火山型油气田，并在圣胡安盆地北部形成了基岩及火山脉。与火山事件有关的高热流或与地下水运动有关的热对流导致圣胡安盆地北部异常高的热成熟度，为煤层气高产走廊带的形成创造了条件(图 4-12)。

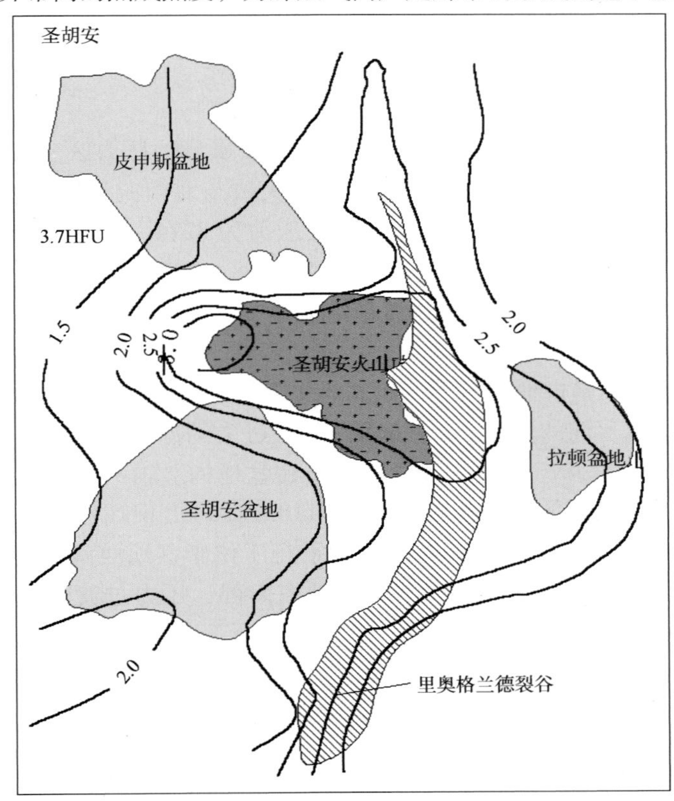

图 4-12　圣胡安盆地岩浆作用与煤岩热演化关系图(王红岩等，2005)

发生在中新统并延续至今的区域性上升导致渐新世火山及火山碎屑岩剥失，使上升的 Pictured Cliff 砂岩和 Fruitland 组暴露，并沿着盆地北部 Hogback 单斜发生大气水补给作用。与流动障壁重合的构造枢纽线位于南部单斜到达盆地部位，与 2500ft(762m)的等值线重合。

4. 水动力条件

Fruitland 组以及相邻地层的研究加深了对产出水、煤层储集状况及渗透率差异、煤层气的成分以及成因等方面的认识。评价 Fruitland 煤层气带所用的技术图件包括等势面图、压力梯度图、水含氯量图及横剖面模拟图(Walter 等，2003)。

1）水压头

Fruitland 组的注水区主要分布在盆地北侧潮湿(年降雨量 50 ~75cm)的高海拔区。盆地南侧和西侧边缘区降雨量低(10 ~39cm/a)，含水层品质差以及露头位于低部位等因素都使其不能成为注水区。此外，Fruitland 地层在盆地东侧变薄或者位于 Ojo Alamo 砂岩(或下伏的不整合面)之下，这都使盆地东部边缘区也不可能成为该层段的地下水注入区(Ayers 等，1994)。

煤层是 Fruitland 组中的主要含水层。盆地北部的露头区及钻井岩心中，煤层内主裂面发育，它的渗透率比相邻的低渗透性砂岩高出数个数量级(Ayers 和 Ambrose，1990；Mayor 和 Mcbane，1992)。水流从注入区，主要是在北部边缘，其次在盆地东南部边缘向圣胡安河谷汇集，该区是区域的泄水区。在盆地的北部，地下水头向盆地高角度倾斜(等值线密集带)，在盆地中部明显变平。由于存在北西向延伸的厚煤层带，平坦的等势面与渗透率改善的厚煤层气产层区一致。等势面明显变陡与厚煤层在枢纽线区域非渗透边界处的盆地一侧尖灭或错断相一致。盆地南部和西部水头等值线与露头区相垂直的现象表明这些区域有少量的水注入该地层。

2）压力状况

相对于淡水静态梯度(9.80kPa/m)，Fruitland 地层属异常压力区。高压区位于盆地的中北部，大致为矩形，面积大约 2590km^2，分布范围大致与北西向延伸的厚煤层区范围一致。而盆地的其他地区大多为负压区。高压区的井底压力为 8274 ~ 13101kPa，相当于单一的压力梯度 9.95 ~ 14.25kPa/m。负压区的井底压力为 2758 ~ 8274kPa，相当于单一的压力梯度 6.79 ~ 9.05kPa/m。超压区与负压区的过渡带沿盆地中的枢纽线分布，与陡等势面和含水煤层向西南尖灭相一致(Kaiser 等，1994)。

Fruitland 组的超压不是古地压力，正如盆地北缘承压煤层的钻井所揭示的，超压是由水动力引起的。该地层组目前的温度(低于 66℃)低于过去的温度，这温度也低于生成煤层气所要求的温度(Spencer，1987)。超压区局限分布在盆地构造轴的北侧和西侧，就如韦尔法尼图蒙皂石层构造图所示。最高的井底压力(>11032kPa)出现在盆地轴的南侧的纳瓦霍湖地区(Meridom 400)。超压区与负压区的过渡带平行于位于盆地西南部的挥发分烟煤“A”和“B”的分界线(等镜煤反射率值 0.78%)，在盆地东南部，压力过渡带却与等反射率线相垂直。超压与淡地层水(低氯的大气水)分布一致可证实承压水层是超压的。

3）氯化物

氯化物含量图进一步确定了 Fruitland 地层水的流动以及储层特征。盆地西北边缘区的低氯淡水表明这些地区是注水区，低氯淡水呈舌状向盆地延伸，与根据等势面推测的水流路径相符，这些舌状淡水区是 Fruitland 煤层中最好的渗透性含水层。同时，舌状淡水区向盆地推进意味着它是一个动力流体系。

西南和东南向延伸的舌状低氯淡水区反映了由含水煤层、Fruitland 组河道砂岩带、主要裂缝延伸方向的影响或者所有这些地质体的综合所导致的渗透率不均质性。低氯的 $NaHCO_3$ 型水与高氯的 NaCl 型水之间的水化学边界与区域压力、等势线以及岩相界线相一致，所有界线均沿构造枢纽线分布(kaiser 等，1994)。

产水数量图也支持动力含水层系统和承压层超压的解释。经过 12 年的煤层气开发后，到 1992 年，圣胡安盆地北部边缘各产气区中，西北缘的产水量大于 32m^3/d，高产走廊带大于 8m^3/d。单井平均日产水量向盆地方向减少，水产量趋势与根据等势图和含氯量图所推测的水流流动方向基本一致。高平均产水量区位于枢纽线北侧，呈北西向延伸；枢纽线以南的产区，各井的日平均产水量不到 10bbl。

5. 多因素叠置形成煤层气富集的“甜点”

Fruitland 煤层气具有地质和水文等因素双重控制的“甜点”效应。圣胡安盆地中，各地区的单井产气量以及天然气组分存在明显的差异，因此，产量分析与地质和水文研究相结合，可识别出具有相似煤层储集特性的产气层段及其延伸，从而确定产气量最有利的区域。圣胡安盆地煤层气可分为3个区域或区带，分别为区带1：盆地中北部的超压区；区带2：盆地中西部的负压泄水区；区带3：盆地南部和东部的负压区（图4-4、表4-4）。尽管盆地中钻探Fruitland煤层气的钻井数超过3100口，但大部分天然气都是产自区带1有利区，该有利区呈长条状。

区带1煤层厚度大，普遍大于10m，煤层气含气量较高，渗透率较大。根据气渗透性特征，可以将区带1进一步划分为3个区，即1A区、1B区和1C区。1A区最大净煤厚度可达21m，煤层气含气量高，一般大于$14m^3/t$，储层渗透率大，最高可达$60\times10^{-3}\mu m^2$，最高产气量可达$28000\sim168000m^3/d$，是圣胡安盆地的"甜点"地区。该区为地下水滞留区，储层压力高，压力梯度超过11.3MPa/100m，为超高压储层。1B区和1C区相对1A区来说，煤层厚度和含气量较小，煤层含气量为$5.6\sim11.2m^3/t$，位于地下水弱径流带，压力梯度为9.79～11.3MPa/100m，为超压储层。

区带2最大产气量为$850\sim14000m^3/d$，煤层厚度为9～15m，煤层气含气量一般小于$4.25m^3/t$，煤层气保存条件不如区带1，大部分储层处于欠压状态，煤储层渗透率为$(5\sim25)\times10^{-3}\mu m^2$。

区带3最大日产气量小于$1400m^3/d$，煤层厚度为9～15m，煤层含气量一般小于$4.25m^3/t$，煤储层渗透性较差，渗透率一般小于$5\times10^{-3}\mu m^2$，为欠压储层。

较大的煤层厚度和含气量是圣胡安盆地区带1煤层气资源丰度高的原因之一。而较高的储层压力和渗透率有利于煤层气井的高产。

（七）煤层气成藏模式

煤层甲烷的产能取决于其渗透性、煤的分布与埋藏历史（等级）、气体含量、流体动力学、沉积结构以及构造趋势等，要形成高的产能，就要求这些相关的地质和水文条件能够协调组合。

在圣胡安盆地，与岩浆热事件有关的热演化作用和流体动力学共同发生作用，从而在盆地中北部较浅的部位生成了大量的气体。气体含量比预期要高，这是沿构造转折线迁移的气体被常规流体动力学圈闭的，也反映了有煤层次生生物成因气的生成。目前的水文系统是在埋藏、热成因气生成并沿盆地边缘上升、侵蚀后建立起来的。流向盆地的地下水沿构造断层枢纽线通过高等级的（中、低挥发性沥青质）、高气体含量的煤向低等级（高挥发性"B"型和"A"型沥青质）煤流动。这些地下水将细菌带入，细菌作用于煤化过程中产生的正烷烃和湿气，从而生成次生生物成因甲烷和CO_2。当地下水流向盆地时，不断推进的前锋预先扫除那些在它之前被溶解或夹带的气体，这些气体最终被吸附或填充进普通圈闭的裂隙之中。流体动力学对煤层气富集的明显贡献表现在它维持了Fruitland等势面、煤层气成分和开采量之间良好的关系（图4-13）。

（八）开发情况

1. 开发情况

圣胡安盆地地质上的特点主要表现为煤层厚而广、中-高气体含量、中-高煤阶、适度的煤层渗透率、中-高水产量、煤层超高压、煤层上下岩层的封闭性好等，因此圣胡安盆地被认为是世界上最具有生产能力的煤层气盆地。1996年，圣胡安盆地的煤层气单井平均产量$80\times10^4ft^3/d$，年产量达到$8000\times10^8ft^3$，占美国当年煤层气产量的74.8%。到2000年时，该盆地煤层气年产量达到$9250\times10^8ft^3$。

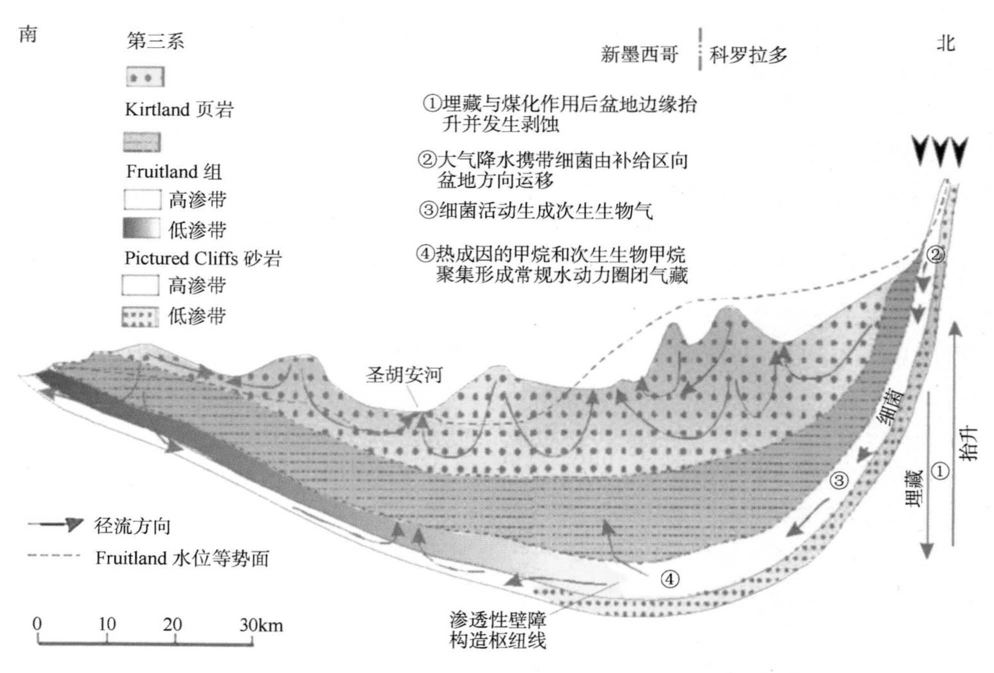

图 4-13　圣胡安盆地水果地组煤层气成藏模型(Walter 等，2003)

从完井技术及生产情况来看，圣胡安盆地可以分为两个独立的区域：“甜点”区和普通区。“甜点”区占 15% 的生产面积，但产量占盆地全部产量的 75% 以上。在该区域煤层最厚(累计厚度超过 100ft)，渗透率达到$(20\sim100)\times10^{-3}\mu m^2$，地层超压。而在“甜点”区之外，煤层一般较薄(20～40ft)，渗透率低$(1\sim30)\times10^{-3}\mu m^2$，并且一般压力正常或欠压。在“甜点”区，主要采用裸眼洞穴完井，而在“甜点”区之外，一般采用套管完井水力压裂进行增产处理。

2. 主要完井技术

由于该盆地水果组煤层几乎不包括砂岩，即使有也非常致密，页岩一般也很稳定，对完井和生产操作几乎没有影响。由于煤层上下围岩很少包含孔渗性砂岩，因此几乎没有与上下承压水体沟通的风险。这些地质特点使得洞穴完井及套管完井压裂增产具有较好的适应性。

在圣胡安盆地使用的两种最普遍的煤层气井完井方法包括：单级压裂的套管多层完井(MSC)、动态造穴的裸眼完井。

1) 单级压裂的套管多层完井(MSC)

套管射孔压裂完井是煤层气井最常用的一种完井方式，多数煤层气生产盆地使用这种完井方式，适用于中低渗煤层气井完井。下套管完井工艺主要优点是：

(1)可对不同的煤层实行单独完井。

(2)钻井时不会出现井壁不稳定问题。

(3)使用钻井液钻井时可对大规模的水浸和气侵进行有效控制。

(4)在煤层下部留一个“口袋”可使排水作业更有效，并可取得最高的气产量。

在煤层薄、层数多、地层压力小的情况下，还需要多层完井技术。多层完井技术能降低煤层气的开发成本，提高作业效率。根据全井各煤层的特点和上下围岩的性质，可以有针对性地选择套管射孔完井、套管+裸眼完井、套管射孔+裸眼洞穴完井等混合完井方式(图4-14)。一般来说，上部煤层通常采用套管射孔完井，下部煤层选用裸眼完井或裸眼洞穴完井。

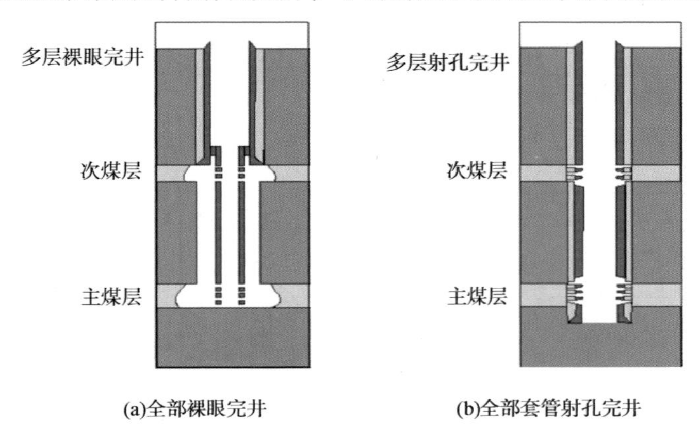

图4-14　两种多煤层完井方式

2）动态造穴的裸眼完井

1993年，圣胡安盆地煤层气井产量达到该盆地总产量的54%(因为该盆地还有一部分砂岩气藏开发井)，而裸眼洞穴完井产量就占到总产量的76%。有超过1000口水果组煤层气井采用动态洞穴技术完井或重新完井。裸眼洞穴完井是圣胡安盆地煤层气开发应用较多的完井方式，这种完井方式可以避免固井液、压裂液和施工过程中压力突然激动对煤层造成伤害。

20世纪70~80年代中晚期，圣胡安盆地的煤层气井一般采用套管完井，注入水泥、射孔并采用不同压裂方式对储层进行增产处理。80年代中期，Meridian石油公司开始在新墨西哥州的Rio Arriba县30-6单元进行裸眼洞穴技术的试验。在圣胡安盆地北部的“甜点”区，洞穴完井的产量一般是套管压裂完井产量的5~10倍。裸眼洞穴技术才成为圣胡安盆地最主要的完井方式。

三、粉河盆地

(一) 概况

粉河盆地位于美国中部，具体包括怀俄明州的东北部和蒙大拿州的东南部。盆地面积大约为73815km^2，其中75%的面积在怀俄明州境内。盆地内古新世尤宁堡组和沃萨奇组煤层厚度大、分布广，但演化程度低，蕴藏着十分丰富的低煤阶煤层气资源。

以往经验认为，具有商业价值的煤层气资源主要是中煤阶的煤层气资源，煤阶太低，一般含气量不高，不具有勘探价值。但是粉河盆地低煤阶煤层厚度大，渗透率高，资源丰度高，含气饱和度高，可获得商业性的气流。在长期开采后美国煤层气产量还能稳定增长，主要得益于一些中低阶煤盆地的煤层气勘探开发技术日趋成熟，产量逐年提高。其中，粉河盆地的勘探开发活动最为活跃，成果最为显著，是美国近年来煤层气储量和产量增长最快的盆地，成为低煤阶煤层气成功勘探开发的典型代表。

粉河盆地煤层气勘探开发历程始于1986年，由WYATT石油公司在该盆地钻探了第一口煤层气井，该井的产水量很大，但产气量很小。之后，一些公司钻了一些较浅的煤层气井，产量增加，1997 年粉河盆地煤层气产量为 $3.6\times10^8\mathrm{m}^3$。截至 1998 年底，共钻探 550 口煤层气井，盆地日产煤层气 $249\times10^4\mathrm{m}^3$，单井平均日产量为 $4530\mathrm{m}^3$。2006 年产量达到 $140\times10^8\mathrm{m}^3$（图 4-15），单井产量一般在 $3700\sim9900\mathrm{m}^3/\mathrm{d}$ 之间，最高为 $28000\mathrm{m}^3/\mathrm{d}$。

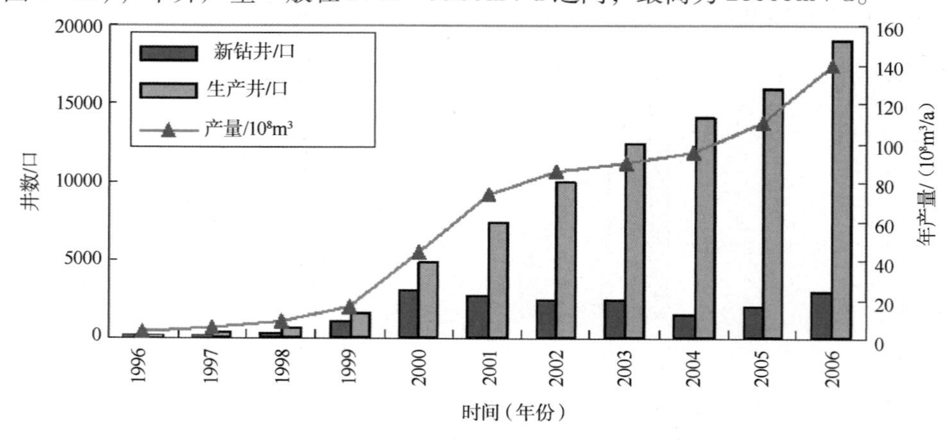

图 4-15　粉河盆地煤层气钻井及其产量统计直方图

（二）地层特征

粉河盆地是一个在前陆盆地基础上，经分异构造运动而发育起来的晚白垩世-第三纪煤油（气）共生盆地。盆地的东界是黑山，东南界为哈特威尔隆起，西南和南界为卡斯佩尔穹隆-拉拉米山脉，西界是大角山，东北界为米尔城穹隆，这些边界均为晚白垩世-第三纪拉拉米造山运动的产物。盆地走向为北西-南东向，盆地轴部靠近西部边界，形成非对称盆地。盆地东翼地层以 2°~5°的倾角向西南平缓倾斜（图 4-16），而盆地西翼地层则以 20°以上角度向盆地轴部倾斜。

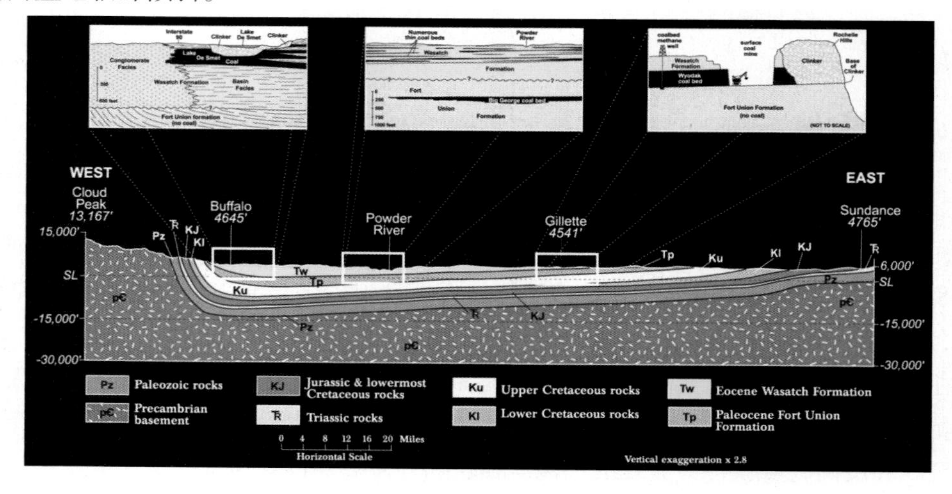

图 4-16　粉河盆地剖面地质图（EIA，2008）

粉河盆地发育地层较全，在前寒武系基底基础上，发育一套巨厚的海相成因的古生代和中生代地层，以及一套较薄的陆相成因的晚白垩世和新生代地层。

晚白垩世最初的陆相沉积在怀俄明州称为兰斯组，而在蒙大拿州东南部称为赫尔克里克组。这个时期发育由西向东的河流冲积体系，地层由厚层状砂岩、暗色黏土和页岩交替组成。这个组从蒙大拿州比格霍恩县的500～600ft往南增厚，至怀俄明州康弗斯县达2500ft。在粉河盆地的西南部兰斯组的底部含有少量局部的不纯煤层，煤层厚度平均3～6ft。

古近纪开始，拉拉米造山运动引起盆地周边山体上升，盆地内部沉积体系演化为山间河流冲积体系。西缘的地壳加厚和冲断作用使盆地西部发育了厚层冲积地层。造山运动继续导致周边山脉上升和盆地下坳，盆地发育北东向河流体系和其间的成煤泥沼。河流形成了长期的河道模式，其边缘则为长期稳定的穹隆式泥沼。在长期潮湿、亚热带气候条件下，这些泥沼环境中集中发育了厚层状古新统的尤宁堡组和始新统的沃萨奇组煤层。由于拉拉米造山运动结束，河流冲积作用结束于始新世晚期。其后上覆1000ft的白河组火山岩和1000ft的中新世火山岩。开始于10Ma的区域隆起与剥蚀作用，使盆地内部中新世火山岩全部和白河组火山岩大部分遭受剥蚀殆尽。

（三）煤层发育及煤岩煤质特征

粉河盆地煤层极为发育，但主要集中在汤加河段，全段煤层总计32层煤，累计厚度为105m，单煤层厚度最厚达45m，现今生产的煤层气主要来源于Tongue River段。在沃萨奇组中煤层也有发育，大部分较为连续，但除迪斯梅特湖区煤层巨厚外，其他地区煤层厚度不大，一般在1.8m以下。

煤层厚度从几英寸至250ft。沃萨奇组煤层平均厚度约25ft，尤宁堡组上煤层平均厚度50ft，而下煤层厚度2ft。沃萨奇组煤层最厚在盆地西部-中部，净厚度达200ft。尤宁堡组净煤层厚度横向变化由两张等厚图表示。第一张是上煤层顶部怀厄德克-安德森煤层净厚度等值线图(图4-17)，该图显示怀厄德克-安德森煤层在西部和南部较薄，煤层净厚度一般小于40ft；在怀俄明州北部也存在一个近东西向的薄煤带，净厚度小于40ft；盆地东部和北部煤层较厚，一般大于40ft，总体向盆地中部加厚，厚度为100～250ft。第二张是上煤层下部煤层净厚度等值线图(图4-18)，可见盆地大部分地区煤层净厚度小于50ft，仅在盆地中部厚度大于50ft，局部厚达150～250ft。

粉河盆地为典型的中-低煤阶煤盆地。这是煤层沉积以后，仅经历了短暂的浅埋，煤层演化程度低所致。尤宁堡组上段(汤加河段)煤层沉积后，盆地缓慢沉积了沃萨奇组，再后即为白河组火山岩和中新世火山岩发育期，尤宁堡组上段(汤加河段)煤层逐步下降，直到10Ma前埋深达到1000m以上，地层温度达到40℃；最后由于上覆地层快速剥蚀，煤层迅速抬升，以致埋深小于500m，地层温度仅20℃。沃萨奇组煤层在地史时期，所经历的埋深和地温则更小。

粉河盆地尤宁堡组和沃萨奇组煤层横向变化快，煤层合并、分叉和尖灭现象多。单个煤层有透镜体，也有长条体，厚度由几英寸到250ft，侧向延伸由几百英寸到几十英里。单个厚煤层可侧向分叉为11层煤层。

经过上述埋藏史之后，粉河盆地尤宁堡组上段(汤加河段)煤层上覆地层(也即煤层埋深)总体较小，其东部、北部和南部大面积范围内上覆地层埋深0～300m，仅西部和盆地中心上覆地层埋深300～600m，其中局部大于600m。在随上覆地层埋深增加的地温控制下，盆地内煤层的演化程度总体较低，也存在着从东到西演化程度加大的趋势：东部和北部$R_o<0.4\%$，中部和西部R_o为0.4%到大于0.6%，其中盆地轴部$R_o>0.6\%$。

从怀俄明州煤田及煤阶分布图(图4-19)可见，粉河盆地尤宁堡组和沃萨奇组煤层煤阶

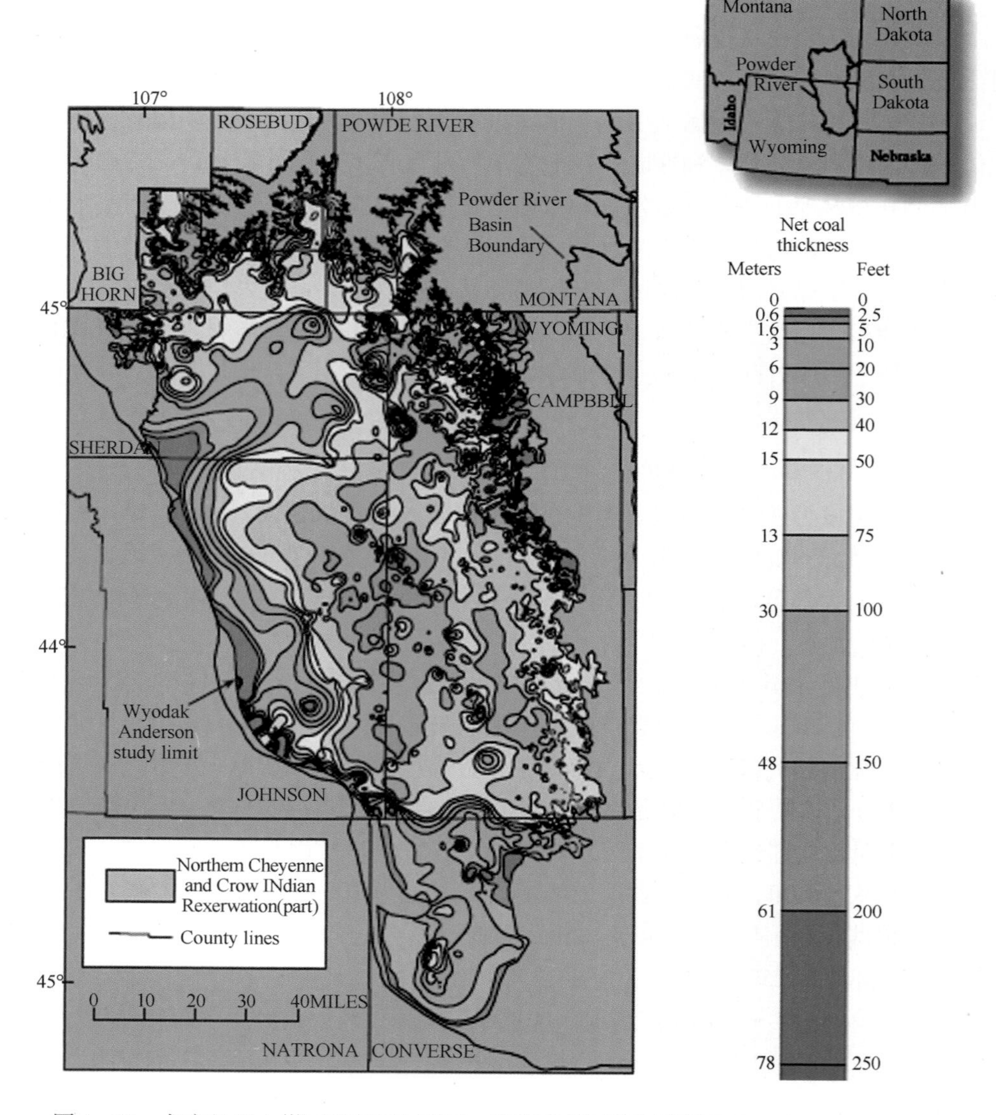

图4-17　尤宁堡组上煤层顶部怀厄德克-安德森煤层净厚度图(Romeo M. Flores，2004)

低，一般为褐煤至亚烟煤。其中沃萨奇组煤层煤阶一般为褐煤至亚烟煤“B”；尤宁堡组煤层煤阶一般为褐煤至亚烟煤“B”和“C”。

总体看，粉河盆地尤宁堡组和沃萨奇组煤层组分特征相近，基本上都是硫含量低，灰分含量可显著变化但主要为低-中等。煤层通常湿度为18%～37%，挥发分含量为26%～40%，固定碳含量为30%～42%，灰分含量一般小于15%，硫含量一般小于2%，热值在7000～10000Btu/lb之间(表4-14)。当暴露地表时，煤层丧失水分、风化煤，能自燃。煤显微组分主要为镜质组(69%～78%)，惰质组较少(19%～26%，有限样品)。

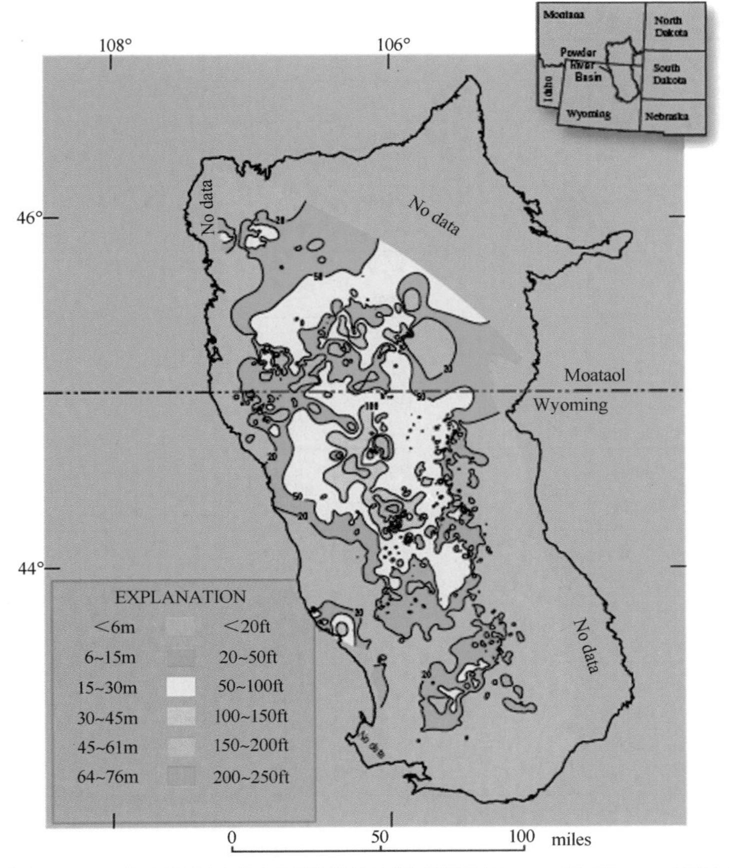

图 4-18 尤宁堡组上煤层下部煤层净厚度图(Romeo M. Flores, 2004)

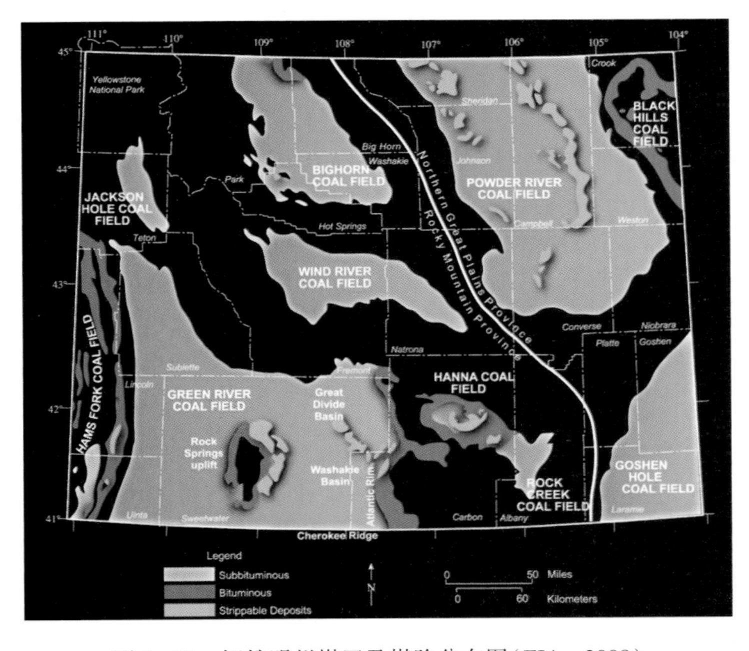

图 4-19 怀俄明州煤田及煤阶分布图(EIA, 2008)

表 4-14 粉河盆地各地区煤层组分分析结果表

煤层	项目	Campbell 县			Johnson 县			Sheridan 县			蒙大拿州	
		样品数	范围	平均	样品数	范围	平均	样品数	范围	平均	样品数	平均
尤宁堡组	水分/%	53	23.4 ~ 36.9	29.8	2	18.8 ~ 23.5	21.1	76	19.8 ~ 25.0	23.0	56	25.990
	挥发物/%	53	26.5 ~ 32.7	30.7	2	35.7 ~ 35.6	35.6	76	31.2 ~ 38.3	33.9	56	29.850
	固定碳/%	53	29.6 ~ 41.4	33.5	2	37.9 ~ 35.7	36.8	76	33.1 ~ 42.1	38.8	56	38.642
	灰分/%	53	2.9 ~ 12.2	6.0	2	5.2 ~ 14.6	6.5	76	2.8 ~ 11.2	4.4	56	5.133
	硫/%	53	0.20 ~ 1.20	0.5	2	0.5 ~ 0.6	0.5	76	0.2 ~ 1.2	0.5	56	0.293
	热值/(Btu/lb)	53	7420 ~ 9306	8824	2	7980 ~ 9157	8729	76	8450 ~ 9820	9350	56	8503
沃萨特组	水分/%	42	17.8 ~ 33.5	28.0	12	23.6 ~ 31.2	29.1					
	挥发物/%	42	29.1 ~ 36.4	31.7	12	28.6 ~ 33.1	30.5					
	固定碳/%	42	28.4 ~ 39.4	32.5	12	35.4 ~ 32.8	34.2					
	灰分/%	42	4.5 ~ 14.9	7.8	12	2.2 ~ 9.7	6.3					
	硫/%	42	0.32 ~ 3.26	0.89	12	0.3 ~ 1.0	0.6					
	热值/(Btu/lb)	42	7180 ~ 9535	8053	12	7515 ~ 8270	7910					

（四）煤层含气性

由于埋深浅、地层压力低，煤层演化程度低（煤阶低），因此粉河盆地煤层含气量低。据实际测定资料统计，粉河盆地煤层的含气量在 0.03 ~ 3.1m^3/t 之间，平均为 1.5m^3/t 左右。含气量与煤阶、煤岩和埋深等因素有关。一般低煤阶的含气量是比较低的，其吸附能力弱，吸附气少，相比而言，游离态气的比例增高，据估算可以达到 22% ~51%。由于游离态气极易在测试含气量时忽略，从而造成测试值偏低的结果。这也是为什么粉河盆地有些地区煤层气产量已经超过其原地评价资源量 2 倍的原因。

（五）煤层可采性

1. 渗透性特征

煤储层内部非均质性强，由 7 种主要岩性类型组成，分别是坚硬木质结构、木质结构、细纹层、粗纹层、很粗纹层、富细屑煤和黏土或矿化煤。薄层能由保存良好的茎和根组织、肉眼看似粒状煤的细屑煤、泥炭中的丝炭或森林火灾形成的焦炭组成。在镜煤没被细屑煤分开的情况下，该剖面被描述为木质结构。软的和硬的木质结构已被观测到，可能是不同植物或植物的不同部分形成的。

煤储层发育两组天然裂缝系统，二者相互垂直且与煤层面垂直。裂缝系统由穿层的面割理（首先形成的原始裂缝）和端割理（后期形成的次生裂缝）组成。割理网是天然气重要通道。

割理是煤储层孔隙度和渗透率主要贡献者。根据钻井干扰试验，割理(裂缝)渗透率为$(1.5\sim325)\times10^{-3}\mu m^2$，煤层骨架垂直渗透率与水平渗透率之比为1∶4～2∶1。

通过大于3in岩心和煤矿井壁岩心描述，割理间隔为0.04～3.94in，而越厚的镜煤细屑煤割理间隔越大。在Eagle Butte矿测量的怀厄德克–安德森煤层割理间隔为3～5in，煤层下部割理间隔相对较宽，可能是该部分煤层具有较高镜煤(木质)含量所致。相反，煤矿面割理走向东–北东。接近Gillette同一煤层面割理走向北西，而端割理走向北东。相反，Gillette的怀厄德克–安德森煤层面割理走向北西。有效的割理测验显示，怀厄德克–安德森煤层面割理走向变化快。面割理北东向、北西向与大地构造应力场有关。面割理方向和渗透率能影响煤层气有效区域运移通道。面割理和端割理均能强化单井生产过程。

由于粉河盆地煤层埋藏深度一直不大，且后期抬升，故所受压实作用较弱，煤储层物性好。除上述割理(裂缝)渗透率特高达$(1.5\sim325)\times10^{-3}\mu m^2$以外，煤储层基质孔隙度在1.5%～10%之间，渗透率为$(0.01\sim20)\times10^{-3}\mu m^2$。按照垂直和水平岩心样品有效应力试验，煤层骨架渗透率为$(0.04\sim0.70)\times10^{-3}\mu m^2$，煤层骨架垂直渗透率与水平渗透率之比为1∶4～2∶1。

2. 水文地质特征

影响粉河盆地煤层气开发的两大因素分别是水文地质和生产中产生的水。煤层中的水既可是泥炭化和煤化过程中的结构水，也可是从露头和邻近含水层来的再充填水。结构水来自于泥炭母体，其含水量高达90%。在煤化阶段，结构水含量随煤阶升高而减少，褐煤($R_o=0.3\%$)结构水含量约60%，亚烟煤($R_o=0.6\%$)降为44%，低挥发分烟煤($R_o=1.8\%$)则为16%。

煤化后煤层中大部分水为外来水。在沃萨奇组、尤宁堡组和兰斯组中的煤层是重要的含水层。例如，尤宁堡组的怀厄德克–安德森煤层带即为粉河盆地最连续的含水单元。然而，煤层分叉、合并影响了该煤层带的水体流动。怀厄德克–安德森煤层带和相关煤层中水体通过露头流出并被上、下非渗透的泥岩和灰质页岩封闭。怀厄德克–安德森煤层带水体充注发生在盆地边缘露头。在东缘和北缘，普遍能见怀厄德克–安德森煤层带和其他煤层的接触变质煤露头储存雨水和雪水。因此接触变质煤和煤层都是含水层，具有降雨垂直充注和沿水流侧向充注的特征。根据同位素组分分析，在露头处的地下水为大气淡水。

接触变质煤在盆地东部和北部分布面积达$460m^2$，其在地下水充注中起到重要作用，该充注在更新世前后是一个重要的水文过程。雨水充注和大量地下水从接触变质煤到相应煤层的输导可能在冰期和间冰期发生了变化。当地层水位变化时，储层压力变化导致煤层中气体解吸而进入邻近砂岩储层中。接触变质煤也提供了含氧水的频繁充注，允许细菌反复作用产生煤层甲烷。在地下即尖灭的煤层因未有含氧水充注而缺乏生物气生成活动。因此，粉河盆地并非所有煤层均富含煤层气。

在盆地东部，煤层中水体区域流向西北，直到盆地中部。在盆地东南部，水体区域流向北，局部也可能发生变化。在盆地中部，煤层埋深大，煤层气生产中，单井产水量高达480bbl/d。1990年1月～2000年1月，单井产水量在30～480bbl/d之间变化(图4–20)。2000年10月30日，总的伴生水量约为37MMbbl/月，合单井产量370bbl/d。

另外，在沃萨奇组、尤宁堡组和兰斯组中的砂岩与泥岩、粉砂岩、钙质页岩交互，也是含水层，但没煤层含水层那样连续。例如，在沃萨奇组砂岩含水层中区域水流方向向北，但由于砂岩的不连续性而流动极慢。砂岩含水层的储水能力和水体流动随颗粒大小、结构、内部构造和胶结作用而变化。在砂岩中普遍存在承压状态。

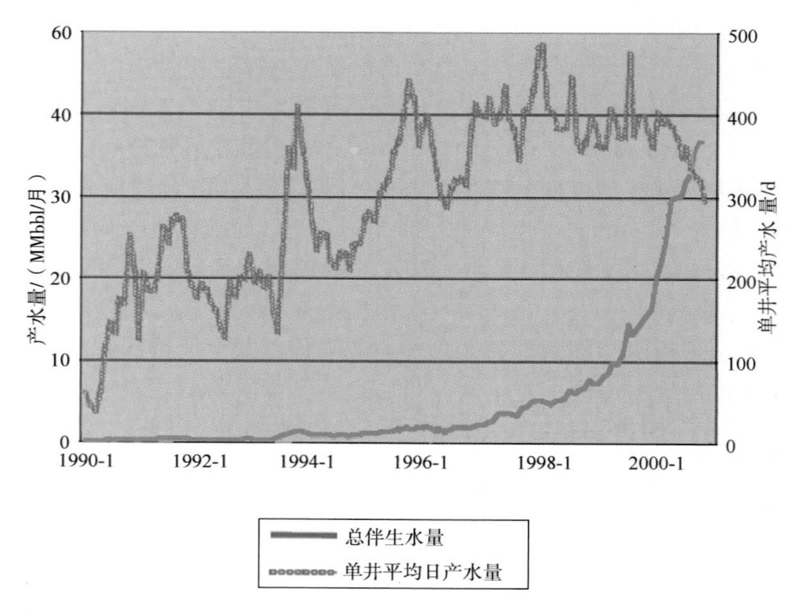

图4-20　粉河盆地怀俄明煤层气井产水量统计图(Romeo M. Flores，2004)

在粉河盆地，煤层气井生产的水为新鲜水。从表4-15可见：pH值为6.8~7.6，平均7.2；矿化度为300~1900mg/L，平均为740mg/L；氯化物为5.3~64mg/L，平均为16mg/L；硫酸盐为0~17mg/L，平均为3.3mg/L；上述四大指标符合美国饮用水标准(pH值为6.5~8.5，矿化度小于500mg/L，氯化物小于250mg/L，硫酸盐为250mg/L)。其他指标为：碳酸氢盐为330~2300mg/L，钙为9.1~69mg/L，钾为4.1~19mg/L，镁为3.4~46mg/L，钠为110~710mg/L。尤宁堡组地层中水型主要为$NaHCO_3$型，矿化度从南向北、从东到西增加。该增加通常是水中钠和重碳酸盐含量增加的结果。

表4-15　粉河盆地生产水组分统计表

离子成分	范　围	平均值	饮用水标准
pH值	6.8~7.6	7.2	6.5~8.5
矿化度/(mg/L)	300~1900	740	500
氯化物/(mg/L)	5.3~64	16	250
硫酸盐/(mg/L)	0~17	3.3	250
碳酸氢盐/(mg/L)	330~2300	850	—
钙/(mg/L)	9.1~69	35	—
钾/(mg/L)	4.1~19	9.3	—
镁/(mg/L)	3.4~46	17	—
钠/(mg/L)	110~710	240	—

（六）煤层气富集规律

粉河盆地煤层气富集的主要控制因素为：

(1) 煤储层物性良好。由于煤层形成晚和地史中一直埋藏较浅，故煤层演化弱、压实作用弱，煤层普遍物性良好，这为游离气运移和富集提供了必要条件。相对而言，东部缓坡带煤层埋藏更浅，且处于游离气运移有利部位，故是煤层气勘探开发最有利目标区。

（2）雨水和雪融水渗入煤层。由于煤层物性良好，雨水和雪融水比较容易从露头区和采空区渗入煤层，并沿煤层向盆地中轴区流动。雨水和雪融水带入细菌，同时改变了煤层中盐度，使细菌在煤层中持续繁殖。在细菌作用下，煤层不断产生生物气，使煤层天然气饱和度维持在90%～100%之间。与此形成对比，有些煤层，在地下即尖灭，与地表无裂缝等沟通，雨水和雪融水未能渗入该煤层，故该煤层不能产生大规模的次生生物气，煤层天然气饱和度较低，资源潜力较小。

（3）构造高点。由于煤层游离气所占比例最高可达50%，其在煤层中必然向高部位运移。在总体宽缓斜坡背景下，构造高部位特别是小高点等为煤层气相对富集创造了条件。

（七）煤层气成藏模式

粉河盆地古近纪煤系地层属河流冲积-泥沼相沉积，煤层顶底板为泥岩、炭质页岩和粉砂岩。由于地史时间短且早期缓慢沉降、晚期抬升，煤层一直处于浅埋条件，物性很好，而顶底板岩石物性相对较差。盆地新生界地层遭受的挤压作用较弱，构造简单，特别是盆地东部地层主要为向西倾斜，仅发育小规模倾角较缓的褶皱和少量断层。由于浅埋，煤层温度一般低于40℃，演化程度低，天然气多为生物成因，少为热成因，特别是在晚期抬升剥蚀后，热成因基本停止，而露头水体进入煤层，带入细菌并同时改变了地层水盐度，使细菌繁殖而大量产生（次生）生物气，不断补充气藏，故煤层气饱和度极高（90%～100%）。在较低地层压力和良好物性条件下，天然气在煤层中一小部分为吸附气，而另一大部分为游离气。由于盆地区气候较半干旱型，相对少量雨水和雪融水从露头区渗入，经煤层向盆地中部较深区运移，而形成承压水。在上述地质条件下，粉河盆地煤层气成藏模式如下：煤层在热演化作用和微生物作用下，特别是晚期微生物作用下不断生成大量天然气，其中一部分以吸附形式赋存于本煤层中不同部位，而另一部分则以游离气形式在煤层中运动，在地下水向下运移的同时，天然气向构造高部位特别是局部构造高点富集，顶底板大部分是物性相对较差的泥页岩和粉砂岩，将煤层气封闭在煤层中，煤层中游离气也可能运移至少部分砂岩顶底板中成藏。

粉河盆地长期勘探开发活动证明，最好的产气区是砂岩体附近与差异压实作用有关的构造高点、紧闭褶皱形成的构造高点以及煤层上倾尖灭的部位，并在该部位伴生有被非渗透性页岩所圈闭的游离气（刘洪林等，2008）。因此，该盆地煤层气开发战略是：早期开发井位于露天矿附近已卸压地层中或在厚煤层中有气顶的小背斜上（图4-21），随后煤层气开发不断向盆地中心推进。

（八）开发情况

粉河盆地是美国新兴的煤层气开发基地之一，煤系地层主要分布在尤宁堡组，盆地平均煤厚23m，镜质组反射率R_o为0.3%～0.4%，埋深为90～900m，含气量为1～4m^3/t，平均为1.4m^3/t，含气量明显较低。虽然煤层含气量比圣胡安盆地低一个数量级，但是该盆地厚而广泛分布的煤层及巨大的煤炭资源恰好弥补了煤层气含量不足的缺点。

粉河盆地的天然气最初产自浅部的砂岩，是一种煤层气。1986年，WYATT石油公司在该盆地钻探了第一口煤层气井以后，至1998年底，共钻探550口煤层气井，盆地日产煤层气$249\times10^4m^3$，单井平均日产量4530m^3。1997年粉河盆地煤层气产量为$3.6\times10^8m^3$。

到2006年，粉河盆地煤层气开发井达到了16000口，2006年煤层气产量超过$140\times10^8m^3$，单井产量一般在3700～9900m^3/d之间，最高达28000m^3/d。比较成功的开发区域主

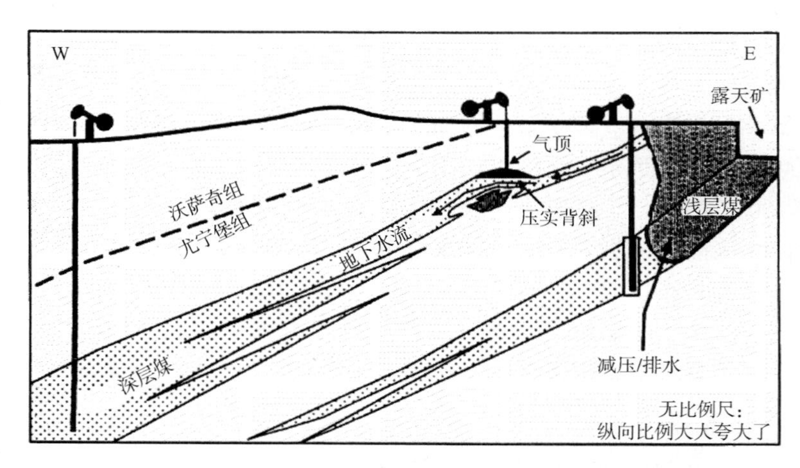

图 4-21　粉河盆地煤层气开发布井示意图

要位于东部边缘露头的缓坡区，该区地下水活跃，矿化度低，日产水为 32～79m³。

由于粉河盆地煤层气的勘探开发费用很低，同时，由于煤层的高渗透率和地层水的低矿化度，使得粉河盆地煤层气的开发免去了煤层压裂和地面水处理的费用。

参考文献

[1] 毕建军，苏现波，韩德馨，等．煤层割理与煤级的关系［J］．煤炭学报，2001，26(4)：346～349.

[2] 陈鹏．中国煤炭性质、分类和利用［M］．北京：化学工业出版社，2011：81～83.

[3] 陈振宏，王一兵，杨焦生，等．影响煤层气井产量的关键因素分析——以沁水盆地南部樊庄区块为例［J］．石油学报，2009，30 (3)：409～412.

[4] 高波，马玉贞，陶明信，马根，等．煤层气富集高产的主控因素［J］．沉积学报，2003，21(2)：345～349.

[5] 金振奎，张响响，赵宽志，等．山西太原地区晚石炭世早二叠世海平面升降对煤储集层非均质性的控制作用［J］．石油勘探与开发，2004，31(5)：44～49.

[6] 李相方，石军太，杜希瑶，等．煤层气藏开发降压解吸气运移机理［J］．石油勘探与开发，2012，39(2)：203～213.

[7] 孟召平，田永东，李国富，等．煤层气开发地质学理论与方法［M］．北京：科学出版社，2010：41～110.

[8] 宁正伟，陈霞．华北石炭-二叠系煤化变质程度与煤层气储集性的关系［J］．石油与天然气地质，1996，17(2)：156～159.

[9] 秦勇，傅雪海，叶建平，等．中国煤储层岩石物理学因素控气特征及机理．中国矿业大学学报［J］．1999，28(1)：14～19.

[10] 秦勇，桑树勋，李贵中，等．煤层气生成与煤层气富集(Ⅱ)：有效生气阶段生气量的估算［J］．煤田地质与勘探，1998，26(2)：19～22.

[11] 桑树勋，秦勇，范炳恒，等．陆相盆地低煤级煤储层特征研究——以准噶尔-吐哈盆地为例［J］．中国矿业大学学报(自然科学版)，2001，30(4)：341～345.

[12] 宋岩，刘洪林，柳少波，等．中国煤层气成藏地质［M］．北京：科学出版社，2010：110～148.

[13] 宋岩，张新民，等．煤层气成藏机制及经济开采理论基础［M］．北京：科学出版社，2005：1～9.

[14] 苏现波，张丽萍．煤层气储层压力预测方法［J］．天然气工业，2004，24(5)：88～90.

[15] 孙茂远，黄盛初，等．煤层气开发手册［M］．北京：煤炭工业出版社，1998：25～66.

[16] 王红岩，等．煤层气富集成藏规律［M］．北京：石油工业出版社，2005：96～133.

[17] 王洪林，唐书恒，林建法主编. 华北煤层气储层研究与评价［M］. 徐州：中国矿业大学出版社，2000：31～99.

[18] 王生维，陈钟惠，等. 煤储层孔隙、裂隙系统研究进展［J］. 地质科技情报，1995，（1）：53～59.

[19] 王生维，段连秀，张明，等. 煤层气藏的不均一性与煤层气勘探开发[J]. 石油实验地质. 中国煤田地质，2000，22(4)：368～370.

[20] 王新民，傅长生，石璟，等. 国外煤层气勘探开发研究实例［M］. 北京：石油工业出版社，1998：3～229.

[21] 杨陆武，冯三利，潘军，等. 适合中国煤层气藏特点的开发技术[J]. 石油学报，2002，4(23)：46～50.

[22] 叶建平，武强，王子和，等. 水文地质条件对煤层气赋存的控制作用［J］. 煤炭学报，2001，26(5)：459～462.

[23] 叶建平，杨秀春，李晓明，等. 中华人民共和国地质矿产行业标准 DZ/T 0249—2010 煤层气田开发方案编制规范［S］. 北京：中国标准出版社，2010：2～10.

[24] 曾社教，马东民，王鹏刚，等. 温度变化对煤层气解吸效果的影响［J］. 西安科技大学学报，2009，29(4)：449～453.

[25] 张胜利. 煤层割理及其在煤层气勘探开发中的意义［J］. 煤田地质与勘探，1995，23(4)：27～31.

[26] 张胜利，李宝芳. 煤层割理的形成机理及在煤层气勘探开发评价中的意义［J］. 中国煤田地质，1996，8(1)：72～77.

[27] 张松航，唐书恒，汤达祯，等. 鄂尔多斯盆地东缘煤储层渗流孔隙分形特征［J］. 中国矿业大学学报，2009，(05)：111～116.

[28] 张新民，庄军，张遂安. 中国煤层气地质与资源评价［M］. 北京：科学出版社，2002：1～64.

[29] 赵庆波，李贵中，孙粉锦. 煤层气地质选区评价理论与勘探技术［M］. 北京：石油工业出版社，2009：5～21.

[30] 赵庆波，孙粉锦，李五忠. 煤层气勘探开发地质理论与实践［M］. 北京：石油工业出版社，2011：1～11.

[31] Law B E. The relationship between coal rank and cleat spacing：implications for the prediction of permeability in coal. Presented at the 1993 international coalbed methane symposiu［M］. the University of Alabama/Tuscaloosa,1993，Vol. II：435～441.

[32] Walter B，Ayers Jr. Coalbed Methane in the Fruitland Formation，San Juan Basin，Western United States：A Giant Unconventional Gas Play. In M. T. Halbouty，ed.，Giant oil and gas fields of the decade 1990～1999［M］. AAPG Memoir，2003，78：159～188.

[33] Zuber M D. Production characteristics and reservoir analysis of coalbed methane reservoirs[J]. International Journal of coal Geology，1998，38：27～45.

第五章　其他非常规油气勘探开发

油砂、油页岩、水溶气和天然气水合物作为非常规油气的重要组成部分，具有较大的资源潜力，可以作为我国未来的能源战略储备和接替领域。它们对于实现油气资源可持续供给，提高油气资源对经济社会可持续发展的保障能力，具有十分重要的意义。

第一节　油　　砂

一、油砂勘探开发现状

（一）世界油砂资源状况

2003 年以来，已有多家机构和油公司发布了全球油砂资源评价结果，同时给出地质资源量和可采资源量的有 4 家(表 5-1)，其中中国石油(CNPC)开展评价所采用的数据比较全面而且比较新。2011 年，CNPC 根据所评价的全球 1000 多个项目的资料，结合 IHS、C&C 以及 USGS 等商业数据库和评价机构的研究成果，采用以油气盆地成藏组合为单元、适用于不同勘探程度盆地的油气资源综合评价方法，对全球 143 个主要含油气盆地、398 个成藏组合进行了常规油气资源评价，同时采用含油率法和含油饱和度法，对全球 52 个重油、油砂盆地进行了评价(张光亚等，2012)。评价结果表明，全球剩余油砂可采资源量 7095×10^{8}bbl，约占全球石油剩余可采资源量的 26%(图 5-1)。

表 5-1　全球部分机构的油砂资源评价结果(张光亚等，2012)

评价机构	评价时间	地质资源量/10^8bbl	可采资源量/10^8bbl
USGS	2003	26180	6510
WEC	2007	29850～45180	4190
Oil & Gas	2009	18000	3150
CNPC	2011	66950	7095

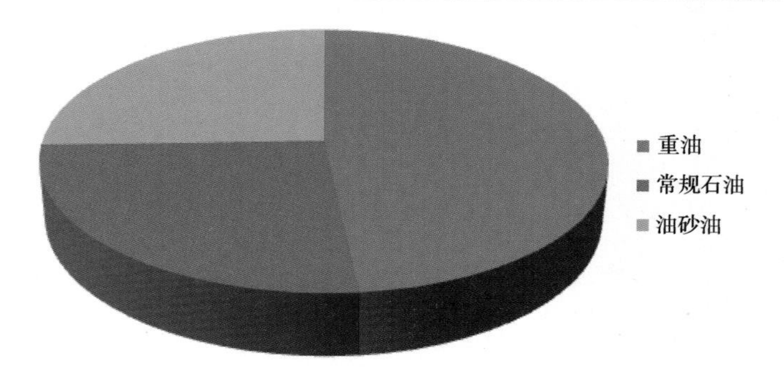

图 5-1　油砂在全球剩余石油可采资源量中所占比例(张光亚等，2012)

（二）全球油砂资源分布与开发状况

全球油砂资源分布极不均衡，其集中程度远高于常规油气资源，主要沿环太平洋富集带和阿尔卑斯富集带分布（图 5-2）（单玄龙等，2008）。油砂主要分布在俄罗斯、北美和南美三大区。俄罗斯油砂地质资源量为 35470×10^8bbl，占全球 53%，可采资源量为 3720×10^8bbl，占全球 53%；北美油砂地质资源量为 28704×10^8bbl，占全球 43%，可采资源量为 2888×10^8bbl，占全球 41%；南美油砂地质资源量为 1986×10^8bbl，占全球 3%，可采资源量 396×10^8bbl，占全球 6%（图 5-3）（Andy Burrowes 等，2008）。

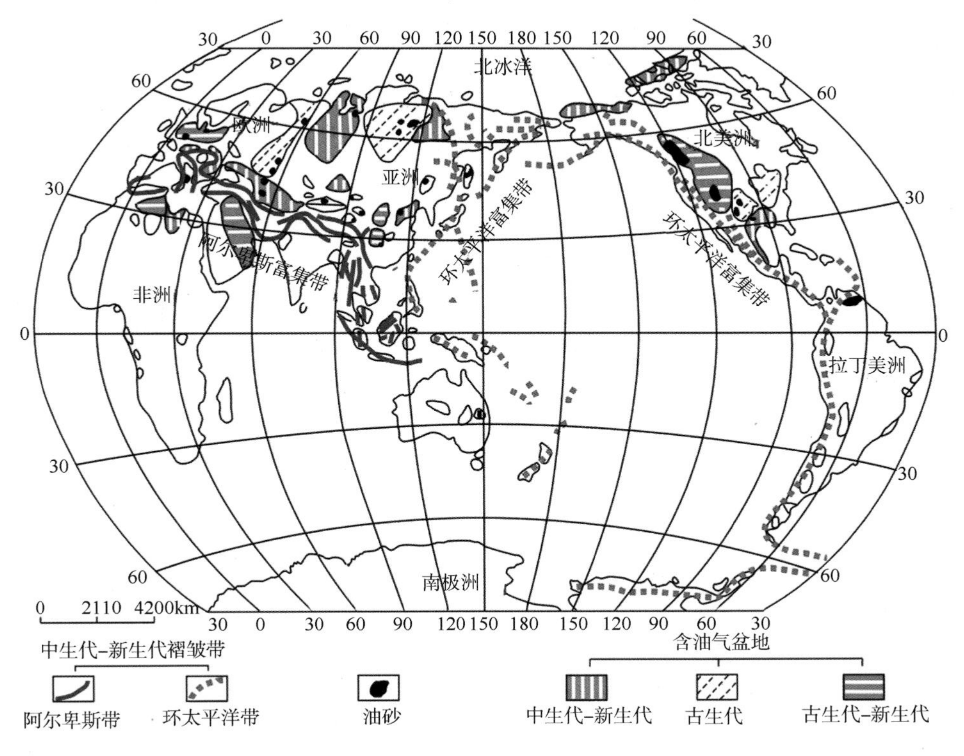

图 5-2　世界油砂资源分布图（单玄龙等，2008）

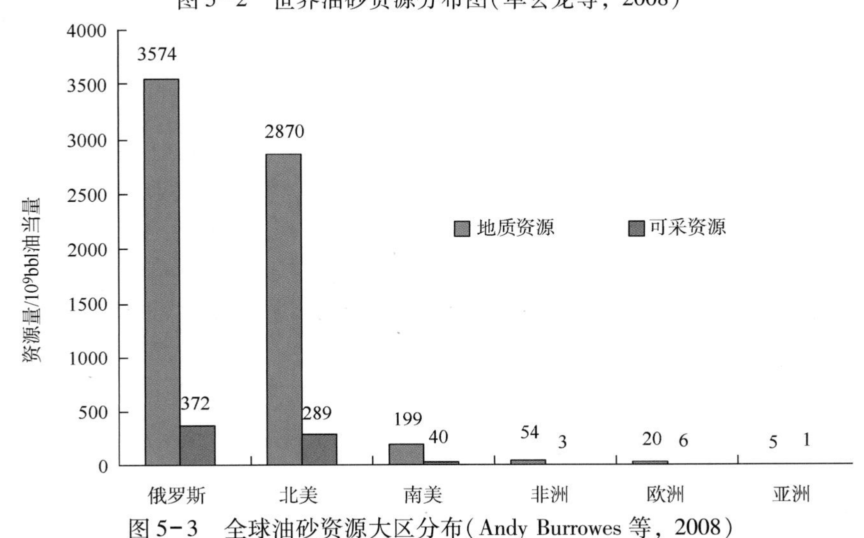

图 5-3　全球油砂资源大区分布（Andy Burrowes 等，2008）

从盆地分布上看，油砂主要分在艾伯塔盆地、东西伯利亚盆地、滨里海和伏尔加-乌拉尔盆地(图5-4)(张光亚等，2012)。

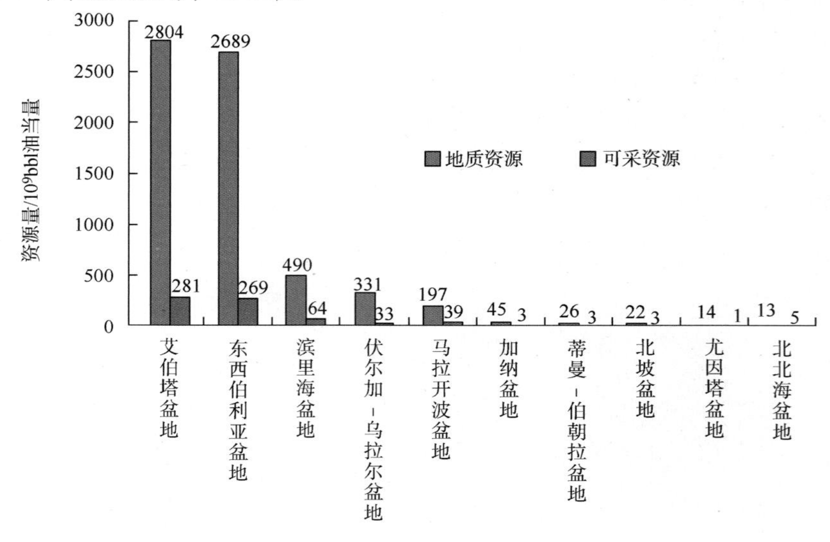

图5-4　全球油砂资源盆地分布(张光亚等，2012)

加拿大是油砂资源最丰富的国家，也是目前世界上油砂资源开发历史最为悠久、开发程度最高而且产量最大的国家。1967年，Suncor公司率先对阿尔达省的油砂进行商业性的露天开采，并在麦克里堡以北修建了改质设施，1978年，Syncrude公司也在该地区修建了一个油砂厂。后来帝国石油公司、BP公司和壳牌公司先后开发了冷湖、狼湖(Wolf Lake)和皮斯河油砂项目。20世纪80~90年代，开始采用带砂冷采法，加速了油砂开发，Husky石油公司在Lloydminstewr地区建立了改质厂，由于技术进步，采用卡车和铲车开采油砂，增加了灵活性降低了成本。1996~2001年，由于担心常规原油产量高峰的到来，扩大了油砂开采规模。2003年，阿萨巴斯卡的油砂项目开始运营，其他一些较大项目也准备投入开发。根据世界能源委员会2007年发布的研究报告(Andy Burrowes等，2008)，全球2496.7×10^8bbl油砂探明储量中有1768×10^8bbl分布在加拿大，占全球总数的70.8%。加拿大的油砂资源主要分布在艾伯塔省北部艾伯塔盆地，拥有阿萨巴斯卡、冷湖和皮斯河3个大型的油砂矿藏，其中阿萨巴斯卡油砂矿是加拿大乃至世界上最大的油砂矿。阿萨巴斯卡油砂矿位于加拿大艾伯塔省东北部，1884年发现，1967年投入开发，估计石油地质储量1330×10^8bbl(Andy Burrowes等，2008)。2012年，加拿大在产的油砂项目为35个，年石油总产量已经达到$1.19\times10^8m^3$(图5-5)，其中Syncruded的Mildred Lake项目的产量最高，为$1690\times10^4m^3$，其次是Suncor的Base Operations项目，其石油产量为$1641\times10^4m^3$。

俄罗斯有着丰富的油砂资源，对其较为详细的研究开始于20世纪70年代，其油砂资源在几乎所有的含油气盆地都有发现，地质资源量约为7000×10^8bbl。其中，90%的潜在油砂资源集中于古老地台区的隆起带和断裂带，如伏尔加-乌拉尔盆地、蒂曼-伯朝拉盆地以及乌克兰滨里海盆地、东西伯利亚克拉通的通古斯盆地等(表5-2)(单玄龙等，2007)。虽然俄罗斯的油砂资源比较丰富，但由于其常规油气资源非常丰富，油砂资源开发目前还没有提到俄罗斯政府的议事日程上。

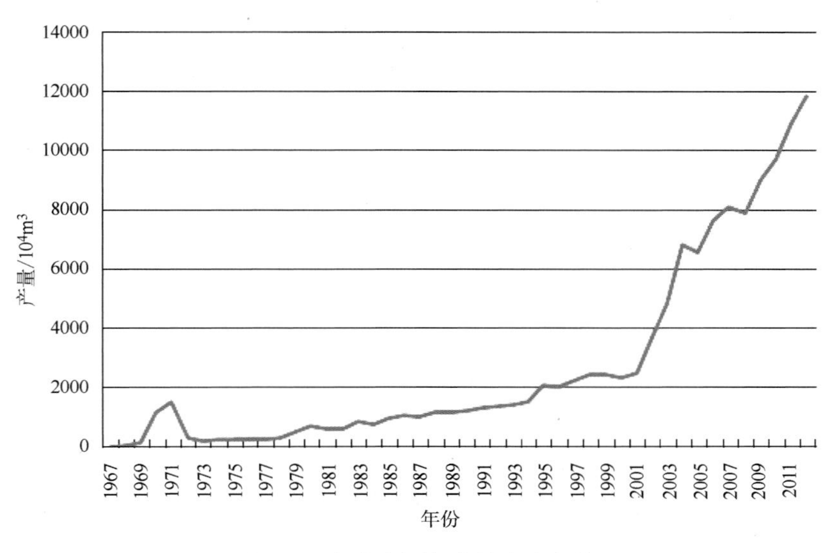

图 5-5　加拿大历年来的油砂产量

表 5-2　俄罗斯油砂资源(单玄龙，2007)

盆地或地区	储层年代	埋深/m	储层岩性	资源量/10^8bbl
东西伯利亚盆地	∈-O，P，R-Q	0~1550	砂岩、灰岩	6470
伏尔加-乌拉尔盆地	Pt，D-J	0~2817	砂岩、灰岩、白云岩	
高加索地区	D-T	0~3400	砂岩为主	135.1
中亚盆地	Pz，J-K，T	0~2556	砂岩、灰岩	56.5
提曼-伯朝拉盆地	S-T	0~1750	砂岩为主	45
滨里海盆地	T-R	160~1176	砂岩	10
西西伯利亚盆地	Pz，K	611~1168	砂岩	6
喀尔巴阡地槽	J，E	430~1313	灰岩	5
波罗的向斜	∈-O，D	1912~3162	砂岩、灰岩	2.5
第聂伯-顿涅茨地	G-P，Mz	<200	砂岩	2
总计				7162.1

根据中国石油(CNPC)(2011)的评价结果(张光亚等，2012)，南美州的油砂地质资源量为1990×10^8bbl，可采资源量400×10^8bbl。这些油砂资源绝大部分分布在委内瑞拉的马拉开波盆地，该盆地的油砂地质资源量为1970×10^8bbl，占南美州的98.99%，可采资源量390×10^8bbl,占南美的97.5%。此外，委内瑞拉奥里诺科重油带也有少量的油砂资源分布。目前，委内瑞拉的非常规石油开发主要集中在奥里诺科重油带的重油资源，油砂资源开发程度相对比较低。

美国油砂资源并不丰富，地质资源量只有约700×10^8bbl(单玄龙等，2008)，主要富集于阿拉斯加州和犹他州，各占总数的30%以上(表5-3)。

表 5-3 美国油砂资源表(单玄龙，2008)

地区	资源量/10^8bbl	地区	资源量/10^8bbl
亚拉巴马	65	俄克拉何马	8
阿拉斯加	190	得克萨斯	48
加利福尼亚	49	堪萨斯东界	29
肯塔基	34	犹他	201
新墨西哥	3	怀俄明	2
总计		629	

二、油砂的性质

(一) 油砂的组成与结构

油砂主要由砂、沥青、矿物质、黏土和水 5 种成分组成。油砂通常含有 80% ~85% 的无机质(砂、矿物和黏土等)、3% ~6% 的水和3% ~20% 的沥青(贾承造，2007)。油砂沥青通常是烃类和非烃类有机物质，呈黏稠的半固体，其中碳元素的含量大约占 80%，此外还含有氢元素以及少量的氮、硫、氧和微量金属。表 5-4 列出了中国新疆克拉玛依、内蒙古二连和加拿大阿萨巴斯卡(Athabasca)等地区油砂的主要成分。

表 5-4 中国和加拿大部分油砂矿的油砂组成(贾承造，2007)

地区 / 油砂组分	中国新疆		中国内蒙古		加拿大阿萨巴斯卡		
	小石油沟	克拉扎背斜	吉尔嘎朗图泥岩	吉尔嘎朗图砂岩	高品位	中品位	低品位
油砂沥青/%	9.0	12.1	9.0	9.9	14.8	12.3	6.8
水/%	0.7	1.7	1.7	1.6	3.4	4.2	7.4
矿物质/%	90.3	86.2	89.3	88.5	81.8	83.5	85.8

沥青不能在油藏条件下自由流动，但大部分溶于有机溶剂，生产过程中需要经过稀释才能通过输油管道输送。由于流动性差，所以不能采用常规石油开采方法开采油砂沥青。

Koichi(1982)提出了加拿大阿萨巴斯卡油砂结构模型(图 5-6)。该砂粒主要是圆形或略带尖角的石英，每一个砂粒都被水薄膜润湿，沥青层包围在水薄膜外层及充填空间，填满空间的还有原生水及少量空气或甲烷。

美国犹他州油砂外表非常干燥，油砂中沥青组分直接与油砂固体相接触，图 5-7 为犹他州油砂结构示意图。

中国不同地区油砂性质也不一样。新疆红山嘴和小石油沟油砂都具有亲水性；克拉扎背斜油砂对水相和油相的亲和性都不强，属于中等润湿性；内蒙古吉尔嘎朗图泥岩和砂岩油砂为亲水性；内蒙古图牧吉油砂为亲水性。

(二) 油砂中的有机质

油砂中的有机质(即沥青)可溶于有机溶剂。虽然其元素组成与天然石油及稠油相仿，但其分子量更大、组成也更为复杂，含有数千种化合物。表 5-5 对比了加拿大、美国、委内瑞拉和中国油砂沥青的性质。

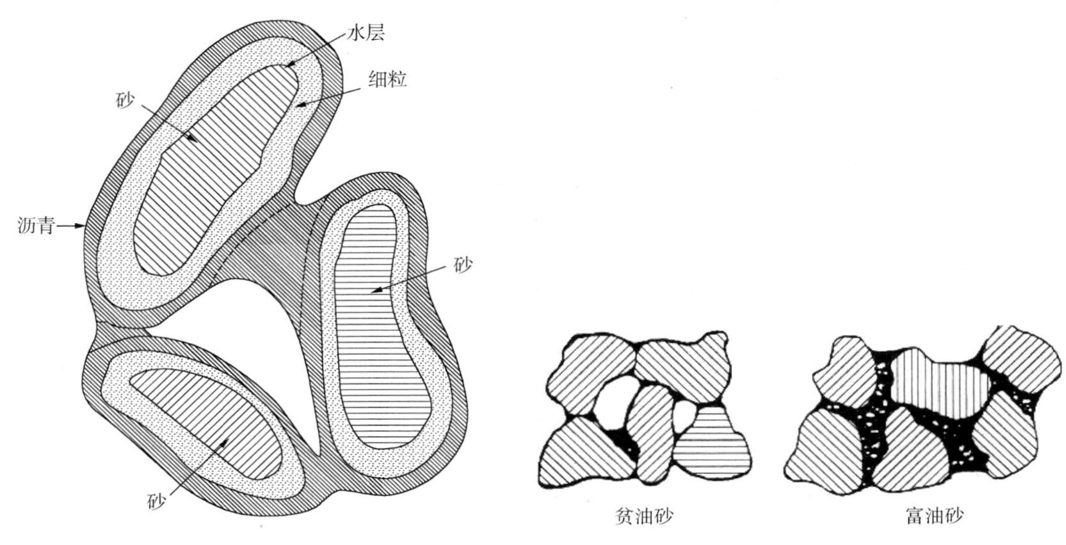

图 5-6　加拿大阿萨巴斯卡油砂结构示意图（贾承造，2007）

图 5-7　美国犹他州油砂结构示意图（贾承造，2007）

表 5-5　加拿大、委内瑞拉等国油砂矿藏性质（贾承造，2007）

性质		加拿大				委内瑞拉		美国	中国	
		阿萨巴斯卡	皮斯河	冷湖	Wabasca Gread Rapids	Morichal	Pilon	不同矿藏	新疆克拉玛依	内蒙古二连
密度/(g/cm³)		1.00 ~ 1.014	1.007 ~ 1.014	0.986 ~ 1.014	0.979 ~ 1.014	1.061	1.011	0.96 ~ 1.12		
运动黏度/Pa·s	15℃	5×10^3	200	100	8×10^3			$(10\sim200)\times10^3$		
元素分析(wt)/%	C	83.1	82.2	83.7	83.0			84.5	86.05	80.80
	H	10.6	10.1	10.5	10.3			11.3	11.21	9.80
	S	4.8	5.6	4.7	5.5	2.1	3.7	0.86	0.45	4.23
	N	0.4	0.1	0.2	0.4	0.53		1.14	<0.3	<0.3
	O	1.1	2.1	0.9	0.8			2.20	1.99	4.91
	C/H	7.8	8.2	7.9	8.1			7.5	7.69	8.22
	分子量	570 ~ 620	520	490	600				950	1700
烃类组成(wt)/%	饱和烃	22		33					41.98	13.94
	芳香烃	21		29					14.71	7.77
	胶质	39		23					37.9	54.39
	沥青质	18	19.8	15	18.6	10.8	8.6		6.2	23.9
金属/(μg/g)	钒	250		240	210	250	390	7		
	镍	100		70	75	65	106	96		

加拿大油砂沥青一般包括多种烃类，其属性在不同油藏之间或同一油藏内部往往都不一样。这类沥青中，大多数烃类都比戊烷重；近半数是很重的分子，沸点超过 977 ℉。轻的部

分环烷烃较多，重的部分沥青质含量较高。沥青质分子量很大，包括非烃物质，例如氮、硫、氧和金属，特别是镍和钒。

（三）油砂中的矿物质

油砂颗粒较大的可达1000μm，小的可小于2μm，小于44μm的大都是砂屑和黏土。加拿大阿萨巴斯卡油砂矿物中，99%是石英和黏土，1%是钙铁化合物。加拿大和中国的油砂矿物组成分别见表5-6和表5-7。

表5-6　加拿大阿萨巴斯卡油砂矿物组成（贾承造，2007）

矿　物	含量(wt)/%	矿　物	含量(wt)/%
SiO_2	98.4	Al_2O_3	0.8
Fe_2O_3	0.1	CaO	0.2
MgO	0.2	TiO_2	0.1
ZrO_2	痕量		

表5-7　中国内蒙古等地油砂的矿物组成（贾承造，2007）

组　成			内蒙古二连(wt)/%	新疆克拉玛依(wt)/%
碎屑颗粒	石英		22.5	16.1~27
	长石		45~49.5	17.4~22.5
	岩屑		18~22.5	38.3~44.1
	云母		<1	0.87~0.90
	合计		90.0	87~90
胶结物	非黏土矿物		2.7	3~3.5
	黏土矿物	蒙藻石	6.0	0.45~0.63
		伊利石	0.4	0.65~0.91
		高岭石	0.5	2.6~3.6
		绿泥石	0.3	1.3~1.8
		小计	7.3	5~7
	合计		10.0	10~13

三、油砂成矿条件与模式

（一）油砂形成条件

油砂矿的形成需要特定的构造环境、充足的油气供给、优势运移通道、构造抬升作用和盖层相对较差等条件。

（1）特定的构造环境。油砂矿带基本上分布于盆地山前带、大型隆起带与斜坡带、伸展盆地的反转构造带和残留型含油气盆地。盆地山前带的大型断裂和不整合发育，为原油运移至地表提供了通道；大型隆起带与斜坡带、伸展含油盆地的反转构造带是油气运移的指向区，是古油藏形成的有利场所；多期的构造运动不仅有利于油气的成藏，同时对已形成的油藏造成破坏，引起油气的散失，形成丰富的油砂矿。

（2）广泛分布的优质烃源岩。与常规石油资源一样，油砂的形成也需要有广泛分布的优质烃源岩。只有大规模分布的优质烃源岩才能大规模生排烃，生成的石油能够长距离运移，在遭受降解和水洗等稠变作用后形成油砂。这就要求烃源岩在必须满足常规石油生成条件的同时，还要具有比较大的分布规模，以提供充足的石油进行运移。表5-8统计了全球部分重要油砂盆地的烃源岩参数，从中可以看出，富油砂盆地的烃源岩普遍具有以下特征：比较高的有机质丰度（*TOC* > 5%），有机质成熟度适中（R_o 介于0.5%～1.3%之间），烃源岩厚度比较大（大都在20m以上），分布面积比较大（大都在20000km^{2}以上），而且在盆地面积中的占比大于44%（表5-8）。

表5-8　全球主要油砂盆地烃源岩参数统计表（张光亚等，2012）

参　数	艾伯塔	尤因塔	伏尔加-乌拉尔	东西伯利亚	马拉开波
烃源岩时代	泥盆纪-石炭纪	古近纪	泥盆纪、石炭纪	前寒武纪-寒武纪	白垩纪
有效面积/km^2	132798	18067	357000	3470000	23000
盆地面积/km^2	300000	24090	700000	6300000	50000
页岩比例/%	44	75	51	55	46
厚度/m	25～135	24～90	60～160	80～300	150～160
TOC/%	2～24.3	1.6～21	12.4	3～15	5.6～16
R_o/%	>0.5	0.7～1.3	0.6～1.2	0.5～0.9	0.8～1.2

（3）大规模优质储层。油砂的储集层一般分布广、规模大、成岩程度低，大多处于未固结或未压实阶段。优质油砂储层的发育必须有大型稳定的沉积体系作为物质基础。例如北美加拿大艾伯塔盆地Mannville群的三角州前缘和浅海相砂岩，其分布面积占盆地面积的60%，储层埋藏浅，未固结和压实，孔渗性和连通性都很好，为油砂矿的形成和有效开采提供了极好的条件。

（4）优势运移通道。来自盆地生油中心或古油藏的原油通过断层或不整合面等通道运移是形成油砂矿的必要条件之一，如准噶尔盆地生油中心生成的原油由下倾方向沿不整合面向上倾方向运移，在西北缘的底砾岩和砂岩中形成油砂矿。

（5）构造抬升作用。构造抬升作用使得轻质油散失、重质油残留于原地而形成油砂矿。例如俄罗斯东西伯利亚盆地，该盆地是典型的克拉通盆地，由通古斯、阿纳巴尔-奥列尼奥克等11个次盆地组成，已证实的油砂聚集带有6个。泥盆纪以来多期次的碰撞作用，导致西伯利亚克拉通全面抬升，阿纳巴尔隆起、阿尔丹隆起、涅普-博图奥宾隆起等抬升幅度较大，多个特大型油藏被抬升至地表或近地表，遭受剥蚀氧化作用形成油砂矿。这些油砂资源主要分布在通古斯坳陷西缘-西南缘、阿纳巴尔隆起区周缘斜坡、阿纳巴尔-奥列尼奥克隆起北坡-东坡和涅普-博图奥宾隆起顶部、西部、东坡以及阿尔丹隆起中部、西坡、北坡7个油砂聚集带（张光亚等，2012）。

（6）油气保存条件较差。油砂大多分布在盆地边缘、凸起边缘或者浅层等盖层条件相对较差的部位。例如美国加利福尼亚州Ventura盆地Vaca油砂矿。Vaca油砂分布在上新统Pico组，局部厚度可达274m。其上覆地层是Saugus组，属于更新世沉积。底部称为Fox Canyon段地层，由分选差的块状砂岩、含砾砂岩组成。下部为绿色泥质灰岩。上部由非海相的黄色和灰色砂岩和砾岩互层组成。再向上，这套地层与全新世的Oxnard平原和洪泛平原沉积呈整合接触。所以Vaca油砂的盖层条件比较差。

（二）油砂成矿模式

张光亚等(2012)在对油砂资源富集规律及形成条件深入分析的基础上，结合油砂成藏特征以及前人对油砂成藏模式的研究成果，提出了斜坡降解型和抬升破坏型两种油砂成藏模式。法贵方等(2012)在对国内外大量含油砂盆地成矿机理进行综合分析的基础上，总结出了4种油砂矿藏成矿模式：斜坡降解型、断裂疏导型、古油藏破坏型和构造抬升型(法贵方等，2010)。梁峰等(2012)在对比中国和加拿大油砂成矿模式的基础上，把中国的油砂矿分为3种类型，分别是斜坡逸散型、古油藏破坏型和次生聚集型。综合分析这些学者所提出的成矿模式，可以将其归纳为3大类成矿模式：斜坡逸散降解模式、抬升破坏模式和断裂输导次生聚集模式(梁峰等，2012)。

1）斜坡逸散降解模式

该模式通常发生在大型斜坡带和前缘隆起区浅部位，盆地前渊坳陷区深部成熟烃源岩生成的大量油气，向斜坡带和前缘隆起区的砂体运移，而这些砂体大都与大气连通，处于氧化环境，储层中微生物繁多，使油气遭受水洗氧化和生物降解作用，进而形成油砂矿。该成藏模式下形成的油砂规模一般比较大，又可细分为沿斜坡侧向运聚和垂向运聚两种模式(图5-8)。加拿大艾伯塔盆地油砂(图5-9)、俄罗斯伏尔加-乌拉尔盆地油砂、中国准噶尔盆地西北缘油砂(图5-10)就属于这种成藏模式。

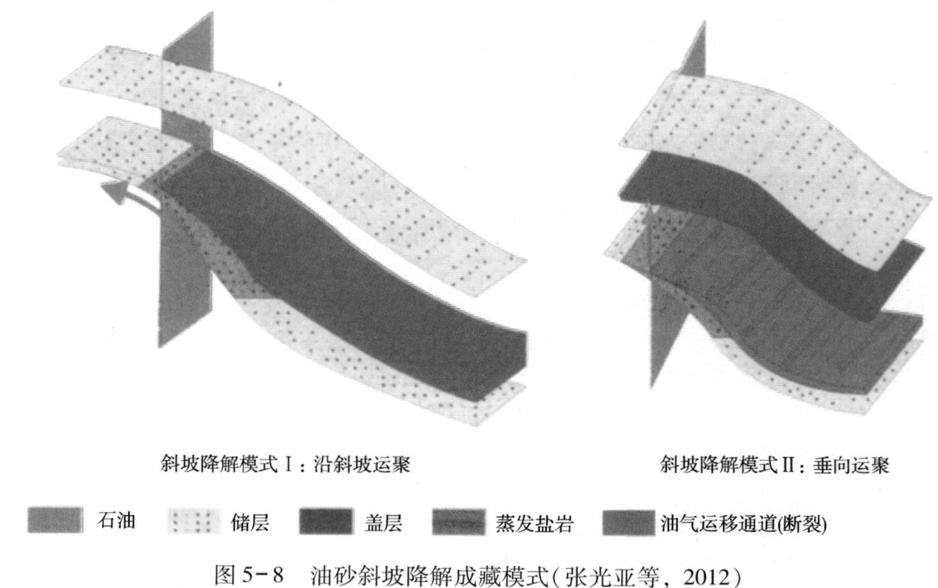

图5-8　油砂斜坡降解成藏模式(张光亚等，2012)

2）抬升破坏模式

抬升破坏模式又可以细分为局部构造抬升模式和整体抬升模式，前者形成的油砂矿规模一般较小，而后者形成的油砂矿大都规模很大。

(1)局部构造抬升模式。这种成矿模式往往发生在前陆盆地褶皱冲断带浅部位，先期已形成的常规油气聚集，在后期的构造活动中遭受逆冲抬升作用，抬升至近地表地区或出露地表，从而遭受强烈的地表氧化、水洗和生物降解等作用形成油砂(图5-11)(法贵方等，2010)。该种成矿模式形成的油砂矿规模受先期油气聚集规模和后期逆冲抬升范围控制，规模一般较小。如尤因塔盆地沥青山油砂矿、东委内瑞拉盆地北部油砂矿及纳波-普图马约盆地西部油砂矿等。

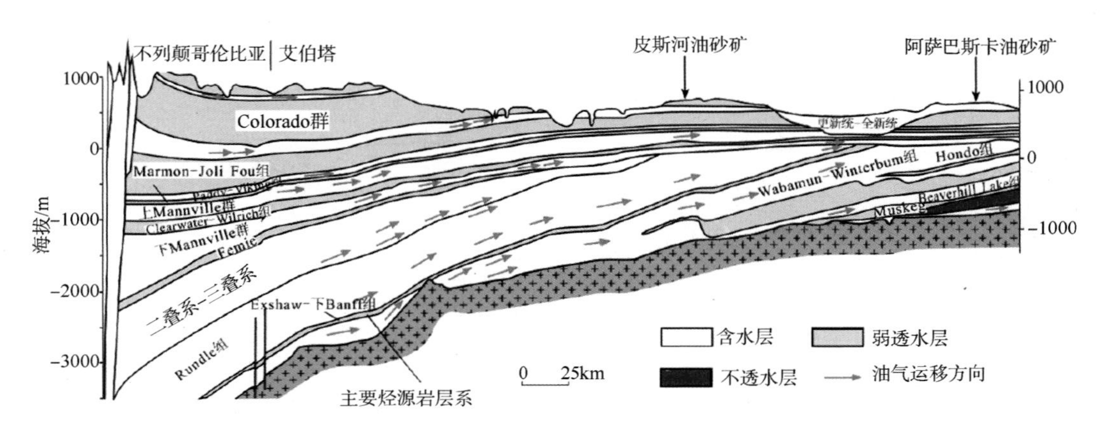

图 5-9 加拿大艾伯塔盆地斜坡逸散型成矿模式示意图(法贵方等，2012)

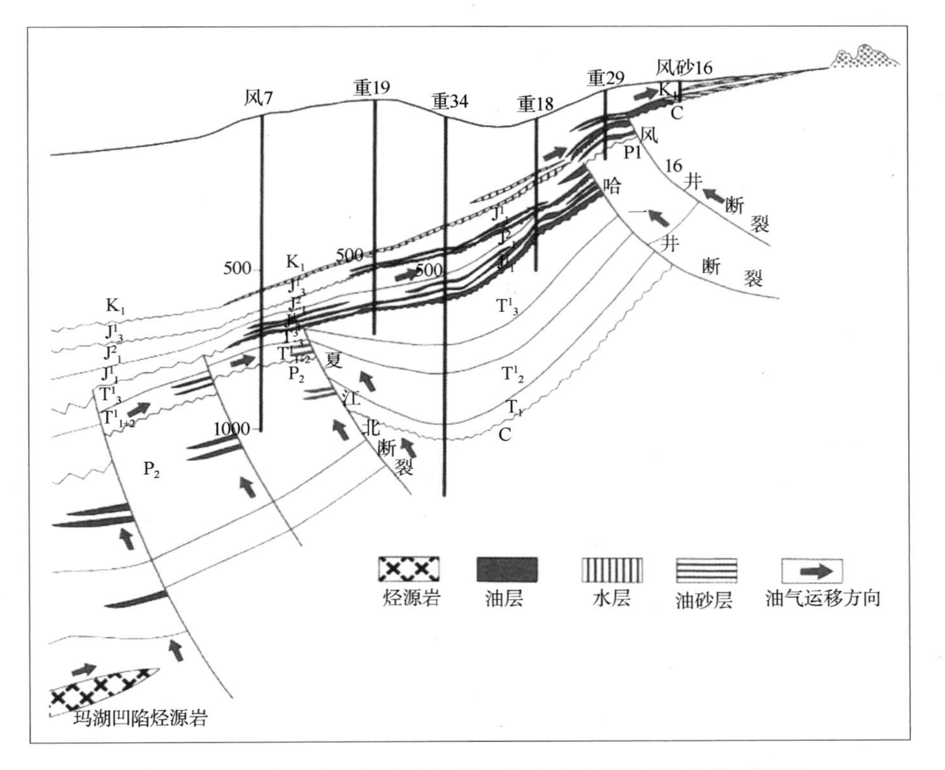

图 5-10 中国准噶尔盆地西北缘油砂成矿示意图(梁峰等，2012)

(2)整体抬升模式。这种模式一般存在于内克拉通盆地中，先期已形成的巨型或大型古油藏，在后期长期的构造演化过程中遭受区域性整体抬升(如基底抬升)，古油藏被抬升至地表或近地表地区，遭受剥蚀氧化、生物降解作用，形成油砂矿(图 5-12)(法贵方等，2010)。这种成矿模式，因抬升范围大、古油藏规模大，形成的油砂矿规模也较大。如西伯利亚地台阿纳巴尔隆起和阿尔丹隆起的油砂矿。

3）断裂输导次生聚集模式

这种成矿模式一般存在于裂谷盆地中，断裂作用先于烃源岩成熟或者与烃源岩成熟同时发生，油气主要沿着断裂带运移至地表浅层，从而遭受氧化、生物降解等作用形成油砂(图 5-13)(法贵方等，2010)。该种成矿模式形成的油砂矿规模往往较小，仅局部发育。例如南里海盆地的部分油砂矿。

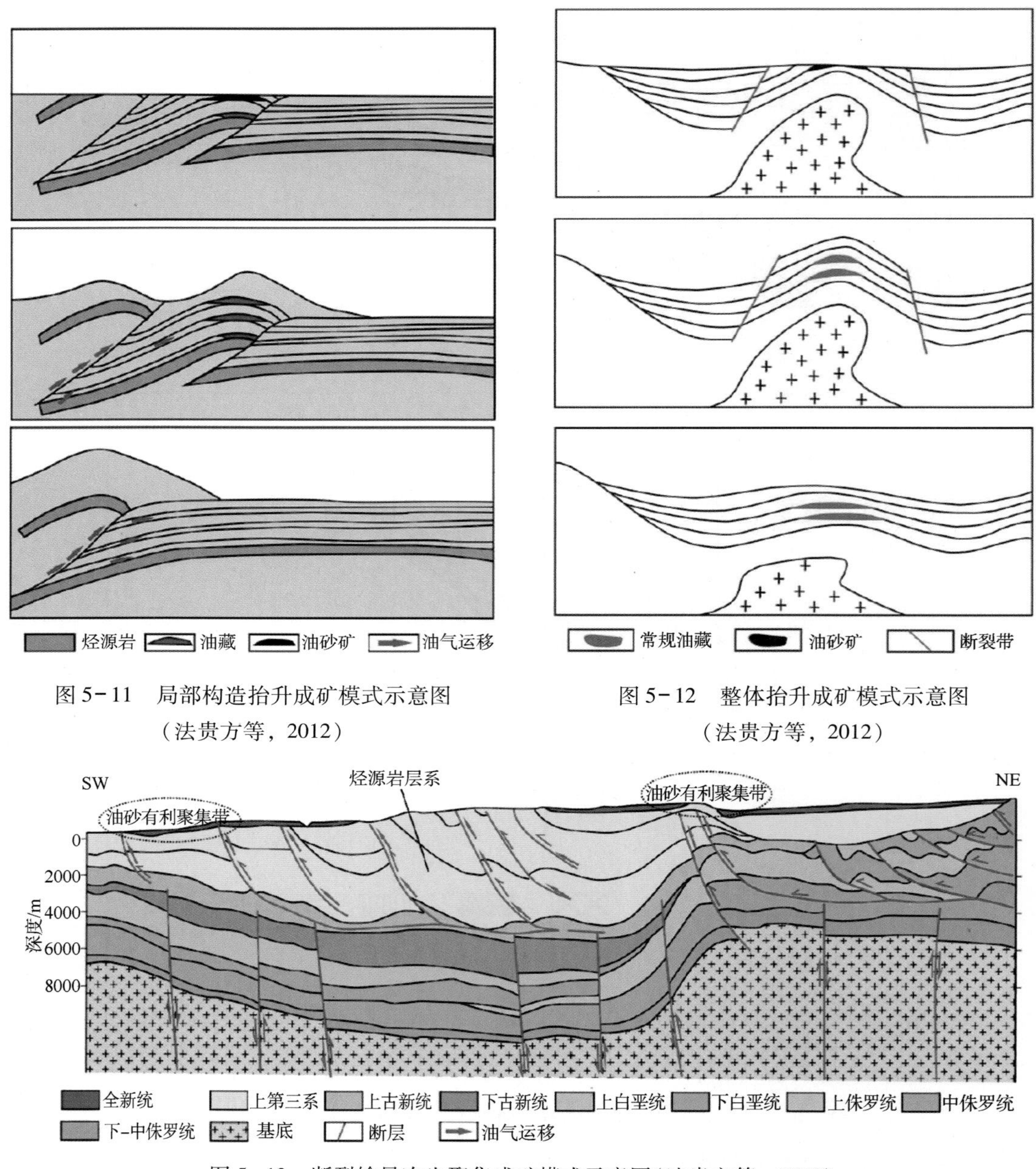

图 5-11　局部构造抬升成矿模式示意图（法贵方等，2012）

图 5-12　整体抬升成矿模式示意图（法贵方等，2012）

图 5-13　断裂输导次生聚集成矿模式示意图（法贵方等，2012）

四、我国油砂资源状况

（一）我国油砂资源概况

我国油砂资源尚处于初步评价阶段，开展研究的比较多，但投入开发的油砂矿并不多。2003~2006 年，国土资源部、国家发展和改革委员会、财政部三部委组织，石油企业和相关院校等单位参加，联合对中国的油砂资源进行了系统的调查和研究工作，完成了新一轮全国油砂资源评价，初步认识了我国油砂资源的成矿规律和分布特征。评价结果表明，中国油砂油地质资源量为 59.70×10^8t，可采资源量为 22.58×10^8t，其中西部地区资源量最多(表5-9)。

表5-9 全国油砂油资源大区分布(全国油砂资源评价，2006)

大区	油砂油资源量/10^8t			
	地质资源量	比例	可采资源量	比例
东部	5.31	8.9%	1.97	8.7%
中部	7.26	12.2%	2.78	12.3%
西部	32.89	55.1%	13.61	60.3%
南方	4.50	7.5%	1.98	8.7%
青藏	9.74	16.3%	2.25	10%
合计	59.7	100%	22.58	100%

（二）我国油砂资源分布

平面上，中国的油砂资源主要分布在准噶尔、塔里木、羌塘、鄂尔多斯、柴达木、松辽和四川等沉积盆地中，其中油砂地质资源量大于 0.5×10^8t 的11个盆地的地质资源量合计 58.24×10^8t，可采资源量 22.02×10^8t，分别占全国油砂总量的97.6%和97.5%(图5-14)。

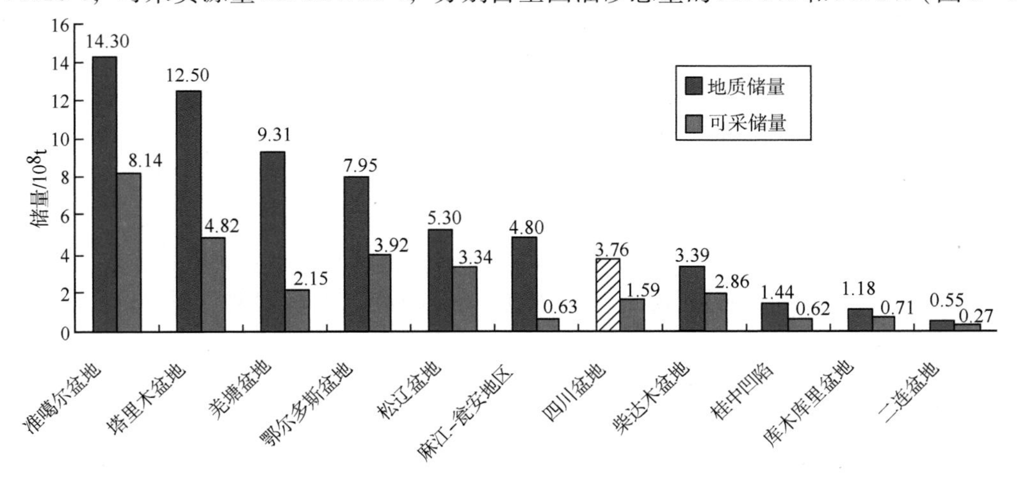

图5-14 主要含油砂盆地资源量分布图(全国油砂资源评价，2006)

我国含油气盆地基本定型于中、新生代，现今盆地构造格局定型于燕山运动期和喜马拉雅运动期，受此影响，油砂亦主要分布于中、新生界中(表5-10)，埋藏深度大多小于500m；含油率绝大部分为3%～10%，含油率大于10%的油砂矿较少。

中国大陆的西部主要发育大型挤压盆地，这些挤压盆地是在欧亚大陆的形成过程中以及欧亚大陆板块与印度板块碰撞过程中形成的，盆地内构造挤压变形较强烈。该区是我国油砂资源最为丰富的地区，地质资源量为 42.63×10^8t，占全国油砂总量的71.4%；可采资源量为 15.86×10^8t，占全国油砂总量的70.3%，且埋深小于100m的油砂油 11.84×10^8t，埋深100～500m的油砂油 29.02×10^8t(薛成等，2011)。

表 5-10　中国主要盆地油砂产出层位(薛成等，2011)

盆　地	产出层位	埋深/m	含油率/%	储量/10^8t
准噶尔	中三叠统克拉玛依组、上侏罗统齐古组、下白垩统吐谷鲁群	0~300	3~18	7.59
塔里木	下二叠统、三叠系、中侏罗统、白垩系、中新统	0~500	5~10	
柴达木	古近系、新近系	0~500	5~11	2.94
羌塘	中侏罗统布曲组	0~500	0.5~9.5	2.51
鄂尔多斯	上三叠统延长组、白垩系	0~500	3~6	
四川	下泥盆统、中上侏罗统	0~500	3~10	1.79
松辽	上白垩统姚家组、嫩江组	0~200	8~21	0.54

在东部裂谷盆地和西部挤压盆地之间是一个构造过渡区，包括鄂尔多斯盆地和四川盆地两个大型盆地，油砂资源主要分布在这两个盆地内。油砂地质资源量为 7.26×10^8t，占全国油砂总量的 12.2%；可采资源量为 2.78×10^8t，占全国油砂总量的 12.3%(薛成等，2011)。

中国大陆东部发育一系列北北东向的裂谷盆地，裂谷盆地的发育期主要为中、新生代，油砂资源主要分布在松辽盆地和二连盆地。油砂地质资源量为 5.31×10^8t，占全国油砂总量的 8.9%；可采资源量为 1.97×10^8t，占全国油砂总量的 8.7%(薛成等，2011)。

南部山间盆地油砂主要分布在黔南坳陷、百色盆地、茂名盆地和景谷盆地等。这些盆地是发育在扬子地台基底上的断陷或坳陷盆地。油砂地质资源量为 4.5×10^8t，占全国油砂总量的 7.5%；可采资源量为 1.98×10^8t，占全国油砂总量的 8.7%。

总之，我国各主要含油气盆地均有油砂资源分布，且具有点多、面广、层多、含油率中-高和油质较好等特点。但油砂资源量在各盆地分布不均衡，西部盆地资源量较大，大型油砂矿较多，埋藏较浅，开发利用价值较高；中部、东部和南部资源量较少，大型油砂矿较少，埋藏较深，不利于开发利用。我国西部挤压型盆地已发现的大型油砂矿多分布在盆地边缘，如准噶尔盆地西北缘、塔里木盆地北缘库车坳陷和羌塘盆地南部等。这些油砂矿的特点为分布面积大，分布层位多，单层厚度大，浅层储量大，油砂品质好，含油率高(3%~10%)，是下一步油砂资源勘探开发的重点区域。我国中部过渡型盆地构造复杂，油砂层产状较陡，横向埋深变化大，油砂层数多，含油性不稳定，开发难度大；东部裂谷盆地长期以沉降作用为主，油砂层产状平缓，含油性稳定，具有开发利用价值；南部山间盆地多为小型断陷或坳陷盆地，盆地油砂资源量少，开发利用价值不大。

五、加拿大阿萨巴斯卡油砂矿简介

加拿大油砂资源丰富，而且开采历史也比较悠久。在已经投入开发的诸多油砂矿中，艾伯塔盆地阿萨巴斯卡是规模最大、资源最为丰富的油砂矿，研究程度比较深，具有比较强的代表性，所以这里以其为例进行简单介绍。

（一）概况

加拿大艾伯塔省集中了加拿大95%的油砂探明储量。艾伯塔盆地油砂由阿萨巴斯卡、冷湖和皮斯河3个矿区组成，总面积$14.1\times10^4km^2$，地质资源量$1.7\times10^{12}bbl$，按照2006年的油价计算，其经济技术可采储量为1700×10^8bbl，占地质资源量的10%。在这3个油砂矿中，阿萨巴斯卡矿区规模最大，地质资源量高达13300×10^8bbl(Attanasi等，2010)。油砂矿东北埋藏浅，西南埋藏深，油砂层平均厚度26m，矿区东侧油砂层相对较厚，其中适合露天开采的东北部最厚，油砂层孔隙度为16%～30%，平均渗透率为$6000\times10^{-3}\mu m^2$，沥青油密度为$1.000\sim1.030g/cm^3$(图5-15)(赵鹏飞等，2013)。2009年的油砂产量已达到了$130\times10^8bbl/d$。该油砂矿早在1848年就已经发现，1967年开始投入开发。目前有多家在这里从事油砂开发的公司，主要的作业公司有Syncrude、Suncor、CNRL、Shell、Total、Imperial Oil、Petro Canada、Devon、Husky、Statoil和Nexen，此外还有多家参与开发的公司，例如Chevron、Marathon、ConocoPhillips、BP和Oxy。

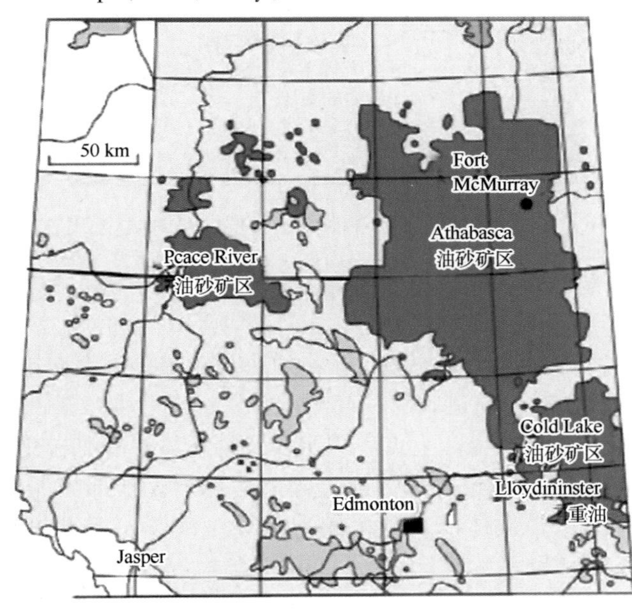

图5-15　加拿大艾伯塔省艾伯塔盆地油砂矿分布图(赵鹏飞，2013)

（二）地质和油藏特征

(1) 区域地质特征。阿萨巴斯卡油砂矿的含油层段为白垩系Mannville组的McMurray段砂岩，储层为海陆交互相碎屑岩(图5-16)(赵鹏飞等，2013)。McMurray段砂岩充填于二级层序界面上的一条超大型下切河谷内。在前陆盆地东西向挤压作用背景下，在相对海平面不断上升过程中，产生了多期与三级、四级甚至五级层序相关的高频相对海平面升降，出现多期下切河谷。后期河谷经常下切前期河谷，形成了一套多期下切河谷叠置的、相对连续的厚层砂岩体，进而形成了McMurray段的主要储层。上述地质条件(高孔渗、较连续的厚砂岩及位于构造高部位)使盆地深部生成的原油沿着由断层、不整合面和储层组成的复合输导体系，不断运移到McMurray段储层，形成资源丰富的油藏。在古近纪－新近纪，盆地东北部强烈抬升，白垩系下部砂岩体遭受剥蚀，油藏发生了广泛的生物降解、水洗、挥发和氧化作用，形成了现今分布广泛的油砂。

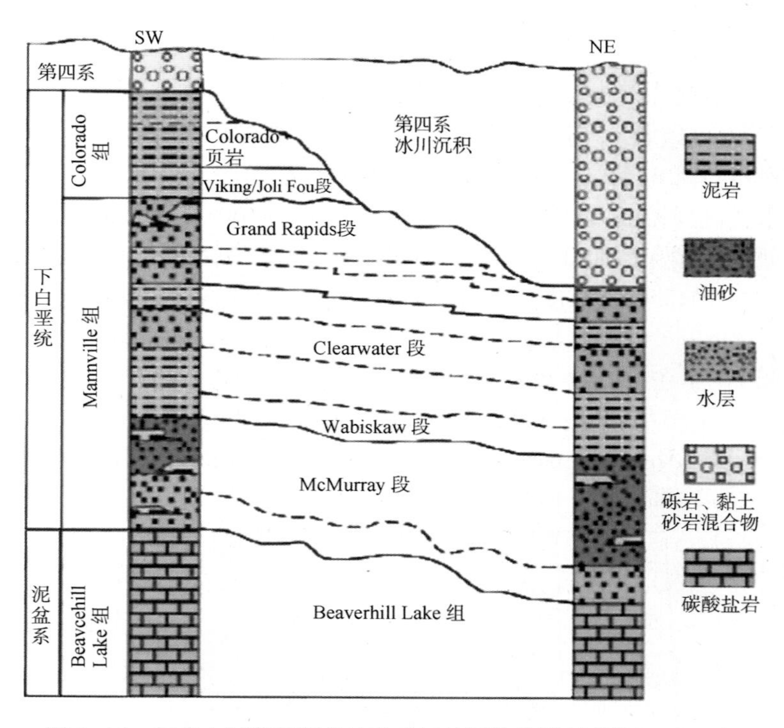

图5-16　加拿大阿萨巴斯卡油砂矿区地层柱状图(赵鹏飞，2013)

（2）储层特征。阿萨巴斯卡矿区目的层为一套潮汐环境下沉积的典型曲流水道砂体(图5-17)，发育心滩(MCB)、下点砂坝(LPB)、上点砂坝(IHS)和河心岛4种沉积微相。河心岛出露水面，位于平均高潮线之上；心滩位于水道中央，主要发育交错层理砂岩，镜下观察泥质体积百分含量为0~10%，河道底部发育泥质团块；点砂坝位于凸岸，可划分为下点砂坝和上点砂坝，其上被泥质层覆盖。上点砂坝主要发育倾斜的砂泥岩交互层，镜下观察泥质体积百分含量为10%~40%，河道底部为泥岩碎屑角砾岩，顶部为泥质体积含量较高的倾斜砂泥岩交互层，镜下观察泥质体积百分含量为40%~80%。下点砂坝的岩性与心滩相同(图5-18)(赵鹏飞等，2013)。

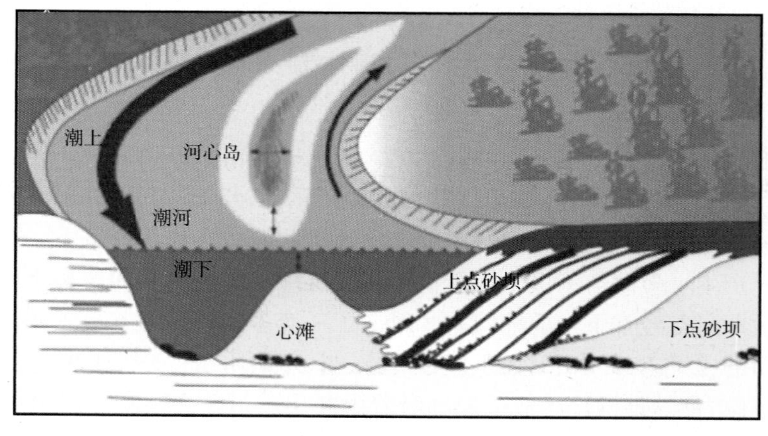

图5-17　加拿大阿萨巴斯卡油砂矿储层沉积模式图(赵鹏飞，2013)

（3）油藏特征。油砂埋深浅，一般为0~1000m，地层条件下沥青油的黏度非常高，为

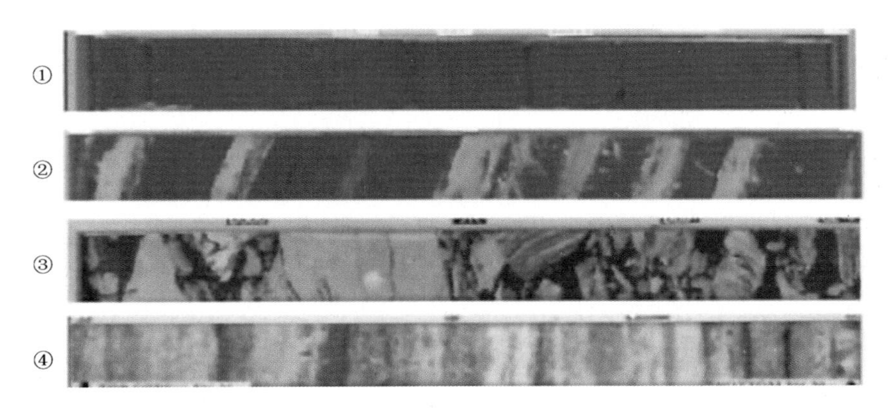

图 5-18 加拿大阿萨巴斯卡油砂矿沉积微相岩心照片(赵鹏飞，2013)

①—心滩砂岩；②—上点砂坝；③—河道底部泥岩碎屑角砾岩；④—上点砂坝顶部倾斜砂岩交互层

$(1\sim100)\times10^4$mPa·s。SAGD 开采过程中，随着温度的升高，黏度急剧下降，当温度升至 200℃以上，达到蒸汽腔温度，沥青油黏度可降到 10mPa·s 以下。

（三）开采方式

油砂开采方式主要包括露天开采法和钻井开采法(表 5-11)。露天开采法适用于埋深小于 75m 的油砂；钻井开采法适用于埋深为 75～1000m 的油砂。钻井开采法具有适用埋深范围大、对油层厚度和含油饱和度要求相对较低的优点，但项目建设成本高。

表 5-11 阿萨巴斯卡油砂矿区开采技术构成

开采方法	适用条件	工艺技术	优 点	缺 点	储量比例/%	占 2000 年产量比例/%	采收率/%
露天开采法	埋深 <75m，油砂层厚度 30～40m，质量含油饱和度 >8%	采矿→萃取(→提炼改质)	采收率高、生产安全、技术较为成熟	废料处理回填成本高	20	60	90
钻井开采法	埋深 75～1000m	SAGD、CSS	适用埋深范围大、对油层厚度和含油饱和度的要求相对较低	项目建设成本高	80	40	20～60

SAGD 技术在加拿大发展较快，截至 2009 年底，在阿萨巴斯卡矿区已投产的 24 个油砂项目中有 13 个采用 SAGD 生产。随着可供露天开采的油砂储量的减少，钻井开采法动用的油砂储量将会越来越多，因此 SAGD 技术应用前景广阔。

第二节 油 页 岩

一、油页岩勘探开发现状

当前世界上正在工业开采油页岩的国家有爱沙尼亚、中国、巴西、俄罗斯和德国 5 个国家，其油页岩年采量见表 5-12。其中，有的国家是 2005 年的数据，有的国家是 2006 年的数据。这些国家自开采至 2007 年的累积油页岩产量见表 5-13。

表 5-12　世界各国 2005/2006 年油页岩年开采量(钱家麟等，2008)

国　家	爱沙尼亚	中国	俄罗斯	巴西	德国	总计
产量/10^6t	14.1	8.0	1.3	2.5	0.3	26.2

表 5-13　世界主要国家油页岩累积开采量(钱家麟等，2008)

国　家	爱沙尼亚	中国	俄罗斯	巴西	德国	澳大利亚	总计
时间/年	1917～2006	1930～2006	1934～2006	1890～2006	1943～2006	1999～2003	
累积产量/10^6t	1000	610	225	45	11	1	1892

爱沙尼亚油页岩开采量最大，但主要用于电站，用于干馏炼油的产量约 200×10^4t。中国油页岩主要用于制取页岩油，巴西用于干馏，德国用于发电。

西欧各国在 18 世纪中叶就已开始开采油页岩，干馏制取页岩油，用于照明，后用于制取马达燃料，至 19 世纪 60 年代，因无法与廉价的天然石油竞争而先后停产。表 5-13 未将西欧各国当时的油页岩产量统计入内。

世界油页岩的年开采量自 1930 年开始有大幅增加，直至 1980 年达到 4700×10^4t 的最高值，而后下降，至 1998 年降至最低的 1600×10^4t，此后又开始上升，2006 年开采量达 2500×10^4t。油页岩年开采量的波动与国际原油价格有着密切的联系，油价下跌，油页岩产量下降。近两年油价高涨，促使了油页岩开采量的增加(钱家麟等，2008)。

（一）爱沙尼亚

爱沙尼亚油页岩开采始于 1918 年，当时油页岩用途较窄，主要被用于房屋供热、火车燃料等。1924 年爱沙尼亚建成的第一座油页岩干馏厂，应用爱沙尼亚发生式干馏炉对波罗的海沿岸的油页岩进行干馏气化。到 1940 年，发展到年产 17.4×10^4t 页岩油。在化工利用方面，主要用于制取酚类、芳烃等产品，也用于生产液体燃料，干馏气体则用作工业和民用燃料。1955 年，爱沙尼亚油页岩的开采量达 540×10^4t，其中 55% 用于干馏、21% 用于发电。20 世纪 70 年代，油页岩的开采量进一步扩大，增产的油页岩主要用于发电，1980 年开采达到顶峰，当年开采量达 3100×10^4t，占世界开采总量的 65%，其后开采量有所下降。2015 年以前，爱沙尼亚计划将每年的开采量控制在 2000×10^4t 以下。多年以来，爱沙尼亚油页岩 80%～90% 的开采量由爱沙尼亚能源公司完成。

爱沙尼亚矿区是世界上最大的工业开采油页岩的地区之一，目前该矿区有 9 座油页岩矿已经采完并关闭，还有几座正在开采的露天矿和地下矿(Iund A 等，2006)。矿区油页岩共有 7 层，夹有 6 层石灰岩，油页岩每层厚度不大(Ots A，2006)。

爱沙尼亚油页岩有一半以上采用露天开采的方式，例如爱多露天矿和纳尔瓦露天矿等。以往露天矿采用的开采工艺主要有钻孔、爆破、铲装、载重卡车运输。但近些年来随着机械和科技的发展，逐渐用松土机来代替钻孔和爆破，用斗容为 20～30m^3 的轮斗电铲铲装岩土，用斗容为 4m^3 的电铲铲装油页岩。

爱沙尼亚油页岩虽然埋藏不深，但仍然有些矿区采用地下矿井开采方式，比如爱沙尼亚矿井和维罗矿井，开采深度大约为 10～65m，通常采用房柱法开采。将地下井区划分为若干盘区，每个盘区宽约 600～800m、长数公里。盘区内有划分为 350m 宽的开采工作面，房内主要作业有底部切割、穿孔、爆炸、采装油页岩、链带运输和支柱支撑。油页岩经过破碎，通过输送带或电气轨道车运到地面。房高通常和油页岩的厚度保持一致，宽度为 6～10m。

爱沙尼亚井下矿开采油页岩的损失率为25%～30%，主要原因是由于30～40m^3的方形柱没有开采出来，高度相当于油页岩的层厚。爱沙尼亚油页岩地下矿除了采用房柱法开采外，还有3座矿采用长壁法开采，应用滚筒采煤机采装和液压支撑顶板等系统。地下矿采空后很容易导致地面下沉或塌陷（Блохин А. И 等，2005；Valgma I 等，2003）。

爱沙尼亚是世界油页岩开发利用程度最高的国家。2000年，全球页岩油年产量约50×10^4t，爱沙尼亚就生产了23.8×10^4t，约占世界产量的47%。2002年，爱沙尼亚油页岩的产量达1230×10^4t，约占世界产量的75%（李术元等，2009）。爱沙尼亚有4个装机容量为2967MW的油页岩发电厂，它们也是世界上装机容量最大的油页岩发电厂。爱沙尼亚国内90%的供电都依赖油页岩。在爱沙尼亚，油页岩除了被广泛应用于电力行业之外，还被应用于燃气、沥青、农药、页岩油等诸多领域。2011年爱沙尼亚全国共加工处理油页岩1874×10^4t，同比增长4.8%，较2006年的1403×10^4t增长33.6%。

目前，许多国家都开展了大量关于油页岩的研究开发利用工作，有的已经形成工业化生产规模，但爱沙尼亚加工利用油页岩的技术最为悠久也最为先进。爱沙尼亚的油页岩干馏制油工艺比较成熟，主要有以下几种技术（表5-14）。

表5-14 爱沙尼亚油页岩干馏工艺状况

炉型	研发试验时间/年	日处理页岩/t	粒径/mm	采油率/%	热载体	干馏装置类型	干馏温度/℃	设备结构、维修操作情况	投资及运行费用
葛洛特	1966	3000	0～25	85～90	页岩灰	转筒式	450～650	结构复杂、维修操作较难	较高
基维特	1966	200～1000	10～125	75～80	循环煤气	直立圆筒式	540～950	结构简单，维修方便	中等

爱沙尼亚发生式炉处理量小，相对于实验室铝甑的油收率较低，处理块状页岩工艺不先进，但投资额比较小，适用于小型厂；基维特炉处理量较大，但油收率也不高，适合处理块状油页岩，投资额度中等，适用于中型厂；葛洛特炉处理量大，适合处理颗粒页岩，油采收率高，产高热值气，但结构较为复杂，维修费用高，年运行6200h，可用于大中型厂。

2010年5月，爱沙尼亚和约旦签署协议，在约旦合资成立约旦油页岩能源公司，由爱沙尼亚能源公司在约旦进行油页岩的勘探与加工，并持有65%的股权。约旦授予爱沙尼亚能源公司表层油页岩开采业务特许经营权（10年期）以及约23×10^8t油页岩的钻探及生产。经过长期勘探后，有望在2016年开始使用油页岩进行发电，将于2017年上半年开始使用油页岩进行石油生产。公司采用最先进的能源生产技术，与马来西亚国际能源公司以及约旦近东国际贸易与投资公司等国内及国际合作伙伴共同在约旦实施两项油页岩项目，分别为建立石油日产量为3.8×10^4bbl的油页岩石油生产厂和建立电力产能为460MW的油页岩发电站。

在约旦小试牛刀的爱沙尼亚希望去美国证明自己的实力。2011年，Enefit买下美国犹他州东部一大片区域的矿权，当时评估矿区埋藏有26×10^8bbl的可采资源量。犹他当地报纸《盐湖城论坛报》称，如果勘探成功，爱沙尼亚将获得数十亿美元的回报。Enefit根据前期勘探结果预测，犹他矿区单位面积的油页岩资源量将高于其本土著名的Narva采石场矿区。

除此之外，爱沙尼亚能源公司还与摩洛哥国家能源部门（ONHYM）签署了开发油页岩的相关谅解备忘录。摩洛哥赋予爱沙尼亚能源公司勘探其国内油页岩矿床的专有权。如果可行，爱方将获得这些矿床的开采权并发展其油页岩产业。

爱沙尼亚经济部公布的统计数据显示，油页岩产业直接创造的就业机会达6500个，占全国劳动力人口的1.1%，其经济产值占国民总产值的3%。

（二）俄罗斯

俄罗斯油页岩的开采始于1918年，是在萨拉托夫州的维玛盆地及伏尔加盆地，接近圣彼得堡。俄罗斯油页岩有3个主要矿区：列宁格勒矿区、萨拉托夫州的卡须匹罗夫卡矿区及萨维尔耶夫卡矿区。3个矿区都是地下开采，主要用房柱法(钱家麟等，2008)。

波罗的海的库克瑟特油页岩矿藏，地跨爱沙尼亚和俄罗斯的列宁格勒州。列宁格勒州有2个矿：维玛矿和页岩城矿，两座矿的库克瑟特油页岩都生成于奥陶纪。维玛矿开采始于1918年，停产于1933年，累积采出量不超过10×10^4t，用作当地的燃料。列宁格勒州页岩城的库克瑟特矿区油页岩，开采始于1934年，至今累积采出量约2×10^8t，用于发电、炼油、制化学品、制气及建材。列宁格勒盆地油页岩有4层，层厚为1.6~2.9m，石灰岩夹层厚约0.5~0.7m。列宁格勒矿井油页岩的地下开采使用房柱法，开采工艺现代化，包括钻孔爆炸、机械采装、巷道传送带传送及电机车运输等工艺。其年生产能力为450×10^4t原页岩，选矿后可得250×10^4t商品页岩，但由于页岩城的油页岩干馏厂于2003年停产，因此该矿的开采量剧减。当前俄罗斯油页岩年产量不超过130×10^4t，主要出口至爱沙尼亚电厂，生产的电力供俄罗斯使用。

卡须匹罗夫卡矿区伏尔加油页岩位于萨拉托夫州苏斯拉镇，油页岩的地质年代是侏罗纪，始采于1919年，停产于1995年，累积油页岩采出量约3000×10^4t，用于发电、炼油、制化学品和建材。

萨维尔叶夫卡矿区位于萨拉托夫州普加虚杰沃地区，油页岩的地质年代是侏罗纪。这个矿区的油页岩主要用作电站的燃料，但已于1957年停产。

（三）巴西

巴西石油公司于20世纪50年代开始研究开发油页岩炼油，1980~1990年间先后建成2台块状页岩干馏炉——佩特罗瑟克斯(Petrosix)炉，用于加工伊拉提油页岩。其中，一台日加工1500t油页岩，可年产4×10^4t页岩油；另一台为工业生产炉(MI炉)，日加工6000t油页岩，可年产16×10^4t页岩油，并副产液化气和硫黄。

巴西伊拉提油页岩位于巴西南部，属于二叠纪的海相页岩。伊拉提油页岩呈深灰色、棕色及黑色，片理状，油页岩的平均含油率约7.4%，其矿物有石英、长石、黄铁矿等。巴西石油公司在巴拉那州索玛休斯开发伊拉提油页岩矿藏，面积达64km^2，有2座露天矿进行开采，油页岩有2层，上层及下层油页岩的厚度分别为6.5m和3.2m，油页岩年产量约300×10^4t，用于干馏炉炼油。

露天开采工艺为钻孔爆炸，即先用2台电铲机采装覆盖的岩土，铲斗容积80m^3，油页岩夹层的岩土用2台斗容为50m^{3}的电铲机采装；上下两层油页岩在爆破后，分别由2台斗容为15m^{3}及9m^{3}的铲装机采装，并卸至载重136t的卡车，运至原料准备系统；载重卡车还将干馏产生的半焦运至堆场，露天矿采空的部分进行回填和恢复植被(刘招君等，2009)。

（四）美国

油页岩开采对环境影响较大，成本相对较高，因此在油价总体低迷的整个20世纪，并不太受美国政府重视。油页岩的命运随着油价的起伏一再淡入淡出美国人的视线，但与之有关的技术研发一直没有彻底中断。迄今，美国在油页岩的开采上已经取得了较大进展。随着美国能源自给预期的加大，油页岩有望成为21世纪第二个10年中的非常规油气主角之一。

1. 美国油页岩资源量

美国拥有全球最丰富的油页岩资源，并主要集中在怀俄明、科罗拉多和犹他州的绿河组。尽管关于美国油页岩资源量有多种评估版本，但无一不承认美国油页岩资源名列全球第一的地位。2011年，美国地质调查局对该国的油页岩资源展开评估，结果显示，美国的油页岩资源主要位于怀俄明州西南、科罗拉多州西北以及犹他州东北的大绿河盆地的绿河组。绿河组地层在科罗拉多西部的Piceance盆地和犹他西部的Uinta盆地也可见。由于目前尚无真正经济有效的技术手段开采这些资源，因此还无法得出这些地区油页岩的经济可采资源量。评估结果表明，美国这3个州的油页岩地质资源量共计1.44×10^{12}bbl。评估分为3个单元，分别为Tipton shale段、Wilkins Peak段和Laney段的LaClede Bed，其地质资源量依次为3628×10^{8}bbl油当量、7050×10^{8}bbl油当量和3772×10^{8}bbl油当量。

2. 美国油页岩开发历程

美国油页岩的开发最早可追溯到1857年，肯塔基州和俄亥俄州首次开始了油页岩的商业生产和炼制。20世纪20年代便开始了油页岩干馏炉试验。第一次世界大战后，美国海军为确保能源供应，建立了海军石油和油页岩储备(NPOSR)。意识到油页岩的潜力后，联邦政府专门将科罗拉多州的Ronan高地用于油页岩开发。由于油页岩处理成本过高，而常规原油的价格比较低廉，一定程度上阻碍了油页岩的进一步开发。尽管如此，美国并未停止对油页岩的研究。第二次世界大战后的1944年，美国成立了采矿局，开展了合成燃料项目，其目的是研究从煤、油页岩、农林产品中获取合成液态燃料的技术。

1950年，美国采矿局在科罗拉多州Rifle附近的Anvil Points建立了油页岩矿并开展了示范项目。

70年代，石油禁运、供应中断和高油价迫使美国重新重视油页岩的开发。政府鼓励油页岩的研究和生产，主要手段是向能源公司开放联邦土地和实行税收优惠。到70年代末，绝大多数大能源公司都在开展油页岩研究项目。

但在80年代早期，油价再次走低和政府相关扶持的弱化使油页岩的研发工作濒于停止。埃克森随后终止了其在科罗拉多州的Colony油页岩项目，而项目终止这一天被视为美国油页岩开发史上的“黑色星期天”，此举直接导致当地大批人失业和经济衰退。1985年联邦政府彻底放弃了合成燃料项目，这意味着政府完全不再向油页岩工业提供任何支持。

进入21世纪以后，国际油价再次高位运行，油页岩再次回到美国人的视野，美国政府重新重视起油页岩等非常规油气资源的开发。2005年美国政府颁布实施《能源政策法案》，启动了公共土地上的油页岩区块租赁，有4家公司获得6个页岩油开发示范研究项目，其目的是推动经济性好、环境污染小的油页岩炼制技术。由此，美国再次掀起了油页岩干馏炼油研究开发的新高潮。

2007年9月，美国以能源部为主公布了油页岩、油砂、稠油、煤制液体燃料的发展规划研究报告。报告认为，根据美国国情，当油价达到35美元/bbl时，利用地下干馏技术生产页岩油已经有利可图；当油价达到50美元/bbl以上时，地上干馏生产页岩油有利润回报。在美国建设一座地上干馏工厂的规模应为日产$(1\sim5)\times10^{4}$bbl页岩油；地下干馏的规模应更大，可为日产30×10^{4}bbl油(年产1500×10^{4}t)。关于投资，预计建设一座产能为10×10^{4}bbl/d

（年产 $500 \times 10^4 t$）的地上干馏厂，需（30～100）$\times 10^8$ 美元。报告还提出了今后美国页岩油生产规模的设想：预计 2010 年建立起页岩油工业，规模为 $500 \times 10^4 t/a$；至 2014 年，达到 $1250 \times 10^4 t/a$。美国有学者建议美国应减少石油战略储备量，将节省下来的 1000×10^8 美元用于发展页岩油工业。

2008 年 6 月 18 日美国前总统布什声明，支持发展油页岩，鼓励国会放开对批准页岩油试验用地的限制。美国内政部批准了 6 个页岩油项目，支持开展油页岩干馏炼油试验，其中在科罗拉多州有 3 项、犹他州有 2 项、怀俄明州有 1 项。科罗拉多州的 3 项都是进行地下干馏试验，其余均为地上干馏。

然而，由于油页岩对环境的影响远大于开发页岩油气的副作用，奥巴马执政后，对油页岩的开发持保留态度。2013 年 6 月，美国土地管理局将小布什时期批准的 $52.61 \times 10^8 m^2$ 联邦性质的试验用地大幅削减至 $28.33 \times 10^8 m^2$。这一结果虽然是环保主义者与开发派间博弈的结果，但也从侧面反应了油页岩开发面临的最大问题是其对环境的巨大破坏。

3. 美国油页岩资源分布

如前所述，美国油页岩主要分布在科罗拉多州、犹他州和怀俄明州的绿河组。3 个州的油页岩资源有 70% 在联邦土地内，由土地管理局管辖，其余 30% 位于私人土地、州土地和其他所有权的土地内。

（1）科罗拉多州。科罗拉多州每英亩平均有 $130 \times 10^4 bbl$ 石油，不仅是美国也可能是全世界油页岩资源量最大的地区。美国能源部估计绿河组约 80% 的可采油页岩位于该州 Piceance 盆地。有多项评估都认为美国这 3 个州的可采油页岩资源量约介于（6000～8000）$\times 10^8 bbl$ 之间，根据这个评估值，Piceance 盆地约有 $6400 \times 10^8 bbl$ 油的可采资源量，相当于沙特的 2 倍。其他油页岩资源位于科州西北部的 Sand Wash 盆地。目前，壳牌、雪佛龙、埃克森美孚、道达尔、Enefit（爱沙尼亚公司）和巴西国油均在科罗拉多州开展油页岩开采项目。其中，壳牌拥有 3 个 $64.75 \times 10^4 m^2$ 的研究示范开发租赁区块，此外，还有许多小型能源公司也在该州经营，如美国页岩油公司拥有一块 $64.75 \times 10^4 m^2$ 的研究示范开发租赁区块，2009 年 3 月，道达尔从该公司手中获得区块 50% 的权益。科罗拉多州富饶的油页岩资源吸引了大量外国公司。

（2）犹他州。该州的油页岩资源也很丰富，主要集中在犹他盆地。犹他州平均每英亩含油页岩 $80 \times 10^4 bbl$。资源量最集中的地区是 Vemal 南部 Uintah 郡东部。该州有两个研究、示范先导项目，分别由 Red Leaf Resources（采用“EcoShale”In-Capsule 技术）和 Enefit 经营，主要目的是研究犹他州油页岩开发的可行性。犹他州地质调查局估计该州的总油页岩资源量为 $1500 \times 10^8 bbl$，其中 $770 \times 10^8 bbl$ 可采。美国土地管理局则估计该州的油页岩资源量为 $310 \times 10^8 bbl$ 左右。

（3）怀俄明州。该州的油页岩资源主要位于西南部的 Washakie 和绿河盆地，平均每英亩含 $50 \times 10^4 bbl$ 石油。尽管与犹他州和科罗拉多州相比，怀俄明州的油页岩资源稍逊，但潜力仍不可忽视。2009 年 6 月，阿纳达科与 Earth Search Science 和 General Synfulels 合作，在 Rock Spring 南部的 Sweetwater 郡开展了先导项目，意在以减少地面影响的方式开采油页岩。

4. 美国油页岩开采技术

美国油页岩开采经历了由直接开采向先进的地下转化工艺技术的转变。直接开采包括露天和井下两种开采方式。地上露天开采方法对生态破坏严重，占地较多，开采后无法完全恢复。井下法也同样影响地下水和环境，如火烧油层法。现在这些对环境伤害大的方法已经基本弃之不用，更多新的考虑到环境保护的技术被不断推出。据美国能源部2008年8月关于油页岩开发的报告统计，当时美国有29家公司在开展油页岩的加工利用研究，其中14家开展地下干馏研发、11家开展地上干馏研发、2家公司开展油页岩加氢抽取轻质油品研究，这些机构包括壳牌、埃克森美孚、雪佛龙等。

地下转化工艺技术(In-situ Conversion Process，ICP)是壳牌公司投入巨资研发出的开采油页岩及其他非常规资源的专利技术，适合于开发深部油页岩。ICP开采油页岩的基本原理是在地下对油页岩矿层进行加热和裂解，促使其转化为高品质的油或气，再通过相关通道将油、气分别开采出来。该技术的突出优点是提高了资源开发利用效率，减少了开采过程中对生态环境的破坏，即少占地、无尾渣废料、无空气污染、少地下水污染及最大限度地减少有害副产品的产生。尽管该项技术还尚未完全商业化，但关键的工艺、设备等技术问题都已解决，并在美国科罗拉多州和加拿大艾伯塔省进行了商业示范。按照2005年5月每桶原油开发成本计算，传统的干馏技术为20美元/bbl，使用ICP技术生产成本为12美元/bbl，ICP技术成本低于传统的干馏技术，该技术在油价高于25美元/bbl时即可以盈利。

壳牌还试验了冰冻墙技术。所谓冰冻墙是指在生产区域周围钻洞，置入回路管系统，向管中注入冷冻剂，将该地区的地下水冷冻起来形成一个屏障，从而保护地下水。

Red Leaf资源公司的技术被命名为“EcoShale”工艺，属于地上干馏法之一，其实验地点在犹他州Vemal市南部。由于用水量少和不影响地下水，这项技术目前非常引人关注。另外，该技术能效高、碳排放少。其做法是将表层土移除，用膨润土保护层覆盖地表，将油页岩运至该地后用天然气将之加热产油。当所有的油都被采出后，剩下的页岩就置于该地，表层土复位，恢复原有生态。但该方法缺点是仅适用于小规模的油页岩开采。

American Shale Oil有限公司采用的开采技术名为CCRTM(冷凝、转化和回流冷却)工艺，属于地下干馏工艺之一。其做法是在油页岩中平行钻入加热井和生产井，主要优点是对地面影响小。AMSO公司目前与BLM公司合作开展该技术的先导试验。

新的开采技术思路开始考虑以核能为热源。油页岩的开采涉及加热，有效的热源是开采油页岩的关键。为此，在2006年的核能学会核电进展国际会议上，美国能源部橡树岭国家核技术实验室提议用核能代替电能作为油页岩开采的热源。专家们认为，利用核能开发美国巨大的油页岩资源，可以比常规油页岩开采方法更经济、更环保。用核能代替电能是壳牌公司对油页岩开采中低成本就地转化方法的改进。

另一个新的开采思路是采用电磁波采油。这是由壳牌等公司联合研制的一种新技术。在地面打孔至油页岩，下入带孔的钢管，再对其发射高频电磁波，依靠其产生的热量开采油页岩。该工艺对地面影响小、用水量少，投入资金仅为传统方法的1/3。此项技术的关键是抗热电缆的应用。目前常用电缆表层多为氧化镁绝缘体，很容易变形老化，不宜长时间加热和暴露在潮湿的环境中，且更换和维修费用十分高昂。美国拉斐特学院复合技术研发中心研制了一种由陶瓷纤维和无机陶瓷基共同构成的复合材料，可承受150℃高温，直至胶带中的树脂使表层的绝缘体变硬，但变硬的绝缘体仍有柔韧度，易于装运和安装，当被加热至500℃时，电缆线表层的绝缘体转化为固态、耐磨的陶瓷涂层。

尽管美国在地下转化技术方面已经取得了长足的进展，但实现大规模的经济化油页岩开发仍有待时日。一般说来，开发油页岩矿有3个必要条件：政府扶持、常规原油供应大幅度减少和国际油价持续高位运行。而据《美国油页岩开发》报告的估测，建立一个中等生产规模(50000bbl/d)的采矿和地面干馏装置需资金$(50\sim70)\times10^8$美元(2005年)，甚至更高。

考虑到当下美国油页岩开发所遭遇的环保压力，如何在降低成本的同时保护好环境是未来能否真正实现美国油页岩大规模开采的前提，地下转化技术无疑是未来发展的方向，谁能在此取得重大突破将引领美国乃至世界的油页岩开发之先(秦胜飞，2014)。

(五) 中国

当前，中国已投入开采的油页岩矿主要有抚顺煤矿和桦甸油页岩矿，另有规模较小的吉林汪清油页岩矿。茂名金塘矿曾在20世纪60年代较大规模开采，但已于90年代初停产。

中国辽宁省抚顺市抚顺矿业集团公司拥有西露天矿、东露天矿和老虎台矿。西露天矿和东露天矿都有油页岩覆盖于煤层之上，老虎台矿为地下采煤，但没有油页岩产出，抚顺煤矿矿区内的油页岩地质储量为35×10^8t，资源丰富。

茂名矿区分为羊角、金塘、石鼓、沙田、新圩和砥山6个油页岩矿，油页岩可采储量约50×10^8t，茂名金塘矿系层位露天开采的矿藏，油页岩可采储量为8.5×10^8t，埋藏浅。茂名金塘矿于20世纪60年代建成投产，年开采能力为800×10^4t油页岩，提供茂名油页岩干馏炼油。曾与抚顺一起成为当时中国重要的人造石油(页岩油)产地。此后因大庆油田的开发，页岩油的生产成本无法与天然石油相竞争，茂名油页岩的开采和加工逐步萎缩，最终于90年代初全部停产，茂名石油公司全部转向加工炼制天然石油。

桦甸油页岩矿区位于吉林省桦甸市，主要有公郎头、大城子、北台子、庙岭等矿，总面积约80km^2，当前几个矿区都有部分矿井由民营企业承包，进行小规模开采油页岩，采用长壁法打眼放炮，年开采总量有数十万吨，用于干馏生产页岩油及提供油页岩电厂，作为循环流化燃烧产蒸汽发电的原料。2003年吉林省桦甸油页岩综合开发项目得到国家发改委批准，该项目设计年采油页岩276×10^4t，拟用先进干馏技术年产页岩油20×10^4t，半焦用于燃烧，页岩灰制水泥、陶粒、砌块等综合利用(钱家麟等，2008)。

二、油页岩地质特征

油页岩是一种高灰分的固体可燃有机矿产，通过低温干馏可获得油页岩油(干馏油)。从地质过程看，油页岩是成熟度较低的烃源岩遭受突然的区域构造抬升形成的。含油率是评价油页岩资源的重要指标，国际上把含油率大于或等于3.5%的页岩称为油页岩。

油页岩一般呈灰褐色、黄褐色或灰黑色，颜色和色调随着含油率的变高而变深。构造上呈薄层页片状、层状或块状，致密且坚硬，层理、纹理发育时较脆和易碎。油页岩常与含炭质粉砂岩、泥质粉砂岩和泥灰岩等以中薄层状互层产出。此外，油页岩常常是多金属元素的富集层，当某种微量元素达到一定数量时，在开发油页岩时可采取综合开发利用。

油页岩具有有机质丰度高、干酪根类型以Ⅰ型和Ⅱ型为主、热演化程度低等特点。油页岩有机碳含量为7%～40%不等，含油率与有机碳含量存在一定的正相关性，有机碳含量越高其含油率也越高。当油页岩埋藏达到一定的温度和压力时就可能排烃，从而降低含油率。另外灰分产量、发热量等也是评价油页岩的重要指标。

三、油页岩成矿条件

油页岩等腐泥岩的生成过程分3个阶段：原始物质先转变为腐泥胶，再转化为腐泥，然后成为腐泥岩，即腐泥煤(钱家麟等，2008)。

油页岩的生成除要有大量丰富的原始有机物质外，还取决于当时适宜的古地理环境。首先要有一个较稳定的水体环境，以利于死亡的动植物沉积。其次，沉积物还应处于缺氧的还原性气候条件下，有机物才不至于被彻底氧化分解。此外，在有机物质转化的后期，还要被孔隙很小的黏土等沉积层所掩盖，才有利于向油页岩转化。具体而言，油页岩生成的主要地质和地理环境包括：大湖盆地，浅海，小湖、沼泽和伴随有沼泽的潟湖形成与煤田伴生的油页岩沉积(钱家麟等，2008)。

油页岩的形成受构造、沉积及其演化特征的影响，主要发育在陆相环境中，在海陆过渡相、海相中也有存在。在全国油页岩资源评价中，刘招君(2004)对中国主要含油页岩盆地进行了分析，认为油页岩的成矿条件主要包括区域构造条件、沉积条件以及有机地球化学条件等。

1. 区域构造条件

构造运动控制着含油页岩地层的形成、赋存和分布，决定了油页岩形成和分布规律。我国的含油页岩盆地的形成与演化受中国大地构造背景影响，亚州洋、特提斯-古太平洋和印度洋-太平洋三大构造域的演化致使我国的油页岩盆地形成时代从西至东逐渐变新。根据不同构造背景，我国油页岩盆地类型又划分为伸展盆地、挠曲盆地、走滑盆地和克拉通盆地。

2. 沉积条件

沉降速率较慢、有机质堆积比例较高且有一定水体深度的静水条件是形成油页岩的适宜环境。油页岩地层大多数形成于湖相环境中，陆棚-潟湖相和海陆交互相也有发育，如美国绿河新生代油页岩和我国松辽盆地白垩系油页岩为湖湘沉积，准噶尔南缘二叠系油页岩为海陆过渡相沉积。另外，油页岩常与煤系地层伴生，如抚顺油页岩位于煤层之上，桦甸油页岩则位于煤层之下。

沉积盆地中水体的酸碱度、含盐度和氧化还原环境决定了沉积盆地中有机物质的形成和分布。在温暖潮湿气候条件，湖盆易于保持一定的水体深度，易于植物繁盛生长，有机质丰盛，有利于油页岩的形成。我国油页岩地层主要赋存于石炭纪-二叠纪、晚三叠世、侏罗纪、早白垩世和古近纪，其形成受潮湿温暖的古气候旋回控制。

3. 有机地球化学条件

我国油页岩有机碳含量一般大于7%，干酪根类型主要为Ⅰ型和Ⅱ型，镜质体反射率和岩石热解均显示油页岩的热演化程度较低，一般处于低成熟演化阶段，镜质体反射率(R_o)一般在0.4%～0.6%之间。较高的有机碳含量、偏腐泥型的有机质类型和较低的热演化程度是形成油页岩的有利地质条件。

四、中国油页岩资源状况

2003～2007年，国土资源部、国家发改委、财政部联合组织开展了新一轮全国油气资源评价工作，首次开展了全国性油页岩资源评价工作，评价结果表明我国油页岩资源潜力可观，有望成为石油的重要补充。

此次评价的基础资料截至2004年底，评价范围包括全国5个大区、80个油页岩含矿区(其中新发现46个)，评价总面积$162\times10^4km^2$，其中油页岩分布面积约$18\times10^4km^2$。此次评价所获得的主要结论有：

(1) 全国油页岩资源丰富，分布范围广，分布在20个省和自治区、47个盆地，共有80个含矿区。全国油页岩资源量为7199.37×10^8t，页岩油资源量为476.44×10^8t，页岩油开采资源量为119.79×10^8t。

(2) 全国油页岩主要分布在东部区和中部区。东部区油页岩资源量为3442.48×10^8t，中部区油页岩资源量为 1609.64×10^8t，另外青藏区油页岩资源量为 1203.20×10^8t，西部区油页岩资源量为 749.94×10^8t，南方区油页岩资源量为 194.61×10^8t。

（3）全国油页岩地质年代范围很宽，但油页岩主要集中分布在中、新生界。其中中生界油页岩资源量为 5597.92×10^8t，新生界油页岩资源量为 1052.31×10^8t，油页岩形成时代从西北向东南方向逐渐变新。

（4）全国油页岩含油率中等偏上，其中含油率在 5%～10% 的油页岩资源量为 2664.35×10^8t，含油率大于 10% 的油页岩资源量为 1266.94×10^8t。

（5）全国油页岩埋藏深度较浅，埋深在 0～500m 之间的油页岩资源量为 4663.51×10^8t，埋深在 500～1000m 之间的油页岩资源量为 2535.86×10^8t。

（6）全国油页岩主要分布在平原和黄土地区，分布在平原地区的油页岩资源量为 3256.53×10^8t，分布于黄土地区的油页岩资源量为 1562.86×10^8t。

第三节 水溶气

一、水溶气研究开发现状

人类对水溶气资源的关注已有百余年的历史，但目前走在前列的当数日本。早在 1908 年，日本就在本国开展了水溶气应用方面的研究，并率先于 1948 年将水溶气确定为一种非常规的天然气资源加以开发利用。日本是 20 世纪开采水溶气最多的国家，仅 1977 年的开采量就达 $5.45\times10^8m^3$，到 1978 年累积开采量已超过 $130\times10^8m^3$(李伟等，2008)。

继日本之后，美国、前苏联、匈牙利、意大利、菲律宾、尼泊尔、伊朗等国也相继开展了对水溶气资源的研究、勘探甚至开发。美国能源部从 20 世纪 70 年代开始至 80 年代，连续在墨西哥湾岸地区钻了 12 口探井，进行水溶气生产试验，但试验结果并不理想，水流量低、水溶气量低，按当时的生产成本和天然气价格计算，没有明显的经济效益，因此其后水溶气的开发在美国并不太受重视。

对水溶气的特性研究则始于 20 世纪中叶的烃类气体在水中的溶解度测定。在随后的几十年时间里，研究人员对天然气在不同介质、矿化度、温度和压力下的溶解度做了大量的研究工作，使人们对天然气在水中的溶解特性有了较深入的了解。经过数十年的研究，已经达成了以下共识：甲烷在水中的溶解度与压力、温度和矿化度有关。随着压力的增加，甲烷在水中的溶解度增大。当温度高于 80℃时，溶解度随温度的升高而增加；低于 80℃时，溶解度随温度的升高而降低。矿化度增加，甲烷的溶解度随之降低。

中国除柴达木盆地三湖地区外，其他地区均未开展过水溶气的勘探和开发。在柴达木盆地的三湖地区，中国石油针对水溶气和低产气层开展过先导性试验研究，其中有两口井的试采效果良好，水溶气和浅层气合采获日产气 $1137\sim7368m^3$，这对全国具有重要的示范意义(周文等，2011)。

二、水溶气地质特征

水溶气按气源可分为原生和次生 2 类；按气源的成因可分为生物成因气、有机成因气和无机成因气 3 类；按地层压力和温度分为正常温度压力条件下的水溶气和异常温度压力条件下的水溶气 2 类；按埋藏深度可分为浅层(＜1000m)、中深层(1000～3000m)、深层(3000～

4500m）和超深层（ >4500m）水溶气 4 类。按天然气赋存状态可以分为游离相和水溶相 2 种气藏类型。与常规天然气相比，水溶气的组分具有甲烷含量高、干燥系数大的特点，并含有一定量的 CO_2和 N_2等非烃气体。初步研究表明，水对甲烷碳同位素有分馏作用，重碳同位素的烃类气体偏向于留在水中。因此，水溶气的碳同位素比游离气偏重，并且脱溶形成的游离气的同位素又比水溶相天然气的轻。天然气在水中的溶解度主要受温度、压力、水矿化度控制。

鉴于目前水溶气的研究尚处于初级阶段，仅能通过总结地质勘探资料并进行理论推导，普遍认为水溶气藏有以下主要特征：

（1）分布广泛。水溶气藏平面和剖面的分布较常规天然气更广，只要有烃源岩生气、排气的过程，同时有地层水存在，即可形成水溶气。从成藏方式来看，水溶气的成藏可以是新生古储、古生新储、自生自储等。

（2）水溶气富集受水文地质条件影响并伴有异常高压。水溶气对存在环境的要求是水层中的水必须处于相对静止状态，主要存在于半封闭或封闭区的水文地质阻滞区和停滞区，在水文地质自由交替区的活跃水区是不会存在水溶气的。这些水动力条件弱的区域，往往伴有异常高压的出现。天然气在水中的溶解度与地层压力呈正相关关系，在正常地层压力的含油气盆地中，水中溶解的天然气量（天然气与水的体积比）一般为 1 ~5。异常高地层压力的含油盆地，天然气系数高，甚至比正常压力地层的天然气系数高数倍至数十倍。日本水溶气开发经验显示，一旦钻井打开水溶气层，地层压力降低所伴随的脱气现象，会使溶解态天然气析出聚积为游离气产出。

（3）浅层水溶气主要为生物成因气。浅层岩石疏松、成岩性差，地层温度、压力低，岩层束缚水含量高、孔隙度高、地层含水饱和度高，使得浅层岩层不仅发育饱含天然气的水层，而且发育由地层水脱溶作用形成的自生自储的构造气藏。生物成因的水溶气不具备较大规模运移聚集的条件，在生成和运移过程中，由于地质条件的改变，导致地层水中溶解的天然气由未饱和—饱和—过饱和而脱溶释放出来，在上覆浅层泥岩盖层遮挡下聚集成藏。

充足的气源和丰富的地层水资源是水溶气富集的基础，构造抬升是水溶气脱溶成藏的重要条件。

三、水溶气成藏条件及分布规律

（一）水溶气成藏条件

（1）充足的气源。烃源岩在生物改造和热化学动力学作用下生成的天然气，首先须满足烃源岩自身的吸附气量和地层水的溶解量，地层水达到饱和后，才能以游离态继续运移并在构造高部位聚集成藏。因此，紧邻烃源岩的地层水往往是水溶气的有利聚集地层。

（2）地层水的溶解度。地层水的溶解度决定了天然气在地层水中的溶解量。天然气在地层水中的溶解度取决于压力、温度、地层水矿化度以及烃类气体的分子形态等多个因素。压力越大、地层水矿化度越小，水对天然气的溶解度越大；同样条件下，水对低分子气态烃的溶解量大于高分子气态烃。

（3）压力封闭。由压力封闭形成的异常高地层压力的含油气盆地，天然气系数高，甚至比正常压力地层的天然气系数高数十倍，而一旦钻井打开水溶气层，地层压力降低所伴随的脱气现象，会使分散态的水溶气变为聚积的游离气产出。

对水溶性气藏成藏条件的分析研究认为，丰富的气源、异常高地层压力、储集层和较好的地层水保存条件是形成该类气藏的有利条件。根据天然气溶解的Henry经验定律、分子间隙溶解机理分析认为，溶解和脱气过程中除了温度和压力变化外，还存在构造震荡“脱气”等过程。

由于对在不同的地层水条件下天然气的溶解度变化的认识尚不太清晰，且富集条件及静态气藏形成条件是否能够促成动态气藏的形成，以及其他因素对气藏有何影响亦需要深入研究，对国内水溶性气藏资源需要进行系统的评价，确定气藏的有效开发技术方法，以促进水溶性天然气的勘探和开发，拓宽我国天然气供给的途径。

（二）水溶气分布规律

水溶气藏广泛分布于中、新生代海相和陆相沉积盆地中，多数在古近系和新近系海相及海陆过渡相地层中。如前苏联克里木半岛的古近系、白垩系和侏罗系海相地层，美国墨西哥湾沿岸古近系、新近系海相地层，匈牙利多瑙河平原始新统和三叠系的海相裂缝性灰岩地层等。从大地构造单元看，多出现在年轻的快速沉积的活动性的大陆边缘沉积盆地或稳定陆台中的坳陷盆地。前者如日本、美国、菲律宾的水溶气田，后者如前苏联、匈牙利的水溶气田。

水溶气田的储集层岩性以细碎屑岩为主，多储存于上下由压实泥岩封闭的孔隙性较好的细砂岩层中。许多水溶气藏的分布与高压或异常高压有密切关系，高压带往往能得到高产水流和水溶气。如美国墨西哥湾沿岸区高温、高压水溶气藏气水比高达27m^3/m^3，而日本的低温、低压水溶气田气水比只有0.5～3m^3/m^3。

四、中国水溶气资源状况

中国地处印度洋板块、太平洋板块和西伯利亚陆块之间的三角地带，新近纪以来构造活动使中国气藏主要形成并定型于新近纪，新构造运动造成的地层抬升促使地层水减压，水溶气发生脱溶，释放的天然气可在储集体高部位形成游离气藏或者为已有的游离气藏补充部分天然气来源。

我国目前尚未展开水溶气资源的系统研究，只在水溶气资源潜力调查上有一些初步的研究成果。我国的水溶气资源主要存在于塔里木盆地、准噶尔盆地、柴达木盆地、吐哈盆地、鄂尔多斯盆地、松辽盆地和四川盆地等，其中松辽盆地白垩系明水组、四方台组和伏龙泉组具有封闭性的水文地质条件，是开启、半开启-半封闭区的静水层，有利于形成水溶气藏。据现有试油资料分析，松辽盆地水溶气藏埋深为100～800m，气水比为0.4～1m^3/m^3。

不同学者通过不同的方法对我国水溶气资源量进行了估算，认为我国的水溶气资源量有着较好的勘探前景(表5-15)。

表5-15　我国水溶气资源量估算

学　者	时　间	方　法	资源量/$10^{12}m^3$
张恺	1985	地质类比法	38
关德师	1995	估算法	45
杨申镳	1997	估算法	12～65
丁国生	2000	体积法	11.8～65.3
		地质类比法	36.9

我国学者从20世纪80年代开始注意到四川盆地水溶气资源，陈立官等早在1986年就

提出了“排水找气”观点，并在川南取得了一定效果。

水溶气在油气成藏理论的研究上也有着重要作用。中国已有学者提出四川盆地天然气存在水溶气减压脱溶成藏的可能；李伟等人的研究认为四川盆地威远气田、塔里木盆地台盆区和田河气田主要是水溶气脱气成藏（Makogon Y F，1981）；西气东输的主力气田——克拉2大气田中的天然气也有水溶气的贡献；有学者认为鄂尔多斯盆地下古生界天然气主要是水溶气成因；中国海油的研究人员认为中国海上最大的崖13－1气田天然气主要来自水溶气的释放。考虑到中国天然气晚期成藏的特点，水溶气在天然气成藏过程中所起的作用不可忽视，在某些地区往往起到重要作用。

中国碳酸盐岩气藏由于烃源岩年代古老，烃源岩成熟度很高，生烃期早，经历漫长地质过程，早期的游离气大都散失殆尽，此时溶解在水中的天然气得以保存，对后期构造抬升过程中天然气成藏起重要作用；中国的岩性气藏，普遍大面积含水且含水饱和度较高，并大都经历过喜山期的构造抬升，抬升过程中从水中释放的天然气非常可观，特别是多套烃源岩和多套储集层互层的岩性气藏发育区，例如川中地区须家河组岩性气藏；前陆冲断带也都经历过喜山期的构造抬升，气藏中必然有来自水中释放的天然气的混入。

经过构造抬升后，保留在水中的天然气资源量仍然十分巨大。保守估计，仅四川盆地水溶气的资源量可达$10 \times 10^8 m^3$。目前全国水溶气资源还没有一个可靠的数据，中国亟待开展全国含油气盆地水溶气资源的评价工作，以估算中国含油气盆地水溶气资源量。

第四节　天然气水合物

一、天然气水合物研究现状

自20世纪60年代在前苏联西西伯利亚麦索亚哈气田发现天然气水合物藏并在证实其资源价值（Makogon Y F，2005；Cover T 等，2008；Gabitto J 等，2010；Collett T S，1993）之后，天然气水合物勘探开发研究就引起了油气工业界的特别关注。从80年代开始，天然气水合物勘探开发研究持续升温，尤其是2000年以来，天然气水合物勘探开发研究取得了明显进展，加拿大马更些三角洲、美国阿拉斯加北部斜坡与日本南海海槽等多个地区已成功开展了水合物试采研究。

（一）国外天然气水合物研究现状

天然气水合物勘探研究早期主要针对冻土区开展了水合物赋存潜力研究工作。20世纪70～80年代，在美国阿拉斯加北部斜坡区、加拿大西北马更些三角洲等冻土区发现大量天然气水合物存在证据（Collett T S 等，1999；Fisher P A，2000；Dallimore S R 等，2002；Williams T E，2002；Kastner M，1995）。这一时期，“深海钻探计划”（DSDP）与“大洋钻探计划”（ODP）在美国东南近海布莱克海岭区与西北近海卡斯凯迪亚大陆边缘、墨西哥湾、中美海槽、危地马拉滨海等世界诸多海域不断钻获天然气水合物样品（Matsumoto R 等，2000；Kvenvolder K A 等，2001；Paull C K 等，2011；Makogon V F 等，2007），极大地推动了海域天然气水合物研究进程。此后，天然气水合物勘探开发研究引起了越来越多国家的关注与重视，许多国家纷纷介入，呈现出一片活跃的研究态势，在世界各地不断获得新的勘探发现，迄今已在全球陆地冻土区与近海海域确定230处天然气水合物矿点（图5－19）（Shedd W 等，2012；Makogon Y 等，2011）。经过数十年的研究，形成了多个全球性的天然气水合物热点研究区，如加拿大马更些三角洲、美国阿拉斯加北部斜坡以及日本南海海槽等地。这些地区已开展天然气水合物试采研究，成功地从天然气水合物藏中采出甲烷气体。

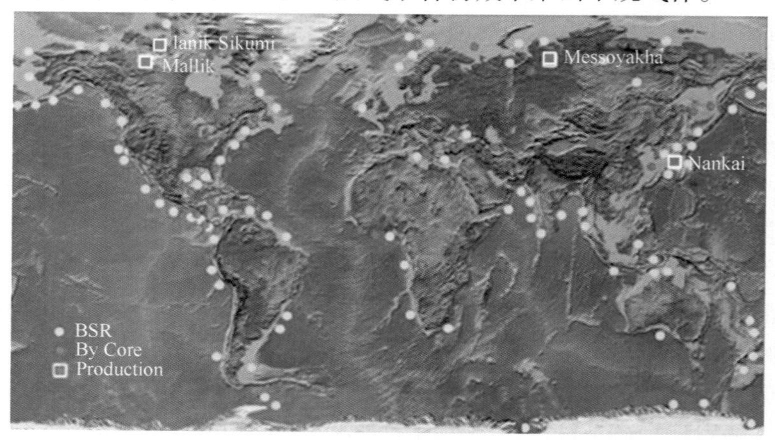

图 5-19　全球已发现或已证实天然气水合物矿点分布（Makogon Y 等，2011）

1. 国外海域天然气水合物研究现状

美国墨西哥湾和日本南海海槽是国外海域天然气水合物勘探研究持续时间较长、研究成果比较突出的地区。

墨西哥湾天然气水合物勘探研究始于 20 世纪 80 年代，主要研究内容包括天然气水合物对环境的潜在影响和天然气水合物资源富集区识别与评价等方面。经过数十年的研究，获得了该区天然气水合物广泛发育的重要证据（图 5-20）（杨传胜等，2010），在该区域内发现 50 多处天然气水合物矿藏（Boswell R 等，2012）。

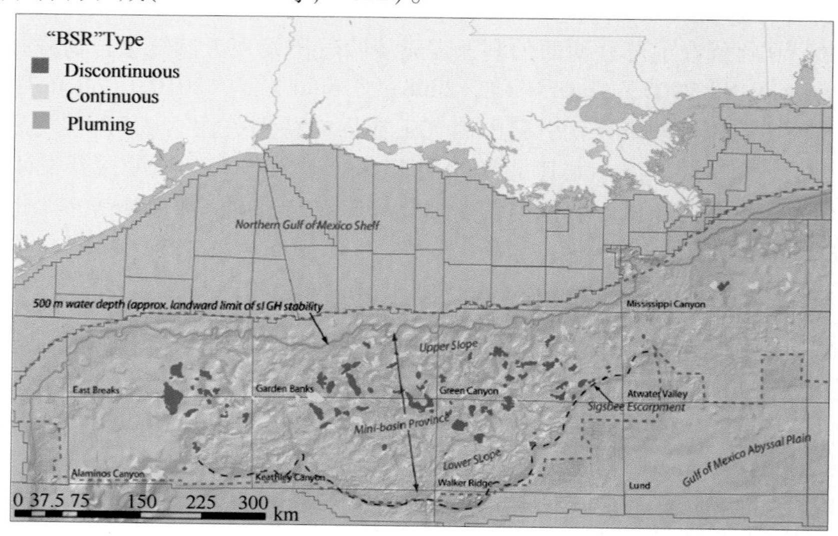

图 5-20　墨西哥湾深水区天然气水合物地震 BSR 指标分布（杨传胜等，2010）

墨西哥湾天然气水合物研究最引人注目的举措是实施了由美国、日本、挪威、韩国等多个国家与机构共同参与的“联合工业项目”（JIP）。“联合工业项目”（JIP）自 2001 年启动以来，于 2005 年和 2009 年开展了两个航次天然气水合物钻探工作，在 5 个站位钻孔 14 个，进行了取心与随钻测井研究，完成了水合物定点评价工作，识别出一批天然气水合物富集层段(Collett T S 等，2012；Robertson J 等，2013)。

墨西哥湾天然气水合物勘探的最新动态是2013年4~5月间实施了为期15天的海上地震勘探航次，主要针对前期已实施钻探的、富含天然气水合物的WR313和GC955站位集中进行了高精度地震勘探。通过采用海底地震仪开展高分辨率地震勘探，获得了一批新的地震资料，对两个站位富含天然气水合物的砂岩层段进行了精细识别(Collett T S，2009)。

国外海域天然气水合物勘探研究的另一个前沿区域是日本南海海槽。日本南海海槽作为日本天然气水合物勘探密集区，已于2013年3月成功开展了世界首次海域天然气水合物试采研究。

日本南海海槽的天然气水合物勘探始于20世纪90年代。在大量勘探工作尤其是在2D与3D地震勘探基础上，选择Tokai-oki、Daini Astumi Knoll 和 Kumano-nada 共3个地区集中进行了天然气水合物钻探取心与测井研究(图5-21)(Yamamoto K 等，2008)，尤其是2004年在上述3个地区钻探了32口勘探评价井。测井与取心研究结果揭示，南海海槽区存在巨大的天然气水合物资源前景，该区天然气水合物一半的资源储量位于富砂的浊积相地层，形成了天然气水合物富集带(Yamamoto K 等，2012)。通过这些研究，优选了日本南海海槽天然气水合物富集区，并确定了该区天然气水合物试采研究井井位。

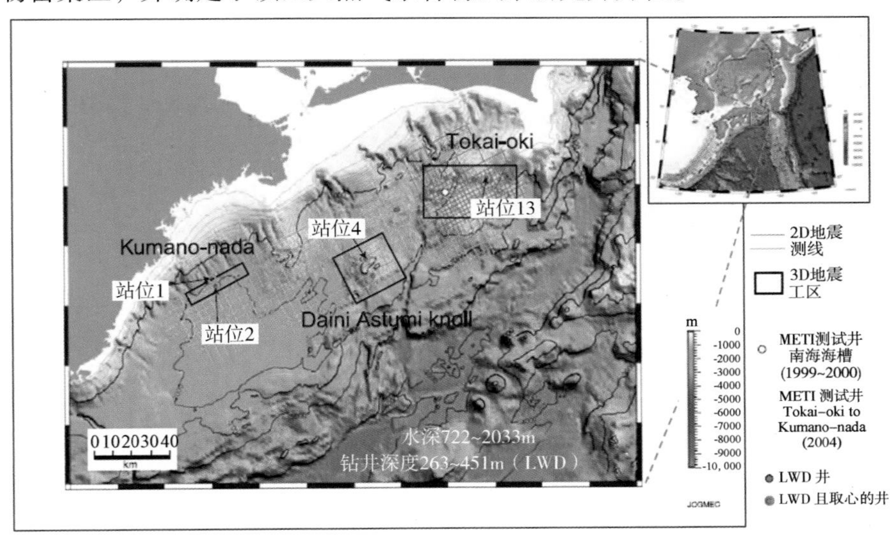

图5-21 日本南海海槽天然气水合物主要勘探工作量分布(Yamamoto K 等，2008)

2012年2月，日本启动了南海海槽区天然气水合物试采研究准备工作，选择渥美(Atsumi)和志摩(Shima)半岛近海的Daini Atsumi Knoll地区，钻探了包括试采研究井、温度监控井与取心井在内的4口井(Kawamoto T，2013)。2013年3月，采用降压法，针对水深1000m、海床以下约270~330m间的天然气水合物藏进行了6天的试采，获得约$12\times10^4m^3$的累积产气量(Shoji H 等，2012)。

国外海域天然气水合物研究工作比较集中的地区还包括俄罗斯萨哈林岛附近的鄂霍茨克海海域、印度近海的康坎盆地、默哈讷迪盆地、安达曼岛屿近海区，特别是克里希纳-戈达瓦里盆地、韩国东海郁龙盆地以及挪威近海等。鄂霍茨克海萨哈林岛东北陆坡区，自20世纪90年代起开展了多个航次天然气水合物调查研究工作，2007~2012年间俄-日-韩联合实施了“萨哈林陆坡天然气水合物项目”，进行了地震、声学与钻探取心分析，获得了大量指示天然气水合物的地质、地球物理与地球化学证据(Jin Y K 等，2013；Conett T S，1991)。

2. 国外冻土区天然气水合物研究现状

国外冻土区天然气水合物勘探开发研究主要集中于美国阿拉斯加北部斜坡带普拉德霍湾-库帕勒克河地区与加拿大西北部马更些三角洲马里克地区。这两个地区目前均已多次开展天然气水合物试采研究。

美国阿拉斯加北部斜坡区自 1972 年在 Northwest Eileen State－2 井采出天然气水合物样品(Collett T，1993)之后，开展了大量针对天然气水合物的地质、地球物理与地球化学研究，厘清了天然气水合物赋存区与常规油气、温压条件之间的关系，圈出了天然气水合物分布区的大致范围，证实了该区存在艾琳和塔恩两个天然气水合物聚集带(图 5－22)。2003 年以来，该区实施了多个以天然气水合物试采研究为目标的钻探项目，分别钻探 Hot Ice 1 井、Mount Elbert 井与 Ignik Sikumi－1 井。2012 年，采用二氧化碳置换法同时配合降压法，从 Ignik Sikumi－1井水合物藏中成功采出天然气体，试采累积产气量接近 30000m^3(Hancock S H 等，2005)。

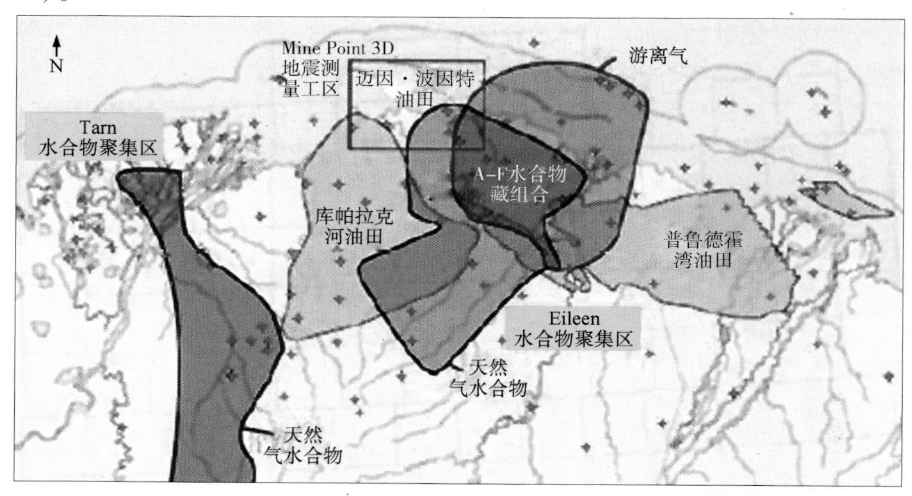

图 5－22　阿拉斯加北部斜坡区天然气水合物藏分布(Boswell R 等，2008；Schoderbek D 等，2013)

加拿大西北马更些三角洲早在 20 世纪 70 年代就在常规油气探井——Mallik L－38 井发现天然气水合物存在证据。1998 年针对天然气水合物勘探，钻探了 Mallik 2L－38 天然气水合物研究井。2002 年，实施了由多国多机构共同参与的天然气水合物试采研究项目。以 Mallik 5L－38 井作为试采研究井，采用加热开采法，5 天时间天然气水合物藏累积产气 468m^3(Kurihara M 等，2011)。Mallik 5L－38 井天然气水合物试采研究，是世界上首次针对天然气水合物藏进行的国际合作试采研究，在天然气水合物勘探开发研究领域产生了广泛影响。在此后的 2007～2008 年间，通过对 1998 年所钻的 Mallik 2L－38 天然气水合物勘探研究井进行改造，对降压法开采冻土天然气水合物的效果进行了试验研究，6 天的试采研究获得了 $1.3\times10^4m^3$ 累积采气量。

马更些三角洲作为最突出的天然气水合物热点研究区，近年来，天然气水合物研究没有取得明显进展。加拿大政府也于 2013 年削减了天然气水合物研究投资额度，将国内的天然气水合物研究方向调整为天然气水合物对海洋与气候的潜在影响领域(张洪涛等，2007)。

（二）国内天然气水合物研究现状

中国天然气水合物资源研究主要集中于勘探方面。勘探研究的主战场是南海北部陆坡区，青藏高原水合物勘探研究近年也得到积极推进。此外，在东海近海与漠河盆地等地区也开展了少量天然气水合物调查工作。

南海北部陆坡天然气水合物实质性勘探研究始于1999年，研究获得了指示天然气水合物远景的大量地质、地球物理、地球化学与生物学证据，初步确定了一批天然气水合物远景区（图5-23）（吴能友等，2007；魏伟等，2012）。在此基础上，对东沙、神狐、西沙、琼东南4个天然气水合物远景区进行了重点研究，确定了东沙、神狐2个重点勘探目标，并于2007年、2013年多个航次钻获天然气水合物实物样品（龚建明等，2009；白少英等，2010；梁劲等，2013；吴昊，2013；曹代勇等，2009）。尤其是2013年，在珠江口盆地东部海域采出了高纯度、肉眼可直接观察的水合物样品，再次取得中国天然气水合物勘探的重大突破。

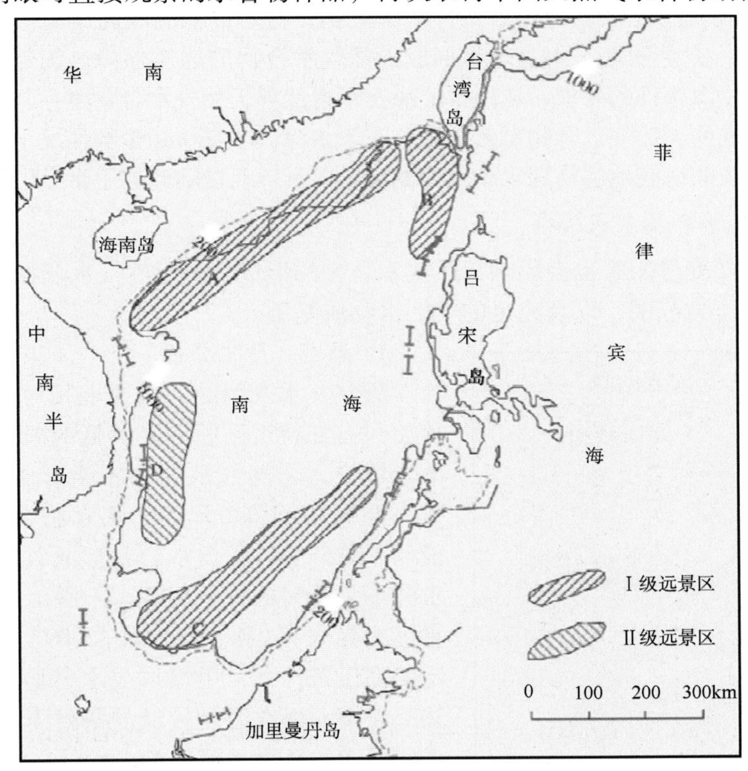

图5-23　南海北部天然气水合物远景区预测结果（吴能友等，2007；魏伟等，2012）

青藏高原尤其是祁连山冻土带是国内另一个比较突出的天然气水合物勘探研究区。青藏高原的天然气水合物勘探研究十分薄弱，主要考虑冻土与气源条件，初步圈划出了天然气水合物远景区，认为羌塘盆地是青藏高原水合物勘探的Ⅰ级远景区，其次是祁连山与风火山地区（魏伟等，2012）。虽然羌塘盆地水合物成矿条件优于祁连山地区，但从便于施工的角度，2008年选择祁连山冻土带木里煤矿区进行了水合物钻探研究，首次钻获国内冻土区天然气水合物样品（祝有海等，2009；卢振汉等，2012）。此后在该区布置了连续钻探工作，至2013年在祁连山冻土带共完成9个孔的钻探工作，多次采出天然气水合物样品（卢振汉等，2013；陈惠玲，2012）。

东海天然气水合物勘探研究主要集中在以水合物地震 BSR 标志识别为目标的地震资料重新处理，以及对海洋油气地球化学勘探资料的重新解释方面，实质性勘探工作量不多，近些年无明显进展。漠河盆地现已开展少量水合物电磁勘探与地球化学勘探工作，开展了地层岩性的测井识别，天然气水合物资源分布还处于探索之中。

虽然南海北部与青藏高原天然气水合物勘探取得了很大进展，但从整体上看，国内天然气水合物勘探程度仍然很低，对水合物的地质认识不足，距查明资源状况、探明地质储量还存在很大差距。2011 年，中国启动了新一轮天然气水合物研究计划（2011～2030 年），预计用 20 年的时间，分阶段地推进国内天然气水合物勘探，查明资源分布状况、优选水合物富集区、开展水合物试采研究已提上日程（Kvenvolden K A，1993）。

二、天然气水合物形成条件与赋存规律

天然气水合物是一定温度与压力条件下的产物，特定的低温或高压是形成天然气水合物的基本外部条件；充足的气、水含量是形成天然气水合物的物质保障。天然气水合物的形成对温度、压力及物源条件的要求，从根本上决定了自然界天然气水合物赋存与分布具有一定的规律，迄今已发现的天然气水合物矿藏主要分布于水深大于 500m（少数情况下水深大于 300m）的各大洋大陆边缘的海底地层与深水湖泊的湖底，以及环北极陆地冻土带（图 5-19）。

（一）天然气水合物形成条件

虽然孔隙水盐度等因素也会影响天然气水合物的形成，但天然气水合物必备的形成条件是合适的温度与压力范围，以及充足的气、水物质基础。

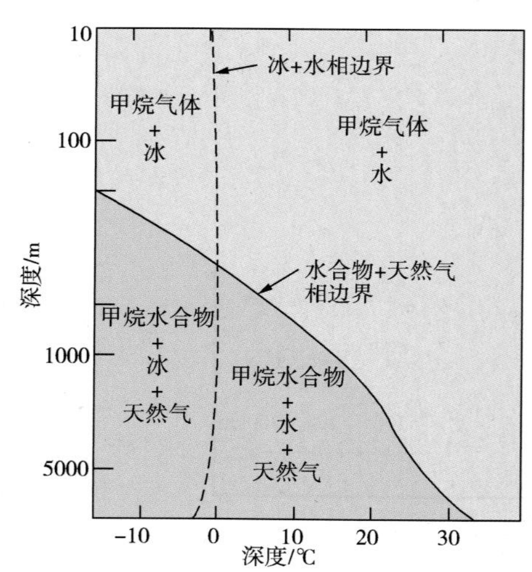

图 5-24　天然气水合物温压稳定带与相平衡边界分布（Melgar E P. 2009）

1. 温度、压力条件

天然气水合物的形成要求相对的低温、高压环境。只有在特定区间的足够低的温度或足够高的压力环境中，天然气水合物才能形成并稳定地存在。这一温压区间即“天然气水合物温压稳定带（GHSZ）”（图 5-24）。但水合物形成对低温与高压的要求并不是绝对的，从图 5-24 所示的甲烷水合物相平衡边界分布（Melgar E P. 2009）可以看出，在特定的高压条件下，甲烷形成水合物的温度可以高达 30℃以上；而在温度较低的条件下，甲烷水合物形成所要求的压力也可以相对较低。

自然界天然气水合物温压稳定带的范围取决于局部地表温度与地热梯度。地热梯度与天然气水合物相边界的上下交点，构成了水合物稳定带的上下界面（姚永坚等，2007）。这样就使得特定地区天然气水合物只能形成并赋存于与局部地温条件密切相关的特定温压区间内。

2. 物源条件

天然气水合物的主要成分是气体与水。一般认为，陆地与海洋环境中的地层水是普遍存在的，因此在分析自然界天然气水合物的物源条件时，通常主要关注气源条件。形成天然气水合物的气体，可包括甲烷、乙烷、丙烷、丁烷和二氧化碳、氮及硫化氢等。但从天然气水

合物样品分析结果看，自然界天然气水合物中甲烷气体占水合物分解气的比例可高达80% ~99.9%(贺行良等，2012)，海洋环境中采出的天然气水合物样品，甲烷气体含量一般大于95%，往往可达99%以上(Makogon Y F等，2005)。因此在讨论自然界天然气水合物时，通常指的都是甲烷水合物。

形成水合物的甲烷气体可以是源于较浅部的生物成因气、源于深部的热成因气以及二者的混合气。从世界各地勘探实践看，尤其是海域已发现的天然气水合物，生物成因气占主导地位，同时也存在热成因气与混合成因气水合物。热成因甲烷气体或以热成因气为主的混合气体形成的水合物，往往能够形成浓集型天然气水合物藏，且在空间分布上与常规油气具有密切关系。在特殊情况下，可在常规气藏顶部地层形成水合物藏，如俄罗斯西西伯利亚麦索亚哈气田上方的水合物藏(Collett T S等，2011)。

(二) 天然气水合物赋存规律

如前所述，温度、压力与气源条件是天然气水合物形成最主要的影响因素，同时也决定了天然气水合物的主要赋存环境与分布规律。

首先，天然气水合物只能存在于适当的低温、高压环境中，地球上满足这类条件的地区主要包括陆地冻土带和水深大于500m(偶见300m)的海底或湖底，范围十分广阔。依据不同地区局部地温梯度不同，天然气水合物形成与赋存的深度范围也有所不同。陆地冻土区天然气水合物通常埋藏较浅，可赋存于地面以下130 ~2000m深度(于兴河等，2004)，通常赋存深度为300 ~1000m。海域天然气水合物可在海床以下超过2000m的深度存在(Paull C K等，2011)，一般赋存于海床以下1000m之内，主要分布于海床以下0 ~400m深度范围(Makogon Y F，2005)。

其次，天然气水合物的形成与赋存也受制于气源条件。与气源密切相关的沉积环境以及构造发育程度等因素在一定程度上影响天然气水合物的分布规律。快速沉降不仅有利于有机质的保存，为生物甲烷的形成提供充分的物质基础，而且所形成的地层结构较为疏松，具有较好的孔渗条件，有利于天然气水合物的储集。迄今已发现的天然气水合物多分布于沉积速率较高的区域，水合物宿主地层的沉积速率一般大于3cm/ka(Mikov A V等，2002)。从沉积相角度看，三角洲、扇三角洲以及浊积扇、斜坡扇等沉积相类型通常为天然气水合物发育的有利相带；从岩性角度看，砂泥比是影响天然气水合物形成与赋存的又一重要因素，含砂率较高的沉积层有利于形成浓集型天然气水合物藏。

天然气水合物赋存区与构造的关系源于构造对天然气水合物气源的输导作用。尤其是对于深部来源的热成因气体而言，断裂、底辟、泥火山等构造对于深源气进入天然气水合物稳定带可发挥关键性的输导作用。因此，热成因气体或以热成因气为主的混合成因气体形成的天然气水合物，其分布与断裂、底辟、泥火山等构造在分布上具有密切的相关性(图5-25)(Lorenson T D等，2011)。在海洋环境中，大型增生楔与滑塌体等地质体也是天然气水合物形成与赋存的有利场所。

在赋存状态方面，自然产出的天然气水合物可呈巨块状、结核状、岩脉填充状以及颗粒填充状(分散状)等诸多形态。其中块状天然气水合物往往出露于海床表面，分散状是自然界天然气水合物最普遍的产出方式。

三、中国天然气水合物资源状况

20世纪90年代末，自中国开始实施天然气水合物实质性勘探工作以来，国内天然气水

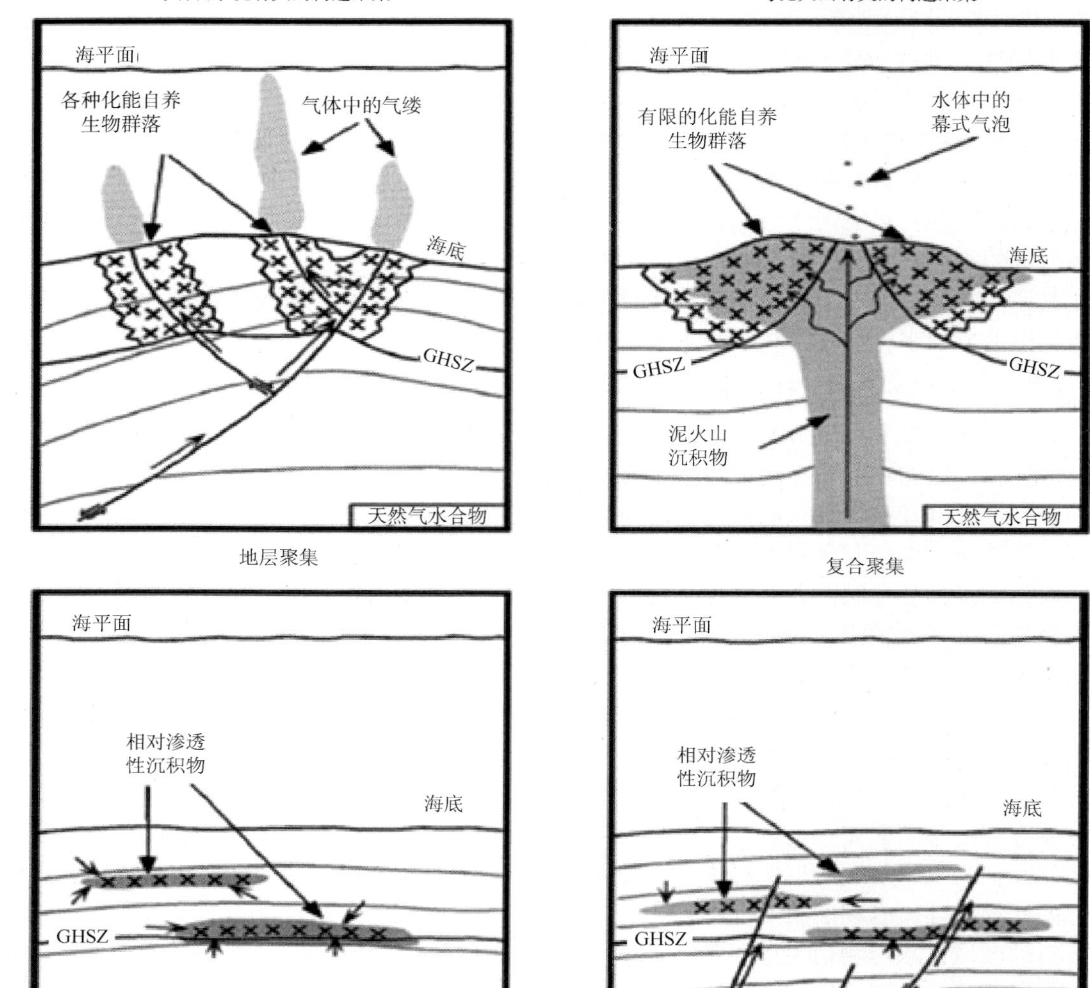

图 5-25　不同地质因素控制下的天然气水合物成藏模式(Lorenson T D 等，2011)

合物勘探研究已走过 10 多个年头，勘探研究集中在南海北部陆坡区和青藏高原冻土带，此外在东海近海海域与东北漠河盆地等地也开展了少量天然气水合物调查研究。研究结果揭示，中国南海北部、东海、青藏高原以及漠河盆地等地均具有良好的天然气水合物资源前景，特别是在南海北部与青藏高原投入了较多研究，取得了初步认识。下文主要讨论中国南海北部陆坡区与青藏高原冻土区天然气水合物资源潜力。

（一）南海北部天然气水合物资源状况

南海海域天然气水合物 I 级远景区为台西南盆地、东沙群岛、西沙海槽-琼东南盆地和北康盆地(图 5-23)(吴能友等，2007)，主要分布于南海北部陆坡区。1999 年以来，我国集中在南海北部陆坡区的东沙、神狐、西沙、琼东南 4 个海域开展了天然气水合物调查与勘探研究。这些研究揭示，南海北部陆坡区具备天然气水合物形成所要求的温度、压力条件，沉积速率较大，断裂等各类构造发育良好，气源充足。总体上看，南海北部陆坡区是中国近海天然气水合物成矿条件和找矿前景最好的地区。

1. 温度、压力条件

南海海域水深在400m以上的面积约140×$10^4$$km^2$，其中陆坡区面积约118×$10^4$$km^2$(龚建明等，2003；袁玉松等，2009)，具备天然气水合物形成与成藏所要求的压力条件。水深300~3000m之间的陆缘盆地区囊括了琼东南盆地中央坳陷带南部、神狐隆起南侧、西沙海槽凹陷、珠江口盆地珠二坳陷南部、潮汕坳陷以及南部的西沙-中沙隆起等构造(图5-26)(金春爽等，2002；张树林，2007)。

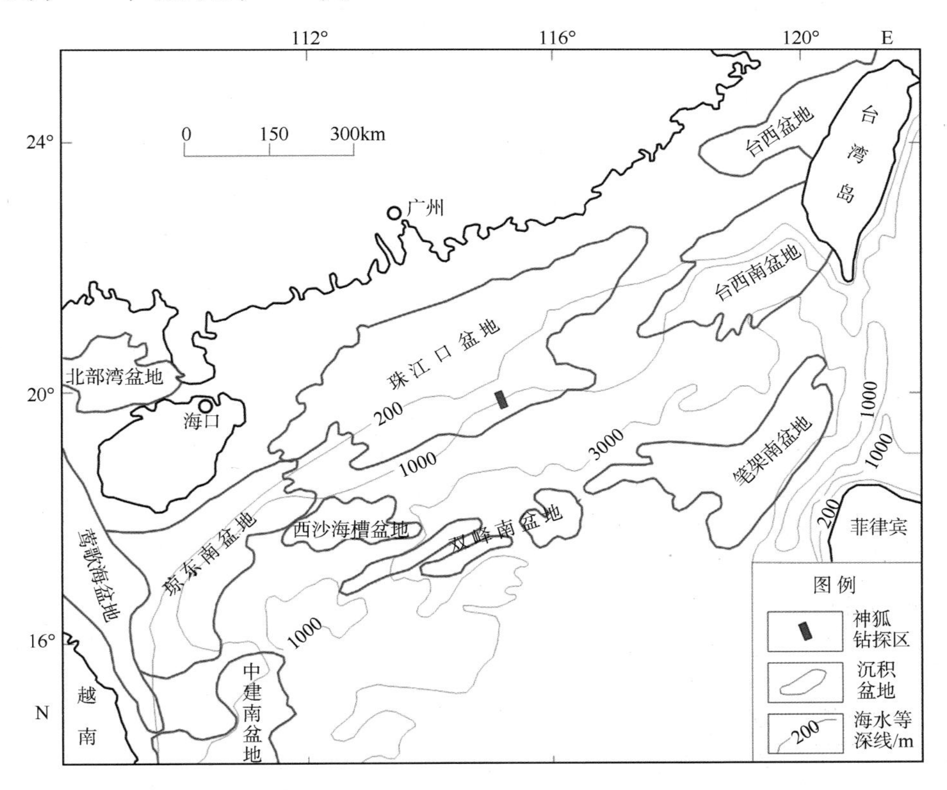

图5-26 南海北部陆坡区主要盆地与水深分布(金春爽等，2002；张树林，2007)

南海海底温度研究揭示，陆架区海底温度为6~14℃，陆坡区海底温度为2~6℃，中央海盆海底温度为2~3℃；水深大于2800m的深海区，海底温度稳定于2.2℃左右(张树林，2007)。从地温梯度上看，南海北部地温梯度分布不均一，具随水深增大而增高的趋势(表5-16)(张光学等，2002)。张树林等(2007)研究认为，南海北部已采出天然气水合物的珠二坳陷地温梯度为(3.5~4℃)/100m。米立军等(2009)通过对南海北部大量实测钻井地温梯度统计分析，认为南海北部水深大于300m的深水区地温梯度介于29.4~52.2℃/km之间，平均为(39.1±7.4)℃/km。从上述数据可以看出，虽然具有"热盆"属性，但在特定的水深条件下，南海北部深水区依然具备海洋天然气水合物形成所要求的温度条件。

2. 沉积与气源条件

南海北部大陆边缘区沉积速率高，沉积厚度大，有机质含量丰富，为天然气水合物的形成与赋存提供了有利的沉积环境。

表 5-16 南海北部陆坡区 ODP 184 航次站位地温梯度资料(张光学等，2002)

站位名称	水深/m	地温梯度/(℃/km)
1144	2037	24
1146	2092	59
1143	2772	86
1145	3175	83 ~ 90
1148	3294	

早年的研究表明，南海中北部海域晚更新世以来沉积速率较高，平均达 10.2cm/ka，其中北部海域平均沉积速率为 11.3cm/ka，高于典型的大洋沉积物沉积速率 1 ~ 2 个数量级(章伟艳等，2002)。有研究者对南海氧同位素 1 ~ 4 期沉积速率进行了计算，揭示各期平均沉积速率介于 6.13 ~ 13.33cm/ka 之间(苏正等，2012)。近年在钻获天然气水合物样品的神狐海域的研究也揭示，该区具有较高的沉积速率，SH2 站位的海底沉积速率达10 ~ 20cm/ka(何家雄等，2009)。

南海北部陆坡区发育许多大中型盆地，陆坡及其沉积盆地沉积层很厚，新生代沉积厚度普遍超过 6000m(袁玉松等，2009)，最大沉积厚度超过 13000m(何家雄等，2007)。区内含有丰富的有机质，总体有机碳含量约在 0.46% ~ 1.95% 之间(袁玉松等，2009)。盆地内发育多套烃源岩，既包括巨厚海相坳陷沉积的中新统烃源岩，亦包括分布广泛的古近系中深湖相烃源岩及渐新统煤系烃源岩。区内油气成因类型多，尤其是天然气成因类型多，自浅而深发育有生物气和亚生物气、热成因成熟油型气、成熟-高熟煤型气及高熟-过熟天然气等诸多气源类型(何家雄等，2008；黄霞等，2010；傅宁等，2010；卢振汉等，2013；苏正波等，2011)。而且，南海北部地层断裂、底辟、泥火山、滑塌体等构造发育，为浅部生物气与深源热成因气向天然气水合物稳定带的运移提供了较好的通道与储集条件。生物气、热成因气以及二者混合气构成了南海北部天然气水合物的主要气源(图 5-27)(陈惠玲等，2010)。

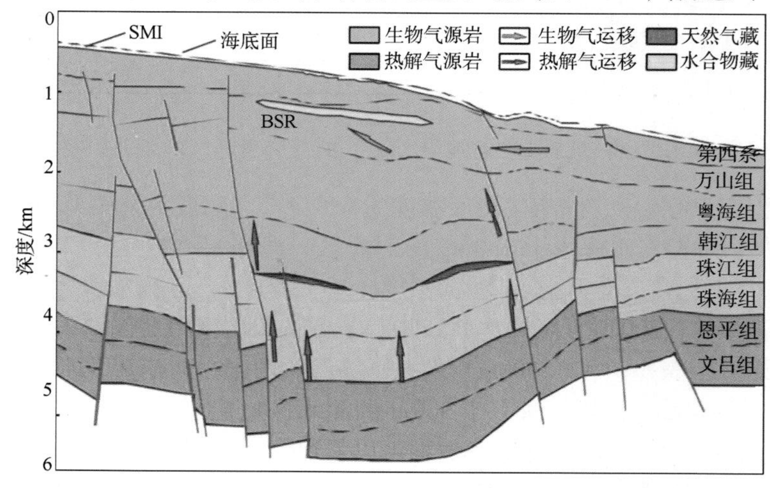

图 5-27 南海北部神狐海域天然气水合物成藏模式(陈惠玲等，2010)

总的说来，南海北部海域具有天然气水合物形成与赋存所要求的温度与压力条件；区内生烃条件优越，浅部生物气源与深部热成气源充足；断裂、底辟体、泥火山等构造广泛分布，气体运移通道条件良好；快速沉积作用为天然气水合物的形成与储集提供了有利的环境条件。

3. 钻采区天然气水合物资源前景

截至目前，南海北部陆坡区已在神狐与东沙海域多次采出天然气水合物样品，证实了该区天然气水合物良好的资源远景。

南海北部神狐海域是国内最早钻获天然气水合物样品的地区。该区于2007年实施天然气水合物钻探航次，共钻8个钻孔，在其中3个钻孔采出天然气水合物样品。神狐海域的天然气水合物勘探迄今已在140km^2的水合物目标区内圈定了11个水合物矿体，含矿总面积约为22km^2，矿层平均有效厚度约20m，预测储量约为$194\times10^8m^3$(姚伯初，2011)，显现出良好的资源潜力。

2013年6~9月，我国再次实施天然气水合物钻探航次，在南海北部陆坡区珠江口盆地东部海域开展了3个航段天然气水合物钻探研究，钻井23口，采出层状、块状、结核状、脉状等多种赋存类型的天然气水合物样品，岩心中水合物含矿率平均为45%~55%。23口钻井控制天然气水合物分布面积55km^2，控制储量$(1000\sim1500)\times10^8m^3$，相当于特大型常规天然气藏的规模(曹代勇等，2009)。

除上述已采出天然气水合物样品的钻探区之外，一些研究者从温度、压力与气源条件分析出发，通过对满足水合物稳定条件的海域面积、含水合物层厚度、地层孔隙度、水合物饱和度等诸多因素进行合理设定，初步估算了南海天然气水合物资源量。姚伯初(2001)估算南海天然气水合物的总资源量达$(643.5\sim772.2)\times10^{11}m^3$，相当于$(643.5\sim772.2)\times10^8t$油当量(梁金强等，2006)；张光学等(2002)研究认为，南海海域天然气水合物资源量为$845\times10^{11}m^3$，相当于845×10^8t油当量(龚建明等，2003)；梁金强等(2006)估算认为，在50%的概率条件下，南海水合物资源量约为$649.68\times10^{11}m^3$(Wu S等，2005)；Wu等(2005)估算认为，南海北部陆坡区天然气水合物资源量约为$150\times10^{11}m^3$(卢振汉等，2007)；卢振权等(2007)估算了不同孔隙度与水合物饱和度情况下南海北部陆坡区天然气水合物的资源量，认为南海北部陆坡天然气水合物资源量相当于标准条件下约$630\times10^{11}m^3$天然气(汪海年等，2005)。虽然不同研究者估算结果存在差异，但总体上看均认为中国南海天然气水合物资源量十分丰富。

(二) 青藏高原天然气水合物资源状况

青藏高原多年冻土区面积约$149\times10^4km^2$，南北跨越12个纬度，东西横亘近30个经度，约占我国多年冻土面积的70%(祝有海等，2011)。

羌塘盆地是青藏高原多年冻土最为发育的地区，冻土层相对较厚，估算的冻土层厚度多介于100~200m之间，局部地区可大于200m，冻土带基本呈连续分布或大片分布。在青藏高原的3个低温中心中，羌塘盆地低温中心面积最大、温度最低、地温梯度最小且只有1.5~1.8℃/100m，非常有利于天然气水合物的形成。相对于羌塘盆地，祁连山地区海拔相对较低，冻土层较薄，基本具备形成天然气水合物的冻土条件。此外，青藏高原风火山地区也具备形成天然气水合物的冻土条件(陈多福等，2005)。

羌塘盆地是青藏高原最大的沉积盆地，面积约$18\times10^4km^2$，泥盆系至第四系的沉积总厚度大于30000m，盆地内共发育12套烃源岩，具有良好的油气形成条件，目前已发现油气显示近200处，揭示该盆地天然气水合物气源充足。祁连山地区侏罗纪小型含煤盆地星罗棋布，含有丰富的煤层气；同时南祁连盆地是一个潜在的油气盆地，形成天然气水合物所要求的气源条件也较好。相对于羌塘盆地，风火山－乌丽地区是否具有充足的烃类气体来源还需进一步证实（方银霞等，2011）。

虽然研究认为西藏与新疆交界处的喀喇昆仑和西昆仑地区是青藏高原冻土层最厚的地区，但综合温度与气源分析，青藏高原冻土区天然气水合物找矿前景最好的地区是羌塘盆地，其次是祁连山地区、风火山－乌丽地区（陈多福等，2005）。陈多福等（2005）初步估算青藏高原冻土区天然气水合物中的天然气资源量为（1.2～2400）$\times10^{11}$ m^3（方银霞等，2001）；祝有海等（2011）估算的青藏高原天然气水合物资源量约为$350\times10^{11}m^3$。

除南海北部与青藏高原之外，在中国东海与漠河盆地也开展了少量天然气水合物勘探研究，揭示这两个地区存在的天然气水合物资源前景。漠河地区实测的最大冻土厚度达131m，具备水合物形成的冻土条件；盆地内发育多套烃源岩，具备有利的气源条件。祝有海等（2011）估算认为漠河盆地天然气水合物资源量约为$30\times10^{11}m^3$（方银霞等，2001）。东海海域天然气水合物有利区主要分布于冲绳海槽中南部，方银霞等（2001）估算东海冲绳海槽天然气水合物资源量为$241.3\times10^{11}m^3$（黄永样等，2009），黄永样等（2009）初步估算冲绳海槽天然气水合物资源量为（19.47～259）$\times10^{11}m^3$。

根据2014年最新估算结果，我国海域与陆地冻土区天然气水合物资源潜量达1000×10^8t油当量，约相当于1000×10^{11} m^3 天然气。虽然目前天然气水合物资源量估算还非常粗略，不同研究者不同时期对同一区域范围内天然气水合物资源量的估算结果也存在差异，但这些初步估算结果仍大体反映了天然气水合物资源量的巨大程度。

从全球范围看，天然气水合物勘探研究都还处于初步阶段，虽然一些地区研究较为深入，但相对于全球天然气水合物分布的广泛性，目前所获得的钻探资料极为有限，对天然气水合物资源的分布与赋存状况缺乏全面的认识。天然气水合物资源量估算一般采用体积法，涉及水合物分布面积、水合物温压稳定带厚度、地层孔隙度、水合物饱和度等各种参数。现阶段天然气水合物资源量估算过程中，由于相关资料的缺乏，对许多参数采取人为设定赋值的办法，所估算的天然气水合物资源量都是在一定的假定条件下获得的。因此，现阶段天然气水合物资源量估算结果，包括国内海域与冻土区天然气水合物资源量估算结果，都只是非常初步的认识。随着天然气水合物勘探的不断深入，对水合物赋存状态与分布状况认识的不断加深，天然气水合物资源量估算的准确度将会不断提高。

参考文献

[1] 张光亚，王红军，马峰，等．重油和油砂开发技术新进展[M]．北京：石油工业出版社，2012：35～47.

[2] 单玄龙，车长波，李剑，等．国内外油砂资源研究现状[J]．世界地质，2007，26(4)：459～464.

[3] Burrowes A，Marsh R，Ramdin N，Curtis Evans. Alberta's Energy Reserves 2006 and Supply/Demand Outlook 2007－2016（PDF）. ST98[EB/OL]. 2008.

[4] 贾承造．油砂资源状况与储量评估方法[M]．北京：石油工业出版社，2007：1～84.

[5] 法贵方，康永尚，王红岩，等．东委内瑞拉盆地油砂成矿条件和成矿模式研究[J]．特种油气藏，2010，17(6)：42～46.

[6] 梁峰，拜文华，法贵方，等．重油和油砂开发技术新进展[M]．北京：石油工业出版社，2012：48～56.

[7] World Energy Council. Natural Bitumen and Extra-Heavy Oil（PDF）[R]. Survey of energy resources，2010.

[8] 薛成，冯乔，田华．中国油砂资源分布及勘探开发前景[J]．新疆石油地质，2011，32(4)：348～350.
[9] 赵鹏飞，王勇，李志明，等．加拿大阿尔伯达盆地油砂开发状况和评价实践[J]．地质科技情报，2013，32(1)：1545～162.
[10] 钱家麟，尹亮．油页岩——石油的补充能源[M]．北京：中国石化出版社，2008：46～47.
[11] Luud A, Libik V, Sepp MN. Landscape evaluation in industrial areas [J]. Oil Shale, 2003, 20(1): 25～32.
[12] Ots A. Oil shale fuel combustion[M]. Trukitud Tallinna Raamatutrukikojas, Tallinn, Estonia, 2006: 38～44.
[13] Блохин А И, Зарецкий М И, Стельах Г П. Энерготехнологическая переработка топлив твердым теплоносителем[J]. Светый Стан, Москва, 2005: 23～26.
[14] Valgma I, Qian J L. Mining of Oil Shale [M]. UNESCO Encyclopedia of Life Sustainable Support (EOLSS), 2003.
[15] 李术元，岳长涛，王剑秋，等．世界油页岩开发利用近况[J]．中外能源，2009(14)：16～24.
[16] 刘招君、杨虎林、董清水，等．中国油页岩[M]．北京：石油工业出版社，2009.
[17] 国土资源部油气资源战略研究中心．全国油页岩资源评价[M]．北京：中国大地出版社，2010.
[18] 秦胜飞．全球水溶气勘探开发现状和趋势[J]．石油观察，2014.
[19] 周文，陈文玲，邓虎成，等．世界水溶气资源分布、现状及问题[J]．矿物岩石，2011，31(2)：73～78.
[20] 李伟，秦胜飞，胡国艺，等．溶气脱溶成藏——四川盆地须家河组天然气大面积成藏的重要机理之一[J]．石油勘探与开发，2011，38(6)：662～670.
[21] Makogon Y F. Hydrates of Natural Gas [M]. Tulsa, Oklahoma, USA: Pennwell Corp, 1981.
[22] Makogon Y F, Holditch S A and Makogon T Y. Russian field illustrates gas-hydrate production [J]. Oil and Gas Journal. 2005, 103 (5): 43～47.
[23] Grover T, Moridis G and Holditch S A. Analysis of reservoir performance of Messoyakha Gas hydrate Field [C]. Proceedings of the Eighteenth International Offshore and Polar Engineering Conference, Vancouver, BC, Canada, 2008, July 6～11: 49～56.
[24] Gabitto J, Barrufet M. Gas hydrates research programs: An international review [R]. 2010.
[25] Collett T S. Natural gas hydrates of the Prudhoe Bay and Kupruk River area, North Slope, Alaska [J]. AA PG Bulletin, 1993, 77(5): 793～812.
[26] Collett T S, Lewis R, Dallimore S R, et al. Detailed evaluation of gas hydrate reservoir properties using JAPEX/ JNC/GSC M allik 2L－38 gas hydrate research well down hole well-log displays[C]. Dallimore S R, Uchida T, Collett T S. Scientific results from JA PEX/JNC/GSC Mallik 2L-38 gas hydrate research well, Machenzie Delta, Northwest Territories, Canada, Ottawa: Canadian Government Publishing Centre, 1999: 295～311.
[27] Fischer P A. Gas hydrates research continues to increase [J]. World Oil, 2000, 221(12): 66～68.
[28] Dallimore S R, Collett T S, Uchida T, et al. Overview of Gas Hydrate Research at the Mallik Field in the Mackenzie Delta, Northwest Territories, Canada [C]. Proceedings of the Methane Hydrates Interagency R&D Conference, Washington D C, 2002.
[29] Williams T E. Methane hydrate production from Alaskan permafrost [C]. Proceedings of the Methane Hydrates Interagency R&D Conference, Washington D C, 2002.
[30] Kastner M, Kvenvolden K A, Whiticar M J, et al. Relation between pore fluid chemistry and gas hydrates associated with bottom-simulating reflectors at the Cascadia Margin, Sites 889 and 892 [C]// Carson B, Westbrook G K, Musgrave R J et al. Proceedings of the Ocean Drilling Program, Scientific Results, 1995, 146 (Pt 1): 175～187.
[31] Matsumoto R, Uchida T, Waseda A, et al. Occurrence, structure, and composition of natural gas hydrate recovered from the Blake Ridge, Northwest Atlantic [C]// Paull C K, Matsumoto R, Waseda A et al. Proceedings of the Ocean Drilling Program, Scientific Results, 2000, 164: 13～28.

[32] Kvenvolden K A and Lorenson T D. The global occurrence of natural gas hydrate [C]// Paull C K and Dillon W P. Natural gas hydrates: Occurrence, distribution and detection. Washington D C: American Geophysical Union, 2001: 3 ~ 18.

[33] Paull C K and Ussler W. History and significance of gas sampling during DSDP and ODP drilling associated with gas hydrates [C]// Paull C K and Dillon W P (eds.): Natural gas hydrates: Occurrence, distribution and detection [C]. Washington D C: American Geophysical Union, 2001: 53 ~ 66.

[34] Makogon V F, Holditch S A and Makogon T Y. Natural gas-hydrates-a potential energy source for the 21st century [J]. Journal of Petroleum Science & Engineering, 2007, 56: 14 ~ 31.

[35] Makogon Y and Omelchenko R. Parameters for the selection of effective technology for gas hydrate deposit development [C]//Proceedings of the 7th International Conference on Gas Hydrates (ICGH 2011)[C], Edinburgh, Scotland, United Kingdom, July 17 ~ 21, 2011.

[36] Shedd W, Boswell R, Frye M, et al. Occurrence and nature of "bottom simulating reflectors" in the northern Gulf of Mexico [J]. Marine and Petroleum Geology, 2012, 34(1): 31 ~ 40.

[37] 杨传胜，李刚，龚建明，等. 墨西哥湾北部陆坡天然气水合物成藏系统[J]. 海洋地质动态，2010，26(3): 35 ~ 39.

[38] Boswell R, Collett T, Frye M, et al. Subsurface hydrates in the northern Gulf of Mexico [J]. Marine and Petroleum Geology, 2012, 34(1): 4 ~ 30.

[39] Collett T S, Lee M W, Zyrianova M V, et al. Gulf of Mexico Gas Hydrate Industry Project Ⅱ logging-while-drilling data acquisition analysis [J]. Marine and Petroleum Geology, 2012, 34(1): 41 ~ 61.

[40] Robertson J, Hakun J and Gillette C. Technical Announcement: New Insight on Gas Hydrates in Gulf of Mexico [EB/OL]. 2013.

[41] Collett T S, Johnson A H, Knapp C C, et al. Natural Gas Hydrates: A Review [C]// Collett T, Johnson A, Knapp C, et al. Natural gas hydrates-Energy resource potential and associated geologic hazards, AAPG Memoir 89, 2009: 146 ~ 219.

[42] Yamamoto K and Dallimore S. Aurora-JOGMEC-NRCan Mallik 2006 – 2008 Gas Hydrate Research Project Progress [C]. Fire in the Ice, Methane Hydrate Newsletter, 2008: 1 ~ 5.

[43] Yamamoto K, Inada N, Kubo S, et al. Pressure Core Sampling in the Eastern Nankai Trough [C]. Fire in the Ice, Methane Hydrate Newsletter, 2012: 12(2): 1 ~ 6.

[44] Kawamoto T. The First Offshore MH Production Test [EB/OL].

[45] Shoji H, Jin Y K, A Obzhirov A, et al. Operation Report of Sakhalin Slope Gas Hydrate Project 2011, R/V Akademik M. A. Lavrentyev Cruise 56 [R]. Published by New Energy Resources Research Center, Kitami Institute of Technology, 2012.

[46] Jin Y K, Shoji H, Obzhirov A, et al. Operation Report of Sakhalin Slope Gas Hydrate Project 2012, R/V Akademik M. A. Lavrentyev Cruise 59 [R]. Published by Korea Polar Research Institute, 2013.

[47] Collett T S. Natural gas hydrates on the North Slope of Alaska-Final Report [R]. U. S. Geological Survey, 1991.

[48] Collett T. Natural gas hydrates of the Prudhoe Bay and Kuparuk River area, North Slope, Alaska [J]. American Assoc. of Petroleum Geologists Bulletin, 1993, 77: 793 ~ 812.

[49] Boswell R, Hunter R, Collett T, et al. Investigation of gas hydrate-bearing sandstone reservoirs at the "Mount Elbert" stratigraphic test well, Milne Point, Alaska [C]//Proceedings of the 6th International Conference on Gas Hydrates (ICGH 2008), Vancouver, British Columbia, CANADA, July 6 ~ 10, 2008.

[50] Schoderbek D, Farrell H, Hester K, et al. ConocoPhillips Gas Hydrate Production Test Final Technical Report [R]. Houston, TX: ConocoPhillips Company, 2013.

[51] Hancock S H, Collett T S, Dallimore S R, et al. Overview of thermal-stimulation production-test results for

the JAPE/JNOC/GSC et al. Mallik 5L-38 gas hydrate production well [C]//Dallimore S R and Collett T S. Scientific Results from the Mallik 2002 Gas Hydrate Production Research Well Program, Mackenzie Delta, Northwest Territories, Canada [C]. Geological Survey of Canada, Bulletin 585, 2005.
[52] Kurihara M, Yasuda M, Yamamoto K, et al. Analysis of 2007/2008 JOGMEC/NRCAN/AURORA Mallik gas hydrate production test through numerical simulation [C]//Proceedings of the 7th International Conference on Gas Hydrates (ICGH 2011). Edinburgh, Scotland, United Kingdom, July 17 ~ 21, 2011.
[53] Canada drops out of race to tap methane hydrates[EB/OL]. 2013.
[54] 张洪涛，张海启，祝有海．中国天然气水合物调查研究现状及其进展[J]．中国地质，2007，34(6)：953 ~ 961.
[55] 魏伟，张金华，魏兴华，等．我国南海天然气水合物资源潜力分析[J]．地球物理学进展，2012，27(6)：2648 ~ 2655.
[56] 吴能友，张海啟，杨胜雄，等．南海神狐海域天然气水合物成藏系统初探[J]．天然气工业，2007，27(9)：1 ~ 6.
[57] 龚建明，胡学平，王文娟，等．南海神狐海域 X 区块天然气水合物的控制因素[J]．现代地质，2009，23(8)：1131 ~ 1137.
[58] 付少英，陆敬安．神狐海域天然气水合物的特征及其气源[J]．海洋地质动态，2010，7 ~ 10.
[59] 梁劲，王明君，陆敬安，等．南海北部神狐海域含天然气水合物沉积层的速度特征[J]．天然气工业，2013，33(7)：29 ~ 35.
[60] 吴昊．我国首次钻获高纯度新类型天然气水合物[EB/OL]. 2013.
[61] 曹代勇，刘天绩，王丹，等．青海木里地区天然气水合物形成条件分析[J]．中国煤炭地质，2009，21(9)：3 ~ 6.
[62] 祝有海，张永勤，文怀军，等．青海祁连山冻土区发现天然气水合物[J]．地质学报，2009，83(11)：1762 ~ 1771.
[63] 卢振权，刘晖，祝有海，等．祁连山冻土区水合物钻孔烃类气体组成特征及其地质意义[J]．矿床地质，2012，31(增刊)：433 ~ 434.
[64] 卢振权，祝有海．祁连山天然气水合物又发现新矿体[EB/OL]. 2013.
[65] 陈惠玲．再钻南海“可燃冰”——聚焦中国海洋天然气水合物勘探进程[EB/OL]. 2012.
[66] Kvenvolden K A. Gas hydrates as a potential energy resource-A review of their methane content [C]//Howell D G. The Future of Energy Gases [C]. U. S. Geological Survey Professional Paper 1570, 1993: 555 ~ 561.
[67] Melgar E P. Sedimentology and Geochemistry of Gas Hydrate-rich Sediments from the Oregon Margin (Ocean Drilling Program Leg 204) [D]. University of Barcelona, 2009.
[68] 姚永坚，黄永样，吴能友，等．天然气水合物的形成条件及勘探现状[J]．新疆石油地质，2007，28(6)：668 ~ 672.
[69] 贺行良，王江涛，刘昌岭，等．天然气水合物客体分子与同位素组成特征及其地球化学应用[J]．海洋地质与第四纪地质，2012，32(3)：163 ~ 174.
[70] Makogon Y F, Holditch S A and Makogon T Y. Russian field illustrates gas-hydrate production[J]. Oil and Gas Journal, 2005, 103: 43 ~ 47.
[71] Collett T S, Lee M W, Agena W F, et al. Permafrost-associated natural gas hydrate occurrences on the Alaska North Slope [J]. Marine and Petroleum Geology, 2011, 28: 279 ~ 294.
[72] 于兴河，张志杰，苏新，等．中国南海天然气水合物沉积成藏条件初探及其分布[J]．地学前缘，2004，11(1)：311 ~ 315.
[73] Milkov A V, Sassen R. Economic geology of offshore gas hydrate accumulation and provinces [J]. Marine and Petroleum Geology, 2002, 19 (1): 1 ~ 11.
[74] Lorenson T D, Collett T S, Hunter R B, et al. Gas geochemistry of the Mount Elbert Gas Hydrate Stratigraph-

ic Test Well, Alaska North Slope: Implications for gas hydrate exploration in the Arctic [J]. Marine and Petroleum Geology, 2011, 28: 343 ~ 360.
[75] Wang X J, Hutchinson D R, Wu S G, et al. Elevated gas hydrate saturation within silt and silty clay sediments in the Shenhu area, South China Sea [J]. Journal of Geophysical Reseaech, 2011, 116 (B05102): 1 ~ 18.
[76] Majumder M. Identification of gas hydrates using well log data-A review [J]. Geohorizons, 2009, (7): 38 ~ 48.
[77] Park S, Lee J, An S. Drilling and log data analysis of gas hydrate bearing zone in the East Sea of Korea [R]. World Gas Conference, 2009.
[78] Pierce B S and Collett T S. Energy Resource Potential of Natural Gas Hydrates [C]//5th Conference & Exposition on Petroleum Geophysics, Hyderabad India, 2004: 899 ~ 903.
[79] 张光学，黄永样，祝有海，等．南海天然气水合物的成矿远景[J]．海洋地质与第四纪地质，2002，22(1)：75 ~ 81.
[80] 龚建明，陈建文，戴春山，等．中国海域天然气水合物资源远景[J]．海洋地质动态，2003，19(8)：53 ~ 56.
[81] 袁玉松，郑和荣，张功成，等．南海北部深水区新生代热演化史[J]．地质科学，2009，44(3)：911 ~ 921.
[82] 吴庐山，杨胜雄，梁金强，等．南海北部琼东南海域 HQ-48PC 站位地球化学特征及对天然气水合物的指示意义[J]．现代地质，2010，24(3)：534 ~ 544.
[83] 吴庐山，杨胜雄，梁金强，等．南海北部神狐海域沉积物中孔隙水硫酸盐梯度变化特征及其对天然气水合物的指示意义[J]．中国科学：地球科学，2013，43(3)：339 ~ 350.
[84] 金春爽，汪集旸，卢振权．天然气水合物的聚集和形成及南海地质条件分析[J]．海洋地质与第四纪地质，2002，22(2)：89 ~ 94.
[85] 张树林．珠江口盆地白云凹陷天然气水合物成藏条件及资源量前景[J]．中国石油勘探，2007，(6)：23 ~ 27.
[86] 米立军，袁玉松，张功成，等．南海北部深水区地热特征及其成因[J]．石油学报，2009，30(1)：27 ~ 32.
[87] 许志峰．南海中北部海域更新世以来沉积速率及其变化机制[J]．台湾海峡，1995，14(4)：356 ~ 360.
[88] 章伟艳，张富元，陈荣华，等．南海深水区晚更新世以来沉积速率、沉积通量与物质组成[J]．沉积学报，2002，20(4)：668 ~ 674.
[89] 苏正，曹运诚，杨睿，等．南海北部神狐海域天然气水合物成藏演化分析研究[J]．地球物理学报，2012，55(5)：1764 ~ 1774.
[90] 何家雄，祝有海，陈胜红，等．天然气水合物成因类型及成矿特征与南海北部资源前景[J]．天然气地球科学，2009，20(2)：237 ~ 243.
[91]何家雄，施小斌，阎贫，等．南海北部边缘盆地油气地质特征与勘探方向[J]．新疆石油地质，2007，28(2)：129 ~ 135.
[92] 何家雄，姚永坚，刘海龄，等．南海北部边缘盆地天然气成因类型及气源构成特点[J]．中国地质，2008，35(5)：1007 ~ 1016.
[93] 何家雄，陈胜红，姚永坚，等．南海北部边缘盆地油气主要成因类型及运聚分布特征[J]．天然气地球科学，2008，19(1)：34 ~ 40.
[94] 黄霞，祝有海，卢振权，等．南海北部天然气水合物钻探区烃类气体成因类型研究[J]．现代地质，2010，24(3)：576 ~ 580.
[95] 傅宁，林青，刘英丽．从南海北部浅层气的成因看水合物潜在的气源[J]．现代地质，2011，25(2)：332 ~ 339.
[96] 卢振权，何家雄，金春爽，等．南海北部陆坡气源条件对水合物成藏影响的模拟研究[J]．地球物理学报，2013，56(1)：188 ~ 194.
[97] 苏丕波，梁金强，沙志彬，等．南海北部神狐海域天然气水合物成藏动力学模拟[J]．石油学报，

2011，32(2)：226 ~ 233.

[98] 陈惠玲，陆敬安．南海神狐海域圈定11个可燃冰矿体[N]．中国国土资源报，2010.

[99] 姚伯初．南海的天然气水合物矿藏[J]．热带海洋学报，2001，20(2)：20 ~ 28.

[100] 梁金强，吴能友，杨木壮，等．天然气水合物资源量估算方法及应用[J]．地质通报，2006，25(9 ~ 10)：1205 ~ 1210.

[101] Wu S，Zhang G，Huang Y，et al. Gas hydrate occurrence on the continental slope of the northern South China Sea [J]. Marine and Petroleum Geology，2005，22(3)：403 ~ 412.

[102] 卢振权，吴必豪，金春爽．天然气水合物资源量的一种估算方法——以南海北部陆坡为例[J]．石油实验地质，2007，29(3)：219 ~ 323，328.

[103] 汪海年，窦明健，吴敏慧．青藏高原冻土区路面类型对路基温度场影响的非线性分析[J]．冰川冻土，2005，27(2)：169 ~ 175.

[104] 祝有海，卢振权，谢锡林．青藏高原天然气水合物潜在分布区预测[J]．地质通报，2011，30(12)：1918 ~ 1926.

[105] 祝有海，赵省民，卢振权．中国冻土区天然气水合物的找矿选区及其资源潜力[J]．天然气工业，2011，31(1)：13 ~ 19.

[106] 陈多福，王茂春，夏斌．青藏高原冻土带天然气水合物的形成条件与分布预测[J]．地球物理学报，2005，48(1)：165 ~ 172.

[107] 方银霞，黎明碧，金翔龙．东海冲绳海槽天然气水合物的资源前景[J]．天然气地球科学，2001，12(6)：32 ~ 37.

[108] 黄永样，张光学．我国海域天然气水合物地质——地球物理特征及前景[M]．北京：地质出版社，2009.

第六章　非常规油气地球物理技术

第一节　概　　述

一、非常规油气储层特点与地球物理技术需求

非常规油气含油气系统不同于以生储盖圈闭条件及浮力成藏的常规含油气系统，非常规油气不再有“圈闭”的概念，储层一般具有低孔渗、储集空间类型复杂、纵横向变化大、非均质性强、油水关系复杂、地震波各向异性明显等特点，一般需要水平井和储层改造才能进行开采。此外，不同地区、不同类型的非常规油气“甜点”要素构成具有很大的差异。这就对地球物理技术提出较高的要求，结合不同地区特点，不仅要预测地质“甜点”，还要预测工程“甜点”。传统的储集体叠后地震预测技术已不能满足需求，地震叠前弹性参数和各向异性反演技术成为核心技术，同时也对地震采集和处理提出新的技术需求，如宽方位、大偏移距保幅处理等。地球物理测井评价技术也要根据地质和工程评价要素的变化，发展新的非常规油气储层评价方法。

总体来看，非常规油气两个关键标志（邹才能等，2013）是油气大面积连续分布，圈闭界限不明显；无自然工业稳定产量，达西渗流不明显（刘振武，2011）。两个关键参数为孔隙度小于10%；孔喉直径小于1μm或渗透率小于$1\times10^{-3}\mu m^2$。主要地质特征表现为源储共生，在盆地中心、斜坡大面积分布，圈闭界限与水动力效应不明显，储量丰度低，对地球物理技术提出更高的要求。

下面分别针对不同类型非常规油气的主要特点，简述关键的地球物理技术需求。

（一）致密砂岩油气

我国致密油典型组合是鄂尔多斯盆地延长组、松辽盆地扶杨油层；致密气典型组合是鄂尔多斯盆地苏里格、四川盆地须家河。致密砂岩油气聚集皆为源储接触型的近源油气藏。致密砂岩油气存在一定程度运移，主要靠渗透扩散和超压，喉径下限为50nm、上限是1000nm，以扩散-滑脱流、低速非达西流为主。致密砂岩气储集层孔喉直径主要为25～700nm；致密砂岩油储集层孔喉直径主要为60～800nm。纳米级孔喉系统导致储集层致密、物性差，一般孔隙度小于10%、渗透率为$(0.000001\sim1)\times10^{-3}\mu m^2$，断裂带发育处伴有微裂缝，储集层物性变好。

地球物理技术需求表现为：烃源岩分布预测、沉积相分布预测、砂体预测、储层物性预测、裂缝预测、力学性质分布预测等；相应的技术为：致密砂岩油气藏岩石物理技术、非阿尔奇现象测井解释技术、全波场地震属性分析技术、AVO技术、多分量地震裂缝预测技术以及以时移地震为代表的开发地震技术。

（二）页岩油气

我国页岩油典型组合为渤海湾盆地沙河街组、鄂尔多斯盆地三叠系、松辽盆地白垩系；页

岩气典型组合为四川盆地下古生界、三叠系地层。页岩油气源储一体，烃源岩生成的油气没有排出，滞留于烃源岩层内部形成油气聚集。流动最小孔喉直径为5nm，以解吸和扩散为主。页岩油气储集层更加致密，物性更差，孔隙度一般为4%～6%，渗透率小于$0.0001\times10^{-3}\mu m^2$，处于断裂带或裂缝发育带的页岩储集层渗透率则有所增加(刘振武等，2011)。

地球物理技术需求表现为：页岩气储层厚度、面积、顶底板分布、含气性、*TOC*、脆性、地应力等关键地质要素分布的预测技术，页岩油气储层的测井识别与评价技术，地质“甜点”和工程“甜点”要素的地震预测技术；相应的技术为泥页岩油气储层岩石物理技术、测井评价技术、地震资料采集及特殊处理技术、地震叠前/叠后页岩气识别与综合预测技术、微地震压裂监测技术等(刘振武等，2011)。

(三) 煤层气

我国煤层气典型地区为山西沁水和鄂尔多斯的韩城。同页岩油气一样，也属于源储一体、煤层生成的气滞留形成的聚集(孙赞东等，2011)。

地球物理技术的需求表现为：煤岩吸附/解吸气体的基质膨胀效应、煤层割理发育的各向异性效应、煤岩低速低密度、孔隙度、渗透率以及煤岩弹性属性等岩石物理性质研究，适用于煤岩双孔隙结构和吸附气特征的测井评价技术以及弹性属性分析与割理成像，含气性、渗透率预测和开发动态监测等地震技术。相应的技术为地震波阻抗反演和AVO分析技术、P波方位AVO各向异性预测技术、时移地震开发动态监测技术等。

二、非常规油气地球物理技术进展与发展趋势

(一) 致密砂岩油气

非常规致密砂岩油气地球物理技术近年来取得了较大的进展，促进了低渗透致密油气藏的勘探与开发。

地球物理技术的主要进展(Chao Lin Li等，2011)：采用CT三维成像和岩心可视化技术进行岩石物理研究，低孔低渗砂岩自洽(SC)岩石物理建模，多因素人工智能常规测井、NMR测井、阵列感应测井渗透率反演，多分量地震成像技术，地震叠前叠后属性分析技术，AVO分析与叠前反演技术，叠前叠后多尺度裂缝预测技术，微地震水力压裂监测和时移地震开发动态监测等技术。

地球物理技术的发展趋势(古江锐等，2009)：地应力和裂缝测井评价，岩石物理与地震正演一体化，地震正演与反演一体化，地震成像与地震解释一体化，突出地震各向异性。

(二) 页岩油气

地球物理技术在页岩油气勘探开发中的价值和作用越来越受到重视，成为“甜点”预测不可或缺的关键技术之一。

地球物理技术的主要进展(Han S Y等，2010；Bustin R M等，2009；Quirein J等，2010；Ross D等，2007)：页岩油气储层电学、声学和力学特征实验技术，页岩油气储层各向异性岩石物理建模技术(Yaping Z等，2010)；在测井地球物理响应研究的基础上，建立页岩油气储层测井识别与评价技术，提供矿物组分、孔隙度、渗透率、裂缝密度、含气性、*TOC*、脆性、应力场等解释评价结果；页岩油气储层的特征对地震资料采集和处理的品质提出新的要求：宽方位、高信噪比和保幅性、更加突出各向异性，地震资料解释刻画页岩油气层顶底和厚度、在岩石物理分析(实验室和测井评价)基础上，进行页岩油气储层参数反演，

运用地震属性分析技术、叠前弹性参数反演技术、P波方位各向异性反演技术等进行*TOC*、脆性、裂缝、应力预测，识别地质“甜点”和工程“甜点”，微地震压裂监控和裂缝描述技术。

地球物理技术的发展趋势(Ross D，2007；Ross D J K，2007；Zhu Y P等，2011)：探索基于岩石物理的弹性尺度粗化技术，基于复杂页岩油气储层三维地质模型，通过小尺度地震响应，建立地球物理参数特征，突出研究各向异性响应特征，搞清敏感弹性参数或属性及其与储层参数的关系，探索三孔隙介质地震反射分散理论，研究衰减特征，为弹性反演和“甜点”预测奠定可靠的物理学基础；微裂缝、地应力测井识别评价技术；基于各向异性模型的地震保幅和提高分辨率处理技术、全方位各向异性成像与反演一体化技术；多尺度裂缝检测技术；散射波裂缝成像技术、界面波与Coda波裂缝识别技术；基于岩石物理的*TOC*、脆性预测技术；孔隙压力和地应力地震预测技术；从数据采集到分析、解释以及油藏动态监测配套的微地震压裂检测技术等。

(三) 煤层气

煤层气储层地球物理方法包括煤层气测井评价、煤层割理预测和开发动态检测3个方面。煤层气测井解释的方法目前基本仍然采用常规油气藏勘探开发中使用的常规测井方法，但油气勘探开发中新兴的地震技术正逐步用于煤层气勘探开发中。

煤层气勘探开发中地震技术的进展(Close D等，2010)：高分辨率地震成像和薄层识别技术，曲率、分频等新的地震属性分析技术，AVO分析技术和叠前反演技术，P波方位各向异性裂缝检测技术，多分量地震和VSP技术。

地球物理技术发展的趋势：岩心解吸和含气量分析方法，新型电缆传输低产能评价测井技术，核磁共振(NMR)和X-CT定量表征煤岩孔裂隙结构的数字岩心与测井技术，割理成像测井技术，全方位AVO分析与各向异性割理裂隙预测技术，分频多尺度曲率属性割理预测技术，时移地震物理模型模拟技术等。

第二节　致密砂岩油气地球物理技术

一、岩石物理技术

地球物理勘探技术发展的趋势是由定性到定量，是地球物理学家长期以来孜孜以求的研究目标，特别是针对非常规致密油气储层。定量地震勘探必须以岩石物理研究为基础。岩石物理研究岩石物理性质之间的相互关系，具体地说，研究孔隙度、渗透率等是如何同地震波速度、电阻率、温度等参数相关联的，是联系地震响应与地质参数的桥梁，是进行定量地震解释的基本工具，更是非常规储层研究的必需手段(图6-1)。岩石物理研究中的一个基础问题是岩石物理建模，其目的是为了模拟各种岩石弹性参数和储集层参数之间的联系；另一个问题就是针对具体研究区域的岩石物理分析技术，分析特定区域储层的岩石物理特征，为定量地震勘探提供技术服务和数据支撑。

(一) 岩石物理建模技术

岩石物理建模技术是利用岩石各组分模量通过一定方法合成整个岩石等效弹性模量的技术方法。

工业界常用来作速度预测的模型，从简单到复杂主要有：Wyllie时间平均公式(Wyllie，

1956)、Voigt-Reuss-Hill 模型(Voigt, 1928; Reuss, 1929; Hill, 1952)、Gassmann 理论(Gassmann, 1951)、Kuster-Toksöz 模型(Kuster 和 Toksöz, 1974)以及针对砂泥岩的 Xu-White 模型(Xu 和 White, 1995)等。

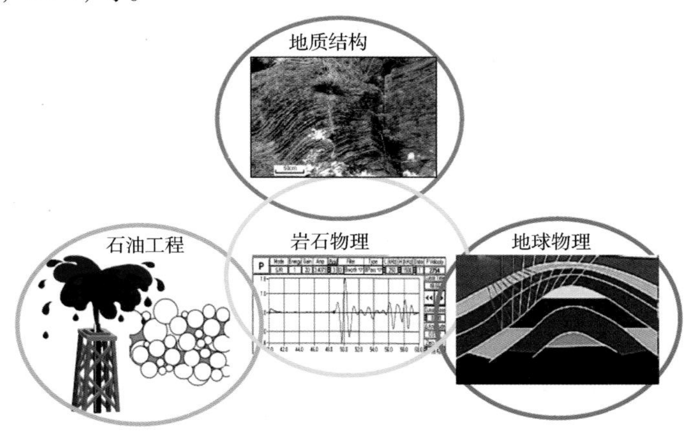

图 6-1　岩石物理桥梁与纽带作用示意图

Wyllie 时间平均公式认为声波在单位体积岩石内传播所用的时间由两部分组成：岩石骨架部分($1-\Phi$)以速度 V_{ma} 传播所经过的时间与充满流体的孔隙部分 Φ 以速度 V_f 传播所经过的时间的总和，它将岩石中的各个组成部分等效为层状，不考虑几何细节，是最简单的岩石物理模型；Voigt-Reuss-Hill 模型是对各种矿物有效弹性模量的平均，基于此平均可采用 Wood 公式(Wood A W, 1955)计算孔隙流体声波速度；Gassmann 方程建立了岩石基质模量、孔隙度、流体和干岩石模量之间的关系，为孔隙流体与地震波速的联系架起了桥梁；Kuster 和 Toksöz 利用散射理论建立一个应用广泛的两相介质的模型，把孔隙度和孔隙纵横比与岩石的体积和剪切模量联系起来；Xu-White 模型是在 Wyllie 方程、Gassmann 方程和 Kuster-Toksöz 模型 3 种岩石物理模型的基础之上，再加上微分等效介质理论(DEM)得到的合成模型，是目前应用最为广泛的岩石物理模型。微分等效介质(DEM)理论通过往固体相中逐渐加入填入物来模拟双相混合物。

致密砂岩的岩石物理建模本质上与常规储层岩石物理建模无太大差异，但是在流体识别中必须注意由于致密砂岩的高度非均质性导致的致密砂岩中流体分布的不均匀性，及其混相流体弹性模量计算方法的不同。

混合相态流体是实际中常见的流体赋存形式。对于多数油气藏来说，在油(气)水接触界面以上，仍有部分孔隙被地层水所占据，并且对于活油来说，在开发过程中随着油藏压力不断降低，原来溶解在油中的气就可能解析出来，形成混合相态流体。因此，在计算出单独气相和单独液相流体弹性参数后，还需要有计算混合相态流体弹性参数的办法。在两种相态流体共存条件下，通常假设均匀混合。在致密储层条件下，由于连通性差，两相流体往往处于斑块状态。

混合相态流体的计算可以用 Wood's 方程(Wood A W, 1955)计算，具体计算如下：

$$\rho_M = \Phi_A\rho_A + \Phi_B\rho_B \tag{6-1}$$

$$\frac{1}{K_M} = \frac{\Phi_A}{K_A} + \frac{\Phi_B}{K_B} \tag{6-2}$$

式中，ρ_M是混合流体的密度，ρ_A和ρ_B是流体 A、B 的密度；Φ_A和Φ_B是流体 A、B 的体

积百分比；K_M是混合流体的体积模量，K_A和K_B是流体A、B的体积模量。

利用Wood's方程所计算的混相流体的体积模量适用于高孔渗储层，当储层为致密储层时，根据实验研究结果，应使用Patchy模型：

$$K_M = \Phi_A \times K_A + \Phi_B \times K_B \tag{6-3}$$

图6-2给出在实验超声频率下，不同压力时致密砂样品纵、横波速度（V_p、V_s）随含水饱和度变化的实验结果，同时给出用均匀流体模型与斑块模型计算出的纵、横波速度随含水饱和度变化的理论值。实验结果显示，不同含水饱和度下的V_p在压力较低时明显高于理论上限（斑块饱和）结果。实验纵波经频散校正后结果落在V_p理论上、下限值所围成的三角形区域内，并在含水饱和度$S_W \geqslant 70\%$时与斑块模型上限结果更为一致，含水饱和度$S_W \leqslant 50\%$时与均匀流体模型的下限速度更为接近。实验压力较高时，随着塑性孔隙的闭合，纵、横波实验值与均匀流体、斑块模型理论计算值在完全饱和条件下差别不大。可见，改进了混相流体的体积模量的计算模型更接近实际的流体赋存状态。

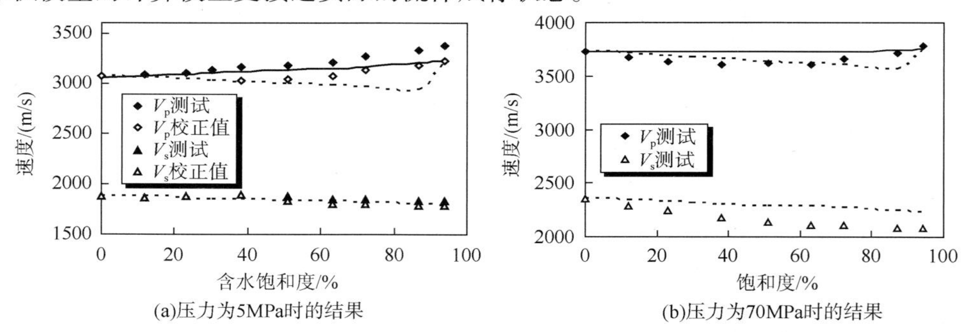

图6-2　致密砂岩样品纵横波测试、理论模型计算值及相应的速度校正值

（图中实线代表斑块模型上限速度计算值，虚线代表均匀模型下限速度计算值）

（二）岩石物理分析

岩石物理分析主要应分析岩石不同弹性参数之间的相互联系以及岩石弹性参数与储层参数间的关系。这包括岩石的密度与速度关系、岩石纵横波速度关系、岩石速度与孔隙度及泥质含量的关系等。这里以鄂尔多斯盆地大牛地气田的应用为例阐述致密砂岩岩石物理分析，重点阐述岩石密度与速度的关系，以及岩石速度与孔隙度、泥质含量间的关系。

岩石密度与速度的关系是一个重要的岩石物理关系模型，作为岩石物理性质的基础参数，密度在横波曲线估算、储层反演及特征预测中不可或缺。很多老井缺乏密度资料或者密度资料不理想，需要校正或重构。对于中、高孔隙砂岩，不同的学者利用岩心实验数据或者测井数据提出了不同的经验关系，在实践中得到了较广泛的应用；对于低孔隙度砂岩，可用的经验关系较少。

从纵波速度与密度的交汇图（图6-3）看出，高声波、低电阻的密度与速度交会和低声波高电阻的密度与纵波速度交会有差异。高声波、低电阻岩心样品相对低声波、高电阻样品的密度和纵波速度略高。

虽然该区的砂岩致密、孔隙度低，但是通过薄片镜下微观照片分析可知，新区（高声波低电阻）砂岩的岩屑中泥质含量相对较高，为10%～20%，以泥质胶结为主，胶结物主要为高岭石。老区（低声波、高电阻）砂岩的岩屑中泥质含量较少，为4%～12%，以钙质胶结为主，胶结物主要为方解石。所以，老区的水饱和砂岩的密度和速度关系与Gardner关系比较接近(图6-4)，而新区的水饱和砂岩密度和纵波速度关系在 Gardner 关系的上方(图 6-5)。

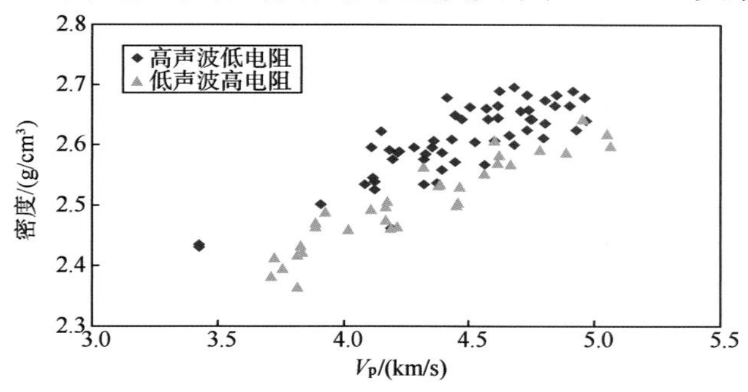

图 6-3　水饱和砂岩样品的密度与纵波速度关系

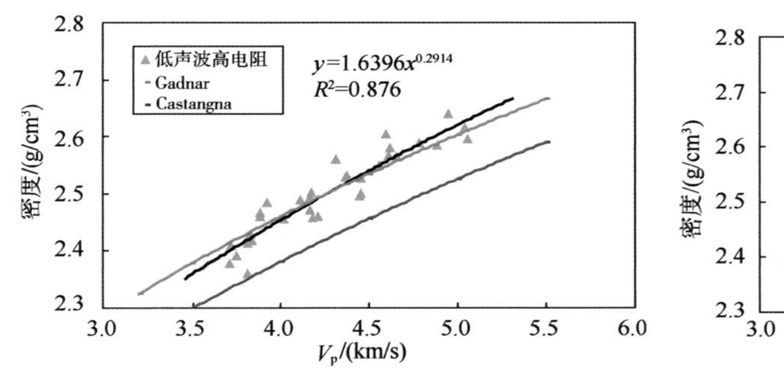

图 6-4　老区储层密度与纵波速度交汇图

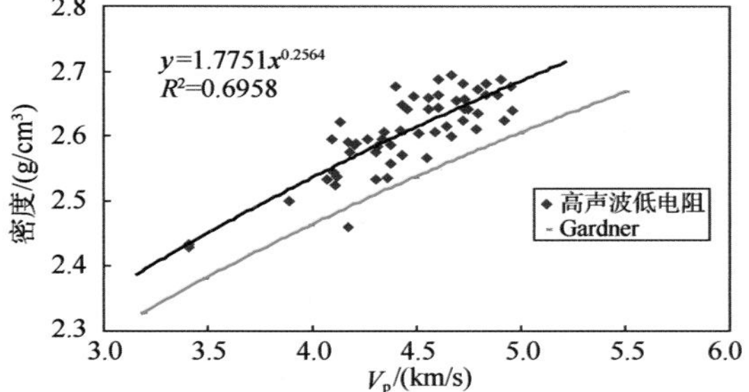

图 6-5　新区储层密度与纵波速度交汇图

岩石速度随着孔隙度增加而下降(图 6-6)，但是在趋势线的附近存在许多散点，说明孔隙度不是影响岩石速度的唯一因素。泥质含量具有降低砂岩速度的作用，是影响岩石速度的主要参数。图 6-7 是部分岩石样品的纵、横波速度与泥质含量的关系图，由图可知，随着泥质含量增加，砂岩纵、横波速度呈现降低的趋势，可见速度不仅与孔隙度有关，还与泥质含量有关。

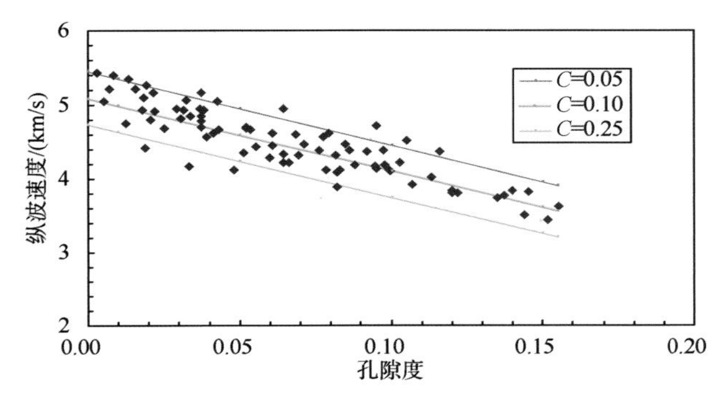

图 6-6　用回归的经验公式计算不同泥质含量的速度-孔隙度

用二元线性回归方法对岩石速度、孔隙度、泥质含量的关系进行回归，得到如下经验方程：

$$V_p = 5.62 - 9.92\phi - 3.56C \quad (6-4)$$

$$V_s = 3.52 - 7.68\phi - 3.33C \quad (6-5)$$

孔隙度 ϕ、泥质含量 C 为小数，其相关系数分别为 0.93 和 0.88。当孔隙度和泥质含量发生变化时，公式提供了纵横波速度相对变化情况。

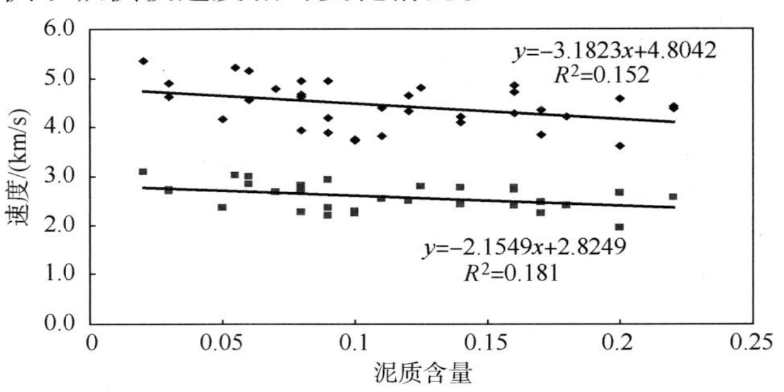

图6−7　砂岩速度与泥质含量的关系

二、致密砂岩油气储层测井评价

测井为致密砂岩油气藏描述提供精确的孔隙度、渗透率、含油气饱和度、束缚水饱和度等储层参数。与传统高孔渗砂岩油气藏相比，致密砂岩油气藏测井评价有4个难点：①由于储层低孔、低渗特点，孔隙流体信息测井响应弱，导致流体性质测井识别难；②储层孔隙结构复杂，电测井响应“非阿尔奇化”现象显著，导致含油气饱和度计算困难；③储层渗透率影响因素复杂，导致传统基于孔隙度和泥质含量的渗透率估算方法失效；④致密砂岩储层中常常发育各种裂缝构造，如何有效地识别和评价裂缝是致密砂岩储层测井评价面临的特殊难题。

针对上述特殊难点，目前主要采取如下3个对策：①从硬件方面发展高精度测井仪器；②针对不同测井方法加强岩石物理实验研究，构建流体识别因子，放大流体响应差异，提高流体识别方法精度，在此基础上建立油气定量评价模型和方法；③采用新方法测井(包括井壁成像、阵列声波和元素测井等)对储层孔隙结构、孔隙流体和裂缝等方面进行精细评价。

(一) 储层物性参数评价

准确确定储层孔隙度和渗透率是致密砂岩储层评价的基础。

1. 孔隙度计算

准确计算致密砂岩储层孔隙度可从两个方面来考虑：①采用高精度测井仪，如高精度密度测井仪等；②从计算模型来考虑。由于仪器硬件的限制，依靠优化计算模型来提高孔隙度精度，包括变骨架值法、核磁共振与密度测井交会法和精细岩心刻度测井法。

致密砂岩储层骨架值多变，采用传统固定骨架值模型计算孔隙度将带来很大误差，利用变骨架值法是提高孔隙度计算精度的有效手段，其关键是确定储层骨架值。当有元素测井资料时，利用元素测井资料逐点确定各点岩石骨架值(骨架密度、骨架声波时差或骨架中子值)，再利用这些骨架值确定孔隙度。当没有元素测井资料时，则在岩心分析化验资料基础上，确定影响骨架值的主要地质因素，以此为基础，分岩类确定骨架值，然后计算孔隙度。

利用核磁共振测井−密度测井响应联合求取孔隙度方法(DMR)可以最大限度克服岩性变化和孔隙流体性质对孔隙度计算带来的误差，是致密砂岩储层孔隙度的有效计算方法之一。其方程组为：

$$\rho_{\mathrm{b}} = V_{\mathrm{ma}} \times \rho_{\mathrm{ma}} + V_{\mathrm{mf}} \times \rho_{\mathrm{mf}} + V_{\mathrm{hc}} \times \rho_{\mathrm{hc}} \tag{6-6}$$

$$\phi_{\mathrm{NMR}} = V_{\mathrm{mf}} \times HI_{\mathrm{mf}} + V_{\mathrm{hc}} \times HI_{\mathrm{hc}} \times P_{\mathrm{hc}} \tag{6-7}$$

$$V_{ma} + V_{mf} + V_{hc} = 1 \quad (6-8)$$

$$P_{hc} = 1 - e^{-T_W/T_1} \quad (6-9)$$

式中，ρ_b 为测井密度值，g/cm^3；ρ_{ma}、ρ_{mf}、ρ_{hc}分别为岩石骨架、地层水和油气密度，g/cm^3；V_{ma}、V_{mf}、V_{hc}分别为岩石骨架、地层水和油气密度体积组分；ϕ_{NMR}为核磁共振测井孔隙度；HI_{mf}、HI_{hc}分别为地层水和油气烃类含氢指数；T_W 为核磁共振成像等待时间，ms；T_1 为弛豫时间，ms；P_{hc}为烃类扩散系数。

储层孔隙度(*DMRP*)为：

$$DMRP = V_{mf} + V_{hc} \quad (6-10)$$

联立求解得到：

$$DMRP = \frac{HI_{mf} - HI_{hc}P_{hc}}{HI_{mf}} \cdot \frac{(\rho_b - \rho_{mf})HI_{mf} + \phi_{NMR}(\rho_{ma} - \rho_{mf})}{(\rho_{hc} - \rho_{mf})HI_{mf} + HI_{mf}P_{hc}(\rho_{ma} - \rho_{mf})} \quad (6-11)$$

在地质资料和分析化验资料丰富的条件下，利用岩心刻度测井方法，分地质层段和岩性建立孔隙度精细评价模型，如孔隙度-密度模型、孔隙度-声波时差模型或孔隙度-中子响应模型。

2. 渗透率计算

致密砂岩储层条件下，影响储层渗透性的因素复杂，导致孔隙度与渗透率之间关系复杂，引入孔隙结构和孔喉分布特征参数是求准渗透率的关键。

李潮流、周灿灿(2011)引入一个表征储层孔隙结构和孔喉分布的因子 δ，借助该因子可以很好地建立渗透率计算模型，其关系为：

$$\delta = \frac{\phi^C}{P_D \times \sqrt{Sp}} \quad (6-12)$$

式中，C 为刻度系数(无因次量)；P_D 为排驱压力，根据核磁共振 T_2 谱转换成伪毛管压力曲线提取；Sp 为分选系数，表示孔喉分布的离散程度。

$$Sp = \frac{1}{N}\sum_{i=1}^{N}\frac{(\bar{x})^4}{[\bar{x}^2 + (x_i - \bar{x})^2]^2} \quad (6-13)$$

利用δ公式估算鄂尔多斯盆地致密砂岩中两口井的渗透率(图 6-8)，连续线为计算结果，杆状线为岩心分析结果，二者具有很好的一致性，绝对误差小于半个数量级。

3. 束缚水饱和度

致密砂岩储层中束缚水饱和度高，而且变化大，准确确定储层束缚水饱和度是正确评价油气层的关键。

核磁共振测井资料是确定储层束缚水饱和度的最佳手段，利用核磁共振测井资料确定束缚水饱和度(S_{wb})公式为：

$$S_{wb} = (\phi_T - \phi_{MRIL})/\phi_T \quad (6-14)$$

式中，ϕ_T 为总孔隙度(小数)；ϕ_{MRIL}为可动流体孔隙度(小数)。

在没有核磁共振测井资料情况下，依据岩心压汞资料分析确定的束缚水饱和度与孔隙度、渗透率、泥质含量或粒度中值建立关系式，借此进行束缚水饱和度计算。曾文冲先生曾经依据 1774 块岩心样品资料，建立计算束缚水饱和度经验公式(Hill R，1952)，关系式为：

$$\lg(1 - S_{wb}) = B_0 + (B_1\lg Md + B_2)\frac{1-\phi}{B_3} \quad (6-15)$$

式中，ϕ 为孔隙度(小数)；Md 为粒度中值，mm；B_0、B_1、B_2、B_3 为待定系数。

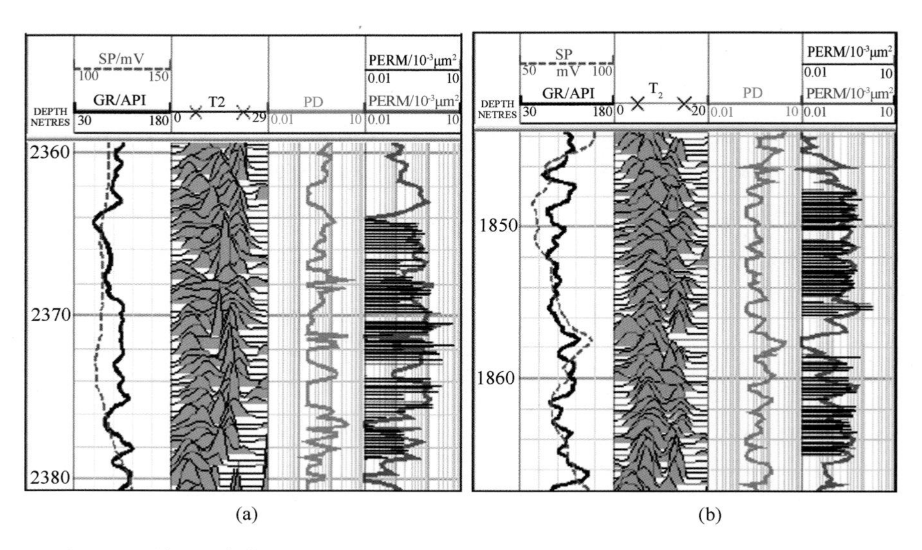

图 6－8　利用 δ 参数表征鄂尔多斯盆地致密砂岩储层渗透率（李潮流等，2011）

（二）裂缝测井评价

致密砂岩中常发育裂缝构造，这些裂缝构造对改善致密砂岩储层品质具有重要意义。目前，井壁成像测井和阵列声波测井是评价裂缝的最佳测井手段，其次是双侧向测井、微球形聚焦测井以及孔隙度测井。

1. 井壁成像测井

在井壁图像上能够方便地确定裂缝产状，判断裂缝类型（图 6－9）。同时，利用井壁成像图可以计算出裂缝孔隙度、裂缝长度、裂缝宽度和裂缝密度。

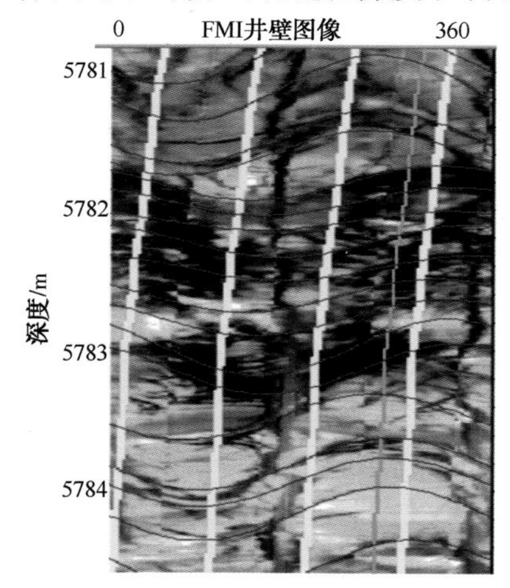

图 6－9　利用井壁成像测井识别致密砂岩储层裂缝

虽然井壁成像测井是定量评价裂缝的最佳手段，但测量成本高，目前还只是在少数重点勘探开发井中测量，使其应用受到限制。利用成像测井成果对常规测井（一般为双侧向测井）进行刻度，得到基于常规测井方法的裂缝定量评价模型，借此对裂缝进行定量评价。

2. 双侧向测井

常用双侧向电阻率差异性质及其程度来定性判断裂缝产状和裂缝发育程度（图 6－10）。对于致密砂岩储层来说，由于粒间孔隙的存在，受泥浆侵入的影响也可造成双侧向电阻率差异，传统上正是根据这种差异程度和性质来判断储层物性和流体性质。因此，在利用双侧向差异分析裂缝时必须区分泥浆侵入粒间孔隙的响应和泥浆侵入裂缝造成的响应。

3. 微球形聚焦测井

微球形聚焦测井（MSFL）采用贴井壁方式测井，且电极尺寸较小，能够灵敏地反映井壁附近微电阻率的变化。在致密层段，MSFL 呈相对高背景值，背景值与深探测电阻率接近，而裂缝层段 MSFL 为低背景值，且呈尖峰状异常低值变化（图 6－10）。

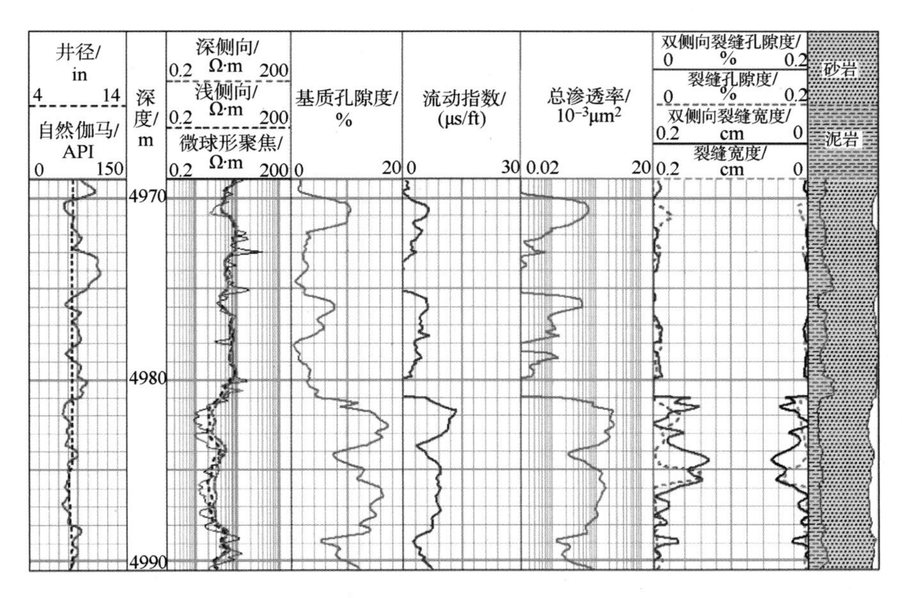

图 6-10 利用常规测井资料识别与评价裂缝

4. 孔隙度测井

就砂岩裂缝响应而言，密度测井采用贴井壁方式测量，对裂缝及其造成的不规则井眼响应较灵敏，在裂缝层段密度测井值减小或呈尖峰状；中子测井一般对纯裂缝性地层响应较差，但当裂缝非常发育且次生孔隙空间较大时，中子孔隙度也增大；声波时差对高角度裂缝响应不灵敏，在低角度缝和网状缝发育段，出现声波时差增大或者周波跳跃现象。由于孔隙测井系列反映岩石孔隙性侧面不同，比较它们之间的差异可以提取一些定量参数来评价裂缝。

5. 阵列声波测井

阵列声波测井能够同时提供地层纵波、横波和斯通利波等波的传播特征。通常利用斯通利波信息，分析裂缝及其连通性。斯通利波在渗透性地层传播时，由于井眼中流体与地层流体交换作用，造成斯通利波频散和幅度衰减。频散引起斯通利波时差增大，幅度衰减引起频率降低，也就是说相对于致密层弹性介质来说，由于渗透性的存在造成斯通利波走时滞后（滞后程度 TD）和中心频率向低频方向偏移（频移幅度 FS）。可以根据 TD 和 FS 帮助判断识别渗透性地层（包括孔隙地层和裂缝地层），进而定量评价其渗透率。

塔里木盆地致密砂岩在勘探开发过程中，根据测井评价结果建立的总孔隙度和裂缝孔隙度交会图，在该地区储层类型划分、储层有效性评价与产能评价中发挥了重要的基础作用（图 6-11）。

（三）流体性质识别

致密砂岩油气层在电测井上呈“低对比度”特征，一般单纯利用电阻率测井难以识别流体性质。概括起来，针对致密砂岩油气层特点采用多种方法组合识别流体性质。常用方法包括：① 孔隙度重叠法；② 图版法；③ 纵、横波速度比值法；④ 核磁共振测井法；⑤ 地层测试器测井法（章雄，潘和平，2005；李留中，韩成，2010）。

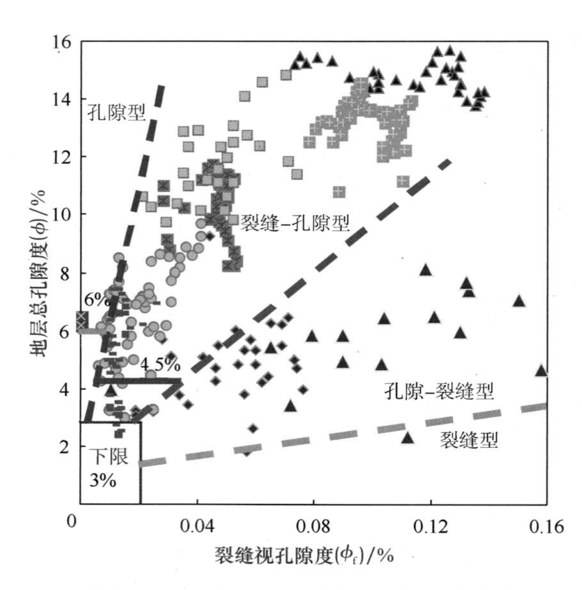

图 6-11 塔里木盆地致密砂岩总孔隙度与裂缝孔隙度交会图

1. 孔隙度重叠法

对于气层和轻质油层，声波测井、密度测井和中子测井响应有差异，可以利用这种差异性识别油气层。在实践中，通过适当刻度使两种孔隙度曲线在水层段或致密层段重叠，在油气层段两者之间出现差异，利用这种差异性质和程度判断储层流体性质。根据地区特点选取对流体性质响应灵敏的测井曲线进行重叠，在一般情况下常常选取密度和中子测井曲线进行重叠。

为了应用方便，基于不同测井方法得到地层视孔隙度，构建流体识别因子帮助判别流体性质。设由声波测井、密度测井和中子测井计算得到的地层视孔隙度分别为 ϕ_S、ϕ_D、ϕ_N，令 $P_1 = \phi_S + \phi_D - 2\phi_N$、$P_2 = (\phi_S + \phi_D)/2\phi_N$、$P_3 = \phi_S\phi_D/\phi_N^2$、$P_4 = 2\phi_S/(\phi_N + \phi_D)$，则当 $P_1 > 0$、$P_2 > 1$、$P_3 > 1$ 和 $P_4 > 1$ 时为油气层，否则为水层或干层。

2. 图版法

图版法是常用的储层流体性质识别方法之一。在测试资料基础上，选取对流体性质敏感的参数作二维或三维交会图，直观显示不同流体性质点群差异及其分布特征，借此识别目的层流体性质，常用电阻率测井-孔隙度交会图、孔隙度-含水饱和度交会图等。其关键是流体敏感参数的获取，不同地区由于地质条件和测井系列的差异，对流体响应的敏感参数选取不尽相同，交会图类型也不一样。如赵彦超(2003)利用声波时差/密度比值-孔隙度与计算含油气饱和度乘积($\Delta t/\rho - \phi S_g$)交会图识别气层，效果良好(图 6-12)。

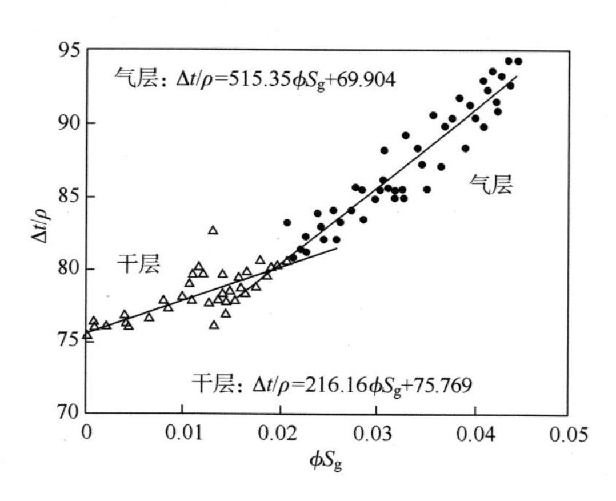

图 6-12 大牛地气田 $\Delta t/\rho - \phi S_g$ 交会图(赵彦超，2003)

3. 纵、横波速度比值法

通常采用纵、横波速度比值法或者基于纵、横波速度比得到的其他衍生方法来判别流体性质。实验数据和实践经验表明，储层含气时，即使含少量的气，也会造成纵、横波速度比（V_p/V_s）明显下降，而水层和油层 V_p/V_s 值则接近于岩性背景值。即

V_p/V_s < 判别值　　　　气层

V_p/V_s ≥ 判别值　　　　非气层

判别值的大小取决于地层岩性，其中纯砂岩为1.65、灰岩为1.9、白云岩为1.8。

在实践中，用纵、横波速度比值法判别储层含流体性质时，还要考虑岩性、孔隙度等因素的影响。

4. 核磁共振测井法

核磁共振测井测量的是岩石孔隙中流体的横向驰豫时间 T_2。T_2 由体积驰豫 T_{2b}、表面驰豫 T_{2s} 及扩散驰豫 T_{2d} 共3个部分组成。不同地层流体的驰豫特征不同。通常，润湿岩石中的水，以表面驰豫为主；孔洞中的水以体积驰豫为主，并受扩散影响；水润岩石中的油以体积驰豫为主，并受扩散影响；气体主要表现为扩散驰豫。因此，可以根据油、气、水不同的驰豫特征判别储层含流体性质。

5. 地层测试器测井识别法

地层测试器的压力测量资料与取样分析结果能直观快速地反映井壁周围地层所含流体性质。在一个纵向剖面上，如果测有多个不同深度的压力数据，就可以建立起纵向的地层压力剖面，并可以计算出地层压力梯度及地层所含流体的密度，然后通过地层压力梯度与地层流体密度的变化判别油气层。

（四）含油气饱和度评价

致密砂岩储层“非阿尔奇化”现象严重，不能直接套用经典阿尔奇公式。目前主要作法是在岩电实验基础上，分析影响岩电指数 m、n 和岩电系数 a、b 的主要地质因素，在此基础上对阿尔奇公式进行改进，并对含油气饱和度进行评价（张明禄，石玉江，2005；毛志强，高楚桥，2000）。

针对塔里木盆地致密砂岩油气储层，以大量实验数据为基础，分析了胶结指数 m 和饱和度指数 n 的主要地质因素（图6-13），包括孔隙度、平均粒径、钙质或膏质胶结物含量以及裂缝等地质因素。通过地质统计方法，确定 m 指数和 n 指数与主要影响因素之间的定量关系，实现利用测井资料连续计算 m、n 值，进而计算含油气饱和度（李军，2008）。

$$m = 1.8955e^{1.266\phi - 0.036Md + 0.016V_{ca}} \tag{6-16}$$

$$n = 3.085e^{-0.714\phi - 0.104Md + 0.11V_{ca}} \tag{6-17}$$

式中，ϕ 为孔隙度（小数）；$Md = -\log_2^d$；d 为粒径，mm；V_{ca} 为胶结物含量（小数）。

利用测井资料，依据式（6-16）和式（6-17）逐点计算 m、n 指数，再应用阿尔奇理论确定含油气饱和度。采用该方法可以大大提高致密砂岩储层含油气饱和度计算精度。

另外，可以从油气成藏角度，依据压汞分析资料或核磁共振资料确定束缚水饱和度来分析储层含油气饱和度。

（五）实例分析

1. 大牛地气田测井评价

大牛地气田构造上位于鄂尔多斯盆地伊陕斜坡东北部，区域上为非常平缓的西倾大单

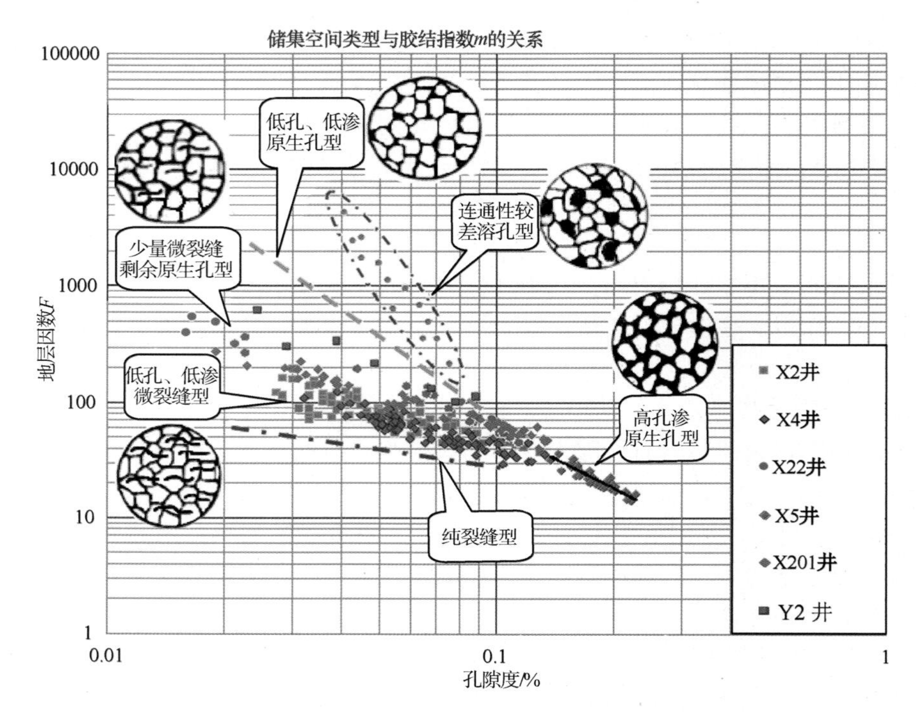

图 6-13 塔里木盆地致密砂岩储集空间类型与 m 指数关系(李军等, 2008)

斜，局部构造不发育，主要产层段为上古生界太原组、山西组和下石盒子组。大牛地气田上古生界属于滨浅海-三角洲-河流沉积体系，主要储集砂体太原组为障壁砂坝，山西组为三角洲平原分流河道砂，下石盒子组为河道砂。储集岩类型主要为岩屑石英砂岩和岩屑砂岩，次为石英砂岩和长石岩屑砂岩。

储层段测井响应特征为：自然伽马值相对较低，一般为 25.0 ~ 80.0API，表现为低泥质含量的特性；在井径曲线上储层段常常表现为井径正常或略有“缩径”；储层段的声波时差一般大于 203.0μs/m，好的储层在 230.0μs/m 以上，声波时差的高低能较好地反映储层的孔隙度大小；在储层发育段，补偿中子测井值将会增大，且与声波时差有较好的相关性，当储层含气时，由于天然气对中子的“挖掘效应”，中子孔隙度不同程度地受到天然气的影响，致使中子孔隙度比实际储层孔隙度有所降低；储层双侧向电阻率为中-高值，一般在几十欧姆米至几百欧姆米之间，在常规钻井液条件下无论气层、水层其所测电阻率值，双侧向差异不太明显。图 6-14 为 D26 井上古生界测井综合成果图，16 号层自然伽马明显变小，声波时差变大，补偿中子变小，体现出明显的气层特征，利用测井资料计算储层参数，符合气层标准，该层综合解释为气层，该段测试日产气 $1.354\times10^4 m^3$，验证了测井解释结论的正确性。

2. 鄂南致密油测井评价

镇泾油田位于鄂尔多斯盆地天环向斜南部，行政区划属甘肃省镇原、泾川、崇信三县管辖，为中国石化华北分公司登记的矿权区，面积 $2515.6km^2$。镇泾油田上三叠统延长组沉积体系主要为辫状河三角洲，其长 8 油层组位于自南西向北东方向展布的辫状河三角洲沉积体系的三角洲前缘亚相，沉积微相类型主要有水下分流河道和分流河道间湾沉积。储层岩石类型以灰色、灰绿色、深灰色长石岩屑砂岩、岩屑长石砂岩为主。砂岩粒度以细粒、细-中粒、粉-细粒为主。磨圆度以次棱角状为主；分选中等至较好，成分成熟度偏低，结构成熟度中等；接触关系以点-线和线状接触为主。孔隙度主要分布在 4.4% ~14% 之间，平均为 10.8%，渗透率主要分布在（0.1～0.477）$\times10^{-3}\mu m^2$ 之间，平均为 $0.4\times10^{-3}\mu m^2$，为超低渗储层。

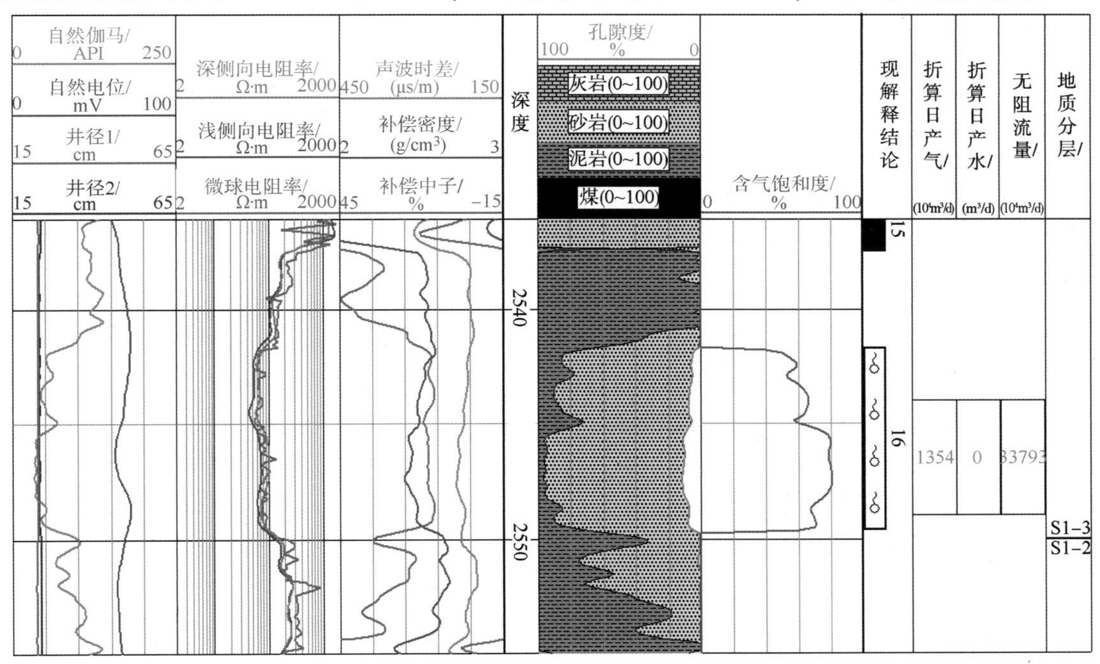

图 6-14 大牛地气田 D26 井解释成果图

长 8 砂岩储层自然伽马、声波时差、密度、中子、电阻率呈多峰态分布，自然伽马值范围为 60～90API，声波时差值范围为 210～250μs/m，密度值范围为 2.32～2.52g/cm³，中子值范围为 18%～24%，深、中感应电阻率值范围为 10～30Ω·m。图 6-15 为镇泾油田 ZJ25 井解释成果图。ZJ25 井 21 号层（深度 2261.3～2273.4m）井径规则，自然伽马整体呈锯齿状，有明显分段特征，电阻率均值约为 16.9 Ω·m，双感应曲线形态略有上凸。采用测井资

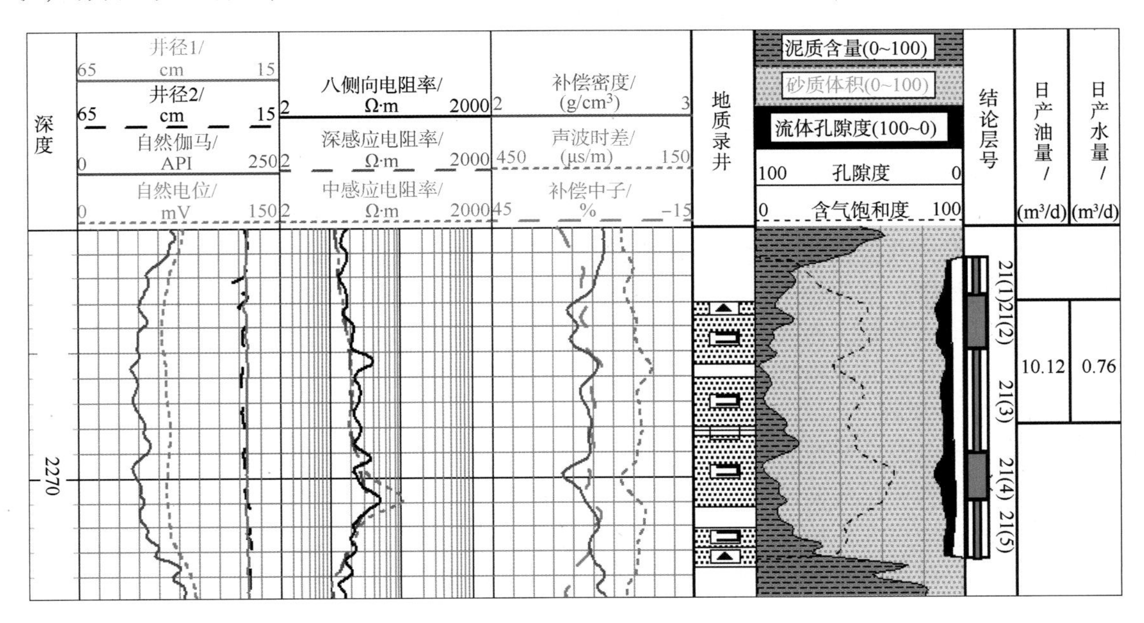

图 6-15 ZJ25 井解释成果图

料计算储层参数，泥质含量为10.3%，孔隙度为12.7%，含油饱和度为47.4%，测井解释为致密油层。该段压裂试油，折算日产油10.12m^3，日产水0.76m^3，测试结论为油层，与测井解释结论一致。

三、致密砂岩油气地震识别与综合预测技术

我国致密砂岩储层分布广泛，多数含油气盆地从古生界到新生界地层都具有形成致密砂岩油气藏的地质条件。与常规储层相比，这类储层岩石物理性质和内部的流体力学性质方面均有较大的差别，呈现出低孔、低渗、非均质性强、薄互层、裂缝发育等典型特征，其勘探开发一直是世界性难题。目前，国内外致密砂岩气研究成果多于致密砂岩油，随着四川盆地新场、洛带、八角场、邛西和鄂尔多斯盆地苏里格、榆林、大牛地等一批致密砂岩气田的成功勘探与开发实践，国内致密砂岩气储层预测技术日趋完善。以三维地震为核心的储层综合地球物理预测技术，有效提高了储层预测的精度。

致密砂岩油气层具有低孔、低渗、非均质性强、薄互层、裂缝发育等特征，地震储层预测的难点主要表现在：① 针对致密薄储层而言，常规地震资料分辨率普遍偏低，给储层预测带来困难；② 储层含油气性预测难度大，砂体间相互叠置、非均质性极强、厚度大的砂体并不一定富集油气。

地震储层预测总体思路是以沉积模式为指导、以测井信息为桥梁、以地震技术为手段、以综合解释为核心、以突出储层为目标，强调多学科人员组合、多学科资料整合、多种地震技术结合，包括全三维精细构造解释-地质、测井、地震多信息沉积微相研究-构造、沉积微相控制下的储层砂体预测-砂体控制下的油气预测。强调处理、解释、模型正演和反演、储层预测一体化的研究方案。充分利用现有的地质、地震、钻井、测井等资料系统地分析各主要目的层的地球物理响应特征，逐步形成致密砂岩气藏储层岩性预测、物性预测与流体检测，以及相关裂缝综合预测的技术方法，实现从定性预测到定量预测、岩性预测到含油气性预测、叠后预测到叠前预测的转变。

（一）储层岩性预测技术

致密砂岩储层岩性预测是指对砂岩沉积相带、分布特征及其连续性的研究，其重点是精细刻画砂岩储层的厚度和顶面构造形态，形成对有利储层空间分布规律的认识。

根据地球物理参数（地震反射和测井响应特征）对致密砂岩储层进行岩性预测大致可分为两步：①岩性定性预测，就是对致密砂岩所处的沉积相和沉积体系进行研究，分析储层所形成的主控因素，并根据储层地震反射波形特征聚类分析或地震属性参数综合分析来确定储层发育的有利相带；②岩性定量预测，在储层岩石地球物理特征分析的基础上，采用地震反演技术，即以地震资料纵向波阻抗差异为基础，采用不同的反演方法识别致密砂岩与围岩间的物性界面，结合钻井资料标定，实现储层厚度和空间展布的精细刻画。

1. 储层定性预测

当储层较致密时，低孔、低渗储层与非储层的差异变小，地震波对致密砂岩储层的响应不敏感，使得有利储层的地震响应不能清楚地从围岩中直接区分、解释出来。目前，常用的作法是综合分析地震几何特征（反射波组接触关系、波形变化与外部形态）和地震物理属性参数的差异，以此来推断和识别储层的平面分布和沉积相带展布。

（1）地震波形分类。沉积地层的任何地质参数的变化总是反映在地震道波形形状的变化上。波形分类处理就是基于地震道的形状变化情况，主要通过地震数据样点值的变化转换成

地震道形状的变化来实现的，振幅值的大小对于地震道整体形状的变化来说意义并不是很重要。一般地，首先划分出几种典型的形状，然后每一实际地震道被赋予一个非常相似的模型道的形状。模型道的计算是通过神经网络的模式识别能力来完成的，它是根据每道的数值对地震道形状进行分类，也就是划分地震相。自组织神经网络(SOM)是一种具有自学习功能的神经网络，由两层组成。输入层中神经元在一维空间中排列，而输出层的神经元可以是多维的，并且输出节点与邻域的其他节点广泛互连(图6-16)。神经网络在地震层段内对实际地震道进行训练，通过几次迭代之后，神经网络构造合成地震道，然后与实际地震数据进行对比，通过自适应试验和误差处理，合成道在每次迭代后被改变，在模型道和实际地震道之间寻找更好的相关性。

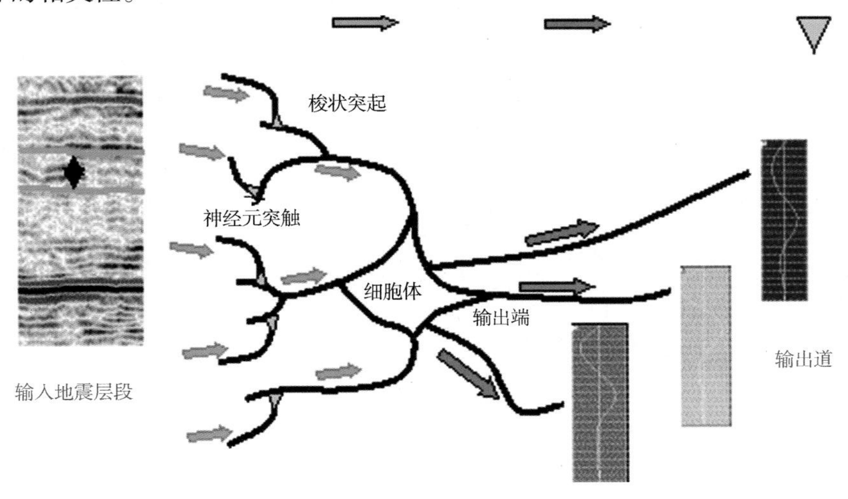

图6-16 神经网络模式识别原理

地震相研究的思路是：首先系统地分析前人的地质研究成果，然后进行测井微相分析，最后建立测井相与地震相的关系进而预测其平面展布特征。

以鄂尔多斯盆地北部气田为例，100余口井的分析表明下石盒子组主要目的层测井相有3种类型，即箱形曲线、钟形曲线和锯齿状曲线。其中箱形曲线顶底界面均为突变接触，反映了沉积过程中物源供给丰富和水动力条件相对较强，代表了辫状河道砂体的沉积。将3类测井相与地震剖面分析对比，相应划分了3类地震相，即强峰强谷、弱峰弱谷和平峰平谷。最后总结得出了中强振幅、高连续地震相是河道沉积识别的主要标志，进而分析平面展布特征(图6-17)，分析表明，该区主要目的层的有利相带分布在工区的西南部，整体呈北西-南东向展布。

(2) 模型正演及振幅预测技术。模型正演技术主要是通过模型正演确定地震异常为何种地质现象引起，从而为利用地震参数获取砂体形态以及厚度方面的信息提供理论依据和指导。在研究区依据实际地质情况设计主要储层的厚度及岩性组合模型并研究其地震响应特征，模型正演及实际钻井的统计分析表明，在调谐厚度范围内，砂体厚度与地震振幅呈正相关(图6-18)，中强振幅代表了砂体的分布。上述实例表明通过模型正演分析可以为目的层砂体的定性预测提供基础依据。

在模型正演的指导下，对实际井的地震属性进行统计优化分析，分析表明，河道砂体的地震反射特征为中强振幅的短轴反射，并据此预测出了河道砂体的分布(图6-19)，通过统计砂体的厚度与振幅的对应关系得出了砂体的厚度图，图中黄、红颜色代表了砂体发育带。

分析表明，该区主要目的层存在3个近北西-南东向展布的砂体条带，砂体的展布与物源方向一致。

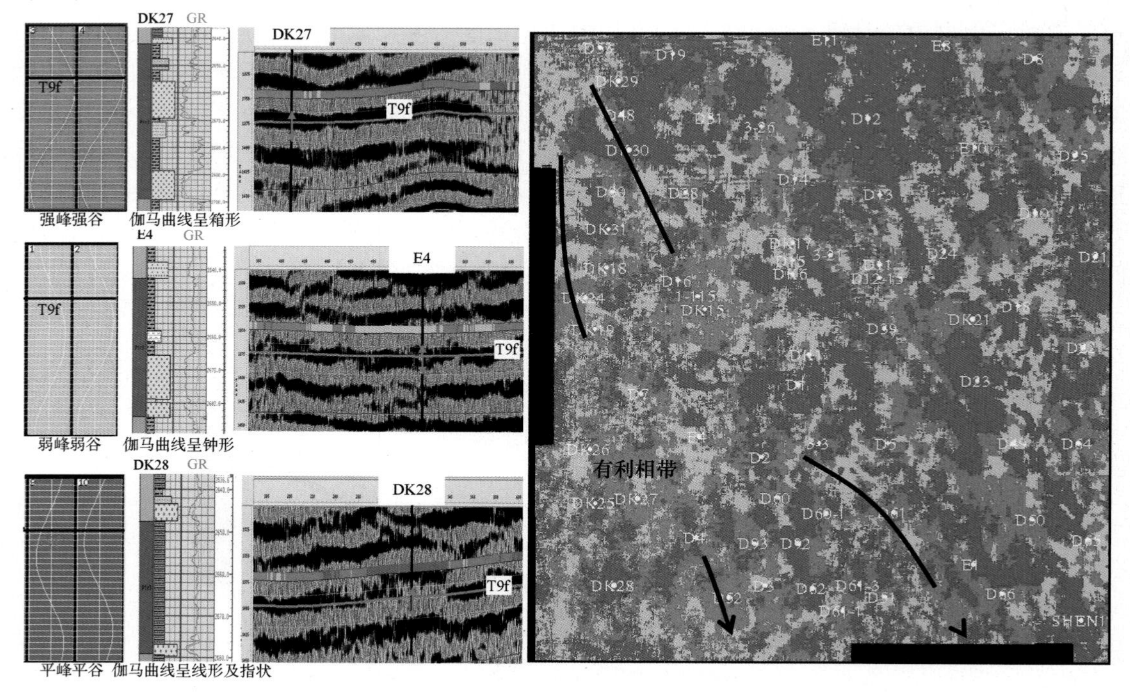

图6-17　鄂北气田二叠系下石盒子波形分类地震相解释

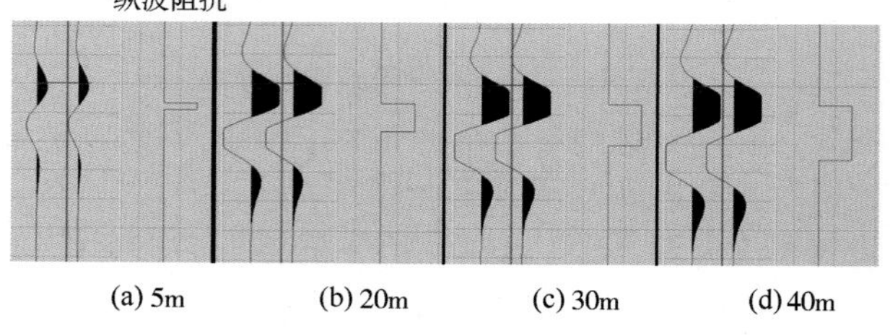

图6-18　目的层砂体厚度模型正演

（3）地震分频解释技术。分频解释技术是一种全新的地震储层研究方法，是以傅里叶变换、最大熵方法为核心的频谱分解技术，该方法在对三维地震资料时间厚度、不连续地质体成像和解释时具有优势，可在频率域内对每一个频率所对应的振幅进行分析，排除了时间域内不同频率成份的相互干扰，从而可得到高于传统分辨率的研究结果。经过分频解释处理后呈现出来的是全新的储层成像，是进行储层厚度计算、确定储层边界、优化井位设计的先进技术。地震波场是一个连续频率有限带宽的波场，不同频率成分都有不同的响应特征，近年来随着认识的不断深入，地震低频和高频成分得到了更多的关注。从图6-20可以看到，全频地震[图6-20(a)]不能有效刻画太原组滨浅海砂坝的展布范围，而应用48Hz的频谱成像[图6-20(b)]则可以较准确地描述砂坝的平面展布(其中红色代表砂体厚度大)。分析表明，该图所表征的砂坝边界清晰，与实钻井吻合良好，是储层半定量-定量预测的有效手段。

多子波分解与重构技术可以作为分频解释技术的一种。多子波地震道分解(An，2006)是把一个地震道分解成一个不同形状的地震子波的集合。地震道分解后，可以对子波进行筛选，重构出新的地震道。在重构时，如果使用适当筛选的子波进行重构，可以最大限度地突出地震道在研究目标体与围岩上的差异，为识别薄储层提供可能依据。

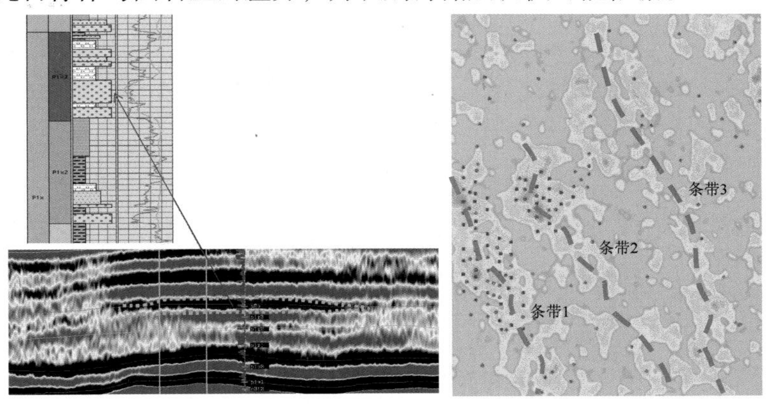

图 6-19　河道砂体的地震反射特征及平面分布特征

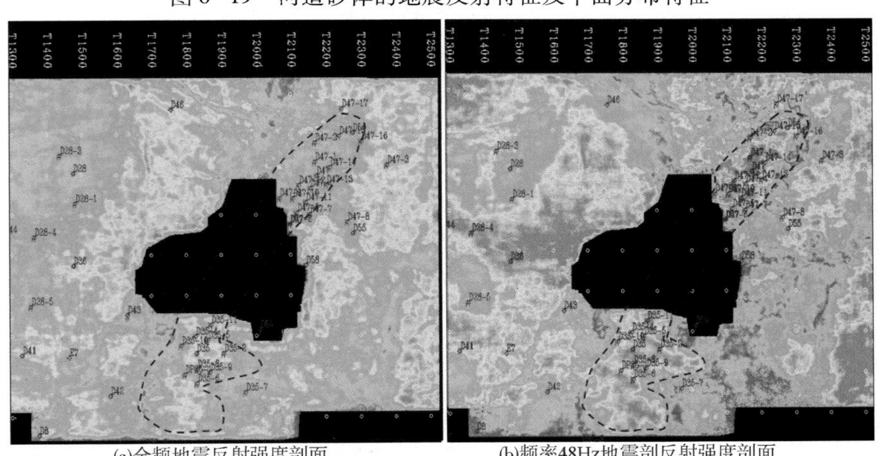

(a)全频地震反射强度剖面　　(b)频率48Hz地震剖反射强度剖面

图 6-20　地震分频解释技术预测太原组砂坝

关于地震子波的选取，常规方法都是基于傅氏变换，要求一定的数据长度，因此得出的子波也是某种意义下的平均子波。如果考虑到在地震资料处理过程中如滤波、反褶积以及动校正所引起的拉伸等原因，在叠后数据上提取真正的子波几乎是不可能的。在现今的技术条件下，用任何方法所得到的子波，也只是在某种意义的前提下，相对当前的处理或解释目的可用的估计子波。在这种情况下，用雷克子波对叠后数据进行分解(Ricker，1953)，也就是将地震道分解成不同主频的雷克子波的集合，取出反映储层频率段成分的子波进行叠加，用于储层及含气性预测应当是有较好的效果。实践证明，该方法能够在较低分辨率地震数据的储层预测中取得理想的效果。

假设 $W_1(t)$、$W_2(t)$、…、$W_5(t)$代表一组不同形状的子波，分别与分解后的单一反射序列 $R_1(t)$、$R_2(t)$、…、$R_5(t)$进行褶积，得到一组地震反射信号序列：

$$S_i(t) = W_i(t) \times R_i(t) \tag{6-18}$$

参见图 6-21，地震信号 $S(t)$可表示为：

$$S(t) = \sum_{i=1}^{M} W_i(t) \times R_i(t) + N(t) \quad (i=1,\ 2,\ \cdots,\ M) \tag{6-19}$$

式中，$N(t) = \sum_{j=1}^{M} N_j(t)$，是干扰信号。

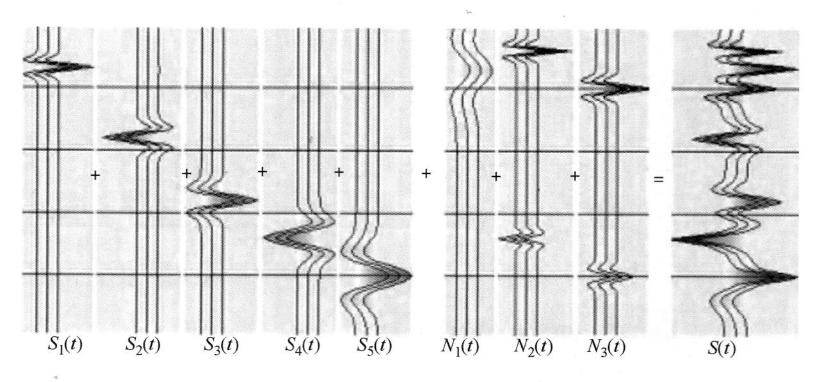

图 6-21 多子波地震道形成模型示意图

图 6-22 为鄂北气田山 2 段去除煤层反射测试结果，应用高频子波重构后减弱了煤层旁瓣的反射强度，山 2 段产气井与不产气井之间出现明显差异，产气井处的地震数据明显变弱，而不产气井仍为强反射。原始地震数据由于受煤层反射影响，地震分辨率低，不能有效识别优质储层。

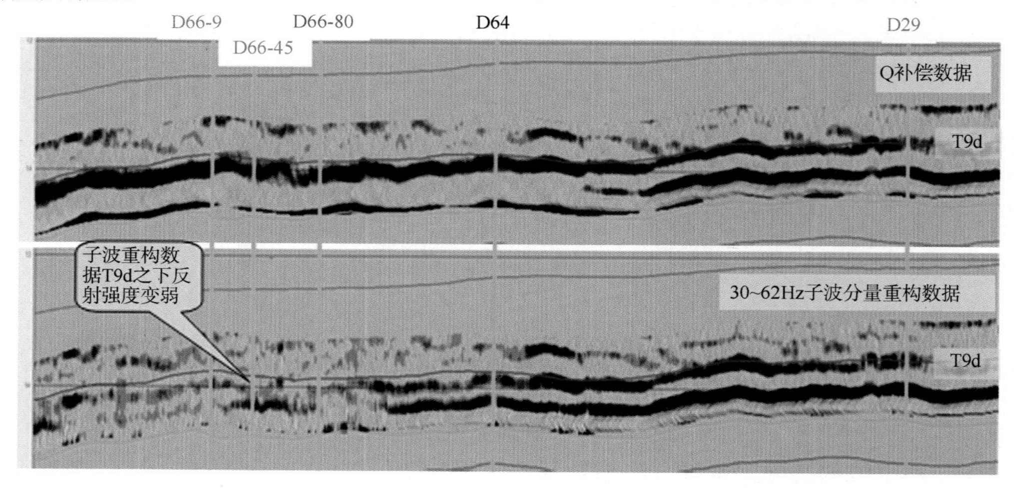

图 6-22 多子波地震道分解与重构技术应用于山 2 段的实验效果

黑色井名为山 2 段干井、红色为无阻流量高于 $4\times10^4 m^3/d$ 井、粉色为小于 $4\times10^4 m^3/d$ 井、蓝色为未试气井

2. 储层定量预测

根据地震反射特征综合分析就能够大致确定致密砂岩储层潜在的平面分布范围。接下来就是采用地震定量预测方法对其厚度及空间展布进行预测。由于地震子波的影响和薄互层的相互干涉，难以从地震剖面上直接解释出致密砂岩的顶底面，无法根据时间差进行储层厚度预测。通常采用有效的地震反演方法对储层进行识别解释。

（1）波阻抗反演。在致密砂岩与围岩存在明显差异的情况下，采用地震波阻抗反演获得波阻抗数据体，在该数据体上直接进行致密砂岩顶底面的解释并计算其时差获得储层厚度，也可给定储层门槛值直接在储层段内雕刻其空间展布。

（2）岩性反演。在大多数情况下，致密砂岩储层与围岩之间的波阻抗差异小，波阻抗重叠区域大，很难直接从波阻抗反演剖面上识别、解释出储层的横向变化。一般自然伽马能够很好地区分砂岩和泥岩，反映沉积旋回的变化，可以作为岩性敏感参数。采用井震联合随机模拟反演（或神经网络反演）方法求取岩性目标参数数据体，理论上讲，每一次的随机模拟

均可以产生 $n(n\geqslant1)$ 个符合已知条件的等概率体。对模拟得到的等概率体的取舍需要对研究区的地质、测井情况有非常深入的了解，这样才能根据已知地质情况确定哪些等概率体符合地区地质沉积规律。等概率体的选择可从关键井和关键剖面去考察，选择符合沉积规律的数据体。再对所选择的不同等概率体取加权平均作为最后的随机模拟反演结果。另一种方法是应用最大似然算法，将多个等概率体生成最终岩性数据体。通过随机模拟得到岩性指示曲线数据体，根据钻井统计的岩性指示曲线的致密砂岩与泥岩的门槛值，即可从岩性指示曲线数据体得到砂岩数据体和泥岩数据体，从而进行致密砂岩厚度和空间形态的预测、解释。

鄂北气田上古生界储层由于地震分辨率的限制及薄层砂体等特点，制约了常规地震剖面识别河道砂体的精度，因此必须借助反演来提高砂体的识别能力。针对该区砂岩和泥岩纵波阻抗接近难以区分的特点，采用了基于储层特征曲线(伽马曲线)重构技术的随机模拟反演，有效地区分了砂岩和泥岩，使预测结果在纵向上吻合于井曲线特征，在横向上受控于地震反射特征，取得了较好的预测效果。图 6-23 表明储层岩性反演具有较高的砂体纵向识别和横向追踪的能力，是进行砂体定量预测的主要技术与手段，也是井位部署的主要依据之一。

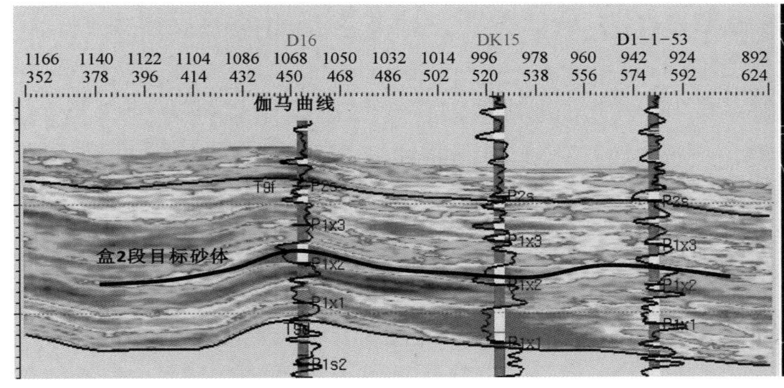

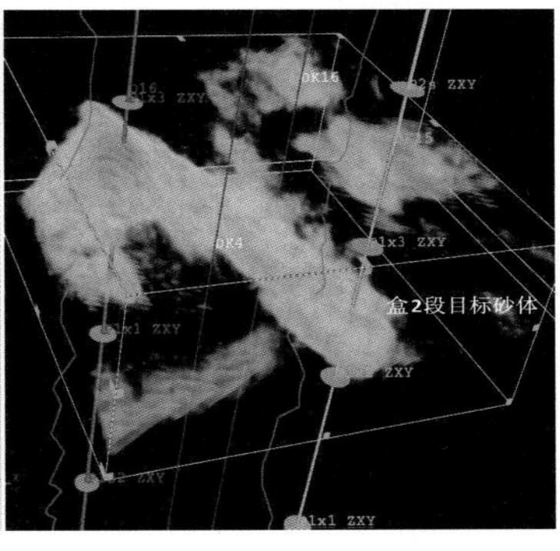

图 6-23　鄂北气田主要目的层岩性反演剖面及砂体的空间展布

（二）储层物性预测技术

储层物性预测指对储层的物性参数(如孔隙度和渗透率等)的预测，即对储层性质的评价分析。储层物性预测与储层含油气性预测相辅相成、密不可分。利用地震资料估算物性参数的方法，分为确定性方法和统计性方法。确定性方法指利用物性参数与速度、密度或波阻抗等之间的关系，建立经验公式直接求取，估算孔隙度的确定性方法包括利用孔隙度时间平均方程、孔隙度密度平均方程和孔隙度波阻抗方程等，由于渗透率和孔隙度之间有较明确的对应关系，所以在估算出孔隙度之后能够较容易求出渗透率。

此外，可以利用地质统计学反演方法，在岩性反演基础上，针对砂岩进一步开展孔隙度反演，如图 6-24 所示，孔隙度反演剖面揭示了砂体内部的非均质性，该成果将进一步明确开发目标及水平井钻进的准确轨迹。

（三）储层流体检测技术

流体检测是致密砂岩储层预测所追求的终极目标。通过岩石地球物理综合分析建立储层含流体与否(多少)地震正演响应特征，为 AVO 分析、吸收衰减、多属性聚类分析以及电阻率反演等技术的应用奠定基础。

1. AVO 属性分析

AVO 分析是早期“亮点”技术的发展与延伸，是致密砂岩流体检测，尤其含气性预测中

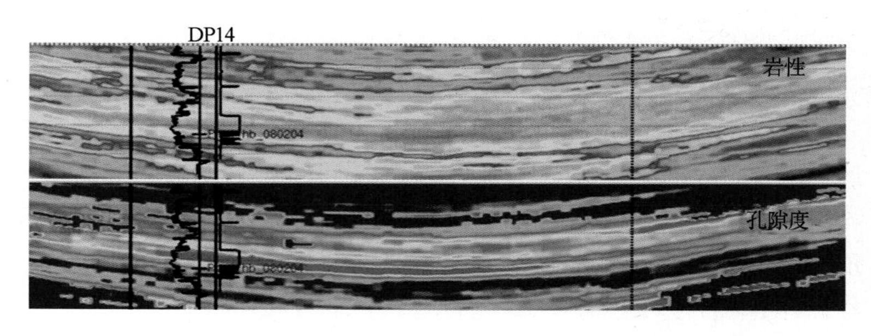

图 6-24 岩性反演基础上的孔隙度反演对比图

最常用也最有效的方法之一。但其前提是前期地震资料处理做到了保持相对振幅的处理。

当入射角为零时，只有反射纵波；当入射角不为零时，则会产生反射纵波、反射横波、透射纵波、透射横波，其振幅与入射角的关系可用 Zoeppritz 方程来描述(Zoeppritz 和 Erdbebenwellen，1919)。在特定的假设条件和物理参数条件下，Shuey 等将方程简化为(Shuey，1985)：

$$R(\alpha) = P + G\sin^2\alpha \tag{6-20}$$

式中，α 为入射角；R 为反射系数；P 为 AVO 截距，即零炮检距处的反射系数；G 为 AVO 斜率，即振幅随入射角变化的比例系数。

按含气砂岩顶面入射时的反射系数与入射角的关系，将含气砂岩定性地分为 3 类(也可分为 4 类)，如图 6-25 所示，4 类含气砂岩的 AVO 特征曲线各不相同。根据这些特征曲线反过来可以判断致密砂岩中是否含有油气。

(1) 第 1 类：高阻抗含气砂岩。这类含气砂岩的波阻抗值高于上覆泥岩的波阻抗，图中曲线 1 代表它的 AVO 曲线特征，这类砂岩是经受了中等到高度压实作用的成熟砂岩，法线入射时有较高的正反射系数，随着入射角的增加，反射系数逐渐降低，当越过零线后，反射系数变为负值，其绝对值随入射角的增加而增大，也就是说当入射角足够大时，在角道集或 CMP 道集上应该看到振幅的极性变化。但在叠加过程中，由于极性相反，能量相互抵消，使得在叠加剖面上有时看不到反射，这就是通常所说的暗点，可以用 AVO 分析识别。在入射角较小时，CMP 道集上只能看到振幅随入射角的增加而减小，看不到极性反转，CMP 叠加道呈亮点型反射，但很难用 AVO 分析识别它。

(2) 第 2 类：近零阻抗差含气砂岩。这类气砂岩具有几乎与上覆介质相同的波阻抗，通常是在中等压实和固结作用下形成的。图 6-25 中曲线 2、曲线 3 代表其 AVO 曲线特征，法线入射时的反射系数趋近于零，随着入射角的增加其反射系数为负值，且绝对值随之增加。由于噪声影响，在实际记录上近偏移距处的反射振幅(包括可能存在的极性反转)往往看不到，但在一定的偏移距后可明显看到振幅的增加。

(3) 第 3 类：负波阻抗差含气砂岩。这类砂岩的波阻抗低于上覆介质的波阻抗，一般属于压实不足和未固结(或未完全固结)的砂岩。图 6-25 中曲线 4 代表其 AVO 曲线特征。已有的大部分利用 AVO 技术发现的气藏，均与这类气砂岩的 AVO 特性曲线有关。全部反射系数为负值，包括法线入射在内，所有入射角都有较高的反射系数，其绝对值稳定增加，但相对振幅变化小于第 2 类含气砂岩。在叠加剖面上很容易看到这类含气砂岩的亮点异常。对影响 AVO 的因素作正确校正后，一般可以利用 AVO 曲线识别这类气藏。

(4) 针对薄气层的尺度分解去调谐 AVO 分析。致密砂岩储层以薄气层为主，且目的层较深，地震资料主频较低，调谐效应严重，导致储层 AVO 特征不明显，从而给储层的含气性预测带来困难。为此，通过研究叠前资料调谐效应的产生机理，提出一套去调谐的针对性方案，为更好刻画气层 AVO 特征奠定基础。

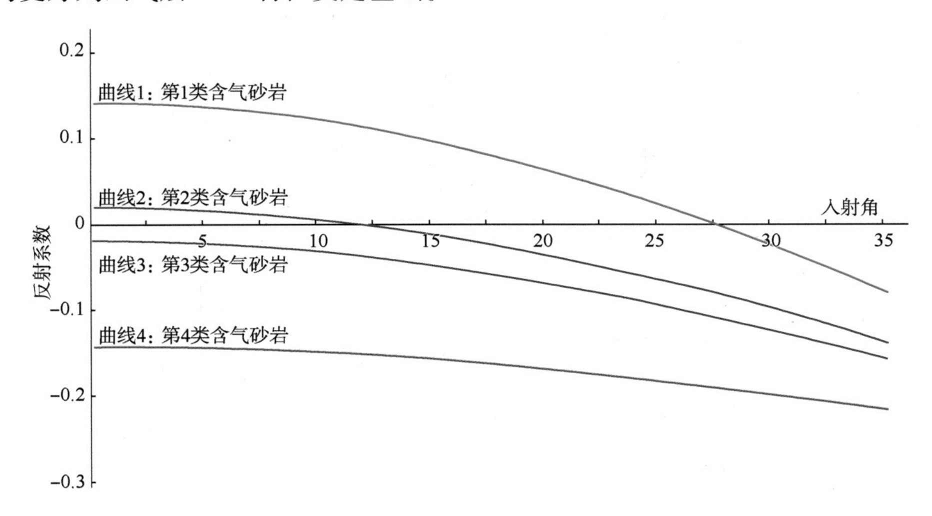

图 6−25　3 类含气砂岩的 AVO 特征曲线(气层顶界)

研究表明，叠前地震道集反射界面的 AVO 特征受两个因素影响：①单界面两侧物性变化影响，以 Zoeppritz 方程为理论基础；②时间厚度变化的影响，即调谐效应。去调谐的目的就是减弱时间厚度变化对 AVO 特征造成的影响，从而相对加强第 1 个因素的影响。

单考虑调谐效应对振幅的影响(图 6−26)可以看出，当时间厚度小于半波长时，调谐效应对振幅的变化规律产生影响，子波频率越低，受调谐效应影响的范围就越大。通过小波变换进行尺度分解(杨文采，1989；黄捍东，2008)，可去除地震数据背景大尺度信息，从而实现减弱调谐效应的目的，进而突显储层含流体性对地震信号的贡献，有利于实现储层预测及流体识别。抽取过大牛地 D40 井测线沿气层底界作如下 AVO 分析(图 6−27)。

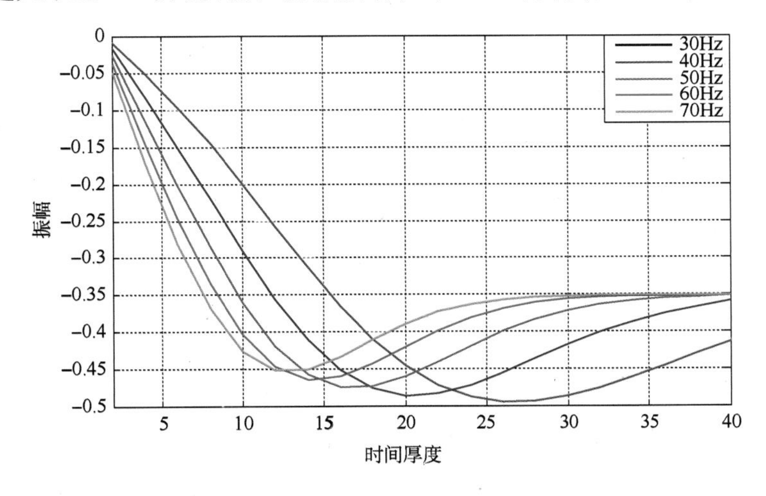

图 6−26　振幅随时间厚度变化趋势

通过对比分析可以看出，井旁道集拾取的薄气层底 AVO 异常和对应井位置处的 AVO 异常变化趋势截然相反(图 6−28)。这就说明调谐效应在一定程度上，减弱甚至改变了反射界面的 AVO 特征，这就给基于叠前道集的常规反演技术带来极大困难。针对这个问题，我们采用尺度分解去调谐的方法，将远炮检距调谐效应消除(图 6−29)，通过去调谐处理前后对比分析可以看出，去调谐处理后的 AVO 特征能够和井更好地吻合。

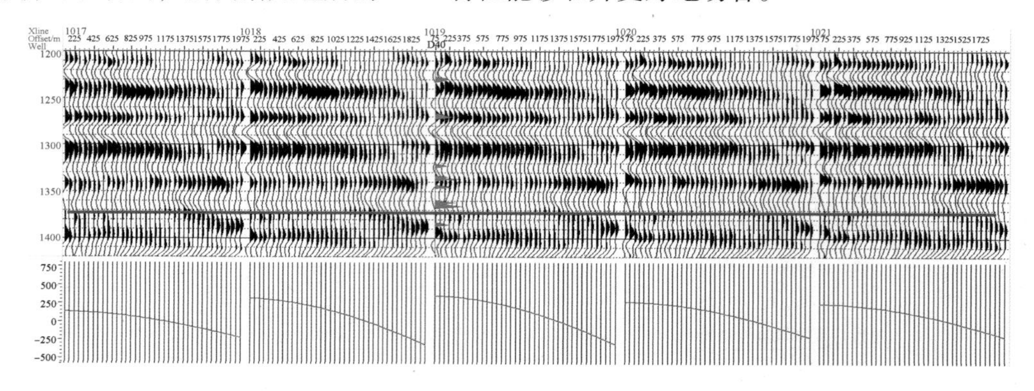

图 6-27　拾取 D40 井附近薄气层底 AVO 异常

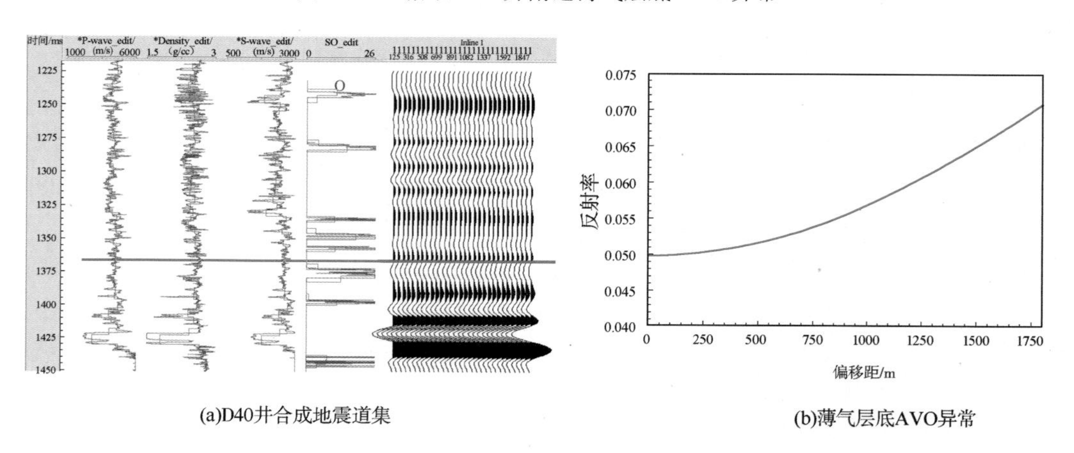

(a)D40井合成地震道集　　(b)薄气层底AVO异常

图 6-28　D40 井测井数据拾取薄气层底 AVO 异常

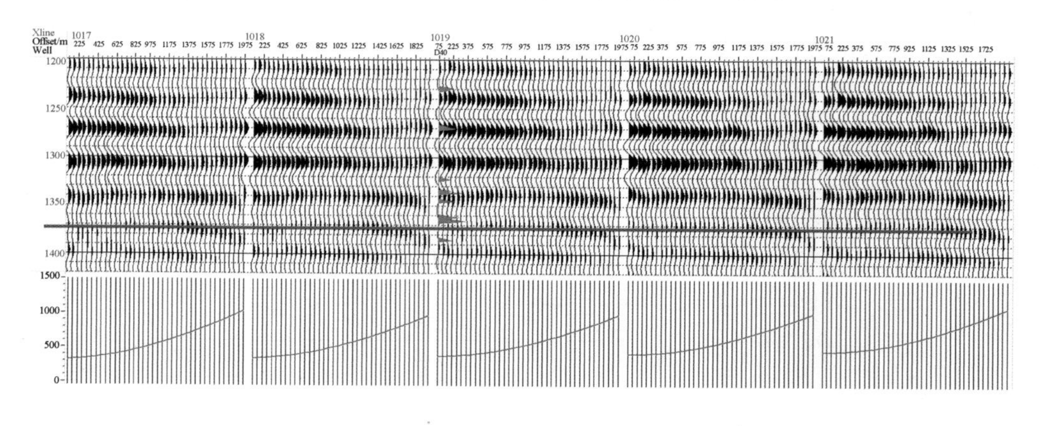

图 6-29　拾取 D40 井附近薄气层底 AVO 异常(去调谐处理后)

在多尺度分解去调谐基础上，分析认为鄂北气田盒 1 段属于第 3 类 AVO，气层具有负截距、负梯度特征，图 6-30 为盒 1 段气层 AVO 负梯度平面及剖面预测效果，应用该技术为盒 1 段气层的成功开发选定了可靠的有利区。

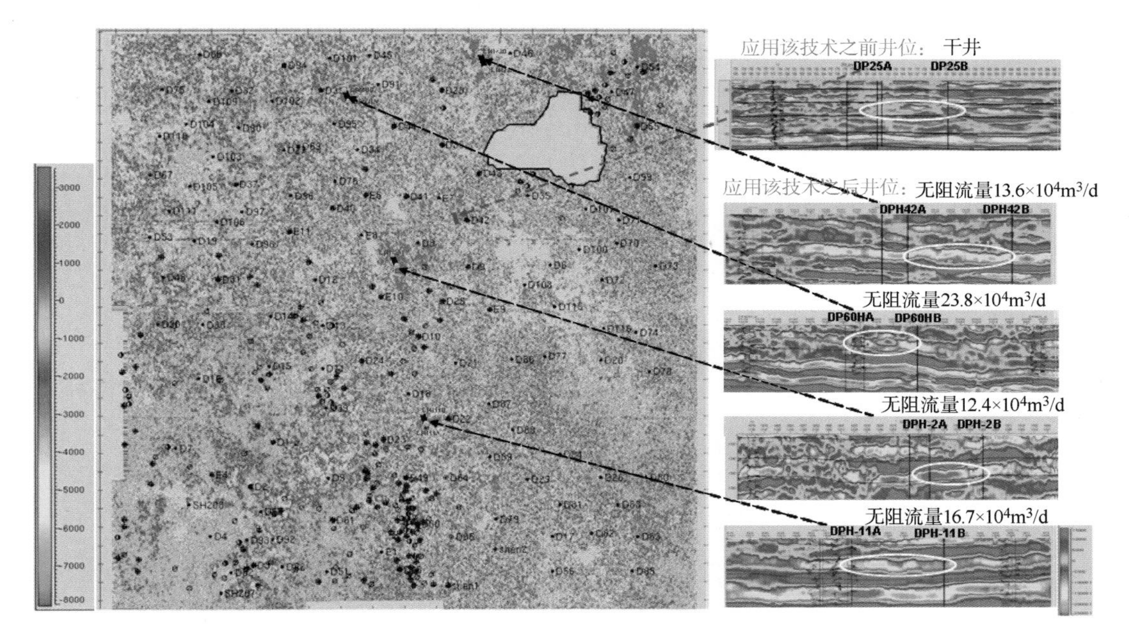

图 6-30　盒 1 段 AVO 预测气层分布

2. 流体弹性阻抗反演

通常的弹性阻抗方程是纵、横波速度和密度的函数，从弹性阻抗反演数据体中可直接提取纵、横波速度和密度数据体，其他的流体因子数据体只能由提取出的纵、横波速度和密度间接计算，这样就引入了人为误差，从而使得到的流体因子误差较大。为得到更准确的流体因子数据体，减小计算误差的累积效应，人们希望通过某种方法直接提取表征流体类型的流体因子数据体。

因此，从 Zoeppritz 方程的 Russell 线性近似公式研究开始，推导出 Gassmann 流体项 f 和剪切模量 μ 形式表示的流体弹性阻抗公式(6-21)。然后用这种方法直接从反演得到的弹性阻抗数据体中提取剪切模量 μ、密度 ρ 和 Gassmann 流体因子 f 的数据体。

$$FEI(\theta) = A_0 \left(\frac{f}{f_0}\right)^{a(\theta)} \left(\frac{\mu}{\mu_0}\right)^{b(\theta)} \left(\frac{\rho}{\rho_0}\right)^{c(\theta)} \tag{6-21}$$

式中，f_0、μ_0 和 ρ_0 分别定义为 f、μ 和 ρ 的平均值，通过 A_0 的标定，可以使函数变得更加稳定。

可见，*AI* 不随角度而变化，即对于介质中的某一点而言 *AI* 是唯一确定的，而 *EI* 依赖于弹性波的入射角，因此对于介质中任意一点，*FEI* 是不确定的，且是变化的。因此，*AI* 是一个可测量的属性，而 *FEI* 是一个不可测量的属性，它只能通过弹性参数计算得到。正是这种特性为岩性及流体性质的研究提供了丰富的 AVO 信息。

利用预处理后的叠前地震资料，我们在常规弹性阻抗反演的基础上，针对有效流体因子进行叠前地震反演方法研究，并取得了较好的效果。图 6-31 为流体弹性阻抗效果分析，流体识别符合率大大提高。

3. 吸收衰减

散射理论表明含油气岩石会造成波传播的能量衰减，这种衰减可通过高频能量的损失显著观测到(Brown 和 Koringa，1975)。根据该原理，我们对数据体做了基于小波变换的频率吸收衰减处理，得到地震波高频能量衰减与致密砂岩含油气存在一定的关系，当地震波穿过

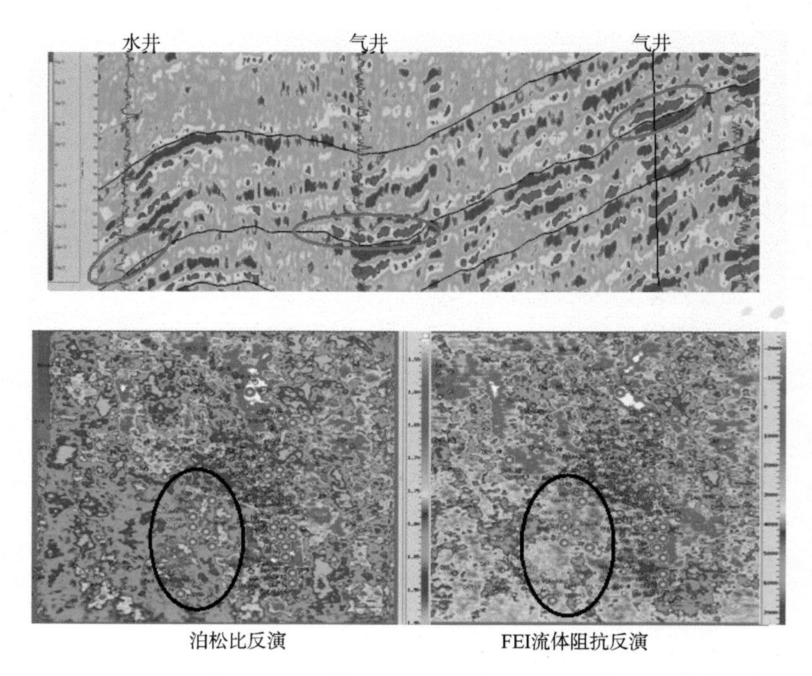

图 6－31　流体弹性阻抗应用效果对比图

含油气致密砂岩时，能量发生明显的高频衰减，通过连续分析计算地震波剖面的高频能量衰减系数，利用衰减剖面中的异常变化值，预测含气性(图 6－32)。

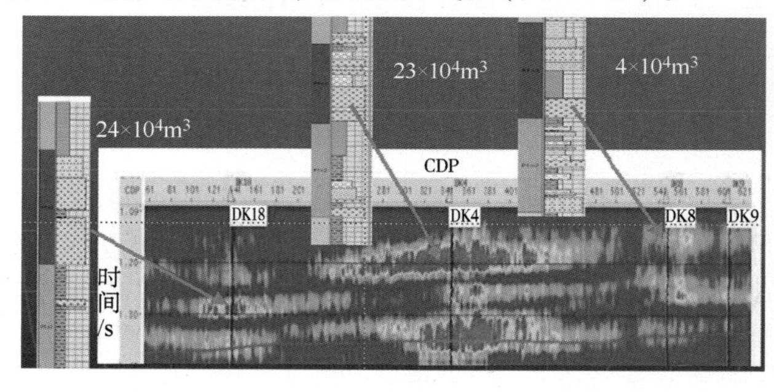

图 6－32　吸收衰减梯度的连井剖面与实钻效果分析

4. 电阻率反演

通常情况下，尽管电阻率和波阻抗所测的是不同物理量，但由于致密岩石类型与成因存在一定的相关性，多数情况下统计分析表明，致密砂岩电阻率对数与波阻抗存在很强的正相关关系。这就为综合利用井信息(电阻率测井)和地震信息(波阻抗反演结果)进行电阻率反演，获得电阻率数据体，进而进行含气性预测创造了条件(朱玉林，2007)。而电阻率是一个能识别解释流体的有效数据类型，可以用来进行流体检测。

钻井跟踪分析表明，电阻率反演与预测结果吻合好(图 6－33)、精度较高，可作为致密砂岩油气藏开发井位部署的依据之一。

(四) 储层裂缝预测技术

碎屑岩致密化后，由于后期构造运动的影响，在储层内部形成裂缝发育带对改善储层的物性条件也是比较有利的。

在理论研究和实践积累的基础上，目前已经发展起来的致密砂岩裂缝性油气藏勘探技术

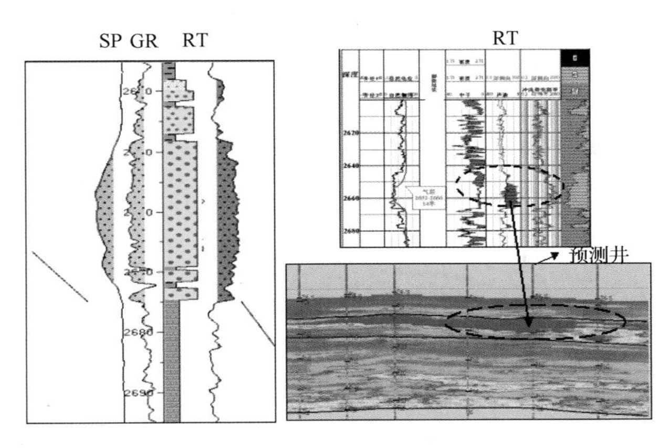

图 6-33　电阻率反演分析图

主要有：叠后地震属性分析法、多分量转换波法和纵波方位各向异性裂缝预测法等。

1. 地震属性分析法

叠后三维地震属性分析是裂缝识别与预测的常用方法(图 6-34)。地震几何属性揭示了地震属性的空间变化规律，包括相似性属性(如相干)和地层倾角、曲率、蚂蚁追踪等。由于裂缝形态的特殊性，以上地震属性及分析技术更多地是对裂缝发育区概貌的推断。此外，在叠后属性预测裂缝时还特别强调应用分频地震数据开展相关技术的应用。

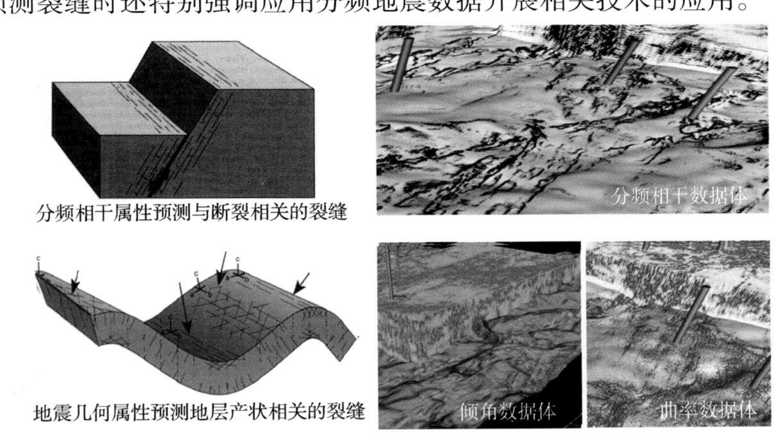

图 6-34　叠后裂缝预测技术及应用

2. 多分量转换波方法

转换波地震勘探技术克服了纯横波勘探激发难、成本高、静校正量大等缺点，同时具有所得信息多、兼有纵横波的长处、信噪比较高、频带较宽、勘探深度较大以及可利用纵波和转换横波资料联合检测裂缝等优点，而且其处理、解释方面技术发展较快，使得多分量转换波勘探成为油气储层探测的有力工具，也使多分量转换波资料成为致密砂岩地震勘探确定裂缝方向和密度的重要目标。转换波裂缝检测常用的方法有相对时差梯度法和层剥离法。

3. 纵波方位各向异性裂缝预测方法

由于纵波检测裂缝方法的费用和资料品质方面较之于横波、转换波更具优势，纵波裂缝检测方法日益受到重视。地震各向异性参数与裂缝系统参数之间关系是相关方法成功应用的先决条件。目前利用纵波各向异性进行裂缝检测的方法有动校正(NMO)速度方位变化裂缝检测、正交地震测线纵波时差裂缝检测、纵波方位 AVO(AVOZ/AVAZ)和纵波阻抗随方位角变化(IPVA)裂缝检测方法等。

第三节　页岩油气地球物理技术

页岩油气藏具有自生、自储、自保、储层致密的特点，地球物理方法手段在页岩油气勘探开发过程中起到了重要的技术支持作用，尤其是在寻找“甜点”区域，即比较有利于压裂和含油气丰度高的区域，具有独特的优势。岩石物理分析是基础，测井评价方法是地震预测方法的指导和标准，地震预测则是核心。本节在岩石物理建模与分析的基础上，给出研究区储层厚度、埋深、*TOC*、脆性、应力和裂缝的空间分布与评价。

一、岩石物理技术

页岩油气储层岩石物理建模和岩石物理分析技术是岩石物理研究的两个重要方面。岩石物理建模是为模拟介质的弹性性质提出的一种等效模型，而岩石物理分析则是基于合适的岩石物理模型，分析岩石的微观结构对宏观响应特征的影响，为地球物理预测奠定基础。在页岩油气储层岩石物理分析中，岩石力学分析非常重要，是工程“甜点”预测的基础，通过对岩石破坏机理、脆性和力学特性评价方面的研究，为钻井和压裂设计提供技术支撑。

根据泥页岩储层的特征，泥页岩岩石物理建模在 Xu-White 岩石物理模型及其思路的基础上，结合 Voigt-Reuss 边界理论、微分等效介质理论、自适应模型、Gassmann 流体替代理论，Brown-Korringa 固体替代理论(Brown R 等，1975)和三维复杂孔隙类型表述方式，将岩石组分分为复杂矿物、有机质、复杂孔隙，建立适用于页岩气储层的岩石物理模型；在岩石物理模型基础上，进行岩石物理分析和力学性质分析，甄别遴选敏感弹性参数，进行页岩气储层“甜点”预测。

（一）岩石物理建模技术

页岩岩石物理建模的核心在于分析微观孔隙、矿物组分和有机质等参数对地球物理响应的影响，这种响应可以是纵横波速度、纵横波波阻抗、纵横波速度比以及各向异性强度等宏观特征。对于页岩气储层来说，地震波速度主要受矿物、孔隙度、裂缝等孔隙空间结构及有机质的影响。对于页岩气储层来说，地震波速度主要受矿物、孔隙度、裂缝等孔隙空间结构及有机质的影响，弹性模量与矿物差距较大，而接近于流体，表现为柔性，但是由于剪切模量不为零，又不同于流体，这给泥页岩的岩石物理建模造成了很大的困难。因此，页岩油气储层岩石物理模型应包括矿物、孔隙度、孔隙类型、有机质、流体等要素(图 6-35)。

图 6-35　页岩岩心、铸体薄片及电镜照片

对于泥页岩，我们提出一种三维 SCA-DEM 岩石物理建模方法，在实际应用中取得较好的效果。

所谓的自适应(SCA)理论是根据 Budiansky(1965)与 Hill(1965)提出的自洽模型(Self-consistent Approximation，SCA)，基本建模思想如下：将要求解的多相介质放置于无限大的背景介质中，该背景介质的弹性参数是任意可调的。通过调整背景介质的弹性参数，使得可调节背景介质弹性参数与多相介质的弹性参数相匹配，当有一平面波入射时，多相介质不再引起散射，此时背景介质的弹性模量与多相介质的有效弹性模量相等。该方法既考虑到孔隙形状的影响，又能够适用于孔隙度较大的岩石。这种方法仍然是计算内含物的变形，但是该方法中不再选用多相材料中的一相作为背景介质，而是用要求解的有效介质作为背景介质，通过不断改变基质来考虑内含物之间的相互作用。因为该方法考虑了内含物的相互作用，所以能适用于孔隙度较大的岩石。

微分等效介质(Differential Effective Medium，DEM)岩石物理模型通过往固体相中逐渐加入填入物来模拟双相混合物(Norris，1985；Zimmerman，1991)，固体矿物是相 1，之后逐步加入相 2 的材料，此过程一直进行到达到需要的各成分含量为止。DEM 理论并不是对称地对待每个组成成分，被当成固体矿物或主相的成分可以有不同的选择，且最终的等效模量会依赖于达到最终混合物所采用的路径。用相 1 作为主相并逐渐加入材料 2，与以相 2 作为主相并逐渐加入材料 1，会导致不同的等效属性。

Brown-Korringa 固体替代理论是 Brown-Korringa(1975)利用岩体弹性张量表示流体替代的理论，也称为各向异性的流体替代。经过简单的改造则可以用来进行固体替代计算含干酪根岩石的体积模量和剪切模量。

在自洽模型(SCA)和微分等效介质模型(DEM)的基础上，引入 Berryman 三维孔隙形态(Berryman，1980；Berryman，1995)，模拟不同孔隙形状对于自洽模型临界孔隙度与岩石速度的影响；在泥页岩中有机质固体充填的思想基础上，利用 Brown-Korringa 方程将有机质作为固体充填物，建立适用于富有机质泥页岩的新型岩石物理模型。图 6-36 为富有机质泥页岩三维 SCA-DEM 岩石物理建模流程图，其主要流程如下所述：

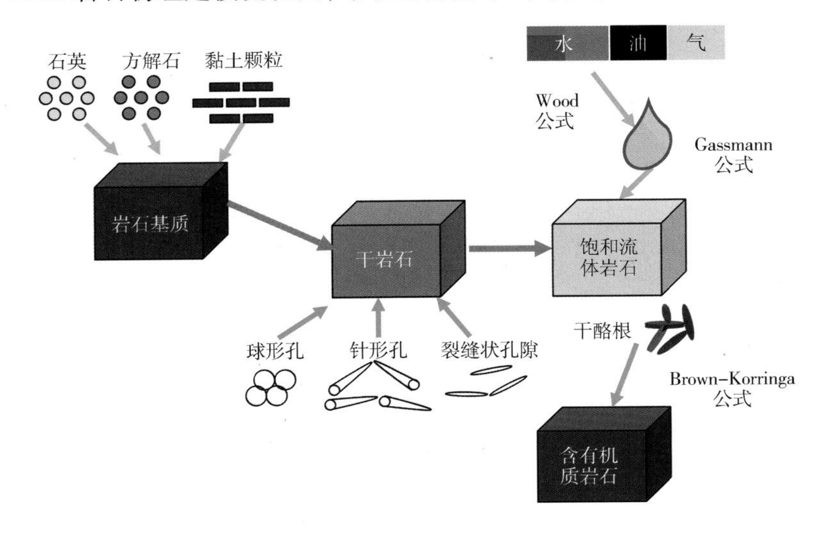

图 6-36　富有机质泥页岩 3D SCA-DEM 模型建模流程图

（1）给定临界孔隙度，利用 SCA 理论计算临界孔隙度时干岩石的体积模量和剪切模量。

（2）利用 DEM 理论逐步调整孔隙度至真实孔隙度时干岩石的体积模量和剪切模量。

（3）利用 Gassmann 方程计算饱和流体岩石的体积模量和剪切模量。

（4）利用 Brown-Korringa 方程进行固体替代计算含干酪根岩石的体积模量和剪切模量。

（5）最后再利用纵、横波速度与弹性模量（体积模量 K 和剪切模量 μ）、密度（ρ）之间的关系式求得最终的饱和流体岩石的纵波速度和横波速度。

图 6-37 是利用 3D SCA-DEM 模型对某口页岩气井进行纵、横波速度预测并与实测纵、横波速度及常规岩石物理模型预测结果（粉红色为 3D SCA-DEM 模型预测结果，绿色为 Xu-White 模型预测结果，蓝色为 KT 模型预测结果）进行对比，讨论该模型在实际页岩气储层中的预测效果。从图中可以看出，预测的纵、横波时差 3D SCA-DEM 与实测的纵、横波时差 AC、DTS 达到了很好的吻合，相对于 Xu-White 模型及 KT 模型，3D SCA-DEM 模型预测效果更好。

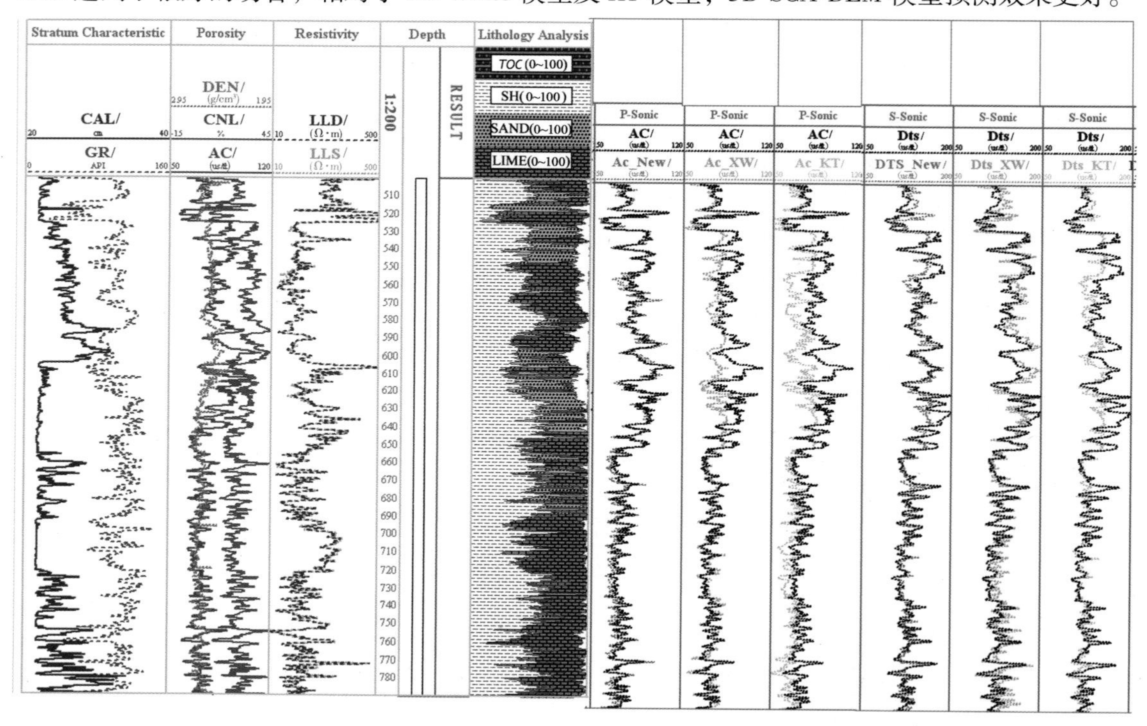

图 6-37　基于 3D SCA-DEM 模型的纵、横波速度预测结果与实测纵、横波及常规岩石物理模型预测结果对比

左侧为实际测井曲线；右侧为岩性解释剖面；黑色曲线为实测纵、横波曲线；

粉红色为 3D SCA-DEM 模型预测结果；绿色为 Xu-White 模型预测结果；

蓝色为 KT 模型预测结果

（二）岩石物理分析

页岩气储层的勘探关键在于找到脆性、富有机质、含气、容易压裂的区域。这些储层特征对弹性性质的影响如何，给出页岩气“甜点”与地震弹性参数的关系，对泥页岩储层的勘探与开发非常重要。在利用地震属性反演和分析等地震方法进行储层含油气性检测和流体识别时，根据速度与密度的相对变化得到流体因子是关键，从岩石物理角度看，各种不同的流体因子都是使用不同的弹性参数或者近似参数对储层与非储层进行区分，这些思想和方法可以应用于页岩气储层中。本节在纵、横波速度及密度 3 个参数的基础上，分析计算出的一系列弹性参数，结合储层参数，对含气泥、页岩段和非含气泥、页岩段进行岩石物理敏感分析。

通过直方图对不同岩性以及含气性情况下的弹性参数——纵波阻抗（PI）、横波阻抗（SI）、纵横波速度比（V_p/V_s）、杨氏模量、泊松比、$\lambda\rho$、$\mu\rho$、λ/μ 和储层参数——TOC、脆性、破裂压力、最小闭合应力系数[$\lambda\rho/(\lambda\rho+2\mu\rho)$]进行直方图统计分析。

也可通过交会图进行双因素敏感分析。还可以基于岩石物理模型，进行敏感弹性参数分析。实际工作中常用的是基于测井数据进行弹性参数交会分析（图6-38）。

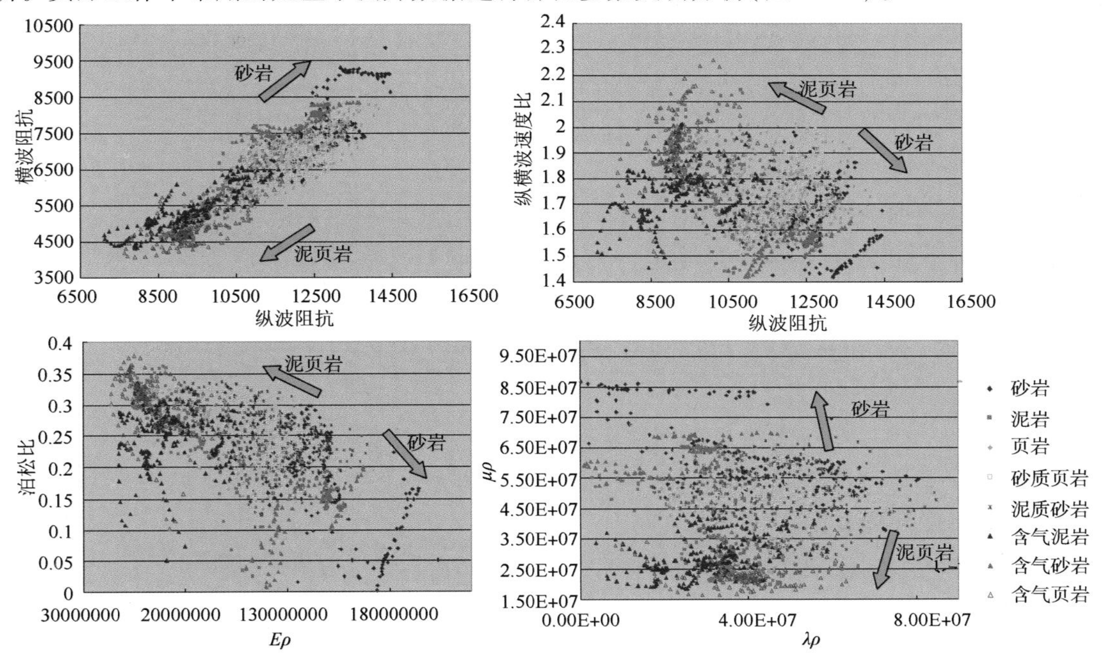

图6-38 实测数据弹性参数交会分析（全井段）

由于泥页岩“甜点”实际是在泥页岩中寻找优质的泥页岩储层，因此，单独对泥岩、页岩以及含气泥岩、页岩进行分析；如图6-39所示，含气后泥岩、页岩的弹性规律表现为PI、SI、V_p/V_s、泊松比和$\lambda\rho$降低，$\mu\rho$基本不变。

（三）*岩石力学分析*

泥页岩岩石力学性质（主要指脆性和应力）与常用的岩石力学参数（岩石模量、泊松比、剪切模量、体积模量、压缩系数等）密切相关。

1. 脆性

脆性的表征方式对评价脆性高低极为重要。本质上，脆性由岩石的组成物质决定，当岩石中脆性矿物（石英和方解石）的含量比较多时，岩石较脆（Rickman 等，2008；Dan 等，2010）。当然，在矿物一定的情况下，岩石中塑性物质（黏土、流体等）的含量及其分布形式对脆性的影响比较复杂。理论上，脆性可以由矿物成分的相对含量表示（式6-22），也可以由岩石的力学参数表示，主要是指杨氏模量和泊松比，杨氏模量的大小标志着材料的刚性，杨氏模量越大，说明岩石越不容易发生形变；泊松比的大小标志着材料的横向变形系数，泊松比越大，说明岩石在压力作用下越容易膨胀。不同的杨氏模量和泊松比的组合表示岩石具有不同的脆性，杨氏模量越大，泊松比越低，岩石的脆性越高（式6-23）。Rickman 等

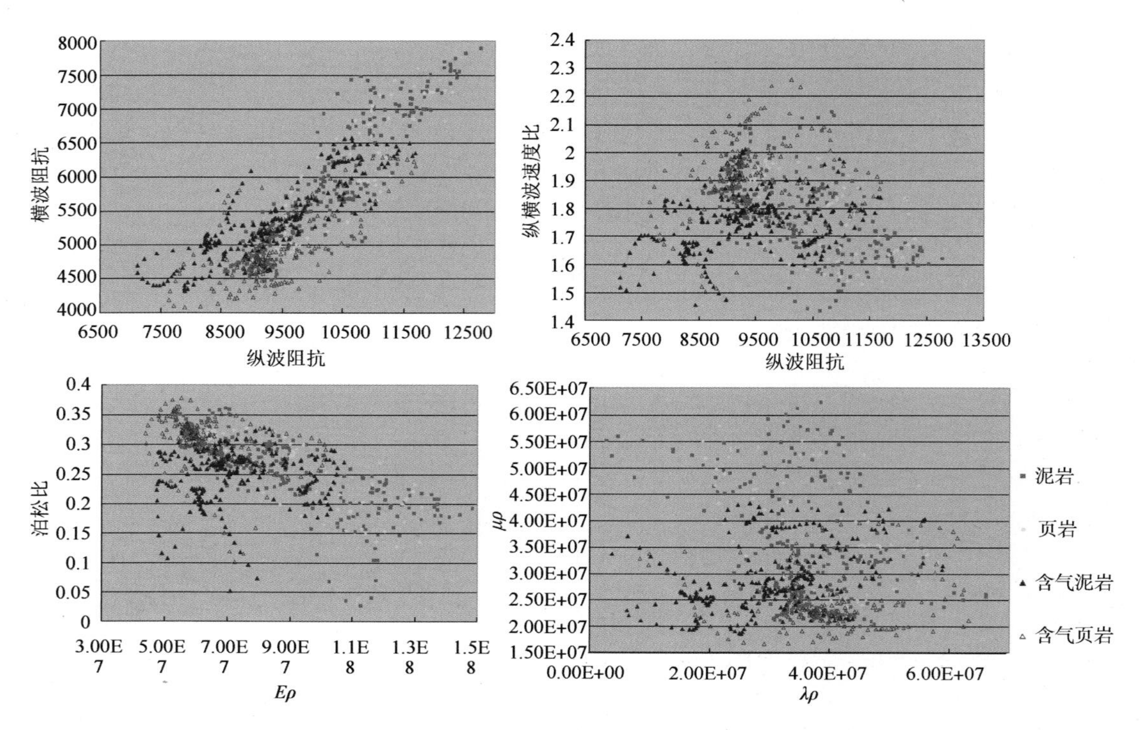

图 6-39　实测数据弹性参数交会分析(泥页岩)

(2008)介绍了利用杨氏模量和泊松比计算脆性系数的方法。也可使用杨氏模量和泊松比的相对大小表示脆性的方程式(式 6-24)。

$$Brittle\_\ index1 = (Quartz + Calcite)/(Quartz + Calcite + Clay) \tag{6-22}$$

式中，*Quartz*、*Calcite*、*Clay* 分别指石英、方解石、黏土的含量。

计算公式为：

$$YM\_\ BRIT = \frac{E - E_{min}}{E_{max} - E_{min}}$$

$$PR\_\ BRIT = \frac{\sigma - \sigma_{max}}{\sigma_{min} - \sigma_{max}}$$

$$BI = \frac{YM\_\ BRIT + PR\_\ BRIT}{2} \tag{6-23}$$

$$Brittle\_\ index3 = E/v \tag{6-24}$$

式中，E 为杨氏模量，10^4MPa；$YM\_\ BRIT$ 为杨氏模量指数；σ 为泊松比；$PR\_\ BRIT$ 为泊松比指数；BI 为脆性指数。

图 6-40 是综合泊松比和杨氏模量关于脆性的交会图。泊松比的低值对应更脆的岩石，随着杨氏模量的增加，岩石将会变得更脆。因为泊松比和杨氏模量的单位不同，在计算脆性前需将各个量归一化，然后以相同百分比的形式平均作用到脆性系数上。

塑性页岩分布在交会图中的东北部，脆性相对高的岩石位于西南角。对于储层来说，塑性页岩不仅是一个好的裂缝屏蔽层，还是一个好的封堵层。

2. 应力

页岩气储层开发的关键在于水平井和水力压裂技术的应用，而水平井和水力压裂技术的关键在于对地下应力场的认识，当沿最小水平主应力方向钻进时钻进容易且在之后的储层改造中容易形成与井轴垂直的裂缝面。地应力既有大小，又有方向；既有垂直地应力，又有水平地应力。描述水平地应力时用到最大水平地应力、最小水平地应力、水平地应力方向 3 个地质概念。

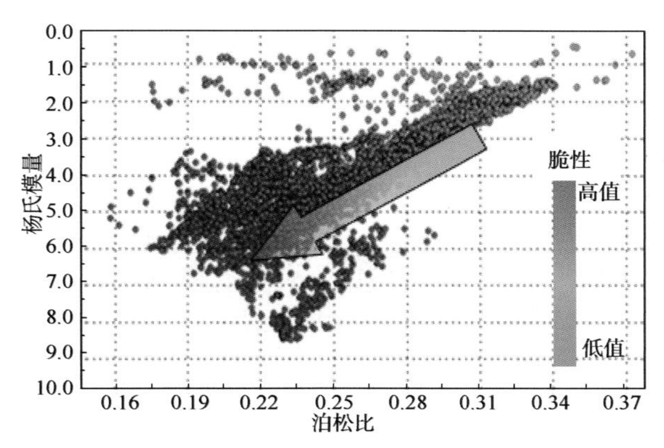

图 6-40　泊松比和杨氏模量关于脆性交会(Rickman，2008)

从地球物理和资料来源的角度来讲，确定地下应力场的方法主要有 3 种：① 实验室测量，是在实验室通过对岩样进行加载压力，测其形变量得到，这是最精确的办法，但是受资料和成本限制，不能够形成连续的数据体；② 通过建立模型，使用测井资料计算地应力的数值，并且通过其他资料，以确定水平主应力的大小和方位，据此得到井中的应力剖面，是可以大规模应用的办法，但是在建模或者使用经验模型的过程中，需要一定量的实验室数据进行标定及参数的确定，如果无标定，则得到的结果误差可能比较大；③ 在测井的基础上，使用地震资料获得地下应力场信息。实际工作中，对钻井、压裂资料进行剖析，挖掘其有效信息并使用工区内极为有限的测量数值对模型进行标定，使用测井信息求取地下应力场信息。使用地震方法求取地下应力场正在探索中，目前尚未完全成熟。

在使用测井信息求解地下应力的过程中，无论是简单的单轴应力模型，还是复杂的莫尔-库伦模型和黄氏模型，杨氏模量和泊松比都是最为关键的输入数据，其准确与否直接决定了应力求解的准确性(朱玉林，2007)。在有偶极子测井资料时，可以比较准确地得到纵、横波速度，进而得到杨氏模量和泊松比。但是，由于成本的限制，大部分井中是不测偶极子的，尤其是在一些老的开发区中，基本是没有横波资料的。通过常规测井资料得到横波资料的办法有两种：经验公式法与岩石物理模型法。一般来说，经验公式都是从某些地区的数据中拟合出来的结果，由于地质情况的复杂性，这些公式代表的仅是特定区域的特征，因此利用经验公式进行速度预测时必须非常谨慎。通常使用基于一定假设的表征岩石本质弹性模量的岩石物理模型，可以求得比较准确的岩石纵、横波速度。测井计算的地层应力是原地层应力或扰动地层应力，从时间看则为现今地层应力。计算的基本方法是：① 首先得到反映岩石应力的岩石力学弹性参数；② 应用密度测井积分估算出垂直应力；③ 根据地层特点选择适当的模型计算水平地层应力。

1）弹性参数计算

与地应力密切相关的信息为岩石弹性力学参数，这也是可以通过地球物理方法观测到的信息。因此，在进行地应力计算时必须考虑岩石力学参数的影响，岩石弹性力学参数主要通过动态法和静态法获得，静态法是通过对岩样进行应力加载测其变形得到，其参数称为静态弹性力学参数，与地下原地应力场更加接近；动态法则是通过声波在岩样中的传播速度计算得到，其参数称为动态弹性力学参数，可以克服静态弹性参数不连续、费用高的缺点，但是需要使用实测资料确定关系转换到静态参数域内。

根据弹性波动理论，可以得出地层的弹性模量与声波纵、横波速度的关系：

$$E_d = \frac{\rho V_s^2 (3V_p^2 - 4V_s^2)}{(V_p^2 - V_s^2)} \tag{6-25}$$

$$\nu_d = \frac{V_p^2 - 2V_s^2}{2(V_p^2 - V_s^2)} \tag{6-26}$$

$$\alpha = 1.0 - \frac{\rho_b (3V_p^2 - 4V_s^2)}{\rho_{ma}(3V_{map}^2 - 4V_{mas}^2)} \tag{6-27}$$

$$C_b = \frac{1}{K_b} = \frac{3\ (\Delta t_s)^2\ (\Delta t_p)^2}{\rho_b[3\ (\Delta t_s)^2 - 4\ (\Delta t_p)^2]} \tag{6-28}$$

$$C_{ma} = \frac{1}{K_{ma}} = \frac{3\ (\Delta t_{ms})^2\ (\Delta t_{mp})^2}{\rho_b[3\ (\Delta t_{ms})^2 - 4\ (\Delta t_{mp})^2]} \tag{6-29}$$

式中，E_d 为动态杨氏模量，GPa；ν_d 为动态泊松比，无量纲；α 为 Biot 系数，无量纲；C_b 为体积压缩系数；C_{ma}为基质体积压缩系数。

利用横波资料计算的弹性力学参数是动态弹性参数，即在岩石快速形变过程中得到的弹性参数。而地下应力场或者说井眼的变形和破坏是相对较慢的静态过程，在地应力计算的过程中应该使用能够反映岩石受载条件的静态弹性参数，这通常采用实际资料与计算资料拟合经验关系式。由于没有实际资料，动、静态参数的转换采用的是地区经验公式(张晋言和孙建孟，2012)。通常，这个关系式是极为不稳定的。

$$E_s = 0.37E_d + 0.655 \tag{6-30}$$

$$\nu_s = 0.44\nu_d + 0.446 \tag{6-31}$$

式中，E_s 为静态弹性模量，GPa；ν_s 为静态泊松比。

2）地层应力计算

(1）上覆地层压力与孔隙压力。

上覆地层压力指地下一点所受垂直压力，通过对地层密度进行积分计算得到。典型的地层密度通过电缆测井得到，也可以利用岩心的密度求得(丁世村，2010)。

$$\sigma_v = \int_0^z \rho_z g \mathrm{d}z \tag{6-32}$$

式中，σ_v 为上覆地层压力，MPa；ρ_z 为密度测井值，g/cm^3；g 为重力加速度，m/s^2。

孔隙压力评价的目的是为了确定不同深度地层孔隙中的流体所承载的压力。对于已钻井，可用重复地层测试仪或模块式地层动态测试仪等测得孔隙流体压力，也可由试井得到孔隙流体压力。这种方法得到的数据直接、可靠，但数据点很少，不能得到连续的剖面。

可采取经验公式计算地层孔隙压力(张晋言和孙建孟，2012)。

$$p_p = 9.80655 \times 10^{-3} \times 1.437H \tag{6-33}$$

式中，H 为采样点深度值，m。

(2）水平主应力。

估算水平主应力的模型方法是以垂直压力、孔隙压力和弹性参数为基础，分别根据不同的理论假设来计算水平主应力。计算水平主应力的模型有多种，主要有多孔弹性水平应变模型法、双轴应变模型法、单轴应变模型法、莫尔-库伦(Mohr Coulomb)应力模型法、一级压实模型法、组合弹簧经验关系式法、黄荣樽模型法和单轴应变模型法。其中，莫尔-库伦模型法是常用的模型，以下对此模型进行简单的介绍。

① 莫尔-库伦(Mohr-Coulomb)应力模型。

该模型由最大、最小主应力之间的关系得出水平主应力。其理论基础是莫尔-库伦破坏准则，即假设地层最大原地剪应力是由地层的抗剪切强度决定的。在假设地层处于剪切破坏临界状态基础上，给出了地层应力经验关系式。

$$\sigma_1 - p_p = C_0 + (\sigma_3 - p_p)/N_\phi \tag{6-34}$$

式中，σ_1 和 σ_3 为最大和最小主应力；C_0 为岩石单轴抗压强度；N_ϕ为三轴应力系数。

当忽略地层强度 C_0 时(认为破裂首先沿原有裂缝或断层发生)，且垂向应力为最大主应力时，得到：

$$\sigma_1 - p_p = (\sigma_3 - p_p)/N_\phi$$

进而得到：

$$\sigma_h = \left(\frac{1}{\mathrm{tg}\gamma}\right)^2 \sigma_v + \left[1 - \left(\frac{1}{\mathrm{tg}\gamma}\right)^2\right] p_p \tag{6-35}$$

$$\sigma_H = K_h \sigma_h \tag{6-36}$$

式中，$\gamma = \pi/4 + \phi/2$ ；ϕ 为岩石的内摩擦角。

在使用该模型求取最大、最小水平主应力的时候需要确定二者之间的关系，可使用研究区内 3 个点拟合关系，最小应力与最大应力有比较好的线性关系，四川盆地某页岩气藏研究区最大、最小水平主应力关系如图 6-41 所示。

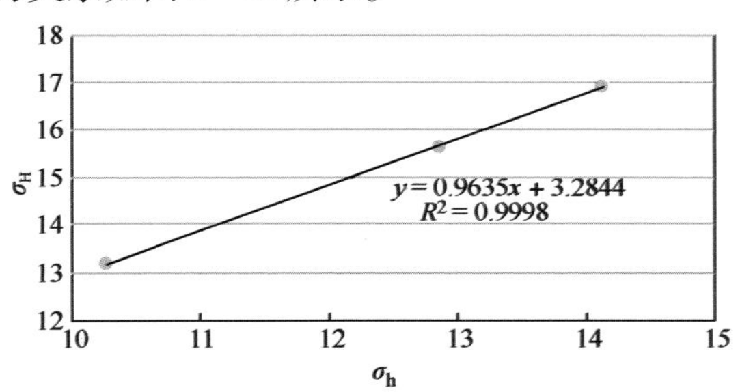

图 6-41　最大与最小水平主应力关系图

② 黄荣樽模型。

黄荣樽等(1996)提出使用地质构造应力系数计算主应力，该模型认为地下岩层的地层应力主要由上覆地层压力和水平方向的构造应力产生，考虑这两方面的因素，即可得到地层最小和最大水平主应力。

$$\sigma_h = \frac{\nu_s}{1.0 - \nu_s}(\sigma_v - \alpha p_p) + B_1(\sigma_v - \alpha p_p) + \alpha p_p \tag{6-37}$$

$$\sigma_H = \frac{\nu_s}{1.0 - \nu_s}(\sigma_v - \alpha p_p) + B_2(\sigma_v - \alpha p_p) + \alpha p_p \tag{6-38}$$

式中，B_1、B_2 为地质构造应力系数；α 为 Biot 系数；p_p 为地层孔隙压力，MPa；σ_v 为垂向应力，MPa；σ_H 为最大水平应力，MPa；σ_h 为最小水平应力 MPa；ν_s 为静泊松比。该模型可以得到较为准确的水平主应力。但是构造应力系数要在实测数据的基础上确定。

③ 多孔弹性水平应变模型。

该模型是水平应力估算最常用的模型，它以三维弹性理论为基础。

$$\sigma_h = \frac{\nu_s}{1-\nu_s}\sigma_v + \frac{\nu_s}{1-\nu_s}\alpha_{vert}p_p + \alpha_{hor}p_p + \frac{E_s}{1-\nu_s^2}\xi_h + \frac{\nu_s E_s}{1-\nu_s^2}\xi_H \tag{6-39}$$

$$\sigma_H = \frac{\nu_s}{1-\nu_s}\sigma_v + \frac{\nu_s}{1-\nu_s}\alpha_{vert}p_p + \alpha_{hor}p_p + \frac{E_s}{1-\nu_s^2}\xi_H + \frac{\nu_s E_s}{1-\nu_s^2}\xi_h \tag{6-40}$$

式中，σ_v为垂向应力，MPa；σ_H 为最大水平应力，MPa；σ_h 为最小水平应力，MPa；α_{vert}为垂直方向的有效应力系数(Biot 系数)；α_{hor}为水平方向的有效应力系数(Biot 系数)；ν_s为静态泊松比；p_p 为孔隙压力；E_s 为静态杨氏模量；ξ_h 为最小水平主应力方向的应变；ξ_H为最大水平主应力方向的应变。

图6-42 给出四川盆地某页岩气藏研究区某井地应力计算结果。其中水平主应力分别使用黄氏模型和莫尔-库伦模型进行分析，莫尔-库伦模型则对比了忽略地层强度系数与保持地层强度系数时的结果。可以看出，3 个计算结果在整个井剖面上基本趋势一致。在数值上不考虑地层强度系数的结果小于考虑地层强度系数的结果；考虑地层系数的莫尔-库伦模型计算结果与黄氏模型得到的结果大部分层段数值一致，而黄氏模型的数值细节更加丰富，且与该井中的一个实测点(808.8m)的应力能够比较好地对应。而莫尔-库伦模型得到的结果只能反映大范围内的应力变化趋势，细节变化较少。

二、页岩气测井评价技术

目前国内外围绕页岩油气富集区或“甜点”区寻找这一目标，将测井评价集中在以下方面：页岩油气定性识别、页岩生烃潜力评价、页岩岩性及储集参数评价、岩石力学参数、地应力及裂缝评价。页岩复杂多变的矿物组分、微米-纳米级的微小孔隙以及特殊的油气赋存形式等，使得页岩油气测井评价技术不同于传统储层测井评价。

（一）含油气页岩测井识别

与普通页岩相比，典型含油气页岩在常规测井曲线上具有“四高两低”的典型响应特征（图6-43)，即高自然伽马、高电阻率、高声波时差、高中子、低体积密度、低光电吸收指数（谭茂金等，2010)。

(1) 自然伽马测井呈高值。其原因包括两方面：页岩中泥质、粉砂质等细粒沉积物含量高，放射性强度随之增强；页岩中富含干酪根等有机质，干酪根通常形成于铀元素富集的还原环境，因而导致自然伽马测井响应升高。

(2) 电阻率测井表现为低值背景上的相对高值。一般来说，页岩中泥质含量高，且含有较多束缚水，导致储层呈现低阻背景，而有机质和烃类具有的高电阻率物理特性，致使含油气页岩电阻率测井值升高。

(3) 声波时差测井呈高值。随着页岩中有机质及含气量的增加，声波速度降低、声波时差增大，在含气量较大或含气页岩内发育裂缝的情况下，声波测井值将急剧增大，甚至出现周波跳跃现象。

(4) 中子测井响应呈高值。页岩中束缚水及有机质含量较高，可以显著抵消由于天然气造成的氢含量下降，致使含油气页岩中子测井响应表现为高值。

(5) 密度测井呈低值。一般页岩密度较低，随着页岩中有机质(密度接近于 1.0 g/cm^3)和烃类气体含量增加，密度测井值将进一步减小，如遇裂缝段，密度测井值将变得更低。

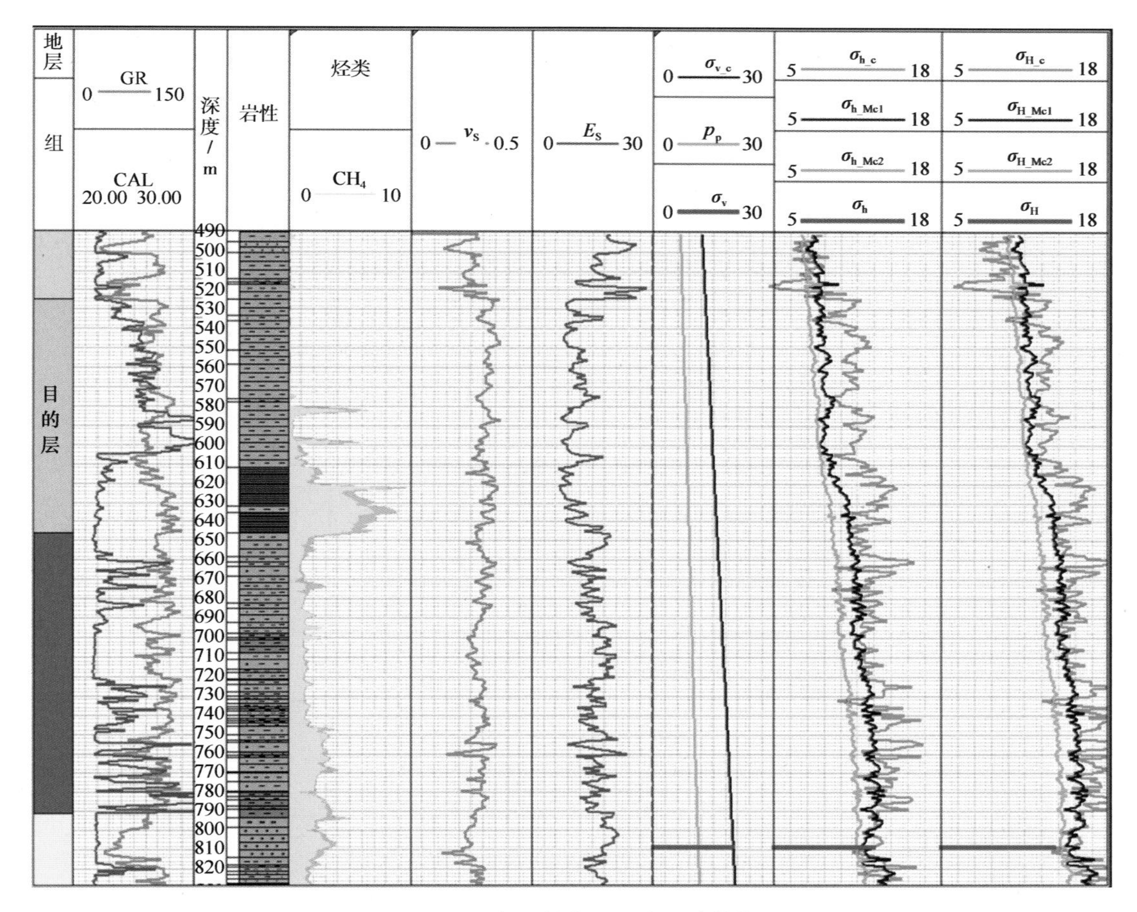

图 6-42 研究区某井地下应力计算结果

自左至右依次为：地层；地层岩性曲线；深度；录井岩性；气测结果；泊松比（ν_s）；杨氏模量（E_s）；上覆地层压力（σ_v 为实测值，σ_{v_c}为计算结果）与孔隙压力（p_p）；最小水平应力（σ_{h_c}黄氏模型计算结果，σ_{h_Mc1}考虑地层系数莫尔-库伦模型计算结果，σ_{h_Mc2}未考虑地层强度系数莫尔-库伦模型计算结果）；最大水平应力（σ_{h_c}黄氏模型计算结果，σ_{H_Mc1}考虑地层系数莫尔-库伦模型计算结果，σ_{H_Mc2}未考虑地层系数莫尔-库伦模型计算结果）

（6）光电吸收指数（Pe）呈低值。有机质具有低光电吸收指数的物理特性，页岩中有机质越丰富，光电吸收指数越低。

另外，页岩段一般出现扩径现象，且有机质含量越高、脆性越好的页岩段，扩径越明显。

近年来，以成像、核磁共振、阵列声波、高分辨率感应等为代表的测井新技术正在非常规油气藏的勘探中发挥越来越重要的作用。目前应用效果较好的测井新技术系列有元素俘获能谱测井（Spears 等，2009）、阵列声波测井、井壁成像测井、核磁共振测井、自然伽马能谱测井、阵列感应测井等（Shim 等，2010）。

（二）有机碳丰度测井估算方法

表 6-1 中总结了由于有机质存在所导致的常规测井响应特征变化。许多学者利用不同测井响应特征差异，研究出不同的有机质碳含量估算方法（表 6-2）。这类方法均建立在岩心刻度测井基础上，利用测井资料确定有机质含量以及成熟度等地球化学参数。

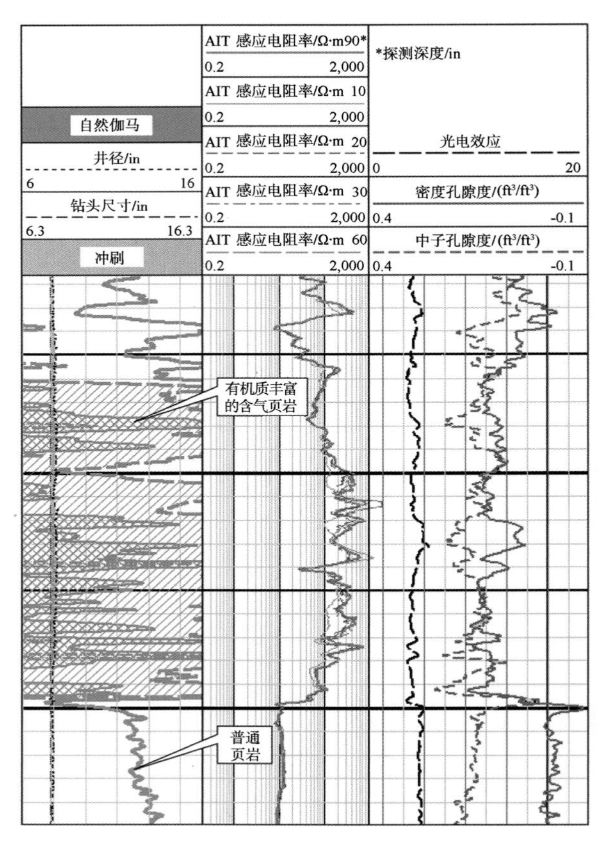

图 6-43 含气页岩测井响应曲线（Shell，2006）

表 6-1 有机质导致的储层测井响应特征变化（Sondergeld 等，2010）

测井方法	测井响应特征变化
自然伽马能谱	Ⅱ型干酪根含有丰富的铀，使得自然伽马能谱中铀曲线升高
总伽马强度	有机质富集大量的铀，使得总自然伽马曲线升高
体积密度	有机质相对页岩骨架具有较低的密度，使密度曲线下降
声波时差	有机质的声波传播速度相对较小，使声波时差曲线增大
中子孔隙度	有机质存在使含氢量增加，使地层中子孔隙度增大
电阻率	有机质是非导电物质，使得电阻率曲线升高

表 6-2 利用测井曲线计算有机质碳含量的方法（Sondergeld 等，2010）

方法名称	方法描述
自然伽马能谱	利用铀含量与有机碳含量之间具有的近似线性关系，估算有机碳含量（Fertl 等，1988）
自然伽马	利用总伽马强度估算有机碳含量（Fertl 等，1988）
体积密度	建立体积密度和有机碳含量经验关系估算有机碳含量（Schmoker，1979）
$\Delta\log R$	孔隙度和电阻率重叠法（Passey 等，1990）
神经网络	利用常规测井曲线来预测有机碳含量（Rezaee 等，2007）
密度-核磁共振-地球化学测井	通过密度和 NMR 测井计算包含有机质在内的页岩密度，通过地球化学测井计算不含有机质的页岩骨架密度，利用两个密度的差异估算有机碳含量（Jacobi 等，2008）
脉冲中子矿物-自然能谱伽马	利用脉冲中子矿物组分和自然伽马能谱联合估算有机碳含量（Pemper 等，2009）

1. 线性回归法

在岩心、岩屑分析的总有机碳含量基础上，利用对有机质响应灵敏的测井信息（如自然伽马能谱、体积密度、声波时差等），根据地区实际情况确定适用的经验关系公式（Jacobi等，2008）。

2. 电阻率与声波时差重叠法

将声波时差曲线和电阻率曲线进行适当刻度，使其在细粒非烃源岩段重叠，在富有机质段出现分离，依据分离程度确定有机质含量（Passey 等，1990）。重叠段对应的曲线分别称为电阻率基线（$R_{基线}$）和声波时差基线（$\Delta t_{基线}$），曲线间的分离程度 $\Delta\log R$ 如式（6-41）。

$$\Delta\log R = \log(R/R_{基线}) + 0.02 \times (\Delta t - \Delta t_{基线}) \tag{6-41}$$

式中，R、Δt 为计算点的电阻率和声波时差值；$R_{基线}$、$\Delta t_{基线}$ 为电阻率和声波时差曲线基线值。

$\Delta\log R$ 与有机碳含量呈线性关系，并且是成熟度的函数。在成熟度已知前提下，通过式（6-42）计算有机碳含量。

$$TOC = \Delta\log R \times 10^{(2.207-0.1688LOM)} \tag{6-42}$$

式中，LOM 与有机质成熟度有关，LOM 越大，成熟度越高。LOM 可以由实验分析或从埋藏史和热史评价中得到。$LOM=7$ 对应于生油干酪根成熟作用的开始，$LOM=12$ 对应于干酪根过成熟作用的开始。有机碳含量与 $\Delta\log R$ 关系如图 6-44 所示。

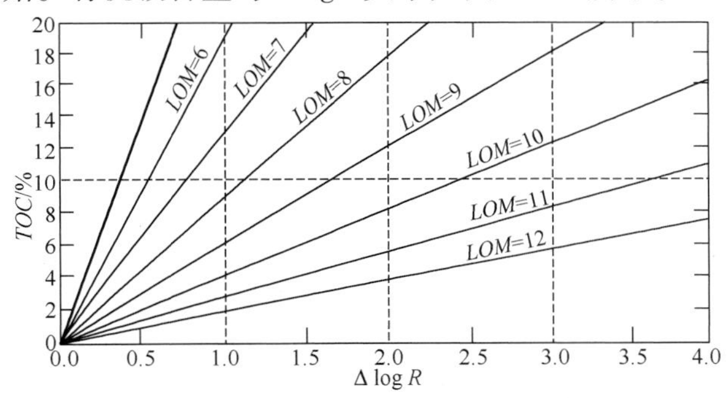

图 6-44 有机碳含量与 $\Delta\log R$ 关系图版（Passey 等，1990）

使用该方法需要满足以下两个条件：①烃源岩与非烃源岩地层含有相似的黏土矿物；②有机质成熟度已知。对于过成熟的页岩，该方法估算的有机碳含量偏低。为了弥补这个缺点，Sondergeld（2010）在原始经验公式的基础上进行修改，得到的转换公式（6-43）。

$$TOC = \Delta\log R \times 10^{(2.207-0.1688LOM)} \times C \tag{6-43}$$

式中，C 为一个乘法算子，用于校正有机碳含量估算值。采用该方法在 Horn River Mhukwa 井中进行应用（图 6-45），模型预测的有机碳含量结果位于第 5 道，与岩心分析得到的有机碳含量结果（图中黑色星点）十分吻合。

（三）储层参数计算

页岩油气储层孔隙度、渗透率、天然气含量（包括吸附气、游离气）的评价方法与常规储层存在显著差异，其中吸附气含量评价更是以往常规油气藏测井评价从未涉及的领域，从理论基础到解释评价技术有待进一步探索与完善。

1. 矿物组分与泥质含量

北美大量岩心分析发现主要产气页岩分为 3 个大类，即硅质、黏土质和钙质。岩性的复

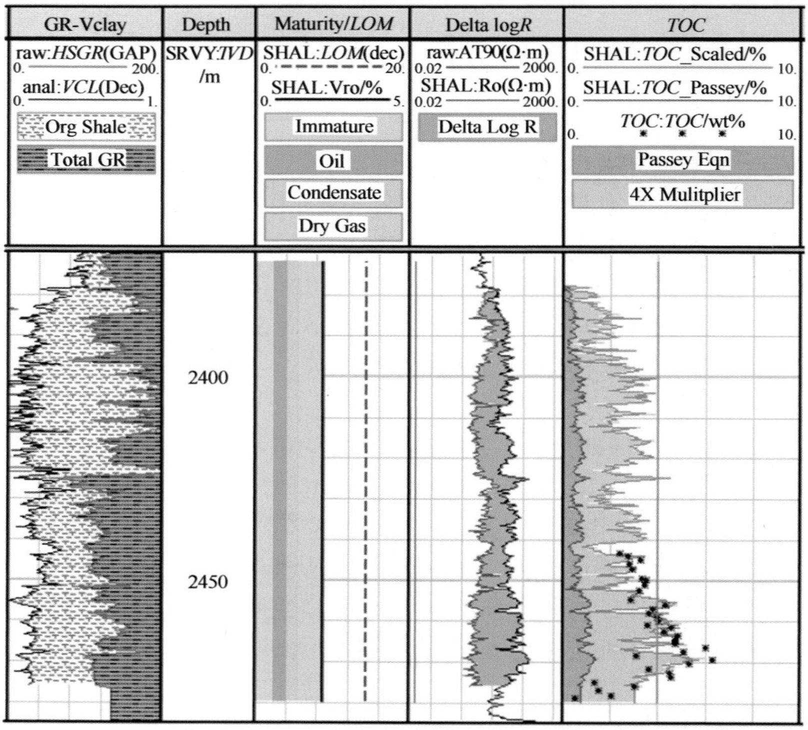

GR-Vclay	Depth	Maturity/*LOM*	Delta log*R*	*TOC*
raw:*HSGR*(GAP) 0. 200. anal:*VCL*(Dec) 0. 1. Org Shale Total GR	SRVY:*TVD* /m	SHAL:*LOM*(dec) 0. 20. SHAL:Vro/% 0. 5. Immature Oil Condensate Dry Gas	raw:AT90(Ω·m) 0.02 2000. SHAL:Ro(Ω·m) 0.02 2000. Delta Log R	SHAL:*TOC*_Scaled/% 0. 10. SHAL:*TOC*_Passey/% 0. 10. *TOC*:*TOC*/wt% 0. 10. Passey Eqn 4X Mulitplier
	2400 2450			

图 6-45　电阻率与声波时差重叠法计算页岩气储层有机碳含量（Sondergeld 等，2010）

杂程度高于一般的普通碎屑岩和碳酸盐岩。矿物成分的确定对于计算储层参数、预测有机质含量及岩石弹性参数和成功完井都非常重要。

元素俘获能谱测井(ECS)能够直接测量地层中化学元素的含量，通过计算处理得到岩石矿物组分与含量。Sondergeld 提出了一种基于实验室和常规测井资料分析页岩矿物组分的方法。该方法需要已知如下 4 类信息：研究区岩心分析的矿物组分；基于自然伽马曲线或交会图版得到的黏土矿物体积分数；常规中子、密度、岩性密度、声波和电阻率测井曲线；有机碳含量体积分数曲线。以概率最小二乘方法分配不同的矿物组分，用以拟合上述常规测井曲线，拟合最佳时作为最终结果。将该方法应用于 Horn River Muskwa 井页岩储层(图 6-46)，图中第 5 道为模型输出的矿物组分剖面，1 ~4 道为模型输出的矿物组分与岩心 X -衍射的对比，二者之间存在较好一致性；8 ~ 14 道分别为模型输入实测曲线与输出预测曲线的对比，7 道曲线(分别为黏土体积、声波时差、体积密度、中子孔隙度、岩石体积光电吸收截面指数、电阻率及有机碳含量)预测结果均与实测曲线保持良好一致性。

2. 孔隙度

常规密度测井、中子测井和声波时差测井是计算岩石孔隙度的基础方法。页岩复杂的矿物组分和微米-纳米级的孔隙，给孔隙度定量计算带来了挑战，但利用常规测井方法计算孔隙度的思想仍然在页岩气工业生产中起着重要作用，也是其他综合方法的基础。

利用密度测井估算孔隙度，首先应考虑岩石骨架密度的影响因素，然后建立孔隙度和密度的关系。对于页岩来说，式(6-44)反映了总孔隙度(ϕ_T)、总有机质体积分数(TOC)和不同组分密度之间的关系（孙赞东等，2011)：

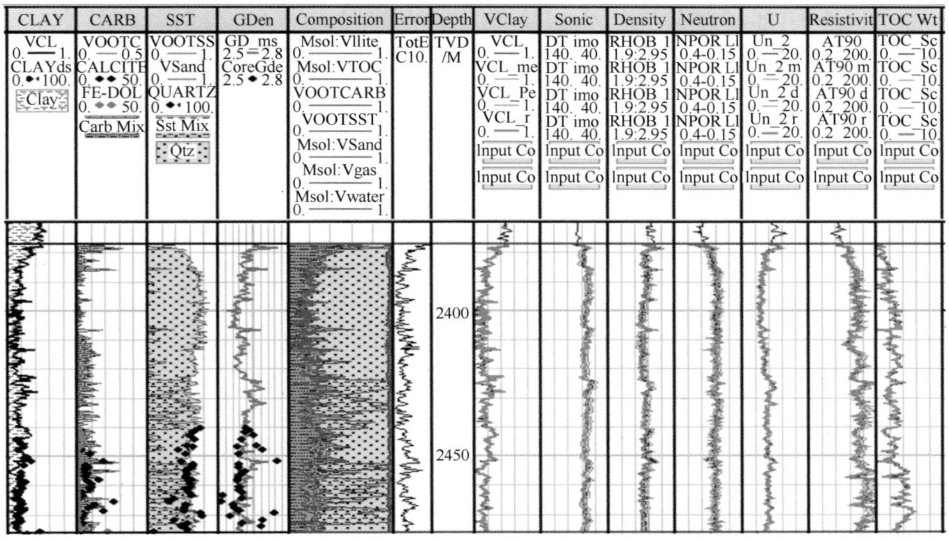

图 6-46　常规测井曲线分析计算 Horn River Muskwa 井矿物组分（Sondergeld 等，2010）

$$\rho_b = \rho_g\phi_T(1 - S_{wt}) + \rho_w\phi_T S_{wt} + \rho_m(1 - \phi_T - TOC) + \rho_{TOC}TOC \tag{6-44}$$

式中，ρ_b 为测井得到的地层体积密度；ρ_g 表示气体密度；ρ_w 表示地层水密度；ρ_m 表示岩石骨架颗粒密度；ρ_{TOC}表示有机质密度；S_{wt}表示总含水饱和度；有机碳含量为有机质体积分数。通过测井方法或实验室测量方法得到的有机质丰度一般都是质量分数，需要分别将其换算为有机质体积分数（Herron 等，1990；Spears 等，2009）。

$$TOC = \frac{W_{TOC}}{\rho_{TOC}}\rho_b k \tag{6-45}$$

$$TOC = \frac{W_{TOCL}}{\rho_{TOC}}(\rho_b - \phi_T\rho_{fl}) \tag{6-46}$$

式中，k 为刻度系数；W_{TOC}表示测井计算的有机质质量分数；W_{TOCL}表示实验室测量的有机质质量分数；ρ_{fl}表示孔隙中的流体（水 + 气）对地层体积密度的贡献，其表达式为：

$$\rho_n = \rho_g(1 - S_{wt}) + \rho_w S_{wt} \tag{6-47}$$

分别对两类有机碳含量测量方式下的地层总孔隙度计算公式进行推导。利用实验室测量的有机质质量分数计算总孔隙度公式为：

$$\phi_T = \frac{\rho_m - \rho_b\left(\rho_m\dfrac{W_{TOCL}}{\rho_{TOC}} - W_{TOCL} + 1\right)}{\rho_m - \rho_{fl} + W_{TOCL}\rho_{fl}\left(1 - \dfrac{\rho_m}{\rho_{TOC}}\right)} \tag{6-48}$$

利用测井评价的有机质质量分数计算总孔隙度公式为：

$$\phi_T = \frac{\rho_m - \rho_b\left(\rho_m\dfrac{W_{TOCL}}{\rho_{TOC}} - W_{TOCL} + 1\right)}{\rho_m - \rho_{fl}} \tag{6-49}$$

由于矿物组分的剧烈变化，将导致基于常规测井孔隙度计算结果精度降低。

核磁共振测井（NMR）不受矿物组分变化及有机质成分的影响，能够直接测量孔隙中流体的氢含量，进而确定地层孔隙度。图 6-47 显示，核磁共振测井孔隙度及测井计算有机碳含量均与岩心分析结果十分吻合（Jacobi 等，2009）。

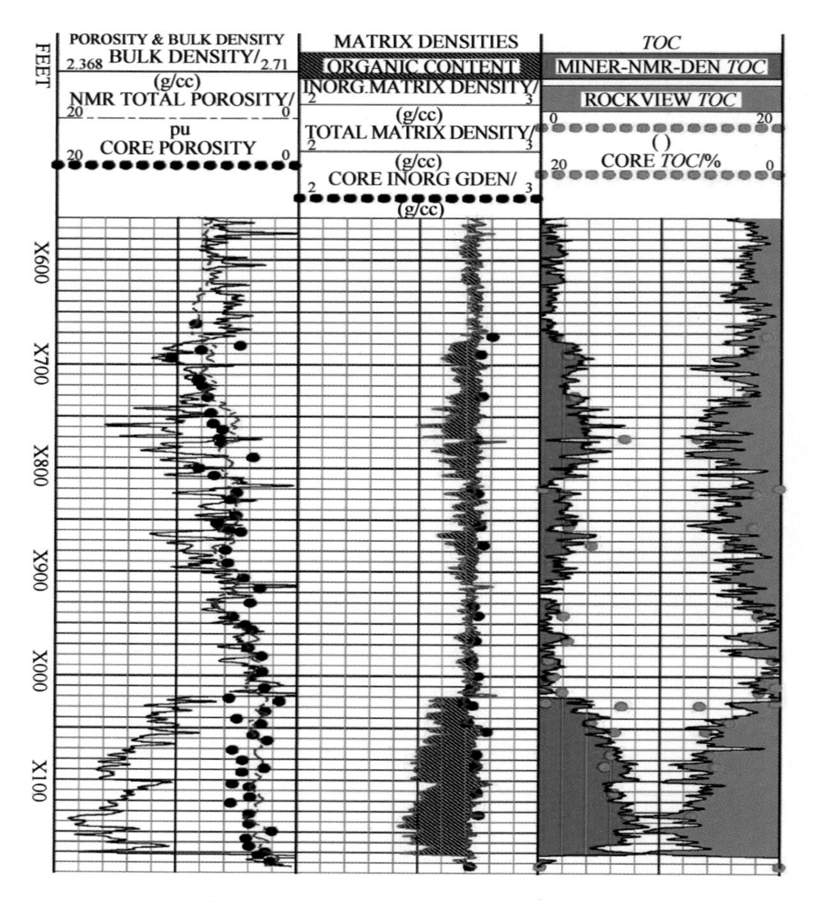

图 6-47 核磁共振孔隙度及有机碳含量计算结果与岩心分析结果对比

3. 吸附气含量计算

页岩气主要由吸附气和游离气组成，这两种气的赋存机理截然不同。岩石对天然气的吸附作用是一种复杂的物理化学过程，吸附能力的大小除受到岩石和气体本身条件（如岩石类型、气体成分、有机质含量等）影响外，还要受到所处温度、压力等环境条件的影响。总体上看，岩石中的吸附气丰度低，对现有的所有测井方法都不能产生有效响应，因此利用测井求准吸附气含量的方法还在不断探索和完善中。目前，国内外发展了地质统计法、等温吸附线法等求取吸附气含量。

（1）地质统计法。借鉴煤层气评价方法，普遍采用线性回归技术来估算页岩中吸附气含量，目前应用最多的是密度回归公式。将实验分析得到的解析气含量与补偿密度测井值交会，含气量与密度之间近似呈线性关系，即随着含气量的增加，补偿密度值呈降低趋势。利用线性回归方法，可以得到适用于研究区的含气量计算的经验公式。

（2）等温吸附线法。该方法也是借鉴煤层气评价方法。由于吸附于页岩中干酪根或黏土矿物表面的甲烷和煤层气中的甲烷一样，也符合兰格缪尔等温吸附方程，即在等温吸附过程中，随压力增加吸附量逐渐增大，压力下降导致甲烷逐渐脱离吸附状态，吸附量逐渐下降（图 6-48）。兰格缪尔方程为：

$$G_s = \frac{v_1 p}{p_1 + p} \tag{6-50}$$

式中，G_s为吸附气体积；v_1为兰格缪尔体积，描述无限大压力下的吸附气体积，ft^3/t；p 为储层压力，psi；p_1 为兰格缪尔压力，为气含量等于 1/2 兰格缪尔体积时的压力。

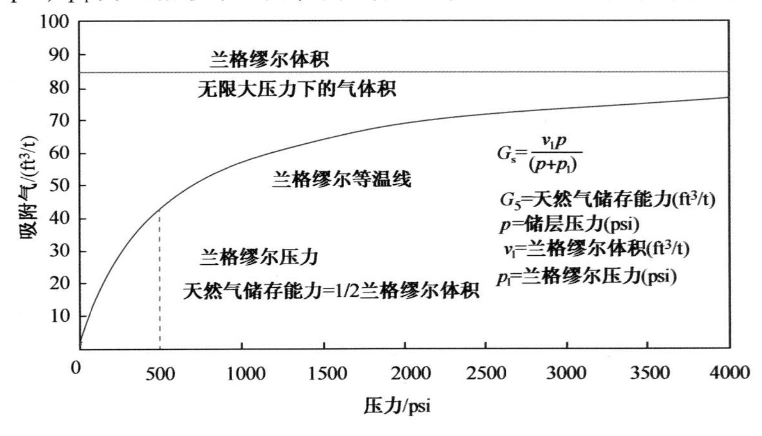

图 6-48　兰格缪尔方程原理图

依据实验数据确定特定地区的等温吸附线，借此确定吸附气含量。

4. 游离气含量计算

游离气含气量即指在孔隙和裂缝中的天然气含量，国外在实践中总结出两种解决办法：①不单独计算游离气含量，算出吸附气含量后，直接乘以 2 作为总含气量，即认为游离气含气量和吸附气含量基本相当；②借鉴常规储层中泥质砂岩储层的计算方法。式(6-51)即为斯伦贝谢公司采用的一个计算模型。

$$G_{cfm} = \frac{1}{B_g}\left[\phi_{eff}(1 - S_w)\right]\frac{\Psi}{\rho_b} \tag{6-51}$$

式中，G_{cfm} 为游离气体积；B_g为气相地层体积系数；ϕ_{eff} 为有效孔隙度；S_w为含水饱和度，借助泥质砂岩饱和度方程得到；ρ_b为地层体积密度；Ψ 为转换常数，取值为 32. 1052。

5. 游离油含油率计算

与天然气分子不同，具有较大分子直径的原油，很难从微米-纳米级的微小孔隙中解析，页岩油中产能主要贡献者为较大孔隙及裂缝中的游离原油。含油饱和度可采用泥质砂岩饱和度方程计算，然后计算含油率。

$$R_{oil} = \frac{1}{B_o}\left[\phi_{eff}(1 - S_w)\right]\frac{\rho_o}{\rho_b} \tag{6-52}$$

式中，R_{oil} 为游离油含油率；B_o 为原油地层体积系数；ϕ_{eff}为有效孔隙度；S_w 为含水饱和度，借助泥质砂岩饱和度方程得到；ρ_b 为地层体积密度；ρ_o 为地表原油密度。

（四）岩石力学参数计算

压裂增产成为页岩油气开发的关键技术之一。压裂作业之前必须掌握工区区域应力场、最大主应力方向、压力系数，确定待压裂层及其上下围岩的岩性、物性、弹性模量、泊松比等参数，在此基础上计算破裂压力剖面、评估地层的可压裂性、预测缝高缝宽，以此为依据制定压裂设计方案。

常用岩石力学参数包括泊松比 γ 、剪切模量 G 、杨氏模量 E 、体积模量 K 和地层及骨架体积压缩系数 C_b 和 C_{ma} 等。准确求取页岩储层纵、横波速度对准确计算岩石弹性参数至关重要，在获取地层声波纵波、横波时差基础上确定弹性参数。有关公式为：

$$\gamma = \frac{1}{2} \times \frac{(\Delta t_s)^2 - 2(\Delta t_p)^2}{(\Delta t_s)^2 - (\Delta t_p)^2} \tag{6-53}$$

$$G = \rho_b / (\Delta t_s)^2 \tag{6-54}$$

$$E = G \cdot \frac{3(\Delta t_s)^2 - 4(\Delta t_p)^2}{(\Delta t_s)^2 - (\Delta t_p)^2} \tag{6-55}$$

$$K = G \cdot \frac{3(\Delta t_s)^2 - 4(\Delta t_p)^2}{3(\Delta t_s)^2} \tag{6-56}$$

$$C_b = \frac{1}{K_b} = \frac{3(\Delta t_s)^2 (\Delta t_p)^2}{\rho_b \left[3(\Delta t_s)^2 - 4(\Delta t_p)^2\right]} \tag{6-57}$$

$$C_{ma} = \frac{1}{K_{ma}} = \frac{3(\Delta t_{ms})^2 (\Delta t_{mp})^2}{\rho_b \left[3(\Delta t_{ms})^2 - 4(\Delta t_{mp})^2\right]} \tag{6-58}$$

式中，ρ_b 为地层体积密度；Δt_s 为地层横波时差；Δt_p 为地层纵波时差；Δt_{ms} 为骨架横波时差；Δt_{mp} 为骨架纵波时差。

在计算出杨氏模量及泊松比等弹性参数后，定义脆性指数(BI)为两弹性参数的函数，如式(6-59)：

$$BI = \frac{1}{2}\left(\frac{E-1}{8-1} \times 100 + \frac{\gamma - 0.4}{0.15 - 0.4} \times 100\right) \tag{6-59}$$

另外依据页岩矿物组分计算脆性指数，即岩石中石英含量占石英、碳酸盐矿物与黏土矿物三者总和的百分比(图6-49第4道曲线)，与最后1道利用页岩纵、横波速度计算得到的脆性指数相比十分吻合(Sondergeld等，2010)。

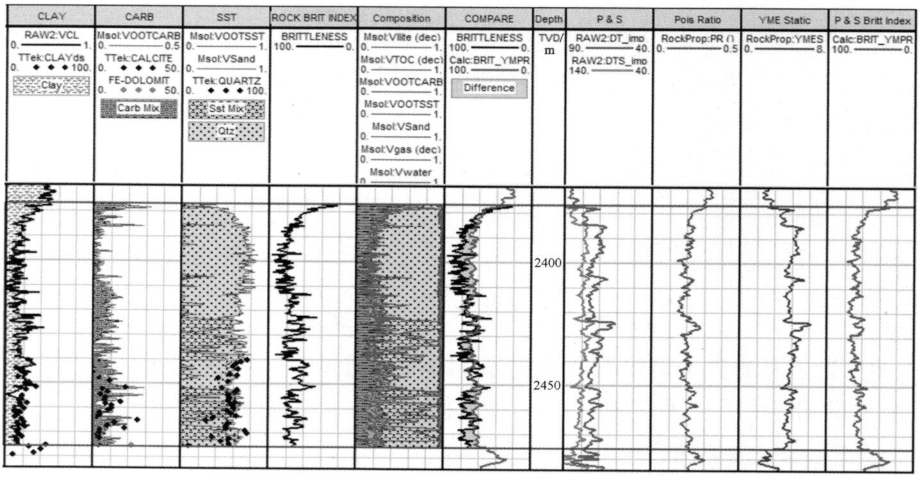

图6-49　不同方法计算的岩石脆性指数结果对比（Sondergeld等，2010）

（五）涪陵地区页岩气测井评价

以涪陵地区焦页1井为例，说明测井评价方法。焦页1井位于川东南地区焦石坝构造高部位。目的层段为志留系五峰组和龙马溪组下部，岩性为灰黑色粉砂质泥岩、泥岩与页岩，间夹有团状或条带状黄铁矿等。

1. 测井响应特征

焦页1井页岩气段测井响应除了高伽马、高声波时差、高电阻率和低密度测井响应共性特征外，还有其特殊性。优质页岩气段自然电位显示负异常，反映地层具有较好的渗透性；密度测井和中子测井显示“挖掘响应”特征，指示地层中游离天然气含量高。此外，在成像测井图上，优质页岩气段水平缝(层间缝)发育(图6-50)。

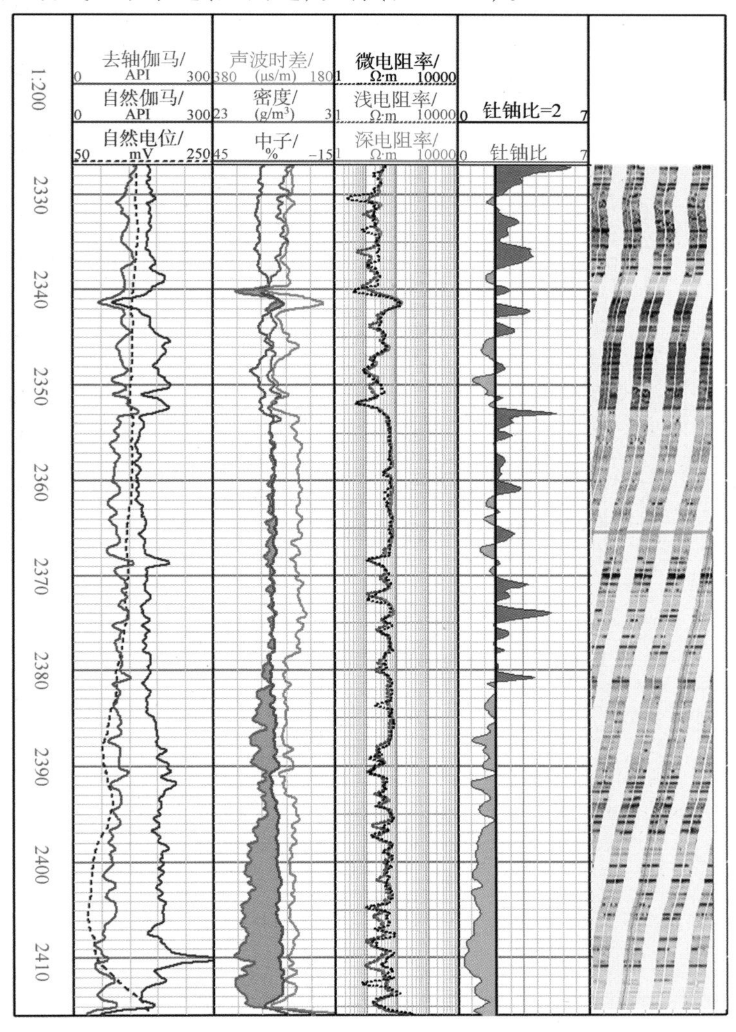

图6-50 焦页1井页岩气测井响应图

自然伽马能谱测井中钍铀比是古沉积环境的良好指标。钍铀比小于2，指示海相还原环境，有利于有机质保存；钍铀比在2~7之间，指示海相还原-氧化过渡带；钍铀比大于7，指示陆相氧化环境，不利于有机质保存。焦页1井下部2380~2416m钍铀比小于2，为海水较深的还原环境，发育优质页岩气储层；而中上部2330~2380m钍铀比在2~7之间，为还原氧化过渡环境，页岩气储层品质较差(图6-50)。

2. 储层测井定量评价

在岩心测试基础上，综合应用常规测井资料和自然伽马能谱测井资料，确定页岩气储层矿物组分特征、物性特征和含气性特征，包括确定有机质含量、泥质含量、脆性矿物含量、总孔隙度及其微观组分、吸附气含量、游离气含量等(图6-51)。在此基础上，依据生产测试结果，建立储层分类标准(表6-3)，实现对储层的综合评价，为压裂选层和高效开发方案设计提供依据。

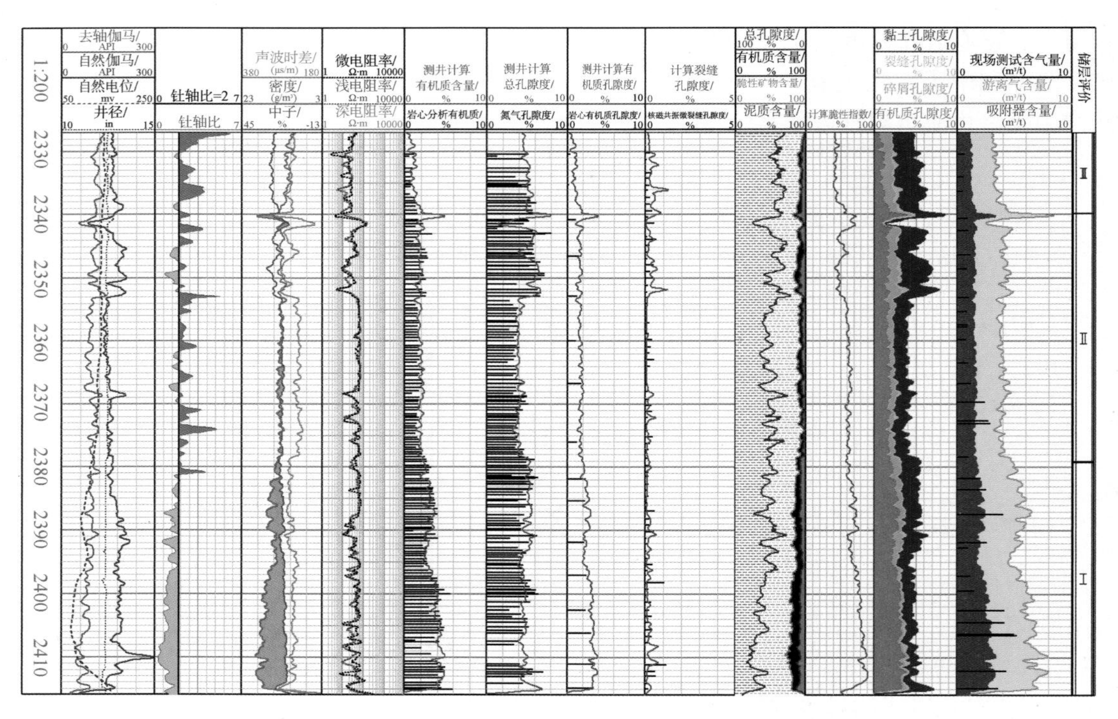

图 6-51　焦页 1 井页岩气测井定量评价

表 6-3　涪陵地区海相页岩气测井综合评价表

页岩气储层分类	地质评价标准			测井识别标准					
	TOC/%	总含气量/(m^3/t)	脆性指数/%	密度/(g/cm^3)	中子孔隙(V/V)	自然伽马/GAPI	光电指数/(B/E)	电阻率/Ω·m	自然电位/mV
Ⅰ(优)	>3.5	>3.0	>65	<2.51	<0.13	>155	<3.1	10~50	明显正/负异常
Ⅱ(中等)	3.5~1.5	1.3~3.0	45~65	2.51~2.68	0.13~0.2	148~155	3.1~4.3	>50	小幅异常
Ⅲ(差等)	<1.5	<1.3	<45	>2.68	>0.2	<155	>4.3	>50	微小或无异常

三、页岩油气地震识别与综合预测技术

(一) 储层厚度与埋深地震预测技术

国内外勘探开发实例证实，形成页岩气的页岩不但有较高的有机质丰度、成熟度等地化指标，其厚度都较大，一般大于 30m。海相页岩地层往往分布范围广、厚度较大且稳定，而陆相页岩厚度与沉积相带和所处湖盆构造位置等密切相关，页岩平面上厚度变化较大。寻找有利页岩气分布区需要先圈定厚页岩发育区，该区域是沉积中心、厚度大、有机质含量高、有机碳丰度高的区域，是勘探开发的“甜点”。厚度较小的页岩生气潜力小，勘探开发价值有限。因此，页岩气勘探中的一项基础工作就是查清页岩分布范围、厚薄，也就是明确页岩分布规律，为下步寻找“甜点”奠定基础。

页岩分布范围求取方法与普通砂岩基本一致，主要有 3 种方法，即顶底相减法、波阻抗反演法和地震振幅拟合法。当页岩厚度大于 $\lambda/4$(λ 为波长)时，页岩顶、底在地震剖面有单独反射，可以识别追踪，在准确落实顶底构造之后，采用底、顶深度直接相减的方法求取页岩平面分布。当页岩厚度小于 $\lambda/4$ 时，需要将波阻抗反演得到的页岩段波阻抗值与钻井厚度拟合，得到相关关系式，利用该关系式把波阻抗平面图转换成页岩平面分布图。也可以通过地震属性(一般是地震振幅属性)与钻井揭示页岩厚度来拟合振幅与厚度函数关系，利用该关系式把地震属性图转换成页岩平面分布图。

1. 利用地震资料解释储层厚度的方法

主要适用于储层厚度大于 $\lambda/4$ 的厚层。在精细地震层位解释基础上，可计算页岩顶底界面深度图(图6-52)及页岩厚度图(图6-53)。厚度公式为：

$$H = V \times (T_2 - T_1)/2 \tag{6-60}$$

式中，H 代表页岩厚度；V 代表层速度；T_1代表底界面双程旅行时；T_2代表顶界面双程旅行时。

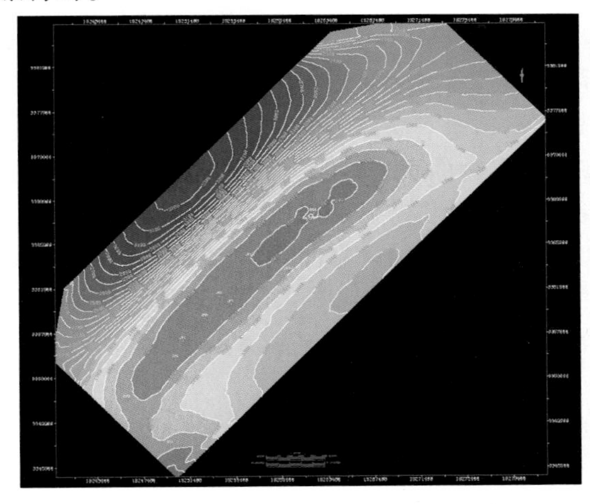

图6-52　侏罗系东岳庙段页岩顶界面深度图

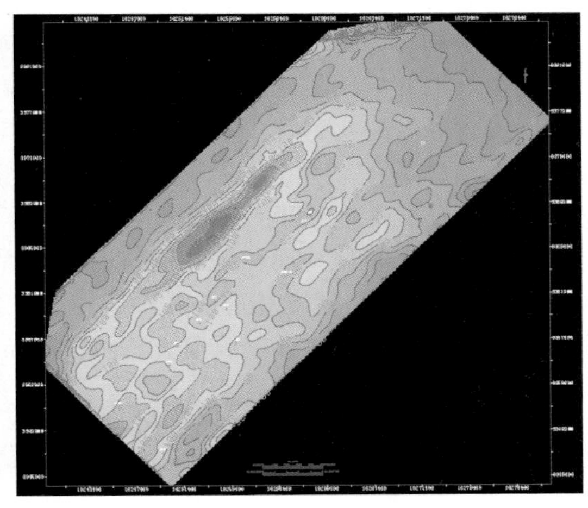

图6-53　侏罗系东岳庙段页岩厚度图

2. 基于波阻抗反演的储层厚度预测

利用波阻抗信息进行厚度预测，主要是通过地震反演获得分辨率较高的反映层信息的波阻抗或速度剖面，在具有较高分辨率的地层波阻抗或层速度剖面上，直接拾取储层的顶、底界面反射时间，进而由时差和层速度求取储层的厚度。也可以通过钻井岩性剖面与测井曲线对比分析，建立岩性与阻抗的对应关系，确定岩性阻抗值的变化范围，然后分析各口钻井同一层段砂层厚度与其他岩性的波形特征，再利用反演的波阻抗剖面，建立不同级别储层识别模式，为拾取主要储层特征、寻找有利储层类型建立依据。不同岩性取不同门槛值，即可计算出目的层厚度。这种方法简单易行而且精度较高。

3. 基于地震属性的储层厚度预测方法

储层参数的变化会引起相应的反射波特征的变化，这样可以利用波形特征参数去预测储层参数，而单个反射特征往往对应着多种地质现象，利用单参数去预测储层不具有普遍意义。所以使用多种参数进行储层预测是合理的应用方法。但地震响应中所包含的地震属性种类很多，针对某一个问题如何选取合理的地震属性组合是问题的关键所在。通常使用神经网络模式识别的方法，来确定预测储层厚度的参数，一般采用的地震属性有：正振幅能量、中心频率、最大振幅、阻抗值、均方根振幅、求和振幅、弧长及自相关函数极小值与极大值之比等。

利用神经网络和专家优化法优选地震响应中所包含的地震属性信息，然后利用优选后的地震属性预测储层厚度。目的在于选用多个地震属性，借助于神经网络的局部模式识别功能和专家优化法，建立地震属性与储层厚度之间的函数关系，达到计算储层厚度及提高储层厚度计算精度的目的。其基本思想是：先用井中储层厚度与井旁地震属性形成样本集，利用该样本集对神经网络进行学习，网络学习好后，再进一步利用专家优化法优选地震属性并输入给该网络，最后计算储层厚度。

（二）*TOC* 预测技术

相对于非烃源岩，作为“自生自储”类储层的页岩气储层，通常含有相当含量的有机质。当页岩中含有十分丰富的有机物质时，对它加热时可以驱出油气。因此有机质丰度是评价一个页岩层段是否有利于开发的重要指标，而 *TOC* 的大小是反映储层有机质丰度的主要指标。对于页岩气储层，传统的 *TOC* 的测量是通过实验室对岩石样品进行分析得到的，这种方法只能得到有限的样品点数据，是非常昂贵和耗时的。该方法受到岩心样品数量、岩屑分析的可靠性的限制与影响，而且其分析结果在纵向上是不连续的。由于有机质具有独特的物理性质，使得其测井响应相比非烃源岩层段有明显的差别。通过测井数据也可以识别烃源岩和对烃源岩的含烃潜力进行评价。但是两种方法得到的都是地下局部的信息。那么，如何精确地在空间上预测 *TOC* 值？岩石物理研究表明，富含有机物的页岩声波阻抗随着总有机碳含量增大，反而非线性地减小。因为页岩中混合了低密度有机物，显著降低了声波阻抗。通过对页岩储层的岩石物理特征和测井资料进行分析，可构建有机碳含量曲线，与声波阻抗进行交会分析（图 6-54），建立相应的关系，相关性达到 79.39%，即 *TOC* 值随页岩波阻抗值降低而增大，再通过地质统计学反演方法将波阻抗转换成 *TOC*。

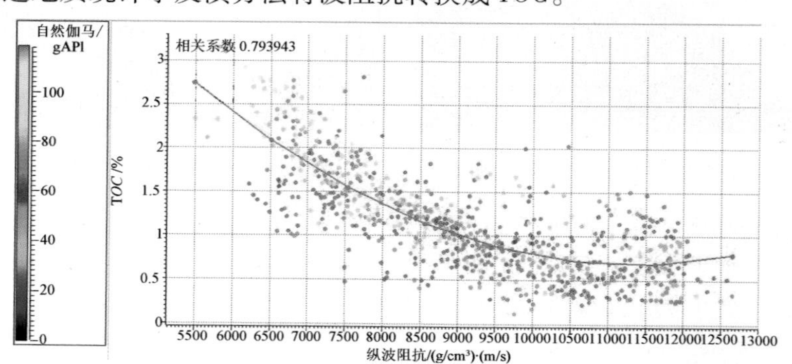

图 6-54　有机碳含量（*TOC*）与纵波阻抗交会图

1. 有机碳含量的地质统计学反演

地质统计学是以区域化变量为基础，借助变差函数，研究既具有随机性又具有结构性或空间相关性和依赖性的自然现象的一门科学。它由 4 个部分组成：区域化变量理论、空间变异性（变差函数）分析、克里金技术和随机模拟。

页岩有机碳含量的地质统计学反演技术将有机碳含量参数视作区域化变量，利用变差函数从已知井数据分析其空间变异规律，利用克里金技术求解其未知点的分布特征，通过随机模拟手段综合井、震信息对未知点进行赋值，进而得到有机碳含量数据体。

由于陆相页岩沉积较稳定，离散变量（如岩相）可以不予考虑，重点分析连续变量（有机碳含量）变差函数模型计算和模拟方法等。

（1）变差函数分析。变差函数是区域化变量空间变异性的一种度量，反映了空间变异程度随距离而变化的特征。变差函数在地质统计学方法中主要用来建立统计关系，描述空间数据场中数据之间的相互关系，进而达到建立连续变量之间的统计相关函数的目的。变差函数分析直接关系到克里金算法和随机模拟结果的可靠性。连续变量 $Z(\boldsymbol{x})$ 变差函数的数学表达式为：

$$2\gamma(\boldsymbol{x}, \boldsymbol{h}) = E\left\{\left[Z(\boldsymbol{x}+\boldsymbol{h}) - Z(\boldsymbol{x})\right]^2\right\} \tag{6-61}$$

式中，$2\gamma(\cdot)$ 是变差函数；$E\{\cdot\}$ 表示数学期望；$Z(\boldsymbol{x})$ 和 $Z(\boldsymbol{x}+\boldsymbol{h})$ 是空间区域内两个位置的观测值。式(6-61)表明变差函数为空间两点的观测值差值平方的数学期望。在实际应用过程中，变差函数是由 *TOC* 曲线来估算的，得到的函数称为实验变差函数，其空间变化性和相关性可用变程、块金常数、拱高和基台值等表达。

（2）序贯高斯模拟。在页岩有机碳含量 *TOC* 参数随机反演过程中，连续变量(*TOC*)符合高斯分布(正态分布)，因此采用序贯高斯模拟算法。序贯高斯模拟是应用于连续型随机变量模拟的一种方法，属于参数估计的随机模拟方法。首先假定连续变量服从正态(高斯)分布，然后通过克里金估值确定正态分布的两个参数——数学期望和估计方差。在确定了分布参数之后，对未知变量点通过蒙特卡罗技术进行抽样赋值，对所有未知变量点按次序逐一访问，得到随机模型的一个实现(刘振峰等，2012)。为了最大限度地利用地震信息，在克里金估计环节一般使用同位配置协克里金方法，考虑第二变量(纵波阻抗)的影响(王香文等，2012；李建雄等，2011)。

有机碳含量地质统计学反演过程为：①对地震资料和测井资料(包括构建的有机碳含量曲线)进行质量分析和校正处理，消除因地震资料的品质和测井数据中系统误差带来的影响；②在合成记录精细标定和泥页岩地层格架模型建立的基础上，通过约束稀疏脉冲反演得到目的层全频带的绝对波阻抗体(图6-55)；③分析有机碳含量的纵横向变差函数，通过地球物理统计分析与确定性反演结果的对比及地质认识综合优选相关参数，包括变程、基台值和块金常数等表征地质量在空间上的影响范围、分布连续性以及各向异性等特征的重要反演参数；④通过序贯高斯随机模拟得到具有地质意义的有机碳含量数据体(图6-55)。

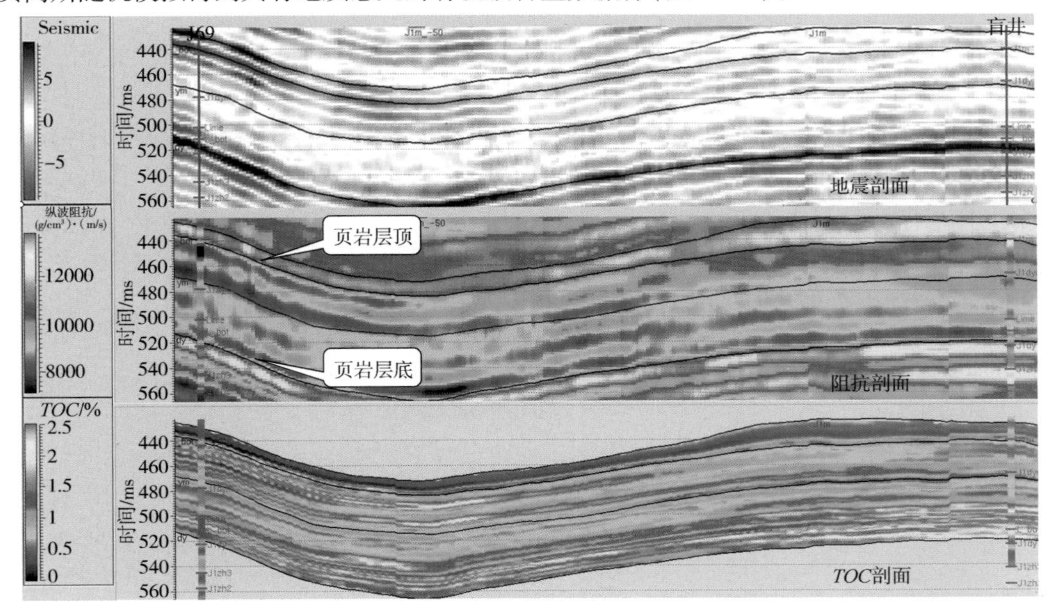

图6-55 JN气田地震、纵波阻抗和有机碳含量 *TOC* 剖面

（三）脆性预测技术

根据岩石物理分析结果，不同杨氏模量和泊松比组合所具有的脆性指数（页岩脆性增加的方向），对应杨氏模量的高值和泊松比的低值区域，这就为利用弹性参数反演方法来预测页岩脆性提供了一定的理论依据。对于页岩气勘探开发时间较长的地区，这种评价标准相对比较容易建立，通过统计有利开发区页岩的杨氏模量和泊松比，就能够建立起适用于该地区的页岩脆性评价标准。通过圈定有利的杨氏模量和泊松比的分布范围以及之间的相互关系，可以用于后续页岩地层的脆性评价。

虽然工程上习惯使用杨氏模量 E 和泊松比 ν 评价页岩脆性，但是地震叠前反演的输出结果通常是纵、横波阻抗等参数。弹性参数之间的关系为：

$$\nu = \frac{\nu_p^2 - 2\nu_s^2}{2(\nu_p^2 - \nu_s^2)} \tag{6-62}$$

$$E = \frac{\mu(3\lambda + 2\mu)}{\lambda + \mu} = \frac{\nu_s^2\rho^2}{\rho}\frac{(3\nu_p^2 - 4\nu_s^2)}{\nu_p^2 - \nu_s^2} \tag{6-63}$$

因此，为了能够直接从叠前反演中得到杨氏模量和泊松比。下面介绍使用一种基于杨氏模量和泊松比的新的反射系数近似方程，建立稳定获取杨氏模量和泊松比的叠前地震直接反演方法。

1980 年，Aki 和 Richards 提出了基于纵、横波速度和密度的 Zoeppritz 近似公式：

$$R(\bar{\theta}) \approx \frac{1}{2}\sec^2\bar{\theta}\frac{\Delta\alpha}{\bar{\alpha}} - 4\bar{\gamma}^2\sin^2\bar{\theta}\frac{\Delta\beta}{\bar{\beta}} + \frac{1}{2}(1 - 4\bar{\gamma}^2\sin^2\bar{\theta})\frac{\Delta\rho}{\bar{\rho}} \tag{6-64}$$

式中，$R(\bar{\theta})$ 表示随角度变化的 PP 波反射系数；$\bar{\alpha}$、$\bar{\beta}$、$\bar{\rho}$、$\bar{\gamma}$ 和 $\bar{\theta}$ 分别表示平均 P 波速度、平均 S 波速度、平均密度、$\bar{\beta}/\bar{\alpha}$ 比值及分界面的入射角和透射角的平均角度；类似的，$\Delta\alpha$、$\Delta\beta$、$\Delta\rho$ 是界面两侧 P 波速度、S 波速度及密度的变化量。以这些参数的分式变量作为反射系数[例如：$1/2\ (\Delta\alpha/\bar{\alpha})$ 称为 P 波速度反射系数]，由方程 Aki-Richards 出发，建立反射系数与纵、横波模量和密度的关系式：

$$R(\theta) = \frac{1}{4}\sec^2\theta\frac{\Delta M}{M} - 2\left(\frac{\beta}{\alpha}\right)\sin^2\theta\frac{\Delta\mu}{\mu} + \left(\frac{1}{2} - \frac{1}{4}\sec^2\theta\right)\frac{\Delta\rho}{\rho} \tag{6-65}$$

式中，M 为纵波模量，与介质抗压缩性和硬度直接相关，体现储层骨架和流体信息；μ 为横波模量，与介质抗剪切性和刚度直接相关，体现储层骨架信息；$\Delta M/M$、$\Delta\mu/\mu$ 分别为纵、横波模量反射系数。

在各向同性介质中，纵、横波模量与杨氏模量和泊松比关系为：

$$M = E\frac{1 - \nu}{(1 + \nu)(1 - 2\nu)} \tag{6-66}$$

$$\mu = \frac{E}{2(1 + \nu)} \tag{6-67}$$

令

$$\eta = \frac{1 - \nu}{(1 + \nu)(1 - 2\nu)} \tag{6-68}$$

$$\mu = \frac{I}{2(1 + \nu)} \tag{6-69}$$

则由方程（6-66）和方程（6-68）得：

$$dM = dE\frac{\partial M}{\partial E} + d\eta\frac{\partial M}{\partial \eta} \tag{6-70}$$

方程(6-70)两边同除以纵波模量可得：

$$\frac{\Delta M}{M} = \frac{\Delta E}{E} + \frac{\Delta \eta}{\eta} \tag{6-71}$$

同理，由方程(6-67)和方程(6-69)得：

$$\frac{\Delta \mu}{\mu} = \frac{\Delta E}{E} + \frac{\Delta \tau}{\tau} \tag{6-72}$$

令

$$x = \frac{2-2\nu}{1-2\nu} \tag{6-73}$$

由方程(6-68)、方程(6-69)和方程(6-71)可得：

$$\frac{\Delta \eta}{\eta} = \frac{\Delta \chi}{\chi} + \frac{\Delta \tau}{\tau} \tag{6-74}$$

又

$$\frac{\Delta \tau}{\tau} = 2\frac{\nu_1 - \nu_2}{2+\nu_1+\nu_2} \tag{6-75}$$

其中，ν_1 和 ν_2 分别为上、下层介质泊松比。同理：

$$\frac{\Delta \chi}{\chi} = \frac{-2\nu_1 + 2\nu_2}{2-3\nu_2-3\nu_1+4\nu_1\nu_2} \tag{6-76}$$

由于

$$\nu_1 = \nu - \frac{\Delta \nu}{2} \tag{6-77}$$

$$\nu_2 = \nu + \frac{\Delta \nu}{2} \tag{6-78}$$

将方程(6-77)和方程(6-78)分别代入方程(6-74)和方程(6-75)可得：

$$\frac{\Delta \tau}{\tau} = \frac{-\nu}{1+\nu}\frac{\Delta \nu}{\nu} \tag{6-79}$$

$$\frac{\Delta \chi}{\chi} = \frac{\nu}{(2\nu-1)(\nu-1)}\frac{\Delta \nu}{\nu} \tag{6-80}$$

令

$$k = \frac{\beta^2}{\alpha^2} \tag{6-81}$$

则：

$$\nu = \frac{1-2k}{2-2k} \tag{6-82}$$

将方程(6-71)、方程(6-72)、方程(6-73)、方程(6-79)、方程(6-80)、方程(6-81)和方程(6-82)代入方程(6-65)可得到基于杨氏模量和泊松比的地震波反射系数近似公式：

$$R(\theta) = \left(\frac{1}{4}\sec^2\theta - 2k\sin^2\theta\right)\frac{\Delta E}{E} + \left[\frac{1}{4}\sec^2\theta\frac{(2k-3)(2k-1)^2}{k(4k-3)} + 2k\sin^2\theta\frac{1-2k}{3-4k}\right]\frac{\Delta \nu}{\nu} + \left(\frac{1}{2} - \frac{1}{4}\sec^2\theta\right)\frac{\Delta \rho}{\rho} \tag{6-83}$$

方程(6-64)建立了纵波反射系数与杨氏模量反射系数、泊松比反射系数及密度反射系数的线性关系，称为 YPD 近似方程。以方程(6-83)为基础，可以通过叠前地震反演获得泥页岩地层脆性指示因子、杨氏模量和泊松比。

对中国南方某工区展开基于 YPD 近似公式的脆性弹性阻抗叠前反演，从脆性弹性阻抗中直接提取杨氏模量、泊松比，避免间接计算带来的误差累计。图 6-56 展示了过井 HF-1 脆性指数反演结果，剖面与井吻合较好，从切片上看，HF-1 井邻近区域在 J_1jq 到 J_1dy 下部脆性值较高。

（四）应力预测技术

页岩气储层开发的关键在于水平井和水力压裂技术的应用，而水平井和水力压裂技术的关键在于对地下应力场的认识，应力场与人工压裂分布特征有直接关系。贝克休斯的 GMI (GeoMechanics International)公司针对全球大概 200 个致密页岩气地层建立了地质力学模型。通过地质力学模型可以分析岩石各个方向的应力，找出适合于形成裂缝的最佳位置进行射孔和压裂。岩石力学模型中有 3 个互相垂直大小不等的主应力：垂直主应力、最大水平主应力和最小水平主应力。当水平井的钻进轨迹是沿最小水平主应力方向时，钻进容易且在之后的储层改造中形成与井轴相垂直的裂缝面，这是进行页岩气开发的最好方式。从资料来源的角度来说，确定地下应力场的方法主要有 3 种：① 实验室测量，是在实验室通过对岩样进行加载压力，测其形变量得到，这是最精确的办法，但是受到取心和测试成本的限制，不能够形成连续的数据体。② 通过建立应力模型，使用测井资料计算地应力的数值，并且通过其他资料，比如钻井中井壁崩落和成像测井中裂缝方向等判断最大、最小主应力的方位，以确定水平主应力的大小和方位；据此得到井中的应力剖面，是可以大规模应用的办法，但是在建模或者使用经验模型的过程中，需要一定量的实验室数据进行标定及模型参数的确定，如果无标定，得到的结果误差可能比较大。③ 在测井的基础上，使用地震数据获得地下应力场信息。

通过地震数据估算应力时，会涉及胡克定律中的弹性参数。胡克定律表达了关于弹性应变与应力之间的一个基本关系，因此，它描述了水力压裂法的基本原理。也就是说，通过对岩石施加液压(应力)会导致岩石产生变形(应变)和出现裂缝。应力与应变的关系由岩石的弹性性质决定。

Schoenberg 和 Sayers(1995)使用线性走滑理论简化了胡克定律，利用这个理论可以从宽方位角和宽入射角的三维地震数据中估算出主应力。根据线性滑动理论，当地层中有垂直裂缝和微裂缝存在时，地层的有效柔度张量可以写成岩石骨架的柔度张量 S_b 和岩石中微裂缝的柔度张量 S_f 之和。围岩柔度张量 S_b 是弹性围岩的柔度。剩余柔度张量 S_f 可以研究每组平行或是对齐的裂缝。根据 Schoenberg 和 Sayers 的理论，有效弹性柔度张量 S 可以写成：

$$S = S_b + S_f \tag{6-84}$$

式中，S 为裂缝性地层有效的柔度张；S_b 为围岩柔度张量；S_f 为剩余裂缝柔度张量。

剩余裂缝柔度张量 S_f 可以写为：

$$S_f = \begin{vmatrix} Z_N & 0 & 0 & 0 & 0 & 0 \\ 0 & 0 & 0 & 0 & 0 & 0 \\ 0 & 0 & 0 & 0 & 0 & 0 \\ 0 & 0 & 0 & 0 & 0 & 0 \\ 0 & 0 & 0 & 0 & Z_T & 0 \\ 0 & 0 & 0 & 0 & 0 & Z_T \end{vmatrix} \tag{6-85}$$

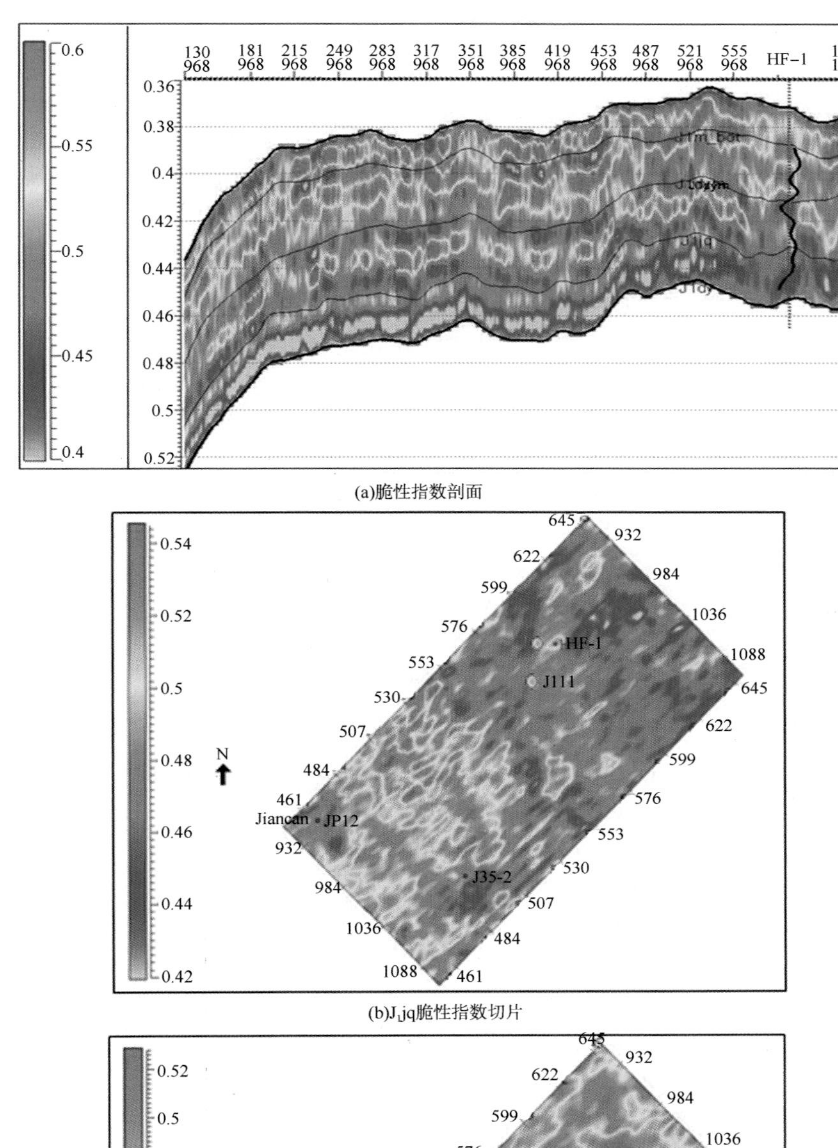

(a)脆性指数剖面

(b)J_1jq脆性指数切片

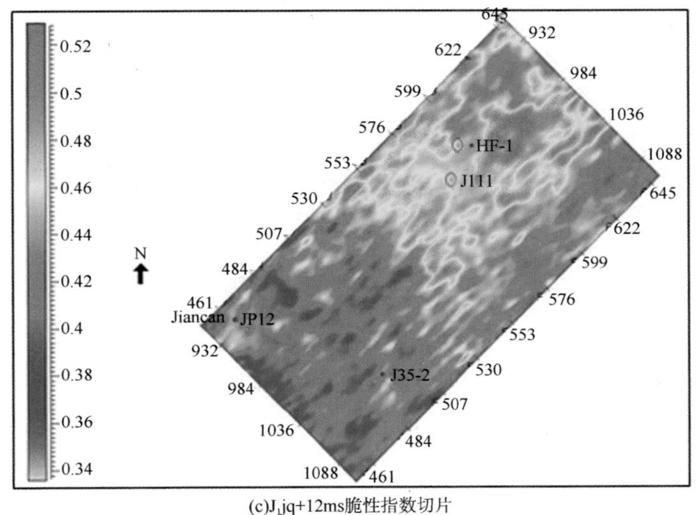

(c)J_1jq+12ms脆性指数切片

图 6-56 过井 HF-1 横测线 968 脆性反演结果展示

式中，Z_N 为裂缝面的法向柔度张量；Z_T 为裂缝面的切向柔度张量。

根据线性滑动理论，裂缝相对于垂直于断裂面的轴线旋转被假定是不变的，并且围岩是各向同性的。因此，通过由 Z_N 所给的法向柔性张量和 Z_T 所给的切向柔性张量可知，全部的柔性张量仅仅决定于两个裂缝柔性张量 Z_N 和 Z_T。

Iverson(1995)研究认为当地下岩石处于自然的原始状态时，其应变为零。通过将 Schoenberg 的裂缝参数带入到 Iverson 方程(1995)中，可以分别求解出垂直方向应力 σ_z 和两个水平方向的主应力 σ_x 和 σ_y(式 6-67、式 6-68)。此外，使用这个理论，对于水力压裂预测的一个重要参数——微分水平应力比，即 $DHSR=(\sigma_{Hmax}-\sigma_{hmin})/\sigma_{Hmax}$，可以在没有任何储层应力状态知识的情况下从地震参数中单独估计出。

$$\sigma_x = \sigma_z \frac{\nu(1+\nu)}{1+EZ_N-\nu^2} \tag{6-86}$$

$$\sigma_y = \sigma_z \nu\left(\frac{1+EZ_N+\nu}{1+EZ_N-\nu^2}\right) \tag{6-87}$$

$$\frac{\sigma_{Hmax}-\sigma_{hmin}}{\sigma_{Hmax}} = \frac{\sigma_y-\sigma_x}{\sigma_y} = \frac{EZ_N}{1+EZ_N+\nu} \tag{6-88}$$

式中，E 为杨氏模量；ν 为泊松比；σ_x 为最小水平主应力；σ_y 为最大水平主应力；σ_z 为垂直主应力。

DHSR 是决定储层在水力压裂改造下如何成缝的重要参数，*DHSR* 值较大时，水力压裂产生的人工裂缝往往与最大水平应力方向平行，成非交错的裂缝平面[图 6-57(b)]；相反，当 *DHSR* 值较小时，水力压裂能够在多个方向上产生裂缝，成交错裂缝网格[图 6-57(d)]。多方向的裂缝网格能够为页岩气提供更有效的运移通道。

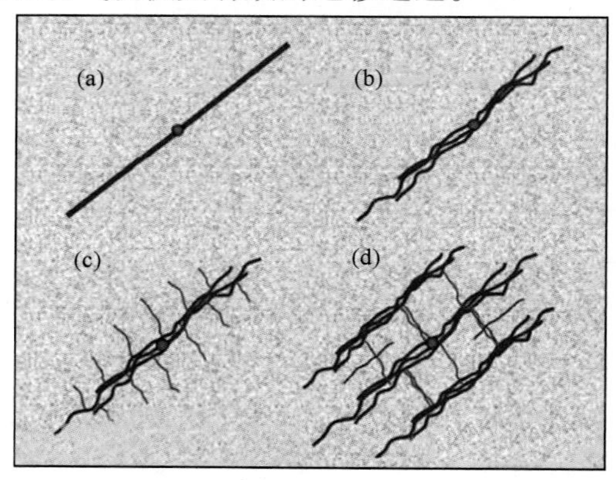

图 6-57　水力压裂产生不同类型的人工裂缝

(a)—简单裂缝；(b)—定向排列复杂裂缝；(c)—较大裂缝中存在开启的小裂缝；(d)—复杂成网裂缝

Gray 等(2012)的研究表明 *DHSR* 值与地层是否可压裂成网密切相关，低 *DHSR* 值表明此区域的岩石易于出现断裂网络。同样地，高杨氏模量值也表明此区域的地层更易于断裂。因此，最优水力压裂区域将有高杨氏模量值和低 *DHSR* 值(图 6-58)。

Zong 等(2013)通过弹性参数之间的关系转换，建立了地层水平应力相对变化(*DHSR*)与纵波模量 M、剪切模量 μ 及法向弱度 Δ_N 之间的关系：

$$DHSR = \frac{\mu\Delta_N(3M-4\mu)4(M-\mu)}{4M^2(M-\mu)^2(1-\Delta_N)+\mu\Delta_N(3M-4\mu)4M^2(M-\mu)-(M-2\mu)^2M^2(1-\Delta_N)} \tag{6-89}$$

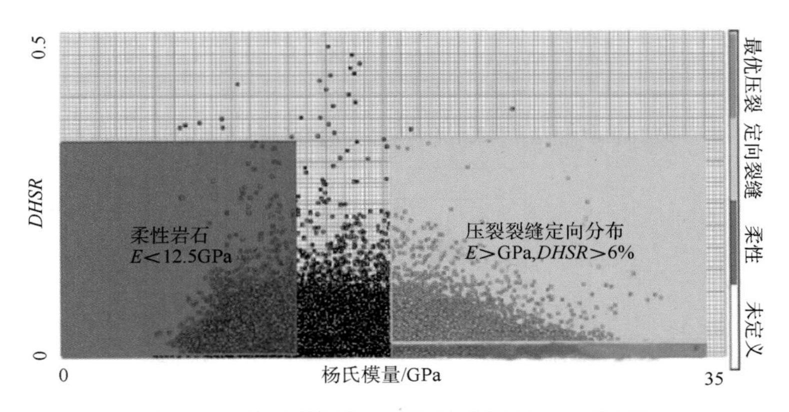

图 6-58　杨氏模量与 *DHSR* 叠合图(Gray，2012)

式中，$M=\lambda+2\mu$；$\Delta_{\mathrm{T}}=\dfrac{\mu Z_{\mathrm{T}}}{1+\mu Z_{\mathrm{T}}}$；$\Delta_{\mathrm{N}}=\dfrac{MZ_{\mathrm{N}}}{1+MZ_{\mathrm{N}}}$。

Shaw 等(2004)建立的 HTI 介质散射系数 $R_{\mathrm{S}}(\theta)$ 近似方程：

$$\begin{aligned}R_{\mathrm{S}}(\theta)&=R(\theta)_0+R(\theta,\varphi)_{\mathrm{ani}}\\&=\left(\frac{1}{2\rho_0}-\frac{1}{4\rho_0}\frac{1}{\cos^2\theta}\right)\Delta\rho+\frac{1}{4M_0}\frac{1}{\cos^2\theta}\Delta M+\frac{2}{M_0}-\frac{2}{M_0}\sin^2\theta\Delta\mu-\\&\quad\frac{1}{4}\sec^2\theta(1-2\eta+2\eta\sin^2\theta\cos^2\varphi)^2\Delta_{\mathrm{N}}-\\&\quad\eta\tan^2\theta\cos^2\varphi(\sin^2\theta\sin^2\varphi-\cos^2\theta)\Delta_{\mathrm{T}}\end{aligned}\tag{6-90}$$

式中，θ 表示入射角；φ 表示方位角，方位角指的是测线方向与 HTI 介质对称轴方向夹角；M 为纵波模量；μ 为横波模量；Δ_{N} 为法向弱度；Δ_{T} 为切向弱度。HTI 介质反射系数的近似方程可表达为：

$$R(\theta,\varphi)=a(\theta)\Delta M+b(\theta)\Delta\mu+c(\theta)\Delta\rho+d(\theta,\varphi)\Delta_{\mathrm{N}}+e(\theta,\varphi)\Delta_{\mathrm{T}}\tag{6-91}$$

其中：

$$\begin{aligned}a(\theta)&=\frac{1}{4M_0}\frac{1}{\cos^2\theta}\\b(\theta)&=\frac{2}{M_0}\sin^2\theta\\c(\theta)&=\left(\frac{1}{2\rho_0}-\frac{1}{4\rho_0}\frac{1}{\cos^2\theta}\right)\\d(\theta,\varphi)&=-\frac{1}{4}\sec^2\theta(1-2\eta+2\eta\sin^2\theta\cos^2\varphi)^2\\e(\theta,\varphi)&=-\eta\tan^2\theta\cos^2\varphi(\sin^2\theta\sin^2\varphi-\cos^2\theta)\end{aligned}\tag{6-92}$$

利用方程(6-91)，结合方位地震反演，可得到纵波模量、横波模量、法向弱度、切向弱度等参数，进而计算得出 *DHSR*。

图 6-59 展示了利用宽方位地震数据进行应力场预测的流程图，这里面最关键的就是如何通过各向异性弹性参数反演获得最大、最小水平主应力。

图 6-60 展示了中国南方某区通过地震资料反演得到的脆性指数剖面图和 *DHSR* 平面图，通过对比 *DHSR* 和脆性指数反演结果发现，图中脆性值高、*DHSR* 值小的地方，易于压裂成网裂缝。

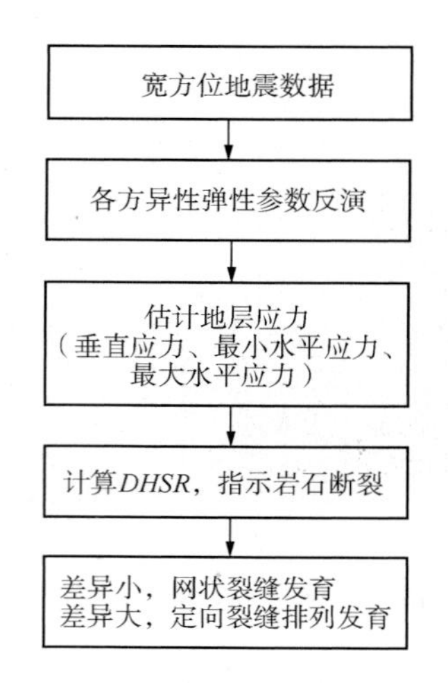

图 6-59　地层应力预测的实现流程图

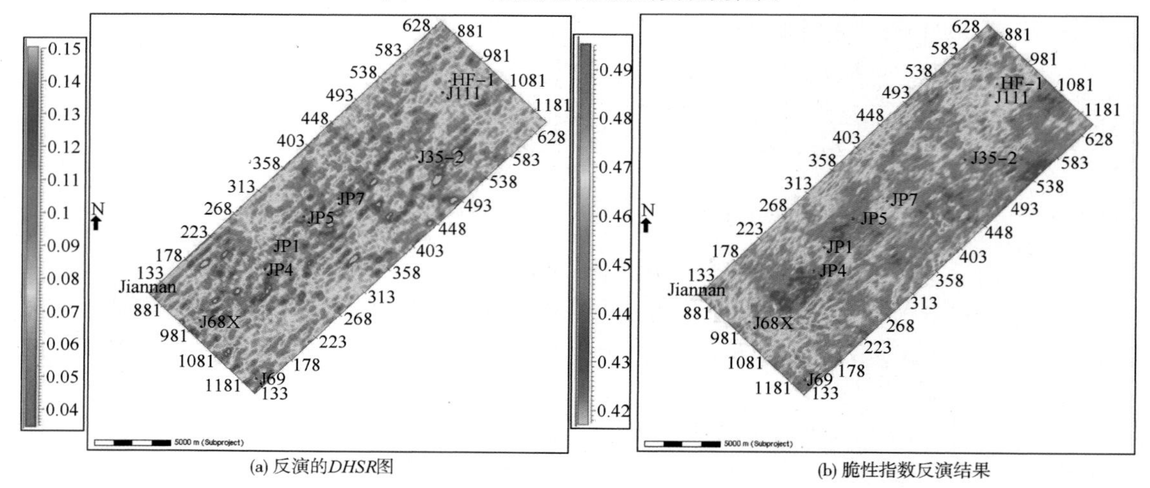

(a) 反演的*DHSR*图　　(b) 脆性指数反演结果

图 6-60　反演的 *DHSR* 图和脆性指数反演结果

（五）全方位各向异性地震裂缝预测

裂缝是岩石中没有明显位移的断裂，它既是油气储集空间也是渗流通道。随着国内外大量页岩裂缝油气藏不断发现和近年来北美地区在海相页岩中对天然气勘探获得的巨大成功表明，在低孔、低渗、富有机质泥页岩中，当其发育有足够的天然裂缝或岩石内的微裂缝和纳米级孔隙及裂缝，经压裂改造后能产生大量裂缝系统时，泥页岩完全可以成为有效的油气储层。故在泥页岩油气藏勘探与开发中，对泥页岩裂缝的研究显得非常重要。

裂缝性油气藏的勘探需要解决两个问题，即裂缝的走向和裂缝的密度或强度问题。裂隙的存在导致介质的物理性质随着方位不同而发生变化，这在地震中称为方位各向异性。同时，由于地层上覆载荷的压实作用，水平或低角度裂缝近乎消失，对裂缝性油气藏贡献大的是易于保存的高角度和近于垂直的裂缝，而正是这类裂缝对地震波产生了各向异性的传播特征，并且人们能够相对容易地获得这些信息。这一性质使得我们可以依靠叠前地震资料检测裂缝。

当地下发育裂缝时，振幅不仅会随偏移距发生变化，而且也会随方位角发生变化（图 6-61）。理论研究和实际应用表明，利用纵波方位 AVO 特征，不但可以检测裂隙的方位和密度，还能区分裂隙中所含流体类型（干裂隙、湿裂隙），可以较好地定量检测裂缝分布。Ruger（1998）基于弱各向异性的概念，推导了 HTI 介质中纵波反射系数与裂缝参数之间的解析关系。Ruger 研究表明，在 HTI 介质中，纵波的 AVO 梯度在沿平行于裂缝走向和沿垂直于裂缝走向的两个主方向上存在较大差异。这是进行纵波 AVO 裂缝检测的理论基础。AVAZ 裂缝检测方法是根据纵波振幅随方位角的周期性变化估算裂缝的方位和密度；VVAZ 裂缝检测方法是根据纵波传播速度的方位各向异性来估算裂缝的方位和密度。AVO 属性参数的方位差异值的正与负反应了裂缝延伸方向，差异值大小则反映了裂缝的发育强度。

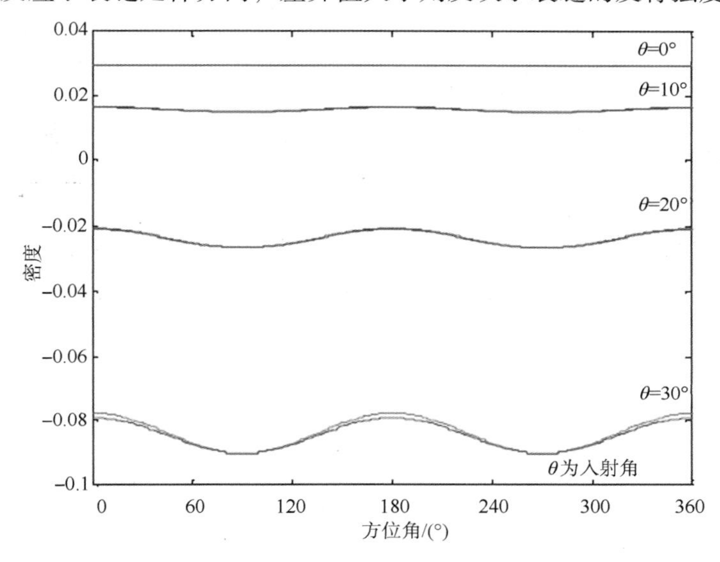

图 6-61　振幅随入射角和方位角变化的示意图（Zheng，2006）

图 6-62 显示的是 Goodway（2006）利用 AVAZ 反演方法得到的页岩储层中的裂缝发育的走向和密度。图 6-63 显示了地震和测井结果对比图，左边的 AVAZ 属性在 Colorado *A* 和 *B* 处清晰地显示出高裂缝密度，并且通过全井眼微电阻率扫描成像（FMI）解释（用红色的圆圈）和交叉偶极子各向异性测量（用粉红色的圆圈）得到确认。

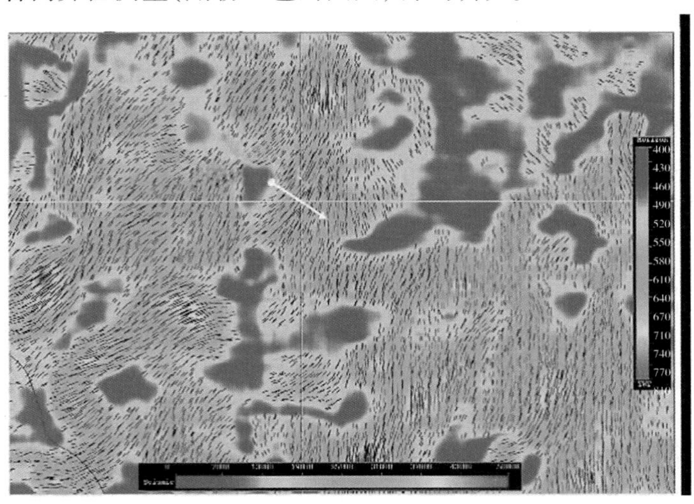

图 6-62　AVAZ 反演的页岩储层中裂缝的密度和走向图（Goodway，2006）

（白色箭头所示为水平井轨迹，它穿越中等强度的裂缝，裂缝为北北东走向）

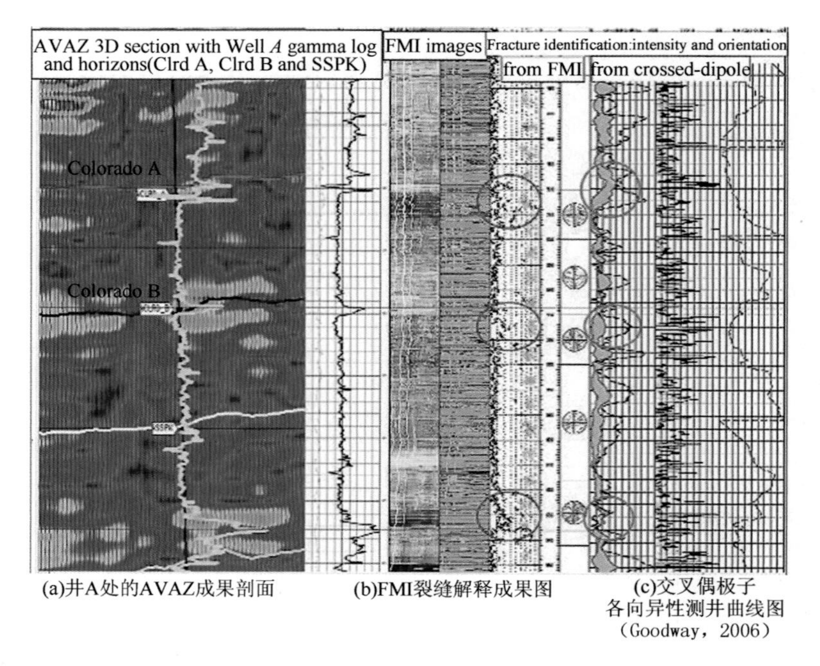

(a)井A处的AVAZ成果剖面　(b)FMI裂缝解释成果图　(c)交叉偶极子各向异性测井曲线图（Goodway，2006）

图 6-63　地震与测井结果对比图

目前大部分的实际应用，一般采用两种方式利用全(宽)方位地震数据进行各向异性裂缝预测，第一种是选择未做过叠前时间偏移，仅做了预处理、静校正和动校正的叠前 NMO 道集数据来进行方位各向异性的裂缝预测研究；第二种是对做了预处理、静校正和动校正的叠前数据按照方位角，分成不同的方位角范围的叠前数据(一般分成 4 ~6 个方位体数据)，根据实际勘探目标的地下地质情况，可分别采用叠前时间偏移、叠前深度偏移或逆时偏移方法进行成像，进行方位各向异性的裂缝预测研究。这两种常规方法都存在缺陷，第一种方法为了保留叠前数据中的方位信息，没有进行叠前偏移，所以无法对地下构造进行正确地归位成像，不适用于复杂地下地质情况；第二种方法是利用地面观测系统的方位信息对地震数据进行分方位(分扇区)处理，但是地面观测系统的方位并不能真实代表地下介质成像点的真实的方位信息，因此分扇区处理是不科学的，而且在分扇区处理时需要对每一个扇区的地震数据都要进行一遍处理，工作量很大。同样，由于分扇区处理采样是稀疏，无法保障所预测的裂缝的方向和密度的正确性。

1. 全方位成像技术

Zvi Koren 和 Igor Ravve(2011)提出了全方位地下角度域波场分解与成像方法，该方法是对共反射角度偏移方法的一个扩展，用于成像的数据同相轴在局部角度域分解成两个互补的全方位角度道集——方向与反射成像道集。它们互相结合，能够以一种连续的方式处理全方位信息，提供一种更加完善的地下角度域地震成像方法，并且能够生成与提取地下角度依赖反射系数的高分辨率信息。

众所周知，地面观测地震记录各个时刻振幅所对应的偏移脉冲响应按空间位置叠加起来就得到地下构造图像。事实上，三维脉冲响应曲面上任意一点都与可能的特定射线路径相对应。全方位地下角度域波场分解与成像方法也遵循各向同性/异性地下模型局部角度域成像与分析的基本原理。成像系统涉及两个波场，即入射波场和散射波场(反射、绕射)，在地下成像点的相互作用。每个波场可以分解为局部平面波(或射线)，代表波传播的方向。入射和散射射线的方向，一般用它们各自的极角描述，每个极角包含两个分量：倾角和方位角。这里射线的方向指慢度或相速度的方向。成像阶段涉及到合并众多代表入射和散射的射线对，每个射线对将采集中地表记录的地震数据映射到地下四维局部角度域空间(LAD，local angle domain)，如图6-64所示，射线对法线的倾角 v_1 和方位角 v_2，射线对反射开面的开角 γ_1 和开面的方位角 γ_2(与方向北夹角)，这4个标量角度意味着入射与反射射线的方向与地下局部角度域的4个角度相关联，反之亦然。

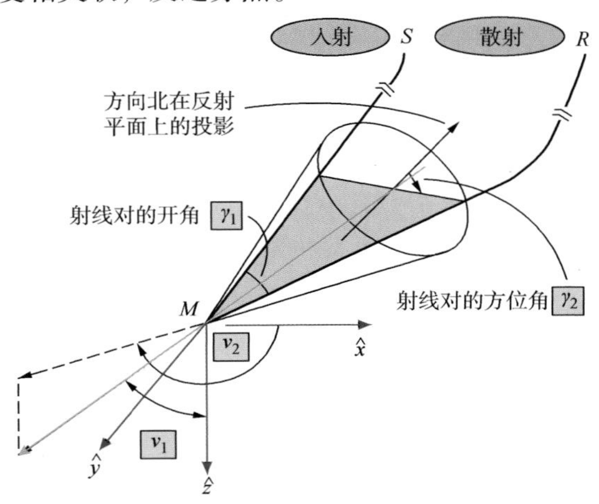

图6-64 地下成像点的入射与散射射线对及其地下局部角度域的4个角度示意图

采用一种渐进的基于射线的偏移/反演点散射算子，从成像点向上到地表，射线路径、慢度矢量、旅行时、几何扩散和相位旋转因子等可计算得到，这就形成一个成像体系，将地表记录地震数据映射到地下成像点的局部角度域。这个成像体系的优势主要在于能够构建不同类型的高质量角度域共成像点道集(ADCIG，Angle-domain Common-image Gathers)，来表示实际三维空间中连续的、全方位、角度依赖的反射系数。

首先将地震记录数据分解到方向角度道集。注意到，对于每个方向，地震数据同相轴对应的射线对具有相同视反射面方向但不同开角，用一个加权和的形式来表示。方向道集包含关于镜像和散射能量的方向依赖信息。方向数据的分解与所谓的绕射波成像密切相关，也是当前较为活跃的研究领域。

在全方位地下局部角度域分解与成像体系中，对在全方位方向角度道集中获得的总散射场进行镜像(反射)和绕射能量分解，是技术核心，它基于对方向性依赖的镜像属性的估算，该镜像属性衡量沿着3D方向道集在计算的局部菲涅尔带内反射能量的大小。而方向性依赖的菲涅尔带则用预先计算的绕射射线属性进行估算，比如旅行时、地表位置以及慢度矢量。实际工作中，计算镜像反射的方向道集的目的是为了从相应的地震方向道集中提取地下局部反射/绕射面的构造面属性。

一般地，这种构造属性信息通常是从叠后偏移地震数据中提取的。叠后偏移成像，在每个成像点考虑每个可能的倾角，对不同开角到达的能量进行大量地震同相轴的叠加(平均)再偏移成像。这就会导致沿着地下关键地质体成像的模糊，尤其是在断层、尖灭和不连续体等复杂地质条件下，更为突出。那么利用叠后偏移成像提取的相干之类的构造属性信息也就存在不精确性、不稳定性和极大不确定性等问题。

沿着方向角度道集值计算的能量(镜像性衡量指标)也可用作加权的叠加因子，构造出两种类型的成像结果：镜像加权叠加——突出地下反射界面的构造连续性；绕射加权叠加——突出小尺度地质体的不连续性，如断层、河道和缝洞系统等。注意到全方位方向角度分解不是一定要求宽方位采集观测系统，但一个较大的偏移孔径还是必须的，以便包含来自各个方向的信息。在很多情况下，使用小偏移距也足以生成方向角度道集。

一旦背景方向性得到，围绕该方向对所有的倾角/方位角进行积分，就可以生成全方位反射角度道集。注意到，若背景方向性的确定程度越高(采用镜像性准则衡量)，则捕获镜像能量只需要利用围绕该背景方向(从角度依赖的菲涅尔带估算)一个小的倾角范围就足够了。镜像性准则是对沿着方向角度道集能量集中度的一种衡量。来自地下成像点的反射/绕射地震数据则分解(归并)为共开角(反射/绕射)和射线对开面方位角。全方位反射角道集用于提取剩余动校正量(Residual Moveout，RMO)，衡量使用的背景模型速度的准确性。全方位的 RMO 连同方向性信息一起，作为层析成像速度建模的输入数据。此外，真振幅全方位反射角度道集则是振幅分析(AVAZ)的最优道集数据，用于提取高分辨率的弹性参数。对于这些运动学和动力学分析，大偏移距和宽方位地震数据尤其有效。

图 6-65 展示了中国南方某区通过方位保真局部角度域成像而生成的一个单一的全方位反射角道集数据。图 6-66 同样是一个全方位反射角道集，展开了方位角和开放角度，可以发现反射系数周期性时差非常明显。显然，全方位道集定义了一个新的数据结构，该结构是从方位角上全采样而来，并且与角度反演程序相比更加地适合剩余时差和振幅。

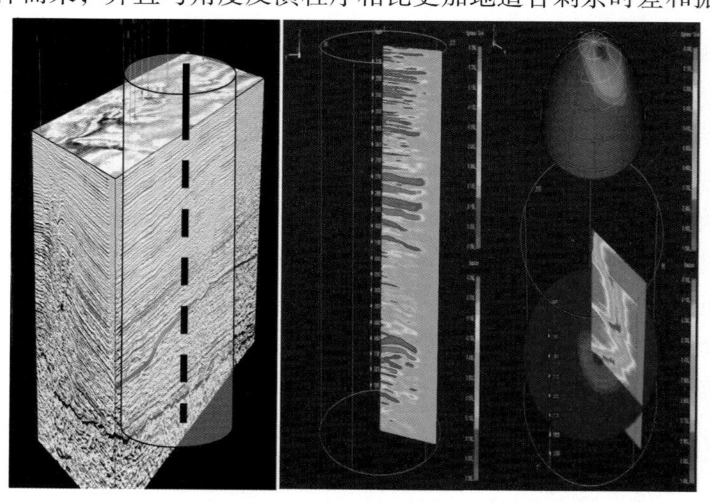

图 6-65　一个全方位反射角道集

采用全方位角度局部角度分解和成像技术，利用全方位反射波场信息，在全方位角度域中恢复地震成像深度点的反射率，可以保障后续全方位各向异性裂缝预测的正确性和精度。

2. AVAZ 各向异性反演技术

Ruger(1998)基于弱各向异性的概念，推导了 HTI 介质中纵波反射系数与裂缝参数之间的解析关系。

$$R_{\mathrm{P}}^{HTI}(\theta,\varphi)=\frac{\Delta Z}{2\bar{Z}}+\frac{1}{2}\left\{\frac{\Delta\alpha}{\bar{\alpha}}-\left(\frac{2\bar{\beta}}{\bar{\alpha}}\right)^{2}\frac{\Delta G}{\bar{G}}+\left[\Delta\delta^{(V)}+2\left(\frac{2\bar{\beta}}{\bar{\alpha}}\right)^{2}\Delta\gamma\right]\cos^{2}\varphi\right\}\sin^{2}\theta+\frac{1}{2}\left\{\frac{\Delta\alpha}{\bar{\alpha}}+\Delta\varepsilon^{(V)}\cos^{4}\varphi+\Delta\delta^{(V)}\sin^{2}\varphi\cos^{2}\varphi\right\}\sin^{2}\theta\tan^{2}\theta \tag{6-93}$$

式中，θ、φ 分别为入射角和方位角；$R_{\mathrm{P}}(\theta,\ \varphi)$为与入射角 θ 和方位角 φ 相关的纵波反

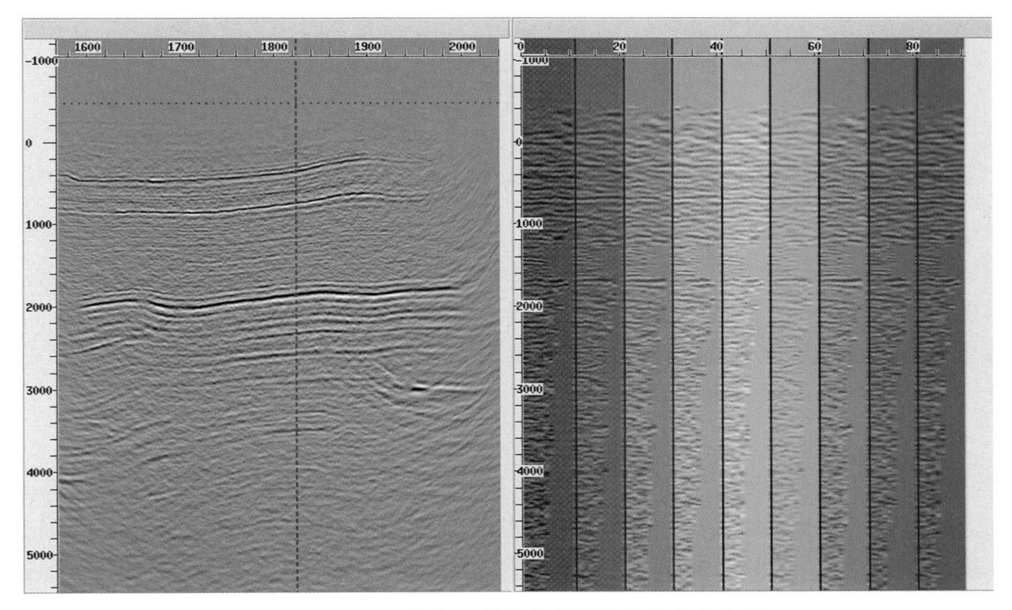

图 6-66 全方位角反射道集所形成的方位角部分

射系数；$Z = p\alpha$ 为纵波波阻抗；ρ 为介质密度；α 为纵波速度；$\frac{\Delta Z}{\overline{Z}}$为波阻抗之差与平均波阻抗的比值；$G = \rho\beta^2$ 为横波切向模量（β 为横波速度）；γ、$\delta^{(V)}$、$\varepsilon^{(V)}$ 为 Thomsen 各向异性系数；$\Delta[\ \cdot\ ]$表示上、下界面物理量之差；$\overline{[\ \cdot\ ]}$表示上、下界面物理量之均值。

图 6-67 展示了利用全方位成像结果进行 AVAZ 方法预测裂缝的成果图，图中右侧色标表示裂缝发育情况，代表各向异性强度，即裂缝密度，无量纲，暖色代表裂缝较为发育；预测的裂缝方向通过图中的细线条来表示，线条的长短同样反映裂缝发育的密度大小。

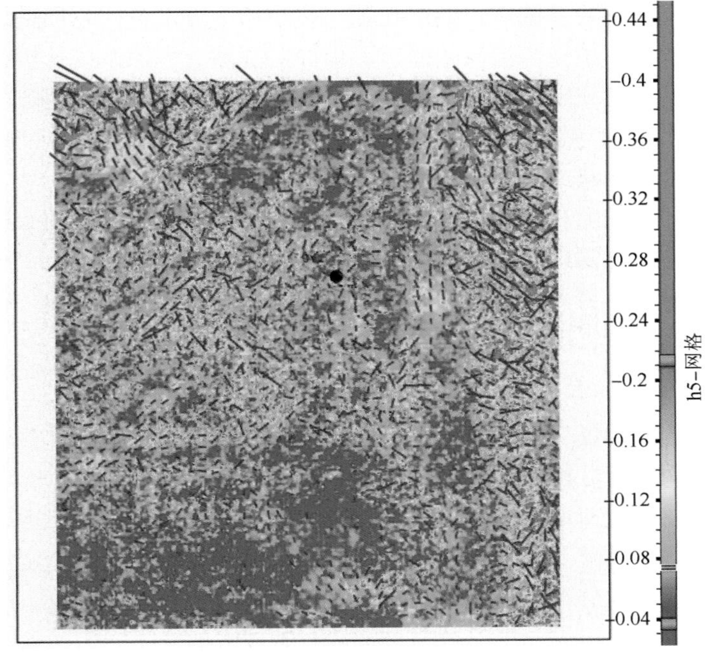

图 6-67 AVAZ 预测研究区裂缝方向平面分布特征图

第四节　煤层气地球物理技术

一、岩石物理技术

由于煤储层生储合二为一的特点，其岩石物理的研究内容与常规油气储层勘探中的岩石物理研究内容类似，除包括孔隙、裂隙体系分析、渗透率分析、含气饱和度分析之外，还应包括煤储层的可改造性、煤层气藏的封闭特征、煤层气的解吸特征以及煤层气成藏条件等方面的分析。尽管煤储层岩石物理研究的内容范围更广，但彼此之间存在密不可分的联系，只有综合分析才更利于煤层气勘探选区与开发(孙赞东等，2011)。

(一) 煤岩吸附/解吸气体时的膨胀效应

煤基质在吸附气体时会发生膨胀，在气体解吸后发生收缩。吸附不同气体的膨胀张量也不相同。煤基质的膨胀和收缩程度，不仅对煤层裂缝渗透率产生严重的影响，还对煤岩表面、孔隙度、渗透率和吸附量等产生影响。研究表明煤岩膨胀程度与解吸气的体积成正比，而煤岩胀缩对渗透率的影响则依赖于煤层的力学性质。煤岩吸附/解吸气体时的膨胀效应具有以下特点：膨胀和收缩的量级随着压力、温度和气体性质的不同而变化；煤岩的膨胀和收缩在初次吸附/解吸气体过程中，会表现出明显的各向异性特征，即不同方向的胀缩量不同；煤层吸附不同气体时胀缩效应具有不同的可逆性。煤层膨胀量可在实验室测量，如利用三轴多气体应力渗流实验进行不同气体吸附和渗透率测量得到煤岩膨胀效应实际测量结果，此外也可进行煤岩膨胀量的模拟测量。

(二) 储层孔隙度和渗透率

煤储层孔隙、裂隙系统的研究是煤层气解吸特征、煤储层渗透性、煤层气藏封闭类型及煤储层可改造性研究的重要基础。煤储层孔隙、裂隙均十分发育，它们是煤层气储存的重要场所，也是煤层气解吸、扩散与渗流的通道。煤储层孔隙、裂隙系统分析的主要内容包括孔隙和裂隙类型、煤基岩块孔隙度测定及内生裂隙的孔隙度测定、主要裂隙的填充特征等；此外，孔隙结构分析、裂隙空间配置及其与孔隙关系的分析也是十分重要的研究内容。煤层孔隙测量常用的方法为压汞法或液氮法，也可使用气体体积法。

由于煤层基质的微孔隙和微裂隙较小，几乎没有渗透能力，煤层的渗透率主要靠煤层割理来提供。压力可使煤层割理压缩性(闭合程度)变化，煤层吸附气体时的胀缩效应也会对割理的压缩性产生影响。另外，煤层的渗透率还表现出强烈的各向异性。煤层的渗透率不能单靠岩心或测井资料测量，因为渗透率在开采过程中会发生变化。

(三) 煤分析测试方法技术

目前，效果比较好的煤分析测试方法技术主要有：以显微分析为主并辅以宏观测量的煤储层孔隙、裂隙结构特征分析；煤基岩块孔(微裂)隙度的测量方法；煤内生裂隙孔隙度的测量分析法；煤岩超声波速度测量方法；煤储层背景渗透率的煤标本渗透率测量方法；煤物理力学性质的测量方法及配套取、制样技术；煤比表面的低温氮吸附测定法；测定煤孔隙结构的压汞法；煤储层裂隙分布特征的分形统计等。

煤层气的吸附特性使得煤储层参数与该特性有着较大的联系。因而除了常规储层的参数测量方法外，还要根据煤层对不同气体的吸附特性来测量吸附不同气体过程中储层参数的变化情况。利用吸附特性测量的储层参数主要有孔隙度和渗透率，但在测量过程中，煤储层的其他参数，如胀缩效应、力学性质、割理压缩系数、相对渗透率等都得到了测量和计算。

（四）煤岩中的流体替代

Gassmann 方程和 Biot 理论通过假设储层孔隙中流体的变化，来计算不同流体饱和情况下的弹性模量，进而计算出不同情况下的岩石速度。在煤层气开发过程中的储层研究，揭示了 Gassmann 方程和 Biot 理论对煤层气储层的不适用性。在开发监测中常常要考虑流体替代的情况，这是因为在排水阶段煤层裂缝中含水，而稳定生产阶段煤层割理中含气。目前流体替代的误差问题的解决思路有：对煤岩和甲烷弹性参数进行平均，得到弹性模量，计算速度随甲烷吸附量的变化；将孔隙度、渗透率的变化引入到煤岩流体替代中，模拟煤岩基质体积模量等变化过程。

二、煤层气测井评价

煤层气所采取的测井系列与常规天然气有所不同，测井评价方法与常规天然气差别犹为明显。

（一）煤层气测井系列选择

煤层气裸眼井测井项目一般为：自然伽马、自然电位、井径、井斜、井温、双侧向电阻率、微球聚焦电阻率、补偿密度、补偿中子、声波时差等。对参数井或部分重点探井根据需要加测声电成像、元素俘获、核磁共振测井等特殊项目。煤层气套管井测井项目一般为：自然伽马、磁定位、声幅变密度等；根据生产需要，套管井可加测分区水泥胶结、放射性同位素示踪、井温等项目。

（二）煤层气测井评价技术

煤层气测井评价主要包括煤层划分、煤层工业分析含量计算、含气量计算、孔隙度计算等内容。

1. 煤层划分

煤层在测井响应上一般呈现低自然伽马、高电阻率、高声波时差、高中子、低密度、井径扩径等特征，根据煤层特殊的测井响应特征可对煤层进行定性识别，并根据曲线变化在半幅点划分煤层顶底界。

2. 工业分析含量计算

煤的工业分析指灰分、固定碳、挥发分、水分 4 种成分参数，测井计算工业分析参数的方法主要有以下两种。

（1）体积模型法，表达式为：

$$X_{\log} = V_{a}X_{a} + V_{fc}X_{fc} + V_{vm}X_{vm} + V_{w}X_{w} \tag{6-94}$$

$$V_{a} + V_{fc} + V_{vm} + V_{w} = 1 \tag{6-95}$$

式中，$X_{\log}$ 分别为声波时差、密度、中子等测井数值；V_{a}、V_{fc}、V_{vm}、V_{w} 分别为灰分、固定碳、挥发分、水分体积含量，单位均为小数；X_{a}、X_{fc}、X_{vm}、X_{w} 分别为灰分、固定碳、挥发分、水分的声波时差、密度、中子骨架值。

（2）回归分析法，表达式为：

$$A_{ad} = ax + b \tag{6-96}$$

$$FC_{ad} = a_{1}A_{ad} + b_{1} \tag{6-97}$$

$$V_{ad} = a_2 A_{ad} + b_2 \tag{6-98}$$

$$M_{ad} = 1 - V_{ad} - FC_{ad} - V_{ad} \tag{6-99}$$

式中，x 为测井数值；a、b、a_1、b_1、a_2、b_2 为地区常数；A_{ad}、FC_{ad}、V_{ad}、M_{ad}分别为灰分、固定碳、挥发分、水分的空气干燥基含量，单位均为小数。

3. 含气量计算方法

煤层含气量是指单位体积或单位质量煤内游离状态与吸附状态煤层气之和，测井计算含气量的方法主要有以下两种。

（1）一元或多元回归分析法，一元回归表达式为：

$$G_C = ax + b \tag{6-100}$$

式中，G_C为含气量，m^3/t；x 为测井数值；a、b 为地区常数。

多元回归表达式为：

$$G_C = ax + by + cz + d \tag{6-101}$$

式中，x、y、z 为测井数值，推荐使用补偿密度、电阻率、自然伽马值；a、b、c、d 为地区常数。

（2）Langmuir 吸附等温线方程法，表达式为：

$$V = \frac{V_L P}{P_L + P} \tag{6-102}$$

式中，V 为吸附气量，m^3/t；P 为压力，MPa；V_L 为 Langmuir 体积，m^3/t；P_L 为 Langmuir 压力，MPa。

4. 孔隙度计算方法

煤层孔隙度的测井计算推荐使用回归分析法进行，表达式为：

$$\phi = a\rho + b \tag{6-103}$$

式中，ϕ 为孔隙度，%；ρ 为测井密度，g/cm^3；a、b 为地区常数。

（三）实例分析——延川南煤层气测井评价

图6-68 为延川南 1－1 井山西组煤层气测井评价实例。处理成果主要包括：煤系地层岩性划分、孔隙度计算、含气量计算、煤层工业分析含量计算等内容。煤层具有高电阻、高时差、高中子、低伽马、低密度等明显特征。在划分出煤储层后，利用地区解释模型得出了预测含气量、孔隙度及其工业组分。

三、煤层气地震识别与综合解释技术

（一）含气性预测技术

煤层气富集则会引起煤的体积密度减小，同时对弹性模量、泊松比、弹性波速度、频谱特征、衰减系数、品质因子等弹性力学参数及弹性波特征具有明显的影响。含气性的预测主要是使用各种地震波阻抗反演和 AVO 分析等技术，根据煤储层不同含气量具有不同 AVO 响应的特点，煤层气在波阻抗特征、速度特征或叠前属性特征中表现出异常，从而识别含气性（孙赞东等，2011；汤江伟，2012）。

1. 地震波阻抗反演

地震波阻抗反演技术是综合运用地震、测井、地质等资料揭示地下目标层的空间几何形态和目标层微观特征，它将大面积连续分布的地震资料与具有很高分辨率的测井资料进行匹配。地震波阻抗反演技术是岩性地震勘探的重要手段之一，利用地震波阻抗反演计算煤层气储层厚度是煤层气地震勘探技术的重要用途。将时间域的地震数据转换为深度域的地震数据，与测井数据联合反演，得到深度域的波阻抗数据体。储层的波阻抗值介于一定振幅之间，以此区间作为某储层波阻抗的最小值，再对全区进行追踪，得到储层的顶板数据，二者之差即为该储层的初始厚度值。利用预测的结果与实际钻井结果进行匹配，可得到采区该储层的厚度。另外，利用地震、测井数据采用稀疏脉冲反演的方法可反演出储层和顶板岩性的精细构造。储层厚度和结构的精细反演为圈定煤层气富集区提供了地质基础。

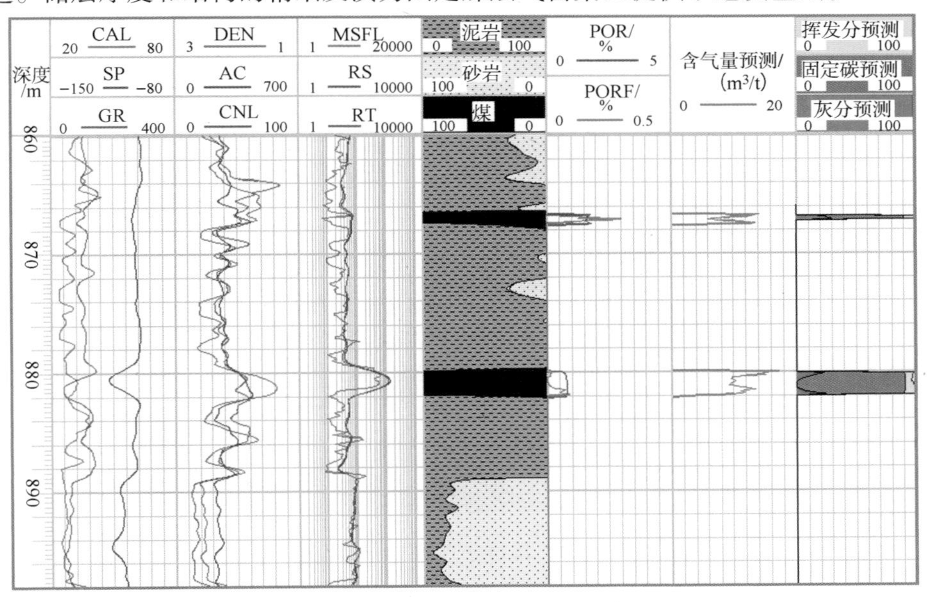

图 6-68　延川南 1-1 井煤层气测井解释成果

图头说明：第一道：深度/m；第二道自然伽马 GR/API，自然电位 SP/mV，井径 CAL/cm；

第三道：地层密度 DEN/(g/cm^3)；声波时差 AC/(μs/m)；中子孔隙度 CNL/%；

第四道：深电阻率 RT/Ω·m，浅电阻率 RS/Ω·m，微球形聚焦 MSFL/Ω·m；

第六道：煤层孔隙度 POR/%，裂缝孔隙度 PORF/%

2. AVO 技术

AVO 技术源于 20 世纪 60 年代后期的地震勘探亮点油气检测技术。在地震勘探中，作为烃类、岩性和裂隙的重要检测手段，AVO 技术在石油与天然气研究领域内被广泛应用并有成熟的理论基础。AVO 技术是以弹性波理论为基础，利用叠前 CRP(Common Reflection Point)道集对地震反射振幅随炮检距(或入射角)的变化特征进行研究、分析振幅随炮检距的变化规律，得到反射系数与炮检距之间的关系，并对地下反射界面上覆、下伏介质的岩性特征和物性参数作出分析，达到利用地震反射振幅信息检测油气的目的。前人对煤层的 AVO 特征进行分析，认为纵、横波速度比和泊松比都随割理密度发育程度增加而增加。国内关于煤层气储层 AVO 响应的分析，认为煤体本身的特征影响了速度变化，其 AVO 响应是由于割理或裂缝的发育引起的。煤层气的含量也影响着煤体本身的弹性属性，在实际应用中发现，含有气体的煤储层的弹性属性往往与含气量的多少有一定的函数关系，含气量越高，储层的速度和密度越低。需要注意的是，不论是根据煤层割理密度本身对 AVO 响应特征的影响，还是根据含气量拟合或者平均近似得到煤层含气量与 AVO 响应之间的关系，都存在着较多误差，这是由于煤层本身胀缩效应和割理发育等复杂性引起的(陈同俊，2009)。

（二）裂缝及其各向异性预测技术

煤储层的渗透率主要由煤层中开启的割理和裂缝提供，煤储层的高渗透区往往是煤层割理比较发育的地区。当地震波通过一组垂直或近垂直的裂缝时，如果裂缝间距小于地震波波长，那么地震数据中就能观察到方位各向异性特征。煤层割理满足地震监测裂缝的条件，因为面割理的发育规模和程度都大于端割理，形成了占主导地位的各向异性，如图6－69所示。这种各向异性特征可以用地震技术进行预测。因而煤储层的渗透率预测问题，就转变为煤层各向异性的预测问题。

图6－69　煤层割理（Gary，2006）

1. 速度各向异性

当地震波传播方向与煤层面割理方向之间有不同夹角时，弹性参数随之而变。通过计算这些参数的变化得到地震方位各向异性特征。地震速度各向异性与裂缝密度和含气量成正相关关系，从而可对煤层气产率进行预测。采用地震差异层间速度分析方法，同时与常规的泊松比剖面相结合，可以很好地评估煤储层中裂缝系统的存在、方位和密度，进行煤层气勘探开发有利区块的预测。

2. 横波分裂

在多波多分量资料中，横波在各向异性地层中分裂成快、慢横波，从而使横波资料的正响应出现各种异常，包括横波资料的偏振、反射时间、振幅等的影响。这些异常响应特征与地层裂缝发育有关，能够用来识别地层裂缝的方向和密度。在这些异常响应中，横波偏振显示了地层应力变化特征，其结果能够与地质构造解释得到的结果匹配；反射振幅则反映了地震速度和储层压力的变化，预测其变化特征还需要岩心样品分析得到的岩石物理数据。旅行时的方法在识别厚煤层时较为准确，而振幅法则适用于识别较薄的煤层（图6－70）。

3. 相干方差

相干方差技术利用三维地震数据体中相邻道之间地震信号的相似性，来描述地层和岩性的横向非均匀性。从宏观上认识整个工区的断层空间展布以及地层岩性的空间变化规律。利用相干方差技术分析预测裂缝，通过分析裂缝与断裂系统的关系，间接预测煤层的裂缝，如图6－71（a）所示。

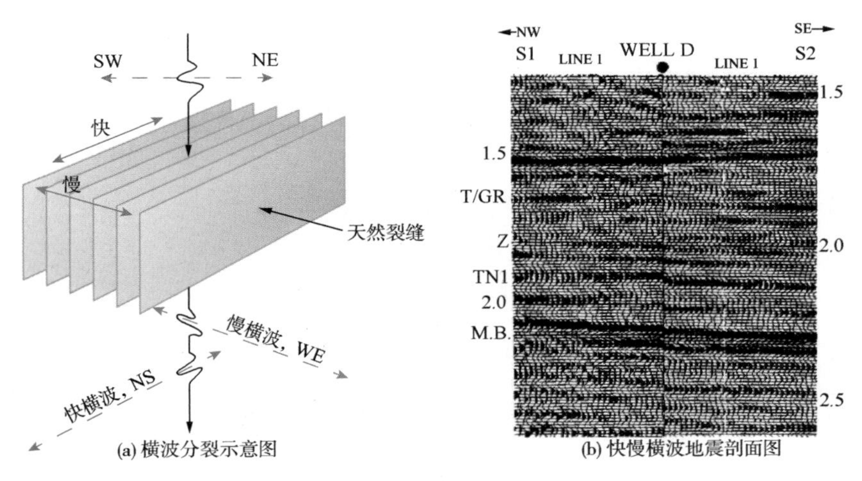

图 6-70　横波分裂示意图和快慢横波地震剖面图(Tom Bratton 等，2006)

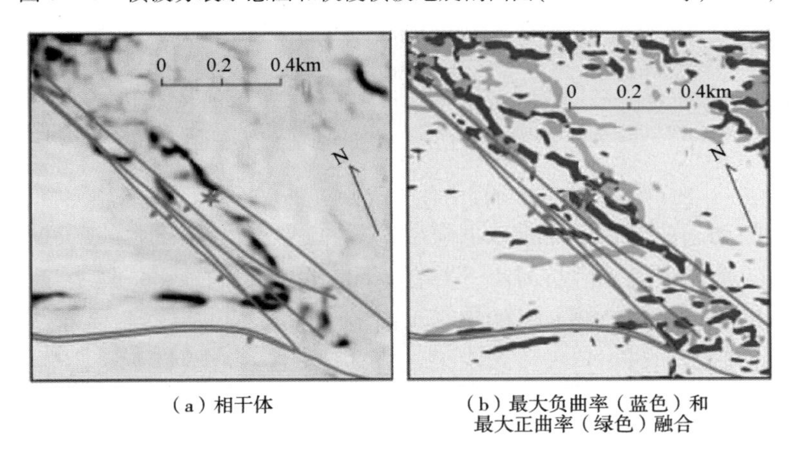

图 6-71　预测煤层裂缝(Yuriy Tyapkin 等，2013)

4. 曲率属性

曲率属性可以检测较小规模的构造。各种类型的地层曲率属性，可以检测到地震剖面、时间切片或地层切片中无法直接识别的小规模的断层和褶皱，这一方法同样适用于煤层中。利用曲率属性，结合基于地震属性的煤层厚度预测图，可得到与煤层气生产数据比较吻合的构造图。从对地震曲率近年来的应用中看，3D 曲率属性体和 3D 玫瑰图方法可用来描述煤层构造特征和煤层裂缝分布[图 6-71(b)]。

5. 方位 AVO 技术

目前，利用方位 AVO 技术能够有效获得孔隙大小、地层压力、裂缝密度与分布等储层重要参数信息，如图 6-72 所示，各向异性性质描述煤层割理。但是，AVO 技术本身也存在局限性，如建立在测井资料分析基础上的弹性参数与储层物性线性统计关系的相关系数不高，难以得到可靠的岩石物理结果，地震处理中真振幅难以保持等问题。

（三）开发动态监测技术

在地面煤层气开采中，煤层常常含水，因而开发过程中首先要排水降压，气体才从煤基质中解析出来，并通过扩散、渗流等过程，从煤基质中进入割理中，逐渐充满割理空间。一般储层割理系统中含水时成为湿煤层，而在煤层气稳定生产阶段，割理系统中主要含气体，称为干煤层。煤层在干、湿煤层阶段能够表现出不同的弹性特征。另外，在提高煤层气采收率的增产过程中，注入的气体通常有氮气、二氧化碳和混合气体等，注入的气体能够替代割理孔隙内的水，并置换出吸附的甲烷，这一过程会导致煤岩弹性属性变化。

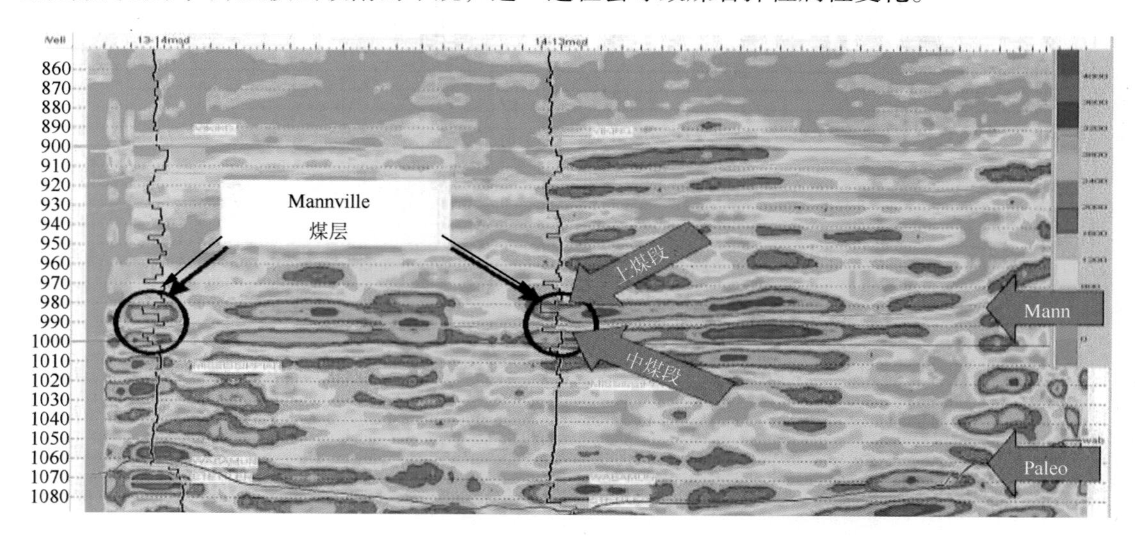

图 6-72　煤层气储层的各向异性响应示例(Gary，2006)

开发过程中的动态监测，主要是依据煤层割理孔隙内从含水到含气的变化，使得储层速度降低，从而引起地震振幅和阻抗减小，并在不同时间测量的地震资料中显示出差异。该过程一般通过时移地震技术来监测。一般把开采前的地震数据作为监测标准，称为基线数据；在开发过程中的不同时间段，再次或多次采集地震数据，这些数据称为监测数据。研究中常把基线数据和监测数据相减，获得振幅、速度和阻抗等数据之间的变化，对这种异常变化进行分析，获取储层在开发过程中的变化。

1. 时移地震正演模拟

在时移地震正演模拟中，一般根据测井数据，给定速度下降量，并观察速度下降后的合成地震记录与原始记录之间的差异。利用时移地震监测煤层中速度和密度的变化过程：利用该地区的测井数据，包括横波、纵波和密度数据，建立正演地质模型；得到初始地层的合成地震发射记录；假设注入气体机排水后储层纵波速度和密度的下降量，然后分不同情况合成地震记录；将速度和密度下降前后的合成地震记录相减，在得到振幅差剖面中，观察模拟的煤层注气和排水后的地震反射变化。图 6-73 为时移 AVO 正演模拟结果，纵波和横波反射系数对发生变化。

2. 物理模型模拟注气过程

使用物理模型模拟的优势在于波的传播过程是真实的，不是基于某种算法，而是基于实际的物理定律。在利用物理模型进行实验时，虽然与数值模拟同样都需要已知地下介质情况，但却不需要处理数值模拟时的一些问题，例如波动方程本身的近似、边界问题、算法局限性。物理模型模拟的难点主要在于如何选取材料来代替不同流体饱和度下的实际地层特征。目前物理模型常用材料是环氧树脂薄层、多孔砂岩和熔结玻璃等。

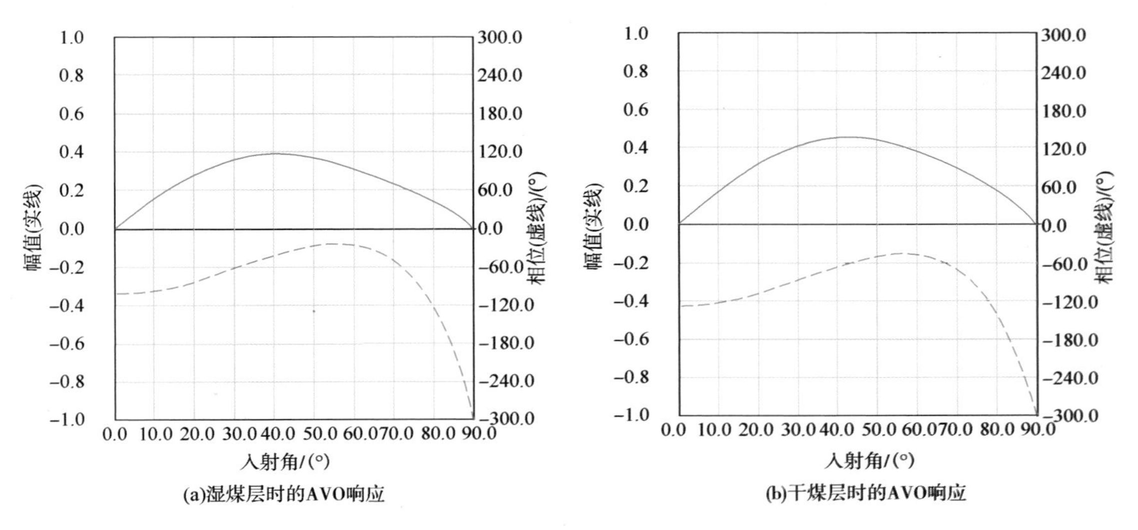

图 6-73　时移 AVO 正演模拟结果(McCrank, 2007)

┈红色线代表 PP 波；—绿色线代表 PS 波

第五节　微地震压裂监测技术

一、微地震技术概述

微地震监测(Microseismic Monitoring)通常是指利用水力压裂、油气采出或常规注水以及地热驱动等石油工程作业时引起的地下应力场的变化，导致岩层裂缝或错断所产生的地震波(微地震)，进行水力压裂裂缝成像，对储层流体运动进行监测的方法(宋维琪等，2008)。在邻井中或地面放置检波器，监测压裂井中压裂诱发的微地震波，通过微地震事件预测裂缝发育形态及展布特征，是针对低渗透油气藏压裂改造领域中的一项重要技术，储层压裂过程中最精确、最及时、信息最丰富的监测手段。

微地震技术可以实时监测压裂，实时分析裂缝形态，对压裂参数(如压力、砂量、压裂液等)实时调整，优化压裂施工方案；微地震技术可以进行压后评估，提供裂缝几何形态，结合测井、地震、岩石地球物理参数，评估压裂效果，估算油气可动用体积；微地震技术还可以为油田开发提供依据，提供裂缝形态、最大主应力方向等，为油田开发井网(水平井井距、水平段长度、压裂分级及压裂段长度等)布设提供重要参考依据。

对作业井压裂，压裂液会进入地下较薄弱的地层(如断层、天然裂缝带或沿最大应力方向产生新的裂缝)。在高压作用下，天然裂缝带的延伸或地层破裂产生新的裂缝都会诱发微地震响应，其能量以弹性波的形式向外传播。在监测井放置多分量检波器接收信号，通过纵、横波传播时间上的差异对微地震信号进行定位(纵横波时差法、同型波时差法、Geiger修正法、网格坍塌算法)，从而得到地下裂缝的形态及发育规律，并对压裂效果进行评价。微地震技术包括一系列技术工艺和流程，例如微地震采集、处理和解释。

美国之所以成为目前世界上页岩油气开发的领跑者，就是因为它已经熟练掌握了利用地面、井下测斜仪与微地震检测技术相结合先进的裂缝综合诊断技术，可直接地测量因裂缝间距超过裂缝长度而造成的变形来表征所产生裂缝网络，评价压裂作业效果，实现页岩气藏管理的最佳化。

二、微地震采集技术

微地震监测主要分为井中监测和地面监测，基于两种监测方式的不同，微地震采集技术可分为井中数据采集和地面数据采集两种方式。这里主要从检波器的特点和排列特征等方面进行概述。

（一）检波器的特征

检波器是采集微震数据的重要组成部分，检波器性能的好坏，直接影响着信号采集质量的好坏。频带的宽窄、灵敏度的高低和动态范围的大小是衡量检波器性能好坏的3个主要指标。用于微地震监测的检波器往往比常规地震所用的检波器要求要高，即用于微地震监测的检波器要求要有宽频带、高灵敏度和较大的动态范围，这是由微地震的特征所决定的。

在井中和地面所用的检波器也是有区别的。井中监测是把检波器放到压裂储层附近按一定距离垂直排列，由于没有低速层和风化带的影响，从震源到检波器，微地震的频率衰减较慢，所以井中检测到的一般是高频信号，而且检波器四周的围岩一般比较坚硬，可用加速度仪作为检波器。而地面监测信号受低速层和风化带的影响衰减很快而使微震信号极其微弱。随机噪声的干扰往往会淹没微震信号。地面检测到的微震信号的频率较低，其一般是通过排列的形式采集作叠加来增强信噪比，地面监测可用三分量检波器也可用单轴检波器。

（二）检波器的排列

微地震检测中检波器排列的目的是提高信噪比和定位微地震事件。根据现场踏勘的资料来设计不同的排列以满足监测的要求。由于监测方法的不同，其排列也可分为井中排列和地面排列，井中排列受到井筒的限制，排列比较单一，而地面排列则为多样化。

1. 井中排列

一般可分为单井监测和多井监测。无论是哪种监测方式，井中排列受到井筒的限制都为垂直排列，各个检波器之间的距离可根据现场的实际情况设定（图6-74）。此外传感器的组合对监测结果也会产生影响。在限制范围内，传感器越多越好。在垂井中，角度不确定性以 $1/\sqrt{N}$ 递减（N 为传感器的数目）。传感器的数目从4增加至16，不确定性减小一半。然而，再增加传感器的数量至25，不确定性减小地不明显。因为平方根的特性，最主要的效果是在传感器数目为两位数时得到的。相似的行为出现在微地震距离和高度的确定上。

2. 地面排列

国内外进行的地面微地震监测实践中，地面检波器排列类型主要有3种：星型排列（Duncan P M 等，2006）、网格排列和稀疏台网（图6-75）。国外的地面微地震监测多采用前两种排列，其中应用网格排列时，检波器埋在地下一定深度进行永久监测。这两种排列施工技术要求较高，需要获得合理的分辨率以及合适的覆盖次数，因而成本也较高。国内地面微地震监测主要采用稀疏台网式布局，施工简单，成本较低。

目前，世界地面微地震监测领域出现了一个令人瞩目的趋势，即由大量检波器组成的星型排列正逐渐被稀疏网格永久排列和稀疏台网排列取代，少量检波器及特殊排列观测系统是地面监测的未来发展方向。

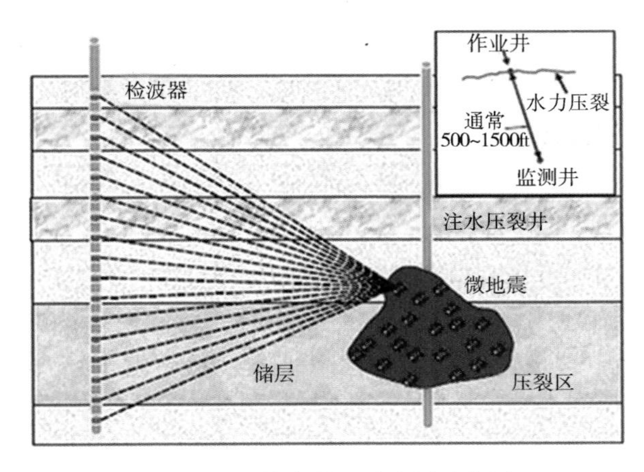

图 6-74　井中微地震监测示意图

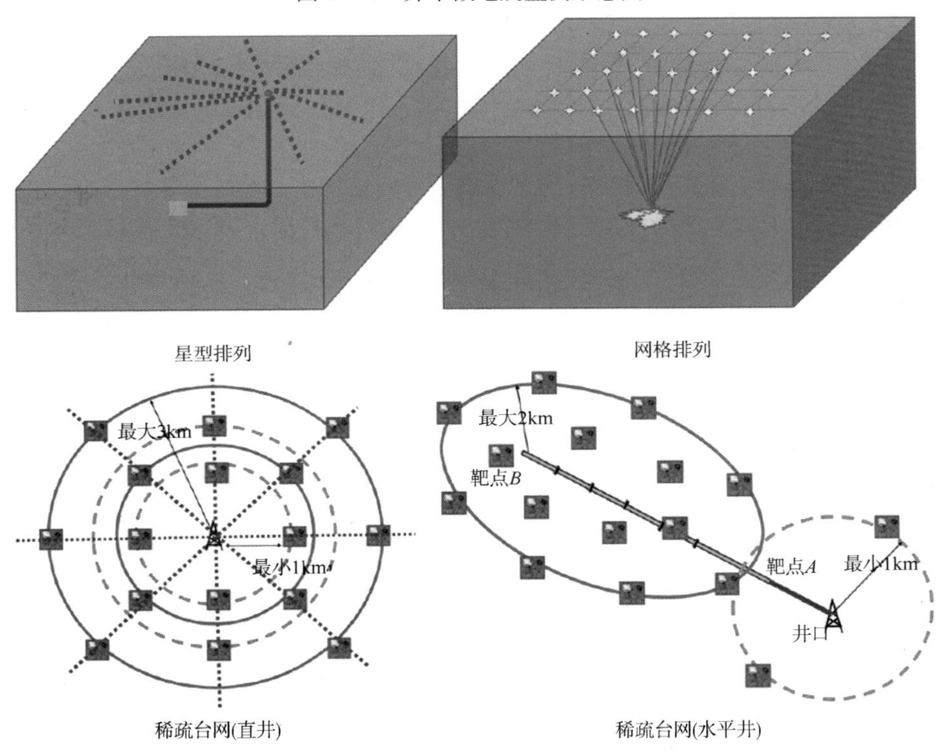

图 6-75　地面微地震监测主要检波器排列方式示意图

三、微地震处理技术

理论上，微地震记录中地震事件一般表现为清晰的脉冲。地震事件越弱，其频率越高，持续时间越短，能量越小，破裂的长度也就越短。但微弱的信号很容易受到噪声的干扰，在实际地震道上，事件的同相轴会变得很模糊，信噪比极低。为了在地震剖面上能够清晰地识别出微震事件，往往需要对采集的数据进行处理。微地震处理主要包括：滤波处理、极化分析（方位角校正）、速度建模、初至拾取及反演定位等，通过预处理和合理滤波，选择有利的微地震事件作极化分析及初至拾取，获得相对震源的方位角和纵、横波时差。同时依据纵、横波时差建立速度模型，从而达到震源精确定位的目的。

（一）井中监测微地震处理技术

1. 偏振旋转

井中监测所用的三分量检波器在 z 轴方向都是垂直的，但各个检波器的 2 个水平分量不能保证是一致的，即随着深度的增加检波器的水平方向是随机指向的。这就导致了对于同一个微震事件，各个检波器分量上的波形能量差异很大，同相轴也会因此而变得断断续续，在进行处理之前需要对微地震信号进行偏振旋转。

2. 道内振幅处理

微地震信号道内振幅处理是各道中能量由于增益不同使振幅强弱不同，消除增益不同的影响，把振幅控制在一定的动态范围内。在一定的空变时窗长度和一定的时窗滑动长度下，求得各时间段非零样点的平均振幅，将所求得的平均值置于各时间段的中点，并通过内插求得对应于每个样点的增益曲线。

3. 道间振幅处理

道间振幅处理与道内振幅处理相似，所不同的是把道内的加权均衡改为道与道之间的加权均衡，使各道的能量都被限制在一定的范围之内，以增强同相轴的连续。

4. 极化滤波

在对微地震信号做完振幅处理后，为了提高信号的信噪比，要对信号进行滤波处理。这是利用噪声的频率与在检波器上的视速度不同的特征，通过选择适合的滤波器和滤波方法来减弱噪声从而达到提高信噪比的目的。微地震中一般采用极化滤波。极化滤波法是基于微地震偏振性质的滤波方法。基本思想是确定一个时窗内的质点位移矢量的最佳拟合曲线。如果时窗内的波形被确认为 P 波，则该拟合曲线方向为 P 波的偏振方向；如果时窗内的波形被确认为 S 波，则该拟合曲线方向与 S 波的偏振方向一致。极化滤波属于能量滤波方法中的一种。

5. 初至拾取

初至拾取就是读出 P 波、S 波的初至时间，用手工目测读数或在工作站上交互式拾取都可以，由于微震波形具有很好的相似性，故可以根据微震波形相似性和有关统计规律，进行高精度拾取。另外，互相关法也是较为精确的初至拾取方法。

6. 速度模型建立

速度模型的精准度决定微震事件定位的精确。速度优化包括校准速度模型以改善观测到的和计算得到的微震波初至时间的残差不匹配。如果未能在校准炮集上观测到清晰的 S 波，那么同时应用速度模型于校准炮和微地震波上可以帮助校准速度模型。最后优化得到的速度模型总会有一些相关的不确定性，这个可以用来测量微震波位置变化的敏感度，而位置变化是由速度模型中这些微小的不确定因素造成的。

7. 反演定位

根据反演所依据的时间和波场，微地震反演可分为走时反演和能量反演。反演定位可以帮助我们更好地了解压裂效果，评估压裂过程中裂缝发育方向。

（1）走时反演。走时反演一般可分为两种：纵横波时差法和同型波时差法。当地震记录上同时存在有足够高信噪比的纵、横波信号时，并且纵、横波速度已知，可以采用纵横波时差法。当地震记录同一点上时，采用同型波时差法。这两种方法的假定条件都一样，都是假定介质模型为均匀介质模型。

（2）能量反演。能量反演是以地震波动力学基础来研究的，比较常用的方法有发射层析成像，该方法适用于地面微地震监测低信噪比的情况（王维波等，2012），基本原理是用数值模拟的方法研究震源定位的特点，揭示成像定位效果与站点个数、信噪比、站点结构分布关系。

（二）地面监测微地震处理技术

地面监测到的微地震数据需要进行静校正。由于缺少表层速度信息，因此相对于常规地震资料来说，地面微地震资料的静校正处理难度更大。目前，在国内外相关研究中，地面微地震资料的静校正量要靠射孔事件的信息来求取。静校正之后步骤的处理流程跟井中类似，不再赘述。

图 6-76 为微地震资料处理的流程图。处理过程主要分为方位校正、速度建模、反演定位 3 个部分。首先要通过极化分析完成检波器的方位校正，在该过程中，可以对速度模型进行进一步修正，在定位参数设置好的基础上，完成反演定位工作。在资料较好的情况下，通过自动 P 波、S 波的拾取完成的定位可以达到一定的效果。但通常为了精确定位，需要对事件分别进行 P 波、S 波手动拾取。

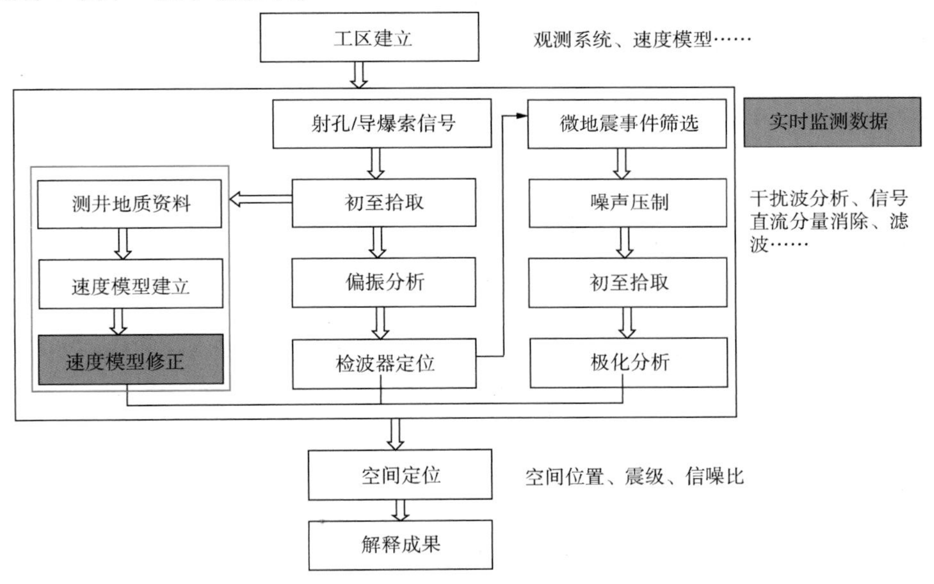

图 6-76　微地震资料处理流程示意图

四、微地震解释技术

对微地震数据的解释是对反演出的微地震事件点或微地震能量图的时间-空间域解释。由于微地震事件定位精度的限制以及微地震事件位置的不确定性，目前对微地震监测结果的解释已经从对单一微地震数据的解释扩展到微地震数据与其他不同类型数据集结合的综合解释，具体包括微地震与压裂施工曲线结合、微地震与三维地震结合，确定裂缝位置、裂缝网络的几何尺寸、裂缝带与断层关系、最大地应力方向、压裂体积、压裂导流能力以及评估压裂方案等。

（一）微地震与压裂施工曲线结合

低渗透油气藏中天然裂缝存在将对压裂施工和压后效果产生重大影响。因此，分析与评价地层中天然裂缝的发育情况非常重要。目前，识别裂缝的方法主要为岩心观察描述、FMI 成像测井、核磁测井或地层倾角测井等特殊测井方法。利用压裂施工过程中的压力响应也可定性判断天然裂缝的性质。一般，地层中存在的潜在天然裂缝，在地应力条件下处于闭合状态，一旦受到外界压力的作用，潜在缝会不同程度地张开；若井筒周围存在较发育的天然裂缝，在压裂过程中，由于注入压力的作用，导致潜在裂缝张开，则初始的压裂压力不会出现地层破裂的压力峰值；在地层不存在天然裂缝的情况下，裂缝起裂时，则在压裂压力曲线上将出现明显的破裂压力值。具体可参考图6-77。

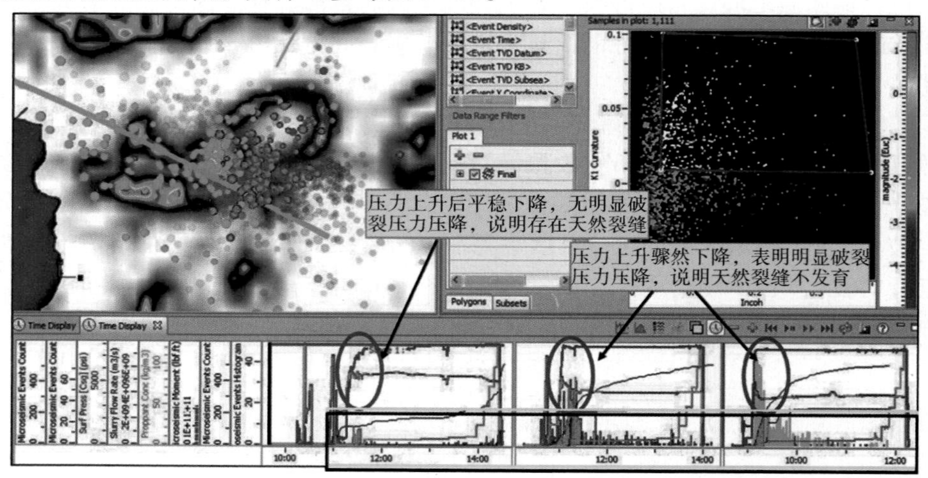

图6-77　结合压裂施工曲线解释微地震数据（Roth，2007）

（二）微地震与三维地震结合

Norton等（2010）利用三维地震属性（蚂蚁体）和三维地震叠前反演（泊松比）信息辅助解释微地震数据（图6-78）。对于微地震事件的异常分布，可通过三维地震几何属性如蚂蚁体和曲率属性所揭示的天然断层或裂缝的分布进行验证；同时，叠前反演参数泊松比指示储层脆度即可压裂性的大小，可检验具有较大震级的微地震事件的分布是否与岩性分布一致。另外，微地震事件点所代表的水力裂缝的分布与天然断层或裂缝的叠合显示可进一步揭示作为压裂屏障的天然断层或裂缝的存在，进一步解释水力裂缝延伸的动态过程和控制因素。

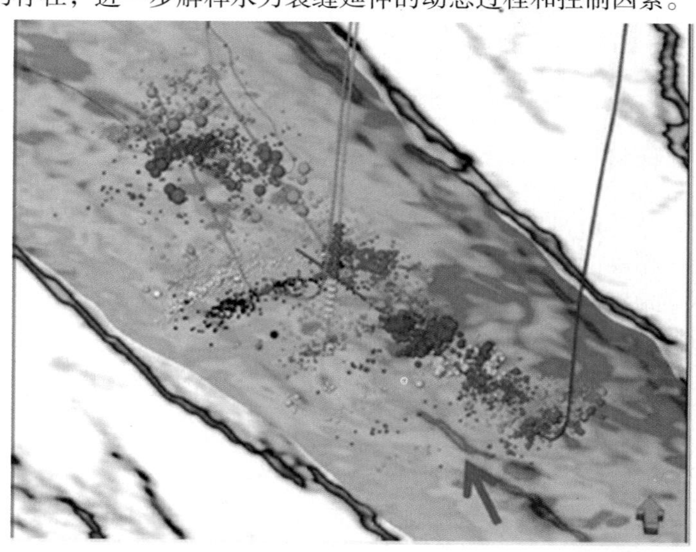

图6-78　结合三维地震反演解释微地震数据（Norton，2010）

微地震解释工作除了提供裂缝的形态和发育规律之外，还需要结合本区地应力方向、断层发育规律、测井、地球物理参数、地震等一系列信息，对压裂效果进行评估，估算油气可动用体积以及为后续的油田井网布设提供依据。

参考文献

[1] 邹才能，张国生，杨智，等. 非常规油气概念、特征、潜力及技术——兼论非常规油气地质学[J]. 石油勘探与开发，2013，40(4)：385~399.

[2] 刘振武，撒利明，杨晓，等. 页岩气勘探开发对地球物理技术的需求[J]. 石油地球物理勘探，2011，46(5)：810~818.

[3] 孙赞东，贾承造，李相方，等. 非常规油气勘探与开发[M]. 北京：石油工业出版社，2011.

[4] Chao L, Cancan Z, Falong H, et al. A Novel Model for Identifying Effective Pay in Tight Sands[C]. Society of Petrophysicsists and Well-Log Analysts: 52nd Annual Logging Symposium, Colorado, 2011.

[5] 古江锐，刘岩. 国外致密砂岩气藏储层研究现状及发展趋势[J]. 国外油气工程，2009，25(7)：1~5.

[6] Han S Y, Kok J C L, Tollefsen E M, et al. Shale gas reservoir characterization using LWD in real time[C]. Society of Petroleum Engineers: Canadian Unconventional Resources and International Petroleum Conference, 2010(3): 1738~1750.

[7] Quirein J, Witkwsky J, Truax J, et al. Integrating core data and wireling geochemical data for formation evaluation and characterization of shale gas reservoirs[M]. Society of Petroleum Engineers: SPE Annual Technical Conference and Exhibition, 2010, 134~559.

[8] Ross D, Bustin R M. Shale gas potential of the Lower Jurassic Gordondale Member. Northeastern British Columbia, Canada[J]. Bulletin of Canadian Petroleum Geology, 2007, 55(1): 51~75.

[9] Yaping Z, Enru L, Alex M, et al. Understanding geophysical responses of shale gas plays[J]. The Leading Edge, 2011, 30(3): 332~338.

[10] Close D, Stirling S, Horn F, et al. Tight gas geophysics: AVO inversion for reservoir characterization[J]. CSEG Recorder, 2010, 35(5): 29~35.

[11] Wyllie M R J, Gregory A R, Gardner R L W. Elastic wave velocities in heterogeneous and porous media[J]. Geophysics, 1956, 21(1): 41~70.

[12] Reuss A. Berechnung der fliessgrense von mischkristallen auf grund der plastizitatsbedinggung fur einkristalle [J]. Zeitschriftfur Angewandte Mathematic and Mechanic, 1929, 9: 49~58.

[13] Hill R. The Elastic Behaviour of a Crystalline Aggregate[J]. Proceedings of the Physical Society Section A, 1952, 65(5): 349~354.

[14] Gassmann F. Elasticity of porous media[J]. Vierteljahrschrift der Naturforschenden, 1951, 96: 1~23.

[15] Kuster G T, Toksoz M N. Velocity and attenuation of seismic waves in two-phase media; Part I, Theoretical formulations[J]. Geophysics, 1974, 39(5): 587~606.

[16] Kuster G T, Toksoz M N. Velocity and attenuation of seismic waves in two-phase media; Part II, Experimental results[J]. Geophysics, 1974, 39(5): 607~618.

[17] Xu S, R E White. A new velocity model for clay-sand mixtures[J]. Geophysical Prospecting, 1995, 43: 91~118.

[18] 李潮流，周灿灿，张莉，等. 一种定量评价碎屑岩储层各向异性的新方法[J]. 地球物理学报，2012，27(5)：2043~2050.

[19] 章雄，潘和平，骆淼，等. 致密砂岩气层测井解释方法综述[J]. 工程地球物理学报，2005，2(6)：431~436.

[20] 李留中，韩成，王鹏. 北部山前带致密砂岩储层测井评价方法[J]. 吐哈油气，2010，15(2)：257~262.

[21] 赵彦超，吴春萍，吴东平. 致密砂岩气层测井评价——以额尔多斯盆地大牛地山西组一段气田为例[J]. 地质科技情报，2003，22(4)：65 ~ 70.

[22] 张明禄，石玉江. 复杂孔隙结构砂岩储层岩点参数研究[J]. 石油勘探与开发，2000，27(2)：87 ~ 90.

[23] 毛志强，高楚桥. 孔隙结构与油岩石电阻率性质理论模拟研究[J]. 石油勘探与开发，2000，27(2)：87 ~ 90.

[24] 李军，张超谟，肖承文，等. 库车地区砂岩裂缝测井定量评价方法及应用[J]. 天然气工业，2008，28(10)：25 ~ 27.

[25] Ricker, Norman H. The form and laws of propagation of seismic wavelets[J]. Geophysics, 1953, 1(18): 10 ~ 40.

[26] Zoeppritz K, Erdbebenwellen V. On the reflection and propagation of seismic waves[J]. Gottinger Nachrichten, 1919, 1: 66 ~ 84.

[27] Aki K, Richards P G. Quantitative seismology theory and methods[M]. USA : 1980, 144 ~ 154.

[28] Shuey R T. A simplification of the zoeppritz equations[J]. Geophysics, 1985, 50(4): 609 ~ 614.

[29] 杨文采. 地球物理反演和层析成象[M]. 北京：地质出版社，1989.

[30] 黄捍东，张如伟，郭迎春. 地震信号的小波分频处理[J]. 石油天然气学报，2008，30(3)：87 ~ 91.

[31] Brown R and Korringa J. On the dependence of the elastic properties of a porous rock on the compressibility of the pore fluid[J]. Geophysics, 1975, 40, 608 ~ 616.

[32] Berryman J G. Long-wavelength propagation in composite elastic media ii. Ellipsoidal inclusions[J]. Journal of the Acoustical Society of America, 1980, 68: 1809 ~ 1831.

[33] Berryman J G. Mixture theories for rock properties[J]. A handbook of Physical Constants, America Geophysical Union, 1995, 205 ~ 228.

[34] 朱玉林. 测井资料在地应力研究中的应用[M]. 青岛：中国石油大学出版社，2007.

[35] 张晋言，孙建孟. 利用测井资料评价泥页岩油气“五性”指标[J]. 测井技术，2012，36(2)：146 ~ 153.

[36] 丁世村. 偶极横波资料在低孔低渗储层改造中的应用[J]. 工程地球物理学报，2010，7(6)：704 ~ 709.

[37] 黄荣樽，邓金根，王康平. 测井在石油工程中的应用[M]. 北京：石油工业出版社，1996，43 ~ 44.

[38] 戴金星. 我国天然气资源及其前景[J]. 天然气工业，1999，19(1)：3 ~ 6.

[39] 谭茂金，张松扬. 页岩气储层地球物理测井研究进展[J]. 地球物理学进展，2010，25(6)：2024 ~ 2030.

[40] Spears R W, Jackson S L. Development of a Predictive Tool for Estimating Well Performance in Horizontal Shale Gas Wells in the Barnett Shale[J]. Petrophysics, 2009, 50(1): 19 ~ 31.

[41] Shim Y H, Kok J C L, Tollefsen E, et al. Shale Gas Reservoir Characterization Using LWD in Real Time[C]. Canadian Unconventional Resources and International Petroleum Conference, Calgary, Alberta, Canada, 2010.

[42] Sondergeld C H, Newsham K E, Comisky J T, et al. Petrophysical Considerations in Evaluating and Producing Shale Gas Resources[M]. SPE Unconventional Gas Conference, Pittsburgh, Pennsylvania, USA, 2010.

[43] Fertl W H, Chilingar G V. Total Organic Carbon Content Determined From Well Logs[J]. SPE Formation Evaluation, 1988, 3(2): 407 ~ 419.

[44] Schmoker J W. Determination of Organic Content of Appalachian Devonian Shales from Formation-Density Logs[J]. AAPG Bulletin, 1979, 63: 1504 ~ 1509.

[45] Passey Q R, Creaney S, Kulla J B, et al. A practical model for organic richness from porosity and resistivity logs[J]. AAPG Bulletin, 1990, 74: 1777 ~ 1794.

[46] Rezaee M R, Slatt R M, Sigal R F. Shale gas rock properties prediction using artificial neural network techique and multi regression analysis, an example from a North American shale gas reservoir[M]. ASEG Extended Abstracts, 2007(1): 1 ~ 4.

[47] Jacobi D J, Gladkikh M, LeCompte B, et al. Integrated Petrophysical Evaluation of Shale Gas Reservoirs[M]. CIPC/SPE Gas Technology Symposium 2008 Joint Conference, Calgary, Alberta, Canada, 2008.

[48] Pemper R R, Han X, Mendez F E, et al. The Direct Measurement of Carbon in Wells Containing Oil and Natural Gas Using a Pulsed Neutron Mineralogy Tool[M]. SPE Annual Technical Conference and Exhibition, New Orleans, Louisiana, 2009.

[49] Herron S L, Tendre L L, Bagawan B S. Wireline Source-Rock Evaluation in the Paris Basin[J]. AAPG Studies Geology, 1990, 30: 57~71.

[50] Jacobi D J, Breig J J, LeCompte B, et al. Effective Geochemical and Geomechanical Characterization of Shale Gas Reservoirs From the Wellbore Environment: Caney and the Woodford Shale[M]. SPE Annual Technical Conference and Exhibition, New Orleans, Louisiana, 2009.

[51] 刘振峰，董宁，张永贵，等. 致密碎屑岩储层地震反演技术方案及应用[J]. 石油地球物理勘探，2012，47(2)：299~303.

[52] 王香文，刘红，藤彬彬，等. 地质统计学反演技术在薄储层预测中的应用[J]. 石油与天然气地质，2012，33(5)：730~735.

[53] 李建雄，谷跃民，党虎强，等. 高密度井网开发区井震联合储层预测方法——以SL盆地JN2区块为例[J]. 石油地球物理勘探，2011，46(3)：457~462.

[54] Schoenberg M, Sayers C M. Seismic anisotropy of fractured rock[J]. Geophysics, 1995, 60(1): 204~211.

[55] Gray D P, Anderson J, Logel F, et al. Estimation of stress and geomechanical properties using 3D seismic data[J]. First Break, 2012, 30: 59~68.

[56] Zheng Y. Seismic Azimuthal Anisotropy and Fracture Analysis from PP Reflection Data[D]. Calgary: University of Calgary, 2006.

[57] Ruger A. Variation of P-wave reflectivity with offset and azimuth in anisotropic media[J]. Geophysics, 1998, 63(3): 935~947.

[58] Goodway B, et al. Practical applications of P-wave AVO for unconventional gas Resource Plays. Part 2: Detection of fracture prone zones with Azimuthal AVO and coherence discontinuity[J]. CSEG Recorder, 2006, 31(4): 53~65.

[59] Zvi Koren, Igor Ravve. Full-azimuth subsurface angle domain wavefield decomposition and imaging Part I: Directional and reflection image gathers[J]. Geophysics, 2011, 76(1): S1~S13.

[60] 汤红伟. 煤层气地震勘探技术研究现状及发展趋势[J]. 煤炭技术，2012，31(3)：164~166.

[61] 王生维，陈钟惠，张明，等. 煤储层岩石物理研究与煤层气勘探选区及开发[J]. 石油实验地质，1997，19(2)：133~137.

[62] 陈同俊. P波方位AVO理论及煤层裂隙探测技术[D]. 徐州：中国矿业大学出版社，2009.

[63] Gray D. Seismic anisotropy in coal beds[C]. CSPG CSEG CWLS Convention, 2006.

[64] Tom B, Dao V C, Nguyen V D, et al. 天然裂缝性储层的特征[J]. 油田新技术，2006年夏季刊：4~23.

[65] Yuriy T, Iana M. 改进的地震相干体算法及其应用——以乌克兰顿涅茨盆地裂缝型储层为例[J]. 岩性油气藏，2013，25(5)：8~12.

[66] McCrank J, Lu H, Hall K, et al. The Seismic AVO of Wet and Dry CBM Reservoirs[C]. CSPG CSEG CWLS Convention, 2007.

[67] 宋维琪，陈泽东，毛中华. 水力压裂裂缝微地震监测技术[M]. 青岛：中国石油大学出版社，2008.

[68] Duncan P M, Lakings J D. Microseismic Monitoring with a Surface Array [C]. Passive Seismic: Exploration and Monitoring Applications, EAGE, 2006, A29.

[69] 王维波，周瑶琪，春兰. 地面微地震监测SET震源定位特性研究[J]. 中国石油大学学报(自然科学版)，2012，05：45~50.

[70] Murray R, Amanda T. Fracture Interpretation in the Barnett Shale, using Macro and Microseismic Data[J]. AAPG Bulletin, 2007, 91(4): 523~533.

第七章　非常规油气钻完井技术

非常规油气赋存条件复杂，储层物性差，孔隙度、渗透率低，资源丰度相对较低，一般无自然产能，通常需采取特殊的钻完井工艺，包括储层岩石力学特性分析技术、水平井钻完井技术、水平井分段压裂技术等，才能形成商业化开发。国内在致密砂岩油气、页岩气、煤层气等开发方面开展了一系列钻完井技术研究和现场实践，具备了一定的技术基础，积累了一定的现场施工经验，但总体上仍处于起步阶段。

第一节　岩石力学特性分析技术

受沉积成岩环境、构造运动等影响，不同地区不同层位的非常规油气地层具有不同的成分、微观构造等地质特征，呈现出不同的物性特征和力学特性，具有强非均质性和各向异性。岩石力学特性参数是水平井钻井设计与施工、地层压裂品质评价和分段压裂设计的重要基础数据，因此岩石力学特性对于非常规油气资源的安全、快速、高效勘探开发具有重要意义。

目前，岩石力学特性的确定方法主要有两种：岩石力学实验分析方法和测井资料解释方法。声波测井可以得到沿井深方向连续的声波速度、地层密度等反映地层地质特征的信息，通过处理这些测井资料可以计算得到沿井深分布的地层岩石力学特性参数剖面，但由于声波测井的频率一般在几千赫兹，远高于工程实际情况，所以由此得到的力学参数在精度上存在一定的误差。室内岩石力学实验分析可以模拟地层的应力状态，通过测量的岩石加载过程中的形变和应力，可计算出岩石力学参数。但实验分析费用高，也难以得到连续的地层岩石力学参数剖面。所以目前大部岩石力学特性研究还是通过室内实验结果来校核现场测井解释结果，从而得到校核后的地层岩石力学参数分布特征。

一、岩石力学实验分析方法

岩石力学实验可分为压缩实验、抗拉实验、剪切实验和连续刻划实验等方法，通过这些实验可以直观测试页岩等非常规油气地层岩石的抗压强度、弹性模量、泊松比、黏聚力、内摩擦角、抗拉强度、剪切强度等参数，并且根据应力-应变-时间关系评价岩石的力学属性（弹性、塑性、黏性），结合岩石的变形与破坏关系，还可以评价岩石是脆性力学特性还是延性力学特性。

（一）*岩石力学实验方法*

1. 岩石压缩实验

岩石压缩实验是通过压缩标准实验岩样的形式测试岩石力学基本特性，是最流行的室内测试方式。该类实验一般是在液压伺服控制下的实验机上进行，先进的实验机包括轴压加载系统、围压系统、孔隙压力及渗透率系统、温度控制系统、数据采集与控制系统等。图 7-1 为美国 TerraTek 公司生产的岩石力学三轴应力测试系统。实验过程中，通过实时采集岩样的轴向与径向变形、承受载荷等信息，采用有关方法针对这些信息进行处理即可得到岩石力学参数。根据实验条件，岩石压缩实验又分为单轴压缩实验和常规三轴压缩实验，单轴压缩实验是在无围压和无孔隙压力条件下直接加轴向载荷测试，常规三轴压缩实验则是在施加围压或施加围压和孔隙压力条件下进行岩石压缩实验。页岩力学参数对岩样发育的裂缝、非均质性、岩心加工处理过程中产生的裂缝极为敏感，从而产生很大的随意性，可以在较小的围压下做常规三轴抗压实验，这样可以尽可能地消除岩石中非固有裂缝的影响。

图 7-1　岩石力学三轴应力测试系统

2. 连续刻划实验

连续刻划实验是利用一定宽度的金刚石刀片以一定刻划速率和切削深度沿岩石表面刻划出一条沟槽并获得岩石抗压强度等参数的测试方法，如图 7-2 所示。连续刻划实验已在国外页岩气等非常规油气领域得到了推广应用，能够提供连续、高分辨率的岩石强度剖面，可以有效评价岩石强度的非均质性。该实验方法不需要对测试岩样进行钻取、切割等处理，尤其适合难以加工处理的结构较复杂的岩石，如裂缝较发育的页岩(页岩在加工成压缩实验用标准岩样过程中，易断裂、掉块、破碎等，压缩实验难以有效开展)。另外，该测试方法不会对样品造成破坏，可以有效保护宝贵的地层岩心，增加岩心的利用率。

3. 抗拉实验

岩石抗拉实验可分为直接法和间接法两种。直接法抗拉实验是将圆柱形岩样试件的两端用黏合剂固定在压机压盘上的金属面板上，直接拉伸至岩样断裂，若设最大破坏拉力值为 F_c，原试件截面积为 A，则试件的抗拉强度 $S_t = F_c/A$。由于对岩石进行直接单轴拉伸实验比较复杂，不易取得准确数据，一般采用间接实验方法确定拉伸强度。间接拉伸实验是在压机压盘之间对岩石圆柱体施加径向压力，使试件在加载平面内以拉伸破裂的方式发生破坏，通常采用巴西劈裂仪(图 7-3)进行测试，该实验也被称为巴西实验。

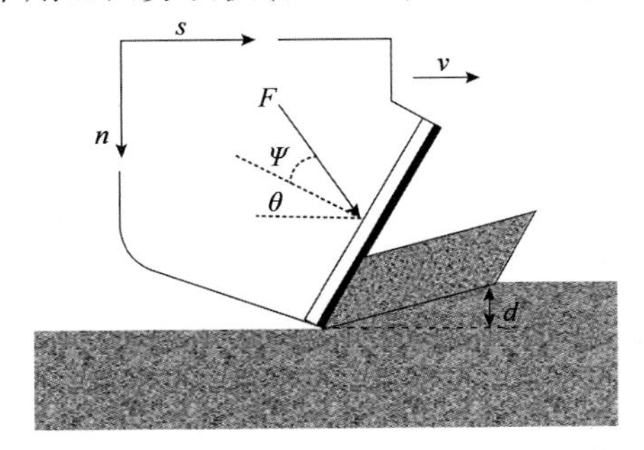

图 7-2　连续刻划实验及刀片受力示意图

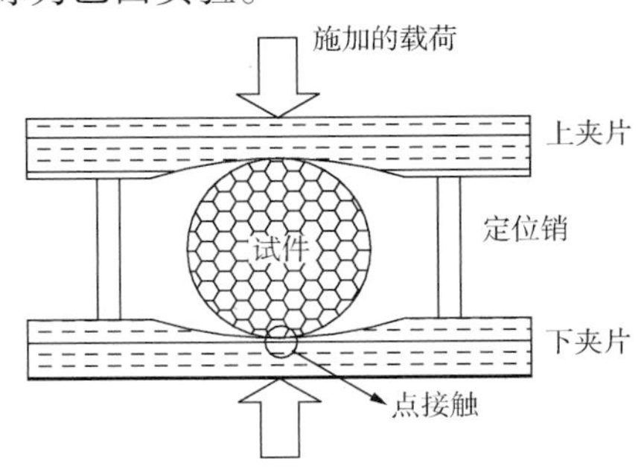

图 7-3　巴西实验装置简图

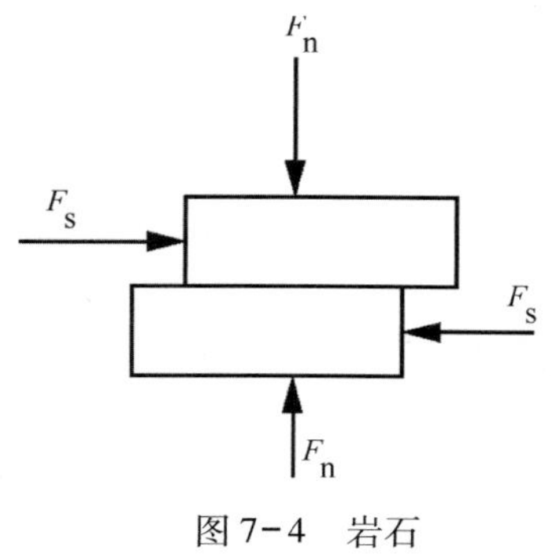

图 7-4　岩石直接剪切示意图

4. 岩石剪切实验

岩石的抗剪断强度在岩石剪切仪上进行直接剪切实验获得，如图 7-4 所示，先在试件上施加法向压力 F_n，然后在水平方向逐级施加水平剪力 F_s，直至试件破坏。

（二）岩石力学参数实验分析

结合岩石力学实验过程采集的力学、变形与时间等信息，利用实验分析技术可以得到页岩等非常规油气地层岩石的抗压强度、抗拉强度、剪切强度、弹性模量、泊松比、黏聚力、内摩擦角等参数。

1. 岩石弹性参数

岩石压缩实验可以得到应力-应变曲线，图 7-5 为岩石在正常加载速率单轴加压条件下的应力-应变全过程，大致可分为 5 个阶段：$o-a$ 段体积随压力增加而压缩，$a-b$ 段岩石的应力-轴向应变曲线近似呈直线（线弹性变形阶段），$b-c$ 段岩石的体积由压缩转为膨胀，$c-d$ 段岩石变形随应力迅速增长，d 点往后残余应力阶段。以上 5 个阶段可对应 4 个特征应力值：弹性极限（b 点）、屈服极限（c 点）、峰值强度或单轴抗压强度（d 点）及残余强度（e 点）。应指出的是，岩石由于成分、结构不同，其应力-应变关系不尽相同，并非所有岩石都可明显划分出 5 个变形阶段。页岩脆性特征显著，且岩石裂缝等发育，应力-应变曲线一般都难以划分出这 5 个变形阶段，通常具有明显线弹性变形阶段，可以分析得到页岩的弹性模量，结合变形量可以确定页岩的泊松比大小。

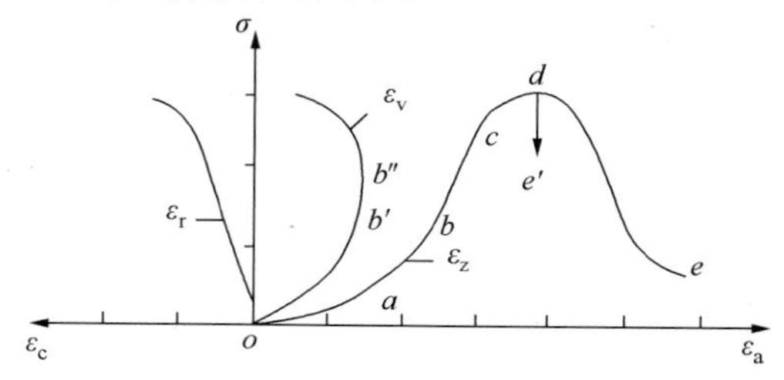

图 7-5　岩石单轴压缩应力-应变全过程曲线

1）泊松比

压缩实验中，岩样在径向和轴向方向都会发生变形，实验前后岩样直径的相对变化称为径向应变，岩样长度的相对变化则为轴向应变。泊松比 ν 为径向应变 ε_r 与相应载荷下轴向应变 ε_z 之比，即

$$\nu = -\frac{\varepsilon_r}{\varepsilon_z} \tag{7-1}$$

$$\varepsilon_r = \frac{D_1 - D_0}{D_0} \tag{7-2}$$

$$\varepsilon_z = \frac{l_1 - l_0}{l_0} \tag{7-3}$$

式中　D_1——岩样变形后直径，mm；

D_0——岩样初始直径，mm；

l_1——岩样变形后长度，mm；

l_0——岩样初始长度，mm。

由于泊松比是由弹性理论引入的，故只适用于岩石弹性变形阶段，也只有在荷载不会使裂隙发生或发展的有限范围内，这种比例性才能保持。公式中引入负号，是由于考虑到当岩石轴向缩短时，侧边是伸长的，这样可定义泊松比为一个正值。

2）弹性模量

岩石弹性模量 E（也称为杨氏模量）是应力-应变曲线的斜率，即单轴压缩实验时，应力相对应变的变化率，即

$$E = \frac{\Delta\sigma_z}{\Delta\varepsilon_z} \tag{7-4}$$

式中 $\Delta\sigma_z$——轴向应力增量，MPa；

$\Delta\varepsilon_z$——岩样轴向应变增量，mm/mm。

3）剪切模量与体积模量

对于各向同性线弹性岩石，只有两个独立弹性常数 E 和 v，利用 E 和 v 还可以引申得到剪切模量 G 和体积模量 K。

剪切模量 G：

$$G = \frac{E}{2(1+v)} \tag{7-5}$$

体积模量 K：

$$K = \frac{E}{3(1-2v)} \tag{7-6}$$

在单轴压缩破坏实验中，大多数岩石表现为脆性破坏，因此可以直接测得 σ_c。但是由于应力-应变曲线通常是非线性的，所以 E 和 v 的值会随轴向应力值的不同而不同。在实际工作中，通常在 $50\%\sigma_c$ 处取定 E 和 v 值。从理论上讲，试件上的最大裂缝和裂纹决定了单轴抗压强度值。而且 σ_c 的实验结果值对试件的非均匀性、岩心加工处理过程中所产生的裂缝极为敏感，从而产生很大的随意性。为了减少这种不确定性，可以在较小的围压下做三轴抗压实验。

2. 岩石的强度参数

在外荷载作用下，当荷载达到或超过某一极限时，岩石就会产生破坏。岩石破坏的类型可以根据破坏形式分为张性破坏、剪切破坏和流动破坏3种基本类型。破坏发生时岩石所能承受的最高应力称为岩石的强度，它包括单轴抗压强度、三轴抗压强度、抗张强度、剪切强度等。

1）岩石单轴抗压强度及三轴抗压强度

单轴压缩实验岩石破坏发生时所承受的最高应力称为岩石的单轴抗压强度，常规三轴压缩实验对应的最高应力则为三轴抗压强度，两种抗压强度均为最大轴向载荷与岩样横截面积之比，通常用 σ_c 表示。

$$\sigma_c = \frac{F}{A} \tag{7-7}$$

式中 σ_c——抗压强度，MPa；

F——轴向载荷，N；

A——岩样横向截面积，mm^2。

对于连续刻划实验，Detournay 和 Defourny（1992 年）建立了塑性破坏模式下刀片受力模型（Richad T 等，1998）。在该模型下刀片底部摩擦忽略不计，在刻划过程中刀片受到力 F 的

作用(图 7-2)，可以分解为水平切向力 F_s 和垂向力 F_n。岩石单轴抗压强度 σ_c 按式(7-10)或式(7-11)计算，可以得到测试岩样的单轴抗压强度随刻划长度方向的连续变化曲线(图 7-6)。

$$F_s = \varepsilon wd \tag{7-8}$$

$$F_n = \zeta \varepsilon wd \tag{7-9}$$

$$\sigma_c = \varepsilon = \frac{F_s}{wd} \tag{7-10}$$

$$\sigma_c = \varepsilon = \frac{F_n}{wd\tan(\theta + \psi)} \tag{7-11}$$

式中 ε——岩石固有破碎比功，MPa；

w——刀片的宽度，mm；

d——刻划深度，mm；

ζ——为水平切向力 F_n 与垂向力 F_s 的比值，$\zeta = \tan(\theta + \psi)$；

θ——刀片后倾角，(°)；

ψ——界面摩擦角，(°)。

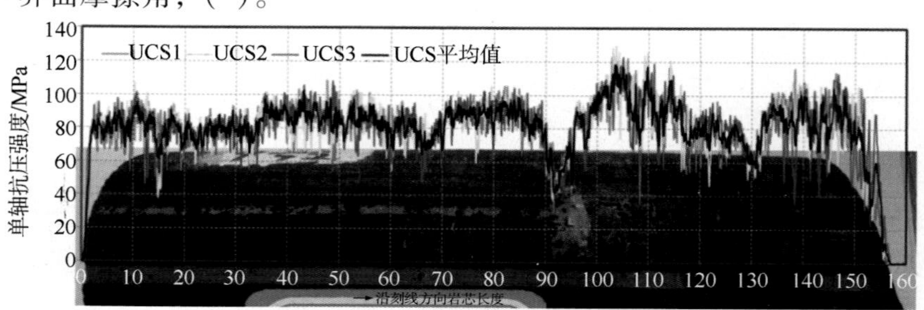

图 7-6　页岩岩石强度刻划测试结果

2）岩石的黏聚力和内摩擦角

针对取自同一块岩心的一组平行岩样，开展不同围压下的常规三轴压缩试验，可以绘制如图 7-7 所示的应力圆包络线，即强度曲线。强度曲线上的每一个点的坐标值表示某一面破坏时的正应力 σ 和剪应力 τ。莫尔-库伦准则将如图 7-7 所示的强度曲线简化为一条直线，其与纵轴的交点值称为岩石内聚力 C，与水平轴的夹角 ϕ 为内摩擦角，如图 7-8 所示。

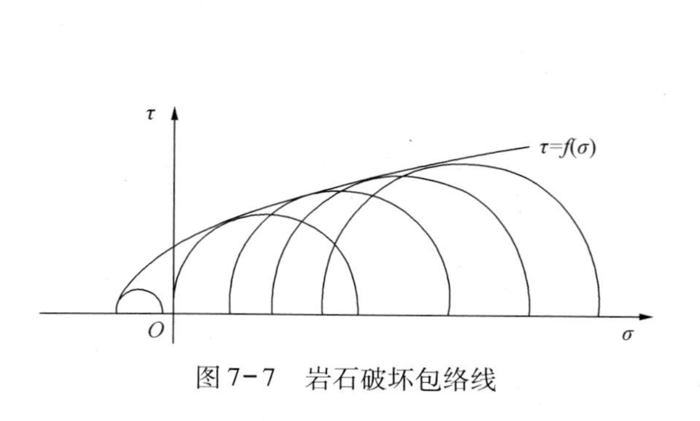

图 7-7　岩石破坏包络线

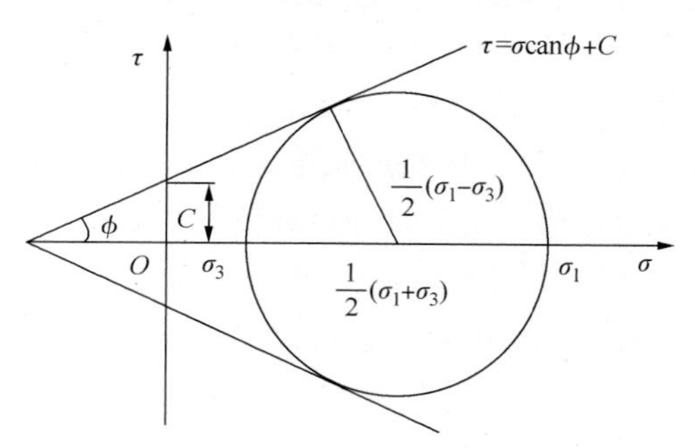

图 7-8　莫尔-库伦准则

莫尔-库伦准则认为岩石发生破坏时剪切面上的剪应力 τ 必须克服岩石固有的黏聚力 C 和作用于剪切面上的摩擦力 $\sigma\tan\phi$，用式(7-12)描述：

$$\tau = \sigma\tan\phi + C \tag{7-12}$$

3）岩石的抗拉强度

采用巴西劈裂实验测试岩石的抗拉强度 S_t，如岩样破坏时荷载为 P，岩样厚度为 T，一般样品厚度 T 小于直径 D，则岩样的抗拉强度按式(7-13)计算：

$$S_t = \frac{2P}{\pi DT} \tag{7-13}$$

4）岩石的剪切强度

在剪切荷载作用下，岩石抵抗剪切破坏的最大剪应力，称为剪切强度。剪切强度 τ 按式(7-14)进行计算：

$$\tau = \frac{F_s}{A} \tag{7-14}$$

式中 A——试件的剪切面面积，mm^2；

F_s——试件产生剪切破坏时对应的水平剪力，N。

3. 川东南地区页岩气地层岩石力学实验分析

针对川东南地区彭水、南川的龙马溪储层页岩进行了岩石力学实验(表7-1)，由于页岩微裂缝发育，标准实验岩样加工处理成功率低，大多数样品裂缝开启或产生机械损伤，压缩实验测试得到的岩石抗压强度普遍较低，连续刻划实验则克服了以上不足之处测试得到较高的抗压强度，实验结果分析表明龙马溪页岩具有明显的高弹性模量、低泊松比的脆性特征。

表7-1 川东南地区龙马溪地层页岩岩石力学实验分析结果

区块	岩性	试样编号	围压/MPa	抗压强度/MPa		弹性模量/MPa	泊松比	黏聚力/MPa	内摩擦角/(°)
				压缩实验	刻划实验				
彭水	黑色页岩	垂1	0	121.6		31929	0.208	28.11	40.39
		垂2	30	153.39		33600	0.253		
		垂3	40	228.69		35157	0.267		
		水平1	0	101.12		34905	0.251		
南川	黑色泥岩	垂1	0	125.99	135.47	31503	0.192		

二、岩石力学参数的测井解释方法

页岩等非常规油气地层岩石力学参数可由钻井取心进行室内实验测试获得，但钻井取心具有不连续性及高成本的特点，采用室内实验的方式获取地层每一深度处的岩石力学参数是不切实际的，对这一问题可通过反映地层信息的声波、密度和自然伽马等测井资料来获得。结合室内实验和相应的测井数据，建立或选择合适的岩石力学参数测井解释模型，可获得沿地层深度的连续岩石力学参数剖面，真实地反映地层特性，为石油工程提供基础数据。

1. 岩石的弹性力学参数

依据弹性介质纵、横波传播理论，可以利用测井资料中的声波纵、横波时差与密度计算岩石的泊松比、弹性模量等动态弹性力学参数。

泊松比：
$$\nu_d = \frac{1}{2}\left(\frac{\Delta t_s^2 - 2\Delta t_p^2}{\Delta t_s^2 - \Delta t_p^2}\right) \tag{7-15}$$

杨氏模量：
$$E_d = \frac{\rho_b}{\Delta t_s^2}\frac{3\Delta t_s^2 - 4\Delta t_p^2}{\Delta t_s^2 - \Delta t_p^2} \tag{7-16}$$

剪切模量：

$$G=\frac{\rho_b}{\Delta t_s^2} \tag{7-17}$$

体积模量：

$$K=\rho_b\frac{3\Delta t_s^2-4\Delta t_p^2}{3\Delta t_s^2\Delta t_p^2} \tag{7-18}$$

式中 ν_d——动态泊松比；

Δt_s——横波时差，μs/ft；

Δt_p——纵波时差，μs/ft；

E_d——动态杨氏模量，MPa；

ρ_b——地层密度，g/cm^3；

G——剪切模量，MPa；

K——体积模量，MPa。

由测井资料得到的动态力学参数必须经过实验室测得的静态力学参数校核才能应用到工程设计中，一般动静态杨氏模量 E_s 和泊松比 ν_s 之间的关系（陈勉等，2008）为：

$$\begin{aligned}\nu_s&=a+b\nu_d\\E_s&=c+dE_d\end{aligned} \tag{7-19}$$

式中，a、b、c、d 均为转换系数，与岩石所受的应力有关。

2. 岩石的强度参数

1）岩石的抗压强度 σ_c

$$\sigma_c=0.0045E_d(1-V_{cl})+0.008E_dV_{cl} \tag{7-20}$$

2）岩石抗拉强度 S_t

$$S_t=\frac{0.0045E_d(1-V_{cl})+0.008V_{cl}}{K} \tag{7-21}$$

3）黏聚力 C

$$C=A(1-2\mu_d)\left(\frac{1+\nu_d}{1-\nu_d}\right)^2\rho^2V_p^4(1+0.78V_{cl}) \tag{7-22}$$

4）内摩擦角 ϕ

$$\phi=a\log\left[M+(M^2+1)^{\frac{1}{2}}\right]+b \tag{7-23}$$

$$M=a_1-b_1C \tag{7-24}$$

式中 V_{cl}——泥质含量，%；

K——15～18 之间的常数；

A——与岩石性质有关的常数；

a、b、a_1、b_1——与岩石有关的常数。

以岩石力学实验分析得到的岩石力学参数结果为基础，逐步确定页岩的弹性参数和强度参数测井解释模型的系数，即可利用测井资料解释岩石力学参数剖面，图 7-9 为利用测井资料解释的川东南地区某口井的岩石力学参数剖面，可以有效指导钻井、压裂的设计和施工。

5）岩石的脆性指数

脆性指数是评价页岩储层岩石力学性质的又一个重要参数。脆性评价的方法有十几种，它们对脆性评价的出发点不一，目前常见的计算方法有：

（1）Jarvie 等（Detournay E 等，1992）（2007）和 Rickman 等（Rick Rickman 等，2008）通过

对巴奈特页岩脆性指数计算方法的研究，提出基于计算得到的硅质含量、泥质含量、钙质含量等矿物含量计算方法。

$$BI = Q_{\text{uartz}} / (Q_{\text{uartz}} + C_{\text{arb}} + C_{\text{lays}}) \tag{7-25}$$

式中 Q_{uartz}——硅质含量；

C_{arb}——钙质含量；

C_{lays}——泥质含量。

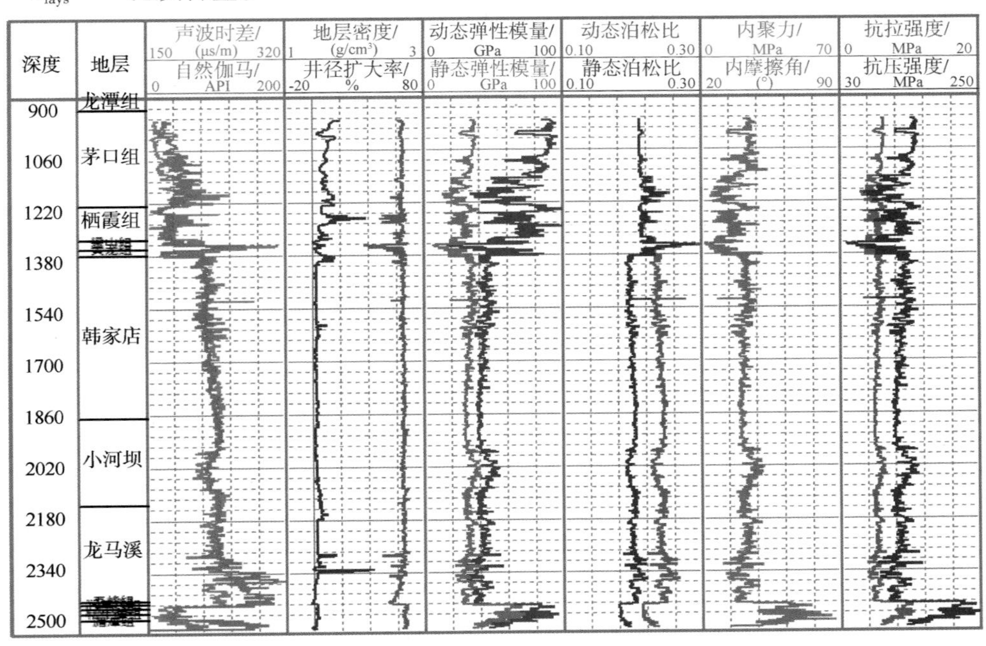

图 7-9 利用测井资料解释的川东南地区某页岩气井的的岩石力学参数剖面

（2）Rickman 等（Rick Rickman 等，2008）提出利用常规测井曲线和纵、横波时差计算杨氏模量和泊松比计算脆性指数。

$$YM_{\text{BRIT}} = \frac{E-1}{8-1} \times 100 \tag{7-26}$$

$$PR_{\text{BRIT}} = \frac{\nu - 0.4}{0.15 - 0.4} \times 100 \tag{7-27}$$

$$BRIT_{\text{avg}} = \frac{YM_{\text{BRIT}} + PR_{\text{BRIT}}}{2} \tag{7-28}$$

式中 YM_{BRIT}——利用杨氏模量计算的脆性指数；

PR_{BRIT}——利用泊松比计算的脆性指数；

E——测井曲线计算的静态杨氏模量，10^6psi；

ν——测井曲线计算的静态泊松比；

$BRIT_{\text{avg}}$——最后的脆性指数。

（3）Grieser 等（Bill Grieser 等，2007）提出利用在一定深度段内读取杨氏模量和泊松比的最大值和最小值计算脆性指数。

$$YM_{\text{BRIT}} = \frac{E - E_{\min}}{E_{\max} - E_{\min}} \times 100 \tag{7-29}$$

$$PR_{\text{BRIT}}=\frac{\nu-\nu_{\min}}{\nu_{\max}-\nu_{\min}}\times 100 \quad (7-30)$$

$$BRIT_{\text{avg}}=\frac{YM_{\text{BRIT}}+PR_{\text{BRIT}}}{2} \quad (7-31)$$

式中 YM_{BRIT}——利用杨氏模量计算的脆性指数；

E——测井曲线计算的静态杨氏模量，10^6psi；

$E_{\min}$——计算井段内杨氏模量最小值，10^6psi；

$E_{\max}$——计算井段内杨氏模量最大值，10^6psi；

PR_{BRIT}——利用泊松比计算的脆性指数；

ν——测井曲线计算的静态泊松比；

$\nu_{\min}$——计算井段内泊松比最小值；

$\nu_{\max}$——计算井段内泊松比最大值；

$BRIT_{\text{avg}}$——最后的脆性指数。

（4）V. Hucka 和 B. Das 从岩石强度提出脆性指数 B 的计算公式（Hucka V，等，1974）。

$$B=\frac{\sigma_{\text{c}}-S_{\text{t}}}{\sigma_{\text{c}}+S_{\text{t}}} \quad (7-32)$$

式中 σ_{c}——岩石抗压强度，MPa；

S_{t}——岩石抗拉强度，MPa。

第二节 “井工厂”钻井技术

“井工厂”技术已在美国、加拿大等国得到了大量应用，既提高了作业效率、降低了工程成本，也更加便于施工和管理，特别适用于致密油气、页岩油气等低渗透、低品位的非常规油气资源的开发作业。在北美非常规油气革命的进程中，“工厂化钻完井作业模式”作为核心技术，在提高生产效率、降低工程成本方面发挥了巨大的作用。目前，国内“井工厂”钻井技术的攻关和现场试验已经启动，相应的基础理论研究、配套设备仪器以及工艺技术等正在不断完善，并初步完成了若干“井工厂”平台的钻完井施工作业，取得了阶段性成果。

一、“井工厂”的概念及特点

“井工厂”的概念起源于北美，最早是美国为了提高作业效率、降低工程成本，将大机器生产的流水作业线方式移植到非常规油气资源的勘探开发。

“井工厂”技术可以概括为：在同一地区集中布置大批相似井，使用大量标准化的装备或服务，以生产或装配流水线作业的方式进行钻井和完井的一种高效、低成本的作业模式，即采用“群式布井、规模施工、整合资源、统一管理”的方式，把钻井中的钻前施工、材料供应、电力供给等和储层改造中的通井、洗井、试压等以及工程作业后勤保障和油气井后期操作维护管理等工序，按照工厂化的组织管理模式，形成一条相互衔接和管理集约的“一体化”组织纽带，并按照各工序统一标准的施工要求，以流水线方式，对多口井施工过程中的各个环节进行批量化施工作业，从而节约建设、开发资源，提高开发效率，降低管理和施工运营成本（胡文瑞，2013；张金成等，2014）。

工厂化钻完井作业模式是井台批量钻井、多井同步压裂等新型钻完井作业模式的统称，是贯穿于钻完井过程中不断进行总体和局部优化的理念集成，目前仍处于不断地发展和改进中，是一种全新的钻完井作业方式。其主要特点可归纳为：

（1）系统性："井工厂"技术是一个把分散要素整合成整体要素的系统工程，不仅包括技术因素，还包括组织结构、管理方法和手段等。

（2）集成性："井工厂"的核心是集成运用各种知识、技术、技能、方法与工具，满足或超越对施工和生产作业的要求与期望所开展的一系列作业模式。

（3）流水化：移植工厂流水线作业方式，把石油钻完井过程分解为若干个子过程，前一个子过程为下一个子过程创造执行条件，每一个过程可以与其他子过程同时进行，实现空间上按顺序依次进行、时间上重叠并行。

（4）批量化：通过技术的高度集成，做到流水线上人和机器的有效组合，实现批量化作业链条上的技术要素在各个工序节点上不间断。

（5）标准化：利用成套设施或综合技术使资源共享，如定制标准化专属设备、标准化井身结构、标准化钻完井设备及材料、标准化地面设施、标准化施工流程等。

（6）自动化：综合运用现代高科技、新设备和管理方法而发展起来的一种全面机械化、自动化技术高度密集型生产作业。

二、水平井井眼方位和轨道选择

鉴于非常规油气藏的强非均质性，水平井井眼轨道设计及井眼轨迹控制至关重要，钻完井除了要考虑地质"甜点"因素外，更要考虑到后期压裂改造时裂缝延伸方向的问题。换言之，要实现地质与工程的一体化，须从整体上考虑钻完井及储层改造技术一体化，才能最大限度地挖掘非常规油气储层的潜力，达到经济有效开发的目的(曾义金，2014)。

（一）钻井方位设计

非常规油气藏特别是页岩气藏水平井钻井方位的选择既要考虑有机质与硅质富集、裂缝发育程度高的地质"甜点"区，同时也要考虑地应力、脆性和可压性等完井"甜点"区。理论上讲，钻井方位应与最大水平主应力或裂缝的方向垂直，可以使井眼穿过尽可能多的地层而与更多的裂缝接触，同时有利于体积压裂，形成网络缝，提高非常规油气采收率。由于非常规油气储层的各向异性强，井与井之间尽管相距几百米，但最小水平主应力方向有时会发生变化，因此井眼方位设计除利用区域地应力方向外，还要利用局部的三维地震资料确定方位的变化，从而对井眼方位进行适当调整，以确保每口井的方位都与最小水平主应力方向基本一致(曾义金，2014)。国内外典型非常规油气藏钻井方位选择情况见表7-2。

表7-2 国内外典型非常规油气藏钻井方位选择情况

序号	非常规油气田(藏)		油气藏类型	钻井方位
1	加拿大 Daylight		致密砂岩气	与最小水平主应力斜交
2	美国 Marcellus		页岩气	与最小水平主应力平行
3	大牛地		致密砂岩气	与最小水平主应力斜交29°
4	涪陵页岩气田	试验区	页岩气	与最小水平主应力斜交30°以内
		一期产能区		与最小水平主应力平行

（二）水平段长度设计

利用三维地震资料能够更好地设计水平井井眼轨道，使水平段尽可能穿越有机质、硅质和裂缝富集区等“甜点”区，但要避开断层和大漏失层位(曾义金，2014)。一般页岩气井的水平段越长，采气面积越大，储量的控制和动用程度越高。但是水平井的设计长度并不是越长越好，水平段越长，施工难度越大，脆性页岩垮塌和破裂等复杂问题越突出。同时，由于井筒压差的存在，水平段越长，抽吸压力越大，页岩气总体产量反而降低。此外，从经济技术的角度考虑，水平段越长，钻井及开发耗费资金越多，成本越高。统计 Louisiana 州和 Texas 州页岩气井水平段的长度发现(李庆辉等，2012；Ogochukwu Azike，2011)，两个州分别主要选择 1500m 和 1650m 水平段长度完井。Louisiana 州集中在 1200 ~ 1500m，且以 1500m 居多，两侧近似对称分布；Texas 州集中在 1350 ~ 1800m，以 1650m 居多，两侧近似对称分布(张文彬，2013)。国内外典型非常规油气藏水平井水平段长度情况见表 7-3。水平段长度对产能的影响如图 7-10 所示。

表 7-3　国内外典型非常规油气区水平段长度情况

序号	非常规油气区	油气类型	储层埋深/m	水平段长/m
1	Barnett	页岩气	1981 ~ 2590	762 ~ 1270
2	Haynesville	页岩气	3200 ~ 4115	1016 ~ 1930
3	Marcellus	页岩气	1219 ~ 2590	1016 ~ 1397
4	Fayettville	页岩气	305 ~ 2133	600 ~ 1200
5	加拿大 Daylight	致密砂岩气	1400	3000
6	涪陵焦石坝	页岩气	2000 ~ 3500	1000 ~ 2000
7	威远-长宁	页岩气	2000	1000

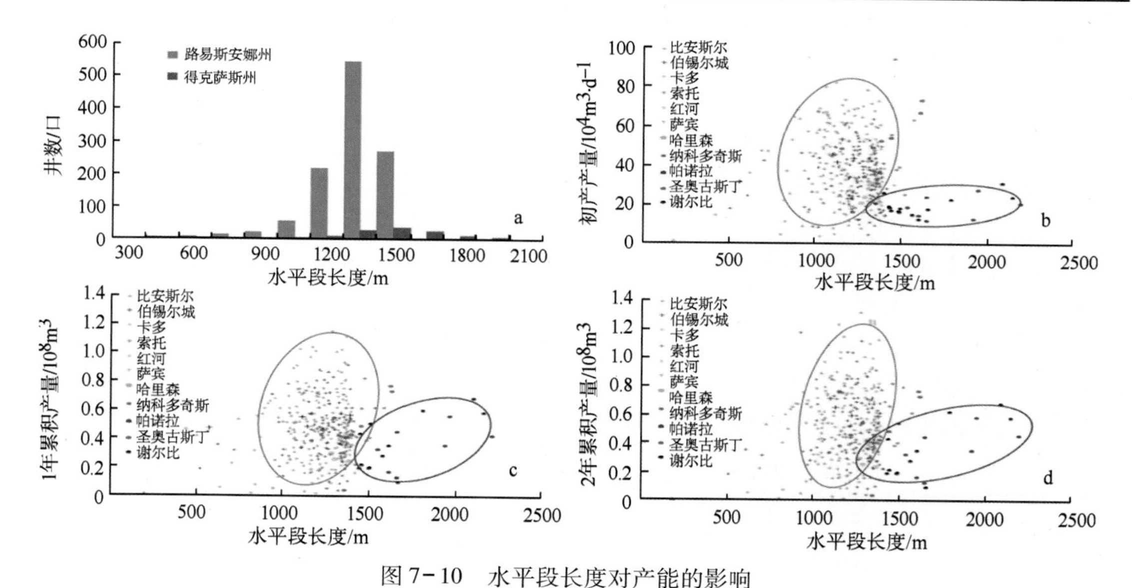

图 7-10　水平段长度对产能的影响

(三) 布井与轨道选择

非常规油气藏“井工厂”有两种布井方式：①对应于钻井方位与最小水平主应力斜交的井，主要采用“K”字形和“米”字形布井方式；②对应于钻井方位与最小水平主应力平行的井，主要是“U”字形布井方式(Ogochukwu Azike，2011；张文彬，2013；周贤海，2013)。

1. “K”字形和“米”字形布井方式

这种布井方式主要用于钻井方位与最小水平主应力成一定角度情况，其设计目的是降低扭方位的幅度，在满足压裂要求的情况下，尽可能降低钻井施工难度。鄂尔多斯盆地大牛地DP43 井平台采用"米"字形布井方式(图 7-11)，涪陵页岩气田 2013 年试验区采用了"K"字形布井方式(图 7-12)，实现了降低钻井施工难度、提高钻井速度的目的。采用"K"字形和"米"字形布井方式的平台，中间的井采用二维井眼轨道设计、两边的井则必须选择三维井眼轨道设计。

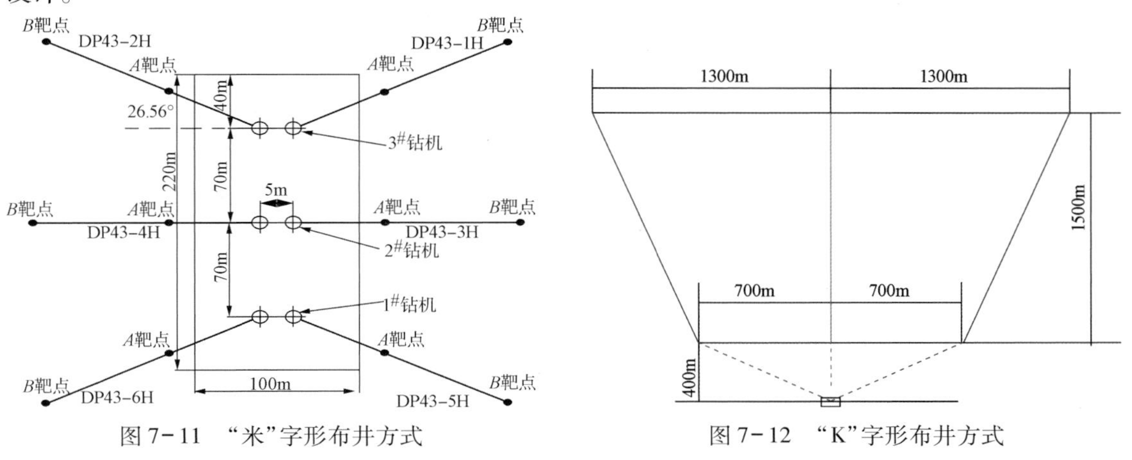

图 7-11 "米"字形布井方式

图 7-12 "K"字形布井方式

2. "U"字形布井方式

"U"字形布井方式主要用于钻井方位与最小水平主应力平行或近似平行的情况，其设计的目的是为确保压裂效果，钻井方式要平行或近似平行于最小水平主应力方向。国外大多数非常规油气田以及国内的涪陵页岩气田一期产建区都采用了这种布井方式(图 7-13)。采用"U"字形布井方式，除了中间的 1 ~2 口井可进行二维井眼轨道设计外，其他井都必须选择三维井眼轨道设计(图 7-14)。

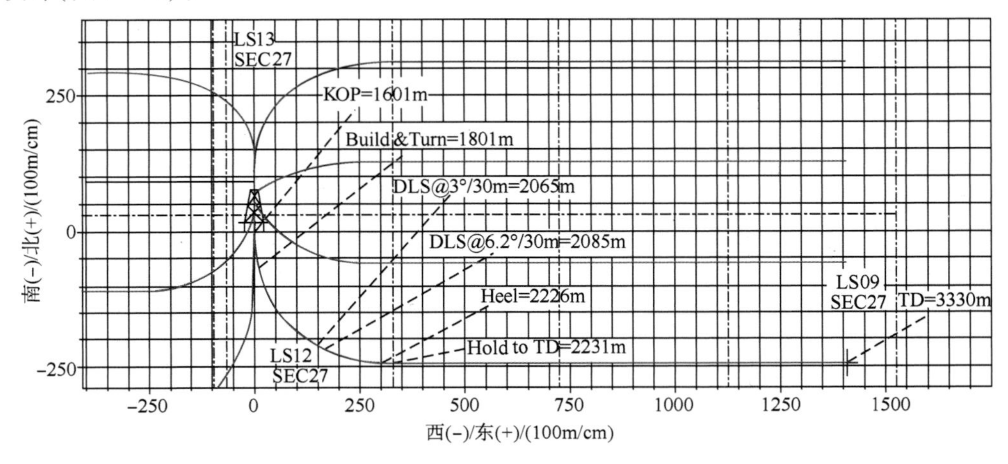

图 7-13 加拿大 Daylight"井工厂"布井方式及井眼轨道

三、"井工厂"井眼轨道设计技术

一口水平井的实施，首先要有一个轨道设计，才能以此设计为依据进行具体的水平井钻井施工。对于不同的勘探、开发目的和不同的设计限制条件，水平井的设计方法多种多样。而每种设计方法，都有一定的设计原则。一口水平井的总设计原则，应该是能保证实现钻井

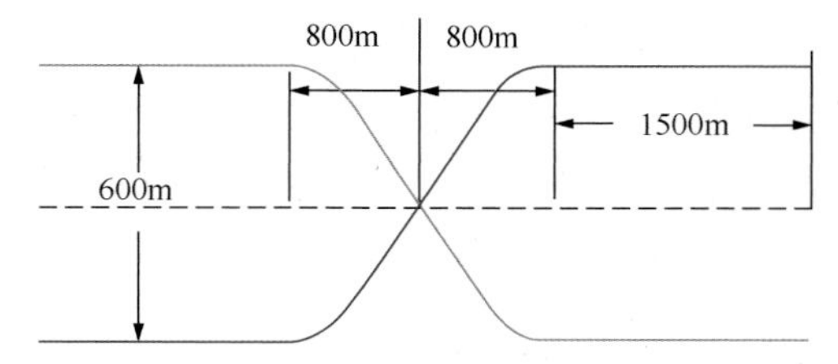

图7-14 涪陵页岩气田一期产建区布井方式及井眼轨道

目的，满足采油、采气工艺及修井作业的要求，有利于安全、优质、快速钻井。在对各个设计参数的选择上，在自身合理的前提下，还要考虑相互的制约，要综合地进行考虑。

1. 选择合适的井眼形状

复杂的井眼形状势必带来施工难度的增加，因此井眼形状的选择，力求越简单越好。从钻具受力的角度来看：目前普遍认为，降斜井段会增加井眼的摩阻，引起更多的复杂情况。增斜井段的钻具轴向拉力的径向分力，与重力在轴向的分力方向相反，有助于减小钻具与井壁的摩擦阻力。而降斜井段的钻具轴向分力，与重力在轴向的分力方向相同，会增加钻具与井壁的摩擦阻力。因此，应尽可能不采用降斜井段的轨道设计。

2. 选择合适的井眼曲率

井眼曲率的选择要考虑工具造斜能力的限制和钻具刚性的限制，结合地层的影响，留出充分的余地，保证设计轨道能够实现。在能满足设计和施工要求的前提下，应尽可能选择比较低的造斜率。这样，钻具、仪器和套管都容易通过。当然，此处所说的选择低造斜率，没有与增斜井段的长度联系在一起进行考虑。另外，造斜率过低，会增加造斜段的工作量。因此，要综合考虑，非常规油气钻井常用的造斜率范围是(4° ~10°)/100m。

3. 选择合适的造斜井段长度

造斜井段长度的选择影响着整个工程的工期进度，也影响着动力钻具的有效使用。若造斜井段过长，一方面由于动力钻具的机械钻速偏低，使施工周期加长；另一方面由于长井段使用动力钻具，必然造成钻井成本的上升。所以，过长的造斜井段是不可取的。若造斜井段过短，则可能要求很高的造斜率，一方面造斜工具的能力限制，不易实现；另一方面过高的造斜率给井下安全带来了不利因素。所以，过短的造斜井段也是不可取的。因此，应结合钻头、动力马达的使用寿命限制，选择出合适的造斜段长，既能达到要求的井斜角，又能充分利用单只钻头和动力马达的有效寿命。

4. 选择合适的造斜点

造斜点的选择应充分考虑地层稳定性、可钻的限制，尽可能把造斜点选择在比较稳定、均匀的硬地层，避开软硬夹层、岩石破碎带、漏失地层、流沙层、易膨胀或易坍塌的地段，以免出现井下复杂情况，影响定向施工。造斜点的深度应根据设计井的垂深、水平位移和选用的轨道类型来决定，并要考虑满足采油工艺的需求。应充分考虑井身结构的要求，以及设计垂深和位移的限制，选择合理的造斜点位置。

5. 选择合适的稳斜段井斜角和入靶井斜角

井斜角的大小直接影响了轨迹的控制，井斜角太小时，方位不好控制；而井斜角太大时，施工难度却又增加。因此，稳斜段井斜角和入靶井斜角的选择，应充分满足轨迹控制的需要。另外，它对方位控制、电测、钻速都有明显的影响。一般来讲，井斜角的大小与轨迹控制的难度的关系为：

（1）井斜角小于15°时，方位难以控制。

（2）井斜角在15°～40°时，既能有效地调整井斜角和方位，也能顺利地钻井、固井和电测，是较理想的井斜角控制范围。

（3）井斜角在40°～50°时，钻进速度慢，方位调整困难。

（4）井斜角大于60°时，电测、完井作业施工的难度很大，易发生井壁垮塌。

（一）二维水平井井眼轨道设计

二维井眼轨道设计是指设计轨道只在同一铅垂平面内变化，即只有井斜角的变化，而没有井斜方位的变化。常规二维水平井轨道设计由直线段和圆弧段组成，其形式多种多样，但主要为双增型（直+增+稳+增+平）。常规二维井眼轨道控制简单，在油气钻井中得到广泛的应用，在设计二维井眼轨道时，其求解方式是给定轨道设计参数，求解稳斜段的井斜角和稳斜段长。但针对不同的问题和要求，有时需要更灵活的轨道组合形式以及灵活地求解轨道设计参数，这时就难以满足要求。如根据轨道控制工艺或采油生产的要求，需要限定稳斜段井斜角和稳斜段长，这时就需要反复进行试算来达到设计目的（唐雪平和苏义脑，2007）。

1. 设计模型

二维井眼轨道设计模型如图7-15所示。图7-15中O为原点，设在井口或设计起始点，H为垂深，S为位移，T为目标点。设计轨道由图中的L_1、S_1、L_2、S_2和L_3共5段组成，即直线段+圆弧段+直线段+圆弧段+直线段。H_T、S_T为目标点垂深和位移，为给定已知参数，L_1、L_2、L_3和α_1、α_2、α_3分别为直线段的长度和井斜角，R_1、R_2为两个圆弧段的曲率半径。设计变量圆弧段对应的井眼曲率K_1、K_2及直线段长度、井斜角8个参数。

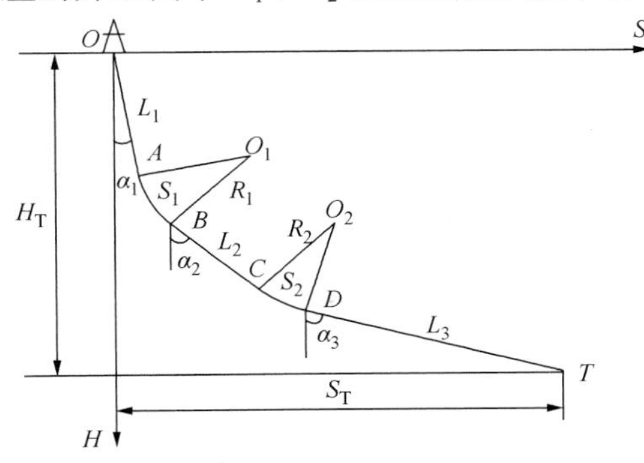

图7-15 二维井眼轨道设计模型

由图7-15可知，二维井眼轨道设计模型的约束方程为：

$$
\begin{aligned}
H_T &= L_1\cos\alpha_1 + R_1(\sin\alpha_2 - \sin\alpha_1) + L_2\cos\alpha_2 + R_2(\sin\alpha_3 - \sin\alpha_2) + L_3\cos\alpha_3 \\
S_T &= L_1\sin\alpha_1 + R_1(\cos\alpha_1 - \cos\alpha_2) + L_2\sin\alpha_2 + R_2(\cos\alpha_2 - \cos\alpha_3) + L_3\sin\alpha_3
\end{aligned}
\tag{7-33}
$$

曲率半径和井眼曲率的换算关系为：$R=\dfrac{180C_K}{\pi K}$；式中，C_K为单位变换系数，即曲率单位$K°/C_K$值，一般为30m。

2. 模型求解

由约束方程（7-33）可知，8个轨道设计参数，任意给定6个参数，即可判定方程是否有解。在有解的情况下，可确定唯一的另外2个设计参数。对8个参数，任选2个进行求解组合，可得到28种求解方式。

以求解L_2和α_2为例，由方程（7-33）可得：

$$
\begin{aligned}
R\sin\alpha_2 + L_2\cos\alpha_2 &= H \\
R\cos\alpha_2 + L_2\sin\alpha_2 &= S
\end{aligned}
\tag{7-34}
$$

其中，$R = R_1 - R_2$；

$H = H_T - L_1\cos\alpha_1 + R_1\sin\alpha_1 - R_2\sin\alpha_3 - L_3\cos\alpha_3$；

$S = S_T - L_1\sin\alpha_1 - R_1\cos\alpha_1 + R_2\cos\alpha_3 - L_3\sin\alpha_3$。

解方程(7－34)可得：

$$L_2 = L(H,\ S,\ R) = \sqrt{H^2 + S^2 - R^2} \tag{7-35}$$

$$\alpha_2 = \alpha(H,\ S,\ R) = 2\arctan\frac{H - \sqrt{H^2 + S^2 - R^2}}{R - S} \tag{7-36}$$

计算井斜角的另一公式为：

$$\alpha_2 = \alpha(H,\ S,\ R) = \arcsin\frac{R}{\sqrt{H^2 + S^2}} + \arctan\frac{S}{H} \tag{7-37}$$

方程(7－34)有解的条件是 $H^2 + S^2 - R^2 \geqslant 0$。

为了满足轨道设计求解的灵活性，避免在设计过程中进行反复试算，通过求解约束方程式(7－33)能得到不同设计变量的组合解，且全部为精确解。这样，轨道设计计算简单、快速、精确，能很好地适应各种设计需要。

（二）三维水平井井眼轨道设计

非常规油气资源开发主要采用“井工厂”水平井开发，受井场和地下靶点空间位置的限制，大多数井要进行三维井眼轨道设计。从几何结构上讲，实现这种要求的三维轨道有无数条。但如何在多约束条件下设计出合理的三维轨道和精确求解轨道设计参数一直是一个难题，目前常采用的方法有：

(1)给出吻合点，即稳斜点的井斜角和方位角。此时须解线性方程组，但解的稳定性差。如果给出的井斜角和方位角不合适，将导致无解。在有解的情况下，也可能因人为给出的参数不合适，造成轨道设计不合理，不便于工艺实施。

(2)求解非线性方程组。常见的三维井眼轨道设计模型是一组多维非线性方程组，其求解非常困难。

(3)用优化方法进行轨道设计。建立轨道设计优化模型，通常的做法是以与设计目标偏差最小为优化目标，以决策参数的取值范围为约束条件，在约束区间内优化目标函数，这样就将三维设计问题变化为一个约束优化问题，从而求得约束参数，即轨道设计参数。该方法有实际意义，但对求解决策参数的变量的取值范围给定要求较高，难以求解。

(4)利用迭代法求解。可将水平井三维轨道设计问题转化为定向井三维设计问题，再进行迭代求解。对一般情形而言，这是一个简便且有效的方法。但实践表明，在特殊设计要求条件下，求解某些轨道参数须进行多重迭代，且本研究是寻求一种井眼轨道的新设计方法，可求出设计模型的精确解，而且设计轨道模型也具有普遍性、灵活性和实用性，以满足不同的井眼轨道设计要求。初值要求较高，难以给定，因此其应用受到一定限制。

1. 数学模型的建立

三维井眼轨道设计模型如图 7－16 所示(唐雪平等，2003)。图 7－16 中空间直角坐标系 $O-XYZ$ 的原点设在井口，X 指向正北，Y 指向正东，Z 向下。s 为设计起始点，**S** 为始点切线向量，T 为目标点，t 为目标点切线向量。S、T 两点的坐标位置及井斜、方位为已知条件。设计轨道由图中的L_1、S_1、L_h、S_2和L_2共5段组成，即三维五段制剖面(直线段、圆弧段、直线段、圆弧段、直线段)。根据实际需要，设计时令L_1、L_h、L_2为零及$K_1=K_2$，由此可组成不同设计轨道形式。常见的二维井眼轨道设计剖面是三维五段制剖面的一种特殊形式，因此该模型也可用于通常的二维井眼轨道设计，如二维S型和双增剖面(唐雪平等，2003)。

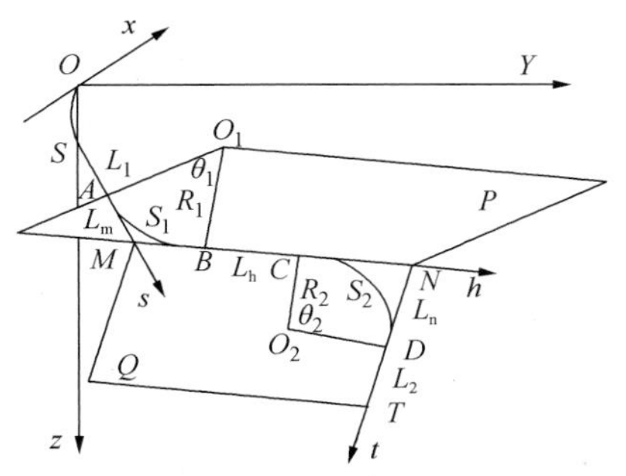

图7-16　三维井眼轨道设计模型

在图7-16中，设$AD=L$，$SA=L_1$，$DT=L_2$，$AM=BM=L_m$，$CN=DN=L_n$，$BC=L_h$，利用矢量分析理论和空间几何关系可求得公式：

$$\cos\theta_1=\frac{T_s-L_m-L_n\cos\theta}{L_m+L_h+L_n} \tag{7-38}$$

$$\cos\theta_2=\frac{T_t-L_n-L_m\cos\theta}{L_m+L_h+L_n} \tag{7-39}$$

$$L_m=\frac{L^2-L_h^2-2L_n(T_t+L_h)}{2(T_s+L_h+L_n-L_n\cos\theta)} \tag{7-40}$$

$$L_n=\frac{L^2-L_h^2-2L_m(T_t+L_h)}{2(T_t+L_h+L_m-L_m\cos\theta)} \tag{7-41}$$

$$L_m=R_1\tan(\theta_1/2) \tag{7-42}$$

$$L_n=R_2\tan(\theta_2/2) \tag{7-43}$$

式中，T_s和T_t分别为AD在矢量s、t上的投影长度，为矢量间的夹角。

由式(7-39)和式(7-43)可求得：

$$L_m=f_1(R_2,\ L_1,\ L_h,\ L_2)=(-b+\sqrt{b^2-4ac})(2a)^{-1} \tag{7-44}$$

$$L_n=f_1(R_1,\ L_1,\ L_h,\ L_2) \tag{7-45}$$

其中，$a=4[R_2^2\sin^2\theta-(T_s+T_h)^2]$；

$b=8R_2^2(T_t\cos\theta-T_s)+4(L^2-L_h^2)(T_s+L_h)$；

$c=8R_2^2L_h(T_t+L_h)+4R_2^2[L^2-L_h^2-(T_t+L_h)^2]-(L^2-L_h^2)^2$。

还可以求得：

$$L_m=f_2(R_1,\ L_1,\ L_h,\ L_2)=(-b-\sqrt{b^2-4ac})(2a)^{-1} \tag{7-46}$$

$$L_n=f_2(R_2,\ L_1,\ L_h,\ L_2) \tag{7-47}$$

其中，$a=(4R_1^2-L^2+L_h^2)(1-\cos\theta)-2(T_s+L_h)(T_t+L_h)$；

$b=4R_1^2[T_t-T_s+L_h(1-\cos\theta)]$；

$c=R_1^2[(L^2-L_h^2)(1+\cos\theta)-2(T_s-L_h)(T_t+L_h)]$。

由式(7-44)和式(7-46)或式(7-45)和式(7-47)可求得三维轨道设计的约束方程式为：

$$f_1(R_2, L_1, L_h, L_2)=f_2(R_1, L_1, L_h, L_2) \tag{7-48}$$

或

$$f_1(R_1, L_1, L_h, L_2)=f_2(R_2, L_1, L_h, L_2) \tag{7-49}$$

求出 L_m 和 L_n 后，可求得：

$$\begin{aligned} K_1&=f(K_2, L_1, L_2, L_h) \\ K_2&=f(K_1, L_1, L_2, L_h) \end{aligned} \tag{7-50}$$

由 K_1 和 K_2 值可确定唯一的三维空间设计轨道。

其有解的判别式为 $\Delta=b^2-4ab\geqslant 0$。

2. 井眼轨道计算

在求出轨道设计参数后，可计算出轨道关键点 A、B、C 、D 的参数和 M、N 两点坐标，从而可求出稳斜段的单位矢量为：

$$|MN| = [(X_N-X_M)+(Y_N-Y_M)^2+(Z_N-Z_M)^2]^{\frac{1}{2}}$$

由此可求出 BC 稳斜段的井斜角为 $a_h=\arccos n_h$，方位角为 $\phi_h=\arctan(m_h/l_h)$，圆弧段长度为 $S_1=R_1\theta_1$，$S_2=R_2\theta_2$。由圆弧段长度 S_1、S_2 和直线段长度 L_1、L_2、L_h 可分别求出 A、B、C、D、T 点所对应的井深。斜平面内井眼轨道参数计算模型如图 7-17 所示。

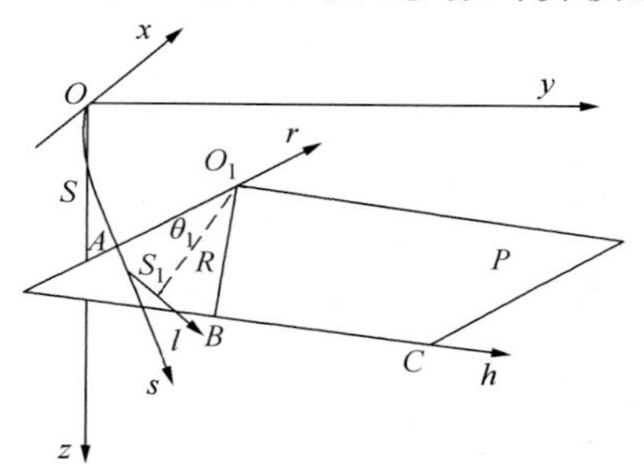

图 7-17　斜平面内的轨道设计模型

$\angle AO_1B=\theta$，曲率半径为 R，则由单位矢量 s 和 h 可求得单位矢量 r 的方向余弦为：

$$\begin{pmatrix} l_r \\ m_r \\ n_r \end{pmatrix}=\frac{1}{\sin\theta}\begin{pmatrix} l_s \\ m_h \\ n_h \end{pmatrix}-\frac{1}{\tan\theta}\begin{pmatrix} l_s \\ m_s \\ n_s \end{pmatrix} \tag{7-51}$$

进而，由正交单位矢量 r 和 s 可求得圆弧上任意一点的坐标和切线方向余弦为：

$$\begin{pmatrix} X_i \\ Y_i \\ Z_i \end{pmatrix}=\begin{pmatrix} X_A \\ Y_A \\ Z_A \end{pmatrix}+R(1-\cos\frac{S_i}{R})\begin{pmatrix} l_r \\ m_r \\ n_r \end{pmatrix}+R\cos\frac{S_i}{R}\begin{pmatrix} l_s \\ m_s \\ n_s \end{pmatrix} \tag{7-52}$$

$$\begin{pmatrix} l_i \\ m_i \\ n_i \end{pmatrix}=\sin\frac{S_i}{R}\begin{pmatrix} l_r \\ m_r \\ n_r \end{pmatrix}+\cos\frac{S_i}{R}\begin{pmatrix} l_s \\ m_s \\ n_s \end{pmatrix} \tag{7-53}$$

由圆弧段上一点的切线方向余弦可求出该点的井斜角 $\alpha_i=\arccos n_i$、方位角 $\phi_i=\arctan(m_i/l_i)$。

在圆弧段轨道上，随着井斜角和方位角的变化，造斜工具装置角将随之变化。根据装置角、工具造斜率和轨道上的两点井斜角间的几何关系式，可推导出斜平面上圆弧段井眼轨道上任一点装置角的直接计算式，为精确控制井眼轨道提供依据。装置角计算公式为：

$$w_i = \pm \arccos\theta\left\{\left(n_s\sin\frac{S_i}{R} - n_r\cos\frac{S_i}{R}\right)\left[1-\left(n_s\cos\frac{S_i}{R}+n_r\sin\frac{S_i}{R}\right)^2\right]^{-1/2}\right\}(\phi_B \neq \phi_A) \tag{7-54}$$

当 $\phi_B > \phi_A$ 时，w_i 取正值；当 $\phi_B < \phi_A$ 时，W_i 取负值；当 $\phi_B = \phi_A$ 时，$w_i = 0$。

造斜工具面指向在井底平面投影的单位矢量可由装置角和该点切线的单位矢量求得，由此可计算造斜工具面的方位，即通常所说的“弯方”，其计算公式为：

$$\begin{pmatrix} l_{TF_i} \\ m_{TF_i} \\ n_{TF_i} \end{pmatrix} = \begin{pmatrix} \cos\alpha_i\cos\phi_i\cos w_i - \sin\phi_i\sin w_i \\ \cos\alpha_i\sin\phi_i\cos w_i + \cos\phi_i\sin w_i \\ -\sin\alpha_i\cos w_i \end{pmatrix}$$

$$\phi_{TF_i} = \arctan(m_{TF_i}/l_{TF_i}) \tag{7-55}$$

（三）“井工厂”的防碰计算

对于非常规丛式水平井而言，由于设计轨道与设计轨道、设计轨道与实钻轨迹、实钻轨迹与实钻轨迹之间的距离很近，因此，不论是在设计时的防碰考虑不周，还是在实钻时的防碰控制不及时，都有可能导致最后的正钻井与邻井的轨迹相碰，从而造成严重的工程事故。因此，非常规油气“井工厂”防碰是一个非常关键的技术问题(鲁港等，2007)。

如图 7-18 所示，要想防止正钻井与邻井轨迹相碰，就需要找到一种有效的分析计算方法，计算出两井在不同井深时的相对距离，并对其相对的发展趋势作出准确的预测，方能防碰于未然。

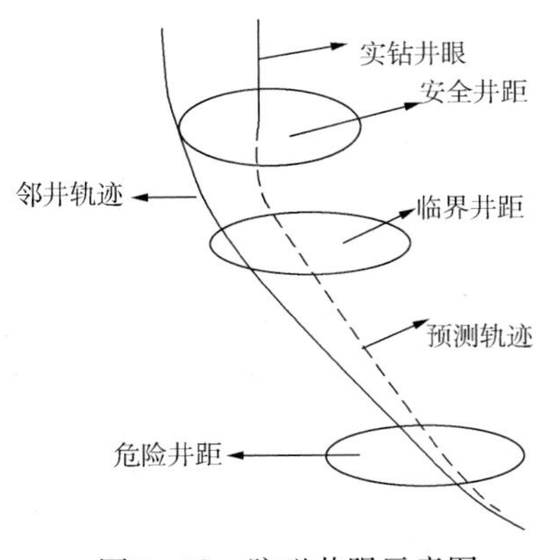

图 7-18　防碰井眼示意图

1. 计算方法

目前常用的丛式井防碰分析计算方法有 3 种，即水平面扫描法、法面扫描法和最小距离扫描法(鲁港等，2007)。

1）水平面扫描法

水平面扫描法计算的是扫描井与相关邻井之间在同一垂深截面上的相互位置关系。

如图 7-19 所示，在扫描井轨迹上任一井段按需要的精度间距，截取许多水平截面，求相关邻井与此水平面的截点坐标。然后在各个水平截面上以扫描点为圆心，做极坐标图，在图上对扫描点与邻井同一垂深点的相互距离和方位进行分析的方法称水平面扫描法。

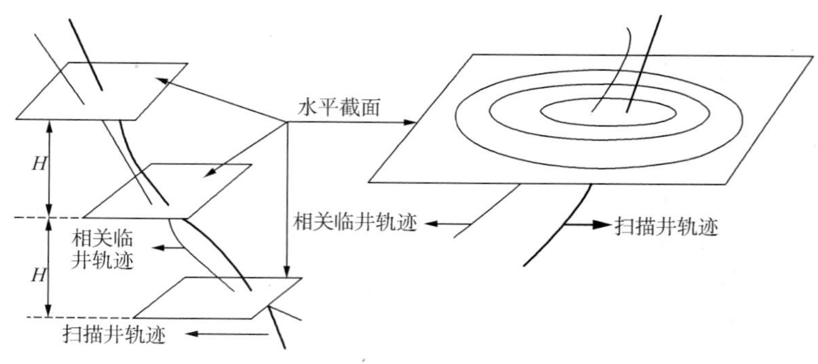

图 7-19　水平面扫描法示意图

2）法面扫描法

如图 7-20 所示，法面扫描是以扫描井轨迹上任一扫描点，做一垂直于井眼轨迹轴线的平面(即法面)，然后计算该平面与周围相关邻井井眼轨迹在三维空间中的截点坐标，截点到扫描点的相对距离和相对方向即是扫描井在这一扫描点上与周围相关邻井在法面上的相互关系，以扫描点为圆心所绘制出的即是法面扫描图。

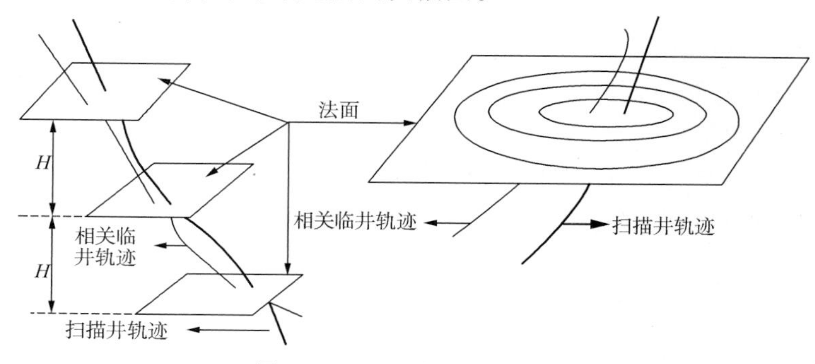

图 7-20　法面扫描法示意图

法面扫描从另一个角度反映了扫描井与周围相关邻井的相互关系。法面扫描得到的距离是周围相关邻井到扫描井的径向距离，而方向却反映了相对扫描井来说的上、下、左、右的关系。

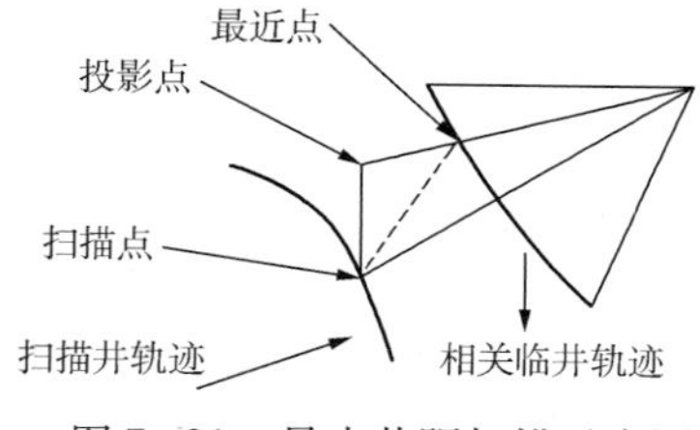

图 7-21　最小井距扫描示意图

3）最小距离扫描法

如图 7-21 所示，用法面扫描方法和平面扫描方法，计算出的与周围相关邻井的距离不一定是最小距离。

最小距离法计算出的是邻井轨迹的空间最近距离。

2. 具体应用

这 3 种方法以不同的方式求解井与井之间的距离，它们各有所长。

1）直井防碰用水平面扫描法

在直井段或井斜较小的情况下，水平扫描可以很清楚地看出各井眼轨迹之间的距离，若是对一口直井进行扫描，则用扫描结果所作的扫描图与“井工厂”水平投影图一样。

2）斜井的防碰用法面法和最小距离法

在井斜角较大时，对于同方向井，用法面扫描法；对于异方向的井，用水平面扫描法。这是因为在对同方向井扫描时，法面法计算出的井距，通常比平面法计算出的井距小；而在对异方向井扫描时，平面法计算出的井距通常比法面法计算出的井距小，如图7-22所示。

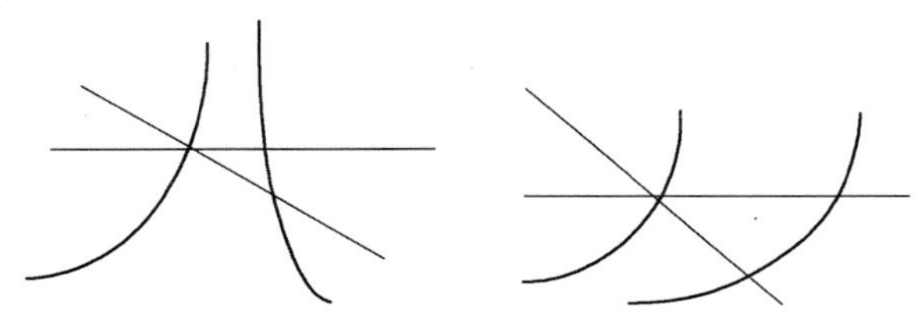

图7-22　法面法和最小井距法

3）法面扫描法的进一步应用

法面扫描法在计算井距的同时，还有一个功能，就是能计算出扫描井与邻井的相对方向。这个相对方向也可以得到一张扫描图。这张图揭示了两口井的相对发展趋势。在方向图中，垂直中线代表邻井轨迹相对与正钻井左右变化的分界线，水平中线代表邻井轨迹相对与正钻井上下变化的分界线。当在某个扫描点时，方向图上的扫描点落在第一象限，则在井距扫描图中，下一点的发展趋势，必然会向右上方发展。法面扫描的这两个特点，可用在两个方面：

（1）应用在“井工厂”的防碰预测方面。“井工厂”的防碰扫描，是在正钻井与邻井之间进行的。因此，在法面扫描的方向图上，显示出两个井眼轨迹是逐渐靠拢，还是逐渐分开。这就提示了施工人员，看是否有井眼轨迹相碰的潜在危险，以便及时做出相应的防范措施。

（2）应用在单口井的轨迹控制方面。在定向井的实施过程中，总是希望实钻轨迹尽量贴近设计线。应用法面扫描原理，把实钻井眼作为正钻井，把设计轨道作为邻井来进行扫描，就能及时发现正钻井轨迹是否有偏离设计线的趋势。由此，就可确定是否采取措施进行调整。

四、水平井钻井工艺

（一）常规导向钻井工艺技术

导向钻井系统主要由导向马达、MWD、钻头组成。目前，有3种导向马达，即可调弯度的导向马达（AKO）、固定弯度的双弯马达DTU和单弯马达。

1. 结构和工作原理

导向钻井系统（Navigation Drilling System）是目前最常用的定向钻井系列工具，使用这种系统，可使工程人员在不起下钻的情况下就能够准确、连续、经济地完成多种定向作业以及复杂的长井段作业，实现连续钻进和连续控制井眼轨迹。因此，20世纪80年代这种连续控制井眼轨迹的技术出现后，很快就得到发展，并被推广应用于各类定向井及水平井中，而且取得了越来越显著的经济效益。

其工作原理为：由于万向节外壳在同一平面内呈反向弯曲，使钻头轴线相对于井眼轴线稍微倾斜。反向双弯外壳先以一角度朝一方向弯曲，后在同一平面内以更大的角度朝相反的方向弯曲，两弯曲角度之差就是钻头与中心轴线间的夹角。由导向马达的上稳定器、下稳定器及钻头3个支点，确定一固定圆弧，三点位置一经确定，就具有固定不变的增斜率，即“全角变化率”。进行定向和扭方位作业时，锁住转盘，即和普通的动力钻具一样工作，所钻井眼为一圆弧；稳斜钻进时，转动钻柱，由于钻头偏距和侧向力都很小，钻柱旋转钻出的井眼就是斜直的，达到稳斜的目的。由于配有MWD仪器，可随时监测井眼轨迹，如果再配上耐用的 PDC 钻头，可实现在不起钻的情况下连续控制井眼轨迹。解锁转盘，又像普通钻具一样旋转钻井。

2. 导向钻井系统的优点

导向钻井系统最大的特点是用一套钻具组合实现多种定向作业，这样就节省了大量的起下钻时间，缩短了建井周期，节约了钻井费用，对昂贵的海上钻井有特别重要的意义。其主要优点有：

（1）及时控制井眼轨迹，提高钻井的准确性。采用 MWD 跟踪监测井眼轨迹，一旦发现轨迹不合要求，便可随时进行方位和井斜的调整，提高井眼轨迹的精度。

（2）减少起下钻次数，提高钻井效率。由于使用一套井下钻具组合，就能完成多种定向作业，减少了起下钻的次数，从而避免许多井下事故的发生。

（3）充分发挥钻头潜力，提高机械钻速。由于导向动力钻具的多功能性，减少了为控制井眼轨迹而进行的起下钻，从而得以优化钻头使用效果。钻头受到的侧向力一般较小，也有利于延长钻头寿命和增加钻头进尺。

（4）利用计算机技术监测与预测井眼轨迹以及导向马达和钻头的工作性能，能及时调整有关可控因素、钻进方式，确保井眼轨迹控制得以安全、准确、迅速、连续地进行。

（二）旋转导向钻井技术

所谓旋转导向钻井，是指钻柱在旋转钻进过程中实现过去只有传统泥浆马达才能实现的准确增斜、稳斜、降斜或者纠方位功能。旋转导向钻井技术的核心是旋转导向钻井系统，如图 7-23 所示。它主要由井下旋转自动导向钻井系统、地面监控系统和将上述两部分联系在一起的双向通讯技术 3 个部分组成。旋转导向钻井系统的核心是井下旋转导向工具，旋转导向钻井系统主要组成部分包括(Olof Hummes 等，2012；Kevin M Brown 等，2012)：

（1）测量系统。包括近钻头井斜测量、地层评价测量、MWD/LWD 随钻测量仪器等，用于监测井眼轨迹的井斜、方位及地层情况等基本参数。

（2）控制系统。接收测量系统的信息或对地面的控制指令进行处理，并根据预置的控制软件和程序，控制偏置导向机构的动作。

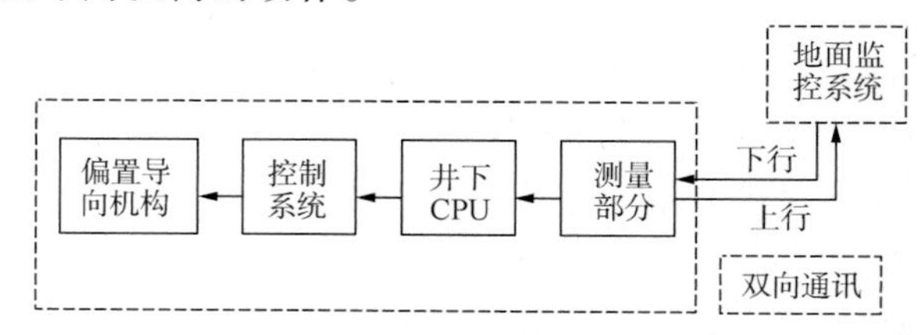

图 7-23　旋转自动导向钻井系统功能框图

旋转导向钻井技术与传统的滑动导向方式相比有比较突出的特点：

（1）旋转导向代替了传统的滑动钻进。一方面大大提高了钻井速度；另一方面解决了滑动导向方式带来的诸如井身质量差、井眼净化效果差及极限位移限制等缺点，从而大大提高了钻井安全性，解决了大位移井的导向问题。

（2）具有不起下钻自动调整钻具导向性能的能力，大大提高了钻井效率和井眼轨迹控制的灵活性，可满足高难度特殊工艺井的导向钻井需要。

（3）具有井下闭环自动导向的能力，结合地质导向技术使用，使井眼轨迹控制精度大大提高。

旋转导向钻井技术的这些特点，使其可以大大提高油气开发能力和开发效率，降低钻井成本和开发成本，满足油气勘探开发形势的需要。

目前，国外旋转自动导向钻井系统研究、应用成熟的有3种(图7-24)：Baker Hughes Inteq公司的Auto Trak系统、Halliburton Sperry-sun公司的Geo-Pilot系统、以及Schlumberger Anadrill公司的Power Drive系统(Olof Hummes等，2012；Kevin M Brown等，2012)。

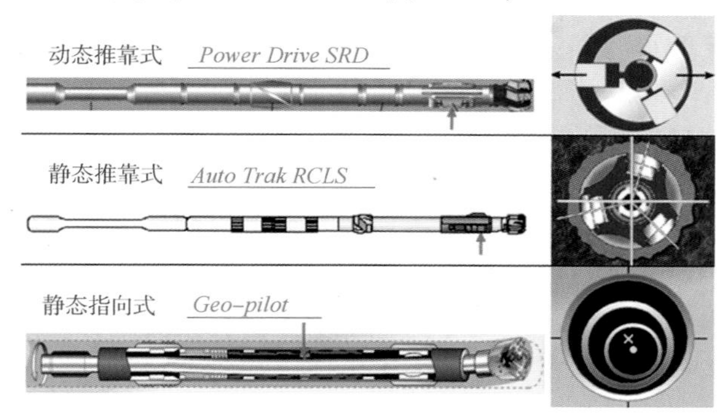

图7-24 国外3种旋转导向工具原理图

1. Auto Trak旋转导向钻井系统

Baker Hughes Inteq在1997年推出Auto Trak系统。截至2000年上半年，该系统已下井575次，井下工作时间累计7×10^{4}h，总进尺100×10^{4}m。其6¾in系统创下了单次下井工作时间92h、进尺2986m的世界纪录，8¼in系统创下了单次下井工作时间167h、进尺3620m的世界纪录。

2000年8月，CACT公司在进行中国南海油田的1口侧钻水平井——HZ21-1-3SA井的1400m的定向井段的施工中，应用Auto Trak RCLS系统，结果只用了1.5d的时间就完成了用常规方式需要10d才能完成的定向井段的施工。2008年，中国石化西南分公司的HJ203H水平井在四开375~5289m井段采用AutoTrak旋转导向钻井系统进行施工，机械钻速明显高于采用传统导向方式施工。

2. Geo-Pilot旋转导向钻井系统

Sperry-sun在1999年推出新一代的Geo-Pilot旋转导向自动钻井系统，在美国墨西哥湾地区应用近50口井次，取得了良好的效果。

胜利油田于1998年引进了Halliburton公司的“AGS可变径稳定器+地层评价随钻系统FEWD”，并于2000年3月完成了胜利油田第1口位移超过3000m的海油陆采大位移水平井——埕北21-平1井。2005年，中海油与Halliburton公司合作，在渤海的NB35-2油田水平分支井8½in井眼作业中，使用Geo-Pilot旋转导向工具，取得了预期的效果，完成了12口井作业。

3. Power Drive旋转导向钻井系统

CAMCO公司1994年研制开发了SRD系统。1999年5月，CAMCO公司与Schlumberger公司的Anadrill公司合并，其SRD系统注册为Power Drive系统，成功应用于现场。截至1999年底，该系统已下井138次，累计工作时间11610h，总进尺47780m。目前，世界上3口位移超过10000m的大位移井中，有2口应用了该系统。

2000年，Power Drive SRD系统引入国内海上应用，在设计井深8800m、水平位移超过7500m的南海XJ24-3-A18井6871~8610m井段中成功应用。

（三）地质导向钻井技术

地质导向是在实现几何导向的同时，以随钻实时得到的地层岩性、地层层面、油层特点等地质参数为参考量，控制轨迹在最佳油层位置中穿行的导向方式。国外称这种导向技术为Geosteering或Geotrack等，我国统称地质导向。地质导向钻井技术是在导向钻井技术的基础上发展起来的。由于遥测技术的发展，人们在实时测量的定向参数中，增加了可以对井下地质情况进行分析、描述的地质参数，从而使人们在进行钻井施工的同时，就可以实时了解井底地质构造、产层结构、地层岩性、地层层面、油层特点，从而更好地控制轨迹的走向，提高油层的裸露面积，获取更高的利润。

1. 地质导向施工技术

地质导向钻井技术井下钻具主要由地质导向仪器、地质导向工具和配套工具共同组成。

地质导向仪器由MWD和能够测量地质参数的地质传感器共同组成，形成LWD。

地质导向工具是指能实现井下地质导向施工的工具，主要是井下动力钻具。和导向钻井技术相比，地质导向工具的性能更高、范围也更广，如可调径马达、井下带地质仪器的动力钻具、近钻头井斜伽马传感器等。

地质导向仪器实时提供轨迹控制所需要的工程、地质数据，井下导向工具更精确地实现轨迹的控制。

地质导向钻井技术常用钻具组合为：

（1）钻头+马达+单向阀+ LWD地质短接+无磁钻杆+转换接头+震击器+转换接头+钻杆（斜台阶或普通）+加重钻杆+上部钻具。

（2）钻头+可调径稳定器+单向阀+LWD短接+无磁钻杆+转换接头+震击器+转换接头+钻杆（斜台阶或普通）+加重钻杆+上部钻具。

（3）钻头+带地质测量仪器的动力钻具+ LWD地质短接+无磁钻杆+转换接头+震击器+转换接头+钻杆（斜台阶或普通）+加重钻杆+上部钻具。

（4）钻头+近钻头井斜传感器+井下动力钻具+LWD短接+无磁钻杆+转换接头+震击器+转换接头+钻杆（斜台阶或普通）+加重钻杆+上部钻具。

钻具组合1是现场使用比较多的动力钻具组合结构，在地质导向钻井施工中最常见。由于只采用两种地质仪器，钻具结构简化，刚性减弱，在施工过程中既满足了实时地质评价的需要，又提高了施工安全。

钻具组合2是比较常用的不带动力钻具的井下地质导向钻具结构，常用于稳斜段、水平井水平段施工。

钻具组合3使用了带地质仪器的动力钻具和井径、地层压力/温度测井仪，这样使实时地质参数更接近钻头，利用井径数据对测量的地质数据进行校正，使得测量结果准确。还可利用地层压力、地层温度参数对地层进行评价，同时也增加了施工的安全。

钻具组合4采用声波传感器，不使用地层密度和中子孔隙度参数就可实现对地层的全面评价。

由于地质导向仪器种类多、井下工具多，施工时，根据施工要求和需要，可以增加某些传感器或工具，并且井下钻具组合结构也不同，因此具体的钻具组合应根据实际情况而变化。

地质导向钻井技术施工方法概括为：① 确定施工井的地质设计和工程设计，做好施工的前期准备；② 根据施工的需要，合理组织地质导向钻井施工所需要的地质导向仪器、导向工具和配套工具；③ 根据施工的实际情况，合理选择地质导向钻具结构；④ 根据造斜难易程度、设计造斜率大小和要求，合理选择导向工具；⑤ 根据选择的导向工具和钻头的性能参数，合理确定钻井参数，实现优化钻井；⑥ 实钻过程中，根据实时定向参数、地质参数，结合施工的需要，合理选择转动、滑动工作方式，实现轨迹的地质导向；⑦ 施工过程中，注意施工的安全；⑧ 施工过程中，加强对井下仪器和工具的保护，采取各种措施满足仪器施工的需要；⑨ 每趟钻施工完毕，读出井下仪器记录的数据，以利用记录的测量数据对地层进行更详细的解释；⑩ 全井施工完毕，按甲方要求内容和格式打印出测井曲线，并对地层进行全面、综合评价。

2. 地质导向评价

随着勘探开发一体化的发展，钻井不再是单纯为了打井，“打井为了出油”的认识被更多人所接受。地质导向钻井让目标不再固定不变，而是根据油层的位置随时调整，并根据预测确定的固定“几何靶”变成了实际的不确定“移动靶”；同时，部分测井项目，也由原来的完井后进行变为随钻随测，在钻进中进行既缩短了钻井周期又减少了部分测井费用。该钻井技术以实时测量多种井底信息为前提。井底信息包括两类：①地质参数，包括电阻率、自然伽马、岩性密度、声波和地层倾角等，这类参数分别被称为随钻测井参数（LWD）和随钻地层评价参数（FEWD）；②工程参数，分为两组，一组是井眼轨迹的空间位置参数，包括井斜角、方位角和工具面角等，这组参数的随钻测量称为 MWD，另一组是钻井参数，包括井底钻压、井底扭矩和井底压力等，这组参数称为井底扭矩和井底压力，这组参数称为 PWT。

地质导向钻井过程中必不可少的是井眼轨迹空间位置参数随钻测量（MWD）和地质参数随钻测量（LWD），这是工具基础。地质导向钻井技术是以油藏为目标点，通过对实时采集的数据进行分析、研究，采用滑动和转动钻井方式，使井眼轨迹在油藏中钻进。在施工前，通过采用 RTGS 软件模拟生成的邻井二维地质电阻率模型图与实钻的地质资料进行对比，从而及时进行修正井眼轨迹。该系统的关键是对邻井资料和收集处理及实时测井数据的分析判断，确保避水高度及油层最大钻遇率。转动钻井方式，使井眼轨迹在油藏中钻进。在施工前，通过采用 RTGS 软件模拟生成的邻井二维地质电阻率模型图与实钻地质资料进行对比，从而及时修正井眼轨迹。该系统的关键是对邻井资料的收集处理及实时测井数据的分析判断，确保避水高度及油层最大钻遇率。

五、“井工厂”作业流程

为提高非常规油气的勘探开发效益，通常采用“井工厂”的方式在地面布丛式井组，利用最小的“井工厂”井场使开发井网覆盖区域最大化，为后期批量化的钻井作业、压裂施工奠定基础，既简化了地面采油、采气工艺的流程，又充分发挥地面工程及基础设施集中使用的高效性，同时又方便了地面施工集中管理，有利于钻井及压裂施工“工厂化”作业。

（一）井口位置优选

“井工厂”井组井口位置优选是“井工厂”钻井技术中的关键问题之一。常用的优选指标有：控制靶点位移之和最小、控制井眼长度之和最小、控制钻井成本之和最小等。根据已有方法和非常规“井工厂”特点，一般选用造斜率和“A 靶位移之和最小”作为优选指标，建立目标函数，并求解最小值，最终确定非常规“井工厂”井口最佳位置的方法。

1. 方法简介

非常规油气井建设投资中，与采用“井工厂”开发方式有关的投资费用主要包括两方面：

地面建设的各种投资(包括井场和井场道路的建设费用、钻机搬按费用及油气集输、计量管线和其设备的建设费用等)和地下油井建造费用(钻完井费用、压裂及其相关费用)(葛云华等，2005)。

一个区块内规划设置的井组越多，地面费用越高，井组的井数少，单井钻完井难度小、费用少；井组越少，地面费用越低，每个井组井数多，单井钻完井难度大、费用高。如图7-25所示，可以通过计算总投资，来优选该区块的最优井组数(葛云华等，2005)。

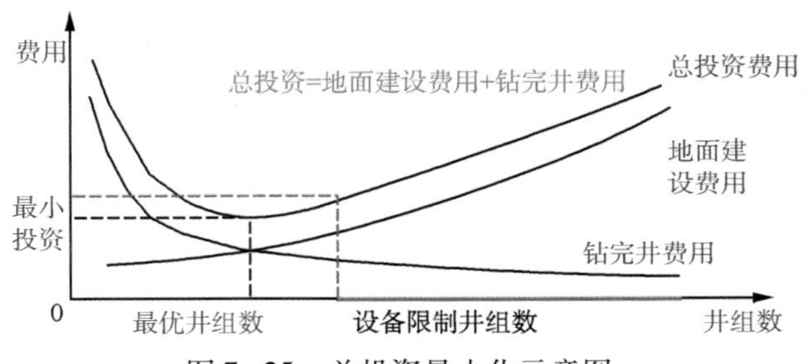

图7-25　总投资最小化示意图

2. 模型建立

区块内非常规水平井间距固定(假设400m)、方位垂直于最大主应力方向。假设区块油藏边界是规则的，则各井 A 靶位置在一条线上，根据“所有井 A 靶位移之和最小”为原则建立模型，进行计算分析(图7-26)。

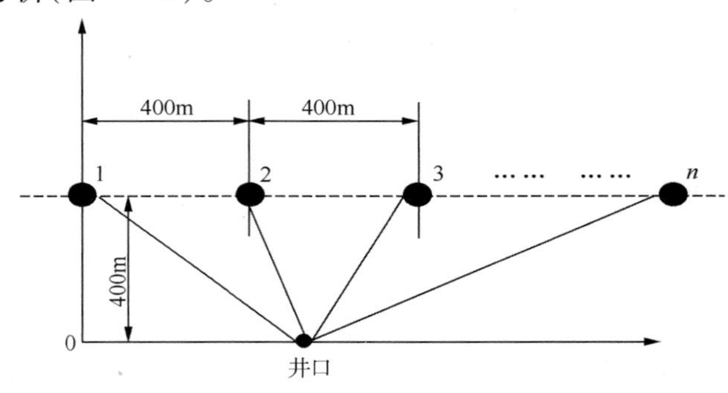

图7-26　井口位置理论计算模型

假设条件：

(1)各井水平段间距400m，井口间距10m≪400m可忽略不计。

(2)A 靶点最小位移400m(造斜率15°/100m左右)。

(3)$1^{\#}$井 A 靶坐标为(0，400)。

(4)$n^{\#}$井 A 靶坐标为[$(n-1)\times 400$，400]。

(5)m 为“井工厂”井组包含的井数。

(6)m 口井 A 靶位移之和为 $f(x)$。

3. 方程建立

$$f(x)=\sum_{n=1}^{m}\sqrt{[x-400(n-1)]^{2}+400^{2}} \tag{7-56}$$

4. 方程求解

(1) 2口井井组：$m=2$，两边界井间距400m，$x=200$m时靶前位移和最小(图7-27)。

(2) 3口井井组：$m=3$，两边界井间距800m，$x=400$m时靶前位移和最小(图7-28)。

（3）4 口井井组：$m=4$，两边界井间距 1200m，$x=600$m 时靶前位移和最小（图 7-29）。

（4）5 口井组：$m=5$，两边界井间距 1600m，$x=800$m 时靶前位移和最小（图 7-30）。

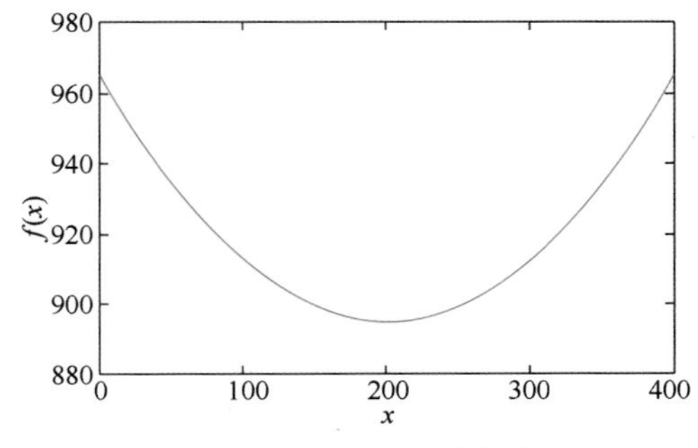

图 7-27　2 口井井组井口位置

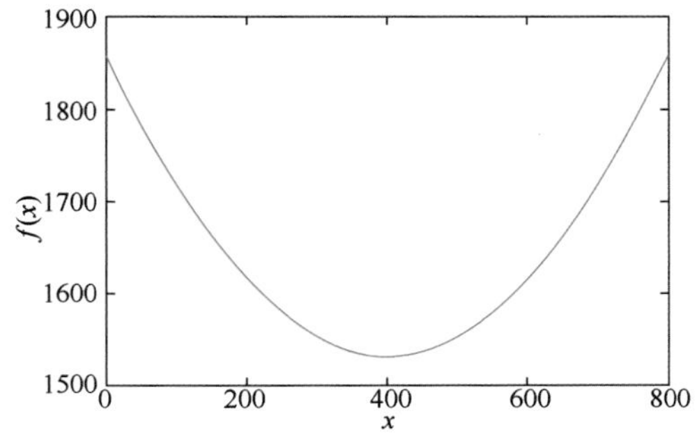

图 7-28　3 口井井组井口位置

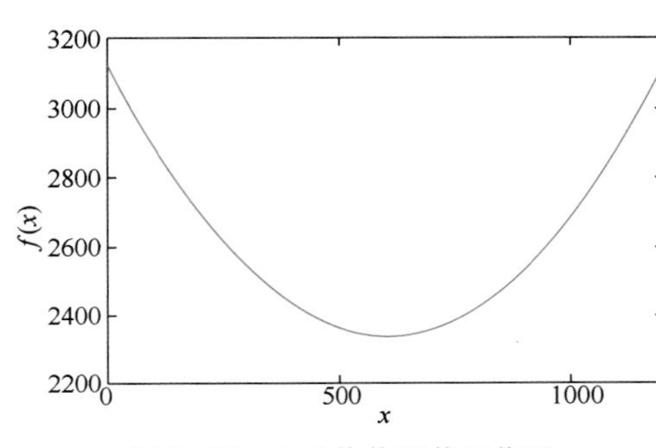

图 7-29　4 口井井组井口位置

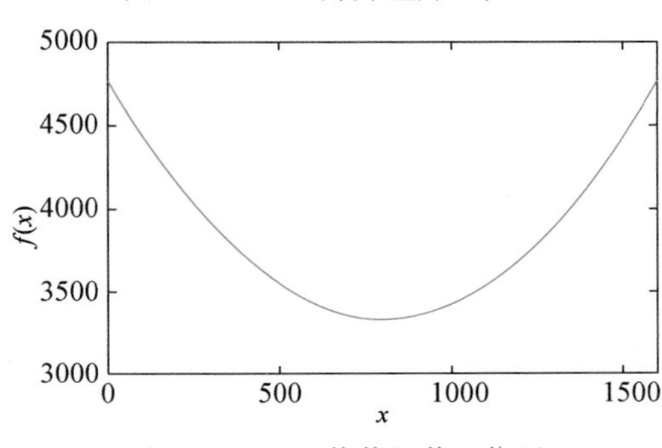

图 7-30　5 口井井组井口位置

（5）6 口井井组：$m=6$，两边界井间距 2000m，$x=1000$m 时靶前位移和最小（图 7-31）。

（6）10 口井井组：$m=10$，两边界井间距 3600m，$x=1800$m 时靶前位移和最小（图 7-32）。

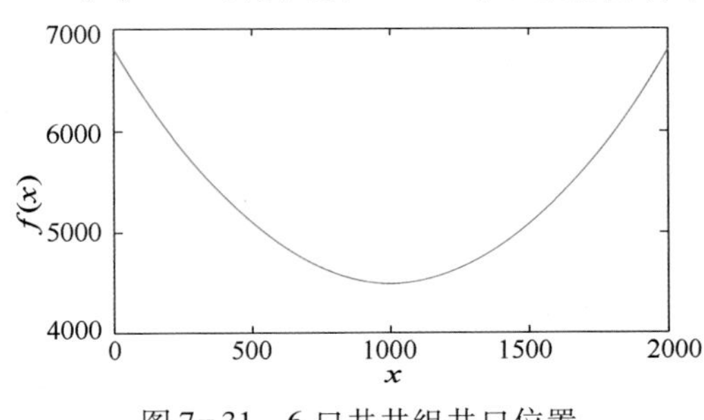

图 7-31　6 口井井组井口位置

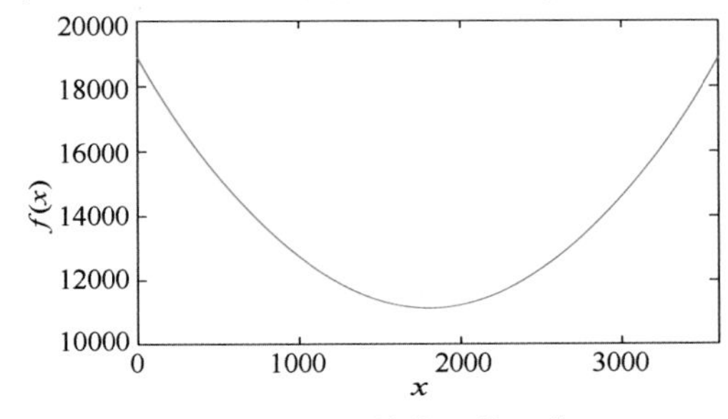

图 7-32　10 口井井组井口位置

（7）20 口井井组：$m=20$，两边界井间距 7200m、$x=3600$m 时靶前位移和最小（图 7-33）。

5. 井场纵向位移计算（图 7-34）

根据井眼轨迹曲率半径法计算公式 $K=1/R$，得：

$$K=90/\Delta S=90/(\pi Y/2)=5732/Y \tag{7-57}$$

式中，井斜 0°～90°，$R=Y$，计算可得如表 7-4 所示的结果。

表 7-4　井场纵向位移和造斜率关系计算表（单增剖面）

纵向位移 Y/m	300	350	400	450	500	550	600	650	700
造斜率/[(°)/100 m]	19.11	16.38	14.33	12.74	11.46	10.42	9.55	8.82	8.19

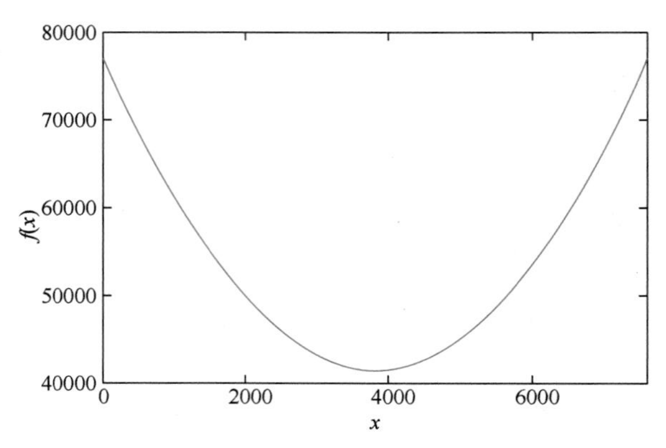

图 7-33　20 口井井组井口位置

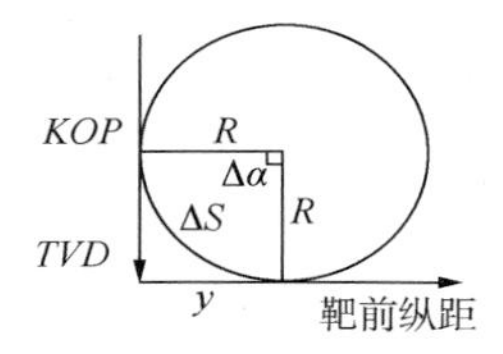

图 7-34　曲率半径计算

根据“所有井 A 靶位移之和最小”原则，得出“井工厂”井场最佳位置结论：①井场纵向位置取决于造斜率大小；②井场横向最优位置在两边界井 A 靶点连线的垂直中线上；③当无法布置于两边界井垂直中线时，越靠近中线越好。

（二）钻机选型和移动装置

1. 钻机选型

选择钻机的主要技术依据是钻机的技术特性和所钻井的井身结构、钻具组合，设计井地区的地质条件和钻井工艺技术要求。

1）钻机选择的依据

（1）钻机的技术特性(参见 GB 8423—87)：钻机公称钻深、最大钩载、最大钻柱载荷、钻机总功率、绞车额定功率、转盘额定功率、单泵额定功率、最高泵压。这 8 个参数表明一台钻机的性能，是选用钻机的主要技术依据。

（2）井身结构和钻井工艺技术要求：设计井深、套管层次、尺寸是选择钻机的主要参数。

（3）钻井工艺技术：不同的钻井工艺技术对钻机选择有不同的要求，如在优化钻井中，要实现机械破碎参数的优选，理想的转盘选型便是可无级调速的转盘。在优选水力参数中，理想的钻井泵是功率大、泵压高、流量大且调速范围也大的泵。钻机选型中必须考虑钻井工艺技术的要求。

（4）地质条件：钻机选型还应了解设计井区域井下复杂情况，若设计井区域钻井中有严重垮塌、缩径等复杂情况，那么在钻机选择时应增大钻机安全系数(如选择钩载储备系数大的钻机)。

2）钻机选择主要参数

选择钻机的主要参数是：钻机公称钻深、最大钩载、最大钻柱载荷和钻机总功率。

钻机公称钻深：钻机在规定的钻井绳数下，使用规定的钻柱能达到的钻井深度。

最大钩载：钻机在规定的最多绳数下起下套管、处理事故或进行其他特殊作业时，不允许超过的大钩载荷。这一参数表示钻机的极限承载能力。

最大钻柱载荷：钻机在规定的钻井绳数下，正常钻井或进行起下钻作业时，大钩所允许承受的在空气中的最大钻柱重力。

3）钻机选择主要原则

国内外油田选择钻机一般以钻机公称钻深或最大钩载作为选择钻机的主参数。所选择钻机的最大钩载能完成下套管任务和解除卡钻的任务，并保证有一定的超深能力。API 建议钻机选择可用 80% 的套管破断强度或钻杆 100% 的破断强度来确定最大钩载。即

$$0.8Q_{断} = Q_{套} \tag{7-58}$$

其中，$Q_{套} = q_{套} L$。

式中 $Q_{套}$——套管在空气中的重力，kN；

$q_{套}$——套管柱单位长度的重力，N/m；

L——套管柱长度，km。

$$Q_{max} = 0.8Q_{断} = 1.25q_{套} L \tag{7-59}$$

设计中应选各层次套管中最大重力层次套管为选择钻机的 Q_{max}。由式(7-59)计算的 Q_{max} 也是作为选择大钩安全载荷的限额。

(1) 绞车(或起升系统)选择原则。

起升系统包括绞车、辅助刹车、天车、游车、大钩、钢丝绳以及吊环、吊卡、吊钳、卡瓦等各种工具。

① 钩载储备系数尽量选大些(一般≥1.60)。

② 井架高度 h_A，一般应满足 $h_A \geqslant 1.7 L_s$(L_s 为立柱长度，m)。

③ 大钩的起升速度直接影响起下钻速度，速度过高受立柱长度、快绳速度及操作安全的限制；速度过低，则起钻速度过慢，影响起下钻效率。一般要求将最低速度选在 0.45~0.5m/s之间，最高速度可按经验公式(7-60)选取：

$$V_F = \frac{b}{Z}\sqrt{l_s} \tag{7-60}$$

式中 l_s——立柱长度，m；

Z——游动系统有效绳数；

b——系数，取 3 或 4，在机械化操作水平高的条件下选用 4。

④ 选择排挡数高的绞车，这样可以充分利用绞车功率，降低起钻时间。

(2) 转盘(旋转系统)选择原则。

旋转系统是转盘钻机的典型系统，其作用是驱动钻具旋转以破碎岩石，旋转系统包括转盘、水龙头、钻具。顶部驱动钻井系统是集转盘、水龙头为一体，用电动钻机作旋转钻井动力，并能随提升系统而升降的钻井旋转系统。

① 转盘开口直径应保证所设计井第一次开钻时所用的最大钻头能顺利通过转盘中心通孔，一般情况下转盘通孔直径至少应比最大钻头直径大 10mm。

② 转盘转速可调范围大。

③ 转盘最大静载荷应与钻机最大钩载匹配。

④ 转盘(顶驱)额定功率应满足最大工作扭矩。

(3) 钻井泵(循环系统)选择原则。

① 钻机的循环系统主要包括钻井泵、地面管汇、钻井液净化设备等。在井下动力钻井中，循环系统还担负着传递动力的任务。

② 根据设计井井身结构、钻具组合及钻井液性能，确定满足钻井中携带钻屑的最小排量。

③ 满足钻至设计井深允许的最高泵压和携带钻屑的最小排量。

④ 满足钻井水力参数优选中，最高泵压和最优排量的选择。

⑤ 能承受高泵压且排量可调范围大。

以设计井深和最大工作钩载作为选型依据(表7-5)。设计井深应在钻机名义钻深范围之内，最大工作钩载不大于钻机实际最大钩载的80%。

表7-5　钻机名义钻深范围及最大钩载

钻机型号		30/1700	30/2250	50/3150	70/4500
钻深范围/m	ϕ127mm 钻杆	1500～2500	2000～3200	2800～4500	4000～6000
	ϕ114mm 钻杆	1600～3000	2500～4000	3500～5000	4500～7000
最大钩载/kN		1700	2250	3150	4500

由于非常规油气的勘探开发多采用长水平段水平井施工，对钻机选型与设备配套提出了更高要求：钻机提升能力要求高；对顶驱配备提出要求；对钻机整体运移方式提出要求(“井工厂”)；钻井泵要求高；固控系统要求高(油基钻井液)。

4）驱动方式选择

水平段长大于1200m水平井，宜选用电动钻机或机电复合驱动钻机。

5）运移方式选择

优先选择能整体运移的钻机，最好是步进式或轨道式整体运移方式。目前国内常用钻机整体运移方式主要有5种：拖拉机整拖式、地锚式、步进式、轨道式和轮胎牵引式。考虑到安全性、可靠性和先进性，不推荐采用拖拉机整拖运移方式和地锚式钻机整体运移方式，轮胎牵引式整体运移方式适用于戈壁或者沙漠等地区施工。因此，对于非常规油气藏“井工厂”开发模式，为满足其钻井流水线作业需求，钻机整体运移方式宜优先选择步进式或轨道式。

2. 钻机设备配套

1）顶驱

考虑到水平段较长、位移较大，钻井过程中摩阻扭矩大，需要满足倒划眼及处理井下复杂情况等要求，水平段长度大于1200m或者位垂比大于1.5的井应配备顶驱，顶驱额定载荷应大于钻机的最大钩载。优点：节约接单根时间、倒划眼防止卡钻、节省定向摆工具面时间。

2）钻井泵及高压管汇

采用高配置原则，满足高压喷射钻井需要。钻井泵及高压管汇配置要求见表7-6。

表7-6　钻井泵及高压管汇配置

设备参数	钻机型号			
	30/1700	40/2250	40/3150	70/45
钻井泵台数及功率/台×kW	2×956	2×956	2×1176	2×1176
钻井泵最高工作压力/MPa	35	35	35或52	35或52
高压管汇最高工作压力/MPa	35	35	35或52	35或52
立管/套	1	2	2	2

3）其他设备配备表(表7-7)

表7-7　固控设备配置

设备名称	要　求
振动筛	40型以下钻机配备2台，50型以上3台；单筛处理能力大于30L/s
除气器	1台，处理能力大于$200m^3/h$
除砂器	1台，处理能力大于$180m^3/h$、功率大于55kW
除泥器	1台，处理能力大于$200m^3/h$、功率大于55kW
离心机	40型以下钻机配备中速1台，50型以上配备中高速各1台
其他	使用油基钻井液时，循环系统的橡胶件应满足相应要求

3. 钻机移动配套技术

（1）移动部分：钻机平移时，在两个300T液压缸的推动下，井架和钻台底座在导轨上整体匀速、缓慢移动；压井管汇吊装等。

（2）固定部分：井场外围野营房、泥浆循环罐、泥浆储备罐、泥浆泵、机房(发电房)、配电房、网电房、远程控制房、液气分离器、节流管汇等。

（3）拆接部分：防喷器组合、直通管、压井管汇、钻台连接电缆、高压管线、液控管线、高架槽、大门坡、跑道、钻台梯子、逃生滑道、逃生缆绳等。

（4）井架完成一次平移步骤：①将拆接部分的连接点拆开；②防喷器拆下，用游车将其吊起，防喷器下部固定住，防止平移时摆动；③井架、钻台底座在导轨上平移，至新井口中心并找正；④将拆接部分的连接点重新连接，将所有设施进行固定、试压、测试。

（三）“井工厂”钻井作业流程

非常规油气田井工厂开发模式的主要目的就是为了节约油气田开发成本。油气田开发一般都包括钻前准备、钻井、完井过程，开发成本主要包括：钻前准备费用(包括征地费用、道路建设费用、井场建设费用、集输管网建设费用、配电设施等建设费用)、钻井费用(包括钻井设备的租金、钻井材料费用、管材费用、泥浆费用、固井费用、测井费用、人工劳务费用等一切与建井相关的费用)、完井作业费用(包括完井设备租赁费用、材料费用、储层改造费等)。

钻井成本的高低几乎完全取决于钻井时间的长短。因此尽量缩短油气井钻井时间至关重要，“井工厂”开发模式的目的正在于此。“井工厂”开发模式利用工厂流水线作业方式，尽量缩短设备非生产时间，减少钻井施工过程中材料的浪费，利用先进的钻井工具和技术提高机械钻速。

基于上述原因，安排“井工厂”钻井施工作业时应尽量遵循以下原则：① 集中使用租金高的设备，尽量缩短其运营时间；② 相同或相似的工序集中安排；③ 在相同或相似工序施工过程中，能够重复利用的材料尽量重复利用，减少浪费。

1. 钻井施工作业顺序

根据上述钻机施工作业工序安排原则，“井工厂”钻井施工作业工序大致为：① 第1口井直井段钻井段；② 第1口井下套管；③ 钻机移到第2口井钻第2口井直井段，第2口井注水泥、候凝、测井；④ 第2口井下套管；⑤ 钻机移到第3口井钻第3井直井段，第2口井注水泥、候凝、测井；⑥ 第3口井下套管。

如此循环，直到最后一口井下完套管。

根据所用钻机类型，决定一开所用钻机是否撤离井场。有的钻井公司在钻进一开井段时，使用小钻机或套管钻机。井场内所有井，一开钻机施工作业完成后便撤离井场，去到下一个井场施工。有的钻井公司则用相同的钻机完成各个井段的钻井任务。

若是第 1 种情况，在不影响一开钻机施工的情况下，二开钻机可在一开第 1 口井测井完成后便可进行二开钻井施工作业。二开钻机的钻井施工作业顺序和一开相同。

若是第 2 种情况，即所有井段用相同的钻机来完成施工任务。则在一开阶段最后一口井下完套管后，再按相反的顺序，进行二开钻井施工，造斜、稳斜至水平段。同时一开最后一口井固井、测井。

如井身结构设计要求二开后下套管则继续下套管，之后钻机移动到正顺序的最后一口井，进行二开钻井施工，造斜、稳斜到水平段。同时，第 1 口二开后下完套管的井，进行固井、测井，这样安排钻机整体移动距离最短。之后的施工顺序就和第 1 种情况相似，只是施工井位顺序相反而已。

上述施工顺序，可将每口井的每个井段集中安排钻井，这样相同井段所用的钻井液体系相同，可以重复利用，可大大减少钻井液的用量。同时由于集中安排每口井每个井段的钻井，钻机非生产时间大大减少。而且相同井段钻井过程中所积累的经验，可以用到下一口井的施工作业中，可大大提高后面各口井的各种工程(钻井、固井和测井)施工进度。

2. 钻井阶段脱机施工作业内容

钻机在完成每口井每道工序的钻井作业后，将进入下一口井同一工序的钻井作业，以减少钻机的非生产时间。将不需要钻机配合施工的固井、测井工序阶段留给固井公司和测井公司。这段时间钻机则在下一口井进行钻机施工作业。

第三节　钻井液技术

钻井液在钻井过程中具有清洁井底、携带岩屑、平衡地层压力、稳定井壁、冷却润滑钻具、辅助破岩、提供地层测录井资料等重要作用，是确保钻井工程安全、快速、优质实施的关键。钻井液按照流体的类型通常可以分为水基钻井液、油基钻井液和泡沫钻井液。与常规油气资源相比，煤层气、页岩油气等非常规油气资源的储层更加复杂，开发方式也更加复杂，因此，非常规油气资源钻探过程中面临的井壁稳定、钻屑清洁、井下润滑等问题愈加突出，对钻井液技术的要求更高，所以页岩地层井眼稳定技术和能保障安全、快速、优质施工的高性能钻井液技术是非常规油气资源开发的关键技术。

一、页岩地层井眼稳定技术

页岩气钻井的难点是长水平段面临的井壁失稳问题。井壁失稳会导致钻井速度慢、建井周期长及增加钻井成本和井下复杂情况、后续固井质量差，严重时会导致钻井作业失败、井眼报废。因此，页岩气钻井井壁稳定是当前国内页岩气开发面临的一大重要问题。从安全、优质、快速、高效钻井的角度出发，深入分析页岩气水平井井壁稳定性问题就显得愈加重要，这也是形成页岩气规模开发技术系列的关键。因此，深入分析页岩气水平井井壁稳定机理、井壁稳定评价方法、影响因素和井壁失稳的处理对策，对于页岩气的勘探开发显得非常重要。

（一）页岩地层井眼失稳机理

页岩地层层理性极强、微裂缝极其发育。受层理面的影响，页岩地层力学性质一般呈现出较强的各向异性。而层理面的胶结程度较弱，因此其往往会先于岩石本体发生剪切滑移破坏，这也是页岩地层发生井壁失稳的主要机理。页岩中微裂缝的存在使之与钻井液接触后，滤液极易进入裂缝或微裂缝，由于水化作用使页岩孔隙压力发生变化、强度降低，并最终影响到页岩的稳定性。归纳起来，页岩井壁失稳的主要原因包括：

（1）微裂缝、微裂隙是钻井液滤液进入地层内部的主要通道。硬脆性泥页岩十分致密，表面除了发育微裂缝、微裂隙外还存在微孔隙、晶间孔隙，这类孔隙孔喉半径远远小于微米级的微裂缝宽度，同时这类微孔隙间相互间连通性较差，对钻井液滤液有阻碍作用，因为这类孔隙在毛细管力的作用下容易吸水形成“水相圈闭”，阻止后续钻井液滤液进入到泥页岩内部。因此，当与钻井液接触后，钻井液滤液在毛细管力以及正压差的作用下会优先从渗透性较好的微裂缝进入地层内部，增大地层孔隙压力、引发后续钻井液滤液与页岩的一系列物理化学反应，从而对井壁稳定产生影响。

（2）微裂缝、微裂隙的延伸、扩展是页岩地层井壁坍塌重要原因。当钻井液滤液通过微裂缝、微裂隙进入地层内部以后，地层颗粒间结合力降低，微裂缝摩擦力下降，当地层受到较大应力时，微裂缝尖端会出现较大的应力集中，当超过水化后岩石强度时，微裂缝就会出现延伸、扩展，并相互连通，最后地层沿主裂缝破坏，出现井壁掉块等情况。

（3）孔隙压力变化造成井壁失稳。页岩与孔隙液体的相互作用，改变了黏土层之间水化应力或膨胀应力的大小。滤液进入层理间隙，页岩内黏土矿物遇水膨胀，膨胀压力使张力增大，导致页岩地层（局部）拉伸破裂；相反，如果减小水化应力，则使张力降低，产生泥页岩收缩和（局部）稳定作用。对于低渗透性页岩地层，由于滤液缓慢侵入，逐渐平衡钻井液压力和近井壁的孔隙压力（一般大约为几天时间），因此失去了钻井液有效液柱压力的支撑作用。由于水化应力的排斥作用使孔隙压力升高，页岩会受到剪切或张力方式的压力，减少使页岩粒间联结在一起的近井壁有效应力，诱发井壁失稳。

（二）页岩地层井眼稳定评价方法

与常规泥页岩不同，页岩储层一般水敏性较弱、层理性强、微裂隙发育。与钻井液尤其是水基钻井液接触后极易发生失稳，给页岩气水平井钻进带来极大的安全隐患。井壁稳定评价通常采用线性膨胀、滚动回收率等评价方法，然而这些评价方法用于页岩油气储层的井壁稳定性评价具有一定局限性，因此针对页岩储层特点，需要建立适合页岩储层的井壁稳定评价方法，为页岩油气开发提供安全可靠的井壁稳定技术支持与保障。目前用于页岩储层井壁稳定性的理化特性分析方法及测试方法有如下几种。

1. 理化特性分析方法

1）矿物组分分析

岩石中不同种类的矿物表现出不同的理化性能，以及不同的水化分散和膨胀特性，对井壁稳定的影响和作用机理也各不相同，因此开展页岩储层井壁稳定分析，先要对储层岩石矿物组分进行分析。目前岩石矿物组分分析主要采取 X 射线衍射（XRD）分析法，可以确定岩样中不同矿物类型及其含量（表 7-8）。在细分散的黏土矿物分析方面 X 射线衍射分析法也具有很大优势。通过 XRD 物相分析可以确定各类黏土矿物，包括在成岩作用中形成的混层黏土矿物。XRD 不仅可以确定混层矿物的类型，还可以确定混层矿物中蒙脱石所占的比例（表 7-9）。

表 7-8　某井页岩全岩 X-衍射分析统计表

石英/%（区间/平均）	长石/%（区间/平均）	方解石/%（区间/平均）	石英+长石+方解石+白云石/%（区间/平均）	黏土总量/%（区间/平均）
18.4～70.6/37.3	3.2～15.0/9.3	0～11.8/3.8	33.9～80.3/56.5	16.6～62.8/40.9

表 7-9　某井黏土矿物 X-衍射分析统计表

高岭石/% （区间/平均）	伊利石/% （区间/平均）	伊蒙混层/% （区间/平均）	绿泥石/% （区间/平均）
0～13/0.1	12～68/39.4	25～85/54.4	0～20/6

通过对国内不同区块页岩储层黏土矿物组成统计分析发现，页岩储层黏土矿物总含量不高，大致在30%～40%之间甚至更低，且黏土矿物主要以伊利石为主，其次为伊蒙混层，含少量高岭石、绿泥石。另外，相对应地还含有超过60%的石英、方解石等非黏土矿物。

2）扫描电镜分析

扫描电镜分析（SEM）可以观察孔隙的几何形状、颗粒孔隙填充物、胶结物和各种矿物结构的立体图，了解孔隙、孔隙喉道、胶结物及黏土矿物的特征及它们的空间关系、裂缝发育情况及裂缝宽度。

图 7-35 中可清晰观察到泥页岩中微裂隙的发育情况，可以确定其微裂隙宽度大体在0.8～1.6μm之间。

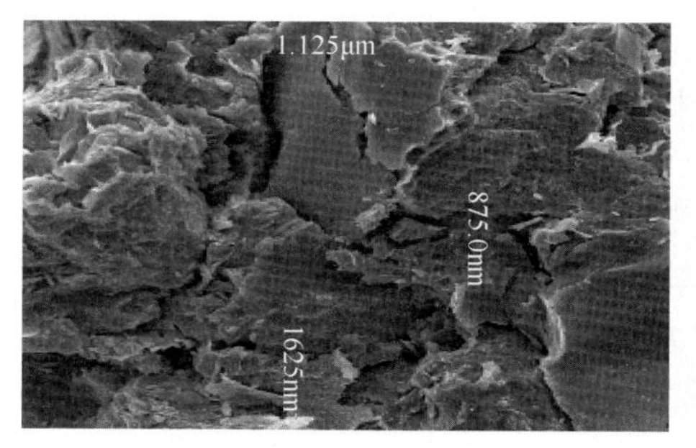

图 7-35　泥页岩扫描电镜图像中裂缝的观察

3）阳离子交换容量的测定

黏土一般都带负电荷，为了保持电中性，黏土必然从分散介质中吸附等电量的阳离子。这些被黏土吸附的阳离子，可以被分散介质中的其他阳离子所交换，因此被称为黏土的交换性阳离子。黏土的阳离子交换容量是指在分散介质 pH 值为 7 的条件下，黏土所能交换下来的阳离子总量。阳离子交换容量以 100g 物质所能交换下来的阳离子毫摩尔数表示，符号为 CEC。阳离子交换容量是评价泥页岩在水中活性的依据，即可判断泥页岩中黏土矿物的性质、类型及水化强弱。阳离子交换容量越高，表示其水化膨胀分散性能越强。

2. 井壁稳定测试方法

井壁稳定测试的目的是了解页岩与外来流体接触后页岩水化和裂解的程度，进而评价和优化与目标页岩地层相匹配的工作液，满足现场施工作业需求。

1）采用 CT 成像技术开展裂缝扩展实验研究

CT 数字图像处理技术是研究岩石微观结构破坏行为的一种方便而有效的方法。通过 CT 成像，可非常直观地观察与外来流体接触后，岩石中裂纹、裂缝、孔隙和骨架基质的变化情况。深色条状或线状区域是连续的低密度区即裂纹或裂缝，孤立的黑色斑点是较大孔隙或气孔，浅色或白色区域是岩石骨架颗粒。数据获取后，利用成像处理软件进行数字图像处理，自下而上截取不同位置横向截图。

由图 7-36（石秉忠等，2012）可知，实验前，岩样二维层析图像中没有观察到原始的层理或微裂缝，只有矿物颗粒、粒间微孔或微缝（结合扫描电镜分析），相互之间基本没有连通。用水浸泡实验后，从横切面观察，可清晰地看出裂缝起裂、扩展及破坏的演化全过程，即微裂纹萌生—扩展—分叉—归并—重分叉—再扩展—惯通—宏观破坏。裂缝的形成发展没有规律。

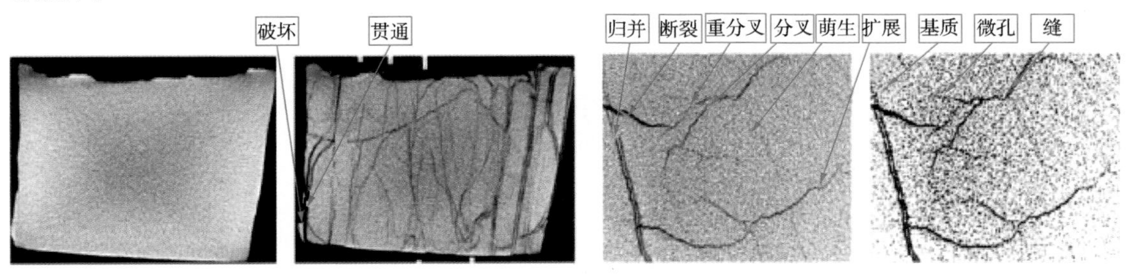

(a) 水化1h前后试样190.5像素位横切面　　(b) 水化后试样950像素位局部横切面

图 7-36　裂缝扩展 CT 图像

2）页岩水化后强度的测定

泥页岩与钻井液接触后，由于水等流体的侵入和浸泡，必然会使页岩发生一定程度的变化，进而导致岩石强度发生变化。通过测定浸泡前后岩石力学参数变化规律，可用于衡量钻井液抑制泥页岩坍塌的效果。浸泡时可在常温、常压下，也可在高温、高压下进行。目前页岩水化后强度的测定可用抗压强度、针入度等几种方法来表征。图 7-37 即为不同浸泡条件及实验围压下的泥页岩抗压强度变化规律，可以发现无论是钻井液浸泡，还是清水浸泡，随着浸泡时间的延长，强度均发生了不同程度的降低。

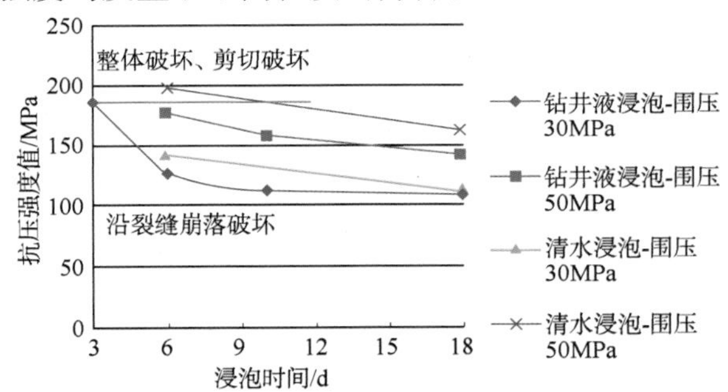

图 7-37　泥页岩不同浸泡条件及实验围压下的抗压强度变化情况

3）压力穿透实验

泥页岩的压力穿透实验，也叫做泥页岩膜效率（Tare U A 等，2001）实验，主要用于钻井液与泥页岩相互作用条件下泥页岩极低渗透率的测定、泥页岩半透膜效率的测定、钻井液和页岩孔隙流体间的化学势差（活度差）对页岩孔隙压力的影响以及封堵剂封堵效果的评价等。如配以应力或应变传感器，还可用于泥页岩水化膨胀应力的测定，为进一步研究泥页岩水化效应，减少井壁失稳现象提供了一种新的实验手段。

近年来，国内外研发出多种不同型号的压力穿透实验装置，但其基本原理都是相同的。如图 7-38 所示为一种典型的压力穿透装置（Yu M 等，2003）。在实验中，直径 25mm、长度为 6mm 的岩心放置于岩心加持器中，钻井液在页岩表面循环，维持上覆压力 200 ~ 300psi。钻井液储液装置可用以控制岩样表面的流动。在压差的作用下，流体向岩样内部流动，这样通过检测岩样底部的压力就可以确定流体在岩样内部的压力传递情况。压力传递越快，页岩渗透率也就越大。

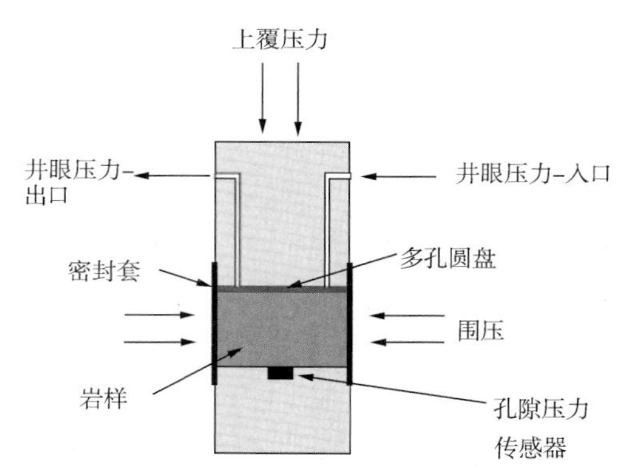

图 7-38　典型压力传递实验示意图

接下来介绍该装置的一个实验示例，该实验目的是评价新型水基钻井液体系的性能。该体系含有的纳米二氧化硅材料可用于封堵页岩孔喉以降低流体的侵入。实验采用 Eagle Ford 页岩。在实验第 1 步，采用 4% NaCl 溶液，并对底部压力情况进行了记录，实验开始后，压力瞬间就达到了 280psi，说明岩样中存在天然或诱导裂缝，通过达西定律确定裂缝渗透率为 $320 \times 10^{-3} \mu m^2$。第 2 步采用加有纳米二氧化硅的水基钻井液体系，顶部压力为 230psi。，纳米钻井液有效地封堵了页岩孔喉，极大地降低了压力向岩样底部的穿透（图 7-39）。

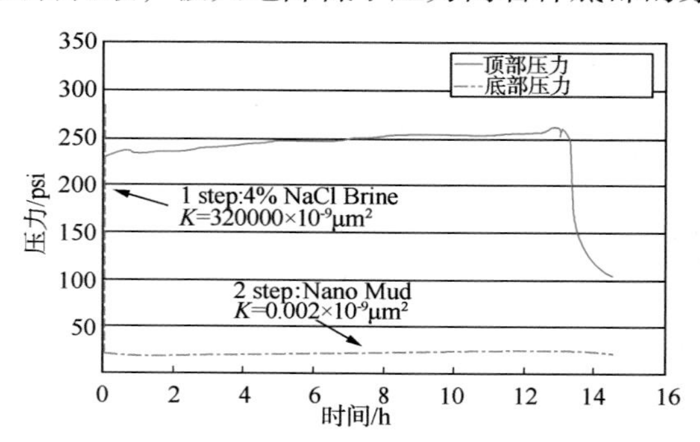

图 7-39　纳米二氧化硅对 Eagle Ford 页岩封堵能力评价

适用于页岩储层的井壁稳定评价方法还有多种，在此不再赘述。客观来说，这些评价方法尚不能有效地对页岩储层的井壁稳定性进行精确的评价，因此针对页岩储层岩石特性开展进一步研究，形成一套适用的评价方法是十分有必要的。

（三）页岩地层井壁稳定控制方法

针对页岩储层岩石特性及其井壁失稳机理分析，目前在钻井液方面的控制方法主要包括密度控制、强化抑制和封堵、活度平衡等几种方法。

1. 确定合适的钻井液密度

从力学的角度讲，为了保持井壁稳定，必须依据所钻地层的坍塌压力与破裂压力来确定钻井液密度，以平衡地层压力，防止因地层应力不平衡而导致的井塌，钻井液密度的合理确定是力学稳定的基础。

2. 提高钻井液的抑制性

通过对国内外不同区块的页岩储层黏土矿物组成分析发现，页岩储层中黏土矿物主要以伊利石、伊蒙混层为主，属于硬脆性泥页岩。虽其膨胀性较弱，但通过优选性能优良的抑制剂，提高钻井液的抑制能力是十分有必要的。目前，在页岩气水平井钻井中普遍采用抑制能力最强的油基或合成基钻井液体系，可有效解决井壁不稳定的问题。页岩气水基钻井液体系的研究正在进行中，通过采用无机盐或高相对分子质量的处理剂可显著提高钻井液体系的整体抑制能力。

3. 强化封堵

国内外大量学者研究表明页岩地层中裂隙和微裂隙的存在是导致井壁失稳的主要原因之一，因此通过采用物理化学方法封堵地层的裂隙和微裂隙，阻止钻井液滤液进入地层是稳定井壁的主要技术措施之一。

4. 活度平衡

在钻井过程中，钻井液滤液向泥页岩中扩散的动力来自于钻井液与泥页岩间的化学势之差。影响它的主要因素是液柱压力与地层孔隙压力之差及钻井液水活度与页岩孔隙流体活度之差。当钻井液水活度小于页岩孔隙流体活度时，可控制水向页岩内部的迁移，使水化作用减慢，孔隙压力升高的速度降低，有利于页岩井壁的稳定性。通过在钻井液中加入高矿化度的聚合物或盐（如 $CaCl_2$、NaCl、KCl 等），可把钻井液中的水活度降低到接近或小于页岩中的水活度的水平，达到阻止水往页岩中运移的目的。

二、油基钻井液技术

油基钻井液是从 20 世纪 20 年代发展起来的一种以油相作为连续相的钻井液体系。由于技术的进步和环境保护要求的日益增加，油基钻井液所使用的油相至今已经先后经历了原油、柴油或矿物油、合成油品 3 个阶段，业内对应称之为原油钻井液、柴油（或矿物油）基钻井液和合成基钻井液，上述三者对环境的影响依次大幅降低，但其成本也依次增加。业内又根据含水量的差异与水的作用的不同，将油基钻井液分为两大类：①全油基钻井液，该类油基钻井液中水含量不超过 5%；②油包水型乳化钻井液（又称逆乳化钻井液），其含水量约为 10%～40%。相比全油基钻井液，油包水乳化钻井液对储层保护的效果较弱，但后者在成本、钻井防火安全、性能调控方面均具有明显的技术优势，因此目前全球范围内油包水乳化钻井液的研究深度和应用范围远超过全油基钻井液。

油基钻井液由于使用非极性或弱极性的油品作为其连续相，其滤液也完全为油相，因此钻开新地层时，侵入地层的滤液几乎不与地层矿物发生化学作用，故而与水基钻井液相比，油基钻井液在井眼稳定方面具有突出的优势。同时油基钻井液还具有润滑性好、抗温能力强等突出特点，一直以来油基钻井液是钻井行业钻探各类页岩、泥岩、膏盐等复杂易失稳地层和大斜度定向井、复杂水平井以及高温、高压深井的重要手段。近几年，特别在页岩油气资源长水平井的钻探过程中，高性能油基钻井液的应用比例与应用规模均达到了很高的程度。

（一）油基钻井液的组成

油基钻井液（鄢捷年，2006）以油相作为外相，以淡水或盐水为内相，辅以适量乳化剂、润湿剂、亲油胶体和固相材料（加重剂、封堵剂）等其他处理剂材料（图 7-40）。

1. 油相

原油、植物油、柴油、矿物油等均可作为油相，选用黏度低、闪点高的柴油最为有效和经济，这是最好的选择。油相体积一般为 60%～95%，使用中应尽量减少油相体积，一方面可节约用量，另一方面可使得乳状液黏度不会过低，而且更加经济，还可以降低着火的风险。

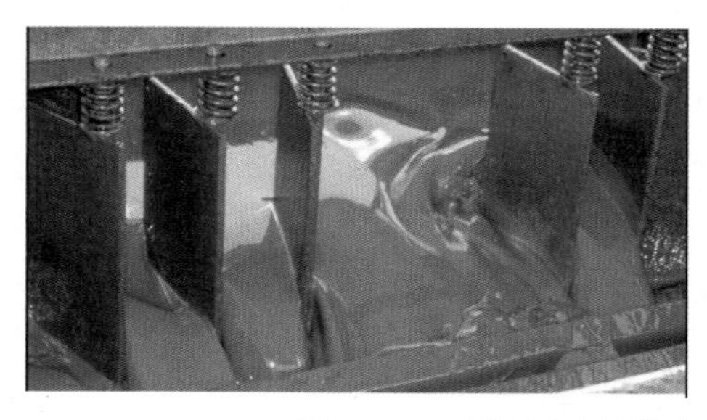

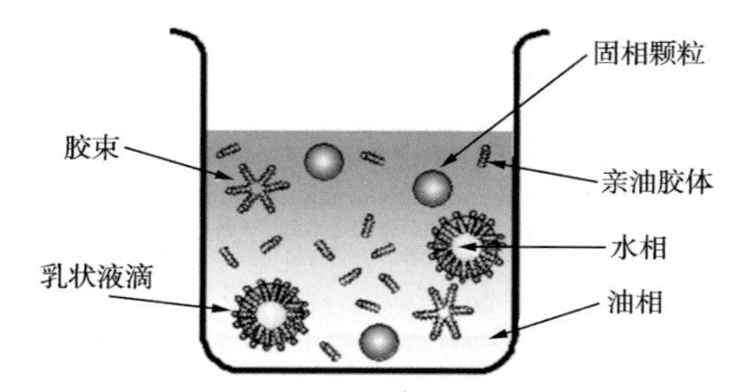

图 7-40　现场用油基钻井液及油基钻井液的组成示意图

2. 水相

淡水、盐水或海水均可用作油包水乳化钻井液的水相，但通常使用含一定量 $CaCl_2$ 或 NaCl 的盐水，主要目的是为了控制水相的活度，保证井壁稳定。

3. 乳化剂

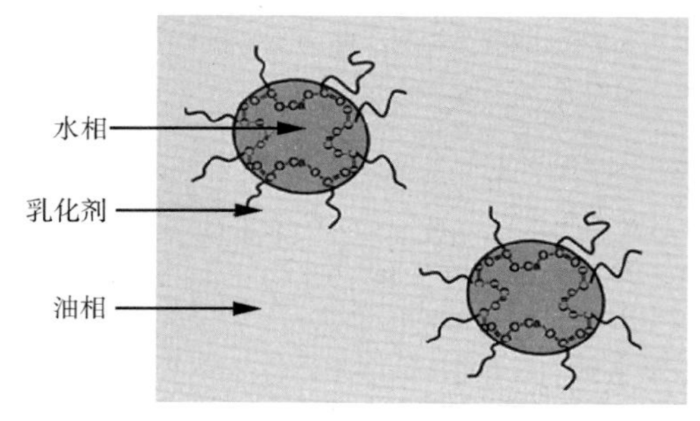

图 7-41　乳化剂作用示意图

乳化剂是油基钻井液的关键添加剂，决定了油基钻井液的性能稳定与否。研究表明，油水两相形成稳定的乳状液，最好同时使用油溶乳化剂（*HLB* 值 3 ~ 6）和水溶乳化剂（*HLB* 值8 ~ 16），二者复配使用，在油水界面会形成更为结实的混合膜，强度更大，乳状液稳定性就更高，其作用示意图如图 7-41 所示。目前国内外油基钻井液使用的乳化剂包括硬脂酸钙、SPAN - 80、石油磺酸钙、OP - 10、EZ - MUL、Invermul 等。

4. 润湿剂

润湿剂也是具有两亲特性的表面活性剂，当这些表面活性剂聚集在油和固相的界面并将亲油端指向油相时，原来亲水的固体表面转变为亲油，起到润湿性反转的作用。

5. 亲油胶体

有机膨润土、氧化沥青、改性的亲油褐煤等用于油基钻井液的材料统称为亲油胶体，其主要作用是用作增黏剂、悬浮剂和降滤失剂。

6. 碱度控制剂

油基钻井液通常使用生石灰控制其碱度，保持 pH 值在 9.0 ~ 10.5 左右，这不仅有利于乳化剂中二元金属皂的生成以保证乳化稳定，而且有利于防止或减少钻具的腐蚀，还可以有效地防止 CO_2 和 H_2S 等酸性气体对钻井液的污染。

（二）页岩水平井油基钻井液技术

1. 国外技术

2002 年以来，随着美国页岩气水平井商业开发规模的发展，为了满足这种层理、微裂隙发育的页岩地层长水平井的施工要求，高性能油基钻井液技术的应用更加广泛。在美国陆上页岩气开发用油基钻井液中，柴油基钻井液和矿物油基钻井液均大量使用。在诸多油基钻井液体系中以 Halliburton 公司的 Integrade 高性能逆乳化钻井液体系（简称 Integrade OBM）和 MI - SWACO 公司的 Versadril OBM 最具代表性，上述两种体系是当今页岩气水平井商业开发的代表性体系。其中，Integrade OBM 体系主要使用油溶聚合物、辅以少量有机土提高钻井液油相黏度，使用高效的乳化剂和流型调节剂确保乳化稳定和合理的黏切控制，该体系在保证抑制性强、润滑性好的原有特点的同时，还具有塑性黏度低、切力高、当量循环密度（*ECD*）小等突出特性（Services B F，2007）。因此，Integrade OBM 技术基本代表了目前该领域最高水平，也是美国页岩气商业开发的关键技术措施。

2. 国内技术

2010 年以来，以中国石化和中国石油为代表的能源公司为了进一步探索中国重点地区页岩气的储量，积累页岩气水平井的开发经验，陆续在四川盆地的彭水、焦石坝、威远和常宁地区开展了几十口页岩水平井施工作业。目前，以中国石化石油工程技术研究院和中原石油工程公司为代表的油基钻井液技术得到了迅速的发展。中国石化成功自主研制了具有低黏、高切流变特征的油基钻井液体系，综合性能指标达到国外先进油基钻井液技术水平。页岩水平井油基钻井液技术先后完成了彭水区块彭页 2HF 井、涪陵区块焦页 8－1HF 井等近百口水平井的施工（王显光等，2013；何恕等，2013），取得了良好的经济和社会效益。

3. 应用实例

彭页 2HF 井是部署在上扬子盆地武陵褶皱带彭水德江褶皱带桑柘坪向斜构造的一口页岩气评价井，井型为水平井，采用三级井身结构。三开地层为下志留统龙马溪组，主要岩性为深灰色－灰黑色页岩、灰黑色－黑色炭质页岩。彭页 2HF 井设计井深 3590m，完钻井深 3990m，垂深 2393.02m，水平段长 1650m，水平位移 1932.84m，最大井斜 86.5°，创 2012 年国内陆上页岩气水平井水平段和水平位移最长的新纪录。本井自 2012 年 10 月 30 日采用 ϕ215.9mm 钻头，使用低黏高切油基钻井液进行三开井段 1620～3990m 的钻井施工，历时 63d，三开累计进尺 2370m。

彭页 HF－2 井采用中国石化工程院 LVHS OBM 高性能逆乳化钻井液体系，实钻过程中钻井液体系乳化稳定性好，具有较好低黏、高切的流变性能，该钻井液体系指标与同区块 Halliburton 公司的 Integrade 高性能逆乳化钻井液体系相比达到了同等技术水平，施工的具体性能参数见表 7－10。

表 **7－10**　国内外页岩水平井油基钻井液性能

钻井液	井号	密度/（g/cm³）	E_S/V	*PV*/mPa·s	*YP*/Pa	*Gel*/（Pa/Pa）	ϕ6/ϕ3	*HTHP*/mL
Hallibton Integrade OBM	PY HF－1	1.55	690	37	10.0	5/9	10/8	2.2
中国石化工程院 LVHS OBM	PYHF－2	1.55	1260	38	10	6/9.5	11/10	1.2

三、水基钻井液技术

页岩气水平井钻井过程中使用油基钻井液能很好地解决页岩地层井眼失稳和长水平段摩阻高、携屑困难等的技术问题。然而油基钻井液单方成本高、配套的堵漏手段不完善，同时施工过程中带来的一系列环保问题提高了油基钻井液作业成本。目前国内外对于页岩地层井眼失稳机理研究处于起步阶段，以美国 MI 钻井液公司、Halliburton 公司为代表的个性化水基钻井液体系虽然取得了较好效果，但对于具体的页岩地层目前水基钻井液体系针对性有待提高、体系性能有待完善。满足页岩气水平井施工要求页岩水平井水基钻井液体系尚不能完全满足现场规模化应用的需求。

（一）页岩水平井水基钻井液技术进展

1. 国外技术进展

页岩水平井在大段页岩地层长距离钻进，页岩地层极易出现严重的井眼失稳、携岩困难、钻速低下等复杂问题。因此，目前国外大多数页岩水平井钻井主要以油基钻井液为主，水基钻井液为辅，表7-11列出了2012年度美国Barnett、Marcellus和Hynesville等页岩盆地钻井液的施工统计。同时，统计结果还表明对于同一区块，采用水基钻井液与油基钻井液相比，水平段的钻井周期大致要增加5~7d。国外页岩水平井用水基钻井液注重活度的调控，目前主要采用的水基钻井液体系有盐水钻井液、硅酸盐钻井液和高性能水基钻井液等，施工的水平段长为800~1500m。

表7-11　美国典型页岩气水平井钻井液类型统计

页岩气区块	Hynesville	Marcellus	Barnett	Eagle Ford
井深/m	3150~4050	1500~2550	1981~2590	4000~6000
水平井数量/口	400	500	500	600
水平段长/m	900~2100	1200~2400	762~1270	1500~2100
页岩组成	伊利石25%，石英47%	伊利石67%，石英24%	伊利石45%，石英35%	方解石55%，石英29%
水基/油基的使用比例	15/85	40/60	80/20	10/90
钻井周期/t(水基/油基)	44/36	25/18	15.5/11	23/18

2. 国内技术进展

国内对于井型为直井的页岩气井全部采用水基钻井液，如黄页1井页岩气井段采用聚合物防塌钻井液，宣页1井页岩气井段采用正电胶聚合物钻井液(袁明进，2011)；对于页岩气水平造斜井段开展了水基钻井液的现场应用试验，如泌页HF-1井采用聚磺混油钻井液(刘霞等，2012)，该井侧钻至井深2646m，由于钻井液不能有效抑制页岩水化膨胀，导致井壁失稳，出现掉块，阻卡严重、反复划眼，在井深2500m划出新眼，被迫填井侧钻；对于页岩水平段用水基钻井液技术，国内仍处于攻关研究与先导应用阶段，并有望于近期取得研究与应用的技术突破。

（二）国外典型的页岩水平井水基钻井液

国外MI公司针对页岩气水平井研发了系列的Kla-shield水基钻井液，这是一种具有聚合胺添加剂的抑制性水基钻井液，聚合胺不但具有抑制页岩的特性，而且还可以增强FLO-VIS黄原胶、Duo-VIS生物聚合物和PAC变形淀粉的热稳定性。该钻井液具有对裂缝型页岩超强加固能力，具有突出的抑制黏土水化和分散能力，可以提供与油基钻井液类似的抑制性能。

Halliburton公司针对页岩水平井开发了SHALEDRIL™水基钻井液体系，该体系主要组分包括聚阴离子纤维素、生物聚合物、淀粉、页岩稳定剂、磺化沥青、聚合醇、纳米二氧化硅等，主要依靠上述材料的强封堵和强抑制达到页岩井壁的稳定。

Baker Hughes在页岩水平井水基钻井液方面开发了一种新型的LATIDRILL钻井液系列技术，该技术通过使用盐水和胺基化合物控制钻井液水活度，使近井壁地层去水化保障井壁稳定；使用纳微米级可变形封堵防塌剂在页岩微孔隙表面形成非渗透性屏蔽层，削减孔隙压力传递，在物理性能上保证井壁稳定的完整性；使用一种特殊的润滑剂，这种润滑剂可以覆盖在金属表面、钻屑及井壁上，从而达到降低摩阻的作用。

四、油基钻井液重复利用及环保处理技术

油基钻井液由于成本高、环保处理难度大，因此基于经济效益和环境保护的双重目的，需要对于油基钻井液施工过程中产生的油基钻屑以及废弃的油基钻井液进行充分回收，达到安全生产与保护生态环境的目的。

（一）油基钻井液重复利用

油基钻井液回收后需要进行集中统一存储管理、定期维护，以保证油基钻井液基本性能稳定，以备再次用于钻井施工。

（二）油基钻屑处理技术

油基钻井液施工过程中产生大量油基钻屑，会对周围的环境与生物带来污染与伤害，因此需要采取有效处理技术对油基钻屑进行妥善处理。

目前，Brant、MI－Swaco、Making 等国外公司在油基钻屑处理技术方面已经非常成熟，其主要处理技术包括：钻屑机械脱油技术、热解析处理技术、生物处理技术和井下回注技术（Richard G，2002）等，上述每种方式均需要专门的设备作为依托，代表性的设备有 VERTI－G 岩屑甩干机、MONGOOSE 干燥筛、THOR 热解析装置、远红外加热装置等。

钻屑机械脱油技术是目前国外常用的含油钻屑处理方法，该技术的最大特点是适用于钻井施工过程中含油钻屑的适时处理，同时有效地回收油基钻井液。该方法使用的设备主要由含油钻屑传送系统（螺旋推进器、钻屑传送泵）、含油钻屑脱油系统（钻屑甩干机）、油基钻井液回收再利用系统组成。使用该技术可以有效地将含油钻屑的含油量由 20% ~25% 降至 5% 左右。

热解析处理技术是一种通过高温强热、蒸馏处理油基钻屑的技术方法（Ralph L 等，2004）。该技术的突出特点是处理能力大，适于大量油基钻屑的集中处理，而且处理后钻屑的含油量可降至 1% ~3%。例如 Brant 公司的 THOR 热解析装置年处理含油废弃物可达 500000t。但该方法设备投资巨大，适用于大量使用油基钻井液的地区。

生物处理技术（Mcintyre C P 等，2007）是国外近几年兴起的一种处理低含油量油基钻屑的有效方法。该技术通常与钻屑机械脱油技术联合使用，可以将钻屑机械脱油处理后的油基钻屑彻底无害化，将废弃物的含油量降至 0.3% 以下。该技术通过微生物在有氧条件下对油相有机质进行生物降解，实现短期内使有机质达到生物降解的目的。

第四节　水平井固井完井技术

随着页岩油气以及致密砂压油气等非常规油气领域的开发，对水平井固井完井技术提出了新的挑战。由于非均质储层、分段压裂建产以及使用油基钻井液钻长水平段水平井，非常规水平井固井完井技术面临的技术难题包括：① 完井方式对后期改造工艺和效果影响较大；② 完井工具和工艺有特殊的要求；③ 分段压裂对水泥环力学性能及密封性能要求高；④ 油基钻井液的驱替与界面润湿反转难度高；⑤ 套管下入和套管居中难度大；⑥ 一次水泥浆封固段长，固井施工难度大。

针对当前典型页岩气井地质特性、井身结构、钻井液体系及压裂参数，结合固井完井技术要求，形成了如下几项关键技术以满足当前开发的需求：① 针对不同区块地层特性，制定不同的完井方式和研制配套的工具；② 针对储层特性设计水泥石力学性能；③ 采用合理性能的弹－韧性水泥浆体系，满足分段压裂、射孔、套管偏心对水泥环密封性的要求；④ 针对油基钻井液钻开的裸眼井壁形成的油基泥饼和油膜，选用高效的洗油前置液，实现润湿反转；⑤ 设计合理扶正器，优化浆柱结构、优化管串结构，形成长水平段水平井固井配套工艺技术。

一、压裂对固井水泥环力学需求

目前页岩气井大多采用射孔压裂联作技术，实现对目的层的改造。由于射孔冲击瞬间高压和多级分段压裂作业对水泥环力学性能提出了更高要求，要求水泥环具有合适的弹性模量和抗压强度。

（一）射孔和分段压裂对水泥环损伤分析

常规水泥石是脆性材料，其抗拉强度远低于抗压强度。在冲击载荷作用下，水泥石的抗拉强度和断裂韧性将进一步降低，使得具有微缺陷的水泥环更易破坏，提高水泥石韧性、弹性对满足分段压裂需求具有重要的意义。同时分段压裂时，套管受内压产生膨胀，易导致水泥环径向压缩破坏和周向拉伸破坏，需要提高水泥环的弹性变形能力和抗拉强度。因此必须对现有的水泥石进行改性，以减轻射孔、压裂对水泥环的破坏。

利用图 7－42 所示装置评价射孔对水泥环损伤。图 7－43 为常规性能水泥环射孔后损伤状态，射孔弹燃爆后在模拟井筒内产生高压，由于水泥环受到径向挤压和轴向拉伸破坏，应力的快速传递导致水泥环破碎，水泥环失去密封能力。为了有效降低射孔对水泥环的损伤，通过降低水泥石脆性，增加水泥石弹性和韧性，提高水泥石抗冲击能力，如图 7－44 所示，弹－韧性水泥浆体系在相同试验条件下轴向裂纹扩展范围 20cm。

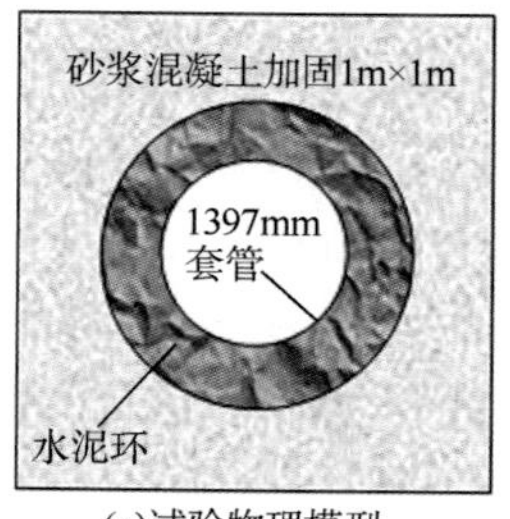

(a)试验物理模型

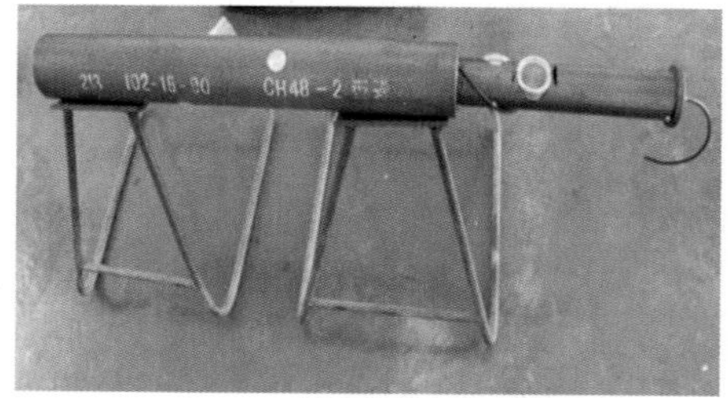
(b)射孔枪弹组合

图 7－42　射孔对水泥环损伤模拟装置

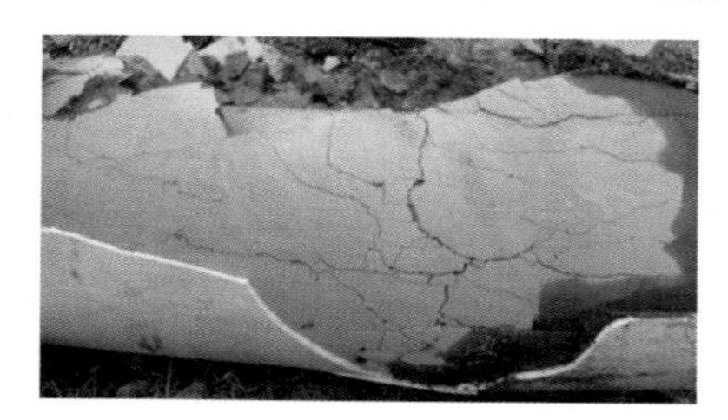
图 7－43　射孔对常规水泥环的损伤试验

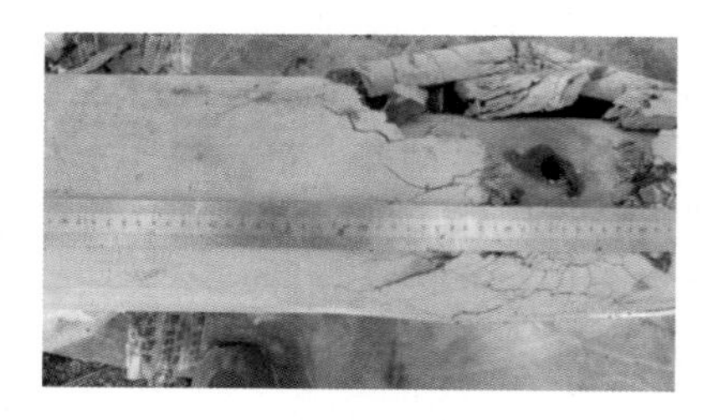
图 7－44　射孔对弹韧性水泥环的损伤试验

通过建立 ϕ177.8mm × ϕ139.7mm 的套管环空（Goodwin K J，1990），水泥浆固化后开展模拟压裂水泥环损伤及密封失效分析。通常情况水泥环密封失效的形态分为 3 种形式：周向拉伸破坏、径向压缩破坏、塑性屈服微环隙（图 7-45），3 种破坏形式均为套管受力膨胀导致水泥环密封失效。针对不同力学性能水泥环开展模拟分段压裂水泥环破坏试验，如图 7-46 所示，在试验压力 65MPa 时，常规性能水泥环出现裂纹，采用弹-韧性水泥浆体系，相同试验条件下未见宏观裂纹，在 1MPa 压差条件下开展导气测试，未见窜漏。试验表明：通过改善水泥石弹性变形能力和抗拉强度，能够有效提高水泥环在分段压裂条件下的密封完整性。

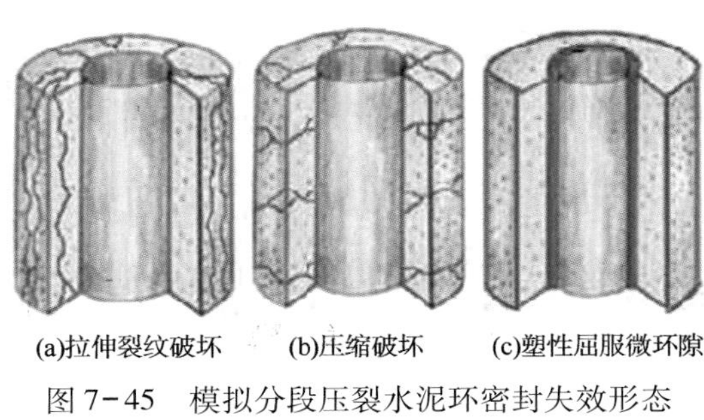
(a)拉伸裂纹破坏　(b)压缩破坏　(c)塑性屈服微环隙

图 7-45　模拟分段压裂水泥环密封失效形态

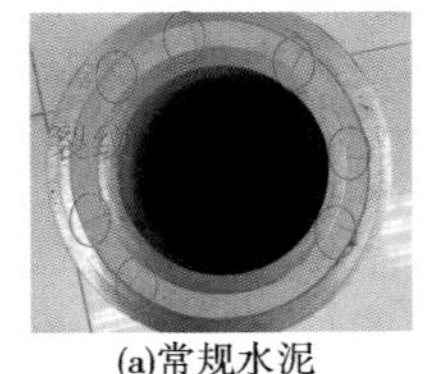
(a)常规水泥

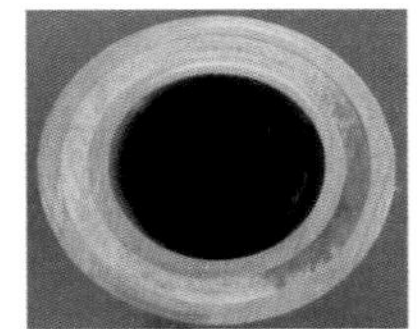
(b)弹-韧性水泥

图 7-46　压裂条件下不同类型水泥环破坏形态

（二）分段压裂水泥环受力分析与力学参数敏感性分析

满足分段压裂的水泥环须在内压作用下保证环空密封完整性，保证环空的密封性，运用数值模拟技术，对中国石化礁石坝页岩气示范区页岩气井分段压裂水泥石力学性能进行模拟分析。

分段压裂由于套管受内压导致水泥环膨胀，水泥环受到周向的拉伸应力和径向压缩应力（图 7-47、图 7-48），水泥环从井筒由内向外，压缩应力和拉伸应力逐渐降低。

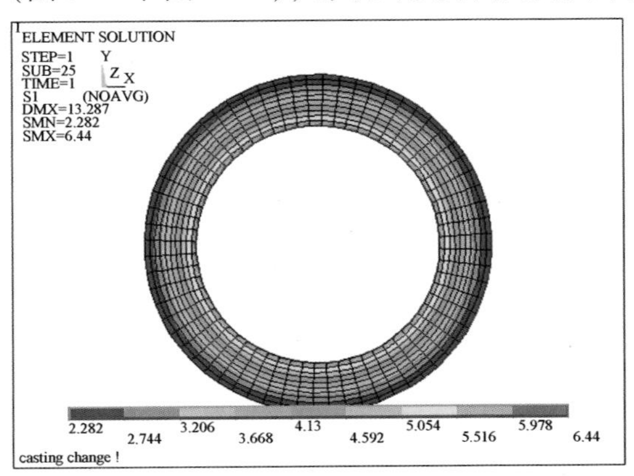

图 7-47　分段压裂时水泥环周向拉伸应力

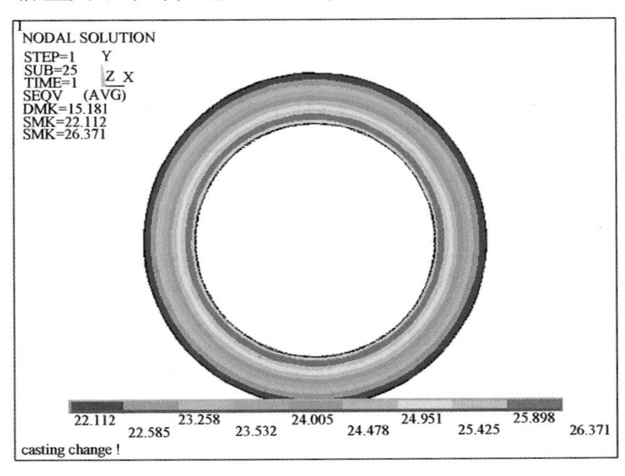

图 7-48　分段压裂时水泥环径向压缩应力

由于页岩气井固井要求设计合理的水泥环力学性能，以保证压裂过程中水泥环自身的完整性，因此需要对不同力学性能水泥环、地层参数、套管参数、压裂施工参数开展水泥环受力敏感性分析。

1. 压裂施工压力对水泥环等效应力影响分析

压裂施工压力是影响水泥石性能设计的直接因素，以常规水泥浆体系在不同压裂施工压力条件下开展分析(水泥石弹性模量 15GPa、泊松比 0.23，地层岩石弹性模量 16GPa、泊松比 0.24)，如图 7-49 所示。可知在一界面处水泥环受等效应力最大，二界面受等效应力最小，不同的施工压力对两个界面破坏程度存在差异，且施工压力越高，越容易引起一界面水泥环失效。

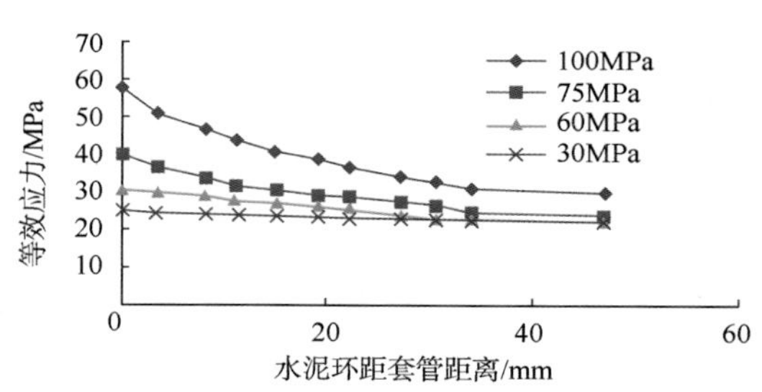

图 7-49　不同施工压力水泥环个点处等效应力

2. 地层弹性模量对水泥环等效应力影响分析

水泥环等效应力受地层弹性模量影响明显，图 7-50、图 7-51 为常规水泥石(弹性模量为 15GPa)和弹性水泥石(弹性模量为 6GPa)在不同地层岩石弹性模量条件下水泥环两个界面受力示意图。由图可知，随着地层弹性模量的增加，常规水泥石和弹性水泥石两个界面受到等效应力均降低，且常规水泥环受到等效应力大于弹性水泥环，此现象表明：地层弹性模量对分段压裂水泥石性能要求存在较大的差异，且弹性模量越低的水泥环在压裂过程中受到相对较小的等效应力。

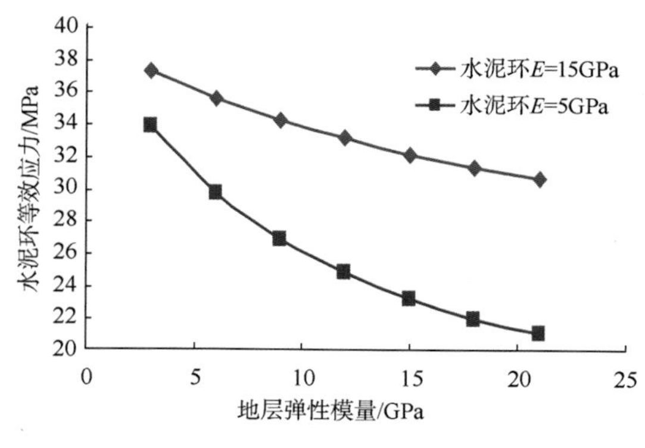

图 7-50　软硬地层与一界面等效应力关系

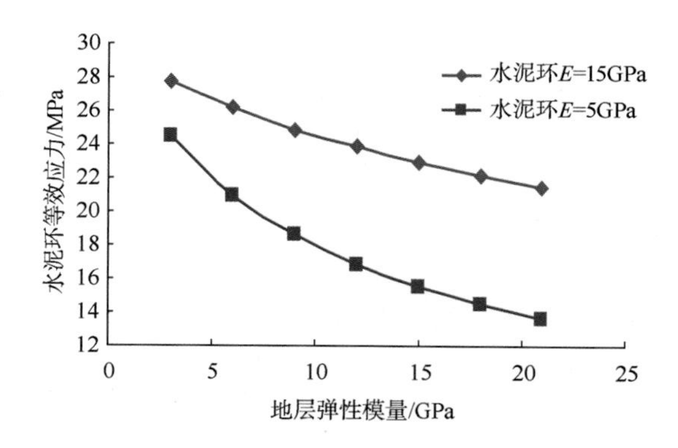

图 7-51　软硬地层与二界面等效应力关系

3. 地层岩石泊松比对水泥环等效应力影响分析

如图 7-52 所示，地层泊松比对水泥石性能要求影响较小。

4. 水泥石弹性模量对水泥环等效应力影响分析

针对同一地层不同水泥石弹性模量的敏感性分析(井底压力 85MPa)，地层弹性模量为 15GPa 时，不同弹性模量水泥环第一界面和第二界面受力如图 7-53 所示；地层弹性模量为 8GPa 时，不同弹性模量水泥环第一界面和第二界面受力如图 7-54 所示。模拟分析发现，

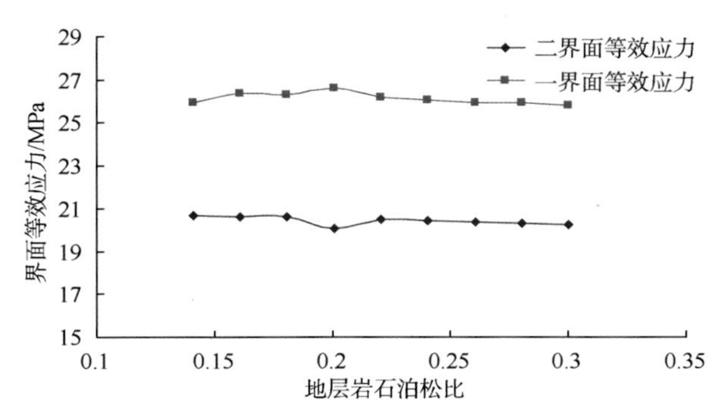

图 7-52　不同地层泊松比对水泥环等效应力影响

在相同地层条件和施工环境下，水泥环弹性模量越高，水泥环受到等效应力越高。

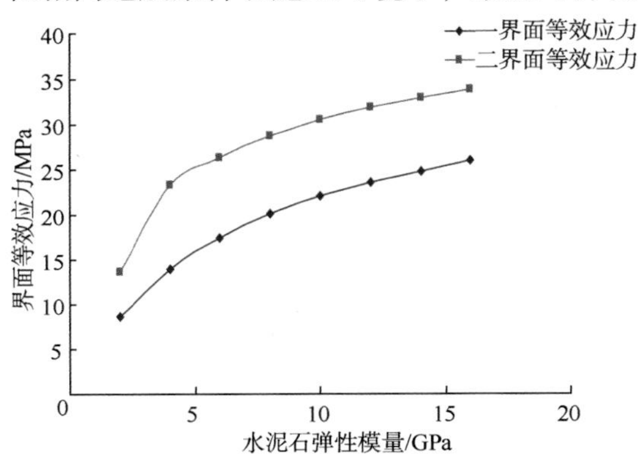

图 7-53　不同水泥石弹性模量界面等效应力（地层弹性模量 18GPa）

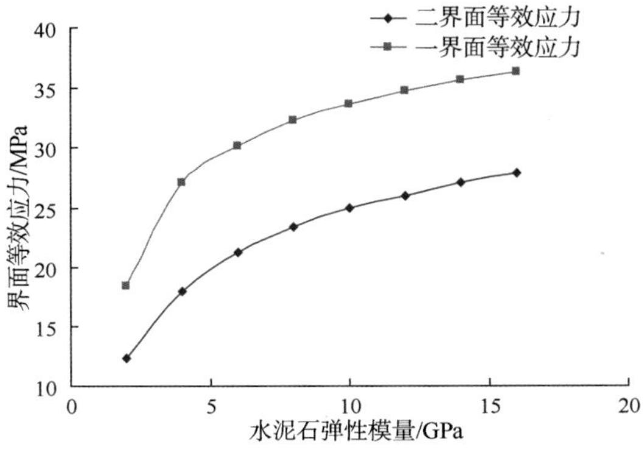

图 7-54　不同水泥石弹性模量界面等效应力（地层弹性模量 8GPa）

5. 水泥石泊松比对水泥环等效应力影响规律

图 7-55 为水泥石泊松比对分段压裂水泥石受到等效应力的影响规律，图示表明泊松比对水泥环等效应力影响较小，因此水泥石泊松比不是影响水泥石性能的关键因素。

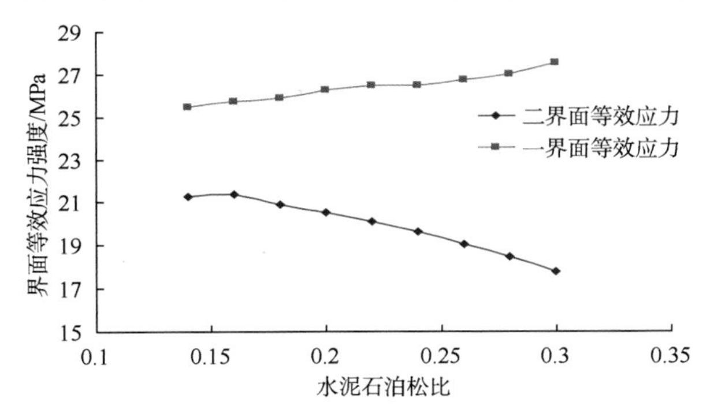

图 7-55　不同水泥石泊松比对等效应力影响

因此，通过室内模拟实验及数值模拟分析表明：为了有效提高分段压裂过程水泥环的密封性能，该类井选择的水泥浆体系除满足常规水平井固井要求外，还应有效降低水泥石弹性模量、增加水泥石韧性(抗拉强度)，以满足后期压裂改造作业的需求。

二、固井水泥浆体系设计

通过射孔模拟实验和压裂对水泥环数值模拟分析，满足非常规井固井的水泥石必须具有良好的弹性和抗拉强度，以降低射孔冲击和分段压裂对水泥环的损伤，保证分段压裂层间密封性。

(一) 水泥浆体系应用概况

目前国外在非常规井应用的水泥浆体系主要包括(Nelson G Scott 等，2009)泡沫水泥浆、弹性或韧性水泥浆、酸溶性水泥浆、胶乳水泥浆等。其中泡沫水泥浆、弹性或柔性水泥浆应用相对广泛，主要应用于巴奈特、马塞勒斯等页岩气开发区块。

目前国内页岩气井、致密砂岩气井固井大多采用自主研发的水泥浆体系，主要有韧性水泥浆体系、塑性水泥浆体系(胶乳体系)、弹-韧性水泥浆体系，针对不同的地层特性，选择不同的水泥浆体系，满足分段压裂需求和层间密封性要求。

(二) 压裂对水泥浆性能要求

非常规水平井固井水泥浆体系应该满足 API 标准水泥浆性能要求，同时由于非常规水平井分段压裂的需求，水泥石除要具有一定抗压强度满足密封要求外，还需要具有一定的变形能力和韧性，因此当前非常规水平井里面使用的水泥浆体系为改性水泥浆体系，合理降低水泥石杨氏弹性模量，增加泊松比，提高水泥石韧性，以满足射孔、分段压裂的需求。

(三) 弹-韧性水泥浆体系

依据填充理论，在原颗粒基础上，通过粉碎、膨化、包覆等技术，形成了一种弹性材料，其粒径分布在 10 ~ 100μm 之间，弹性模量为常规水泥石的5% ~10%，非压缩条件下体积率为2.5% ~7.9%，在水泥受外部挤压条件下，当水泥石内部传递变形应力大于弹性材料时，弹性材料受挤压变形，保证水泥石具有一定的变形能力，同时对水泥石与颗粒壁面形成一定的支持，对水泥石有一定的增强作用，因此保证水泥石在一定弹性形变条件下，而不发生破坏，满足了水泥石弹性要求和强度要求。

弹韧性水泥浆体系见表 7-12，随着弹性粒子的加入，抗压强度和弹性模量逐渐降低，实现增加水泥石弹性变形能力。同时通过在水泥中添加特殊增韧性材料，以改善油井水泥石力学性能，赋予油井水泥石一种可控塑性形变能力，增加水泥石抗冲击破碎性能，起到增韧止裂，减轻水泥环在受冲击力作用时的应力集中所造成的破裂伤害程度(表 7-13)。

表 7-12　基浆中加入弹性粒子对水泥石力学性能影响

弹性粒子加量/%	抗折强度/MPa		抗压强度/MPa		弹性模量/GPa
	养护时间		养护时间		
	24h	48h	24h	48h	48h
0	4.25	4.57	25.1	28.1	14.5
3	4.46	4.71	17.8	22.3	10.2
5	4.38	4.84	19.2	16.1	8.6
6	4.70	4.62	15.1	13.5	6.2
7	3.1	3.3	9.5	9.8	4.5
8	1.2	1.4	2.2	3.1	3.1

表 7-13　纤维增韧材料对水泥石力学性能影响

增韧材料加量/%	抗折强度/MPa		抗压强度/MPa	
	养护时间		养护时间	
	24h	48h	24h	48h
0	3.15	4.80	18.1	22.0
0.10	4.06	4.51	22.4	26.1
0.20	5.41	5.83	21.5	24.9

（四）弹-韧性水泥浆体系力学性能评价

非常规水泥浆体系性能的评价除 API 规范的常规性能外，还需要针对水泥石韧性系数、弹性模量进行评价，开展分段压裂对水泥石力学性能的需求分析。

1. 水泥石韧性系数测量与评价

试件尺寸要求：试验试件 40mm × 40mm × 160mm，端面光滑，宏观无裂纹，并在长度 80mm 处开口，长度 40mm，深度 10mm。

测试方法：三点抗折测试方法，支撑点距离端面各 10mm。

加载：以 0.05 ~ 0.35MPa/s 的速度加载直至破坏，记录试样破坏时载荷值。

评价方法：JCI - SF4 解释方法。

试验分析：解释方法采用 JCI - SF4（沈荣熹等，2006），试验曲线如图 7-56 所示，解释结果见表 7-14。表中弯曲韧性系数是对水泥石韧性的评价系数，该数值越高，水泥石柔性、抗弯曲性能越好。

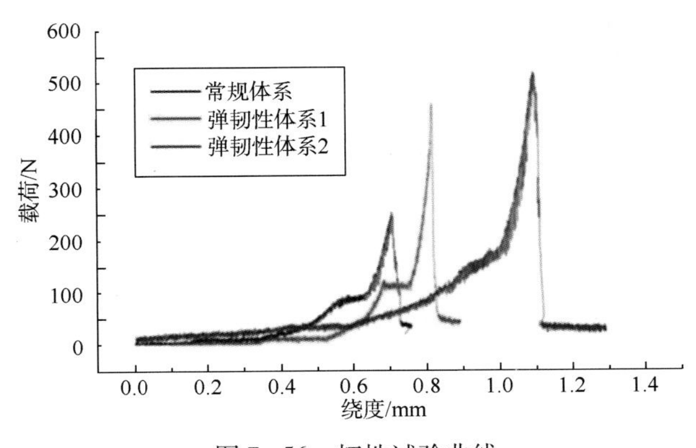

图 7-56　韧性试验曲线

表 7-14　样品配方及解释结果

配方编号	配　方	弯曲韧性系数（JCI - SF4）
1	常规水泥浆	3521.5
2	弹韧性水泥浆体系 1	4965.6
3	弹韧性水泥浆体系 2	6743
4	弹韧性水泥浆体系 3	8613.2

2. 弹性模量测试与评价(Berry L S 等，2006)

试件尺寸要求：按照试验配方将水泥石块加工成圆柱体；圆柱体直径宜为 25mm，高度为 50mm。

测试方法：采用单轴试验机测量径向和轴向应力应变，加载时间为 2 ~6min。

评价方法：轴向应变 ε_a 和径向应变 ε_r 可以直接从应变显示设备上获得，或者从变形读数计算而来，应变的读数应记录到小数点后面第六位。

图 7-57 所示为针对不同体系水泥石开展水泥石弹性模量测试随加载应力过程的弹性模量变化规律。3%、4%、5% 和 6% 弹性材料加量下水泥石弹性模量随加载应力变化曲线，其静态弹性模量较常规水泥石降低 30% ~70%。

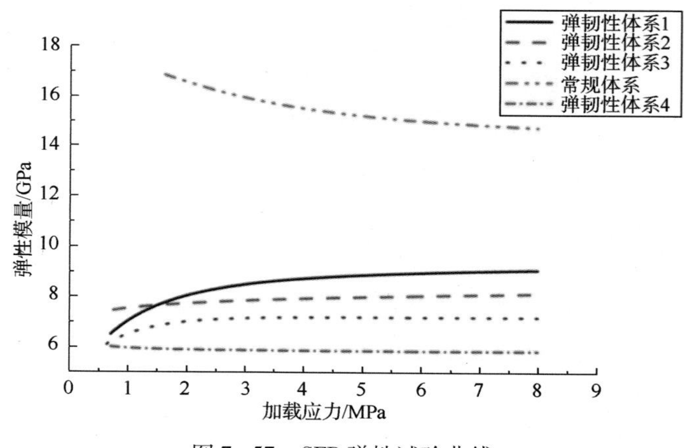

图 7-57 SFP 弹性试验曲线

三、油基钻井液清洗技术

采用油基钻井液钻开的裸眼井壁为油润湿界面，采用常规固井用的清洗液难以实现对油基泥浆形成的泥饼清洗和润湿界面的反转。针对油基钻井液的清洗液必须具备良好的洗油和润湿反转能力，同时还具备良好的悬浮能力，因此针对油基钻井液清洗液基本组成通常包括表面活性剂、悬浮剂、高温悬浮稳定剂和固相颗粒。

(一)清洗液作用机理

油基钻井液的滞留在界面处形成油浆和油膜，这将会严重影响水泥环的界面胶结强度，直接影响固井质量，甚至影响到后续的完井作业。因此需要设计性能良好的前置液和合理的冲洗工艺，保证固井质量。

1. 清洗过程反转作用机理

从套管上清洗含油膜，首先需使套管与钻井液两个接触界面发生分离，随后需保持它们的分离状态。油膜的去除过程通常采用“反转”机理描述，本质为液体渗透入油/套管、井壁界面，如图 7-58 所示(刘伟等，2012)。在清洗溶液发生渗透时，表面活性剂在油/清洗液及套管、井壁界面/清洗液界面的吸附降低了油与套管、井壁界面之间的黏附作用，因而增大了油/套管、井壁界面的接触角，最终套管、井壁界面表面上的油质都会被清洗液代替。

2. 清洗过程润湿机理

将清洗剂(D)在套管(S)及油基钻井液(O)上面的铺展系数分别标记为 S_{DS} 及 S_{DO}，如式(7-61)和式(7-62)：

$$S_{DS}=\sigma_{SA}-\sigma_{SD}-\sigma_{AD} \tag{7-61}$$

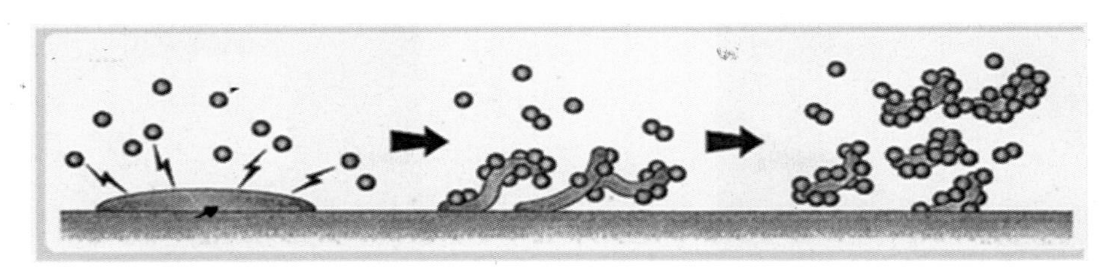

图 7-58　油质污染从套管、井壁界面分离的过程：胶束增溶与乳化

$$S_{DO}=\sigma_{OA}-\sigma_{OD}-\sigma_{AD} \tag{7-62}$$

式中，σ 表示表面张力，而 SA、SD、OA、OD、AD 分别代表套管-空气界面、套管-洗涤剂界面、油-空气界面、油-清洗剂界面、空气-清洗剂界面。

如果铺展系数为正值，表面将会自发润湿；而铺展系数为负值时，润湿上需要额外的能量作用(如机械搅拌)。对于具体的清洗环境，σ_{SA} 与 σ_{OA} 都是常数，冲洗剂的添加能显著降低 σ_{SD}、σ_{OD}、σ_{AD}，因而促进了润湿过程。

3. 渗透溶胀作用

油基钻井清洗液的表面活性剂会在油基钻井液的泥饼表面吸附，其疏水基一端吸附泥饼的表面，亲水一端伸入水中，这样一来，油基钻井液表面覆盖了一层表面活性剂分子。由于吸附层中的表面活性剂分子的亲水基伸入水中，所以油基钻井液具有了亲水性能，使清洗液中的溶剂和水易在油基钻井液的表面渗入，产生溶胀作用(图 7-59)。

4. 物理冲刷作用

理论上，当接触角接近 0°时，油污会卷曲成油珠，从套管表面脱落而除去，通常油污虽然不能自发地从套管表面脱落，但可以被清洗液从套管壁表面冲洗下来(图 7-60)。

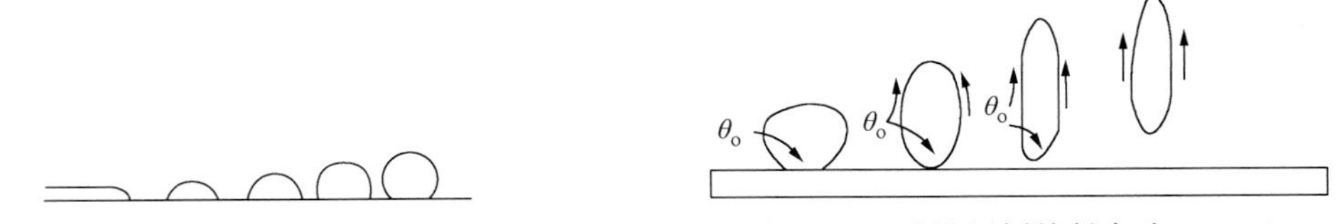

图 7-59　油性污垢从左向右卷曲　　　图 7-60　油性污垢接触角为 0° ~90°

(二) 洗油清洗液

1. 清洗液主剂的选择

根据不同类型的表面活性剂所具有的洗涤效果，优选几种不同的表面活性剂。通过浊点测试方法，将表面活性剂混拌入基础油中，直到溶液变浑浊(不能再有效地微乳化更多的油，如图 7-61、图 7-62、图 7-63 所示)，并记录不同油滴的不同加量。根据其溶解性，选择了 8 种表面活性剂 LWF 1 ~4、LWY 1 ~4 进行评价和改性，形成 4% LWF -1 +2% LWF -3 +1% LWY -1 + 4% LWY -4 的洗油清洗液主剂。

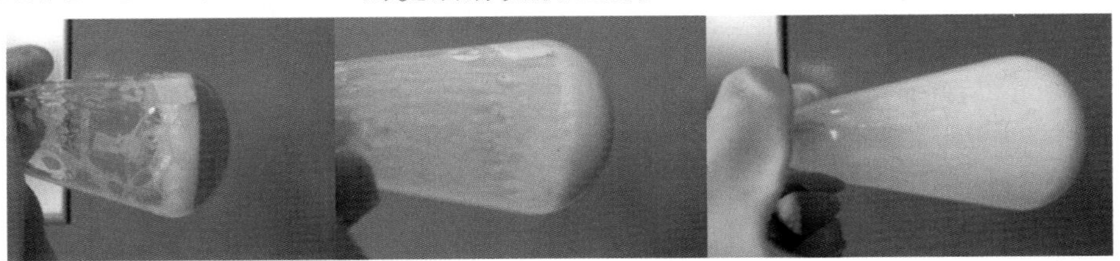

图 7-61　加入基础油的溶油情况

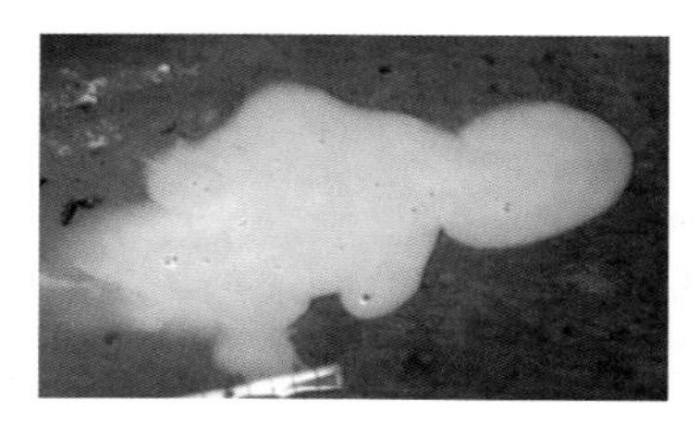

图 7-62　基础油完全乳化中和状态

图 7-63　基础油过饱乳化中和状态

2. 洗油清洗液辅剂的选择

为了有效降低有机土等钻井液处理剂对清洗效果的影响，还需要加入一定的有机溶剂，同时在清洗液中加入一定的惰性固相颗粒，利用粒子冲刷技术，通过碰撞冲击等水力机械作用，起到对油浆和油膜的拖拽作用，达到冲刷套管壁、井壁和快速除油污以提高一、二界面胶结强度的目的。

主要配方：4% ~10% LWFY -3 +1.5% ~4% 有机助剂 +5% ~20% 惰性颗粒，主要性能见表7-15。

表 7-15　不同配方清洗液性能

冲洗液配方	密度/(g/cm^3)	六速值					
		ϕ600	ϕ300	ϕ200	ϕ100	ϕ6	ϕ3
配方 1	1.0	55	55	30	24	8	6
配方 2	1.25	84	57	41	32	10	9
配方 3	1.48	108	52	54	37	12	10
配方 4	1.80	145	89	65	44	16	15

配方 1：6% LWFY -3 + 水；

配方 2：8% LWFY -3 +2.0% 有机助剂 +5% 惰性颗粒 + 水；

配方 3：8% LWFY -3 +2.5% 有机助剂 +20% 惰性颗粒 +100% 加重材料 + 水；

配方 4：10% LWFY -3 +3.0% 有机助剂 +5% 惰性颗粒 +160% 加重材料 + 水。

（三）清洗液冲洗性能评价

1. 冲洗效率

本实验采用旋转黏度计装置进行冲洗评价实验，具体实验步骤为：① 将旋转黏度计的外筒侵泡在油基钻井液中，并以 300r/min 转动 1min；② 旋转黏度计的外筒在油基钻井液中静止 5min；③ 将粘有油基钻井液的旋转黏度计的外筒浸泡在前置液中，并以 300r/min 进行冲洗，直到外筒上的油基钻井液被完全冲净为止，并记录冲净时间，结果见表 7-16。

将目前中国石化页岩气探区广泛使用的清洗液 HK、XSY 和 SCW 开展冲洗效率评价，结果见表 7-16。

表 7-16　油基钻井液冲洗效果评价实验数据表

序号	冲洗液类型	冲洗时间/min	冲洗效率/%
1	柴油	4.5	100
2	SCW 油基钻井液冲洗液	2.5	100
3	HK 油基钻井液冲洗液	5.5	100
4	XSY 油基钻井液冲洗液	3.5	100
实验条件	常温；γ =300r/min；泥饼厚度 1 ~2mm		

2. 润湿性评价

测定润湿性需要采用润湿仪，润湿性测试遵循 API RP 10B－2。仪器(图 7－64)的组成包括双壁不锈钢搅拌杯，双壁之间镶嵌有电极。使用温度上限为120℃，仪器内的电极能够测试润湿性与电导率之间的关系。浆杯中装满隔离液，没过电极，目标刻度是1mA 。因此，当体系为完全水连续相(表面活性剂为水湿)时，读数为1Hn。实际测量时，在搅拌杯中加入预定的油基钻井液量，然后倒入隔离液直到达到目标值。当读数1Hn时，这表示乳状液发生了润湿反转，导致形成水连续相。针对当前广泛使用的3类清洗液，其润湿点测试结果见表7－17,润湿点越低，清洗效果越好。

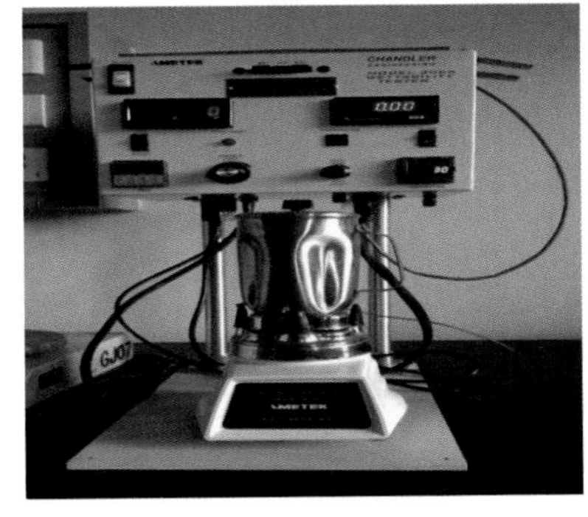

图 7－64　润湿仪

表 7－17　不同冲洗液润湿性实验

名　称	润湿点/%	加量/%	电极 1/Ω
油基钻井液		100	0
SCW 冲洗液		100	1
SCW：油基钻井液	25	40	1
HK：油基钻井液	40	70	1
XSY：油基钻井液	45	60	1

(四) 清洗液结构设计

清洗液(也叫前置液，包括冲洗液和隔离液)与常规井前置液设计技术相比，尤其是页岩油、气井，清洗液首先必须具备良好的冲洗和润湿反转功能，保证水泥环与地层良好的胶结，同时必须兼顾良好的顶替效率，保证固井质量和施工安全，非常规油气水平井前置液结构通常设计为：稀释剂＋冲洗液＋隔离液，表7－18 为彭水区块页岩气井前置液使用情况。

其中隔离液性能设计遵循如下原则：① 在井底循环温度下，控制隔离液剪切应力 $\tau_{隔离液}$ 应大于钻井液剪切应力 $\tau_{钻井液}$，小于水泥浆剪切应力 $\tau_{水泥浆}$；② 一般设计隔离液与水泥浆正密度差为0.12～0.25 g/cm^3；③ 悬浮稳定性好，热稳定性高，满足7min内冲洗效率达到100%，沉降稳定实验上下密度差0.03g/cm^3；④ 具有良好的洗油和润湿反转能力。

表 7－18　彭水区块页岩气井前置液使用情况

序号	井名	名称	类　型	密度/(g/cm^3)	数量/m^3
1	PY2－HF	基油	柴油	0.8	8
		冲洗液	8%～10%SCW＋2.5%SCW－A＋0.3%SCW－H	1	5
		隔离液	8%～10%SCW＋2.5%SCW－A＋0.3%SCW－H＋48%重晶石	1.28	28
2	PY3－HF	基油	柴油	0.8	7
		冲洗液	8%～10%SCW＋2.5%SCW－A＋0.3%SCW－H	1.0	8
		隔离液	8%～10%SCW＋2.5%SCW－A＋0.3%SCW－H＋48%重晶石	1.34	22

四、固井工艺措施

非常规水平井均需要采用分段压裂技术，对固井质量要求较高，对顶替效率提出了严格要求，且需要保证水泥环的均匀性，保证分段压裂的层间密封性能。

（一）分段压裂水平井套管居中技术

通常刚性扶正器能够有效地保证套管的绝对居中度，但是明显增加套管串刚度，弹性扶正器增加套管的下入阻力，且整体结构强度较差的扶正器下入过程容易损坏。目前中国石化页岩气井水平段应用较成功的扶正器主要有3类，如图7-65～图7-67所示。

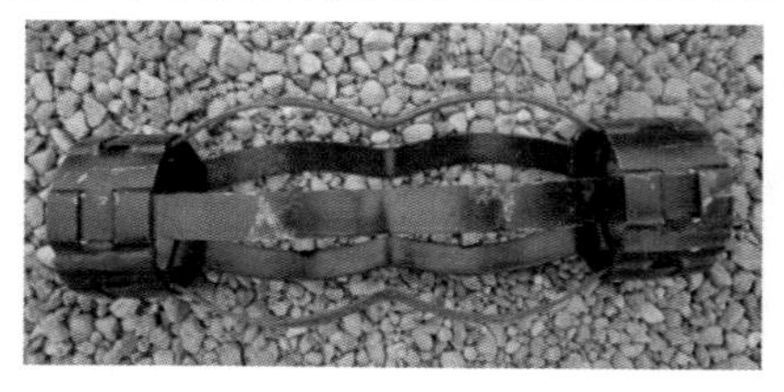

图7-65　非铰链式双弓扶正器

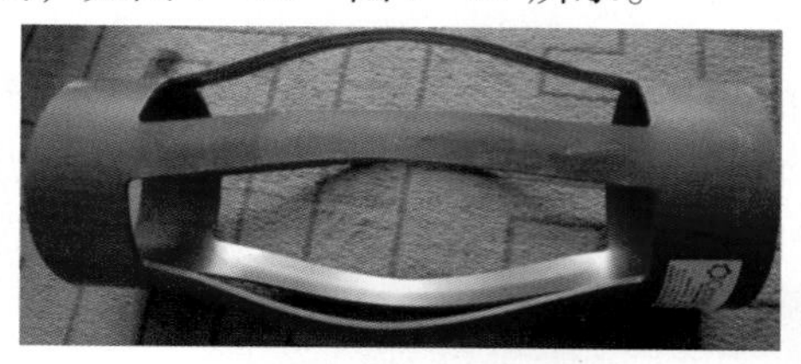

图7-66　整体式弹性扶正器

图7-67　旋流树脂扶正器

选择合适的扶正器后，必须保证扶正器合理的安放间距，保证有效的套管居中度，减少水泥环的非均匀性，提高固井质量，保证压裂效果。通常，扶正器的选择和安放位置必须依据每口井的实际工况设计。

利用软件模拟计算套管在井眼中的真实空间形态，不同类型的扶正器、扶正器参数以及安放间距对套管居中效果存在明显的影响，通过对几组参数的模拟分析（表7-19），按照API规范选择合理外径扶正器，弹性扶正器其外径对扶正器居中影响较小，其恢复力影响较大，刚性扶正器受外径影响较大，在水平段设计一根套管安放一只扶正器，刚性扶正器和弹性扶正器均能达到良好的居中度（图7-68），但是设计为两根套管安放一只扶正器，存在严重偏心或贴边现象（图7-69）。

表7-19　扶正器安放方案模拟分析表

扶正器类型	扶正器外径/mm	安放间距/m	扶正器端居中度/%	扶正器跨点间居中度/%
双弓弹性扶正器	244	10	94.3	86.9
双弓弹性扶正器	244	20	88.0	22.2
双弓弹性扶正器	244	30	82.3	0
双弓弹性扶正器	266	20	88.7	23.3
刚性扶正器	195	10	56.8	49.7
刚性扶正器	195	20	56.8	0
刚性扶正器	206	10	68.1	61.8
刚性扶正器	206	20	68.1	0

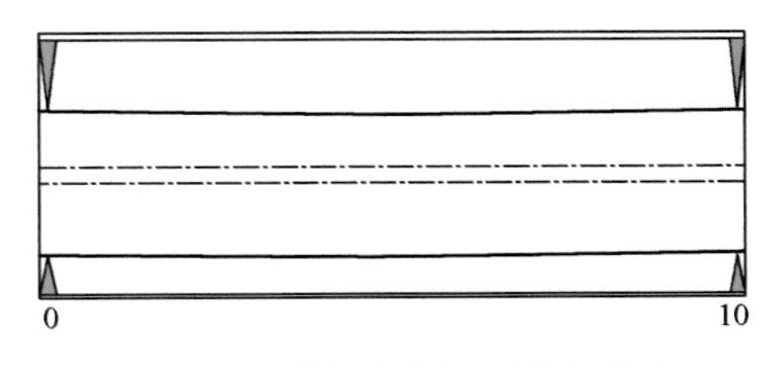

图 7-68　单根套管间距居中形态

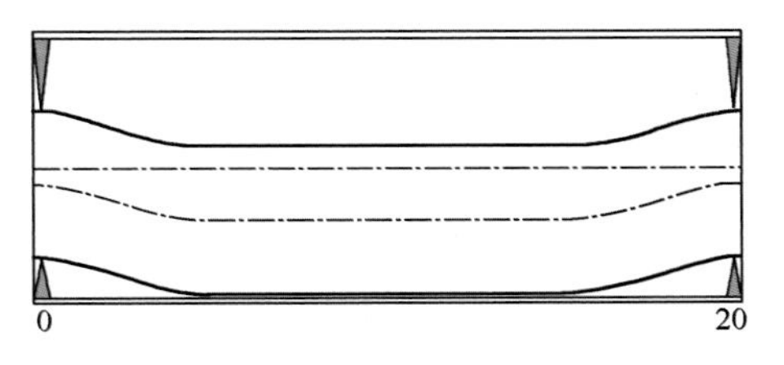

图 7-69　两根套管间距居中形态

（二）长水平段水平井套管下入技术

通井是长水平段套管下入的基础，原则上通井管串刚度应该大于套管管串刚度，且通井过程应该保证无阻卡现象。

对于水平井，尤其是井眼曲率较大的中短半径水平井，由于井眼曲率较大，套管在下入井眼弯曲段过程中受到重力、浮力、摩擦阻力等作用，产生较大的变形和弯曲应力，摩阻是套管在井眼下入过程中与井壁摩擦引起的运动阻力，随着斜井段不断延伸，摩阻也会显著增加，限制水平井套管下入。尤其是针对页岩气井，随着勘探开发的深入，水平段将逐渐增加，套管在下入过程中容易在大斜度段产生弯曲和屈曲，导致轴向失稳，同样在狗腿角大的井段也增加了套管下入的难度。

以涪页 1-HF 井为例，通过管串下入过程模拟分析下入过程大钩载荷、屈曲、弯曲等参数，分析表明：依照目前井身结构，采用当前管柱结构，能够保证水平段长为 1500m 时管柱的正常入井，图 7-70、图 7-71 均未发生屈曲和弯曲风险。

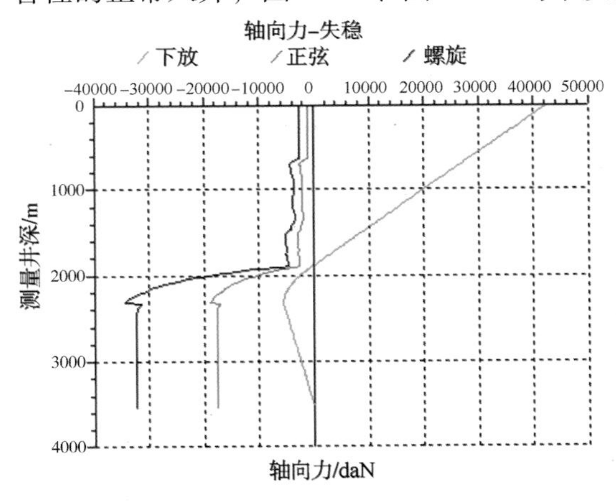

图 7-70　常规下套管轴线受力曲线

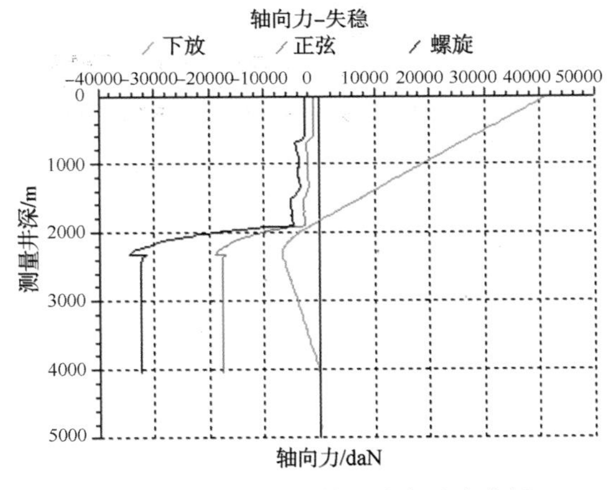

图 7-71　水平段延伸失稳定风险分析

（三）提高顶替效率措施

针对顶替效率的影响因素，非常规固井在顶替效率措施上采取方案为：① 确保套管居中度大于67%，保证良好的顶替效率；② 采用高效洗油清洗液，保证在层流下 7min 冲洗效率达到 100%；③ 采用合理的浆柱结构，实现对钻井液的清洗，并保证有效的冲洗效率；④ 保证隔离液与钻井液密度差在 0.15～0.2g/cm^3 之间，减少混浆段长度，提高顶替效率，非常规水平井固井加重隔离液的密度根据固井前钻井液和水泥浆的密度进行确定，原则是：$\rho_{钻井液} < \rho_{加重隔离液} < \rho_{领浆}$，确保三者之间具有一定的密度差，以提高顶替效率，冲洗液、隔离液要与水泥浆和钻井液相容。

第五节　完井方式及完井工具

无论是致密砂密油气还是泥页岩油气，一般采用水平井与水力压裂技术进行开发。这类非常规水平井油气储层开发的完井方式、完井配套工艺及工具等都有特殊的要求，非常规油气勘探开发适应性配套技术已成为必然选择。

一、完井方式

非常规油气资源完井方式的选择关系到工程复杂程度、成本及后期压裂作业的效果。目前非常规油气藏的水平井完井方式主要包括裸眼封隔器与滑套机械式组合完井、套管固井后射孔与桥塞联作组合式完井、水力喷射射孔完井等。

1. 裸眼封隔器与滑套机械式组合完井

机械式组合完井是目前国内外对致密油气藏普遍采用的一种技术，采用滑套和膨胀封隔器，将滑套和封隔器按照一定的分段压裂要求和套管联接后下入水平井，通过投球的方式逐步将每个滑套打开，井口泵入压裂液，对每段实施压裂，球是通过井口落球系统操控，依次逐段进行压裂。最后放喷洗井，将球回收后即可投产(图 7-72)。

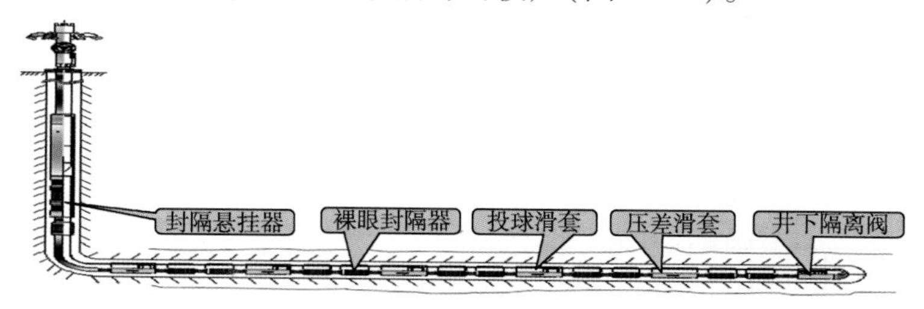

图 7-72　裸眼封隔器与滑套完井示意图

2. 套管固井后射孔与桥塞联作完井

组合式桥塞完井是水平井套管固井后在套管中用电缆的方式将射孔与桥塞组合一起下入井眼，桥塞分隔各段，分别进行射孔和压裂，这是页岩气水平井最常用的完井方法，其工艺是下套管、固井、射孔、分离井筒，但因需要在施工中射孔、坐封桥塞、钻桥塞，也是最耗时的一种方法，如图 7-73 所示。

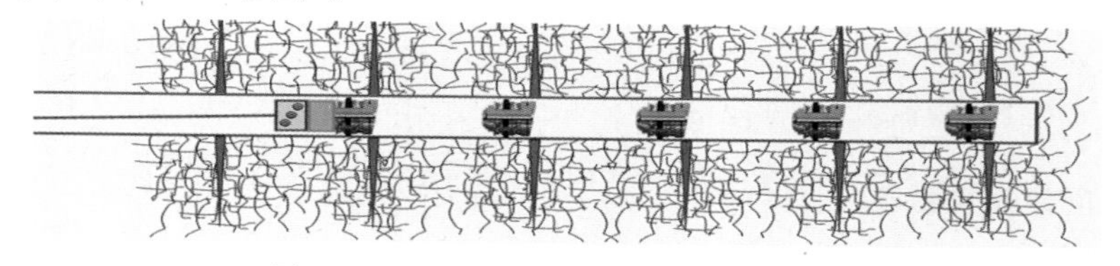

图 7-73　固井射孔枪和桥塞完井示意图

3. 水力喷射射孔完井

水力喷射射孔完井适用于直井或水平裸眼井或套管井。该工艺利用伯努利(Bernoulli)原理，从工具喷嘴喷射出的高速流体可射穿套管和岩石，达到射孔的目的。通过拖动管柱可进行多层作业，免去下封隔器或桥塞，缩短完井时间(图 7-74)。

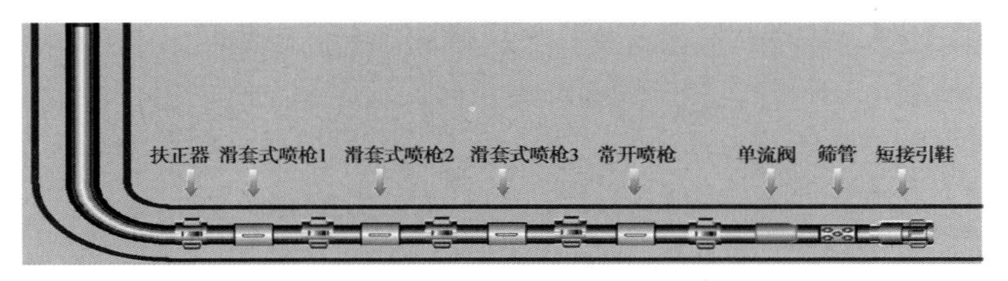

图 7-74 水力喷射完井示意图

二、完井工具及工艺

随着非常规钻完井工艺技术的发展，与之配套的各种各样水平完井工具也得到快速发展，如水平井多级滑套分段压裂工具、裸眼封隔器、固井滑套及易钻桥塞等，下面分别介绍一下近年来针对非常规油气藏开发的新型完井工具及配套工艺。

（一）易钻桥塞

易钻桥塞是进行页岩气等非常规油气资源水平井分段完井的关键工具。通过易钻桥塞和射孔枪有效划分单元压裂，既能够控制裂缝起始点，又能沟通天然裂缝网络，是追求页岩气单井产能最大化的有效完井方式。北美 85% 的页岩气开发井均采用了水平井泵送易钻桥塞进行多级分段完井。目前，国内的中国石化、中国石油等公司进行了该产品的开发和应用，但在页岩气等非常规油气田开发使用的易钻桥塞仍主要被斯伦贝谢、贝克休斯等国外公司垄断。

1. 易钻桥塞的结构组成

易钻桥塞主要由单向阀及适配机构、上下锚定机构、密封组件、辅助推送及导向机构 5 大部分组成，如图 7-75 所示。其中单向阀及适配机构包括单流凡尔、转换联接及丢手机构，主要功能是联接桥塞与专用坐封工具，保障桥塞坐封后可以通过剪切销钉实现坐封工具与桥塞丢手、释放桥塞，单向阀提供单向过流通道。上下锚定机构包括上部单向卡瓦及上锥体、下部单向卡瓦及下锥体、箍簧及卡瓦座、卡瓦及锥体定位销钉，主要功能是将桥塞锚定在预定的套管内壁上，为桥塞定位提供足够的轴向锚定力，同时为胶筒提供内部自锁，为桥塞密封提供保障。密封组件由胶筒、肩部保护机构组成，主要功能是在外力的挤压下胶筒产生变形封隔套管环空，肩部保护机构通过外力挤压产生径向变形为胶筒提供保护，借此提高胶筒的密封性能，实现桥塞的高压措施能力。辅助推送及导向机构主要由单向承流皮碗、下接头组成，单向承流皮碗为井筒内液力推送提供一个单向密封的活塞，下接头为桥塞提供导向作用，同时为多级桥塞钻塞时起到定位和防转作用。

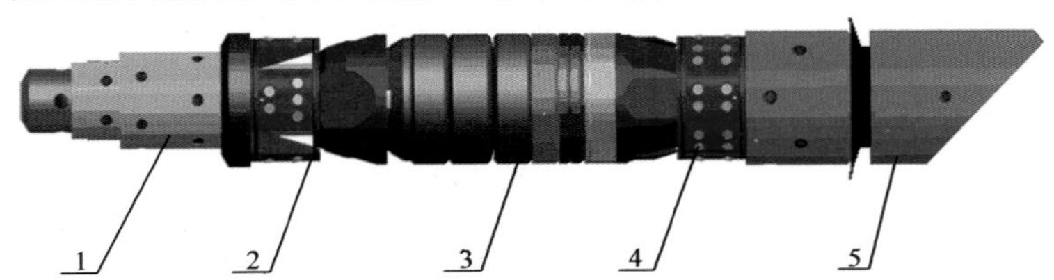

图 7-75 易钻桥塞结构组成

1—单流阀及适配机构；2—上锚定机构；3—密封机构；4—下锚定机构；5—助推及导向机构

2. 工作原理

桥塞下入井筒设计位置，通过坐封工具或其他装置做功给力，推动桥塞坐封套（相对上接头及中心管等）下行，剪断上卡瓦座及上卡瓦剪钉，上卡瓦座及上卡瓦下行剪断上锥体剪钉并同步下行，压缩卡瓦张开，组合胶筒产生径向变形紧贴套管内壁并继续下行，撑开胶筒保护机构，依次剪断下锥体及卡瓦剪钉，上、下卡瓦及胶筒组件同步继续张开，实现桥塞锚定及封隔套管上下环形空间分层的目的。

3. 技术参数（表 7-20）

表 7-20　易钻桥塞技术参数

适用套管规格/in	7（177.8mm）	5½（139.7mm）	4½（114.3mm）
总长/mm	500～1000	400～950	350～900
最大外径/mm	135～146	104～112	85～92
最大工作压力/MPa	90	90	70
工作温度/℃	≤150		

4. 施工工艺

主要工艺流程：第 1 段，采用爬行器带动射孔枪下至预定位置进行射孔（或采用油管传输射孔），取出射孔枪后，再进行套管压裂；第 2 段，采用电缆及水力泵送射孔枪和桥塞至预定位置，通过一趟电缆完成桥塞坐封和射孔联作，取出射孔枪，然后进行套管压裂，依次类推，完成多段封隔、射孔和压裂。最后通过连续油管（或普通油管/钻杆）下入磨铣工具钻除多段桥塞，完井投产典型井压裂曲线如图 7-76 所示。

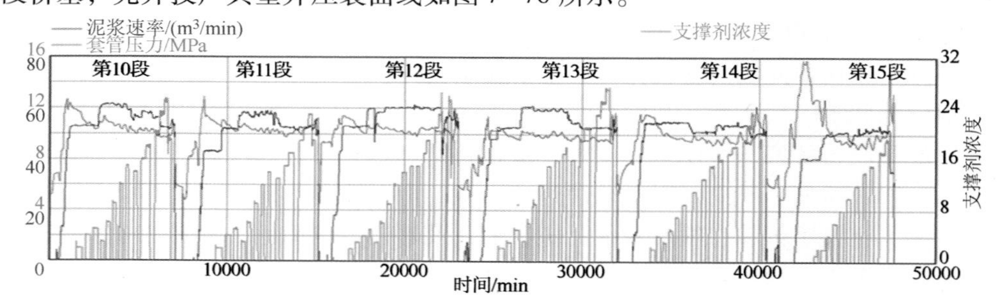

图 7-76　典型井压裂曲线

（二）分段压裂滑套

1. 常规投球打开滑套

1）投球打开滑套的结构组成

投球式打开滑套由上接头、外筒、内套、球座、防退卡簧、下接头、剪钉及密封件组成，如图 7-77 所示。

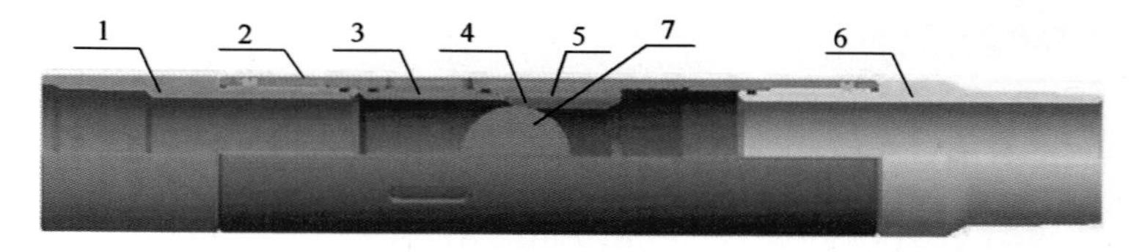

图 7-77　投球式打开滑套

1—上接头；2—外筒；3—内套；4—球座；5—防退卡簧；6—下接头；7—憋压球

2）工作原理

压裂管串中，投球式打开滑套由下至上按内部球座的孔径由小到大依次排序。压裂时，依次投入由小到大配套的憋压球。当憋压球运行至球座时，与球座设计的球面形成密封，加压并剪断固定内套与外筒的剪钉，内套下行，泄流孔逐渐被打开。

3）主要技术参数(表 7-21)

表 7-21　投球滑套主要技术参数

规格/in	外径/mm	内径/mm	抗外挤/MPa	抗内压/MPa	最大工作温度/℃	最大级数
3½	114.3	71.88	70/105	70/105	163	14
4½	139.7	99.57	70/105	70/105		20
5½	190.5	122.8	70/105	70/105		40

4）应用实例

常规投球式滑套分段压裂工具在中国石化华北分公司大牛地气田内的 DPS－63 井进行 12 级分段压裂，共下入 4½in 裸眼封隔器 25 套。该井完钻层位二叠系下统山西组山 2 段，斜深 4098.39m，垂深 2702.70m，水平井长度 1200.0m，6in 裸眼完井，钻遇砂岩总长度为 1122m，全烃显示的砂岩总长度为 929m，泥岩段总长度为 78m 。工具顺利下入，坐封、坐挂一次性顺利完成，验封合格。压裂施工中，压差滑套和投球滑套打开压力显示明显，排量 2.0～4.1m^3/min，施工压力 34.2～44.2MPa，合计加砂 489.0m^3，用液 3456.7m^3。压裂取得了较好的压裂效果，压后初期日产气 56627m^3/d。施工曲线如图 7-78 所示。

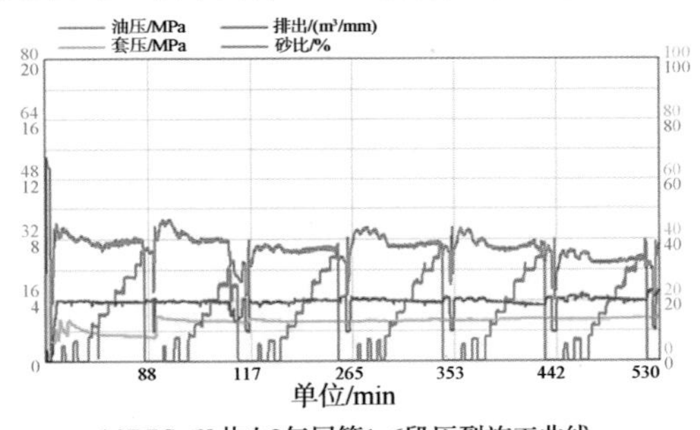

(a)DPS-63井山2气层第1~6段压裂施工曲线

(b)DPS-63井山2气层第7~12段压裂施工曲线

图 7-78　DPS－63 井裸眼封隔器＋滑套分段压裂施工曲线

2. 机械开关固井滑套及配套的开关工具

1）结构组成

机械开关式固井滑套主要包括上接头、本体、内滑套、下接头、密封组件及包覆层等，如图 7-79 所示。

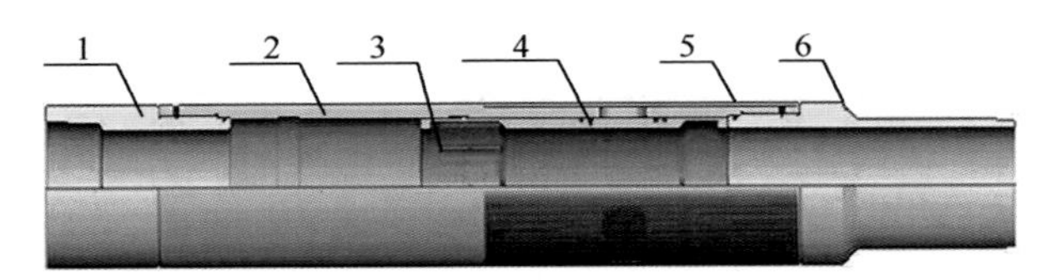

图 7-79　机械开关固井滑套结构组成

1—上接头；2—本体；3—内滑套；4—密封组件；5—包覆层；6—下接头

连续油管液压式开关工具是机械式固井滑套的关键部件，可用于对固井滑套进行打开、关闭操作。液压式开关工具主要包括上下接头、本体、锁块、液缸和节流阀等，如图7-80所示。

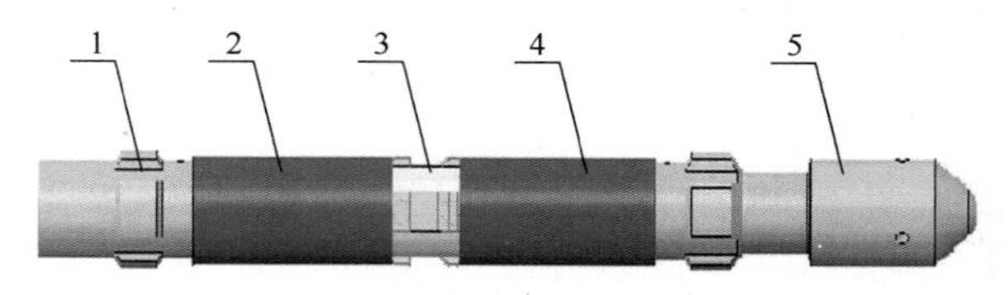

图7-80　开关工具结构组成

1—上接头；2—上液缸；3—锁块；4—下液缸；5—节流阀

2）工作原理

机械开关式固井滑套与套管管柱一趟下入井内后，实施常规固井，候凝。压裂施工时，下入连续油管开关工具，以一定流量泵入完井液，在管串末端节流阀节流作用下产生一定压差，开关工具锁块在压差作用下外突，与内滑套台肩配合锁住，上提管柱，将滑套打开。从油套环空泵入压裂液与支撑剂进行相应层位压裂施工。压裂施工结束后，下放开关工具至该层滑套处，将滑套关闭，上提开关工具管串至下一储层滑套处，进行下一层位施工操作。

3）技术参数（表7-22）

表7-22　机械开关固井滑套技术参数

规　格/in	5½(139.7mm)	4½(114.3mm)
最大外径/mm	172	140
最小内径/mm	121	97.2
长度/mm	1660	
滑套开关载荷/t	2～3	
抗外挤能力/安全系数	96.4 MPa/1.38	90.4 MPa/1.29
抗内压能力/安全系数	98.1 MPa/1.40	94.8 MPa/1.35
抗拉强度/t	209	93.7
最大工作温度/℃	163	

4）应用实例

机械开关固井滑套在北美巴奈特地区、国内苏里格气田、吉林油田等地区进行过应用。BJ公司的全通径固井滑套压裂工具在北美巴奈特页岩气藏完成一口井48段压裂。该井水平段长945m，完井套管为ϕ139.7mm，滑套平均间距仅为19m。压裂施工共持续9d，泵注时间达到101h，平均单级压裂时间为2.1h，每级压裂排量达到5.6m^3/h，加砂量为30t，加液量接近240m^3，每级施工压力为40MPa左右。截至目前，BJ公司的全通径固井滑套已在北美地区施工超过1000口井，压裂级数超过10000级，为实现页岩气等非常规油气藏高效开发提供了宝贵的经验。压裂管柱如图7-81所示。

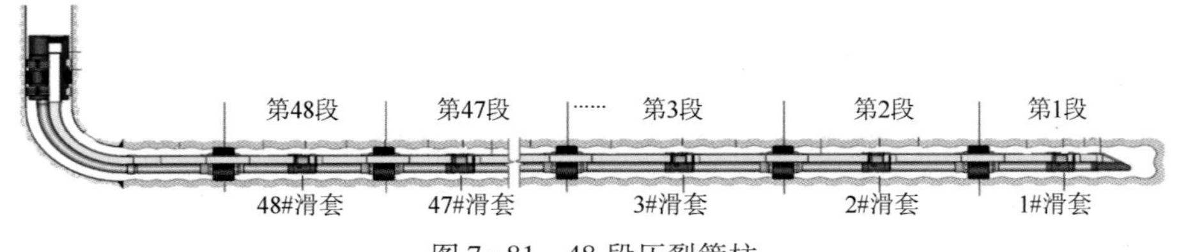

图 7-81　48 段压裂管柱

3. 压差滑套

1）结构组成

压差滑套一般与投球滑套、机械开关滑套联合使用，通常连接在管柱的最下端，作为压裂滑套的第一级，采用压差打开。主要由上接头、外筒、内套、剪钉、下接头及密封圈组成，如图 7-82 所示。

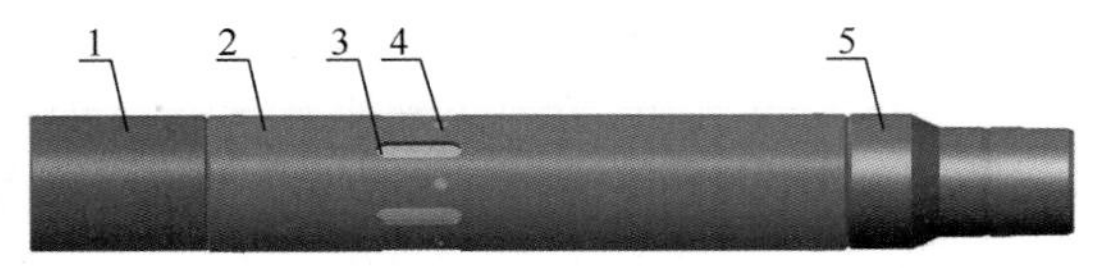

图 7-82　压差式打开滑套

1—上接头；2—外筒；3—内套；4—剪钉；5—下接头

2）工作原理

压差式滑套工具一般与其他滑套配用，作为压裂管柱末端第一级。压裂管串加压一定值时，压差式滑套靠面积差的作用力推动内套下行打开泄流孔。

3）技术参数（表 7-23）

表 7-23　压差式滑套技术参数

规格/in	外径/mm	内径/mm	抗外挤/MPa	抗内压/MPa	最大工作温度/℃
3½	114.3	71.88	70/105	70/105	163
4½	139.7	99.57	70/105	70/105	
5½	190.5	122.8	70/105	70/105	

（三）裸眼封隔器

1. 压缩式裸眼封隔器

1）结构组成以及工作原理

压缩式裸眼封隔器的结构如图 7-83 所示，由本体、液缸、防突机构、胶筒、挡环等部件组成。其工作原理是液压驱动封隔器坐封，液体通过传压孔流入液缸，当压力升至 20MPa 左右时，推动液缸下行，剪断坐封剪钉，同时压缩整体式胶筒，使其发生径向膨胀，贴紧裸眼井壁，从而封堵封隔器与裸眼井壁之间环空，液缸下行后，在内锁紧防退装置卡簧的作用下不产生回退，从而保证了裸眼封隔器的密封效果和封隔长久性。

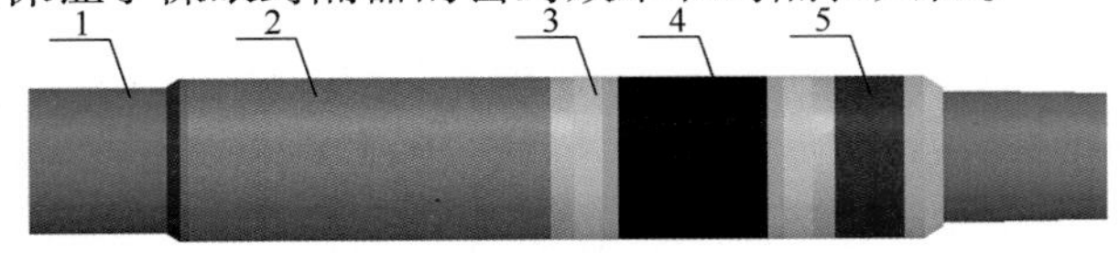

图 7-83　YLF114 型裸眼封隔器

1—本体；2—液缸；3—防突机构；4—胶筒；5—挡环

2）技术参数（表 7－24）

表 7－24　压缩式裸眼封隔器主要技术参数

适用套管规格/in	5½（139.7mm）	4½（114.3mm）
总长/mm	800	700
最大外径/mm	210	142.7
最大工作压力/MPa	70	70
工作温度/℃	≤150	

3）应用实例

国产常规投球式滑套分段压裂工具 2013 年 10 月在中国石化华北分公司大牛地气田内的 DPS－63 井进行 12 级分段压裂，共下入 4½in 裸眼封隔器 25 套。该井完钻层位二叠系下统山西组山 2 段，斜深 4098.39m，垂深 2702.70m，水平井长度 1200.0m，6in 裸眼完井，钻遇砂岩总长度为 1122m，全烃显示的砂岩总长度为 929m，泥岩段总长度为 78m 。工具顺利下入，坐封、坐挂一次性顺利完成，验封合格。压裂施工中，压差滑套和投球滑套打开压力显示明显，排量 2.0～4.1m^3/min，施工压力 34.2～44.2MPa，合计加砂 489.0m^3，用液 3456.7m^3。压裂取得了较好的压裂效果，压后初期日产气 56627m^3/d。施工曲线如图 7－84 所示。

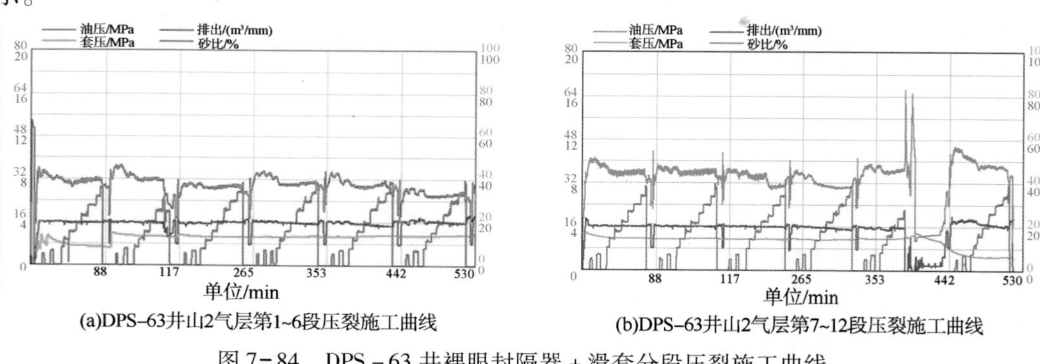

(a)DPS-63井山2气层第1~6段压裂施工曲线　(b)DPS-63井山2气层第7~12段压裂施工曲线

图 7－84　DPS－63 井裸眼封隔器＋滑套分段压裂施工曲线

2. 遇油遇水自膨胀封隔器

1）结构组成

自膨胀封隔器主要由基管、胶筒和限位防突机构 3 大部分组成。如图 7－85 所示。

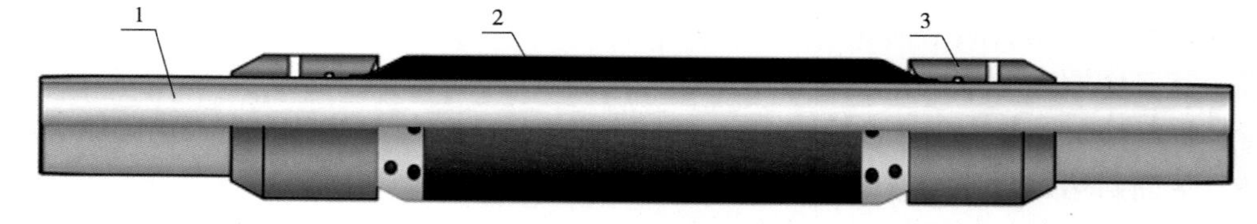

图 7－85　带有防突保护装置的自膨胀封隔器

1—基管；2—胶筒；3—限位防突机构

2）膨胀密封机理

遇水膨胀橡胶材料多由吸水聚合物和橡胶基体进行混合制得，使吸水聚合物均匀的分散在橡胶基体之中。吸水聚合物在吸水前为一种高分子固态网状结构，其中的亲水官能团与水分子之间具有极强的吸引力和结合力，当遇水膨胀橡胶浸入水中时，亲水性官能团与水分子发生水合作用，使高分子网束张展，吸水聚合物网络结构的张展使其体积增大，产生体积膨胀，进而使橡胶基体体积增大，达到遇水膨胀的效果，直至吸水聚合物膨胀力与橡胶的弹性束缚力相等时，达到吸水平衡状态。

吸油膨胀橡胶与油接触时，油脂通过毛细扩散作用及表面吸附等物理作用进入橡胶内部与橡胶中亲油性官能团形成极强的结合力，从而渗透到网络内部，使橡胶体积膨胀，导致三维分子网络伸展，而交联点之间的分子链的伸展则降低了它的构象熵值，分子网络的弹性收缩力，力图使凝胶体积收缩。当两种相反的作用互相抵消时，达到溶胀平衡。

3）基本参数（表7-25）

表7-25　自膨胀封隔器基本参数

型　号	基管公称直径/mm	胶筒最大外径/mm	胶筒长度/mm	适用最大井径/mm	额定工作压差/MPa
Y/SZF-114	114	146	1000/2000/3000/4000/5000/6000	<160	20
Y/SZF-127	127	207		<224	30
Y/SZF-140	140	207		<224	30
Y/SZF-178	178	207		<224	20

注：封隔器最大外径、封隔件密封长度可根据用户要求设计。

4）应用实例

低渗透油气藏需要压裂增产作业来把许多边界储量转化为可规模化开采的储量。带有防突保护装置（图7-85）的自膨胀封隔器能够在多级压裂中提供高达10000psi的可靠环空隔离，简化了多级压裂作业的管柱结构，确保整个水平段增产作业的顺利实施。

位于蒙大拿州东部Williston盆地的巴肯地层为超高压地层，压力5~73psi/ft。早期主要采用直井固井+压裂增产和水平井固井+射孔+压裂增产的完井方式，这两种方式效率低且单井采收率低，而且压裂段水泥会对产层造成破坏。后期大量采用不固井的尾管和裸眼完井后压裂增产的完井方式，由于裸眼井没有分段环空隔离，压裂后投产初期产量提高明显，但井壁稳定性差，产量会随着井眼的坍塌而降低；而没有分段的尾管则会造成某些层段不能被完全压裂的问题，增产效果不明显。近几年，出现了通过自膨胀封隔器提供环空隔离的裸眼完井方式。图7-86为一口不采用环空隔离的不固井尾管完井的三分支水平井，对三水平段同时进行压裂改造；图7-87为一口采用封隔器+不固井尾管完井的单水平段井，对单水平段采用自膨胀封隔器封隔分段隔离并进行增产改造。

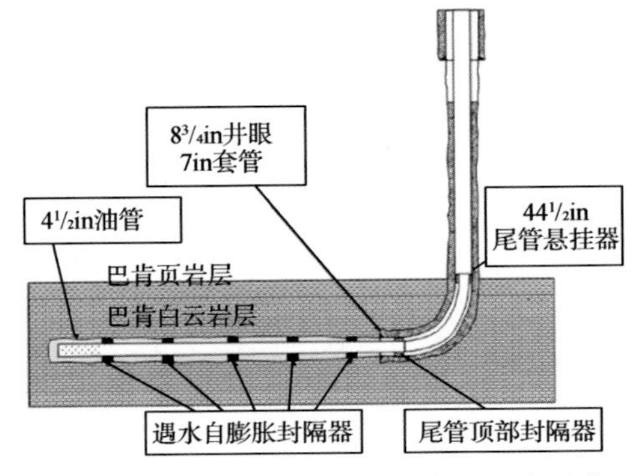

图7-86　采用自膨胀封隔器完井的水平井

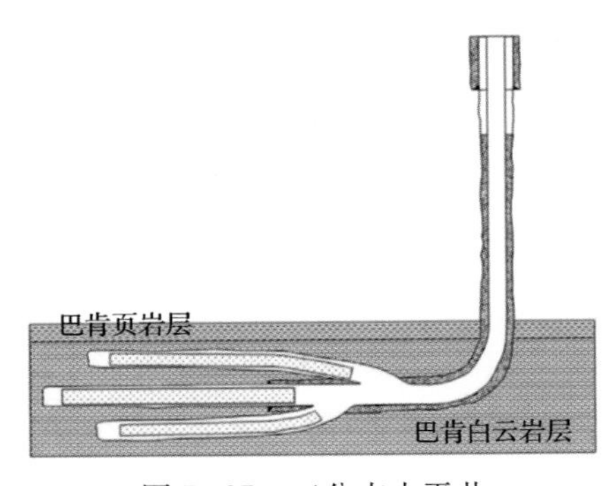

图7-87　三分支水平井

开采半年后对两口井累积产量进行对比，如图7-88所示。可见，使用自膨胀封隔器的单水平段井比三分支井产量显著提高。

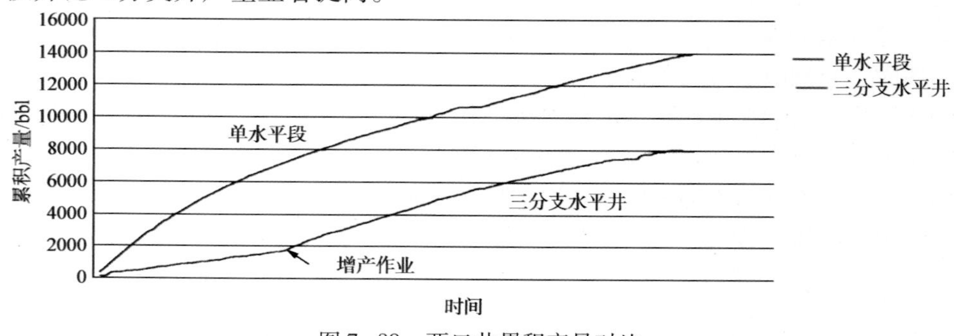

图7-88　两口井累积产量对比

第六节　钻完井作业实例

一、页岩气井作业实例

（一）美国巴奈特页岩气田

美国页岩气钻井包括直井和水平井两种方式。直井的目的主要用于试验，了解页岩气藏特性，获得钻井、压裂和投产经验，并优化水平井钻井方案。水平井主要用于生产，可以获得更大的储层泄流面积，得到更高的天然气产量。

1. 井身结构设计

巴奈特页岩气开发用的是ϕ508mm的J-55导管，ϕ444.5mm钻头一开钻至约140m，下入ϕ339.7mm的H-40表层套管；ϕ311.15mm钻头二开钻至约1680m，下入ϕ244.5mm的N-80表层套管；之后用ϕ222.25mm钻头钻至4200m，下入ϕ139.7mm的P-110套管固井、完井。由于后期加砂压裂，因此对套管及套管头承压能力要求较高，固井质量要好，水泥返高到地面。典型井身结构如图7-89所示。

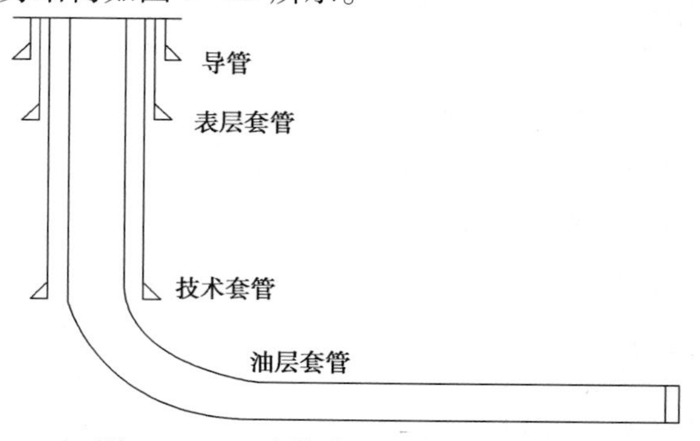

图7-89　巴奈特典型井身结构示意图

2. 水平井技术

与直井相比，水平井成本为直井的1.5~2.5倍，水平井减少了地面设施，开采延伸范围大，避免了地面不利条件的干扰。2002年以前，垂直钻井是美国页岩气开发中主要的钻井方式，随着2002年Devon能源公司在巴奈特盆地完成的7口页岩气试验水平井取得成功，业界开始大力推广水平钻井，水平钻井已然成为页岩气开发的主要钻井方式。此后，巴奈特页岩气水平井完钻井数迅速增加，2003～2007年，巴奈特页岩气水平井累计达到4960口，占生产井总数的50%以上，2007年完钻2219口水平井，占该年页岩气完井总数的94%。

水平井技术在页岩气开发应用中有以下几个关键环节。

1）轨道设计

水平段井眼位置选择主要依据页岩层的物性，水平段方位的设计主要依据地应力资料，一般和最小水平主应力方向一致。水平井形式包括单支、多分支和羽状水平井。当前美国页岩气开发中主要应用的是单支水平井。

在钻井过程中，井眼穿过裂缝。FMI全井眼微电阻率扫描成像测井显示出水平井钻遇的裂缝和层理特征。钻井引发的裂缝出现在钻井轨迹顶部与底部，终止于井筒应力最高的侧面。井筒钻穿的天然裂缝垂直穿过井筒顶部、底部和侧面。据美国公布的数据，最有效的水平井进尺包括造斜井段，一般为914～1219m。

2）随钻测量与地质导向

采用地质导向技术，确保在目标区内钻进，避开断层和其他复杂构造区。随钻测井技术（LWD）和随钻测量技术（MWD），可以使水平井精确定位，同时作出地层评价，引导中靶地质目标。如今，将MWD技术应用于水平井钻井，能够实时监控关键钻井参数；将自然伽马测井曲线应用到水平井钻井中，可以进行控制和定位；将钻井随钻测量数据和地震数据进行对比，控制钻头在有机质丰富、自然伽马值高的有利区域钻进。

除此之外，GeoVISION随钻成像服务和RAB钻头附近地层电阻率仪器等LWD技术，有助于在钻井过程中实时识别天然裂缝，解决相关测井问题。应用该类技术后，可以分析整个井筒长度范围内产生的电阻率成像和井筒地层倾角，而且成像测井可以提供用于优化完井作业的相关信息，包括构造信息、地层信息和力学特性信息等。例如，通过对地层天然裂缝与诱发裂缝进行比较，可以确定射孔和油井增产的最佳目标；在进行加密钻井时，通过井眼成像可识别邻井中的水力压裂裂缝，有助于在新井中对原先未被压裂部分实施增产措施。井中诱导裂缝的存在及方向，对确定整个水平井的应力变化及力学特性非常有用。

3）轨迹控制技术

（1）对于位移不大、储层均质性较好、难度一般的水平井钻井，在常规液相钻井液条件下，稳定器钻具组合和弯外壳螺杆钻具与MWD组合，可以实现斜井段与水平段的轨迹控制，用随钻伽马一条曲线即可实现地质导向钻井。

（2）对于位移较大、难度较高的水平井，使用旋转导向钻井技术钻进，可以钻出更加光滑、更长的水平段。在水平井钻井中，采用旋转钻井导向工具，可以形成光滑的井眼，更容易获得较好的地层评价。

（3）水平段钻井一般采用PDC钻头，尽量提高钻头寿命，延长单趟钻进尺，有的水平井水平段用一只PDC钻头一趟钻完成，快速钻井减少井下复杂情况的出现。

4）钻井液技术

页岩气钻井过程中，尤其是钻至水平段，由于储层的层理或者裂缝发育、蒙脱石等吸水膨胀性矿物组分含量高，不利于井眼稳定。因此，钻井液体系选择要考虑的主要因素有：防止黏土矿物膨胀、提高井眼稳定性、预防钻井液漏失和提高钻速。直井段（三开前）对钻井液体系无特殊要求，主要采用水基钻井液。水平段钻井液主要采用油基钻井液。

5）固井与完井技术

由于页岩气大部分以吸附态赋存于页岩中，而页岩渗透率低，既要通过完井技术提高其渗透率，又要避免地层损害是施工的关键，直接关系到页岩气的采收率，因此在固井、完井方式和储层改造方面有其特殊要求。页岩气井通常采用泡沫水泥固井技术。泡沫水泥具有浆体稳定、密度低、渗透率低、失水小、抗拉强度高等特点，因此具有良好的防窜效果，能解决低压易漏长封固段复杂井的固井问题。而且水泥侵入距离短，可以减小储层损害。根据国外经验，泡沫水泥固井比常规水泥固井产气量平均高出23%。页岩气井的完井方式主要包括组合式桥塞完井、水力喷射射孔完井和机械式组合完井。

（二）涪陵页岩气田

涪陵页岩气田位于川东褶皱带东南部，万县复向斜南扬起端的焦石坝构造。主体构造为一被大耳山西、石门、吊水岩、天台场等断层所夹持的断背斜构造。目的层埋深小于3500m，分布面积486.0km^2，其中矿权内面积443.3km^2。2012年焦页1HF井在上奥陶统五峰组－下志留统龙马溪组下部页岩气层获得20.3×10^{4}m^3/d的高产工业气流，实现了涪陵地区海相页岩气勘探的重大突破。2013年焦页6－2HF井测试获日产气量37.6×10^{4}m^3、焦页8－2HF井测试获日产气量54.72×10^{4}m^3，多口井的试气获得高产工业气流再次验证了涪陵页岩气田广阔的开发前景(周贤海，2013)。中国石化部署了涪陵页岩气田一期产建区开发方案，共部署63个平台253口井(含焦页1HF井)，其中新钻井252口，2014年投产100口井，2015年投产135口井，“十二五”要达到50×10^{8}m^{3}产能目标。

1. 涪陵页岩气井井身结构(表7－26)

（1）导管。ϕ660.4mm钻头钻进，ϕ508mm套管下深50m左右，建立井口。

（2）表层套管。一开用ϕ444.5/406.4mm钻头，采用清水钻井方式钻进，以封隔飞仙关组三段为原则确定中完深度，表层套管设计平均下深500m左右，应保证固井质量，水泥返至地面。

（3）技术套管。二开用ϕ311.2mm钻头，正常情况下，清水钻穿茅口组地层或钻至造斜点后转钻井液钻进(空气钻条件下，钻至造斜点后转钻井液)，钻至龙马溪组页岩气层顶部，下ϕ244.5mm套管固井，封龙马溪组页岩气层之上的易漏、易垮塌地层，以钻达或钻穿龙马溪组页岩气层上部的标准层“浊积砂”为中完原则。水泥返至地面。

（4）生产套管及完井方式。三开使用ϕ215.9mm钻头、油基钻井液，完成大斜度井段和水平段钻井作业，下入ϕ139.7mm套管完井。

表7－26　涪陵地区地层与井身结构设计

<table>
<tr><th colspan="4">地　层</th><th rowspan="2">预测地层压力系数</th><th rowspan="2">开钻次数</th><th rowspan="2">钻头直径×钻深/mm×m</th><th rowspan="2">套管直径×下深/mm×m</th></tr>
<tr><th>系</th><th>组</th><th>代号</th><th>底界深/m</th></tr>
<tr><td rowspan="2">三叠系</td><td>嘉陵江组</td><td>T_1j</td><td>480</td><td rowspan="5">0.85～0.90</td><td>导管</td><td>660.4×60</td><td>508×60</td></tr>
<tr><td>飞仙关组</td><td>T_1f</td><td>880</td><td>一开</td><td>444.5×702
(502～902)</td><td>339.7×700
(500～900)</td></tr>
<tr><td rowspan="5">二叠系</td><td>长兴组</td><td>P_2ch</td><td>1050</td><td rowspan="9">二开</td><td rowspan="9">311.2×2732</td><td rowspan="9">244.5×2730</td></tr>
<tr><td>龙潭组</td><td>P_2l</td><td>1100</td></tr>
<tr><td>茅口组</td><td>P_1m</td><td>1410</td></tr>
<tr><td>栖霞组</td><td>P_1q</td><td>1560</td><td rowspan="2">1.10～1.20</td></tr>
<tr><td>梁山组</td><td>P_1l</td><td>1580</td></tr>
<tr><td>石炭系</td><td>黄龙组</td><td>C_2h</td><td>1604</td><td>1.10～1.20</td></tr>
<tr><td rowspan="4">志留系</td><td>韩家店组</td><td>S_2h</td><td>2100</td><td>1.10～1.25</td></tr>
<tr><td>小河坝组</td><td>S_1x</td><td>2330</td><td rowspan="2">1.10～1.25</td></tr>
<tr><td rowspan="2">龙马溪组</td><td rowspan="2">S_1l</td><td>2520</td></tr>
<tr><td>A：2600
B：2600</td><td>1.41～1.55</td><td>三开</td><td>215.9×4500</td><td>139.7×4490</td></tr>
</table>

2. 水平井钻井技术(周贤海，2013)

1）井眼轨道参数优化

（1）造斜点：由于造斜率受井眼大小和地层情况的影响，为了有利于造斜和方位控制，造斜点一般选在地层较稳定的井段。水平段垂直最大主应力的二维水平井，造斜点选在志留系小河坝组地层；斜交最大主应力的三维水平井，造斜点选在二叠系茅口组或栖霞组地层。

（2）造斜率：考虑到页岩气层分段压裂改造时泵送桥塞工艺的要求，在不影响生产管柱下入和满足管材抗弯能力前提下，结合地层影响因素，选择尽量低的造斜率，造斜率一般设计在(15°～17°)/100m，最大不超过25°/100m。

（3）涪陵地区3口井的丛式平台井组井眼轨道示意图如图7-90所示。其中1口井水平段垂直最大主应力方向，2口井水平段与最小主应力方向有一定夹角。

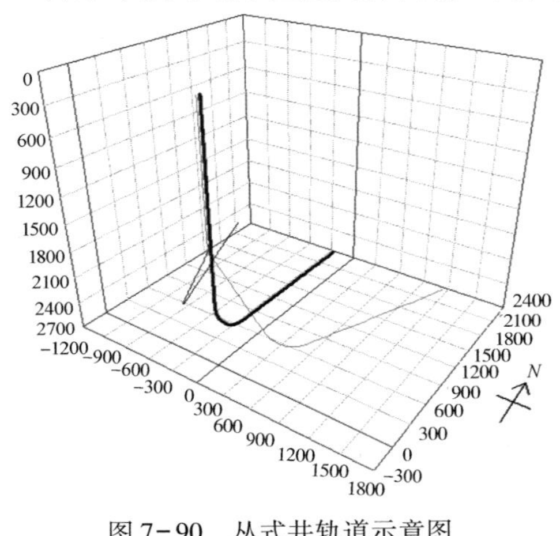

图7-90　丛式井轨道示意图

2）井眼轨迹控制技术

通过对井下钻具与钻头的优选、井眼轨迹预测监控和摩阻扭矩的计算分析，在保证井眼轨迹圆滑的基础上，提高钻井速度。

（1）定向段钻具组合：在ϕ311.2mm井眼造斜，钻具组合优选为：ϕ311.2mm牙轮钻头+ϕ216mm×1.25°单弯螺杆+浮阀+ϕ203.2mm无磁钻铤×1+LWD组件+ϕ177.8mm钻铤×1+ϕ165mm钻铤×3+ϕ127mm加重钻杆×30根；三维水平井由于靶前位移大，在ϕ311.2mm井眼需要长井段稳斜，稳斜钻具组合：ϕ311.2mm牙轮钻头+ϕ216mm×0.75°单弯螺杆+ϕ285mm扶正器+浮阀+ϕ203.2mm无磁钻铤×1+LWD组件+ϕ177.8mm钻铤×1+ϕ165mm钻铤×3+ϕ127mm加重钻杆×30根。

（2）三开水平段钻具组合：水平段采用PDC钻头+ϕ165mm钻铤×0.75°单弯螺杆+ϕ210～ϕ213mm扶正器的倒装稳斜钻具组合。

3. 快速钻井技术(周贤海，2013)

（1）空气钻井技术应用井段优选：与常规钻井液钻井方式相比，空气钻井技术可以大幅度提高机械钻速。地层资料综合分析表明：三叠系嘉陵江组和飞仙关组地层稳定，该井段可以进行空气钻井；在嘉陵江组底部或飞仙关组顶部存在水层，遇水层后可转换为泡沫钻井；二叠系和志留系地层无明显水层，能够满足实施空气钻井的条件。因此，在一开和二开造斜点之前推荐使用空气钻井，若遇水层则转换为泡沫钻井。

（2）复合钻井技术：由于二叠系长兴组、茅口组、栖霞组在局部地区存在浅层气，空气钻技术受限，为提高机械钻速，优化选用“螺杆 + PDC 钻头”复合钻井技术。二叠系地层由于地层含硅质成分高，PDC 钻头极易受损，优化选用“螺杆 + 牙轮钻头”复合钻技术。

4. 钻井液技术

直井段对钻井液体系无特殊要求，采用空气（泡沫）或常规水基钻井液体系，水平段要穿目的层页岩层段，采用油基钻井液体系。

5. 固井技术

1）水平井套管下入技术

（1）套管抬头下套管技术：在引鞋之上接短套管安放 1 只整体式扶正器，保证套管顶部在水平段处于“抬头”状态，减少下入摩阻，利于套管下入。

（2）合理安放套管扶正器，确保套管居中：在水平井段每根套管加 1 个扶正器，采用弹性双弓扶正器和刚性树脂旋流扶正器交替安放；在造斜段每 2 根套管安放 1 只刚性树脂扶正器；在直井段每 5 根套管安放 1 只弹性扶正器。

2）水泥浆体系优选

为满足涪陵地区页岩气井长水平段固井的需要，优选采用韧性胶乳防气窜水泥浆体系，其配方为：100% G 级水泥 +27% 淡水 +13% 胶乳 +1.0% 降滤失剂 +1.0% 稳定剂 +0.75% 分散剂 +6% 增强防窜剂 +1% 膨胀剂 +0.2% 缓凝剂 +0.9% 消泡剂。

3）提高顶替效率技术

（1）优选采用适应油基钻井液条件的固井前置液体系，以有效清洗和冲刷井壁和套管壁的油膜，将亲油性的井壁反转为亲水性的井壁，提高水泥浆与一、二界面的胶结质量和顶替效率。

（2）水平段采用清水顶替，实现漂浮顶替，来改善顶替效率，提高居中度和固井质量。

二、致密油气井作业实例

（一）苏里格南合作区

苏里格南合作区是中国石油与法国道达尔公司的天然气合作开发区块，2012 年通过借鉴苏里格气田其他区块的开发经验，结合道达尔公司先进适用技术和精细化管理理念，探索了具有苏南特色的“井工厂”钻、完井作业模式，实现了“三低”气田的规模效益开发。该区块井型选择以大位移定向井为主、水平井为辅，每座井场布置 9 口井，其中中心直井 1 口、1000m 水平位移定向井 4 口、1400m 水平位移定向井 4 口。目前采用的井场面积为 $255\times75=19125m^2$，9 口井呈单行布置（图 7-91），1 ~4 号井相邻井口间距为 15m，4 ~5 号井相邻井口间距为 30m，5 ~9 号井相邻井口间距为 15m。井场布局适合任何型号的 2 台 50 型钻机同时作业（张金成等，2014；刘社明等，2013）。

整个井场 9 口井的上部 800m 表层，由一台 30 型小钻机完成，只需使用一个钻井液池，并在一个月左右就可以完成，平均单井施工时间只有 3 天，大大降低了施工成本。下部地层采用 50 型双钻机联合作业，即一台钻机施工 1 ~4 号井，另一台钻机施工 5 ~9 号井。通过应用钻机平移滑轨系统，实现了钻机的快速平移，15m 井口距离 2h 内可平移到位，实现了当天搬家当天开钻，与 2011 年相比搬安周期缩短了 3 天。全年完钻直井 10 口，最快直井建井周期 20.74 天；完钻 1000m 大位移定向井 56 口、1400m 大位移定向井 52 口，9 轮“井工厂”钻井作业后，平均建井周期分别降至 32.5 天和 33.7 天，分别减少了 10.1 天和 10.3 天；完钻水平井 3 口，平均建井周期 65 天，较 2011 年的 108 天减少了 43 天。压裂采用流水线

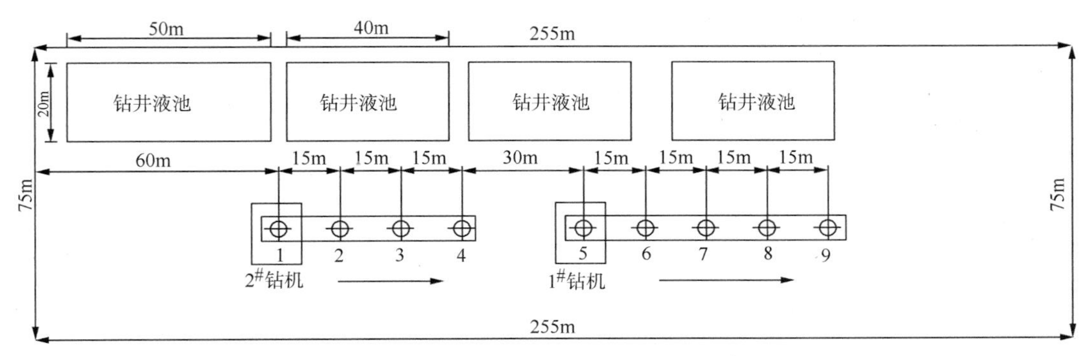

图 7-91　9 井式“井工厂”井场布置示意图

作业，以 3 口井为一个单元，一个单元压裂完毕后马上开始下一个单元的压裂作业，取得了显著的压裂效果。

（二）大牛地气田

大牛地气田属于低孔隙度、低渗透率气藏。为了利用“井工厂”技术实现经济有效的开发，2011 年在大牛地气田部署了 DP43－H 丛式水平井组进行了“井工厂”应用试验。DP43－H 丛式水平井组由 6 口井组成，均为双靶点水平井。采用二维放射性井眼轨道布置，中间井眼轨道与最小主应力方向一致，两侧井眼轨道与最小主应力夹角为 26. 56°。6 口井分为 3 个组，每组两口井相距 5m，井组之间相距 70m。具体井眼轨道如图 7-92 所示。

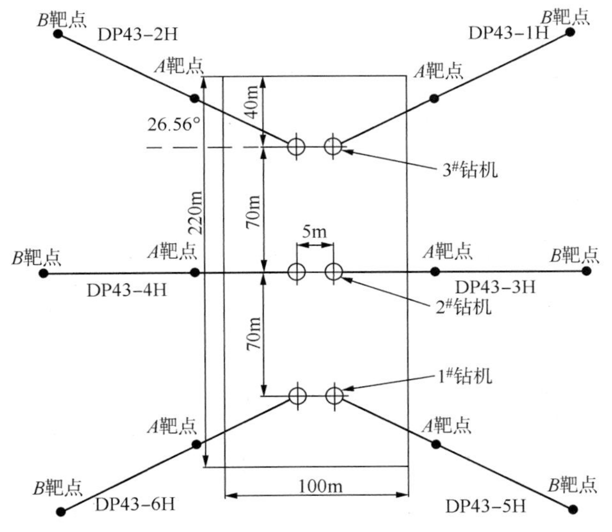

图 7-92　DP43－H 丛式水平井组钻井轨道示意图

6 口井分成三组进行钻进：DP43－1H 与 DP43－2H 一组；DP43－3H 与 DP43－4H 一组；DP43－5H 与 DP43－6H 一组，每一组使用一台钻机，当一口井打完后采用轨道式整体运移方式将钻机运移至另一口井。DP43－H 水平井组 6 口井实钻平均井深 3710. 64m，平均水平段长 991m，平均钻井周期 47. 02 天，平均建井周期 55. 1 天，平均机械钻速 8. 28m/h。与常规单井相比，钻井周期降低了 16. 3%，建井周期降低了 26. 9%，机械钻速提高了 12. 8%。DP43－H 丛式水平井组井场面积为 $220m \times 100m = 22000m^2$，一口常规井井场面积为 $100m \times 120m = 12000m^2$。不考虑生活区和道路等配套工程征地，相当于 6 口井征用了 2 口井的井场用地，大大节约了征地面积，该 6 口井组共节约征地 50000 m^2。通过“井工厂”

压裂模式的实施，有效缩短了压裂施工周期，6口丛式水平井组压裂施工共用时13天，比6口水平井单井压裂累计施工周期30天节约了17天，仅为2012年平均压裂时间的60%；其中备液时间比常规单口水平井缩短1.5天，累计节约9天。通过整体压裂，平均单井无阻流量达$12.94\times10^4m^3/d$，是2012年之前水平井无阻流量$6.95\times10^4m^3/d$的2倍，压裂效果显著。同时，6口井统一入网，不但节省了入网管线，更便于后期集中管理(张文彬，2013；李克智等，2013)。

（三）加拿大daylight公司

加拿大Groundbirch页岩气项目位于加拿大英属哥伦比亚省西北部，主要开发Montney页岩-泥质粉砂岩层天然气，储层平均深度约2500m，采用工厂化作业模式钻丛式井，井场面积$220m\times200m=44000m^2$，每个井场钻24口井。通过不断对曲线进行总结、优化，最终实现钻井提速、成本大幅降低，单井钻井周期由前期的40天缩短至9.8天，其单井平均使用钻头数量从17个减少到2～3个。

HZ 12-6-048-03W5M PAD是加拿大PEMBINA开发井平台，目的层是Cadium组致密砂岩，布置3口超长水平段水平井，水平段长2900～3000m，垂深1300～1400m，分40级压裂。

1. 井身结构(表7-27)

表7-27 井身结构数据

开次	钻头×钻深/mm×m	套管×下深/mm×m	备 注
一开	311×359	244.5×359	下深受当地地下水保护部分要求
二开	222×1560	178×1559	$KOP=966m$，技套直下至A点
三开	159×4542	114×4541	完井压裂管串，悬挂后回接至井口

2. 一开钻进

一开钻井井段为23～359m，采用的工艺主要为螺杆+PDC钻头，钻井中采用EMWD监测井斜数据，每柱一测。

(1) 钻头类型优选：311mm Halliburton FX5655。

(2) 钻具组合：ϕ311mmPDC钻头×0.30m+ϕ202mm可调单弯螺杆(1.83°)×9.14m+ϕ168mm变丝×0.81m+ϕ163mmUBHO短节×0.74m+ϕ163mm无磁钻铤×9.46m+ϕ163mmGAP短节×1.29m+ϕ158mm无磁短节×3.10m+ϕ129mm变丝×0.72m+ϕ102mm加重钻杆×333.44m(使用较浅的鼠洞)。

(3) 钻井参数：转速70～80r/min，排量$2.54m^3/min$，立管压力4.7MPa，钻压1.3～3.4t。

(4)钻井液：使用清水，加锯末防止漏失，加肥皂防止岩屑成团、清洁。

一开井段23～359m，进尺336m，纯钻时间3h，平均机械钻速达到112m/h。

3. 二开钻进

二开钻进井段359～1564m，进尺1205m，纯钻时间22.4h，循环时间35h，平均机械钻速53.79m/h。采取的主要措施包括：① 一开中完下入可使用PDC钻头钻穿的附件；② 造斜率：(5°～5.5°)/30m，2.12°螺杆164mm，7/8头，5.3级；③ 使用油基泥浆专用螺杆，120h；④ 专门针对一趟钻设计的FX54D钻头；⑤ 使用加长的102mm斜坡钻杆，单根长

13.6m，两根成立柱；⑥ EMWD 中加入伽马测量，一根一测斜，不再单独测井。

4. 三开钻井

三开钻进井段 1564～4524m，进尺 2960m，纯钻时间 47.2h，循环时间 92.2h，平均机械钻速 62.71m/h。井眼尺寸 159mm，全部是水平段钻进，段长 2960m，钻井措施包括：① 钻具组合、EMWD 等与二开基本相同，在加重钻杆出套管鞋时导换钻具，将其导到井斜 60°以内；② 螺杆外径 127mm，弯角设置 1.83°、6/7 头、8.0 级；③ 水平段定向钻进非常谨慎，每次定向钻进段长不超过 2m，设计与现场结合的非常紧密，作业前制定详细的滑动/复合方案。

三、煤层气井作业实例

目前延川南区块井深为 1300～1400m，采用"井工厂"钻井模式已完成 79 个钻井平台的钻井设计，共计 426 口井，单平台平均井数控制在 5 口以上，极大地减少了平台建设数量和提高了钻井速率。截至 2013 年年底，已完成延川南煤层气 300 口井的钻探任务。

1. 延川南煤层气"井工厂"模式成井技术

（1）钻井顺序总体优化技术。在满足煤层气藏对开发顺序要求的前提下，平台各井之间平面轨迹尽量不交叉。单平台开发井数控制 5 ~9 口井时，应考虑平台与部署井的相对位置关系。

（2）钻机快速移动技术。钻机底部安装有滑动轨道，可实现钻机的快速、小范围移动，以满足平台上多口井依次一开、固井，依次二开、固完井的操作流程。对于无轨道 20－30 型钻机，可在钻机底部安装一种专用丛式钻机导轨，并采用专用液压动力实现自行移运。

（3）井间防碰技术。根据井位部署特征和气藏对钻井的要求等实际情况，从总体上确定防碰设计优化思路，最大限度地削弱不利因素的影响，确保安全施工。井间的防碰采用"预防与防治"相结合的方式来实现。

（4）钻井液重复利用技术。由于煤层气"井工厂"钻井采用流线式施工方式，在施工各井一开过程中，只需在施工平台第 1 口井时配置钻井液，施工后面几口井稍加维护即可。一开使用预水化膨润土钻井液，其主要作用就是携带岩屑，保证一开钻井的快速钻完。二开由于钻遇多套层系且包括目的层，对钻井液性能要求较高，主要以保持井眼稳定、防止井下复杂情况的发生、保护煤储层并能安全快速成井为原则，设计采用聚合物低固相钻井液。因此对固控设备的要求也较高，能够保证在连续钻完一口井或多口井后经过简单的维护，仍能够达到低固相钻井液原有的性能，使其具备较长的维护期、回收利用率高，达到有效提高机械钻速，保证井下安全的目的。

2. 应用效果

通过优化钻具组合和钻井参数，提前预防可能遇到的复杂情况，大幅提高了同一个平台其他井的钻井指标。通过安装钻机平移轨道，实现钻机的快速平移，建井周期明显缩短，从 17 天降到 10 天以内。

同时，利用本井的候凝时间，将钻机平移到下一口井进行同开次的施工作业，单平台单井可节约候凝时间 2 ~3 天；平台上的所有井钻井完成后，整个平台一次性测固井质量，测井队与钻井队积极配合搬家后使用吊车测固井质量。

煤层气"井工厂"钻井模式的引入，极大地提高了延川南煤层气田产建的速度。

参考文献

[1] Richad T, Detoumay E, et al. The scratch test as a means to measure strength of sedimentary rocks[J]. SPE 47196, 1998: 1 ~ 8.

[2] 陈勉，金衍，张广清. 石油工程岩石力学[M]. 北京：石油工业出版社. 2008.

[3] Detournay E, Defourny P. A phenomenologican model for the drilling action of drag bits[J]. International Journal of Rock Mechanics and Mining Science, 1992, 29(1): 13 ~ 23.

[4] Rick Rickman, Mike Mullen, et al. A practical use of shale Petrophysics for stimulation design optimization: all shale plays are not clones of the Barnet shale[J]. SPE 115258, 2008: 1 ~ 11.

[5] Bill Grieser, Jim Bray. Identification of production potential in unconventional reservoirs[J]. SPE106623, 2007: 1 ~ 6.

[6] Hucka V, Das B. Brittleness determination of rocks by different methods[J]. International Journal Rock Mechanics and Mining Sciences & Geomechanics, 1974, 11(10): 389 ~ 392, 394.

[7] 胡文瑞. 页岩气将工厂化作业[J]. 中国经济和信息化，2013，(7)：18 ~ 19.

[8] 张金成，孙连忠，王甲昌，等. "井工厂"技术在我国非常规油气开发中的应用[J]. 石油钻探技术，2014，35(1)：68 ~ 71.

[9] 曾义金. 页岩气开发的地质与工程一体化技术[J]. 石油钻探技术，2014(1)：1 ~ 6.

[10] 李庆辉，陈勉，Fred P Wang，等. 工程因素对页岩气产量的影响——以北美 Haynesville 页岩气藏为例[J]. 天然气工业，2012，32(4)：54 ~ 59.

[11] Ogochukwu Azike. Multi-well real-time 3D structural modeling and horizontal well placement: an innovative workflow for shale gas reservoirs[M]. SPE148609, 2011.

[12] 张文彬. 大牛地气田 DP43 水平井组的井工厂钻井实践[J]. 天然气工业，2013，33(6)：36 ~ 41.

[13] 周贤海. 涪陵焦石坝区块页岩气水平井钻井完井技术[J]. 石油钻探技术，2013，41(5)：26 ~ 30.

[14] 唐雪平，苏义脑. 二维井眼轨道设计模型及其精确解[J]. 数学的实践与认识，2007，37(20)：32 ~ 37.

[15] 唐雪平，苏义脑，陈祖锡. 三维井眼轨道设计模型及其精确解[J]. 石油学报，2003，24(4)：90 ~ 94.

[16] 鲁港，邢玉德，吴俊林，等. 邻井防碰计算的快速扫描算法[J]. 石油地质与工程，2007，21(2)：78 ~ 81.

[17] Olof Hummes, Paul Bond, Anthony Jones, et al. Using advanced drilling technology to enable well factory concept in the Marcellus shale[J]. SPE 151466, 2012.

[18] Kevin M Brown, Keith A Beattie, Cory Kohut. High-angle gyro-while-drilling technology de delivers an economical solution to accurate wellbore placement and collision avoidance in high-density multilateral pad drilling in the Canadian oil sands[J]. SPE 151431, 2012.

[19] 葛云华，鄢爱民，高永荣，等. 丛式水平井钻井平台规划[J]. 石油勘探与开发，2005，32(5)：94 ~ 99.

[20] 石秉忠，夏柏如，林永学，等. 硬脆性泥页岩水化裂缝的发展的 CT 成像与机理[J]. 石油学报，2012，33(1)：137 ~ 142.

[21] Tare U A, Mese A I, Mody F K. Time dependent impact of water-based drilling fluids on shale properties[J]. Rock Mechanics in the National Interest, Elsworth, Tinucci & Heasley, 2001.

[22] Yu M, Chenevert M E, et al. Chemical-mechanical wellbore instability model for shales: accounting for solute diffusion[J]. Journal of Petroleum Science and Engineering, 2003, 38: 131 ~ 143.

[23] 鄢捷年. 钻井液工艺学(第一版)[M]. 青岛：中国石油大学出版社，2006.

[24] Services B F. Intergrade high performance disel-based fluids form Baroid[M]. US, 6887832, 2007.

[25] 王显光，李雄，林永学. 页岩水平井用高性能油基钻井液研究与应用[J]. 石油钻探技术，2013，41(2)：17 ~ 22.

[26] 何恕，李胜，王显光，等. 高性能油基钻井液的研制及在彭页 3HF 井的应用[J]. 钻井液与完井液，

2013，30(5)：1～4.

[27] 袁明进. 宣页1井钻井液技术[J]. 油气藏评价与开发，2011，1(4)：78～80.

[28] 刘霞，程波，陈平，等. 泌页HF1页岩油井钻井技术[J]. 石油钻采工艺，2012，34(4)：4～11.

[29] Richard G. Technical services，drill cuttings injection：a review of major operations and technical issues[J]. Society of Petroleum Engineers，2002(1)：29～34.

[30] Ralph L，Stephenson K B R，et al. Thermal desorption of oil from oil-based drilling fluids cuttings：Processes and Technologies[J]. SPE 88486，2004：1～8.

[31] Mcintyre C P，Harvey P M，Ferguson S H，et al. Determining the extent of biodegradation of fuels using the diastereomers of acyclic isoprenoids[J]. Environ Sci Technol，2007，41(7)：2452～2458.

[32] Goodwin K J，Crook R J. Cement Sheath Stress Failure[M]. SPE 20453，1990.

[33] Nelson G Scott，Huff D Curtis. Horizontal woodford shale completion practices in the aroma basin，southeast oklahoma：a case history[M]. SPE 120474-MS，2009.

[34] 沈荣熹，王璋水，催玉忠. 纤维增强水泥与纤维增强混凝土[M]. 北京：化学工业出版社，2006.

[35] Berry L S，Beall B B. Laboratory development and application of a synthetic oil/surfactant system for clennup of OB and SBM filter cakes[M]. SPE 97857-MS，2006.

[36] 刘伟，陶谦，丁士东. 页岩气水平井固井技术难点分析与对策[J]. 石油钻采工艺，2012，19(5)：22～25.

[37] 刘社明，张明禄，陈志勇，等. 苏里格南合作区工厂化钻完井作业实践[J]. 天然气工业，2013，33(8)：64～69.

[38] 李克智，何青，秦玉英，等. “井工厂”压裂模式在大牛地气田的应用[J]. 石油钻采工艺，2013，35(1)：68～71.

第八章　非常规油气储层改造与保护技术

尽管非常规油气资源规模巨大，但由于其具有低渗-特低渗特征及赋存的特殊性，在有效开采方面面临巨大的挑战。近些年来，水平井分段压裂技术的广泛运用，使非常规油气井获得工业价值成为可能。

美国沃思堡盆地巴奈特页岩气产量增长的经历表明，页岩气开发的关键技术是水平井钻井和水平井分段压裂技术。目前对页岩井的大型水力压裂可使人造裂缝的理论半长达到几百米，可使其天然气初始产量达到 $50\times10^4m^3/d$ 以上。压裂(包括生产过程中的重复压裂)改造储层不仅可使页岩气以高的初始产气量较快地收回生产投资，而且可以大大延长压裂初始高产后的相对稳产期，使其寿命持续30年左右。

此外，北美等国家也利用水平井钻井及水平井分段压裂技术等来开发致密油。我国长庆油田应用水平井体积压裂技术进行致密油的开发，目前已经取得初步成功。长庆油田还将直井多层压裂技术和地震监测技术作为开发致密油的重点技术攻关方向。

虽然水平钻井和多级压裂大大提高了致密油气的产量，但致密油气和页岩油气的开发必须要被区别对待。例如，一些致密油压裂作业商不得不投入大量的时间来调整压裂液配方。又如，加拿大的巴肯地层比美国的巴肯地层要薄得多、浅得多，并且周围有水层，而美国通常没有，因此水平井多级压裂规模要小得多，并且排量要低得多。

美国是致密油开发较早的国家之一，特别是近年来对巴肯区带老油田致密油的成功开采，吸引了全世界的目光。巴肯致密油开发技术经历了3个里程碑式的转变，直井向水平井的转变、短水平井向长水平井的转变和单级压裂向多级压裂的转变。

水平井多级压裂技术发展迅速。以PetroBakken公司的水平井压裂技术改进与创新为例，在2005~2011年的7年里，不仅解决了产水量高、压裂缝高无法控制和产量增长不理想等问题，而且成功地进行了水平井或多分支水平井裸眼多级压裂完井。2008年以来，该公司通过在双分支水平井进行裸眼封隔器压裂，每分支压裂15级，压后油井第一年产量就提高了25%(EastLE，2008)。

除了页岩气、致密油气之外，煤层气开采同样需要水力压裂，在美国煤层气井中，90%以上煤层是通过水力压裂改造形成复杂裂缝，使得在排水采气时井眼周围出现大面积的压力下降，煤层受降压影响产生气体解吸的表面积增大，保证了煤层气能迅速并相对持久地释放，其产量较压裂前增加5~20倍。

对非常规油气藏来说储层改造固然重要，但在改造储层过程中储层保护也不可少。生产实践告诉我们非常规储层一旦受到损害，要使其恢复到原有状态是相当困难的。不仅会严重影响生产井的产能和寿命，而且在勘探阶段有可能失去被发现的机会。由于页岩的岩性特点使之多具水敏性，水基压裂液进入储层后可使其黏土矿物(特别是蒙脱石)膨胀，从而阻塞孔缝，降低其产量。因而针对黏土矿物的特点采取防水敏的压裂液以保护储层和增强储层改造效果是一个重要的技术措施。

对于煤层的压裂，因煤岩表面积巨大，吸附能力强，因此压裂液中添加剂越少，其对煤层渗透性的伤害也越小。活性水压裂液是含有表面活性剂的水溶液，也是清水压裂液的一种，由于其具有污染小、成本低、整体效果好的特点，故而在煤层气压裂中得到大规模应用。

第一节　岩石力学性质与可压性分析

页岩油气层段岩石力学特性参数是进行地层压裂品质评价的关键，而压裂品质既是页岩油气工程“甜点”优选评价的重要内容，也是页岩油气储层压裂设计的重要依据。裂缝的形态及其扩展规律与非常规油气储层岩石的特征参数息息相关，是分析其可压性的基础，因此，页岩岩石力学特性对于页岩油气的压裂改造具有重要意义。

一、岩石力学性质

目前岩石力学性质的确定方法主要有两种：现场通过声波测井的方法和室内的物理模拟实验方法。声波测井通过声波速度和密度，由波动方程计算得到岩石力学分析所用的力学参数。其最大优点是能得到沿井深的连续声波特征，从而可以得到沿井深的岩层力学特性，但由于声波测井的频率一般在几千赫兹，远高于工程实际情况，所以由此得到的力学参数不能直接应用于工程设计；室内物理模拟实验可以模拟地层的应力状态，通过测量岩石加载过程中的形变和应力，就可计算出力学参数（CipollaCL，2011）。

国外对非常规油气开发实验研究最为成熟的是美国，其中 Intertek、Weatherford、Chesapeak、Terratek、Corelab、Coretest 等实验室都对页岩和致密砂岩等特殊岩石有所研究（Cipolla等，2011）。

页岩力学参数主要包括抗压强度、泊松比、杨氏模量、剪切模量、体积模量。

主要岩石力学参数求取方法为：

岩样在无侧压约束状态下所能承受的最大压力为抗压强度，其表达式为：

$$\sigma_c = \frac{P}{A} \tag{8-1}$$

式中，σ_c 为抗压强度，MPa；P 为岩样所受最大轴向载荷，N；A 为岩样截面积，mm^2。

长为 l、直径为 D、截面积为 A 的均质岩心，在其长度方向上受到作用力 P，轴向伸长 Δl，横向缩短 ΔD，则据虎克定律：在弹性限度内，应力 P/A 与径向应变 $\Delta l/l$ 成正比，在直角坐标系中将这两个量绘制成图，则杨氏模量为直线段的斜率：

$$E = \frac{\frac{P}{A}}{\frac{\Delta l}{l}} \tag{8-2}$$

式中，E 为杨氏模量，MPa；Δl 为岩心轴向伸长，mm；l 为岩心长度，mm。

在弹性限度内，径向应变与横向应变的比值为泊松比：

$$\mu = \frac{\frac{\Delta l}{l}}{\frac{\Delta D}{D}} \tag{8-3}$$

式中，μ 为泊松比，无量纲；ΔD 为岩心横向缩短，mm；D 为岩心直径，mm。

对于各向同性材料，剪切模量、体积模量和杨氏模量及泊松比之间的关系式可以用式（8-4）

和式(8-5)表示：

$$G=\frac{E}{2(1+\mu)} \tag{8-4}$$

$$K=\frac{E}{3(1-2\mu)} \tag{8-5}$$

式中，G 为剪切模量，MPa；K 表示体积模量，MPa。

页岩脆性主要与泊松比和杨氏模量有关，其中泊松比主要反映岩石抵抗变形的能力，而杨氏模量主要影响压裂后裂缝形态。塑性大的页岩气藏不利于压裂改造，因为这种储层趋向于闭合天然裂缝与人工裂缝，而脆性储层大多天然裂缝较发育，且对压裂敏感。

岩石的力学参数虽然可通过室内实验测试获得，但要对每一口井每层进行取心并不可行，因此可通过测井资料，应用相应的测井模型反映地层岩石力学特性。

1. 弹性力学参数

岩石的泊松比、弹性模量等动态弹性力学参数，可以利用测井资料中的声波纵、横波时差与密度计算。

泊松比：
$$\nu_{d}=\frac{1}{2}\left(\frac{\Delta t_{s}^{2}-2\Delta t_{p}^{2}}{\Delta t_{s}^{2}-\Delta t_{p}^{2}}\right) \tag{8-6}$$

杨氏模量：
$$E_{d}=\frac{\rho_{b}}{\Delta t_{s}^{2}}\frac{3\Delta t_{s}^{2}-4\Delta t_{p}^{2}}{\Delta t_{s}^{2}-\Delta t_{p}^{2}} \tag{8-7}$$

剪切模量：
$$G=\frac{\rho_{b}}{\Delta t_{s}^{2}} \tag{8-8}$$

体积模量：
$$K=\rho_{b}\frac{3\Delta t_{s}^{2}-4\Delta t_{p}^{2}}{3\Delta t_{s}^{2}\Delta t_{p}^{2}} \tag{8-9}$$

式中，ν_{d} 为动态泊松比；Δt_{s} 为横波时差，μs/ft；Δt_{p} 为纵波时差，μs/ft；E_{d} 为动态杨氏模量，MPa；ρ_{b} 为地层密度，g/cm^3；G 为剪切模量，MPa；K 为体积模量，MPa。

由测井得到的力学参数为动态岩石力学参数，需用实验室测得的静态力学参数校核，动、静态杨氏模量 E_{s} 和泊松比 ν_{s} 之间存在如下关系：

$$\begin{aligned}\nu_{s}&=a+b\mu_{d}\\E_{s}&=c+dE_{d}\end{aligned} \tag{8-10}$$

式中，a、b、c、d 为转换系数，与岩石所受的应力有关。

2. 岩石强度参数

（1）岩石的抗压强度 σ_{c}：

$$\sigma_{c}=0.0045E_{d}(1-V_{cl})+0.008E_{d}V_{cl} \tag{8-11}$$

（2）岩石抗拉强度 S_{t}：

$$S_{t}=\frac{0.0045E_{d}(1-V_{cl})+0.008V_{cl}}{K} \tag{8-12}$$

（3）黏聚力 C：

$$C=A(1-2\mu_{d})\left(\frac{1+\nu_{d}}{1-\nu_{d}}\right)^{2}\rho^{2}V_{p}^{4}(1+0.78V_{cl}) \tag{8-13}$$

（4）内摩擦角 ϕ：

$$\phi=a\cdot\log[M+(M^{2}+1)^{\frac{1}{2}}]+b \tag{8-14}$$

$$M = a_1 - b_1 \cdot C \tag{8-15}$$

式中，V_{cl}为泥质含量,%；K为常数，一般介于5～18之间；A为与岩石性质有关的常数；a、b、a_1、b_1为与岩石有关的常数。

图8-1是岩石力学实验分析与测井资料解释相结合计算的涪陵HF1井的岩石力学参数及应力场。

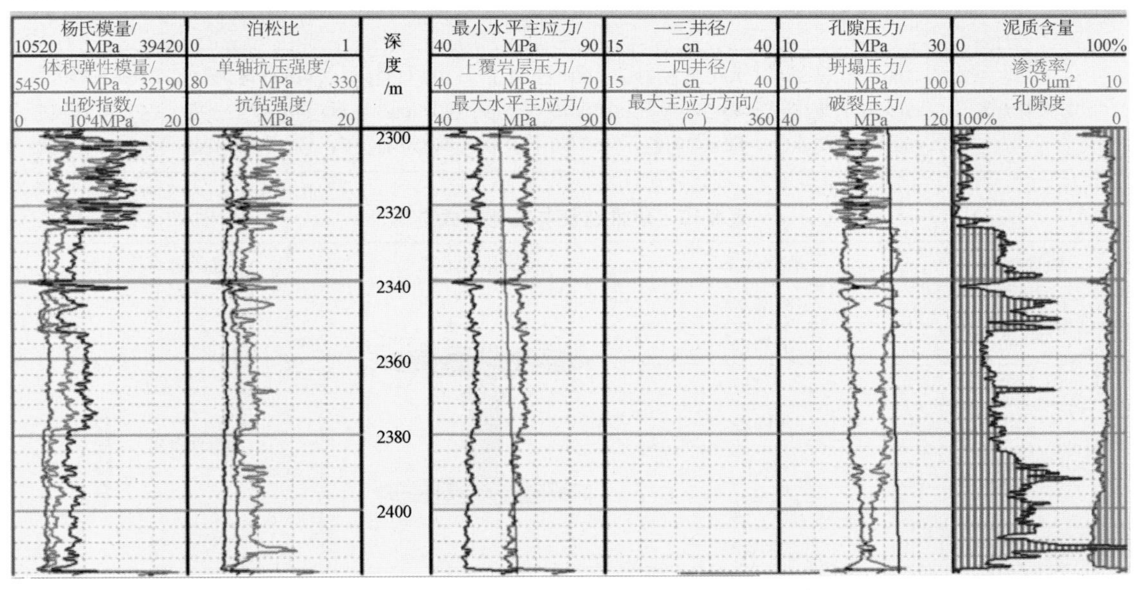

图8-1　焦页1HF页岩气井的岩石力学及应力场剖面

二、岩石可压性分析

研究表明，储层参数相差较大的页岩气储层的压裂方式差异也较大(表8-1)，主要体现在压裂段数、泵注排量、支撑剂浓度及类型和压裂液类型的选择方面。巴奈特页岩脆性矿物含量高，地应力差异系数较低，采用滑溜水、低浓度支撑剂施工，能形成网络裂缝；海恩斯维尔页岩脆性矿物含量低，水平地应力差异系数较高，属于偏塑性地层，主要形成单一裂缝，通常采用混合压裂液、较高浓度支撑剂施工；马赛勒斯页岩为中等脆性地层，水平地应力差异系数较低，优化施工设计可以形成复杂裂缝，一般采用混合压裂液、高浓度支撑剂施工，见表8-1、表8-2。所以针对不同的储层需要进行细致的压前评价工作，以得到储层的基本参数及裂缝破裂模式，以便根据不同的破裂模式采取不同的施工方式。

表8-1　美国6个主要页岩气储层压裂改造施工参数

盆　地	Barnett	Haynesville	Marcells	Woodford	Barkken	Eagleford
储层深度/m	1981～2590	3200～4115	1219～2590	1828～3353	1892～2796	1524～3302
水平段长度/m	762～1270	1016～1930	1016～1397	762～1270	965～2489	889～1143
施工段数	4～6	12～14	6～19	6～12	5～37	7～17
阶段液量/m^3	2719	1590	1590	2703	1288	1988
泵注速率/(m^3/min)	11～12.7	11	12.7	11～14	3～10	5.5～16
平均压力/MPa	20.7～34.5	75.9～103.5	44.9～60	34.5～89.7	19.3～55.2	62.1～86.3

续表

盆　地	Barnett	Haynesville	Marcells	Woodford	Barkken	Eagleford
支撑剂浓度/(kg/m^3)	68.3	119.8	299.6	119.8	389.4	119.8～179.7
压裂液类型	滑溜水 线性胶	滑溜水 线性胶 冻胶	滑溜水 线性胶 冻胶	滑溜水 线性胶	滑溜水 线性胶 冻胶	滑溜水 线性胶 冻胶
支撑剂类型	100 目粉砂；40/70 石英砂；30/50 石英砂	100 目粉砂；40/70 陶粒；30/50 陶粒	100 目粉砂；40/70 石英砂；30/50 石英砂	100 目粉砂；40/70 石英砂；30/50 石英砂	100 目粉砂；40/70 石英砂；30/50 石英砂	100 目粉砂；40/70 石英砂；30/50 石英砂

表 8-2　脆性特征与工艺方式选择

脆性指数/%	液体体系	裂缝几何形状	裂缝闭合宽度轮廓
70	滑溜水	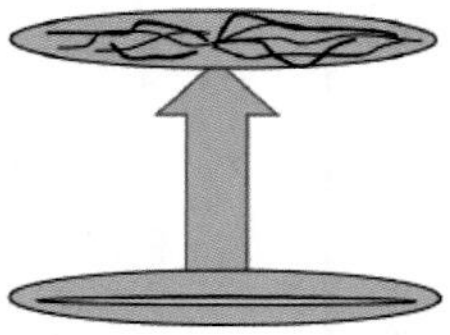	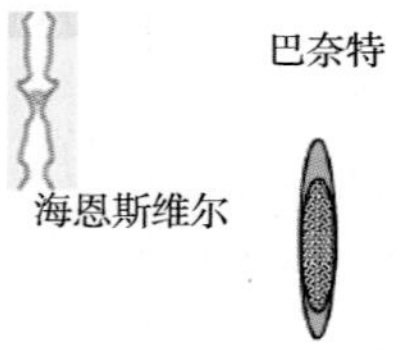 巴奈特 海恩斯维尔
60	滑溜水		
50	混合		
40	线性胶		
30	泡沫		
20	交联瓜胶		
10	交联瓜胶		

压裂规模设计			
脆性指数/%	支撑剂浓度	液量	支撑剂用量
70			
60	低	高	低
50	↓	↑	↓
40	↓	↑	↓
30	↓	↑	↓
20	高	低	高
10			

页岩的可压性是压裂设计中最关键的评价参数，如前所述，并不是所有的页岩储层压裂都容易形成网络裂缝，其影响因素包括页岩脆性、天然裂缝、石英含量、成岩作用及其他因素，目前主要利用页岩矿物组成或岩石力学参数加以表征。

可压裂性目前在国内外还是一个较新的概念，Chong 等人(2010 年)总结了北美页岩区块在过去 20 年中成功压裂的方法，认为可压裂性是页岩储层具有能够被有效压裂以及增产能力的性质，不同可压裂性的页岩在水力压裂过程中形成不同的裂缝网络，可压裂性、可生产性、可持续性是页岩油气井评价的关键参数。Fisher 等人(2011 年)认为页岩可压裂性与材料脆性和韧性有关，可以通过杨氏模量和泊松比来表征，除此之外，还可以使用无侧限抗压强度和内摩擦角来反映。国外学者通过页岩的脆性矿物含量或岩石力学参数来表征可压裂性，为可压裂性的定量评价提供思路，国内页岩储层改造研究刚刚开始，可压裂性研究较为薄弱。结合国外页岩可压裂性研究进展以及国内页岩气技术现状，筛选出影响页岩可压裂性的主要因素。

1. 成岩作用的影响

页岩在不同的成岩作用阶段，其矿物形态、黏土矿物组成以及孔隙类型都有不同，从而使页岩可压裂性不同。对页岩来说，有机质镜质体反射率 R_o 是热成熟度的指标，反映了成岩作用的最大古地温和页岩的生烃条件，是反映成岩作用最合适的参数。

当 $0.5\% < R_o < 1.3\%$ 时，页岩处于中成岩阶段 A 期，黏土矿物包含伊利石、绿泥石、伊蒙混层，高岭石向绿泥石转化，页岩石英颗粒裂缝愈合，能见少量裂缝及粒内溶孔等次生孔隙，在 A 期后期，由于晚期碳酸盐岩胶结、交代作用，孔隙度下降；当 $1.3\% < R_o < 2.0\%$ 时，页岩处于中成岩阶段 B 期，页岩中高岭石、伊蒙混层含量减少，伊利石、绿泥石含量升高，孔隙以裂缝为主，含少量溶孔，随着页岩的生烃排烃，孔隙度增加；当 $2.0\% < R_o < 4.0\%$ 时，页岩处于晚成岩阶段，页岩孔隙以裂缝为主，不稳定的长石向稳定的正长石、斜长石和石英转化，蒙皂石、高岭石等塑性黏土矿物向伊利石、绿泥石转化，岩石矿物向脆而稳定的组分转化，脆性增强，有利于压裂；当 $R_o > 4.0\%$ 时，页岩达到过成熟阶段，储层黏土矿物更稳定，裂缝发育更好，可压裂性较其他成熟度阶段更高。对于页岩储层，从有机质生烃的全部过程来看，在成熟度较低阶段，页岩脆性主要受黏土矿物组成的影响，随着成熟度增加，在页岩矿物脆性增加的同时，由于生烃、排烃，储层孔隙度增加，裂缝更加发育，因此可压裂性进一步提高，成熟度越高，可压裂性提高的速度越快(图 8-2)。

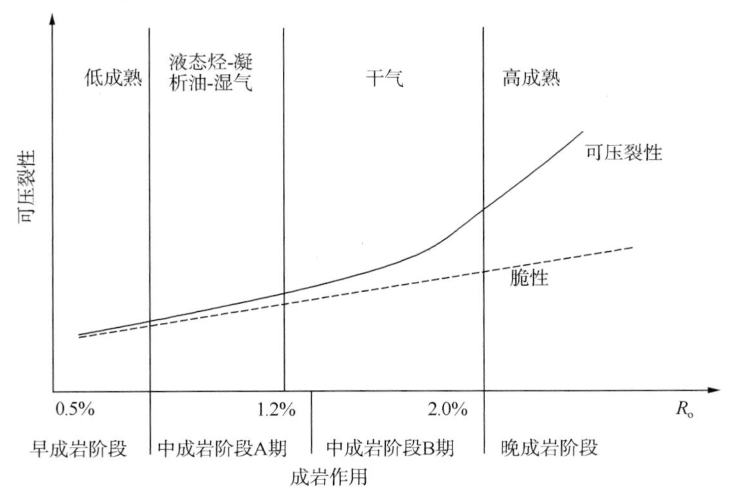

图 8-2　页岩脆性、可压裂性随成岩作用变化关系图

2. 页岩矿物组分的影响

脆性矿物含量是影响页岩基质孔隙和微裂缝发育程度、含气性及压裂改造方式等的重要因素，脆性矿物含量越高，岩石脆性越强，在构造运动或水力压裂过程中越易形成天然裂缝或诱导裂缝，从而形成复杂的网络，有利于页岩气的开采。石英是页岩储层的主要脆性矿物，Soliman 等人认为除石英之外，长石和白云石也是页岩储层中的易脆组分，研究表明，富含石英的黑色页岩段脆性较强，裂缝的发育程度比富含方解石且塑性较强的灰色页岩更高，因此不同矿物对页岩水力压裂诱导裂缝发育影响程度不同，石英含量是影响裂缝发育的主要因素。石英含量越高，页岩脆性越大，裂缝越发育，页岩可压裂性越高。

从岩石破裂机理来看，石英主要成分是二氧化硅，具有较高的脆性，在外力下容易破碎产生裂缝。储层中石英含量高，天然裂缝往往比较发育，在水力压裂作业时也容易产生较多的诱导裂缝，从而沟通基质孔隙与天然裂缝，形成天然气运移和产出的通道。Rasmussen 等人(2011)将石英含量定义为确定页岩脆性系数的主要因素，Daniels 等人(2008)筛选了含气页岩系统的几个关键参数，认为页岩储层石英含量最小为 25%，最优值为 35%。北美典型页岩石英含量多超过 50%，有些高达 75%，中国含气页岩石英含量平均在 40% 左右，最高可达 80%(表 8-3)。

表 8-3　中国部分页岩储层与北美页岩储层石英含量表(邹才能等，2010 年)

国家	页　岩	盆　地	地　层	石英含量/%
美国	Barnett	Ford Worth	密西西比亚	35 ~ 50
	Ohio	Appalachian	泥盆系	45 ~ 60
	Antrim	Michigan	泥盆系	20 ~ 41
	New Albany	Illinois	泥盆系	50
	Lewis	San Juan	白垩系	50 ~ 75
加拿大	White Speckled	WCSB	白垩系	50 ~ 70
	Gordondale	WCSB	侏罗系	10 ~ 92(平均 40)
中国	牛蹄塘组	四川盆地及周缘	寒武系	16 ~ 58(平均 39)
	龙马溪组	四川盆地及周缘	志留系	13 ~ 80(平均 44)
	须家河组	四川盆地	二叠系	33 ~ 53
	沙河街组	渤海湾盆地	古近系	7 ~ 66(平均 29)
	延长组	鄂尔多斯盆地	二叠系	27 ~ 47(平均 40)

与石英和方解石相比，由于黏土矿物有较多的微孔隙和较大的表面积，因此对气体有较强的吸附能力，但是当水饱和的情况下，吸附能力要大大降低。石英含量的增加将提高岩石的脆性，这种脆性与矿物成分有关。石英和碳酸盐矿物含量的增加，将降低页岩的孔隙，使游离气的储集空间减少，特别是方解石在埋藏过程的胶结作用进一步减少孔隙，因此对页岩气储层的评价，必须在黏土矿物、含水饱和度、石英、碳酸盐矿物含量之间寻找一种平衡。由于页岩相对孔隙度和渗透率较低，有利目标的选择必须考虑储层的潜力(游离气 + 吸附气)与易压裂性的匹配关系。页岩钙质、石英矿物含量较高，黏土矿物含量相对较低，具有较好的易压裂性匹配关系；而黏土矿物含量较高，一般不具可采性或可压性。

3. 天然和诱导裂缝的影响

鉴于页岩物性较差，传统认为大裂缝对热成因页岩气成藏起积极作用，实际上这种观点是不正确的。巴奈特页岩肉眼可识别的裂缝数量有限，大裂缝均被方解石和石英等矿物充填，且大裂缝越发育产气量越低。说明大裂缝不利于页岩气的保存，真正对储层起改善作用的是微裂缝。由于巴奈特页岩石英含量很高，岩层脆性大，微裂缝极为发育，它们是天然气聚集和运移的主要空间。

天然裂缝的存在是地应力不均一的表现，其发育区带往往是地层应力薄弱的地带，天然裂缝的存在降低了岩石的抗张强度，并使井筒附近的地应力发生改变，对诱导裂缝的产生和延伸产生影响。因此，储层天然裂缝越发育，可压裂性越高。

天然裂缝是力学上的薄弱环节，能够增强压裂作业的效果，其破裂压力可以低至不含裂缝页岩层的 50%，由于在距离相对较远的裂缝群中存在大量开启裂缝，封闭的小型裂缝也可以提高局部的渗透率。在压裂过程中，天然裂缝和诱导裂缝也会相互影响，压裂液通过天然裂缝进入储层压裂产生诱导裂缝，诱导裂缝生成又能够引起天然裂缝的张开，从而使压裂液更容易进入页岩储层中，天然裂缝与诱导裂缝一起构成页岩气产出的高速通道，最终形成复杂缝或网络裂缝。

4. 岩石脆性的影响

页岩脆性是影响可压裂性最重要的因素，页岩脆性的大小对压裂诱导裂缝的形态产生很大的影响。塑性页岩泥质含量较高，压裂时容易产生塑性变形，形成简单的裂缝网络，脆性页岩石英等脆性矿物含量较高，压裂时容易形成复杂的裂缝网络。因此，页岩脆性越高，压裂形成的裂缝网络越复杂，可压裂性越高。关于脆性的表征方法主要分强度比值法、全应力-应变特征法、基于硬度或坚固性评价法。

实际压裂设计中，主要采用了矿物组分计算方法以及弹性模量与泊松比归一化后均值计算两种方法。

图 8-3 为弹性模量与泊松比归一化后形成的页岩脆性均值图。从图中可以看出，随着泊松比的减少岩石脆性系数增大，而随着杨氏模量增加岩石脆性系数也增大。因为二者单位不同，所以图 8-3 为泊松比和杨氏模量产生的页岩脆性因子的平均值的百分比。

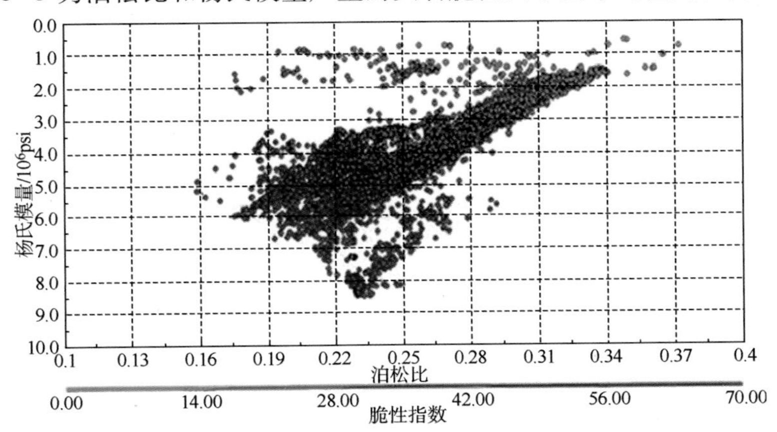

图 8-3　页岩气藏脆性与泊松比和杨氏模量关系图

页岩储层脆性计算公式：

$$YM\_{BRIT} = [(YMS\_{C} - 1)/(8 - 1)] \cdot 100 \tag{8-16}$$

$$PR\_{BRIT} = [(PR\_{C} - 0.4)/(0.15 - 0.4)] \cdot 100 \tag{8-17}$$

$$BRIT = (YM\_{BRIT} + PR\_{BRIT})/2 \tag{8-18}$$

式中　YM_{BRIT}——利用杨氏模量计算的脆性指数；

PR_{BRIT}——利用泊松比计算的脆性指数；

YMS_{C}——测井曲线计算的静态杨氏模量，10^6psi；

PR_{C}——测井曲线计算的静态泊松比；

$BRIT$——脆性指数。

但值得注意的是利用矿物组分和岩石力学参数两种方法计算的脆性指数在高伽马、低密度段存在明显差异，需要根据压裂时施工压力和页岩破裂特征加以表征。总体上，页岩矿物组分不同，表现出来的脆性及压裂后效果也存在较大差别(表 8-4)。

表 8-4　页岩脆性及对压裂效果的影响

韧性页岩	脆性页岩
天然和诱导裂缝趋于消除	趋于天然形成裂缝，天然裂缝增加烃储藏和流动能力
应力各向异性高	容易压裂
高扭曲	低扭曲
高嵌入度	低嵌入度
双翼(单)裂缝	复杂的裂缝网络
储藏接触体积最小	储藏接触体积最大

从国内外主要区块岩石力学参数对比来看，国外比国内要好，尤以巴奈特区块最为突出，国内四大页岩气区块中涪陵和彭水区块脆性指数相对较高，压裂施工中有利于形成复杂裂缝(表 8-5)。

表 8-5　主要页岩气藏岩石力学参数

页　岩	杨氏模量/GPa	泊松比
Barnett	48 ~ 62	0.15
Haynesville	3.4 ~ 20.7	0.23
Eagleford	31 ~ 41.4	0.26
Marcellus	27.6 ~ 48	0.20
焦石坝	38	0.198
彭水	32	0.26
元坝	18 ~ 32	0.218 ~ 0.35
涪陵	30	0.178

5. 原地应力大小对压裂效果的影响

精确的地质力学模型、地应力大小和方位、岩石力学性质以及天然裂缝的方位和特征描述对于了解低渗页岩油气藏改造后的效果和生产是至关重要的，因为改造后的效果和生产主要由天然裂缝或者水力裂缝网控制的，而这些缝网又取决于地应力、裂缝分布、缝宽以及地层刚度和强度。

裂缝性质(强度、分布和走向)相同，当两个水平地应力都低时，即使压力低于最小主应力，页岩油气藏中的天然裂缝也几乎都可以得到改造，这种情况可以大大增加地层渗透率。另外一种情况，如果最大水平主应力近似垂向应力，则在压开和裂缝延伸前仅有一部分天然裂缝能得到改造。

6. 地应力各向异性(水平主应力差)对裂缝形态的影响

压裂裂缝的形态直接取决于应力各向异性(图 8-4)，应力各向异性越小(0 ~ 5%)，裂缝越容易发生扭曲/转向，同时产生多裂缝；应力各向异性增大(5% ~ 10%)，可能产生大范围的网络裂缝；应力各向异性进一步增大(>10%)，裂缝发生部分扭曲，主要形成两翼裂缝。

所以，页岩可压裂性的影响因素彼此之间相互影响，共同表现出页岩的可压裂性特征。页岩矿物组分、天然裂缝、脆性、地应力差异、成岩作用是可压裂性的主要影响因素，在地

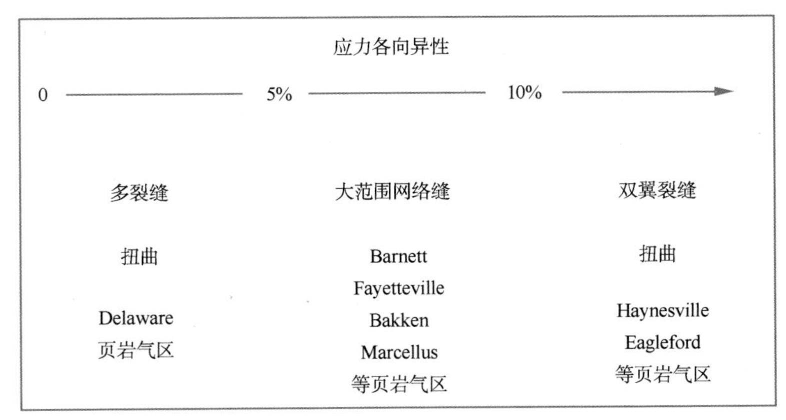

图 8-4　地应力各向异性与裂缝复杂程度对应关系

层条件下，页岩除了受这些因素影响之外，还可能受沉积环境、内部构造、原始地层压力等其他因素影响。这些因素对可压裂性的影响可能是直接的，也可能是间接的，因素之间还可能存在相互影响。

借助工程数学方法，将各个影响因素进行归一化处理后结合各影响因素权重进行权重系数的加权，最后得到唯一一个无量纲值，即可压性指数。其数学计算公式为：

$$FI = [S_1, S_2, S_3 \cdots S_n (W_1, W_2, W_3, \cdots W_n)]^T = \sum_{i=1}^{n} S_i W_i, (i = 1, 2, 3, \cdots, n) \tag{8-19}$$

式中　FI——可压裂系数，无量纲；

S_i——页岩储层参数的归一化值；

W_i——储层参数的权重系数，无量纲；

n——参数的个数。

在具体压裂设计时，可根据可压性指数的大小选择适当的压裂规模、压裂工艺、压裂材料。比如，可压性指数越高，页岩脆性指数越高，在选择压裂工艺时可考虑单一滑溜水为主或加大混合压裂中滑溜水用量比例、规模及砂比上应适当加以控制，应尽可能利用低黏滑溜水开启更多的弱面缝或微裂隙，以达到扩大页岩储层改造体积的目的。

第二节　储层改造技术

美国和加拿大多年的非常规油气开发历程表明，水平井分段压裂是非常规油气资源经济开发的关键技术。由于页岩油气、致密砂岩油气及煤层气在形成及储存等方面的差异，改造方式和工艺上具有各自特点，但目的都是要形成多条人工裂缝，改变油气渗流通道，提高产能，其关键在于结合具体储层情况选择不同的压裂优化设计方法、压裂工艺、管柱工具及压裂材料。

一、非常规油气藏压裂优化设计

比起常规油气藏，非常规油气藏压裂改造更加复杂，图 8-5 为页岩压裂理论分析裂缝形状与实际可能形成的裂缝形状对比示意图，图中显示，非常规油气藏压裂实际可能形成多种裂缝形态，需要在压裂前进行综合分析与设计优化。

针对不同的非常规油气井，压裂设计的基本理论都是一致的，但具体细节是不同的

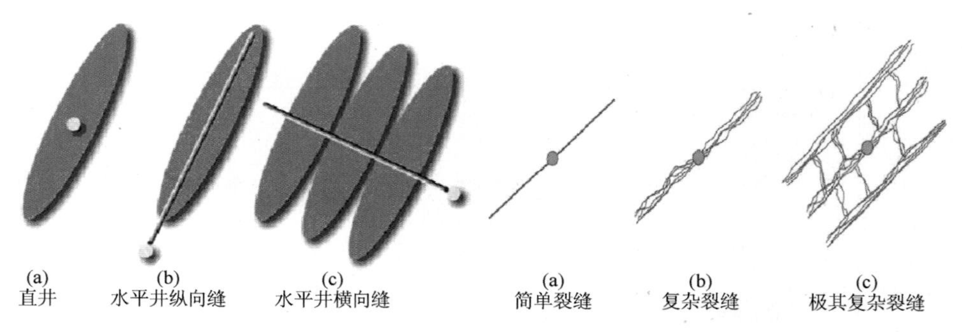

图 8-5 理论上与实际可能形成的水力压裂裂缝形状对比

(Ketter 等，2011)。一般情况下，压裂一口井首先要得到各种储层特征及油藏数据，主要包括油气层的厚度、岩石成分、压力梯度、孔隙度、渗透率、饱和度、岩性、天然裂缝特征(方向、高度、长度、宽度等)、当前区域及井周围应力大小、应力方向及分布等。根据这些数据确定裂缝起裂点位置、产生网状裂缝的条件等，进而优化压裂设计。

(一) 压裂优化设计思路

岩石力学性质及其矿物组成是非常规油气井压裂设计中主要考虑因素，这些参数可以通过测井及实验室测试方法获得。如测井资料与页岩气藏岩石力学特征、矿物组成、酸溶解度、毛管压力密切相关，而储层岩性、脆性、毛管压力及储层流体敏感性有助于非常规油气藏压裂设计及优化。

对于页岩油气藏、致密砂岩油气藏及煤层气藏，表 8-6 列出了压裂设计考虑的因素。

表 8-6 压裂设计需考虑的因素

需要考虑的主要因素	关联性	确定的方法
岩石脆性	压裂液的选择	岩石物理模型
闭合应力	支撑剂的选择	岩石物理模型
岩石矿物组成	压裂液的选择	X 光衍射(XRD)
水敏性	水基压裂液盐度	毛管吸收时间测试(CST)
酸敏性	酸蚀程度	酸溶解度测试(AST)
表面活性剂的使用	裂缝导流能力	流动测试
支撑剂用量与尺寸	避免砂堵	岩石物理模型
裂缝起裂点位置	避免砂堵	岩石物理模型

这些信息是非常规油气藏压裂设计所必须的，但在具体设计方法及理念上这 3 类非常规油气藏却具有各自的特点。

1. 页岩油气藏

页岩是由黏土物质经压实、脱水、重结晶作用后形成，具有页状或薄片状层理。页岩气储层由于渗透率极低[$(0.0001 \sim 0.000001) \times 10^{-3} \mu m^2$]，几乎所有的页岩气井初期无自然产能，需要进行水力压裂改造，形成大规模的网状裂缝，增加页岩渗流通道，缩短气分子运移距离，提高产能。网状裂缝的形成与页岩的工程地质参数息息相关，因此首先需要对普通页岩气储层岩石进行工程地质参数评价。

总结国内外页岩压裂实际资料及成果，较好的页岩气储层一般要满足的条件有：① S_w <

40%；② 渗透率 > $100 \times 10^{-9} \mu m^2$；③ 孔隙度 > 2%；④ *TOC* > 2%；⑤ 成熟度 > 1.0%；⑥ 厚度 > 30m；⑦ 原始地质储量 > $2.8 \times 10^7 m^3$/段；⑧ 储层压力梯度 > 0.011MPa/m；⑨ 泊松比 < 0.25；⑩ 杨氏模量 > 20000MPa；⑪ 石英含量 > 40%；⑫ 黏土含量 < 30%；⑬ 地应力差异：25%；⑭ 裂缝发育(天然/次生)。

针对脆性和塑性页岩，缝网压裂模式是不一样的，塑性地层采取"两高一低"模式——高黏度、高砂比、低排量；脆性地层采取"三高两低"模式——高排量、高液量、高砂量、低黏度、低砂比。即随着脆性的增加，应用的压裂液黏度较低，有利于形成复杂网状裂缝形态；而随着岩石塑性的增加，则要选择黏度高的压裂液，从而形成传统的两翼裂缝。

具体技术对策：网络裂缝控近扩远(图 8-6)(射孔优化、变排量、变黏度、多段塞、二次/多次停泵、诱导转向测试等)。

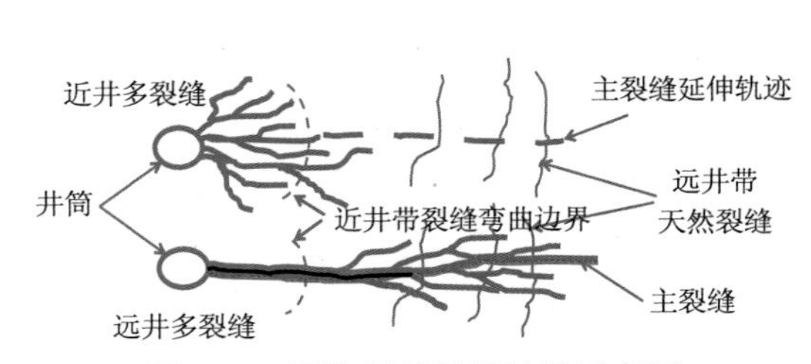

图 8-6　网络裂缝控近扩远示意图

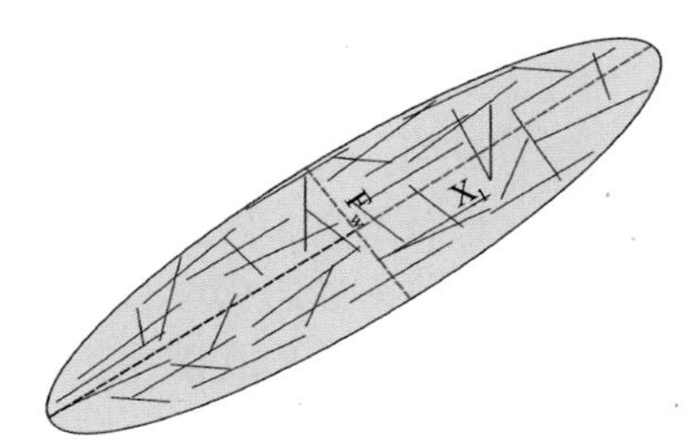

图 8-7　体积压裂示意图

图 8-7 为巴奈特页岩缝网压裂示意图，用 $4500m^3$ 清水压裂液，产生的压裂体积为：裂缝半长 $X_f = 530m$，改造区域宽度 $F_w = 238m$，裂缝高度 $h = 130m$，裂缝体积 $SRV = 17836769m^3$，所以，在巴奈特页岩"压裂体积"的经验公式为，缝长 $X_f = 44 \times (液量)^{1/3}$，压裂面积 $= X_f F_w \pi/2$(其中，$F_w = X_f/2$)，压裂体积 $SRV = 4 \times [(F_w/2)(h/2)X_f]/3$。

图 8-8、图 8-9 分别为巴奈特页岩"压裂体积(*SRV*)"与产量及压力分布关系，从图中可以看出，*SRV* 与产量正相关，而 15 年后由于页岩极低的渗透率，渗流区域并没有超过压裂体积波及范围。

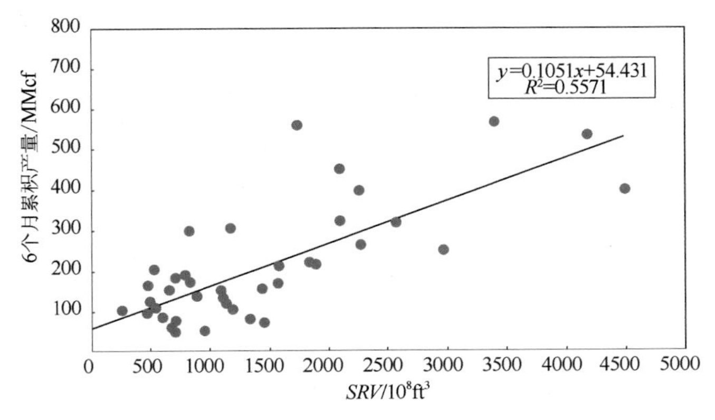

图 8-8　*SRV* 与水平井产量的关系

2. 致密砂岩油气藏

致密砂岩油气藏具有储层物性差、单井产量低、供气范围小、经济效益低等地质与开发特征，其压裂改造方式与其储层特征密切相关。致密砂岩岩石类型有石英砂岩、长石砂岩和岩屑砂岩等，岩石组分可以分为碎屑颗粒和填隙物。组分含量以碎屑颗粒为主，岩石碎屑颗

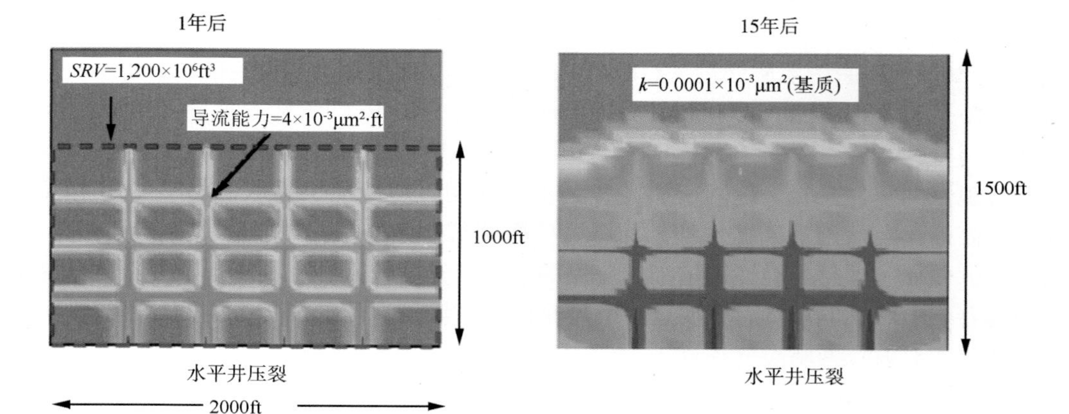

图 8-9　1 年和 15 年后的 *SRV* 裂缝网络模拟压力分布

粒成分主要为石英、长石和岩屑。不同类型碎屑颗粒的岩石力学性质也有所差别，石英颗粒的硬度最大、长石次之，岩屑的硬度一般较低。孔隙及粒间的填充物质包括杂基及胶结物，杂基及胶结物对致密砂岩力学性质具有一定的影响。杂基主要为细粒的黏土矿物，其硬度低，一般充填于致密砂岩孔隙中，在外力作用下极易发生塑性形变；胶结物主要成分为钙质、泥质及硅质，钙质及硅质胶结物硬度高本身不易发生形变，泥质胶结硬度低、易变形。对于整个岩石来说，由于颗粒之间存在孔隙，致密砂岩岩石孔隙度一般为 4% ~12%，整体上都具有低孔隙度、低渗透率的特点，并且含水饱和度相对常规储层较高。致密砂岩储层通常非均质性强，即使在同一层位，横向和纵向的物性差异也较大。致密砂岩油气储层储集空间以孔隙为主，并不同程度地发育裂缝及微裂隙，未充填缝在外力作用下极易闭合，外力恢复后裂缝不能恢复原状。而裂缝被方解石或石英等矿物充填后的岩石力学性质类似于颗粒被胶结的情形。应力变化引起的岩石变形主要包括孔隙变形、碎屑颗粒变形、胶结物变形以及裂缝闭合。对于基块(不含裂缝)岩石来说，应力变化时孔隙和喉道体积缩小是致密砂岩变形的主要部分，其形变基本上属于弹性变形范围，而含裂缝致密砂岩形变特征则以弹-塑性变形为主。裂缝的发育会有效提升致密砂岩压裂后地层的渗流能力。

对于致密砂岩，以前压裂设计主要优化裂缝的无因次导流能力及裂缝的几何参数，而没有考虑井控面积和泄油面积，使得设计结果与实际结果差别比较大。1998 年，Valko and Economides 提出了致密砂岩油气藏压裂优化设计的新标准，即以增加井的采油指数为目标的压裂优化设计。首先引进了无因次支撑剂系数，它的定义如式(8-20)：

$$N_{\rm prop}=\frac{2k_{\rm f}V_{\rm p}}{kV_{\rm r}}=I_x^2C_{\rm fD} \tag{8-20}$$

2006 年，Valko and Economides 模拟了对于不同的无因次支撑剂系数的压裂后的无因次产能指数图版(图 8-10)。

由该优化设计理论得出以下结论：压裂井的动态主要由压裂规模确定，表征压裂规模的最好的变量是无因次支撑剂系数，通过优化无因次支撑剂系数就可以确定最大的采油指数，一旦确定了最优的无因次裂缝导流能力 $C_{\rm fD}$，就可以计算最佳的裂缝长度 $X_{\rm f}$ 和宽度 $W_{\rm f}$，进而优化泵序，完成压裂设计优化。

$$x_{\rm fopt}=\left(\frac{k_{\rm f}V_{\rm p}/2}{C_{\rm fD,opt}kh}\right)^{0.5} \tag{8-21}$$

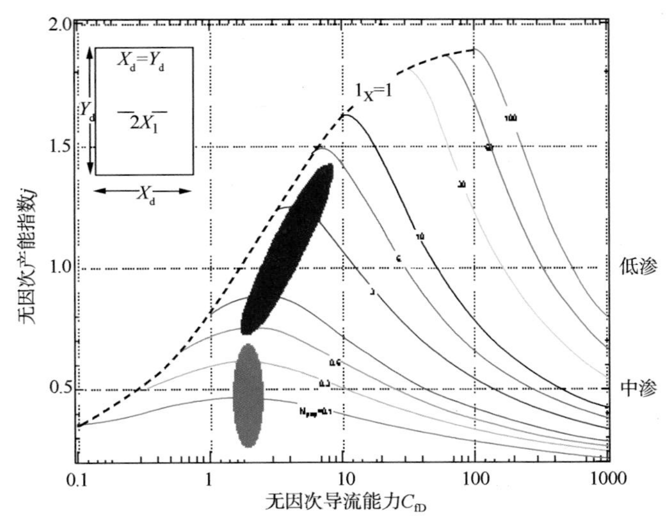

图 8-10　不同 N_{prop} 情况下无因次产能与无因次裂缝导流能力的关系图

$$w_{opt}=\left(\frac{C_{fD,opt}kV_p/2}{k_f h}\right)^{0.5} \tag{8-22}$$

3. 煤层气藏

煤岩是具有孔隙和裂缝的双重介质，面割理和端割理发育，其微观结构和砂岩差异较大，力学性质也有很大区别。总体上，煤岩呈现低弹性模量、高泊松比、低强度、易破碎的特点。针对煤岩的这些特征，采取的水力压裂技术与常规压裂技术有较大的区别，主要遵循大排量、大液量、小砂比的设计思路。

总结煤层气压裂主要特点为：① 煤层割理裂缝发育，压裂容易形成多裂缝、弯曲裂缝和不对称裂缝，压裂液的滤失大，为提高压裂液效率和压裂的成功率，必须采用降滤失和大排量施工工艺；② 煤岩强度低，大排量施工时煤块容易剥离形成煤渣和粉煤灰，在水流冲刷下容易聚集在裂缝端部造成裂缝延伸困难；③ 煤岩基质渗透率极低、表面积大和吸附能力强的特点，使得压裂液对煤层的伤害很大，必须采用低伤害的压裂液体系；④ 煤岩杨氏模量低、泊松比高，在高闭合应力下容易造成支撑剂嵌入，降低裂缝导流能力。

煤层气压裂施工一般以经济净现值为目标进行设计优化。简而言之，通过比较不同压裂方案的施工投入和压后产出获取的经济效益，优化施工工艺和施工参数。图 8-11 是煤层气压裂优化设计示意图。

由于煤岩是孔隙和裂缝的双重介质，割理裂缝发育，大排量施工时容易沟通天然裂缝以及形成剪切裂缝，最终形成较大规模的裂缝网络。因此，针对煤层气压裂一般使用 Meyer 软件进行设计，该软件采用离散化裂缝网络模型，对于煤层气压裂具有很强的针对性和准确性。由于含煤地层一般都经历了成煤后的强烈构造运动，煤层的原始结构往往遭到很大破坏，塑性大大增强，导致水力压裂时，在煤层发生塑性形变，使得一些煤层压裂效果不理想。同时压裂液对煤层的伤害也是其增产效果不理想的重要原因。目前，国内外煤层气井的压裂方法有活性水(盐水)加砂压裂、不加砂水压裂、清洁压裂液加砂压裂、泡沫压裂液加砂压裂、纯气体压裂等。

（二）裂缝形态模拟

除考虑压裂影响因素外，压裂设计中的一个重要步骤就是模拟裂缝几何形态和支撑剂铺

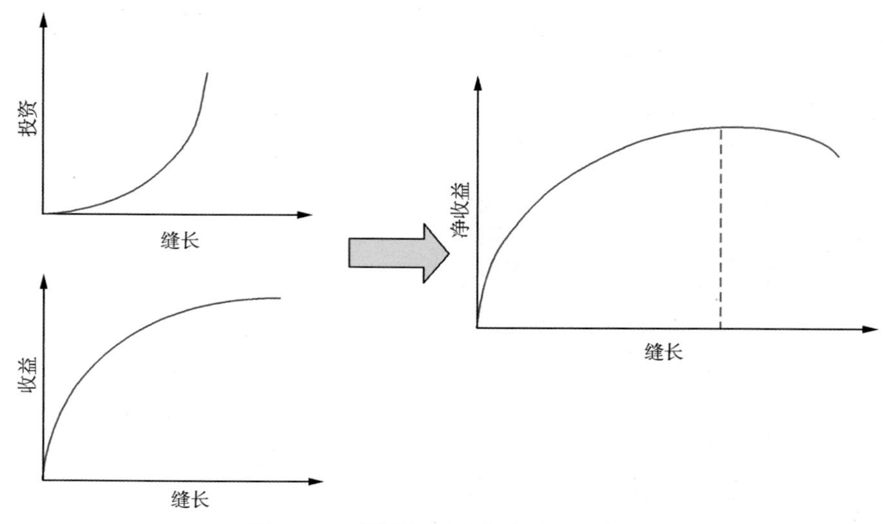

图 8-11　煤层气压裂优化设计示意图

设浓度，确定最优缝长及最优导流能力下的压裂液和支撑剂用量。

目前对裂缝形态的模拟主要通过压裂设计软件进行，包括 FracproPT、Stimplan、Meyer 商业化压裂软件，这些软件功能大同小异(表 8-7)，涵盖了二维、拟三维、三维压裂裂缝模型(图 8-12)。具体到非常规油气藏模拟，由于页岩、煤岩及致密裂缝性储层是孔隙和裂缝的双重介质，天然裂缝及层理发育，大排量施工时容易沟通天然裂缝以及形成剪切裂缝，最终形成较大规模的裂缝网络。因此，针对非常规油气藏压裂一般使用 Meyer 软件进行设计，该软件采用离散化裂缝网络模型，对于缝网压裂具有很强的针对性和准确性。图 8-13 是裂缝网络模型示意图。

表 8-7　目前常用的压裂设计软件及其功能

软件名称	公司名称	主要功能						
		压裂模拟	自动设计	小型压裂	压裂防砂模拟	酸化压裂模拟	产能预测	净现值优化
Meyer	Meyer	✓	✓	✓	✓	✓	✓	✓
FracCADE	Schlumberger	✓	✓	✓	✓	✓	×	✓
Gohfer	LabMarathon	✓	✓	✓	✓	✓	✓	✓
TerraFrac	TerraTek	✓	×	×	×	×	×	×
FracproPT	Pinnacle	✓	✓	✓	✓	✓	✓	✓
Stimplan	NSI	✓	✓	✓	✓	×	✓	✓

（三）水平井分段压裂裂缝参数优化

水平井分段压裂技术大幅度提高了非常规油气藏的产量，在对水平井进行分段压裂改造时，水力压裂裂缝参数会对产量造成较大的影响，因此，有必要评估其与产量及经济成本间的最优化配置，包括裂缝几何形态、导流能力、裂缝位置、间距、裂缝夹角、基质渗透率等参数。以下计算实例是对国内某致密砂岩油气藏水平井分段压裂设计时进行的参数敏感性分析。

1. 裂缝条数

随着压裂工艺技术的不断完善，水平井可以压裂出多条裂缝。因此，水平井压裂往往倾向于产生多条裂缝以提高产能，有文献认为，裂缝条数越多，压裂水平井与未压裂水平井采

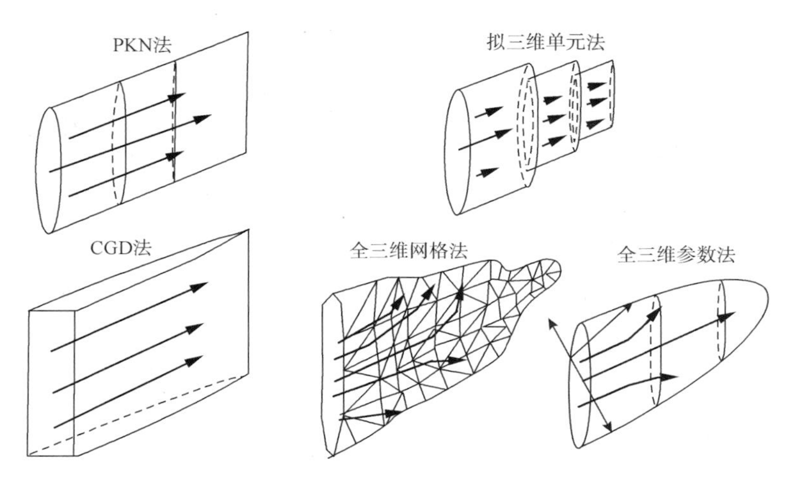

图 8-12　不同裂缝形态计算模型

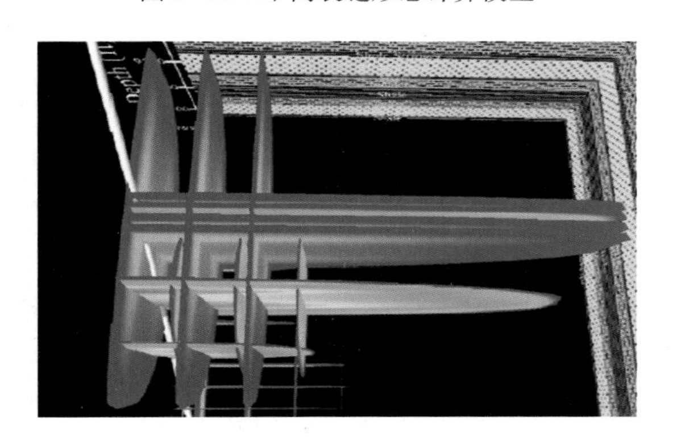

图 8-13　裂缝网络模型示意图

油指数比越大。而裂缝间距直接决定着裂缝条数的多少。本文通过大量的模拟计算后发现，裂缝条数增加到一定程度，增幅就会变缓，如果考虑到最佳投入产出比，则存在一个相对最优的裂缝条数。

为研究裂缝条数对压裂水平井产能的影响，分别计算裂缝条数为 4 ~12 时压裂水平井的产能变化，裂缝均匀的分布在 1000m 的水平段上。由图 8-14、图 8-15 和图 8-16 可以看出，压裂水平井的产量随着裂缝条数的增加而增加，但增加的幅度越来越小，同时裂缝条数的影响主要在生产初期。

在本模型中，裂缝条数达到 9 条后，产能增加幅度明显变小。这是由于裂缝条数增加使得裂缝间距变小，且压后各条水力裂缝的流态为线性流和径向流并存的复杂流态，在生产一定时间后，水平井中多条裂缝间干扰加剧，从而影响到各条裂缝的产量。

虽然裂缝条数较多能加快气藏的开发速度，但盲目增大裂缝条数会导致成本大幅度增长。所以对一具体气藏，应存在一个最佳的裂缝条数值。从图中不难看出 8 ~9 条裂缝即裂缝间距在 150m 左右时，缝间干扰与产量间达到平衡，效果比较好。确定了这个范围，再加上经济效益分析，不难获得单井压裂开发最优值。

2. 裂缝长度

人工裂缝在平面上延伸的长度称为裂缝长度，通常用裂缝半长来表示。它是影响压裂水平井生产动态的一个重要因素。在施工过程中，受沿水平井井筒地应力的分布、压裂工艺技术的限制以及气藏本身连通天然裂缝密集带的需要等，压开的裂缝长度可能不同，有必要分析裂缝长度对压裂井产能的影响。

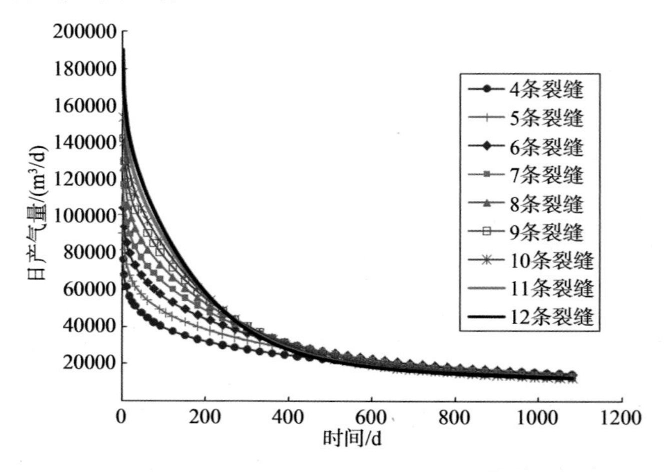

图 8-14　不同裂缝条数的日产气量曲线

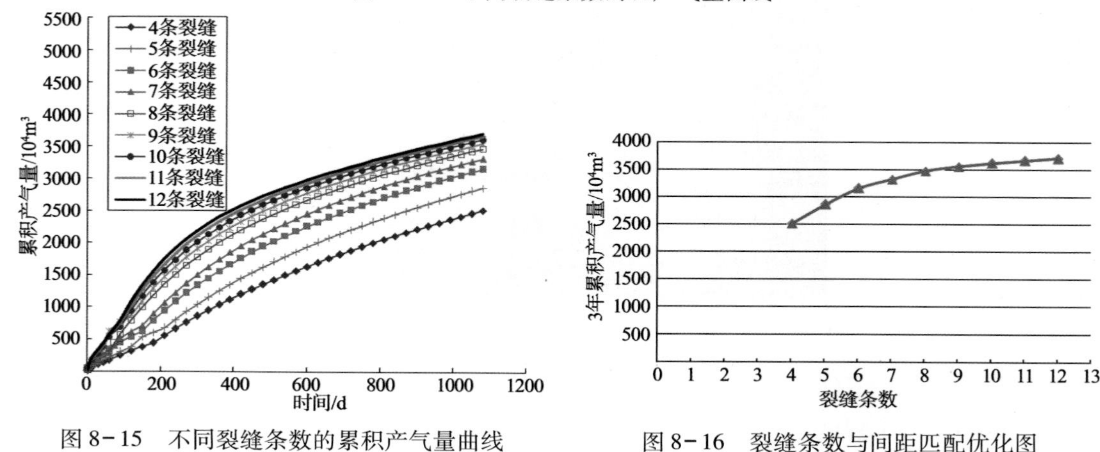

图 8-15　不同裂缝条数的累积产气量曲线　　　　图 8-16　裂缝条数与间距匹配优化图

分别计算裂缝半长为 50m、100m、150m、200m、250m、300m、400m、500m 时压裂水平井的产能，从图 8-17、图 8-18 可以看出，裂缝半长对压裂水平井产能的影响非常大。随着裂缝长度的增加，产量明显大幅度增加，压裂水平井的产能近似线性增加，但是裂缝长度超过 350m 后，增加的幅度明显减小。这是因为缝长增加到一定程度时，受到泄气面积的影响以及井间干扰，增幅不断减小。同时考虑到经济及技术因素，对于具体气藏来说，在井间距、裂缝条数、储层渗透率及裂缝导流能力等参数一定时，存在最优的缝长比(图 8-19)，大约为 0.4，对应缝长是 250～300m。但是若加上经济因素，实际上比这个长度要稍短一些。

3. 裂缝导流能力

裂缝导流能力是指裂缝渗透率与裂缝宽度的乘积，随着大型压裂技术的发展，压裂工艺所能提供的裂缝导流能力越来越大。实践表明，裂缝导流能力是影响压裂水平井产能最敏感的因素之一。因为选用的支撑剂种类不同，裂缝宽度也不相同，有必要研究裂缝导流能力的变化对压裂井产量的影响。

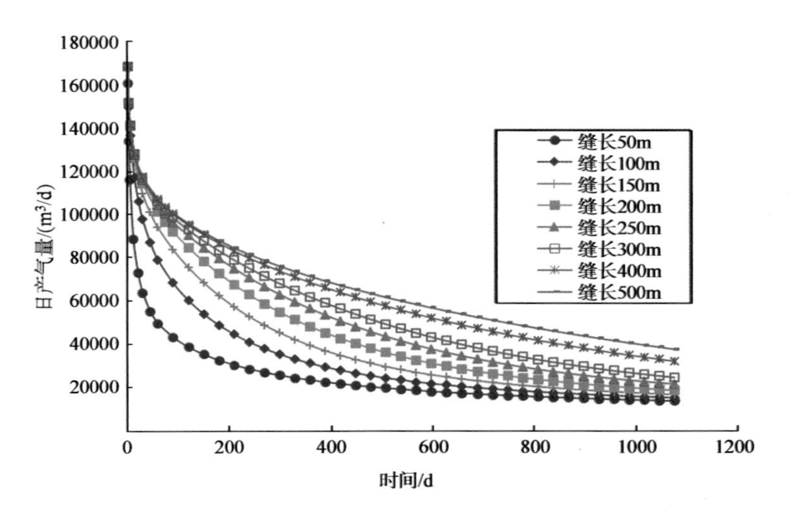

图 8-17　不同裂缝长度的日产气量曲线

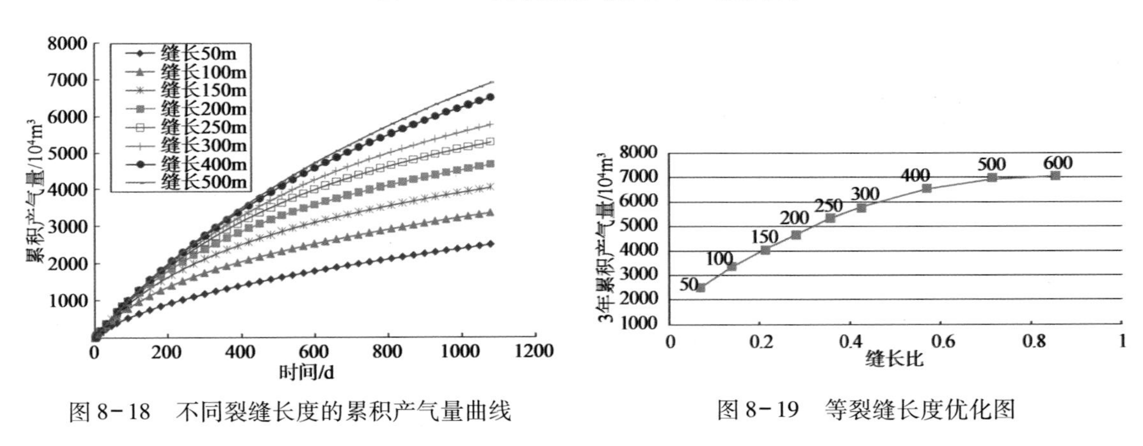

图 8-18　不同裂缝长度的累积产气量曲线　　　　图 8-19　等裂缝长度优化图

图 8-20～图 8-22 是在不同裂缝导流能力下 $10\mu m^2 \cdot cm$、$20\mu m^2 \cdot cm$、$30\mu m^2 \cdot cm$、$40\mu m^2 \cdot cm$、$50\mu m^2 \cdot cm$ 的压裂水平井生产动态。

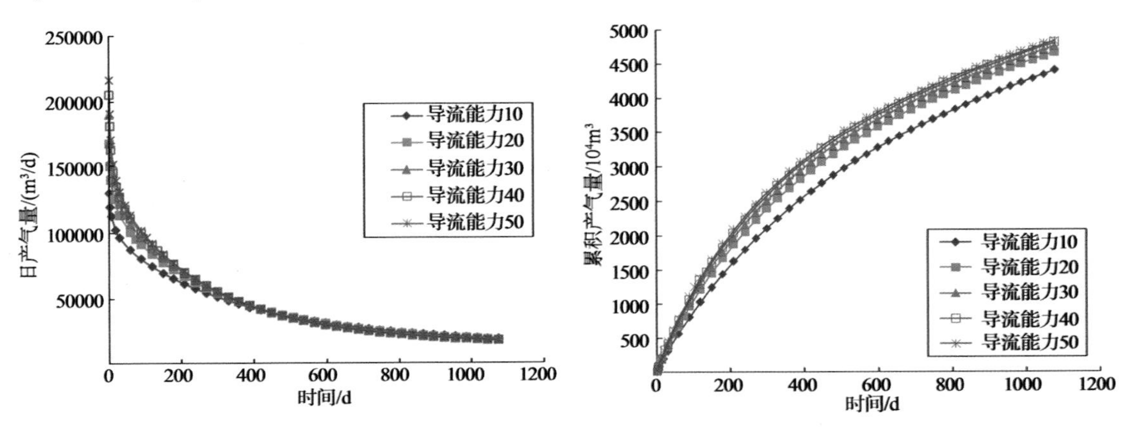

图 8-20　不同裂缝导流能力的日产气量曲线　　　　图 8-21　不同裂缝导流能力的累积产气曲线图

从图中可以看出，不同裂缝初始导流能力下的产量是不同的，随着初始导流能力的增大，产量逐渐增加。但裂缝初始导流能力对产量的影响主要表现在投产初始阶段，此时，近井地带的压力较高，而且裂缝处于最大导流能力阶段，随着地层压力的降低，产量曲线趋于相近。这是由于尽管裂缝导流能力很大，但是地层渗透率很低，地层向裂缝的供给能力有限，导致产能不能进一步提高。

由优化模型图(图 8-22)可以看出，导流能力达到约 $30\mu m^2 \cdot cm$ 时，产量增加幅度很小。因此导流能力的增加对增产的贡献不是无限的，当导流能力增加到一定程度时，产量上升幅度变小。说明以产量增加倍数和经济效益分析裂缝导流能力存在最优值。

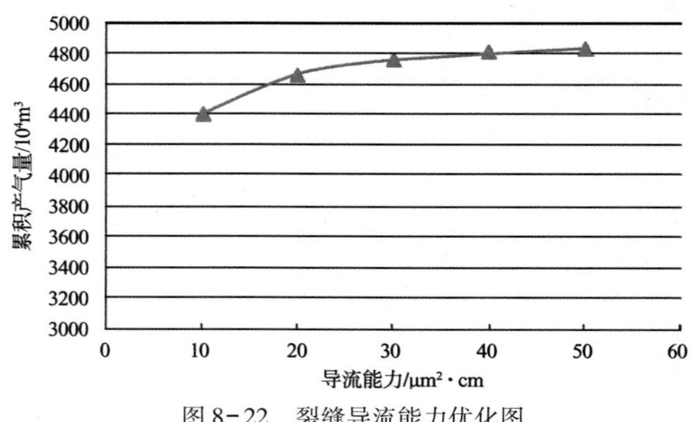

图 8-22　裂缝导流能力优化图

4. 裂缝长度分布

以上内容研究了裂缝的条数、长度以及导流能力对产能的影响，而裂缝在水平井上的位置、排列等也影响到产能的大小，所以还应分析不等裂缝长度、不等裂缝间距的设计等，来研究其对产能的影响。

裂缝长度对缝间干扰也有一定的影响，为了模拟不等长裂缝对压裂后产量的影响，设计了多套 3 条不等裂缝的分布方案。其中裂缝间距为 120m，裂缝长度分别为 200m、300m。具体如图 8-23 所示。

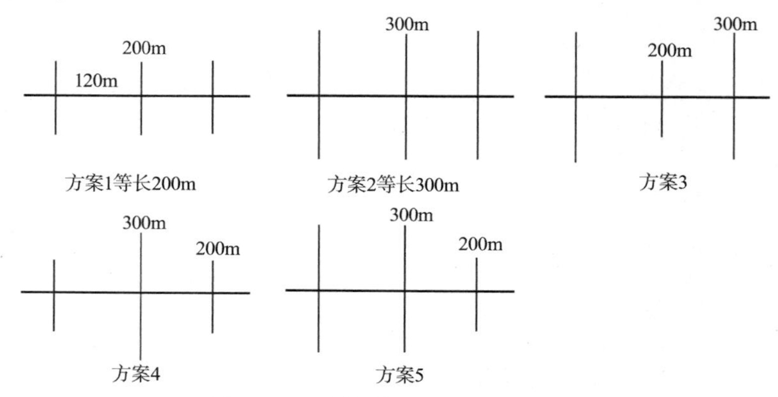

图 8-23　不等裂缝长度方案设计图

由图 8-24、图 8-25 组合方案计算结果中可以看出：5 种组合中产量最大的是方案 2、产量最小的是方案 1，同样说明决定产量的因素是裂缝的长度；方案 3 与方案 5 比较可以看出，方案 3 的产气量要高一些，说明两条长裂缝间产生了干扰，并且两端的长裂缝增大了泄油面积；方案 2 与方案 3 产量差距较小，这是由于两端的裂缝对中间裂缝的干扰作用，与两端裂缝形态相同的中间裂缝的产能要相对较小一些。所以，在优化压裂水平井不同裂缝长度的时候，考虑到裂缝间距以及经济因素，可以采用两端的裂缝长、中间的裂缝短(“U”型排列)或者长短交错排列，避免过多的干扰。

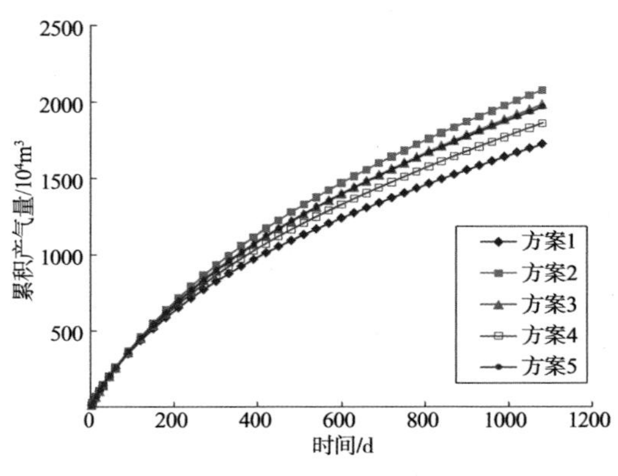

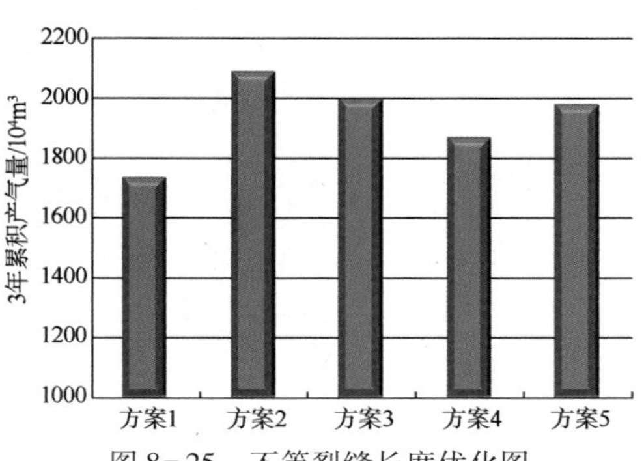

图 8-24　不等裂缝长度的累积产气曲线图　　图 8-25　不等裂缝长度优化图

5. 裂缝间距

为了研究非均匀裂缝间距对水平井压裂产量的影响，在两端间距一定的情况下，采取了图 8-26 中的 5 种方案对产量进行模拟。方案 1 是等间距的情况；方案 2 是两端间距小、中间间距大；方案 3 是中间间距小；方案 4 是小间距在边上；方案 5 与方案 3 一样，只是中间间距大了 100m。

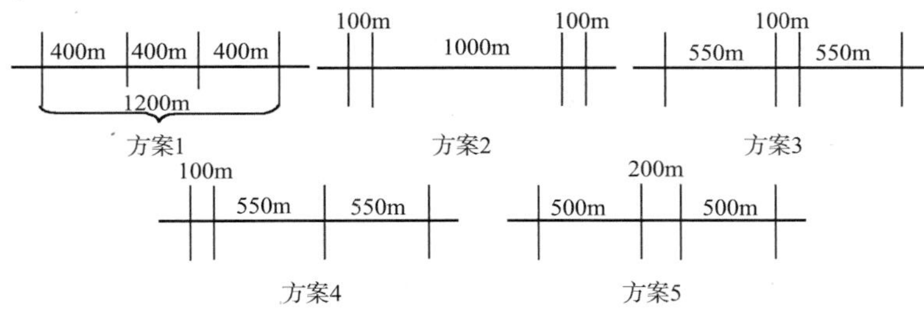

图 8-26　不等裂缝间距方案设计图

从图 8-27 和图 8-28 中可以看出，不同裂缝间距对压裂水平井的产量有一定影响。产量由低到高依次是方案 2、方案 3、方案 4、方案 5、方案 1。方案 1 的产量最低，即中间裂缝间距大、两边裂缝间距小的情况，这主要是由于裂缝之间存在相互干扰现象，中间区域的裂缝泄气面积有限。当裂缝区域压力下降波及到两条裂缝间距的一半时，开始产生渗流干扰，导致裂缝区域压力不断下降以及产气量降低；方案 1 等间距的产量最高；方案 5 与方案 3 相比，仅是间距多 100m，但是产气量明显增大，说明 100m 的缝间干扰很严重。

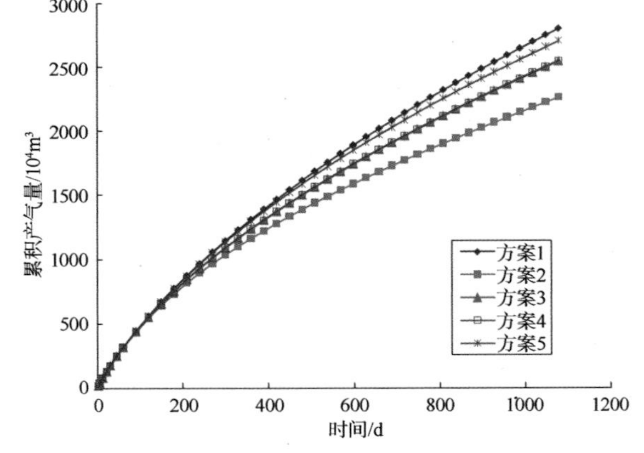

图 8-27　不等裂缝间距时累积产气曲线图

对方案 2、方案 3、方案 5 做压力场分布对比（图 8-28），可见当两条裂缝靠近时，相互间的干扰作用就会加剧。在两条裂缝间形成一个低压区，而在这个区内所能采出的油气是有限的。但是当等间距时，产量要明显大于其他几种情况，因此针对均质储层，在裂缝条数一定时尽量保证等间距分布，以减少裂缝间的相互干扰。

（四）压后评价技术

为了评价非常规油气井水力压裂井的增产效果，目前已经发展了一系列的裂缝诊断技

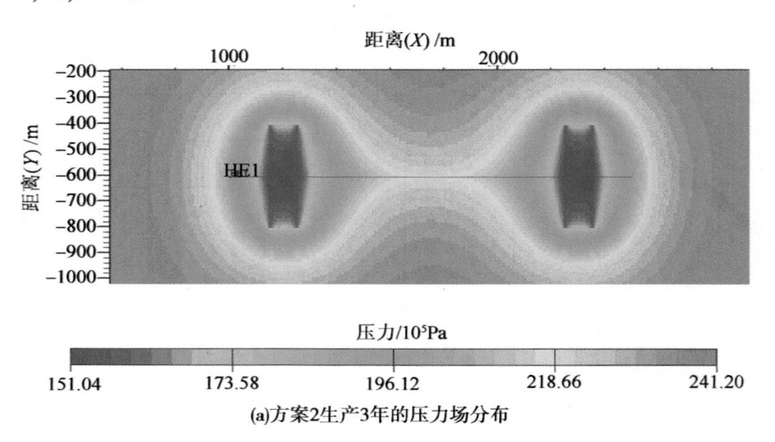

(a)方案2生产3年的压力场分布

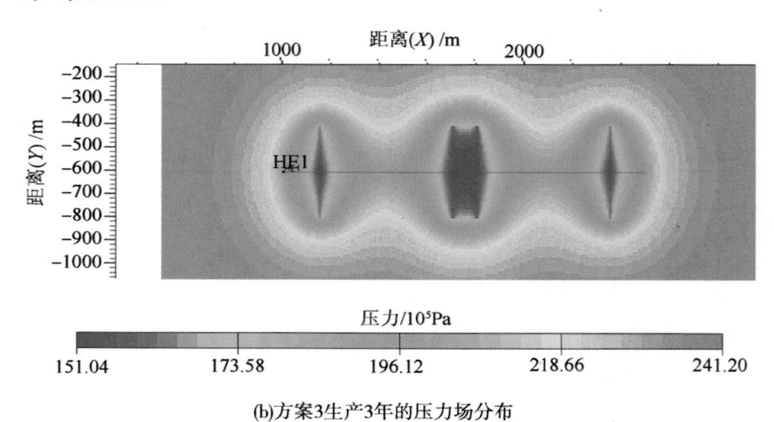

(b)方案3生产3年的压力场分布

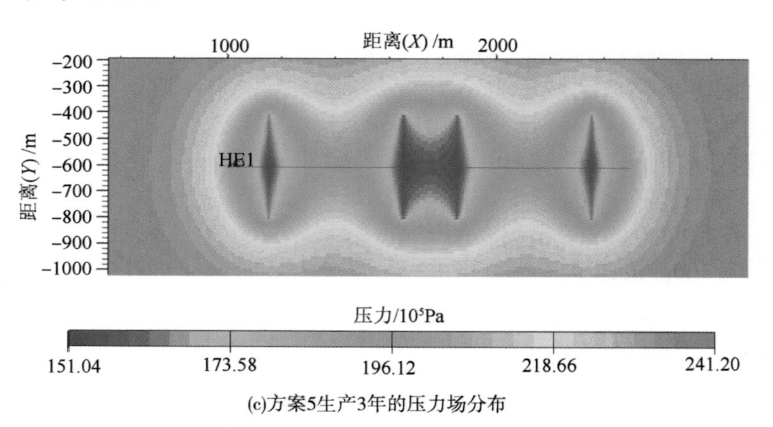

(c)方案5生产3年的压力场分布

图 8-28　方案 2、方案 3、方案 5 生产 3 年的压力场分布对比图

术，大致可分为 3 大类：① 远离裂缝的直接成像技术；② 近井眼测量技术；③ 间接的诊断技术(如压降测试分析)。

远离裂缝的直接压裂诊断技术包括两种压裂诊断方法：微地震裂缝监测和测斜仪裂缝监测技术。其中，微地震裂缝监测技术通过邻井井下检波器测量压裂过程中地层岩石张性或者剪切破裂而产生的声波，计算岩石破坏发生的位置和裂缝延伸方位(图 8-29、图 8-30)，适用于 3000m 以内浅地层裂缝监测，且邻井与施工井间距小于 700m(Daniels 等，2009)。微地震是检测地下压裂效果的重要辅助技术，可以监测、描述水力分段压裂裂缝的走向、倾向、高度、长度等(Brady 等，2012)。

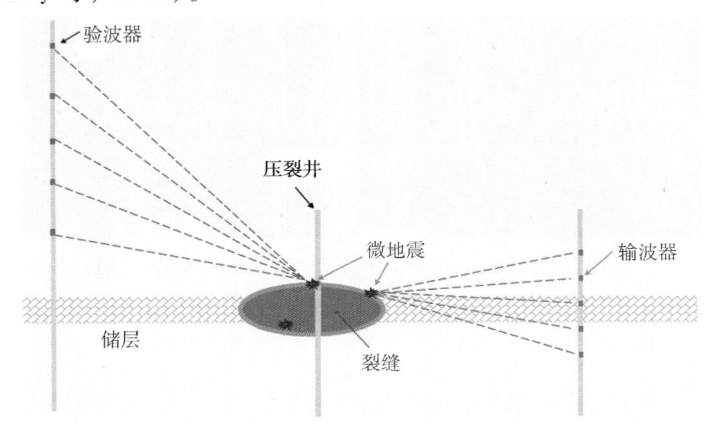

图 8-29　微地震监测示意图

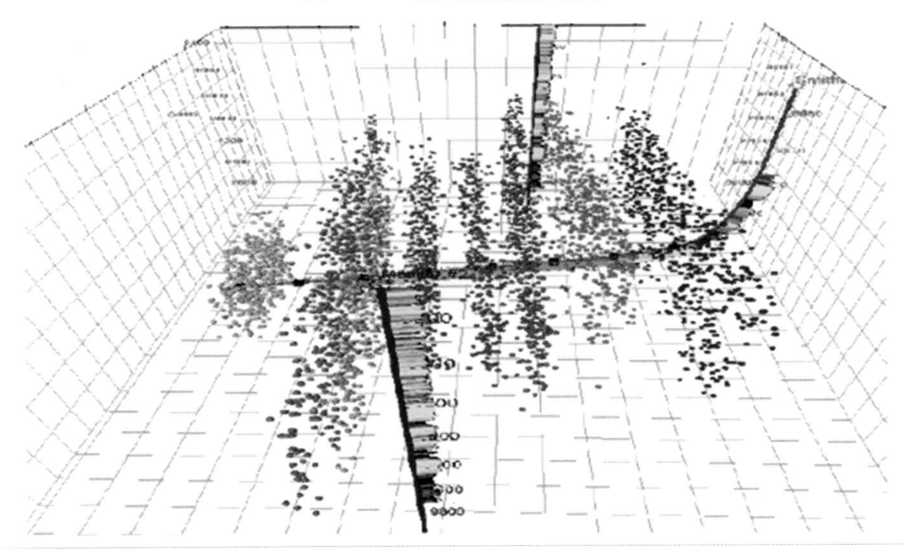

图 8-30　水平井压裂微地震解释图像

地面与井下测斜仪通过电缆将一组测斜仪下入邻井，测量由于压裂引起岩石变形而导致的地层倾斜，经过地球物理反演来确定造成大地变形的裂缝参数(图 8-31)。

近井眼裂缝诊断技术包括：放射性示踪技术、温度测井、生产测井、井眼成像测井、井下电视和井径测井，它们适用于测量作业后井眼附近区域的物理性质，如温度、放射性。

间接裂缝诊断技术包括压裂模拟、不稳定试井和生产数据分析拟合，通过对有关物理过程的假设，根据压裂施工过程中的压力响应以及生产过程中的流速可拟合评价裂缝体的大小、有效裂缝的长度和网状裂缝的导流能力。其缺点是解的不唯一性，因此需要用直接的观察结果来进行校准(图 8-32)。

井下微地震波测试和裂缝测斜仪测试可以认识裂缝形态、方位、长度和高度以及不对称性，测试结果相对具有可比性；井温测井主要识别裂缝形态和高度；大地电位法主要识别裂缝方位，它们的功能特点可用表 8-8 概括。

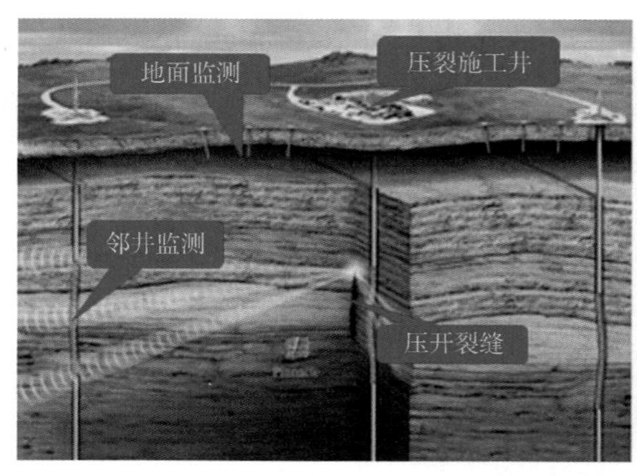

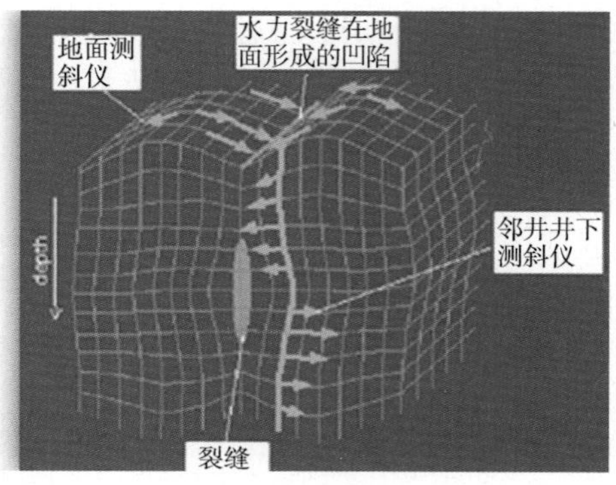

图 8-31　地面与井下测斜仪工作原理(Wright 等，2011)

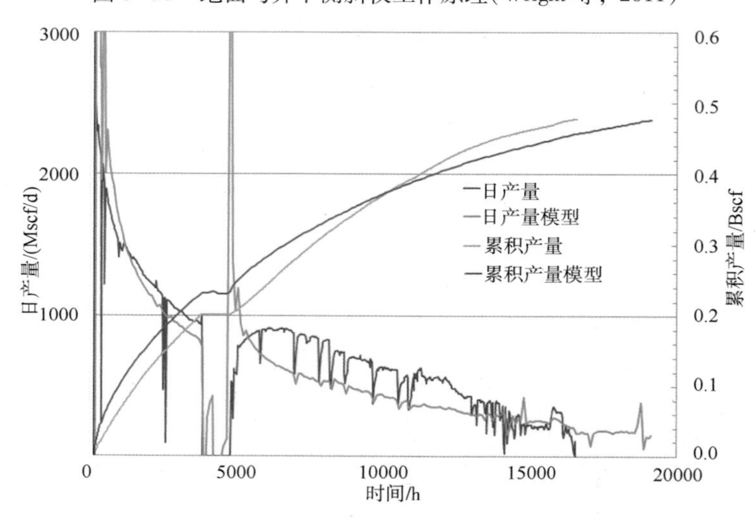

图 8-32　Fayetteville 页岩产量拟合曲线

表 8-8　压后裂缝诊断技术特点

测试方法	裂缝形状	裂缝方位	裂缝长度	裂缝高度	不对称性
微地震波测试	✓	✓	✓	✓	✓
裂缝测斜仪测试	✓	✓	✓	✓	✓
SIMFRAC 微震仪	✓	✓	✓	✓	✓
示踪剂测井	✓	×	×	✓	×
井温测井	✓	×	×	✓	×
大地电位法	×	✓	×	×	×

二、分段压裂施工管柱及工艺要求

水平井分段施工管柱及工艺是实现非常规油气藏储层多级多段压裂的关键。欲在比较长的水平井井段中以较短时间安全压裂形成多条水力裂缝，且压后快速地排液，实现低伤害的水平井分段压裂，其难点在于分段压裂工艺方式选择和井下封隔工具，归纳国内外非常规油气水平井分段压裂的管柱及工艺技术方法，主要分为以下几种：

（一）射孔-桥塞联作分段压裂管柱系统

射孔-易钻式桥塞分段射孔加砂压裂技术是目前非常规油气藏，尤其是页岩气水平井分段压裂的主流技术，适用于套管完井，其主要特点是套管压裂、多段分簇射孔、可钻式桥塞封隔。

1. 射孔-桥塞联作分段压裂工艺原理

进行第1段主压裂之前，利用电缆下入射孔枪对第1施工段进行射孔，水平井则可采用爬行器带射孔枪进入水平段进行射孔或者利用连续油管进行射孔。完成第1段射孔后，利用光套管进行主压裂。待第1段主压裂完成后，利用电缆下入复合桥塞和射孔枪联作工具串，坐封复合桥塞暂堵第1段，坐封完成后对桥塞丢手，上提射孔枪至第2施工段，进行射孔，水平井由于第1段已经施工，具有流动通道，可采用泵送方式下入联作工具串至水平施工井段，完成第2段射孔后，起出电缆，利用套管对第2段进行主压裂。后续层段施工可重复第2段施工步骤，直至所有层段都压裂完成。该工艺可以不受分段压裂层数限制，并且采用套管加砂，可以采用大排量施工，最大程度地减小施工水马力的损失和施工风险，有效降低施工成本。

2. 射孔-桥塞联作分段压裂管柱系统结构组成

射孔-可钻桥塞分段压裂管柱结构如图8-33所示，主要由电缆、射孔枪、专用工具和桥塞组成。

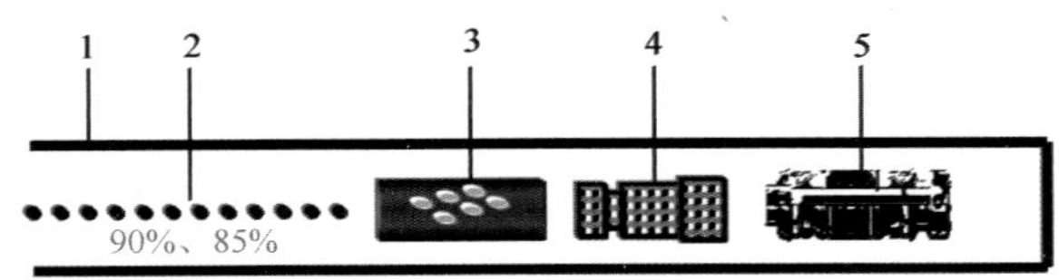

图8-33　射孔-桥塞连作分段压裂管柱示意图

1—套管；2—传输电缆；3—射孔枪；4—电缆坐封工具；5—泵送桥塞

3. 射孔-桥塞联作分段压裂施工工艺过程

该技术的施工步骤大致为：① 地面设备准备，连接井口设备，连续油管钻磨桥塞管串模拟通井；② 第1段采用油管或者连续油管传输射孔，提出射孔枪；③ 从套管内进行第1段压裂；④ 用液体泵送电缆+射孔枪+可钻桥塞工具入井；⑤ 坐封桥塞，射孔枪与桥塞分离，试压；⑥ 拖动电缆带射孔枪至射孔段，射孔，提出射孔枪；⑦ 利用套管进行第2段压裂；⑧ 重复④~⑦，实现多级压裂；⑨ 待压裂施工全部完成后，采用连续油管对所有复合桥塞进行钻磨；⑩ 钻磨完所有桥塞后进行后续测试作业及排液投产。

一般目的层水平井段每段射孔3~6簇，每射孔簇跨度为0.46~0.77m，簇间距20~30m，压裂施工结束后快速钻掉桥塞进行测试、生产。

4. 射孔-易钻桥塞联作分段压裂优缺点

（1）优点包括：① 通过该射孔方式每段可以形成3~6条裂缝，裂缝间的应力干扰更加明显，压裂后形成的缝网更加复杂，改造体积更大，压裂后的效果也更好；② 节省钻时（同时射孔及坐封压裂桥塞）；③ 可进行大排量施工；④ 分压段数不受限制；⑤ 桥塞在压裂后可快速钻掉，易排出（<15min钻掉，常规铸铁>4h）；⑥ 下钻风险小，施工砂堵容易处理；⑦ 受井眼稳定性影响相对较小。

（2）缺点包括：① 对套管和套管头抗压要求高；② 对电引爆坐封等配套技术要求高；③ 分段压裂施工周期相对较长；④ 施工动用设备多，费用较高；⑤ 水平井水平段长度受限。分段压裂技术施工过程中需要多次采用连续油管进行通井、射孔、钻塞作业，水平段长度受连续油管最大下深限制。

（二）裸眼滑套封隔器分段压裂完井管柱系统

水平井裸眼分段压裂技术是近年来兴起的非常规油气储层改造和投产新技术，能显著改善非常规油气藏开发效果。裸眼分段压裂管柱一般是采用 ϕ177.8mm 技术套管悬挂 ϕ114.3mm 压裂配套完井管柱的结构，常见的配套管柱由悬挂器、裸眼封隔器、滑套开关、单向阀等组成，裸眼封隔器和滑套开关的数量由压裂段数决定。

1. 裸眼滑套封隔器分段压裂工艺原理

裸眼滑套封隔器分段压裂设计多级封隔器对水平井裸眼段进行机械封隔，根据起裂位置分布多级滑套，压裂前对油管正打压实现封隔器稳定坐封或封隔器浸泡坐封，施工中从小到大依次投球憋压打开滑套，压裂液从喷砂器进入地层直至完成加砂，压裂后合层返排生产。裸眼滑套封隔器分段压裂关键工具包括悬挂封隔器、裸眼封隔器和投球滑套。

2. 裸眼滑套封隔器分段压裂管柱系统结构

以水平井裸眼分段压裂工艺设计为基础，根据储层条件、水平段有效长度、水平段与储层主应力方位关系等综合因素考虑，确定水平井裸眼滑套封隔器分段压裂工艺管柱结构设计方案。裸眼滑套封隔器分段压裂完井管柱（图 8-34）用水力坐封或遇油（遇水）膨胀坐封的套管外封隔器代替水泥固井来隔离各层段，封隔器通常采用弹性元件密封裸眼井筒，生产时不需起出或钻铣，同时利用滑套工具在封隔器间的井筒上形成通道，来代替套管射孔。

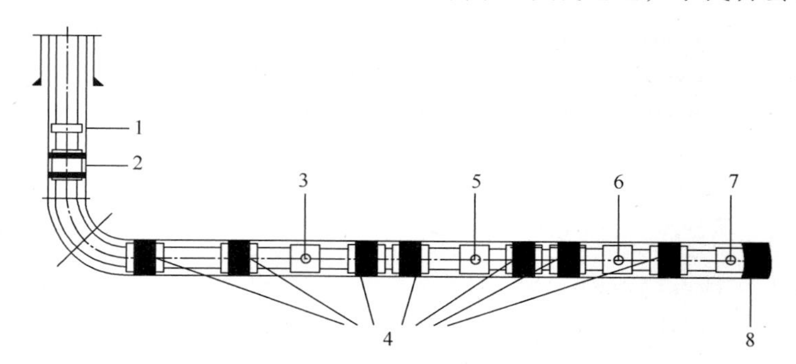

图 8-34　裸眼滑套封隔器分段压裂完井管柱示意图

1—水力锚；2—悬挂封隔器；3—投球式喷砂滑套；
4—封隔器；5—投球式喷砂滑套；6—滑套；7—球座；8—筛管引鞋

3. 裸眼滑套封隔器分段压裂施工步骤

该技术的施工步骤大致为：

1）井眼处理

（1）清理套管，钻井后，套管上不可避免地有结块，影响压裂管柱的下入，因此需要清理。钻具组合：通井规 + 钻杆 1 根 + 刮管器 + 钻柱。刮管通井时，如果遇阻力较大的井段可反复活动 2 ~ 3 次；刮管至距套管末端 10m 处停止，并进行钻井液循环，直到出口钻井液与钻井设计的钻井液性能相同。循环钻井液时必须过筛，滤掉可能存在的颗粒状杂质。

（2）螺旋扶正器通井，螺旋扶正器通井的目的是清理岩屑床，使水平裸眼段井眼更平缓。钻具组合：牙轮钻头 + 钻杆 1 根 + 螺旋扶正器 + 钻柱 + 加重钻柱 + 钻柱。如果螺旋扶正器通井时遇阻，遇阻载荷严禁超过 80kN，遇阻时原则上不建议划眼。管柱通过后在遇阻井段反复拉2~3次，并进行钻井液循环，直到可以顺利下钻。

2）下入管柱丢手

如果将钻杆作为生产管柱，则成本太高，采取将压裂管柱直接接上生产油管柱入井，则因为油管柱强度太弱，遇阻时不好处理。因此，将压裂管柱接上钻杆，顺利下入井底后丢手（相互分开），再回插生产油管柱进行压裂施工以及生产。

3）回插生产管柱实施压裂

由钻杆接上压裂管柱送入井底，投球至坐封球座并加压，此时，双向悬挂封隔器坐封悬挂，提高泵压可实现钻柱与压裂管柱在丢手工具处分离，丢手后泄压提出钻柱与丢手工具。其中，坐封球座设计有锁球机构，投球进去球不会跑开。接着，将生产油管柱接上外压差开启循环阀、水力锚以及插入管，插入丢开后的插管回接密封装置中，并加轴向力50kN、井口安装采气树。加压，压力开启滑套开启，即建立起第1层压裂通道，压裂第1层；投树脂球，投球滑套1开启，即建立起第2层压裂通道，压裂第2层；依次投球，压裂剩余层数。

4. 裸眼滑套封隔器分段压裂常用的几种管柱系统

根据所用的封隔器坐封原理和滑套打开方式，形成了多种裸眼滑套封隔器分段压裂管柱系统。下面简单介绍几种裸眼滑套封隔器分段压裂管柱系统。

1）QuickFRAC和StackFRAC HD系统

QuickFRAC系统原理是一次投入一个封堵球开启多个滑套的多级压裂批处理系统，已实现15次投球进行开启60级滑套的多级压裂的施工，每级之间由RockSEAL Ⅱ封隔器封隔，滑套为QuickPORT滑套。

StackFRAC HD（High Density）高密度多级压裂系统，该系统可以多次投入同一尺寸封堵球开启多级滑套RepeaterPORT，有效增加压裂级数，每级之间用RockSEAL Ⅱ封隔器封隔。Packers Plus能源服务公司已成功安装一个60级的裸眼完井系统，将124套工具串入井。

2）FracPoint™系统

FracPoint™多级投球打滑套压裂系统实现快速、连续的水力压裂。每两级滑套之间可以选用液压坐封裸眼封隔器或自膨胀封隔器。压裂完成一级后投球泵送打开下级滑套，如此逐级进行压裂。整体压裂完毕，密封球被从井内返排出地面。

FracPoint™分段压裂系统主要部件有：大扭矩悬挂器系统、液压坐封裸眼封隔器或自膨胀封隔器、抗高速冲蚀的投球打开滑套、压力打开滑套、耐高温高压封堵球和井筒隔绝阀。

3）DeltaStim Plus 20系统

DeltaStim Plus 20完井工具：DeltaStim滑套、DeltaStim压力开启滑套和Swellpacker隔离系统。DeltaStim完井可与VersaFlex尾管悬挂器一起下入井中。根据地层条件可使用Swellpacker隔离系统或Wizard Ⅲ封隔器实现裸眼完井的隔离，Swellpacker封隔器膨胀胶筒可膨胀至200%，可密封不规则裸眼井和套管井，也可以采用注水泥固井、完井隔离。DeltaStim Plus 20完井技术服务系统在4.5in套管中可以分21级，5.5in套管中可以分26级，7in套管可以多达30级，开启球级差达到1/8in。机械开关滑套可现实多次开关，并可实现无限级数压裂。

5. 裸眼滑套封隔器分段压裂优缺点

（1）优点：① 完井和分段压裂一体化，可以有效节省完井时间和费用；能较好避免固井作业对油气层的污染伤害；② 泵注时间短，由于井口配套有投球装置，压裂施工可以连续泵注，一般情况下，整个压裂施工作业可以在一天内完成，与其他分段压裂工艺相比，可以缩短分段压裂的时间，加快返排时间，有效降低入井液对油层的伤害。

（2）缺点和不足：① 多级封隔器的验封问题，一口井中要下入五六级，甚至十多级的管外封隔器，验封的问题难以解决；② 封隔器密封失效问题，压裂施工以及随后的油气生产，会改变地层应力，造成地层结构和裸眼井壁的不稳定性，各种因素的综合作用很容易造成封隔器的密封失效，结果导致窜层、水淹油气层的发生，影响后期的油气生产；③ 工艺技术应用的局限性，对于油井，如果存在底水、裸眼段井眼穿过水层或距离水层很近，应用该技术，易造成压穿水层、封隔器密封失效后易发生水淹油层，含水大幅度上升，由于该工艺装置作为完井尾管悬挂，后期起出以及实施补救措施困难。

（三）套管滑套固井分段压裂完井管柱系统

目前使用的各种投球分段压裂管柱投球压裂完之后，只能选择将球洗出，然后将滑套和球座留在井底或者选择钻掉。如果选择留在井底，那么会在井筒中形成变径，不但影响产量，而且常规的测试工具在压裂后无法下到井筒内，影响以后的井下作业或测试工具的应用；如果选择钻掉，在钻掉过程中很容易卡住，而且即使顺利钻掉后也无法使井筒形成通径，还是会影响常规井下作业或是测试工具的使用。压裂完成后，如果井筒出水则无法实现对压裂段的封堵，会很大程度上影响产量，气井的话有可能导致整个井筒水淹甚至报废。分段压裂完毕投产后无法实现二次压裂，或是其他的增产作业。

1. 套管滑套固井分段压裂原理和管柱结构

套管滑套固井分段压裂技术是在固井技术的基础上结合了开关式固井滑套而形成的多层分段压裂完井技术。套管固井滑套分段压裂技术是指根据油气藏产层情况，将滑套与套管连接并一趟下入井内，实施常规固井，再通过下入开关工具或投入憋压球或飞镖等方式，逐级将各层滑套打开，进行逐层改造。套管固井分段完井管柱结构件如图 8-35 所示。

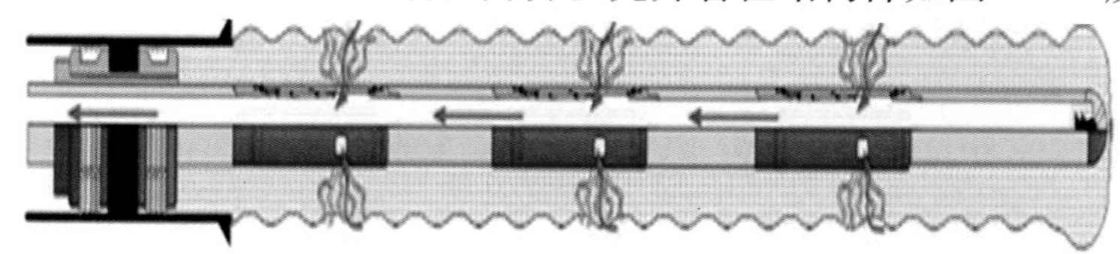

图 8-35　套管滑套固井分段压裂管柱

2. 套管滑套固井分段压裂施工步骤

（1）根据油藏产层情况，确定各固井滑套位置。

（2）按照确定的深度将滑套和套管管柱一趟下入井内，然后进行常规固井。

（3）打开第 1 级滑套，开始第 1 级压裂施工。

（4）压裂完第 1 级之后，采用关闭或投球堵塞该级压裂通道，并打开第 2 级滑套实现第 2 级压裂施工，重复并完成逐级多层分段压裂。

（5）所有层位压裂完成之后，放喷排液生产。

3. 套管滑套固井分段压裂优缺点

（1）优点：① 随套管一趟下入，无需射孔；② 无需额外的封隔器卡层，节省了成本；③ 压裂完成之后套管内保持通径，方便了以后的修井作业；④ 通过分级投球打开滑套实现分级压裂，压裂段间作业衔接紧凑，压裂作业进度较快并可以实现连续压裂作业；⑤ 压裂作业后，可以根据生产需要钻掉球座，为后续作业提供全通径井筒条件。

（2）缺点：① 套管滑套内径变化大，给固井配件设计带来困难；② 套管压裂无法使用分级箍，全井段封固对固井胶塞密封性能提出了更高的要求；③ 由于不需要射孔，需通过憋压憋穿水泥环，固井质量好坏是关系着压裂施工能否顺利进行的关键；④ 滑套外径大，由于环空通道减少，滑套附近固井有影响，滑套外有水泥，初期压裂破裂压力较高。

（四）连续油管水力喷射分段压裂管柱系统

连续油管喷砂射孔分段压裂是新近发展起来的一种多级压裂技术。连续油管逐层压裂是利用连续油管能在不压井、带压的情况下进行作业的特点，同时采用连续油管作为传输工具的基础上，开发出能与之相适应的、能在一次起下连续油管完成多个储层作业的、特殊的井下工具。目前，采用连续油管进行逐层压裂的增产作业，一次最多可压裂 22 层。另外，不压井作业机也能同连续油管一样进行逐层压裂，但是不压井作业机的作业速度比连续油管慢，设备的控制难度更大，作业风险也更大。因此，在多层压裂或酸化方面还没有比连续油管逐层压裂工艺技术更快捷、操作更容易、作业层数更多、更有针对性、施工更安全、更经济的工艺技术。该技术综合了封隔器分层、套管大排量注入和连续油管精确定位。

应用于连续油管喷砂射孔压裂作业的井下工具按封隔形式分为砂塞封隔、可钻桥塞封隔和封隔器封隔 3 种。完成喷砂射孔作业后砂塞封隔需要第 2 趟管柱完成冲砂作业，可钻桥塞需要第 2 趟管柱完成钻塞作业，而封隔器封隔只需解封封隔器便可，因此具有工艺简单、效率高等优点。下面重点介绍连续油管水力喷射环空压裂封隔器隔离分段技术。

1. 水力喷射加砂分段压裂技术原理

水力喷射分段压裂技术(图 8-36)是集射孔、压裂、隔离一体化的新型增产措施，利用专用喷射工具产生高速流体穿透套管、岩石，形成孔眼，随后流体在孔眼底部产生高于破裂压力的压力，造出单一裂缝。油管流体高速射流(喷嘴喷射速度大于 190m/s)在地层中射流成缝，通过环空注入液体使井底压力刚好控制在裂缝延伸压力以下，由于射孔孔眼内增压和环空负压区的作用(图 8-37)，环空压力将低于地层裂缝的延伸压力、也低于其他位置地层的破裂压力，从而在水力喷射压裂过程中，已经压开的裂缝不会重新开启，也不会压开其他裂缝，流体只会进入当前裂缝，这样就达到了水力封隔目的，因此，不用封隔器与桥塞等隔离工具，实现自动封隔(Schultz 等)。

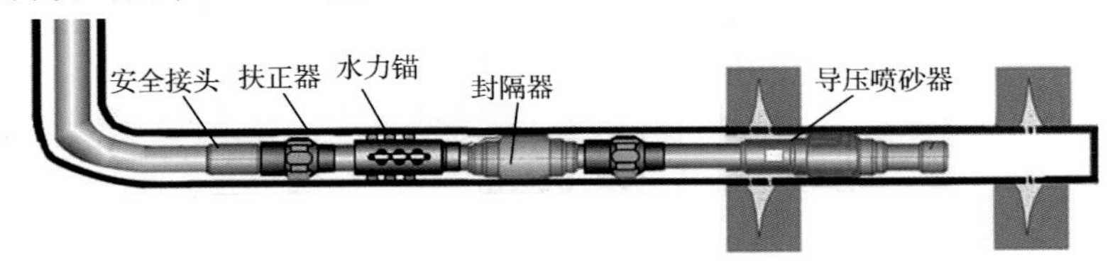

图 8-36　水力喷砂分段拖动压裂示意图(Crumpton，2007)

水力喷射压裂技术可以在裸眼、筛管完井的水平井中进行加砂压裂，也可以在套管井上进行，施工安全性高，可以用一趟管柱在水平井中快速、准确地压开多条裂缝，水力喷射工具可以与常规油管相连接入井，也可以与大直径连续油管(ϕ60.3mm)相结合，使施工更快捷，国内外已有数百口页岩油气井、致密油气井用此技术进行过加砂压裂。2009 年在巴奈特页岩气藏应用了该项技术，成功进行一口井 43 级分段压裂试验，图 8-38 为水平井连续油管水力喷砂压裂工具组合。

2. 连续油管喷砂射孔套管分段压裂施工步骤

施工步骤：① 连续油管带机械式套管节箍定位器进行定位；② 通过连续油管循环射孔液，达到一定排量后开始加入石英砂进行喷砂射孔；③ 射开套管后，进行反循环洗井，此

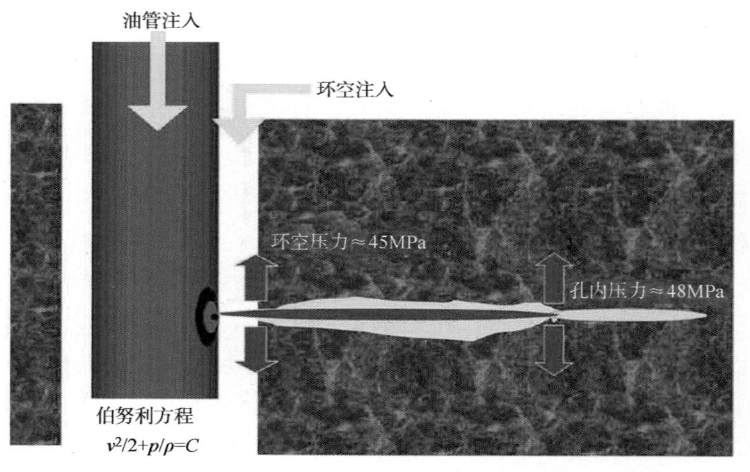

图 8-37　水力喷射清水压裂技术原理图

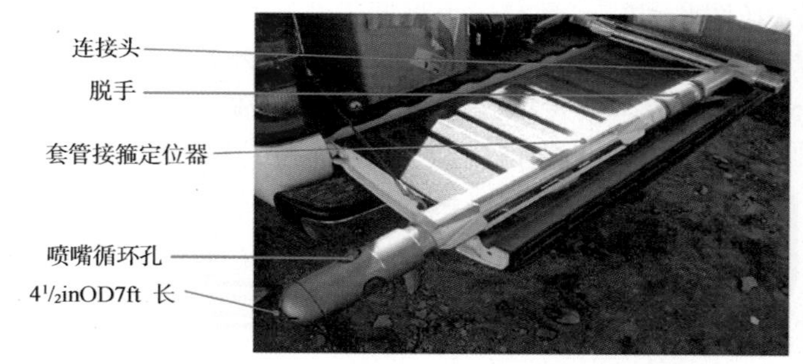

图 8-38　水平井连续油管水力喷砂压裂工具组合

时平衡阀打开，将射孔液和石英砂洗出井口；④ 进行该层的主压裂施工；⑤ 施工后，上提连续油管解封封隔器，再次定位进入下一层后，下放坐封封隔器，开始进行第二层施工。以此步骤完成所有层段施工后，提出连续油管。

3. 连续油管喷砂射孔套管分段压裂优缺点

（1）优点：① 起下压裂管柱快，移动封隔器总成位置快，从而大大缩短作业时间；② 一次下管柱逐层压裂的段数多，可以多达十几段；③ 降低摩阻，提高排量，环空压裂可大大提高喷嘴寿命；④ 降低了对压裂液的性能要求。

（2）缺点：① 油层打开程度较低，产出渗流摩阻较大；② 套管抗内压要求较高。

（五）同步压裂技术

同步压裂指对2口或2口以上的配对井进行同时压裂（图8-39、图8-40），来增加水力压裂裂缝网络的密度及表面积，利用井间连通的优势来增大工作区裂缝的程度和强度，最大限度地连通天然裂缝，促使水力裂缝扩展过程中相互作用，产生更复杂的缝网，增加改造体积（*SRV*），提高初始产量和最终采收率。目前已发展到3口甚至4口井间同时压裂（Siebrits等，2010）。

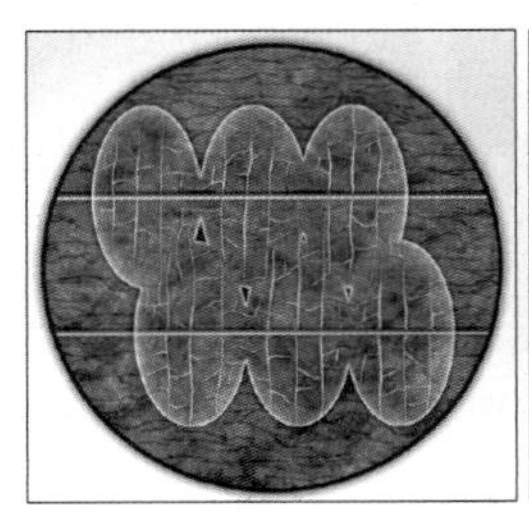

图8-39　水平井同步压裂技术示意图（Javad，2010）

图8-40　三井同时压裂现场

2006年，同步压裂首先在美国Ft. Worth盆地的巴奈特页岩中实施。作业者对同一平台上相隔10m、水平井段相隔305m、大致平行的2口井9个层位进行同步压裂。作业后，2口井均以相当高的速度生产，其中1口井以日产$25.5\times10^4m^3$的速度持续生产30d，而其他未压裂的井日产量在$(5.66\sim14.16)\times10^4m^3$之间。

此外，伍德福德页岩现场试验了$2.59km^2$面积内的4口井，垂深2160～2250m。每口井分9级压裂，每级压裂段长度150m。单级滑溜水压裂液用量$1750m^3$，100目砂支撑剂30t，30/50目砂支撑剂113t，排量为$15m^3/min$。首先进行A1井的重复压裂，然后同步压裂A2和A3井，最后压裂W1井，所有井同步防喷投产。4口多级压裂水平井产量情况见表8-9。

表8-9　伍德福德页岩同步压裂产量　　10^4m^3

井　号	A1	A2	A3	W1
压裂方式	重复压裂	同步压裂	同步压裂	老井单井压裂
级数	7	9	9	5
30天平均产量/m^3	9.98	14.55	16.24	3.23
第90天日产量/m^3	5.79	7.18	7.40	3.65
30天累积产量/m^3	307.76	436.36	489.92	209.01
60天累积产量/m^3	557.56	595.04	726.31	321.87
90天累积产量/m^3	799.20	824.57	971.13	430.50

（六）丛式井“井工厂”分段压裂技术

丛式井技术是采用底部滑动井架钻丛式井组，每井组3～8口单支水平井，水平井段间距300～400m左右（图8-41）。这种压裂方式土地利用率高，在一个地区部署多个井场，在每一个井场部署多口水平井，实现钻井、固井、射孔、压裂等作业的批量化、流程化、标准化，且各工序之间实现无缝衔接。压裂“井工厂”化流程能够在一个丛式井平台上压裂多口井，诱导应力干扰形成复杂裂缝，且使地面工程及生产管理也得到简化，极大提高效率（图8-42）。在技术允许的情况下，压裂级数越多产量越大，越有利降低钻井与压裂成本，因此，“井工厂”压裂经济优化目标是：① 平台钻井数最大化；② 每口井压裂数最大化；③ 水平段长度最大化；④ 清水压裂液用量最大化。目前北美井组设计：每平台井数（16～20口）、井组裂缝级数（最大440级）、水平段长度（1600～3000m）、每口井压裂级数（最大28级）、每级可产生裂缝数（最大75条）。

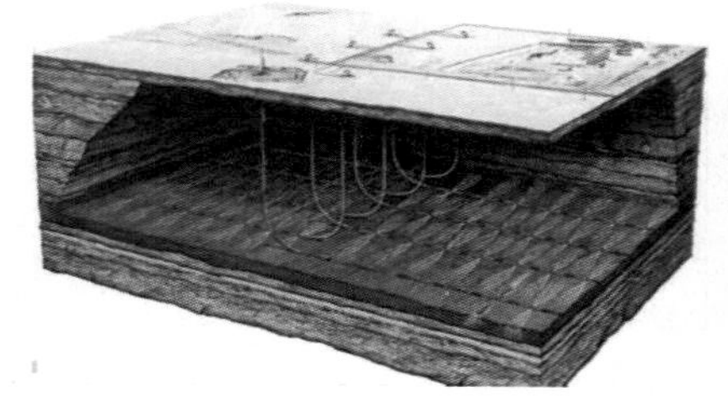

图8-41 从式井“井工厂”压裂平台

图8-42 “井工厂”压裂示意图（Ginest，2011）

该技术在Fayetteville页岩气田6天内完成8口丛式井92级压裂；在Piceance地区致密砂岩油气藏20天压裂22口井（0.9d/井），62天完井22口井（2.8d/井）共泵注40×10^4bbl滑溜水，压裂129个层段，白天作业，轮换压裂和测井人员，以提高安全性和效率。

另外，水平井分段压裂施工过程还需要一些配套工艺，主要包括水平井测试技术、水平井连续油管作业技术、水平井压后冲砂、水平井修井技术及工具等。

三、压裂材料

水力压裂施工用到的压裂材料主要包括压裂液与支撑剂。非常规油气藏压裂特点决定了其与常规油气藏在压裂液、支撑剂选择上不同，如非常规油气藏水力压裂应用的压裂液须具有无固相残渣或低固相残渣、低摩阻、低成本、易操作等特点；应用的支撑剂则须具有易携带和低破碎率特点。

（一）压裂液性能及评价

非常规油气藏储层改造，压裂液的选择至关重要，必须应用与其特性相适应的压裂液体系。主要包括滑溜水压裂液、线性胶压裂液、交联压裂液和活性水压裂液。其中，页岩油气压裂主要应用滑溜水压裂液，致密砂岩气主要应用线性胶和交联压裂液，煤层气压裂主要应用活性水压裂液。

一般，滑溜水或者交联压裂液的选择主要依据滤失控制要求和裂缝导流能力进行评价优选。线性胶或者滑溜水压裂液一般在以下几种情况会优先考虑：岩石是脆性的、黏土含量低和基本与岩石无反应情形。如Fayetteville页岩现场压裂中主体采用滑溜水压裂液体系（其中水＋支撑剂占到了体系的99.51%，如图8-43所示）；而交联压裂液一般在以下几种情形有用：韧性页岩、高渗透率地层和需要控制流体滤失的情形。

对于页岩压裂，目标是形成网缝，提高导流能力，增加有效改造体积，增加产量。通过国外文献调研；可知脆性页岩所用压裂液黏度越低，如滑溜水易形成网络缝，黏度越高，越易形成两翼裂缝；而对于塑性页岩，则适宜采用高黏度压裂液，如线性胶压裂液。以下分别介绍滑溜水和线性胶压裂液。

1. 滑溜水压裂液性能及评价

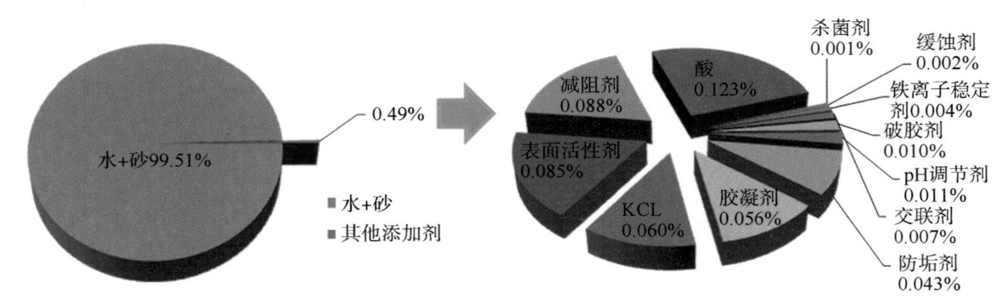

图 8-43 Fayetteville 页岩现场压裂中主体采用滑溜水压裂液体系组成

滑溜水最早在1950年被应用于油气藏压裂中，但随着交联聚合物凝胶压裂液的出现很快淡出了人们的视线。在最近的10~20年间，由于非常规油气藏开采快速发展，滑溜水再次被应用到压裂中并得到发展。1997年，Mitchell能源公司首次将滑溜水应用在巴奈特页岩气的压裂作业中并取得了很好的效果，此后，滑溜水压裂在美国的压裂增产措施中逐渐得到了广泛应用，到2004年滑溜水压裂液的使用量已占美国压裂液使用总量的30%以上。

早期的滑溜水中不含支撑剂，产生的裂缝导流能力较差，后来的现场应用及试验表明，添加了支撑剂的滑溜水压裂效果明显好于不加支撑剂时的效果，支撑剂能够让裂缝在压裂液返排后仍保持开启状态。

目前在国外页岩气压裂施工中广泛使用的滑溜水的成分以水和添加剂(主要包括降阻剂、表面活性剂、黏土稳定剂、阻垢剂和杀菌剂)为主，添加剂的总含量在1%以下，尽管含量较低，却发挥着重要作用(表8-10)。

表 8-10 滑溜水压裂液中的主要添加剂

添加剂名称	一般化学成分	一般含量/%	作　用
降阻剂	高分子聚丙烯酰胺等	0.010~0.20	降低压裂液流动时的摩擦系数，从而降低压力损耗
表面活性剂	乙氧基化醇等	0.020~0.20	降低压裂液的表面张力并提高其返排率
黏土稳定剂	季铵盐	0.05~0.10	帮助地层黏土保持稳定，防止井壁坍塌并减少地层伤害
阻垢剂	膦酸盐	0.05	防止管线内结垢
杀菌剂	DBNPA，THPS，棉隆	0.007	防止并杀死细菌，阻止其对地层的伤害

在页岩油气藏的开发中，大排量、大液量的体积压裂改造是关键技术。体积压裂建立的复杂裂缝网络，增大了泄流裂缝的表面积，有利于维持产量。依据巴奈特页岩经验，选择以滑溜水水平井分段压裂为主的体积压裂，通过国内外资料调研及评价，应用于体积压裂的滑溜水应具有以下性能：① 降阻率>65%；② 实验测试返排率>50%；③ *CST* 比值<1。

根据体积压裂工艺要求、页岩储层特点，滑溜水主要由降阻剂、助排剂和防膨剂构成。

1）降阻剂

液流状态可分为层流和湍流两种形态，如果流体质点的轨迹是有规则的光滑曲线，这种流动叫层流。而流体的各个质点作不规则运动，流场中各种矢量随时空坐标发生紊乱变化，仅具有统计学意义上的平均值，这种流动称作湍流。在流体中加入少量的高分子聚合物，能在湍流状态下大大降低流体的流动阻力(减少边界微单元漩涡内摩擦)，这种方法称为高聚物减阻。

为了实现页岩气体积压裂的增产效果，往往需要使用大排量滑溜水体系进行泵送作业，高效降阻剂的使用对页岩气的开发具有格外重要的意义。

页岩气压裂施工过程中的流态雷诺数计算：

$$Re=\frac{\rho vd}{\mu} \tag{8-23}$$

式中 Re——雷诺数；

ρ——流体密度；

v——流体的过流流速；

d——特征长度(圆形管道直径)；

μ——流体的黏度。

页岩气施工流体密度约 $1.0\times10^3kg/m^3$，流体排量 $10\sim20m^3/min$，管道内径(5½in 套管)139mm，流体黏度约 $1.0\times10^{-3}Pa\cdot s$，则页岩气压裂施工中雷诺数 Re 约为 $(1.5\sim3.0)\times10^6$，为典型的湍流状态。

在几何尺寸规则的管流中(不考虑节、阀等)，雷诺数相等，则流体流动状态几何相似的。

聚丙烯酰胺类降阻剂具有减阻性能高、使用浓度低、经济等优点。为实现在线混配，国外页岩体积压裂中降阻剂主要使用乳液聚丙烯酰胺。线型高分子链的伸展长度正比于其相对分子质量大小，即相对分子质量大者其分子链伸展时的长度也大，它的均方根末端距值也大。在诸多因素中，相对分子质量对降阻效果影响是极为明显的，随相对分子质量增加，减阻性能提高。

降阻剂的分散性能可以用分散时间来表征，分散时间是指降阻剂聚合物完成溶解、破乳并且聚合物分子完全展开达到最大黏度所需要的时间。为了达到最大的减阻效果，滑溜水溶液在进入套管或油管之前必须先使降阻剂溶解达到其分散时间。由于目前尚无标准的降阻剂分散时间测定方法，建立了如下测试方法：① 配制一定浓度的滑溜水溶液，用六速旋转黏度仪测量其稳定 $\varphi600$ 读数；② 按照测量黏度时所需溶液的体积(350mL)及滑溜水溶液浓度，计算并称取一定质量的降阻剂；③ 将 350mL 清水加入到黏度计液杯中，将转速调到 600r/min，在黏度计转动过程中将步骤② 中称量好的降阻剂加入，然后开始计时；④ 当黏度计读数达到步骤① 所测得的 $\varphi600$ 读数时停止计时，所测得的时间即为分散时间。结果测得聚 01、聚 02、FR－1、FR－2 的分散时间分别为 50s、60s、20s、25s。

降阻剂的减阻性能具体表现为降阻剂溶液流速加快和摩阻压降减少：当输送压力一定时，减阻效果表现为流速的增加；当流量一定时，减阻效果则表现为摩阻压降的减少。因此，可以使用增速率和减阻率两个指标来评价降阻剂的减阻性能。目前，国内外常用的是减阻率这一指标。减阻率可通过式(8－24)计算：

$$DR=\frac{P-P_{DR}}{P}\times100\% \tag{8-24}$$

式中 DR——减阻率；

P——未加降阻剂时流体的摩阻压降；

P_{DR}——加入降阻剂后流体的摩阻压降。

只要能够得到同一流速下加入降阻剂前、后摩阻压降的大小，就可以计算出减阻率的值。

图 8－44 为不同降阻剂不同流量下的降阻率，从图中可以看出，在同一浓度下，最优降

阻剂的降阻率可达到75.5%。

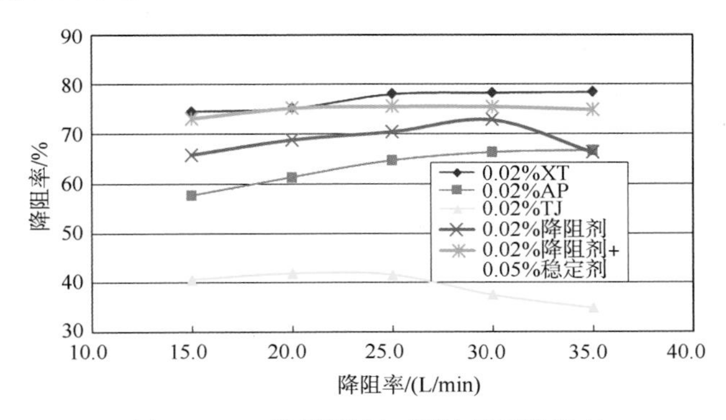

图8-44　不同降阻剂不同流量下降阻率

采用环道评价装置(图8-45)评价降阻剂减阻性能。

该装置可以测量不同流量及不同温度条件下流体经过测试段的摩阻压降，然后通过式(8-24)计算便可得到在特定流量及温度下降阻剂溶液的减阻率。管道测试段长度为2m，管道内径为2.5cm，最大流量可达$4m^3/h$。

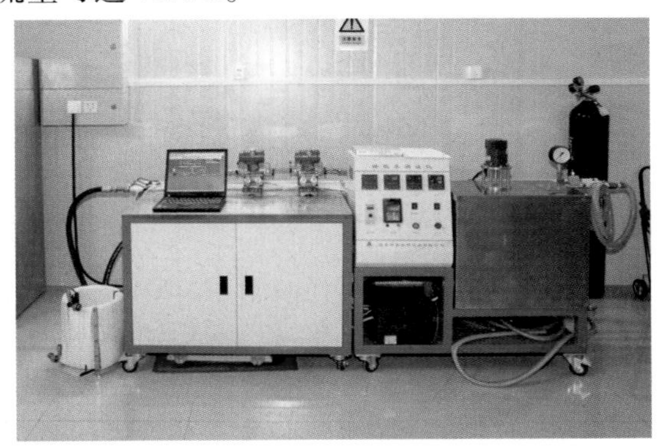

图8-45　多功能管路流动测试系统

具体实验步骤如下：① 往溶液罐中加入100L清水，调节罐内及管道的温度至滑溜水适用的温度(50℃)；② 调节流量，测量不同流量下的测试管道两端的压降。③ 用氮气将清水从管道中驱入罐内，按一定浓度(0.1%)将降阻剂(FR－100)加入到罐内清水中搅拌均匀，配制降阻剂溶液；④ 测量不同流量(与① 中流量一一对应)下测试管道两端的压降并计算降阻剂溶液的减阻率，实验结果如图8-46所示。

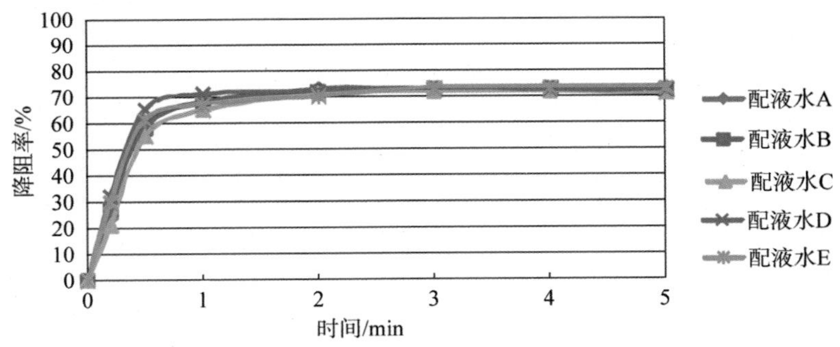

图8-46　高效降阻剂FR－100减阻率实验(0.10%添加量)

由图 8-46 可知，4 种降阻剂溶液的减阻率最初均随流量增加而增加，当达到一定流量时不再增加；降阻剂 FR－2 的减阻效果最好。表 8-11 为几种配液水的离子组成。在流量为 500kg/h 时，4 种降阻剂的降阻率都无降阻效果，这是由于此时的流态为层流，而降阻剂分子只有在紊流中才会产生减阻效果，降阻剂的加入使得溶液黏度增加因而导致摩阻增加，使减阻率为负值。

表 8-11　几种配液水的离子组成

离　子	水样 A	水样 B	水样 C	水样 D	水样 E
Na^+	26625	33439	77250	73609	0
K^+	0	0	2835	0	0
Ca^{2+}	2200	9029	11472	11600	100399
Mg^{2+}	1701	0	1735	2673	0
Sr^{2+}	0	0	2232	0	0
Ba^{2+}	0	0	2217	0	0
Cl^-	49482	67533	148858	141606	177601
HCO_3^-	732	0	63	366	0
I^-	0	0	19	0	0
Br^-	0	0	2593	0	0
矿化度/(mg/L)	80740	110000	249274	229854	278000

降阻剂 FR－100 技术特点为：① 高效减阻（减阻率≥65%）；② 配液方便（溶胀＜1min），满足在线混配的需求；③ 广泛适用，不同矿化度、不同水型的配液水均保持良好效果。

2）黏土稳定剂

地层胶结物中的黏土矿物遇外来流体膨胀、脱落、分散、运移，是页岩气压裂过程中地层伤害的主要因素之一。

蒙脱石易发生层间水化，表现出明显的膨胀性。高岭石是比较稳定的非膨胀性的黏土矿物，但在机械力的作用下，会解离裂开分散形成鳞片状的微粒，产生分散迁移，损害储集层渗透率。伊利石膨胀比蒙脱石弱，但在某些情况下（如弱酸性的淋滤作用），吸附水也随之进入晶层间，导致晶层膨胀、分散和运移（图 8-47、图 8-48 和图 8-49）。

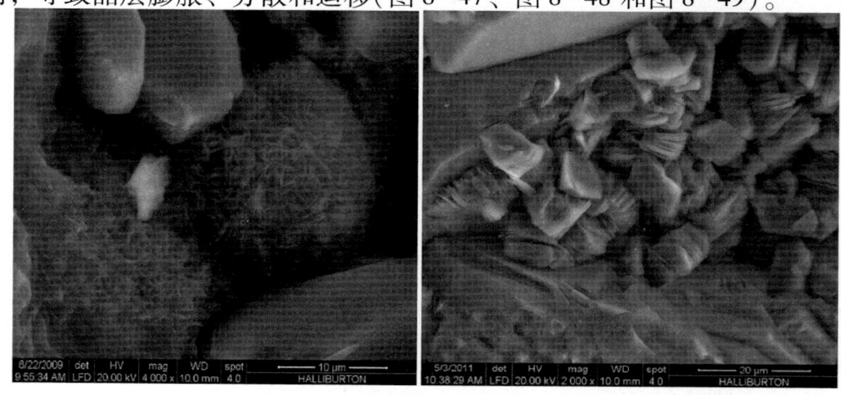

图 8-47　蒙脱石（膨胀）和高岭石（运移）造成的厚道堵塞

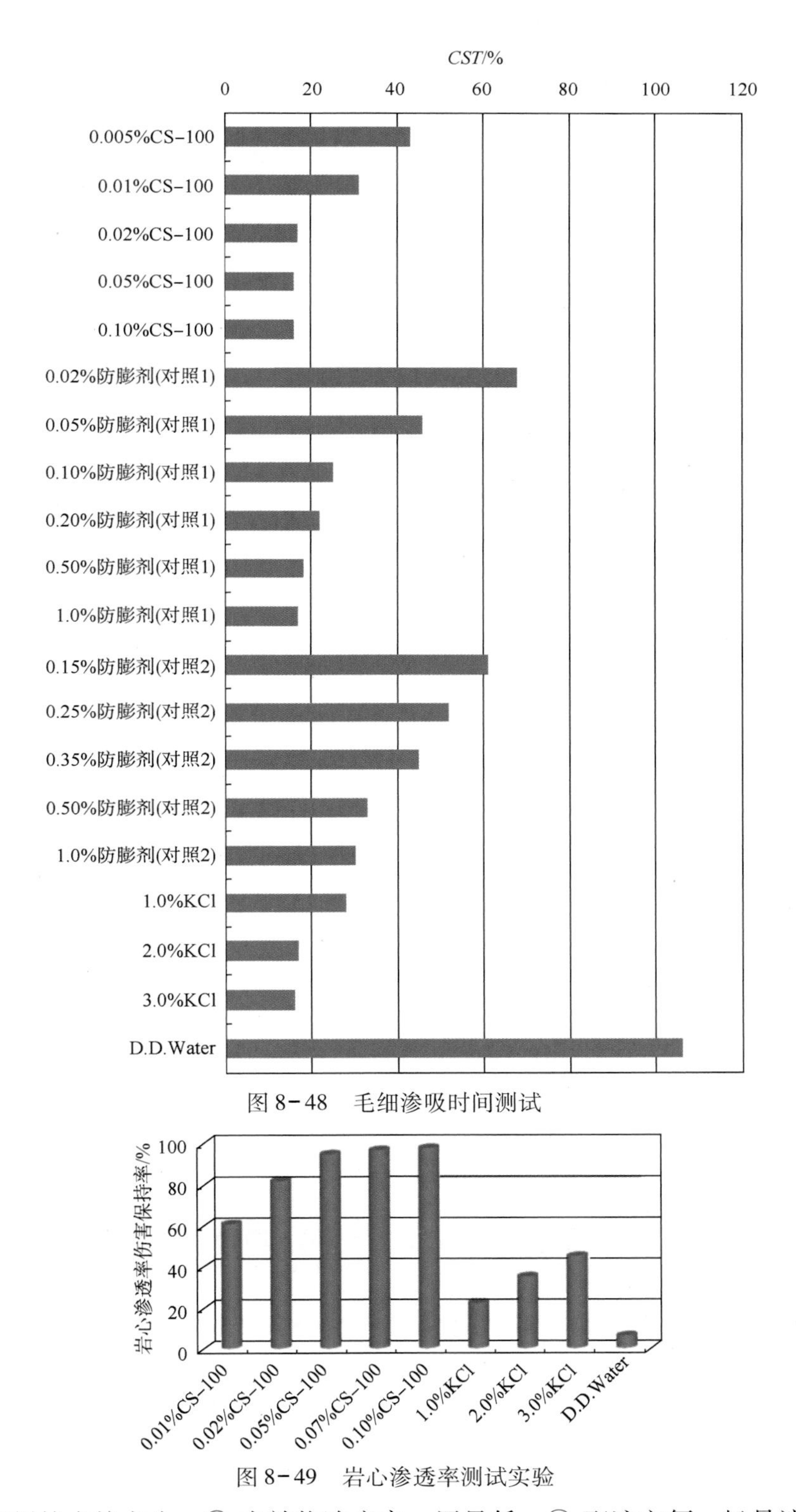

图 8-48　毛细渗吸时间测试

图 8-49　岩心渗透率测试实验

黏土稳定剂技术特点为：① 有效物浓度高、用量低；② 配液方便，极易溶于水，满足在线混配的需求；③ 卓越的黏土稳定效果，强烈抑制黏土矿物膨胀，高效稳定黏土矿物，阻止其分散运移。

3）助排剂

助排剂主要用于油气井压裂、酸化等井下作业，起降低表面张力（或界面张力）的作用，减小地层多孔介质的毛细管阻力，使工作液返排得更快、更彻底，从而有效减少地层伤害。通常要求助排剂本身具有很低的界面张力（2mN/m 以下）或表面张力（30mN/m 以下），对地层的吸附力尽可能低，与其他添加剂配伍，图 8-50、图 8-51 为助排剂 -100 的实验测试情况。

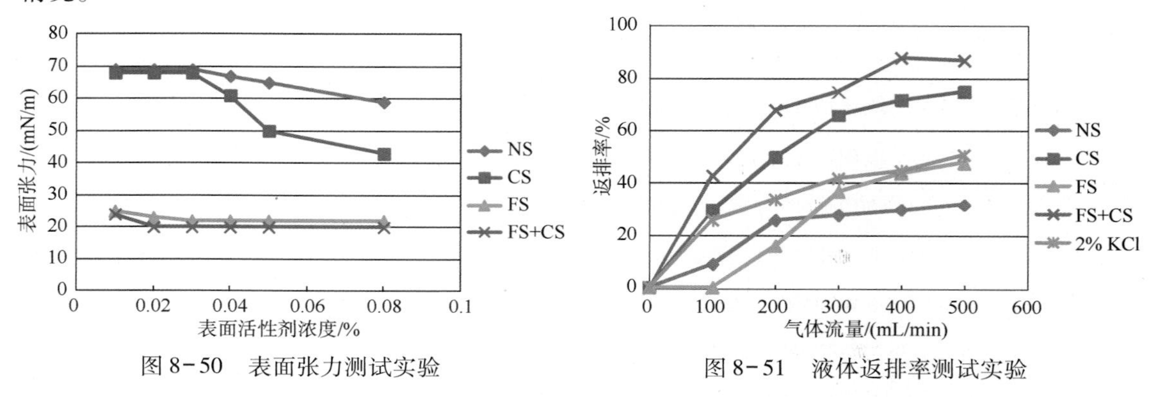

图 8-50　表面张力测试实验　　图 8-51　液体返排率测试实验

助排剂 -100（FS、CS 复配体系）技术特点为：① 有效物浓度高、用量低；② 配液方便，极易溶于水，满足在线混配的需求；③ 有效降低返排液的表界面张力，液体返排效率高。

通过复配和评价，中国西南某陆相页岩气井压裂改造应用的滑溜水体系为：0.05% ~ 0.2% 高效降阻剂 SRFR -1 +0.2% ~0.5% 复合防膨剂 SRCS -2 +0.3% ~0.5% KCl + 0.1% ~0.3% 高效助排剂 SRSR -2 + 水。

该体系降阻性能如图 8-52 所示，与目前常用的高分子降阻剂相比，具有低伤害特性（图 8-53），主要性能参数见表 8-12。

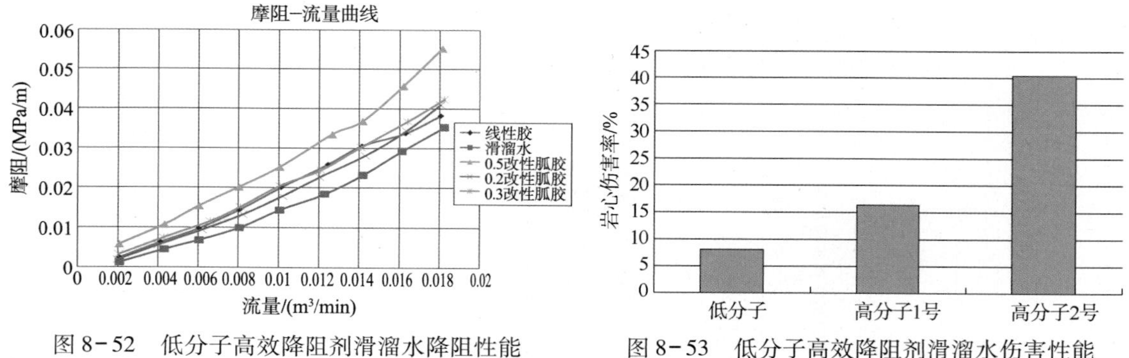

图 8-52　低分子高效降阻剂滑溜水降阻性能　　图 8-53　低分子高效降阻剂滑溜水伤害性能

表 8-12　滑溜水主要性能参数

名称	pH 值	密度/(g/cm^3)	表面张力/(mN/m)	防膨率/%	降阻率/%	$170s^{-1}$黏度/mPa·s
滑溜水	7.20	1.0040	26.9	95.0	50 ~70	5.0

该套滑溜水体系成功应用于中国西南某陆相页岩气井。室内性能参数测试和页岩气压裂现场试验表明，该滑溜水体系具有低摩阻、低膨胀、低伤害、易返排、性能稳定和溶胀速度快等特性，具有类似清洁压裂液的特点，性能好、易配制、适应性强，能够满足适合不同页

岩油气井压裂的需要。

经压后现场排液监测表明，依靠地层能量共持续排液140h，累积排液$799m^3$，返排率达到46.8%（图8-54），并仍可持续排液。最终累积排液$890m^3$，返排率为52.2%。液体性能好，可节省大量排采费用。

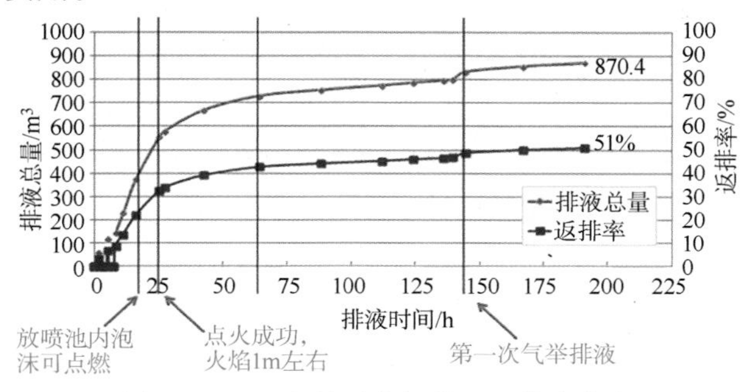

图8-54 西南某页岩气井压后排液曲线

返排液表面张力为38.61mN/m，界面张力为14.91mN/m，低于清水表面张力、界面张力，外观清澈，无任何机械杂质、絮状物沉淀，具有进一步回收和重复循环利用的基础。

2. 线性胶压裂液性能及评价

线性胶压裂液指不加入交联剂的原胶液，线性胶压裂液因配方和其他添加剂的不同而性能不同，以SRLG－1线性胶为例进行线性胶压裂液性能及评价。

配方：0.3%～0.4%高效降阻剂SRFR－1＋0.3%流变助剂SRLB－2＋0.3%高效助排剂SRSR－2＋0.05%黏度调节剂SRVC－2＋清水。主要性能参数见表8-13。

表8-13 线性胶主要性能参数

名称	pH值	密度/(g/cm^3)	表面张力/(mN/m)	防膨率/%	降阻率/%	$170s^{-1}$黏度/mPa·s
线性胶	7.01	1.0053	25.0	88.0	65	20.0

1）破胶性能

胶液冻胶体系破胶性能实验结果见表8-14。

表8-14 胶液冻胶体系破胶性能实验

压裂液配方	破胶温度/℃	破胶剂加量/ppm	破胶液黏度/mPa·s	表面张力/(mN/m)
90℃配方	90	900	2(放置12h没有返胶)	22.5
120℃配方	120	800	2(放置12h没有返胶)	22.8
130℃配方	130	600	5(放置12h没有返胶)	24.2
150℃配方	150	500	5(放置12h没有返胶)	24.5

在SRLG－1胶类压裂液体系中加入破胶剂，在8000r/min下，80℃测定体系的流变性能，0.05%加量的体系黏度在70min后黏度下降到2mPa·s，0.01%加量的体系黏度在70min后黏度下降到10mPa·s，基本破胶。而0.005%加量的体系黏度较大，90min后黏度保持在15mPa·s左右。

与常规瓜胶相比，该线性胶体系破胶更彻底，破胶液黏度均匀(图8-55)。

图 8-55　HPG 胍胶破胶液与 SRLG-1 胶液破胶液外观对比

2）高效降阻剂性能

通过与清水摩阻图版对比，SRLG-1 胶液在 200～1000s^{-1}剪切速率下的降阻率为清水摩阻的 20%～25%（图 8-56）。

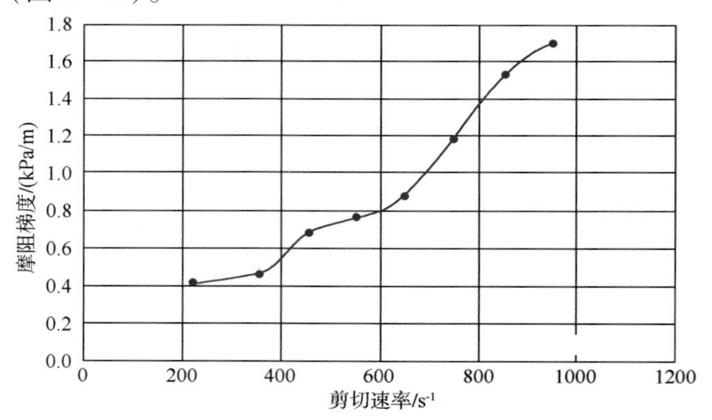

图 8-56　HPG 胍胶破胶液与 SRLG-1 胶液破胶液外观对比

3）高效助排剂性能

采用 0.3% SRSR-2 高效助排剂与现场配液用水（山泉水、小溪水、自来水）有较好的配伍性，能起到较好的助排作用，现场返排率达 40% 左右（图 8-57）。

4）黏土稳定剂性能

防膨剂添加剂防膨试验结果如图 8-58 所示，采用现场配液水配制的线性胶体系防膨率均高于 90%。

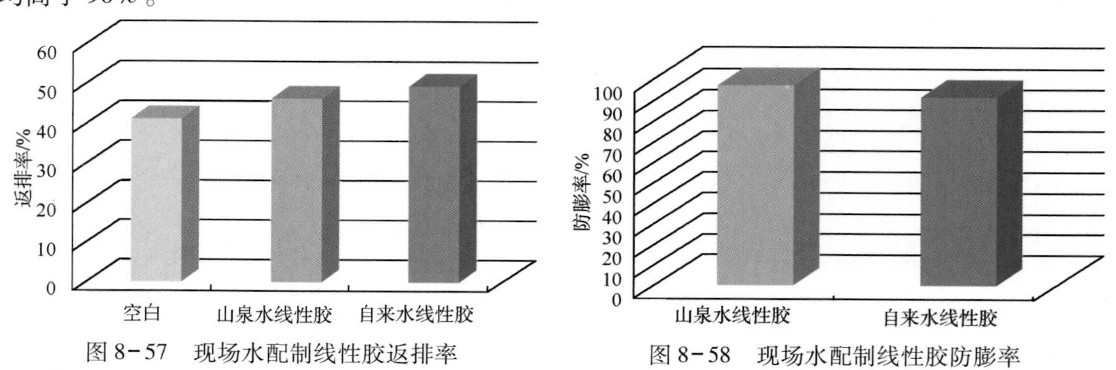

图 8-57　现场水配制线性胶返排率

图 8-58　现场水配制线性胶防膨率

5）携砂性能

测试数据表明，SRLG-1 胶液体系的储能模量与耗能模量之比均大于常用的胍胶压裂液（图 8-59），即其黏弹性更强，携砂性能更好。胶液体系沉砂速率实验结果见表 8-15。

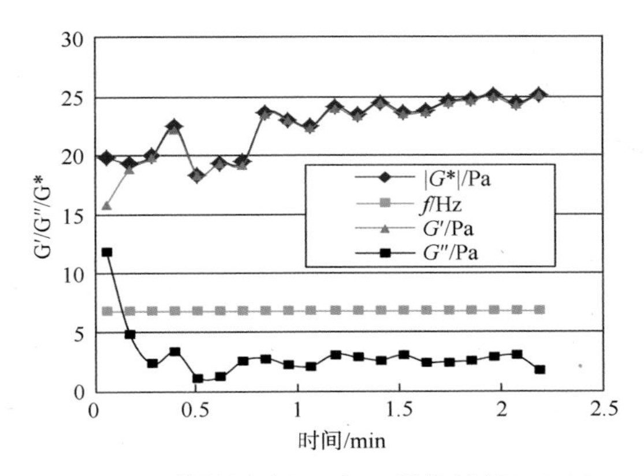

图 8-59　模量测试(110℃，结构辅剂 0.3%)

表 8-15　不同浓度线性胶黏度、沉砂速率测试结果

APV/%	$170s^{-1}$黏度/mPa·s	沉砂速率/(mm/s)
0.05	3	33.3
0.1	4.5	16.7
0.15	7.5	13.3
0.2	10.5	8.9
0.25	15	5.9
0.3	25.5	3.9
0.35	33	3.1
0.4	45	0.74
0.5	70	0.42

(二) 支撑剂性能及评价

支撑剂是由压裂液带入并支撑在压裂地层的裂缝中的颗粒，使用支撑剂的目的是为了在停止泵注后，当井底压力下降至小于上覆压力时使裂缝依然保持张开状态，且形成一个具有高导流能力的流动通道，从而有效地将油气导入油气井。依据地层条件选择合适的支撑剂类型及在裂缝内铺置适宜浓度的支撑剂是保证水力压裂作业成功的关键。

在储层特征与裂缝几何尺寸相同的条件下，压裂井的增产效果及其生产动态取决于裂缝的导流能力。裂缝导流能力是指裂缝传导(输送)储层流体的能力，并以裂缝支撑剂层的渗透率(K_f)与裂缝支撑缝宽(K_f)的乘积$(KW)_f$来表示。一般认为，支撑剂的类型及组成、支撑剂的物理性质、支撑剂在裂缝中的分布、压裂液对支撑裂缝的伤害、地层中细小微粒在裂缝中的移动和支撑剂长期破碎性能是控制裂缝导流能力的主要因素(Bulova 等，2008)。

支撑剂的物理性能包括：支撑剂的粒径分布组成、圆度和球度、酸溶解度、浊度、视密度和体积密度及抗破碎能力。支撑剂的这些物理性能决定了支撑剂的质量及其在闭合压力下的导流能力。

对一定体积的支撑剂，在额定压力下进行承压测试，确定的破碎率表征了支撑剂抗破碎的能力。破碎率高，抗破碎能力低；破碎率低，抗破碎率高。

不同粒径规格天然石英砂在规定闭合压力下的破碎率指标见表 8-16。

表 8-16　石英砂支撑剂抗破碎指标

粒径规格/μm	闭合压力/MPa	破碎率/%
1180～850(16/20 目)	21	≤14.0
850～425(20/40 目)	28	≤12.0
600～300(30/50 目)	35	≤10.0
425～250(40/60 目) 425～212(40/70 目) 212～106(70/140 目)	35	≤8.0

对不同密度的陶粒支撑剂破碎率的要求见表 8-17。

表 8-17　陶粒支撑剂抗破碎指标

粒径规格/μm	体积密度/视密度/(g/cm³)	闭合压力/MPa	破碎率/%
3350～1700(6/12 目) 2360～1180(8/16 目) 1700～1000(12/18 目) 1700～850(12/20 目) 1180～850(16/20 目) 1180～600(16/30 目)	—	52 52 52 52 69 69	≤25.0 ≤25.0 ≤25.0 ≤25.0 ≤20.0 ≤20.0
850～425(20/40 目)	≤1.65/≤3.00 ≤1.80/≤3.35 >1.80/>3.35	52 52 69	≤9.0 ≤5.0 ≤5.0
600～300(30/50 目)	≤1.65/≤3.00 ≤1.80/≤3.35 >1.80/>3.35	52 69 69	≤8.0 ≤6.0 ≤5.0
425～250(40/60 目) 425～212(40/70 目) 212～106(70/140 目)	—	86	≤10.0

用在大多数页岩气压裂的支撑剂是不同特性的石英砂，特别是那些尺寸更小的石英砂，比如 100 目，也有 40～70 目。一些尺寸较大的支撑剂，如 40/70 目、30/50 目和 20/40 目常用在导流能力比较重要的情况。在埋藏较深的页岩调查中发现，石英砂支撑剂在较高应力层位不会得到较大的导流能力，这通常就需要高强度的支撑剂。

表 8-18 和图 8-60 为几种国内常用中密度支撑剂在不同闭合压力下的导流能力对比情况。

表 8-18　支撑剂的导流能力对比　　$\mu m^2 \cdot cm$

压力/MPa	中研-1	CARBOPROP	腾飞陶粒	刚玉陶粒
10	149.81	147.3	144.64	136.19
20	126.68	110.8	122.43	115.96

续表

压力/MPa	中研-1	CARBOPROP	腾飞陶粒	刚玉陶粒
30	108.17	96.3	102.54	99.00
40	92.62	78.2	85.29	82.03
50	76.68	58.5	69.33	67.78
60	60.9	46.7	54.53	50.19
70	48.7	37.2	42.16	40.12

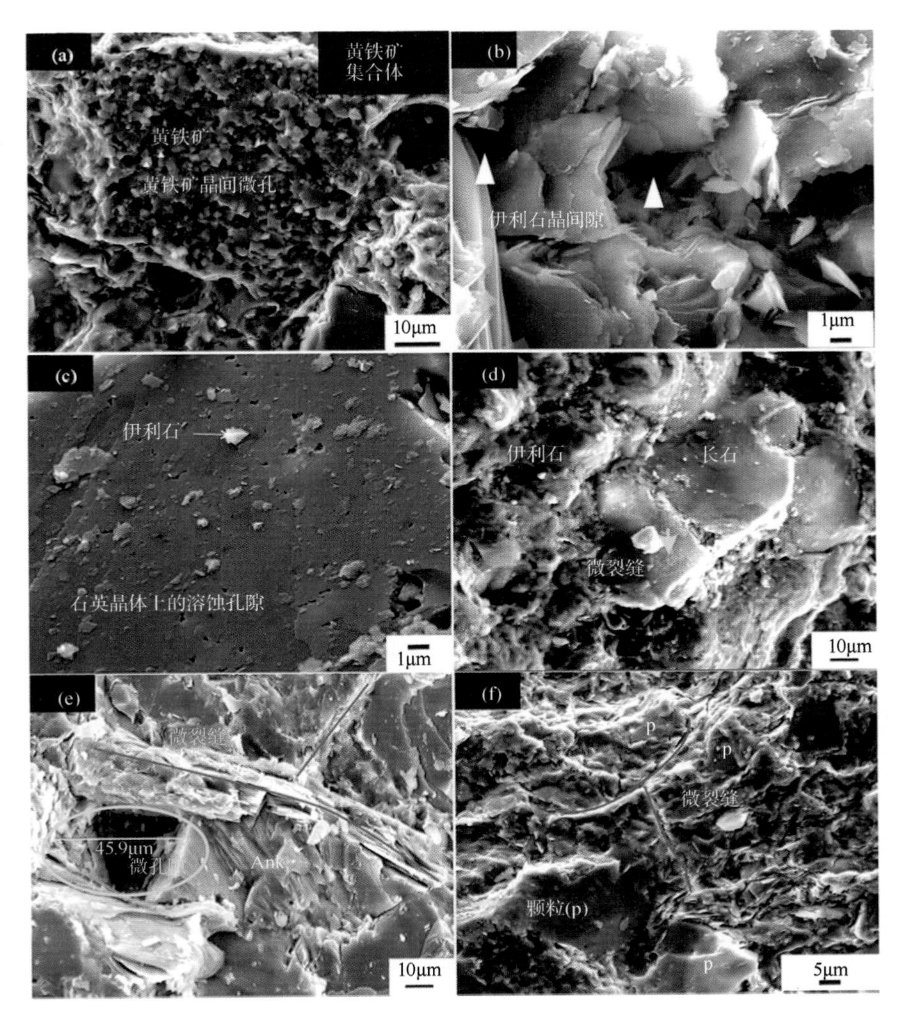

图 8-60　西南某页岩气井龙马溪组微孔隙和微裂缝(SEM)图版(刘树根等，2011)

100 目砂常用来阻止裂缝向下延伸，特别是在增加前置液的体积，提高排量时更为有效。抑制裂缝向下延伸的机理有很多解释，但通常都认为是 100 目砂会在裂缝内形成一个楔形结构，从而阻止向下扩展。支撑剂段塞控制滤失是一项常用的技术，在致密砂岩气井、煤层气井和页岩气井压裂中使用较多。100 目砂也通常和其他目数石英砂混合使用。

页岩压裂施工中砂浓度或者加砂梯度取决于页岩的储层特性。裂缝近井筒部分砂堵受主裂缝宽度和天然裂缝开启的数量的影响，裂缝宽度取决于排量、压裂液黏度、地层脆性、局部地应力和有效裂缝隔层的存在。

一般来说，初始砂浓度为24～40kg/m³，随后压力稳定后可以每步增加40kg/m³。滑溜水压裂支撑剂的上限取决于支撑剂尺寸，通常对于100目砂是300kg/m³，而40～70目砂是240kg/m³。从目前国外主要页岩气盆地压裂支撑剂应用情况来看，多数3000m以内浅的页岩气井压裂以100目粉砂+40/70目石英砂为主，尾追部分30/50目石英砂；3000m以上深页岩气井多选用低密度陶粒作为支撑剂。

第三节　储层保护技术

非常规油气藏因储层特性不同，其储层伤害也各有特点，如页岩储层以泥质为主，黏土含量较高，泥质微粒运移和黏土吸水膨胀是造成储层伤害的主要因素；致密砂岩油气藏具有孔喉细小、强亲水、毛细管自吸效应强的特点，所以在钻井、完井、生产、增产等作业过程中极易受到伤害；煤层伤害主要有3个因素：①煤体对钻井液的吸附或吸收；②钻井液、压裂液中的固相颗粒对煤层裂隙通道的充填堵塞；③煤粉微粒运移。煤层应力敏感性也同样会造成储层损害问题，即钻井、完井过程中液柱压力没有控制在煤层压力以下，造成煤层应力改变和塑性变形，使渗透率无法完全恢复，从而影响产气量。生产实践表明，储层一旦受到伤害，要使其恢复到原有状态是相当困难的。可见，在非常规油气藏开发过程中，首先需要确定其伤害机理，在储层被钻开的过程中，就应该关注储层保护问题，进而合理有效地开发非常规油气藏。

目前，对非常规油气藏的保护研究主要包括地层条件下的储集层伤害和机理研究、钻井过程的储层保护技术研究和压裂改造过程中储层保护技术等。

一、储层伤害机理

（一）页岩油气储层伤害机理

页岩储层成岩作用形成的裂缝和微孔隙是页岩油气储集空间，人工裂缝改造形成的裂缝是主要的渗流通道。页岩的无机矿物组成主要是石英，其次为黏土矿物，储层黏土矿物类型和含量相差较大，主要以伊蒙混层为主。页岩储层潜在的伤害因素主要有以下几种。

1．黏土水化膨胀与分散运移

页岩黏土水化膨胀受构成页岩黏土矿物的比例影响，受表面水化力、渗透水化力、毛细管力作用制约。根据黏土矿物含量分析，页岩以伊利石、伊/蒙混层为主，水化膨胀、微粒运移作用较强，由于页岩微孔隙发育，比表面积大，水敏和微粒运移伤害严重。

2．应力敏感

页岩储层中的微裂缝是渗流的主要通道，在有效应力作用下裂缝发生闭合，闭合后不易恢复原状。应力敏感性主要取决于：岩体裂缝表面基质的力学性质；裂缝表面凹凸不平的程度；裂缝内饱和流体的可压缩性质；裂缝内饱和流体的静水压力。裂缝网络的应力敏感性除了与上述单缝的应力敏感性有关外，还与裂缝网络的成因、产状、角度、密度、连通方式等有关。页岩总体的应力敏感性需要综合考虑单缝应力敏感性和裂缝网络的应力敏感性及孔隙的应力敏感性，应力伤害具有不可逆性。

3．水锁效应

页岩储层在原始条件下往往处于“亚束缚水”状态，被水基工作液正压差打开后，水基工作液在正压差下迅速侵入，并充满井眼周围的裂缝网络，之后通过裂缝表面向基质的渗流和水渗吸，随时间延长，缝面渗透、吸水带范围扩大，直至含水平衡饱和。毛细管力作用将导致储层强烈吸水并形成水相伤害层，页岩油气被水相伤害带封闭在孔隙基块内，造成水锁损害，又称“液相圈闭”。其减小或封闭了油气由储集空间流向井筒的通道，储层伤害就很难消除，使得页岩产能降低甚至失去经济开采价值。考虑毛细管力作用，当两相流体处于页理裂缝间时，沿平行裂缝延伸方向的曲率半径无穷大。随着裂缝宽度的减小，毛细管力作用增强。页岩油气藏中，宏观裂缝的宽度往往比微裂缝和孔喉半径高几个数量级。因此，水相在宏观裂缝中的侵入常常是正压差和重力置换性漏失的结果，而微裂缝和孔喉则存在明显的毛细管力自吸效应。毛细管力的方向始终指向非润湿相的一方，因此，毛细管力所起的作用截然相反。在钻井完井等作业过程中，其推动水相向储层推进，而在页岩油气开采过程中却阻止水相从油气藏中排出。

4. 固相侵入和高分子聚合物侵入

页岩孔喉窄小，钻井、压裂过程中外来的不同粒径的固相粒子、高分子材料比如细分散的钠蒙脱石膨润土、地层微粒、高分子聚合物压裂液等，极有可能会侵入储层，堵塞基块微孔隙和沿裂缝面侵入堵塞裂缝，造成油气渗透率降低。一般页岩孔喉的平均孔径为几个纳米级，基本无固相、高分子聚合物侵入。对于含裂缝性的页岩气储层，缝宽可达几十微米，且页理明显，外来固相颗粒和高分子聚合物可沿断裂面侵入，形成地层损害，需要钻井液、压裂液体系具有一定的屏蔽暂堵及防滤失措施。

（二）致密砂岩储层伤害机理

致密砂岩油气藏储层特征：孔隙度低，一般分布于4% ~12%之间；渗透率低，原始地层条件下渗透率值低于$0.1\times10^{-3}\mu m^2$；喉道半径一般小于0.6μm；压汞饱和度中值压力可达5 ~50MPa。致密砂岩油气藏具有基块致密、裂缝不同程度发育、局部超低含水饱和度、高毛细管压力、地层压力异常和易损害且损害形式多样化等独特的工程地质特征。

由于本身的储层物性条件差，加上黏土矿物发育等，钻井及开发过程中存在不同程度的储层损害。储层损害是长期以来致密砂岩油气藏开发未能得到彻底解决的问题之一。

致密砂岩油气藏的低孔、低渗特点以及流动通道窄、渗流阻力很大、不同相界面的相互作用力很大等特殊地质特征决定了其伤害机理。

1. 微粒分散/运移伤害

致密砂岩储层中，小晶体尺寸黏土矿物其晶片容易破碎，吸水性、分散性、膨胀性强，具有较强的吸附性与阳离子交换性，且占据流动系统中大部分孔隙空间，致密储层孔喉细小存在的高毛管力也易导致毛细管力吸水引起黏土表面水化作用，油气层开采过程中，一旦储层中流体超过临界流速，流体矿化度、pH值等条件改变发生水敏，微粒的物化稳定场遭到破坏而极易离开其生长依附的颗粒表面，在压差下随流体运移，卡堵、堵塞在狭小的喉道处和裂缝的狭窄处，进而降低储层的渗滤能力。

2. 水相圈闭伤害

低孔、低渗致密砂岩油气藏中，喉道半径小、毛细管压力大，产生的液相自吸和滞留聚集作用明显。水湿性气藏，初始含水饱和度比较低，也易促使自吸和水锁效应。气水的界面张力越大，侵入流体的黏度越大，排液需要的时间越长，水相圈闭的损害就越严重。水锁伤害一旦发生，解除相对比较困难，用表面活性剂解除水锁伤害的办法是无效的（张振华等，2000）。

3. 应力敏感性伤害

致密砂岩储层孔隙结构通常为小孔细喉型，大孔隙的体积占总孔隙体积的比例很小，骨架颗粒偏细和胶结物含量较高，胶结类型以基底胶结和基底–孔隙接触为主，同时存在裂缝面相互啮合、高度变化较大、粗糙且缝间有不同程度充填的微裂缝。钻完井过程中，随着有效应力增加，孔隙结构发生变化，胶结物进一步被压密，微裂缝闭合，引起流体渗流通道的变异和破坏，即孔隙和毛细管被压缩和关闭，引起储层渗透率下降，产生明显的应力敏感性伤害。由于岩石具有一定的压力滞后效应，由应力敏感引起损害不会因应力消失而完全恢复。

4. 钻完井、压裂液引起的液相和固相侵入伤害

致密砂岩气藏由于其特殊地质特征，孔喉、孔道狭小，外来工作液中的固相颗粒难以侵入储层，但液相可侵入储层，而且一旦工作液中的水相侵入储层，就会在井壁周围孔道中形成水相堵塞（张琰等，2000）。

裂缝是致密砂岩储层中油气的重要渗流通道，在钻井完井及压裂过程中，正压差下水基工作液会不同程度地侵入储层，侵入的固相颗粒、聚合物破胶残渣等在裂缝面凸体之间起胶结充填作用，从而使原有裂缝的流动空间进一步减小，导致固相侵入损害。

致密砂岩损害评价一般采用《常规岩样分析推荐作法》和《砂岩储层敏感性评价实验方法》两个标准，主要是对常规岩样分析方法和储层一般敏感性评价程序进行了规定，适用于渗透率较高的油层，不完全适用于致密砂岩储层。目前，尚无针对致密砂岩油气藏损害评价的标准化模拟装置和评价程序，基本上沿用现有的标准，如水敏、酸敏、碱敏等敏感性评价试验，另一部分为针对致密砂岩储层损害机理特殊性的试验程序，如应力敏感性评价、水锁效应及消除效果评价等试验程序和钻井液污染岩心评价试验的程序等。

（三）煤层气储层伤害机理

煤层作为煤层气的生气层和储集层，储层特征和储存方式等方面与常规油气储层具有不同的特点，决定了煤层气钻完井和储层保护等技术的特殊性。

钻完井过程中，煤层气储层的伤害机理主要表现为以下几种情况。

1. 黏土矿物膨胀和微粒运移、侵入造成储层损害

煤岩具有特殊的双重结构，其孔隙系统复杂，同时具有低压、低孔、低渗、低强度的特点，且原始裂缝也是多方向性的，而且具有很强的非均质性。当钻井液和完井液滤液进入煤岩后，煤岩基质黏土矿物成分膨胀会引起煤岩裂隙孔隙度和渗透率降低，这个过程几乎是不可逆的，用减压的办法把煤体吸收的液体化学物质除掉基本上是不可能的；作业流体中的微粒和胶体颗粒直径与煤岩的中孔和微孔直径相当，沿裂隙移动过程中，会残留在孔隙缝中造成孔和微孔的堵塞而难以清除，进而会造成永久性的储层损害。因此，任何化学物质对煤岩储层的接触都是有害的。另外钻井施工过程中产生的煤粉易堵塞煤层孔隙和裂隙，形成颗粒侵入伤害。

2. 水锁损害

煤层的裂隙是地层中液体流动的基本空间，煤层中微孔隙是无数曲折弯曲的毛细管，而煤层一般是弱亲水的，当外来液体接触煤层时，会产生强烈的吸水作用，从而形成水锁伤害，导致气层渗透率下降。

3. 外来流体与煤岩储层不配伍造成储层损害

煤层内含有大量的有机或无机物质，当钻井液或完井液渗入后，不可避免地要在煤层内

发生化学反应，生成新的物质或沉淀物，导致煤层渗透性下降。当外来流体与储层中的黏土矿物不配伍时，将会引起黏土矿物水化膨胀、分散及絮凝沉淀，导致储层渗透率降低；碱液进入储层后，可能与储层流体中的无机离子结合形成盐垢，造成储层损害（贾军，1995）。完井过程中煤层已经完全裸露，应力状态已经破坏，煤层裂隙和煤岩颗粒都会受到外来流体的影响，尤其在完井过程中要加强煤层保护措施。

4. 高分子聚合物侵入煤层造成储层损害

高分子聚合物侵入煤层后，因高分子聚合物的吸附作用会引起黏土絮凝堵塞和羧基水化作用引起黏土膨胀堵塞，从而降低储层渗透率。胶体颗粒还有可能进入煤层的基质孔隙而影响气体的解吸、扩散和运移，从而导致储层产气量下降。

5. 应力敏感对储层的损害

煤层气储层具有较强的应力敏感性，并具有不可逆性。试验证明，当围压增加以后，煤岩渗透率降低；围压降低后，渗透率不能完全恢复，且降低幅度较大。而钻井过程中压力变化不可避免，很小的压力变化都会引起渗透率的较大变化，因此容易造成储层渗透率降低。钻井压力变化对储层的伤害，完井后也不可能完全恢复（黄维安等，2012）。

二、钻完井过程中的储层保护技术

（一）页岩油气储层保护技术

页岩油气存在于页岩裂缝及孔隙中，为了提高其采收率，必然要尽可能多地利用其自身储层裂缝的导流能力，使井筒穿越更多的裂缝，只有这样才会获得较高的产量，裂缝敞开的越多，其产能越大，因此页岩油气藏中的钻井工程是围绕着裂缝系统展开的。现阶段开发页岩油气藏的主要钻井方式是钻水平井后采用水力压裂。页岩超低渗透致密性决定裂缝是储层保护的重点，识别和控制液相侵入是储层保护的关键。

由于页岩原始含水饱和度和储层渗透率极低，水基欠平衡开发页岩油气藏时会反向自发吸水，此时需要精细控制液体欠平衡钻井技术才能达到储层保护要求，或者采用气体钻井从根本上避免液相引起的逆流自吸效应。

采用气体欠平衡钻井与水平井钻井技术结合的方式，欠平衡钻井技术有助于保护储层和提高钻速，可多穿越裂缝并较好地保护页岩裂缝、多暴露页岩储层面积并较好地保护暴露面积。同时，可防止液相在正压差的作用下沿裂缝网络的长驱深入。

页岩油气钻井过程中，尤其是钻至水平段，由于储层的层理或者裂缝发育，蒙脱石、伊利石等吸水膨胀性、位移运移矿物组分含量高，而且水平段设计方位要沿最小主应力方向，是最不利于井眼稳定的方向。因此，钻井液体系选择要考虑的主要因素有：防止黏土膨胀、提高井眼稳定性、预防钻井液漏失和提高钻速。直井段对钻井液体系无特殊要求，主要采用水基钻井液。水平段钻井液主要采用油基钻井液。同时，优化钻井液性能，降低钻具有效摩阻，提高钻井效率，预防井漏发生。

根据以往施工经验统计，一口页岩油气井的投产能否成功，完井工艺是关键。因为页岩油气藏的孔隙度和渗透率极低，必须采用特殊的固井、完井工艺技术才能完成投产。页岩油气固井水泥浆已发展多种，目前较普遍使用的是泡沫水泥固井技术。与常规固井水泥浆相比，泡沫水泥浆的优势更加突出：高强度、低密度、低失水量、超稳定性等，优质高效的防窜气特性可解决低压、易漏、长封固段等固井难题，同时泡沫水泥浆侵入井壁深度较浅，可明显缓解固井所造成的储层污染。数据统计显示，采用泡沫水泥固井工艺比常规固井的产气量平均高30%（王金磊等，2012）。

（二）致密砂岩储层保护技术

由于致密砂岩储层本身的储层物性条件差，加上黏土矿物发育等，钻井及开发过程中存在不同程度的储层损害。储层损害是长期以来致密砂岩气藏开发未能得到彻底解决的问题之一。致密砂岩钻完井过程储层保护措施如下。

1. 防止固相颗粒和液相侵入伤害

严格控制起下钻速度，防止激动压力的产生或减小正负激动压差值；选用抑制性能优良、滤失量小的钻井液完井液，防止微粒松散、脱落、运移；欠平衡钻进中，确定合理的负压差，避免负压差过大；重视暂堵层和滤饼的质量，防止外界水的进入引起油气藏含水饱和度的变化。

2. 预防水锁伤害

水锁造成储层的污染主要是由钻井液和完井液中的滤液侵入引起的（杨呈德等，1990）。尽量采用近平衡或欠平衡钻井技术；采用空气钻井或应用烃化合物钻井液和完井液，在钻井和完井过程中避免水基钻井液侵入储层；针对孔隙型和裂缝型储层采用有针对性的屏蔽暂堵技术；采用低滤失量、流变性好和暂堵能力强的钻井液、完井液，以形成保护性好的滤饼，设法使钻井液、完井液侵入储层的量和深度减到最小，从而减轻水敏和水锁伤害的深度及程度；增强滤液的抑制性、与储层有良好的配伍性，以及加入表面活性剂降低毛细管力，增强返排能力；加入醇类等具有较低表面张力的物质，或者使用甘油以及甲基葡萄糖甙等低滤液张力的钻井液体系。

3. 减小自吸效应损害

通过增加平衡压力的方法，在欠平衡钻井中降低反向自吸效应；采用气体或烃类化合物作为钻井流体；选择与储层的相容性好的入井流体等。

4. 提高钻井效率

提高钻井效率，缩短钻井周期，减少浸泡时间。

（三）煤层气储层保护技术

煤层作为煤层气的生成层和储集层，储层特征和储存方式等方面与常规油气储层具有不同的特点，决定了煤层气钻完井和储层保护等技术的特殊性。煤层气储层钻完井过程储层保护如下。

1. 采用低固相、低密度优质钻井液和完井液体系

钻完井过程中引起储层伤害的主要因素是应力敏感和水锁。为了防止储层伤害，钻进过程中应首先考虑使用空气钻井，其次考虑使用可循环泡沫钻井液和水包油可循环泡沫钻井液体系。美国90%的煤层气井采用空气或泡沫钻井液钻井，对煤层伤害小、钻速高，是钻井液钻井的3～10倍，钻井周期短（小于500m深的井，一般24～48h），对煤层浸泡时间短，综合经济效益高。对于水平井和定向井，可考虑使用玻璃漂珠钻井液体系，实现近平衡压力钻井。固井时应采用低密度、低滤失量和高强度水泥浆体系（孟尚志等，2007）。

2. 控制好作业流体性能

在实践中，钻井液性能尽量实现低固相、低黏度、低密度、低失水量。选用优质的黏土造浆，以多功能的有机处理剂来调节钻井液的流变性能，并且要减少化学物质的加入量。具有较强的封堵性能。尽量降低钻井液滤失量，有效降低钻井液的动失水，降低滤液的渗透

量，减少滤液侵入储层，并提高滤液的抑制能力，减少煤岩的吸附及对煤层的深度损害。尽可能筛选对煤层吸附小的聚合物作提黏剂和降失水剂。选择有良好化学聚凝能力，保持钻井液低固相的钻井液体系，可以减少钻井液中亚微米颗粒的含量。开展钻井液、完井液与煤岩及煤层水相溶实验，以减少煤层水与滤液和煤岩发生反应，不改变煤的基质和矿物质成分。合理控制钻井液密度，控制好井壁稳定性，并防止井漏，减少井漏对煤层的污染。提高钻井过程中煤屑的携带效率，特别是保持多分支水平井井眼清洁，是保护煤储层的重要工作之一。

3. 优化钻井方式，强化工程技术措施

为防止对煤储层的伤害(表 8-19)，从钻井工程方面采取的主要措施是：维持合理的钻井液返速，起下钻时要平稳，减少压力激动，尽量缩短储层段的浸泡时间，在地层条件允许的情况下，应尽可能采用气体钻井、泡沫钻井等欠平衡钻井工艺或近平衡压力钻井，尽量降低钻井液与储层之间的正压差；优化钻井水力参数设计，防止煤层井筒周围的剪切应力过大或过小，引起煤层渗透率的降低；在保证固井质量的前提下，尽量控制水泥浆液柱压力，控制水泥浆返高等，达到防止固井时井漏和降低固井对煤层的伤害。

表 8-19　不同钻井方式对储层的影响

钻井方式	钻井液密度/(g/cm^3)	静滤失量/mL	缓控压力与地层压力的关系	对储层的影响
钻井液钻井	1.58	7.6	大于	钻井液侵入量较多，侵入深度较深
清水钻井	1.03	1.7	略大于	钻井液侵入量较多，侵入深度较浅
泡沫钻井	0.85	1.2	小于	侵入极少
气体钻井	0.0013	0.05	小于	没有侵入

三、压裂改造过程中的储层保护技术

非常规油气藏压裂改造过程中的地层伤害主要原因是压裂液侵入。压裂施工后，要尽快对产层进行返排作业，以降低压裂液对地层的伤害程度并提高裂缝的导流能力(BaihIy, 2009)。非常规油气藏采收率和产能是有效裂缝长度和裂缝导流能力的函数，泵入越多的支撑剂，就能生产更多的石油与天然气，并有足够的导流能力用于压裂液的返排，然而在致密砂岩、页岩和煤层气等非常规油气藏中，由于各种因素影响，压裂液返排效果往往不好。这些因素其中之一是裂缝损害，而裂缝受到损害又可以分为两类：裂缝内部受到损害和储层内部受到损害。前者可由支撑剂破碎、嵌入和裂缝面受到伤害或裂缝被化学物质及聚合物充填等而导致的损害，这是因为聚合物可残留在裂缝中；而后者的损害可由过度漏失、黏土膨胀、相渗透率改变和毛细管效应而引起的。当然还有其他原因会影响压裂液返排，如压降、裂缝的几何形态、非达西流效应、裂缝的诱导能力、储层的非均质性、地层温度、压裂液黏度、凝胶滞留和操作步骤等(Wang and Hoiditch, 2009)。

水平井分段压裂段数多、作业时间长，大多都在压裂施工结束后统一返排，压裂液滞留地层时间长，增加了对地层的伤害。因此，水平井分段压裂施工除了要选用合适的施工工艺，减少施工时间外，还需要在研制和选用新型低伤害压裂液、支撑剂和添加剂来保护非常规油气藏。要求新型低伤害压裂液体系具有好的流变性、携砂能力、低滤失、破胶快、低伤害、低摩阻、易返排的综合性能，使之满足储层压裂改造的需要。同时，尽量减少水相成分对地层的侵入量，优选破胶剂加快压裂液的破胶返排，缩短压裂液在地层中的滞留时间，提高压裂液返排率，最大限度地减轻水相圈闭损害，提高压裂改造效果。

由于压裂液的选择不当或压裂中出现的机械问题，在对非常规油气藏进行压裂处理时，周围流体的滞留和裂缝渗透率的损害会对地层造成很大的伤害。在一些情况下，使用油基液、气体或 CO_2 可减小伤害。在对流体滞留高度敏感的特低渗层，用交联水基液可成功地减小流体损失。

在选择添加剂时，应充分考虑防止添加剂中不溶的部分对油气层造成堵塞，也应考虑压裂可以解堵，以消除产层的伤害，避免永久堵塞。

Fehler 等人在分析压裂后产水的变化时，逐渐发现了渗透率盲区现象，所以可以考虑采用无水的压裂方法对非常规油气藏进行压裂。关于无水压裂的方法有：CO_2 泡沫压裂、液态 CO_2 压裂、轻质石油凝胶压裂等。

针对致密砂岩储层的特点研究出的新型压裂液有：新一代高温深井压裂液——交联泡沫液。这种压裂液是由聚合物、热稳定剂和化学交联剂配制成的新型水基冻胶液。最适用于致密砂岩层的是大型水力压裂。其特点是低残渣、低伤害、易于反排、摩阻小；泡沫压裂液对于致密砂岩地层的改造也特别有效，而且也能防止产层污染。针对不同地层要选用不同的基液配制稳定泡沫。如：① 对高度水敏性砂岩地层用低 pH 值的甲醇、柴油及强抑制性盐水作为基液；② 对中度及轻度水敏性砂岩地层用柴油、KCl 盐水作基液；③ 对一般砂岩地层用盐水或淡水作为基液，并加入适量的黏土稳定剂。另外还有黏弹性表面活性剂（VES）压裂液、含有甲醇的压裂液、液态二氧化碳压裂液和液化油气压裂液，这几种压裂液都可以消除或最小化致密砂岩气井中与压裂相关的相圈闭损害（Gupta，2009）。

下面主要介绍几种新型的低伤害无聚合物压裂液和低聚合物压裂液。

1. 无聚合物压裂液

黏弹性表面活性剂压裂液有非常高的零剪切黏度，而零剪切黏度是评价支撑剂运输能力的必要参数（Li 等）。因此，黏弹性表面活性剂压裂液可以用较低的负载运输支撑剂。VES 系统可分解为几部分：虫状胶束、薄层状结构或囊状结构。VES 压裂液操作简单，只需要一种或两种添加剂而不需要水合物聚合物和抗微生物剂，故进入盐水中的表面活性剂浓缩物就可以连续地计量。由于在某些 VES 系统中表面活性剂有亲水趋势，因此在处于亚束缚水饱和度状态和存在液相圈闭的地层中，它们也是可以使用的，即对地层没有损害，而且当液体与气体接触或底层水稀释时，便出现破胶。VES 压裂液适用的温度范围是 160～200°F。

南 Texas 州的 Olmos 地层是典型的致密砂岩地层，分别用都含有二氧化碳的黏弹性表面活性剂（VES）压裂液、瓜胶压裂液和羧甲基羟丙基瓜尔胶（CMHPG）压裂液对该地层进行压裂，结果如图 8-61 所示，很明显，VES 基二氧化碳压裂液的压裂效果比聚合物二氧化碳压裂液要好。

2. 低聚合物压裂液

Gupta 等（2008）针对致密砂岩气井开发了一种新型压裂液——低 pH 高屈服强度的羟甲基瓜尔胶衍生物压裂液（LPH HY CMG Fluid），它是基于高屈服强度、有效的羟甲瓜尔胶衍生物和交联时间可调的锆类交联剂而形成的。其聚合物含量很低，利用聚合物（即高屈服强度、有效的羟甲基瓜尔胶衍生物）和锆类交联剂的交联提高其黏度。在实验室针对其流变性

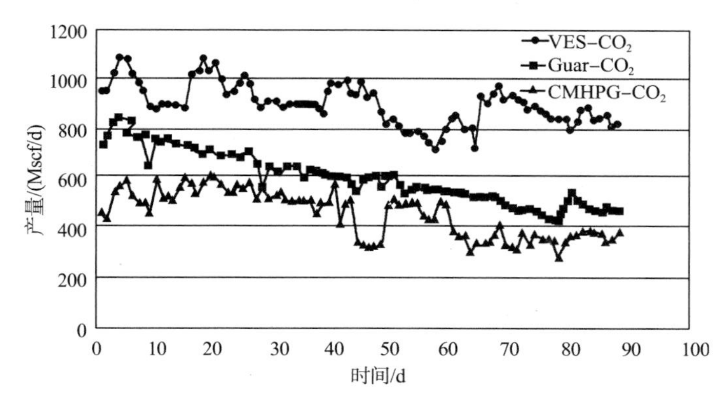

图 8-61 不同压裂液下的前 90 天的气体产量对比(Emmelbeck 等, 2006)

能、液体滤失和诱导能力进行了评价，发现该压裂液优于常规的压裂液，并且已经应用于现场，取得了很好的效果。

Wyoming 州的 Frontier 地层含有一系列的砂岩-页岩-粉砂岩，表现为较强的非均质性，其渗透率范围是$(0.0001 \sim 0.1)\times 10^{-3}\mu m^2$，是致密砂岩地层。储层大多是由石英次生胶结，小部分由方解石胶结物胶结而成。地层中是膨胀性层间伊利石/蒙脱石、高岭石、绿泥石和伊利石。其中，层间伊利石/蒙脱石和伊利石是造成该地层完井和增产措施失效的原因。该区块以前用不同的压裂液进行压裂(如乳化剂、压裂液交联水基压裂液和泡沫压裂液)，目前采用低 pH 值为 30～35ppt CMPHG 的聚合物体系，并加有锆类交联剂和增能气体、20/40 目砂和中等强度的陶粒支撑剂用于压裂，压裂结果对比如图 8-62 所示。

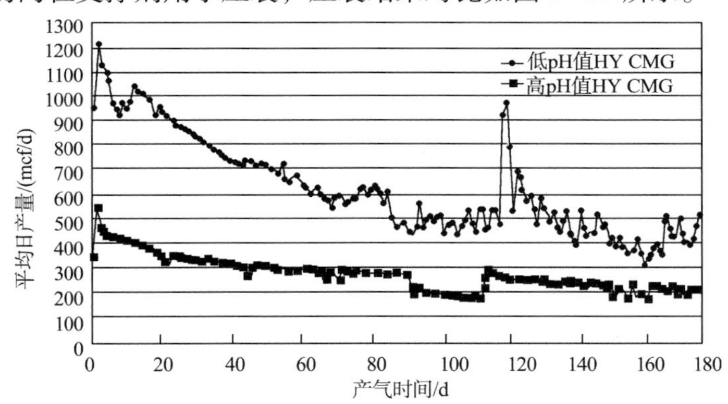

图 8-62 不同压裂液情况下平均日产量对比(Gupta 等, 2008)

3. 纤维基压裂液

纤维基压裂液能够使支撑剂分布更广。同时，纤维压裂支撑剂能够在压裂液中产生一个纤维基网络，为支撑剂的运移、悬浮和定位提供了一个机械方法。而且，即使在高温情况下用低黏度液体也可以使支撑剂运移。斯伦贝谢公司于 2006 年把纤维基压裂液用于东 Texas 的 cotttonValley 页岩地层来增加页岩油气层的产量，结果发现相对于常规的滑溜水压裂液，该压裂液使用后气体的日产量增加了 7 倍。

总之，压裂液的选择非常重要，取决于裂缝的大小、地层性质、隐含的捕集相及可用的井底压降和经济状况。针对非常规油气藏的压裂液很大程度上提高非常规油气藏的产能。然而由于非常规油气藏复杂的地层特征，针对非常规油气藏压裂液的研究仍然艰巨。

第四节　实例分析

一、涪陵区块A井实例分析

1. 概况

A井位于重庆市涪陵区焦石镇，构造位置处于川东南地区川东高陡褶皱带包鸾－焦石坝背斜带焦石坝构造高部位。A井属侧钻水平井评价井，目的页岩气层P层沉积了较厚的暗色富含有机质的泥（页）岩段，地质录井钻遇P层黑色泥页岩段厚度为89.5m。A井采用的是三级井身结构，压裂设计采用电缆泵送桥塞分段压裂联作工艺。本井川东南地区下古生界页岩气水平井钻探及试气工艺试验取得了良好效果。

涪陵焦石坝地区A井P层共钻遇不同级别的油气显示1272.77m/14层，为深水陆棚相沉积，且沉积水体从下到上逐渐变浅，岩性为灰黑色炭质泥岩、灰黑色粉砂质泥岩、灰黑色泥岩。岩心化验分析黏土矿物含量最小为16.6%，最大为62.8%，平均值为40.9%。黏土矿物以伊蒙混层为主，占54.4%，其次为伊利石占39.4%。脆性矿物含量最小为33.9%，最大为80.3%，平均值为56.5%，以石英为主，占37.3%，其次是长石占9.3%，方解石占3.8%。孔隙度最小为1.17%，最大为7.98%，平均值为4.61%；渗透率最小为$0.0015\times10^{-3}\mu m^2$，最大为$335.2092\times10^{-3}\mu m^2$，平均值为$21.94\times10^{-3}\mu m^2$；岩石密度最小为$2.44g/cm^3$，最大为$2.82g/cm^3$，平均值为$2.58g/cm^3$。

通过对A井P层进行地应力分析，根据实验测试结果，2380m位置最大主应力为63.50MPa，最小主应力为47.39MPa，水平地应力差异系数为34%。FMI成像测井资料显示的井壁崩落方位，本井五峰组－龙马溪组页岩气层段的最大主应力方向为近东西向。

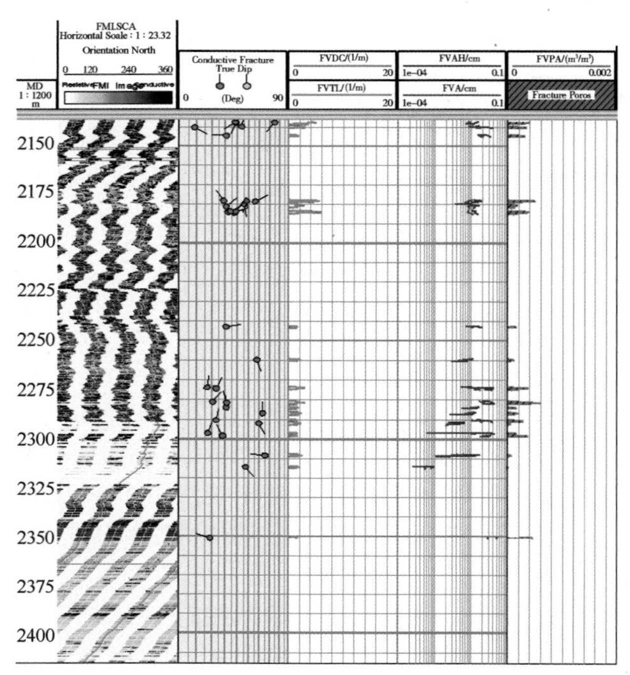

图8-63　A井FMI成像测井解释

根据导眼井岩心描述和FMI成像测井资料显示（图8-63）：高导缝在P层中、上部有所发育，且主要发育在黏土矿物含量高的泥岩中，集中发育在2137～2320m井段。常规测井资料显示，除炭质泥岩外，一般泥岩层裂缝发育不明显。地层温度64℃，原始地层压力系数1.25～1.50。

A井地面海拔743.334m，补心高8m，完钻测深3653.99m，垂深2416.64m；A靶点测深2646.09m，垂深2408.36m；B靶点测深3646.09m，垂深2416.64m，水平段长1007.9m。采用$\phi139.7mm$套管固井完井，固井质量合格。A井钻进过程中共发生井漏8次，未发生井涌，亦无溢流。录井气测全烃介于0.36%～30.95%之间，其中甲烷介于0.289%～30.114%之间，乙烷介于0～0.149%之间，二氧化碳介于0.23%～

0.74%之间。甲烷和乙烷之和占总气量的80.27%～97.78%，总含气量约1.13～8.50m^3/t，平均值4.64m^3/t。储层含气以烃类气体为主，此外，气体组分中不含硫化氢、二氧化硫等有毒、有害气体。

2. 压裂改造方案

A井设计采用电缆泵送桥塞分段压裂联作的工艺，施工排量设计为10～12m^3/min，按施工压力80MPa计算，总共需要22100水马力。考虑到作业当中地层的复杂情况，施工排量可能超过13m^3/min，超出现场24000水马力的设备能力。综合考虑，施工准备12套2500型压裂设备。应力差异系数较大为34%，压裂过程中形成单一长缝的可能性较大，且储层裂缝不发育，张开天然裂缝所需净压力极大，所产生的诱导应力场距离较短，需增加水平段压裂级数、增加射孔簇数、增加裂缝长度，提高导流能力，故设计采用分15级压裂，每级射孔3簇。

压裂液采用滑溜水＋线性胶的设计思路，适当增加滑溜水和线性胶比例、增加支撑剂量，适当提高裂缝导流能力；由于本井水敏感指数为0.66，中偏强水敏，要求提高滑溜水等入井液防膨等效果，减少地层污染。

考虑作业安全和该低渗储层所需的裂缝导流能力相对较低，选择100目粉陶在前置液阶段作段塞，封堵天然裂缝，减低滤失，同时打磨炮眼和近井筒摩阻。为避免施工中发生砂堵，中期携砂液选择40/70目陶粒，降低砂堵风险，后期为了增加裂缝导流能力，采用30/50目陶粒阶梯加砂(表8-20)。

表8-20 焦页A井压裂设计主要参数

井段	簇数	孔数	总液量/m^3	15% Acid/m^3	SRFR－1/m^3	SRFR－2/m^3	100目/t	40～70目/t	30～50目/t	总砂量/t
第1段	2	48	1373	8	800	565	7.55	93.40	8.75	109.7
第2段	3	48	1243	8	705	530	7.55	88.75	5.25	101.55
第3段	3	48	1243	8	705	530	7.55	88.75	5.25	101.55
第4段	2	48	1243	8	705	530	7.55	88.75	5.25	101.55
第5段	3	48	1243	8	705	530	7.55	88.75	5.25	101.55
第6段	3	48	1243	8	705	530	7.55	88.75	5.25	101.55
第7段	3	48	1243	8	705	530	7.55	88.75	5.25	101.55
第8段	3	48	1373	8	800	565	7.55	93.40	8.75	109.55
第9段	3	48	1243	8	705	530	7.55	88.75	5.25	101.55
第10段	3	48	1243	8	705	530	7.55	88.75	5.25	101.55
第11段	2	48	1243	8	705	530	7.55	88.75	5.25	101.55
第12段	3	48	1243	8	705	530	7.55	88.75	5.25	101.55
第13段	3	48	1243	8	705	530	7.55	88.75	5.25	101.55
第14段	3	48	1243	8	705	530	7.55	88.75	5.25	101.55
第15段	3	48	1381	8	800	565	7.55	88.75	5.25	101.55
合计	42		19043	120	10860	8055	113.25	1345.2	89.25	1547.7

3. 压裂施工情况

焦页A井施工主要包含正式加砂施工和泵送桥塞施工。整个施工工程总用液量19972.3m^3(含小型测试压裂204.6m^3)，其中土酸120m^3、滑溜水13663.2m^3、线性胶6189.1m^3，总加砂量965.82m^3(其中100目砂78.23m^3、40/70目砂832.5m^3、30/50目砂55.09m^3)。

为了解储层的闭合应力、地层应力梯度、延伸压力、孔眼摩阻等特性，为后续的压裂施工做好前期准备，施工前对 3601.5 ~ 3603.0m、3590.0 ~ 3591.5m 进行了测试压裂。无明显破压显示，最高泵压 87MPa，施工排量 2 ~ 11m^3/min，泵压 42 ~ 87MPa，泵送液体 204m^3，停泵压力 46.3MPa。通过降排量测试分析，该井井底闭合压力 52.53MPa，闭合时间 31min，净压力 15.89MPa，人工裂缝近井摩阻 23.6MPa，人工裂缝近井摩阻较高。施工中因部分压裂车超压停泵，12m^3/min 和 14m^3/min 两个台阶未能实现（图 8－64）。

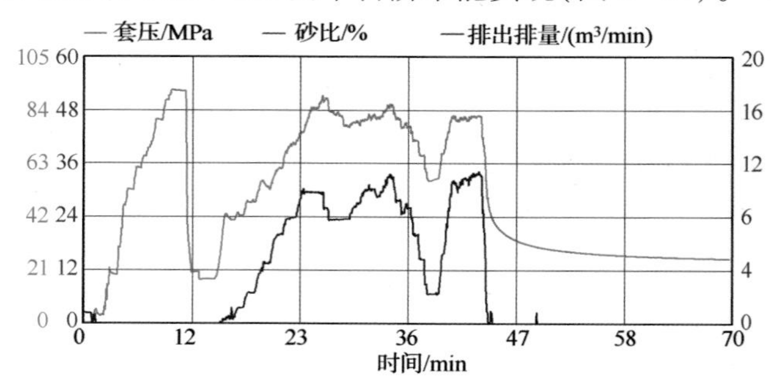

图 8－64　焦页 A 井测试压裂施工曲线

施工初期注酸，其处理效果较为明显，压降约为 4MPa。在本层段施工中出现地层加砂敏感现象，5% 砂比的粉砂和中砂进地层后施工压力均上涨，7% 砂比中砂进入地层后缝内砂堵，超压停泵。探出地层对加砂非常敏感，5% 的 40/70 目覆膜砂进入地层后，压力缓慢上升，最终至地层加砂困难，显示缝宽极小，停泵后，地层内压力下降极快，显示裂缝极其发育的特征。

本次压裂是第 1 段和第 2 段合压（图 8－65、图 8－66），限压 92MPa。注酸 8m^3，压降 3MPa。瞬时停泵测试，泵压 62.9MPa，摩阻高、压降快、滤失大。施工压力 73 ~ 88MPa，排量 11 ~ 12m^3/min，砂比 1% ~ 6%，当 5%、6% 砂比进地层后，泵压上涨明显。最终未能按照设计加完砂子。显示缝宽极小，停泵后，地层内压力下降极快，裂缝非常发育。

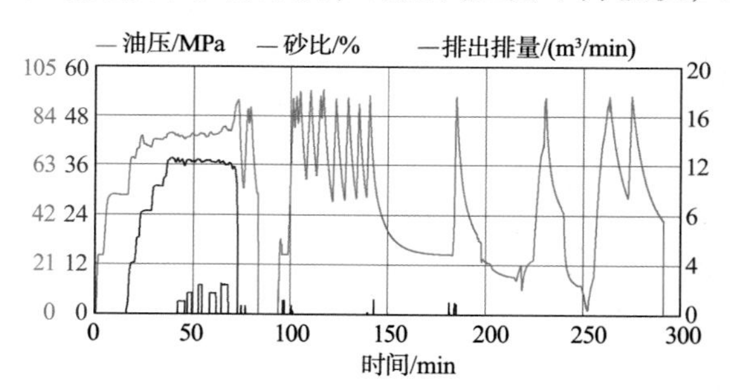

图 8－65　焦页 A 井第 1 段压裂施工曲线

本次压裂中土酸处理地层效果不明显。本层与前两段物性接近，施工难度大，由于预计本段的施工压力将超过 90MPa，故将设计排量降至 10 ~ 11m^3/min。携砂液中线性胶阶段的 5% 和 6% 砂比进入地层后泵压均上涨。携砂液后期由于泵压高，部分压裂车出现空泵，排量下降（图 8－67）。

第 4 ~ 15 段加砂顺利，仅列举第 4 段和第 15 段的压裂施工曲线，如图 8－68、图 8－69 所示。

本段近井污染严重，施工前期压力高。酸以及之后的粉砂进入地层后，降低了近井摩阻和弯曲摩阻，泵压渐趋稳定，只高砂比阶段泵压略微上涨。最终完成加砂，施工顺利。

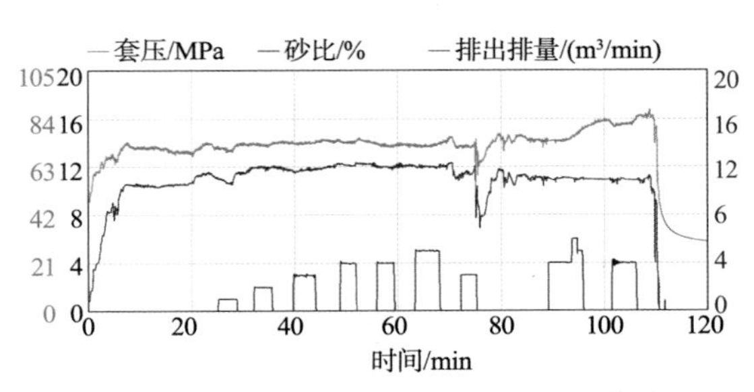

图 8-66 焦页 A 井第 2 段压裂施工曲线

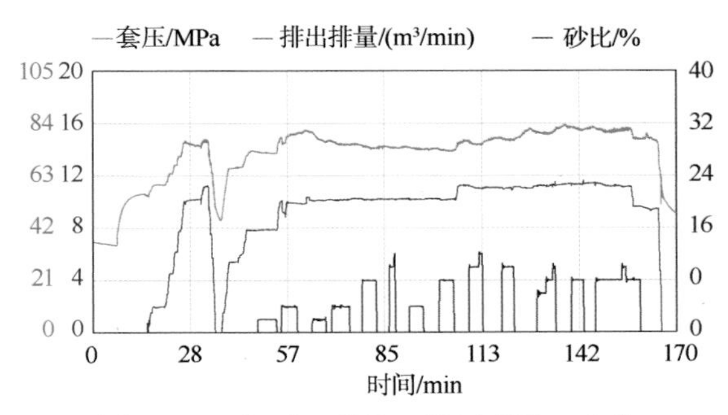

图 8-67 焦页 A 井第 3 段压裂施工曲线

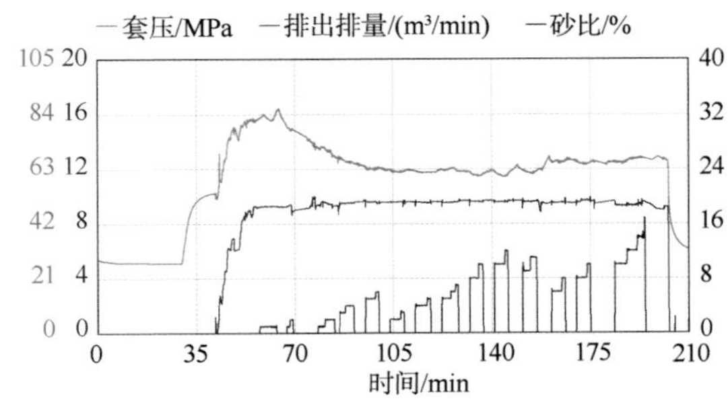

图 8-68 焦页 A 井第 4 段压裂施工曲线

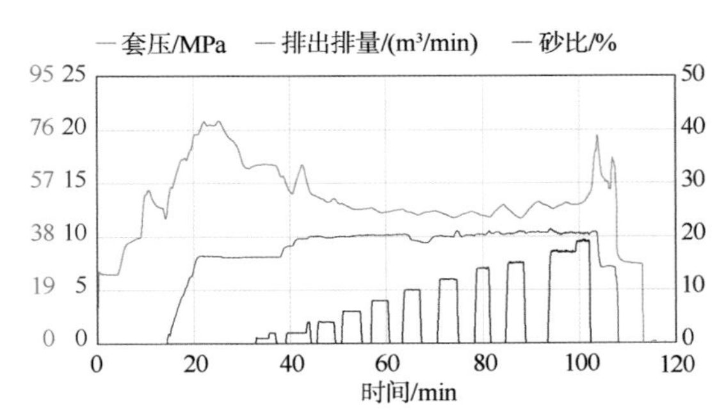

图 8-69 焦页 A 井第 15 段压裂曲线

4. 压后效果评价

焦页 A 井压裂施工 15 段，总液量 $18716m^3$，累计加砂量 1551. 3t，其中单段最大加砂量 $113.3m^3$。破裂压裂在 57. 2 ~ 88. 3MPa 之间，单段平均砂比在 2. 80% ~ 16. 68% 之间。

图 8-70 和图 8-71 分别为压裂拟合反演裂缝剖面和第 2 段压裂拟合曲线，由图可知，焦页 A 井第 2 段压裂裂缝呈网络裂缝特征，改造体积 $786m^3$。通过对其他 14 段类似的模拟分析，可以得到 A 井总的改造体积约为 $7.6 \times 10^7 m^3$。该井获得了良好的产能，生产曲线如图 8-72 所示。

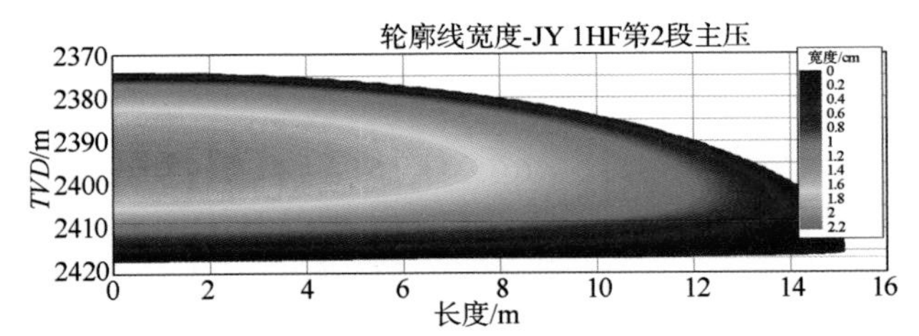

图 8-70 焦页 A 井第 2 段压裂拟合反演裂缝剖面图

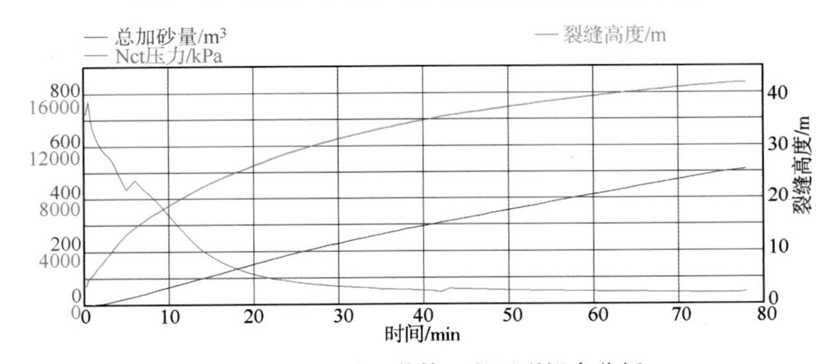

图 8-71 焦页 A 井第 2 段压裂拟合分析

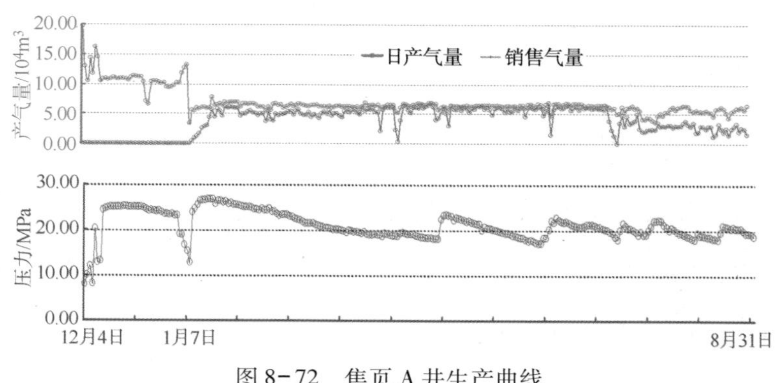

图 8-72　焦页 A 井生产曲线

二、致密气藏 B 井分段压裂实例分析

1. 概况

B 井是针对大牛地致密砂岩气藏部署的裸眼完井水平井，完钻层位盒 1 段，完钻井深 4330m，水平段总长度为 1500m；钻遇砂岩总长度为 1481.50m，占水平段总长度的 98.77%，造斜点 2065m，钻遇具有全烃显示的砂岩总长度为 452m，占水平段总长度的 30.13%；钻遇泥岩、粉砂岩段总长度为 18.5m，占水平段总长度的 1.23%（表 8-21）。

表 8-21　B 井水平段钻遇情况统计表

水平段长/m	砂　岩		显示段砂岩		泥岩-粉砂岩	
	砂岩长/m	占百分比/%	砂岩长/m	占百分比/%	泥岩长/m	占百分比/%
1500	1481.50	98.77	452	30.13	18.5	1.23

该区砂体厚度 22.5m，砂体上下为泥岩层，该区某气井（B 临井）盒 1 段的钻遇情况（图 8-73），为 B 井规模优化及裂缝形态控制与模拟提供了可靠依据。

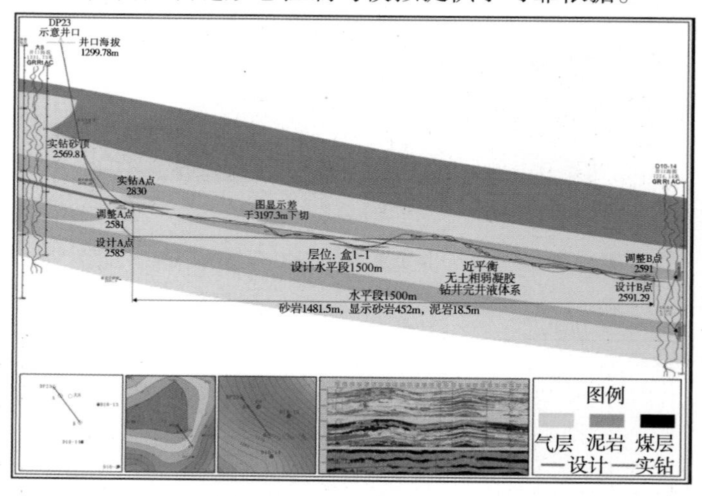

图 8-73　B 井实钻剖面图

本区盒 1-1 目的层储层岩性主要为岩屑砂岩，物性相对较好。从岩心分析资料统计盒 1 段孔隙度平均值为 11.11%，渗透率平均值为 $0.80\times10^{-3}\mu m^2$（表 8-22）。

表 8-22　本区物性统计表

层位	孔隙度/%	渗透率/$10^{-3}\mu m^2$	样品数/个
盒 1 段	11.11	0.80	28

盒 1 段储层孔隙度分布主要集中于 8% ~14% 的区间内，分布频率为 82.14%。

根据 B 井地质设计中录井显示、随钻 GR 曲线综合分析，确定了 5 段射孔段(表8-23)。

表 8-23　B 压裂层段表

层　位	井　段		视厚/m	段间间隔/m	备　注
	顶深/m	底深/m			
盒 1-1	3229	3233	4		重点段
	3488	3493	5	128	重点段
	3732	3736	4	239	重点段
	4032	4037	5	296	重点段
	4175	4178	3	138	重点段

2. 压裂改造方案

1）裂缝方向

根据 B 井钻井设计，其水平段方位约为 143°；而该区块的最大主应力方向为 75°。因为在压裂中裂缝将沿最大主应力方向延伸，由此可以计算得到 B 井井身方向与裂缝方向的夹角为 68°。压裂会出现斜交缝，如图 8-74 所示。

2）压裂规模优化

根据 B 井所处井区盒 1 段砂体厚度及其整个垂向应力剖面分布情况，结合该井盒 1 段物性参数，应该优化裂缝长度 200m 左右、裂缝高度 38m、裂缝宽度 2.5mm，为此优化每段加砂规模为32 ~35m^3。最后一段压裂从渗流规律要求及其对产能贡献两个方面考虑，适当提高加砂规模，优化砂量为 43m^3。

3）压裂材料选择

（1）压裂液选择：① 压裂层段温度 80℃左右，要求采用中高温的压裂液体系，剪切速率 170s^{-1}下，90min 剪切黏度大于 60mPa · s；② 地层压力系数 0.9，要求采取液氮拌注方式，提高压裂后返排能量，减少压裂液滞留对地层的伤害。结合本井情况，精细调整交联比，使压裂液交联性能良好、延迟时间大于 150s。

（2）支撑剂的选择。根据邻井施工资料反映，区块延伸压力在 0.017 ~0.019MPa/m 之间，地层闭合压力在 45 ~49MPa 之间，目前大牛地气田常用的 20/40 目中密陶粒通过多次试验评价证明，满足该井压裂需求。

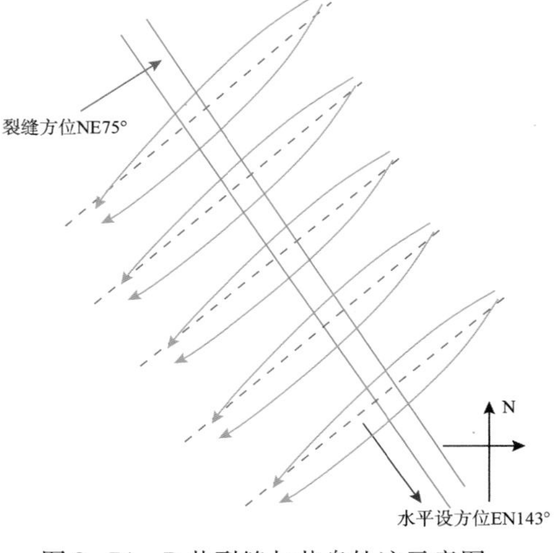

图 8-74　B 井裂缝与井身轨迹示意图

4）压裂设计优化

根据 B 井储层情况以及以上规模优化，分别为该井 5 段压裂进行了优化设计，设计结果见

表 8-24。

表 8-24　B 井压裂设计参数

井名	层次	射孔井段/m	支撑裂缝半长/m	支撑裂缝高度/m	缝宽/cm	平均砂浓度/(kg/m³)	*FCD*	排量/(m³/min)
B 井	1	4175～4178	173.5	39.1	0.26	142	3.84	4.0
	2	4032～4037	171.9	38.8	0.27	144	3.55	4.0
	3	3732～3736	171.5	38.8	0.27	150	3.78	4.0
	4	3488～3493	119.4	56.5	0.33	166	4.21	4.0
	5	3229～3233	175.4	39.3	0.31	140	3.81	4.0

第 1 段模拟裂缝形态如图 8-75 所示。

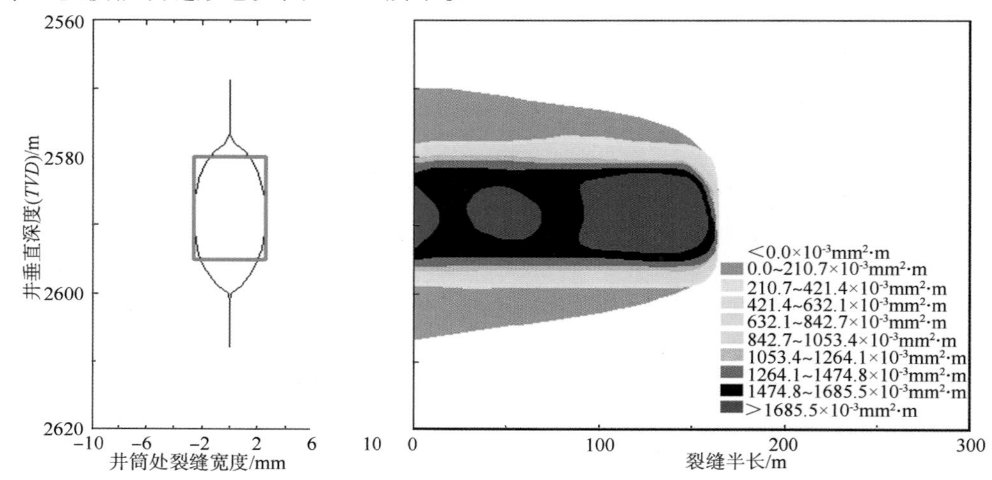

图 8-75　B 井第 1 段压裂裂缝模拟图

5）压裂施工管柱

（1）封隔器和压裂端口位置设计。

结合录测井综合解释，设计裸眼封隔器和压裂端口(滑套)位置，见表 8-25。

表 8-25　B 井第 5 级压裂裸眼封隔器及滑套位置数据表

级数	井段(测深)/m	长度/m	压裂端口/m	封隔器(上层)/m	封隔器(下层)/m
1	4120～4330	210	4176	4120	TD
	4064～4120	56	盲段	4064	4120
2	4004～4064	60	4034	4004	4064
	3764～4004	240	盲段	3764	4004
3	3704～3764	60	3734	3704	3764
	3520～3704	184	盲段	3520	3704
4	3460～3520	60	3490	3460	3520
	3261～3460	199	盲段	3261	3460
5	3201～3261	60	3231	3201	3261

(2）压裂井口及管柱选择。

采用3½in 油管作为压裂管柱，根据该区块常用压裂液摩阻系数以及区块裂缝延伸压力梯度0.017～0.019MPa/m，若考虑液氮附加摩阻5.0MPa，计算在最下层(4176m)不同排量下、不同延伸压力梯度的地面施工压力，见表8-26、表8-27。

表8-26　B井压裂液摩阻系数

套管/油管内径/cm	Q1	P1	Q2	P2	Q3	P3
5.067	0.2	1	2.4	12	7.9	96
6.2	0.2	1	2.9	9	7.9	42
7.6	0.2	0	3.2	7	7.9	16
10.16	0.2	0	4.1	5	7.9	8
12.426	0.2	0	5.2	4	7.9	4
15.479	0.2	0	6.4	0	7.9	0

表8-27　不同排量下井口施工压力预测结果

延伸压力梯度/(MPa/m)	不同排量(m^3/min)下的井口压力(MPa)预测				
	3.0	3.5	4.0	4.5	5.0
0.017	34.5	38.3	42.1	45.8	49.6
0.019	39.2	43.0	46.7	50.5	54.2
0.020	46.2	50.0	53.7	57.5	61.3

根据计算结果，在4.0m^3/min 排量下，施工压力最大为53.7MPa，但因所投球最大为2.75in，故压裂井口采用通径78mm的700型井口。

压裂管柱采用N80的3½in 外加厚油管(内径76mm）+裸眼封隔器+投球滑套+压差滑套。

以上管柱通过在压裂过程中的抗拉、抗内压强度校核，安全可靠。

(3）压裂工具规格及施工管柱图。

B井压裂工具管串系统设计见表8-28。

表8-28　B井下工具清单

序号	名称	数量	规格尺寸				技术参数	
			规格(型号)/in	长度/m	外径/mm	内径/mm	耐温/°F	承受压差/psi
1	悬挂器	1	9⅝	6.291	212.725	133.35	300	10000
2	裸眼封隔器	4	8½(5½)	4.92	196.85	118.999	300	10000
3	裸眼封隔器	4	8½(4½)	4.75	196.85	95.25	300	10000
4	锚定封隔器	1	8½(5½)	5.596	200.025	118.999	300	
5	投球滑套1	1	8½(2球)	3.67	177.8	44.45		—
6	投球滑套2	1	8½(2.25球)	3.67	177.8	50.8		—
7	投球滑套3	1	8½(2.5球)	3.67	177.8	57.15		—
8	投球滑套4	1	8½(2.75球)	3.67	177.8	63.5		—
9	压差滑套	1	8½	5.03	200.025	118.999		—
10	坐封球座	1	8½(1.5球)	5	200.025	31.75		—
11	浮鞋	1	5½	6	200.025	—		—

续表

<table>
<tr><th rowspan="2">序号</th><th rowspan="2">名称</th><th rowspan="2">数量</th><th colspan="4">规格尺寸</th><th colspan="2">技术参数</th></tr>
<tr><th>规格(型号)/in</th><th>长度/m</th><th>外径/mm</th><th>内径/mm</th><th>耐温/℉</th><th>承受压差/psi</th></tr>
<tr><td rowspan="4">12</td><td rowspan="4">低密球</td><td rowspan="4">5</td><td></td><td rowspan="4">—</td><td>2in</td><td rowspan="4"></td><td rowspan="4"></td><td rowspan="4">6000</td></tr>
<tr><td></td><td>2. 25in</td></tr>
<tr><td></td><td>2. 5in</td></tr>
<tr><td></td><td>2. 75in</td></tr>
</table>

井口工具内径需要保证能够投入和返排最大小球，因此最大小球应尽量小，这样利于投球装置的选择；而第2级球座应该尽量大，预防在第1段压裂发生砂堵意外时下入连续油管清砂。在该设计体系中，最大小球为2. 75in，投球管线要保证能通过2. 75in(69. 9mm)小球；而第2级球座为1. 75in球座，可以通过1. 5in连续油管，有利于处理意外情况以及在生产后期的处理。

3. 压裂施工情况

B井共完成裸眼滑套5段压裂施工，累计加入支撑剂165. 8m^3，注入压裂液1380. 65m^3，平均砂比21. 5%，单级最大加砂量43. 5，施工排量4. 0～4. 5m^3/min，最高施工压力36MPa，施工过程顺利。

4. 压裂效果评价

B井多级压裂施工后，进行了10d压后试气，采用5mm油嘴控制，经14mm孔板，临界速度流量计求产。油压为(12. 0～10. 8～11. 8)MPa，套压为0MPa；平均气产量41809m^3/d，阶段产气17420m^3。阶段产水3. 1m^3，阶段产凝析油40L。求产期间累积产气37431. 3m^3，累积产液6. 9m^3，累积产凝析油100L；求产期间平均气产量40834m^3/d，平均日产水7. 5m^3/d，平均日产油109L/d；放喷及求产期间累积产气379333. 64m^3；排液期间累积排液515. 24m^3，压裂液反排率34. 4%；试气最高无阻流量88357m^3/d，是周边直井平均试气无阻流量的7. 3倍。

三、煤层气C井实例分析

1. 概况

C井是鄂尔多斯盆地东缘延川南区块东部的一口水平井，其垂直井深964. 9m，斜井深1732. 0m，位移918. 5m，水平段长588. 0m，井斜90. 8°。本井为一口水平对接井(U型，与C1井对接)，储层为煤层，水平段为2号煤层。该井水平段长664m，三开采用152. 4mm钻头钻进至井底，采用ϕ114. 3mm套管+ϕ114. 3mm筛管完井，无固井，筛管和和井壁之间存在较大空隙(图8-76)。

该井穿越的2号煤层孔隙度平均值为7. 1%，渗透率普遍较低。据邻井统计，2号煤层渗透率在(0. 032～0. 1735)$\times 10^{-3}\mu m^2$之间，煤层温度均值为35℃，煤层破裂压力在14～16MPa之间，该储层具有较强的吸附能力，含气饱和度大于85%。

2. 压裂改造方案

该井水平井段长、埋深浅，且煤层筛管外径为ϕ114. 3mm，具有较高的砂卡风险。为降低施工风险，采用的水力喷射压裂工艺为：拖动管柱+投球打滑套工艺，其管柱工具如图8-77所示，压裂管柱为ϕ73. 0mm($2\frac{7}{8}$in)加厚油管和ϕ60. 3mm($2\frac{3}{8}$in)加厚油管的组合，喷

枪本体外径 ϕ88.0mm，扶正器外径 ϕ91.0mm，每只喷枪均安装 6 ×6.0mm 的喷嘴组合，喷嘴 60°螺旋布置。分 4 段压裂，喷射点位置定为：1680.0m、1480.0m、1285.0m、1175.0m。第 1 趟管柱压两段，压完第 1 段后，拖动管柱将第 1 级喷枪对准 1480m 处，投球打滑套，喷射压裂第 1 段。完成后起出管柱，重新下入下一趟管柱进行后面两段的压裂，施工步骤与第 1 趟管柱相同。

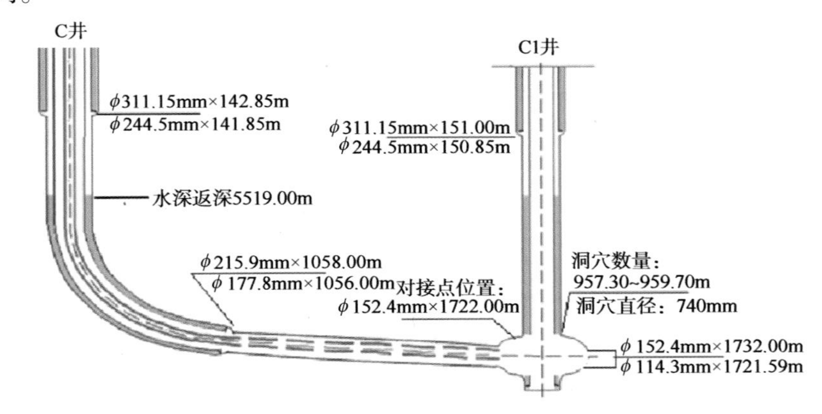

图 8-76　C 井井身结构示意图

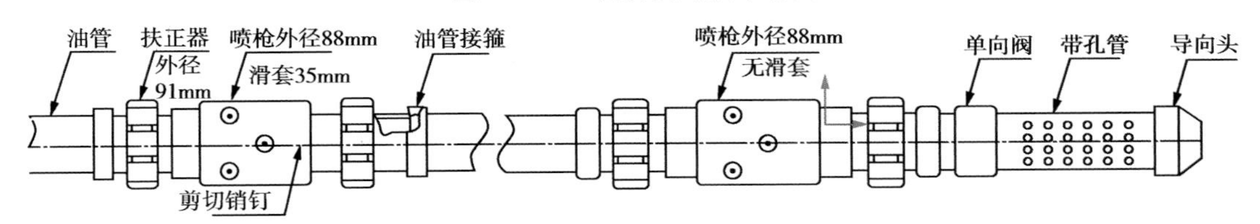

图 8-77　水力喷砂压裂工具示意图

其第 2、3 段水力喷砂压裂施工工序(位置：1480.0m、1285.0m)为：① 下入施工管柱，使第 1 级喷枪喷嘴对准第 2 段压裂位置(1480.0m 处)；② 压裂作业人员摆好压裂车组及环空注入管汇，接好高、低压管线和管汇；③ 地面管线试压 70MPa，保持压力 5min 不刺不漏为合格；④ 关闭 C 井套管闸门，打开 C 井和 C1 井油管闸门，油管以 0.8 ~1.0m^3/min 的排量顶替活性水，确保喷嘴畅通后，提高 C 井油管排量至 1.8 ~2.0m^3/min 进行喷砂射孔，射孔采用砂比 6% ~8% 的 20 ~40 目的石英砂；⑤ 射孔结束后，打开 C 井套管闸门，从油管和套管同时注液进行顶替，将射孔砂由 C1 井顶替至地面；⑥ 顶替结束后，关闭 C 井油管闸门，C 井油管和套管排量同时提高至设计排量按泵注程序进行压裂施工(套管补液，油管加砂)，施工结束后，在 C1 井采用 2.0mm 喷嘴放喷，如果压力降低缓慢，则采用节流阀控制防喷直至压力下降为 0；⑦ 打开 C 井与 C1 油管闸门，由 C1 井油、套管注液洗井，若 C1 井与 C 井连通良好，则洗至 C1 井油管出液不再含砂为止，若 C1 井与 C 井连通较差，无法洗通，则关闭 C1 井油管闸门，从 C 井反洗井至套管底部且油管出液无砂为止，并进行 C1 井与 C 井连通作业；⑧ 上提管柱，使第 1 级喷枪对准第 3 段压裂位置(1285m 处)，进行第 3 段压裂，步骤同第④ ~⑦ 步；⑨ 上提管柱使得第 1 级喷枪对准第 4 段压裂位置，投球打开滑套。打开 C 套管闸门，以 0.8 ~1.0m^3/min 的排量送球入座，待球入座有明显的压力波动后，认为滑套销钉已经剪断(继续提高排量，压力没有急剧上升)。

后续步骤按照上面步骤④ ~⑦ 进行。

第 4 段施工结束后，上提管柱和喷枪。

3. 压裂施工情况

第1趟管柱下入，压裂前工具照片如图8-78所示，完成第1段压裂施工，第1趟管柱起出后工具情况如图8-79所示。

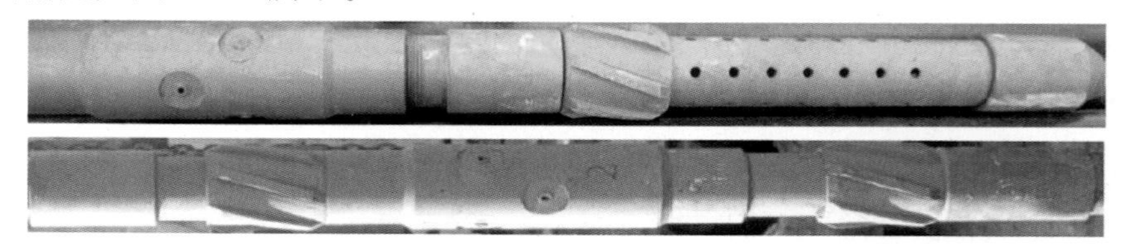

图8-78 第1趟管柱下入前工具

图8-79 第1趟管柱取出后工具

C井完成水力喷射4段压裂，表8-29为压裂设计施工参数与实际施工参数对比情况，图8-80为第2段的压裂施工曲线。

表8-29 压裂设计施工参数与实际施工参数对比

项目	第1段		第2段		第3段		第4段	
	设计	实际	设计	实际	设计	实际	设计	实际
砂量/m^3	19.8	21	19.2	25	18.8	22	19	19.8
混砂比/%	6.1	11.4	7.8	11.8	7.9	10.2	8.6	10.2
前置液量/m^3	156.6	190	147.5	136	147.5	143	155	135
携砂液量/m^3	294.4	185	230.2	212	228.6	215.5	232.6	216
顶替液量/m^3	14	10.1	8.8	9.7	9	8.6	7.5	9.4
总液量/m^3	465	385.1	386.5	357.7	385.1	367.1	395.1	360.4
油管排量/m^3/min	2	1.785	1.8	1.785	2	2	2	1.785
油管压力/MPa	66	62.5~64.8	59.3	57.84~60.51	57.8	60.1~62.5	62.5	57.4~62.5
环空排量/(m^3/min)	2	0.8	1	0.8	1	0.85	1	1
环空压力/MPa	30.4	31.8~32.5	28.2	30.2~30.62	27.4	28.24~29.2	26.5	25.9~27.8
射孔砂量/m^3	2	2	2	2	2	2	2	2
射孔压力/MPa	62.1	55.3~56.8	55.3	59.6~60.4	58.2	55.3~55.7	60.2	60.8~62.1

4. 压后效果评价

由于煤层物性差、水平段管柱偏小的影响，压裂排量小，不到2m^3/min，造缝效果不理想，裂缝面积小，压裂效果不明显，累积产气4286m^3，压裂后累积产液523.58m^3，返排率仅为35.6%。这是因为压裂液中添加的助排剂在致密的煤层有可能起到负面作用，增大了毛管压力，影响返排效果，助排剂使用要区别于常规的碎屑岩油层，另外，压裂段数多，压裂液在煤层滞留时间过久，对煤层的伤害较大。

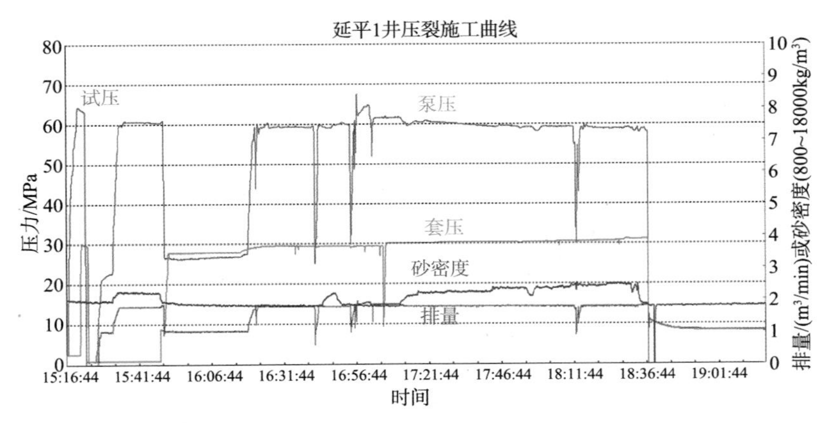

图 8-80　C 井水力喷砂分段压裂施工曲线图

四、美国巴奈特页岩气井“同步压裂”实例分析

1. 概况

Fort Worth 盆地位于美国得克萨斯州中北部，面积约 38100km^2，为古生代晚期 Ouachita 造山运动形成的前陆盆地。

早在 20 世纪 50 年代，美国 Fort Worth 盆地密西西比系巴奈特页岩见到良好气显示。1981 年，Mitchell 能源公司大胆地对巴奈特页岩段进行了氮气泡沫压裂改造，从而发现了巴奈特页岩气田。该盆地近 8500 口生产井的年产量为 305.6×10^{8}m^3。自 1982 年投产以来累积产气 1018.8×10^{8}m^3，平均地质储量丰度 3.8×10^{8}m^3/km^2。

巴奈特页岩气储层的参数：深度为 1981~2591m，总厚度为 61~91m，有效厚度为 15~60m，井底温度为 93.3℃，TOC=4.5%，R_o=1.0%~1.3%，总孔隙度为 4%~5%，充气孔隙度为 2.5%，充水孔隙度为 1.9%，含气量为 8.5~9.91m^3/t，吸附气含量占 20%，储层压力为 20.6~27.6MPa，天然气地质储量(3.3~4.4)×10^{8}m^3/km^2。开发井距为 0.32~0.64km^2，单井控制储量(14.16~42.48)×10^{6}m^3，采收率为 8%~15%。

巴奈特页岩矿物的体积组成为：石英约占 45%，黏土(主要是伊利石，含少量蒙脱石)占 27%，方解石和白云石占 8%，长石占 7%，有机质占 5%，黄铁矿占 5%，菱铁矿 3%，还有微量天然铜和磷酸盐矿物。

1981~1990 年间仅完钻了 100 口井，该公司将主要的精力集中在如何更有效地在巴奈特页岩中完井以及如何提高采收率。1998 年在完井技术上取得重大突破，用水基液压裂代替了凝胶压裂，对该气田较老的巴奈特页岩气井(特别是 1990 年底以前完成的气井)重新实施了增产措施，极大地提高了产量，增幅有时可达 2 倍或更高。

2002 年开始，Devon 能源公司开始钻探试验水平井。这些井都获得了极大成功，促使人们改变了钻井方式，水平井技术的广泛应用，使巴奈特页岩气产量出现了稳步快速增长的大好局面。

2008 年 Devon 能源公司开始实验一种新的钻完井模式，即钻间隔 1000m 左右的 2 口水平井，同步压裂(图 8-81)来提高单井产量。

2. 压裂改造方案

巴奈特页岩气田 X1、X2 压裂井段距离 1000m，上下遮挡层均能提供 5~8MPa 应力遮挡，具备大规模缝网体积压裂条件，测井解释及岩石力学参数等对比见表 8-30、表 8-31。

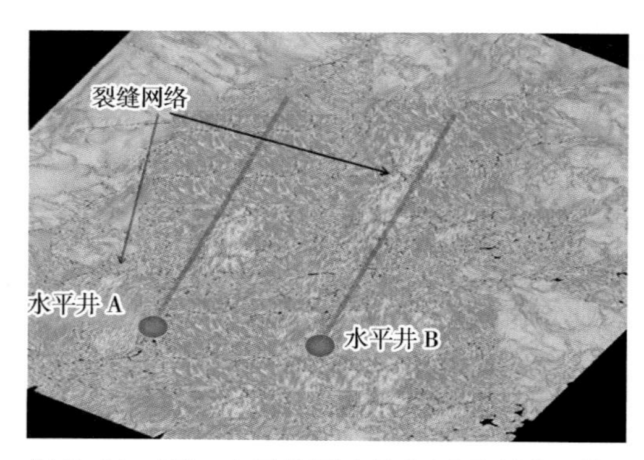

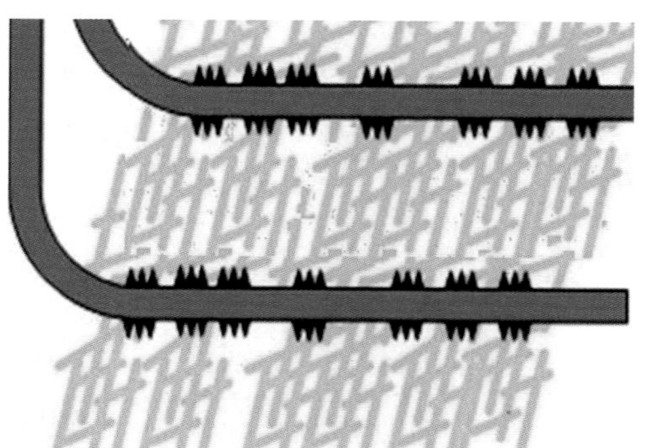

图 8-81　两口水平井同步体积压裂裂缝网络连通图(天然裂缝大面积压开和大量剪切缝交叉)

表 8-30　测井解释及天然裂缝发育情况

井号	射孔井段/m	解释厚度/m	岩　性	孔隙度/%	渗透率/ $10^{-3}\mu m^2$	密度/ (g/cm^3)	解释结果	裂缝类型	发育程度
X1	3765.0～3772.0	59.8	砂砾岩	8.1	2.68	2.43	气层	网状缝	极发育
X2	3760.0～3769.0	57.8	砂砾岩	7.8	2.51	2.46	气层	网状缝	极发育

表 8-31　岩石力学参数及地应力参数解释结果

井号	解释井段	最小水平主应力/MPa	弹性模量/MPa	水平应力差异系数	泊松比	抗拉强度/MPa	断裂韧性/ $MPa(m^{1/2})$
X1	3765.0～3772.0	69.59	84079.8	0.15	0.09	10.21	0.69
X2	3760.0～3769.0	69.77	73842.0	0.13	0.08	9.46	0.58

根据诱导应力场模拟计算结果，当注入速度超过 $3000m^3/d$、累积注入量超过 $10000m^3$ 时，X1 井、X2 井注入诱导应力将会引起应力重定向，应力干扰有效距离 50m，同步注入。X1 井实际注入量 $12069m^3$，实际注入速度 $4035m^3/d$，X2 井实际注入量 $10143m^3$，实际注入速度 $3273.5m^3/d$，模拟计算的 X1 到 X2 井孔隙压力梯度为 4.5MPa/1000m。考虑水力裂缝诱导应力作用距离较远，以及保证井间裂缝网络连通所需要的孔隙压力梯度，模拟计算的 X1 井水力裂缝长度达到 800m 时，其水力裂缝诱导应力和注入诱导应力叠加应力能够引起 X2 井应力二次重定向。X1 井、X2 井应力重定向后同时进行体积压裂，更容易形成非平面网络裂缝。

3. 压裂施工情况

X1 井施工曲线如图 8-82 所示，第 1 个支撑剂段塞之前为无降阻清水，其余阶段为降阻清水。

从 G 函数反映(图 8-83)来看，X1 井压裂后期有多裂缝现象，形成了两套多裂缝系统。

X2 井体积压裂施工曲线如图 8-84 所示，全部采用滑溜水压裂。

从 G 函数反映(图 8-85)来看，X2 井体积压裂阶段在压裂中、前期形成了两套网络裂缝，且裂缝规模大。

图 8-86 为 X1 井、X2 井压后产量曲线，图中显示，生产 200d 后 X1 井、X2 井实际产量分别达到了 $50\times10^4m^3/d$ 和 $75\times10^4m^3/d$，为相同区块其他井产量的 2.0～3.0 倍，同步压裂取得了良好的效果。

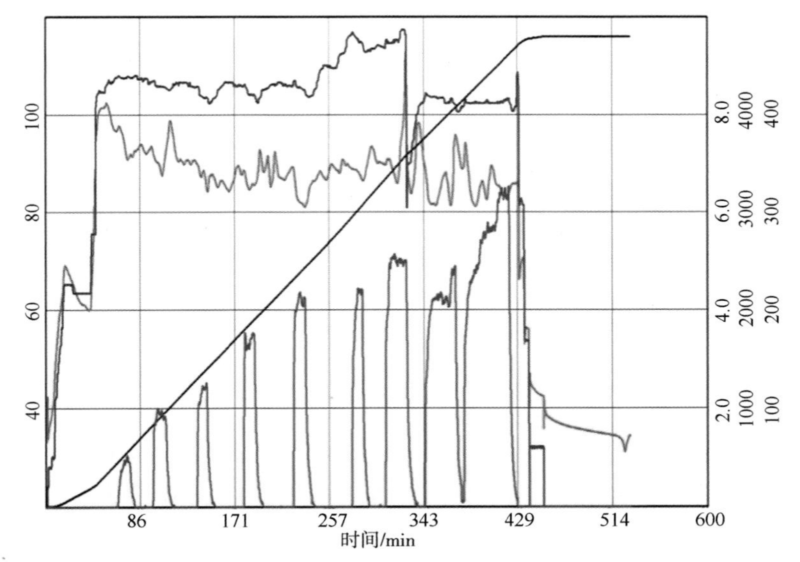

图 8-82　X1 井体积压裂施工曲线

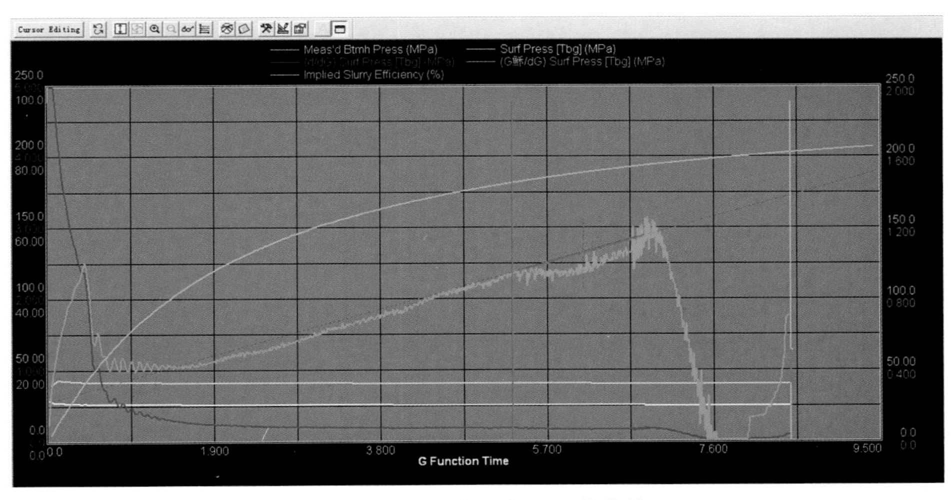

图 8-83　X1 井压降 G 函数曲线

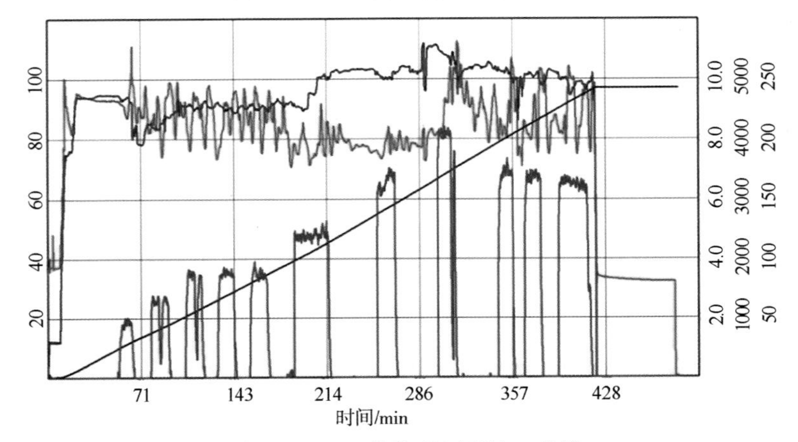

图 8-84　X2 井体积压裂施工曲线

图 8-85　X2 井压降 G 函数曲线

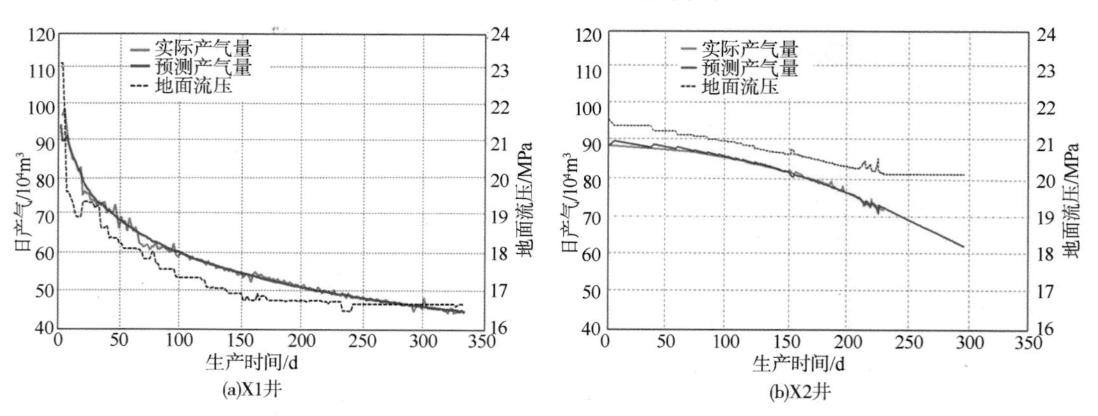

图 8-86　X1 井、X2 井压后产量曲线

参考文献

[1] Meyerhofer M J, Lolon E P, Youngblood J E, et al. Integration of Microseismic Fracture Mapping Results With Numerical Fracture Network Production Modeling in the BarnettShale[J]. SPE 102103.

[2] Warpinski N R, Mayerhofer M J, Vincent M C, et al. StimulatingUnconventional Reservoirs: Maximizing Network Growth while Optimizing Fracture Conductivity[J]. SPE 114173.

[3] Northrop D A, Sattler A R, Westhusing J K. Multiwell Experiment: A Field Laboratoryfor Tight Gas Sands [J]. SPE 11646 .

[4] Sneddon L N. The Distribution of Stress in the Neighborhood of a Crack in an Elastic Solid[J]. Proceedings, Royal Society of London, 1992, 78(5): 229 ~260.

[5] Frantz J H, Williamson J R, Sawyer W K, et al. Evaluating Barnett Shale Production Performance-Using an Integrated Approach[J]. SPE 96917.

[6] Waters G, Heinze J , Jackson R, Daniels J, et al. Use of Horizontal Well Image Tools to Optimize Barnett Shale Reservoir Exploitation[J]. SPE 103202.

[7]Wright C A, Davis E J. Surface Tiltmeter Fracture MappingReaches New Depths-10, 000 Feet and Beyond [J]. SPE 39919.
[8] Cipolla C L, Wright C A. Diagnostic Techniques to Understand Hydraulic Fracturing[J]. SPE 59735.
[9] Barree R D, Fisher M K, Woodroof R A. A Practical Guide to Hydraulic Fracture Diagnostic Technologies [J]. SPE 77442.
[10] Warpinski N R. Analysis and Prediction of Microseismicity Induced by Hydraulic Fracturing[J]. SPE 71649.
[11] King K C, William V G . A Completions Guide Book to Shale-Play Development: A Review of Successful Approaches toward Shale-Play Stimulation in the Last Two Decades[J]. SPE 133874.
[12] Fisher M K . Integrating Fracture Mapping Technologies to Optimize Stimulations in the BarnettShale[J]. SPE 77441.
[13] Fisher M K. Optimizing Horizontal Completion Techniques in the Barnett Shale Using Microseismic Fracture Mapping[J]. SPE 90051.
[14] Soliman M Y, East L, Adams D. GeoMechanics Aspects of multiple Fracturing of Horizontal and Vertical Wells[J]. SPE 86992.
[15] Sneddon IN and Elliott H. A. The Opening of a Griffith Crack under Internal Pressure[J]. SPE 90891.
[16] East L E, Willet R, Surjaatmadja J, et al. Application of New Fracturing Technique Improves Stimulation Success for Openhole Horizontal Completions[J]. SPE 86480.
[17] Li J, Walker S, Aitken B. How to efficiently remove sand from deviated wellbores with a solids transport simulator and a coiled tubing cleanout tool[J]. SPE 77527.
[18] Rasmussen R, Ortiz A. Innovations improve reliability of frac sleeve completions[J]. SPE 107376.
[19] Schult D, Thomson D, Whitney D. Abrasive Perforating via Coiled Tubing Revisited[J]. SPE 107050.
[20] Albright J N, Pearson C F. Acoustic Emissions as a Tool for Hydraulic Locations: Experience at the Fenton Hill Hot Dry Rock Site[J]. SPEJ. 43(5): 523~530.
[21] Brady J. Microseismic Monitoring of Hydraulic Fractures in Prudhoe Bay[J]. SPE 28553.
[22] Bulova MN , Cheremisin N. Evaluation of the Proppant-Pack Permeability in Fiber Assisted Hydraulic Fracturing Treatments for Low Permeability Formations[J]. SPE 100556.
[23] Cipolla C L, Warpinski N R, Mayerhofer M J. The Relationship Between Fracture Complexity, Reservoir Properties, and Fracture Treatment Design[J]. SPE 115769.
[24] Daniels J, Delay K, Waters G. Contacting More of the Barnett Shale Through an Integration of Real-Time Microseismic Monitoring, Petrophysics and Hydraulic Fracture Design[J]. SPE 110562.
[25] Fehler M C. Stress Control of Seismicity Patterns Observed During Hydraulic Fracturing Experiments at the Fenton Hill Hot Dry Rock Geothermal Energy Site[J]. New Mexico. Int. J RockMech., Min. Sci & Geomech Abstr. 26: 211~219.
[26] Fisher M K, Heinze J R, Dunn K P. Optimizing Horizontal Completion Techniques in the Barnett Shale Using Microseismic Fracture Mapping[J]. SPE 90051.
[27] Frantz J H , Williamson J R , Sawyer W K. Evaluating Barnett Shale Production Performance Using an Integrated Approach[J]. SPE 96917.
[28] Ketter A A , Daniels J Heinze J R , Waters G. A Field Study Optimizing Completion Strategies for Fracture Initiation in Barnett Shale Horizontal Wells[J]. SPE 103232-MS.
[29] Le Calvez J H , Klem R C, Bennett L. Real-Time Microseismic Monitoring of Hydraulic Fracture Treatment: A Tool To Improve Completion and Reservoir Management[J]. SPE 106159.
[30] Miskimins J. Design and Life Cycle Considerations for Unconventional Reservoir Wells[J]. SPE 114170.
[31] Olsen T N, Bratton T R , Donald A. Natural Fracture Quantification for Optimized Completion Decisions[J]. SPE 107986.

[32] Siebrits E , Elbel J, Hoover R S, et al. Refracture Reorientation Enhances Gas Production in Barnett Shale Tight Gas Wells[J]. SPE 630030.
[33] Thorne B J, Morris H E. An Assessment of Borehole Seismic Diagnostics[J]. SPE 18193.
[34] Vandamme L, Talebi S, Young R P. Monitoring of a Hydraulic Fracture in a South Saskatchewan Oil Field [J]. Journal of Canadian Petroleum Technology, 1998, 33(1): 27 ~ 33.
[35] Warpinski N R, Wright C A, Uhl J E. Microseismic Monitoring of the B-sand Hydraulic Fracture Experiment at the DOE/GRI Multi-Site Project[J]. SPE 36450.
[36] Warpinski N R, Wolhart S L, Wright C A. Analysis and Prediction of Microseismicity Induced by Hydraulic Fracturing[J]. SPE 71649.
[37] Weng X, Siebrits E. Effect of Production Induced Stress Field on Refracture Propagation and Pressure Response[J]. SPE 106043.
[38] 刘树根，马文辛，LUBA Jansa，等. 四川盆地东部地区下志留统龙马溪组页岩储层特征[J]. 岩石学报，2011，27(8)：45 ~ 48.
[39] 韩宝中. 页岩气钻井储层保护技术研究[J]. 科技资讯，2011，45(34)：21 ~ 25.
[40] 张振华，鄢捷年. 低渗透砂岩储集层水锁损害影响因素及预测方法研究[J]. 石油勘探与开发，2000，27(3)：36 ~ 40.
[41] 张琰，崔迎春. 低渗气藏主要损害机理及保护方法的研究[J]. 地质与勘探，2000，36(5)：88 ~ 91.
[42] 黄维安，邱正松，王彦祺，等. 煤层气储层损害机理与保护钻井液的研究[J]. 煤炭学报，2012，15(10)：25 ~ 29.
[43] 贾军，唐培琴. 钻井液对煤层气储层渗透性的损害[J]. 钻井液与完井液，1995，23(6)：56 ~ 59.
[44] 胡进科，李皋，孟英峰. 页岩气钻井过程中的储层保护[J]. 天然气工业，2012，32(12)：12 ~ 15.
[45] 郭凯，秦大伟，张洪亮，等. 页岩气钻井和储层改造技术综述[J]. 内蒙古石油化工，2012，36(4)：89 ~ 92.
[46] 王金磊，伍贤柱. 页岩气钻完井工程技术现状[J]. 钻采工艺，2012，35(5)：65 ~ 69.
[47] 孟尚志，王竹平，鄢捷年. 钻井完井过程中煤层气储层伤害机理分析与控制措施 [J]. 中国煤层气，2007，24(01)：26 ~ 29.

第九章　非常规油气资源发展展望

第一节　发展非常规油气资源的重要性与迫切性

一、发展非常规油气资源的重要性

非常规油气资源已成为全球油气资源的重要组成部分。BP 能源统计年鉴显示（BP，2013），2012 年全球原油消费量高达 41.3×10^8t，天然气消费量为 $3.3\times10^{12}m^3$，较 10 年前分别增长 13.5% 和 31.2%。能源消费量的持续增长和勘探开发技术的不断提高使全球非常规油气资源发展迅速，非常规油气储产量在总油气储产量中所占的比重日益加大，在部分国家直至超过常规油气资源。2013 年美国致密油产量 1.74×10^8t，占原油总产量的 45%；页岩气、致密气和煤层气产量分别为 $2648\times10^8m^3$、$1481\times10^8m^3$ 和 $464\times10^8m^3$，合计占天然气总产量 67.1%（EIA，2014）。2012 年，加拿大油砂产量约 1.02×10^8t，约占其国内原油年产量的 60%（Woodmakenize，2013）。

非常规油气资源正在改变全球油气资源的供应格局。从 2006 年至今，随着美国页岩油气资源的蓬勃发展，全球油气资源格局已初步形成“东西两极”，即“以中东、俄罗斯-东亚和北非为轴线的东半球常规油气资源中心”与“以北美地区为核心的西半球非常规油气资源中心”（侯明扬等，2013）。以页岩油气发展为例，受益于本国产量大幅提高，2012 年美国原油和天然气进口量分别降至 6.5×10^8t 和 $889.1\times10^8m^3$，较 2006 年的进口量分别大幅下降 25% 和 18.6%；此外，根据 EIA 等机构预测，页岩油气资源在我国和阿根廷、墨西哥、阿尔及利亚、巴基斯坦、南非等国家的技术可采资源量都十分丰富，这些资源一旦形成规模开采，将与其他非常规油气资源共同改变当地的能源供给，也将改变全球油气供需格局。

非常规油气资源发展有利于稳定油气价格，降低全球经济发展成本。进入 21 世纪以来，随着世界经济快速增长对全球油气需求的持续提高以及常规油气资源供给相对稳定的影响，国际原油价格一路飙升，WTI 油价由 20～30 美元/bbl 的价格水平最高涨至 147.27 美元/bbl，并长期在 80～100 美元/bbl 的高价格区间持续波动，为世界经济增长增加了沉重的资源成本。而非常规油气资源的发展能够增加全球油气资源供给、改变国际油气市场现有供需格局，进而降低世界石油和天然气资源的价格水平，有利于稳定油气资源价格，降低经济发展成本。

在北美地区，美国历史上巨大的国内消费市场使天然气生产常年“供不应求”，需通过大量进口来弥补供给不足。但从 2006 年页岩气进入规模化市场供给阶段后，美国天然气总产量大幅飙升，打破了美国市场原有的供需平衡，国内消费及进口天然气价格骤降：首先，国内商业用气与工业用气价格从 2006 年起呈现逐年下跌趋势；同时，国内天然气供给的增加也极大限制了进口价格，近年来美国管输、LNG 进口天然气价格均出现大幅下跌，2012 年进口天然气均价不足 2006 年进口均价的一半（表 9-1）。国内天然气价格的大幅下降使包括各大电厂和炼化企业在内的众多工业生产部门的运营成本得以降低，并通过不同产业链传导至各级消费者，对“次贷危机”后美国经济的整体复苏发挥了极为重要的作用。

表 9-1 美国国内消费及进口天然气价格资料表 美元/10^3ft^3

	2006 年	2007 年	2008 年	2009 年	2010 年	2011 年	2012 年
商业用气价格	12	11.34	12.23	10.06	9.47	8.92	8.13
工业用气价格	7.87	7.68	9.65	5.33	5.49	5.11	3.86
进口天然气均价	6.88	6.87	8.7	4.19	4.52	4.24	2.88
管输进口天然气均价	6.83	6.83	8.57	4.13	4.46	4.09	2.79
LNG 进口天然气均价	7.19	7.07	10.03	4.59	4.94	5.36	4.27

资料来源：EIA，Natural Gas Price，2014。

非常规天然气开发有助于促进“清洁发展”。根据国际能源署（IEA）《世界能源展望2013》报道，2012 年全球与能源相关的二氧化碳排放增长 1.4% 至 316×10^8t 的创纪录水平，能源领域排放占全球二氧化碳和其他温室气体排放总量的 2/3（IEA，2013）；而在能源领域，天然气作为燃料产生的二氧化碳和硫氧化合物远低于煤炭和石油燃料。以 LNG 燃料对纯柴油燃料的替代为例，在替代率达 70% 左右时，可实现硫氧化合物减排 85% ~90%、二氧化碳减排 15% ~20%。

现有非常规油气资源当中，页岩气、煤层气、天然气水合物等资源尽管赋存状态和机理各不相同，但最终都将以天然气的形式供给油气资源市场。近年来，天然气作为当前促进“清洁发展”最有效的能源供给在全球范围内广泛应用：在欧洲，欧盟委员会 2012 年研究认为，天然气将在未来 20 年内将实现由煤炭、石油等高排放的一次能源向风能、太阳能等零排放的新能源过渡，由清洁能源接替（欧盟委员会，2012）；在美国，页岩气的规模化供给使煤炭在发电中的角色被价格低廉的天然气所替代，其 2012 年碳排放量较 2007 年下降 13%，极大地增强了美国在全球气候谈判中的公信力。可见，非常规油气资源不仅有助于促进全球油气资源均衡发展、有利于世界油气资源市场价格，同样能够促进全球能源应用的“清洁发展”。

二、我国发展非常规油气资源的迫切性

我国经济快速增长使我国油气产量远不能满足国内消费，发展非常规油气资源是缓解我国油气对外依存度高的迫切要求。从 1993 年起，我国由石油出口国变成石油净进口国，且油气资源进口量逐年上升。综合国土资源部、海关总署和中国石油经济技术研究院等数据，我国 2013 年原油进口量 28195×10^4t，同比增长 4.03%，对外依存度达 57.39%；天然气进口量 $512\times10^8m^3$，同比增长 24.6%，对外依存度达 30.5%。从油气产量看，受资源禀赋限制，我国 2013 年原油和常规天然气产量分别为 2.1×10^2t 和 $1120\times10^8m^3$，同比增长仅为 1.8% 和 0.36%；而消费量分别为 4.87×10^8t 和 $1650\times10^8m^3$，同比分别增长 2.8% 和 11.9%，油气资源供需矛盾极为突出（中国石油经济技术研究院，2014）。

我国非常规油气资源量丰富，非常规天然气技术可采资源量超过 $45\times10^4m^3$，非常规原油可采资源量超过 $15\times10^8m^3$（贾承造，2012），未来将成为油气资源生产的重要组成部分。因此，加快理论创新、研发新工艺和新技术促进非常规油气资源的大力发展是缓解国内油气资源供需矛盾、降低国内油气资源消费对外依存度的重要举措。

发展非常规油气资源对减轻油气价格对国民经济的压力具有重要意义。油气供需矛盾是

导致目前我国众多社会问题的根源之一。一方面，国内常规油气资源禀赋限制产量增长迫使我国油气对外依存度逐年提高，不得不从国际油气市场大量进口高价原油和天然气资源；另一方面，高成本的原油和天然气必然导致燃料价格和炼化产品价格提高，进而由产业链传导至各个生产部门并引发基本物价水平的上涨。其中，2012 年我国物流成本占国内生产总值的 18%，该比例分别是日本和美国的 2 倍，其中最重要的组成即为汽柴油等燃料费用。

根据美国页岩气的发展经验，发展非常规油气资源能够促使国内油气资源价格回归相对合理的价格水平，能够降低交通燃料、炼化原料及其他能源需求的成本，进而有利于降低国民经济的整体发展成本。因此，发展非常规油气资源，增加国内油气产量供给，也是缓解我国高油气资源价格对国民经济沉重压力的迫切需要。

开发非常规天然气资源有助于改善我国能源结构、保护环境。与煤炭和石油等化石能源相比，天然气对环境污染特别是对空气中二氧化碳等污染物的排放量相对较少，是当前经济水平下较为环保的一次能源。但长期以来，我国天然气消费在一次能源消费中的占比低下。BP 世界能源统计数据(BP，2014)显示，我国 2013 年天然气消费在一次能源消费中的占比仅为 5.1%，远低于国际 23.9% 的平均水平。天然气资源量和产量相对缺乏是制约我国天然气消费最主要的原因。

由前述可知，我国致密砂岩气、页岩气和煤层气的技术可采资源量都十分丰富，大力发展非常规天然气资源能够提高国内天然气产量，增加天然气消费量，有助于改善我国能源结构，减少二氧化碳排放。

第二节　非常规油气资源发展的机遇与挑战

一、非常规油气资源发展的机遇

近年来，全球经济增长对油气资源的依赖逐年上升，根据 BP 能源统计数据，2012 年全球原油消费量 41.3×10^8t、天然气消费量 $3.3\times10^{12}m^3$，10 年内分别增长 13.5% 和 31.3%。石油和天然气消费量的持续攀升与全球常规油气资源发展极不均衡间的矛盾使相关国家更加重视非常规油气资源的勘探开发与利用，为非常规油气资源的发展创造了机遇。

由于开发成本高于常规油气资源，非常规油气资源开发只有在国际原油价格达到一定区间后才可能获得收益(侯明扬等，2014)。以加拿大油砂为例，露天油砂开采的完全成本约 60 美元/bbl，而开采埋层较深的油砂矿完全成本则接近 80 美元/bbl，都远高于常规原油资源(图 9-1)(Woodmakenize，2012)。

进入 21 世纪以来，国际原油价格一路飙升，WTI 油价由 20～30 美元/bbl 的价格水平最高涨至 147.27 美元/bbl，并长期在 80～100 美元/bbl 的高价格区间持续波动。高油价大幅提高了上游石油企业生产的收益和生产积极性，为非常规油气资源的发展创造了机遇。在此期间，美国的页岩油和页岩气、加拿大油砂等非常规油气资源发展迅速，不仅产量大幅提升，国际石油公司对此类资源的关注程度也日渐提高。根据著名油气咨询公司伍德麦肯兹公司的统计数据，2013 年北美非常规油气资源交易金额高达 340×10^8 美元，约占当年全球油气资源并购总金额 26.6%(Woodmakenize，2013)。

非常规油气资源储层地质结构复杂、认识资料较为有限，常规油气资源地质勘探理论和油气开发技术不能完全适用于非常规油气资源的发展。近年来，石油行业新理论、新技术和新工艺进展迅速，能够较为有利地推动和支撑非常规油气资源勘探开发活动，使其呈现出由浅层向深层、由圈闭成藏向源岩、由低黏度向高黏度、由高渗区向低渗区等发展趋势。以美国页岩油气资源的勘探开发为例，其资源实现规模化生产主要依赖于水平井和水力压裂技术的整合突破，以及微地震监测、丛式钻井平台和“井工厂”等其他新工艺的应用。技术进步使页岩油气资源开发中的施工作业压力大幅度提高，各种设备、管汇等系统集成更为可靠，分段压裂井下工具的操作更加精准，压裂效果受控程度不断加强；不仅提高了单井产量，更是降低了完井成本，提升了页岩油气资源的整体开发效益。

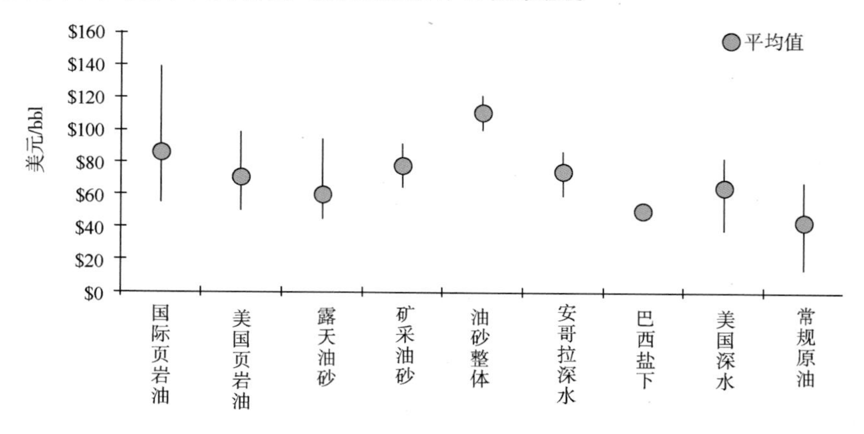

图 9-1　各类原油生产完全成本示意图(Woodmakenize，2012)

为加快非常规油气资源的获取，各主要资源国都制定了相关产业政策从市场监管、税收优惠、资源价格和完善配套设施等方面对非常规油气资源的发展给予支持：在美国，联邦政府没有针对页岩气的专门立法，但是大多数天然气政策对页岩气资源同样有效；财政方面，联邦政府主要补贴页岩气开发的技术研发，近 30 年来先后投入了超过 60×10^8 美元进行非常规气勘探开发活动，投入超过 10×10^8 美元用于培训和研究；此外，美国共有 48 个州开发页岩气，这些州政府都有各自针对天然气和页岩气的政策和法令，特别是激励页岩气的税收优惠(朱凯，2013)。在加拿大，联邦政府和各省政府的矿业法规鼓励进行油砂等非常规资源勘查和开发活动，在矿业活动被许可的地方，法律承认进入该区寻找非常规油气资源并获得勘查、开发和生产以及资源转让权利；同时，加联邦政府还通过降低石油公司税率、削减资本税和增加能源业补贴等方式支持非常规油气资源发展。我国政府也特别重视对非常规油气资源政策支持，先后出台了《煤层气(煤矿瓦斯)“十二五”规划》《页岩气发展规划(2011—2015 年)》等政策引导我国非常规油气资源发展；多次出台相关财政政策对煤层气和页岩气的开发进行补贴；并通过国家重点专项立项等形式对我国非常规油气资源开发中的重大科学技术进行攻关。

各国政策的支持有利于加强对非常规油气生产的监管和调控，确保了非常规油气资源产业的可持续发展；创造了相对自由的市场环境，能够充分发挥各类非常规油气资源开发主体的积极性与创造性；同时，保障了现有基础配套设施对非常规油气资源的公平开放，都将为非常规油气资源的发展创造良好的机遇(尹硕等，2013)。

二、非常规油气资源开发面临的挑战

非常规油气勘探开发仍处在发展阶段，无论在资源、技术、政策和环境等方面仍然面临着许多挑战，需要人们去攻克和解决。

资源基础问题。由于非常规油气资源生成机理和赋存环境极为复杂，对勘探开发技术要求高，严重制约非常规油气资源的可采性。对非常规油气资源的认识不仅是地质资源量的多少，更重要的是可采资源量的情况，要清楚这些资源具体分布、用什么样的技术开发才经济有效。美国非常规油气资源商业化成功与其良好的非常规油气资源潜力及对资源的充分认识密不可分。资源是基础，没有资源，非常规油气资源的发展就无从谈起。我国非常规油气资源大多还处在发展的早期，勘探开发程度很低，资源“家底”不清，这个问题不解决必将影响非常规油气资源勘探开发的发展。因此发展非常规油气资源要重视资源的动态评价，摸清“家底”，特别是要进行技术可采资源的数量、分布和品质评价。

技术问题。技术因素对非常规油气资源发展的影响和制约主要体现在两个方面：首先，全球大多数资源国尚未掌握相关非常规油气资源勘探开发的核心技术；其次，部分相对成熟的非常规油气资源勘探开发技术受各地区不同资质条件等影响存在“技术转移困难”。仍以页岩油气资源勘探开发为例，坚持不懈的地质研究为美国页岩油气资源开发奠定了基础，水力压裂和水平井等技术的突破促成了页岩油气资源商业化成功。科技进步的关键在于降本增效。根据美国能源信息署研究报告（EIA，2013），阿根廷、阿尔及利亚、南非和墨西哥等国家页岩油气资源量也极为丰富，但受技术水平的制约，其非常规油气资源发展进度缓慢；此外，尽管我国重视引进北美先进技术为加快页岩气资源发展，但受制于资源埋深大、成熟度高、地质条件复杂等因素，北美现有成熟技术在我国屡屡“水土不服”（王兰生等，2011），而根据生产实际动态调节相关技术组合实现页岩气藏的最大程度开发，也成为技术问题制约我国页岩气资源勘探开发的具体表现。

基础设施问题。非常规油气资源开发的基础设施配套是一项复杂的系统工程，既包括能源与资源供给、大型勘探开发设备，也包括运输渠道（公路、铁路和油气管网等）和油气存储设施等，其同样是制约全球非常规油气资源发展的重要问题：一方面，基础设施配套缺乏使非常规油气资源的勘探开发活动受限；另一方面，油气产业基础配套设施建设费用极高，新建非常规油气资源设施的投入将大幅提高项目成本，同样不利于非常规油气资源的发展。

发达的天然气管网系统是美国页岩气资源商业化的重要保障（图9-2），各区块开发出的页岩气在处理后基本都可以直接进入输送管网系统；而我国和阿根廷等国家处于页岩气资源发展的初级阶段，相关项目多数分布在地质条件相对恶劣的山区，即使资源得以开发，仍缺乏与之配套的管道设施等，仅能通过就地液化等方式通过公路运输等向外输送，大大限制了产出规模并须支付高昂运费。

不仅如此，即使在油气行业高度发达的美国，基础设施同样是制约非常规油气资源发展的重要瓶颈。以巴肯地区的页岩油生产为例，由于外输管道的缺乏，2013年巴肯接近100×10^4bbl/d的页岩油产量中相当一部分只能通过管道输往原油价格低于国际油价的库欣地区，而通过铁路输往东部沿海地区的部分原油则须支付高额的运费（Client Helpdesk，2013），都难以使当地的页岩油生产实现利润最大化。

环境污染问题。与常规油气资源相比较，非常规油气资源开发过程中需要消耗更多的电力和水力等资源，将排放更大量的碳、硫化合物；此外，部分水力压裂活动使用的压裂液等化学物质更可能直接对环境造成巨大污染。以油砂开采为例，其通过向地下注入蒸汽完成开采的方式，需要燃烧加热并产生二氧化碳；而其再提炼过程同样将导致大规模温室气体的排

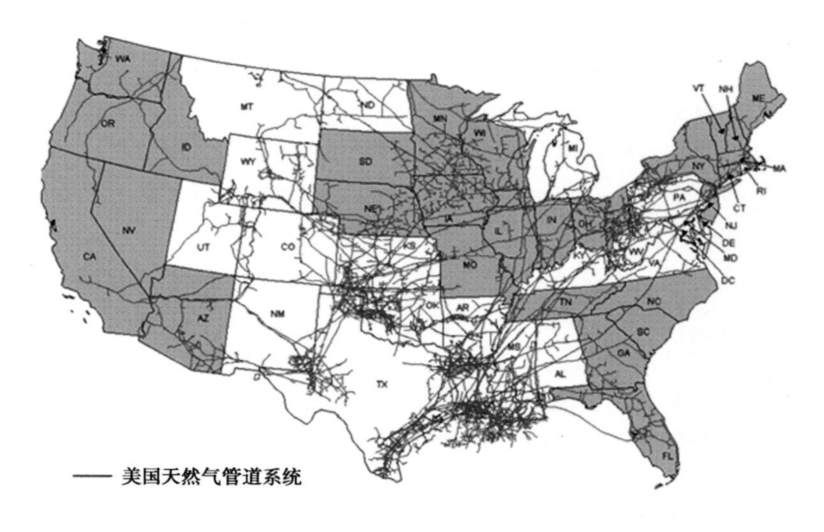

图 9-2　美国天然气管网分布示意图

（EIA，About U. S. Natural Gas Pipelines，2009）

放。加拿大能源署曾指出，除温室气体排放外，油砂开采产生的尾矿会污染地下水，并随地下水的流通污染更多的区域。

非常规油气资源生产中可能产生的环境污染问题使全球范围内各个资源国对该类资源的勘探开发活动保持谨慎态度，部分国家甚至出台相关政策禁止或限制相关开发技术的使用。其中，法国宪法委员会 2013 年 10 月 11 日核准通过有关禁止使用水力压裂技术勘探和开采页岩气的法律；保加利亚、罗马尼亚、捷克等国家也出于各种考虑禁止或暂停使用水力压裂法等方法对页岩油气资源的开发；英国尽管已恢复允许使用水力压裂进行页岩油气资源的勘探开发活动，但政府表示将制定更加严苛的制度监管非常规油气资源开发中可能出现的环境问题。

经济增长制约。由于石油和天然气项目所需投资金额巨大，因此资源国经济增长水平从很大程度上也将制约非常规油气资源的发展。根据国际货币基金组织（IMF，2014）发布的最新一期《世界经济展望》报告，2013 年全球经济总体走强、发达经济体持续复苏，但世界经济在各地区的增长态势极不均衡，部分新兴经济体增长前景不容乐观。受制于经济增长水平，部分非常规油气资源储量丰富的新兴国家难以完全依靠本国投入发展非常规油气资源。譬如，阿根廷和阿尔及利亚等国页岩气资源量排名全球前列，但受制于国内经济增长水平，本国石油企业对页岩气资源的勘探开发活动的经济投入严重不足，需要大量的外国资本和技术来进行生产，直接影响到非常规油气资源发展的规模与速度。

政策法规限制。各个资源国政策法规对非常规油气资源发展的限制主要体现在两个方面：首先，部分国家基于对环境保护等因素的考虑，对其国内非常规油气资源发展限制严苛，包括禁止或限制相关勘探开发技术的使用以及严格监管已有的非常规油气资源勘探开发活动等。政策法规的严格限制有利于对环境及其他资源的保护，但也将大幅提高非常规油气资源的发展成本，如何在上述两者间获取平衡，也是非常规油气资源发展所面临的最迫切挑战之一。其次，根据全球资源产业的历史经验，在各类资源开发的早期阶段，资源国出台相应的鼓励政策支持特别有助于其快速发展，但当前各个资源国对非常规油气资源发展的扶持力度仍有待加强。以我国对页岩气、煤层气等非常规油气资源的鼓励政策为例，其过于依赖政府向相关油气开发企业提供优惠政策特别是财政政策的扶持方式，并不足以支撑非常规油气资源长期可持续发展；应通过政策完善制度安排，充分发挥对非常规油气资源产业的整体激励，包括通过产业政策对相关非常规资源产业发展和资源利用进行指导、完善相关产业发展机制、引导投资并鼓励创新等。

第三节　非常规油气资源发展前景展望

一、全球非常规油气资源发展前景

在当前的理论认识和技术水平下，全球常规油气资源储产量提升空间较小；而受制于资源分布和成本等多种因素，各类可再生能源及新能源短期内也难以实现大规模商业化应用。尽管非常规油气资源在资源认识、勘探开发技术、基础设施配套和环境保护方面仍存有诸多问题，但发展非常规油气资源仍是当前常规油气资源最有效的补充和接替，在有些地区（如美国非常规气）甚至占据油气资源的主导地位，可以预期非常规油气资源将在解决全球油气资源市场日益突出的供需矛盾中发挥更为重要的作用。

非常规石油资源主要包括油砂油、致密油、页岩油、油页岩油等。随着常规石油资源产量高峰期的过去和国际原油价格的保持高企，非常规石油资源的勘探开发价值日益凸显，引起人们的广泛关注（邹才能，2013）。根据美国联邦地质调查局（USGS）和美国能源部的有关研究结果，全球非常规石油可采资源量巨大，与常规石油资源量大致相当。未来全球非常规原油产量在世界原油总产量中的比重将不断上升；北美和拉美地区是非常规原油资源供应增长的主要来源。根据BP《世界能源展望2035》，2035年全球非常规原油将超过全球原油产量增长的50%，其中页岩油和油砂产量将分别占全球原油总产量的7%和5%，产量将分别达到570×10^4bbl/d和330×10^4bbl/d（BP，2014）。

全球油砂资源量较为丰富，主要分布于北美地区。其中，加拿大的阿尔伯达盆地是全球油砂最富集的地区，该国也是目前世界上唯一进行大规模、商业化生产油砂油的国家。据BP《世界能源展望2035》预测，到2035年全球油砂产量将达到330×10^4bbl/d，占全球总供应量的5%。加拿大石油生产商协会则预测，2020年加拿大油砂日产量将较2012年增长近一倍，达到310×10^4bbl/d；2025年产量将增至470×10^4bbl/d。国际能源署（IEA）对于加拿大油砂产量的预测却较CAPP保守，其在2013年预计2025年加拿大油砂日产量仅为330×10^4bbl，管道等基础设施配套和环境保护问题是未来油砂发展面临的主要挑战。

全球油页岩已发现油矿约600余处，但目前的开发主要集中在爱沙尼亚、巴西、澳大利亚和我国等国家，产量相对较低。美国油页岩资源量极为丰富，尽管美国国会2005年通过了发展非常规能源的法案鼓励企业进行油页岩干馏炼油的研究与开发，但美国油页岩资源始终未进行工业化生产。根据美国能源部2007年9月公布的研究报告，预测2020年美国油页岩油产量将达到5000×10^4t，2030年产量将达到1.2×10^8t。

页岩油（致密油）已成为继页岩气之后全球非常规油气资源勘探开发的新热点，美国、加拿大和俄罗斯是全球现有的3个实现页岩油商业化开发的国家。BP《世界能源展望2035》预测，未来全球页岩油新增产量主要来自美国、加拿大、墨西哥、俄罗斯、中国和部分南美国家（图9-3），其中，美国将是2035年前全球页岩油产量最高的国家，其将在2017年超越沙特阿拉伯成为全球最大产油国，在2030年成为石油净出口国。美国能源信息署则在2014

年度能源展望中估计，美国页岩油产量将由 2012 年的 230×10^4bbl/d（占原油产量的 35%）提升至 2021 年的 480×10^4bbl/d（占原油产量 51%）（图 9－4），推动美国国内原油产量在 2016 年增至 960×10^4bbl/d 的产量峰值，并在 2025 年前维持 900×10^4bbl/d 的产量水平（EIA，2014）。

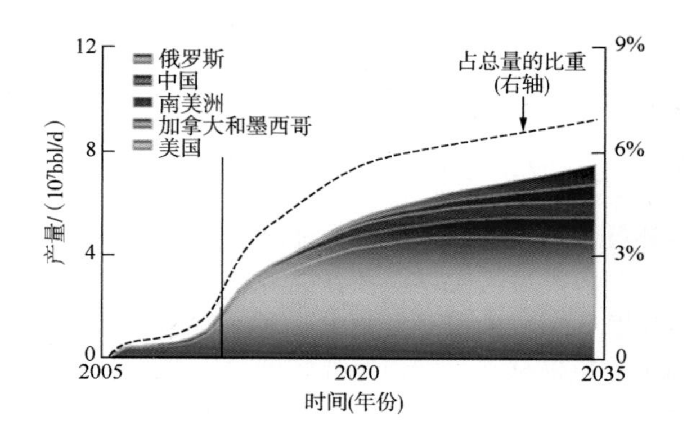

图 9－3 2035 年前致密油（页岩油）产量预测（BP，2014）

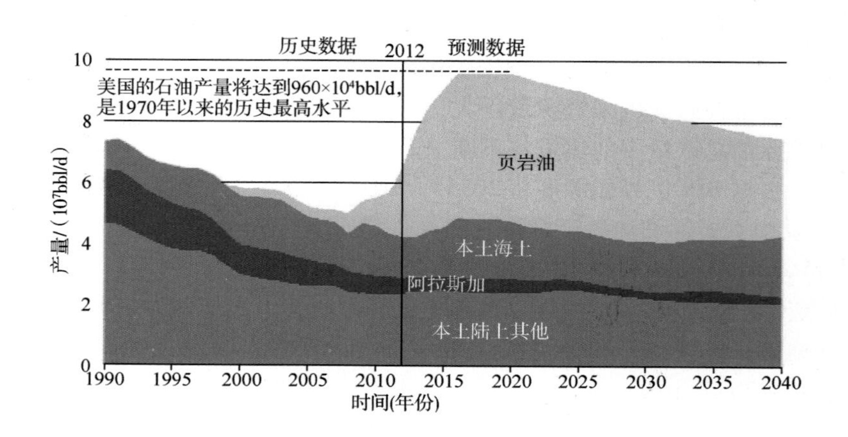

图 9－4 2040 年前美国页岩油（致密油）产量预测（EIA，2014）

全球非常规天然气资源主要包括致密气、煤层气、页岩气和天然气水合物等，其中致密气、煤层气和页岩气是近期内最有发展潜力的领域。据国际能源署则预测（IEA，2012），2035 年全球非常规天然气产量将达到 $1.6\times10^{12}m^3$，约占新增天然气供应量的 2/3，其主要占比分别为页岩气占 56%、煤层气占 38%、致密气占 6%，将使非常规天然气在天然气总产量中的份额由 14% 上升至 32%；同时，非常规天然气的发展也将使天然气在全球能源结构中所占的份额在 2035 年将达到 25%，超过煤炭成为消费量排名第二的一次能源。

致密砂岩气是最早进行工业化生产的非常规天然气资源，主要分布在北美、拉美和亚太地区。美国是致密砂岩气开发最早、最成熟的地区，2011 年产量已占其国内天然气总产量的 26%；预计 2040 年致密砂岩气产量将保持在 $2078\times10^8m^3$，届时占美国天然气总产量的 22%。

煤层气主要生产国是美国、加拿大和澳大利亚，预计未来产量将呈现稳中有降的走势。在美国，EIA 预测未来 20 年内煤层气将维持近年来产量基本不变的趋势，其产量稳定在全美天然气总产量的8%左右；在加拿大，受当地居民抗议等影响，不列颠哥伦比亚等省的联邦政府已停止向其西北部地区煤层气富集区发放油气勘探开发许可；而在澳大利亚，成本上升、技术挑战、监管障碍与环境污染等问题也使当地煤层气产业陷入了困境，北美页岩气的出口潜力更是大幅削弱了澳大利亚煤层气的发展前景。

据BP《世界能源展望2035》预测，页岩气将是全球发展最成功的非常规天然气资源，至2035年年均增长率超过6.5%，约占全球天然气新增天然气产量的1/2。未来全球页岩气新增产量主要来自美国、加拿大、墨西哥、欧洲和欧亚大陆、中国以及世界其他国家和地区，其中，北美地区页岩气的产量在2016年前占全球总供应量的99%，而其他地区页岩气资源产量增长将在2027年超过北美；除北美外，中国是页岩气供应增长方面最有潜力的国家，占全球页岩气资源增长的13%，至2035年将与北美地区共同贡献全球超过81%的页岩气产量(图9-5)。美国能源信息署预测，2020年美国页岩气产量将达到$3000\times10^8m^3$，2040年将达到$4728\times10^8m^3$(图9-6)。而我国社会科学院也在《世界能源中国展望2013~2014》中预测，2020年中国包括页岩气在内的非常规天然气产量比重将由目前的39%上升到60%以上，实际进入非常规天然气时代，并将在2035年进一步提升该比例到72%。

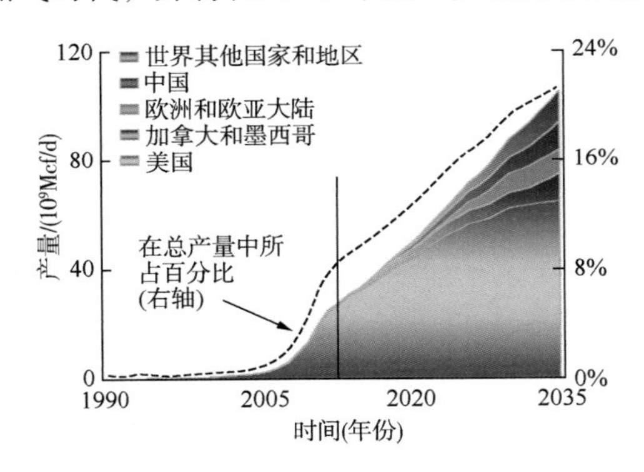

图9-5　2035年前页岩气产量预测(BP，2014)

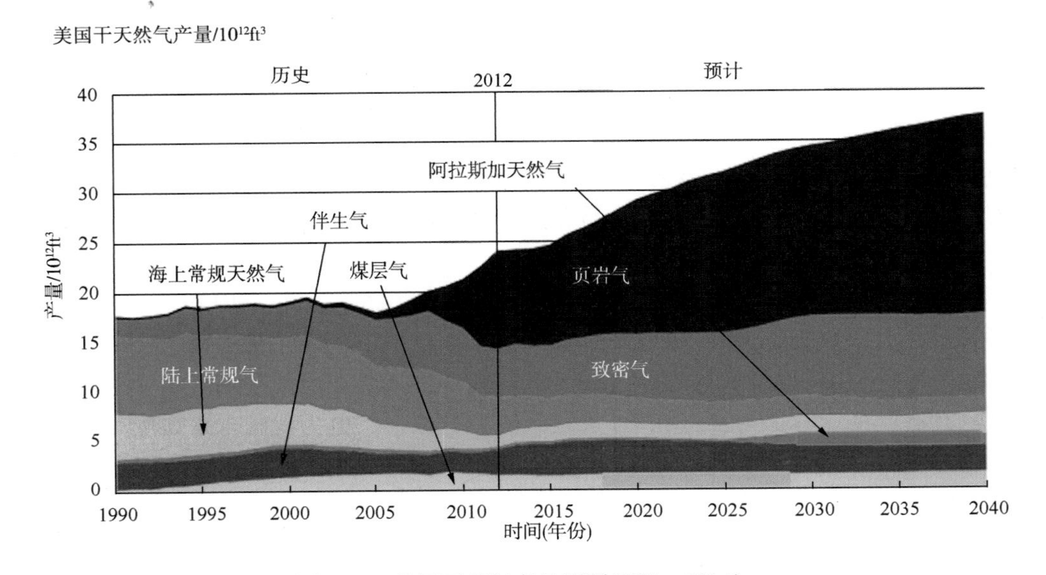

图9-6　美国页岩气产量预测(EIA，2014)

天然气水合物目前处于资源调查和实验性开采阶段，尚未实现工业开发，世界各地已发现120多处天然气水合物，美国、日本、俄罗斯、德国、加拿大、挪威、英国、印度和我国等都着手开展调查和研究工作。按目前发展趋势，预计2015年前后有望实现冻土区天然气水合物的商业性开发，2030年前后有望实现海域水合物商业性开采。不少专家认为，随着水合物开发技术的逐渐成熟，海域水合物开发的进程可能大大提前。

二、我国非常规油气资源发展前景

我国非常规油气资源丰富，勘探开发程度低，发展前景广阔。加快非常规油气资源勘探开发是保障我国能源供应的一项重大举措，可以预期非常油气资源在我国经济发展中将发挥越来越重要作用。我国非常规石油资源主要有致密油、页岩油、油页岩、油砂矿等，非常规天然气资源主要由致密气、页岩气、煤层气和天然气水合物等。

致密油在我国主要含油气盆地广泛分布，主要发育于与湖相生油岩共生或接触、大面积分布的致密砂岩油或致密碳酸盐岩油。我国几大石油公司正在按照致密油的勘探开发思路，开展关键技术攻关，进行实验区建设，已初见成效。随着关键技术的突破和工作力度的加大，致密油开发利用速度将进一步加快(邹才能，2012)。

油页岩在我国分布范围较广，资源也比较丰富。但我国油页岩资源品位总体偏差，含油率大于5%的油页岩油可采资源量占全国油页岩油资源总量的71%，但含油率大于10%的油页岩油可采资源量仅占全国油页岩油资源总量的29%。

油砂矿在我国分布也很广泛，但资源潜力有限。我国油砂总体品味较差，含油率大于6%的油砂，油砂油可采资源量占全国油砂油资源总量的48%；含油率大于10%的油砂，油砂油可采资源量仅占全国油砂油资源总量的2%。

页岩油在我国非常规油气资源的发展中处于早期研究阶段。松辽盆地和鄂尔多斯盆地等盆地被认为是我国最有潜力的页岩油资源富集区，但现有勘探活动仍相对有限；此外，美国赫斯公司(Hess)和壳牌公司正在与中国石油商谈关于在新疆三塘湖盆地进行页岩油勘探开发活动的有关事宜。随着国家973计划“中国陆相致密油(页岩油)形成机理与富集规律”项目正式启动，我国可能成为陆相“页岩油革命”的引领者，将大幅推进页岩油的发展步伐，实现页岩油勘探开发的突破并提升非常规油气资源的科技创新能力。

近年来，国家和各大石油公司高度重视致密气、煤层气、页岩气等非常规天然气的研究和勘探开发工作，非常规油气资源发展进入了新阶段。

目前，致密气是我国产量最高的非常规油气资源。鄂尔多斯盆地的长北气田和苏里格气田、四川盆地的川东北气田是未来我国致密气产量增长的主要区域，其中，中国石油苏里格致密气田2015年预计产量将达到近$200\times10^8m^3$。根据中国工程院预测，2020年时我国致密气产量将达到$800\times10^8m^3$，2030可能突破$1000\times10^8m^3$(邱中建等，2012)。

我国煤层气发展的重点是在沁水盆地和鄂尔多斯盆地，其中，中联煤、中国石油和部分煤炭生产企业未来仍将引领我国煤层气的发展；而亚美大陆煤层气公司、绿龙天然气公司和道拓能源(Dart Energy)等一批民资和外资背景公司的加入，也为我国未来煤层气的发展注入了活力。根据国家《煤层气(煤矿瓦斯)开发利用“十二五”规划》可知，2015年我国煤层气规划产量为$300\times10^8m^3$；中国工程院在《中国煤层气开发利用战略研究》中预测，2030年我国煤层气产量有望达到$900\times10^8m^3$；车长波等则预测2030年我国煤层气技术可采储量超过$2\times10^{12}m^3$，产量将达到$500\times10^8m^3$，2030年以后深层煤层气资源的勘探开发程度提升将大幅度提高我国煤层气产业的规模(车长波等，2011)。

尽管对我国页岩气资源量估算还没有公认数据，但是普遍认为我国页岩气资源丰富、具有较大开发潜力。我国政政府高度重视，页岩气开发已纳入国家战略性新兴产业，将加大对页岩气勘探开发等的财政扶持力度，中国石化、中国石油、延长石油等国家石油公司纷纷投入页岩气勘探开发，一批民营企业也积极涉足页岩气领域，目前在四川、重庆、贵州、陕西、湖南、湖北、河南、江西、安徽和浙江等省份已经开展针对页岩气资源的勘探开发活动，中国石化、中国石油和延长石油分别在四川盆地的涪陵地区海相地层、威远-长宁地区海相地层和鄂尔多斯盆地的延长地区陆相地层取得页岩气勘探开发的突破。尤其2012年底，中国石化在涪陵焦页坝的焦页1HF井的勘探开发取得重大突破，点燃了我国页岩气勘探开发的新希望。焦石坝地区的页岩气发现是我国页岩气勘探开发的新开端、转折点，国内首个大型页岩气田——涪陵页岩气田由此诞生，涪陵页岩气田提前进入商业化开发阶段，标志着我国页岩气开发实现重大战略突破。目前涪陵页岩气田日产能达到$280\times10^4m^3$，2014年可建成$25\times10^8m^3$产能，2015年计划建成$50\times10^8m^3$产能，2017年总产能有望达到$100\times10^8m^3$。据国家《页岩气发展规划(2011—2015年)》中我国2015年页岩气的规划产量为$65\times10^8m^3$，但根据国土资源部最新预测，我国2015年页岩气产量很可能超过$100\times10^8m^3$；中国矿产联合会则预测，“十三五”末期我国完全有可能实现页岩气$500\times10^8m^3/a$的产量目标。

我国地质背景与国外差异较大，具有多旋回构造演化、以陆相地层为主、岩相变化大等特点，非常规油气聚集具有一定特殊性，也决定了我国非常规油气资源开发不能照搬国外开发模式。因此，我国近期非常规油气资源发展的步骤是：首先，加快致密气、致密油工业化速度，增储上产；其次，加大页岩气、煤层气、油页岩和页岩油等非常规油气资源的工业化试验区建设，尽快实现大规模工业化经济开采；第三，加强天然气水合物等的基础理论研究和技术探索，力争实现资源接替(李玉喜等，2011；邱中建等，2012)。

我国石油企业需要认真学习国外先进的经验，在现有基础研究和勘探试验已获突破的基础上，选择和建立各类非常规油气资源的勘探开发试验区，研究不同类型非常规油气相应的开发配套工艺技术，制定科学有序的非常规油气资源总体发展战略：①开展非常规油气资源典型解剖研究与区域评价。开展基础地质研究，研究非常规油气成藏机理；组织以非常规油气为重点的油气资源评价，落实中国非常规油气资源。②大力发展水平井钻井技术、大型压裂技术和物探等技术，包括工程装备攻关、专业队伍建设等，并把其作为未来工程技术装备发展的战略重点。③实施低成本战略，促进新技术与精细管理的有机结合，采取批量化、标准化、工厂化模式以实现高速开发，降低平均成本；探索有效的资源管理模式。④在推进油气勘探开发的同时，要重视环境保护，促进人与自然的和谐发展(贾承造等，2012)。

参考文献

[1] BP. BP世界能源统计[EB/OL]. 2013.

[2] Woodmakenize. Canadian oil sands: SAGD project cost inflation [EB/OL]. 2013.

[3] EIA. Technically Recoverable Shale Oil and Shale Gas Resources: An Assessment of 137 Shale Formations in 41 Countries outside the United States [EB/OL]. 2013.

[4] 侯明扬，罗佐县. 西进与东移：全球油气供需新格局[J]. 中国石化，2013(2)，9~11.

[5] IEA. 世界能源展望[EB/OL]. 2013.
[6] European Commission. Unconventional Gas: Potential Energy Market Impacts in the European Union [EB/OL]. 2013.
[7] 中国石油集团经济技术研究院. 2013 年国内外油气行业发展报告[R]. 北京：石油工业出版社，2014.
[8] 贾承造，郑民，张永峰，等. 中国非常规油气资源与勘探开发前景[J]. 石油勘探与开发，2012，(2)，129 ~ 136.
[9] 侯明扬、周庆凡. 全球致密油开发现状及对国际原油价格的影响[J]. 资源与产业，2014，(1)，23 ~ 29.
[10] Woodmakenize. Global impact of tight oil [EB/OL]. 2012.
[11] Woodmakenzie. Global upstream M&A – 2013 in review, and the outlook for 2014 [EB/OL]. 2013.
[12] 朱凯. 中美页岩气开发路径比较研究[J]. 国际石油经济，2013，(1 ~ 2)，89 ~ 95.
[13] 尹硕，张耀辉. 页岩气产业发展的国际经验剖析与中国对策[J]. 改革，2013，(2)，28 ~ 36.
[14] 王兰生，廖仕孟，陈更生，等. 中国页岩气勘探开发面临的问题与对策[J]. 天然气工业，2011，(12)，119 ~ 123.
[15] Woodmakenize. Crude – by – rail: still on track in the Bakken [EB/OL]. 2013.
[16] IMF. 世界经济展望 [EB/OL]. 2013.
[17] 邹才能等. 非常规油气地质(第二册)[M]. 北京：地质出版社，2013.
[18] BP. 2035 年世界能源展望 [EB/OL]. 2013.
[19] EIA, Annual Energy Outlook 2014 Early Release [EB/OL]. 2013.
[20] 邹才能. 常规与非常规油气聚集类型、特征、机理及展望[J]. 石油学报，2012，(2)，173 ~ 187.
[21] 邱中建，赵文智，邓松涛，等. 我国致密砂岩气和页岩气的发展前景和战略意义[J]. 中国工程科学，2012，(6)，4 ~ 8.
[22] 车长波. 我国煤层气资源勘探开发前景[J]. 中国矿业，2008，(5)，1 ~ 4.
[23] 李玉喜，张金川. 我国非常规油气资源类型和潜力[J]. 国际石油经济，2011，(3)，61 ~ 67.
[24] 邱中建，赵文智，邓松涛，等. 致密气与页岩气的发展路线图[J]. 中国石油石化，2012，(9)，18 ~ 21.